Albert Schödlbauer

Geodätische Astronomie
Grundlagen und Konzepte

Albert Schödlbauer

Geodätische Astronomie

Grundlagen und Konzepte

W DE G

Walter de Gruyter · Berlin · New York 2000

Autor

Universitätsprofessor Dr.-Ing. Albert Schödlbauer
Institut für Geodäsie
Universität der Bundeswehr München
D-85577 Neubiberg

♾ Gedruckt auf säurefreiem Papier, das die US-ANSI-Norm über Haltbarkeit erfüllt.

Die Deutsche Bibliothek – CIP-Einheitsaufnahme

Schödlbauer, Albert:
Geodätische Astronomie : Grundlagen und Konzepte / Albert Schödlbauer. – Berlin ; New York : de Gruyter, 1999
ISBN 3-11-015148-0

Druck: W. Hildebrand, Berlin. Bindung: Lüderitz & Bauer GmbH, Berlin. Einbandgestaltung: S. Wendland, Berlin.

Abbildung auf der Umschlagvorderseite: Sternspuren des nördlichen Sternhimmels
Standort der Aufnahme: Gornergrat, Zermatt, Schweiz, $\varphi = 45°59'$ n.B., $\lambda = 7°47'$ ö.L.
Die helle Sternspur im Zentrum gehört zu α *Ursae Minoris* = *Polaris* ($2{,}1^{mag}$, $\delta = 89°15'$),
die helle Spur links unten zu α *Aurigae* = *Capella* ($0{,}2^{mag}$, $\delta = 45°59'$).
Abdruck mit freundlicher Genehmigung der Bildautoren St. Binnewies, P. Riepe und H. Tomsik

Vorwort

Mit der Aufnahme von Satellitenverfahren, insbesondere des Global Positioning System (GPS), in das Arsenal geodätischer Meßwerkzeuge und -verfahren hat sich in der Geodäsie ein geradezu revolutionärer Wandel in der Methodik der Richtungs- und Positionsbestimmung vollzogen. Ähnlich tiefgreifend war der Einfluß der neuen Verfahren auf die Navigation. Im Zuge dieser Entwicklung fanden die Methoden der Geodätischen Astronomie zur Bestimmung von Lotrichtungen und Positionen nur noch geringe Beachtung, gelegentlich wurde die Disziplin sogar schon für »tot« erklärt. Wenn auch diese »Meldung« – um die Worte von Mark Twain in einem Telegramm an Associated Press aufzugreifen – »eine Übertreibung war«, »Lebenszeichen« waren in den geodätischen Fachzeitschriften in der Tat kaum noch zu bemerken. Der Schwerpunkt der geodätischen Forschung und Entwicklung hatte sich auf breiter Front hin zu den neuen Technologien verlagert.

Was die Positionsbestimmung angeht, so muß man feststellen, daß die Geodätische Astronomie noch bis in die Mitte dieses Jahrhunderts das einzige Verfahren war, mit dem in der Geodäsie und in der Navigation absolute zweidimensionale Positionen in einem globalen Rahmen bestimmt werden konnten. Allerdings handelte es sich dabei schon immer um ein Näherungsverfahren. Denn die mit den Methoden der Geodätischen Astronomie durch Richtungsanschlüsse an Fixsterne bestimmten geographischen Längen und Breiten von Beobachtungsstandorten beschrieben »nur« die Lotrichtungen, nicht aber die Positionen dieser Standorte, als die ein Navigator seine Meßergebnisse interpretierte. Eine »Ortsbestimmung«, wie man die angestrebte Positionsbestimmung ungenau bezeichnete, wäre nur bei detaillierter Kenntnis des Erdschwerefeldes möglich gewesen, die seinerzeit noch nicht vorhanden war. Tatsächlich mußte man sich bei der Umsetzung von Richtungs- in Positionsangaben mit sehr groben Modellen der Realität begnügen, etwa mit der Hypothese, daß die Lotrichtungen senkrecht auf dem zugrundegelegten Bezugsellipsoid stehen. Die tatsächlichen Abweichungen von dieser Annahme können aber viele Bogensekunden erreichen, entsprechend mußte man in den Ergebnissen mit Lagefehlern von mehreren hundert Metern rechnen (Lageabweichung = unbekannte Lotabweichung mal Erdradius). Da die Satellitenverfahren der Geodäsie und Navigation nicht mit derartigen strukturellen »Fehlern« behaftet und der Geodätischen Astronomie insoweit grundsätzlich überlegen sind – sie erfassen im übrigen nicht nur zwei, sondern drei Dimensionen des Raumes –, haben die navigatorischen Anwendungen der Geodätischen Astronomie erheblich an Bedeutung eingebüßt.

Auch etliche andere »klassische« Aufgaben der Geodätischen Astronomie, z.B. die Lagerung und Orientierung trigonometrischer Netze, sind weggefallen.

Was bleibt aber nach diesem tiefgreifenden Wandel dann heute noch als Aufgabe der Geodätischen Astronomie? Es bleibt vor allem das Potential, absolute Lotrichtungen direkt zu bestimmen. Die Satellitenverfahren sind dazu nicht in der Lage und auch Schweremessungen, die manchmal in Konkurrenz zu den astronomischen Verfahren der Lotrichtungsbestimmung gesehen werden, können dazu nur indirekt beitragen. Nur die Geodätische Astronomie liefert die gesuchten Lotrichtungen als direktes Ergebnis von Messungen!

Die moderne Geodäsie benötigt als einen wesentlichen Bestandteil eines globalen geodätischen Bezugssystems ein hochgenaues Geoid. Einer der Hauptgründe für diesen Bedarf sind die Verfahren der Satellitengeodäsie, die heute die Landes- und Ingenieurvermessung beherrschen. Diese Verfahren liefern, wie bereits erwähnt, dreidimensionale Positionsangaben und ihre Produkte decken weite Bereiche der klassischen zweidimensionalen Punktbestimmung ab. Was aber die mit Satellitenverfahren bestimmbaren »Höhen« angeht, so entsprechen diese nur bedingt dem Bedarf der Nutzer. Die Satellitenverfahren liefern »ellipsoidische Höhen«, die meisten Nutzer benötigen aber »Höhen über dem Geoid«. Letztere lassen sich nur dann mit Satellitenverfahren bestimmen, wenn die ellipsoidischen Höhen durch Vorgabe eines genauen Geoids in Höhen über dem Geoid umgesetzt werden können. Vor diesem Hintergrund darf man die Geodätische Astronomie nicht als konkurrierendes Verfahren zu Satellitengeodäsie sehen, sondern als eine unerläßliche Ergänzung.

Es gab noch einen sehr wichtigen Grund, warum die Verfahren der Geodätischen Astronomie im Vergleich mit den Satellitenverfahren in der Vergangenheit an Attraktivität eingebüßt haben: sie waren in hohem Maß von der Meßkunst des Beobachters abhängig, waren sehr zeitaufwendig und kaum automatisiert. Sie konnten daher der nutzerfreundlichen Technologie der Satellitenverfahren auch aus diesem Grund nur wenig entgegensetzen. Die Industrie verhielt sich in dieser Entwicklung abwartend, was im Hinblick auf die eingangs geschilderten Neuorientierung der geodätischen Forschung gut zu verstehen war.

Die Einschränkungen, die den Aufwand der Verfahren betreffen, sind mittlerweile entfallen, zumindest im Prinzip. Dazu haben die Entwicklung von photographischen und CCD-Meßkammern sowie von automatisierten Zeiterfassungsgeräten ebenso beigetragen wie die Möglichkeiten der Rechentechnik. Durch den Einsatz dieser Technologien können die Meßgrößen weitgehend automatisch erfaßt werden, so daß die Bestimmung einer Lotrichtung heute im Prinzip nicht mehr Aufwand erfordert als die Bestimmung einer Position mit Hilfe von Satelliten. Allerdings befinden sich die meisten Entwicklungen noch im Stadium von Prototypen. Es wird daher noch großer Anstrengungen der Industrie und der astrogeodätischen Forschung bedürfen, den technologischen Hochstand zu erreichen, den die Satellitengeodäsie heute einnimmt.

Der Autor möchte dazu mit diesem Buch einen Beitrag leisten. Entsprechend dem eher bescheidenen Stand, in dem sich die Geräteentwicklungen noch befinden, wurde das Schwergewicht der Darstellung nicht auf instrumentelle Details oder Einzelheiten der Meßverfahren, sondern auf Grundlagen und Konzepte gelegt. Ein besonderes Augenmerk galt dabei den jüngsten Vereinbarungen zu den zälestischen und terrestrischen Bezugssystemen und Bezugsrahmen (Ephemeridenpol, Präzession und Nutation, Polbewegung) sowie den Zeitskalen, deren Darstellung in einer sehr komplexen, von verschiedenen astrogeodätisch bedeutsamen autonomen Frequenzgeneratoren (»Erduhr«, »Ephemeridenuhr«, »Atomuhr«) gesteuerten und durch Theorien und Konventionen definierten »astronomischen Uhr« erfolgt. Mit Blick auf nicht-optische Verfahren der Geodätischen Astronomie, insbesondere auf die Langbasisinterferometrie und die durch diese sichtbar gewordenen extragalaktischen Radioquellen, wurden die mit der Ausbreitung und Wahrnehmung von Lichtwellen zusammenhängenden Fragestellungen auf den Bereich der Mikrowellen ausgedehnt (Dopplereffekt, Laufzeitkorrektur wegen Refraktion).

Das vorliegende Buch ist aus Unterlagen zu meiner Vorlesungen an der Universität der Bundeswehr München entstanden und schließt insoweit viele in der Lehre gewonnenen Erfahrungen ein. Es ist aber nicht als Lehrbuch angelegt, das aus didaktischen Gründen einen anderen (z.B. eindimensionalen) Aufbau nahelegen würde. Vielmehr wurde versucht, eine möglichst zeitnahe, nach sachlichen Gesichtspunkten gegliederte und auf alle verfügbaren Quellen gestützte Gesamtdarstellung des Gegenstandes zu geben, wie man sie üblicherweise von einem Handbuch oder einem Nachschlagewerk erwartet.

Zum Thema Geodätische Astronomie sind schon seit Jahren weder Lehrbücher noch Monographien erschienen. Die umfangreichen in dieser Zeit eingetretenen theoretischen und technischen Entwicklungen sind in zahlreichen Einzeldarstellungen dokumentiert. Aus diesen läßt sich, da sie auf die überaus umfangreiche astronomische Literatur und auf die teilweise nicht minder umfangreiche Literatur etlicher anderer Bereiche der Physik verstreut sind, nur schwer ein Überblick über den gegenwärtigen Stand der Wissenschaft und der Praxis gewinnen. Das vorliegende Buch ist ein Versuch, den Gegenstand für die Belange der Geodäsie und der Navigation zeitgemäß zusammenzufassen. Im Mittelpunkt stehen dabei die Beziehungen zwischen zälestischen und terrestrischen Bezugssystemen, die heute nicht nur in der Geodäsie (Satellitengeodäsie), sondern auch in der Radio- und Inertialnavigation zentrale Bedeutung erlangt haben. Vor diesem Hintergrund sollte das Buch Studenten, Fachleute und Interessenten in allen Bereichen der Geodäsie und der Navigation sowie in benachbarten Disziplinen ansprechen, die mit geodätischen Raumverfahren befaßt sind oder sich für diese interessieren.

Es liegt auf der Hand, daß ein Fachbuch, das sowohl theoretischen als auch praktischen Fragestellungen gewidmet ist, insbesondere, wenn es neben den dienstlichen Verpflichtungen entsteht, nicht ohne die Mithilfe von Mitarbeitern und nicht ohne Kontakt zu anderen Kollegen gelingen kann. Auch ich wurde im vorliegenden Projekt in vielfältiger Weise unterstützt, insbesondere von meinen Mitarbeitern Klaus Krack, Axel Müller, Bernd Scherer und Rainer Widmann, die mir bei der Aufbereitung der in verschiedenen Projekten gewonnenen Materialien, bei der Bearbeitung von Rechenbeispielen und ihrer Visualisierung sowie bei der Umsetzung des Manuskripts in einen druckfertigen Schriftsatz geholfen haben. Die Mitarbeiter meines Kollegen Kurt Brunner, die Herren Dieter Beineke, Uwe Kleim und Ernst Gradischnig, waren mir bei der Gestaltung der Halbton-Graphiken und bei der Reproduktion der textbegleitenden Abbildungen behilflich. Darüber hinaus habe ich von vielen Fachkollegen in Gesprächen und in schriftlichen Stellungnahmen wertvolle Auskünfte und einschlägige Unterlagen erhalten. Ich darf in diesem Zusammenhang vor allem die Herren Andreas Bauch, PTB Braunschweig, (Zeitsysteme und -dienste), Ivo Bauersima, Universität Bern, (Erdrotation und Oppolzer-Nutation), Gerhard Beutler, Universität Bern, (Beschreibung von Planetenbahnen), Kurt Bretterbauer, TU Wien, (CCD-Astrometrie und Zeitsysteme), Urs Bürki, ETH Zürich, (automatisierte Zeiterfassung), Hermann Drewes, DGFI München, (terrestrische Bezugssysteme), Klaus Kaniuth, DGFI München, (Troposphäre), George H. Kaplan, U.S. Naval Observatory, Wahington D.C., (Aberrationskonstante), Markus Rothacher, TU München, (Ionosphäre), Burkhard Richter, DGFI München, (Erdrotation), Jürgen Teichmann, Deutsches Museum München, (Lichtgeschwindigkeitsbestimmung durch Olaus Rømer), Günter Seeber, Universität Hannover, (Gravitationsgesetz, Zenitkammer), Manfred Schneider, TU München (Aberration), Harald Schuh, TU Wien, (Nutation), Nikola Solarić, Universität Zagreb (Beobachtungsverfahren) und Stefan Weyers, PTB Braunschweig, (Caesiumuhr), erwähnen. Das auf der Vorderseite der Buchdecke abgebildete Sternspurbild des nördlichen Sternhimmels hat mir freundlicherweise Herr Stefan Binnewies, Velbert, ein korrespondierendes Bild des Südhimmels (Seite 204) Prof. Helmut Schaefer, Kusterdingen, überlassen.

Ich danke allen, den oben genannten und den vielen nicht namentlich erwähnten Helfern - aus diesem Kreis insbesondere den Damen und Herren der Universitätsbibliothek - sehr herzlich für ihre Unterstützung. Mein besonderer Dank gilt dem Verlag für die Aufnahme des Buches in sein Verlagsprogramm und für die im Zuge der Lektorierung gegebenen Ratschläge.

München, den 12. Januar 2000

Albert Schödlbauer

Inhalt

1 Zielsetzung der Geodätischen Astronomie, Grundbegriffe

1.1 Hauptaufgabe der Geodätischen Astronomie

Die zentrale Aufgabe der *Geodätischen Astronomie* ist die Bestimmung von Lotrichtungen und anderen Richtungen des Erdraumes in einem erdfesten Bezugssystem mit Hilfe von Richtungsbeobachtungen auf erdfesten Standpunkten nach ausserirdischen Zielen. Als Beobachtungsziele dienen Himmelskörper mit bekannten, in einem *zälestischen Bezugssystem* festgelegten Positionen[1)]. Für den Übergang vom betreffenden zälestischen auf ein *erdfestes Bezugssystem* ist die Kenntnis der zeitlich veränderlichen geometrischen Beziehungen erforderlich, die die momentane gegenseitige Ausrichtung der beiden Systeme bestimmen.

Die Feststellung der Fixsternpositionen und deren Veränderungen sowie die empirische Erfassung der geometrischen Beziehungen zwischen den vorerwähnten Bezugssystemen ist Gegenstand der *Astrometrie*[2)]. Die physikalische Gesetzmäßigkeit, nach der sich die Gestirne relativ zur Erde und zueinander bewegen, werden in der *Himmelsmechanik* erforscht.

In der geodätisch-astronomischen Praxis werden die Erkenntnisse der Astrometrie und die Auswerteergebnisse der Himmelsmechanik meist als bekannt vorausgesetzt. Umgekehrt fließen bei der Lösung der astrometrischen und himmelsmechanischen Aufgabenstellungen gelegentlich auch Befunde der Geodätischen Astronomie ein. Die drei Fachgebiete sind daher eng miteinander verzahnt und sie stützen sich auf ein gemeinsames Fundament physikalischer Fakten und theoretischer Grundlagen. Was die Methodik in der Geodätischen Astronomie und der Astrometrie angeht, so findet man darüber hinaus zahlreiche Gemeinsamkeiten bei den Meß- und Auswerteverfahren sowie beim eingesetzten Instrumentarium.

[1)] Unter »*Position*« oder »*Ort*« wird hier - anders als in der Geodäsie, wo diese Begriffe einen Punkt im Raum oder auf einer Bezugsfläche bezeichnen - lediglich eine räumliche Richtung verstanden. Wenn daher im folgenden etwa von *Sternpositionen* oder *Sternörten* die Rede ist, so ist damit nicht die z.B. durch dreidimensionale cartesische Koordinaten erfaßbare Position des betreffenden Sterns im Weltall, sondern lediglich die Richtung dorthin gemeint, etwa von der Erde oder dem Baryzentrum des Sonnensystems aus. In diesem eingeschränkten Sinn ist auch der in der Terminologie der Navigation geläufige Begriff der »*astronomischen Ortsbestimmung*« zu verstehen: Nicht ein Ort auf der Erdoberfläche im Sinne der geodätischen Definition wird bestimmt, sondern eine Lotrichtung, aus der nur näherungsweise ein Ort im geodätischen Sinn abgeleitet werden kann.

[2)] Unter *Astrometrie* versteht man den Bereich der Astronomie, der die Positionen, die Dimensionen und die Formen der Himmelskörper erforscht. Die genannten Größen sind im allgemeinen zeitlich veränderlich, wodurch ein wesentlicher Teil der Aufgabe in der Beschreibung der Bewegungen liegt; (Kovalevsky, 1994, 1).

Vor diesem Hintergrund erscheint es für ein tieferes Verständnis der Geodätischen Astronomie geboten, bei der Darstellung dieses Fachgebiets die gemeinsamen theoretischen Grundlagen zu nutzen und an geeigneter Stelle Ausblicke und Querverweise zu den beiden anderen Fachgebieten zu geben.

Vorweg einige für den Einstieg hilfreiche Begriffsbestimmungen:

Die *Lotrichtung* $r\{\boldsymbol{g}\}$ in einem Punkt P ist die Richtung des Vektors der Schwereintensität $\boldsymbol{g}$. Sie läßt sich in einem erdfesten äquatorialen Bezugssystem (⇨ 3.2.2) durch die Richtungswinkel *Geographische Breite* φ und die *Geographische Länge* λ des betreffenden Punktes beschreiben. Die Gegenrichtung zur Lotrichtung nennt man *Zenitrichtung*. Die Ebene, die zur Lotrichtung (Zenitrichtung) senkrecht steht, wird als *Horizontalebene*, alle die Lotrichtung enthaltenden und damit senkrecht zur Horizontalebene angeordneten Ebenen werden als *Vertikalebenen* bezeichnet.

Als Bezugsrichtung für die Zählung von horizontalen Richtungen dient häufig die *Nordrichtung*. Man erhält sie durch Orthogonalprojektion einer vereinbarten »Erdachse«, z.B. der Rotationsachse der Erde oder der durch Vereinbarung definierten Achse des Zälestischen Ephemeridenpols (⇨ 3.5.2) oder des erdfesten IERS-Pols (IRP, ⇨ 2.3.4, 4.6.3) in die betreffende Horizontalebene.

Bei den vorerwähnten *anderen Richtungen*, definiert z.B. durch die geraden Verbindungslinien zweier Punkte, interessiert vor allem ihre Projektion in die Horizontalebene und deren im Uhrzeigersinn gemessene Winkelablage von der Nordrichtung. Diese Ablage wird als das *Azimut a* bezeichnet:

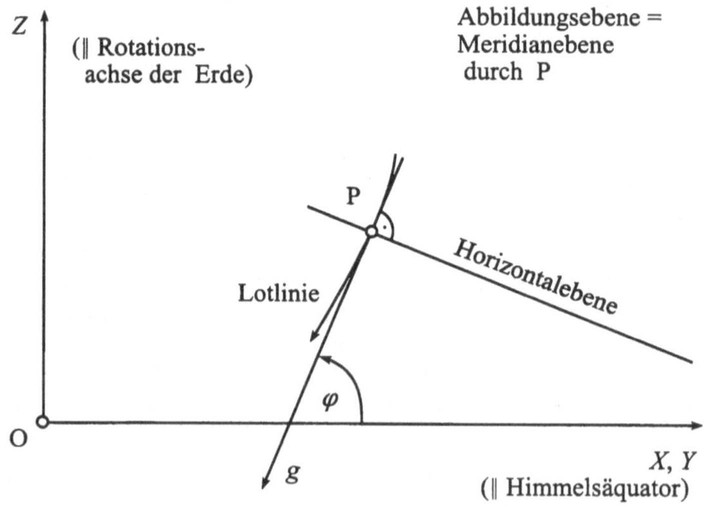

Bild 1.1-1: Definition: *Geographische Breite* (Astronomisch-geographische Breite)

Die *Geographische Breite* φ ist der Richtungswinkel, den die *Zenitrichtung* in P gegenüber der Ebene des Himmelsäquators aufspannt; ➪ 3.2.3 und Bild 1.1-1. Die Zählung dieses Richtungswinkels erfolgt vom Himmelsäquator aus nach Norden positiv und nach Süden negativ. Die bei der Winkelzählung als Bezug dienende *Ebene des Himmelsäquators* liegt senkrecht zur bereits erwähnten definierten »*Erdachse*«. Die Ebene senkrecht zum Himmelsäquator, die die Lotrichtung in P enthält und in der φ gezählt wird, ist die *Ebene des Ortsmeridians* (Meridianebene von P). Wenn es notwendig erscheint, φ von der nachfolgend beschriebenen Geographischen Breite *B* (= Ellipsoidisch-geographische Breite) zu unterscheidender, wird dem Begriff noch das Attribut »*Astronomisch*« hinzugefügt (»*Astronomisch-geographische Breite*«).

Die *Geographische Länge* λ ist der Richtungswinkel, den die *Meridianebene* von P mit der Meridianebene eines vereinbarten Bezugspunktes, z.B. der Meridianebene von »Greenwich«, bildet: ➪ 3.2.3 und Bild 1.1-2. Die Zählung dieses Winkels beginnt vereinbarungsgemäßam Bezugsmeridian und wird nach Osten positiv gezählt. Positive Werte werden oft mit dem Zusatz »östlich von Greenwich« oder »östliche Länge (ö.L.)«, negative unter Weglassen des Vorzeichens mit dem Zusatz »westlich von Greenwich« oder »westliche Länge (w.L.)« versehen.

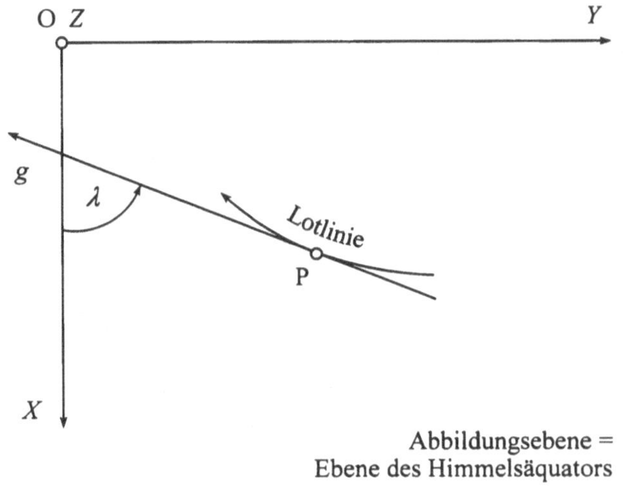

Bild 1.1-2: Definition: *Geographische Länge* (Astronomisch-geographische Länge)

Unter dem *Azimut a* einer Richtung $r\{P \rightarrow Q\}$ von einem erdfesten Punkt P zu einem Punkt Q versteht man den in der Horizontalebene gemessenen und im Uhrzeigersinn gezählten Richtungswinkel zwischen der Nordrichtung und der Horizontalprojektion der Richtung $r\{P \rightarrow Q\}$ (⇨ 3.2.2 und Bild 1.1-3). In älteren astronomischen Abhandlungen wurden die Azimute auf die Südrichtung bezogen. Im Zweifel ist eine Azimutangabe mit dem Zusatz »Nord« oder »Süd« zu versehen. Im folgenden - wie auch allgemein in der modernen geodätischen Literatur - werden unter Azimuten stets Nordazimute verstanden.

Eine eng mit der Lotrichtung zusammenhängende und für eine Reihe von geodätischen Aufgabenstellungen wichtige geometrische Größe ist die *Helmertsche Lotabweichung* (Helmert, 1880/I, 514).

Zu ihrer Erläuterung müssen einige Begriffe aus der Geodäsie eingeführt werden, die mit der Lotrichtung in Beziehung stehen.

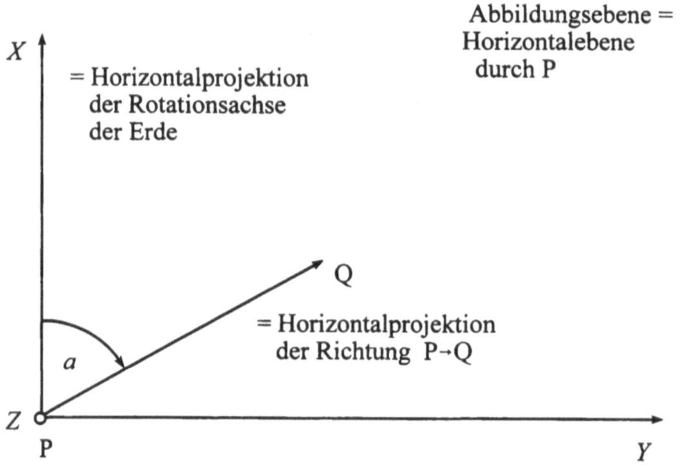

Bild 1.1-3: Definition: *Azimut* (Astronomisches Azimut)

Schwereintensität $\boldsymbol{g}$: In Lotrichtung liegende vektorielle Größe, die in einem Punkt P die Richtung und die auf die Masseneinheit bezogene (d.h. spezifische) Größe der Schwerkraft beschreibt. Ihr Betrag $g = |\boldsymbol{g}|$ wird im SI-Einheitensystem durch die physikalische Einheit N/kg ausgedrückt (Biró, 1989). Der Vektor entsteht durch Überlagerung (Vektoraddition) des Vektors der spezifischen Massenanziehungskraft der Erde $\boldsymbol{g}_{\mathrm{Grav}}$ und des durch die Erdrotation erzeugten spezifischen Fliehkraft-Vektors $\boldsymbol{g}_{\mathrm{Fl}}$: $\boldsymbol{g} = \boldsymbol{g}_{\mathrm{Grav}} + \boldsymbol{g}_{\mathrm{Fl}}$. Als globaler Durchschnittswert gilt für den Betrag von $\boldsymbol{g}$: $g = 9{,}806$ N/kg.

Schwerepotential W: Skalare Ortsfunktion $W = W\{X, Y, Z\}$, deren Gradienten das Feld der Schwereintensität bestimmen: $\boldsymbol{g} = \mathrm{grad}\, W$.

Äquipotentialflächen des Schwerepotentials = Flächen gleichen Schwerepotentials: Diese Flächen sind dadurch gekennzeichnet, daß Massen auf ihnen ohne

Gewinn oder Verlust an potentieller Energie verschoben werden können. Die einzelne Fläche läßt sich (in impliziter Darstellung der Flächenfunktion) durch eine skalare Funktion $W_C = W\{C, X, Y, Z\}$ = konstant beschreiben. Die Äquipotentialfläche $W_{C=0} = W_0$, die mit dem mittleren Niveau der Weltmeere zusammenfällt, bezeichnet man als *Geoid* (Torge, 1980, 44). Ihr Potentialwert beträgt etwa $W_0 \approx 6{,}26 \cdot 10^7$ J/kg (Moritz, 1980, 402; DMA, 1987, 2-4). Die Differenzen $C = -(W_C - W_0) = W_0 - W_C$ führen die Bezeichnung *Geopotentielle Koten* (*Geopotential Numbers*). Diese Maßzahlen werden in der Geodäsie zur Höhenangabe verwendet (Torge, 1980, 45). Als physikalische Einheit dient die *Geopotentielle Einheit* (*GPU = Geopotential Unit*), die zu 1 GPU = 1 daJ/kg vereinbart ist (Biró, 1989).

Ein *Erdellipsoid* ist ein Rotationsellipsoid, dessen geometrischer Mittelpunkt im Massenzentrum der Erde liegt und dessen kleine Achse so gelegt ist, daß sie bestmöglich mit einer Mittellage der Rotationsachse der Erde zusammenfällt. Die Ellipsoidparameter (z.B. Länge der Großen Halbachse und Abplattung) werden dabei so gewählt, daß das Ellipsoid das Geoid global bestmöglich annähert.

Auch die verschiedenen in den nationalen Landesvermessungen verwendeten *Bezugsellipsoide* sind durchwegs Rotationsellipsoide, im Gegensatz zu einem idealen Erdellipsoid allerdings mit vereinbarten (vorgegebenen) Ellipsoidparametern. Die Anpassung an das Geoid erfolgt punktuell oder regional (nicht global) mit der Maßgabe, daß die kleine Halbachse des einzelnen Ellipsoids parallel zu einer Mittellage der Rotationsachse der Erde parallel liegt.

In der Geodäsie dienen Bezugsellipsoide zur Darstellung der durch die Verfahren der Landesvermessung gewonnenen Positionen von Punkten P der Erdoberfläche. Die Darstellung erfolgt durch Projektion der Punkte mit Hilfe von Ellipsoidnormalen n, deren Ausrichtung $r\{n\}$ in einem erdfesten äquatorialen Bezugssystem (⇨ 3.2.3) durch die Richtungswinkel B = *Ellipsoidisch geographische Breite* und L = *Ellipsoidisch geographische Länge* beschrieben wird. B und L kennzeichnen die »Grundrißlage« von P. Darüber hinaus eignen sie sich als Referenz zur Beschreibung der Lotrichtung $r\{\boldsymbol{g}\}$ mit Hilfe von φ und λ.

Unter einem *Ellipsoidischen Azimut A* versteht man einen Richtungswinkel, der analog zur Definition des bereits erörterten Azimuts a durch Orthogonalprojektion der kleinen Halbachse des Bezugsellipsoids und der Richtung $r\{\mathrm{P}\rightarrow\mathrm{Q}\}$ auf die Tangentialebene des Bezugsellipsoids in P gebildet wird.

Unter der *Lotabweichung nach Helmert* θ in einem Punkt P des Erdraumes versteht man nach (Helmert, 1880/I, 514) den Winkel zwischen der von diesem Punkt aus auf das Erdellipsoid oder auf ein Bezugsellipsoid gefällten Ellipsoidnormalen $r\{\boldsymbol{n}\}$ und der Lotrichtung $r\{\boldsymbol{g}\}$. Man spricht von *absoluter Lotabweichung*, wenn sich θ auf das Erdellipsoid, und von *relativer Lotabweichung*, wenn sie sich auf ein Bezugsellipsoid bezieht.

Der Winkel θ mit seinem Scheitelpunkt in P kann in einer beliebigen P und $\boldsymbol{n}$ enthaltenden Vertikalebene des Ellipsoids liegen. Er läßt sich durch Projektion auf die Ebene der Meridianellipse und auf die zu dieser und zur Tangentialebene senkrechten Ebene in eine

Süd-Nord-Komponente

$$\xi = \varphi - B \quad = \textit{Lotabweichung in der Meridianebene} \qquad (1.1\text{-}1)$$
$$(= \textit{Lotabweichung in Geographischer Breite})$$

und in eine *West-Ost-Komponente*

$$\eta = (\lambda - L) \cdot \cos\varphi \quad = \textit{Lotabweichung in der Ebene des Ersten Vertikals } (a = 90^\circ) \qquad (1.1\text{-}2)$$

zerlegen.

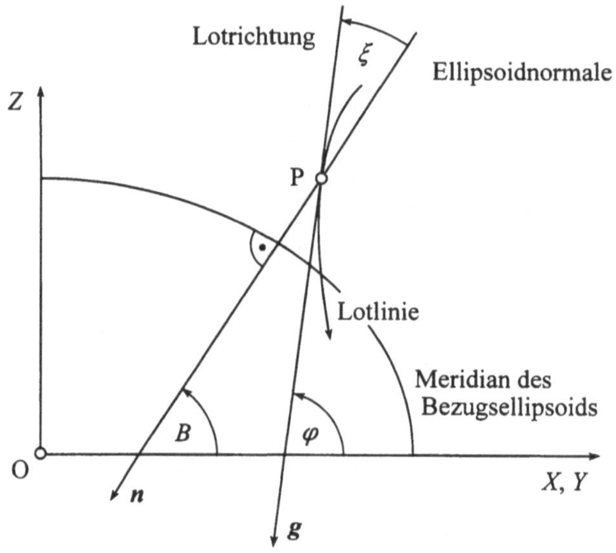

Bild 1.1-4: Definitionen: B = Ellipsoidisch-geographische Breite
φ = Astronomisch-geographische Breite
ξ = Lotabweichung in Breite

Eine zweite Möglichkeit neben der Komponentendarstellung, Größe und Richtung der Lotabweichung zu beschreiben, besteht in der Angabe ihres *Absolutbetrags*

$$\theta = \sqrt{\xi^2 + \eta^2} = \textit{Maximalbetrag der Lotabweichung} \qquad (1.1\text{-}3)$$

und des *Azimuts* $a\{\boldsymbol{g}\}$ der Vertikalebene, in der der Lotrichtungsvektor $\boldsymbol{g}$ liegt und in der - wie bereits erwähnt - der Maximalwert der Lotabweichung θ zu finden ist.

In einem beliebigen Azimut a beträgt die Lotabweichungskomponente

$$\theta_a = \xi \cdot \cos a + \eta \cdot \sin a . \tag{1.1-4}$$

Als Folge der Lotabweichung unterscheiden sich das *Astronomische Azimut a* und das *Ellipsoidische Azimut A* einer Richtung $r\{P \rightarrow Q\}$ um den Winkel

$$\epsilon = a - A = \eta \cdot \tan \varphi + (\xi \cdot \sin a - \eta \cdot \cos a) \cdot \cot z . \tag{1.1-5/1}$$

Ohne Genauigkeitsverlust kann auf der rechten Seite von (1.1-5/1) auch φ durch B, a durch A und z durch ζ ersetzt werden:

$$\epsilon = a - A = \eta \cdot \tan B + (\xi \cdot \sin A - \eta \cdot \cos A) \cdot \cot \zeta ; \tag{1.1-5/2}$$

(Baeschlin, 1948, 290; Moritz, 1978, 13; Groten, 1979, 336; Torge, 1980, 139; Schödlbauer, 1984, 26; Buckner, 1984; Vaníček/Krakiwsky, 1986, 348; Heck, 1987, 56).

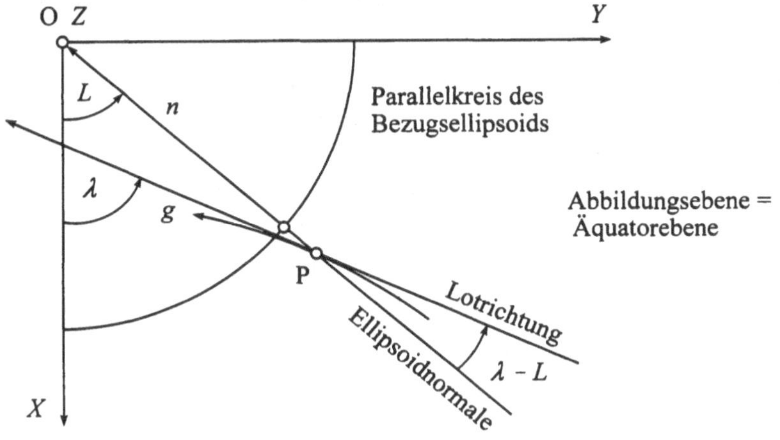

Bild 1.1-5: Definitionen: L = Ellipsoidisch-geographische Länge
λ = Astronomisch-geographische Länge
$\lambda - L$ = *Lotabweichung in Länge*
$(\lambda - L) \cdot \cos \varphi$ = *Lotabweichung im Ersten Vertikal*

Die Beziehung (1.1-5/1) bzw. (1.1-5/2) ist erstmals von Pierre Simon Laplace (1749-1827) formuliert worden; sie wird nach ihm *Laplace-Bedingung* genannt. Die Bedingung gilt (nur) unter der Voraussetzung, daß die Äquatorebene des Bezugsellipsoids parallel zum Himmelsäquator liegt und die Nullrichtungen der Längenzählung λ und L zueinander parallel verlaufen. Aus dieser Kausalität folgt umgekehrt, daß durch die Einhaltung der Laplace-Bedingung, d.h. durch die Beachtung des zwischen ϵ und η aufgrund des durch 1.1-5 gegebenen Zusammenhangs, die Parallelstellung der vorerwähnten Äquatorebenen und Nullrichtungen erzwungen werden kann, was bei der Lagerung von Triangulationsnetzen auf Bezugsellipsoiden (⇨ 1.2, »Zu a«) genutzt wurde.

In weiträumig angelegten trigonometrischen Grundlagennetzen, mit Zenitdistanzen z nahe bei 90° (aus $z \to 90°$ folgt $|\cot z| \to 0$) vereinfacht sich (1.1-5/1) zu:

$$\epsilon = \eta \cdot \tan \varphi\,. \tag{1.1-6}$$

Schließlich wirken sich die Lotabweichung auch noch auf die *Zenitdistanz* einer Richtung $r\{P \to Q\}$ aus. Der Unterschied zwischen der auf die Lotrichtung $\boldsymbol{g}$ bezogenen Zenitdistanz z und dem entsprechenden, von der Ellipsoidnormalen $\boldsymbol{n}$ aus gezählte Wert ζ beträgt:

$$z - \zeta = -\theta_A = -(\xi \cdot \cos a + \eta \cdot \sin a)\,; \tag{1.1-7}$$

(Helmert, 1880/I, 518; Heck, 1987, 56).

Wie der Vergleich mit (1.1-4) zeigt, beschreibt der Ausdruck auf der rechten Seite von (1.1-7) die negative Lotabweichungskomponente θ_A in einer im Azimut a liegenden Vertikalebene.

Die *Lotlinie* ist in aller Regel eine zweifach gekrümmte Raumkurve. Die Lotrichtung (Tangente an die Lotlinie) und mit ihr die Lotabweichung verändern sich daher, wenn man den Standpunkt entlang der Lotlinie von P in den auf dem Geoid liegenden Punkt P_0 absenkt. Die in P_0 auftretende Lotabweichung führt die Bezeichnung *Lotabweichung nach Pizzetti* (Pizzetti, 1906).

Die *Lotrichtungsänderung* auf dem Weg von P_0 nach P beträgt:

$$\begin{aligned}
\Delta\xi &= \xi - \xi_0 &&= \int_{P_0}^{P} \kappa_\xi \cdot dh &&= \int_{P_0}^{P} \frac{1}{g} \cdot \frac{\partial g}{\partial x} \cdot dh\,;\\
\Delta\eta &= \eta - \eta_0 &&= \int_{P_0}^{P} \kappa_\eta \cdot dh &&= \int_{P_0}^{P} \frac{1}{g} \cdot \frac{\partial g}{\partial y} \cdot dh\,;\\
\Delta\theta_A &= \theta_A - \theta_{A0} &&= \int_{P_0}^{P} \kappa_{\theta 0} \cdot dh &&= \int_{P_0}^{P} \frac{1}{g} \cdot \frac{\partial g}{\partial S_A} \cdot dh\,.
\end{aligned} \tag{1.1-8}$$

Die in dieser Formel auftretenden Änderungsraten der Lotrichtung (Richtungsänderung pro Höhenelement) – die *Lotkrümmung* – wird durch die *Komponenten* $\frac{\partial \xi}{\partial h} = \kappa_\xi$ und $\frac{\partial \eta}{\partial h} = \kappa_\eta$, bzw. $\frac{\partial \theta_A}{\partial h} = \kappa_{\theta A}$ beschrieben. Sie hängt von der Massenverteilung in der Umgebung des Punktes P ab und ist eine Funktion des Schwereverlaufs $g = g\{h\}$ entlang der Lotlinie PP_0 und der horizontalen Schweregradienten $\partial g/\partial x$ in x-(= S-N-) und $\partial g/\partial y$ in y-(= W-O-) Richtung bzw. im Azimut a.

Die Lotkrümmung steht in enger Beziehung zur *Orthometrischen Korrektion OK* (Torge, 1975, 165), mit der die beim Nivellement anfallenden »nivellierten Höhenunterschiede« dz (= »Rückblick minus Vorblick«) in Unterschiede Orthometrischer Höhen ΔH überführt werden können:

$$\Delta H_1^2 = \sum_1^2 \Delta z + OK_1^2 ; \quad \text{mit} \quad OK_1^2 = \sum_1^2 \Delta\, \theta_A \cdot \Delta S_A . \tag{1.1-9}$$

Unter Annahme einer konstanten Lotkrümmung entlang der Lotlinie (κ_ξ , κ_η , $\kappa_{\theta A}$ = const.) erhält man für die Lotabweichung nach Pizzetti:

$$\begin{aligned} \xi_0 &= \xi - \kappa_\xi \cdot H, \\ \eta_0 &= \eta - \kappa_\eta \cdot H, \\ \theta_{A0} &= \theta_A - \kappa_{\theta A} \cdot H. \end{aligned} \tag{1.1-10/1}$$

Das aus die Komponenten ξ_0 und η_0 resultierende Maximum der Lotabweichung beträgt:

$$\theta_0 = \sqrt{\xi_0^2 + \eta_0^2} . \tag{1.1-10/2}$$

Da die Massenverteilung unterhalb der Erdoberfläche im allgemeinen nicht bekannt ist, lassen sich κ_ξ , κ_η und $\kappa_{\theta A}$ (und damit auch ξ_0 und η_0 bzw. θ_0) nur im Rahmen hypothetischer Annahmen über den Schwereverlauf in der Nachbarschaft von P angeben.

1.2 Anwendungsbereiche der Geodätischen Astronomie

1.2.1 Überblick

Wie fast alle Zweige der Geodäsie, so hat auch die Geodätische Astronomie als Werkzeug der »Astronomischen Geodäsie« mit der Entwicklung der Satellitengeodäsie einen tiefgreifenden Funktionswandel erfahren. Wie sehr sich die Gewichte in wenigen Jahren verschoben haben, seit geodätisch nutzbare Satelliten Einzug in die Erdmessung, Landesvermessung, Ingenieurvermessung und in die Navigation gehalten haben, läßt der Kanon »einiger besonders wichtiger geodätischer Anwendungen der astronomischen Orts- und Azimutbestimmung« erkennen, den Ramsayer (1970, 2) vor gerade erst 25 Jahren aufgestellt hat, und der in etwas eingeschränkter Weise von anderen Autoren auch noch später bestätigt wurde (Robbins, 1977; Sigl, 1991). Der von Ramsayer angegebene Aufgabenkatalog der Geodätischen Astronomie lautete (in verkürzter Darstellung) wie folgt:

a) Lagerung von Dreiecksnetzen auf Referenzellipsoiden
b) Verbesserung der Richtungsübertragung in Großraumnetzen
c) Bestimmung der Dimensionen des Erdellipsoids
d) Bestimmung eines bestanschließenden Ellipsoid
e) Bestimmung von Lotabweichungen zur Ermittlung von Teilen des Geoids
f) Bestimmung von Lotabweichungen für dreidimensionale Triangulationen
g) Bestimmung der Pol- und Rotationsschwankungen der Erde
h) Paßpunktbestimmung für kleinmaßstäbliche Vermessungen
i) Orts-, Zeit- und Azimutbestimmungen auf Expeditionen
k) Einmessung der Richtungen zu geodätischen Satelliten.

Der Vollständigkeit halber soll die Aufzählung noch um die in dieser Liste nicht erwähnten Aufgabe der

l) Absteckung der Nordrichtung zur Kalibrierung nordsuchender Kreisel (Vermessungskreisel) und von Trägheitsnavigationsanlagen

ergänzt werden, die auch schon zum Zeitpunkt der Ramsayerschen Bestandsaufnahme eine Rolle gespielt hat.

Ganz allgemein läßt sich zu den hier aufgezählten Einsatzgebieten der Geodätischen Astronomie aus heutiger Sicht sagen, daß die meisten ihre Bedeutung verloren haben, weil die einzelnen Aufgaben entweder in der beschriebenen Form nicht mehr anfallen (Buchstaben a, b, c, d) oder durch den Einsatz anderer Verfahren, insbesondere der Satellitengeodäsie, genauer und wirtschaftlicher erledigt werden können (Buchstaben g, h, i). Auch in den nach diesen Abstrichen noch verbleibenden Einsatzgebieten (Buchstaben e, f, k, l) gibt es konkurrierende Verfahren, die dazu zwingen, den Bedarf an geodätisch-astronomischen Produkten und Dienstleistungen zu überprüfen (van Zyl, 1994) und den Stellenwert der Geodätischen Astronomie neu zu definieren.

Das Ergebnis dieser Überprüfung ist im folgenden zusammengefaßt. Mit Sicht auf die notwendige Neubewertung ist die Aufzählung dabei gegliedert in

- nicht mehr existierende Einsatzgebiete der Geodätischen Astronomie (Buchstaben a, b, c, d),
- Einsatzgebiete, in denen die Geodätische Astronomie durch genauere und wirtschaftlichere Verfahren verdrängt wurde (Buchstaben g, h, i) und
- Einsatzgebiete, in denen die Geodätische Astronomie nach wie vor von Bedeutung ist, mit der Übernahme von Satellitenverfahren in das Arsenal geodätischer Meßverfahren sogar an Wichtigkeit zugenommen hat (Buchst.e, f, k, l).

1.2.2 Obsolete Aufgabenstellungen

Wegen ihrer großen Bedeutung in der Vergangenheit, insbesondere aber auch weil die Kenntnis der seinerzeit eingesetzten Verfahren zur Beurteilung der Güte der vorhandenen und nach wie vor genutzten Festpunktfelder der Landesvermessung unerläßlich ist, sollen auch die in diesen Abschnitt fallenden Aufgaben kurz beschrieben und kommentiert werden, bevor das Augenmerk den gegenwärtig wichtigen Einsatzgebieten der Geodätischen Astronomie gewidmet wird.

Zu a) Lagerung von Dreiecksnetzen auf Bezugsellipsoiden

Mit dem Verfahren der Triangulation, dem klassischen Verfahren zur Einrichtung eines geodätischen Lagefestpunktfeldes, konnten nur Form und Größe des Punktfeldes, nicht aber dessen absolute Lage und Ausrichtung (Lagerung) auf einem Bezugsellipsoid bestimmt werden. Die erforderliche Lagerung wurde im einfachsten Fall dadurch erreicht, daß auf einem Zentralpunkt P_0 des Dreiecksnetzes in einem ersten Schritt dessen *Geographische Breite* φ_0 und die *Geographische Länge* λ_0 sowie mit Sicht auf einen benachbarten Netzpunkt Q_0 ein *Azimut* a_0 astronomisch festgestellt und darüber hinaus die *Höhe des Zentralpunktes* H_0 *über dem Geoid* (über einem Meerespegel) nivellitisch ermittelt wurde. In einem zweiten Schritt wurde sodann ein vereinbartes Bezugsellipsoid so an den Zentralpunkt angelegt, daß in diesem Punkt die Richtung der Ellipsoidnormalen $\boldsymbol{n}$ und der Schwerkraft $\boldsymbol{g}$ übereinstimmt und darüber hinaus die kleine Achse des Bezugsellipsoids parallel zur einer Mittellage der Rotationsachse der Erde zu liegen kam. Des weiteren wurde das Ellipsoid entlang von $\boldsymbol{n}$ so lange parallel zu sich selbst verschoben, bis sein Abstand h_0 von P_0 mit dessen Höhe H_0 übereinstimmte. Die Zielsetzung des zweiten Schrittes wurde durch die Gleichsetzung der astronomisch bzw. nivellitisch bestimmten Größen φ_0, λ_0, a_0, H_0 mit den entsprechenden ellipsoidischen B_0, L_0, A_0, h_0 erreicht:

$$B_0 := \varphi_0; \qquad L_0 := \lambda_0; \qquad A_0 := a_0; \qquad h_0 := H_0$$

$$(\xi_0 = \varphi_0 - B_0 = 0; \;\; \eta_0 = \lambda_0 - L_0 = 0; \;\; \epsilon_0 = a_0 - A_0 = 0; \;\; N_0 = H_0 - h_0 = 0);$$

➪ Bild 1.2-1. Man beachte, daß mit dieser Verfügung die Laplace-Bedingung in Punkt P_0 in trivialer Weise erfüllt wird.

Als Beispiel für eine derartige Lagerung eines Dreiecksnetzes mag das *Deutsche Hauptdreiecksnetz* (*DHDN*) dienen, das die geodätische Grundlage für das amtliche Vermessungswesen in Deutschland bildet. Als Bezugsellipsoid wurde das Bessel-Ellipsoid zugrunde gelegt. Der Nullpunkt P_0 des DHDN ist der Punkt Rauenberg (bei Berlin), als Anschlußpunkt für die Azimutmessung wurde Berlin-Marienkirche gewählt (Torge, 1980, 214; Schmidt, 1986). Das so bestimmte geodätische Datum führt (aufgrund einer Mißdeutung des Unterscheidungsmerkmals »Potsdam« in dem von der Wehrmacht benutzten »*Deutschen Heeresgitter*« durch das US Army Map Service) die Bezeichnung »*Potsdam-Datum*« (Schmidt, 1986). Ähnlich ist man bei der Einrichtung des »Geodätischen Datums 1903« in der Schweiz verfahren (Schneider/Gubler/Wiget, 1996, 13).

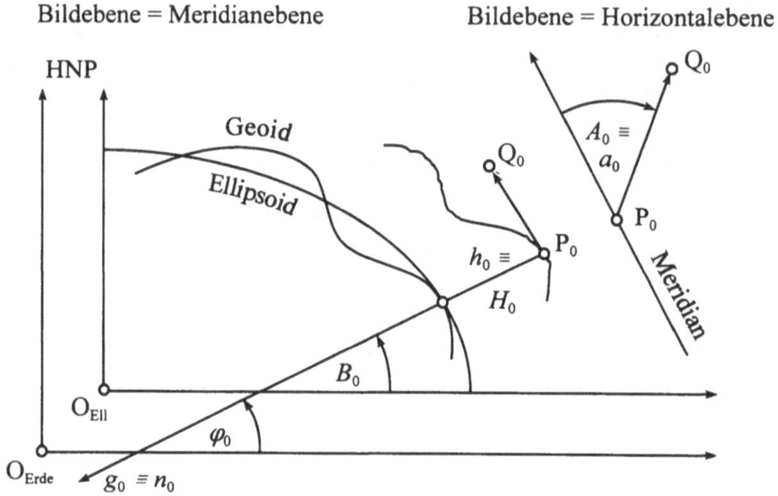

Bild 1.2-1: Datumsfestlegung durch Lagerung eines Bezugsellipsoids in einem Zentralpunkt

Bei der Lagerung eines Dreiecksnetzes in der geschilderten Weise erzwingt man zwar bestmögliche Anpassung im Zentralpunkt und in dessen Nachbarschaft, mit zunehmenden Abstand vom Zentralpunkt können aber die Lotabweichungen unerwünscht große Beträge erreichen. Man begegnete in später angelegten Netzen diesem mit der willkürlichen Punktwahl zusammenhängenden Problem, indem zur Lagerung nicht nur *ein* Punkt P_0, sondern mehrere, über das ganze Festpunktfeld hinweg verteilte »*Laplace-Punkte*« und »*Laplace-Azimute*« herangezogen wurden, auf denen φ_{0i}, λ_{0i} und a_{0i} gemessen und die entsprechenden ellipsoidischen Richtungswinkel B_{0i}, L_{0i} und A_{0i} berechnet wurden. Die dadurch ausgelöste Überbestimmung wurde durch die *Minimierung der Lotabweichungen*, etwa durch

$$\sum \xi_{0i}^2 + \sum \eta_{0i}^2 = \text{Minimum}$$

erreicht, wobei gleichzeitig die *Laplace-Bedingung* (1.1-5) $\epsilon_{0i} = \eta_{0i} \cdot \tan B_{0i}$ beachtet wurde.[3)]

[3)] Die Beachtung der Laplace-Bedingung in einem Punkt und in einer von ihm ausgehenden Richtung in einem trigonometrischen Netzverband bewirkt, wie in 1.1 dargelegt wurde, die Parallelität der Äquatorebene des Bezugsellipsoids mit der Ebene des Himmelsäquators sowie die Parallelität der Nullrichtungen der Längenzählung. Eine wesentliche, a.a.O. nicht erwähnte zusätzliche Voraussetzung ist dabei freilich, daß die Größen λ und a sowie die zur Richtungsübertragung im Netzverband gemessenen Horizontalwinkel die physische Realität exakt beschreiben, d.h. fehlerfrei bestimmt wurden. In der Praxis kann man davon nicht ausgehen, und zwar auch dann nicht, wenn alle Beobachtungen

Als Beispiele für diese Vorgehensweise mag das *Zentraleuropäische Dreiecksnetz (ZEN)* dienen (Wolf, 1949; Schmidt, 1995, 43). Dieser über das DHDN hinausgehende, aus Dreiecksketten aufgebaute Netzverband wurde auf dem Internationalen Ellipsoid berechnet. Er stützt sich auf 106 *Laplace*- und 77 *Lotabweichungspunkte*[4)] (Wolf, 1949, 23; Kneißl, 1953, 38) und führt die Datumsbezeichnung *ED50* (= *Europäisches Datum 1950*).

Die ab 1954 betriebene Weiterentwicklung des ZEN in das ganz Europa flächenhaft abdeckende *Réseau Européen des Triangulations* (*RETrig*), die zunächst mit konventionellen Verfahren (Winkel- und Streckenmessungen), später auch unter Einbeziehung von Satellitendaten erfolgte und mit den Datumsbezeichnungen *ED79* und *ED87* verbunden ist, hat für die Praxis keinen Nutzen mehr gebracht und wurde 1987 zugunsten des GPS-gestützten *European Reference Frame* (*EUREF*) eingestellt.

Geodätische Grundlagennetze werden heute nicht mehr trigonometrisch, sondern ausschließlich mit Hilfe von Satellitenverfahren angelegt, die keine Unterstützung durch die Verfahren der Geodätischen Astronomie benötigen (Seeber, 1993, 198-205). Als Beispiele für derartige Grundlagennetze mögen dienen:

---

einer Ausgleichung (z.B. nach der Methode der kleinsten Quadrate) unterzogen werden. Denn durch die Ausgleichung können die Auswirkungen der Messfehler zwar minimiert, nicht aber beseitigt werden. Die Folge der durch Messfehler und das Ausgleichungsverfahren bewirkten verzerrten Darstellung der physischen Realität sind Abweichungen vom vorausgesetzten Idealfall der Parallelität. Um die auf ein Bezugsellipsoid bezogenen Punktkoordinaten in ein am Himmelsäquator ausgerichtetes Bezugssystem zu überzuführen, ist daher nicht nur eine Verschiebung (in den drei Koordinatenkomponenten), sondern i.d.R. auch eine kleine Drehung (um drei zueinander nicht parallele Achsen) erforderlich (Seeber, 1993, 23). Wegen der den klassischen Triangulationsnetzen der Landesvermessung anhaftenden Verzerrungen muß man innerhalb eines Netzverbandes sogar mit Variationen der Lage und Ausrichtung des Bezugsellipsoids rechnen (Kovalevsky/Mueller/Kolaczek, 1989, 149; Schödlbauer, 1990/1, 77). Dieses Phänomen tritt bei Vergleichen alter Bezugsellipsoide mit einem geozentrisch gelagerten globalen Ellipsoid in Erscheinung, auf dem die betreffenden Festpunkte aufgrund der modernen (genaueren) Verfahren der Satellitengeodäsie weitgehend unverzerrt abgebildet sind. Es ist hinsichtlich seiner globalen und regionalen Komponenten für die meisten Bezugsellipsoide mit Hilfe von Isolinien in Karten dokumentiert, z.B. der Übergang WGS 84 minus ED 50 für den Bereich von Westeuropa in (DMA, 1987, 15-11 bis 15-13).

[4)] Insgesamt wurde das *ZEN* wie folgt astronomisch gestützt:

106 *Laplace-Punkte*:	77 *Lotabweichungspunkte:*
99 Stationen mit φ, λ, a	20 Stationen mit φ, λ
7 Stationen mit λ, a	43 Stationen mit φ, a
	11 Stationen mit φ
	3 Stationen mit a

Das sind insgesamt 451 astronomisch bestimmte Größen!

- mit kontinentaler Ausdehnung: das *African Doppler Survey Project* - ADOS (IUGG/IAG, 1987), das *Europäische Referenzsystem* - EUREF (Seeger et al., 1998) und das *Sistema di Referencia del America del Sur* - SIRGAS (Fortes et al., 1995), und
- in der Größenordnung eines Landes: das *Deutsche Referenzsystem* - DREF (Lindstrot, 1999) und das 1992 neu bestimmte *geodätische Festpunktfeld von Ruanda* (Krack, 1993; Schödlbauer, 1994).

Die Liste ließe sich beliebig erweitern, da derzeit die meisten Staaten ihre Grundlagennetze mit Hilfe des Global Positioning System erneuern.

Zu b) Verbesserung der Richtungsübertragung in Großraumnetzen

Das unter Buchstabe a geschilderte Prinzip, zur Stabilisierung der Orientierung eines Landesdreiecksnetzes »Laplace-Azimute« zu messen, kann auf jedes beliebige andere Großraumnetz übertragen werden. Auch diese Aufgabe fällt aufgrund der Möglichkeiten der Satellitengeodäsie heute nicht mehr an.

Zu c) Bestimmung der Dimensionen des Erdellipsoids

Nach dem bereits von Eratosthenes (276-194 v. Chr.) angewandten Prinzip zur Bestimmung der Größe der Erde (damals unter der Hypothese, daß die Erde eine Kugel ist) läßt sich aus einem astronomisch festgestellten Breitenunterschied $\Delta\varphi$ zwischen zwei auf dem gleichen Meridian liegenden Punkten bei bekannter Bogenlänge (ΔG) der Radius der Kugel bestimmen: $R = \Delta G \,/\, \Delta\varphi$; (Dreyer, 1953; Kneißl, 1958, 9; Bialas, 1972, 1; Schwarz, 1975; Bretterbauer, 1999).

Bei einem Rotationsellipsoid verändert sich der Meridiankrümmungshalbmesser in Abhängigkeit von der Geographischen Breite. Mißt man also in den Geographischen Breiten φ_i Meridianbogenabschnitte ΔG_i und zugehörige Breitenunterschiede $\Delta\varphi_i$ so stehen, wenn man noch voraussetzt, daß die Bogenabschnitte möglichst über den gesamten Meridianquadranten verteilt sind, mit

$$M_i = \frac{\Delta G_i}{\Delta\varphi_i} = \frac{c}{(1+\acute{e}^2\cdot\cos^2\phi_i)^{3/2}}\,; \qquad i = 1\ldots n\,; \tag{1.2-1}$$

n Gleichungen zur Bestimmung der beiden unbekannten Ellipsoidparameter c = *Polkrümmungshalbmesser* und $\acute{e}$ = *Zweite numerische Exzentrizität* zur Verfügung. Aus c und $\acute{e}$ lassen sich dann beliebige andere Bestimmungsstücke des Ellipsoids ableiten (Schödlbauer, 1981, 1). Bei den ersten nach diesem Verfahren durchgeführten Gradbogenmessungen im frühen 18. Jahrhundert (Perrier, 1949; Bialas, 1972) wurden die Ellipsoidparameter zunächst aus nur zwei Bogenabschnitten abgeleitet. Da keine Informationen über Lotabweichungen zur Verfü-gung standen, war man gezwungen, Lotrichtungen und Ellipsoidnormale gleichzusetzen, was notwendigerweise zu Verfälschungen führte.[5] Spätere Ellipsoidbestimmungen konnten sich auf eine zunehmende Zahl von Bogenelementen stützen. Mit dem Beginn des 19. Jahrhunderts begann man in großem Stil Pendelmessungen durchzuführen, aus denen auf der Grundlage des *Theorems von Clairaut* (Heiskanen/Moritz, 1967, 69/75/76; Pick/Pícha/Vyskočil, 1973, 60; Torge, 1989, 37) zusätzliche Informationen zur Erdabplattung gewonnen werden konnten (Straßer, 1957).

Die modernen geodätischen Bezugssystemen zugrunde liegenden Ellipsoid-Dimensionen werden heute ausschließlich aus Satellitenbeobachtungen gewonnen (Moritz, 1980).

Zu d) Bestimmung eines bestanschließenden Ellipsoids

Die Lösung der hier formulierten Aufgabenstellung ist bereits durch den unter Buchstabe b dargelegten Lösungsansatz abgedeckt. Der einzige Unterschied besteht darin, daß bei der Ausgleichung des Dreiecksnetzes und bei der Koordinatenberechnung auf dem Bezugsellipsoid unter Beachtung von

$$\sum \xi_{0i}^2 + \sum \eta_{0i}^2 = \text{Minimum}$$

als zusätzliche Unbekannte noch die Ellipsoidparameter (z.B. die große Halbachse a und die Abplattung f) bestimmt wurden.

Wie die unter Buchstabe b dargestellte Aufgabe ist auch die hier beschriebene nicht mehr aktuell.

1.2.3 Substitution der Verfahren der Geodätischen Astronomie durch Satellitenverfahren und durch das Verfahren der Langbasis-Interferometrie

Zu g) Bestimmung der Pol- und Rotationsschwankungen der Erde

Die früher durch kontinuierliche Sternbeobachtungen von ausgewählten astronomischen Stationen wahrgenommene Aufgabe, laufend die (geringfügig) variablen *Erdrotationsparameter »Polkoordinaten«* und *»Weltzeit minus Atomzeit«* (*Tageslänge, Winkelgeschwindigkeit der Erde*) zu bestimmen, ist aktueller denn je, da die genannten Parameter bei der geodätischen Nutzung künstlicher Erdsatelliten und beim Einsatz der *Langbasis-Interferometrie* (*Very Long Baseline Interferometry VLBI*) benötigt werden, um die Meßergebnisse aus den einschlägigen zälestischen Bezugssystemen in erdfeste Bezugssysteme zu transformieren. Heute

---

[5] Der erste diesbezügliche, von Pierre Bouguer im Verlauf einer Gradmessungsexpedition 1735-1741 in Peru unternommene Versuch, die durch den 6310 m hohen Chimborazo bewirkte Lotabweichung zu bestimmen (⇨ Bezugstext zu Fußnote 7 in 2.4.4), verlief aufgrund widriger Meßbedingungen wenig erfolgreich (Maskelyne, 1775, 495).

werden diese Parameter allerdings nicht mehr astrogeodätisch, sondern mit Satellitenverfahren (Silverberg, 1980; Anderle, 1980; Seeber, 1993, 206) und durch den Einsatz der *Langbasisinterferometrie* (VLBI) bestimmt (Wilkins, 1980/1; Melbourne, 1980; Schuh, 1990; Schuh/Campbell, 1996).

Zu h) Paßpunktbestimmung für kleinmaßstäbliche Vermessungen

Die astrogeodätische Paßpunktbestimmung für kleinmaßstäbliche Vermessungen und zur Einpassung photogrammetrischer Blöcke ist grundsätzlich problematisch, da die astronomisch bestimmten Breiten und Längen nur die Lotrichtungen, nicht aber Positionen auf der Erde beschreiben (Sigl, 1975, 21). Die (Fehl-) Interpretation der Lotrichtungen als Lagekoordinaten auf einem Bezugsellipsoid führt zu Positionsfehlern in der Größenordnung »Lotabweichung mal Erdradius«. Die Fehler können daher allein schon aus diesem Grund mehrere 100 m erreichen. (Z.B. zieht eine Lotabweichung von $\theta = 10''$ einen Lagefehler von $(10''/\rho_{rad\to''}) \cdot 6380$ km = 309 m nach sich). Das Fehlerbudget wird darüber hinaus auch noch durch Meßfehler bei der Breiten- und Längenbestimmung verschlechtert, die ebenfalls mit etwa 30 m Positionsfehler pro 1″ Meßfehler zu Buche schlagen. Es liegt auf der Hand, daß derartige »Paßpunkte« ein lokales Netz u.U. weit über die Zeichengenauigkeit der angestrebten Karte hinaus deformieren können. (In einer Karte 1 : 50000 entspricht die Zeichengenauigkeit von 0,1mm 5m in der Natur). Die gestellte Aufgabe läßt sich heute wesentlich genauer und schneller mit Satellitenverfahren lösen (Seeber, 1993, 204-205).

Zu i) Orts- Zeit- und Azimutbestimmungen auf Expeditionen

Vor der Erfindung der Funknavigation (während des zweiten Weltkrieges) standen zur Positionsbestimmung auf hoher See und in abgelegenen Regionen der Erde allein die astrogeodätischen Verfahren zur Verfügung, für die Azimutbestimmung darüber hinaus auch noch Magnet- und Kreiselkompasse. Aus den gleichen Gründen, die bereits unter Buchstabe h dargelegt wurden, war die erreichbare Genauigkeit aber grundsätzlich beschränkt.

Die Funknavigation, wie z.B. LORAN, DECCA, OMEGA und die Verfahren der Satellitennavigation, insbesondere das GPS (Global Positioning System), haben die astrogeodätische Navigation mittlerweile fast völlig verdrängt. Der Grund hierfür liegt in der wesentlich höheren Positioniergenauigkeit, in der Wetterunabhängigkeit und in der sehr einfachen Handhabung der neuen Verfahren. Standardgeräte zur Orts- und Zeitbestimmung bei Expeditionen sowie für Freizeitaktivitäten auf Land Luft- und See sind heute tragbare GPS- Empfänger.

1.2.4 Einsatzgebiete, in denen die Geodätische Astronomie an Bedeutung gewonnen hat

Zu e) Bestimmung von Lotabweichungen zur Ermittlung von Teilen des Geoids

In der Ära der »klassischen Landesvermessung« - wir verstehen darunter den Zeitraum vom Beginn der modernen Landesvermessung Anfang des 19. Jahrhunderts bis zum Einzug der Satellitenverfahren in die Geodäsie in den sechziger Jahren - mußten aus methodischen Gründen geodätische Lage- und Höhenbezugssysteme voneinander isoliert eingerichtet und geführt werden. Der Grund für diese Trennung war der in unterschiedlicher Weise »störende« Einfluß der physikalischen Felder der Schwere und der Refraktion auf die terrestrischen Meßelemente (Torge, 1980, 127).

Die Ergebnisse der *Lagemessung*, die im wesentlichen aus Triangulation hervorgingen, wurden auf ein *Bezugsellipsoid* übertragen. Dabei spielten die vorerwähnten Störeinflüsse nur eine sehr nachrangige Rolle. Der Versuch aber, auch die Ergebnisse der *Höhenmessung* auf ein Ellipsoid zu beziehen (und damit Lage- und Höhenmessung in einem einheitlichen, dreidimensionalen Bezugssystem zusammenfassen), scheiterte an der Schwierigkeit, das Schwerefeld der Erde und die atmosphärische Refraktion mit ausreichender Genauigkeit zu erfassen oder zu modellieren.

Indem die durch Nivellements (in Verbindung mit Schweremessungen) gewonnenen Ergebnisse der *Höhenmessung* auf das *Geoid* bezogen wurden, (dessen Struktur dabei unbekannt bleiben konnte) wurden die vorerwähnten Störeinflüsse weitgehend hintan gehalten.

Die räumlichen Beziehungen von Bezugsellipsoid und Geoid brauchen bei dieser Trennung von Lage- und Höhenbezugssystem nur näherungsweise, nämlich in der Größenordnung von mehreren Metern bekannt zu sein. Aufgrund der gewählten Modellbildung erfolgte die Ableitung der Koordinaten (Lagekoordinaten und Höhen) aus den Meßelementen (Winkel, Strecken, »nivellierten Höhen« (fast) ohne Informationsverlust, so daß die Meßdaten aus den errechneten Koordinaten weitgehend reproduzierbar blieben. Die Kenntnis der »Geoidhöhen« (das sind die Abstände Bezugsellipsoid - Geoid) war nur zum Zwecke der Projektion (»Reduktion«) gemessener Strecken auf das Bezugsellipsoid erforderlich. Dabei wirkte sich aber ein Fehler von z.B. 6 m auf das Ergebnis (nämlich die auf das Ellipsoid reduzierte Strecke) mit weniger als 10^{-5} (= 1 cm / km) aus, was im Vergleich mit den unvermeidlichen meßtechnisch bedingten Streckenfehlern von damals größer als 10^{-5} hingenommen werden konnte.

Für die Auswertung von Nivellements, durch die in Verbindung mit Schweremessungen Geoid-bezogene Höhenunterschiede bestimmt werden, ist die Struktur und die Lage des Geoids relativ zum Bezugsellipsoid gänzlich ohne Belang.

Mit der Aufnahme der Satellitengeodäsie in das Arsenal geodätischer Meßverfahren haben sich die Ansprüche an die Genauigkeit, mit der Lage und Struktur des Geoids benötigt werden, beträchtlich erhöht. Die mit Satellitenmethoden lösbaren Aufgaben der Geodäsie, der Geophysik, der Ozeanographie und des Bauingenieurwesens erfordern die Kenntnis der Geoidhöhen mit einer Genauigkeit von wenigen Zentimetern (Gerstbach, 1990; Denker/Torge, 1992). Die aus dem Bereich der Geodäsie kommende Antriebskraft dieser Entwicklung wird durch das Bestreben genährt, in absehbarer Zeit das arbeitsintensive (geometrische) Nivellement durch das wirtschaftlichere *»Satelliten-Nivellement«* (z.B. *»GPS-Nivellement«*) zu ergänzen oder gar zu ersetzen, was (wenigstens regional) eine noch feinere Auflösung bei der Beschreibung des Geoids voraussetzt (»cm - mm - Geoid«). Bei bekannter Geoidhöhe N können nach diesem Verfahren die mit Hilfe geodätischer Satelliten bestimmbaren Ellipsoidischen Höhen h in *Orthometrische Höhen H* überführt werden:

$$H = h - N\,. \tag{1.2-2}$$

Vor diesem Hintergrund hat die *Geoidbestimmung* heute größere Bedeutung als je zuvor. Zu Gebote stehen dabei gravimetrische, astrogeodätische und kombinierte Verfahren.

Die Verfahren der **gravimetrischen Geoidbestimmung** stützen sich auf *Schweremessungen*. Die *Geoidhöhen N* in Punkten P werden dabei durch Auswertung des *Stokeschen Integrals*

$$N = \frac{R}{4\cdot\pi\cdot\bar{\gamma}}\cdot\iint_\sigma \Delta g_0\cdot S\{\psi\}\cdot \mathrm{d}\sigma \tag{1.2-3}$$

gewonnen (Ledersteger, 1956/1969, 635-645; Heiskanen/Moritz, 1967, 94). In dieser Formel bedeuten R = Erdradius, $\bar{\gamma}$ = globaler Mittelwert der Schwere, $\Delta g_0 = g_0 - \gamma_0$ = *Schwereanomalien* in allen Flächenelementen (Punkten) $R^2\cdot\mathrm{d}\sigma$ der Erdoberfläche, wobei g_0 für die *auf das Geoid reduzierte Oberflächenschwere g* und γ_0 für die *Normalschwere* stehen. $S\{\psi\}$ ist die vom (sphärischen) Bogenabstand ψ zwischen P und dem jeweiligen Meßpunkt des Schwerewertes g abhängige *Stokesche Funktion*, die das Gewicht der einzelnen Schwerebeobachtungen bestimmt. Die Integration ist über die gesamte Erdoberfläche zu führen. Bei der numerischen Auswertung von (1.2-3) muß die Integration durch eine Summation über eine endliche Anzahl endlicher Flächenelemente ersetzt werden. Hierbei sind für die einzelnen $\mathrm{d}\sigma$ Mittelwerte der Schwereanomalie Δg_0 und der Funktion $S\{\psi\}$ einzuführen (Torge, 1980, 158). Von den der Anwendung des Stokeschen Formel (1.2-3) zugrunde liegenden Bedingungen:

- Ursprung, Achsenlage, Masse und Potential von Geoid und Niveauellipsoid sind gleich,

- die gesamte Erdmasse liegt innerhalb des Geoids,
- das Schwerefeld der gesamten Erdoberfläche ist bekannt,

ist nur die erste erfüllbar. Die beiden anderen Bedingungen müssen im Rahmen von Hypothesen berücksichtigt werden (Mönicke, 1981, 13).

Die Oberflächenschwere läßt sich mit Hilfe von *Absolut- und Relativgravimetern* (Torge, 1989, 128-255), durch Verfahren der *See- und Aerogravimetrie* (Hehl, 1992; Klingelé et al., 1995), durch die *Analyse von Satellitenbahnen* (Reigber, 1969; Sigl, 1989; Bauersima, 1989; Seeber, 1993, 383; 415) und mit Hilfe von *Gradiometern auf Satelliten* (Rummel, 1991; Balmino, 1991) gewinnen. Aus den verfügbaren Schwerefelddaten und unter Berücksichtigung von GEOS-3- und SEASAT-1-*Altimeterdaten* (Hwang, 1989) wurden bis dato etliche Geoide abgeleitet (Reigber, 1982; Wenzel, 1985, 4), globale auf einem Genauigkeitsniveau von ½ m - 1 m (Rapp, 1989), kontinentale und nationale im dm-Bereich (Denker, 1989; Bašić, 1989, Denker/Torge, 1992) und lokale mit einer Genauigkeit von wenigen cm (Hein, 1978, 83-100; Forsberg/Madsen, 1990; Madsen/Tscherning, 1990).

Kennzeichnend für die Verfahren der gravimetrischen Geoidbestimmung ist die Tatsache, daß sie eine extrem große globale Datenbasis benötigen (mehr als 1 Gbyte Meßdaten), die nur in international angelegten Organisationsstrukturen bereit gestellt werden kann und daher nur wenigen entsprechend ausgerichteten Instituten bzw. Arbeitsgruppen zur Verfügung steht. Die Notwendigkeit der Bezugnahme auf eine globale Datenbasis gilt auch für die gravimetrische Bestimmung lokaler Geoide und der Lotabweichungen, was für den Wirtschaftlichkeitsvergleich mit den astrogeodätischen Verfahren der Geoidbestimmung von Bedeutung ist.

Das Verfahren der **astrogeodätischen Geoidbestimmung** stützt sich auf das von Helmert (1880/I, 565) entwickelte *Astronomische Nivellement*, mit dem aus Lotabweichungen benachbarter Punkte Geoidhöhen-Unterschiede bestimmt werden können (Ledersteger, 1956/1969, 171-178; Levalloir, 1978, 403-421; Torge, 1980, 141, 146). Für ein beliebiges, durch die Endpunkte P_i und P_k definiertes Geoidprofil - Bild 1.2-2 zeigt einen differentiellen, im Azimut A liegenden Ausschnitt aus diesem Profil, Bild 1.2-3 ein Profil mit endlicher Ausdehnung - erhält man mit (1.1-7) und (1.1-8) für den betreffenden *Geoid-Anstieg*:

$$\Delta N_{ik} = N_k - N_i = -\int_i^k \theta_A \cdot dS_A + \int_i^k (\theta_A - \theta_{A0}) \cdot dS_A = -\int_i^k \theta_{A0} \cdot dS_A \,. \qquad (1.2\text{-}4)$$

Zur flächenhaften Bestimmung eines Geoidausschnittes muß die Funktion $\Delta N = \Delta N\{\theta_{A0}, S\}$ durch ein Modell angenähert werden. Auch dieses Verfahren ist nicht hypothesenfrei. Die *Lotabweichung nach Pizzetti* θ_{A0}, die sich von der *Helmertschen Lotabweichung* θ_A um die durch die Lotkrümmung κ_{Ai} verursachte Änderung der Lotrichtung $\theta_{Ai} - \theta_{A0i} = \kappa_{Ai} \cdot H_i = dOK_{Ai}/dS_A$ unterscheidet, kann aus θ_A nämlich nur bei Kenntnis der örtlichen Dichtefunktion berechnet werden. Diese ist aber i.d.R. nur an der Erdoberfläche bekannt, und muß daher wie die *Orthometrische Korrektion* dOK_{Ai}, die sie repräsentiert, durch eine Hypothese beschrieben werden (Chesi, 1963, 3; Mönicke, 1981, 13).

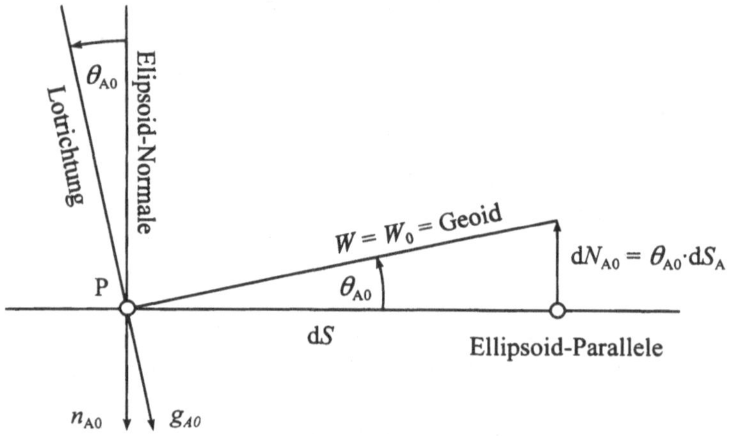

Bild 1.2-2: Zusammenhang zwischen Lotabweichung θ_A und Geoidhöhen-Unterschied dN_A

Das Problem der unbekannten Dichteverteilung kann sowohl im Falle der gravimetrischen als auch der astrogeodätischen Geoidbestimmung umgangen werden, wenn nicht das Geoid, sondern das *Quasigeoid* bestimmt wird (Vaníćek/Krakiwsky, 1986, 117; Torge, 1980, 141, 146).

Als Beispiel für eine nur linienweise Auswertung von (1.2-4) mag die auf das astronomische Nivellement gestützte *Höhenübertragung über den Großen Belt* dienen, die 1990 im Zusammenhang mit dem Bau eines Eisenbahntunnels zwischen den dänischen Inseln Sjælland und Sprogø durchgeführt worden ist (Schödlbauer/Heister/Krack/Scherer, 1992; Schödlbauer/Glasmacher/Heister/Krack/Scherer, 1993).

Die Anwendung von (1.2-4) auf Profile in verschiedenen Richtungen in einem rasterartig aufgebauten Punktfeld ermöglicht die flächenhafte Bestimmung des Geoids, allerdings ohne die dem gravimetrischen Verfahren (1.2-3) immanente absolute Lagerung. Diese Lagerung muß hier durch den Höhenanschluß an einen Meerespegel, bzw., da dieser nicht notwendigerweise auf dem Geoid liegt, konventionell erfolgen.

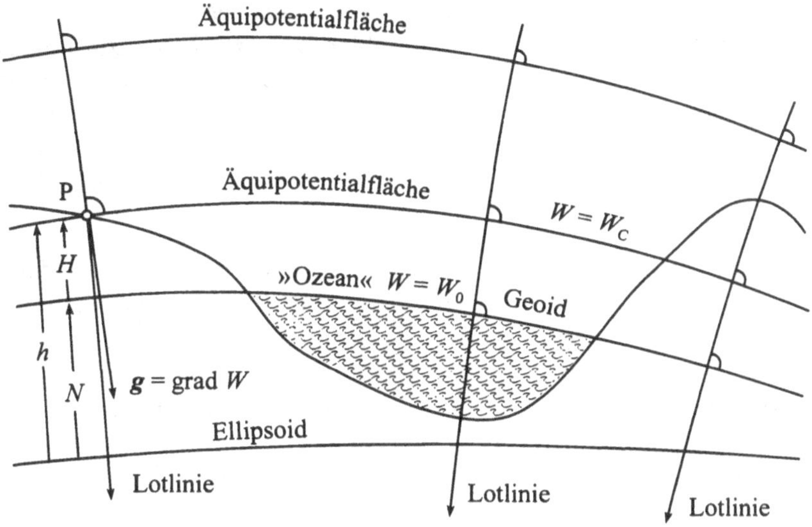

Bild 1.2-3: Bezugsellipsoid, Geoid, Äquipotentialflächen, Lotrichtungen, Ellipsoidnormalen (zur astrogeodätischen Geoidbestimmung)

Als Beispiele für astrogeodätisch bestimmte Geoide mögen die für den Bereich der (alten) Bundesrepublik Deutschland (Wolf, 1949; 1956; Heitz, 1969; Heineke/Torge, 1979), für die Tschechoslowakei (Buchar, 1951; Cimbálník, 1953), für die Schweiz (Gurtner, 1978; Gurtner/Bürki, 1987; Marti/Kahle, 1995), für Österreich (Erker, 1982; Bretterbauer/Gerstbach, 1983; Erker/Hofmann-Wellenhof/Moritz/Sünkel, 1996), für Slowenien und Kroatien (Čolić et al., 1992; Čolić/Pribičević/Švehla, 1998) und für ganz Europa (Bomford, 1972) berechneten Geoide dienen.

Da in einem geschlossenen Arbeitsgebiet, insbesondere im Gebirge, astrogeodätisch bestimmte Lotabweichungen das Geoid besser definieren als die lokalen Schwerewerte - die Lotabweichungen lassen sich astrogeodätisch direkt messen, während sie auf der Grundlage von Schwerewerten und unter Anwendung von Differentialquotienten der Funktion (1.2-3) wie die Geoidhöhen nur aus global verteilten Daten abgleitet werden können - ist bei astrogeodätischen Geoiden ein höheres Genauigkeitsniveau bei gleichzeitig geringerem Meßaufwand zu erwarten (Mönicke, 1981, 13; Gerstbach, 1997). Nach derzeitigem Kenntnisstand dürfte sich ein »*cm-Geoid*« nur auf der Grundlage astrogeodätisch bestimmter Lotabweichungen erreichen lassen.

Hier nur noch kurz erwähnt sei das von Molodenski (1958, 84) entwickelte und in verschiedenen Variationen (z.B. Campbell, 1971) angewandte Verfahren der

astrogravimetrischen Geoidbestimmung, bei dem astrogeodätisch gemessenen Lotabweichungen und Schweremessungen miteinander verknüpft werden. Die Schwerewerte (Schwereanomalien) dienen hier im wesentlichen zur Interpolation der astrogeodätisch gewonnenen Lotabweichungen. Beispiele: *Astrogravimetrisches Quasigeoid im Bereich der (alten) Bundesrepublik Deutschland* (Lelgemann, 1978; Lelgemann/Ehlert/Hauck, 1981; 1982), eine Studie eines lokalen Geoids »*Prutz in Tirol*« von Daxinger (1996) und das im Entstehen begriffene »*Austrian Geoid 2000* « (Erker et al., 1996).

Abschließend kann im Hinblick auf alle dargestellten Verfahren der Geoidbestimmung festgehalten werden, daß eine zusätzliche Genauigkeitssteigerung möglich ist, wenn bei der Reduktion gemessener Lotabweichungs- und Schwerewerte auf das Geoid die Einflüsse von Topographie und Geologie berücksichtigt werden, d.h. wenn *digitale Gelände- und Dichtemodelle* zur Verfügung stehen; (Boedecker, 1975; Haitzmann, 1983; Ruess, 1983; Granser et al., 1983; Denker, 1988; Bernauer/Geiger, 1986; Daxinger, 1996; Gerstbach, 1997).

Zu f) Bestimmung von Lotabweichungen für Raumtriangulationen

Wie bereits dargelegt, war einer der Gründe (neben der Refraktion), warum in der klassischen Landesvermessung Lage- und Höhenmessungen getrennt und in unabhängigen Bezugssystemen ausgewertet wurden, die Schwierigkeit, das Schwerefeld der Erde mit der notwendigen Genauigkeit zu modellieren. Diese Einschränkung entfällt, wenn in ausreichender Dichte Lotabweichungen (als »Signale« des Erdschwerefeldes) zur Verfügung stehen.

Raumtriangulationen sind insbesondere im Gebirge von Interesse, da hier *räumliche* Netzstrukturen möglich sind, die im Vergleich mit ebenen, die Stabilität der Netze erhöhen. Ein unter Anbringung der Lotabweichungsreduktionen (1.1-6) und (1.1-4) an die beobachteten Horizontalwinkel- und Zenitdistanzen auf einem Bezugsellipsoid berechnetes räumliches Triangulationsnetz ist mit satellitengeodätisch bestimmten dreidimensionalen Punktfeldern kompatibel (Wolf, 1963), was für gelegentliche Vergleiche der Meßverfahren und zur gegenseitigen Stützung terrestrisch und Satelliten-gestützt bestimmter Punktfelder genutzt werden kann (Rothacher et al., 1986).

Zu k) Einmessung der Richtungen zu geodätischen Satelliten

Als Deker (1967), Schulz (1968), Mimus/Mittermayer (1968), Ramsayer (1970) diese Aufgabe beschrieben, hatten sie die Beobachtung der ersten geodätischen genutzten passiven Ballon-Satelliten vom Typ ECHO, PAGEOS und EXPLORER oder der aktiven »Blitzlichtsatelliten« vom Typ ANNA und GEOS vor Augen, die mit ballistischen Kameras photographisch beobachtet wurden (Seeber, 1993, 141). Satelliten diese Typs sind heute nicht mehr im Umlauf. Das Beobachtungsprinzip ist aber nach wie vor aktuell, nunmehr auf der Grundlage der CCD-Technik, etwa zur laufenden Kontrolle der Bahnen (»Positionen«) geostationärer Satelliten (Gerstbach, 1996/1, 1996/2; Potthoff, 1993; Ploner, 1996).

Zu l) Absteckung der Nordrichtung zur Kalibrierung von Trägheitsnavigationsanlagen und nordsuchender Kreisel (Vermessungskreisel)

Ein *Vermessungskreisel* ist in der Lage, mit der an einem Torsionsband horizontal aufgehängten Achse seines Kreiselrotors die wahre Nordrichtung (= Richtung der auf die Horizontalebene projizierten momentanen Rotationsachse der Erde) zu sensieren (Schödlbauer, 1990). Sensitiv ist dabei allerdings nicht die mechanische Achse, sondern die Drehimpulsachse des Kreiselrotors. Diese zwei Achsen stimmen aber nicht notwendigerweise überein, insbesondere kann der mit der mechanischen Achse verbundene »Nordzeiger« von der physikalisch wirksamen Drehimpulsachse abweichen. Wenn mit einem Vermessungskreisel die wahre Nordrichtung abgesteckt werden soll, muß daher der Unterschied zwischen der Drehimpulsachse und der Richtung des Nordzeigers durch Kalibrierung festgestellt werden. Dazu wird eine Kalibrierstrecke eingerichtet, deren Ausrichtung bezüglich der Nordrichtung (mit anderen Worten: deren Azimut) astrogeodätisch oder mit Satellitenverfahren (z.B. mit dem GPS) bestimmt werden kann. Das astrogeodätische Verfahren hat dabei den Vorzug, daß es das gesuchte Ergebnis direkt liefert, während ein satellitengeodätisch bestimmtes Azimut wegen des Einflusses der u.U. nicht bekannten Lotabweichungskomponente η erst noch korrigiert werden muß.

Auch kreiselgestützte *Trägheitsplattformen*, die der Navigation von Raum-, Flug-, See- und Landfahrzeugen dienen und auch im Vermessungswesen eingesetzt werden, sind bei stehendem Trägerfahrzeug in der Lage, die Nordrichtung zu sensieren. Ist diese Richtung festgestellt, was durch eine als *»Ausrichtung«* (engl.: *alignement*) bezeichnete Prozedur vor der Navigations- bzw. Meßfahrt erfolgt (Lechner, 1987), steht die Nordrichtung auch während der Fahrt als Kursreferenz zur Verfügung (Schödlbauer, 1985/1; 1985/2; 1987; Caspary, 1987; Joos, 1987). Um die an der Halterung der Plattform (i.d.R. ein cardanscher Rahmen) angezeigte Nordrichtung mit der »Fahrzeugachse« in Beziehung zu bringen, muß das System Fahrzeug-Trägheitsplattform anhand einer Richtungsreferenz mit bekanntem Azimut kalibriert werden. Auch für diesen Vorgang ist eine Kalibrierstrecke erforderlich, deren Einrichtung den gleichen Kriterien unterliegt, wie eine Kalibrierstrecke für Vermessungskreisel.

1.3 Die Gaußsche Richtungskugel (Himmelskugel)

In der Geodätischen Astronomie dienen die Richtungen zu ausgewählten Sternen, die zuvor durch astrometrische Verfahren bestimmt wurden und in Form von

»Koordinaten« (Richtungswinkeln) in Sternkatalogen beschrieben sind, als absolute Richtungsreferenz, auf die erdfeste Richtungen (z.B. die Richtung der Rotationsachse der Erde, die Lotrichtungen und beliebige andere erdfeste Richtungen) bezogen werden können.

Die zwischen beliebigen, auch windschief zueinander verlaufenden Richtungen im Raum bestehenden Winkelbeziehungen - seien sie konstant oder veränderlich - lassen sich veranschaulichen, quantifizieren und analytisch (trigonometrisch) - erfassen, wenn diese Richtungen durch Parallelverschiebung in ein gemeinsames Zentrum (z.B. in den Standort eines Beobachters) verschoben und mit einer konzentrischen Kugel zum Schnitt gebracht werden. Die Kugel wird so zur Projektionsfläche, auf der die Richtungen als Punkte (»Örter«, »Positionen« a) abgebildet werden. Zwei in ein gemeinsames Zentrum verschobene, nicht parallele Richtungen spannen eine Ebene auf. Das sphärische Bild einer solchen Ebene (und damit auch das Bild der Menge aller in dieser Ebene liegenden Richtungen) ist ein Großkreis.

Eine Kugel, die im dargelegten Sinne als Projektions- und Rechenfläche dient, nennt man *Gaußsche Richtungskugel* (Sigl, 1975, 22).

Über den Radius r dieser Kugel kann im Hinblick auf die ihr zugedachte Funktion grundsätzlich beliebig verfügt werden. Er wird üblicherweise gleich der Einheit gewählt ($r = 1$). In diesem Fall sind die Maßzahlen, die Abschnitte von Großkreisbögen bezeichnen (gezählt in Vielfachen der Einheit) und die Maßzahlen der den Bogenabschnitten zugeordneten Zentriwinkel (ausgedrückt im Bogenmaß) zahlenmäßig gleich, was die trigonometrischen Beziehungen formal vereinfacht.

In Bild 1.3-1 ist das Abbildungsprinzip am Beispiel einer im Beobachtungsstandort P zentrierten *erdfesten Richtungskugel* dargestellt. Erdfeste Richtungen werden auf dieser Kugel in »Festpunkten« abgebildet. Entsprechend sind auch die (zweidimensionalen) Punktkoordinaten - also die Koordinatenpaare, die auf der Kugel die erdfesten Richtungen beschreiben - feste (konstante) Werte.

Zur Abbildung der Richtungen zu den Fixsternen verwendet man eine im Mittelpunkt der Erde oder der Sonne verankerte und *mit dem Fixsternhimmel verbundene Gaußsche Richtungskugel*. Eine solche Richtungskugel wird auch *Himmelskugel* genannt. Auf ihr nehmen die Fixsterne die Bilder der Richtungen zu den Sternen) feste, durch sphärische Koordinaten beschreibbare Plätze ein, die man als *Stern»positionen«* oder *Stern»örter«* bezeichnet. In Bild 1.3-2 ist die Himmelskugel anhand einiger weniger bekannter Sterne und Sternbilder (Sirius, Regulus - Orion, Großer Wagen, Kreuz des Südens) skizziert. Das eingetragene Koordinatengitter ist am Himmelsäquator (HÄ = Bild aller zur Rotationsachse der Erde senkrecht stehenden Richtungen) und an der Ekliptik (E = Bild der Bahnebene der Erde) ausgerichtet. Da der Betrachter von Bild 1.3-2 von »aussen« auf die Himmelskugel blickt, sieht er die Sternbilder im Vergleich mit einem Betrachter des natürlichen Sternhimmels (der im Zentrum der Himmelskugel steht) seitenverkehrt.

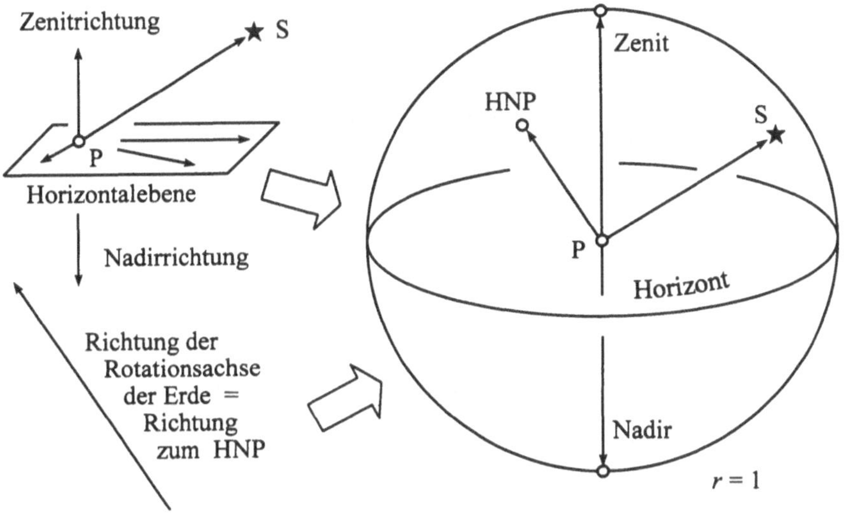

Bild 1.3-1: Abbildung von Richtungen (z.B. derLotrichtung, der Richtung der Rotationsachse der Erde, Horizontalrichtungen oder die Richtung zu einem Stern) als Punkte bzw. als Kreise (Zenit, HNP, Horizont, S) auf die *Gaußsche Richtungskugel (Himmelskugel)*

Nach dem dargelegten *Abbildungsprinzip* {*Richtung im Raum*} ↔ {*Punkt auf der Kugeloberfläche*} beschreibt ein »*Sternort*« nicht den Ort eines Sterns im eigentlichen Sinne, d.h. seine dreidimensionale Position im All, sondern lediglich die Richtung, unter der der betreffende Stern von der Erde aus (oder von einem anderen Standort aus) erscheint. In gleicher Weise eingeschränkt muß auch der in der älteren astrogeodätischen Literatur und in der Astronavigation häufig verwendete Begriff eines *Ortes auf der Erdoberfläche* gedeutet werden, der durch *astronomisch-geographische oder astronomisch-geodätische* »*Ortsbestimmung*« (Graff, 1944; Niethammer, 1947; Mühlig, 1960) ermittelt wurde.[6)]

---

6) Ein zweidimensionaler Ort auf der realen Erdoberfläche ließe sich aus bekannten Lotrichtungen nur dann herleiten, wenn das erdnahe Schwerefeld, d.h. die »Funktion« $\boldsymbol{g} = \boldsymbol{g}\{B, L\}$ im Detail bekannt wäre, so daß man aus der Kenntnis von $\boldsymbol{g}$ auf die ellipsoidischen Lagekoordinaten B und L schließen könnte. Abgesehen davon, daß zur Herleitung von B und L aus $\boldsymbol{g}$ mit geodätischer Genauigkeit (cm) die Lotrichtung mit einer Richtungsgenauigkeit von $10^{-4}{}''$ festgestellt werden müßte, was optische Meßverfahren nicht zulassen, besteht die Hauptaufgabe der Geodätischen Astronomie ja gerade darin, die Lotrichtung zu bestimmen. Eine Ortsbestimmung im eigentlichen Sinn ist daher mit astrogeodätischen Verfahren in Strenge nicht möglich. Für die klassische »astronomische Navigation«

Die Himmelskugel ist per definitionem eine abstrakte Fläche. Zur anschaulichen Darstellung des Fixsternhimmels kann diese Kugel aber auch als materielle Kugel konstruiert werden, die man dann als *Himmelsglobus* bezeichnet; ➪ 7.4.1.

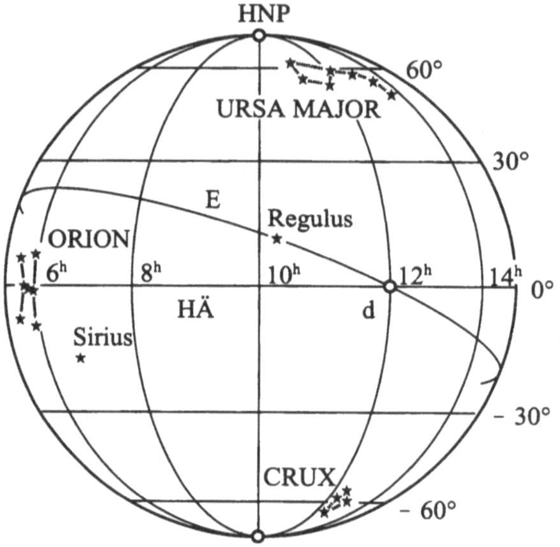

Bild 1.3-2: Abbildung von Richtungen zu Fixsternen sowie von gedachten Richtungen und Ebenen auf der *Himmelskugel*, z.B. die Richtung der Rotationsachse der Erde (HNP), z.B. Ebene des Himmelsäquators (HÄ)

1.4 Grundformeln der Sphärischen Trigonometrie Interpolationsformeln

1.4.1 Sammlung trigonometrischer Formeln

Wie bereits in 1.3 dargelegt, sind bei der Lösung der Hauptaufgabe der Geodätischen Astronomie *Sphärische Dreiecke* auszuwerten. Die Auswertung zielt in der Regel darauf, aus drei bekannten Dreieckselementen ein viertes zu bestimmen. Die Formeln für die dabei in Betracht kommenden Verknüpfungen sind die Werkzeuge der *Sphärischen Trigonometrie*. Sie sind in allen mathematischen Formelsammlungen und in zahlreichen Hand- und Lehrbüchern der Trigonometrie dokumentiert; ➪ z.B. Hammer (1923); Sigl (1977).

---

ausreichende Näherungslösungen lassen sich allerdings angeben, wenn man die Lotrichtungen in den Punkten der Erdoberfläche mit den entsprechenden der Normalen eines Erdellipsoids oder mit den Richtungen zum Zentrum einer Erdkugel gleichsetzt (die unbekannten Lotabweichungen also ignoriert). In diesem Fall muß man aber, wie bereits in 1.2 »zu h« dargelegt wurde, mit mehreren hundert Metern Lagefehlern rechnen.

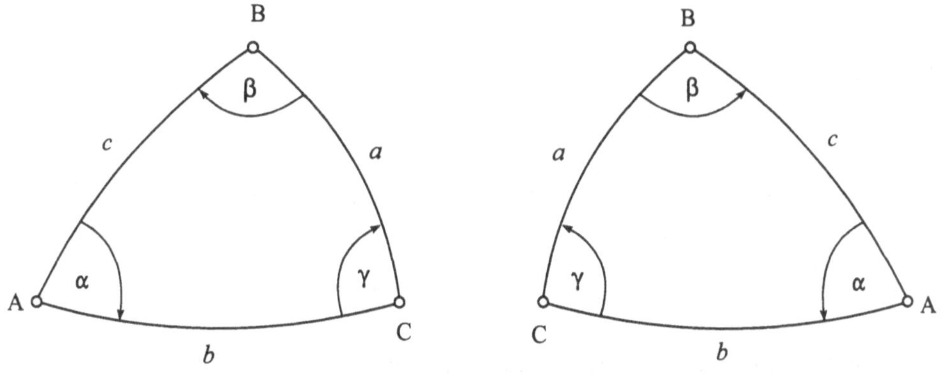

Bild 1.4-1: Sphärische Dreiecke mit rechts- und linksorientierten Winkeln

Wir bezeichnen entsprechend den beiden in Bild 1.4-1 skizzierten Anordnungsmöglichkeiten die aus Großkreisbögen gebildeten Seiten eines Sphärischen Dreiecks A-B-C mit b, c, a und die dazwischen liegenden Winkel mit α, β, γ. Wählt man den Radius der Kugel $r = 1$ und drückt die Winkel im Bogenmaß aus (Einheit »rad«), so entsprechen den Bögen a, b, c zahlenmäßig gleich große Zentriwinkel. Sowohl bei den Flächenwinkeln α, β, γ als auch bei den Zentriwinkeln a, b, c handelt es sich um *orientierte Winkel*, für die bei der Interpretation des *Sphärischen Dreiecks* als *Nautisches Dreieck* oder *Astronomisches Fundamentaldreieck* (➪ 9.1.1) auch die Bezeichnung *Richtungswinkel*[7] verwendet wird. Bei Beschränkung auf *Eulersche Dreiecke*, die durch die Bedingungen

$|a|, |b|, |c| \leq \pi \quad (0 \leq |a| + |b| + |c| \leq 2\pi)$ und

$|\alpha|, |\beta|, |\gamma| \leq \pi \quad (\pi \leq |\alpha| + |\beta| + |\gamma| \leq 3\pi)$

gekennzeichnet sind, gelten für die Beziehungen zwischen den vorgenannten Elementen folgende **trigonometrische Sätze:**[8]

Sinussatz

zur Verknüpfung von zwei Seiten und den diesen Seiten gegenüberliegenden Winkeln:

---

7) Anders als in der Landesvermessung, wo der Begriff im allgemeinen nur auf horizontale oder in einer Tangentialebene des Bezugsellipsoids liegende Richtungen angewandt wird, soll unter *Richtungswinkel* hier und im folgenden jeder in einer beliebigen Ebene (z.B. auch in einer Vertikalebene) liegende und an einer vorgegebenen Bezugsrichtung orientierte Winkel verstanden werden.

8) Als trigonometrische Funktionen werden in der nachfolgenden Zusammenstellung nur Sinus (sin), Cosinus (cos), Tangens (tan) und Cotangens (cot) verwendet. Im weiteren, wie auch ganz allgemein in der geodätisch-astronomischen und astrometrischen Literatur werden zur Vereinfachung der Schreibweise nicht selten auch die Funktionen Secans (sec) und Cosecans (cosec) eingesetzt, die wie folgt definiert sind:

$$\sec x = 1/\cos x, \quad \operatorname{cosec} x = 1/\sin x.$$

$f\{a, b, \alpha, \beta\} = f\{b, c, \beta, \gamma) = f\{c, a, \gamma, \alpha\} = 0$;
z.B. $f\{a, b, \alpha, \beta\} =$

$$\sin\alpha \cdot \sin b - \sin\beta \cdot \sin a = 0 \quad \text{bzw.} \quad \frac{\sin\alpha}{\sin\beta} = \frac{\sin a}{\sin b}\,; \tag{1.4-1}$$

Cosinussatz (Seiten-Cosinussatz) – Satz von Al Battani
zur Verknüpfung von drei Seiten und einem Winkel:
$f\{a, b, c, \beta\} = f\{b, c, a, \gamma\} = f\{c, a, b, \alpha\} = 0$;
z.B. $f\{a, b, c, \beta\} =$

$$\cos b - \cos c \cdot \cos a - \sin c \cdot \sin a \cdot \cos\beta = 0\,. \tag{1.4-2/1}$$

Wenn man anstelle von $\cos\beta$ die Identität $\cos\beta \equiv 1 - 2 \cdot \sin^2\frac{\beta}{2}$ setzt und dann noch das Additionstheorem $\cos\{c-a\} \equiv \cos c \cdot \cos a + \sin c \cdot \sin a$ anwendet, so erhält man:

$$\cos\{c - a\} - \cos b - 2 \cdot \sin a \cdot \sin c \cdot \sin^2\frac{\beta}{2} = 0\,, \tag{1.4-2/2}$$

bzw. nach einfacher Umformung (z.B. Hammer, 1923, 424; Sigl, 1977, 255) die **Formeln von Borda** (Danjon, 1986, 21):

$$\sin\{s-c\} \cdot \sin\{s-a\} - \sin a \cdot \sin c \cdot \sin^2\frac{\beta}{2} = 0 \quad \text{oder} \tag{1.4-2/3}$$

$$\sin\{s-c\} \cdot \sin\{s-a\} - \sin s \cdot \sin\{s-b\} \cdot \tan^2\frac{\beta}{2} = 0\,, \tag{1.4-2/4}$$

$$\text{mit} \quad s = \frac{a+b+c}{2}\,.$$

Polarer Cosinussatz (Winkel-Cosinussatz)
zur Verknüpfung von drei Winkeln und einer Seite:
$f\{\alpha, \beta, \gamma, b\} = f\{\beta, \gamma, \alpha, c\} = f\{\gamma, \alpha, \beta, a\} = 0$;
z.B. $f\{\alpha, \beta, \gamma, b\} =$

$$\cos\beta + \cos\gamma \cdot \cos\alpha - \sin\gamma \cdot \sin\alpha \cdot \cos b = 0\,. \tag{1.4-3/1}$$

Die zu (1.4-2/3) und (1.4-2/4) polaren Formeln lauten:

$$\cos\sigma \cdot \cos\{\sigma-\beta\} + \sin\alpha \cdot \sin\gamma \cdot \sin^2\frac{b}{2} = 0 \tag{1.4-3/2}$$

$$\cos\sigma \cdot \cos\{\sigma-\beta\} + \cos\{\sigma-\alpha\} \cdot \cos\{\sigma-\gamma\} \cdot \tan^2\frac{b}{2} = 0 \tag{1.4-3/3}$$

mit $\sigma = \dfrac{\alpha + \beta + \gamma}{2}$ $.2 \cdot \sigma = \alpha + \beta + \gamma$.

Cotangenssatz

zur Verknüpfung von zwei Seiten und zwei Winkeln mit der Maßgabe, daß - anders als beim Sinussatz (1.4-1) - einer der Winkel von den beiden Seiten eingeschlossen ist:

$f\{a, b, \gamma, \alpha\} = f\{a, b, \gamma, \beta\} = f\{b, c, \alpha, \beta\} = f\{b, c, \alpha, \gamma\} =$
$f\{c, a, \beta, \gamma\} = f\{c, a, \beta, \alpha\} = 0$;

z.B. $f\{a, b, \gamma, \beta\} =$

$$\cos a \cdot \cos \gamma + \sin \gamma \cdot \cot \beta - \sin a \cdot \cot b = 0\,. \qquad (1.4\text{-}4)$$

Polarer Cotangenssatz

zur Verknüpfung von zwei Winkeln und zwei Seiten mit der Maßgabe, daß - anders als beim Sinussatz (1.4-1) - eine der Seiten von den beiden Winkeln eingeschlossen ist:

$f\{\alpha, \beta, c, a\} = f\{\alpha, \beta, c, b\} = f\{\beta, \gamma, a, b\} = f\{\beta, \gamma, a, c\} =$
$f\{\gamma, \alpha, b, c\} = f\{\gamma, \alpha, b, a\} = 0$;

z.B. $f\{\alpha, \beta, c, b\} =$

$$\cos \alpha \cdot \cos c - \sin c \cdot \cot b + \sin \alpha \cdot \cot \beta = 0\,. \qquad (1.4\text{-}5)$$

Nepersche Analogien 1 (N.A. 1)

zur redundanten Verknüpfung von drei Seiten und zwei Winkeln, sowie - wenn die beiden angegebenen Gleichungen zusammengefaßt werden - zur Verknüpfung von Variablen, wie sie dem Cotangenssatz (1.4-4) entsprechen:

z.B. $f_1\{a, b, c, \alpha, \beta\} = 0 \cap f_2\{a, b, c, \alpha, \beta\} = 0$;

daraus: $f\{a, c, \alpha, \beta\} = 0$ und $f\{b, c, \alpha, \beta\} = 0$:

$$\tan\frac{a+b}{2} = \frac{\cos\dfrac{\alpha-\beta}{2}}{\cos\dfrac{\alpha+\beta}{2}} \cdot \tan\frac{c}{2} \quad \text{und} \quad \tan\frac{a-b}{2} = \frac{\sin\dfrac{\alpha-\beta}{2}}{\sin\dfrac{\alpha+\beta}{2}} \cdot \tan\frac{c}{2}\,. \qquad (1.4\text{-}6/1)$$

Mit diesen beiden Gleichungen können nach Auswertung der Arcustangens-Funktionen von (1.4-6/1) und (1.4-6/2) a und b durch Addition und Subtraktion der Einzelergebnisse gewonnen werden:

$$a = \frac{a+b}{2} + \frac{a-b}{2}\,; \qquad b = \frac{a+b}{2} - \frac{a-b}{2}\,. \qquad (1.4\text{-}6/2)$$

Nepersche Analogien 2 (Polarform von N.A. 1)

zur redundanten Verknüpfung von drei Winkeln und zwei Seiten, sowie – wenn die beiden angegebenen Gleichungen zusammengefaßt werden – zur Verknüpfung von Variablen, wie sie dem Polaren Cotangenssatz (1.4-5) entsprechen:

z.B. $f_1\{\alpha, \beta, \gamma, a, b\} = 0 \cap f_2\{\alpha, \beta, \gamma, a, b\} = 0$;

daraus: $f\{\alpha, \gamma, a, b\} = 0$ und $f\{\beta, \gamma, a, b\} = 0$:

$$\tan\frac{\alpha+\beta}{2} = \frac{\cos\frac{a-b}{2}}{\cos\frac{a+b}{2}} \cdot \cot\frac{\gamma}{2} \quad \text{und} \quad \tan\frac{\alpha-\beta}{2} = \frac{\sin\frac{a-b}{2}}{\sin\frac{a+b}{2}} \cdot \cot\frac{\gamma}{2}. \tag{1.4-7/1}$$

Die Berechnung von α und β erfolgt durch Addition und Subtraktion der in (1.4-7/1) und (1.4-7/2) gewonnenen Einzelergebnisse:

$$\alpha = \frac{\alpha+\beta}{2} + \frac{\alpha-\beta}{2}; \qquad \beta = \frac{\alpha+\beta}{2} - \frac{\alpha-\beta}{2}. \tag{1.4-7/2}$$

Sinus-Cosinus-Satz (Seiten-Sinus-Cosinus-Satz)

zur redundanten Verknüpfung von drei Seiten und zwei Winkeln:

$f\{a, b, c, \alpha, \beta\} = f\{a, b, c, \beta, \alpha\} = f\{b, c, a, \beta, \gamma\} = f\{b, c, a, \gamma, \beta\} =$
$f\{c, a, b, \alpha, \beta\} = f\{c, a, b, \beta, \alpha\} = 0$

z.B. $f\{a, b, c, \alpha, \beta\} =$

$$\cos a \cdot \sin c - \sin b \cdot \cos \alpha - \sin a \cdot \cos c \cdot \cos\beta = 0 . \tag{1.4-8}$$

Polarer Sinus-Cosinus-Satz (Winkel-Sinus-Cosinussatz)

zur redundanten Verknüpfung von drei Winkeln und zwei Seiten:

$f\{\alpha, \beta, \gamma, a, b\} = f\{\alpha, \beta, \gamma, b, a\} = f\{\beta, \gamma, \alpha, b, c\} = f\{\beta, \gamma, \alpha, c, b\} =$
$f\{\gamma, \alpha, \beta, a, b\} = f\{\gamma, \alpha, \beta, b, a\} = 0$

z.B. $f\{\alpha, \beta, \gamma, a, b\} =$

$$\cos \alpha \cdot \sin \gamma - \sin\beta \cdot \cos a + \sin \alpha \cdot \cos \gamma \cdot \cos b = 0 . \tag{1.4-9}$$

Delambresche Gleichungen

zur Verknüpfung aller Elemente eines sphärischen Dreiecks (3 Seiten, 3 Winkel):

z.B. $f_1\{a, b, c, \alpha, \beta, \gamma\} = f_2\{a, b, c, \alpha, \beta, \gamma\} = f_3\{a, b, c, \alpha, \beta, \gamma\} =$
$f_4\{a, b, c, \alpha, \beta, \gamma\} = 0.$

$$\sin\frac{\alpha}{2}\cdot\sin\frac{b+c}{2} - \sin\frac{a}{2}\cdot\cos\frac{\beta-\gamma}{2} = 0\,; \qquad (1.4\text{-}10/1)$$

$$\sin\frac{\alpha}{2}\cdot\cos\frac{b+c}{2} - \cos\frac{a}{2}\cdot\cos\frac{\beta+\gamma}{2} = 0\,; \qquad (1.4\text{-}10/2)$$

$$\cos\frac{\alpha}{2}\cdot\sin\frac{b-c}{2} - \sin\frac{a}{2}\cdot\sin\frac{\beta-\gamma}{2} = 0\,; \qquad (1.4\text{-}10/3)$$

$$\cos\frac{\alpha}{2}\cdot\cos\frac{b-c}{2} - \cos\frac{a}{2}\cdot\sin\frac{\beta+\gamma}{2} = 0\,. \qquad (1.4\text{-}10/4)$$

Auch bei diesen Sätzen lassen sich durch zyklische Vertauschung der Punkte, Seiten und Winkel ($A\to B\to C\to A$; $b\to c\to a\to b$; $\alpha\to\beta\to\gamma\to\alpha$) weitere 2×4 Gleichungen angeben, etwa

$$\sin\frac{\beta}{2}\cdot\sin\frac{c+a}{2} - \sin\frac{b}{2}\cdot\cos\frac{\gamma-\alpha}{2} = 0\,. \qquad (1.4\text{-}10/5)$$

Die angegebenen Formeln vereinfachen sich erwartungsgemäß für **rechtwinklige** (z.B. $\gamma = 90°$) und **rechtseitige Dreiecke** (z.B. $c = 90°$). Die für diese Sonderfälle geltenden wichtigsten Formeln lassen sich mit Hilfe der Neperschen Regeln angeben, die wie folgt lauten:

Nepersche Regel für rechtwinkelige Dreiecke ($\gamma = 90°$)

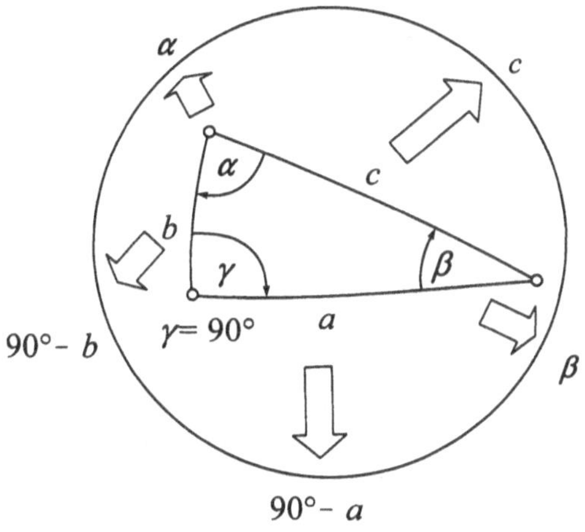

Bild 1.4-2 Zur »Neperschen Regel« im Fall eines rechtwinkeligen Dreiecks

»Nepersche Regel« für rechtseitige Dreiecke ($c = 90°$)

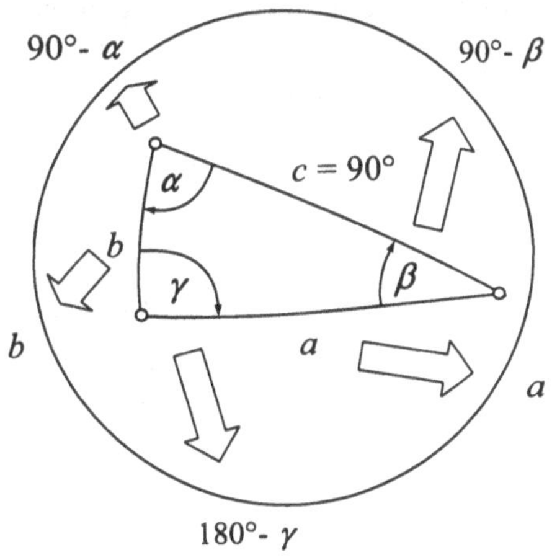

Bild 1.4-3: Zur »Neperschen Regel« im Fall eines rechtseitigen Dreiecks

Für $\gamma = 90°$ (rechtwinkeliges Dreieck):

Man ersetze die Katheten a und b durch ihre Komplemente $90° - a$ und $90° - b$, und ordne diese beiden Stücke zusammen mit den übrigen Dreieckselementen α, c und β unter Auslassung des rechten Winkels γ der Reihe nach zyklisch an ($90° - a$, $90° - b$, α, c, β); ➪ Bild 1.4-2.

Für $c = 90°$ (rechtseitiges Dreieck):

Man ersetze die der »rechten« Dreiecksseite c anliegenden Winkel α und β durch ihre Komplemente $90° - \alpha$ und $90° - \beta$ und den gegenüberliegenden Winkel γ durch sein Supplement $180° - \gamma$, und ordne diese drei Stücke und die übrigen Dreieckselemente a und b unter Auslassung der rechten Seite c der Reihe nach zyklisch an ($90° - \beta$, a, $180° - \gamma$, b, $90° - \alpha$); ➪ Bild 1.4-3.

Dann gilt: Der Cosinus irgend eines Stückes ist gleich dem Produkt der Cotangenten der anliegenden und gleich dem Produkt der Sinus der nicht anliegenden Stücke.

Für ein **rechtwinkeliges Dreieck** ($\gamma = 90°$) erhält man nach dieser Regel z.B. für die Beziehung zwischen a auf der einen und α und c oder β und b auf der anderen Seite:

$$\cos(90° - a) = \sin a = \sin\alpha \cdot \sin c = \cot(90° - b) \cdot \cot\beta = \tan b \cdot \cot\beta .$$

Für die Beziehung zwischen der Hypothenuse c auf der einen und b und a oder α und β auf der anderen Seite gilt:

$$\cos c = \sin(90° - b) \cdot \sin(90° - a) = \cos b \cdot \cos a = \cot\alpha \cdot \cot\beta .$$

Die in den angegebenen trigonometrischen Funktionen auftretenden Argumente – Dreiecksseiten (Bögen bzw. die ihnen zugeordneten Zentriwinkel) und Dreieckswinkel – sind ebene Winkel, die in den Einheiten »Grad, Minute, Sekunde« (»° ′ ″«), »Stunde, Minute, Sekunde« (»h min s«) oder auch in der Form »$^{h\ m\ s}$«) [9], »gon«, »Strich« (» ' «) oder »Radiant« (»rad«) gezählt werden können. In jedem Fall handelt es sich bei diesen Dimensionsangaben um einfache Verhältniszahlen, die im Rahmen einer Konvention ein bestimmtes Verhältnis zum Vollkreis beschreiben. Die diesbezüglichen Vereinbarungen lauten:

$$\text{Vollkreis} = 360° = 24\,\text{h} = 400\,\text{gon} = 6400\,' = 2\cdot\pi\,(\text{rad})\,.^{10)} \qquad (1.4\text{-}11/1)$$

[9] Stunde (h), Minute (min) und Sekunde (s) sind hier also – entgegen dem Gebrauch in der Physik und im täglichen Leben – nicht als Zeit-, sondern als Winkeleinheiten zu verstehen, die wie alle Winkelmaße in einem vereinbarten Verhältnis zum Vollkreis stehen (➪ 5.1.2).

[10] Die Unterteilung des Vollkreises in »Strich« (') findet man traditionell bei der Artillerie und in der nautischen Navigation. In der Artillerie wird der Vollkreis in 6400 ', in der Nautik in 32 ' geteilt.

Die weitere Unterteilung von Grad (°) und Stunde (h) erfolgt traditionell auf der Grundlage des sexagesimalen (d.h. auf der Basis »60« aufgebauten) Zahlensystems:

$$1° = 60', \; 1' = 60''; \quad \text{bzw.} \quad 1\,\text{h} = 60\,\text{min}, \; 1\,\text{min} = 60\,\text{s}. \qquad (1.4\text{-}11/2)$$

In der Astronomie werden nicht selten unterschiedliche Winkeleinheiten nebeneinander verwendet. So werden etwa die *»Deklination«* (δ, ➪ 3.2.5), die *»Geographische Breite«* (φ, ➪ 3.2.4) und die *»Geographische Länge«* (λ, ➪ 3.2.4) grundsätzlich in den Einheiten Grad (°), Minute (') und Sekunde (") angegeben. Zur Beschreibung der Richtungswinkel *»Rektaszension«* und *»Stundenwinkel«* (➪ 3.2.5) werden im allgemeinen die Einheiten Stunde (h), Minute (min) und Sekunde (s) verwendet. Die letztgenannten Einheiten hängen zwar eng mit gleichlautenden Zeiteinheiten zusammen (➪ 5.3), was diese Konvention auch begründet, aber auch sie sind grundsätzlich als Einheiten ebener Winkel zu verstehen und daher von den Zeiteinheiten begrifflich scharf zu trennen. Inwieweit die Einheit Gon (gon) in konkreten Aufgaben eine Rolle spielt, hängt vom eingesetzten Beobachtungsinstrumentarium ab. Die Teilkreise moderner Theodoliten sind überwiegend in der Einheit Gon (gon) geteilt und liefern daher Richtungssätze und Zenitdistanzen in dieser Einheit. Es versteht sich von selbst, daß beim Aufruf von Winkelfunktionen mit Hilfe von Rechnern die Einheit des jeweiligen Winkelarguments zu beachten ist.

Die zur Umrechnung der Einheit »rad« in die Einheiten Grad (°), Minuten (') oder Sekunden (") erforderlichen *Verhältniszahlen* lauten:

$$\begin{aligned} \rho_{\text{rad}\to °} &= 180° / \pi = 57{,}29578°/\text{rad}; \\ \rho_{\text{rad}\to '} &= 180 \cdot 60' / \pi = 3437{,}747'/\text{rad}; \\ \rho_{\text{rad}\to ''} &= 180 \cdot 60 \cdot 60'' / \pi = 206264{,}8''/\text{rad}. \end{aligned} \qquad (1.4\text{-}12/1)$$

Für die Umrechnung von Stunden (h), Minuten (min) und Sekunden (s) in Grad (°), Minuten (') und Sekunden (") gilt:

$$\begin{aligned} \rho_{\text{h}\to °} &= 360° / 24\,\text{h} &&= 15°/\text{h}; \\ \rho_{\text{m}\to '} &= 360 \cdot 60' / 24 \cdot 60\,\text{min} &&= 15'/\text{min}; \\ \rho_{\text{s}\to ''} &= 360 \cdot 60 \cdot 60'' / 24 \cdot 60 \cdot 60\,\text{s} &&= 15''/\text{s}. \end{aligned} \qquad (1.4\text{-}12/2)$$

Gelegentlich tritt auch ein *Raumwinkel* als Argument von Funktionen in Erscheinung. Man versteht darunter das Quadrat eines (ebenen) Winkels, das man in der Einheit Steradiant = sr = $(\text{rad})^2$ oder z.B. in $(°)^2$, $(')^2$, $('')^2$ angeben kann. Der Inhalt der Kugeloberfläche ist $O = 4\cdot\pi\cdot R^2$ (R = Kugelradius). Für das Verhältnis O/R^2 gilt daher: $O/R^2 = 4\cdot\pi$. Bezeichnet man analog zur Einheit Radiant rad = $(U/R)/2\cdot\pi = 180°/\pi$ (U = Kreisumfang) die Einheit des Raumwinkels mit sr = $(O/R^2)/4\cdot\pi$, so erhält man wegen $U = 2\cdot R\cdot\pi$ und $O = 4\cdot R^2\cdot\pi$ für 1 sr = $(1\,\text{rad})^2$ und wegen 1 rad = $180°/\pi = 57{,}296°$:

$$1\ \mathrm{sr} = 1\ \mathrm{rad}^2 = 3282{,}8\ (°)^2 = 1{,}182 \cdot 10^7\ (')^2 = 4{,}255 \cdot 10^{10}\ ('')^2 . \qquad (1.4\text{-}13/1)$$

Damit erhält man für den *Raumwinkel der ganzen Kugel* folgende Zahlen:

$$O/R^2 = 4 \cdot \pi\ \mathrm{sr} = 41253\ (°)^2 = 1{,}485 \cdot 10^8\ (')^2 = 5{,}346 \cdot 10^{11}\ ('')^2 . \qquad (1.4\text{-}13/2)$$

Ein Sphärisches Dreieck ist durch die Vorgabe von drei Bestimmungsstücken festgelegt. Mit diesen Stücken als unabhängige Variable lassen sich alle übrigen Dreieckselemente anhand der Formeln (1.4-1), (1.4-2) und (1.4-3) berechnen. Die Auswertung der Formeln liefert Zug um Zug alle übrigen Stücke. Die Anwendung der Formeln (1.4-4) bis (1.4-8), die jeweils fünf oder sogar sechs Variable enthalten, setzt voraus, daß über die gegebenen drei unabhängigen Variablen hinaus eine vierte bzw. eine fünfte bereits als abhängige Variable berechnet wurde (z.B. nach den erstgenannten Formeln). Ansonsten lassen sich mit (1.4-4) bis (1.4-8) nur Kombinationen von Funktionen gewinnen. Derartige Kombinationen erweisen sich für Kontrollrechnungen oder bei der Entwicklung von Formeln gelegentlich als hilfreich.

Die Umkehrfunktionen des Sinus und des Cosinus, nämlich die Arcussinus- und die Arcuscosinus-Funktion, liefern im Rahmen des Wertevorrates eines Vollkreises stets zwei Lösungen. Welche der beiden Lösungen die eigentlich gesuchte ist, muß im konkreten Einzelfall durch Auswertung zusätzlicher geometrischer Informationen geklärt werden.

Differentialformeln

Für die Abschätzung von Fehlereinflüssen sind die folgenden Differentialformeln von Bedeutung, die sich aus den für allgemeine Dreiecke gültigen Sätzen durch totale Differentiation und geeignete Umformung ergeben.

Auf Grundlage des **Sinussatzes** (1.4-1)

zur Verknüpfung von zwei Seiten und den diesen Seiten gegenüberliegenden Winkeln:

z.B. $f\{\mathrm{d}a, \mathrm{d}b, \mathrm{d}\alpha, \mathrm{d}\beta\} =$

$$\cot a \cdot \mathrm{d}a - \cot b \cdot \mathrm{d}b - \cot \alpha \cdot \mathrm{d}\alpha + \cot \beta \cdot \mathrm{d}\beta = 0. \qquad (1.4\text{-}14/1)$$

Auf der Grundlage des **Seiten-Cosinussatzes** (1.4-2/1)

zur Verknüpfung von drei Seiten und einem Winkel:

z.B. $f\{\mathrm{d}a, \mathrm{d}b, \mathrm{d}c, \mathrm{d}\beta\} =$

$$\mathrm{d}b - \cos \alpha \cdot \mathrm{d}c - \cos \gamma \cdot \mathrm{d}a - \sin c \cdot \sin \alpha \cdot \mathrm{d}\beta = 0. \qquad (1.4\text{-}14/2)$$

Auf Grundlage des **Winkel-Cosinussatzes** (1.4-3)

zur Verknüpfung von drei Winkeln und einer Seite:

z.B. $f\{\mathrm{d}\alpha, \mathrm{d}\beta, \mathrm{d}\gamma, \mathrm{d}b\} =$

$$\mathrm{d}\beta + \cos a \cdot \mathrm{d}\gamma + \cos c \cdot \mathrm{d}\alpha - \sin \gamma \cdot \sin a \cdot \mathrm{d}b = 0. \qquad (1.4\text{-}14/3)$$

Auf der Grundlage des **Cotangens-Satzes** (1.4-4)

zur Verknüpfung von zwei Seiten und zwei Winkeln, von denen einer von den beiden Seiten eingeschlossen ist:

z.B. $f\{\mathrm{d}a, \mathrm{d}b, \mathrm{d}\gamma, \mathrm{d}\beta\} =$

$$\sin\alpha \cdot \mathrm{d}b - \sin\beta \cdot \cos c \cdot \mathrm{d}a - \sin c \cdot \mathrm{d}\beta - \sin b \cdot \cos\alpha \cdot \mathrm{d}\gamma = 0. \quad (1.4\text{-}14/4)$$

Auch hier lassen sich durch zyklische Vertauschung der Punkte, Seiten und Winkel ($A \to B \to C \to A$; $b \to c \to a \to b$; $\alpha \to \beta \to \gamma \to \alpha$) sowie durch Umkehrung des Drehsinns der Benennung (Spiegelung des Dreiecks) alle übrigen im Sphärischen Dreieck möglichen Beziehungen beschreiben.

1.4.2 Interpolationsalgorithmen

Bei der Lösung der Aufgaben der Geodätischen Astronomie im engeren Sinn (Lotrichtungs- und Azimutbestimmung) muß man nicht selten auf geometrisch-physikalische Zusammenhänge Bezug nehmen, die mit den jeweils gegebenen Rechenhilfsmitteln und Datenquellen nicht erfaßt werden können. Ein dafür typisches Beispiel ist die Bahnbestimmung der Körper des Sonnensystems, insbesondere von Sonne, Erde, Mond und künstlichen Satelliten, die aufgrund der Komplexizität des Problems (n-Körperproblem; ⇨ 2.4.3) und des damit zusammenhängenden großen Rechenaufwands nur von Instituten geleistet werden kann, die sich diese Aufgabe permanent wahrnehmen. Das Ergebnis dieser Berechnungen sind geozentrische Ephemeriden, die die Positionen der betreffenden Himmelskörper als Funktion der Zeit Tabellenform beschreiben. Wegen der meist komplizierten Strukturen der Bahnen enthalten die Tabellen i.d.R. wesentlich mehr Daten, als etwa zur Beschreibung einer Kepler-Ellipse nötig wäre.

Die in Jahrbüchern oder über Online-Dienste zugänglichen Ephemeriden-Tabellen stellen in der Regel einen Kompromiß dar zwischen dem wirtschaftlichen Gebot, in eine Tabelle nicht mehr Daten aufzunehmen, als zur hinreichend genauen Beschreibung der Bahnen nötig ist, und dem Wunsch der Nutzer, so viele Zahlen zur Verfügung zu haben, daß Zwischenwerte mit möglichst geringem Interpolationsaufwand entnommen werden können.

Die folgenden, in der Literatur der angewandten Mathematik ausführlich beschriebenen Interpolationsformeln eröffnen die Möglichkeit, diesen Voraussetzungen Rechnung zu tragen. Das Prinzip der im folgenden mitgeteilten Interpolationsalgorithmen besteht darin, die durch diskrete Zahlen beschriebene Ausgangsfunktion im Interpolationsbereich durch ein Polynom n-ten Grades zu ersetzen, das in seinen Stützstellen mit den vertafelten Funktionswerten übereinstimmt.

Die *Tafeln* enthalten die Funktionswerte für gleichabständige Argumente ... $a_0 - 2 \cdot h$, $a_0 - h$, a_0, $a_0 + h$, $a_0 + 2 \cdot h$ ... mit dem Tafelintervall h. Ausgangspunkt der verschiedenen Interpolationsformeln ist das in (1.4-15) skizzierte *Differenzenschema*: Es enthält in der ersten Spalte die zu den o.a. Argumenten gehörenden Funktionswerte, in der zweiten die Differenzen benachbarter Funktionswerte, die sogenannten *Ersten Differenzen* (z.B. $[1|-{}^3/_2] = f\{a_0-h\} - f\{a_0-2\cdot h\}$), in der dritten Spalte die *Zweiten Differenzen*, die sich durch Differenzbildung aus den Ersten Differenzen ergeben (z.B. $[2|\pm 0] = [1|+{}^1/_2] - [1|-{}^1/_2]$), usw. ...

Tabellierte Funktionswerte	Erste Differenzen [1 | ...]	Zweite Differenzen [2 | ...]	Dritte Differenzen [3 | ...]	
$f\{\,a_0 - 2\cdot h\,\}$				
	$[\,1\,|\,-{}^3/_2\,]$			
$f\{\,a_0 - h\,\}$		$[\,2\,|\,-1\,]$		
	$[\,1\,|\,-{}^1/_2\,]$		$[\,3\,|\,-{}^1/_2\,]$	
$f\{\,a_0\,\}$		$[\,2\,|\,\pm 0\,]$		
	$[\,1\,|\,+{}^1/_2\,]$		$[\,3\,|\,+{}^1/_2\,]$	(1.4-15)
$f\{\,a_0 + h\,\}$		$[\,2\,|\,+1\,]$		
	$[\,1\,|\,+{}^3/_2\,]$		$[\,3\,|\,+{}^3/_2\,]$	
$f\{\,a_0 + 2\cdot h\,\}$		$[\,2\,|\,+2\,]$		
	$[\,1\,|\,+{}^5/_2\,]$			
$f\{\,a_0 + 3\cdot h\,\}$				

Den zu einem beliebigen Argument $a = a_0 + n\cdot h$ zwischen a_0 und $a_0 + h$ ($0 < n < 1$) gehörenden Funktionswert $f\{a\}$ findet man nach einer der nachfolgend angegebenen im Ergebnis äquivalenten Interpolationsformeln (Waldmeier, 1968, 25; Dreszer, 1975, 1162-1165). Die Formeln sind mit den Namen ihrer Autoren Isaac Newton, Carl Friedrich Gauß, Friedrich Wilhelm Bessel, James Stirling überschrieben. Sie sollten zu ihrer Anwendung keiner weiteren Erläuterung bedürfen.

NEWTON (1.4-16)

$$f\{a_0+n\cdot h\} = f\{a_0\} + n\cdot[1|+{}^1/_2] + \frac{n\cdot(n-1)}{2}\cdot[2|+1] + \frac{n\cdot(n-1)\cdot(n-2)}{6}\cdot[3|+{}^3/_2]\;\ldots\;;$$

GAUSS (1.4-17)

$$f\{a_0+n\cdot h\} = f\{a_0\} + n\cdot[1|+{}^1/_2] + \frac{n\cdot(n-1)}{2}\cdot[2|\pm 0] + \frac{(n+1)\cdot n\cdot(n-1)}{6}\cdot[3|+{}^1/_2]\;\ldots\;;$$

BESSEL (1.4-18)

$$f\{a_0+n\cdot h\} = f\{a_0\} + n\cdot[1|+{}^1/_2] + \frac{n\cdot(n-1)}{2}\cdot[2|+{}^1/_2] + \frac{n\cdot(n-1)\cdot(n-\frac{1}{2})}{6}\cdot[3|+{}^1/_2]\;\ldots\;;$$

$$\text{mit}\;\;[2|+{}^1/_2] = \frac{[2|\pm 0] + [2|+1]}{2}\;;$$

STIRLING (1.4-19)

$$f\{a_0+n\cdot h\} = f\{a_0\} + n\cdot[1|\pm 0] + \frac{n^2}{2}\cdot[2|\pm 0] + \frac{n\cdot(n^2-1)}{6}\cdot[3|\pm 0]\;\ldots\;;$$

$$\text{mit}\;\;[1|\pm 0] = \frac{[1\,|+{}^1/_2] + [1|-{}^1/_2]}{2}\;\;\text{und}$$

$$[3|\pm 0] = \frac{[3|+{}^1/_2] + [3|-{}^1/_2]}{2}\,.$$

Eine ausführliche Darstellung der Besselschen Interpolationsformel mit einigen praktischen Hinweisen findet man im *Astronomical Almanac, K7.*

In Ephemeridentafeln werden nicht selten neben den Funktionswerten $f\{a_0\}$, die z.B. die dreidimensionalen Cartesischen Koordinaten eines Satelliten beschreiben, auch die ersten Differential-Koeffizienten der Funktion $f'\{a_0\}$ angegeben, im angenommenen Beispiel also die Komponenten des momentanen Geschwindigkeitsvektors. Der Funktionswert an der Stelle $a = a_0 + n \cdot h$ läßt sich in diesem Fall sehr einfach durch den Ansatz einer Taylorreihe gewinnen,

$$f\{a\} = f\{a_0\} + n \cdot h \cdot f'\{a_0\} + \frac{(n \cdot h)^2}{2} \cdot f''\{a_0\} + \frac{(n \cdot h)^3}{6} \cdot f'''\{a_0\}\,, \quad (1.4\text{-}20/1)$$

wobei man den nicht explizit gegebenen zweiten und dritten Differentialquotienten – falls diese überhaupt das Ergebnis beeinflussen – in analoger Anwendung des Differenzenschemas (1.4-15) aus den Differenzenquotienten

$$\begin{aligned} f''\{a_0\} &= \frac{f'\{a_0+h\} - f'\{a_0-h\}}{2 \cdot h} \quad \text{und} \\ f'''\{a_0\} &= \frac{f''\{a_0+h\} - f''\{a_0-h\}}{2 \cdot h} \end{aligned} \quad (1.4\text{-}20/2)$$

gewinnen kann.

In aller Regel sind Gebrauchstafeln so eingeteilt, daß die Glieder der dritten Ordnung (mit den Faktoren [3|...] bzw. $f'''\{a_0\}$) nur noch eine vernachläßigbar kleine Rolle spielen.

Das in den nachfolgenden Tabellen 1.4-1 und 1.4-2 vorgestellte Rechenbeispiel ist dem Abschnitt 5.4.3 entnommen. In dem Beispiel wird durch Interpolation aus mehreren aufeinanderfolgenden Durchgängen der Sonne durch den Ephemeridenmeridian der Durchgang der Sonne durch den 180°-West-Meridian berechnet. Bezugsgröße der Interpolation ist das Argument a_0 = 1993 Dez 31, 0^h TT (Tabelle 1.4-1, Spalte 1) bzw. der Funktionswert $f\{a_0\}$ = 1993 Dez 31, $12^h\ 03^m\ 03{,}95^s$ TT (Tabelle 1.4-1, Spalte 2), der zu diesem Argument gehört. Das Tafelintervall beträgt h = 24h TT. Der Interpolationsfaktor $n = (a - a_0)/h$, der definitionsgemäß durch die Argumente a und a_0 sowie durch h bestimmt ist, lautet im vorliegenden Fall n = 0,500696346, was dem Argument a = 1993 Dez 31, $12^h\ 01^m\ 00{,}16^s$ TT entspricht. Man erkennt, daß die verschiedenen Interpolationsformeln übereinstimmende Ergebnisse liefern.

Inverse Interpolation

Gelegentlich ist nicht das Argument $a = a_0 + n \cdot h$ gegeben, sondern ein Funktionswert $f\{a\}$, und das Argument a wird gesucht. Bei Beschränkung auf die Interpolation zweiter Ordnung erhält man das gewünschte Ergebnis durch Auflösung der quadratischen Gleichungen (1.4-16) nach n.

Einen Ansatz für eine einfache iterative Lösung der inversen Interpolation findet man durch Umstellung von (1.4-16) - (1.4-20), z.B. bei Anwendung der Stirlingschen Interpolationsformel unter Bezugnahme auf (1.4-19):

$$n = \frac{f\{a\} - f\{a_0\}}{[1|\pm 0] + \frac{n}{2}\cdot[2|\pm 0] + \frac{n^2-1}{6}\cdot[3|\pm 0]} . \qquad (1.4\text{-}21)$$

Zur Auswertung wird zunächst in einem ersten Iterationsschritt das (vergleichsweise kleine) zweite und dritte Glied im Nenner von (1.4-21) zu Null gesetzt und mit dieser Vorgabe ein erster Näherungswert von n berechnet. Mit dem so gewonnenen Näherungswert kann (1.4-21) erneut ausgewertet und nun ein besseres Ergebnis erzielt werden. Der gesuchte definitive Wert von n ist gefunden, wenn sich das in einem i-ten Iterationsschritt gewonnene n nicht mehr von dem des vorausgegangenen $(i-1)$-ten Schrittes unterscheidet.

Für die entsprechende Inversion der Taylorreihe (1.4-21) nach $n{\cdot}h$ erhält man

$$n\cdot h = \frac{f\{a\} - f\{a_0\}}{f'\{a_0\} + \frac{n\cdot h}{2}\cdot f''\{a_0\} + \frac{(n\cdot h)^2}{6}\cdot f'''\{a_0\}} \qquad (1.4\text{-}22)$$

Der Iterationsablauf entspricht dem oben zur Lösung von (1.4-21) beschriebenen Algorithmus.

Hilfstafeln, die die inverse Interpolation erleichtern, findet man in *The Astronomical Almanac* K15.

Tabelle 1.4-1: Differenzenschema
am Beispiel des Ephemeriden-Transits der Sonne (➪ 5.4.3)
Funktionswerte aus dem *Astronomical Almanach 1993* und *1994*, C1,
Epochenangaben in *Terrestrischer Zeit* (*TT*, ➪ 5.4.2)

Argumente (Durchgang der Fiktiven mittleren Sonne durch den Ephemeriden-Meridian - Untere Kulmination)	Tabellierte Funktionswerte (Ephemeriden-Transit der wahren Sonne)	Erste Differenzen [1 | ...]	Zweite Differenzen [2 | ...]	Dritte Differenzen [3 | ...]
0^h		24 h +		
1993 Dez 29	$12^h 02^m 06{,}39^s$			
		28,91 s		
Dez 30	$12^h 02^m 35{,}30^s$		−0,26 s	
		28,65 s		−0,02 s
Dez 31	$12^h 03^m 03{,}95^s$		−0,28 s	
		28,37 s		−0,02 s
1994 Jan 01	$12^h 03^m 32{,}32^s$		−0,30 s	
		28,07 s		−0,03 s
Jan 02	$12^h 04^m 00{,}39^s$		−0,33 s	
		27,74 s		−0,03 s
Jan 03	$12^h 04^m 28{,}13^s$		−0,36 s	
		27,38 s		
Jan 04	$12^h 04^m 55{,}51^s$			

Tabelle 1.4-2: Beispiele für die Anwendung der Interpolationsformeln

Interpolationsschema	Interpolation der tabellierten Funktionswerte (Durchgang der Sonne durch den 180°-West-Meridian)			
	Newton	Gauß	Bessel	Stirling
$f\{a_0\}$ = 1993 Dez 31 ..	$12^h 03^m 03{,}95^s$	... $03{,}95^s$	... $03{,}95^s$	... $03{,}95^s$
+ [1| ...] $\cdot n$	+ 12 h 14,369 s	+ 14,369 s	+ 14,369 s	+ 14,439 s
+ [2| ...] $\cdot f\{n^2..\}$	+ 0,037 s	+ 0,035 s	+ 0,036 s	− 0,036 s
+ [3| ...] $\cdot f\{n^3..\}$	− 0,001 s	+ 0,001 s	+ 0,000 s	+ 0,002 s
$f\{a\}$ = 1994 Jan 01 ...	$00^h 03^m 18{,}35^s$	... $18{,}35^s$	... $18{,}35^s$	... $18{,}35^s$

2 Die Bewegungen der Erde und der Gestirne sowie andere Effekte, die die scheinbaren Örter der Gestirne beeinflussen

2.1 Einführung

Mit der Ablösung des im Altertum und im Mittelalter herrschenden geozentrischen Weltbildes durch eine übergeordnete heliozentrische Sicht hat Nikolaus Copernikus wesentlich dazu beigetragen, dem Verständnis der physikalischen Gesetze, die die Bewegungen der Gestirne bestimmen, den Weg zu ebnen. Zwar sind die auffälligsten Bewegungsvorgänge des Sternhimmels schon in vor-copernikanischer Zeit beschrieben worden. Erst mit der Entdeckung der sie bewirkenden Naturgesetze aber ist es möglich geworden, diese Vorgänge physikalisch zu begründen und so bei ihrer Erforschung ein Modell der Realität einzusetzen, das nicht nur im Einklang mit den astronomischen Beobachtungen steht, sondern durch das Gebäude der gesamten Physik getragen wird.

Vor diesem Hintergrund erscheint es sinnvoll, die in der Geodätischen Astronomie nach wie vor erforderliche geozentrische Sicht der Bewegungsvorgänge nicht vom Standpunkt des Beobachters aus, sondern auf der Grundlage aller heute als gesichert geltenden Erkenntnisse zu entwickeln. Mit Rücksicht auf den Umfang dieses Fundaments, das in einer sehr großen Zahl von Monographien, Lehrbüchern und Einzelbeiträgen beschrieben ist und dessen Gesamtschau den hier gegebenen Rahmen sprengen (und auch die Kompetenz des Autors überfordern) würde, kann über die einschlägigen Gegenstände hier nur kursorisch referiert werden. Diesen Kurzreferaten sind die nachfolgenden Kapitel gewidmet.

2.2 Aufbau des Universums

Aus der Sicht eines mit astrogeodätischen Aufgaben befaßten Beobachters läßt sich das Universum in folgende, in sich mehr oder weniger abgeschlossene »Welten« gliedern:

- Die *Erde* als Plattform aller terrestrischen Beobachtungen mit einem Äquatorradius von $a_e = 6378$ km.
- Das *System Erde-Mond*, das eine Art Doppelplaneten bildet.
  Die Entfernung Erde-Mond beträgt 384400 km, das Baryzentrum der beiden »Planeten« liegt 4671 km vom Erdmittelpunkt entfernt.
- Das *Sonnensystem* mit der Sonne im Zentrum und den Planeten Merkur, Venus, Erde, Mars, Jupiter, Saturn, Uranus, Neptun, Pluto, etlichen Monden und zahlreichen Planetoiden und Kometen als Trabanten.

Die Entfernung Sonne-Erde, die für viele mit dem Sonnensystem zusammenhängenden Aufgaben als Längeneinheit dient, beträgt $a_E \approx 1$ AUL $= 149{,}6 \cdot 10^6$ km (⇨ 2.10.1 und 2.10.3), der Bahnradius des entferntesten Planeten Pluto $a_{\text{Pluto}} = 39{,}54$ AUL. (AUL = Astronomical Unit of Length = Astronomische Längeneinheit, ⇨ 2.10.1).

- Die *Galaxis (Milchstraße)*, zu der das Sonnensystem gehört.
  Sie ist eine Ansammlung von schätzungsweise 10^{11} Fixsternen mit einer Gesamtmasse von $\approx 2 \cdot 10^{11}$ Sonnenmassen, die sich um ein gemeinsames Massenzentrum bewegen. Die Grenzen dieser Sternpopulation lassen sich durch einen Diskus mit einem Radius $a_{\text{Galaxis}} = 15$ kpc und einer Dicke von ≈ 4 kpc beschreiben (1 pc = 206265 AUL = 3,26 Lichtjahre).Viele der der Galaxis angehörenden Sterne bilden zusammen mit einem oder mehreren ihrer Nachbarn Subsysteme (Doppelsterne, z.B. α Centauri und sein Begleiter; Dreifachsysteme, z.B. der eben erwähnte Doppelstern in Verbindung mit Proxima Centauri; Sternhaufen, z.B. die Plejaden), die zuzüglich zur Bewegung um das galaktische Zentrum ihr gemeinsames lokales Baryzentrum umkreisen. Außerhalb der Galaxis im engeren Sinn (d.h. außerhalb der diskusförmigen Verteilung der Massen) befinden sich innerhalb eines kugelförmigen *Halo* mit einem Radius von 15 kpc noch zahlreiche Kugelsternhaufen, deren orbitale Bewegungen ebenfalls auf das Baryzentrum der Galaxis bezogen sind.

- Weitere *Galaxien.*
  Die der Milchstraße am nächsten liegenden, etwa die zu einer *lokalen Gruppe* zählenden *Magellanischen Wolken* und der *Andromeda-Nebel*, befinden sich in Entfernungen von 46 kpc (150000 Lichtjahre) bzw. 613 kpc ($2 \cdot 10^6$ Lichtjahre), die entferntesten, nur mit stärksten Licht- und Radioteleskopen erfaßbaren Galaxien haben Abstände von bis zu 10^9 pc.

Nach dem von Albert Einstein bilden der dreidimensionale Ortsraum und die Zeit ein vierdimensionales Kontinuum. Vergleichbar mit der zweidimensionalen Oberfläche einer gekrümmten Fläche wird der dreidimensionale Ortsraum als gekrümmt angenommen, wobei die Frage, ob dieser Raum »geschlossen« (wie z.B. eine Kugel) oder »offen« ist (wie etwa ein Hyperboloid), noch nicht abschließend beantwortet ist. In beiden Fällen wäre der Ortsraum unbegrenzt. Im Falle eines geschlossenen Universums wäre dessen Volumen aber endlich, beim offenen Universum unendlich. Die Antwort hängt von der noch weitgehend ungeklärten Frage nach den im Universum enthaltenen Massen ab, von denen nur ein kleiner Teil sichtbar ist (Illingworth, 1994, 475). Für die Aufgaben der Geodätischen Astronomie hat die Diskussion keine praktische Bedeutung.

2.3 Die Drehung der Erde um ihre Achse – freie und gebundene Nutation der Rotationsachse

2.3.1 Einführung

Mit den Verfahren der Geodätischen Astronomie können durch verbindende Messungen aus Richtungen zu Himmelskörpern, die in einem zälestischen Bezugssystem bekannt sind, Richtungen des Erdraumes in einem terrestrischen Bezugssystem bestimmt werden. Grundlage dieses Konzeptes ist das Verständnis der Kinematik, nach der sich die angesprochenen Bezugssysteme relativ zueinander bewegen. Der beherrschende Parameter dieser Bewegung ist die Drehung der Erde um ihre Achse (Erdrotation).

Der momentane Zustand dieser Drehung, die *Winkelgeschwindigkeit* und die *Orientierung* einer mit der Erde verbundenen Richtung, läßt sich durch folgende zwei axiale Vektoren beschreiben:

- Vektor der momentanen *Winkelgeschwindigkeit* ω_E. Seine Richtung stimmt mit der der Rotationsachse überein; seine Länge ist gleich $|\omega_E|$.
- Vektor der momentanen *Orientierung* Ω_E. Auch diese Richtung ist an der Rotationsachse der Erde ausgerichtet:

$$\Omega_E = \frac{\omega_E}{|\omega_E|} \cdot |\Omega_E| \,. \qquad (2.3\text{-}1)$$

Die Länge dieses Vektors gibt den Richtungswinkel (»Stundenwinkel«) $t = |\Omega_E|$ an, den ein senkrecht zur Rotationsachse an diese Achse gehefteter Zeiger relativ zu einer (nicht rotierenden) Bezugsrichtung aufspannt:

$$t = |\Omega_E| = |\Omega_{E0}| + \int_{T_0}^{T} |\omega_E| \cdot dt \,. \qquad (2.3\text{-}2/1)$$

Bei Bezugnahme der Winkelgeschwindigkeit $|\omega_E|$ auf die Mittlere Sonne (⇨ 5.3.2) liefert (2.3-2/1) den als Weltzeit *UT1* bezeichneten Richtungswinkel:

$$UT1 = UT1_0 + \int_{T_0}^{T} |\omega_{E\,mSo}| \cdot dt \,. \qquad (2.3\text{-}2/2)$$

Unter dem Einfluß von Mond, Sonne und den Planeten (Präzession, Nutation ⇨ 2.5 und 4.4), als Folge der Nichtparallelität von Figurenachse und Rotationsachse der Erde (Freie Nutation bzw. Polbewegung; ⇨ 2.3.3 und 4.6) und aufgrund von geophysikalischen Vorgängen (⇨ 2.3.5 und 5.4) ist ω_E weder im zälestischen noch im erdfesten Bezugssystem konstant. Allerdings sind nach einem Gesetz der Kinematik die Änderungsraten in beiden Systemen gleich:

$$\left(\frac{\mathrm{d}\,\omega}{\mathrm{d}\,t}\right)_{\text{zäl}} = \left(\frac{\mathrm{d}\,\omega}{\mathrm{d}\,t}\right)_{\text{terr}} \tag{2.3.3}$$

(Magnus, 1971, 39; Schödlbauer, 1987, 75; ➪(3.4-7)).[11)]

2.3.2 Grundbegriffe der Mechanik

Ein aus Masse bestehender Körper kann (zumindest gedanklich) um jede beliebige Achse gedreht werden. Die Drehung läßt sich durch den axialen Vektor der *Winkelgeschwindigkeit*

$$\boldsymbol{\omega} = \begin{pmatrix} \omega_1 \\ \omega_2 \\ \omega_3 \end{pmatrix} \tag{2.3-4}$$

beschreiben. Dieser liegt parallel zur Rotationsachse und seine Länge ist gleich dem Betrag der Winkelgeschwindigkeit.

Mit der Verfügung über die Lage der Drehachse gewinnt der Körper bei gegebener Massenverteilung eine als *Massenträgheitsmoment* (*Trägheitsmoment*)

$$\theta = \int_{\text{Körper}} \boldsymbol{p}_{\mathrm{m}}^{\,2} \cdot \mathrm{d}m \tag{2.3-5}$$

bezeichnete Eigenschaft, die sein Verhalten unter dem Einfluß eines Drehmoments bestimmt: Der Integrand $\boldsymbol{p}_{\mathrm{m}}^2$ beschreibt in Form eines skalaren Vektorprodukts die Abstände p_{m} der einzelnen Massenelemente dm von der Rotationsachse. Die Integration ist über alle dm des Körpers zu führen.

Variiert man die Lage und Ausrichtung der Drehachse relativ zum Körper, so ändert sich auch das Trägheitsmoment. Minimale Werte des Trägheitsmoments werden für jene Achslagen erreicht, bei denen die Drehachse den Massemittelpunkt des Körpers enthält. In der so eingeschränkten Menge möglicher Drehachslagen gibt es drei mit relativ größtem und kleinstem Trägheitsmoment. Diese Achsen stehen unabhängig von der Form und Massenverteilung des Körpers stets senkrecht zueinander; sie werden als *Hauptträgheitsachsen* oder *Figurenachsen* bezeichnet. Die zugehörigen Trägheitsmomente, die aus (2.3-5) mit Bezugnahme

---

11) Wird die Änderung eines Vektors $\boldsymbol{b}$ in zwei gegeneinander mit der Winkelgeschwindigkeit ω rotierenden Bezugssysteme betrachtet, so gilt aufgrund der Unterschiede in der »Perspektive« (Magnus, 1971, 38; Lehmann, 1983, 111; ➪ (3.4-4/3)):

$$\left(\frac{\mathrm{d}\boldsymbol{b}}{\mathrm{d}t}\right)_{\text{ruh. System}} = \left(\frac{\mathrm{d}\boldsymbol{b}}{\mathrm{d}t}\right)_{\text{bew. System}} + \boldsymbol{\omega} \times \boldsymbol{b}\,.$$

Mit $\boldsymbol{b} = \boldsymbol{\omega}$ erhält man wegen $\boldsymbol{\omega} \times \boldsymbol{\omega} = \mathbf{0}$ die in (2.3-3) und (3.4-7) niedergelegte Beziehung.

der p_m auf diese Hauptachsen berechnet werden können, nennt man *Hauptträgheitsmomente*. Sie werden im folgenden mit A, B, C gekennzeichnet.

Ordnet man die Trägheitsmomente A, B, C in der Hauptdiagonalen einer 3x3-Matrix $\boldsymbol{T}$ an und besetzt die übrigen Matrixplätze mit Nullen, so beschreibt diese Diagonalmatrix den auf die (körperfesten) Figurenachsen bezogenen *Trägheitstensor*

$$\boldsymbol{T} = \begin{pmatrix} A & 0 & 0 \\ 0 & B & 0 \\ 0 & 0 & C \end{pmatrix} . \qquad (2.3\text{-}6)$$

Bei rotationssymmetrisch aufgebauten Körpern sind zwei der angegebenen Trägheitsmomente gleich. Für ein an den Polen abgeplattetes Rotationsellipsoid gilt $A = B$; $C > A$. C bedeutet in diesem Fall das auf die kleine Achse des Ellipsoids bezogene Hauptträgheitsmoment, das gleichzeitig auch das absolut größte der Hauptträgheitsmomente ist.

Eine weitere für das Drehverhalten eines Körpers bestimmende Größe ist dessen *Drehimpuls*, der wie ω als axialer Vektor zu betrachten ist:

$$\boldsymbol{H} = \begin{pmatrix} H_1 \\ H_2 \\ H_3 \end{pmatrix} . \qquad (2.3\text{-}7)$$

Im körperfesten Bezugssystem besteht zwischen ω und $\boldsymbol{H}$ ein durch den Trägheitstensor $\boldsymbol{T}$ vermittelter Zusammenhang:

$$\boldsymbol{H} = \boldsymbol{T} \cdot \omega ; \qquad (2.3\text{-}8)$$

(Moritz/Mueller, 1988, 41).

In einem Inertialsystem ist der Drehimpuls eines rotierenden Körpers konstant:

$$\boldsymbol{H} = \textbf{const.}, \qquad (2.3\text{-}9)$$

solange auf ihn keine äußeren Kräfte einwirken (*Drehimpuls-Erhaltungssatz*). Unter der Einwirkung eines *Drehmomentes D* – auch D ist als axialer Vektor zu verstehen – erfährt $\boldsymbol{H}$ jedoch die zeitliche Änderung (Gerthsen, 1956, S,50):

$$\frac{\mathrm{d}\boldsymbol{H}}{\mathrm{d}t} = \dot{\boldsymbol{H}} = \boldsymbol{D} . \qquad (2.3\text{-}10)$$

Die Sätze $\boldsymbol{H}$ = **const.** und $\mathrm{d}\boldsymbol{H}/\mathrm{d}t = \boldsymbol{D}$ verkörpern analog zu Isaak Newtons *Grundsätzen und Gesetzen translatorischer Bewegungen* (➪ 2.4.2) das *Trägheits*- und das *Aktionsprinzip* für Drehbewegungen. Beide Sätze gelten, wie bereits gesagt, nur in einem *Inertialsystem* (»*ruhendes System*«).

In einem *körperfesten Bezugssystem*, das gegenüber dem Inertialsystem mit der Winkelgeschwindigkeit ω rotiert (*»bewegliches System«*), gilt für die zeitliche Änderung des Drehimpulsvektors $\boldsymbol{H}$ nach dem in Fußnote 1 zitierten Gesetz der Kinematik:

$$\dot{\boldsymbol{H}}_{\text{Inertialsystem}} = \dot{\boldsymbol{H}}_{\text{körperfestes System}} + \omega \times \boldsymbol{H}, \qquad (2.3\text{-}11)$$

bzw. unter Beachtung von (2.3-10):

$$\dot{\boldsymbol{H}}_{\text{körperfestes System}} + \omega \times \boldsymbol{H} = \boldsymbol{D}. \qquad (2.3\text{-}12)$$

Der Körper *Erde* dreht sich mit einer Winkelgeschwindigkeit von $|\omega_{\text{E inertial}}| = |\omega_{\text{E}}| = 72{,}92114964$ µrad/s = 15,0410668018″/s (1994 IERS Annual Report, I-28). Der Wert gilt für die Epoche J1994,5. In der Jahresmitte 1994 brauchte die Erde demnach 360·60·60″/ (15,0410668018″/s) = 86164,1010626 s = 23 h 56 min 04,1010626 s, um sich bezüglich eines Inertialsystems einmal um 360°, also einmal um ihre Achse zu drehen. Aus der Sicht eines aus der nördlichen Hemisphäre auf die Erde blickenden Beobachters verläuft diese Drehung gegen den Uhrzeigersinn (von West nach Ost).

Für die Hauptträgheitsmomente der Erde hat man durch Analyse von Satellitenbahnen folgende Werte gefunden (DMA, 1987, 2-5):

$$A = B = 8{,}009 \cdot 10^{37}\ \text{kg m}^2;\ C = 8{,}035 \cdot 10^{37}\ \text{kg m}^2.$$

Für die weitere Darstellung der theoretischen Grundlagen wird zwischen dem Drehverhalten eines starren und eines (elastisch) verformbaren Körpers unterschieden. Dementsprechend werden zwei diesen Annahmen entsprechende Erdmodelle diskutiert, und zwar das Modell einer *starren* und das einer *deformierbaren Erde*.

2.3.3 Erdmodelle und ihre Dreheigenschaften

Modell einer starren Erde

Im Falle eines starren Körpers ist der Trägheitstensor $\boldsymbol{T}$ zeitlich unveränderlich, es gilt also: $\boldsymbol{T} = \textbf{const}$. Damit erhält man aus (2.3-12) für $\dot{\boldsymbol{H}}$ im körperfesten, an der Figurenachse ausgerichteten Bezugssystem

$$\dot{\boldsymbol{H}} = \boldsymbol{T} \cdot \dot{\omega} \qquad (2.3\text{-}13)$$

und aus (2.3-11) in Verbindung mit (2.3-13) die folgende, von Leonhard Euler (1707-1783) angegebene und nach ihm benannte Differentialgleichung:

$$\boldsymbol{T} \cdot \dot{\omega} + \omega \times (\boldsymbol{T} \cdot \omega) = \boldsymbol{D}, \qquad (2.3\text{-}14/1)$$

die, in Koordinatenschreibweise, aus drei Gleichungen besteht:

$$\begin{aligned} A\cdot\dot{\omega}_1 + (C-B)\cdot\omega_2\cdot\omega_3 &= D_1\,, \\ B\cdot\dot{\omega}_2 + (A-C)\cdot\omega_3\cdot\omega_1 &= D_2\,, \\ C\cdot\dot{\omega}_3 + (B-A)\cdot\omega_1\cdot\omega_2 &= D_3\,. \end{aligned} \qquad (2.3\text{-}14/2)$$

Vereinbarungsgemäß beziehen sich die drei Komponenten ω_1, ω_2, ω_3 des Winkelgeschwindigkeitsvektors ω auf das durch die Figurenachsen »*A*«, »*B*«, »*C*« aufgespannte körperfeste Koordinatensystem.

Bei einem Rotationsellipsoid reduziert sich dieses Gleichungssystem wegen $A \equiv B$ bzw. $B - A = 0$ auf

$$\begin{aligned} \dot{\omega}_1 + \frac{(C-A)}{A}\cdot\omega_2\cdot\omega_3 &= \frac{D_1}{A}\,, \\ \dot{\omega}_2 - \frac{(C-A)}{A}\cdot\omega_3\cdot\omega_1 &= \frac{D_2}{A}\,, \\ \dot{\omega}_3 &= \frac{D_3}{C}\,. \end{aligned} \qquad (2.3\text{-}15)$$

Für die weitere Betrachtung ist nun noch zwischen dem Drehverhalten einer starren *momentenfreien* Erde ($\boldsymbol{D} = \mathbf{0}$) und einer starren Erde, auf die ein *äußeres, von Mond und Sonne verursachtes (= lunisolares) Drehmoment* wirkt ($\boldsymbol{D} \neq \mathbf{0}$), zu unterscheiden.

Modell einer momentenfreien starren Erde

Dieses Modell beschreibt das Phänomen der *freien Nutation* eines starren Körpers, das bei einem rotierenden Kreisel immer dann auftritt, wenn die Rotationsachse nicht mit einer Hauptträgheitsachse (Figurenachse) übereinstimmt. Mögliche äußere Drehmomente bleiben zunächst außer Betracht. Das Drehverhalten des Körpers wird durch (2.3-15) beschrieben, wenn in diesem Gleichungssystem der Drehmomentvektor $\boldsymbol{D}$, also die rechte Seite zu Null gesetzt wird.

Bei dieser Voraussetzung reduziert sich die 3. Gleichung von (2.3-15) auf $\dot{\omega}_3 = 0$, was gleichbedeutend mit ω_3 = const. ist. Damit ist auch der Ausdruck $((C-A)/A)\cdot\omega_3$, der im folgenden mit σ_{Eu} bezeichnet wird, als eine konstante Größe identifiziert: $\sigma_{Eu} = ((C-A)/A)\cdot\omega_3 = \text{const.}$

Die in dieser Beziehung rechts stehenden Parameter sind, wie bereits in 2.3.1 erwähnt, bekannt: $A = B = 8{,}009\cdot10^{37}$ kg m^2; $C = 8{,}035\cdot10^{37}$ kg m^2; $(C-A)/A = 3{,}33\cdot10^{-3}$; $\omega_3 = 7{,}29\cdot10^{-5}$ rad s^{-1}, womit auch
$\sigma_{Eu} = ((8{,}035\cdot10^{37} - 8{,}009\cdot10^{37})/8{,}009\cdot10^{37})\cdot 7{,}29\cdot10^{-5}$ rad s^{-1} $= 2{,}39\cdot10^{-7}$ rad s^{-1} angegeben werden kann.

Unter den bis hierher getroffenen Vereinbarungen zerfällt (2.3-15) in zwei unabhängig voneinander lösbare Teilssysteme und das Problem reduziert sich auf die Lösung des Differentialgleichungssystems:

$$\begin{aligned} \dot{\omega}_1 + \sigma_{Eu} \cdot \omega_2 &= 0 , \\ \dot{\omega}_2 - \sigma_{Eu} \cdot \omega_1 &= 0 . \end{aligned} \tag{2.3-16}$$

Seine Integration ergibt

$$\begin{aligned} \omega_1 &= \alpha \cdot \cos(\sigma_{Eu} \cdot t + \gamma) , \\ \omega_2 &= \alpha \cdot \sin(\sigma_{Eu} \cdot t + \gamma) , \end{aligned} \tag{2.3-17}$$

mit den Integrationskonstanten α und γ.

Erinnern wir uns, daß ω_1 und ω_2 die in die Hauptträgheitsachsen »*A*« bzw. »*B*« fallenden äquatorialen Komponenten des Rotationsvektors ω bedeuten. (2.3-17) zeigt, daß der aus den Komponenten ω_1 und ω_2 bestehende Vektor einen Kreis mit dem Radius $\alpha = \omega_1^2 + \omega_2^2$ beschreibt und sich dabei mit der Winkelgeschwindigkeit σ_{Eu} um die Figurenachse »*C*« dreht. Dementsprechend bewegt sich der aus ω_1, ω_2 und dem konstanten ω_3 gebildete Erdrotationsvektor ω gegenüber der Figurenachse »*C*« auf einem Kegelmantel mit einer Öffnung von $\delta_R = \arctan \alpha/\omega_3$. Es läßt sich außerdem zeigen, daß der Drehsinn dieser Bewegung vom Nordpol aus betrachtet im Gegensinn des Uhrzeigers verläuft.

Da nun die Winkelgeschwindigkeit σ_{Eu} bekannt ist, kann auch die Umlaufperiode T_{Eu} des Erdrotationsvektors (Periode der freien Nutation) angegeben werden:

$$T_{Eu} = \frac{2 \cdot \pi}{\sigma_{Eu}} = \frac{2 \cdot \pi}{2{,}39 \cdot 10^{-7} s^{-1}} = 2{,}63 \cdot 10^7 s = 304 \text{ Tage} . \tag{2.3-18}$$

Unbestimmt bleibt zunächst die Größe des Öffnungswinkels $\delta_{R\,Eu} = \tan(\alpha/\omega_3)$ sowie der Richtungswinkel der Phasennullage γ. Diese Größen können durch geometrischen Beobachtungen der Rotationsachse relativ zur Figurenachse bestimmt werden. Das Beobachtungsergebnis zeigt, daß α bzw. die Komponenten ω_1 und ω_2 im Vergleich zu ω_3 sehr klein sind, was dann auch für den Öffnungswinkel $\delta_{R\,Eu}$ gilt:

$$\delta_{R\,Eu} = \alpha/\omega_3 \approx 10^{-6} \text{ rad} \approx 0{,}2'' .$$

Man kann daher den Betrag der momentane Rotationsgeschwindigkeit $|\omega| = |\omega_3| / \cos \delta_{R\,Eu}$ ohne Genauigkeitsverlust mit $|\omega_3|$ gleichsetzen.

Mit Kenntnis der Bewegung des Rotationsvektors ω relativ zur Figurenachse ist wegen (2.3-8) auch die Bewegung des *Drehimpulsvektors* $\boldsymbol{H}$ (ebenfalls relativ zur Figurenachse) bekannt: Aus

$$H_1 = A \cdot \omega_1, \quad H_2 = A \cdot \omega_2 \quad \text{und} \quad H_3 = C \cdot \omega_3 = \text{const.}$$

folgt nämlich, daß sich $\boldsymbol{H}$ mit gleicher Umlaufperiode T_{Eu} wie ω und unter Drehung um die gleiche Achse (nämlich um die Figurenachse) auf einem Kegelmantel bewegt, dessen Öffnungswinkel mit $\delta_{\text{H Eu}} = (A/C) \cdot \delta_{\text{R Eu}} = 0{,}9967 \cdot \delta_{\text{R Eu}}$ nur unwesentlich kleiner als $\delta_{\text{R Eu}}$ ist, nämlich $\delta_{\text{R Eu}} - \delta_{\text{H Eu}} = \delta_{\text{R Eu}} \cdot 0{,}0033 = 0{,}2'' \cdot 0{,}0033 = 0{,}0007''$. Im Rahmen optischer Meßverfahren (mit Meßgenauigkeiten von bestenfalls 0,1″) kann dieser Richtungsunterschied nicht erfaßt werden, wohl aber gelingt es durch Verfahren der Radiointerferometrie (VLBI: Very Long Baseline Interferometry) und mit Lasermessungen zu Satelliten (SLR: Satellite Laser Ranging) in diesen Grenzbereich vorzustoßen.

Der Bewegungsablauf der freien Nutation, ist in Bild 2.3-1 durch die Spuren der Vektoren ω und $\boldsymbol{H}$ auf einer erdfesten Gaussschen Richtungskugel dargestellt. Das Bild zeigt (u.a.) die auf konzentrischen Kreisen verlaufenden Spuren $\boldsymbol{R}_0$ und $\boldsymbol{H}_0$ des Erdrotations- und des Drehimpulsvektors, auf denen sich die genannten Vektoren bewegen würden, wenn keine äußeren Drehmomente vorhanden wären.

Modell einer starren Erde mit lunisolarem Moment

Mond und Sonne üben ständig (abgesehen von wenigen nur gelegentlich auftretenden Konstellationen) auf die abgeplattete Erde Drehmomente $\boldsymbol{D}_{\text{Mo}}$ und $\boldsymbol{D}_{\text{So}}$ aus, die sich überlagern und zu einem Gesamtdrehmoment $\boldsymbol{D} = \boldsymbol{D}_{\text{Mo}} + \boldsymbol{D}_{\text{So}}$ addieren, das darauf gerichtet ist, die Drehimpulsachse der Erde senkrecht zur Ebene der Mondbahn bzw. senkrecht zur Ebene der Erdbahn zu stellen. Wie in Abschnitt 2.5 noch ausführlich dargelegt wird, stehen diese Vektoren senkrecht zur Drehimpulsachse der Erde und liegen außerdem in den Ebenen der Mond- bzw. der Erdbahn. Ihre Beträge erreichen jeweils Maximalwerte, wenn die Beträge der Deklination von Mond und Sonne $|\delta_{\text{Mo}}|$ und $|\delta_{\text{So}}|$ maximal werden, und sie verschwinden für $\delta_{\text{Mo}} = 0$ und $\delta_{\text{So}} = 0$.

Als Lösung des Differentialgleichungssystems (2.3-15) findet man nach Moritz/Mueller (1988, 57) die folgenden Zuschläge zu den aus (2.3-17) fließenden äquatorialen Komponenten des Erdrotationsvektors:

$$\begin{aligned} \Delta\omega_1 &= -\frac{1}{A} \cdot \left(\frac{D_{\text{Mo}\,2}}{\sigma_{\text{Mo}} + \sigma_{\text{Eu}}} + \frac{D_{\text{So}\,2}}{\sigma_{\text{So}} + \sigma_{\text{Eu}}} \right), \\ \Delta\omega_2 &= \frac{1}{A} \cdot \left(\frac{D_{\text{Mo}\,1}}{\sigma_{\text{Mo}} + \sigma_{\text{Eu}}} + \frac{D_{\text{So}\,1}}{\sigma_{\text{So}} + \sigma_{\text{Eu}}} \right). \end{aligned} \tag{2.3-19}$$

In diesen Gleichungen kennzeichnen die Zahlenindizes 1 und 2 wie bisher die

Koordinatenkomponenten der jeweils angesprochenen Vektoren (ω und $\boldsymbol{D}$). σ_{Mo} und σ_{So} stehen für die durch die Erddrehung in Verbindung mit der Bahnbewegung des Mondes relativ zur Erde und der Erde relativ zur Sonne induzierten momentanen Frequenzen (mit den im wesentlichen von der Erddrehung bestimmten Hauptgliedern $2\cdot\pi/\sigma_{Mo} = 1$ »Mondtag« $\approx 24{,}8$ Stunden und $2\cdot\pi/\sigma_{So} \approx 1$ Tag = 24 Stunden).

Die Beträge der Drehmomente $\boldsymbol{D}$ verändern sich im Rahmen der oben erwähnten Grenzwerte $|\boldsymbol{D}_{Mo\ max}| \geq |\boldsymbol{D}_{Mo\ Tag}| \geq 0$ und $|\boldsymbol{D}_{So\ max}| \geq |\boldsymbol{D}_{So\ Tag}| \geq 0$ in Abhängigkeit von den Ephemeriden von Mond und Sonne. Die halbe Periodenlänge beträgt dabei für den durch den Mond verursachten Anteil $\boldsymbol{D}_{Mo}$ etwa 14 Tage (= Zeitintervall zwischen zwei aufeinander folgenden Äquatordurchgängen des Mondes), für den durch die Sonne bewirkten Anteil $\boldsymbol{D}_{So}$ etwa ein halbes Jahr (= Zeitintervall zwischen zwei aufeinander folgenden Äquatordurchgängen der Sonne). $|\boldsymbol{D}_{Mo}|$ und $|\boldsymbol{D}_{So}|$ variieren innerhalb des so gegebenen Rahmens mit den der vorerwähnten Frequenzen von etwa einem Tag zwischen den jeweiligen Tagesmaxima und Null: $|\boldsymbol{D}_{Mo\ Tag}| \geq |\boldsymbol{D}_{Mo}| \geq 0$ und $|\boldsymbol{D}_{So\ Tag}| \geq |\boldsymbol{D}_{So}| \geq 0$. Setzt man näherungsweise $\sigma_{Mo} \approx \sigma_{So} \approx \omega_3 = 2\cdot\pi / 1$ Tag und vernachlässigt das wesentlich kleinere $\sigma_{Eu} = 2\cdot\pi / T_{Eu} = 2\cdot\pi / 304$ Tage $= 0{,}02$ rad / Tag so vereinfacht sich (2.3-19) zu

$$\Delta\omega_1 = -\frac{1}{A}\cdot\frac{D_{Mo2} + D_{So2}}{\omega_3} = -\frac{1}{A}\cdot\frac{D_2}{\omega_3},$$
$$\Delta\omega_2 = \frac{1}{A}\cdot\frac{D_{Mo1} + D_{So1}}{\omega_3} = \frac{1}{A}\cdot\frac{D_1}{\omega_3}. \qquad (2.3\text{-}20)$$

Diese Frequenzkomponenten der Erdrotation sind jenen, die sie sich aus (2.3-17) ergeben, überlagert.

Der Vektor $\boldsymbol{D} = \begin{pmatrix} D_1 \\ D_2 \\ 0 \end{pmatrix} = |\boldsymbol{D}|\cdot\begin{pmatrix} \cos(\omega_3\cdot t + \beta) \\ \sin(\omega_3\cdot t + \beta) \\ 0 \end{pmatrix}$ mit $|\boldsymbol{D}| = \sqrt{D_1^2 + D_2^2}$ dreht sich im Rahmen der vereinbarten Näherung mit der Frequenz der Erddrehung ω_3. Daraus folgt, daß der Erdrotationsvektor auch im Tagezyklus einen Kegelmantel beschreibt, dessen Öffnung $\delta_{R\ MoSo} = \dfrac{\sqrt{\Delta\omega_1^2 + \Delta\omega_2^2}}{\omega_3} = \dfrac{|\boldsymbol{D}|}{A\cdot\omega_3^2}$ beträgt. Da sich $|\boldsymbol{D}|$ unter dem Einfluß von Mond und Sonne periodisch ändert ($|\boldsymbol{D}|$ = const. wurde nur für die Dauer eines Tages angenommen), schwankt der Öffnungswinkel zwischen Null und einem Maximalwert, der aus den (bekannten) Größen von $\boldsymbol{D}$, A und ω_3 abgeschätzt werden kann und gemäß Heitz (1976, 42), Moritz/Mueller (1987, 71) oder Murray (1983, 64) $\delta_{R\ MoSo\ max} = 0{,}02''$ beträgt.

Ein Mittelwert von $\overline{\delta}_{RMoSo}$ gewinnt man aus (2.3-3): $(d\omega/dt)_{zäl} = (d\omega/dt)_{terr}$. Der Mittelwert von $(d\omega/dt)_{zäl}$ = 360°· sin 23,44°/ 25728 Jahre = 20,0″/ Jahr = $5{,}50 \cdot 10^{-2}$ ″/ Tag ist die Präzessionsrate, mit der der Mittlere Himmelsnordpol auf der Himmelskugel in 25728 Jahren einen Kleinkreis mit dem Radius $2 \cdot \pi \cdot \sin \epsilon$ beschreibt (➪ 2.5 und Bild 2.5-2; ϵ = 23,5° = Schiefe der Ekliptik). Im terrestrischen System, das sich gegenüber dem zälestischen pro Tag einmal dreht, verteilt sich die Tagesrate (= $5{,}50 \cdot 10^{-2}$ ″) auf einem geschlossenen Kreis. Für den Radius dieses Kreises (Mittelwert der Abstände R_0R) erhält man $R_0R = 5{,}50 \cdot 10^{-2}$ ″/ $2 \cdot \pi$ = 0,0087″ (Richter, 1986, 144).

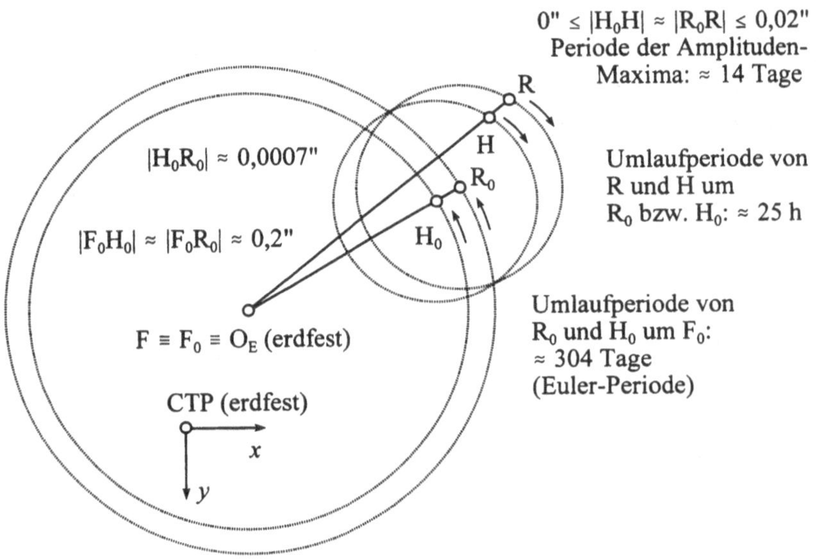

Bild 2.3-1: Bewegung der Rotationsachse (R_0, R) und der Drehimpulsachse (H_0, H) einer starren Erde relativ zur Figurenachse F als Folge der freien Nutation (R_0, H_0) und des Gezeiten-Einflusses von Mond und Sonne (R, H)
– Theorie: Rotation einer starren Erde –

Die durch das lunisolare Drehmoment erzeugte Nutation der Rotationsachse R und der Drehimpulsachse H ist (neben der freien Nutation) in Bild 2.3-1 durch die Spuren R und H dargestellt. Das Bild stellt eine den Zeitabschnitt eines Tages umfassende »Momentaufnahme« dar. Wollte man die Spuren R und H über einen Zeitraum von 14 Tagen darstellen – in diesem Zeitraum wandern R_0 und H_0 um (14 Tage / 304 Tage) · 360° = 16,6° weiter auf ihrer Kreisbahn und die »Radien« R_0R und H_0H wachsen von Null auf $\delta_{R\,Mo\,So\,max}$ an und verkürzen sich wieder auf Null – so würden R und H Spiralen beschreiben (➪ Bild 2.3-3). Die Komponenten des Vektors R_0R wurden erstmals von Theodor Ritter von Oppolzer (1880) beschrieben und werden deshalb gelegentlich als *Oppolzer-Terme* bezeichnet; ⇨ 4.6.2.

Modell einer nichtstarren Erde mit lunisolarem Moment

Im Zeitraum 1880 bis 1890 wurden an mehreren Sternwarten (z.B. in Berlin, Cambridge (Mass.), Potsdam, Prag und Pulkowo) periodische Veränderungen der Geographischen Breite (Variationen der Polhöhe) beobachtet, die zutreffenderweise als *Polbewegung* gedeutet wurden (Chandler, 1881; 1885; Küstner, 1890). Die Entdeckung kam nicht überraschend, da das Phänomen an sich im Einklang mit den schon 100 Jahre vorher von Leonhard Euler angegebenen Bewegungsgleichungen eines starren Körpers (2.3-13), (2.3-14) stand. In einem wesentlichen Punkt stand die beobachtete Realität aber in deutlichem Widerspruch zu dem theoretisch begründeten Ergebnis: Für die (Eulersche) Periode der freien Nutation erhält man mit diesen Gleichungen gemäß (2.3-18) einen Wert $T_{\mathrm{Eu}} = 304$ Tage. In Wirklichkeit beträgt die Nutationsperiode aber $T_{\mathrm{Ch}} = 431$ Tage, was mit der Eulerschen Theorie nicht erklärt werden kann. Die 431 tägige Periode der Polbewegung ist von Seth Carlo Chandler (1885) entdeckt worden. Sie wird daher als Chandlersche Periode bezeichnet. Der Grund für die längere Nutationsperiode ist darin zu sehen, daß die Erde (entgegen den bei der Lösung der Bewegungsgleichungen (2.3-15) getroffenen Annahme) nicht starr ist – in diesem Fall wären A, B und C Konstanten –, sondern daß sich dieser Körper periodisch elastisch verformt (Newcomb, 1892).

Um das Drehverhalten einer als nicht starr angenommenen Erde beschreiben zu können, muß dem Trägheitstensor (2.3-6) zeitliche Veränderlichkeit zugebilligt werden. (Bei dieser Verallgemeinerung kann die Tensormatrix nicht mehr als Diagonalmatrix beschrieben werden, u.U. sind nun alle neun Matrixelemente von Null verschieden). Die Eulersche Differentialgleichung (2.3-13) erfährt dadurch eine inhaltliche Erweiterung. Sie wird in der erweiterten Form als *Euler-Liouville-Gleichung* bezeichnet, und lautet bei Bezugnahme auf *Tisserand-Achsen*, die einen »mittleren Deformationsstatus« repräsentieren:

$$\frac{\partial}{\partial t}(\boldsymbol{T}\cdot\omega) + \omega\times(\boldsymbol{T}\cdot\omega) = \boldsymbol{D}\,. \qquad (2.3\text{-}21)$$

Die Integration dieser Gleichung, die die Bewegungsgleichungen der Figurenachse, der Rotationsachse und der Drehimpulsachse relativ zu den Tisserand-Achsen, und zwar unter dem Einfluß eines lunisolaren Drehmoments liefert, wurde z.B. von Moritz/Mueller (1988, 131-141) ausführlich behandelt. (Auf diese Quelle darf auch zur Erklärung der Tisserand-Achsen verwiesen werden). Wir beschränken uns hier auf die in Bild 2.3-2 festgehaltene graphische Darstellung der Bewegungsabläufe und auf die Angabe der Gleichung, die die nutationsbedingte Umlaufperiode des Erdrotationsvektors bei der Annahme einer elastischen

Erde (*Chandlersche Umlaufperiode*) wie folgt beschreibt:

$$T_{Ch} = \frac{2\pi}{\sigma_{Ch}} = \frac{2\pi}{\sigma_{Eu}} \cdot \frac{1 + \frac{k}{k_S} \cdot \frac{\sigma_{Eu}}{\omega_3}}{1 - \frac{k}{k_S}} = T_{Eu} \cdot \frac{1 + \frac{k}{k_S} \cdot \frac{2\pi}{T_{Eu} \cdot \omega_3}}{1 - \frac{k}{k_S}} . \qquad (2.3\text{-}22)$$

In dieser Gleichung bedeutet k die die spezifische Elastizität des Erkörpers beschreibende *LOVE-Zahl*, die für einen starren Körper verschwindet und bei einem flüssigen Körper den Wert 0,96 erreicht (Moritz/Mueller, 1988, 130, 131). Im Falle der Erde beträgt sie, wie nachfolgend noch gezeigt wird, k = 0,29.

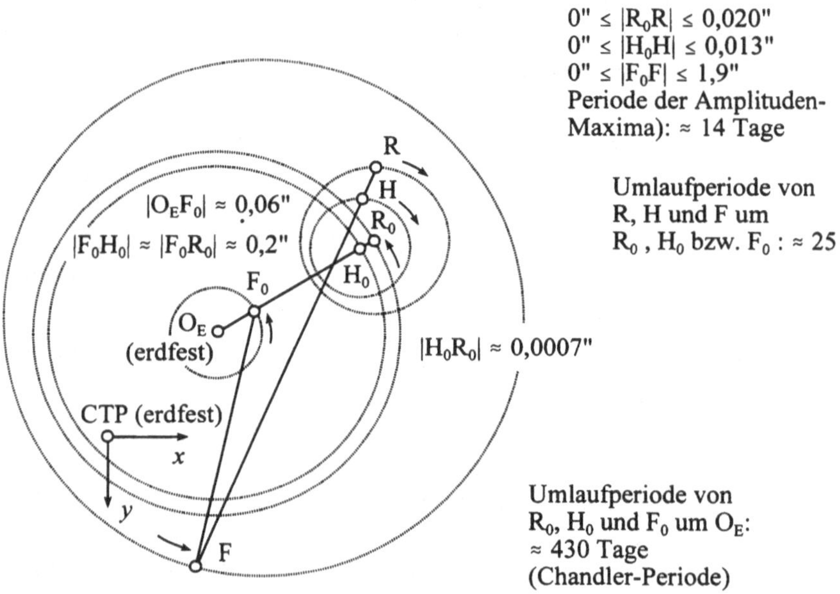

Bild 2.3-2: Bewegung der Figurenachse (F_0, F), der Rotationsachse (R_0, R) und der Drehimpulsachse (H_0, H) einer elastischen Erde als Folge der freien Nutation (F_0, R_0, H_0) und des Gezeiten-Einflusses von Mond und Sonne (F, R, H)
- Theorie: Rotation einer elastischen Erde -

$k_S = \dfrac{3 \cdot G \cdot (C - A)}{\omega_3^2 \cdot R^5}$ ist eine durch die Gravitationskonstante (G), die Hauptträgheitsmomente (A, C), die Winkelgeschwindigkeit (ω_3) und den Erdradius (a_e) bestimmte Kennzahl, für die man mit den in (DMA, 1987, 2-5) für das WGS84 niedergelegten Erdkonstanten

$$k_S = \frac{3 \cdot G \cdot (C-A)}{\omega_3^2 \cdot a_e^5} = \frac{3 \cdot 6{,}672 \cdot 10^{-11}\,m^3 s^{-2} kg^{-1} \cdot 0{,}0263 \cdot 10^{37} kgm^2}{(7{,}292 \cdot 10^{-5})^2 s^{-2} \cdot (6{,}38 \cdot 10^6)^5 m^5} = 0{,}94$$

erhält. Da die für die Erde maßgebliche *Love-Zahl* nicht von vorne herein bekannt ist, kann für T_{Ch} kein theoretischer Sollwert angegeben werden. (Man kann allenfalls feststellen, daß für eine elastische Erde ($k \neq 0$) $T_{Ch} \neq T_{Eu}$). Die Umlaufperiode T_{Ch} muß daher aus der Beobachtung und Analyse der Kinematik Rotationsachse der Erde gewonnen werden. Ein vom *IPMS* für den Zeitraum 1967-1977 ermittelter Wert lautet nach Kovalevsky/Mueller/Kolaczek, 1989, 251: T_{Ch} = 431 Tage. Setzt man diesen Wert in (2.3-17) ein, so erhält man mit T_{Eu} / T_{Ch} = 304 Tage / 431 Tage = 0,71 und damit für k = 0,29. Weitere die Kinematik der Achsen F_0, H_0 und R_0 (freie Nutation) und den Achsen F, H und R (erzwungene Nutation) beschreibende Zahlen (Moritz/Mueller, 1988, 140) können Bild 2.3-2 entnommen werden.

Modell einer Erde mit flüssigem Kern und elastischem Mantel

Aus den im Lauf der Zeit verfeinerten Frequenzanalysen der Polbewegung gab es Hinweise auf tagesperiodische Anteile der freien Nutation sowie auf Resonanzeffekte, die weder mit der Theorie einer festen noch der einer elastischen Erde erklärt werden konnten. Da man aus seismischen Untersuchungen wußte, daß die Erde einen Eisen-Nickel-Kern enthält, lag es nahe, dieses Vorwissen in die Theorie einzubringen. Tatsächlich gelang es durch die Annahme eines flüssigen Erdkerns und eines elastischen Erdmantels sowohl die Theorie der freien, als auch die der erzwungenen Polbewegung zu verfeinern (Moritz/Mueller, 1988, 148-188). Als Ergebnis ist allerdings festzuhalten, daß diese Verfeinerungen das in Bild 2.3-2 gezeichnete Bewegungsschema im Prinzip nur geringfügig verändert haben und - vor allem - daß es auch mit der verbesserten Theorie bis heute nicht gelungen ist, die durch die freie Nutation bedingten Polbewegungen exakt vorherzusagen.

2.3.4 Reale Polbewegung

Vergleicht man die in Bild 2.3-2 dargestellte und auf der Grundlage der Modelle einer elastischen Erde oder einer Erde mit flüssigem Erdkern entwickelte theoretische Polbewegung mit der realen, die durch Permanentbeobachtungen vom *International Earth Rotation Service* (*IERS*) beobachtet wird - siehe hierzu die Bilder 2.3-3 und 2.3-4 - so stellt man einige offensichtliche Widersprüche fest:

- Die Spuren der Drehimpulsachse H_0 und der Rotationsachse R_0 - in Bild 2.3-4 die über die Zeitskala aufgetragene Trajektorie des CEP (der kleine Unterschied zwischen H_0 und R_0 ist im Bildmaßstab nicht darstellbar), in Bild 2.3-3 eine gedachte Linie in der Achse der Spirale - verläuft nicht kreisförmig, wie dies mit den Modellen einer starren oder einer elastischen Erde beschrieben und in den Bildern 2.3-1 und 2.3-2 dargestellt wurde, sondern in einer Spirale.

- Eine Frequenzanalyse der Bewegung der Rotationsachse R_0 zeigt neben der Chandlerschen Periode von etwa 430 Tagen auch noch eine zweite, ebenfalls von Chandler gefundene einjährige Periode. Die beiden Perioden erzeugen durch Überlagerung die in Bild 2.3.4 gut erkennbare »Schwebung« mit einer Periodendauer von 6,75 Jahren. (Der Zusammenhang zwischen der meßbaren Periode von 6,75 Jahren und der postulierten Jahresperiode ergibt sich aus der Identität 5,75 · 430 Tage = 6,75 · 366,25 Tage = 6,75 Jahre). Hinzu kommt noch eine Reihe weiterer im Detail, nicht geklärter Frequenzen, die derzeit Gegenstand intensiver Forschungen sind.
- Das Zentrum der Rotationsachse R_0 driftet mit einer Bewegungsrate von durchschnittlich 0,3″/Jahrhundert nach Westen; ⇨ Kovalevsky/Mueller (1989, 223); Gross (1990); 1995 IERS Annual Report, II-70. Auch dieses Phänomen läßt sich durch keines der vorerwähnten Modelle erklären.

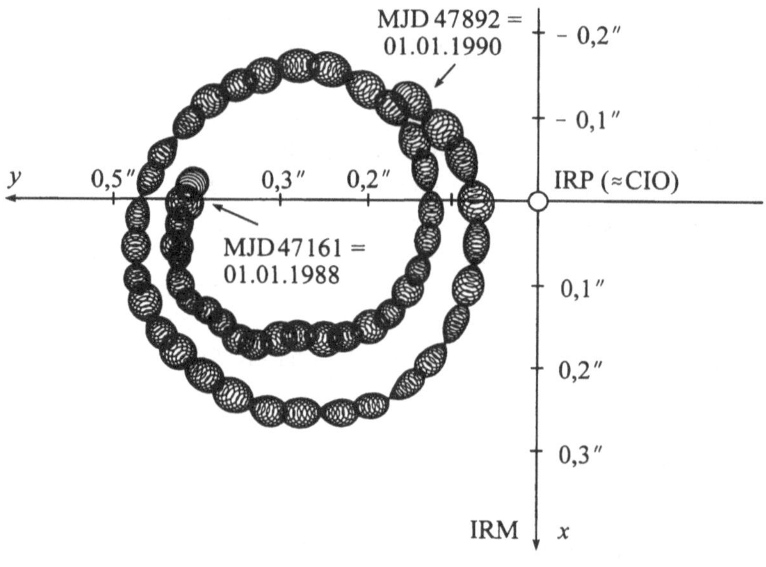

Bild 2.3-3: Bewegung der Rotationsachse (R) der Erde relativ zum erdfesten ITRS-Pol (IRP ≈ CIO) im Zeitraum 01.01.1988 - 31.12.1990 (Quelle für die Polkoordinaten: IERS; Berechnung der tagesperiodischen Zuschläge: DGFI München)

Die Gründe für die Abweichungen der Realität von den diskutierten Modellen sind vielfältig und vor allem in geodynamischen Vorgängen zu suchen (Lambeck,

1988, 1989; Drewes/Radon. 1990; Dickey, 1990; Zharkov/Molodensky/Brzezińs-ki/Groten/Varga, 1996). So führen etwa jahresperiodische Verlagerungen der Erdatmosphäre, der Ozeane und der Grundwassermeere zu periodischen Änderungen des Drehimpulses der Atmosphäre und der Hydrosphäre der Erde. Da der Gesamtdrehimpuls der Erde aber unveränderlich ist (abgesehen von der Wirkung äußerer Drehmomente), muß sich zur Drehimpulserhaltung im Gesamtsystem der Drehimpuls des festen Erdkörpers, zu dem auch die Erdkruste zählt, ebenfalls jahresperiodisch verändern. Für die *Polwanderung* (= Drift der Rotationsachse relativ zur Erdoberfläche), die im Laufe der Erdgeschichte auf der gesamten Erdkruste Spuren hinterlassen hat (Kreichgauer, 1902), dürften (nichtperiodische) Massenverlagerungen im Inneren der Erde verantwortlich sein.

Auch in diesem Fall treten Drehimpulsänderungen bei Teilen der Erdmasse auf, die zur Drehimpulserhaltung der gesamten Erdmasse durch Drehimpulsänderungen der Erdkruste kompensiert werden müssen.

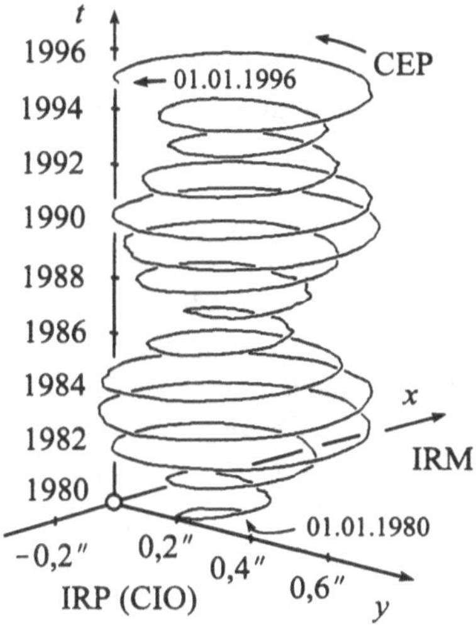

Bild 2.3-4: Bewegung der CEP relativ zum erdfesten ITRF-Pol (IRP) und ITRF-Bezugsmeridian (IRM) im Zeitraum 01.01.1980 bis 01.01.1996

Die Schwierigkeit, die Polbewegung naturgetreu zu modellieren, betrifft nur die *freie Nutation*, die von dem geodynamischen Status der Erde und von geodynamischen Prozessen bestimmt wird, nicht die von Mond und Sonne *erzwungene Nutation*, deren Wirkung von der Konstellation der genannten Himmelskörper abhängt und anhand der *Oppolzer-Terme* (⇨ 4.6.2) sehr genau berechnet werden kann. Unsicher ist daher nur die Vorhersage der Trajektorien von H_0 und R_0 (⇨ Bilder 2.3-1 und 2.3-2), nicht die der vektoriellen Ablagen H_0R_0, H_0H und R_0R.

Die Unsicherheit betrifft dabei sowohl die Bewegungen von H_0 und R_0 relativ zur Erdkruste als auch – wegen (2.3-3) – die korrespondierenden Bewegungen dieser Richtungen in einem Inertialsystem.

In der astro- und satellitengeodätischen Praxis wirken sich die erörterten Modellierungsprobleme nicht nachteilig aus, da die notwendigen Korrekturen aufgrund der Permanentbeobachtungen des *IERS* in Form von Zeitreihen der *Erdorientierungsparameter (EOP)* bei Bedarf zur Verfügung stehen. Die vom IERS in monatlichen Bulletins und im Internet veröffentlichten Parameter

$$EOP1 = x\{T\}; \qquad EOP4 = \mathrm{d}\psi\{T\};$$
$$EOP2 = y\{T\}; \qquad EOP5 = \mathrm{d}\epsilon\{T\} \qquad (2.3\text{-}23)$$

beschreiben die momentane Lage des *zälestischen Ephemeridenpols* (*Celestical Ephemeris Pole*: CEP = H_0) sowohl in einem erdfesten (*EOP1*, *EOP2*) als auch – auf der Grundlage eines vereinbarten Präzessions-/Nutationsmodells (⇨ 2.5 und 4.4) – in einem zälestischen Bezugssystem (*EOP4*, *EOP5*) mit ausreichender Genauigkeit.

2.3.5 Ausrichtung und Winkelgeschwindigkeit der Erde

Bei der Diskussion verschiedener Erdmodelle in 2.3.3 wurde festgestellt, daß der Trägheitstensor der Erde aufgrund geodynamischer Prozesse variabel ist. Geht man im Einklang mit dem Drehimpulserhaltungssatz von einem konstanten Drehimpuls der Erde aus – die Drehimpulsänderung aufgrund äußerer Momente spielt bei der folgenden Überlegung keine Rolle, sie betrifft im übrigen ohnehin nur die Richtung und nicht den Betrag des Drehimpulsvektors –, so muß sich mit der Änderung des Trägheitstensors gemäß (2.3-6) auch die Winkelgeschwindigkeit der Erde ändern. Tatsächlich ändert sich aber als Folge der »*Gezeitenreibung*« und des durch diese verursachten Verlustes an kinetischer Energie auch der Drehimpuls der Erde, was zu einer allmählichen (säkularen) Verlangsamung der Erdrotation und – damit in direktem Zusammenhang – zu einer entsprechenden Verlängerung der den Zyklus von Tag und Nacht bestimmenden Zeitspanne führt. Die bei diesem Vorgang verbrauchte Energie dissipiert als Wärmestrahlung in den Weltraum, der von der Erde abgegebene Drehimpuls geht auf den Mond über (Unsöld, 1988, 388; Voigt, 1988, 60; Bauersima, 1987, 188).

Den Prozeß der fortschreitenden Verlangsamung der Erddrehung hätte im Prinzip schon Edmund Halley (1656-1742) postulieren können. Diesem war nämlich aufgefallen, daß die aus Berichten über antike Sonnen- und Mondfinsternisse errechneten Mondpositionen mit den Ergebnissen der zeitgenössischen Beobachtungen nicht zu vereinbaren waren. Er erklärte die Diskrepanz mit einer Beschleunigung des Mondes. Diese Ansicht war aber nur zum Teil richtig. Der Mondumlauf hat sich zwar beschleunigt (*Säkulare Akzeleration*), gleichzeitig hat sich aber auch das Zeitmaß, in dem sie gemessen wurde, also die Erdrotation, verlangsamt. Lange vor dem Nachweis durch Harold Spencer Jones (1932) hat Immanuel Kant (1754) diesen Verlangsamungsprozeß aufgrund theoretischer Überlegungen vorausgesagt. Unter Verwendung der Begriffe von Energie und Drehimpuls (im modernen Sinn) läßt sich der Vorgang wie folgt begründen: Die von Mond und Sonne auf die Erde ausgeübten Kräfte wälzen im Zyklus der Gezeiten eine Flutwelle um die Erde und veranlassen die Meere, sich in ihrer Gesamtheit relativ zur festen Erde von Westen nach Osten zu bewegen.[12)] Ein Teil der Drehbewegungsenergie des Gesamtsystems Erde-Mond-Sonne geht so auf die Hydrosphäre der Erde über. Durch Reibungskräfte im Wasser, am Meeresboden und an den Küsten wird ein Teil der von der Hydrosphäre aufgenommenen kinetischen Energie in Wärmeenergie umgewandelt und in Form von Infrarotstrahlung direkt oder auf dem Umweg über die Atmosphäre in das Weltall abgestrahlt (»dissipiert«). Damit geht nicht nur der Hydrosphäre, sondern der gesamten Erde, deren Teil sie ja ist, Bewegungsenergie verloren, was sich in einer Abnahme der Rotationsgeschwindigkeit der Erde äußert. Die Abnahme der Rotationsgeschwindigkeit zieht auch eine Abnahme des (Betrages des) Drehimpulses der Erde nach sich. Da nach dem Drehimpuls-Erhaltungssatz der Gesamtdrehimpuls des Systems Erde-Mond-Sonne aber erhalten bleibt, geht der der Erde entzogene Drehimpuls auf Mond und Sonne über, was sich insbesondere in einer stetigen Zunahme des Abstandes Erde-Mond und einer entsprechenden Verlängerung der Umlaufzeit des Mondes auswirkt. Letztere wird derzeit allerdings durch die bereits oben erwähnte *Säkulare Akzeleration* des Mondes überkompensiert, deren Ursache in der Abnahme der Exzentrizität der Erdbahn liegt. ➪ Bretterbauer (1987, 40); Bauersima (1987, 188); Voigt (1988, 58-60).

Als Ergebnis der Entwicklung genauer Quarzuhren konnten in den dreißiger Jahren durch Adolf Scheibe und Udo Adelsberger (1936) auch saisonale Schwankungen der Erdrotation nachgewiesen werden. Die Ursache dafür ist in jahreszeitlich bedingten Massenverlagerungen in der Hydrosphäre und in der Atmosphäre zu suchen.

Von den geschilderten geodynamischen Vorgängen ist nicht nur – wie bereits dargelegt – die Richtung des Erdrotationsvektors $r\{\omega_E\}$ betroffen, die durch die Trajektorie des Himmelspols beschrieben wird, sondern auch sein Betrag $|\omega_E|$, also die momentane Winkelgeschwindigkeit. Somit ist auch $|\omega_E|$ nur begrenzt modellierbar. Diese Einschränkung gilt selbstverständlich auch für das Integral $\int |\omega_E| \cdot dt$ (2.3-2/1) bzw. (2.3-2/2), das die Erdorientierung beschreibt. Wegen der zentralen Bedeutung der Erdorientierung für die Aufgaben der Geodätischen

12) Zwar ist eine Wellenbewegung ein stationärer Vorgang, der bei ungestörter Ausbreitung der Wellen keinen Materialtransport bewirkt, aufgrund der Störung der Wellenausbreitung an den Küsten entstehen dort aber an der Wasseroberfläche ostwärts ausgerichtete Kräfte, die die erwähnte West-Ost-Strömung der Weltmeere verursachen.

Astronomie und der Satellitengeodäsie wird auch dieser Parameter durch Permanentbeobachtungen des IERS laufend überwacht und der Nutzergemeinschaft in dem bereits erwähnten Bulletin B zugänglich gemacht. Die momentane Ausrichtung des Erdkörpers im Raum - beschrieben z.B. durch die Richtung des Greenwich-Meridians relativ zur Mittleren Sonne - läßt sich nach (2.3-2/2 bzw. 5.3-13/2) durch den Richtungswinkel *Weltzeit UT1* beschreiben. Da ω_E nicht konstant ist, wächst *UT1* nicht linear mit der Zeit. Die Abweichung $EOP3 = UT1 - t_{Ref}$ von einem zeitproportional wachsenden Winkel $t_{Ref} = \omega_{nom} \cdot (T - T_0)$ ist dabei ebenso wenig modellierbar wie *UT1* selbst.

Eine nahe bei *UT1* liegende Richtungsreferenz erhält man, wenn der Zeitunterschied $T - T_0$ in Internationaler Atomzeit *TAI* (⇨ 5.5) gemessen wird, wodurch *EOP3* mit $\omega_{nom} = 360°/24\text{h} = 24\text{h}_w/24\text{h}$ wie folgt definiert wird:

$$EOP3 = UT1 - \omega_{nom} \cdot TAI. \qquad (2.3\text{-}24/1)$$

Unter $t_{Ref} = \omega_{nom} \cdot TAI$ kann man sich die Ausrichtung des »Greenwich-Meridians« einer *fiktiven Erde* vorstellen, die sich mit konstanter Winkelgeschwindigkeit von $\omega_{nom} = 360°/24\text{h} = 15''/\text{s} = 1\,\text{s}_w/\text{s}$ relativ zur Mittleren Sonne dreht und deren Ausgangsorientierung in einer vereinbarten Beziehung zur reellen Erde gebracht wurde. (Der so gekennzeichnete Greenwich-Meridian wird als *Ephemeridenmeridian* bezeichnet; ⇨ 5.4.3).

Der Erdorientierungsparameter *EOP3* und die Weltzeit *UT1* sind definitionsgemäß Winkel. Nach Division von (2.3-4) durch ω_{nom} erhält man mit

$$EOP3 / \omega_{nom} = UT1 / \omega_{nom} - TAI \qquad (2.3\text{-}24/2)$$

eine auf die physikalische Einheit »Zeit« lautende Beziehung. Wählt man nun in (2.3-24/1) und (2.3-24/2) als Winkeleinheit »Winkelstunde«, »Winkelminute«, »Winkelsekunde« (h_w = Vollkreis/24, h_{min} = Vollkreis/1440, s_w = Vollkreis/86400), so gilt für die Winkelgeschwindigkeit $\omega_{nom} = 1\,\text{h}_w/\text{h} = 1\,\text{min}_w/\text{min} = 1\,\text{s}_w/\text{s}$. Bei dieser Verfügung sind die für *EOP3*, *UT1* und $\omega_{nom} \cdot TAI$ in (2.3-24/1) und die für $EOP3/\omega_{nom}$, $UT1/\omega_{nom}$ und *TAI* in (2.3-24/2) stehenden Zahlenwerte identisch. Diese zahlenmäßige Identität ermöglicht es, die physikalische Größen *EOP3* und *UT1* sowohl als Winkel- als auch als Zeitmaß zu interpretieren und *EOP3* schlicht durch die Differenz zwischen *TAI* und *UT1* zu erklären:

$$EOP3 = UT1 - TAI. \qquad (2.3\text{-}25)$$

Bei der Angabe der physikalischen Einheit kann dann auf die formal gebotene Unterscheidung zwischen h_w min_w s_w und h min s verzichtet und in beiden Fällen die Bezeichnung h min s verwendet werden. Ob nun im konkreten Einzelfall mit *EOP3* und *UT1* ein Zeitintervall oder ein Winkel gemeint ist, muß dann freilich dem Zusammenhang entnommen werden.

In der Interpretation von *EOP3* und *UT1* als Zeitmaß gibt *EOP3* = *UT1* - *TAI* den momentanen Stand der »Erduhr« an: *EOP3* = *UT1* - *TAI* < 0 bedeutet, daß die durch die reale Erde verkörperte Uhr »nachgeht«.

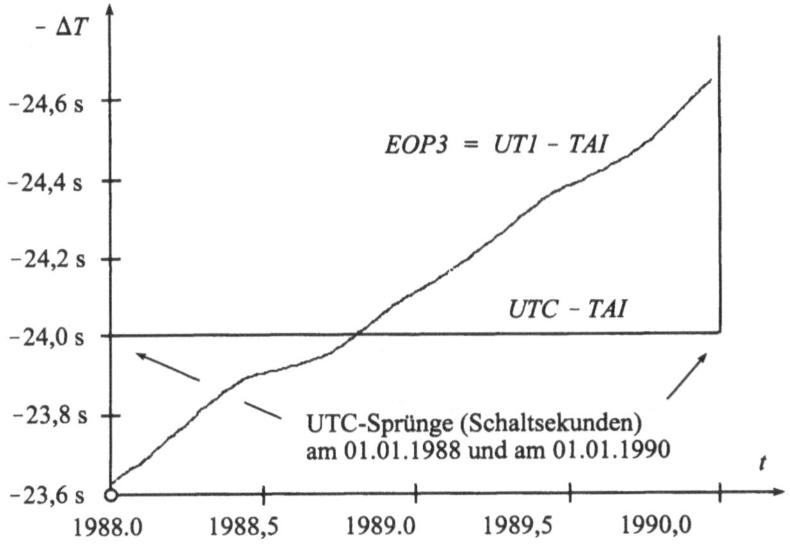

Bild 2.3-5: *UT1* - *TAI* (Stand der Erduhr) 1988,0 - 1990,0

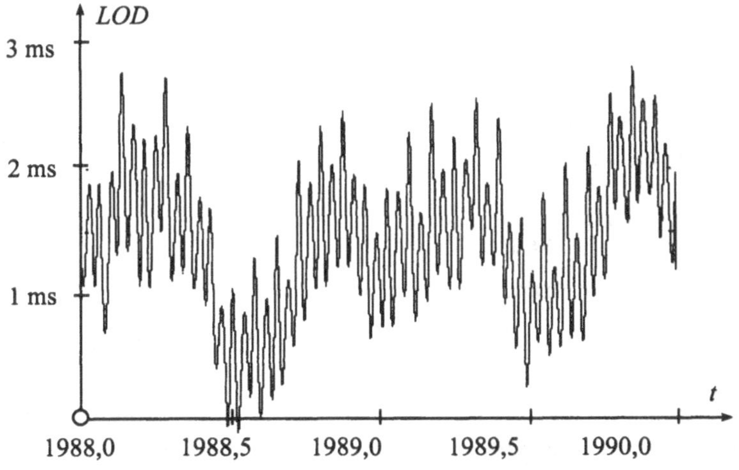

236lod.wpg

Bild 2.3-6: Tageslänge (*LOD*) 1988,0 - 1990,0

Bei Kenntnis der Zeitreihe $EOP3 = UT1 - TAI$ lassen sich auch hinsichtlich der (abgeleiteten) Parameter *Tageslänge* und *Momentane Winkelgeschwindigkeit* genauere Angaben machen:

Im eigentlichen Wortsinn versteht man unter Tageslänge (= Länge eines Mittleren Sonnentages; ➪ 5.3.2) das Zeitintervall, das die Erde zu einer vollen Umdrehung bezüglich der Mittleren Sonne benötigt. In der Terminologie des IERS, die im folgenden übernommen wird, wird unter dem Begriff *Tageslänge (LOD = length of day)* der *Überschuß* der Zeitdauer einer vollen Erddrehung (bezüglich der Mittleren Sonne) über 1 Tag der Atomzeitskala *TAI* (= 86400 s) nur eine Korrekturgröße verstanden, also:

$$LOD_i = (T_{UT1\{i+1\}} - T_{UT1\{i\}}) - 86400 \text{ s.} \qquad (2.3\text{-}26)$$

i und $i+1$ bezeichnen in dieser Gleichung zwei um 24 h UT1 = 86400 s UT1 auseinander liegende Epochen. Nach dieser Definition erhält man $LOD > 0$, wenn eine volle Erddrehung länger als 86400 s dauert.

Die *momentane Winkelgeschwindigkeit der Erde* ist durch die zeitliche Änderung des Richtungswinkels *UT1* bestimmt und errechnet sich daher aus:

$$\omega_{Ei} = \frac{d\,UT1_i}{dt} \approx \frac{UT1\{i+1\} - UT1\{i\}}{T_{UT1\{i+1\}} - T_{UT1\{i\}}}\,. \qquad (2.3\text{-}27/1)$$

Mit $UT1\{i+1\} - UT1\{i\} = 360°$ erhält man nach Substitution von (2.3-26):

$$\omega_{Ei} = \frac{360°}{24\text{ h} + LOD_i} = \frac{360°}{24\text{ h}\cdot\left(1 + \dfrac{LOD}{86400\text{ s}}\right)}\,. \qquad (2.3\text{-}27/2)$$

Beachtet man schließlich noch, daß *LOD* im Verhältnis zu 86400 s sehr klein ist, so ergeben sich nach Reihenentwicklung für die Winkelgeschwindigkeit der Erde die folgenden Ausdrücke:

$$\begin{aligned}\omega_{E/mSo} &= 15''\text{s}^{-1}\cdot\left(1 - \frac{LOD}{86400\text{ s}}\right)\\ &= 15''\text{s}^{-1} - 0{,}1736111\cdot10^{-3}{}''\text{s}^{-2}\cdot LOD \qquad (2.3\text{-}27/3)\\ &= 72{,}72205217\cdot10^{-6}\text{rad s}^{-1} - 0{,}8417\cdot10^{-9}\text{rad s}^{-2}\cdot LOD\,.\end{aligned}$$

Entsprechend den Eingangsgrößen bezieht sich die Winkelgeschwindigkeit in diesem Ausdruck auf die Mittlere Sonne. Die korrespondierende Winkelgeschwindigkeit in einem Inertialsystem erhält man, wenn zu diesem Wert noch die *Winkelgeschwindigkeit der Mittleren Sonne relativ zum Frühlingsäquinoktium* (= 8640184,812866 s/Jul.Jh. für die Epoche J2000,0 (Seidelmann, 1992, 50)) und die durch die *Präzession in Rektaszension induzierte Winkelgeschwindigkeit des Frühlingsäquinoktiums bezüglich eines Inertialsystems* (= 4612,4″/ Jul.Jh. für die Epoche J2000,0 (Seidelmann, 1992, 104)) addiert werden:

$$\begin{aligned}\omega_{\mathrm{mSo/mFr}} &= \frac{8\,640\,184{,}813 \cdot 15''}{36\,525 \cdot 86\,400\ \mathrm{s}} \cdot \left(1 - \frac{LOD}{86\,400\ \mathrm{s}}\right)\\ &= 41{,}06864026 \cdot 10^{-3}{}''\,\mathrm{s}^{-1} - 0{,}4753 \cdot 10^{-6}{}''\,\mathrm{s}^{-2} \cdot LOD\\ &= 0{,}19910639 \cdot 10^{-6}\ \mathrm{rad\,s}^{-1} - 0{,}0023 \cdot 10^{-9}\ \mathrm{rad\,s}^{-2} \cdot LOD;\end{aligned} \qquad (2.3\text{-}28)$$

$$\begin{aligned}\omega_{\mathrm{mFr/Inertial}} &= -\frac{4612{,}4''}{36\,525 \cdot 86\,400\ \mathrm{s}}\\ &= -0{,}0014616 \cdot 10^{-3}{}''\,\mathrm{s}^{-1} = -0{,}00000709 \cdot 10^{-6}\ \mathrm{rad\,s}^{-1}.\end{aligned} \qquad (2.3\text{-}29)$$

(Der Einfluß von *LOD* spielt wegen der Kleinheit von $\omega_{\mathrm{mFr/Inertial}}$ in (2.3-29) keine Rolle mehr).

Zusammenfassend erhält man für den Zusammenhang zwischen Winkelgeschwindigkeit der Erde und Tageslänge in einem Inertialsystem:

$$\begin{aligned}\omega_{\mathrm{E/Inertial}} &= \omega_{\mathrm{E/mSo}} + \omega_{\mathrm{mSo/mFr}} + \omega_{\mathrm{mFr/Inertial}}\\ &= 15{,}04106718''\,\mathrm{s}^{-1} - 0{,}1740864 \cdot 10^{-3}{}''\,\mathrm{s}^{-2} \cdot LOD\\ &= 72{,}92115147 \cdot 10^{-6}\ \mathrm{rad\,s}^{-1} - 0{,}8440 \cdot 10^{-9}\ \mathrm{rad\,s}^{-2} \cdot LOD.\end{aligned} \qquad (2.3\text{-}30)$$

Die Bilder 2.3-5, 5.4-1 und 5.6-1 zeigen Graphen des Parameters *EOP3 = UT1 − TAI* in verschiedenen Zeiträumen (1988-1990, 1620-1995, 1955-1995). Man erkennt, daß der die Weltzeit *UT1* bestimmende Zeiger der »Erduhr« zunehmend hinter der maßgebenden Anzeige der Atomuhr zurückbleibt und außerdem Schwankungen zeigt. Dazu ist anzumerken, daß der lineare Anteil der Abnahme des Uhrstandes der Erduhr, der einem *konstanten negativen Uhrgang*, einer *konstanten Tageslänge (LOD)* und einer *konstanten Winkelgeschwindigkeit der Erde* entspricht, nicht auf die vorerwähnte Verlangsamung der Erdrotation zurückgeht, sondern allein eine Folge der Sekundendefinition (Sekundenkonvention) bei der Einführung der Ephemeriden- bzw. der Atomzeit ist; ➪ 5.4.1. Die tatsächlich vorhandene Abnahme der Rotationsgeschwindigkeit der Erde von etwa 2 ms/100 Jahren (Bretterbauer, 1987, 44) zeigt sich in der Krümmung des Graphen *EOP3 = UT1 −TAI*; diese ist im Rahmen der gewählten Bildmaßstäbe jedoch nur in Bild 5.4-1 zu erkennen.

Überhaupt ist die Tageslänge *LOD*, die gemäß (2.3-27/3) zur Rotationsgeschwindigkeit in einem linearen Verhältnis steht, ein weit besserer Indikator für die periodischen und säkularen Änderungen der Rotationsgeschwindigkeit der Erde als der Parameter *EOP3*. Bild 2.3-6 zeigt den Verlauf von *LOD* im Zeitraum

1988,0 - 1990,0. Man erkennt eine halbjährige Periode, die offenbar jahreszeitlich veränderlichen Einflüssen folgt, und eine etwa 14-tägige Periode, die durch die Gezeitenwirkung des Mondes erzeugt wird. Eingehende und die vergangenen 100 Jahre erfassende Frequenzanalysen haben darüber hinaus ein großes Spektrum an Frequenzen aufgedeckt, das *mehrjährige, saisonale und hochfrequente Fluktuationen der Tageslänge* zeigt (Lambeck,1988, 222-224). Die Gründe für diese Fluktuationen sind im wesentlichen die selben, die auch für die Polbewegung verantwortlich sind, z.B. Plattentektonik, magneto-hydrodynamische Koppelung von Konvektionsströmen im Erdkern an den Erdmantel, Massenverlagerungen durch Abschmelzen der Gletscher, saisonale Massenverlagerungen der Erdatmosphäre und der Hydrosphäre.

Sowohl der Erdorientierungsparameter $EOP3 = UT1 - TAI$ als auch die Tageslänge *LOD* werden im monatlich erscheinenden Bulletin B des IERS in Form von Zeitreihen veröffentlicht.

2.4 Umlauf der Erde um die Sonne

2.4.1 Die Keplerschen Gesetze

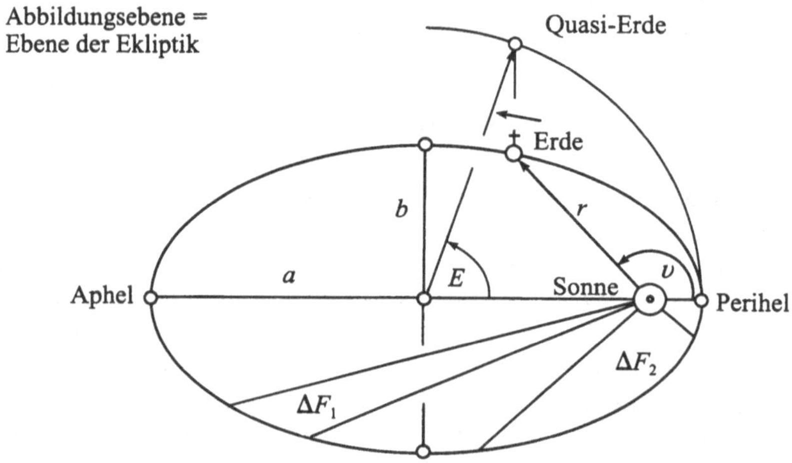

Bild 2.4-1: Umlauf der Erde um die Sonne

Abgesehen von »störenden« Einflüssen durch die übrigen Planeten und Planetoiden des Sonnensystems und durch anderen »Störmassen« (Monde, Ringe, nicht konzentrische Massenverteilung der Sonne und der Erde), die gesondert in Rechnung gestellt werden müssen, folgt der Umlauf der Erde um die Sonne den drei **Keplerschen Gesetzen**. Diese von Johannes Kepler gefundenen, in seinen Werken »*Astronomia Nova*« (1609) und »*Harmonia Mundi*« (1619) erstmals veröffentlichten und nunmehr nach ihm benannten Gesetze lauten:

1 Die Planeten bewegen sich auf Ellipsen, in deren einem Brennpunkt sich die Sonne befindet.

2 Der von der Sonne zu einem Planeten gezogene Fahrstrahl (Radiusvektor) überstreicht in gleichen Zeiten (ΔT) gleiche Flächen (ΔF):

$$\frac{\Delta F_1}{\Delta T_1} = \frac{\Delta F_2}{\Delta T_2} = \frac{\Delta F}{\Delta T} = \frac{F}{U} = \frac{a \cdot b \cdot \pi}{U} = C\,. \qquad (2.4\text{-}1)$$

3 Die Quadrate der Umlaufzeiten (U_i^2) verschiedener Planeten verhalten sich wie die Kuben der großen Halbachsen ihrer Bahnen (a_i^3):

$$\frac{U_i^2}{U_k^2} = \frac{a_i^3}{a_k^3} = C\,. \qquad (2.4\text{-}2)$$

(➪ z.B. Gerthsen, 1956, 22; Unsöld, 1974, 11; Kovalevsky, 1967, 13; Seeber, 1989, 58-60; 1993, 51-54).

Das erste und das zweite Keplersche Gesetz sind in Bild 2.4-1 am Beispiel des Systems Sonne-Erde veranschaulicht. Das Bild zeigt die Erde auf ihrer elliptischen Bahn um die Sonne. Außerdem sind zwei vom Fahrstrahl Sonne→Erde in gleichen Zeitintervallen $\Delta T = \Delta T_1 = \Delta T_2$ überstrichene gleich große Flächen ΔF_1 und ΔF_2 hervorgehoben. Aus der Sicht eines aus dem Raum nördlich der Ebene der Erdbahn auf diese Bahn blickenden Beobachters verläuft der Umlauf der Erde um die Sonne (ebenso wie aller übrigen Planeten) im Gegensinn des Uhrzeigers.

Die *Bahnellipse eines Planeten* kann durch zwei Parameter beschrieben werden, etwa durch

$$a = \textit{Große Halbachse} \quad \text{und} \qquad (2.4\text{-}3/1)$$

$$e = \sqrt{\frac{a^2 - b^2}{a^2}} = \textit{Erste numerische Exzentrizität}. \qquad (2.4\text{-}3/2)$$

Aus a und e lassen sich alle übrigen Ellipsenparameter ableiten, etwa

$$b = a \cdot \sqrt{1 - e^2} = \textit{Kleine Halbachse} \quad \text{oder} \qquad (2.4\text{-}3/3)$$

$$p = \frac{b^2}{a} = a \cdot (1 - e^2) = \textit{Formparameter}. \qquad (2.4\text{-}3/4)$$

$$u = 4 \cdot \int_0^{\pi/2} \sqrt{a^2 \cdot \sin^2 \gamma + b^2 \cdot \cos^2 \gamma} \cdot \mathrm{d}\,\gamma = \mathit{Umfang}\,, \tag{2.4-3/5}$$

$$F = a \cdot b \cdot \pi = \mathit{Fläche} \tag{2.4-3/6}$$

Unter dem Formparameter p versteht man bei Kegelschnitten (Ellipse, Parabel und Hyperbel) den Ordinatenabstand der Kurve in den Brennpunkten. Die beiden Punkte der Planetenbahn, in denen der Abstand Sonne→Planet ein Minimum bzw. ein Maximum erreicht, werden als *Perihel* (griechisch: Sonnennähe) und *Aphel* (griechisch: Sonnenferne) bezeichnet. Der Ober- und Sammelbegriff für diese zwei ausgezeichneten Punkte einer Ellipse ist *Apsis*, die Verbindungslinie der zueinander diametralen Apsiden (identisch mit der Großen Ellipsenachse) heißt *Apsidenlinie*.

Für die Abstände der Sonne zu den beiden Apsiden gilt:

$$r_{\mathrm{P'hel}} = a \cdot (1 - e) = \mathit{Abstand\ Sonne{\to}Perihel} \quad \text{und} \tag{2.4-3/7}$$

$$r_{\mathrm{Aphel}} = a \cdot (1 + e) = \mathit{Abstand\ Sonne{\to}Aphel.} \tag{2.4-3/8}$$

Verankert man in der Ellipsenebene mit dem Sonnenmittelpunkt als Ursprung und mit dem zum Perihel weisenden Ast der Apsidenlinie als Abszissenachse ein cartesischen Koordinatensystem, so läßt sich die momentane, mit der Zeit veränderliche Position des Planeten durch die Polarkoordinaten

$$\upsilon = \upsilon\{t\} = \mathit{Wahre\ Anomalie} \quad \text{und}$$

$$r = r\{t\} = \mathit{Abstand\ Sonne{\to}Planet}$$

beschreiben. Darüber hinaus werden zur Darstellung der zeitlichen Abhängigkeit der Funktion $\upsilon = \upsilon\{t\}$ noch die Hilfswinkel

$$E = E\{t\} = \mathit{Exzentrische\ Anomalie} \quad \text{und}$$

$$M = M\{t\} = \bar{\omega}_{\mathrm{Rev}} \cdot t = (\,2 \cdot \pi \,/\, U\,) \cdot t = \mathit{Mittlere\ Anomalie}$$

benötigt, auf die nachfolgend noch näher einzugehen ist.

Im Falle der Erde wird die Zeit U_{E}, die von einem Periheldurchgang bis zum nächsten verstreicht, als *Anomalistisches Jahr* (a_{anom}) bezeichnet. Es dauert in Einheiten der Terrestrischen dynamischen Zeit (*TDT*; ➪ 5.4.2) z.B. für die Epoche J1997,0 (The Astronomical Almanac for the Year 1997, C1)

$$U_{\mathrm{E}} = 1\ a_{\mathrm{anom}} = 365{,}259635\ \mathrm{d} = 365\mathrm{d}\ 06\mathrm{h}\ 13\mathrm{min}\ 52{,}5\mathrm{s}.$$

Die Mittlere Winkelgeschwindigkeit der Erde auf ihrer Bahn um die Sonne beträgt demnach im System der Bahnellipse:

$$\overline{\omega}_{\mathrm{RevE}} = \frac{2 \cdot \pi}{U_{\mathrm{E}}} = \frac{360°}{365{,}259635\,\mathrm{d}} = 0{,}985600284\,°/\mathrm{d}\,.$$

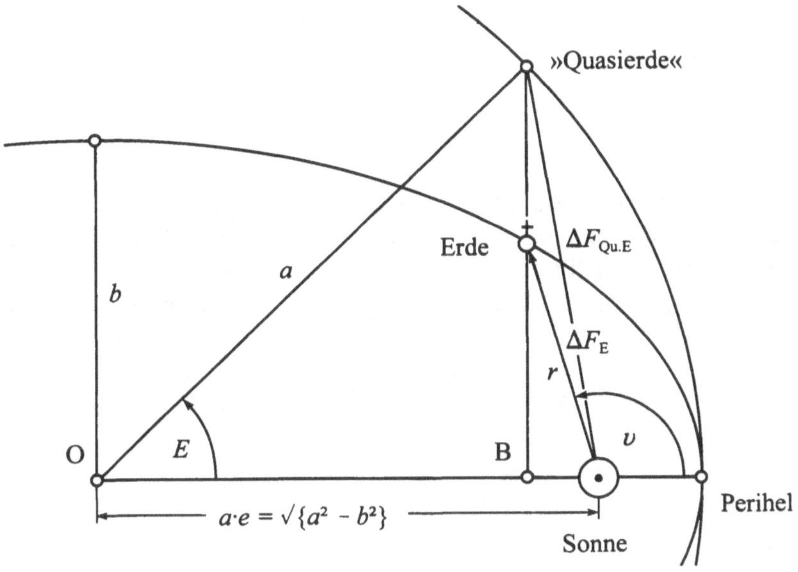

Bild 2.4-2: Zur Herleitung der Keplerschen Gleichung

Unter der *Exzentrischen Anomalie E* versteht man den im Zentrum der Ellipse gemessenen und von der Richtung zum Perihel aus gezählten momentanen Richtungswinkel zu einem fiktiven »*Quasiplaneten*«. Dieser bewegt sich im Schnittpunkt des vom Planeten aus auf die Apsidenlinie gefällten und über die Ellipse hinaus verlängerten Lotes mit einem um den Mittelpunkt der Ellipse geschlagenen Kreis, dessen Radius gleich der großen Halbachse der Ellipse ist.

Die *Mittlere Anomalie M* beschreibt die Richtung zu einem fiktiven, mit konstanter Winkelgeschwindigkeit $\overline{\omega}_{\mathrm{RevPl}} = 360°/U_{\mathrm{Pl}}$ um die Sonne laufenden »*Mittleren Planeten*«. Planet, Quasiplanet und Mittlerer Planet treffen sich zweimal jährlich in den Apsiden (Perihel und Aphel).

Die Funktionen $\upsilon\{t\}$, $E\{t\}$ und $M\{t\}$, die die Abhängigkeit der Richtungswinkel υ, E und M von der Zeit beschreiben, werden durch das erste und zweite Keplersche Gesetz bestimmt. Sie lassen sich anhand des Bildes 2.4-2, in dem das System Sonne-Erde dargestellt ist, das aber für jedes aus einem Zentralgestirn und einem natürlichen oder künstlichen Satelliten bestehende System gilt (z.B. Sonne –

Planet oder Planet - Planetenmond), wie folgt darstellen und miteinander in Beziehung bringen:

Nach dem Zweiten Keplerschen Gesetz (2.4-1) wächst der zwischen Perihel, Sonne und Planet liegende Ellipsensektor ΔF_E proportional mit der Zeit $\Delta T_{P'hel}$ und verhält sich dabei zur gesamten Ellipsenfläche $F_E = a \cdot b \cdot \pi$ wie $\Delta T_{P'hel}$ zur Umlaufzeit $U_{P'hel}$, also

$$\Delta F_E = \frac{a \cdot b \cdot \pi}{U_E} \cdot \Delta T_{P'hel} \,. \qquad (2.4\text{-}4/1)$$

Wegen der zwischen einer Ellipse und den sie umschreibenden Kreis bestehenden Affinitätsbeziehung, stehen alle parallel zur kleinen Halbachse b gemessenen Kurvenabstände (zur Ellipse bzw. zum Kreis) zueinander im Verhältnis b/a. Für die zwischen Perihel, Sonne und Quasiplanet liegende Kreisfläche $\Delta F_{Qu.E}$ gilt daher

$$\Delta F_{Qu.E} = \Delta F_E \cdot \frac{a}{b} = \frac{a \cdot b \cdot \pi}{U_E} \cdot \frac{a}{b} \cdot \Delta T_{P'hel} = \frac{a^2 \cdot \pi}{U_E} \cdot \Delta T_{P'hel} \,. \qquad (2.4\text{-}4/2)$$

Der Kreissektor [Perihel, Ursprung O, Quasiplanet] und das Dreieck [Sonne, Ursprung O, Quasiplanet] haben die Flächen

$$\Delta F_{Pe\text{-}O\text{-}Qu.E} = \frac{a^2}{2} \cdot E \qquad \text{bzw.} \qquad (2.4\text{-}5)$$

$$\Delta F_{So\text{-}O\text{-}Qu.E} = \frac{a^2 \cdot e}{2} \cdot \sin E \,. \qquad (2.4\text{-}6)$$

Die Differenz dieser beiden Flächen ist gleich $\Delta F_{Qu.E}$, so daß man aus (2.4-4/2) = (2.4-5) minus (2.4-6), anschließender Division durch $a^2/2$ und unter Beachtung von (2.4-3/9)

$$M = \frac{2 \cdot \pi}{U_E} \cdot \Delta T_{P'hel} = E - e \cdot \sin E \qquad (2.4\text{-}7)$$

erhält. Diese Gleichung wird *Keplersche Gleichung* genannt (Badolati, 1985). Mit ihrer Hilfe kann zu jedem auf den Periheldurchgang bezogenen Zeitintervall $\Delta T_{P'hel}$ die Exzentrische Anomalie E berechnet werden.

Auch der Zusammenhang zwischen E und υ läßt sich aus Bild 2.4-2 ablesen. Das Bild läßt erkennen, daß die gerichtete Strecke O→Sonne = $a \cdot e$ (Abstand des Brennpunkts vom Zentrum der Bahnellipse) als Differenz der gerichteten Strecken O→B = $a \cdot \cos E$ und Sonne→B = $r \cdot \cos \upsilon$ dargestellt werden kann:

$$a \cdot e = a \cdot \cos E - r \cdot \cos \upsilon \,. \qquad (2.4\text{-}8)$$

Beachtet man darüber hinaus den zwischen den Polarkoordinaten r und υ über die Ellipsengleichung

$$r = \frac{a\cdot(1-e^2)}{1+e\cdot\cos\upsilon} = \frac{p}{1+e\cdot\cos\upsilon} \tag{2.4-9}$$

gegebenen Zusammenhang und setzt r aus (2.4-9) in (2.4-8) ein, so erhält man nach einigen Umformungen:

$$1-\cos E = \frac{(1-e)\cdot(1-\cos\upsilon)}{1+e\cdot\cos\upsilon} \quad \text{und}$$
$$1+\cos E = \frac{(1+e)\cdot(1+\cos\upsilon)}{1+e\cdot\cos\upsilon}. \tag{2.4-10}$$

Nach Division der ersten der beiden Gleichungen (2.4-10) durch die zweite, Anwendung des Halbwinkelsatzes der Tangensfunktion und Auflösung des Ausdrucks nach tan $\upsilon/2$ findet man schließlich

$$\tan\frac{\upsilon}{2} = \sqrt{\frac{1+e}{1-e}}\cdot\tan\frac{E}{2}, \tag{2.4-11}$$

oder, nach weiterer trigonometrischer Umformung:

$$\tan\upsilon = \frac{\sqrt{1-e^2}\cdot\sin E}{\cos E-e}. \tag{2.4-12}$$

Die der Arcustangens-Funktion innerhalb des Vollkreises anhaftende Zweideutigkeit läßt sich klären, wenn (2.4-12) der Tangens durch den Sinus- und den Cosinus ersetzt wird und die zwei Lösungspaare für das gesuchte Argument miteinander geschnitten werden:

$$\upsilon = \arcsin\frac{\sqrt{1-e^2}\cdot\sin E}{1-e\cdot\cos E} \cap \arccos\frac{\cos E-e}{1-e\cdot\cos E}. \tag{2.4-13}$$

Die Funktion $r = r\{E\}$ gewinnt man analog zur Entwicklung von $\upsilon = \upsilon\{E\}$, indem aus (2.4-9) nunmehr nicht $r = r\{\cos\upsilon\}$ sondern $\cos\upsilon = \cos\upsilon\{r\}$ entnommen und in (2.4-8) einsetzt wird:

$$r = a\cdot(1-e\cdot\cos E). \tag{2.4-14}$$

Im Zusammenhang mit geodätisch-astronomischen Aufgabenstellungen, bei denen terrestrische Richtungen aus Sonnenbeobachtungen abgeleitet werden, spielt die Richtungsdifferenz δ zwischen der Wahren Anomalie υ und der Mittleren Anomalie M der Erde eine wichtige Rolle:

$$\delta = \delta\{\Delta T_{\mathrm{P'hel}}\} = M - \upsilon = M\{\Delta T_{\mathrm{P'hel}}\} - \upsilon\{\Delta T_{\mathrm{P'hel}}\}. \tag{2.4-15}$$

Die Funktion (2.4-15) ist in Bild 2.4-3 graphisch dargestellt. Sie ist die Grundlage der in (5.3.2) noch zu erläuternden *Zeitgleichung*, die den Unterschied zwischen der *Mittleren* und der *Wahren Sonnenzeit* beschreibt.

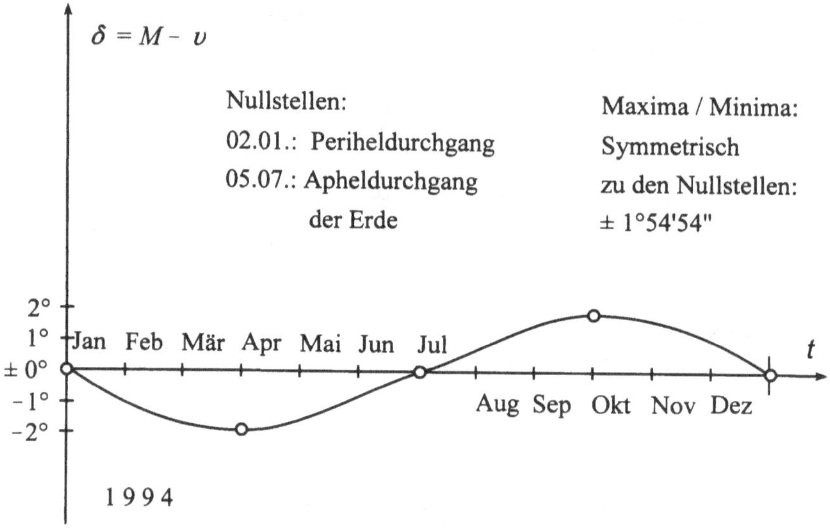

Bild 2.4-3: Differenz zwischen Wahrer und Mittlerer Anomalie der Erde
(Beitrag zur Zeitgleichung; ⇨ 5.3.2)

Eine Analyse dieser Funktion anhand von (2.4-7) und (2.4-13) bzw. von Bild 2.4-3 zeigt, daß δ sowohl für $\Delta T_{\text{P'hel}} = 0$ als auch für $\Delta T_{\text{P'hel}} = U_{\text{E}}/2$ verschwindet, da zu diesen beiden Zeitpunkten M, E und υ übereinstimmen. Es ist nämlich $M = E = \upsilon = 0$ für $\Delta T_{\text{P'hel}} = 0$ und $M = E = \upsilon = \pi$ für $\Delta T_{\text{P'hel}} = U_{\text{E}}$. Im übrigen zeigt die Funktion einen sinusartigen Verlauf mit Extremwerten $\delta_{max} = -1{,}915°$ kurz vor $t = U_{\text{E}}/4$ und $\delta_{min} = +1{,}915°$ kurz nach $\Delta T_{\text{P'hel}} = \frac{3}{4} \cdot U_{\text{E}}$. Von der Sonne aus betrachtet und ausgehend vom Periheldurchgang läuft die (wahre) Erde der Mittleren Erde also in der ersten Hälfte des Jahres um bis zu etwa 2° voraus und wird dann beim Apheldurchgang wieder von der Mittleren Erde eingeholt und überrundet. In der zweiten Jahreshälfte tauschen die Erde und die Mittlere Erde die Rolle des »Vorläufers«: In diesem Zeitabschnitt bleibt die Erde um bis zu 2° hinter der Mittleren Erde zurück und holt diese erst wieder beim Periheldurchgang ein, wo der Zyklus von neuem beginnt. Mit den beiden die Größe und Form der Ellipse bestimmenden *Gestaltementen a* und *e* und der für die *Epoche* $T_{\text{P'hel}}$ geltenden

$$\upsilon = \upsilon\{T_{\text{P'hel}}\} = \textit{Wahren Anomalie}$$

läßt sich die momentane Position eines Planeten in einem in der Sonne zentrierten und an seiner Bahnebene und der Apsidenlinie (große Ellipsenachse) ausgerichteten *Orbitalen Koordinatensystem* eindeutig festlegen. Auch andere Parameter sind dazu geeignet, etwa der Formparameter $p = a^2/b$ anstelle von a oder die Exzentrische Anomalie E oder die Mittlere Anomalie M anstelle von υ.

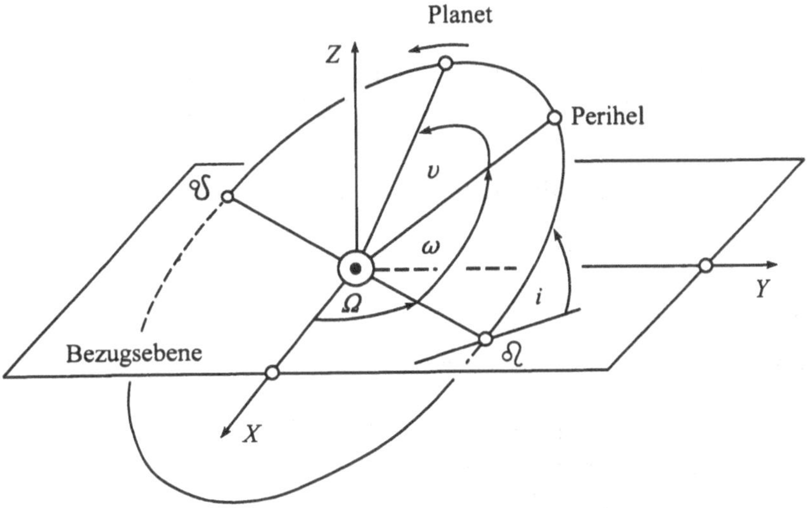

Bild 2.4-4: Kepler-Elemente zur Beschreibung der räumlichen Ausrichtung einer Planetenbahn:
Ω = Länge des aufsteigenden Knotens (☊) der Planetenbahn
i = Inklination der Bahnebene des Planeten
ω = Argument des Perihel der Planetenbahn
υ = Wahre Anomalie des Planeten

Wenn nicht nur die momentane Position des Planeten in seiner Bahn, sondern darüber hinaus auch noch die räumliche Ausrichtung der Bahnebene und des mit dieser verbundenen Koordinatenzweibeins in einem übergeordneten Koordinatensystem beschrieben werden soll, so sind drei weitere Bahnelemente erforderlich, die als *Lageelemente* bezeichnet werden. Zu dieser Beschreibung werden meist die folgenden die Richtungswinkel verwendet:

- Ω = *Länge des Aufsteigenden Knotens* (☊)
- i = *Inklination* und
- ω = *Argument des Perihels,*

die mit den Achsen X, Y, Z des übergeordneten Koordinatensystems wie folgt Beziehung stehen.

Die für die Zählung der Größen Ω, i und ω (bzw. ϖ) maßgeblichen Richtungen sind die

- *X-Achse* des übergeordneten Systems,
- die Richtung der von der Ebene der Bahnellipse aus der *X/Y*-Ebene ausgeschnittenen *Knotenlinie* (☋→) Sonne→☊
- die Richtung der *Verbindungslinie (Aphel→) Sonne→Perihel.*

Dabei wird (⇨ 2.4-4)

- Ω von der *X*-Achse und der Richtung Sonne→☊ und
- ω von Richtung Sonne→☊ und der Richtung Sonne→Perihel

aufgespannt.

- i ist die Neigung der Ebene der Bahnellipse gegenüber der *X/Y*-Ebene.

Neben bzw. anstelle von Ω und ω wird für bestimmte Konstellationen auch noch die Hilfsgröße

- $\varpi = \Omega + \omega$ = *Länge des Perihels*

verwendet, die die zwei in verschiedenen Ebenen (Bezugsebene, Bahnebene) gemessenen Richtungswinkel Ω und ω zusammenfaßt. Sie wird zur Beschreibung von Bahnen benötigt, die gegenüber der Bezugsebene nicht oder nur wenig geneigt sind ($i \approx 0$), da in diesen Fällen der Knoten nicht oder nur unzureichend als »schleifender Schnitt« definiert ist.

Als Bezugsebene (*X/Y*-Ebene) wird bei der Beschreibung der Planetenbahnen im allgemeinen die *Mittlere Ekliptikebene* verwendet, wobei als Richtung der *X*-Achse die Richtung zum aktuellen *Mittleren Frühlingsäquinoktium* oder eine Richtung in einem Inertialsystem, etwa zum *Mittleren Frühlingsäquinoktium der Epoche J2000,0* genommen wird.

Beispiel zur Berechnung der Wahren Anomalie der Erde

Gegeben: $\Delta T_{\mathrm{P'hel}} = 15^{\mathrm{d}}\ 14^{\mathrm{h}}\ 47^{\mathrm{m}}\ 55{,}0^{\mathrm{s}} = 1349275{,}0\ \mathrm{s}$ = seit einem Periheldurchgang verstrichene Zeit;
$U_{\mathrm{E}} = 1\ a_{\mathrm{anom}} = 365^{\mathrm{d}}\ 06^{\mathrm{h}}\ 13^{\mathrm{m}}\ 52{,}5^{\mathrm{s}} = 31558432{,}5\ \mathrm{s}$;
$e = 0{,}01671085$;
$a = 1$ AUL (AUL = Astronomische Längeneinheit, ⇨ 2.4.4).

Gesucht: Mittlere Anomalie M, Exzentrische Anomalie E, Wahre Anomalie υ und Abstand Sonne→Erde r im Zeitpunkt t.

Auswertung:

1. *Mittlere Anomalie M* gemäß Definition:

$$M = (2\cdot\pi\ /\ U_{\mathrm{E}})\cdot\Delta T_{\mathrm{P'hel}} = (2\cdot\pi\ /\ 31558432{,}5\ \mathrm{s})\cdot 1349275{,}0\ \mathrm{s}$$
$$= 0{,}2686364367\ \mathrm{rad} = 15{,}3917340463^\circ = 15^\circ 23' 30{,}2''.$$

2. Erster Näherungswert $E^{(1)}$ der *Wahren Anomalie E* aus (2.4-7), indem in dieser Gleichung zunächst $e \cdot \sin E = 0$ gesetzt wird ($E^{(0)} = 0$):

$$E^{(1)} = M = 0{,}2686364367 \text{ rad.}$$

Gesuchter Wert E, der (2.4-7) mit der angestrebten Genauigkeit befriedigt, durch wiederholte Auswertung von

$$E^{(i+1)} = M + e \cdot \sin E^{(i)}.$$

Zur Berechnung von $E^{(i)}$ im i^{ten} Iterationsschritt wird dabei auf das im vorausgegangenen $(i-1)^{ten}$ Iterationsschritt gewonnene Ergebnis $E^{(i-1)}$ zurückgegriffen.

Die Iteration wird mit i = 1, 2, 3, ...n so lange durchgeführt wird, bis im Rahmen der vorgegebenen Genauigkeit

$$E^{(n)} = E^{(n-1)} = E.$$

Nach dieser Vorschrift erhält man im vorliegenden Fall für E nacheinander folgende Ergebnisse:

i	M [rad]	$e \cdot \sin E^{(i-1)}$ [rad]	$E^{(i)} = M + e \cdot \sin E^{(i-1)}$ [rad]
1	0,268636437	0	0,268636437
2	0,268636437	0,01671085 · sin 0,268636437 rad	0,273071781
3	0,268636437	0,01671085 · sin 0,273071781 rad	0,273143197
4	0,268636437	0,01671085 · sin 0,273143197 rad	0,273144347
5	0,268636437	0,01671085 · sin 0,273144347 rad	0,273144365
6	0,268636437	0,01671085 · sin 0,273144365 rad	0,273144365

$$E = E^{(6)} = E^{(5)} = 0{,}273144365 \text{ rad} = 15{,}65001933° = 15°39'00{,}1''.$$

3. *Wahre Anomalie* υ gemäß (2.4-11):

$$\tan\frac{\upsilon}{2} = \sqrt{\frac{1+e}{1-e}} \cdot \tan\frac{E}{2} = \sqrt{\frac{1+0{,}01671085}{1-0{,}01671085}} \cdot \tan\frac{0{,}273144365 \text{ rad}}{2}$$

$$= 0{,}139743725\,,$$

$$\upsilon = 2 \cdot \arctan(\upsilon/2) = 2 \cdot \arctan 0{,}139743725$$
$$= 0{,}277689169 \text{ rad} = 15{,}91041738° = 15°54'37{,}5''.$$

4. *Abstand Sonne→Erde* r gemäß (2.4-14):

$$\begin{aligned} r &= a\cdot(1 - e\cdot\cos E) \\ &= 1\ \text{AUL}\cdot(1 - 0{,}01671085\cdot\cos 0{,}273144365\ \text{rad}) \\ &= 0{,}98391\ \text{AUL}\,. \end{aligned}$$

2.4.2 Isaak Newtons Gravitationsgesetz und das Zwei-Körper-Problem

Johannes Kepler hat mit seinen Gesetzen ein überaus wirkungsvolles und heute noch gültiges Instrumentarium zur Beschreibung der Bewegungen der Körper des Sonnensystems geschaffen. Die (von ihm selbst gestellte) Frage, welche Kräfte diese Bewegungen bewirken, konnte er jedoch nicht zufriedenstellend beantworten. Erst Isaak Newton ist es mit der Entdeckung und durch geniale Verknüpfung der nach ihm benannten *Bewegungsgesetze* und des *Gravitationsgesetzes* gelungen, die bis dahin verborgenen physikalischen Zusammenhänge zwischen den Bewegungen der Himmelskörper und den Kräften, die die Bewegungen bewirken, offenzulegen und so die grundlegenden Gesetzmäßigkeiten der *Himmelsmechanik* aufzudecken.

Newton (1686) hat seine »*Grundsätze oder Gesetze der Bewegung*« wie folgt beschrieben (Wolfers, 1872, 32)[13]:

1. Gesetz [*Trägheitsprinzip*]: Jeder Körper beharrt in seinem Zustand der Ruhe oder der gleichförmigen geradlinigen Bewegung, wenn er nicht durch einwirkende Kräfte gezwungen wird, seinen Zustand zu verlassen.

2. Gesetz [*Aktionsprinzip*]: Die Änderung der Bewegung [gemeint ist die zeitliche Änderung des durch die Geschwindigkeit $\boldsymbol{v}$ und die Masse m eines Körper bestimmten Impulses $\boldsymbol{G} = m\cdot\boldsymbol{v}$] ist der Einwirkung der bewegenden Kraft [$\boldsymbol{f}$] proportional und geschieht nach der Richtung derjenigen geraden Linie, nach welcher jene Kraft wirkt.

$$\left[\ \frac{\mathrm{d}\boldsymbol{G}}{\mathrm{d}t} = \frac{\mathrm{d}(m\cdot\boldsymbol{v})}{\mathrm{d}t} = m\cdot\frac{\mathrm{d}\boldsymbol{v}}{\mathrm{d}t} = m\cdot\dot{\boldsymbol{v}} = m\cdot\boldsymbol{a} = m\cdot\ddot{\boldsymbol{r}} = \boldsymbol{f}.\ \right] \qquad (2.4\text{-}15)$$

3. Gesetz [*Reaktionsprinzip*]: Die Wirkung ist stets der Gegenwirkung gleich, oder die Wirkungen zweier Körper aufeinander sind stets gleich und von entgegengesetzter Richtung.

Das *Gravitationsgesetz* lautet:

---

[13] Die Formulierungen sind der deutschen Übersetzung von Wolfers (1872, 32) der 1686 von Newton in London veröffentlichten *Philosophiae naturalis principia mathematica* entnommen. Den lateinischen Originaltext kann man z.B. bei Segré (1986, 108,109) nachlesen. Die in eckigen Klammern gesetzten Erläuterungen wurden vom Verfasser hinzugefügt.

Jedes Masseteilchen (m_i) des Universums zieht jedes andere Masseteilchen (m_k) mit einer Kraft ($\boldsymbol{f}$) an, die dem Produkt ihrer Massen direkt und dem Quadrat ihrer Entfernung (r) umgekehrt proportional ist

$$\boldsymbol{f} = -G \cdot \frac{m_i \cdot m_k}{r^2} \cdot \frac{\boldsymbol{r}}{r} = -G \cdot \frac{m_i \cdot m_k}{r^3} \cdot \boldsymbol{r}. \qquad (2.4\text{-}16)$$

Das Gravitationsgesetz hat Newton im III. Buch seiner »*Principia*«, Abschnitt I (»*Von den Ursachen des Weltsystems*«) niedergelegt, allerdings nicht in so geschlossener Form wie die o.a. Bewegungsgesetze. (Eine konzentrierte Darstellung der hier maßgeblichen Zusammenhänge findet sich auch in der »Vorrede zur zweiten Ausgabe«, die der Herausgeber Cotes 1713 dem Newtonschen Werk vorangestellt hat).

Setzt man – weiterhin im Einklang mit Newtons »*Principia*« – in die Bewegungsgleichung (2.4-15) als auslösende Kraft der Beschleunigung $\boldsymbol{a} = \ddot{\boldsymbol{r}}$ die durch die gegenseitige Massenanziehung von m_i und m_k bewirkte Kraft (2.4-16) ein, so entsteht eine Differentialgleichung, die den Bewegungsablauf der Massenelemente beschreibt. Angewandt auf die Sonne und einen beliebig herausgegriffenen Planeten des Sonnensystems, also mit

$m_i = M_{So}$ = Sonnenmasse,

$m_k = M_{Pl}$ = Masse des Planeten (einschließlich seiner Monde)

$\boldsymbol{r} = \boldsymbol{r}_{So \to Pl}$ und $-\boldsymbol{r} = \boldsymbol{r}_{Pl \to So}$ = Vektoren, die die Massenmittelpunkte der Sonne und des betreffenden Planeten miteinander verbinden (von der Sonne zum Planeten und in Gegenrichtung),

erhält man zwei Bewegungsgleichungen: eine für die Bewegung des Planeten relativ zur Sonne,

$$\ddot{\boldsymbol{r}}_{Pl} = -G \cdot \frac{M_{So}}{r^3} \cdot \boldsymbol{r}, \qquad (2.4\text{-}17)$$

und eine zweite für die Bewegung der Sonne relativ zum Planeten,

$$\ddot{\boldsymbol{r}}_{So} = G \cdot \frac{M_{Pl}}{r^3} \cdot \boldsymbol{r}. \qquad (2.4\text{-}18)$$

Bezieht man den die Sonne und den Planeten miteinander verbindenden Vektor $\boldsymbol{r}$ auf das Zentrum der Sonne, das damit zum Ursprung eines »ruhenden« Koordinatensystem gemacht wird – mit der Folge, daß der Beschleunigungsvektor $\ddot{\boldsymbol{r}}_{So}$ in (2.4-18) verschwindet –, so beschreibt die Differenz von (2.4-17) und (2.4-18) die momentane Beschleunigung $\ddot{\boldsymbol{r}}_{Pl}$ des Planeten relativ zur Sonne:

$$\ddot{\boldsymbol{r}} = -G \cdot \frac{M_{So} + M_{Pl}}{r^3} \cdot \boldsymbol{r}. \qquad (2.4\text{-}19)$$

Da die Vektoren $\ddot{\boldsymbol{r}}$ und $\boldsymbol{r}$ aus je drei Koordinatenkomponenten

$\ddot{\boldsymbol{r}} = \begin{pmatrix} \ddot{x} \\ \ddot{y} \\ \ddot{z} \end{pmatrix}$ bzw. $\boldsymbol{r} = \begin{pmatrix} x \\ y \\ z \end{pmatrix}$ bestehen, repräsentiert (2.4-19) ein System von drei gekoppelten Differentialgleichungen zweiter Ordnung, dessen Lösung (3·2=) sechs Integrationen erfordert. Unter der eingangs getroffenen Annahme, daß die Sonne und der betreffende Planet als punktförmige Massen betrachtet werden können, sind alle bei der Lösung der Differentialgleichungen auftretenden Integrale in geschlossener Form lösbar. Die aus dieser Integration fließenden Ergebnisse bestätigen, wie im folgenden gezeigt wird, die KEPLERschen Gesetze.

Zur Darstellung des *Zweiten Keplerschen Gesetzes* wird (2.4-19) zunächst beidseitig mit dem Vektor $\boldsymbol{r}$ vektoriell multipliziert, was wegen $\boldsymbol{r}\times\boldsymbol{r} = \boldsymbol{0}$ (auf der rechten Seite) auch $\ddot{\boldsymbol{r}}\times\boldsymbol{r} = \boldsymbol{0}$ (auf der linken Seite) zur Folge hat. Da andererseits $\ddot{\boldsymbol{r}}\times\boldsymbol{r} = \frac{\mathrm{d}}{\mathrm{d}t}(\dot{\boldsymbol{r}}\times\boldsymbol{r})$, wie man durch Differenzieren leicht nachvollziehen kann, erhält man durch Integration dieser Beziehung:

$$\int(\ddot{\boldsymbol{r}}\times\boldsymbol{r})\cdot\mathrm{d}t = \int\mathrm{d}(\dot{\boldsymbol{r}}\times\boldsymbol{r}) = \dot{\boldsymbol{r}}\times\boldsymbol{r} = \boldsymbol{v}\times\boldsymbol{r} = \boldsymbol{C} = -\frac{\boldsymbol{H}_{\mathrm{So}\to\mathrm{Pl}}}{M_{\mathrm{Pl}}}\,. \qquad (2.4\text{-}20)$$

Bei der hier bereits vorgenommenen Konkretisierung des Ergebnisses mit $\boldsymbol{v}\times\boldsymbol{v} = \boldsymbol{C} = -\boldsymbol{H}_{\mathrm{So}\to\mathrm{Pl}}/M_{\mathrm{Pl}}$ wurde berücksichtigt, daß der Planet bezüglich seines Umlaufs um die Sonne einen *Drehimpuls* von $\boldsymbol{H}_{\mathrm{So}\to\mathrm{Pl}} = \boldsymbol{r}\times\boldsymbol{v}\cdot M_{\mathrm{Pl}}$ besitzt. Die diesen Drehimpuls bestimmenden Parameter sind das momentane (variable) *Trägheitsmoment* des Planeten, bezogen auf eine durch die Sonne gelegte Rotationsachse, $\theta_{\mathrm{So}\to\mathrm{Pl}} = \boldsymbol{r}^2\cdot M_{\mathrm{pl}}$, und die auf die gleiche Achse bezogene momentane (variable) *Winkelgeschwindigkeit* $\omega_{\mathrm{So}\to\mathrm{Pl}} = (\boldsymbol{r}\times\boldsymbol{v})/\boldsymbol{r}^2$. Das Produkt aus $\theta_{\mathrm{So}\to\mathrm{Pl}}$ und $\omega_{\mathrm{So}\to\mathrm{Pl}}$ liefert den (nach dem *Drehimpulserhaltungssatz* notwendigerweise konstanten), oben bereits beschriebenen *Drehimpuls*

$$\boldsymbol{H}_{\mathrm{So}\to\mathrm{Pl}} = \theta_{\mathrm{So}\to\mathrm{Pl}}\cdot\omega_{\mathrm{So}\to\mathrm{Pl}} = \boldsymbol{r}^2\cdot M_{\mathrm{Pl}}\cdot(\boldsymbol{r}\times\boldsymbol{v})/\boldsymbol{r}^2 = \boldsymbol{r}\times\boldsymbol{v}\cdot M_{\mathrm{Pl}} = -\boldsymbol{v}\times\boldsymbol{r}\cdot M_{\mathrm{Pl}}. \qquad (2.4\text{-}21)$$

Aus der Konstanz des Impulsvektors $\boldsymbol{I}_{\mathrm{So}\to\mathrm{Pl}}$, auf dem $\boldsymbol{r}$ und $\boldsymbol{v}$ senkrecht stehen, folgt, daß sich ein Planet in seiner Bahn um die Sonne in einer raumfesten Ebene bewegt, wenn die Gravitationswirkung der übrigen Himmelskörper vernachlässigt werden darf.

Das vom Radiusvektor $\boldsymbol{r}$ im Zeitintervall $\mathrm{d}t$ überstrichene und von $\boldsymbol{r}$ und $\boldsymbol{dr}$ aufgespannte Flächenelement hat die Größe $\mathrm{d}\boldsymbol{F} = ½\cdot(\boldsymbol{r}\times\mathrm{d}\boldsymbol{r}) = ½\cdot(\boldsymbol{r}\times\boldsymbol{v}\cdot\mathrm{d}t)$. Für die Flächengeschwindigkeit gilt danach $\dot{\boldsymbol{F}} = \frac{\mathrm{d}\boldsymbol{F}}{\mathrm{d}t} = ½\cdot(\boldsymbol{r}\times\boldsymbol{v})$. Nach (2.4-20) und (2.4-21) ist $\boldsymbol{r}\times\boldsymbol{v} = -\boldsymbol{C} = \frac{\boldsymbol{H}_{\mathrm{So}\to\mathrm{Pl}}}{M_{\mathrm{Pl}}}$ eine Konstante. Damit ist aber auch die

Flächengeschwindigkeit konstant, wie dies das Zweite Keplersche Gesetz feststellt:

$$\dot{\boldsymbol{F}} = \tfrac{1}{2} \cdot (\boldsymbol{r} \times \boldsymbol{v}) = \tfrac{1}{2} \cdot (\boldsymbol{r}_{\text{P'hel}} \times \boldsymbol{v}_{\text{P'hel}}) = -\tfrac{1}{2} \cdot \boldsymbol{C} = \tfrac{1}{2} \cdot \frac{\boldsymbol{H}_{\text{So}\to\text{Pl}}}{M_{\text{Pl}}} . \qquad (2.4\text{-}22)$$

Auch das *Erste Keplersche Gesetz*, das die Planetenbahnen als Ellipsen beschreibt, läßt sich aus der Bewegungsgleichung (2.4-19) ableiten. Dazu wird (2.4-19) beidseitig mit $\boldsymbol{H}_{\text{So}\to\text{Pl}}$ multipliziert

$$\boldsymbol{H}_{\text{So}\to\text{Pl}} \times \ddot{\boldsymbol{r}} = -\,\mathrm{G} \cdot \frac{M_{\text{So}} + M_{\text{Pl}}}{r^3} \cdot (\boldsymbol{H}_{\text{So}\to\text{Pl}} \times \boldsymbol{r}) . \qquad (2.4\text{-}23)$$

Mit $\boldsymbol{H}_{\text{So}\to\text{Pl}} = \boldsymbol{r} \times \boldsymbol{v} \cdot M_{\text{Pl}}$ (2.4-22), unter Zuhilfenahme des Entwicklungssatzes für Vektorprodukte $(\boldsymbol{a} \times \boldsymbol{b}) \times \boldsymbol{c} = (\boldsymbol{c} \cdot \boldsymbol{a}) \cdot \boldsymbol{b} - (\boldsymbol{c} \cdot \boldsymbol{b}) \cdot \boldsymbol{a}$, der für die vektorielle Verknüpfung der drei Vektoren $\boldsymbol{r}$, $\boldsymbol{v}$ und $\boldsymbol{r}$ auf der rechten Seite von (2.4-23) $(\boldsymbol{r} \times \boldsymbol{v}) \times \boldsymbol{r} = \boldsymbol{r}^{\,2} \cdot \boldsymbol{v} - (\boldsymbol{r} \cdot \boldsymbol{v}) \cdot \boldsymbol{r} = \boldsymbol{r}^{\,2} \cdot \boldsymbol{v} - (r \cdot \dot{r}) \cdot \boldsymbol{r}$ liefert, sowie unter Beachtung von $\dfrac{r \cdot \boldsymbol{v} - \dot{r} \cdot \boldsymbol{r}}{r^2} = \dfrac{\mathrm{d}}{\mathrm{d}t}\left(\dfrac{\boldsymbol{r}}{r}\right)$ erhält man aus (2.4-23) durch Integration

$$\boldsymbol{H}_{\text{So}\to\text{Pl}} \times \int \ddot{\boldsymbol{r}} \cdot \mathrm{d}t = -\,\mathrm{G} \cdot \frac{M_{\text{So}} + M_{\text{Pl}}}{r^3} \cdot M_{\text{Pl}} \cdot \int \frac{\mathrm{d}}{\mathrm{d}t}\left(\frac{\boldsymbol{r}}{r}\right) \mathrm{d}t \qquad (2.4\text{-}24)$$

die Gleichung

$$\frac{\boldsymbol{H}_{\text{So}\to\text{Pl}}}{\mathrm{G} \cdot (M_{\text{So}} + M_{\text{Pl}}) \cdot M_{\text{Pl}}} \times \boldsymbol{v} = -\frac{\boldsymbol{r}}{r} + \boldsymbol{A} . \qquad (2.4\text{-}25)$$

Die Integrationskonstante $\boldsymbol{A}$ ist trivialerweise ein konstanter Vektor, der wegen seiner linearen Abhängigkeit von $\boldsymbol{H}_{\text{So}\to\text{Pl}} \times \boldsymbol{v}$ und $\boldsymbol{r}$ in der Bahnebene des Planeten liegt und in eine Richtung der Planetenbahn zeigt, in der $\boldsymbol{r}$ und $\boldsymbol{v}$ senkrecht aufeinander stehen. In dieser Konstellation (also $\boldsymbol{r} \perp \boldsymbol{v}$) reduziert sich nämlich wegen $(\boldsymbol{v} \cdot \boldsymbol{r}) = 0$ das Vektorprodukt auf der linken Seite von (2.4-25) zu

$$\boldsymbol{H}_{\text{So}\to\text{Pl}} \times \boldsymbol{v} = M_{\text{Pl}} \cdot (\boldsymbol{r} \times \boldsymbol{v}) \times \boldsymbol{v} = M_{\text{Pl}} \cdot ((\boldsymbol{v} \cdot \boldsymbol{r}) \cdot \boldsymbol{v} - (\boldsymbol{v} \cdot \boldsymbol{v}) \cdot \boldsymbol{r}) \text{ zu } \boldsymbol{H}_{\text{So}\to\text{Pl}} \times \boldsymbol{v} = M_{\text{Pl}} \cdot v^2 \cdot \boldsymbol{r},$$

mit der Folge, daß in diesem speziellen Fall sowohl $\boldsymbol{H}_{\text{So}\to\text{Pl}} \times \boldsymbol{v}$ als auch $\boldsymbol{A}$ richtungsgleich (parallel) zu $\boldsymbol{r}$ liegen. Diese Richtung wird weiter unten als die Richtung der Apsidenlinie der Bahnellipse zu erkennen sein.

Multipliziert man schließlich noch (2.4-25) linksseitig skalar mit dem Vektor $\boldsymbol{r}$

$$\boldsymbol{r} \cdot \left(\frac{\boldsymbol{H}_{\text{So}\to\text{Pl}}}{\mathrm{G} \cdot (M_{\text{So}} + M_{\text{Pl}}) \cdot M_{\text{Pl}}} \times \boldsymbol{v} \right) = -\boldsymbol{r} \cdot \frac{\boldsymbol{r}}{r} - \boldsymbol{r} \cdot \boldsymbol{A} , \qquad (2.4\text{-}26)$$

so erhält man nach einigen weiteren Vektormanipulationen und unter Beachtung von (2.4-22):

$$(\boldsymbol{r} \times \boldsymbol{v}) \cdot \frac{\boldsymbol{H}_{\mathrm{So}\to\mathrm{Pl}}}{\mathrm{G}\cdot(M_{\mathrm{So}} + M_{\mathrm{Pl}})\cdot M_{\mathrm{Pl}}} = \frac{\boldsymbol{r}^2}{r} + \boldsymbol{r}\cdot\boldsymbol{A},$$

$$\frac{\boldsymbol{H}_{\mathrm{So}\to\mathrm{Pl}}}{M_{\mathrm{Pl}}} \cdot \frac{\boldsymbol{H}_{\mathrm{So}\to\mathrm{Pl}}}{\mathrm{G}\cdot(M_{\mathrm{So}} + M_{\mathrm{Pl}})\cdot M_{\mathrm{Pl}}} = \frac{\boldsymbol{r}^2}{r} + \boldsymbol{r}\cdot\boldsymbol{A},$$

mit $H_{\mathrm{So}\to\mathrm{E}} = |\boldsymbol{H}_{\mathrm{So}\to\mathrm{E}}|$, $r = |\boldsymbol{r}|$ und $A = |\boldsymbol{A}|$ die skalare Gleichung

$$\frac{H_{\mathrm{So}\to\mathrm{Pl}}^{\;2}}{\mathrm{G}\cdot(M_{\mathrm{So}} + M_{\mathrm{Pl}})\cdot M_{\mathrm{Pl}}^{\;2}} = r + r\cdot A\cdot\cos\upsilon, \tag{2.4-27}$$

in der nach Isolierung von r die polare Form einer Kegelschnittgleichung zu erkennen ist:

$$r = \frac{\left(\dfrac{H_{\mathrm{So}\to\mathrm{Pl}}^{\;2}}{\mathrm{G}\cdot(M_{\mathrm{So}} + M_{\mathrm{Pl}})\cdot M_{\mathrm{Pl}}^{\;2}}\right)}{1 + A\cdot\cos\upsilon} = \frac{p}{1 + e\cdot\cos\upsilon} = \frac{a\cdot(1 - e^2)}{1 + e\cdot\cos\upsilon}. \tag{2.4-28}$$

Wie man sieht, haben die in der großen Klammer zusammengefaßten physikalischen Größen und die Konstante A konkrete geometrische Bedeutungen: der Klammerausdruck ist identisch mit dem Formparameter p, die Konstante A mit der numerischen Exzentrizität e der betreffenden Bahnellipse.

Die Zusammenfassung der in (2.4-1), (2.4-22) und (2.4-28) niedergelegten Ergebnisse - (2.4-1) nach Übergang von Differenzen (ΔF und ΔT) auf Differentiale ($\mathrm{d}F$ und $\mathrm{d}t$) in Verbindung mit (2.4-22)

$$\frac{\mathrm{d}F}{\mathrm{d}t} = \frac{a\cdot b\cdot\pi}{U} = \tfrac{1}{2}\cdot\frac{H_{\mathrm{So}\to\mathrm{Pl}}}{M_{\mathrm{Pl}}} \quad \text{und} \quad \frac{H_{\mathrm{So}\to\mathrm{Pl}}^{\;2}}{\mathrm{G}\cdot(M_{\mathrm{So}} + M_{\mathrm{Pl}})\cdot M_{\mathrm{Pl}}^{\;2}} = a\cdot(1 - e^2) \quad \text{aus}$$

(2.4-28) - liefert schließlich unter Beachtung der zwischen den Ellipsenparametern a, b und e bestehenden Beziehung $b^2 = a^2\cdot(1 - e^2)$

$$\frac{U_{\mathrm{Pl}}^{\;2}}{a_{\mathrm{Pl}}^{\;3}} = \frac{4\cdot\pi^2}{\mathrm{G}\cdot(M_{\mathrm{So}} + M_{\mathrm{Pl}})}. \tag{2.4-29}$$

Diese Gleichung bringt für den Fall, daß die Massen der Planeten im Verhältnis zur Sonnenmasse vernachlässigt werden können, das Dritte Keplersche Gesetz (2.4-2) zum Ausdruck. Der Zusammenhang mit diesem Gesetz wird deutlich, wenn in dieser Gleichung die im Verhältnis zur Sonnenmasse M_{So} sehr kleinen Planetenmassen M_{Pl} vernachlässigt werden. Für $(\Sigma M_{\mathrm{Pl}})/M_{\mathrm{So}} \approx 1{,}5‰ \ll 1$ bzw. M_{So}

$+ M_{\text{Pl i}} \approx M_{\text{So}} + M_{\text{Pl k}} \approx M_{\text{So}}$ geht der auf der rechten Seite von (2.4-29) stehende Ausdruck in eine Konstante über, wodurch die im Dritten Keplerschen Gesetz postulierte Proportionalität zwischen U_i^2 und a_i^3 hergestellt ist.

Die Berücksichtigung der Planetenmassen macht demnach folgende *Modifizierung des Dritten Keplerschen Gesetzes* erforderlich:

$$\frac{U_i^2}{U_k^2} \cdot \frac{M_{\text{So}} + M_{\text{Pl i}}}{M_{\text{So}} + M_{\text{Pl k}}} = \frac{a_i^3}{a_k^3}. \tag{2.4-30}$$

In Worten: Die Quadrate der Umlaufzeiten (U_i^2) verschiedener Planeten um die Sonne, vervielfacht um die Summe der Masse der Sonne und des betreffenden Planeten ($M_{\text{So}} + M_{\text{Pl i}}$), verhalten sich wie die Kuben der großen Halbachsen ihrer Bahnen (a_i^2).

Abschließend noch eine kurze, an Giese (1966, 90) anknüpfende Betrachtung zu den Integrationskonstanten, die die konkrete Lösung der Bewegungsgleichung des Zweikörperproblems bestimmen. (2.4-19) ist eine vektorielle Differentialgleichung zweiter Ordnung (in Koordinatendarstellung handelt es sich dabei um ein aus drei gekoppelten Differentialgleichungen zweiter Ordnung bestehendes Differentialgleichungssystem), dessen allgemeine Lösung die Form

$$\boldsymbol{r} = \boldsymbol{r}\,(C_1, C_2, C_3, C_4, C_5, C_6, T)$$

besitzt. Dabei sind C_1 bis C_6 sechs Integrationskonstanten, die man als »*Bahnelemente*« bezeichnet. Ihre Festlegung bestimmt eine spezielle Lösung der Differentialgleichung und damit den gesamte Ablauf der Bewegung in dem betreffenden Fall. Da sich die Keplerschen Gesetze als eine Lösung des Zweikörperproblems erwiesen haben, sind auch die Keplerschen Bahnelemente Ω, i, ω, a, e, T_0 Integrationskonstanten der aus der Bewegungsgleichung abgeleiteten Integrale.

Wie schon die vorausgehenden Entwicklungen gezeigt haben, sind die Keplerschen Bahnelemente aber keinesfalls die einzig möglichen Integrationskonstanten. Der Blick auf (2.4-22) zeigt, daß die Koordinatenkomponenten des konstanten Drehimpulsvektors

$$\frac{\boldsymbol{H}_{\text{So}\to\text{Pl}}}{M_{\text{Pl}}} = -\boldsymbol{C} = \begin{pmatrix} C_1 \\ C_2 \\ C_3 \end{pmatrix} = \boldsymbol{r}_{\text{P'hel}} \times \boldsymbol{v}_{\text{P'hel}}$$

die drei Konstanten C_1 bis C_3 bestimmen (die man, falls erforderlich, aus den Richtungswinkel Ω und $i + \pi/2$ des Drehimpuls-Vektors und dessen Absolutbetrag $|\,\boldsymbol{r}_{\text{P'hel}} \times \boldsymbol{v}_{\text{P'hel}}\,| = |\,\boldsymbol{r}_{\text{P'hel}}\,| \cdot |\,\boldsymbol{v}_{\text{P'hel}}\,| = f\,\{a, e, v_{\text{P'hel}}\}$ berechnen könnte). Von dem konstanten Vektor

$$\boldsymbol{A} = \begin{pmatrix} C_4 \\ C_5 \\ C_6 \end{pmatrix} = \frac{\boldsymbol{r}_{\mathrm{P'hel}}}{r_{\mathrm{P'hel}}} + \frac{\boldsymbol{H}_{\mathrm{So \to Pl}}}{\mathrm{G} \cdot (M_{\mathrm{So}} + M_{\mathrm{Pl}}) \cdot M_{\mathrm{Pl}}} \times \boldsymbol{v}_{\mathrm{P'hel}} = e \cdot \frac{\boldsymbol{r}_{\mathrm{P'h}}}{r_{\mathrm{P'h}}}$$ weiß man aus den vorausgegangenen Entwicklungen, daß er in die Richtung von $\boldsymbol{r}_{\mathrm{P'hel}}$ weist und eine Größe (Absolutbetrag) von $|\boldsymbol{A}| = e$ besitzt. (Damit ließen sich dessen Koordinaten aus den Richtungswinkel Ω, i, ω, die die Richtung von $\boldsymbol{r}_{\mathrm{P'hel}}$ festlegen, in Verbindung mit e berechnen.)

Eine sehr häufig verwendete Alternative zur Beschreibung einer Planetenbahn mit Hilfe der Keplerschen Bahnelemente ist die Festlegung der Integrationskonstanten C_1 bis C_6 durch Ephemeriden, d.h. durch die Angabe eines Ortsvektors

$$\boldsymbol{r}_0 = \begin{pmatrix} x_0 \\ y_0 \\ z_0 \end{pmatrix} = \begin{pmatrix} C_1 \\ C_2 \\ C_3 \end{pmatrix}$$ und eines Geschwindigkeitsvektors

$$\boldsymbol{v}_0 = \dot{\boldsymbol{r}}_0 = \begin{pmatrix} \dot{x}_0 \\ \dot{y}_0 \\ \dot{z}_0 \end{pmatrix} = \begin{pmatrix} C_4 \\ C_5 \\ C_6 \end{pmatrix}$$ des Planeten zu einem beliebigen Zeitpunkt T_0.

Der Zusammenhang, der zwischen den Orts- und Geschwindigkeitskoordinaten eines Planeten (Satelliten) zum Zeitpunkt T_0 auf der einen und den Keplerschen Bahnelementen auf der anderen Seite besteht, ist z.B. in Giese (1966, 92) oder Scheinert (1996, 25) dargestellt.

Für die beiden Gestaltelemente a und e der Kepler-Bahn findet man bei Giehse (1966, 92 und 93) die Beziehungen:

$$a = \frac{1}{\dfrac{2}{|\boldsymbol{r}_0|} + \dfrac{\dot{\boldsymbol{r}}_0^{\,2}}{\mathrm{G} \cdot (M_{\mathrm{So}} + M_{\mathrm{Pl}})}} \quad \text{und} \quad e = \sqrt{1 - \frac{(\boldsymbol{r}_0 \times \dot{\boldsymbol{r}}_0)^2}{\mathrm{G} \cdot (M_{\mathrm{So}} + M_{\mathrm{Pl}}) \cdot a}} \,. \qquad (2.4\text{-}31)$$

In dem folgenden **Rechenbeispiel** wurden anhand von (2.4-31) aus momentanen heliozentrischen äquatorialen Koordinaten $\boldsymbol{r}$ und Geschwindigkeitskomponenten $\dot{\boldsymbol{r}} = \boldsymbol{v}$ der Erde die Große Halbachse a und die Exzentrizität e der für den Augenblick gültigen (oskulierenden) Kepler-Ellipse der Erdbahn berechnet. Die zugrunde gelegten Ephemeriden gelten für die Epoche JD 2450120,5 und beziehen sich auf das durch den Mittleren Himmelsäquator und das Mittlere Frühlingsäquinoktium der Epoche J 2000,0 (= JD 24511544,0) definierte Bezugssystem.

Den Berechnungen wurden folgende Konstanten zugrunde gelegt:

M_{So}= 1 AUM; $M_{Pl} = M_{E/Mo} = M_{So}$ / 328900,55 = 1 AUM / 328900,55;
$G = k^2 = (0{,}01720209895 \text{ AUL}^{3/2} \text{ AUT}^{-1} \text{ AUM}^{-1/2})^2$

$= 0{,}000295912221 \text{ AUL}^3 \text{ AUT}^{-2} \text{ AUM}^{-1}$;

daraus:

$G \cdot (M_{So}+M_{E/Mo}) = 0{,}00029591311 \text{ AUL}^3 \text{ AUT}^{-2}$.

$\boldsymbol{r}_0$ [AUL]	$\boldsymbol{v}_0 = \dot{\boldsymbol{r}}_0$ [AUL]/[AUT]	$\boldsymbol{r}_0 \times \boldsymbol{v}_0$ [AUL]² /[AUT]
- 0,7275681	- 0,01189440	- 0,00000003712
+ 0,6107332	- 0,01170492	- 0,00684181358
+ 0,2647897	- 0,00507485	- 0,01578043138
$\lvert \boldsymbol{r}_0 \rvert$ = 0,9861359	$\lvert \dot{\boldsymbol{r}}_0 \rvert$ = 0,01744236	$\lvert \boldsymbol{r}_0 \times \boldsymbol{v}_0 \rvert$ = 0,01719977987

$$a = \frac{1}{\dfrac{2}{|\boldsymbol{r}_0|} - \dfrac{\dot{\boldsymbol{r}}_0^{\,2}}{G\cdot(M_{So}+M_{Pl})}} = \frac{1}{\dfrac{2}{0{,}9861359} - \dfrac{0{,}01744236^2}{0{,}00029591311}} \text{ AUL}$$

$$= 1{,}0000081 \text{ AUL}$$

$$e = \sqrt{1 - \frac{(\boldsymbol{r}_0 \times \dot{\boldsymbol{r}}_0)^2}{G\cdot(M_{So}+M_{Pl})\cdot a}} = \sqrt{1 - \frac{0{,}01719977987^2}{0{,}00029591311 \cdot 1{,}0000081}}$$

$$= 0{,}0167551.$$

(Quelle und Vergleichsmöglichkeit: *The Astronomical Almanac 1996, E3* und E4, Major Planets / Earth, JD 2450120,5).

2.4.3 Das n-Körper-Problem

Die Berechnung der Planetenbahnen wird drastisch kompliziert, wenn beim Ansatz der wirksamen Kräfte nicht nur - wie im Modell des Zweikörper-Problems - die bilateralen Beziehungen zwischen der Sonne und den einzelnen Planeten berücksichtigt werden, sondern darüber hinaus auch noch die gravitatorischen Wechselwirkungen der Planeten untereinander. Eine weitere Komplikation des Modells ergibt sich aus der Tatsache, daß die Massenelemente, aus denen die Körper des Sonnensystems aufgebaut sind, nicht kugelsymmetrisch angeordnet sind (unregelmäßige Massenverteilung, Abplattung), mit der Folge daß auch die Gravitationsfelder dieser Körper mehr oder weniger von der Kugelsymmetrie abweichen. Damit ist die dem Ansatz (2.4-19) der Bewegungsgleichungen zugrunde gelegte Annahme punktförmiger Gravitationsquellen nicht streng erfüllt. Diese Abweichungen der Realität vom Modell dürfen, auch wenn die vernachlässigten Kräfte relativ klein sind, bei genauen Bahnberechnungen nicht unberücksichtigt bleiben.

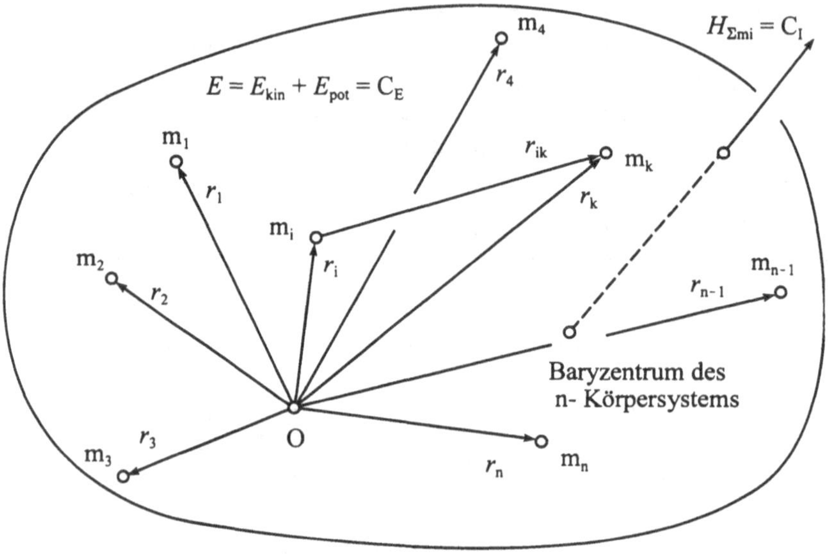

Bild 2.4-5: Konfiguration eines n-Körper-Systems (n-Körper-Problem)

Modelliert man das Sonnensystem als eine System von n Körpern, denen (in einer vorläufigen Annahme) kugelsymmetrische Gravitationsfelder zugeordnet sind, so lassen sich die in diesem System ablaufenden Bewegungen analog zu (2.4-17) und (2.4-18) beschreiben, wobei nunmehr alle n·(n−1) Kombinationen der wechselseitigen Wirkungsmöglichkeiten in Betracht zu ziehen sind. Jede der i = 1 ...n, j = 1...n, i ≠ j Wirkungslinien $M_i \rightarrow M_j$ begründet eine vektorielle Differentialgleichung

$$\ddot{\boldsymbol{r}}_i = G \cdot \frac{M_j}{r_{ij}^3} \cdot \boldsymbol{r}_{ij}, \qquad (2.4\text{-}32)$$

mit $\boldsymbol{r}_{ij} = \boldsymbol{r}_j - \boldsymbol{r}_i$.

Mit i = 1, 2, ..., n und unter Beachtung von i ≠ j lautet das Gesamtsystem

$$\ddot{\boldsymbol{r}}_i = G \cdot \sum_{j=1}^{n} \frac{M_j}{r_{ij}^3} \cdot \boldsymbol{r}_{ij} . \tag{2.4-33}$$

Bezieht man die Vektoren $\boldsymbol{r}_{ij}$ auf den Massenmittelpunkt der Sonne, der damit zum Ursprung eines »ruhenden Koordinatensystems« gemacht wird, - mit der Folge, daß der die Sonne (i = 1) betreffende Beschleunigungsvektor in der ersten Zeile von (2.4-33) verschwindet, daß also $\ddot{\boldsymbol{r}} = \ddot{\boldsymbol{r}}_1 = \ddot{\boldsymbol{r}}_{So} = \boldsymbol{0}$ -, so ergeben die Differenzen zwischen der Zeile 1 und den Zeilen 2 bis n unter Beachtung von nunmehr $\boldsymbol{r}_{1j} = - \boldsymbol{r}_{j1} = \boldsymbol{r}_j$ bzw. $\boldsymbol{r}_{1i} = - \boldsymbol{r}_{i1} = \boldsymbol{r}_i$

$$\ddot{\boldsymbol{r}}_i = - G \cdot (M_{So} + M_i) \cdot \frac{\boldsymbol{r}_i}{r_i^3} + G \cdot \sum_{j=2}^{n} M_j \cdot \left(\frac{\boldsymbol{r}_{ij}}{r_{ij}^3} - \frac{\boldsymbol{r}_j}{r_j^3} \right) . \tag{2.4-34}$$

Für die Laufindizes gilt nunmehr i = 2, 3, … n (j = 2, 3, … n) und - wie schon bisher -: $i \neq j$.

Am Ort $\boldsymbol{r}_i$ des i. Planeten erzeugen alle in die Betrachtung einbezogenen Massen ein Gravitationspotential von V_i, das sich analog zu (2.4-34) in ein Hauptglied V_{0i} und in ein *»Störglied«* ΔV_i gliedern läßt

$$V_i = V_{0i} + \Delta V_i , \tag{2-4-35/1}$$

die wie folgt beschrieben werden können:

$$V_{0i} = G \cdot \frac{(M_{So} + M_i)}{r_i} ; \tag{2.4-35/2}$$

$$\Delta V_i = G \cdot \sum_{j=2}^{n} M_j \cdot \left(\frac{1}{r_{ij}} - \frac{\boldsymbol{r}_i \cdot \boldsymbol{r}_j}{r_j^3} \right) . \tag{2.4-35/3}$$

Dieses n−1 vektorielle, bzw., da die räumlichen (dreidimensionalen) Vektoren $\boldsymbol{r}$ und $\ddot{\boldsymbol{r}}$ aus je drei Koordinatenkomponenten bestehen, 3·(n−1) skalare Differentialgleichungen 2. Ordnung umfassende System bestimmt die Ortsvektoren $\boldsymbol{r}_i$ bis auf 6·(n−1) Integrationskonstanten. Von den insgesamt 6·(n−1) auftretenden Integralen lassen sich für n > 2 im allgemeinen 10 geschlossen lösen.

Als Lösungsstrategien kommen in Betracht:

- die *direkte numerische Integration* oder
- *verschiedene Methoden der »Störungsrechnung«* auf der Grundlage von Theorien, die die Bahn der einzelnen Planeten beschreiben.

Im Falle der letztgenannten Strategie macht man sich den Umstand zunutze, daß wegen $(\Sigma M_{Pl}) / M_{So} \approx 1{,}5‰ \ll 1$ die aus $n-1$ Summanden bestehenden zweiten Glieder auf der rechten Seite von (2.4-33) das Gesamtergebnis verhältnismäßig wenig beeinflussen, so daß man mit einer guten Näherungslösung rechnen darf, wenn diese »*Störglieder*« zunächst vernachlässigt werden. (2.4-34) verkürzt sich bei diesem Vorgang auf (2.4-19)

$$\ddot{\boldsymbol{r}}_i = -G \cdot (M_{So} + M_i) \cdot \frac{\boldsymbol{r}_i}{r_i^3}, \qquad (2.4\text{-}36)$$

wodurch das n-Körper-Problem im Kern auf das Zweikörper-Problem zurückgeführt ist: Das Gleichungssystem (2.4-36) zerfällt in $n-1$ unabhängige Gleichungen. Ihre zweifache Integration ist nun in geschlossener Form möglich und liefert, wie in 2.4.3 gezeigt wurde, Kepler-Ellipsen.

In einem zweiten Schritt muß dieses Ergebnis, das wegen der vorausgegangenen Vernachlässigungen nur als Näherungsergebnis betrachtet werden kann, dann im Rahmen einer *Störungsrechnung* korrigiert werden, durch die der Übergang von (2.4-36) auf (2.4-34) herbeigeführt wird. Für diesen Übergang gibt es verschiedene Ansätze, etwa

- die *direkte numerische Integration* der vernachlässigten *Störungsterme der Differentialgleichungen*,
- die Entwicklung der Störungsterme in *Fourier-Reihen*, die sich analytisch oder numerisch integrieren lassen oder
- die Entwicklung der Störungsterme in *Tschebyscheffsche Polynome* über einen beschränkten Zeitrahmen mit nachfolgender analytischer oder numerischer Integration.

Als Ergebnis der Bahnberechnung kann für jeden einzelnen Planeten eine Folge von Koordinaten angegeben werden, durch die die Positions- und Geschwindigkeitsvektoren der Planetentrajektorie, also $\boldsymbol{r} = \begin{pmatrix} x \\ y \\ z \end{pmatrix}$ und $\dot{\boldsymbol{r}} = \begin{pmatrix} \dot{x} \\ \dot{y} \\ \dot{z} \end{pmatrix}$ als Funktionen der Zeit (T) ausgewiesen sind: $\boldsymbol{r} = \boldsymbol{r}\{T\}$, $\dot{\boldsymbol{r}} = \dot{\boldsymbol{r}}\{T\}$; ⇨ Tabelle 2.4-1.

Tabelle 2.4-1: Ephemeriden einer Planetenbahn für drei aufeinander folgende Epochen

T_{j-1}	x_{j-1}	y_{j-1}	z_{j-1}	$\dot{x}_{j-1}$	$\dot{y}_{j-1}$	$\dot{z}_{j-1}$
T_j	x_j	y_j	z_j	$\dot{x}_j$	$\dot{y}_j$	$\dot{z}_j$
T_{j+1}	x_{j+1}	y_{j+1}	z_{j+1}	$\dot{x}_{j+1}$	$\dot{y}_{j+1}$	$\dot{z}_{j+1}$

Tabelle 2.4-2: Keplersche Bahnelemente oskulierender Ellipsen einer Planetenbahn für drei aufeinander folgende Epochen

T_{j-1}	Ω_{j-1}	i_{j-1}	ω_{j-1}	a_{j-1}	e_{j-1}	υ_{j-1}
T_j	Ω_j	i_j	ω_j	a_j	e_j	υ_j
T_{j+1}	Ω_{j+1}	i_{j+1}	ω_{j+1}	a_{j+1}	e_{j+1}	υ_{j+1}

Anschaulicher, aber inhaltlich äquivalent zu dieser Darstellung ist die Angabe der Keplerschen Bahnelemente Ω, i, ω, a, e, υ einer Folge von *oskulierenden Ellipsen*, die die eigentliche Trajektorie im Sinne einer Berührung in einem infinitesimalen Bahnabschnitt approximieren (Schneider, 1988, 279); ⇨ Tabelle 2.4-2.

Die Erörterung der zahlreichen mit dem n-Körper-Problem zusammenhängenden Fragen ist Gegenstand der *Himmelsmechanik*, deren umfangreiche theoretische und praktische Fragestellungen und Lösungsansätze über den hier vorgegebenen Rahmen weit hinaus reichen. Ohne Anspruch auf Vollständigkeit darf auf folgende Werke verwiesen werden (in zeitlicher Reihenfolge des Erscheinungsjahrs): Euler (1765), Gauss (1809), Oppolzer (1882), Tisserand (1889; 1891; 1894; 1896), Poincaré (1905-1910), Bauschinger (1928), Stumpf (1959; 1974), Smart (1960), Brouwer/Clemence (1961), Van de Kamp (1964), Chebotarev (1967), Kovalevsky (1967), Geyling/Westermann (1971), Hagihara (1972), Herget (1973), Schneider (1981; 1993), Taff (1985), Guthmann (1994).

Als wichtige Erkenntnisse, die auch für die Geodätische Astronomie von Bedeutung sind, sollen lediglich die folgenden festgehalten werden:

- Die Planetenbahnen (einschließlich der Bahn des Systems Erde/Mond) sind in großer Näherung Kepler-Ellipsen. Ein säkularer, durch den Einfluß der anderen Planeten ausgelöster Störeffekt ist die »*Periheldrehung*«, die bei der Erde 11,6″/Jahr bzw. 61,9″/Jahr beträgt, je nachdem, ob sie auf das Inertialsystem oder auf das mit einer Drehrate von 50,3″/Jahr präzedierende Frühlingsäquinoktium bezogen wird.[14)] Der Drehsinn der Periheldrehung ist der gleiche wie der Drehsinn der Erde in ihrem Umlauf um die Sonne (also beim Blick aus der nördlichen Hemisphäre auf die Ekliptik: im Gegensinn des Uhrzeigers).

- Das Baryzentrum (Schwerpunkt) des Sonnensystems befindet sich, wenn man von den von anderen Sonnensystemen ausgehenden Gravitationskräften absieht, in Ruhe oder in geradlinig-gleichförmiger Bewegung.

---

14) Die Periheldrehung ist im wesentlichen durch die Newtonsche Himmelsmechanik begründet. Beim sonnennahen und auf stark exzentrischer Bahn laufenden Planeten Merkur tritt dazu eine signifikante relativistische Komponente von 43″/Jh.. Bei der Erde beträgt der (in den angegebenen Zahlen enthaltene) relativistische Anteil der Periheldrehung nur 4″/Jul.Jh. (Voigt, 1969, 502; 1991, 497; Weigert/Zimmermann, 1974, 259).

- Der Drehimpuls des Sonnensystems ist konstant.
- Die aus der Summe von momentaner kinetischer Energie und momentaner potentieller Energie gebildete Gesamtenergie des Sonnensystems ist konstant.

2.5 Präzession und astronomische Nutation

2.5.1 Einführung

In 2.3 wurden die Vektoren der Winkelgeschwindigkeit $\boldsymbol{\omega}_E$ und des Drehimpulses $\boldsymbol{H}_E$ der Erde in einem erdfesten Bezugssystem beschrieben. Dabei zeigte sich, daß in diesem System beide Vektoren ihre Richtung periodisch ändern (und zwar auch dann, wenn keine äußeren Drehmomente einwirken). Diese Feststellung gilt nicht für die Richtung des Drehimpulsvektors, wenn die Erddrehung in einem inertialen Bezugssystem betrachtet wird. In einem Inertialsystem sind nämlich nach dem *Drehimpuls-Erhaltungssatz* Richtung und Größe des Drehimpulses eines rotierenden Körpers unveränderlich, es sei denn ein äußeres Drehmoment wirkt auf ihn ein. Wird ein Drehmoment angelegt so zwingt dieses den Körper (und damit auch seine Drehimpuls- und Rotationsachse) zu einer kontinuierlichen Richtungsänderung. Die Bewegung der Drehimpulsachse unter dem Einfluß eines Drehmoments wird *Präzession* genannt.

Im folgenden wird gezeigt, daß der Mond, die Sonne und die Planeten auf den Erdkörper ein Drehmoment ausüben, das die Erde zu der geschilderten Ausweichbewegung (Präzession) zwingt. Richtung und Größe des einwirkenden Drehmoments hängen von der momentanen Konstellation der beteiligten Körper ab und sind daher variabel. Entsprechendes gilt deshalb auch für die Präzession.

Die erzwungene laufende Änderung der Drehimpulsachse der Erde läßt sich in einen gleichförmigen (säkularen) und in einen periodischen Anteil zerlegen. Im Einklang mit der in der Astronomie verwendeten Terminologie wird im weiteren nur noch der gleichförmige Anteil der Präzessionsbewegung *Präzession* genannt, wohingegen ihr periodischer Anteil die Bezeichnung *astronomische Nutation* oder kurz *Nutation*[15] führt.

2.5.2 Solare Präzession und Nutation

Um die Präzession der Drehimpulsachse der Erde verständlich zu machen, soll zunächst nur die Wechselwirkung zwischen der Sonne und der als starr angenommenen Erde untersucht werden, die sich aufgrund der unkomplizierten Bewegung

[15] Um Verwechslungen mit der in Abschnitt 2.3.3 behandelten eigentlichen Nutation (der »freien Nutation«) zu vermeiden, wird dem Begriff bei Bedarf der Zusatz »astronomisch« oder »frei« hinzugefügt. Ohne einen dieser Zusätze wird im folgenden unter Nutation stets die astronomische Nutation verstanden.

der Erdbahn sehr einfach darstellen läßt. Die Einwirkung des Mondes bleibt, obwohl sie etwa doppelt so stark ist als die der Sonne und daher den Hauptanteil zu dem Drehmoment beiträgt, das die Präzession der Erdachse bestimmt, zunächst außer Betracht.[16)] Unberücksichtigt bleibt vorerst auch die Einwirkung der Planeten. Der Realität entsprechend wird angenommen, daß die Drehimpulsachse der Erde gegenüber einer Normalen zur Ekliptikebene um den Winkel $\epsilon = 23{,}45°$ (= Schiefe der Ekliptik) geneigt ist.

Zur Veranschaulichung der auftretenden Kräfte möge Bild 2.5-1 dienen, dessen obere Skizze einen Vertikalschnitt zur Ebene der Ekliptik darstellt, der im übrigen parallel zur Drehimpulsachse der Erde liegt. In dieser Schnittebene wirkt ein durch Gravitations- und Fliehkräfte erzeugtes Kräftepaar, das darauf ausgerichtet ist die Erdachse senkrecht zur Ekliptikebene zu stellen.

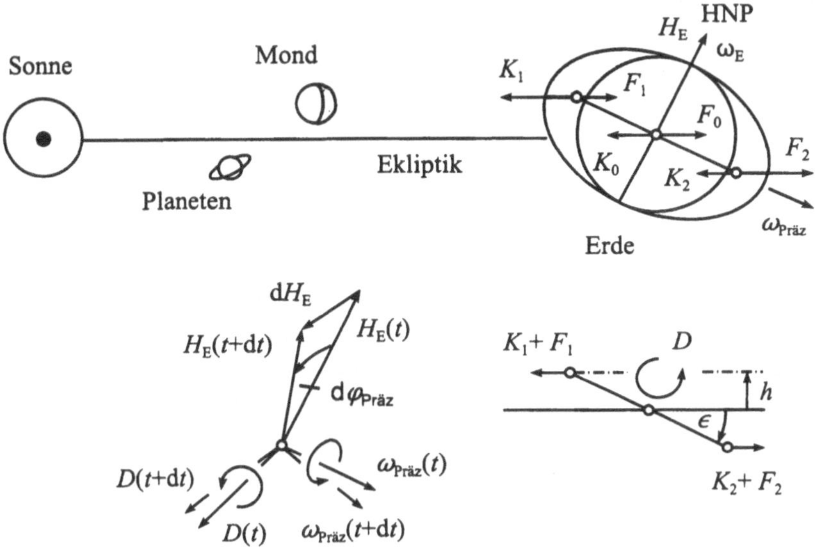

Bild 2.5-1: Kräfte, die die Präzession der Erdachse hervorrufen

Für die Analyse der Wirkungen dieser Kräfte, wird der ellipsoidische Erdkörper gedanklich in eine Kugel (Index 0, nicht schraffierter Teil der Ellipse) und in einen zum Äquator symmetrischen Wulst zerlegt, der wiederum in eine sonnen-

16) Die Wirkung des Mondes auf die Präzession ist etwa doppelt so groß wie die der Sonne (Weigert/Zimmermann, 1974). Wenn im vorliegenden Abschnitt 2.5.2 das Grundprinzip der lunisolaren Präzession zunächst nur anhand ihrer solaren Komponente behandelt wird, so nur deshalb, weil die Wechselwirkung Sonne-Erde weniger kompliziert ist als die Wechselwirkung Mond-Erde, was die Darstellung erleichtert.

nahe und in eine sonnenferne Hälfte (Indizes 1 und 2, schraffierter Teil der Ellipse) gegliedert wird. Auf die so gebildeten Teilkörper wirken in der gewählten Bildebene folgenden Kräfte:

Gravitationskräfte (2.4-16):

Kugel: $$K_0 = G \cdot M_{So} \cdot \frac{M_0}{r_0^2};$$

Wulst 1: $$K_1 = G \cdot M_{So} \cdot \frac{M_{Wu}}{r_1^2};$$ Wulst 2: $$K_2 = G \cdot M_{So} \cdot \frac{M_{Wu}}{r_2^2};$$

Ellipsoid: $$K_E = G \cdot M_{So} \cdot \frac{M_E}{r^2} = K_0 + K_1 + K_2 .$$

Wegen $r_1 < r_2$ ist $K_1 > K_2$.

Zentrifugalkräfte (Gerthsen/Kneser/Vogel, 1989, 15):

Kugel: $$F_0 = M_0 \cdot \omega^2 \cdot r_0;$$

Wulst 1: $$F_1 = M_{Wu} \cdot \omega^2 \cdot r_1;$$ Wulst 2: $$F_2 = M_{Wu} \cdot \omega^2 \cdot r_2;$$

Ellipsoid: $$F_E = M_E \cdot \omega^2 \cdot r = F_0 + F_1 + F_2 .$$

Wegen $r_1 < r_2$ ist $F_1 < F_2$.

Für den Gesamtkörper Erde, der sich kräftefrei auf seiner Umlaufbahn um die Sonne bewegt, gilt $\boldsymbol{K} + \boldsymbol{F} = \boldsymbol{0}$: Gravitations- und Fliehkraft heben sich gegenseitig auf. Der gleiche Kräfteausgleich findet auch für die Kugel statt: $\boldsymbol{K}_0 + \boldsymbol{F}_0 = \boldsymbol{0}$. Hingegen erzeugen in der Bildebene die Kräfte $\boldsymbol{K}_1 + \boldsymbol{F}_1$ auf der einen Seite (die resultierende Kraft zeigt zur Sonne hin) und $\boldsymbol{K}_2 + \boldsymbol{F}_2$ auf der anderen (die resultierende Kraft ist von der Sonne weg gerichtet) über den Hebelarm *h* ein *Drehmoment* $\boldsymbol{D}$; ⇨ Bild 2.5-1, Figur rechts unten. Der (axiale) Vektor dieses Drehmoments liegt in der Bahnebene der Erde (Ebene der Ekliptik) und steht senkrecht zur Drehimpulsachse der Erde (und zur Bildebene). Ein nicht rotierendes Ellipsoid würde sich unter diesem Moment »aufrichten«.

Formal gleiche Kräfterelationen bestehen auch in einer zur Ebene der Ekliptik und zur Bildebene senkrechten Bildebene. Allerdings liegen hier alle Kräfte in einer einzigen Wirklinie (Zentrum Sonne - Zentrum Erde), so daß kein Hebelarm existiert, über den diese Kräfte ein Drehmoment erzeugen könnten.

Für die nun einsetzende Wechselwirkung zwischen dem Drehmoment $\boldsymbol{D}$ und dem Drehimpuls $\boldsymbol{H}_E$ gilt – analog zum Newtonschen Aktionsprinzip für translatorische Bewegungen (2.4-15), das die Änderung eines Impulses $\boldsymbol{G}$ unter der Einwirkung einer Kraft f beschreibt - die Beziehung

$$\boldsymbol{D} = \frac{\mathrm{d}\boldsymbol{H}_\mathrm{E}}{\mathrm{d}t}, \qquad (2.5\text{-}1)$$

(Gerthsen, 1956, 50). $\boldsymbol{D}$ bewirkt danach im Zeitelement dt eine zu $\boldsymbol{D}$ richtungsgleiche und proportionale Änderung des Drehimpulses $\mathrm{d}\boldsymbol{H}_\mathrm{E}$ mit der Folge, daß sich im Verlauf von dt der Drehimpulsvektor $\boldsymbol{H}_\mathrm{E}$ um den elementaren Winkel - $\mathrm{d}\varphi_\mathrm{Präz}$ in die neue Lage

$$\boldsymbol{H}_\mathrm{E}' = \boldsymbol{H}_\mathrm{E}(t + \mathrm{d}t) = \boldsymbol{H}_\mathrm{E}(t) + \mathrm{d}\boldsymbol{H}_\mathrm{E} \qquad (2.5\text{-}2)$$

dreht; ➪ Bild 2.5-1, Figur links unten und Bild 2.5-2). Für den Betrag $\mathrm{d}H_\mathrm{E}$ der Drehimpulsänderung im Zeitelement dt gilt:

$$\mathrm{d}H_\mathrm{E} = H_\mathrm{E} \cdot \mathrm{d}\varphi_\mathrm{Präz}. \qquad (2.5\text{-}3)$$

(Der Index »Präz« steht in diesem Abschnitt 2.5.2 - im Gegensatz zu der in 2.5.1 vereinbarten eingeschränkten Verwendung des Begriffs - noch für den säkularen und den periodischen Anteil der Präzession, also für Präzession und Nutation).

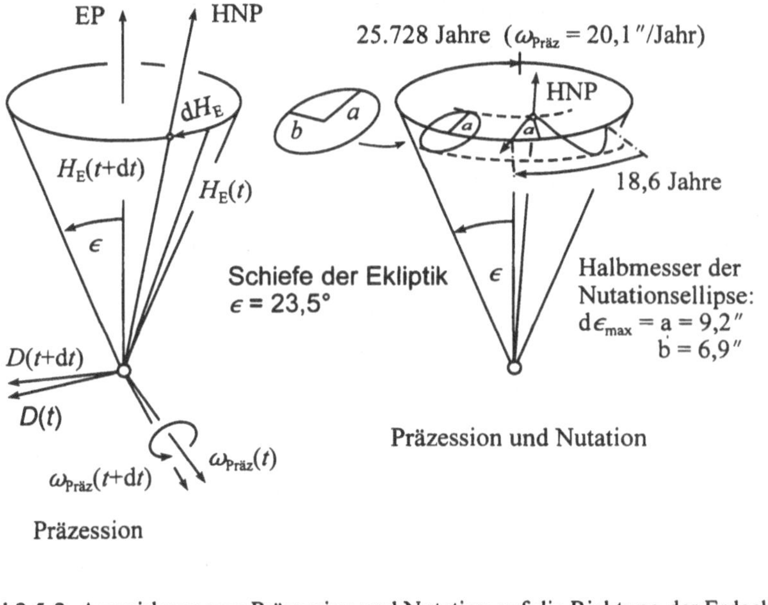

Bild 2.5-2: Auswirkung von Präzession und Nutation auf die Richtung der Erdachse

Schreibt man schließlich noch (2.5-1) in Betragsform und substituiert (2.5-3), so wird mit

$$D = \frac{\mathrm{d}H_\mathrm{E}}{\mathrm{d}t} = H_\mathrm{E} \cdot \frac{\mathrm{d}\phi_\mathrm{Präz}}{\mathrm{d}t} = H_\mathrm{E} \cdot \omega_\mathrm{Präz} \qquad (2.5\text{-}4)$$

der Zusammenhang zwischen dem Drehmoment D und einer durch dieses Moment bewirkten Drehbewegung erkennbar, die sich mit der Winkelgeschwindigkeit $\omega_{\text{Präz}} = \dfrac{\mathrm{d}\phi_{\text{Präz}}}{\mathrm{d}t}$ vollzieht. Die Winkelgeschwindigkeit $\omega_{\text{Präz}}$ ist ein axialer Vektor, der in der Drehachse von $\mathrm{d}\varphi_{\text{Präz}}$ liegt und daher senkrecht auf $\boldsymbol{H}_{\text{E}}$ und $\boldsymbol{D}$ steht.

Mit der nach *dt* durch die Einwirkung von $\boldsymbol{D}$ erzwungenen veränderten Lage von $\boldsymbol{H}_{\text{E}}$ hat auch $\boldsymbol{D}$, das immer senkrecht zu $\boldsymbol{H}_{\text{E}}$ wirkt (und in der Ekliptik-Ebene liegt), eine neue, um den Winkel $\mathrm{d}\varphi_{\text{Präz}}$ gedrehte Ausrichtung. Das gleiche gilt auch für den Vektor $\omega_{\text{Präz}}$.

Die mit der Winkelgeschwindigkeit $\omega_{\text{Präz}}$ unter dem Einfluß des Drehmoments $\boldsymbol{D}$ ablaufende Drehbewegung des Drehimpulsvektors $\boldsymbol{H}_{\text{E}}$ nennt man *Präzession* (im allgemeinen Sinn). Bemerkenswert ist dabei, daß sich die Drehimpulsachse der Erde unter der Wirkung von $\boldsymbol{D}$ nicht aufrichten kann, sondern dem Kräftepaar, das $\boldsymbol{D}$ erzeugt, rechtwinkelig ausweicht. Die differentiellen Bewegungsraten akkumulieren dabei zu einer Bewegung von $\boldsymbol{H}_{\text{E}}$ entlang der Mantellinien eines Kreiskegels mit dem Öffnungswinkel ϵ; ⇨ Bild 2.5-2. Die Präzession erfolgt gemäß (2.5-4) und (2.3-5) mit der Winkelgeschwindigkeit:

$$\omega_{\text{Präz}} = \frac{D}{H_{\text{E}}} = \frac{D}{|\boldsymbol{T}\cdot\omega_{\text{E}}|}\,. \tag{2.5-5}$$

Der entsprechende vektorielle Ausdruck lautet (wegen $\omega_{\text{Präz}} \perp \boldsymbol{H}_{\text{E}} \perp \boldsymbol{D}$ und (2.5.5)):

$$\omega_{\text{Präz}} = \frac{\boldsymbol{H}_{\text{E}}}{|\boldsymbol{H}_{\text{E}}|} \times \frac{\boldsymbol{D}}{|\boldsymbol{D}|} \cdot \frac{|\boldsymbol{D}|}{|\boldsymbol{H}_{\text{E}}|} = \frac{\boldsymbol{H}_{\text{E}} \times \boldsymbol{D}}{\boldsymbol{H}_{\text{E}}^{2}}\,. \tag{2.5-6}$$

Der Betrag des von der Sonne ausgelösten Drehmoments $\boldsymbol{D}_{\text{So}}$ variiert im Laufe eines Jahres: Er erreicht seine Maxima zu den Zeitpunkten des Winter- und des Sommeranfangs, wenn die Rotationsachse der Erde und der Radiusvektor Sonne-Erde eine zur Ekliptik normale Ebene bilden, nimmt dann laufend ab und verschwindet in den Zeitpunkten des Frühlings- und des Herbstbeginns, wenn die Neigungskomponente der Erdachse in Richtung Sonne verschwindet. Die Periode dieser Variation ist also durch die Dauer von zwei aufeinander folgenden Jahreszeiten (= ½ Jahr) bestimmt. Die Richtung von $\boldsymbol{D}_{\text{So}}$ verändert sich dabei im Zeitelement *dt* um durchschnittlich $\omega_{\text{Präz}} \cdot \mathrm{d}t$.

2.5.3 Lunisolarpräzession und lunisolare Nutation

Nun ist aber die Sonne nicht der einzige Himmelskörper, der auf die Erde ein Drehmoment ausübt. Vor allem der Mond leistet mit einem Drehmoment $\boldsymbol{D}_{\text{Mo}}$

einen erheblichen Beitrag zum Gesamtbudget der angreifenden Kräfte. Trotz der wesentlich kleineren Mondmasse (M_{Mo}/M_{So} = $4 \cdot 10^{-8}$) ist wegen der Nähe des Mondes ($d_{E/Mo}/d_{E/So}$ = $2{,}6 \cdot 10^{-3}$) zur Erde $\boldsymbol{D}_{Mo}$ größer, als das von der Sonne erzeugte Moment $\boldsymbol{D}_{So}$; im Durchschnitt ist es etwa doppelt so groß. Weiter ist zu beachten, daß die Mondbahn um etwa 5° gegen die Ekliptik geneigt ist und daher das System Erde-Mond selbst einer Präzessionsbewegung unterworfen ist. Als präzedierenden Kreisel kann man sich hier einen fiktiven, um den gemeinsamen Schwerpunkt schräg zur Ekliptikebene rotierenden »Körper« Erde-Mond vorstellen, dessen lunarer Massenanteil auf einem geozentrischen Ring mit dem Radius der Mondbahn verteilt ist. Die Rotationsachse dieses Körpers (= Normale zur Bahnebene Erde-Mond) präzediert um eine Normale zur Bahnebene Erde-Mond. An dieser Präzession nimmt auch die als *Knotenlinie der Mondbahn* bezeichnete Schnittlinie der Ebene der Mondbahn mit der Ebene der Ekliptik teil.

Das durch den Mond bewirkte Drehmoment $\boldsymbol{D}_{Mo}$ ist, wie bereits erwähnt, etwa doppelt so groß wie das, welches von der Wirkung der Sonne herrührt. Es ist - analog zur Bindung von $\boldsymbol{D}_{So}$ an die Ekliptik - an die Bahnebene des Mondes gebunden, die, wie oben dargelegt, um etwa 5° gegenüber der Ekliptik geneigt ist und um den Ekliptikpol präzediert. Durch diese Bindung weicht die Richtung von $\boldsymbol{D}_{Mo}$ um bis zu 5° von der Richtung von $\boldsymbol{D}_{So}$ ab. Da sich der Mond im (lang-)zeitlichen Mittel aller seiner Positionen aber in der Ekliptik bewegt, hat $\boldsymbol{D}_{Mo}$ im (langzeitigen) Mittel die gleiche Ausrichtung wie $\boldsymbol{D}_{So}$. Die Periode, mit der die Größe von $\boldsymbol{D}_{Mo}$ als Folge des Umlaufs des Mondes um die Erde von Null auf einen Maximalwert ansteigt und wieder zu Null wird ist gleich der halben Umlaufzeit des Mondes (≈ ½ · 27,25 Tage = 13,625 Tage). Was die Richtung von $\boldsymbol{D}_{Mo}$ betrifft, so verändert sich diese als Folge des Präzession der Mondknoten-Linie um den vorerwähnten Mittelwert herum periodisch um kleine Beträge, wobei die Periodendauer hier von der Umlaufzeit der erwähnten Knotenlinie (≈ 18,6 Jahre) bestimmt wird.

Die bezüglich der Drehmomente $\boldsymbol{D}_{So}$ und $\boldsymbol{D}_{Mo}$ getroffenen Feststellungen gelten wegen der Proportionalität von $\omega_{Präz}$ und $\boldsymbol{D}$ (2.5-4) und wegen der Orthogonalität von $\omega_{Präz}$ und $\boldsymbol{D}$ (2.5-6) auch für die Winkelgeschwindigkeiten $\omega_{Präz\,So}$ und $\omega_{Präz\,Mo}$. $\boldsymbol{D}_{So}$ und $\boldsymbol{D}_{Mo}$ bzw. $\omega_{Präz\,So}$ und $\omega_{Präz\,Mo}$ überlagern sich in ihrer Wirkung und prägen der Rotationsachse der Erde eine komplizierte periodische Bewegung auf, die sich in einen fiktiven gleichförmigen (nichtperiodischen) und in einen ebenso fiktiven ungleichförmigen, periodischen Anteil zerlegen läßt. Durch diese Zerlegung wird die *wahre (momentane) Drehimpulsachse der Erde* auf eine *fiktive mittlere Drehimpulsachse der Erde* bezogen.

Die fiktive gleichförmige Bewegung der mittleren Drehimpulsachse nennt man *Lunisolarpräzession*. Die Achse folgt der Mantellinie eines Kreiskegels; ⇨ Bild 2.5-2. Die Relativbewegung zwischen der mittleren und der wahren Drehimpulsachse der Erde wird als *Nutation* bezeichnet. Der Kegelmantel, der den Bewegungsverlauf der wahren Drehimpulsachse beschreibt, hat eine sehr komplizierte Spur, auf die in 4.3 und 5.3.1 noch näher eingegangen wird.

Simon Newcomb (1898/2) hat - bezogen auf die Epoche J1900 - für die ekliptikale Komponente der *Lunisolarpräzession* eine Winkelgeschwindigkeit von

$$\omega_{\text{PräLS}}/\sin\epsilon = 5037{,}08''/\text{Jul.Jh.} \qquad (2.5\text{-}7)$$

ermittelt (Kovalevsky/Mueller/Kolaczek, 1989, 462).

Als Folge der Präzession, dessen ekliptikale Bewegungsrate unter Berücksichtigung der Wirkung der Planeten (⇨ 2.5.4) mit 50,25″/Jahr = 360°/25770 Jahre anzusetzen ist, wandert die Drehimpulsachse der Erde auf dem Mantel eines in der Polachse der Ekliptik zentrierten Kreiskegels (⇨ Bild 2.5-2). Gleichzeitig und mit der gleichen Winkelgeschwindigkeit bewegt sich die Schnittlinie des Himmelsäquators mit der Ekliptik, die die *Äquinoktien* (♈, ♎) bestimmt, entlang der Ekliptik. Ein voller Umlauf der Äquinoktien in der Ekliptik dauert 25770 Jahre. Man nennt diesen Zeitraum *Platonisches Jahr*. Das Phänomen der Präzession war schon Hipparch (190 - 120 v.Chr.) bekannt. Seit jener mehr als 2100 Jahre zurückliegenden Epoche haben die Äquinoktien eine Richtungsänderung von 360° · (2100 Jahre / 25770 Jahre) ≈ 30° erfahren. Das Frühlingsäquinoktium lag zu Hipparchs Zeiten im Sternbild des Widder, dessen Zeichen ♈ es heute noch führt. Heute befindet sich das Frühlingsäquinoktium im benachbarten Sternbild der Fische (♋).

Die Gesetzmäßigkeit, nach der die wahre Drehimpulsachse der Erde von ihrer mittleren Richtung periodisch abweicht (Nutation), wird, wie bereits dargelegt, durch die Konstellation Erde-Sonne-Mond bestimmt. Die Funktion, mit der die Relativbewegung der beiden Achsen beschrieben werden kann, läßt sich durch eine von mehreren Parametern bestimmte trigonometrische Reihe approximieren, auf die in 4.4.5 noch näher eingegangen wird. Beschränkt man sich vorerst auf die dominierenden Elemente dieser Reihe, so läßt sich die Ausrichtung der wahren (momentanen) Drehimpulsachse gegenüber der mittleren durch einen *elliptischen Nutationskegel* beschreiben, dessen Achse mit einer Winkelgeschwindigkeit von 360°·sin 23,5°/25770 Jahren = 20,0″/Jahr gleichförmig auf dem kreisförmigen Präzessionskegel voranschreitet. Die Öffnung des Nutationskegels ist durch eine *Nutationsellipse* mit folgenden Konstanten bestimmt:

$$a_{\text{Nut}} = 9{,}20'' \text{ (= »Nutationskonstante«) und } b_{\text{Nut}} = 6{,}84''; \qquad (2.5\text{-}8)$$

⇨ Bild 2.5-2, rechter Teil (dort mit a und b bezeichnet). Die momentane Drehimpulsachse bewegt sich dabei relativ zur mittleren mit einer durchschnittlichen Winkelgeschwindigkeit von $(a_{\text{Nut}} + b_{\text{Nut}}) \cdot \pi$ / 18,6 Jahre ≈ 2,7″/Jahr.

Die astronomische Nutation der Erdachse hat James Bradley (1748) entdeckt.

2.5.4 Planetarische Präzession und Nutation, Allgemeine Präzession

Ohne den Einfluß äußerer Kräfte würde in dem System Sonne-Erde/Mond der von der Sonne zum Massenmittelpunkt des Systems Erde/Mond zeigende Radiusvektor in einem Inertialsystem eine Ebene beschreiben (Erstes Keplersches Gesetz als Lösung des Zweikörperproblems; ➪ 2.4.1 und 2.4.2), die wir als *ungestörte Ekliptikebene* bezeichnen wollen. Alle in 2.5.2 und 3.5.3 beschriebenen Bewegungsvorgänge beziehen sich auf diese in einem Inertialsystem unveränderliche Ebene.

Nun beteiligen sich im Sonnensystem aber auch noch die andere Planeten am Kräftespiel der Massen. Da die Planetenbahnen gegenüber der Ebene der Ekliptik mehr oder weniger geneigt sind und sich die Planeten daher in der Regel ausserhalb dieser Ebene befinden, üben sie auf den Kreisel Sonne-Erde/Mond ein Drehmoment aus, das auch diesen und mit ihm die Ebene der Ekliptik zu einer präzedierenden Bewegung zwingt. Auch diese Bewegung läßt sich in einen konstanten (säkularen) und einen periodischen Anteil gliedern. Der Vorgang wird als *Planetarische Präzession und Nutation* bezeichnet.

Die *Planetarische Präzession* äußert sich in einer säkularen Drehung der Ebene der Mittleren Ekliptik gegenüber der vorerwähnten ungestörten Ekliptikebene, die sich durch eine Richtungsänderung der Schnittlinie von 12,5″/ Jul.Jh. und eine Neigungsänderung von 47,1″/ Jul.Jh. quantifizieren läßt (Mueller, 1969, 60; Nagel, 1976, 33; Taff, 1981, 22).

Was die mit der *Planetarischen Nutation* einhergehenden Schwankungen der Wahren Ekliptikebene gegenüber der Mittleren angeht, so genügt es an dieser Stelle, ihre Existenz zu erwähnen. Eine Vertiefung des Gegenstandes ist nicht erforderlich, da man beim schrittweisen Übergang von terrestrischen Bezugssystemen über verschiedene zälestische bis hin zum Inertialsystem aufgrund der eingesetzten kinematischen Modelle auf die Wahre Ekliptikebene als Bezugsebene verzichten kann.

Die »Funktionen« *Lunisolarpräzession* (die die säkulare Änderung der Ausrichtung der Drehimpulsachse der Erde gegenüber der Mittleren Ekliptikebene beschreibt) und *Planetarische Präzession* (die den weiteren Übergang zur ungestörten Ekliptikebene ermöglicht) lassen sich in einer einzigen Funktion *Allgemeine Präzession* zusammenfassen. Da die ungestörte Ekliptikebene definitionsgemäß ein Inertialsystem repräsentiert und daher auch mit dem zälestischen Bezugsrahmen der Fixsterne starr verbunden ist, ist die Allgemeine Präzession zusammen mit der Nutation ein zentraler Parameter zur Beschreibung der momentanen Ausrichtung der Rotationsachse der Erde gegenüber dem Fixsternhimmel.

Im IAU(1976)-System der Astronomischen Konstanten (➪ 2.10.3) ist die ekliptikale Komponente der Allgemeinen Präzession (Allgemeine Präzession in Ekliptikaler Länge) zur Standardepoche J2000,0 festgelegt mit

$$p = \omega_{\text{Allg.Prä.}}/\sin \epsilon = 5029{,}0966''/\text{Jul.Jh.} = 360°/25\,770 \text{ Jahre.} \qquad (2.5\text{-}9)$$

2.6 Die Eigenbewegungen der Fixsterne

2.6.1 Die Rotation der Galaxis

Alle Fixsterne, die als Zielpunkte für optische Meßverfahren in Betracht kommen, sind Mitglieder der *Galaxis (= Milchstraßensystem)*. Diesem Sternsystem, dessen namengebende Anteile am Himmel als schwach leuchtendes, unregelmäßig begrenztes Band - die *Milchstraße* - erscheint, gehören neben unserem Sonnensystem etwa 5000 mit bloßem Auge sichtbare und weitere rund 100 Milliarden Sterne sowie interstellare Materie (2%) an. Die Gesamtheit aller galaktischen Objekte bildet eine flache Scheibe von etwa 30 kpc Durchmesser und 1 kpc Dicke mit einem zentralen Kern von etwa 5 kpc Durchmesser. Die Gesamtmasse der Galaxis wird auf 230 Milliarden Sonnenmassen geschätzt. ⇨ hierzu und zu 2.6 insgesamt: Burnham, 1978, 1635; Scheffler/Elsässer (1982); Giese (1981, 270-319); Karttunen/Kröger/Oja/Poutanen/Donner (1987, 357-378); Voigt (1988, 365-430); Burkert/Kippenhahn (1996).

Eine in der Nachbarschaft des Sonnensystems angesiedelte Teilmenge der Gesamtpopulation der Galaxis dient - auf der Grundlage der für sie festgestellten und in einem Fundamentalkatalog niedergelegten Koordinaten - als zälestischer Bezugsrahmen für alle astrogeodätischen Operationen.

Die der Galaxis angehörenden Himmelskörper (eingeschlossen das Sonnensystem) umkreisen das galaktische Zentrum unter dem Einfluß der dort stark konzentrierten Massen. Der Drehsinn dieser Bewegungen entspricht bei Sicht aus der nördlichen galaktischen Hemisphäre dem des Uhrzeigers. In Anbetracht der großen Zahl der beteiligten »Massenpunkte« mit weitgehend unbekannten (dreidimensionalen) Örtern und Bewegungsraten ist an eine detaillierte Berechnung der Bewegungen im Sinne des n-Körper-Problems (⇨ 2.4.3) nicht zu denken. Dennoch lassen sich aus der Fülle des vorhandenen Beobachtungsmaterials (auf das Sonnensystem bezogene Radialgeschwindigkeiten, Eigenbewegungen und Entfernungen) wertvolle Aussagen zur Kinematik des Gesamtsystems gewinnen.

Die Sonne ist vom galaktischen Zentrum etwa $R_{So} = 10$ kpc entfernt und sie bewegt sich in ihrer Bahn mit einer Geschwindigkeit von $v_{So} = 250$ km/s = 25 mpc/Jh., was einer Winkelgeschwindigkeit von $\omega_{So} = 25$ (km/s)/kpc = 0,53″/Jh. und einer Umlaufzeit von $U_{So} = 2 \cdot \pi \cdot R_{So} / v_{So} = 246$ Mill. Jahren entspricht (IAU-Empfehlung von 1963; ⇨ Voigt, 1988, 405).

Die Winkelgeschwindigkeiten ω_S, mit denen die Sterne der Galaxis das galaktische Zentrum umkreisen, lassen sich näherungsweise nach dem Dritten Keplerschen Gesetz (2.4-2) berechnen: $\omega_S^2 \cdot R_S^3 = \omega_{So}^2 \cdot R_{So}^3 = \text{const.}$ (Von zwei Sternen mit unterschiedlichen Abständen *R* zum Zentrum bewegt sich der dem Zentrum nähere Stern schneller). Die Geschwindigkeit wird darüber hinaus nach dem Zweiten Keplerschen Gesetz auch noch von der Exzentrizität der Sternbahn bestimmt, so daß Sterne mit gleichem (momentanen) Abstand zum galaktischen Zentrum durchaus unterschiedlich schnell laufen können. Neben ihrer Bahnbewegung um das galaktische Zentrum führen eine große Zahl von Sternen noch Rotationen um lokale Massenzentren aus, die sie mit einem oder mehreren sichtbaren oder unsichtbaren Begleitern bilden. Beispiel: Der *Pfeilstern im Sternbild des Ophiuchus (Barnards Stern)*, der zusammen mit zwei unsichtbaren Begleitern einen gemeinsamen Massenmittelpunkt umkreist (Van de Kamp, 1977; 1985).

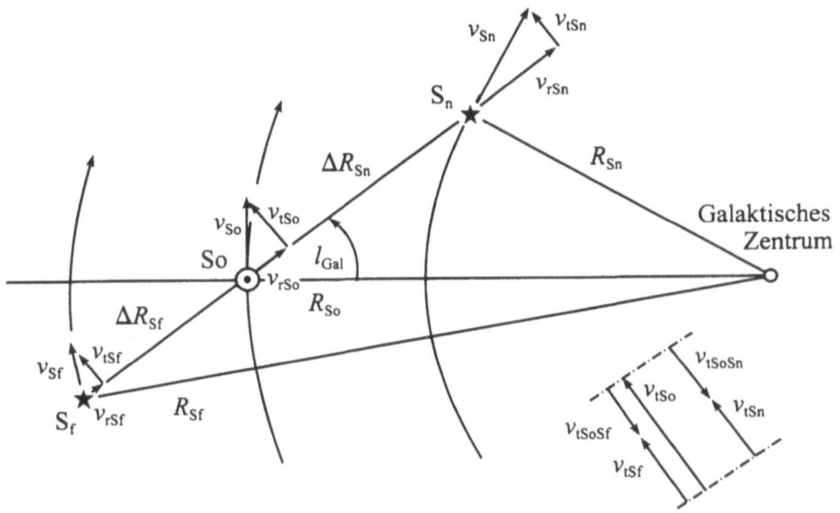

Bild 2.6-1: Relativbewegungen der Fixsterne in der Nachbarschaft der Sonne (Zur differentiellen Rotation der Galaxis)

In Bild 2.6-1, das eine Draufsicht auf die Galaxis darstellt, sind die Sonne (So) und zwei Fixsterne (S) mit ihren Bahnen dargestellt. Dabei wurde vereinfachend angenommen, daß sich alle drei Körper in der als Bildebene gewählten »galaktischen Bezugsebene« bewegen, die die Galaxis in eine nördliche und eine südliche Hälfte teilt. Die Geschwindigkeiten, mit denen sich die Sonne und die beiden Sterne um das galaktische Zentrum bewegen, sind durch die Geschwindigkeitsvektoren $\boldsymbol{v}_{So}$, $\boldsymbol{v}_{Sf}$, $\boldsymbol{v}_{Sn}$ der Sonne (So) und zweier »Fixsterne« (eines dem Zentrum ferneren Sterns S_f und eines näheren S_n) dargestellt. Die Vektoren wurden dabei jeweils in zwei Komponenten zerlegt, eine in Richtung der Verbindungslinie

Sonne - Stern, die andere senkrecht dazu. Die Differenzen der in der Verbindungslinie Sonne - Stern liegenden Komponenten $v_{rSoS} = v_{rS} - v_{rSo}$ stellen die auf die Sonne bezogenen *Radialgeschwindigkeiten* der Sterne, die Differenzen der senkrecht dazu ausgerichteten Komponenten $v_{tSoS} = v_{tS} - v_{tSo}$ die entsprechenden *Transversalgeschwindigkeiten* dar. Man erkennt, daß sowohl die Radial- als auch die Transversalgeschwindigkeit von den spezifischen (eigenen) Geschwindigkeiten der in die Betrachtung einbezogenen Himmelskörper sowie von deren gegenseitigen Konstellation abhängt. Von einem Standpunkt im Sonnensystems aus gesehen, bewegen sich die Sterne mit einer Winkelgeschwindigkeit von $\mu = \frac{v_{t\,SoS}}{\Delta R_S}$. Diese durch eine zeitliche Änderung des Richtungswinkels beschriebene Bewegungskomponente nennt man *Eigenbewegung*.

Beschränkt man die Betrachtung auf Fixsterne in der Nachbarschaft des Sonnensystems – in diesem Fall ist $\Delta R_S \ll R_{So}$ –, und geht im übrigen davon aus, daß die Geschwindigkeit eines Gestirns proportional zu ΔR linear abnimmt, daß also $\left(\frac{dv}{dR}\right)_{R_{So}} = \text{const.}$, so erhält man für die auf die Sonne bezogenen Relativgeschwindigkeiten der Fixsterne – Radialgeschwindigkeiten v_{rSoS} und Transversalgeschwindigkeiten v_{tSoS} bzw. Eigenbewegungen μ – die folgenden von Jan H. Oort angegebenen Formeln (Karttunen et al. 1987, 367-370; Voigt, 1988, S403-404; Giese, 1981, 293; Voigt, 1988, 404; Kovalevsky/Mueller/Kolaczek, 1989, 29-30). Die Koeffizienten A und B wurden aus Beobachtungen von Radialgeschwindigkeiten v_{rSoS} und Eigenbewegungen μ einer großen Zahl von Objekten abgeleitet, Darüber hinaus sind auch noch einzelne photometrisch bestimmte Distanzen ΔR_S und R_{So} berücksichtigt worden. Verfahren zur Bestimmung der vorgenannten Beobachtungsgrößen wurden z.B. von Giese (1981, 277-283), Voigt (1988, 383-387) und Scheffler/Giese (1982, 73-89) beschrieben.

$$v_{r\,SoS} = A \cdot \Delta R_S \cdot \sin 2 l_S \,;$$

$$v_{t\,SoS} = A \cdot \Delta R_S \cdot \cos 2 l_S + B \cdot \Delta R_S \quad \text{bzw.} \quad \mu = \frac{v_{tSoS}}{\Delta R_S} = A \cdot \cos 2 l_S + B \,;$$

$$\text{mit } A = \frac{1}{2} \cdot \left(\frac{v_{So}}{R_{So}} - \left(\frac{dv}{dR}\right)_{R_{So}} \right) = 15 \text{ km kpc}^{-1} \text{s}^{-1} \quad \text{und} \qquad (5.4\text{-}16/1)$$

$$B = \frac{1}{2} \cdot \left(\frac{v_{So}}{R_{So}} + \left(\frac{dv}{dR}\right)_{R_{So}} \right) = -10 \text{ km kpc}^{-1} \text{s}^{-1} . \qquad (2.6\text{-}1/2)$$

$\frac{v_{So}}{R_{So}} = \omega_{So} = A - B = 25\,\mathrm{km\,kpc^{-1}\,s^{-1}} = 0{,}53''/\mathrm{Jh.}$ steht für die Winkelgeschwindigkeit der Sonne bei ihrem Umlauf um das galaktische Zentrum, der Differentialquotient $\left(\frac{\mathrm{d}v}{\mathrm{d}R}\right)_{R_{So}} = A + B = 5\,\mathrm{km\,s^{-1}\,kpc^{-1}}$ beschreibt die dem dritten Keplerschen Gesetz entsprechende, im »differentiellen« Bereich ΔR lineare Änderung der stellaren Bahngeschwindigkeit in Abhängigkeit vom Radius R. Schließlich bedeutet l_S die Galaktische Länge des betreffenden Sterns. Als Galaktische Länge wird dabei ein in der galaktischen Ebene gemessener und von der Bezugsrichtung »Sonne→galaktisches Zentrum« aus – bei Sicht aus der nördlichen Hemisphäre – gegen den Uhrzeigersinn gezählter Richtungswinkel verstanden.

2.6.2 Pekuliarbewegung der Sonne und der Fixsterne Lokales Ruhesystem (Local Standard of Rest)

Das in 2.6.1 dargestellte Modell der Bewegungen der Sonne und der Fixsterne innerhalb der Galaxis weicht im Detail nicht unerheblich von der Realität ab: Für zahlreiche Sterne stimmen nämlich die Radial- und Transversalgeschwindigkeiten, wie sie sich aus (2.6-1) errechnen lassen, nicht mit den konkreten Beobachtungen überein. Gründe hierfür sind Abweichungen der tatsächlichen Sternbahnen von den modellierten. Im Gegensatz zur Modellannahme (kreisförmige Bahnen in der Galaktischen Ebene) können die Bahnen ja auch elliptisch geformt und/oder gegen die Galaktische Ebene geneigt sein. In beiden Fällen ergeben sich Geschwindigkeitsvektoren, die sich von den modellierten in Richtung und Betrag unterscheiden können.

Eine Möglichkeit, die »wahren« Sternbewegungen ohne Bezugnahme auf ein vorgegebenes, im Detail ohnehin nicht bekanntes Bewegungsmodell zu erfassen, besteht darin, als Bezugsrahmen die Menge aller als Untersuchungsobjekte in Betracht kommenden Fixsterne zu wählen und den Rahmen dabei so festzulegen, daß sich ihm gegenüber die Sterne in der Nachbarschaft des Sonnensystems *im Durchschnitt in Ruhe* befinden. Dieses so definierte Bezugssystem führt die Bezeichnung *Lokales Ruhesystem (Local Standard of Rest – LSR)*. In ihm bewegt sich die Sonne mit der gleichen, allerdings entgegengesetzt ausgerichteten Geschwindigkeit wie die Sterne im Durchschnitt relativ zur Sonne.

Bezieht man die bekannten, auf die Sonne bezogenen Geschwindigkeitsvektoren der Sterne nun auf das LSR, so werden diese Vektoren definitionsgemäß im Durchschnitt verschwinden. Die Sonne verliert dabei ihre Rolle als »Festpunkt« und bewegt sich nun mit einer Geschwindigkeit, die dem Mittelwert der Bewegungen aller einbezogenen Sterne entspricht und diesem entgegen gerichtet ist.

Die Bewegung der einzelnen Fixsterne und der Sonne relativ zum Lokalen Ruhesystem nennt man *Pekuliarbewegung*. Die Richtung der pekuliaren Sonnenbewegung führt die Bezeichnung *Apex*, die Zielrichtung von Sternen mit gleicher Bewegungsrichtung (Sterne eines *Sternstroms*, die sich gegenüber der regellosen Bewegung der übrigen Sterne durch einen gemeinsamen Trend abheben) *Vertex*. Die Pekuliargeschwindigkeit der Sonne beträgt etwa 20 km/s. Ihr Apex liegt im Sternbild des Herkules.

Das lokale Ruhesystem hat eine wichtige Funktion für das Studium der Struktur und Dynamik des Milchstraßensystems, insbesondere bei der Bestimmung der Entfernungen vom Sonnensystems zu den übrigen Mitgliedern der Galaxis. So läßt sich etwa aus der bekannten Pekuliarbewegung der Sonne und gemessenen *Säkularen* oder *Statistischen Parallaxen* und/ oder *Säkularen* oder *Statistischen Radialgeschwindigkeiten* zu einer regellos bewegten Gruppe von Sternen deren durchschnittliche Entfernung bestimmen (Voigt, 1988, 383; Scheffler/Elsässer, 1982, 78-82; Karttunen/Kröger/Oja/Poutanen/Donner, 1984, 360-361; Burkert/Kippenhahn, 1996, 15-29). Für die Geodätische Astronomie sind Fixsternentfernungen allerdings nur für die Sterne in der unmittelbaren Nachbarschaft des Sonnensystems (ΔR < 50 pc) von Bedeutung (⇨ 2.7), da nur für diese Sterne meßbare Parallaxen auftreten können.

2.6.3 Die Eigenbewegungen im System eines Fundamentalkatalogs

Aus den vorausgegangenen Darlegungen geht hervor, daß die Eigenbewegung eines bestimmten Sterns primär von dessen absoluten Bewegungsparametern abhängt, sekundär aber auch von der Wahl des Bezugssystems, in dem sie beschrieben werden. Und selbst bei Festlegung auf ein bestimmtes Bezugssystem sind durch die (willkürliche) Auswahl der den Bezugsrahmen bildenden Sterne noch Varianten möglich.

Für die Geodätische Astronomie stellen die im *Fundamentalkatalog 5 (FK5)*, neuerdings auch die im HIPPARCOS-Katalog (⇨ 10.2.2) niedergelegten Sternkoordinaten einen grundlegenden Bezugsrahmen dar, aus dem alle geodätisch relevanten Richtungen des Erdraumes (Lotrichtungen, Azimute) durch Anschlußmessungen abgeleitet werden können. Das Bezugssystem, das diesem Rahmen zugrunde liegt, ist primär durch die Bewegungen der Körper des Sonnensystems definiert, es berücksichtigt darüber hinaus aber auch die Rotation des Lokalen Ruhesystems (Kovalevsky/Mueller/Kolaczek, 1989, 35); ⇨ 2.6.2. Das Bezugssystem ist in der Sonne zentriert und am Frühlingsäquinoktium und am Zälestischen Himmelspol zur Epoche J2000 ausgerichtet. Auf dieses System beziehen sich auch die im FK5 und im HIPPARCOS-Katalog angegebenen Eigenbewegungen und deren (säkulare) Änderungsraten. Für kinematische Interpretationen der Eigenbewegungen ist noch zu beachten, daß der Definition des FK5-Äquinoktiums die im IAU-System der

Astronomischen Konstanten für das Äquinoktium J2000.0 definierte Präzessionskonstante $p = 5029{,}0966''$ zugrunde liegt.

2.7 Aberration und Doppler-Effekt

2.7.1 Aberration des Lichtes

Wenn sich ein Beobachter quer zu einem einfallenden Lichtstrahl bewegt, so erscheint ihm die Lichtquelle - verglichen mit seiner Perspektive in Ruhelage - in Bewegungsrichtung versetzt. Dieser Effekt, der mit unbewaffneten Auge nicht wahrgenommen und auch unter Einsatz genauer Instrumente nicht ohne weiteres nachgewiesen werden kann, wurde 1728 von dem englischen Astronomen James Bradley entdeckt. Die Entdeckung gelang durch scharfsinnige Analyse der an der Sternwarte Greenwich in langjährigen Beobachtungsreihen und mit der höchsten bis dahin erzielten Genauigkeit bestimmten Fixsternpositionen, die (zunächst) unerklärliche periodische Schwankungen zeigten (Bradley, 1728; Teichmann, 1996, 114).

Der Effekt ist Folge einer *Geschwindigkeitsperspektive* (Schneider, 1988, 5), unter der einem bewegten Beobachter ein von seiner eigenen Bewegung unabhängiger Bewegungsvorgang erscheint. Er ist in Fällen, in denen die Geschwindigkeit des Beobachters nicht wesentlich kleiner ist als die Geschwindigkeit des beobachteten Vorgangs, leicht zu beobachten, wie das folgende Beispiel zeigt: Ein stehender Fußgänger schützt sich mit einem Schirm gegen senkrecht von oben fallende Regentropfen, indem er den Schirm senkrecht nach oben hält. Sobald sich der Fußgänger aber in Bewegung setzt, muß er den Schirm etwas nach vorne neigen, wenn er auch während des Marsches trocken bleiben will.

Diese mechanistische Deutung der Aberration läßt sich sehr einfach durch ein Vektorparallelogramm beschreiben, dessen Seiten durch die Eigengeschwindigkeit des Beobachters (in unserem Beispiel: Geschwindigkeit des »Fußgängers«) und die Geschwindigkeit des Bewegungsvorgangs, den er beobachtet (in unserem Beispiel: Geschwindigkeit der »Regentropfen«) gebildet werden. Der »Vorstellwinkel« ergibt sich aus der Neigung der Parallelogramm-Diagonale gegenüber der Richtung des beobachteten Bewegungsvorgangs.

Das hier skizziert einfache Modell gilt allerdings nur dann, wenn sich der Beobachter im Vergleich zur Lichtgeschwindigkeit langsam bewegt ($v \ll c$). Bei hoher Geschwindigkeit, insbesondere wenn sich der Lichtgeschwindigkeit nähert, müssen die relativistischen Effekte beachtet werden, die bei Relativbewegungen unterschiedlicher Bezugssysteme auftreten (Schneider, 1974, 18; 1988, 541; Stumpff, 1979; Kovalevsky/Mueller/Kolaczek, 1988, 26).

Ob bei einer konkreten Aufgabenstellung die relativistischen Aberrationseffekte zu berücksichtigen sind oder nicht, muß im Einzelfall entschieden werden. Vorweg kann jedoch gesagt werden, daß sie im Rahmen der erdgebundenen optischen Verfahren der Geodätischen Astronomie keine Rolle spielen. Das gilt insbesondere für die Berechnung der *Jährlichen* und *Täglichen Aberration* (⇨ 4.3.2 und 4.4.2), die durch die Geschwindigkeit der Erde in ihrer Bahn um die Sonne ($v \approx$ 29,8 km/s; $v/c = 10^{-4}$) bzw. durch die Tangentialgeschwindigkeit der Erdoberfläche (v_{max} = 0,5 km/s; $v/c = 1{,}5\ 10^{-6}$) bestimmt sind.

Zur Darstellung des Problems auf der Grundlage des dargelegten vereinfachten (mechanistischen) Modells mag Bild 2.7-1 dienen.

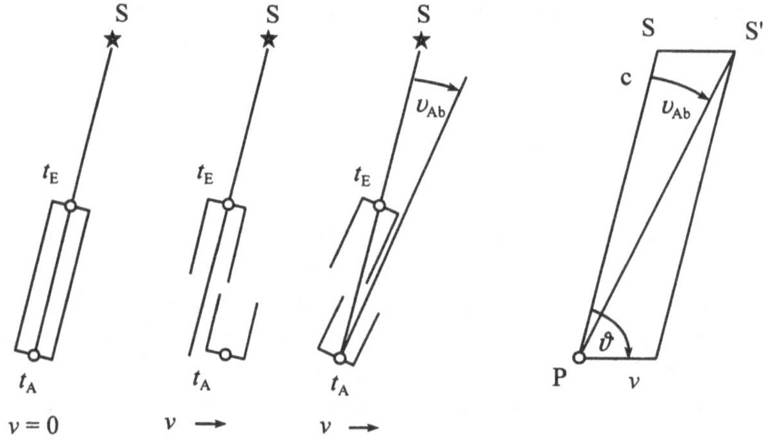

Bild 2.7-1: Wirkung der Aberration

In diesem Bild zeigt die erste Figur (links) ein auf einen Stern S ausgerichtetes Fernrohr, das sich quer zur Richtung des einfallenden Lichtstrahls in Ruhe befindet ($v = 0$). Der Lichtstrahl geht im Zeitpunkt t_E durch das Objektiv und erreicht im Zeitpunkt t_A das Fadenkreuz. Wird nun bei gleicher Ausrichtung des Fernrohrs dieses mit einer Geschwindigkeit v quer zur Richtung des einfallenden Lichtstrahls bewegt, wie dies in der zweiten Figur skizziert ist, so erfährt das Fernrohr zwischen dem Zeitpunkten des Eintritts t_E und des Austritts t_A des Lichtstrahls eine Seitwärtsbewegung um den Betrag $v{\cdot}(t_A - t_E)$, mit der Folge, daß der Zielstrahl nicht mehr wie in der ersten Figur das Fadenkreuz trifft. Will der Beobachter das Fadenkreuz nun dennoch mit dem Stern zur Deckung bringen, so muß er das Fernrohr nach Maßgabe der dritten Figur um einen Winkel υ_{Ab} »vorstellen«. Der Vorstellwinkel ergibt sich dabei aus dem Vektorparallelogramm der vierten Figur. Danach gilt:

$$\sin \upsilon_{Ab} = \frac{v}{c} \cdot \sin \{ \vartheta - \upsilon_{Ab} \} = \frac{v}{c} \cdot \sin \vartheta - \frac{v^2}{2 \cdot c^2} \cdot \sin 2\vartheta . \qquad (2.7\text{-}1/1)$$

Der zweite der beiden Ausdrücke ergibt sich durch Taylor-Entwicklung des ersten bis zu den Gliedern zweiter Ordnung. Ohne Genauigkeitseinbuße kann bei diesem Entwicklungsgrad sin υ_{Ab} durch υ_{Ab} ersetzt werden.

Bei Beachtung des relativistischen Effekts reduziert sich das o.a. quadratische Glied auf die Hälfte (Stumpff, 1979, 235; Seidelmann, 1992, 129):

$$\sin \upsilon_{Ab} = \frac{v}{c} \cdot \sin \vartheta - \frac{v^2}{4 \cdot c^2} \cdot \sin 2\vartheta . \qquad (2.7\text{-}1/2)$$

Da das quadratische Glied von (2.7-1/1) im Falle der Bahnbewegung der Erde $\bar{v}$ = 29,8 km s^{-1} maximal 0,001″ erreicht (bei relativistischer Betrachtung gemäß (2.7-1/2) sogar nur 0,0005″), kann für sehr viele Anwendungsfälle der Einfluß der Aberration auf eine Fixsternbeobachtung durch

$$\upsilon_{Ab} = \kappa_{Ab} \cdot \sin \vartheta \qquad (2.7\text{-}2)$$

beschrieben werden. Die von der mittleren Geschwindigkeit $\bar{v}$ des Beobachters abhängige Verhältniszahl

$$\kappa_{Ab} = \frac{\bar{v}}{c} \qquad (2.7\text{-}3)$$

wird als *Aberrationskonstante* bezeichnet. Sie beträgt als Parameter der *Jährlichen Aberration* (➪ 4.3.2) $\kappa_{JäAb} = \frac{\bar{v}}{c} = \frac{29{,}8 \text{ km s}^{-1}}{299\,792 \text{ km s}^{-1}} \cdot \rho_{rad \rightarrow ''} = 20{,}5''$ Der folgende auf die Epoche J2000 bezogene genauere Wert von $\kappa_{JäAb}$ wurde als (abgeleitete) *astronomische Konstante* 1976 durch IAU-Beschluß (➪ 2.10.3) festgelegt: $\kappa_{JäAb}$ = 20,49552″ (*The Astronomical Almanac*, z.B. *1995, K6*; Kovalevsky/Mueller/Kolaczek, 1988, 463; Taff, 1981, 184).

2.7.2 Dopplerverschiebung elektromagnetischer Wellen

Die Bewegung eines Beobachters relativ zur Quelle einer elektromagnetischen Welle (Lichtstrahl) läßt sich in eine transversale und eine radiale Komponente zerlegen. Die erstgenannte haben wir soeben als Aberration kennengelernt; sie gibt Anlaß zu einer scheinbaren Richtungsänderung der Strahlungsquelle.

Die radiale Bewegung des Beobachters führt im Vergleich mit einer im Zustand der Ruhe vorgenommenen Beobachtung zu einer scheinbaren Änderung der Frequenz der einfallenden Wellenfront. Der 1842 entdeckte Effekt ist nach seinem Entdecker Christian Doppler (Doppler, 1907, 117) benannt.

Mit den Bezeichnungen »f« für die »wahre«, von der Strahlungsquelle (Q) erzeugte Frequenz, »f'« für die »scheinbare«, vom Beobachter wahrgenommene und $v_r = v \cdot \cos \vartheta$ = Radialgeschwindigkeit der Beobachters relativ zu Q ($v_r > 0$ besagt, daß sich der Beobachter von Q entfernt, $v_r < 0$, daß er sich nähert) ist das Verhältnis der beiden Frequenzen durch

$$\frac{f'}{f} = \frac{1 - v_r/c}{\sqrt{1 - v_r^2/c^2}} = \sqrt{\frac{1 - v_r/c}{1 + v_r/c}} = 1 - \frac{v_r}{c} + \frac{v_r^2}{2 \cdot c^2} \tag{2.7-4/1}$$

bestimmt (Schneider, 1974, 50; Dransfeld/Kienle/Vonach, 1974, 206; Stumpff, 1979, 236; Gerthsen/Kneser/Vogel, 1989, 788). Auch in diesem Ausdruck ist dem zu Dopplers Zeiten noch nicht bekannten Relativitätsprinzip Rechnung getragen. In der bei relativistischer Erörterung des Problems verwendeten Terminologie spricht man bei der durch (2.7-4/1) beschriebenen Frequenzänderung vom *Longitudinalen Dopplereffekt*. Falls die Geschwindigkeit v des Beobachters neben der radialen Komponente v_r noch eine Komponente v_q quer zur Ausbreitungsrichtung der Strahlung aufweist, tritt neben dem Longitudinalen noch ein *Transversaler Dopplereffekt* auf, der die Frequenz der ankommenden Welle um das Verhältnis

$$\frac{f'}{f} = 1 + \frac{v_q^2}{2 \cdot c^2} \tag{2.7-4/2}$$

in der Größenordnung des quadratischen Gliedes von v/c zusätzlich vergrößert (Schneider, 1974, 54).

Für die *Doppler-Frequenzverschiebung* Δf erhält man aus (2.7-4/1)

$$\Delta f = f' - f = -f \cdot \frac{v_r}{c} + f \cdot \frac{v_r^2}{2 \cdot c^2} \tag{2.7-5/1}$$

und aus (2.7-4/2)

$$\Delta f = f' - f = f \cdot \frac{v_q^2}{2 \cdot c^2}\,. \tag{2.7-5/2}$$

Bei kleinen Geschwindigkeiten $v_r \ll c$ können die quadratischen Glieder u.U. vernachlässigt werden und man erhält folgende lineare, für viele Anwendungsfälle ausreichend genaue Beziehung:

$$\frac{\Delta f}{f} = -\frac{v_r}{c}\,. \tag{2.7-6}$$

Eine wichtige Funktion der Beziehung (2.7-4/1) bzw. (2.7-5/1) ist im Rahmen der Astronomie die Bestimmung der »*Fluchtgeschwindigkeit*« (v_r) galaktischer und extragalaktischer Objekte, die sich aus der »*Rotverschiebung*« ($\Delta f < 0$) der Spektren der betreffenden Objekte bestimmen läßt.

2.8 Relativistische Lichtablenkung durch schwere Massen

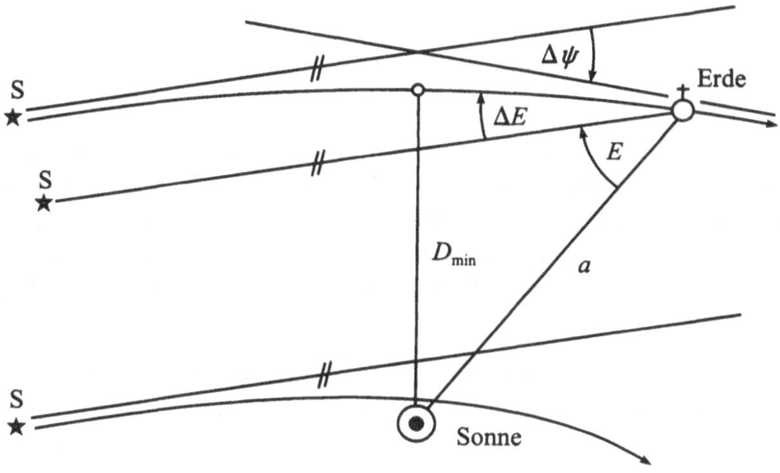

Bild 2.8-1: Relativistische Lichtablenkung durch die Gravitationswirkung der Sonne

Nach Einsteins *Allgemeiner Relativitätstheorie* wird ein Lichtstrahl durch die von einer schweren Masse ausgehende Raumkrümmung aus seiner ursprünglichen Ausbreitungsrichtung zur Gravitationsquelle hin abgelenkt. Die von der Masse M der Gravitationsquelle, dem minimalen Abstand D_{min} des Lichtstrahls vom Massenzentrum und den Naturkonstanten G (Gravitationskonstante) und c (Lichtgeschwindigkeit) bestimmte, den gesamten Lichtweg (»von $-\infty$ bis ∞«) betreffende Ablenkung beträgt $\Delta\psi = \dfrac{4 \cdot G \cdot M}{D_{min} \cdot c^2}$ (Green, 1985, 198; Gerthsen et al.,1989, 802).

Befindet sich ein Beobachter in der Nähe der Gravitationsquelle – in diesem Fall interessiert nur die Ablenkung des objektseitigen Ausschnittes des (theoretisch unendlich langen) Lichtstrahls –, so reduziert sich der Effekt nach Maßgabe der lokalen Richtungsänderung $d\psi/dS$ und der durch die Konstellation »Lichtquelle - Gravitationsquelle - Beobachter« bestimmten trigonometrischen Beziehung (Kovalevsky/Mueller/Kolaczek, 1988, 27; Kovalevsky, 1994, 75) zu:

$$\Delta E \approx \frac{\Delta\psi}{2} = \frac{2 \cdot G \cdot M}{a \cdot c^2} \cdot \frac{1 + \cos E}{\sin E} = \frac{2 \cdot G \cdot M}{a \cdot c^2} \cdot \cot\frac{E}{2}\,. \qquad (2.8\text{-}1)$$

Zieht man als Gravitationsquelle die Sonne und als Beobachtungsstandort die Erde in Betracht, die die Sonne im Abstand von $a = a_E$ umläuft, so erhält man mit $G \cdot M_{So} = 1{,}327 \cdot 10^{20} m^3 s^{-2}$ und $a = 149{,}6 \cdot 10^9$ m die folgende z.B. von Soffel/Ruder/Schneider (1990, 393), Kovalevsky (1994, 75) oder im *Astronomical Almanac* (1995, B17) angegebene Formel, in der E die Elongation des beobachteten Sterns, also der Winkelabstand des Sterns von der Bezugsrichtung Erde-Sonne bedeutet (⇨ Bild 2.8-1):

$$\Delta E = \frac{2 \cdot G \cdot M_{So}}{a_E \cdot c^2} \cdot \rho_{''\to rad} \cdot \cot \frac{E}{2} = 0{,}00407'' \cdot \cot \frac{E}{2} . \tag{2.8-2}$$

Für einen Stern, dessen Elongation gerade einen halben Sonnendurchmesser ausmacht, also $E = 16{,}0'$ (Voigt, 1988, 213), beträgt $\Delta E = 1{,}75''$. In dieser Konstellation verschwindet ein Stern hinter der Sonne, der ohne den Einfluß der relativistischen Strahlablenkung gerade noch am Sonnenrand zu sehen wäre.[17] Bei einer Elongation von $E = 90°$ ($\cot E/2 = \cot 45° = 1$) beträgt der Ablenkwinkel nur noch $\Delta E = 0{,}004''$.

Da astrogeodätische Beobachtungen von Fixsternen im allgemeinen nur nach Sonnenuntergang durchgeführt werden und im übrigen in den Beobachtungsprogrammen (allein schon wegen der Refraktion) auf horizontnahe Sterne verzichtet wird, ist die Elongation der Betracht kommenden Sterne meist $E > 30°$). In diesem Fall ist $\Delta E < 0{,}015''$. Die Korrektur liegt damit deutlich unter der Beobachtungsgenauigkeit erdgebundener optischer Verfahren. Im Rahmen der Astrometrie-Mission HIPPARCOS, in der Fixsternpositionen vom HIPPARCOS-Satelliten aus mit einer Genauigkeit von 0,001″ bestimmt wurden, wurde die Korrektur jedoch angebracht, wenn auch mit einigen aufgrund der begrenzten Genauigkeit der Parameter $G \cdot M_{So}$ und E zulässigen Vereinfachungen. (Walter et al., 1986, 106-107).

2.9 Parallaxen

2.9.1 Prinzip der parallaktischen Entfernungsmessung

Unter einer *Parallaxe* versteht man den (kleinen) Winkel zwischen zwei von verschiedenen Standorten zu einem fernen Punkt gerichteten Geraden. M.a.W.: Die

[17] Der von Einstein berechnete Wert wurde bei der Sonnenfinsternis vom 29.05.1919 erstmals überprüft. Der Vergleich der bei der Finsternis aufgenommenen Photographien des Fixsternhimmels in unmittelbarer Sonnennähe mit älteren Aufnahmen der gleichen Himmelsregion (jedoch ohne Sonne) ergab einen Ablenkungswinkel von $\Delta E = 1{,}64''$. Die (im Rahmen der Meßgenauigkeit weitgehende) Übereinstimmung von Theorie und Messung war der erste experimentelle Beweis für die Richtigkeit der *Allgemeinen Relativitätstheorie* (Barnett, 1952, 110-111).

Parallaxe ist der (stets kleine) Winkel (= *Parallaktischer Winkel*), unter dem die Verbindungslinie der Standorte, die *Basis*, von dem betrachteten Punkt aus erscheint (Weigert/Zimmermann, 1974, 252). Bei bekannter Länge und Ausrichtung der Basis b ist die Parallaxe γ ein Maß für die Entfernung d eines Objekts von der Basis; ➪ Bild 2.9-1.

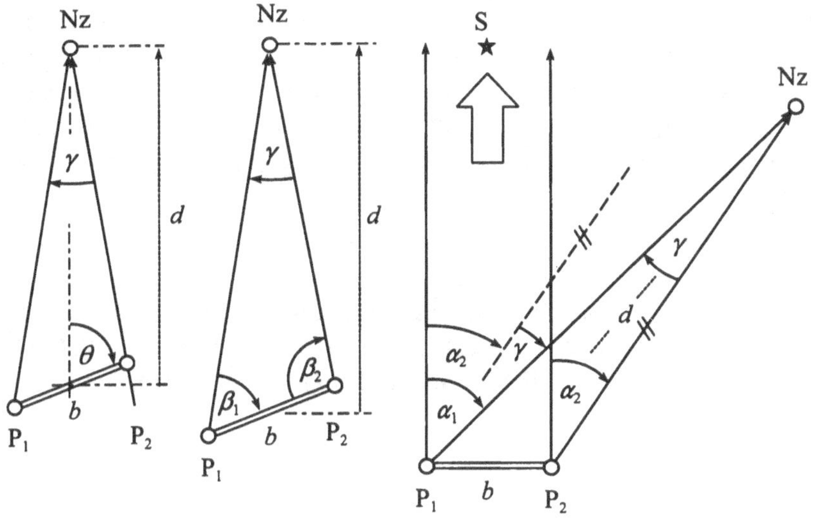

Bild 2.9-1: Zur Definition und Bestimmung von Parallaxen

In der Astrometrie werden Stern-Parallaxen gemessen, um die Entfernungen zu den betreffenden Himmelskörpern zu gewinnen. In der Geodätischen Astronomie hat man es mit einer inversen Aufgabenstellung zu tun: Aus bekannten Entfernungen und Basislängen werden die korrespondierenden Parallaktischen Winkel berechnet, um topozentrische Sternbeobachtungen auf den Erdmittelpunkt oder auf das Baryzentrum des Sonnensystems zu übertragen.

Die grundlegende, in Bild 2.9-1 links skizzierte Beziehung zwischen dem Parallaktischen Winkel γ, der Basislänge b, und der Entfernung d zwischen der Mitte der Basis und einem mit »Nz« bezeichneten Nahziel lautet:

$$d = \frac{b \cdot \sin\theta}{\sin\gamma} \approx \frac{b \cdot \sin\theta}{\gamma} \quad \text{bzw.} \quad \gamma \approx \sin\gamma = \frac{b \cdot \sin\theta}{d}\,. \tag{2.9-1}$$

θ ist der Schnittwinkel zwischen der Basis und eine auf die Basismitte bezogene Zielrichtung. Die durch ≈ hergestellten Beziehungen gelten für $b \ll d$.

Ganz allgemein betrachtet gibt es zwei Möglichkeiten zur Bestimmung des Parallaktischen Winkels, je nachdem, ob beide Endpunkte der gesuchten Strecke d zugänglich sind oder nur einer.

Sind die beiden Endpunkte zugänglich (Bild 2.9-1 links), wie dies bei geodätischen Aufgabenstellungen häufig der Fall ist, wird an einem Streckenende eine Basis P_1-P_2 mit bekannter Länge b (z.B. Zwei-Meter-Basislatte) eingerichtet oder eine Meßlatte mit Strichteilung aufgestellt. Gleichzeitig wird der Schnittwinkel der Basis gegenüber der gesuchten Strecke festgestellt. Am anderen Streckenende wird der Parallaktische Winkel γ direkt mit dem Theodolit gemessen. Oder man projiziert den durch die *Reichenbachschen Distanzfäden* eines Meßfernrohr definierten festen Parallaktischen Winkel $\gamma = 0{,}01$ rad $= 0{,}57296°$ auf eine geteilte Meßlatte, wo ein Lattenabschnitt b abgelesen wird. In beiden Fällen wird als mittelbares Meßergebnis das zur Auswertung von (2.9-1) erforderliche Streckenverhältnis d/b und daraus die Streckenlänge d gewonnen (Kahmen, 1993, 206-209, bzw. 515-523).

Im Fall, daß nur einer der Endpunkte der Strecke d zugänglich ist (Bild 2.9-1, Mitte), wird der Zielpunkt von der Basis P_1-P_2 aus *vorwärts eingeschnitten* (Kahmen, 1993, 310). Der Parallaktische Winkel γ wird aus gemessenen Basiswinkeln β_1 und β_2 abgeleitet: $\gamma = 180° - (\beta_1 + \beta_2)$. Den Schnittwinkel θ (in dieser Figur nicht eingezeichnet) erhält man aus $\theta = (\beta_1 + 180° - \beta_2)/2$.

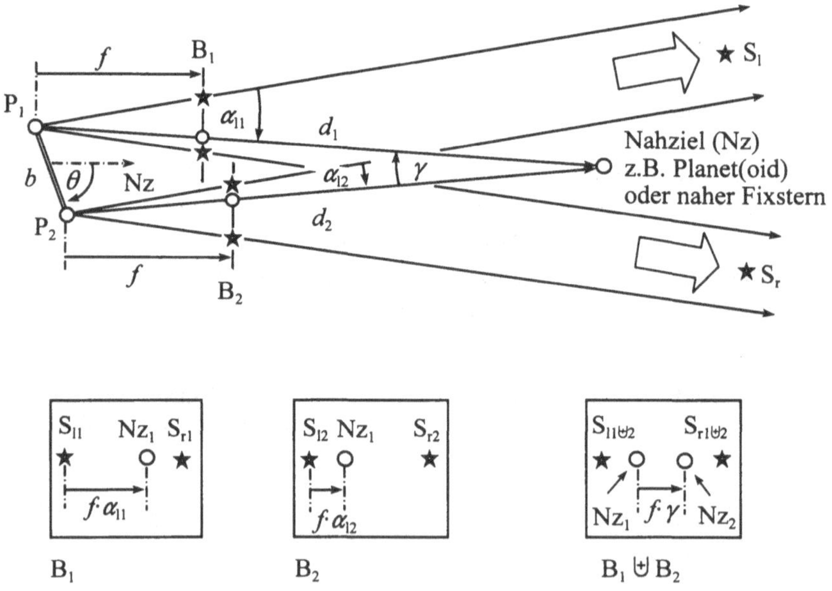

Bild 2.9-2: Photographische Bestimmung der Parallaxe eines Nahziels (Planet(oid), Sonne oder naher Fixstern) vor dem Hintergrund des Fixsternhimmels

Bei der Anwendung der *Parallaxenmessung für astronomische Aufgaben* ist der Zielpunkt - z.B. ein Planet oder ein Fixstern - stets unzugänglich. In Anbetracht der in diesem Szenario in Betracht kommenden »kosmischen Distanzen« muß die

Basis so lang wie irgend möglich gewählt werden. Diese Forderung bringt aber als Einschränkung mit sich, daß zwischen den beiden Standpunkten P_1 und P_2 keine Sichtverbindung besteht, wie dies bei den vorausgegangenen geodätischen Anwendungsbeispielen meist angenommen werden kann. Dennoch läßt sich auch in diesem Fall das (Nah-) Ziel Nz *vorwärts einschneiden* (Bild 2.9-2, rechts), wenn die zum Schnitt bestimmten Zielstrahlen an einem gemeinsamen Bezugsziel ausgerichtet werden können. Sehr einfach gestalten sich die Beziehungen, wenn als Bezugsziel ein ausreichend weit entfernter (= parallaxenfreier) Fixstern S gewählt wird und die an diesem Ziel ausgerichteten Richtungswinkel α_1 und α_2 zum Nahziel Nz gemessen werden. Ist nämlich S nur weit genug entfernt, so ist die Richtung P_2-S zu P_1-S praktisch parallel und der in P_2 von P_2-S aus abgetragene Richtungswinkel α_2 hat die gleiche Ausgangsrichtung wie α_1. Der gesuchte Parallaktische Winkel ergibt sich in diesem Fall zu $\gamma = \alpha_1 - \alpha_2$.

In Bild 2.9-2 ist die photogrammetrische Bestimmung einer Parallaxe γ skizziert. Der Sternhimmel wird mit möglichst parallelen Kamera-Achsen von P_1 und von P_2 aus photographiert. Betrachtet man nun die entwickelten Photoplatten B_1 und B_2 in einem Stereokomparator, so vereinigen sich die Bilder für den Betrachter zu einem Raumbild $B_1 \uplus B_2$. Die Fixsterne, die auf beiden Bildplatten identische relative Positionen haben, scheinen in einer Ebene zu liegen und zeigen keine stereoskopischen »Parallaxen«. Das Nahziel Nz hingegen, das auf den beiden Photoplatten an verschiedenen Stellen abgebildet ist, hebt sich bei der stereoskopischen Betrachtung aus der »Fixsternebene« heraus. Die stereoskopische Ausmessung der beiden Bilder liefert unmittelbar die stereoskopische Parallaxe $f \cdot \gamma = f \cdot (\alpha_1 - \alpha_2)$ und - nach Division durch die Kammerkonstante f - die Parallaxe γ des Nahziels.

Die nach den dargestellten Methoden bestimmte Parallaxe γ bezieht sich jeweils auf eine konkrete, durch die Meßanordnung festgelegte Basislänge b.

Um alle zur Sonne und den Planeten oder alle zu Fixsternen gemessenen Parallaxen γ vergleichbar zu machen, bezieht man die parallaktischen Winkel auf eine senkrecht zur Zielrichtung angenommene, stets gleichlange Standardbasislinie b_{St}. Vereinbarungsgemäß wird als Länge dieser Basis für Ziele innerhalb des Sonnensystems der Äquatorradius der Erde, $b_{St} = a_e = 6378{,}140$ km, für Ziele außerhalb des Sonnensystems (Fixsterne) die Astronomische Einheit (≈ große Halbachse der Bahnellipse der Erde) $b_{St} = 1$ AUL $= 1{,}49597870 \cdot 10^8$ km gewählt. Für eine (durch Parallaxenmessung bestimmte) Entfernung d erhält man dann als *Standardparallaxe*

$$p = \frac{b_{St}}{d} \cdot \rho_{rad-''}, \qquad (2.9\text{-}2/1)$$

wobei für Parallaxen im Sonnensystem $p = \frac{a_e}{d} \cdot \rho_{rad\to''}$, (2.9-2/2)

für Parallaxen zu Fixsternen $p = \frac{1\,\text{AUL}}{d} \cdot \rho_{rad\to''}$ gilt. (2.9-2/3)

2.9.2 Sonnenparallaxe, Planetenparallaxen

Zur Bestimmung des metrischen Wertes der *Astronomischen Längeneinheit* (AUL), die mit guter Näherung mit der großen Halbachse der Bahnellipse der Erde gleichgesetzt werden kann (genaue Definition: ➪ 2.4.4), war es erforderlich, den Abstand Erde-Sonne zu messen. Da wegen der großen Helligkeitsunterschiede die Sonne und die sie umgebenden Fixsterne nicht zusammen photographiert werden können, scheidet die unmittelbare parallaktische Bestimmung der Entfernung Erde-Sonne nach dem in Bild 2.9-2 erläuterten Prinzip aus. Wie bereits in 2.4.4 dargelegt wurde, läßt sich diese Entfernung aber aus dem momentanen Abstand der Erde zu einem beliebigen Planeten oder Planetoiden ableiten, mit dem der Abstand Erde-Sonne über das *Dritte Keplersche Gesetz* verknüpft ist. Da das Ergebnis umso genauer wird, je kleiner die zu messende Entfernung ist, kommen als Ziele vor allem die erdnahen Planeten Venus und Mars in Betracht, die im günstigsten Fall Abstände von 0,52 AUL (Mars) und 0,28 AUL (Venus) erreichen. Die genauesten Ergebnisse wurden mit Hilfe des Planetoiden *Eros* erzielt, der sich der Erde bis auf 0,15 AUL nähert (Herrmann, 1973, 63). Als Standorte der Parallaxenmessung dienten im vorgenannten Beispiel mehrere über die ganze Erde verteilte Sternwarten, deren räumliche Verteilung ein Netz von Basislinien b mit bekannter Länge und Ausrichtung festlegen.

Mit dem auf diese Weise bestimmten metrischen Wert der Astronomischen Längeneinheit (s.o.) ergibt sich nach (2.9-2) für die in Sekunden ausgedrückte *Standardparallaxe der Sonne*

$$p_{So} = \frac{a_e}{\text{AUL}} \cdot \rho_{rad\to''} = \frac{6{,}378140 \cdot 10^3}{1{,}4959787 \cdot 10^8} \cdot 206264{,}8'' = 8{,}794148''\,.$$

Der Wert wird wie die AUL als *Astronomische Konstante* geführt (➪ 2.10.3).

Für den Planeten Pluto, dessen mittlere Entfernung von der Sonne und von der Erde $d_{Pluto} \approx 39{,}6$ AUL beträgt, erhält man eine Standardparallaxe von

$$p_{Pluto} = \frac{p_{So}}{d_{Pluto}/\text{AUL}} = \frac{8{,}794''}{39{,}6} = 0{,}22''\,.$$

Setzt man als Grenzwert eines von einer terrestrischen Basis ($b_{max} = 2 \cdot a_e$) aus trigonometrisch (parallaktisch) erfaßbaren Entfernung $\gamma_x = 0{,}1''$, was einer Standardparallaxe von $p_x = 0{,}05''$ entspricht, so erreicht man nach dieser Methode nur Objekte mit einer Entfernung von $d_x \leq 4 \cdot d_{Pluto} \approx 150$ AUL.

2.9.3 Fixsternparallaxen

Fixsterne könnte man von einer terrestrischen Basis aus nur dann parallaktisch erfassen, wenn sie von der Erde nicht weiter als viermal die Distanz Sonne-Pluto (≈ 150 AUL) entfernt wären und damit eine Standardparallaxe von $d_y \geq 0{,}05''$ erreichen würden. Es läßt sich leicht abschätzen, daß in einer solchen Nähe ein sonnenähnlicher Fixstern alle anderen um ein Vielfaches überstrahlen[18] und unübersehbare Bahnstörungen der Sonnenplaneten verursachen würde. Da weder ein derart heller Stern noch entsprechend große Bahnstörungen zu beobachten sind, mußte man von wesentlich größeren Fixsternabständen ausgehen. Heute weiß man, daß der dem Sonnensystem nächste Fixstern *Proxima Centauri* vom Sonnensystem 275000 AUL entfernt ist. Die dieser Distanz entsprechende terrestrische Parallaxe beträgt demnach $\gamma = 0{,}00003''$; sie liegt um mehrere Zehnerpotenzen unter der trigonometrischen Meßgenauigkeit.

Eine Möglichkeit, die Beobachtungsbasis zu vergrößern, und damit die parallaktisch meßbaren Distanzen zu vergrößern, ist durch den Umlauf der Erde um die Sonne gegeben. Zwei um ein halbes Jahr auseinander liegende Positionen der Erde spannen immerhin eine Basis von 2 AUL $= 2{,}992 \cdot 10^8$ km auf. Das ist 23448 mal so viel wie eine maximal auf der Erde mögliche Basislänge von 12756 km. Entsprechend weit reicht die parallaktische Bestimmbarkeit kosmischer Distanzen, so z.B. bei einer Standardparallaxe von $p = 1''$:

$$d_{stand} = \frac{\text{AUL}}{1'' / \rho_{rad \to ''}} = 206265 \text{ AUL} = 3{,}0856 \cdot 10^{13} \text{ km} = 3{,}2616 \text{ Lichtjahre} .$$

Diese Entfernung wird in der Astronomie unter der Bezeichnung Parsec (abgekürzt «pc«) als Einheit zur Beschreibung kosmischer Entfernungen verwendet:

1 pc = 206265 AUL = Entfernung, der in Bezug auf die Basis des Erdbahnhalbmessers (= 1 AUL) eine Standardparallaxe von $p = 1''$ zugrunde liegt.

Über Basislängen von bis zu $b = 2$ AUL (= Durchmesser der Erdbahn) gelang erstmals Friedrich Wilhelm Bessel (1838) der Nachweis einer *Fixsternparallaxe*

---

18) Die Standardparallaxe der Sonne (Basis: 1AUL) beträgt $p_{So} = 8{,}8''$, die des hypothetischen Fixsterns wird zu $p_x = 0{,}05''$ angenommen. Nimmt man für den Stern die gleiche Leuchtkraft an wie für die Sonne - diese besitzt von der Erde aus die Größenklasse $GrKl_{So} = -26{,}8^{mag}$ - so würde der Stern gemäß (7.1-10/2) als Stern der Größenklasse $GrKl_x = GrKl_{So} - 5 \cdot (\log p_x - \log p_{So}) = -26{,}8^{mag} - 5 \cdot (\log 0{,}05 - \log 8{,}8) = -15{,}6^{mag}$ erscheinen und damit alle anderen Fixsterne um ein Vielfaches überstrahlen ($GrKl_{Sirius} = -1{,}5^{mag}$).

(Teichmann, 1996, 120-123; Ławrynowicz, 1995, 204-209). Und zwar bestimmte Bessel in der Sternwarte von Königsberg mit dem *Reichenbachschen Heliometer* (Brachner/Seeberger, 1976, 79,80) die *Jährliche Parallaxe* des Sterns *61 Cygni* zu $\gamma = 0{,}3136''$ (Bessel, 1838; Hamel, 1996, 277-279). Der heute gültige Wert von $\gamma = 0{,}28713''$ entspricht einer Entfernung von

$$d = \frac{1\,\text{AUL}}{0{,}28713''\,/\,\rho_{\text{rad}\to''}} = 7{,}18 \cdot 10^5\,\text{AUL} = 3{,}48\,\text{pc} = 11{,}36\,\text{Lichtjahre}\,.$$

Der dem Sonnensystem »nächstgelegene« Fixstern *α Centauri* wurde kurz danach an der Kap-Sternwarte in Südafrika von Thomas Henderson (1840) gefunden. Die Jährliche Parallaxe dieses Sterns beträgt nach heutigen Erkenntnissen $\gamma = 0{,}742''$ (*The Hipparcos and Tycho Catalogue, Vol.1,* 482), seine Entfernung von der Sonne beläuft sich demnach auf $d = 1{,}39$ pc = 4,39 Lichtjahre.[19]

Mittlerweile sind die Jährlichen Parallaxen einer großen Anzahl von Fixsternen bekannt und dokumentiert, etwa im *General Catalogue of Trigonometric Stellar Parallaxes*, in dem etwa 16000 Fixstern-Parallaxen zusammengetragen wurden (Van Altena/Truen-Lieng/Hoffleit, 1995; Jenkins, 1963; Van de Camp, 1967, 120). Darüber hinaus wurden in eigenständigen Meßprogrammen, etwa vom US Naval Observatory durch Polaraufnahmen mit einem 61-Zoll-Teleskop in Flagstaff, Arizona (Monet et al., 1992), oder als Ergebnis gezielter VLBI-Auswertungen (Lestrade/Jones/Preston/Philips/Rioja, 1997) Kataloge von Fixsternparallaxen und Parallaxen bestimmter Radialquellen angelegt.

Die derzeit umfangreichste Sammlung trigonometrisch bestimmter Fixsternparallaxen stellt der *HIPPARCOS Catalogue* (➪ 7.2.6 und 10.2.2) dar. Der im Rahmen der HIPPARCOS-Astronomie-Mission der EUROPEAN SPACE AGENCY (ESA) entstandene Katalog enthält 118218 Einträge, was einer Sterndichte von $3/(°)^2$ entspricht. Erfaßt wurden Sterne bis zur Größenklasse $12{,}4^{\text{mag}}$, wobei die Parallaxen mit einer Genauigkeit von $0{,}001''$ erfaßt wurden. In Verbindung mit den in im Katalog enthaltenen Richtungsangaben geben die Parallaxen ein detailliertes Bild über die räumliche Verteilung der Fixsternpopulation in der »näheren« Umgebung des Sonnensystems.

Anmerkung: Parallaxen wurden im HIPPARCOS-Katalog für alle erfaßten Sterne ausgewiesen, auch wenn sie wegen der großen Sternentfernung nicht mehr signifikant waren oder aufgrund von Meßfehlern gar negative Werte annahmen; der Fall $p < 0$ kann eintreten, wenn die Parallaxe kleiner ist als der mit $0{,}001''$ angenommene Meßfehler.

---

[19] α Cen bildet zusammen mit einem etwa 2° entfernten Doppelstern (= α_1 und α_2 Cen) ein Dreifachsternsystem, das sich mit einer Umlaufzeit von einigen tausend Jahren um ihr gemeinsames Massenzentrum dreht. Derzeit ist die Entfernung von der Sonne zu α Cen um 10871 AUL = 0,0527 pc = 0,172 Lichtjahre kleiner als zu α_1 und α_2 Cen.

Fixstern-Parallaxen sind für die Erforschung der Struktur des Weltalls von zentraler Bedeutung. Sie stellen eine zuverlässige meßtechnische Verbindung zu den benachbarten Sternen her und liefern darüber hinaus die Grundlage für Meßverfahren, die in die Tiefe der Galaxis führen: ➪ Burkert/Kippenhahn (1996, 15-29); ➪ 7.1.1 (7.1-10/2). Im Rahmen astronomisch-geodätischer Aufgabenstellungen könnten die Fixsternparallaxen in allen Fällen vernachlässigt werden, in denen die Meßgenauigkeit nicht höher als 1″ ist, da die größte Fixsternparallaxe < 0,8″ und nur ganz wenige Fixsterne eine Parallaxe von > 0,25″ aufweisen; ➪ 4.3.3. Sie werden gleichwohl in dem *Apparent Places of Fundamental Stars* bei 721 Sternen berücksichtigt, die Parallaxen von ≥ 0,010″ aufweisen (Mueller, 1969, 202).

2.10 Astronomische Einheiten, Naturkonstanten

2.10.1 Astronomische Einheiten der Länge, der Zeit und der Masse, Gravitationskonstante

Die Keplerschen Gesetze enthalten Flächen- und Entfernungsangaben (etwa Flächensegmente ΔF_i oder die Längen der großen Halbachsen a_i der Planetenbahnen) nur in Form von Verhältniszahlen (im Zweiten Gesetz: $\Delta F_i / \Delta F_k$; im Dritten Gesetz: a_i^3/a_k^3). Die Auswertung dieser Gesetze bezüglich der Körper des Sonnensystems liefert die momentanen Örter der Planeten daher zunächst in einem unbestimmten Maßstab. Absolute Positionen lassen sich daraus nur ableiten, wenn der Maßstab des Systems bekannt ist, was die Feststellung (Kalibrierung) der Länge wenigstens einer definierten Strecke voraussetzt.

Zur Lösung der in 1.1 geschilderten Aufgaben der Geodätischen Astronomie ist eine solche Kalibrierung grundsätzlich nicht erforderlich. Hier dienen die mit Hilfe der Keplerschen Gesetze durchgeführten Bahnberechnungen nämlich nur dem Zweck, Richtungen und Winkelgeschwindigkeiten zwischen der Erde und den übrigen Körpern des Sonnensystems relativ zu der als raumfest angenommenen Fixsternkulisse zu erfassen, wozu die Kenntnis von Richtungen und von Streckenverhältnissen genügt. Man kann daher eine beliebige durch zwei Körper des Sonnensystems definierte Entfernung, z.B. die als konstant angenommene Länge der Großen Halbachse der Erdbahn, als *Astronomische Längeneinheit* (AUL = Astronomical Unit of Length)[20] vereinbaren und auf diese alle übrigen Entfer-

[20] Der Begriff »Länge«, mit dem in der Geodätischen Astronomie grundsätzlich Richtungswinkel bezeichnet werden (z.B. Geographische Länge, Ekliptikale Länge, Länge des Aufsteigenden Knotens), bedeutet im vorliegenden Kapitel und an allen Stellen, an denen von der Astronomischen Längeneinheit die Rede ist, ausnahmsweise »Entfernung« (»Distanz«). Die Übernahme dieses Terminus ist eine notwendige Konzession an die im SI-System (PTB, 1994) getroffene Begriffsdefinition für die Einheit der »Länge«, die dort im

nungen beziehen, ohne damit die Aussagekraft der Ergebnisse zu schmälern.

Auch die Massen der Sonne und der Planeten, die in den Keplerschen Gesetzen ohnehin nicht erwähnt sind, die bei genauen Bahnberechnungen wegen (2.4-29) aber nicht unberücksichtigt bleiben dürfen, wirken sich gemäß dem Modifizierten dritten Keplerschen Gesetz (2.4-30) nur in Form von Verhältniszahlen aus, so daß man für die Aufgaben der Geodätischen Astronomie auch bei diesen Parametern grundsätzlich ohne Kenntnis ihrer absoluten Größen auskommt und – analog zu den Längen – die Einheit beliebig vereinbaren kann. Als Masseneinheit bietet sich hier die Sonnenmasse an, deren Gravitationswirkung das Sonnensystem dominiert. Die Masse der Sonne wird damit zur *Astronomischen Masseneinheit* (AUM = Astronomical Unit of Mass) erhoben.

Was die *Astronomische Zeiteinheit* (AUT = Astronomical Unit of Time) angeht, so wäre dafür grundsätzlich jede beliebige Einheit vom Typ »Ephemeridenzeit« (⇨ 5.4.1) geeignet. Konventionell wird der »Tag« als Astronomische Zeiteinheit gewählt, wobei die Unterscheidung zwischen »Ephemeridentag« (d_{Eph}; ⇨ 5.4.1) und »Weltzeittag« (d; ⇨ 5.3.2) erst in jüngerer Zeit notwendig wurde, seit die Unregelmäßigkeiten der Erddrehung bekannt waren und meßtechnisch erfaßt werden konnten.

Vor diesem Hintergrund erweist sich die Gravitationskonstante G als ein schlichter Proportionalitätsfaktor, über den im Rahmen der vorerwähnten Festlegungen mit verfügt wird, wenn die beobachtete siderische Umlaufzeit des Systems Erde/Mond $U_{E/Mo}$ (ausgedrückt in der Einheit AUT = d_{Eph}) und die aus anderen Überlegungen bekannte Masse von Erde und Mond (ausgedrückt in AUM, also in Einheiten der Sonnenmasse) der Bedingung des Modifizierten dritten KEPLERschen Gesetzes (2.4-29) unterworfen werden. Der heute noch verwendete Zahlenwert wurde von Carl Friedrich Gauß (1809, 14) mit den seinerzeit bekannten Werten für Umlaufzeit und Masse des Systems Erde-Mond berechnet:[21)]

Zusammenhang mit der Meter-Definition steht und eine »Entfernung« bedeutet. Das Entgegenkommen zu einer einheitlichen Bezeichnungsweise reicht freilich nicht so weit, daß man daran denken würde, die vorerwähnten, in einer langen Tradition stehenden astronomischen Begriffe aufzugeben, zumal Verwechslungen kaum zu befürchten sind.

21) k und $\sqrt{G}$ beschreiben die gleiche physikalische Größe und sind daher inhaltlich identisch. Vereinbarungsgemäß sind aber die der »Gaußschen Gravitationskonstante« k zugrunde liegenden Einheiten stets AUL, AUT und AUM, während bei Verwendung von G als Symbol für die Gravitationskonstante der Zahlenwert von G in der Regel in Einheiten terrestrischer Vergleichsmaßstäbe, z.B. cm, g, s im CGS-System oder m, kg, s bzw. N, m, kg im SI-Einheitensystem angegeben wird. Entsprechend unterscheiden sich die Zahlenwerte von k und $\sqrt{G}$ bzw. von k^2 und G um einen durch die Maßstäbe der physikalischen Einheiten bestimmten Faktor. G wurde bei seiner Bestimmung durch Hutton und Cavendish (s.u.) in den Einheiten inch, grain und s gezählt. Heute wird G in

$U_{\mathrm{E/Mo}} = 365{,}2563835$ AUT (= 1 Siderisches Jahr),

$M_{\mathrm{E/Mo}} = M_{\mathrm{So}} / 354710 = (1/354710)$ AUM,

$$\mathrm{k} = \sqrt{\mathrm{G}} = \frac{2 \cdot \pi \cdot \sqrt{\mathrm{AUL}^3}}{U_{\mathrm{E/Mo}} \cdot \sqrt{\left(1 + \frac{M_{\mathrm{E/Mo}}}{M_{\mathrm{So}}}\right) \mathrm{AUM}}} = 0{,}0170209895\ \mathrm{AUL}^{3/2}\ \mathrm{AUM}^{-1/2}\ \mathrm{AUT}^{-1}.$$

Derzeit sind die vorerwähnten **Astronomischen Einheiten** als **Astronomische Konstanten** durch Beschluß der Internationalen Astronomischen Union (IAU) von 1976 wie folgt festgelegt:

- Die *Astronomische Längeneinheit* [AUL] ist die Länge einer Strecke ($a_{\mathrm{E\,fikt.}}$), für die die Gaußsche Gravitationskonstante $\mathrm{k} \equiv \sqrt{\mathrm{G}}$ den Wert k = 0,01720209895 $\mathrm{AUL}^{3/2}\ \mathrm{AUM}^{-1/2}\ \mathrm{AUT}^{-1}$ annimmt, wenn bei der Anwendung des Modifizierten dritten Keplerschen Gesetzes als Maßeinheiten der Länge, der Masse und der Zeit die astronomischen Einheiten AUL, AUM, AUT verwendet werden. (Zitat sinngemäß, nicht wörtlich).

  Anmerkung: Mit dieser Festlegung ist die AUL gleich der Großen Halbachse $a_{\mathrm{E\,fikt.}}$ der Bahn eines Körpers mit vernachlässigbar kleiner Masse $M_{\mathrm{E\,fikt.}} \to 0$ (Massenverhältnis $M_{\mathrm{E\,fikt.}}/M_{\mathrm{So}} \to 0$), der die Sonne (Masse M_{So}) ohne Störung durch die Planeten in

$$\begin{aligned} U_{\mathrm{E\,fikt.}} &= (2 \cdot \pi \cdot \mathrm{AUL}^{3/2}\,\mathrm{AUM}^{-1/2}) / \mathrm{k} \qquad (2.10\text{-}2/1)\\ &= 2 \cdot \pi \cdot \mathrm{AUL}^{3/2}\,\mathrm{AUM}^{-1/2} / (0{,}01720209895\ \mathrm{AUL}^{3/2}\,\mathrm{AUM}^{-1/2}\,\mathrm{AUT}^{-1})\\ &= 365{,}256898326\ \mathrm{AUT} = 365{,}256898326\ \mathrm{d_{TDT}} \end{aligned}$$

umlaufen würde. Vor diesem Hintergrund kann

$$k' = k \cdot \mathrm{AUL}^{-3/2}\,\mathrm{AUM}^{1/2} = \frac{2 \cdot \pi}{U_{\mathrm{E\,fikt}}}, \qquad (2.10\text{-}2/2)$$

das - abgesehen von der unterschiedlichen physikalischen Einheit - einen mit k identischen Zahlenwert besitzt, auch als die in der Einheit rad/AUT = rad/d ausgedrückte Winkelgeschwindigkeit des vorerwähnten masselosen Körpers verstanden werden, die gelegentlich (nach Multiplikation mit $\rho_{\mathrm{rad}\to\circ}$ oder $\rho_{\mathrm{rad}\to''}$) auch in den Einheiten °/d oder ″/d angegeben wird (Danjon, 1986, 198):

$$k = 0{,}9856076686014°/\mathrm{d} = 3548{,}187606965''/\mathrm{d}$$

- »Die *Astronomische Masseneinheit* [AUM] ist die Masse der Sonne.«:
  1 AUM = 1 $\mathrm{M_{So}}$.

- »Die *Astronomische Zeiteinheit* [AUT] ist das Zeitintervall eines Tages (d) von 86400 s.«

---

der Regel im SI-System angegeben und dementsprechend durch $\mathrm{m^3\,kg^{-1}\,s^{-2}} \equiv \mathrm{N\,m^2\,kg^{-2}}$ ausgedrückt; ⇨ 2.10.3.

Anmerkung: Wie bereits erwähnt, ist unter einem »Tag« hier der *Ephemeridentag* $d = d_{Eph}$ und unter einer Sekunde (s) dessen 86400ster Teil, die *Ephemeridensekunde* $s = s_{Eph}$ bzw. (nach neuerer Bezeichnungsweise) die *Sekunde der Terrestrischen Zeit* $s = s_{TT}$ zu verstehen, die an die im SI-System definierte *Sekunde der Internationalen Atomzeit* $s = s_{TAI}$ im Verhältnis 1:1 angeschlossen ist: $s_{Eph} = s_{TT} = s_{TAI} = s$; ➪ 5.4.1, 5.4.2, 5.5.1. Für die Astronomische Zeiteinheit (AUT) gilt also die Vereinbarung: 1 AUT = 1 d_{Eph} = 1 d_{TT}.

Der Zusammenhang zwischen den Astronomischen Einheiten AUL, AUM und AUT wird durch das Modifizierte dritte Keplersche Gesetz (2.4-29) hergestellt, wenn dieses auf einen fiktiven Planeten $E_{fikt.}$ mit einer Masse von $M_{E\,fikt.} \to 0$ angewandt wird, der die Sonne ohne Störung durch die anderen Planeten auf einer Ellipse mit einer großen Halbachse von $a_{E\,fikt.}$ = 1 AUL und in einer Umlaufzeit von $U_{E\,fikt.}$ = 365,256898326 AUT umläuft. In diesem Fall erhält man für die *Gravitationskonstante* den von Gauß festgestellten Wert, nämlich:

$$k = \sqrt{G} = \frac{2\cdot\pi\cdot\sqrt{a_{E\,fikt.}}^{\,3}}{U_{E\,fikt.}\cdot\sqrt{M_{So}}} = \frac{2\cdot\pi\cdot \mathrm{AUL}^{3/2}}{365{,}256898326\ \mathrm{AUT\ AUM}^{1/2}} \tag{2.10-3}$$

$$= 0{,}01720209895\,\mathrm{AUL}^{3/2}\,\mathrm{AUT}^{-1}\,\mathrm{AUM}^{-1/2}\,.$$

Wie bereits dargelegt, ist dieser Wert von k nicht das Ergebnis der hier vorgestell ten Rechnung. Er entstammt vielmehr der ursprünglichen Absicht, die AUL gleich dem Halbmesser $a_{E/Mo}$ der Bahnellipse des Baryzentrums des Systems Erde/Mond zu wählen, wodurch mit der Feststellung der Umlaufzeit der Erde $U_{E/Mo}$ und dem Massenverhältnis $M_{E/Mo}/M_{So}$ empirisch auch über k verfügt wurde.

Legt man unter Beibehaltung des Zahlenwertes von k der Berechnung von $a_{E/Mo}$ die heute bekannten Werte (*Astronomical Almanac, 1998, C1, K6*)

$$U_{E/Mo} = 365{,}256363\ \mathrm{AUT},\quad M_{E/Mo}/M_{So} = 1 : 328900{,}55$$

zugrunde, so erhält man anhand von (2.4-29) für die Große Halbachse $a_{E/Mo}$ der ungestörten Bahnellipse des Systems Erde/ Mond:

$$a_{E/Mo} = \sqrt[3]{\frac{k^2\cdot(M_{So}+M_{E/Mo})\cdot U_{E/Mo}^{\,2}}{4\cdot\pi^2}} \tag{2.10-2}$$

$$= \sqrt[3]{\frac{(0{,}01720209895\,\mathrm{AUL}^{3/2}\mathrm{AUM}^{-1/2}\mathrm{AUT}^{-1})^2\cdot(1+\frac{1}{328900{,}55})\mathrm{AUM}\cdot(365{,}256363\,\mathrm{AUT})}{4\cdot\pi^2}}$$

$$= 1{,}000000036\ \mathrm{AUL},$$

eine Zahl, die um $3{,}6 \cdot 10^{-8}$ größer als die Astronomische Längeneinheit ist.

Die Gründe für diese Diskrepanz zwischen $a_{E/Mo}$ und 1 AUL sind folgende: Der o.a. Wert von k wurde im 19. Jahrhundert im Einklang mit den damals vorhandenen Beobachtungsdaten bei allen einschlägigen astronomischen Berechnungen benützt und er liegt daher zahlreichen, zum Teil auch heute noch gültigen fundamentalen astronomischen Tabellen zugrunde. Als sich dann aufgrund neuerer und genauerer Beobachtungsdaten herausstellte, daß der Zahlenwert von k eigentlich korrigiert werden müßte, hat die IAU zur Wahrung der bei der Ephemeridenberechnung angestrebten Kontinuität auf eine Änderung verzichtet und statt dessen die Astronomische Längeneinheit (AUL) im Sinne der o.a. Vereinbarungen von 1976 neu definiert.

Mit dem Aufkommen der Raumfahrt ist in der Frage nach dem Maßstab der Positionskoordinaten im Sonnensystems, der, wie bereits dargelegt, für die Aufgaben der Geodätischen Astronomie nur sekundäre Bedeutung hat, ein entscheidender Wandel eingetreten. Für die gezielte Entsendung von Raumfahrzeugen von der Erde zu den anderen Planeten des Sonnensystems und für die geodätische Nutzung künstlicher Satelliten (z.B. mit dem *Global Positioning System*) genügt es nämlich nicht, nur Streckenverhältnisse zu kennen. Vielmehr werden für diese Anwendungen genaue metrische Entfernungs- und Positionsangaben benötigt. Diese lassen sich aber nur durch eine Kalibrierung der Astronomischen Längeneinheit und der Astronomischen Masseneinheit mit terrestrischen Maßeinheiten (z.B. SI-Einheiten) gewinnen.

Die **Kalibrierung der Astronomischen Längeneinheit** wurde zunächst vor allem auf erdgebundene Parallaxenmessungen gestützt. In jüngerer Zeit kamen Radarmessungen hinzu. Das eigentliche Meßobjekt ist dabei aus meßtechnischen Gründen nicht die Sonne, deren relative Position zur Erde für die Größe der AUL maßgebend ist, sondern ein erdnaher Planet oder Planetoid. Die Ableitung der Länge der AUL aus der gemessenen momentanen Entfernung Erde-Planet(oid) erfordert weitere Überlegungen, in denen das Dritte Keplersche Gesetz eine Schlüsselrolle spielt.

Bei der *Parallaxenmessung* werden von den Endpunkten P_1 und P_2 einer terrestrischen Basis bekannter Länge und Orientierung aus möglichst gleichzeitig die Richtungsunterschiede zwischen dem erdnahen Planeten oder Planetoiden P1 (Nahziel) und einigen richtungsmäßig benachbarten, räumlich aber weit entfernten Fixsternen gemessen. Wegen der großen Entfernung zu den Fixsternen sind ihre Richtungswinkel von beiden Endpunkten der Beobachtungsbasis aus gleich. Hingegen sind die Richtungswinkel zum Nahziel verschieden, wobei die Richtungsunterschiede umso größer sind, je näher das Ziel liegt. Aus der in der Längeneinheit »m« bekannten Basis P_1P_2 und den beiden an dieser Basis gemessenen

Richtungswinkeln ergeben sich die Entfernungen P_1Pl und P_2Pl nach dem geodätischen Verfahren des *Vorwärtseinschneidens* durch Auswertung der in einem ebenen Dreieck bestehenden elementaren trigonometrischen Beziehungen. Zur Richtungsbestimmung werden heute vor allem photographische Verfahren eingesetzt.

Bei der *Radarmessung* wird von einem erdfesten Standort P aus die *Laufzeit* zielgerichteter und am Objekt Pl reflektierter Mikrowellensignale gemessen, aus der sich bei Kenntnis der Lichtgeschwindigkeit die momentane (doppelte) Entfernung P_1Pl ergibt.

Die Aufgabe besteht nun im weiteren darin, die zu einem bestimmten Objekt des Sonnensystems gemessene momentane Entfernung auf die Astronomische Längeneinheit AUL zu übertragen. (Als nur fiktiv existierende Strecke ist die AUL nicht unmittelbar meßbar). Auch die Messung einer momentanen Strecke Erde-Sonne r, aus der über (2.4-9) a_E und über (2.4-38) AUL abgeleitet werden könnte, ist kaum möglich, da im Falle der Parallaxenmessung wegen der Helligkeit der Sonne kein Bezug zu den Fixsternen hergestellt und wegen der großen Eigenstrahlung der Sonne auch kein Radarecho gemessen werden kann.

Als Objekte der parallaktischen Entfernungsmessung oder Entfernungsmessung mit Hilfe von Radar-Echos eignen sich erdnahe Planeten (z.B. Mars, Venus, Merkur) oder Planetoiden (z.B. Eros, dessen Bahn z.T. innerhalb der Marsbahn verläuft), wobei insbesondere dann günstige Beobachtungsverhältnisse herrschen, wenn der Abstand Erde→Planet(oid) ein Minimum, d.h. die Parallaxe des Objekts ein Maximum erreicht. In Kenntnis der Bahnelemente dieser Körper (und der Erde) kann die Entfernung Erde→Planet(oid) mit Hilfe der Keplerschen Gesetze zu jeder beliebigen Epoche in Einheiten AUL berechnet werden. Gewinnt man nun durch Parallaxen- oder Radarmessung diese Entfernung auch im SI-System, so ist die Beziehung zwischen AUL und der SI-Einheit »m« hergestellt, womit sich alle Entfernungen im Sonnensystem auch in der Einheit Meter ausdrücken lassen. Die verschiedenen dabei in der Vergangenheit erzielten Ergebnisse hat die IAU in ihrem System der Astronomischen Konstanten von 1976 wie folgt zusammengefaßt:

$$1 \text{ AUL} = 1{,}49597870 \cdot 10^{11} \text{ m}. \tag{2.10-3}$$

Zu diesem Wert ist noch anzumerken, daß er in dem vorerwähnten IAU-System der Astronomischen Konstanten nicht als primäre, sondern als abgeleitete Größe ausgewiesen ist. Als *primäre Konstante* wurde vielmehr die Lichtzeit τ_{AUL} festgelegt, die elektromagnetische Wellen im Vakuum zum Durchlaufen der AUL benötigen, nämlich

$$\tau_{AUL} = 499{,}004782 \text{ s}, \tag{2.10-4}$$

was der im IAU-System 1976 ebenfalls festgelegten Lichtgeschwindigkeit

$$c = 299\,792\,458 \text{ m/s} \qquad (2.10\text{-}5)$$

den o.a. Wert für die AUL ergibt.

Die **Kalibrierung der Astronomischen Masseneinheit** mit einem terrestrischen Massenormal setzt die Kalibrierung der Erdmasse M_E und der Gravitationskonstanten G voraus. Die beiden Vorgänge sind untrennbar miteinander verbunden und schließen, da das Volumen der Erde $V_E = {}^4/_3 \cdot \pi \cdot R^3$ (R = mittlerer Erdradius) für diesen Zweck ausreichend genau bekannt ist, die Bestimmung der Dichte der Erde mit ein:

$$\delta_E = \frac{M_E}{V_E} = \frac{3 \cdot M_E}{4 \cdot R^3 \cdot \pi} \; . \qquad (2.10\text{-}6)$$

Kennt man M_E oder δ_E und G, so läßt sich über das Modifizierte dritte Keplersche Gesetz (2.4-29) auch die Sonnenmasse M_{So} angeben:

$$M_{So} = \frac{4 \cdot \pi^2 \cdot a_E^3}{U_E^2 \cdot G} - M_E \; . \qquad (2.10\text{-}7)$$

Den ersten erfolgreichen Anlauf zur Bestimmung von δ_E, durch die implizit auch G mitbestimmt wurde, haben 1774-1778 Nevil Maskelyne (1732-1811) und Charles Hutton (1737-1823) unternommen (Maskelyne, 1775/2; Hutton, 1778; Bullen, 1975, 15; Neutsch/ Scherer, 1992, 247). Die beiden Forscher stützten sich dabei auf Lotabweichungen Θ_A, die Maskelyne in der Umgebung des schottischen Berges Schehallien bestimmt hatte.[22] Der dabei beschrittene Lösungsweg läßt sich wie folgt skizzieren:

Θ_A ist das Verhältnis der im Azimut A wirksamen Horizontalkomponente g_B der Fallbeschleunigung zu ihrem Gesamtbetrag g. Unter der Voraussetzung, daß g ausreichend genau bekannt ist – g läßt sich durch Fallversuche leicht bestimmen –, kann daher aus der Meßgröße Θ_A auf g_B geschlossen werden.

$$g_B = g \cdot \Theta_A \qquad (2.10\text{-}8)$$

Setzt man nun zweimal das Gravitationsgesetz (2.4-16) an, einmal mit g_B bezüglich der Masse M_B des Berges und ein zweites mal mit einem um den Einfluß der Erddrehung (Radialbeschleunigung) reduzierten g in Bezug auf die Erdmasse M_E :

---

[22] Auf die Möglichkeit, durch die Messung von Lotabweichungen die Gravitationswirkung eines Berges nachzuweisen, hat bereits Newton hingewiesen. Der erste diesbezügliche, von Pierre Bouguer 1738 im Rahmen einer Gradmessungsexpedition nach Peru unternommene Versuch, die durch den 6310 m hohen Chimborazo bewirkte Lotabweichung zu bestimmen, verlief allerdings aufgrund widriger Umstände wenig erfolgreich (Maskelyne, 1775/1; Bullen, 1975, 14).

$$\Theta_A \cdot g = g_B = G \cdot \frac{M_B}{r^2} = G \cdot \frac{V_B \cdot \delta_B}{r^2} \; ;$$

$$g = G \cdot \frac{M_E}{R_E^2} = G \cdot \frac{4 \cdot \pi \cdot M_E \cdot R_E}{3 \cdot V_E} = G \cdot \frac{4 \cdot \pi \cdot R_E}{3} \cdot \delta_E \; , \qquad (2.10\text{-}9)$$

so erhält man 2·n Gleichungen zur Bestimmung der zwei Unbekannten δ_E und G, in denen folgende Größen bekannt sind bzw. geschätzt oder gemessen werden können:

- Fallbeschleunigung g (Messung),
- Erdradius R_E (Messung),
- Volumen V_B und Dichte δ_B des Berges (Schätzung),
- Abstände r der Lotabweichungspunkte vom vermuteten Baryzentrum des Berges (Schätzung),
- Lotabweichungskomponenten Θ_A (Messung).

Hutton (1778, 783) berechnete für die Dichte der Erde $\delta_E = 4{,}5 \cdot \delta_{Wasser} = 4{,}5$ kg dm^{-3}. Der dieser Zahl entsprechende Wert der Gravitationskonstanten lautet nach (2.4-46) mit $g = 9{,}79$ m s^{-2} und $R_E = 6378$ km: G = 8,2 · 10^{-11} m^3 kg^{-1} s^{-2}. Die so bestimmten Größen δ_E und G weichen um etwa 20% von den heute bekannten Werten ab.

Eine wesentlich bessere Annäherung an die heute gültigen Werte erreichte Henry Cavendish (1731-1810) in einem Laborexperiment. In diesem Experiment maß Cavendish (1798) mit einer Drehwaage die Anziehungskraft f, die eine (aus Blei bestehende) Masse M_B auf eine im Abstand r aufgehängte Probemasse m ausübt. Wiederum lassen sich zwei Gleichungen zur Bestimmung von δ_E und G angeben, nämlich

$$f = G \cdot \frac{M_B \cdot m}{r^2} \; ; \qquad g = G \cdot \frac{4 \cdot \pi \cdot R_E}{3} \cdot \delta_E \, . \qquad (2.10\text{-}10)$$

Sie beschreiben die Gravitationswirkung der Bleikugel (f) und der Erde (g) auf die Probemasse m. Im Unterschied zu (2.10-9) sind hier (abgesehen von den gesuchten Größen δ_E und G) alle Variablen gemessene Größen. Cavendish fand mit $\delta_E = 5{,}48 \cdot \delta_{Wasser} = 5{,}48$ kg dm^{-3} eine Zahl, die von dem heute gültigen Wert um weniger als 1% abweicht. Entsprechendes gilt für G.

Seit dem von Cavendish durchgeführten Experiment sind noch etliche Versuche unternommen worden, den Zahlenwert von G zu verbessern (z.B. Boys, 1895; Rose/Parker/ Lowry/Kuhltau/Beams, 1969; Beams, 1971) und nachzuweisen, daß G eine von der Art der reagierenden Stoff unabhängige Naturkonstante ist. Damit im Zusammenhang steht der Nachweis der Äquivalenz von *Träger und Schwerer Masse* (Eötvös/Pekár/ Fekete, 1922). Der im IAU (1976)-System der Astronomischen Konstanten niedergelegte Wert von G lautet (Seidelmann, 1992, 693):

$$G = 6{,}672 \cdot 10^{-11}\ \mathrm{N\,m^2\,kg^{-2}}\,.$$

2.10.2 Ausbreitungsgeschwindigkeit elektromagnetischer Wellen (Lichtgeschwindigkeit)

Elektromagnetische Wellen (Radiowellen, Licht, Röntgenstrahlen) breiten sich im Vakuum mit konstanter Geschwindigkeit (Lichtgeschwindigkeit) aus. Diese Geschwindigkeit ist unabhängig von der Eigengeschwindigkeit der Strahlungsquelle und von der Frequenz der betreffenden Welle und gilt als universelle Konstante. Ihr Wert wurde in zahlreichen Experimenten ermittelt (Rinner, 1966, 150; Froome/Essen, 1969) und ist im IAU(1976)-System der Astronomischen Konstanten als »definierende Konstante« zu

$$c = 299\,792\,458\ \mathrm{m/s} \tag{2.10-11}$$

vereinbart.

In einem materiellen, für elektromagnetische Wellen durchlässigen Medium wird die Ausbreitungsgeschwindigkeit der Wellen von der *Dielektrizitätskonstanten* ϵ und der *Permeabilitätskonstanten* μ des Mediums beeinflußt:

$$v_{\mathrm{Ph}} = \frac{c}{\sqrt{\epsilon \cdot \mu}} = \frac{c}{n_{\mathrm{Ph}}}\,. \tag{2.10-12}$$

Das »geometrische Mittel« von ϵ und μ:

$$n_{\mathrm{Ph}} = \sqrt{\epsilon \cdot \mu}\,, \tag{2.10-13}$$

das das Verhältnis von c zu v bestimmt, wird als *Phasenbrechungskoeffizient* bezeichnet.

Den ersten auf Messungen gestützten Nachweis, daß die Lichtgeschwindigkeit endlich ist, lieferte Olaus Rømer (1676; 1677) aufgrund von Beobachtungen des Jupiter-Mondes Io, der bei seinem Umlauf um den Jupiter in einem deutlich beobachtbaren Takt von U_{Io} = 42 h 29 min in den Sonnenschatten des Planeten tritt und sich dadurch periodisch verfinstert. Rømer kannte einen guten Mittelwert von U_{Io} aus langjährigen Beobachtungen und bestimmte für sein Experiment den Zeitpunkt T_0 = 07.08.1676, $09^{\mathrm{h}}\,49^{\mathrm{m}}\,50^{\mathrm{s}}$ eines (ersten) Austritts des Mondes aus dem Sonnenschatten (Emersion) in einem »Aspekt« in dem Jupiter zwischen Opposition und Erster Quadratur stand ($\sphericalangle$ Erde-Sonne-Jupiter $\approx 29°$) und die Erde sich vom Jupiter wegbewegte. Eine zweite Beobachtung einer Io-Emersion erfolgte zum Zeitpunkt T_i = 09.11.1676, $17^{\mathrm{h}}\,35^{\mathrm{m}}\,45^{\mathrm{s}}$ (dazwischen hatten 53 Io-Verfinsterungen stattgefunden und der Winkel Erde-Sonne-Jupiter hatte sich mittlererweile auf ≈ 119° vergrößert). Der beobachtete Zeitpunkt T_i wich um $\Delta T_i = T_i - T_{präd}$ = 8 min 55 s = 535 s von der vorausberechneten Emersionsepoche $T_{präd} = T_0 + 53 \cdot U_{Io}$ = 07.08.1676, $09^h\,49^m\,50^s + 53 \cdot 42^h\,29^m$ = 09.11.1676, $17^h\,16^m\,50^s$ ab, zu der man bei unendlicher Lichtgeschwindigkeit die Emersion hätte erwarten dürfen. Aus der Tatsache, daß sich in dem Zeitintervall ΔT die Erde um $\Delta E = E_i - E_0 = 1{,}28 \cdot a_E$ (a_E = Erdbahnhalbmesser) vom Jupiter wegbewegt hat, zog Rømer den zutreffenden Schluß, daß die Verzögerung durch die endliche Laufzeit des Lichtes verursacht sein mußte. Die Lichtgeschwindigkeit ergibt sich nach diesen Überlegungen zu $c = \Delta E/\Delta T = 1{,}28 \cdot a_E / 535\text{ s} = 0{,}00239\, a_E/\text{s} = 1\, a_E / 418$ s. (Die Zahlen sind der Dissertation von Krähling (1978) entnommen, in der das von Rømer a.a.O. nur unvollständig und z.T. falsch dokumentierte Experiment eingehend analysiert wurde).

Einen weiteren Nachweis für die Endlichkeit der Lichtgeschwindigkeit lieferte mit einer vollkommen andersartigen Beweisführung James Bradley (1728) durch die Entdeckung und zutreffende Deutung der *Aberration* (➪ 2.7.1). Aus der durch Beobachtung periodischer Schwankungen der scheinbaren Fixsternpositionen ermittelten Aberrationskonstanten $\kappa = 20{,}25''$ (moderner Wert: $20{,}50''$) konnte Bradley über die von ihm gefundene Beziehung (2.7-3) auf das Verhältnis der Lichtgeschwindigkeit zur Bahngeschwindigkeit der Erde (auf ihrem Lauf um die Sonne) schließen: $c/v_E = 1/\kappa_{Aberr} = \rho_{rad\to''}/20{,}25'' = 10186$. Ausgedrückt in Einheiten des Bahnradius der Erde (mit $v_E = 2 \cdot a_E \cdot \pi$ / 1 Jahr) erhält man daraus $c = 0{,}00203 \cdot a_E/\text{s} = 1\, a_E / 493$ s.

Die erste auf ein terrestrisches Vergleichsmaß bezogene Bestimmung der Lichtgeschwindigkeit gelang Armand Hippolyte Louis Fizeau (1849) durch eine Laufzeitmessung auf einer bekannten Strecke mit folgendem Meßprinzip: Ein Lichtstrahl wird durch einen rotierenden Zahnkranz geschickt und dadurch in einem von der Winkelgeschwindigkeit des Zahnkranzes bestimmten Zeittakt unterbrochen. Der so in »Quanten« zerhackte Strahl durchläuft sodann die Meßstrecke, wird an einem Spiegel reflektiert und trifft auf seinem Rückweg erneut auf den Zahnkranz, der sich mittlererweile um einen kleinen Winkel weitergedreht hat. Die Winkeländerung ist bei Kenntnis der Winkelgeschwindigkeit des Zahnkranzes ein Maß für die Laufzeit des Lichts über die Strecke 2 s. Durch Regelung der Winkelgeschwindigkeit des Zahnrades kann erreicht werden, daß die Lichtstrahlquanten nach ihrer Reflexion auf einen Zahn oder auf eine Zahnlücke treffen. Für einen in den reflektierten Strahl hineinschauenden Beobachter wird im ersten Fall die Lichtquelle scheinbar erlöschen, im zweiten Fall mit maximaler Helligkeit aufleuchten. Es ist leicht einzusehen, daß sich für den Fall der »ersten« Auslöschung (beim »Hochlaufen« des Zahnkranzes) die Lichtgeschwindigkeit zu $c = 4 \cdot N_a \cdot z \cdot s$, im Falle der »ersten« maximalen Helligkeit zu $c = 2 \cdot N_b \cdot z \cdot s$ ergibt, wenn mit N die Frequenz der Zahnkranzdrehung [z.B. in s^{-1}] und mit z die Anzahl der Zähne auf dem Zahnkranz verstanden wird. Aus den maßgeblichen Daten: $s = 8633$ m, $z = 720$ Zähne, $N_a = 12{,}6\ s^{-1}$, ermittelte FIZEAU als Lichtgeschwindigkeit c = 4·12,6·720·8633 m/s = 313300 km/s (Krähling, 1978, 251).

Nach dem Experiment von Fizeau wurde eine große Zahl weiterer Experimente nach den verschiedensten Meßprinzipien durchgeführt (Rinner, 1966, 139-152; Essen/Froome, 1969), z.B. mit rotierenden Spiegeln oder Prismen (Foucault, 1862; Michelson, 1927; Michelson/Pease/Pearson, 1935), mit Hilfe von Kerr- und Photozellen (Karolus/ Mittelstädt, 1928; Bergstrand, 1950) oder durch Abtasten einer stehenden Welle mit bekannter Frequenz in einem Hohlraumresonator bekannter Größe (Essen/Gordon-Smith, 1948). Nebenprodukte dieser Experimente waren die Feststellung von Foucault, daß sich das Licht in einem Medium langsamer ausbreitet als im Vakuum, der Nachweis Fizeaus, daß das Licht in einer strömenden Flüssigkeit »mitgeführt« wird (ein Versuch, der später zum *experimentum crucis* der Relativitätstheorie wurde) und der im Sinne der seinerzeitigen Zielsetzung gescheiterte Michelson-Versuch, die Mitführung des Lichts durch den »Äther« zu messen.

2.10.3 IAU(1976)-System der Astronomischen Konstanten

Physikalische Theorien werden im allgemeinen durch mathematische Formeln beschrieben, die ein Modell der physischen Realität repräsentieren (sollen). Die Qualität der Theorie (und der Formeln) bemißt sich nach dem Grad der Übereinstimmung mit einschlägigen Beobachtungen (Messungen). Charakteristisch für das konkrete Modell sind neben der theoretisch begründeten Struktur der Formel die physikalischen Parameter, mit denen die Variablen miteinander verknüpft werden.

Die erwähnten Parameter werden in der Regel empirisch gewonnen. Sie sind daher in Abhängigkeit von Anzahl und Qualität der sie stützenden Beobachtungen mit unvermeidlichen Unsicherheiten behaftet. Damit alle Nutzer einer Theorie, die mit der Entwicklung der Theorie und der Ermittlung ihrer empirischen Grundlagen meist nicht befaßt sind, bei gleichen Beobachtungen zum gleichen Ergebnis gelangen, was sowohl der Kommunikation unter den Nutzern als auch - bei Widersprüchen - der Weiterentwicklung der Theorie dient, verständigt man sich in der Nutzergemeinschaft einer Theorie auf einheitliche Zahlenwerte für die eingeführten Parameter. Diese Verständigung schließt nicht aus, daß im Laufe der Zeit die Theorie verbessert und - meist als Folge verbesserter Beobachtungsverfahren - genauere Zahlenwerte der Konstanten gewonnen werden. Wenn diese Veränderungen signifikante Ausmaße erreichen, wird die Nutzergemeinschaft die verbesserten Erkenntnisse in einer neuen Konvention zusammenfassen.

Die für den Bereich der Himmelsmechanik, Astrometrie und Geodätische Astronomie einschlägigen, derzeit (1998) aktuellen Konstanten wurden von der Internationalen Astronomischen Union (IAU) im IAU(1976)-System der Astronomischen Konstanten niedergelegt, das im folgenden auszugsweise wiedergegeben wird.

Physikalische Einheiten

Die physikalischen Einheiten von Länge, Masse und Zeit entsprechen dem Internationalen Einheitssystem: Meter (m), Kilogramm (kg), Sekunde (s). Für die entsprechenden astronomischen Einheiten gelten die in 2.10.1 niedergelegten Definitionen: Astronomische Längeneinheit (AUL), Astronomische Masseneinheit = Sonnenmasse (AUM), Astronomische Zeiteinheit = 1 Tag = 84600 s.

Durch Definition festgelegte Konstanten

GAUSSsche Gravitationskonstante	$k = 0{,}01720209895\ \mathrm{AUL}^{3/2}\,\mathrm{AUM}^{-1/2}\,\mathrm{AUT}^{-1}$
Lichtgeschwindigkeit im Vakuum	$c = 299\,792\,458\ \mathrm{m\,s^{-1}}$

Primäre Konstanten

Laufzeit des Lichtes für die Astronomische Einheitsentfernung (AUL)	$\tau_{\mathrm{AUL}} = 499{,}004782\ \mathrm{s}$
Äquator-Radius des Erdellipsoids	$a_e = 6\,378\,140\ \mathrm{m}$
Dynamischer Form-Parameter der Erde	$J_2 = 0{,}001082626$
Geozentrische Gravitationskonstante	$\mathrm{G}\cdot M_{\mathrm{E}} = 3{,}986005\cdot 10^{14}\ \mathrm{m^3\,s^{-2}}$
Gravitationskonstante	$\mathrm{G} = 6{,}672\cdot 10^{-11}\ \mathrm{m^3\,kg^{-1}\,s^{-2}}$
Verhältnis der Mondmasse zur Erdmasse	$\mu = 0{,}01230002$
Allgemeine Präzession in Ekliptikaler Länge pro Jul.Jh. zur Standardepoche J2000	$p = 5029{,}0966''$
Schiefe der Ekliptik zur Standardepoche J2000	$\epsilon = 23°26'21{,}448''$

Abgeleitete Konstanten

Nutationskonstante zur Standardepoche J2000	$a_{\mathrm{Nut}} = 9{,}2025''$
Astronomische Einheitsentfernung	$c\cdot\tau_{\mathrm{AUL}} = \mathrm{AUL} = 1{,}49597870\cdot 10^{11}\ \mathrm{m}$
Sonnen-Parallaxe	$\arcsin\{a_e/\mathrm{AUL}\} = 8{,}794148''$
Aberrationskonstante zur Standardepoche J2000	$\kappa = 20{,}49552''$
Abplattung des Erdellipsoids	$f = 0{,}00335281 = 1/298{,}257$
Heliozentrische Gravitationskonstante	$\mathrm{G}\cdot M_{\mathrm{So}} = \mathrm{AUL}^3\cdot k^2/\mathrm{AUT}^2$ $= 1{,}32712438\cdot 10^{20}\ \mathrm{m^3\,s^{-2}}$
Verhältnis der Sonnenmasse zur Erdmasse	$M_{\mathrm{So}}/M_{\mathrm{E}} = 332\,946{,}0$
Verhältnis der Sonnenmasse zur Erd- und Mondmasse	$M_{\mathrm{So}}/M_{\mathrm{E}}\,/\,(1+\mu) = 328\,900{,}5$
Masse der Sonne	$M_{\mathrm{So}} = 1{,}9891\cdot 10^{30}\ \mathrm{kg}$

Massen im Sonnensystem: Verhältnis der Sonnenmasse zu denen der Planeten

Merkur	$M_{\mathrm{So}}/M_{\mathrm{Me}} = 6\,023\,600$
Venus	$M_{\mathrm{So}}/M_{\mathrm{Ve}} = 408\,523{,}5$

Erde und Mond	$M_{So}/M_E/(1+\mu) = 328\,900{,}5$
Mars	$M_{So}/M_{Ma} = 3\,098\,710$
Jupiter	$M_{So}/M_{Ju} = 1\,047{,}355$
Saturn	$M_{So}/M_{Sa} = 3\,498{,}5$
Uranus	$M_{So}/M_{Ur} = 22\,869$
Neptun	$M_{So}/M_{Ne} = 19\,314$
Pluto	$M_{So}/M_{Pl} = 3\,000\,000.$

2.11 Refraktion

2.11.1 Phasen- und Gruppenbrechungskoeffizient der Luft für Lichtwellen

Im Vakuum ist die Ausbreitungsgeschwindigkeit aller elektromagnetischen Wellen gleich der Lichtgeschwindigkeit c = 299 792 458 m/s. Setzt sich die Welle aus unterschiedlichen Frequenzen zusammen, die miteinander interferieren und eine *Wellengruppe* bilden, so gilt diese Feststellung sowohl für die einzelne Welle als auch für die Wellengruppe: Phasengeschwindigkeit v_{Ph} und Gruppengeschwindigkeit v_{Gr} sind gleich der Lichtgeschwindigkeit:

$$v_{Ph} = v_{Gr} = c. \tag{2.11-1}$$

In der Atmosphäre ist die Ausbreitungsgeschwindigkeit der elektromagnetischen Wellen frequenzabhängig und die einzelnen Schwingungen einer Wellengruppe haben unterschiedliche Phasengeschwindigkeiten. Diesen Effekt nennt man *Dispersion*. Die Fortpflanzungsgeschwindigkeit der jetzt durch die laufende Interferenz der Einzelwellen entstehenden Energiezentren ist nicht mehr gleich der Phasengeschwindigkeit und immer kleiner als diese. Die Beziehung zwischen v_{Ph} und v_{Gr} ist durch die *Gleichung von Rayleigh* gegeben (Rinner/Benz, 1966, 135; Froome/Essen, 1969, 14; Hofmann-Wellenhof/Lichtenegger/Collins, 1992, 89; Rüeger, 1996, 52):

$$v_{Gr} = v_{Ph} - \frac{\mathrm{d}v_{Ph}}{\mathrm{d}\lambda} \cdot \bar{\lambda}, \tag{2.11-2}$$

$\bar{\lambda}$ bedeutet eine mittlere Wellenlänge der Wellengruppe und $\mathrm{d}v_{Ph}/\mathrm{d}\lambda$ die Änderung der Phasengeschwindigkeit in Abhängigkeit von der Wellenlänge. Ordnet man analog zu (2.10-12) der Gruppengeschwindigkeit v_{Gr} einen *Gruppenbrechungskoeffizienten* n_{Gr} zu

$$n_{Gr} = \frac{c}{v_{Gr}}, \tag{2.11-3}$$

so läßt sich durch Substitution von (2.10-12) in (2.11-2) und von (2.11-2) in (2.11-3) sowie nach Taylorentwicklung n_{Gr} durch

$$n_{Gr} = n_{Ph} - \frac{dn_{Ph}}{d\lambda} \cdot \bar{\lambda}, \qquad (2.11\text{-}4)$$

ausdrücken.

Anmerkung: Die momentane elektrische Feldstärke E einer elektromagnetischen Welle (Einheit V/m) beträgt bei einer Amplitude E_0, einer Ausbreitungsgeschwindigkeit v und einer Frequenz f bzw. Wellenlänge λ im Abstand d von der Quelle in einem Zeitintervall t nach Aussendung:

$$E = E_0 \cdot \cos\{\frac{2\cdot\pi}{\lambda}\cdot(d - v\cdot t)\}\ .$$

(= Bewegungsgleichung einer Welle ➪ z.B. Dransfeld/Kienle/Vonach, 1974, 250; $\frac{2\cdot\pi\cdot d}{\lambda}$ = Phasenwinkel im Zeitpunkt $t = 0$; $\frac{2\cdot\pi}{\lambda}\cdot v = 2\cdot\pi\cdot f$ = Kreisfrequenz).

Zwei um $\Delta\lambda$ bzw. um Δf verschiedene und bei angenommener Dispersion mit einem Geschwindigkeitsunterschied Δv laufende Wellen (➪ Bild 2.10-1)

$$E_1 = E_0 \cdot \cos\{\frac{2\cdot\pi}{\lambda}\cdot(d - v\cdot t)\} \quad \text{und} \quad E_2 = E_0 \cdot \cos\{\frac{2\cdot\pi}{\lambda + \Delta\lambda}\cdot(d - (v + \Delta v)\cdot t)\}$$

bilden eine Wellengruppe und überlagern (addieren) sich zu

$$E_{Gr} = E_1 + E_2 = E_0 \cdot \left(\cos\{\frac{2\cdot\pi}{\lambda}\cdot(d - v\cdot t)\} + \cos\{\frac{2\cdot\pi}{\lambda + \Delta\lambda}\cdot(d - (v + \Delta v)\cdot t\}\right).$$

Diese Summe zweier Wellen mit geringfügig unterschiedlicher Wellenlänge (Frequenz) und Ausbreitungsgeschwindigkeit kann man nach einem trigonometrischen Additionstheorem (und unter Vernachlässigung von Quadraten und höheren Potenzen von $\Delta\lambda$) wie folgt auch als Produkt zweier »neuer« Wellen ausdrücken:

$$E_{Gr} = 2\cdot E_0 \cdot \cos\{\frac{2\cdot\pi}{\lambda}\cdot(d - v\cdot t)\}\cdot\cos\{\frac{2\cdot\pi\cdot\Delta\lambda}{\lambda^2}\cdot(d - (v - \frac{\lambda\cdot\Delta v}{\Delta\lambda})\cdot t\},$$

welches erkennen läßt, daß $E_{Gr} = E_1 + E_2$ eine Welle liefert, die die gleiche Frequenz und Wellenlänge wie die Bezugswelle E_1 besitzt, deren Amplitude sich nun aber im Takt einer langwelligen Cosinusfunktion zwischen den Grenzen $\pm\, 2\cdot E_0$ hin und her bewegt.

Die erste Welle, die zu dem Produkt E_{Gr} beiträgt, breitet sich wie E_1 mit der Geschwindigkeit $v = v_{Ph}$ und mit der Wellenlänge $\lambda = v/f$, die zweite – sie beschreibt die durch die Interferenz entstehende *Schwebung* – mit der Geschwindigkeit $v_{\text{schwebung}} = v_{\text{Gr}} = v - \dfrac{\lambda \cdot \Delta v}{\Delta \lambda}$ und mit der Wellenlänge $\lambda_{\text{Schwebung}} = \lambda_{\text{Gr}} = \dfrac{\lambda^2}{\Delta \lambda}$ aus. Der Wellenlänge λ_{Gr} entspricht eine Frequenz Δf. λ_{Gr} kann dabei als die Wellenlänge einer durch zwei Wellen λ und $\lambda + \Delta\lambda$ erzeugten Schwebung oder der mit λ schwingenden Trägerwelle aufgeprägten Modulationsfrequenz verstanden werden. Schwebung bzw. Modulationsfrequenz breiten sich mit der Gruppengeschwindigkeit v_{Gr} aus, die je nach Dispersionsgrad größer oder kleiner als die Phasengeschwindigkeit sein und höchstens die Lichtgeschwindigkeit erreichen kann.

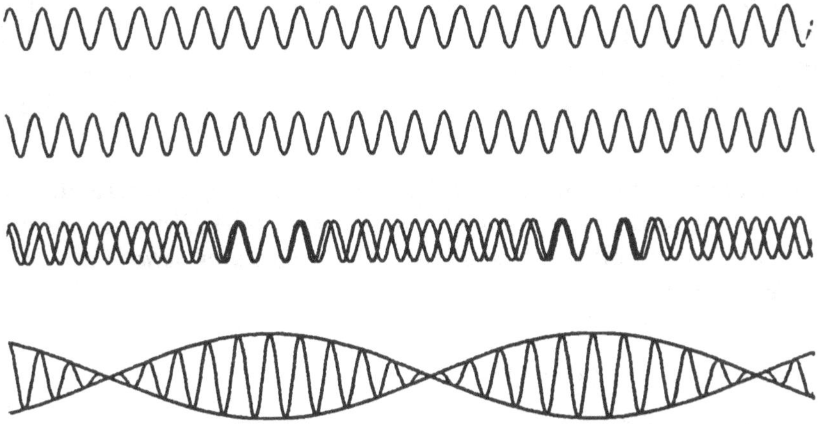

Bild 2.10-1: Interferenz von Lichtwellen unterschiedlicher Frequenz
in einem dispersiven Medium
(zur Erklärung der Phasen- und Gruppengeschwindigkeit)

Beim Licht kann man nach einer für schmale Frequenzbänder gültigen *Formel von Cauchy* (Gladstone/Dale, 1863, 320; Barrel/Sears, 1940, 7; Rinner, 1966, 136) von folgender Abhängigkeit des Phasenbrechungskoeffizienten n_{Ph} von der Wellenlänge λ ausgehen:

$$n_{\text{Ph}} = A + \frac{B}{\lambda^2} + \frac{C}{\lambda^4} . \qquad (2.11\text{-}5/1)$$

Bildet man den Differentialquotienten $\mathrm{d}n_{\text{Ph}}/\mathrm{d}\lambda$ und setzt diesen in (2.11-5/1) und (2.11-4) ein, so erkennt man eine ähnlich strukturierte Abhängigkeit von der mittleren Wellenlänge auch für den Gruppenbrechungskoeffizienten

$$n_{\text{Gr}} = A + \frac{3 \cdot B}{\overline{\lambda}^2} + \frac{5 \cdot C}{\overline{\lambda}^4} . \qquad (2.11\text{-}5/2)$$

Die Konstanten *A*, *B* und *C* sind Parameter der Brechkraft des Mediums, für das die Koeffizienten n_{Ph} und n_{Gr} gelten.

Für den Unterschied der beiden Koeffizienten (2.11-5/1) und (2.11-5/2) erhält man in einem eine Wellengruppe bildenden schmalen Frequenzband $\lambda_{min} \dots \bar{\lambda} \dots \lambda_{max}$ unter Beachtung von $\lambda \approx \bar{\lambda}$:

$$n_{Gr} - n_{Ph} = \frac{2 \cdot B}{\lambda^2} + \frac{4 \cdot C}{\lambda^4} \approx \frac{2 \cdot B}{\lambda^2} . \qquad (2.11\text{-}6)$$

Er ist ein Maß für die Dispersion der Wellengruppe in dem betreffenden Medium. Man erkennt, daß die Dispersion mit Zunahme der Wellenlänge abnimmt. Die durch (2.11-6) beschriebene Gesetzmäßigkeit läßt - obwohl sie nur für ein schmales Frequenzband (z.B. für Licht) gilt und insoweit nicht beliebig extrapolierbar ist - vermuten, daß im Bereich der Mikrowellen mit 10^4 bis 10^7 mal so langen Wellen wie beim Licht keine (meßbare) atmosphärische Dispersion zu erwarten ist. Diese Vermutung wird durch die Realität eindeutig bestätigt (Deichl, 1984, 90).

Auf der Grundlage experimenteller Bestimmungen der Koeffizienten *A, B, C* wurden von verschiedenen Autoren eine Reihe von Rechenformeln entwickelt, die für sichtbares Licht gelten und sich auf eine *Normalatmosphäre* mit folgenden Parametern beziehen:

- Lufttemperatur: $T_{norm} = 273{,}15\ K = 0\,°C$,
- Luftdruck: $p_{norm} = 1013{,}25$ hPa,
- CO_2-Gehalt: 0,03%,
- Partialdampfdruck des Wasserdampfs: $p_{w\,norm} = 0$ (trockene Luft).

Barrel/Sears (1940, 52) haben in zahlreichen Laborexperimenten die Parameter von *A, B* und *C* bestimmt. Die in den folgenden Formeln niedergelegten, gegenüber den Ergebnissen von Barrel und Sears geringfügig veränderten Zahlenwerte

$$(n_{Ph\,norm} - 1) \cdot 10^6 = 287{,}583 + \frac{1{,}6134 \cdot \mu m^2}{\lambda^2} + \frac{0{,}0144 \cdot \mu m^4}{\lambda^4} , \qquad (2.11\text{-}7/1)$$

$$(n_{Gr\,norm} - 1) \cdot 10^6 = 287{,}583 + \frac{4{,}840 \cdot \mu m^2}{\bar{\lambda}^2} + \frac{0{,}0720 \cdot \mu m^4}{\bar{\lambda}^4} , \qquad (2.11\text{-}7/2)$$

beruhen auf Versuchsreihen, die Edlén (1966) durchgeführt hat (Rinner, 1966; Deichl, 1984; Joeckel/Stober, 1989, 81). Neuerdings beginnt man, in den Refraktionsformeln den in jüngerer Zeit festgestellten höheren CO_2-Anteil zu berücksichtigen (Rüeger, 1998, 7).

Für die Wellenlänge des grünen Lichts $\lambda = 0{,}57\ \mu m$, die ungefähr auch mit der mittleren Wellenlänge des sichtbaren Lichts zusammenfällt, erhält man aus (2.11-7/1) und (2.11-7/2):

$$n_{\mathrm{Ph\ norm}} = 1{,}000293; \tag{2.11-7/3}$$

$$n_{\mathrm{Gr\ norm}} = 1{,}000303. \tag{2.11-7/4}$$

Die Brechungskoeffizienten n_{norm} gelten, wie bereits erwähnt, für die o.a. Normalatmosphäre, die insbesondere durch den Zustand $T_{\mathrm{norm}} = 273{,}15\ \mathrm{K} = 0\,°\mathrm{C}$ und $p_{\mathrm{norm}} = 1013{,}25\ \mathrm{hPa}$ bestimmt ist. Beim Übergang in andere Zustände sind die *Gesetze von Arago, Boyle-Mariotte und Gay Lussac* zu beachten. Das erstgenannte Gesetz (Helmert, 1884, 575), das man in der Literatur auch unter der Bezeichnung *Gesetz von Gladstone und Dale* findet (Dale/Gladstone, 1858; Barrel/Sears, 1940; Smart, 1976, 66), besagt, daß in einem gasförmigen Medium $n-1$ eines proportional zur Dichte δ wächst:

$$\frac{n-1}{n_{\mathrm{norm}}-1} = \frac{\delta}{\delta_{\mathrm{norm}}}. \tag{2.11-8}$$

Der für das Verhältnis $(n-1)\,/\,\delta$ maßgebliche Proportionalitätsfaktor κ lautet z.B. nach Helmert (1884, 576), Barrel/Sears (1940, 2) oder Smart (1977, 66):

$$\kappa = \frac{n_{\mathrm{norm}}-1}{\delta_{\mathrm{norm}}} = \frac{0{,}00029254}{0{,}0012932\ \mathrm{g/cm}^3} = 2{,}2621 \cdot 10^{-4}\ \mathrm{m}^3\,\mathrm{kg}^{-1}.$$

Die Gesetze von Boyle-Mariotte und Gay Lussac stellen für ein (ideales) Gas eine Beziehung zwischen seiner Dichte δ, seinem Gasdruck p und seiner absoluten Temperatur T her (Helmert, 1884, 575):

$$\frac{\delta}{\delta_{\mathrm{norm}}} = \frac{p \cdot T_{\mathrm{norm}}}{p_{\mathrm{norm}} \cdot T} = \frac{p \cdot (1 + \alpha \cdot (T_{\mathrm{norm}} - 273{,}15\ \mathrm{K}))}{p_{\mathrm{norm}} \cdot (1 + \alpha \cdot (T - 273{,}15\ \mathrm{K}))}. \tag{2.11-9}$$

δ_{norm}, p_{norm} und T_{norm} beschreiben dabei einen vereinbarten Bezugsstatus. Die Substitution von (2.11-9) in (2.11-8) liefert:

$$\frac{n-1}{n_{\mathrm{norm}}-1} = \frac{p \cdot T_{\mathrm{norm}}}{p_{\mathrm{norm}} \cdot T} = \frac{p \cdot (1 + \alpha \cdot (T_{\mathrm{norm}} - 273{,}15\ \mathrm{K}))}{p_{\mathrm{norm}} \cdot (1 + \alpha \cdot (T - 273{,}15\ \mathrm{K}))}, \tag{2.11-10/1}$$

bzw. unter Beachtung von

$$\alpha = (273{,}15\ \mathrm{K})^{-1} = 0{,}003661\ \mathrm{K}^{-1};\ T_{\mathrm{Cels}} = T - 273{,}15\ \mathrm{K}$$
$$T_{\mathrm{norm}} = 273{,}15\ \mathrm{K};\ (T_{\mathrm{Cels\ norm}} = 0\,°\mathrm{C});\ p_{\mathrm{norm}} = 1013{,}25\ \mathrm{hPa}$$

$$(n-1) \cdot 10^6 = 986{,}9\ \mathrm{hPa}^{-1} \cdot \frac{p}{1 + \alpha \cdot T_{\mathrm{Cels}}} \cdot (n_{\mathrm{norm}} - 1). \tag{2.11-10/2}$$

Beim Übergang auf eine reale Atmosphäre ist neben den partialen Gasdrücken, der N-, O- und CO_2-Anteile der Luft, die in (2.11-10/2) bereits zum atmosphärischen Druck trockener Luft zusammengefaßt sind, auch noch der Partialdruck e des in der Luft enthaltenen Wasserdampfes zu berücksichtigen. Die Gesamtwirkung aus p und e ergibt sich nach der Interpolationsformel von BARREL/ SEARS (1940, 52) in der z.B. von Past (1965, 66), Rinner (1966, 215), Kohlrausch (1968, 408), Zetsche (1979, 323), Joeckel/Stober (1989, 82) oder Rüeger (1996, 76) angegebenen vereinfachten Form zu:

$$\begin{aligned} n-1 &= 986{,}9\cdot 10^{-6}\ \mathrm{hPa}^{-1}\cdot\frac{n_{\mathrm{norm}}-1}{1+\alpha\cdot T_{\mathrm{Cels}}}\cdot p - \frac{4{,}13\cdot 10^{-8}\ \mathrm{hPa}^{-1}}{1+\alpha\cdot T_{\mathrm{Cels}}}\cdot e\,, \\ &= 986{,}9\cdot 10^{-6}\ \mathrm{hPa}^{-1}\cdot\frac{n_{\mathrm{norm}}-1}{1+\alpha\cdot T_{\mathrm{Cels}}}\cdot(p-0{,}418\cdot e)\,. \end{aligned} \tag{2.11-11}$$

Der Einfluß des Dampfdrucks e auf n erreicht bei Licht für e = 15 hPa (= Durchschnittswert) nur $0{,}6\cdot 10^{-6}$ und wird daher meist vernachlässigt.

Je nachdem, ob der Phasen- n_{Ph} oder der Gruppenbrechungskoeffizient n_{Gr} bestimmt werden soll, sind auf der rechten Seite von (2.11-11) $n_{\mathrm{norm}} := n_{\mathrm{Ph\,norm}}$ (2.11-7/1) oder $n_{\mathrm{norm}} := n_{\mathrm{Gr\,norm}}$ (2.11-7/2) einzugeben. Für die Strahlenkrümmung (⇨ 2.11.3) ist allein der für die betreffende Lichtfarbe - ausgedrückt durch λ - geltende Phasenbrechungskoeffizient maßgeblich.

2.11.2 Der Gruppenbrechungskoeffizient der Luft für Mikrowellen

Im Bereich der Mikrowellen (λ = 0,03 m ... 1,0 m) muß man zwischen dem Refraktionsverhalten der Luft in der *Troposphäre* und in der *Ionosphäre* unterscheiden. In der **Troposphäre** ist die Luft in Bezug auf Mikrowellen nicht dispersiv: die Phasengeschwindigkeit v_{Ph} und die Gruppengeschwindigkeit v_{Gr} sind gleich. Der Brechungskoeffizient $n = \frac{c}{v_{\mathrm{Ph}}} = \frac{c}{v_{\mathrm{Gr}}} = \frac{c}{v}$ hängt nach einer Formel von Essen/Froome (1951) vom Luftdruck p, dem Partialdruck des Wasserdampfes der Luft e und der absoluten Temperatur T ab:

$$\begin{aligned} &(n_{\mathrm{Trop}}-1)\cdot 10^6 \\ &= 77{,}64\ \mathrm{K\,hPa}^{-1}\cdot\frac{p-e}{T} + 12{,}96\ \mathrm{K\,hPa}^{-1}\cdot\frac{e}{T} + 371\,780\ \mathrm{K}^2\mathrm{hPa}^{-1}\cdot\frac{e}{T^2} \\ &= 77{,}64\ \mathrm{K\,hPa}^{-1}\cdot\frac{p}{T} - 64{,}68\ \mathrm{K\,hPa}^{-1}\cdot\frac{e}{T} + 371\,780\ \mathrm{K}^2\mathrm{hPa}^{-1}\cdot\frac{e}{T^2} \end{aligned} \tag{2.11-12/1}$$

(Rinner, 1966, 138; Kahmen, 1977, 381; Zetsche, 1979, 326; Joeckel/ Stober, 1989, 82).

Da das zweite Glied im Vergleich zum dritten bei normalen Temperaturen (z.B. $T = 15\,°C = 288$ K) nur etwa 5% zum gesamten Wasserdampfeinfluß beiträgt, wird es angesichts der Unsicherheit der Modellierung von e in vielen Fällen vernachlässigt (Smith/Weintraub, 1953), z.B. bei der Modellierung der Höhenabhängigkeit von e in der Hopfield-Atmosphäre (➪ 2.11.4):

$$(n_{\text{Trop}} - 1) \cdot 10^6 = 77{,}64\ \text{K hPa}^{-1} \cdot \frac{p}{T} + 371\,780\ \text{K}^2 \text{hPa}^{-1} \cdot \frac{e}{T^2} . \qquad (2.11\text{-}12/2)$$

In der **Ionosphäre** hat die dort sehr geringe Dichte der Atmosphäre praktisch keinen Einfluß auf die Wellenausbreitung. Die Geschwindigkeit elektromagnetischer Wellen wird in diesem Teil der Atmosphäre vor allem durch die Dichte freier Ionen (*EC* = *Electron Content* = Anzahl freier Elektronen/Volumeneinheit) sowie durch die Frequenz der Welle bestimmt (Lohmar, 1985, 9). Für den Phasenbrechungskoeffizienten gilt näherungsweise:

$$n_{\text{Ph}} = 1 - 40{,}3\ \text{Hz}^2 \text{m}^3 \cdot \frac{EC}{f^2} . \qquad (2.11\text{-}13)$$

Für den Gruppenbrechungskoeffizienten n_{Gr} erhält man daraus durch Differentiation $\mathrm{d}n_{\text{Ph}} / \mathrm{d}f = 2 \cdot 40{,}3\ \text{Hz}^2\,\text{m}^3 \cdot EC / f^2$ und unter Beachtung der Gleichung von Rayleigh (2.11-2) bzw. (2.11-4):

$$n_{\text{Gr}} = n_{\text{Ph}} - \lambda \cdot \frac{\mathrm{d}n_{\text{Ph}}}{\mathrm{d}\lambda} = n_{\text{Ph}} + f \cdot \frac{\mathrm{d}n_{\text{Ph}}}{\mathrm{d}f} , \qquad (2.11\text{-}14/1)$$

$$n_{\text{Gr}} = 1 + 40{,}3\ \text{Hz}^2 \text{m}^3 \cdot \frac{EC}{f^2} . \qquad (2.11\text{-}14/2)$$

Man beachte, daß n_{Gr} um den gleichen Betrag über der Einheit liegt wie n_{Ph} darunter. $n_{\text{Ph}} < 1$ sagt aus, daß sich im vorliegenden Szenario die Phasen der einzelnen Wellenzüge schneller als mit Lichtgeschwindigkeit ausbreiten. Die Geschwindigkeit der durch die Überlagerung von Wellenzügen unterschiedlicher Frequenz entstehenden Interferenzmuster (= Gruppengeschwindigkeit) bleibt hingegen, wie nicht anders zu erwarten, stets kleiner als die Lichtgeschwindigkeit (Lohmar, 1985, 16).

Für Laufzeitberechnungen von Bedeutung ist neben dem *EC* noch die über einen vorgegebenen Querschnitt q gezählte Gesamtzahl der freien Elektronen dem Lichtweg (*TEC* = *Total Electron Content* = Anzahl freier Elektronen / Querschnitt) von Bedeutung, die sich durch Integration von *EC* über den Lichtweg ergibt; ➪ 4.7. Bei durchschnittliche Sonnenaktivität muß man für den in einer vertikalen Säule gemessenen *TEC* (*VTEC* = *Vertical Total Electron Content*) im Tagesverlauf mit durchschnittlichen Maximalwerten von $VTEC_{max} \approx 5 \cdot 10^{17}/\text{m}^2$ rechnen. Ein typischer, für die F2-Schicht der Ionosphäre gültiger mittlerer Maximalwert des *EC* lautet nach Dieminger (1972): $EC_{\max} \approx 2{,}5 \cdot 10^{12}/\text{m}^3$.

2.11.3 Strahlenbrechung und Strahlenkrümmung

In den beiden vorangegangenen Abschnitten 2.11.1 und 2.11.2 wurde gezeigt, daß der Brechungskoeffizient n eines Mediums von der Wellenlänge und vom Zustand der Atmosphäre in dem betrachteten Punkt abhängt. Unter dem Einfluß der genannten Parameter verändert sich die Ausbreitungsgeschwindigkeit elektromagnetischer Wellen (= Lichtgeschwindigkeit) von c auf $v = c/n$ ((2.10-12), (2.11-3)). In einem homogenen Medium, in dem überall n = const. bzw. $dn/n = 0$ herrscht, erfährt ein Wellenzug (im folgenden unabhängig von der Wellenlänge als Lichtstrahl bezeichnet) keine Richtungsänderung.

Eine solche Richtungsänderung tritt jedoch ein, wenn der Lichtstrahl schräg auf eine Grenzfläche trifft, die Schichten mit unterschiedlichem Brechungskoeffizienten voneinander trennt. Die Richtungsänderung folgt dem von Willibrord Snellius (1580-1626) entdeckten *Brechungsgesetz*:

$$\frac{\sin \beta_i}{\sin \beta_{i+1}} = \frac{n_{i+1}}{n_i} \qquad (2.11\text{-}15/1)$$

(Gerthsen/Kneser/Vogel, 1989, 456).

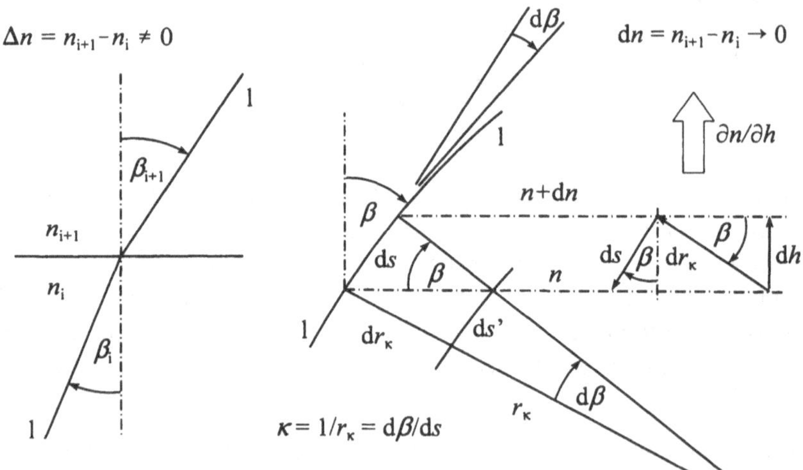

Bild 2.10-2: Strahlenbrechung für $\Delta n = n_{i+1} - n_i \neq 0$
Strahlenkrümmung für $dn = n_{i+1} - n_i \to 0$

In dieser Gleichung bedeuten die β die in den zwei benachbarten Medien auftretenden Winkel des Lichtstrahls bezogen auf eine Normale zur Grenzfläche; ➪

Bild 2.10-2, links. Maßgeblicher Brechungskoeffizient ist bei der Strahlenbrechung bzw. Strahlenkrümmung stets der Phasenbrechungskoeffizient. Ein aus einem Gemisch unterschiedlicher Frequenzen zusammengesetzter Wellenzug wird unter der Wirkung von $n = n\{\lambda\}$ entsprechend seinen spektralen Anteilen abgelenkt.

Wegen (2.10-12) bzw. (2.11-3) kann in (2.11-15/1) das Verhältnis der Sinus auch durch das Verhältnis der Ausbreitungsgeschwindigkeiten ausgedrückt werden:

$$\frac{\sin\beta_i}{\sin\beta_{i+1}} = \frac{v_i}{v_{i+1}}. \qquad (2.11\text{-}15/2)$$

Unterscheiden sich die Brechungskoeffizienten benachbarter Schichten nur um $dn = n_{i+1} - n_i$, so findet man durch Taylorentwicklung von (2.11-15/1) für die Differenz der korrespondierenden Winkel

$$d\beta = \beta_{i+1} - \beta_i = -\tan\beta \cdot \frac{dn}{n} \qquad (2.11\text{-}16)$$

und für die dieser Richtungsänderung entsprechende Krümmung κ (= Reziprokwert Krümmungsradius r_κ)

$$\kappa = \frac{1}{r_\kappa} = \frac{d\beta}{ds} = -\tan\beta \cdot \frac{1}{n} \cdot \frac{dn}{ds} = -\frac{1}{n} \cdot \frac{dn}{dr} = -\sin\beta \cdot \frac{1}{n} \cdot \frac{dn}{dh}, \qquad (2.11\text{-}17)$$

mit dn/dh = Gradient des Brechungskoeffizienten. Die in (2.11-17) zusammengestellten Beziehungen lassen sich direkt aus Bild 2.10-2 (rechts) ablesen (Past, 1965, 15; Vaníček/Krakiwski, 1986, 159; Gerthsen/Kneser/Vogel, 1989, 474).

Aus (2.11-17) läßt sich entnehmen:

- Die Krümmung κ verschwindet für $dn/dh = 0$ (das ist in einem homogenen Medium) oder für $\beta = 0$, wenn in einem nichthomogenen Medium der Lichtstrahl in Richtung des Gradienten des Refraktionskoeffizienten verläuft.
- Der Betrag der Krümmung $|\kappa|$ erreicht für $\beta = 90°$ ein relatives Maximum. Das ist der Fall, wenn der Lichtstrahl senkrecht zu dem eben erwähnten Gradienten bzw. parallel zu den Schichten mit einheitlichem Brechungskoeffizienten verläuft.

2.11.4 Aufbau der Erdatmosphäre, Gasgesetze, Troposphären- und Ionosphärenmodelle

Unter der Erdatmosphäre (Atmosphäre) versteht man die Gashülle der Erde. Sie setzt sich aus einem Gemisch von permanenten und nichtpermanenten Gasen zusammen. Ihre Hauptbestandteile sind in der Gruppe der *»permanenten Gase«*

Stickstoff (N) mit 78,08%, Sauerstoff (O) mit 20,95% und Argon (Ar) mit 0,93%, in der Gruppe der »*nichtpermanenten Gase*« Kohlendioxid (CO_2) mit 0,03% und Wasserdampf (H_2O) mit 0-4% Anteil am Volumen der trockenen Luft. Sieht man vom Wasserdampfgehalt ab, so kann die Zusammensetzung der Luft infolge dauern der Durchmischung bis in Höhen von 80 km als nahezu konstant angesehen werden (Molekulargewicht = 28,97). Erst darüber setzen Entmischungsvorgänge (Dissoziation) und die Ionisation ein, durch die den Anteil der schwereren Gase O_2 (Molekulargewicht = 32) und N_2 (Molekulargewicht = 28) zurückdrängen.

Der vorherrschende nichtpermanente Bestandteil der Luft ist der Wasserdampf, dessen Anteil am Luftvolumen starken örtlichen und zeitlichen Schwankungen unterworfen ist. Da diese Schwankungen mit z.T. sprunghaften Änderungen im Aggregatszustand des Wassers und dessen Potential an Wärmeenergie einhergehen, spielt der Wasserdampfgehalt für das Wettergeschehen eine ausschlaggebende Rolle.

Tabelle 2.11-1: Refraktionswirksame Schichten der Atmosphäre

Zone	Höhenbereich H Luftdichte δ Luftdruck p Temperatur T	Charakteristische Eigenschaften
Troposphäre	0 → 12 km 1,225 → 0,312 kg/m³ 1013 → 194 hPa 15°C → -56°C	allmählicher Temperaturabfall ($\Delta T/\Delta H \approx -6{,}5$ K/km) wechselnder Wasserdampfdruck e: 0 ↔ 25 hPa
Stratosphäre	12 → 50 km 0,312 → 0,001 kg/m³ 194 → 1 hPa -56°C ↔ -3°C	zunächst konstante, dann steigende, dann wieder fallende Temperatur
Mesosphäre	50 → 80 km 0,001 → 0,000 kg/m³ 1 → 0 hPa -3°C → -90°C	Temperaturabnahme ($\Delta T/\Delta H \approx -3$ K/km)
Ionosphäre	80 → 400 km meteorologische Parameter ohne Einfluß auf die Refraktion	Restatmosphäre ionisiert; Refraktionseinfluß auf Radiowellen

Vor dem Hintergrund auffälliger physikalischer Eigenschaften und Vorgänge in verschiedenen Höhen läßt sich die Atmosphäre in mehrere Schichten unterteilen. Neben anderen Gliederungskriterien spielt bei dieser Unterteilung vor allem der vertikale Temperaturgradient und die Ionisation der Luft eine Rolle.

In der vorausgehenden, von Bretterbauer (1969, 37) übernommenen und strukturell vereinfachten Tabelle 2.11-1 sind nur die für Refraktionsbetrachtungen interessanten Schichten aufgeführt. Detailliertere Strukturbeschreibungen, die sich einer entsprechend erweiterten Nomenklatur bedienen, findet man in der meteorologischen Literatur (z.B. McCartney, 1976; Schirmer, 1987; Roedel, 1992).

Abgesehen von örtlich und zeitlich begrenzten Störungen in Gewitterzonen ist die Luft in der *Troposphäre* elektrisch neutral. Sie zeigt ein charakteristisches, allein von den meteorologischen Parametern Luftdruck (p), Partialdruck des Wasserdampfes (e) und Lufttemperatur (T) bestimmtes Refraktionsverhalten, das als *Troposphärische Refraktion* bezeichnet wird. Die Troposphärische Refraktion beeinflußt sowohl Licht- als auch Radiowellen. Bei Lichtwellen tritt außerdem *Dispersion* ein (⇨ 2.11.1).

Sieht man von dem in diesen Höhen nicht mehr vorhandenen Wasserdampf ab, so folgen Licht- und Radiowellen in der *Stratosphäre* und *Mesosphäre* den gleichen physikalischen Gesetzen wie in der Troposphäre. Man verwendet daher den Begriff der Troposphärischen Refraktion auch zur Beschreibung des Refraktionseinflusses von Stratosphäre und Mesosphäre.

In der *Ionosphäre* ist die Luftdichte nahezu Null und ihr »troposphärischer Refraktionseinfluß« vernachlässigbar klein. Die in dieser Luftschicht vor allem unter dem Einfluß der ultravioletten Sonnenstrahlung entstehenden freien Elektronen und Ionen treten aber mit Radiowellen in eine so intensive Wechselwirkung, daß deren Ausbreitungsgeschwindigkeit auch in dieser Schicht beeinflußt wird. Die Radiowellen werden außerdem zur Dispersion veranlaßt. Den Einfluß der Ionosphäre auf die Ausbreitungsgeschwindigkeit der Radiowellen bezeichnet man als *Ionosphärische Refraktion.* Auf Lichtwellen üben die elektrisch geladenen Teilchen der Ionosphäre keinen Einfluß aus.

Troposphärische und Ionosphärische Refraktion sind Funktionen des momentanen Zustandes der Atmosphäre, die sich aufgrund ihrer Komplexität, insbesondere aber wegen ihrer oft hohen zeitlichen und örtlichen Änderungsraten nur schwer in analytische Schemata einordnen lassen. Selbst wenn für Teile des Lichtweges Messdaten zur Verfügung stehen, was oft genug nur für den Beobachtungsstandort gilt, ist man bei der Lösung der meisten vom Status der Atmosphäre abhängigen Aufgaben nicht selten gezwungen, mit Näherungen vorlieb zu nehmen und Modelle zu benutzen, die jeweils nur für Teile der Atmosphäre repräsentativ sind.

Gasgesetze, Atmosphärengesetz

Der Zustand eines Gases (im Sinne der kinetischen Gastheorie) kann durch Druck, Volumen und Temperatur vollständig beschrieben werden. Ausgehend von dem Volumen V_A, das von 1 Mol des betreffenden Gases ausgefüllt wird, sind der Gasdruck p und die Gastemperatur T über die *Universelle Gaskonstante* $R^* = 8{,}3143\ \mathrm{J\,mol^{-1}\,K^{-1}}$ miteinander wie folgt verknüpft:

$$\frac{p \cdot V_A}{T} = R^* . \qquad (2.11\text{-}18/1)$$

Das Volumen V_A ergibt sich aus der Molmasse M_A und der Dichte δ_A des Gases: $V_A = M_A / \delta_A$, so daß (2.11-18/1) auch durch

$$\frac{p}{\delta_A \cdot T} = \frac{R^*}{M_A} = R_A \qquad (2.11\text{-}18/2)$$

ausgedrückt werden kann. Die Molmasse ist das in der Einheit Gramm pro Mol (g/mol) ausgedrückte Molekular- oder Atomgewicht des betreffenden Gases. In der Troposphäre ist das Molekulargewicht der Luft 28,964 und damit M_{Luft} = 28,964 g/mol. Für die Gaskonstante $R = R_A = R_{Luft}$ der Luft erhält man daraus:

$$R = \frac{R^*}{M_{Luft}} = \frac{8{,}3143\ \mathrm{J\,mol^{-1}\,K^{-1}}}{28{,}964\ \mathrm{g\,mol^{-1}}} = 0{,}28706\ \mathrm{J\,g^{-1}\,K^{-1}} . \qquad (2.11\text{-}18/3)$$

Sonderfälle des Gasgesetzes (2.11-18/1) sind von

- Robert Boyle (1627-1691) und Edme Mariotte (1620-1684):
  Für T = const.: $p \cdot V$ = const. (= isotherme Zustandgleichung); (2.11-19/1)
- Joseph Louis Gay-Lussac (1778-1850):
  Für V = const.: p/T = const. (= isovolume Zustandsgleichung); (2.11-19/2)
- Jaques Alexander César Charles (1746-1823):
  Für p = const.: V/T = const. (= isobare Zustandsgleichung). (2.11-19/3)

beschrieben worden

In der Natur wird das als Luft bezeichnete Gasgemisch der Atmosphäre durch die Schwerkraft an die Erde gefesselt. Eine Luftsäule mit der Masse M und dem Querschnitt dq drückt dabei auf dq mit ihrem Gewicht

$$f = \int_{\text{Luftsäule}} g \cdot \mathrm{d}M = \bar{g} \cdot M .$$

Der Beitrag, den ein differentielles Massenelement $\mathrm{d}M = \delta \cdot \mathrm{d}V = \delta \cdot \mathrm{d}q \cdot \mathrm{d}h$ kraft seiner Schwere zum Gesamtdruck der Luftsäule leistet, wird durch die *»hydrostatische Gleichung«*

$$-\mathrm{d}p = \frac{g \cdot \mathrm{d}M}{\mathrm{d}q} = g \cdot \delta \cdot \mathrm{d}h \tag{2.11-20/1}$$

beschrieben, in der δ = Dichte der Luft, $\mathrm{d}V = \mathrm{d}q \cdot \mathrm{d}h$ = Volumen der Masse $\mathrm{d}M$, $\mathrm{d}h$ = Höhenelement bedeuten. (Mit dem Minuszeichen wird der Tatsache Rechnung getragen, daß der hydrostatische Druck einer Luftsäule wegen der nach oben hin kleiner werdenden Auflast mit zunehmender Höhe abnimmt, dem positiven Inkrement $\mathrm{d}h$ also ein negatives $\mathrm{d}p$ entspricht).

Unter Bezugnahme auf (2.11-18/2) kann (2.11-20/1) auch durch

$$-\mathrm{d}p = \frac{g \cdot p}{\mathrm{R} \cdot T} \cdot \mathrm{d}h \tag{2.11-20/2}$$

ausgedrückt werden. Nach Umstellung von (2.11-20/2) auf

$$\frac{\mathrm{d}p}{p} = -\frac{g}{\mathrm{R} \cdot T} \cdot \mathrm{d}h \tag{2.11-20/3}$$

gewinnt man durch Integration und Auswertung der Integrale im Bereich $h_0 \rightarrow h$:

$$\ln p - \ln p_0 = \ln \frac{p}{p_0} = -\frac{\bar{g}}{\mathrm{R} \cdot \bar{T}} \cdot (h - h_0). \tag{2.11-21/1}$$

Die Gleichung ist in inverser Form als *Barometrische Höhenformel* [23] bekannt:

$$h - h_0 = -\frac{\mathrm{R} \cdot \bar{T}}{\bar{g}} \cdot \ln \frac{p}{p_0} = (h_{\mathrm{Skal}} - h_0) \cdot (\ln p_0 - \ln p). \tag{2.11-21/2}$$

---

[23] Die in der Geodäsie häufig verwendete praktische *Höhenformel*

$$h - h_0 = 18412 \text{ m} \cdot (1 + \alpha \cdot T_{\mathrm{Cels}\,0}) \cdot (\log p_0 - \log p)$$

(Kneißl, 1956, 439; Vaníček/Krakiwsky, 1986, 443; Kahmen, 1993, 495) gewinnt man aus (2.11-21/2), indem die Lufttemperatur konstant und gleich der Bodentemperatur angenommen ($T = T_0$) sowie anstelle der Kelvin- die Celsius-Skala eingeführt wird:

$T = T_0 = 273{,}15 \text{ K} + T_{\mathrm{Cels}\,0} = 273{,}15 \text{ K} \cdot (1 + \alpha T_{\mathrm{Cels}\,0})$ mit $\alpha = 1/273{,}15 \text{ K} = 0{,}003661 \text{ K}^{-1}$.
Mit dieser Vorgabe ergibt sich für die Skalenhöhe (2.11-22):

$$h_{\mathrm{Skal}} - h_0 = \frac{\mathrm{R} \cdot T_0}{g_0} = \frac{287{,}06 \text{ Nm/(kg K)}}{9{,}806 \text{ N/kg}} \cdot 273{,}15 \text{ K} \cdot (1 + \alpha \cdot T_{\mathrm{Cels}\,0})$$
$$= 7996{,}2 \text{ m} \cdot (1 + \alpha \cdot T_{\mathrm{Cels}\,0}),$$

bzw. unter Berücksichtigung des Umrechnungsfaktors von natürlichen Logarithmen (ln) in dekadische (log): $(h_{\mathrm{Skal}} - h_0) \cdot \ln 10 = 18412 \text{ m} \cdot (1 + \alpha \cdot T_{\mathrm{Cels}\,0})$. Damit lautet die Barometrische Höhenformel (vereinfachte Variante ohne Berücksichtigung des Partialdruckes des Wasserdampfs):

$$h - h_0 = (h_{\mathrm{Skal}} - h_0) \cdot \ln 10 \cdot (\log p_0 - \log p) = 18\,412 \text{m} \cdot (1 + \alpha \cdot T_{\mathrm{Cels}\,0}) \cdot (\log p_0 - \log p).$$

Der Faktor $\frac{\mathrm{R} \cdot \overline{T}}{\overline{g}}$ hat offenbar die Einheit einer Länge. Er wird in der meteorologischen Literatur als *Skalenhöhe* (Faust, 1968, 243; Roedel, 1992, 56) und in der geodätischen Literatur als *Barometrische Einheit* (Bretterbauer, 1969, 27) bezeichnet:

$$h_{\mathrm{Skal}} - h_0 = \frac{\mathrm{R} \cdot \overline{T}}{\overline{g}} . \qquad (2.11\text{-}22)$$

Wenn man die beiden Seiten (= x) von (2.11-21/1) zu Potenzen der Eulerschen Zahl (e = 2,71828) erhebt, also die Exponentialfunktion exp $\{x\}$ = e^x bildet und die Gleichung nach p auflöst,

$$p = p_0 \cdot \exp\left\{-\frac{\overline{g} \cdot (h - h_0)}{\mathrm{R} \cdot \overline{T}}\right\} = p_0 \cdot \exp\left\{-\frac{h - h_0}{h_{\mathrm{Skal}} - h_0}\right\} \qquad (2.11\text{-}23)$$

erkennt man, daß für $h = h_{\mathrm{Skal}}$ der Druck von p_0 auf 1/e dieses Wertes absinkt: $p = p_0 \cdot \mathrm{e}^{-1}$. Diese Eigenschaft der Skalenhöhe (»e-Wert-Höhe«) ist Gegenstand ihrer Definition (Roedel, 1992, 56).

Ausgehend von (2.11-20) sollen im folgenden drei *analytische Modelle* der Atmosphäre, die sich zur Inter- und Extrapolation realer Daten und zur Beschreibung von Atmosphärenschichten eignen, sowie eine sogenannte *Standardatmosphäre* vorgestellt werden.

Modell einer Atmosphäre mit konstanter Dichte (Homogene Atmosphäre)

Diesem Modell liegt die Fiktion zugrunde, daß die Luftdichte (entgegen der Realität und vergleichbar mit einer inkompressiblen Flüssigkeit) nicht mit der Höhe abnimmt, sondern durchgängig die Dichte der Atmosphäre in Meereshöhe aufweist: $\delta = \delta_0$. Die hydrostatische Gleichung (2.11-20/1) lautet in diesem Fall $-\mathrm{d}p = g \cdot \delta_0 \cdot \mathrm{d}h$ und die Integration von p_0 im Standpunkt nach $p_{0'\mathrm{Gr}} = 0$ an der Obergrenze der Atmosphäre $h_{0'\mathrm{Gr}}$ ergibt:

$$-(p_{0'\mathrm{Gr}} - p_0) = \overline{g} \cdot \delta_0 \cdot (h_{0'\mathrm{Gr}} - h_0) . \qquad (2.11\text{-}24/1)$$

Mit den Standardwerten

h_0	$= 0$ m	= Meereshöhe
p_0	= 1013,25 hPa	= Luftdruck bei 0 °C in Meereshöhe
δ_0	= 1,2928 kg/m³	= Luftdichte bei 0 °C in Meereshöhe
$\overline{g}$	≈ 9,794 N/kg	= Schwereintensität in ($h_0 + h_{0'\mathrm{Gr}}$) / 2 ≈ 4 km

erhält man aus (2.11-24/2) für die *Obergrenze* der *Homogenen Atmosphäre* eine Höhe von

$$h_{0'\mathrm{Gr}} = h_{\mathrm{hom}\,0°\mathrm{C}} = \frac{p_0}{\bar{g}\cdot\delta_0} = \frac{101\,325\ \mathrm{N/m^2}}{9{,}794\ \mathrm{N/kg}\cdot 1{,}2928\ \mathrm{kg/m^3}} = 8{,}0\ \mathrm{km}\,. \quad (2.11\text{-}24/2)$$

Der Vergleich mit (2.11-22) zeigt, daß dieser Wert (bis auf die geringen Unterschiede, die durch $\bar{g} \neq g_0$, $\bar{\delta} \neq \delta_0$ bewirkten sind) sehr gut mit der für $h = h_0$ gültigen Skalenhöhe der realen Atmosphäre übereinstimmt.

Die Homogene Atmosphäre leistet gute Dienste bei der Abschätzung von Phänomenen, die durch die Gesamtwirkung der Atmosphäre hervorgerufen werden, z.B. um den zenitalen, durch die Troposphärische Refraktion bedingten Streckenfehler zu erfassen (⇨ 4.7.3).

Modell einer polytropen Atmosphäre

Bei diesem Atmosphärenmodell geht man von einem konstanten Temperaturgradienten

$$\frac{\mathrm{d}T}{\mathrm{d}h} = \gamma \quad (2.11\text{-}25)$$

aus. Substituiert man diese Beziehung in (2.11-20/2), so erhält man die Differentialgleichung einer polytropen Atmosphäre:

$$-\frac{\mathrm{d}p}{p} = \frac{g}{\mathrm{R}\cdot\gamma}\cdot\frac{\mathrm{d}T}{T}\,. \quad (2.11\text{-}26/1)$$

Ihr Integral zwischen den durch die Höhe des Bezugsstandorts h_0 und der variablen Höhe h festgelegten Grenzen p_0 und p bzw. T_0 und T lautet

$$\ln p\,\Big|_{p_0}^{p} = \frac{\bar{g}}{\mathrm{R}\cdot\gamma}\cdot\ln T\,\Big|_{T_0}^{T} \quad \text{bzw.} \quad \ln\frac{p}{p_0} = \ln\left(\frac{T}{T_0}\right)^{-\frac{\bar{g}}{\mathrm{R}\cdot\gamma}}, \quad (2.11\text{-}26/2)$$

bzw.

$$p = p_0\cdot\left(\frac{T}{T_0}\right)^{-\frac{\bar{g}}{\mathrm{R}\cdot\gamma}}. \quad (2.11\text{-}26/3)$$

Anstelle von $\frac{T}{T_0}$ kann man auch $\frac{T_0 + \gamma\cdot(h-h_0)}{T_0} = 1 + \frac{\gamma}{T_0}\cdot(h-h_0)$ schreiben, außerdem für $\gamma < 0$

$$h_{\mathrm{p'trop}} - h_0 = -\frac{T_0}{\gamma} = -\frac{273{,}15\ \mathrm{K}}{\gamma} - \frac{T_{\mathrm{Cels}\,0}}{\gamma}\,. \quad (2.11\text{-}26/4)$$

$h_{\mathrm{p'trop}}$ ist die Obergrenze der polytropen Atmosphäre, bei der Lufttemperatur und

Luftdruck unter der Wirkung des Temperaturgradienten γ auf $T = 0$ K bzw. auf $p = 0$ hPa absinken: $(-(h_{\text{p'trop}} - h_0) \cdot \gamma = T_0)$.

Damit ergibt sich noch der folgende zu (2.11-26/3) äquivalente Ausdruck:

$$p = p_0 \cdot \left(1 + \frac{\gamma \cdot (h - h_0)}{T_0} \right)^{-\frac{\bar{g}}{\text{R} \cdot \gamma}} = p_0 \cdot \left(\frac{h_{\text{p'trop}} - h}{h_{\text{p'trop}} - h_0} \right)^{-\frac{\bar{g}}{\text{R} \cdot \gamma}} . \qquad (2.11\text{-}26/5)$$

Der Übergang von (2.11-18/2) und (2.11-26/3) zu den entsprechenden Funktionen von γ gelingt durch Substitution von (2.11-18/2): $\delta = \frac{p}{\text{R} \cdot T}$; $\delta_0 = \frac{p_0}{\text{R} \cdot T_0}$ in (2.11-26/3): (2.11-27)

$$\delta = \delta_0 \cdot \left(\frac{T}{T_0} \right)^{-\frac{\bar{g}}{\text{R} \cdot \gamma}} \cdot \frac{T_0}{T} = \delta_0 \cdot \left(\frac{T}{T_0} \right)^{-\frac{\bar{g}}{\text{R} \cdot \gamma} - 1} = p_0 \cdot \left(\frac{h_{\text{p'trop}} - h}{h_{\text{p'trop}} - h_0} \right)^{-\frac{\bar{g}}{\text{R} \cdot \gamma} - 1} .$$

Unter Bezugnahme auf (2.11-8) kann man (2.11-27) auch durch

$$n - 1 = (n_0 - 1) \cdot \left(\frac{T}{T_0} \right)^{-\frac{\bar{g}}{\text{R} \cdot \gamma} - 1} = (n_0 - 1) \cdot \left(1 + \frac{\gamma \cdot (h - h_0)}{T_0} \right)^{-\frac{\bar{g}}{\text{R} \cdot \gamma} - 1}$$

$$= (n_0 - 1) \cdot \left(\frac{h_{\text{p'trop}} - h}{h_{\text{p'trop}} - h_0} \right)^{-\frac{\bar{g}}{\text{R} \cdot \gamma} - 1} \qquad (2.11\text{-}28)$$

ausdrücken und so die Refraktionswirkung der polytropen Atmosphäre in Abhängigkeit von der Höhe beschreiben.

Das Modell einer polytropen Atmosphäre eignet sich vor allem zur Beschreibung der Troposphäre, in der die Annahme eines konstanten negativen Temperaturgradienten näherungsweise zutrifft. Wählt man z.B. für den Temperaturgradienten der trockenen Luft $\gamma_{\text{tr}} = \text{d}T/\text{d}h = -6{,}817$ K/km, so nimmt die Refraktionsfunktion (2.11-19/3) die folgende biquadratische Form an, die in das Hopfield-Atmosphärenmodell (⇨ (2.7-47)) Eingang gefunden hat:

$$(n - 1) = (n_0 - 1) \cdot \left(1 + \frac{\gamma_{\text{tr}} \cdot (h - h_0)}{T_0} \right)^{-\frac{9{,}784}{287{,}06 \cdot (-0{,}006817)} - 1}$$

$$= (n_0 - 1) \cdot \left(1 + \frac{\gamma_{\text{tr}} \cdot (h - h_0)}{T_0} \right)^4 = (n_0 - 1) \cdot \left(\frac{h_{\text{p'trop}} - h}{h_{\text{p'trop}} - h_0} \right)^4 . \qquad (2.11\text{-}29/1)$$

Für die Obergrenze h_{tr} der trockenen Atmosphäre erhält man aus (2.11-26/4)

$$h_{tr} = h_0 - \frac{273{,}15\ \mathrm{K}}{-0{,}006817\ \mathrm{K/m}} - \frac{T_{\mathrm{Cels}\,0}}{-0{,}006817\ \mathrm{K/m}} \tag{2.11-29/2}$$
$$= h_0 + 40069\ \mathrm{m} + 146{,}69\ \mathrm{mK}^{-1} \cdot T_0 \,.$$

Modell einer isothermen Atmosphäre

Das Modell ist durch gleiche Lufttemperatur ($T = T_0$) in allen Schichten der Atmosphäre gekennzeichnet, (2.11-20/2) nimmt daher die Form

$$\frac{\mathrm{d}p}{p} = -\frac{g}{\mathrm{R} \cdot T_0} \cdot \mathrm{d}h \tag{2.11-30}$$

an. Das Integral dieser Differentialgleichung in den Grenzen p und p_0 lautet

$$\ln \frac{p}{p_0} = -\frac{\bar{g}}{\mathrm{R} \cdot T_0} \cdot (h - h_0) \tag{2.11-31/1}$$

und unter Einführung der Skalenhöhe $h_{\mathrm{Skal}} = h_{\mathrm{i'th}}$ (2.11-23)

$$p = p_0 \cdot \exp\left\{-\frac{\bar{g} \cdot (h - h_0)}{\mathrm{R} \cdot T_0}\right\} = p_0 \cdot \exp\left\{-\frac{h - h_0}{h_{\mathrm{i'th}} - h_0}\right\}. \tag{2.11-31/2}$$

Nach (2.11-18/2) gilt wegen $T = T_0 = \mathrm{const.}$ in einer isothermen Atmosphäre $p = R \cdot T_0 \cdot \delta$, δ ist also proportional zu p. $(n-1)$ wiederum ist nach (2.11-8) proportional zu δ. Damit erhalten wir $(n-1)/(n_0-1) = \delta/\delta_0 = p/p_0$, bzw.

$$\delta = \delta_0 \cdot \exp\left\{-\frac{\bar{g} \cdot (h - h_0)}{\mathrm{R} \cdot T_0}\right\} = \delta_0 \cdot \exp\left\{-\frac{h - h_0}{h_{\mathrm{i'th}} - h_0}\right\}; \tag{2.11-32}$$

$$n - 1 = (n_0 - 1) \cdot \exp\left\{-\frac{\bar{g} \cdot (h - h_0)}{\mathrm{R} \cdot T_0}\right\} = (n_0 - 1) \cdot \exp\left\{-\frac{h - h_0}{h_{\mathrm{i'th}} - h_0}\right\}. \tag{2.11-33}$$

Für die Schwereintensität $\bar{g}$ ist ihr Mittelwert zwischen h_0 und h einzusetzen. Die ganz rechts stehenden Ausdrücke in (2.11-31/2), (2.11-32) und (2.11-33) ergeben sich durch die Einführung der auf $\bar{g}$ bezogenen mittleren *Skalenhöhe* gemäß (2.11-22):

$$h_{\mathrm{i'th}} - h_0 = \frac{\mathrm{R} \cdot T_0}{\bar{g}} = 287{,}06\ \mathrm{Nmkg}^{-1}\mathrm{K}^{-1} \cdot \frac{T_0}{\bar{g}} \,.$$

Der vor allem in der Stratosphäre auftretende isotherme Atmosphären-Zustand

T = const. ($\gamma = 0$) ist grundsätzlich auch durch das Modell einer polytropen Atmosphäre erfaßt, für das $\gamma = 0$ nur einen Sonderfall darstellt. Allerdings ist dieser Sonderfall nicht durch die Potenz-Funktionen (2.11-26/3), (2.11-26/5), (2.11-27), (2.11-28) und (2.11-29/1) darstellbar, da deren Exponenten $\bar{g}/R \cdot \gamma$ für $\gamma \to 0$ über alle Grenzen wachsen und die genannten Funktionen daher nicht mehr definiert sind.

Ionosphärenmodelle

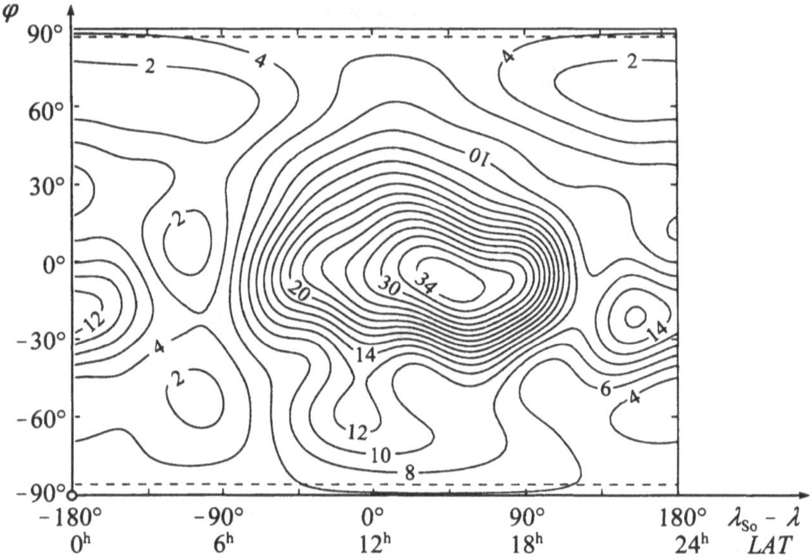

Bild 2.10-3: 24-Stunden-Übersicht über den Totalen Elektroneninhalt (*TEC*) der Ionosphäre am 17. Januar 1998; Quelle: Schaer/Beutler/Rothacher, 1998

Anders als bei den verschiedenen Troposphärenmodellen, die sich auf Theorien über den Aufbau der Atmosphäre gründen lassen und insoweit auch einer analytischen Behandlung zugänglich sind, ist für die Ionosphäre keine Gesetzmäßigkeit erkennbar, mit der ihre Refraktivität in vergleichbar einfacher und zuverlässiger Weise dargestellt werden könnte. Zwar kann der Zustand eines Plasmas, aus der die Ionosphäre besteht, durch die Parameter *Plasmadichte*, *Temperatur der Ionen* und *Elektronen*, *Zusammensetzung der Ionen* vollständig beschrieben werden. Jedoch sind diese Größen im Falle der Ionosphäre nur bei gelegentlichen Raketenaufstiegen zugänglich; sie stehen daher für Laufzeitbestimmungen im allgemeinen nicht zur Verfügung. Immerhin läßt sich mit Hilfe von Satellitensystemen (z.B. GPS) durch Laufzeit- oder Phasenmessungen an Wellen unterschiedlicher Frequenz die Gesamtzahl freier Elektronen (*TEC* = *Total Electron Content*) entlang dem an die Satellitenspuren angelegten Kegelmantel bestimmen ➪ 4.7. Bei flächenhafter Erfassung dieser Daten können daraus Plots erstellt werden, die die für die Erfassungsepoche maßgebliche Verteilung des *TEC* zeigen; ➪ Bild 2.10-3. Da der Zustand der Ionosphäre fast ausschließlich von der Aktivität und dem Stand der Sonne bestimmt wird, ist es sinnvoll, als Bezugsmeridian λ_{S0} dieser Plots den Meridian zu wählen, in dem die Sonne im »Augenblick« der Erfassung des Ionosphärenstatus kulminiert (obere Kulmination). Man erkennt an dem Bild daß die Ionosphärenaktivität in der Zone $\lambda - \lambda_{S0} \approx 45°$, in der sich die Sonne drei Stunden vor ihrer Kulmination im Ortsmeridian bewegte, besonders hoch ist.

Die Sammlung und Auswertung von Beobachtungen des *TEC* über längere Zeitintervalle hinweg, wie sie von einigen GPS-Permanentstationen betrieben wird, ist eine wichtige Datenbasis bei der Erfassung der *Ionosphärischen Laufzeitverzögerung* (➪ 4.7.3).

Die Analyse dieser Beobachtungsreihen läßt tägliche und jahreszeitliche Perioden sowie die Zyklen der Sonnenrotation (27 Tage) und der Sonnenfleckenaktivität (11 Jahre) erkennen, aus denen z.B. durch Kugelfunktionsentwicklungen globale und regionale Prädiktionsmodelle abgeleitet werden können. McNamara/Wilkinson, 1983; Schaer/Beutler/Mervart/Rothacher/Wild, 1994; Jakowski, 1997; Schaer/Beutler/Rothacher, 1998.

Standard-Atmosphären

Die behandelten analytischen Modellatmosphären beschreiben die Atmosphäre zwar auf der Grundlage von Gasgesetzen, aus Gründen notwendiger Vereinfachungen jedoch jeweils unter Annahmen, die durch die Realität, wenn überhaupt, nur für kleine Ausschnitte aus der Atmosphäre abgedeckt sind. Wie bereits erwähnt sind diese Modelle gleichwohl wichtige Werkzeuge bei der Inter- und Extrapolation realer Daten und zur Beschreibung von Atmosphärenschichten.

Ein die gesamte Atmosphäre erfassendes vereinfachtes Bild der Realität vermittelt eine *Standardatmosphäre*, die von der World Meteorological Organization (WMO) wie folgt definiert wurde (Champion/Cole/Kantor, 1985):

»Eine hypothetische vertikale Verteilung von atmosphärischer Temperatur, Druck und Dichte, die grob die Verhältnisse widerspiegelt, die das Jahr über in mittleren Breiten herrschen. Von der Luft wird angenommen, daß sie dem Gasgesetz für ideale Gase und der hydrostatischen Gleichung gehorcht, durch die Temperatur, Druck und Dichte mit dem Schwerepotential in Beziehung gebracht werden.«

Die Parameter einer derartigen Atmosphäre können nur durch meteorologische Langzeitbeobachtungen gewonnen werden, die alle Schichten der Atmosphäre erfassen. Die Daten werden dabei i.d.R. mit Hilfe von Ballon- und Raketensonden gewonnen. Durch Auswertung und Generalisierung der so entstehenden Zeitreihen läßt sich ein digitales Atmosphärenmodell erzeugen, das einen mittleren globalen Status der trockenen Atmosphäre widerspiegelt. Aus der Sicht der Geodätischen Astronomie sind die wichtigsten Parameter dieser Atmosphäre die Temperatur, der Druck und die Dichte.

Beispiele für Standardatmosphären, die die Atmosphäre bis 800 km Höhe erfassen, sind die CIRA 1961 (COSPAR, 1961), CIRA 1972 (COSPAR, 1972), die U.S. Standard Atmosphere (1976) und die DIN/ISO-Normalatmosphäre (DIN/ISO 2533, 1979). Übersichten über die Standardatmosphären finden sich in Cham pion/Cole/Kantor (1985) und AIAA (1990).

Auch für den Bereich der Ionosphäre gibt es Bemühungen, durch Sammlung von Profilen der Plasma-Parameter (Plasma-Dichte, Temperatur der Ionen und der Elektronen und der Zusammensetzung der Ionen) einen zumindest als Referenz geeigneten Standard zu entwickeln (McNamara/Wilkinson, 1983)

3 Bezugssysteme und Bezugsrahmen

3.1 Einführung, Cardansche und Eulersche Drehung

3.1.1 Cartesische Koordinaten und Polarkoordinaten

Wenn die in die Gaußsche Richtungskugel abgebildeten Richtungen miteinander in Beziehung gebracht werden sollen, ist es für das weitere Vorgehen hilfreich, alle Bildpunkte in einem einheitlichen Bezugssystem ⟨E⟩ durch Koordinaten zu beschreiben. Dazu wird in der Regel eine Anordnung von drei aufeinander senkrecht stehenden Basisvektoren X_1, X_2, X_3 benutzt, die an naturgegebenen und/ oder willkürlich festgelegten Richtungen ausgerichtet werden. Zur anschaulichen Beschreibung der Ausrichtung (einschließlich einer Verfügung über die positive Zählrichtung) können die rechtwinkelig aufgespannten ersten drei Finger der Hände dienen. Ordnet man die Richtungen des Daumens, des Zeigefingers und des Mittelfingers der Reihe nach den Achsen X_1, X_2, X_3 zu, so veranschaulicht die linke Hand ein *Linkshandsystem* und die rechte ein *Rechtshandsystem.*

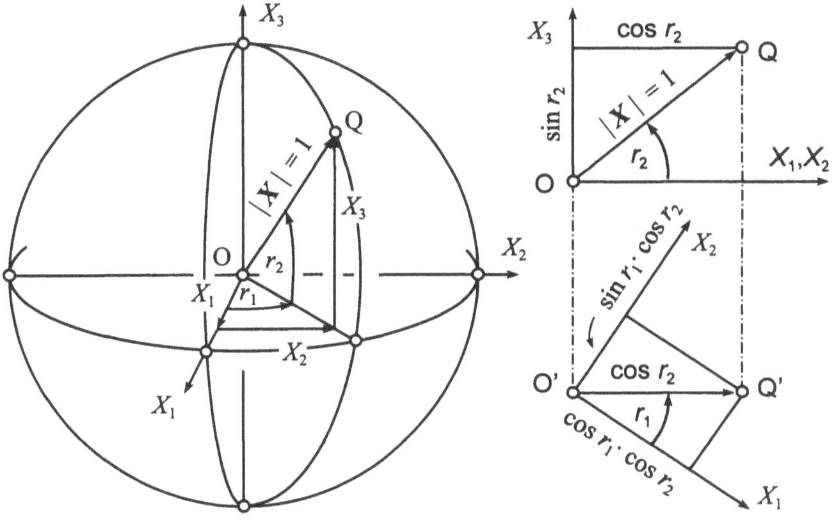

Bild 3.1-1: Beschreibung einer Richtung bzw. deren Bildpunkt in der Gaußschen Richtungskugel durch einen Einheitsvektor $(X_1, X_2, X_3)^T$ oder zwei Richtungswinkel r_1, r_2

Nachdem durch die erwähnten Basisvektoren ein Koordinatendreibein vorgegeben ist, läßt sich eine Richtung im Raum nach Maßgabe von Bild 3.1-1 durch die Angabe von zwei Richtungswinkeln r_1 und r_2 oder durch die drei Komponenten

X_1, X_2, X_3 eines Einheitsvektors eindeutig beschreiben. Auch hinsichtlich des Drehsinns der Richtungswinkel r_1 und r_2 ist eine Vereinbarung erforderlich. Bindet man den Bezugsschenkel des Richtungswinkels r_1 an die X_1- Achse und den des Richtungswinkels r_2 an die X_1/X_2 -Ebene, so gelten die von der X_1-Achse aus auf dem kurzen Weg über die X_2 -Achse in der X_1/X_2-Ebene gezählten Richtungswinkel r_1 und die von der X_1/X_2 -Ebene in Richtung zum positiven Ast der X_3 -Achse gezählten Richtungswinkel r_2 als positiv. Bild 3.1-1 veranschaulicht die Zusammenhänge in einem Rechtshandsystem am Beispiel einer Richtung »Q« , die alternativ durch den Einheitsvektor $\boldsymbol{X} = (X_1, X_2, X_3)^T$ oder durch die beiden Richtungswinkel r_1, r_2 beschrieben wird.

Zwischen den Richtungswinkeln r_1 und r_2, die gemeinsam eine Richtung im Raum beschreiben, und den Komponenten X_1, X_2, X_3 eines auf diese Richtung bezogenen Einheitsvektors $\boldsymbol{X}$, für den

$$X_1^2 + X_2^2 + X_3^2 = 1 \tag{3.1-1}$$

gilt, bestehen die folgenden, aus Bild 3.1-1 fließenden Beziehungen:

$$\boldsymbol{X} = \begin{pmatrix} X_1 \\ X_2 \\ X_3 \end{pmatrix} = \begin{pmatrix} \cos r_1 \cdot \cos r_2 \\ \sin r_1 \cdot \cos r_2 \\ \sin r_2 \end{pmatrix}. \tag{3.1-2}$$

Die dazu inversen Beziehungen lauten (unter Beachtung von $X_1^2 + X_2^2 + X_3^2 = 1$):

$$r_1 := \arccos \frac{X_1}{\sqrt{X_1^2 + X_2^2}} \cap \arcsin \frac{X_2}{\sqrt{X_1^2 + X_2^2}} ;$$

$$\text{oder } r_1 := \arctan \frac{X_2}{X_1} \text{ modulo } 180° ; \tag{3.1-3/1}$$

$$r_2 := \arcsin X_3 ; \qquad \text{oder: } r_2 := \arctan \frac{X_3}{\sqrt{1 - X_3^2}} .$$

Für den Fall, daß $|\boldsymbol{X}|$ nicht auf die Einheit beschränkt wird, was durch einen konstanten Faktor vor dem Vektor auf der rechten Seite von (3.1-2) bewirkt werden kann, gilt anstelle der letzten Zeile von (3.1-3/1):

$$r_2 := \arcsin \frac{X_3}{\sqrt{X_1^2 + X_2^2 + X_3^2}} \cap \arccos \frac{\sqrt{X_1^2 + X_2^2}}{\sqrt{X_1^2 + X_2^2 + X_3^2}}. \tag{3.1-3/2}$$

$$\text{oder} \quad r_2 = \arctan \frac{X_3}{\sqrt{X_1^2 + X_2^2}} \quad \text{modulo } 180°$$

Anmerkung: Sowohl die Arcuscosinus- als auch die Arcussinus-Funktion sind innerhalb des Vollkreises zweideutig. Durch die Bildung der Schnittmenge (ausgedrückt durch den Verschneidungsoperator $\cap$) gelingt es, aus den beiden, für sich alleine jeweils zweideutigen Lösungen die gesuchte (eindeutige) Lösung r_1 festzustellen. Falls die Zweideutigkeit durch andere Überlegungen auflösbar ist, kann der gesuchte Richtungswinkel auch über die (im Vollkreis ebenfalls zweideutige) Arcustangens-Funktion gewonnen werden.

In der Geodätischen Astronomie werden die in der Geodäsie bevorzugten *Linkshand-* und die in der Astronomie traditionell verwendeten *Rechtshandsysteme* nebeneinander eingesetzt. Die Umformung eines rechtshändigen Koordinatentripels in ein linkshändiges und umgekehrt kann durch die *Spiegelung* einer der Koordinatenachsen an der von den beiden anderen Achsen aufgespannten Ebene erreicht werden; ➪ (3.1-19) und (3.1-20).

Gelegentlich werden **Differentialformeln** benötigt, die in einfacher Weise den Zusammenhang zwischen kleinen Änderungen der Richtungswinkel $\mathrm{d}r_1$ und $\mathrm{d}r_2$ und den daraus folgenden kleinen Änderungen der entsprechenden Cartesischen Koordinaten $\mathrm{d}X_1$, $\mathrm{d}X_2$, $\mathrm{d}X_3$ beschreiben; z.B. (Ehlert, 1991). Man gewinnt diese Beziehungen, indem mit Hilfe den partiellen Ableitungen $\partial \boldsymbol{X}/\partial r_1$ und $\partial \boldsymbol{X}/\partial r_2$ das *Totale Differential* der Funktion $\boldsymbol{X} = \boldsymbol{X}\{r_1, r_2\}$ (3.1-2) gebildet wird:

$$\mathrm{d}\boldsymbol{X} = \begin{pmatrix} \mathrm{d}X_1 \\ \mathrm{d}X_2 \\ \mathrm{d}X_3 \end{pmatrix} = \frac{\partial \boldsymbol{X}}{\partial r_1} \cdot \mathrm{d}r_1 + \frac{\partial \boldsymbol{X}}{\partial r_2} \cdot \mathrm{d}r_2 , \qquad (3.1\text{-}4)$$

$$\text{mit} \quad \frac{\partial \boldsymbol{X}}{\partial r_1} = \begin{pmatrix} -\sin r_1 \cdot \cos r_2 \\ \cos r_1 \cdot \cos r_2 \\ 0 \end{pmatrix} \quad \text{und} \quad \frac{\partial \boldsymbol{X}}{\partial r_2} = \begin{pmatrix} -\cos r_1 \cdot \sin r_2 \\ -\sin r_1 \cdot \sin r_2 \\ \cos r_2 \end{pmatrix} .$$

Die Totalen Differentiale der Umkehrfunktionen (3.1-3/1) und (3.1-3/2)

$$\mathrm{d}r_1 = \frac{\partial r_1}{\partial X_1} \cdot dX_1 + \frac{\partial r_1}{\partial X_2} \cdot dX_2 \qquad \text{und}$$

$$\mathrm{d}r_2 = \frac{\partial r_2}{\partial X_1} \cdot dX_1 + \frac{\partial r_2}{\partial X_2} \cdot dX_2 + \frac{\partial r_2}{\partial X_3} \cdot dX_3 .$$

erhält man über die Ableitung der Arcustangens-Funktion:

$$\begin{aligned} \mathrm{d}r_1 &= \frac{1}{X_1^2 + X_2^2} \cdot (-X_2 \cdot \mathrm{d}X_1 + X_1 \cdot \mathrm{d}X_2) ; \\ &= -\sin r_1 \cdot \sec r_2 \cdot \mathrm{d}X_1 + \cos r_1 \cdot \sec r_2 \cdot \mathrm{d}X_2 ; \\ \mathrm{d}r_2 &= -\frac{X_1 \cdot X_3}{\sqrt{X_1^2 + X_2^2}} \cdot \mathrm{d}X_1 - \frac{X_2 \cdot X_3}{\sqrt{X_1^2 + X_2^2}} \cdot \mathrm{d}X_2 + \sqrt{X_1^2 + X_2^2} \cdot \mathrm{d}X_3 \\ &= -\cos r_1 \cdot \sin r_2 \cdot \mathrm{d}X_1 - \sin r_1 \cdot \sin r_2 \cdot \mathrm{d}X_2 + \cos r_2 \cdot \mathrm{d}X_3 . \end{aligned} \tag{3.1-5}$$

In diesen Gleichungen sind die Inkremente $\mathrm{d}X_1$, $\mathrm{d}X_2$, $\mathrm{d}X_3$ noch als unabhängige Variable angenommen, mit der Folge, daß der Vektor $\mathrm{d}\boldsymbol{X} = (\mathrm{d}X_1, \mathrm{d}X_2, \mathrm{d}X_3)^T$, wenn er an $\boldsymbol{X}$ angeschlossen wird, im Allgemeinfall aus der Einheitskugel herausführt. Soll dies ausgeschlossen werden, so dürfen nur solche Vektoren $\mathrm{d}\boldsymbol{X}$ zugelassen werden, die senkrecht auf $\boldsymbol{X}$ stehen, wodurch die für die Einheitskugel maßgebliche Bedingung $X_1^2 + X_1^2 + X_3^2 = 1$ auch den Inkrementen auferlegt wird. Die Forderung nach Orthogonalität von $\boldsymbol{X}$ und $\mathrm{d}\boldsymbol{X}$ wird realisiert, indem das Skalarprodukt dieser beiden Vektoren zu Null gesetzt wird:

$$\boldsymbol{X} \cdot \mathrm{d}\boldsymbol{X} = X_1 \cdot \mathrm{d}X_1 + X_2 \cdot \mathrm{d}X_2 + X_3 \cdot \mathrm{d}X_3 = 0 . \tag{3.1-6}$$

Aufgrund dieser Bedingung sind zwei Inkremente frei wählbar, das dritte ist jeweils eine Funktion der beiden anderen. Auf (3.1-5) angewandt erhält man

$$\mathrm{d}r_2 = \frac{\mathrm{d}X_3}{X_3} . \tag{3.1-7}$$

3.1.2 Räumliche Drehungen

Durch Drehungen um drei grundsätzlich beliebig wählbare nicht identische Achsen läßt sich das $X_1/X_2/X_3$ - System ⟨E⟩ in jedes beliebige andere im Zentrum der Gaußschen Richtungskugel verankerte orthogonale Koordinatensystem X_1', X_2', X_3' ⟨E'⟩ überführen. Die Überführung kann auf beliebigen Wegen erfolgen. In der Geodätischen Astronomie werden vor allem die nach Geronimo Cardano (1501-1576) und Leonhard Euler (1707-1783) benannten Drehmodi verwendet, die man als *Cardanische Drehung* bzw. als *Eulersche Drehung* bezeichnet. Daneben gibt es noch etliche anderer Möglichkeiten, Drehungen zu parametrisieren (Wrobel/Klemm, 1984; Knickmeyer/Nitschke, 1994).

Sowohl bei der Cardanschen als auch bei der Eulerschen Drehung wird die räumliche Gesamtdrehung aus drei »elementaren« Einzeldrehungen zusammengesetzt. Die Einzeldrehungen werden dabei stets um Koordinatenachsen ausgeführt. In beiden Fällen dienen die Richtungswinkel, die die Drehwinkel um einzelne Achsen beschreiben, als Parameter. Der Unterschied der beiden Drehmodi liegt in der Verfügung über die Achsen, um die bei den einzelnen Drehschritten gedreht wird. In beiden Fällen erfolgt die erste Drehung um eine beliebige Koordinatenachse, die zweite Drehung um eine der beiden anderen, die durch den ersten Drehvorgang eine neue Ausrichtung erhalten haben. Während nun aber bei der *Cardanschen Drehung* die dritte Drehung um die dann bereits zweimal gedrehte und noch nicht als Drehachse verwendete dritte Achse erfolgt, wird bei der *Eulerschen Drehung* die dritte Drehung wieder um die bereits benutzte, nunmehr allerdings anders ausgerichteten Achse der ersten Drehung vorgenommen.

Bezeichnet man im Falle der **Cardanschen Drehung** die Drehung um die X_1-Achse mit d_1, die Drehung um die (nach der X_1-Drehung einmal gedrehte) X_2-Achse mit d_2 und die Drehung um die (nach der X_1- und der X_2-Drehung zweimal gedrehte) X_3-Achse mit d_3, und die diesen Einzeldrehungen entsprechenden Rotationsmatrizen mit $\boldsymbol{R}_{C1}$, $\boldsymbol{R}_{C2}$, $\boldsymbol{R}_{C3}$, so läßt sich der Übergang vom $X_1/X_2/X_3$ - in das $X_1'/X_2'/X_3'$-System durch die folgende Matrizenoperation beschreiben:

$$\begin{pmatrix} X_1' \\ X_2' \\ X_3' \end{pmatrix} := \boldsymbol{R}_C \cdot \begin{pmatrix} X_1 \\ X_2 \\ X_3 \end{pmatrix} = \boldsymbol{R}_{C3} \cdot \boldsymbol{R}_{C2} \cdot \boldsymbol{R}_{C1} \cdot \begin{pmatrix} X_1 \\ X_2 \\ X_3 \end{pmatrix} . \qquad (3.1\text{-}8)$$

Die einzelnen Matrizen sind dabei folgendermaßen aufgebaut:

$$\boldsymbol{R}_{C1} = \boldsymbol{R}_{C1}\{d_1\} = \begin{pmatrix} 1 & 0 & 0 \\ 0 & \cos d_1 & \sin d_1 \\ 0 & -\sin d_1 & \cos d_1 \end{pmatrix} ; \qquad (3.1\text{-}9/1)$$

$$\boldsymbol{R}_{C2} = \boldsymbol{R}_{C2}\{d_2\} = \begin{pmatrix} \cos d_2 & 0 & -\sin d_2 \\ 0 & 1 & 0 \\ \sin d_2 & 0 & \cos d_2 \end{pmatrix} ; \qquad (3.1\text{-}9/2)$$

$$\boldsymbol{R}_{C3} = \boldsymbol{R}_{C3}\{d_3\} = \begin{pmatrix} \cos d_3 & \sin d_3 & 0 \\ -\sin d_3 & \cos d_3 & 0 \\ 0 & 0 & 1 \end{pmatrix} . \qquad (3.1\text{-}9/3)$$

Die Matrix der Gesamtdrehung ergibt sich, wie bereits in (3.1-8) angedeutet, durch aufeinander folgende Multiplikation der Einzelmatrizen:

$$\boldsymbol{R}_{\mathrm{C}} = \boldsymbol{R}_{\mathrm{C}}\{d_1, d_2, d_3\} = \boldsymbol{R}_{\mathrm{C3}}\{d_3\} \cdot \boldsymbol{R}_{\mathrm{C2}}\{d_2\} \cdot \boldsymbol{R}_{\mathrm{C1}}\{d_1\} =$$

$$\begin{pmatrix} \cos d_2 \cdot \cos d_3 & \cos d_1 \cdot \sin d_3 + \sin d_1 \cdot \sin d_2 \cdot \cos d_3 & \sin d_1 \cdot \sin d_3 - \cos d_1 \cdot \sin d_2 \cdot \cos d_3 \\ -\cos d_2 \cdot \sin d_3 & \cos d_1 \cdot \cos d_3 - \sin d_1 \cdot \sin d_2 \cdot \sin d_3 & \sin d_1 \cdot \cos d_3 + \cos d_1 \cdot \sin d_2 \cdot \sin d_3 \\ \sin d_2 & -\sin d_1 \cdot \cos d_2 & \cos d_1 \cdot \cos d_2 \end{pmatrix} .$$

(3.1-10)

Wenn nur differentielle Drehungen $\mathrm{d}d_1$, $\mathrm{d}d_2$, $\mathrm{d}d_3$ ausgeführt werden, vereinfacht sich wegen $\sin \mathrm{d}d = \mathrm{d}d$ und $\cos \mathrm{d}d = 1$ (3.1-10) zu

$$\mathrm{d}\boldsymbol{R}_{\mathrm{C}} = \boldsymbol{R}_{\mathrm{C}}\{\mathrm{d}d_1, \mathrm{d}d_2, \mathrm{d}d_3\} = \begin{pmatrix} 1 & \mathrm{d}d_3 & -\mathrm{d}d_2 \\ -\mathrm{d}d_3 & 1 & \mathrm{d}d_1 \\ \mathrm{d}d_2 & -\mathrm{d}d_1 & 1 \end{pmatrix} . \quad (3.1\text{-}11)$$

Im Falle einer **Eulerschen Drehung**, die z.B. durch die Drehwinkel e_3 um die X_3-Achse, e_2 um die (gedrehte) X_2-Achse und e^*_3 (um die einmal gedrehte) X_3-Achse, bzw. durch die entsprechenden Drehmatrizen $\boldsymbol{R}_{\mathrm{E3}}$, $\boldsymbol{R}_{\mathrm{E2}}$, $\boldsymbol{R}^*_{\mathrm{E3}}$ gekennzeichnet ist, lautet die Matrizenoperation:

$$\begin{pmatrix} X_1' \\ X_2' \\ X_3' \end{pmatrix} := \boldsymbol{R}_{\mathrm{E}} \cdot \begin{pmatrix} X_1 \\ X_2 \\ X_3 \end{pmatrix} = \boldsymbol{R}^*_{\mathrm{E3}} \cdot \boldsymbol{R}_{\mathrm{E2}} \cdot \boldsymbol{R}_{\mathrm{E3}} \cdot \begin{pmatrix} X_1 \\ X_2 \\ X_3 \end{pmatrix} ; \quad (3.1\text{-}12)$$

Die einzelnen Drehmatrizen sind hier wie folgt aufgebaut:

$$\boldsymbol{R}_{\mathrm{E3}} = \boldsymbol{R}_{\mathrm{E3}}\{e_3\} = \begin{pmatrix} \cos e_3 & \sin e_3 & 0 \\ -\sin e_3 & \cos e_3 & 0 \\ 0 & 0 & 1 \end{pmatrix} . \quad (3.1\text{-}13/1)$$

$$\boldsymbol{R}_{\mathrm{E2}} = \boldsymbol{R}_{\mathrm{E2}}\{e_2\} = \begin{pmatrix} \cos e_2 & 0 & -\sin e_2 \\ 0 & 1 & 0 \\ \sin e_2 & 0 & \cos e_2 \end{pmatrix} ; \quad (3.1\text{-}13/2)$$

$$\boldsymbol{R}^*_{\mathrm{E3}} = \boldsymbol{R}^*_{\mathrm{E3}}\{e^*_3\} = \begin{pmatrix} \cos e^*_3 & \sin e^*_3 & 0 \\ -\sin e^*_3 & \cos e^*_3 & 0 \\ 0 & 0 & 1 \end{pmatrix} . \quad (3.1\text{-}13/3)$$

Für die Matrix der Gesamtdrehung, wie sie (3.1-12) zugrunde liegt, gilt hier:

$$\boldsymbol{R}_{\mathrm{E}} = \boldsymbol{R}_{\mathrm{E}}\{e_3, e_2, e_3^*\} = \boldsymbol{R}_{\mathrm{E3}}^*\{e_3^*\} \cdot \boldsymbol{R}_{\mathrm{E2}}\{e_2\} \cdot \boldsymbol{R}_{\mathrm{E3}}\{e_3\} =$$

$$\begin{pmatrix} \cos e_3 \cdot \cos e_2 \cdot \cos e_3^* - \sin e_3 \cdot \sin e_3^* & \sin e_3 \cdot \cos e_2 \cdot \cos e_3^* + \cos e_3 \cdot \sin e_3^* & -\sin e_2 \cdot \cos e_3^* \\ -\cos e_3 \cdot \cos e_2 \cdot \sin e_3^* - \sin e_3 \cdot \cos e_3^* & -\sin e_3 \cdot \cos e_2 \cdot \sin e_3^* + \cos e_3 \cdot \cos e_3^* & \sin e_2 \cdot \sin e_3^* \\ \cos e_3 \cdot \sin e_2 & \sin e_3 \cdot \sin e_2 & \cos e_2 \end{pmatrix} \tag{3.1-14}$$

Die entsprechende Matrix für **differentielle Drehungen** $\mathrm{d}e_3$, $\mathrm{d}e_2$, $\mathrm{d}e_3^*$ lautet:

$$\mathrm{d}\boldsymbol{R}_{\mathrm{E}} = \boldsymbol{R}_{\mathrm{E}}\{\mathrm{d}e_3, \mathrm{d}e_2, \mathrm{d}e_3^*\} = \begin{pmatrix} 1 & \mathrm{d}e_3 + \mathrm{d}e_3^* & -\mathrm{d}e_2 \\ -\mathrm{d}e_3 - \mathrm{d}e_3^* & 1 & 0 \\ \mathrm{d}e_2 & 0 & 1 \end{pmatrix}. \tag{3.1-15}$$

Um die Kinematik beliebiger Drehvorgänge zu analysieren bzw. zu beschreiben, ist es gelegentlich notwendig, mehr als nur drei Einzeldrehungen aneinanderzufügen, deren Abfolge nicht notwendigerweise an das Cardansche oder Eulersche Drehschema gebunden ist (Drehungen um beliebige Achsen in beliebiger Reihenfolge). Dieser **Allgemeinfall einer Drehung** läßt sich durch eine Folge von n Drehmatrizen $\boldsymbol{R}_{\mathrm{Xi}}$ beschreiben, die durch $n-1$ aufeinander folgende Matrizenmultiplikationen (Symbol des Produktoperators: Π) verknüpft werden (X = 1, 2 oder 3 = Kennzahl der Drehachse nach freier Wahl und in beliebiger Folge, i = 1...n = Anzahl der Faktoren):

$$\boldsymbol{R}_{\mathrm{b}} = \prod_{i=n}^{1} \boldsymbol{R}_{\mathrm{X}i}\{\ldots d_{\mathrm{X}i} \ldots\}. \tag{3.1-16}$$

Die entsprechende Matrix für **differentielle Drehungen** lautet:

$$\mathrm{d}\boldsymbol{R}_{\mathrm{b}} = \begin{pmatrix} 1 & \sum \mathrm{d}d_3 & -\sum \mathrm{d}d_2 \\ -\sum \mathrm{d}d_3 & 1 & \sum \mathrm{d}d_1 \\ \sum \mathrm{d}d_2 & -\sum \mathrm{d}d_1 & 1 \end{pmatrix}. \tag{3.1-17}$$

Wenn der Cardansche, der Eulersche oder der zuletzt beschriebene beliebige Drehmodus jeweils auf die gleichen Ausgangssysteme $X_1/X_2/X_3$ und $X_1'/X_2'/X_3'$ angesetzt wird, gilt notwendigerweise $\boldsymbol{R} \equiv \boldsymbol{R}_{\mathrm{C}} \equiv \boldsymbol{R}_{\mathrm{E}} \equiv \boldsymbol{R}_{\mathrm{b}}$. Die einer Drehmatrix $\boldsymbol{R} \equiv \boldsymbol{R}_{\mathrm{C}} \equiv \boldsymbol{R}_{\mathrm{E}} \equiv \boldsymbol{R}_{\mathrm{b}}$ zugrunde liegenden »elementaren Drehwinkel« d_i bzw. e_i (i = 1, 2, 3) sind jedoch verschieden, wie der Vergleich von (3.1-10) und (3.1-14) deutlich zeigt. Verschiedene Drehwinkel erhält man aber auch innerhalb eines Drehmodus, wenn man die Reihenfolge variiert, in der die Elementardrehungen vorgenommen werden (Dorrer, 1981): Entsprechend den sechs Möglichkeiten, die

Reihenfolge der Drehungen um drei Achsen festzulegen (im Falle der Cardanschen Drehung: 1-2-3, 1-3-2, 2-1-3, 2-3-1, 3-1-2, 3-2-1, bei der Euler-Drehung: 1-2-1*, 1-3-1*, 2-1-2*, 2-3-2*, 3-1-3*, 3-2-3*), gibt es jeweils sechs unterschiedliche Winkeltripel, mit denen die Gesamtdrehung beschrieben werden kann. Sie

$$\boldsymbol{R} = \begin{pmatrix} R_{11} & R_{12} & R_{13} \\ R_{21} & R_{22} & R_{23} \\ R_{31} & R_{32} & R_{33} \end{pmatrix} \qquad (3.1\text{-}18)$$

alle lassen sich aus den Elementen der Rotationsmatrix

nach einem von Dorrer a.a.O. entwickelten Schema rekonstruieren.

Bei der Abfolge von Einzeldrehungen, wie sie den Drehmatrizen (3.1-10) und (3.1-14) zugrunde gelegt wurde, erhält man bei der

Cardanschen Drehung mit der Drehfolge 1-2-3

$$\tan d_1 := -\frac{R_{32}}{R_{33}}\,; \quad \sin d_2 := R_{31}\,; \quad \tan d_3 := -\frac{R_{21}}{R_{11}} \qquad (3.1\text{-}19/1)$$

und bei der *Eulerschen Drehung mit der Drehfolge 3-2-3**

$$\tan e_3 := \frac{R_{32}}{R_{31}}\,; \quad \cos e_2 := R_{33}\,; \quad \tan e_3^* := -\frac{R_{23}}{R_{13}}\,. \qquad (3.1\text{-}19/2)$$

(Die angegebenen Beziehungen können leicht den Matrizen (3.1-10) bzw. (3.1-14) entnommen werden; vgl. auch Kuntz, 1965).

Durch eine Analyse der Komponenten von $\boldsymbol{R}$ (3.1-18) kann im übrigen auch geprüft werden, ob es sich bei einer vorgegebenen Matrix überhaupt um eine Rotationsmatrix handelt. (Allein der Blick auf die oft komplizierte Struktur der Matrix, wie z.B. von (3.1-10) oder (3.1-14), oder auf eine mit Zahlen besetzte Matrix läßt ihre Eigenschaft im allgemeinen nicht erkennen). Die Prüfung ist sehr einfach anhand der Determinante von $\boldsymbol{R}$ möglich, für die im Falle einer Rotationsmatrix $\det\boldsymbol{R} = 1$ gilt.

Wir haben gesehen, daß ein durch die Drehmatrix $\boldsymbol{R}$ beschreibbarer Drehvorgang aus einer beliebigen Anzahl von Einzeldrehungen zusammengesetzt sein kann. Bei geeigneter Wahl der Drehachse, die nun nicht mehr an die Koordinatenachsen gebunden ist, läßt sich die Drehung aber immer auch in einem einzigen Schritt, d.h. über nur einen Drehwinkel vollziehen, Die so gewählte Achse führt die Bezeichnung **Geometrische Drehachse**. Nach Richter (1986, 123) lautet der Rotationsvektor, der die Richtung der Geometrischen Drehachse und den Betrag des entsprechenden Drehwinkels beschreibt:

$$\boldsymbol{b} = \begin{pmatrix} b_1 \\ b_2 \\ b_3 \end{pmatrix} := \frac{1}{2} \cdot \begin{pmatrix} R_{32} - R_{23} \\ R_{13} - R_{31} \\ R_{21} - R_{12} \end{pmatrix} . \tag{3.1-20/1}$$

Die Richtungswinkel dieses Vektors, bezogen auf das Ausgangssystem, sind nach (3.1-3/2):

$$\begin{aligned} r_1 &:= \arccos \frac{b_1}{\sqrt{b_1^2 + b_2^2}} \cap \arcsin \frac{b_2}{\sqrt{b_1^2 + b_2^2}} ; \\ r_2 &:= \arctan \frac{b_3}{\sqrt{b_1^2 + b_2^2}} . \end{aligned} \tag{3.1-20/2}$$

Den Drehwinkel erhält man aus:

$$\beta := \arcsin \sqrt{b_1^2 + b_2^2 + b_3^2} . \tag{3.1-20/3}$$

Wegen ihrer Zweideutigkeit fließt aus der Arcussinus-Funktion (3.1-20/3) neben dem Winkel β auch noch der Winkel $180° - \beta$ ein. Die beiden Winkel korrespondieren mit zwei entgegengesetzt ausgerichteten Geometrischen Rotationsvektoren $\boldsymbol{b}$ und $-\boldsymbol{b}$, die beide – jeder für sich – den Drehvorgang vollständig beschreiben. Man kann daher weitgehende Aussagen sowohl auf $\boldsymbol{b}$ als auch auf $-\boldsymbol{b}$ stützen.

Bei Drehungen bleibt die topologische Struktur des vorgegebenen Koordinatensystems – Rechtshand- oder Linkshandsystem – unverändert. Soll ein Rechtshand- in ein Linkshandsystem oder ein Linkshand- in ein Rechtshandsystem überführt werden, so kann dies durch die **Spiegelung** einer Achse an der durch die beiden anderen Achsen aufgespannten Ebene erfolgen. Bei diesem Vorgang kehren sich die Vorzeichen in der gespiegelten Koordinatenrichtung um.

Vektoriell läßt sich diese Spieglung durch

$$\begin{pmatrix} X_1' \\ X_2' \\ X_3' \end{pmatrix} := \boldsymbol{S}_i \cdot \begin{pmatrix} X_1 \\ X_2 \\ X_3 \end{pmatrix} \quad \text{bzw.} \quad \begin{pmatrix} X_1 \\ X_2 \\ X_3 \end{pmatrix} := \boldsymbol{S}_i \cdot \begin{pmatrix} X_1' \\ X_2' \\ X_3' \end{pmatrix} \tag{3.1-21/1}$$

zum Ausdruck bringen. Der Index $i = 1, 2, 3$ gibt an, welche der drei Koordinatenachsen gespiegelt wird. Die drei zur Anwendung in (3.1-21/1) in Betracht kommenenden *Spiegelungsmatrizen* lauten:

$$\boldsymbol{S}_1 = \begin{pmatrix} -1 & 0 & 0 \\ 0 & 1 & 0 \\ 0 & 0 & 1 \end{pmatrix} ; \quad \boldsymbol{S}_2 = \begin{pmatrix} 1 & 0 & 0 \\ 0 & -1 & 0 \\ 0 & 0 & 1 \end{pmatrix} ; \quad \boldsymbol{S}_3 = \begin{pmatrix} 1 & 0 & 0 \\ 0 & 1 & 0 \\ 0 & 0 & -1 \end{pmatrix} . \quad (3.1\text{-}21/2)$$

Wird eine Spiegelung $\boldsymbol{S}$ mit einer Drehung $\boldsymbol{R}$ verknüpft, so gilt für $\boldsymbol{R}{\cdot}\boldsymbol{S}$ oder $\boldsymbol{S}{\cdot}\boldsymbol{R}$: $\det\{\boldsymbol{R}{\cdot}\boldsymbol{S}\} = \det\{\boldsymbol{S}{\cdot}\boldsymbol{R}\} = -1$.

3.2 Grundlegende Bezugssysteme

3.2.1 Vorbemerkung

Positionen und Bewegungen von Körpern sind keine absolut gültigen Begriffe. Um sie beschreiben zu können, ist es notwendig, ein Bezugssystem vorzugeben, auf die sie bezogen werden. Praktisch erfolgt diese Vorgabe meist durch die Einführung eines dreidimensionalen Cartesischen Koordinatensystems, mit dem geometrische und physikalische Zustände und Vorgänge auf einfache Weise analytisch beschrieben werden können (Kovalevsky/Mueller, 1989, 1). So erfordert beispielsweise die Berechnung von Planeten- und Satellitenbahnen die Einführung eines *Inertialen Bezugssystems*, weil die *Newtonschen Trägheitsgesetze*, denen die Planeten- und Satellitenbewegungen unterworfen sind, nur in einem solchen System gelten. Zur Darstellung erdbezogener Tatbestände wäre demgegenüber ein derartiges System völlig ungeeignet, da es definitionsgemäß nur unbeschleunigte translatorische Bewegungen ausführen und daher nicht an der Erdrotation teilnehmen kann. Hier bieten sich *Erdfeste Bezugssysteme* an, die dadurch gekennzeichnet sind, daß in ihnen erdfeste Punkte konstante Koordinaten besitzen (Schödlbauer, 1993, 164).

Wie bereits in 1.1 ausgeführt wurde, besteht die Hauptaufgabe der Geodätischen Astronomie darin, aus bekannten Richtungen zu Himmelskörpern erdbezogene Richtungen abzuleiten. Die Lösung dieser Aufgabe erfordert die Auswertung der zeitabhängigen geometrischen Beziehungen zwischen den verschiedenen zur Beschreibung der zälestischen und terrestrischen Sachverhalte in Betracht kommenden (zälestischen und terrestrischen) Bezugssysteme. Insbesondere sind die Zusammenhänge zwischen einer Folge von intermediären Bezugssystemen darzustellen, die den Übergang zwischen dem *Vereinbarten Inertialsystem (CIS = Conventional Inertial System)* und dem *Vereinbarten erdfesten Bezugssystem (CTS = Conventional Terrestrial System)* vermitteln. Grundlegende theoretische Arbeiten zur die Hierarchie der Bezugssysteme haben u.a. Grafarend/Mueller/Papo/Richter (1979/1; 1979/2), Richter (1985; 1986) und Mueller (1982; 1985; 1988; 1989) geleistet.

Die folgenden Abschnitte 3.2.2 - 3.2.6 sollen einen Überblick über die wichtigsten für diesen Übergang in Betracht kommenden Bezugssysteme und über die mit diesen Systemen zusammenhängenden Begriffen geben. Notwendige Varianten der einzelnen Systeme, die sich durch kleine Unterschiede in der Ausrichtung unterscheiden, und auf die Übergänge zwischen diesen Varianten, wird in Kapitel 4 eingegangen.

3.2.2 Allgemeines erdfestes Beobachtungssystem ⟨AB⟩

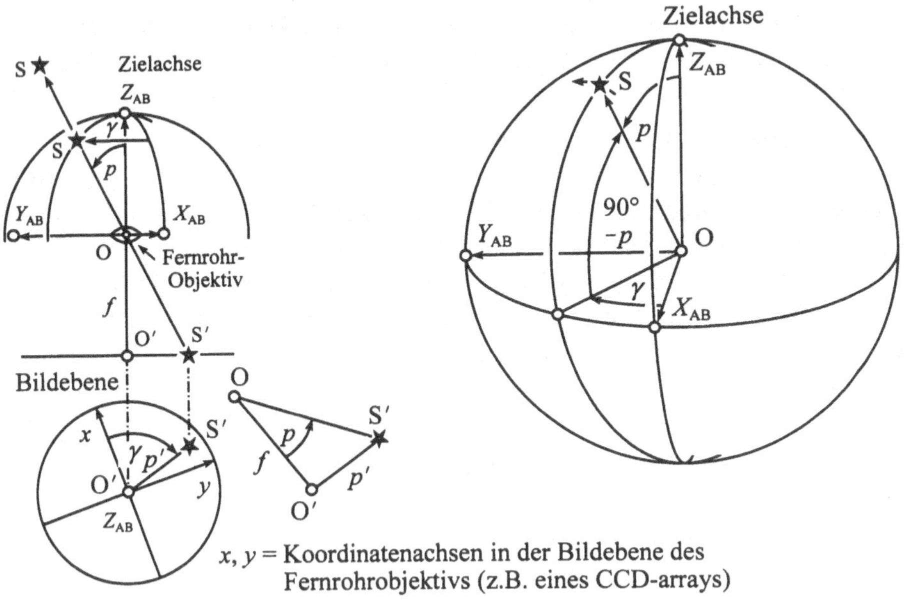

Bild 3.2-1: Allgemeines Beobachtungssystem ⟨AB⟩

Ein Allgemeines Beobachtungssystem ⟨AB⟩ wird durch ein ideales Meßfernrohr verkörpert, das - ausgerüstet mit einem Okularmikrometer oder als photographische oder CCD-Meßkammer - die Möglichkeit bietet, die räumliche Ausrichtung einer beliebigen Ziellinie relativ zum Achssystem des Fernrohrs zu messen.

Das Achssystem eines solchen Fernrohrs ist wie folgt festgelegt:

O	= Optisches Zentrum des Objektivs
Z-Achse	= Fernrohrachse = »Zielachse«
	= Verbindungslinie O-Fadenkreuzschnittpunkt
X-Achse	= Parallele zum »Vertikalfaden« des Fadenkreuzes durch O
Y-Achse	= Parallele zum »Horizontalfaden« des Fadenkreuzes durch O

X- und Y-Achse stehen im Sinne eines Rechtssystems senkrecht zur Z-Achse.

Die angegebenen Richtungen gelten für Meßfernrohre mit festem Fadenkreuz. An die Stelle des Fadenkreuzes treten bei photogrammetrischen Meßkammern die Verbindungslinien der Rahmenmarken, in einem CCD-Feld zwei definierte, aufeinander senkrecht stehende Pixelreihen.

Unter einer Ziellinie wird die Verbindungslinie des optischen Zentrums des Objektivs mit einem Zielpunkt verstanden.

In Bild 3.2-1 ist ein solches System skizziert, links oben in einem Schnitt durch die Zielachse, unten in einem Schnitt parallel zur Bildebene, die der Beobachter mit dem Okular betrachten kann. Falls das Fernrohr Teil einer photographischen oder CCD-Meßkammer ist, liegen die Photoplatte und das CCD-Array in der Bildebene.

Das Bild zeigt außerdem eine beliebige Ziellinie O−S, die von der Fernrohrachse um die Richtungswinkel $r_1 = \gamma$ und $r_2 = 90°-p$ entfernt liegt. Diese Winkel ergeben sich bei Kenntnis der Brennweite f aus den Bildkoordinaten x und y nach den Regeln der perspektivischen Abbildung (Gnomonische Projektion; ➪ 7.4.2). Zwischen den Bildkoordinaten, die unmittelbar am Fernrohr (Okularmikrometer) oder durch nachträgliche Auswertung von Photoplatte oder CCD-Feld gewonnen werden, und den korrespondierenden Richtungswinkeln bestehen die folgenden Zusammenhänge:

$$\gamma := \arccos \frac{x}{\sqrt{x^2+y^2}} \cap \arcsin \frac{y}{\sqrt{x^2+y^2}} \qquad (3.2\text{-}1/1)$$

$$\text{oder} \quad \gamma := \arctan \frac{y}{x} \text{ modulo } 180° ; \qquad (3.2\text{-}1/2)$$

$$p := \arctan \frac{p'}{f} \quad \text{mit} \quad p' := \sqrt{x^2+y^2} . \qquad (3.2\text{-}1/3)$$

Für die inversen Beziehungen findet man durch Multiplikation von (3.2-1/1) mit (3.2-1/3):

$$\begin{aligned} y &= f \cdot \tan p \cdot \sin\gamma ; \\ x &= f \cdot \tan p \cdot \cos\gamma . \end{aligned} \qquad (3.2\text{-}2)$$

Nach diesen aus Bild 3.2-1 ablesbaren Formeln spannen die x− und die y− Achse ein Linkshandsystem auf, wenn die Bildebene, wie dies bei der Ausmessung von Photographien (Originalnegative) notwendig ist, von der Schichtseite aus betrachtet und ausgemessen werden. Bei dieser Sicht erhält der Betrachter ein seitenrichtiges Bild des Sternhimmels.

Der den Polarkoordinaten γ und p bzw. den Bildkoordinaten x und y entsprechende, zum Zielpunkt S zeigende Vektor lautet:

$$\boldsymbol{X}_{AB} = \begin{pmatrix} X_{AB} \\ Y_{AB} \\ Z_{AB} \end{pmatrix} = \begin{pmatrix} \cos\gamma \cdot \sin p \\ \sin\gamma \cdot \sin p \\ \cos p \end{pmatrix} . \qquad (3.2\text{-}3)$$

Einen praktisch wichtigen Sonderfall eines ⟨AB⟩, den wir als **Lotrechtes (erdfestes) Beobachtungssystem ⟨LB⟩** bezeichnen, wird durch eine lotrecht aufgestellte photographische oder CCD-Meßkammer (Zenitkammer) verkörpert. Definitionsgemäß zeigt die Fernrohrachse (= Z_{LB}-Achse) zum Zenit. Die an diesem System gewonnenen Polarkoordinaten γ, p und die daraus abgeleiteten Vektoren $\boldsymbol{X}_{LB}$ sind identisch mit den Ergebnissen einer Messung im nachfolgend beschriebenen Allgemeinen Horizontsystem ⟨AH⟩: k, z bzw. $\boldsymbol{X}_{AB}$.

3.2.3 Allgemeines erdfestes Horizontsystem ⟨AH⟩

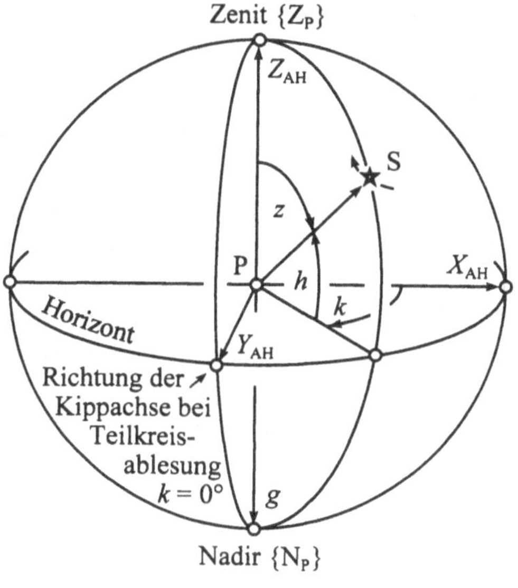

Bild 3.2-2: Allgemeines Horizontsystem ⟨AH⟩

Ein Horizontsystem ist ein erdfestes, an die Lotrichtung eines Beobachtungsstandorts P gebundenes Bezugssystem. Der für das System bestimmende Basisvektor

$$\boldsymbol{Z} = \boldsymbol{Z}_{AH} = \boldsymbol{X}_3$$

ist dem Lotrichtungsvektor $\boldsymbol{g}\{P\}$ entgegen gerichtet. Die Normierung auf die Einheit wird durch Division von $\boldsymbol{g}$ durch seinen Betrag $|\boldsymbol{g}|$ erreicht.

$$\boldsymbol{Z} = \boldsymbol{Z}_{AH} = -\ \boldsymbol{g}/|\boldsymbol{g}|.$$

Die beiden anderen, zur $\boldsymbol{Z}_{AH}$-Achse senkrecht stehenden (und zueinander ebenfalls orthogonalen) Basisvektoren $\boldsymbol{X} = \boldsymbol{X}_{AH} = \boldsymbol{X}_1$ und $\boldsymbol{Y} = \boldsymbol{Y}_{AH} = -\boldsymbol{X}_2$ spannen eine *Horizontalebene* auf. Diese schneidet aus der Himmelskugel den *Horizont* aus. Der Durchstoßpunkt des positiven (nach »oben« zeigenden) Hälfte der $\boldsymbol{Z}$-Achse mit der Himmelskugel wird *Zenit*, der diametral gegenüber (also »unten«) liegende Schnittpunkt *Nadir* genannt. Mit der Verfügung $\boldsymbol{Y} = \boldsymbol{Y}_{AH} = -\boldsymbol{X}_2$ wird neben der Bezugnahme auf den bereits in 3.1 definierten Basisvektor $\boldsymbol{X}_2$ durch die Umkehr des Vorzeichens außerdem noch erreicht, daß das hier eingeführte $X/Y/Z$-System – im Gegensatz zu dem in 3.1 definierten *Rechtshandsystem* $X_1/X_2/X_3$ – ein *Linkshandsystem* ist, wie man es z.B. auch in der Landesvermessung verwendet. Das Bezugssystem läßt sich, wie bereits erwähnt, durch einen Theodoliten materialisieren, dessen Stehachse in der Z-Achse liegt, und dessen Teilkreisnullrichtung mit der X-Achse zusammenfällt.

In einem Horizontsystemen spielen neben den bereits genannten ausgezeichneten Kreisen und Punkten (Horizont, Zenit) noch die folgenden *Geometrischen Örter* eine bevorzugte Rolle:

- Die zur Horizontalebene senkrecht stehenden *Vertikalebenen* und die als *Vertikalkreise* oder kurz *Vertikale* bezeichneten Schnitte der Vertikalebenen mit der Himmelskugel.
  Die *Vertikale* sind wie der Horizont Großkreise der Himmelskugel. Zwei der Vertikalebenen haben eine herausgehobene Bedeutung, nämlich die *Meridianebene* (*Ebene des Ortsmeridians*) und die *Ebene des Ersten Vertikals*. Die *Meridianebene* ist die Vertikalebene, die parallel zur Rotationsachse der Erde liegt. Ihr Schnitt mit der Himmelskugel – ebenfalls ein Großkreis – heißt *Meridian (Ortsmeridian)*. Die *Ebene des Ersten Vertikals* steht zur Horizontalebene und zur Meridianebene senkrecht, ihr Schnitt mit der Himmelskugel heißt *Erster Vertikal* .

- Die zum Horizont parallelen Kleinkreise der Himmelskugel; sie werden als *Almukantarate* bezeichnet.

- Der *Himmelsnordpol (HNP)* und der *Himmelssüdpol (HSP)*. Diese Punkte bezeichnen die im Meridian liegenden Durchstoßpunkte der Parallelen zur Rotationsachse der Erde durch die Himmelskugel.

- *Nord-*, *Süd-*, *West-* und *Ostpunkt*. Die Punkte verkörpern die entsprechenden Himmelsrichtungen und liegen in den Schnittpunkten des Horizonts mit dem Meridian (Nord und Süd) bzw. mit dem Ersten Vertikal (West und Ost).

Ein Horizontsystem kann durch einen idealen, lotrecht aufgestellten Theodoliten materialisiert werden. Dabei wird die Z-Achse durch die Stehachse des Theodolits und die X-Achse durch die Richtung des Teilkreisnullpunktes repräsentiert. Bei den mit der Alhidade des Theodolits am Horizontalkreis ablesbaren Winkeln, die die Grundrißkomponenten beliebiger Raumrichtungen P→Q beschreiben, handelt es sich um *frei orientierte Richtungswinkel* $r_1 = k$, die entsprechend der Definition des Horizontsystems als ein Linkshandsystems im Uhrzeigersinn gezählt werden. Ihr Wertevorrat umfaßt alle Winkel des Vollkreises: k: $[0° \ldots 360°[$. Bei den mit dem Vertikalkreis eines Theodolits meßbaren, in Vertikalebenen liegenden Richtungswinkeln r_2 bzw. $90°-r_2$ spricht man von *Höhenwinkeln* und *Zenitdistanzen*, je nachdem ob der Winkel vom Horizont aus in Richtung Zenit oder vom Zenit aus in Richtung Horizont gemessen wird, was von der Konstruktion des Theodolits abhängt. Zenitdistanzen und Höhenwinkel werden im folgenden mit z bzw. mit h bezeichnet. Für r_2 gilt demnach: $r_2 = h = 90° - z$. Die Höhenwinkel und Zenitdistanzen bewegen sich in folgenden Wertevorräten: h: $[+90° \ldots 0° \ldots -90°]$; z: $[0° \ldots 180°]$.

Der zum Zielpunkt S zeigende Vektor lautet:

$$\boldsymbol{X}_{\mathrm{AH}} = \begin{pmatrix} X_{\mathrm{AH}} \\ Y_{\mathrm{AH}} \\ Z_{\mathrm{AH}} \end{pmatrix} = \begin{pmatrix} \cos k \cdot \sin z \\ \sin k \cdot \sin z \\ \cos z \end{pmatrix} . \qquad (3.2\text{-}4)$$

Entsprechend der Beliebigkeit, mit der die X-Achse ausgerichtet werden kann, gibt es offenbar in jedem Standort beliebig viele Horizontsysteme. Einen Sonderfall in dieser Menge stellt das in Bild 3.2-3 skizzierte

Nordorientiertes Horizontsystem ⟨NH⟩

dar, dessen Ausrichtung durch die Richtung des *Zenits* $\boldsymbol{Z} = \boldsymbol{Z}_{\mathrm{AH}} = \boldsymbol{Z}_{\mathrm{NH}} = -\boldsymbol{g}/|\boldsymbol{g}|$ (wie bei allen Horizontsystemen) und durch die Meridianebene des Standorts bestimmt ist, an deren *Nord*-Punkt die $\boldsymbol{X}$-Achse ausgerichtet ist: $\boldsymbol{X} = \boldsymbol{X}_{\mathrm{NH}} = \boldsymbol{X}_1$.

Der Richtungswinkel $r_1 = a$ führt im **⟨NH⟩**-System die Bezeichnung *Azimut*. Sein Wertevorrat beträgt a: $[0° \ldots 360°[$. Nach der Systemdefinition wird das Azimut von der Nordrichtung aus im Uhrzeigersinn gezählt (*Nordazimut*). In der älteren Literatur wurde das Azimut meist auf die Südrichtung bezogen (*Südazimut*).

Der zum Zielpunkt S zeigende Vektor lautet:

$$\boldsymbol{X}_{\mathrm{NH}} = \begin{pmatrix} X_{\mathrm{NH}} \\ Y_{\mathrm{NH}} \\ Z_{\mathrm{NH}} \end{pmatrix} = \begin{pmatrix} \cos\{k-k_0\} \cdot \sin z \\ \sin\{k-k_0\} \cdot \sin z \\ \cos z \end{pmatrix} = \begin{pmatrix} \cos a \cdot \sin z \\ \sin a \cdot \sin z \\ \cos z \end{pmatrix} . \qquad (3.2\text{-}3)$$

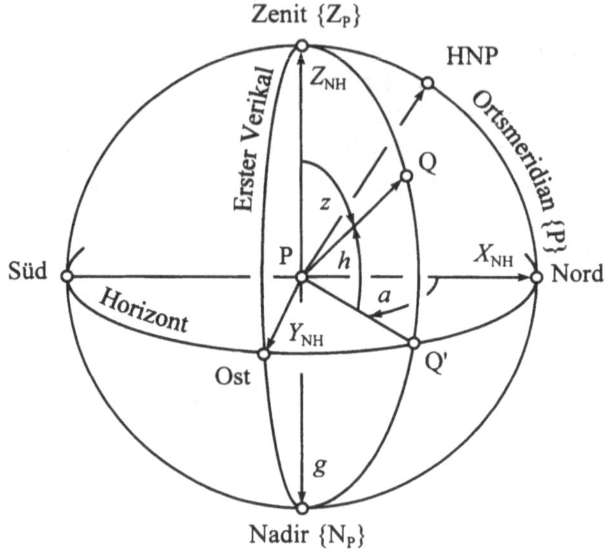

Bild 3.2-3: Nordorientiertes Horizontsystem ⟨NH⟩

3.2.4 Erdfestes Äquatorsystem ⟨AÄ⟩

Erdfeste Äquatorsysteme ⟨AÄ⟩ sind im Massenmittelpunkt der Erde verankert. Der diese Systeme kennzeichnende Basisvektor $\boldsymbol{Z} = \boldsymbol{Z}_{AÄ} = \boldsymbol{X}_3$ fällt mit der Rotationsachse der Erde oder einer dieser Achse benachbarten anderen »Erdachse« zusammen und wird in Richtung Himmelsnordpol positiv gezählt.

Die anderen beiden, senkrecht zur Z-Achse stehenden (zueinander orthogonalen) Basisvektoren $\boldsymbol{X} = \boldsymbol{X}_{AÄ} = \boldsymbol{X}_1$ und $\boldsymbol{Y} = \boldsymbol{Y}_{AÄ} = \boldsymbol{X}_2$ spannen eine Ebene auf, die aus der Himmelskugel den *Himmelsäquator* ausschneidet. Der Durchstoßpunkt des positiven (auf der »Nordseite« des Himmelsäquators verlaufenden) Hälfte der $\boldsymbol{Z}_{AÄ}$-Achse mit der Himmelskugel wird *Himmelsnordpol (HNP)*, der diametral gegenüber liegende Schnittpunkt *Himmelssüdpol (HSP)* genannt. Wie bei dem in 3.1 definierten $\boldsymbol{X}_1/\boldsymbol{X}_2/\boldsymbol{X}_3$-System handelt es sich auch bei dem hier eingeführten System um ein *Rechtshandsystem*. Je nach Ausrichtung der X-Achse gibt es offenbar beliebig viele Äquatorsysteme.

Am Greenwich-Meridian ausgerichtetes Äquatorsystem ⟨GrÄ⟩

Während die $\boldsymbol{Z}_{AÄ}$-Achse eines Äquatorsystem stets an die durch die Naturvorgegebene, (fast) erdfeste Richtung der Rotationsachse der Erde angebunden ist, bedarf es mangels natürlicher Vorgaben zur erdfesten Ausrichtung der $\boldsymbol{X}$- und der zu dieser und zur $\boldsymbol{Z}$-Achse senkrechten $\boldsymbol{Y}$-Achse einer Vereinbarung. Eine solche

Vereinbarung ist gleichbedeutend mit der Festlegung des für die Zählung der Geographischen Längen maßgeblichen Ausgangsmeridians (Nullmeridian).

Seit 1884 ist der durch das Passageninstrument (Meridiankreis) der alten *Sternwarte in Greenwich* realisierte Meridian (*Greenwich-Meridian*) international als *Nullrichtung der Längenzählung* anerkannt. Das genannte Observatorium ist 1675 von König Charles II gegründet worden (Forbes, 1975; Kretschmer, 1975; Andrews, 1985; Bartky, 1985; Howse, 1985; Kish, 1985; Showen, 1985). Erster Leiter war John Flamsteed (1646-1719).

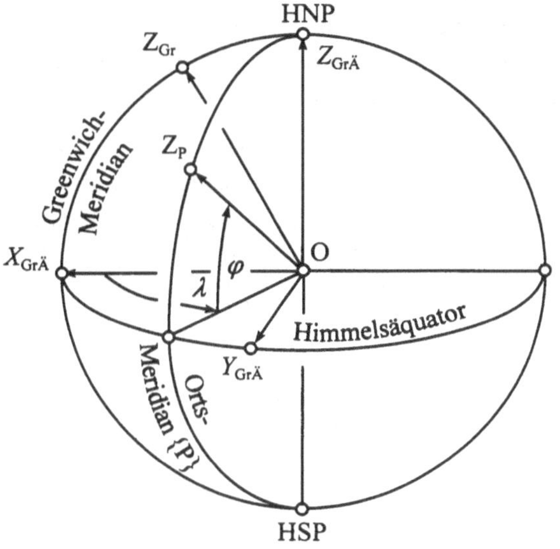

Bild 3.2-4: Erdfestes, am Greenwich-Meridian ausgerichtetes Äquatorsystem ⟨GrÄ⟩

Vor 1884, insbesondere seit 1634, war in Europa der an der Westspitze der *Kana ren-Insel Ferro* (*Hierro*) verlaufende *Meridian von Kap Orchilla* (»*Kap Ferro*«) - der westlichste Punkt der alten Welt - der am häufigsten verwendete Nullmeridian. Der französische König Ludwig XIII kodifizierte auf Betreiben seines Ministers Kardinal Herzog von Richelieu (1585-1642) diese Gebrauchsregelung. Eine örtliche Vermarkung wurde in diesem Zusammenhang allerdings nicht vorgenommen. Erst 1720 wurde die Lage des Kap-Ferro-Meridians durch den französischen Kartographen Guillaume Delisle (1675-1726) »vermarkt«, indem dieser die Geographische Länge der Pariser Sternwarte mit exakt 20° östlich von Ferro festlegte.

Neben dem Kap-Ferro-Meridian hatte der Greenwich-Meridian seit der Gründung der Sternwarte von Greenwich im Jahre 1675 für die Navigation eine immer wichtigere Rolle gespielt, da die britischen Seefahrer, die bei der Kartierung ihrer Entdeckungen naheliegenderweise auf Greenwich Bezug nahmen, mehr und mehr die Meere beherrschten und aufgrund ihrer umfangreichen kartographischen Aktivitäten schließlich die kartographischen Standards bestimmten. Andere bedeutende Nullmeridiane, wie der bereits erwähnte Meridian von Kap Ferro oder die Meridiane von Madrid oder Monte Mario (bei Rom), verloren vor diesem Hintergrund mehr und mehr an Bedeutung (Kennedy, 1985; Mörzer Bruyns, 1985; Raynand-Nguyen, 1985).

Heute ist der Greenwich-Nullmeridian nicht mehr durch das nach wie vor installierte alte Passageninstrument definiert - das Greenwich-Observatorium ist heute ein Museum -, sondern durch die auf den Greenwich-Meridian Geographischen Längen eine Menge von Festpunkten, die in ihrer Gesamtheit das ITRF (= IERS Terrestrial Reference Frame) bilden.

Die Richtungswinkel $r_1 = \lambda$ und $r_2 = \varphi$, die im Äquator/Greenwich-System die Lotrichtungen beschreiben, verfügen vereinbarungsgemäß über folgende Wertevorräte: φ: $[-90° \ldots 0° \ldots +90°]$; λ: $[0° \ldots 360° [$. Gelegentlich wird λ auch in einen östlichen und in einen westlichen Bereich gegliedert, wobei östliche Längen positiv und westlichen Längen negativ gezählt werden: λ: $]-180° \ldots 0° \ldots 180°]$.

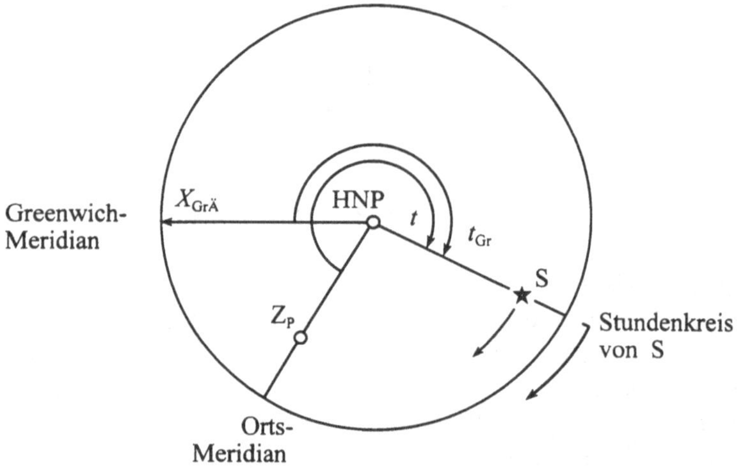

Bild 3.2-5: Erdfestes, am Greenwich-Meridian ausgerichtetes Äquatorsystem ⟨GrÄ⟩; hier: Stundenkreis und Stundenwinkel eines Sterns

Der Richtungswinkel r_2 zu einem Stern oder einem anderen in »Abbildung der Erddrehung« scheinbar um die Erde rotierenden Punkt wird im Erdfesten Äquatorsystem als *Stundenwinkel* t bezeichnet. t wird in der Ebene des Himmelsäquators von einem bestimmten Meridian (Ortsmeridian oder Greenwich-Meridian) aus bis zum *Stundenkreis* des betreffenden Sterns gezählt; sein Wertevorrat beträgt $t: [0^h \ldots \ldots 24^h[$ [24]. Der Drehsinn des Stundenwinkels entspricht bei Sicht aus der nördlichen Hemisphäre dem Uhrzeigersinn. Die *Deklination* $r_2 = \delta$ wird von der Ebene des Himmelsäquators bis zur Richtung zum Stern gezählt; sie hat einen Wertevorrat von $\delta: [-90° \ldots 0° \ldots +90°]$.

Der zum Zielpunkt S zeigende Vektor lautet:

$$\boldsymbol{X}_{\text{GrÄ}} = \begin{pmatrix} X_{\text{GrÄ}} \\ Y_{\text{GrÄ}} \\ Z_{\text{GrÄ}} \end{pmatrix} = \begin{pmatrix} \cos t_{\text{Gr}} \cdot \cos\delta \\ -\sin t_{\text{Gr}} \cdot \cos\delta \\ \sin\delta \end{pmatrix}. \tag{3.2-6}$$

Die dargelegten Festlegungen orientieren das Erdfeste Äquatorsystem an der momentanen Rotationsachse der Erde und an einer vereinbarten erdfesten Nullrichtung der Längenzählung. Nun zeigt diese Achse aber gegenüber dem Erdkörper periodische Schwankungen (Polschwankungen) und eine Drift (➪ 2.3.4). Aus dieser Tatsache ergibt sich die Notwendigkeit, neben dem **Momentanen »erdfesten« Äquatorialsystem** (das wegen der Polbewegung nur näherungsweise erdfest angenommen werden kann), auch ein **Vereinbartes erdfestes Äquatorialsystem** einzuführen, das dem geodätischen und astrogeodätischen Bedarf eines **Erdfesten Bezugssystems** (in dem die Punkte der Erdoberfläche und die Lotrichtungen in diesen Punkten zeitlich unveränderliche Koordinaten besitzen) so nahe wie irgend möglich kommt. Die diesbezüglichen Vereinbarungen legten durch (Bestimmung und) Zuweisung von Koordinaten für die Lotrichtungen und/oder die räumliche Lage der an der Beobachtung der Erdrotation beteiligten Observatorien die Lage eines *Vereinbarten terrestrischen Poles (CTP = Conventional Terrestrial Pole)* und eines *Vereinbarten Nullmeridians (CZM = Conventional Zero Meridan)* fest, die zusammen ein *Vereinbartes erdfestes Bezugssystem (CTS = Conventional Terrestrial System)* und den entsprechenden *Terrestrischen Bezugsrahmen (TRF = Terrestrial Reference Frame)* definieren; ➪ 3.3.3.

3.2.5 Am Frühlingsäquinoktium ausgerichtetes Äquatorsystem ⟨FrÄ⟩

Das am Frühlingsäquinoktium orientierte Äquatorsystem ⟨FrÄ⟩ hat mit Erdfesten Äquatorsystemen ⟨AÄ⟩ den zur Rotationsachse der Erde parallelen Basisvektor die $X_3 = Z$ gemeinsam. In beiden Systemen spannen also die Basisvektoren X_1 und X_2 die Ebene des Himmelsäquators auf. Während aber beim erdfesten System X_1 und X_2 fest mit der (rotierenden) Erde verbunden sind, nehmen die Koordinatenachsen X_1 und X_2 in dem hier zu erörternden System nicht an der

[24] Man beachte, daß die Dimension »h« als Einheit des Stundenwinkels einen Richtungswinkel kennzeichnet; ➪ 1.4.

Erdrotation teil. Vielmehr $X_1 = X$ hier an den als *Frühlingsäquinoktium* (♈) bezeichneten Punkt angebunden, dessen Ort wie folgt festgelegt ist.

Nach dem Ersten Keplerschen Gesetz beschreibt der Radiusvektor Sonne-Erde eine Ebene, in der notwendigerweise auch die entgegengesetzten, vom Radiusvektor Erde-Sonne gebildeten Richtungen liegen. In der Himmelskugel bildet sich diese Ebene als ein Großkreis ab, der die Bezeichnung *Ekliptik* trägt. Da Himmelsäquator und Ekliptik nicht identisch sind, schneiden sich die beiden Kreise (wie alle Großkreise) in zwei diametralen Punkten, deren Örter offenbar durch die Ausrichtung der Bahnebene der Erde (bzw. der scheinbaren Sonnenbahn) und durch die Ausrichtung der Rotationsachse der Erde bestimmt sind. Diese Punkte werden als *Äquinoktien* bezeichnet, der eine, der den *Aufsteigenden Knoten der scheinbaren Sonnenbahn* bildet, als *Frühlingsäquinoktium* (♈), der andere, der *Absteigende Knoten der scheinbaren Sonnenbahn*, als *Herbstäquinoktium* (♎).

Der dritte Basisvektor des Systems $\boldsymbol{X}_2 = \boldsymbol{Y}$ steht senkrecht auf der X- und auf der Z-Achse und ist so ausgerichtet, daß er die beiden erstgenannten Achsen zu einem *Rechtshandsystem* ergänzt.

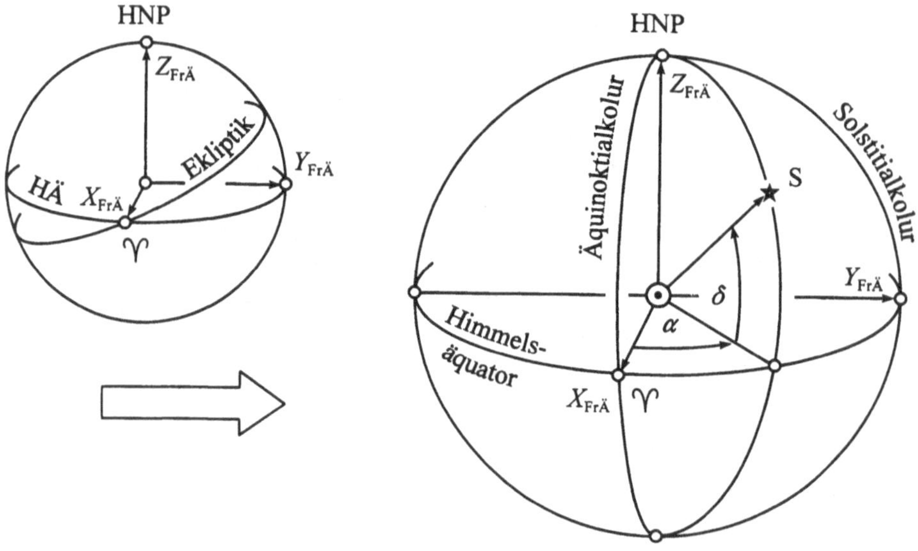

Bild 3.2-6: Am Frühlingspunkt ausgerichtetes Äquatorsystem ⟨FrÄ⟩

Der durch die Himmelspole und die beiden Äquinoktien (senkrecht zum Himmelsäquator) verlaufende Großkreis wird *Äquinoktialkolur* genannt. Der ebenfalls durch die Himmelspole (also senkrecht zum Himmelsäquator) und außerdem senkrecht zum Äquinoktialkolur und zur Ekliptik verlaufende Großkreis, der im übrigen auch senkrecht auf der Ekliptik steht, trägt die Bezeichnung *Solstitialkolur*. Darüber hinaus liegt jeder Stern auf einem durch die Himmelspole verlaufenden Großkreis (Kolur), den man als *Rektaszensionskreis des betreffenden Sterns* bezeichnen kann. Die Rektaszensionskreise sind identisch mit den *Stundenkreisen* im Erdfesten Äquatorialsystem.

Die Richtungen zu den Sternen (Sternörter) lassen sich in dem am Frühlingsäquinoktium orientierten Äquatorsystem durch die beiden Richtungswinkel *Rektaszension* (α) und *Deklination* (δ) beschreiben, wobei der Zusammenhang zu den in 3.1 eingeführten allgemeinen Bezeichnungen der Richtungswinkel r_1 und r_2 durch $r_1 = \alpha$ und $r_2 = \delta$ hergestellt wird. α ist demnach der in der Äquatorebene gemessene Richtungswinkel zwischen dem Äquinoktialkolur und dem Kolur des betreffenden Sterns mit einem Wertevorrat von α : $[0° \dots \dots 360°[$ bzw. $[0^h \dots \dots 24^h[$, wobei die Zählrichtung hier im Gegensinn des Uhrzeigers vereinbart ist (Sicht vom Himmelsnordpol auf den Himmelsäquator). δ ist der im Rektaszensionskreis des betreffenden Sterns gemessene Richtungswinkel zwischen dem Himmelsäquator und dem Sternort, mit einem Wertevorrat von δ : $[-90° \dots 0° \dots +90°]$; positive Zählrichtung vom Himmelsäquator zum Himmelsnordpol.

Der zum Zielpunkt S zeigende Vektor lautet:

$$\boldsymbol{X}_{\text{FrÄ}} = \begin{pmatrix} X_{\text{FrÄ}} \\ Y_{\text{FrÄ}} \\ Z_{\text{FrÄ}} \end{pmatrix} = \begin{pmatrix} \cos\alpha \cdot \cos\delta \\ \sin\alpha \cdot \cos\delta \\ \sin\delta \end{pmatrix} . \qquad (3.2\text{-}5)$$

Wie im Falle der Erdfesten Äquatorsysteme müssen auch bei dem hier behandelten Äquatorsystem verschiedene Varianten in Betracht gezogen werden, die in der Kette der Bezugssysteme, mit der das Vereinbarte erdfeste mit einem inertialen Bezugssystem verknüpft werden, als intermediäre Systeme eine Rolle spielen. Die Unterscheidung betrifft sowohl die Ausrichtung der $\boldsymbol{Z}$- als auch der $\boldsymbol{X}$-Achse. Mit der Verfügung über die $\boldsymbol{Z}$-Achse werden unterschiedlich definierte Himmelspole angesprochen, etwa der (in Bild 2.3-2 mit **R** bezeichnete) *Momentane Himmelsnordpol*, der durch die Momentane Rotationsachse der Erde bestimmt ist, oder der (in Bild 2.3-2 mit $\mathbf{R}_0$ bezeichnete) *Zälestische Ephemeridenpol (CEP = Celestial Ephemeris Pole)*, der sich vom Momentanen Himmelsnordpol um dessen tagesperiodische Anteile (*Oppolzer-Terme*) unterscheidet. Für die Ausrichtung der $\boldsymbol{X}$-Achse kommt das *Wahre* und das *Mittlere Frühlinsäquinoktium* in Betracht. Das erstgenannte ergibt sich aus dem Schnitt der zur Achse des *Zälestischen Ephemeridenpols normalen Äquatorebene* mit der Ekliptikebene. Die Bewegung steht entsprechend der Ausrichtung des CEP unter dem Einfluß von Präzession und

Nutation. Das Mittlere Frühlingsäquinoktium folgt lediglich dem Präzessionsanteil.

3.2.6 Am Frühlingsäquinoktium ausgerichtetes Ekliptiksystem ⟨FrE⟩

Das am Frühlingsäquinoktium ausgerichtete Ekliptiksystem ⟨FrE⟩ hat mit dem im vorigen Abschnitt behandelten ⟨FrÄ⟩ die $X = X_1$-Achse gemeinsam. Beide Systeme sind also, wie schon durch ihre Bezeichnung zum Ausdruck gebracht wurde, am Frühlingsäquinoktium (♈) ausgerichtet. Die $Y = X_2$-Achse liegt senkrecht zur $X = X_1$-Achse und gemeinsam mit ihr in der Ekliptik-Ebene. Die $Z = X_3$-Achse steht auf der X_1- und auf der X_2-Achse senkrecht. Die Ausrichtung der Achsen definiert ein Rechtshandsystem.

Die Richtung senkrecht zur Ekliptik-Ebene (= $\boldsymbol{Z} = X_3$-Achse) durchstößt die Himmelskugel in den Ekliptik-Polen.

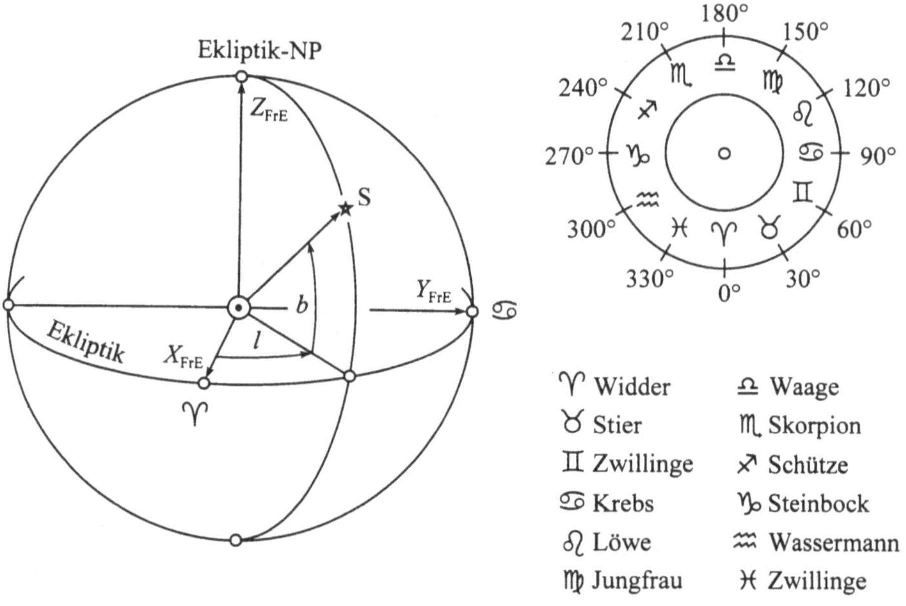

Bild 3.2-7: Am Frühlingsäquinoktium ausgerichtetes Ekliptiksystem ⟨FrE⟩

Die Richtungen zu den Sternen (Sternörter) lassen sich im ⟨FrE⟩ durch die beiden Richtungswinkel *Ekliptikale Länge* (l) und *Ekliptikale Breite* (b) beschreiben, wobei der Zusammenhang zu den in 3.1 eingeführten allgemeinen Bezeichnungen der Richtungswinkel r_1 und r_2 durch $r_1 = l$ und $r_2 = b$ hergestellt wird. l ist demnach der in der Ekliptikebene gemessene Richtungswinkel zwischen dem Frühlingsäquinoktium und dem durch die Ekliptikpole und dem durch den betreffenden Stern verlaufenden Großkreis, mit einem Wertevorrat von l : [0°... ... 360°[und bei einer im Gegensinn des Uhrzeigers vereinbarten Zählrichtung (Sicht vom Ekliptiknordpol auf die Ekliptik). b ist der im eben beschriebenen Großkreis gemessene Richtungswinkel zwischen der Ekliptik und dem Sternort. Der Wertevorrat dieses Parameters beträgt b : [-90°... 0°...+90°] mit positiver Zählrichtung von der Ekliptik zum Ekliptiknordpol.

Der zum Zielpunkt S zeigende Vektor lautet:

$$\boldsymbol{X}_{\mathrm{FrE}} = \begin{pmatrix} X_{\mathrm{FrE}} \\ Y_{\mathrm{FrE}} \\ Z_{\mathrm{FrE}} \end{pmatrix} = \begin{pmatrix} \cos l \cdot \cos b \\ \sin l \cdot \cos b \\ \sin b \end{pmatrix} . \qquad (3.2\text{-}8)$$

Analog zu dem am Frühlingsäquinoktium ausgerichteten Äquatorsystem hat man zwischen einem *Wahren* und einem *Mittleren Frühlingspunkt-Ekliptiksystem* zu unterscheiden, je nachdem, ob bei der Festlegung des Frühlingsäquinoktiums sowohl die planetarische Präzession als auch die planetarische Nutation berücksichtigt wurde oder nur der Anteil der Präzession.

Das Mittlere Ekliptiksystem ist das natürliche Bezugssystem zur Berechnung der scheinbaren Bahn der Sonne und zur Darstellung der Präzession und der Nutation.

Die Ekliptik wurde schon in den Zeiten der hochentwickelten babylonischen Astronomie als Bezugskreis zur zahlenmäßigen Beschreibung der Sternörter benutzt (Böker, 1952, 39). An diesem Gebrauch haben auch die alten griechischen Astronomen (Hipparch, Ptolemaeus) festgehalten. Ein Relikt aus dieser Zeit sind die in Bild 3.2-7 eingetragenen Zeichen der Sternbilder des *Tierkreises* (*Zodiakalkreis*), die entlang der Ekliptik angeordnet sind. Die Zeichen bezeichneten sowohl die genannten Sternbilder als auch - beginnend mit dem Frühlingsäquinoktium, das sich zu Hipparchs Zeiten im Sternbild des Widder (♈) befand - zwölf gleichabständige Abschnitte ($\Delta l = 30°$) auf der Ekliptik. Die alten Bezeichnungen zur Gliederung der Ekliptik werden auch heute noch verwendet. Allerdings stimmen heute - mehr als 2000 Jahre nach Hipparch - als Folge der Präzession die aktuellen Markierungen (♈: $l = 0°$; ♉: $l = 30°$; ... ♎: $l = 180°$ ...) nicht mehr mit den Sternbildern überein. (Das Frühlingsäquinoktium befindet sich derzeit im Sternbild der Fische und wird im Laufe eines Platonischen Jahres von 25770 Sonnenjahren alle Sternbilder durchlaufen; ⇨ 2.5.3).

3.2.7 Inertialsysteme, Quasi-Inertialsystem

Ein Inertialsystem ist ein Bezugssystem, in dem das Newtonsche Trägheitsgesetz gilt (⇨ 2.4.2): Ein Körper beharrt im Zustand der Ruhe oder der gleichförmig geradlinigen Bewegung, wenn er nicht durch äußere Kräfte gezwungen wird, diesen Zustand zu ändern. Ein inertiales Bezugssystem führt weder Drehbewegungen aus, noch unterliegt es einer geradlinig beschleunigten Bewegung. (Beide Bewegungsvorgänge hätten eine Beschleunigung der im System befindlichen Massen zur Folge, ohne daß auf die Massen äußere Kräfte einwirken).

Es gibt zwei miteinander konkurrierende bzw. sich ergänzende Konzepte zur Realisierung eines Inertialsystems, die grundsätzlich zum gleichen Ergebnis führen sollten (Kovalevsky/Mueller, 1989, 6):

Dynamisches Konzept: Die Trajektorien der Planetenbahnen des Sonnensystems (einschließlich der Bahn des Erde-Mond-Systems) und die Ausrichtung des Drehimpulsvektors der Erde ergeben sich aus einer Lösung der Differentialgleichungen (2.4-33) und (2.5-6). Da diese Gleichungen nur in einem Inertialsystem gelten, beziehen sich auch die errechneten Positionskoordinaten (Bahnephemeriden) auf ein solches System. Das Inertialsystem wird so zu jedem Zeitpunkt durch den momentanen Status der Körper des Sonnensystems repräsentiert.

Die Lösung der vorgenannten Differentialgleichungen schließt grundsätzlich auch eine Aussage über die (zeitlich variable) Ausrichtung des Ephemeridenpoles und des Ekliptikpoles sowie des Momentanen Frühlingsäquinoktiums ein. Damit repräsentieren auch diese Richtungen durch ihre momentanen Koordinaten ein Inertialsystem.

Kinematisches Konzept: Ihm liegt die Hypothese zugrunde, daß das sichtbare Universum, verkörpert durch alle in ihm enthaltenen Körper, in seiner Gesamtheit nicht rotiert. Die Summe aller Körper des Universums repräsentieren demnach ein Inertialsystem. Ob nun die Richtung vom Zentrum des Sonnensystems zu einem der Körper in diesem System unveränderlich ist oder nicht, ob dieser Körper demnach einen Festpunkt in einem inertialen Bezugsrahmen darstellt und damit ein Inertialsystem repräsentiert oder nicht, bemißt sich nach seiner Geschwindigkeit relativ zu den übrigen Körpern. Begrenzt man für eine Abschätzung die mögliche Geschwindigkeit eines Körpers auf die Lichtgeschwindigkeit $c = 300000$ km/s $\approx 10^{-8}$ pc/s ≈ 32 pc/Jh. (Masse kann nach Einsteins Allgemeiner Relativitätstheorie niemals die Lichtgeschwindigkeit erreichen), so darf man erwarten, daß die maximal möglichen Eigenbewegung eines Sterns oder einer Gruppe von Sternen, z.B. einer Galaxie umso kleiner wird, je weiter entfernt sich das betreffende Objekt befindet. Für alle extragalaktischen Objekte, deren Entfernung $d > 100$ Mpc beträgt, bedeutet dies, daß ihre Winkelgeschwindigkeit den Grenzwert

$$\omega_{\mathrm{Gal}} < c/d = (32 \text{ pc/Jh.}) / 100 \text{ Mpc} = 3{,}2 \cdot 10^{-7} \text{ rad/Jh.} = 0{,}07''/\text{ Jh.}$$

nicht überschreiten kann. *Quasare*, die als punktförmige Quellen von Radio- und Lichtstrahlung besonders geeignet sind, astrometrische Bezugsrichtungen zu definieren, finden sich in Abständen bis zu 3,7 Gpc (Voigt, 1988, 483; Shore, 1989). In Kenntnis dieser großen Entfernungen, der aus der Rotverschiebung ihrer Spektren bekannten maximalen Radial- (= Flucht-) Geschwindigkeiten und unter der Annahme, daß die Tangentialgeschwindigkeiten maximal die Größenordnung der Fluchtgeschwindigkeiten erreichen, kann für Quasare der o.a. Grenzwert sogar auf 0,002″/ Jh. - 0,001″/Jh. gesenkt werden (Kovalevsky/Mueller, 1989, 6; Feissel/Mignard, 1998). Differential-astrometrische Befunde weisen in die gleiche Richtung (Preuss, 1985, 7). Damit liegen die Eigenbewegungen dieser Objekte an der Grenze der heute erreichbaren Beobachtungsgenauigkeit. Die Richtungen zu extragalaktischen Objekten sind daher als Basisvektoren eines inertialen Bezugsrahmens besonders geeignet.

Abschließend muß noch auf eine Schwachstelle der o.a. dynamischen und kinematischen Definitionen eines Inertialsystems hingewiesen werden. In beiden Fällen werden nicht-rotierende und insoweit unbeschleunigte Bezugssysteme beschrieben. Die Definitionen schließen jedoch nicht aus, daß das Sonnensystem als Standort aller Beobachtungen relativ zu allen übrigen Körpern des Universums einer linearen Beschleunigung unterworfen ist. Ein mit dem Sonnensystem fest verbundenes nicht rotierendes Bezugssystems ist demnach nicht notwendigerweise ein Inertialsystem. Meßtechnische Nachweise für eine nicht-rotatorische Beschleunigung des Sonnensystems gibt es freilich nicht. Zur notwendigen begrifflichen Unterscheidung von einem »echten Inertialsystem« spricht man bei dem am Sonnensystem angebundenen »Inertialsystem« von einem *Quasi-Inertialsystem.*

Im übrigen bedarf der am Newtonschen Konzept der Mechanik orientierte Begriff des Inertialsystems unter der Herrschaft von Einsteins *Allgemeiner Relativitätstheorie* ohnehin einer Berichtigung: Ein Inertialsystem durchdringt nach dem Einsteinschen Konzept als Bezugssystem nicht mehr das ganze Universum. Es handelt sich vielmehr nur noch um ein örtliches System, das durch die in der Nähe seines Zentrums befindlichen Massen bestimmt ist und mit den Inertialsystemen anderer Örter nur bei Kenntnis der universalen Massenverteilung verknüpft werden kann. Nach Kovalevsky/Mueller (1989, 6) kann es als ein zu den benachbarten Massen hin »frei fallendes Koordinatensystem« verstanden werden. Da unter dieser Prämisse dem (eventuell) linear beschleunigten Sonnensystem die Eigenschaft eines Inertialsystems wieder zuerkannt werden kann, deckt der Begriff *Quasi-Inertialsystem* auch das relativistische Konzept ab.

Keine der o.a. Definitionen beinhaltet Festlegungen zur Ausrichtung der Koordinatenachsen eines Inertialsystems, die dieses System repräsentieren sollen und geometrisch beschreibbar machen. Man kann daher frei über die Ausrichtung verfügen. Selbstverständlich wird man versuchen, die unendliche Vielfalt der Möglichkeiten in einer Weise einzuschränken, daß sich der Übergang zu den in

3.2.2 bis 3.2.6 vorgestellten Bezugssystemen, die an natürlicherweise bevorzugten Richtungen angebunden sind, möglichst einfach gestaltet.

Nun verkörpert freilich keines der genannten Bezugssysteme selbst ein Inertialsystem, da sich alle diese Systeme gegenüber einem Inertialsystem drehen. Diese Drehbewegung ist bei den erdgebundenen Bezugssystemen ⟨AB⟩, ⟨AH⟩ und ⟨GrÄ⟩ (3.2.2 bis 3.2.4) mit Drehraten von ≈ 360°/Tag besonders augenfällig. Aber auch die am Frühlingsäquinoktium ausgerichteten Bezugssysteme ⟨FrÄ⟩ und ⟨FrE⟩ (3.2.5 und 3.2.6) drehen sich unter dem Einfluß von Präzession und Nutation mit ≈ 50″/Jahr immer noch viel zu schnell, als daß sie innerhalb der Toleranzen der nur Bruchteile einer Sekunde betragenden Meßgenauigkeit ein Inertialsystem repräsentieren könnten. Die Forderung nach einem möglichst einfachen Übergang vom Inertialsystem zu den vorgenannten rotierenden Bezugssystemen wird durch Vereinbarung dadurch erreicht, daß die Orientierung der Achsen des Inertialsystems aus der Menge der Richtungen genommen wird, die vom Frühlingsäquinoktium und vom Ephemeridenpol, also von den Achsen des äquatorialen Bezugssystems ⟨FrÄ⟩ (2.3.5) im Laufe der Zeit überstrichen werden; ➪ Bild 3.2-8). Die Zuordnung erfolgt dabei durch die Vereinbarung einer Bezugsepoche T_0, in der die genannten Richtungen in den beiden korrespondierenden Systemen übereinstimmen: $\langle \mathrm{I} \rangle = \langle \mathrm{Fr\ddot{A}}\{T_0\} \rangle$.

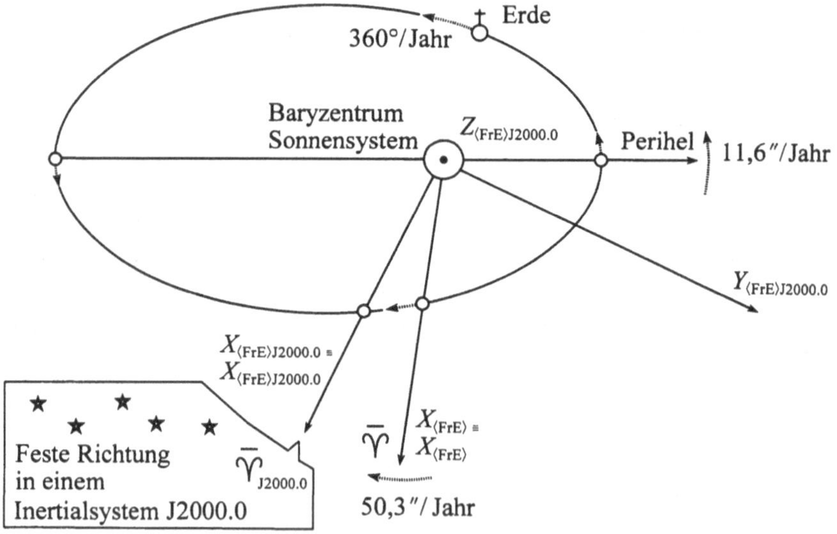

Bild 3.2-8: Unter Bezugnahme auf ⟨FrÄ⟩ definiertes Quasiinertialsystem: $\langle \mathrm{I} \rangle \equiv \langle \mathrm{Fr\ddot{A}}\{T_0\} \rangle$

Werden nun, wie dies bei der Definition eines Zälestischen Bezugsrahmens (➪ 3.4.2) bzw. bei der Konstruktion eines Fundamentalkatalogs (➪ 7.2.4) geschieht, die beobachteten momentanen Koordinaten einer Menge von Quasaren und Fundamentalsternen unter Zuhilfenahme eines Präzessions- und Nutationsmodells und in Kenntnis der Eigenbewegungen der Sterne auf die Bezugsepoche reduziert, so repräsentieren die ausgewählten Sterne und ihre Koordinaten sowohl das Inertialsystem ⟨I⟩, als auch - über die Zeitvariable $T-T_0$ - das rotierende Bezugssystem ⟨FrÄ⟩.

3.3 Koordinatentransformationen

3.3.1 Allgemeines

Zur Lösung der Hauptaufgabe der Geodätischen Astronomie ist es notwendig, das zälestische Bezugssystem, in dem die Richtungen zu den Fixsternen und zu Sonne und Mond beschrieben werden, mit einem geeigneten terrestrischen Bezugssystem in Beziehung zu bringen. Dazu ist eine Transformationskette zwischen den in 3.2.2 bis 3.2.7 behandelten Bezugssystemen zu bilden:

- Allgemeines (erdfestes) Beobachtungssystem ⟨AB⟩ (z.B. ideale Meßkammer)
- Allgemeines (erdfestes) Horizontsystem ⟨AH⟩ (z.B. idealer Theodolit)
- Nordorientiertes (erdfestes) Horizontsystem ⟨NH⟩
- Am Greenwich-Meridian orientiertes Äquatorsystem ⟨GrÄ⟩
- Am Frühlingsäquinoktium orientiertes Äquatorsystem ⟨FrÄ⟩
- Am Frühlingsäquinoktium orientiertes Ekliptiksystem ⟨FrE⟩
- Inertialsystem ⟨I⟩ ≡ Am Frühlingsäquinoktium einer Epoche T_0 orientiertes Äquatorsystem ⟨FrÄ⟩ $\{T_0\}$.

Die Verknüpfung der in den einzelnen Systemen durch Richtungswinkel oder Einheitsvektoren beschriebenen Richtungen erfordert die Kenntnis der Parameter der *relativen Orientierung* der korrespondierenden Systeme. Als Maßzahlen der Orientierung werden dabei meist geeignet definierte Richtungswinkel benutzt. Durch Drehung um diese Winkel kann ein System in das andere überführt werden. Um eine beliebige räumliche Drehung zu vollziehen, sind i.d.R. drei »elementare« Drehungen erforderlich. Ob die Drehungen nach dem *Cardanschen* oder nach dem *Eulerschen Drehmodus* erfolgen, ist für das Ergebnis ohne Belang; ➪ 3.1.

In den folgenden Abschnitten werden die Übergänge zwischen den o.a. Systemen zunächst in Grundzügen dargestellt. Dabei bleiben Varianten der einzelnen Systeme, die für sich allein oder in der Transformationskette als intermediäre Systeme eine Rolle spielen, zunächst außer Betracht. Auf diese durch kleine Winkelunterschiede voneinander geschiedenen Varianten, wird in Kapitel 4 eingegangen.

3.3.2 Allgemeines Beobachtungssystem ↔ Allgemeines Horizontsystem ⟨AB⟩ ↔ ⟨AH⟩

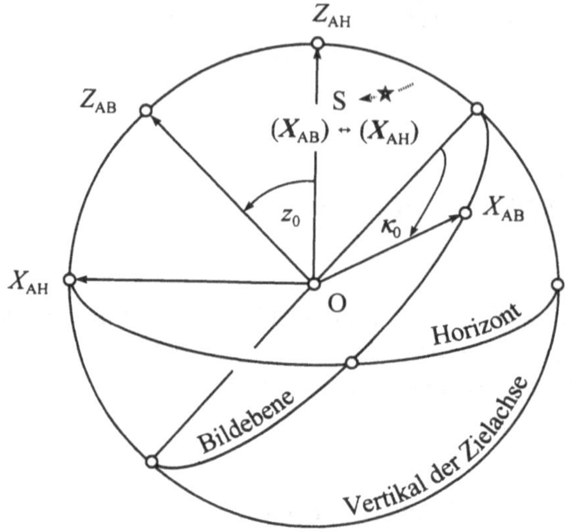

Bild 3.3-1/1: Zur Koordinatentransformation
Allgemeines Beobachtungssystem ↔ Allgemeines Horizontsystem
(Vektorielle Behandlung)

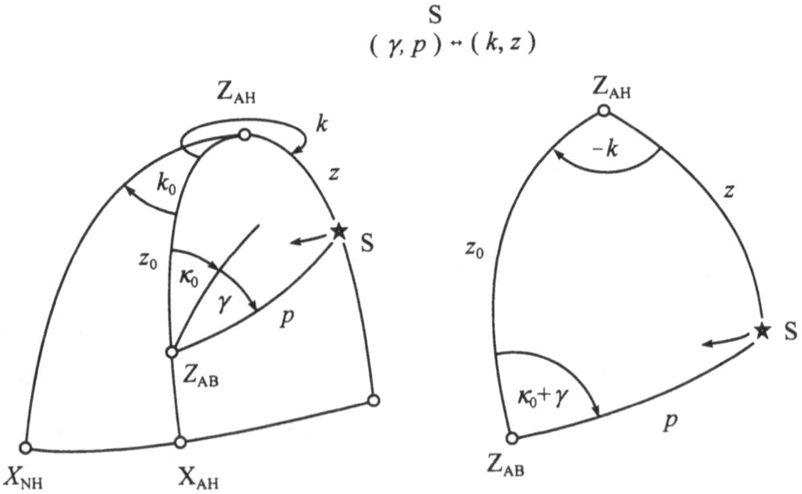

Bild 3.3-1/2: Zur Koordinatentransformation
Allgemeines Beobachtungssystem ↔ Allgemeines Horizontsystem
(Trigonometrische Behandlung)

In der Regel sind das Beobachtungssystem ⟨AB⟩ (Meßfernrohr, Meßkammer) und ein Horizontsystem ⟨AH⟩ (lotrecht aufgestellter Theodolit) unterschiedlich ausgerichtet. Ausnahme: ⟨LB⟩ als Sonderfall von ⟨AB⟩ (verkörpert durch lotrecht aufgestellte Zenitkammer, ➪ 3.2.2) ist identisch mit ⟨AH⟩ (verkörpert durch lotrecht aufgestellten Theodolit). Eine Überführung von ⟨AB⟩ in ⟨AH⟩ ist z.B. durch folgende zwei Drehungen möglich: Drehung um die Zielachse des Fernrohrs (Z_{AB}) so lange bis der »Horizontalfaden« horizontal liegt, sodann Drehung um die Kippachse des Theodolits bis die Zielachse in den Zenit Z_{AH} zeigt.

Zu den in 3.1.1 und 3.1.2 verwendeten Variablen- und Parameterbezeichnungen (r_1, r_2 bzw. d_1, d_2, d_3) bei der Darstellung des Allgemeinfalls einer räumlichen Drehung bestehen im vorliegenden Fall folgende Beziehungen:

Tabelle 3.3-1: Bezeichnungen der Koordinaten und Richtungswinkel etc. in den Bezugssystemen ⟨AB⟩ und ⟨AH⟩

Bezeichnung gemäß 3.1	Bezeichnung gemäß 3.2	Erläuterungen
⟨E⟩	⟨AB⟩	Allgemeines Beobachtungssystem
$\boldsymbol{X}$	$\boldsymbol{X}_{AB}$	Cartesische Koordinaten ★
r_1	γ	*Richtungswinkel ★ in Bildebene der Meßkammer*
$90° - r_2$	p	*Winkelabstand ★ von Zielachse*
d_3	$180° - \kappa_0$	*κ_0 = Neigung des »Vertikalfadens« gegenüber der Vertikalebene*
d_2	$-z_0$	*z_0 = Neigung der Zielachse gegenüber Zenitrichtung*
⟨E'⟩	⟨AH⟩	Allgemeines Horizontsystem
$\boldsymbol{X}'$	$\boldsymbol{X}_{AH}$	Cartesische Koordinaten ★
r_1'	$k - k_0$	*Horizontal-Richtung ★*
$90° - r_2'$	z	*Zenitdistanz ★*
$\boldsymbol{R} =$	$\boldsymbol{R}_{AB \rightarrow AH} =$	Drehmatrix ⟨AB⟩ → ⟨AH⟩
$\boldsymbol{R}_2\{d_2\} \cdot \boldsymbol{R}_3\{d_3\}$	$\boldsymbol{R}_2\{-z_0\} \cdot \boldsymbol{R}_3\{180° - \kappa_0\}$	
$\boldsymbol{R}' = \boldsymbol{R}^{-1}$	$\boldsymbol{R}_{AH \rightarrow AB} = \boldsymbol{R}^{-1}_{AB \rightarrow AH}$	Drehmatrix ⟨AH⟩ → ⟨AB⟩

Transformation in vektorieller Schreibweise

$$\boldsymbol{X}_{\mathrm{AB}} = \begin{pmatrix} X_{\mathrm{AB}} \\ Y_{\mathrm{AB}} \\ Z_{\mathrm{AB}} \end{pmatrix} = \begin{pmatrix} \cos\gamma \cdot \sin p \\ \sin\gamma \cdot \sin p \\ \cos p \end{pmatrix}; \qquad (3.2\text{-}1/2)\rightarrow(3.3\text{-}1/1)$$

$$\boldsymbol{X}_{\mathrm{AH}} = \begin{pmatrix} X_{\mathrm{AH}} \\ Y_{\mathrm{AH}} \\ Z_{\mathrm{AH}} \end{pmatrix} = \begin{pmatrix} \cos k \cdot \sin z \\ \sin k \cdot \sin z \\ \cos z \end{pmatrix}; \qquad (3.2\text{-}2)\rightarrow(3.3\text{-}1/2)$$

$$\boldsymbol{R}_{\mathrm{AH}\rightarrow\mathrm{AB}} = \begin{pmatrix} -\cos z_0 \cdot \cos\kappa_0 & -\sin\kappa_0 & \sin z_0 \cdot \cos\kappa_0 \\ \cos z_0 \cdot \sin\kappa_0 & -\cos\kappa_0 & -\sin z_0 \cdot \sin\kappa_0 \\ \sin z_0 & 0 & \cos z_0 \end{pmatrix}; \qquad (3.3\text{-}2/2)$$

$$\boldsymbol{R}_{\mathrm{AB}\rightarrow\mathrm{AH}} = \begin{pmatrix} -\cos z_0 \cdot \cos\kappa_0 & \cos z_0 \cdot \sin\kappa_0 & \sin z_0 \\ -\sin\kappa_0 & -\cos\kappa_0 & 0 \\ \sin z_0 \cdot \cos\kappa_0 & -\sin z_0 \cdot \sin\kappa_0 & \cos z_0 \end{pmatrix}; \qquad (3.3\text{-}2/1)$$

⟨AB⟩ → ⟨AH⟩

$$\boldsymbol{X}_{\mathrm{AH}} := \boldsymbol{R}_{\mathrm{AB}\rightarrow\mathrm{AH}} \cdot \boldsymbol{X}_{\mathrm{AB}}; \qquad (3.3\text{-}3/1)$$

⟨AH⟩ → ⟨AB⟩

$$\boldsymbol{X}_{\mathrm{AB}} := \boldsymbol{R}_{\mathrm{AH}\rightarrow\mathrm{AB}} \cdot \boldsymbol{X}_{\mathrm{AH}}. \qquad (3.3\text{-}3/2)$$

Transformation in trigonometrischer Schreibweise

⟨AB⟩ → ⟨AH⟩ $(\langle \gamma, p\rangle \;\text{->}\; \kappa_0, z_0 \;\text{->}\; \langle k, z\rangle)$

$$\cos z := \cos z_0 \cdot \cos p + \sin z_0 \cdot \sin p \cdot \cos\{\kappa_0 + \gamma\};$$

$$\sin k := -\frac{\sin\{\kappa_0 + \gamma\} \cdot \sin p}{\sin z}. \qquad (3.3\text{-}4/1)$$

⟨AH⟩ → ⟨AB⟩ $(\langle \mathrm{k}, z\rangle \;\text{->}\; \kappa_0, z_0 \;\text{->}\; \langle \gamma, p\rangle)$

$$\cos p := \cos z_0 \cdot \cos z + \sin z_0 \cdot \sin z \cdot \cos k;$$

$$\sin\{\kappa_0 + \gamma\} := -\frac{\sin k \cdot \sin z}{\sin p}. \qquad (3.3\text{-}4/2)$$

Die jeweils ersten Gleichungen von (3.3-4/1) und (3.3-4/2) gründen sich auf den *Seiten-Cosinussatz* (1.4-2/1), die zweiten auf den *Sinussatz* (1.4-1).

3.3.3 Allgemeines Horizontsystem ↔ Nordorientiertes Horizontsystem ⟨AH⟩ ↔ ⟨NH⟩

Ein Allgemeines (d.h. beliebig ausgerichtetes) Horizontsystem, wie es z.B. durch die Null-Richtung des Horizontalkreises (X_{AH}-Achse) und den Zeiger des Vertikalkreises (Z_{AH}-Achse) eines »lotrecht« aufgestellten Theodolits repräsentiert wird, und ein mit seiner X-Achse nach Norden weisendes Horizontsystem haben die durch den Lotrichtungsvektor $\boldsymbol{g}$ bestimmte Z-Achse gemeinsam: $\boldsymbol{Z}_{AH} \equiv \boldsymbol{Z}_{NH}$. Die Beziehung der beiden Systeme ist durch das Azimut a_0 der X_{AH}-Achse des ⟨AH⟩-Systems bestimmt. Damit ergeben sich für den in 3.1 dargestellten Allgemeinfall einer Transformation die folgenden Spezialisierungen:

Tabelle 3.3-2: Bezeichnungen der Koordinaten und Richtungswinkel etc. in den Bezugssystemen ⟨AH⟩ und ⟨NH⟩

Bezeichnung gemäß 3.1	Bezeichnung gemäß 3.2	Erläuterungen
⟨E⟩	⟨AH⟩	Allgemeines Horizontsystem
$\boldsymbol{X}$	$\boldsymbol{X}_{AH}$	Cartesische Koordinaten ★
r_1	k	*Horizontal-Richtung* ★ (*Teilkreisablesung* ★)
r_2	h	*Höhenwinkel* ★
$90°-r_2$	z	*Zenitdistanz* ★
$-d_3$	$a_0 = 360° - k_0$	Azimut der Teilkreisnullrichtung
	$k_0 = 360° - a_0$	Kreisablesung der Nordrichtung
⟨E'⟩	⟨NH⟩	N-orientiertes Horizontsystem
$\boldsymbol{X}'$	$\boldsymbol{X}_{NH}$	Cartesische Koordinaten ★
r_1'	a	*Azimut* ★
r_2'	h	*Höhenwinkel* ★
$\boldsymbol{R}_3 = \boldsymbol{R}_3\{d_3\}$	$\boldsymbol{R}_{AH\to NH} = \boldsymbol{R}_{AH\to NH}\{-a_0\}$	Drehmatrix ⟨AH⟩ → ⟨NH⟩
$\boldsymbol{R}_3^{-1} = \boldsymbol{R}_3^{-1}\{d_3\}$	$\boldsymbol{R}_{NH\to AH} = \boldsymbol{R}_{NH\to AH}\{a_0\}$	Drehmatrix ⟨NH⟩ → ⟨AH⟩

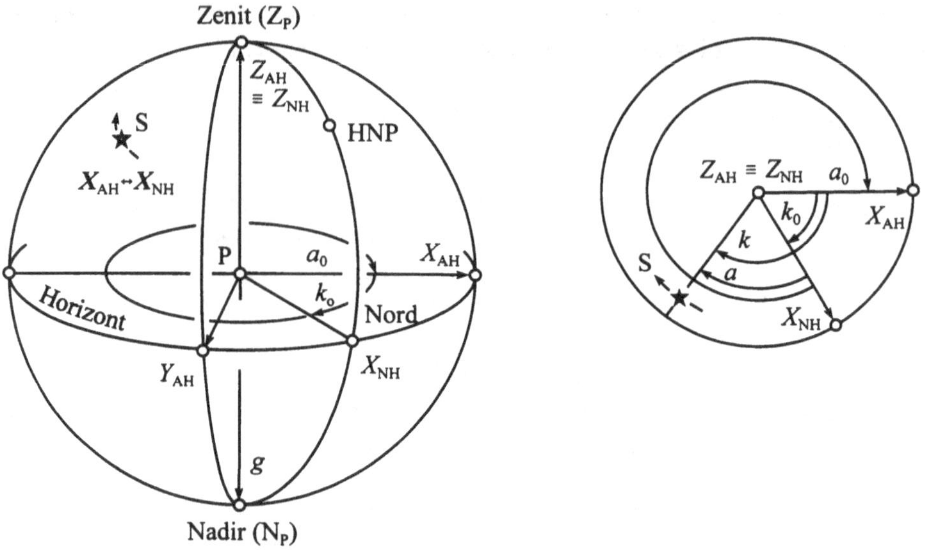

Bild 3.3-2: Zur Koordinatentransformation
Allgemeines Horizontsystem ↔ Nordorientiertes Horizontsystem
(Vektorielle und goniometrische Behandlung)

Transformation in vektorieller Schreibweise

$$\boldsymbol{X}_{AH} = \begin{pmatrix} X_{AH} \\ Y_{AH} \\ Z_{AH} \end{pmatrix} = \begin{pmatrix} \cos k \cdot \sin z \\ \sin k \cdot \sin z \\ \cos z \end{pmatrix} ; \qquad (3.2\text{-}2)\rightarrow(3.3\text{-}5/1)$$

$$\boldsymbol{X}_{NH} = \begin{pmatrix} X_{NH} \\ Y_{NH} \\ Z_{NH} \end{pmatrix} = \begin{pmatrix} \cos a \cdot \sin z \\ \sin a \cdot \sin z \\ \cos z \end{pmatrix} ; \qquad (3.2\text{-}3)\rightarrow(3.3\text{-}5/2)$$

$$\boldsymbol{R}_{AH\rightarrow NH} = \begin{pmatrix} \cos a_0 & -\sin a_0 & 0 \\ \sin a_0 & \cos a_0 & 0 \\ 0 & 0 & 1 \end{pmatrix} = \begin{pmatrix} \cos k_0 & \sin k_0 & 0 \\ -\sin k_0 & \cos k_0 & 0 \\ 0 & 0 & 1 \end{pmatrix} ; \qquad (3.3\text{-}6/1)$$

$$\left\{ \begin{matrix} \boldsymbol{R}_{NH\rightarrow AH} \\ = \boldsymbol{R}^{-1}{}_{AH\rightarrow NH} \end{matrix} \right\} = \begin{pmatrix} \cos a_0 & \sin a_0 & 0 \\ -\sin a_0 & \cos a_0 & 0 \\ 0 & 0 & 1 \end{pmatrix} = \begin{pmatrix} \cos k_0 & -\sin k_0 & 0 \\ \sin k_0 & \cos k_0 & 0 \\ 0 & 0 & 1 \end{pmatrix} . \qquad (3.3\text{-}6/2)$$

⟨AH⟩ → ⟨NH⟩

$$\boldsymbol{X}_{NH} := \boldsymbol{R}_{AH \to NH} \cdot \boldsymbol{X}_{AH} \; ; \qquad (3.3\text{-}7/1)$$

⟨NH⟩ → ⟨AH⟩

$$\boldsymbol{X}_{AH} := \boldsymbol{R}_{NH \to AH} \cdot \boldsymbol{X}_{NH} \; . \qquad (3.3\text{-}7/2)$$

Transformation in goniometrischer Schreibweise

⟨AH⟩ → ⟨NH⟩ (⟨ k, z ⟩ -> a_0 oder k_0 -> ⟨ a, z ⟩)

$$a := a_0 + k = k - k_0; \qquad z := z; \qquad (3.3\text{-}8/1)$$

⟨NH⟩ → ⟨AH⟩ (⟨ a, z ⟩ -> a_0 oder k_0 -> ⟨ k, z ⟩)

$$k := a - a_0 = a + k_0; \qquad z := z. \qquad (3.3\text{-}8/2)$$

3.3.4 Nordorientiertes Horizontsystem ↔ Greenwich-Äquatorsystem ⟨NH⟩ ↔ ⟨GrÄ⟩

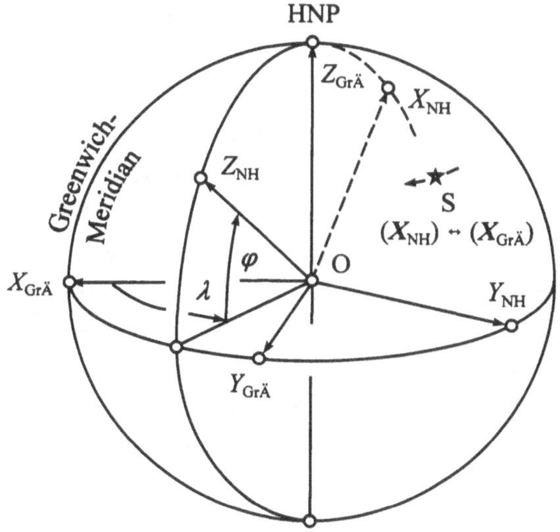

Bild 3.3-3/1: Zur Koordinatentransformation
Nordorientiertes Horizontsystem ↔ Greenwich-Äquatorsystem
(Vektorielle Behandlung)

Ein (linkshändiges) Nordorientiertes Horizontsystem ⟨NH⟩ läßt sich in das am Greenwich-Meridian orientierte (rechtshändige) Äquatorsystem ⟨GrÄ⟩ durch eine Spiegelung und zwei Einzeldrehungen überführen:

- Spiegelung der *Z*-Achse an der *X*/*Y*-Ebene ($\boldsymbol{S}_3$),
- Erste Drehung um die *Y*-Achse um den Winkel $d_2 = 90° + \varphi$,
- Zweite Drehung um die *Z*-Achse um den Winkel $d_3 = -\lambda$.

Damit ergeben sich für den in Abschnitt 3.1 dargestellten Allgemeinfall einer räumlichen Koordinatentransformation die in Tabelle 3.1-3 niedergelegten Spezialisierungen.

Tabelle 3.3-3: Bezeichnungen der Koordinaten und Richtungswinkel etc. in den Bezugssystemen ⟨NH⟩ und ⟨GrÄ⟩

Bezeichnung gemäß 3.1	Bezeichnung gemäß 3.2	Erläuterungen
⟨E⟩	⟨NH⟩	N-orientiertes Horizontsystem
$\boldsymbol{X}$	$\boldsymbol{X}_{NH}$	Cartesische Koordinaten ★
r_1	a	*Azimut* ★
r_2	h	*Höhenwinkel* ★
$90° - r_2$	$z = 90° - h$	*Zenitdistanz* ★
d_2	$90° + \varphi$	φ = Geogr. Breite ⟨NH⟩-Zenit
d_3	$-\lambda$	λ = Geogr. Länge ⟨NH⟩-Zenit
⟨E'⟩	⟨GrÄ⟩	Greenwich-Äquatorsystem
$\boldsymbol{X}'$	$\boldsymbol{X}_{GrÄ}$	Cartesische Koordinaten ★
r_1'	t_{Gr}	*Greenwich-Stundenwinkel* ★
r_2'	δ	*Deklination* ★
$\boldsymbol{R} = \boldsymbol{R}_3\{d_3\} \cdot \boldsymbol{R}_2\{d_2\} \cdot \mathbf{S}_3$	$\boldsymbol{R}_{NH \to GrÄ} = \boldsymbol{R}_3\{-\lambda\} \cdot \boldsymbol{R}_2\{90° + \varphi_0\} \cdot \mathbf{S}_3$	Dreh-/Spiegelungsmatrix $\boldsymbol{S}_3$ ⟨NH⟩ → ⟨GrÄ⟩
$\boldsymbol{R}' = \boldsymbol{R}^{-1}$	$\boldsymbol{R}_{GrÄ \to NH} = \boldsymbol{R}^{-1}{}_{NH \to GrÄ}$	Dreh-/Sp.matrix ⟨GrÄ⟩ → ⟨NH⟩

Die Systemübergänge ⟨NH⟩ → ⟨GrÄ⟩ bzw. ⟨GrÄ⟩ → ⟨NH⟩ lassen sich damit wie folgt beschreiben:

Transformation in vektorieller Schreibweise

$$\boldsymbol{X}_{NH} = \begin{pmatrix} X_{NH} \\ Y_{NH} \\ Z_{NH} \end{pmatrix} = \begin{pmatrix} \cos a \cdot \sin z \\ \sin a \cdot \sin z \\ \cos z \end{pmatrix} ; \qquad (3.2\text{-}3) \rightarrow (3.3\text{-}9/1)$$

$$\boldsymbol{X}_{\text{GrÄ}} = \begin{pmatrix} X_{\text{GrÄ}} \\ Y_{\text{GrÄ}} \\ Z_{\text{GrÄ}} \end{pmatrix} = \begin{pmatrix} \cos t_{\text{Gr}} \cdot \cos \delta \\ -\sin t_{\text{Gr}} \cdot \cos \delta \\ \sin \delta \end{pmatrix} ; \qquad (3.2\text{-}4)\rightarrow(3.3\text{-}9/2)$$

$$\boldsymbol{R}_{\text{NH}\rightarrow\text{GrÄ}} = \begin{pmatrix} -\sin\varphi \cdot \cos\lambda & -\sin\lambda & \cos\varphi \cdot \cos\lambda \\ -\sin\varphi \cdot \sin\lambda & \cos\lambda & \cos\varphi \cdot \sin\lambda \\ \cos\varphi & 0 & \sin\varphi \end{pmatrix} ; \qquad (3.3\text{-}10/1)$$

$$\boldsymbol{R}_{\text{GrÄ}\rightarrow\text{NH}} = \boldsymbol{R}^{-1}{}_{\text{NH}\rightarrow\text{GrÄ}} = \begin{pmatrix} -\sin\varphi \cdot \cos\lambda & -\sin\varphi \cdot \sin\lambda & \cos\varphi \\ -\sin\lambda & \cos\lambda & 0 \\ \cos\varphi \cdot \cos\lambda & \cos\varphi \cdot \sin\lambda & \sin\phi \end{pmatrix} ; \qquad (3.3\text{-}10/2)$$

⟨NH⟩ → ⟨GrÄ⟩

$$\boldsymbol{X}_{\text{GrÄ}} := \boldsymbol{R}_{\text{NH}\rightarrow\text{GrÄ}} \cdot \boldsymbol{X}_{\text{NH}} ; \qquad (3.3\text{-}11/1)$$

⟨GrÄ⟩ → ⟨NH⟩

$$\boldsymbol{X}_{\text{NH}} := \boldsymbol{R}_{\text{GrÄ}\rightarrow\text{NH}} \cdot \boldsymbol{X}_{\text{GrÄ}} . \qquad (3.3\text{-}11/2)$$

Transformation in trigonometrischer Schreibweise

⟨NH⟩ → ⟨GrÄ⟩ $(\langle a, z \rangle \text{ -> } \varphi, \lambda \text{ -> } \langle t_{\text{Gr}}, \delta \rangle)$

$$\sin\delta := \sin\varphi \cdot \cos z + \cos\varphi \cdot \sin z \cdot \cos a ;$$

$$\sin\{t_{\text{Gr}} + \lambda\} := -\frac{\sin a \cdot \sin z}{\cos\delta} . \qquad (3.3\text{-}12/1)$$

⟨GrÄ⟩ → ⟨NH⟩ $(\langle t_{\text{Gr}}, \delta \rangle \text{ -> } \varphi, \lambda \text{ -> } \langle a, z \rangle)$

$$\cos z := \sin\varphi \cdot \sin\delta + \cos\varphi \cdot \cos\delta \cdot \cos\{t_{\text{Gr}} + \lambda\} ;$$

$$\sin a := -\frac{\cos\delta}{\sin z} \cdot \sin\{t_{\text{Gr}} + \lambda\} . \qquad (3.3\text{-}12/2)$$

Die jeweils erste der Gleichungen (3.3-12/1) und (3.3-12/2) gründen sich auf den *Seiten-Cosinussatz* (1.4-2/1), die zweite auf den *Sinussatz* (1.4-1).

Wegen $t_{\text{Gr}} = t - \lambda$ (Bilder 3.2-5 und 3.3-4/2) und $t_{\text{Gr}} = t_{\text{GrFr}} - \alpha$ (Bilder 3.3-4/2 und 3.3-16/1) kann in (3.3-12/2) das Argument $t_{\text{Gr}} + \lambda$ auch durch die folgenden Variablen bzw. Variablen-Summen ersetzt werden:

$$t_{\text{Gr}} + \lambda = t = t_{\text{GrFr}} - \alpha + \lambda = GAST - \alpha + \lambda = LAST - \alpha . \qquad (3.3\text{-}12/3)$$

GAST und *LAST* bedeuten die Scheinbare Sternzeit Greenwich bzw. die Scheinbare Ortssternzeit (⇨ 5.3.1). Da Rektaszension α und Sternzeitepochen *GAST* und *LAST* üblicherweise in Einheiten h, min, s, Geographische Längen λ aber in °, ′, ″ gezählt werden, muß in (3.3-12/3) selbstverständlich vor der Summenbildung eine Angleichung der Einheiten vorgenommen werden, dergestalt daß man die Zahlenwerte von α, *GAST* und *LAST* entweder mit $\rho_{h\to°} = 15°/h$ (1.4-10/2) multipliziert oder den Zahlenwert von λ durch $\rho_{h\to°}$ dividiert. Die erstgenannte Variante ist zweifellos praktischer, denn der Stundenwinkel wird als Element des Astronomischen Grunddreiecks (⇨ 9.1.1) überwiegend mit hexadezimal geteilten Größen verknüpft.

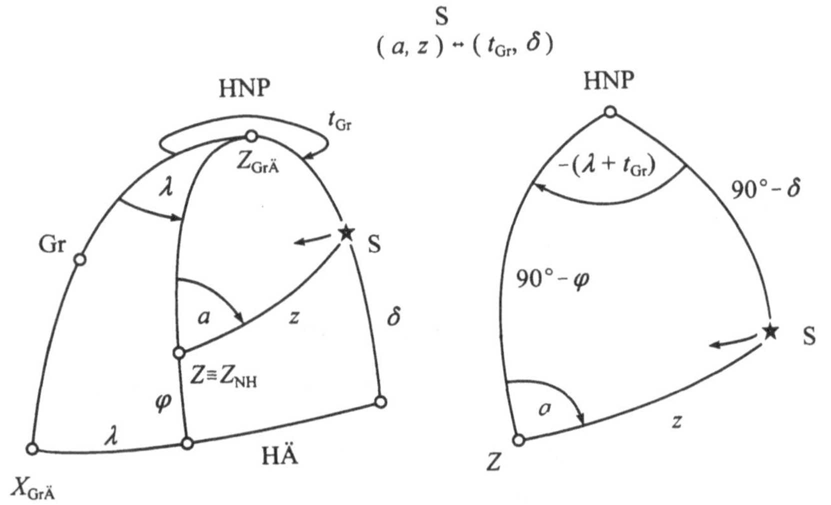

Bild 3.3-3/2: Zur Koordinatentransformation
Nordorientiertes Horizontsystem ↔ Greenwich-Äquatorsystem
(Trigonometrische Behandlung)

3.3.5 Greenwich - Äquatorsystem ↔ Frühlingspunkt - Äquatorsystem ⟨GrÄ⟩ ↔ ⟨FrÄ⟩

Das Greenwich-orientierte Äquatorsystem ⟨GrÄ⟩ und das ♈-orientierte Äquatorsystem ⟨FrÄ⟩ haben eine gemeinsame *Z*-Achse; die korrespondierenden *X*- Achsen sind um den auf den Greenwich-Meridian bezogenen Stundenwinkel t_{GrFr} = *GST* gegeneinander verdreht. Damit ergeben sich für den in Abschnitt 3.1 dargelegten Allgemeinfall einer räumlichen Koordinatentransformation die in Tabelle 3.3-4 niedergelegten Spezialisierungen.

Tabelle 3.3-4: Bezeichnungen der Koordinaten und Richtungswinkel etc. in den Bezugssystemen ⟨GrÄ⟩ und ⟨FrÄ⟩

Bezeichnung gemäß 3.1	Bezeichnung gemäß 3.2.2 und 3.2.3	Erläuterungen
⟨E⟩	⟨GrÄ⟩	Greenwich - Äquatorsystem
$\boldsymbol{X}$	$\boldsymbol{X}_{GrÄ}$	Cartesische Koordinaten ★
r_1	t_{Gr}	*Greenwich-Stundenwinkel* ★
r_2	δ	*Deklination* ★
d_3	$-t_{GrFr}$	t_{GrFr} = Greenwich-Stundenwinkel d. ♈ = *GST* (⇨ 5.3.1)
⟨E'⟩	⟨FrÄ⟩	♈ - Äquatorsystem
$\boldsymbol{X}'$	$\boldsymbol{X}_{FrÄ}$	Cartesische Koordinaten ★
r_1'	α	*Rektaszension* ★
r_2'	δ	*Deklination* ★
$\boldsymbol{R} = \boldsymbol{R}_3\{d_3\}$	$\boldsymbol{R}_{GrÄ \to FrÄ} = \boldsymbol{R}_3\{-t_{GrFr}\}$	Drehmatrix ⟨GrÄ⟩ → ⟨FrÄ⟩
$\boldsymbol{R}' = \boldsymbol{R}^{-1}$	$\boldsymbol{R}_{FrÄ \to GrÄ} = \boldsymbol{R}^{-1}{}_{GrÄ \to FrÄ}$	Drehmatrix ⟨FrÄ⟩ → ⟨GrÄ⟩

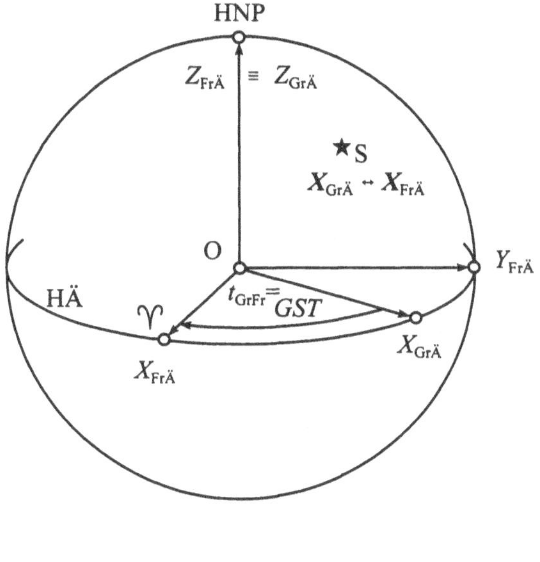

Bild 3.3-4/1: Zur Koordinatentransformation Greenwich-Äquatorsystem ↔ ♈ - Äquatorsystem (Vektorielle Behandlung)

Die Systemübergänge ⟨GrÄ⟩ ↔ ⟨FrÄ⟩ und ⟨FrÄ⟩ ↔ ⟨GrÄ⟩ lassen sich damit wie folgt beschreiben:

Transformation in vektorieller Schreibweise

$$\boldsymbol{X}_{\text{GrÄ}} = \begin{pmatrix} X_{\text{GrÄ}} \\ Y_{\text{GrÄ}} \\ Z_{\text{GrÄ}} \end{pmatrix} = \begin{pmatrix} \cos t_{\text{Gr}} \cdot \cos\delta \\ -\sin t_{\text{Gr}} \cdot \cos\delta \\ \sin\delta \end{pmatrix} ; \qquad (3.2\text{-}4)\rightarrow(3.3\text{-}13/1)$$

$$\boldsymbol{X}_{\text{FrÄ}} = \begin{pmatrix} X_{\text{FrÄ}} \\ Y_{\text{FrÄ}} \\ Z_{\text{FrÄ}} \end{pmatrix} = \begin{pmatrix} \cos\alpha \cdot \cos\delta \\ \sin\alpha \cdot \cos\delta \\ \sin\delta \end{pmatrix} ; \qquad (3.2\text{-}5)\rightarrow(3.3\text{-}13/2)$$

$$\boldsymbol{R}_{\text{GrÄ}\rightarrow\text{FrÄ}} = \begin{pmatrix} \cos t_{\text{GrFr}} & -\sin t_{\text{GrFr}} & 0 \\ \sin t_{\text{GrFr}} & \cos t_{\text{GrFr}} & 0 \\ 0 & 0 & 1 \end{pmatrix} ; \qquad (3.3\text{-}14/1)$$

$$\boldsymbol{R}_{\text{FrÄ}\rightarrow\text{GrÄ}} = \boldsymbol{R}^{-1}{}_{\text{GrÄ}\rightarrow\text{FrÄ}} = \begin{pmatrix} \cos t_{\text{GrFr}} & \sin t_{\text{GrFr}} & 0 \\ -\sin t_{\text{GrFr}} & \cos t_{\text{GrFr}} & 0 \\ 0 & 0 & 1 \end{pmatrix} ; \qquad (3.3\text{-}14/2)$$

⟨GrÄ⟩ → ⟨FrÄ⟩

$$\boldsymbol{X}_{\text{FrÄ}} := \boldsymbol{R}_{\text{GrÄ}\rightarrow\text{FrÄ}} \cdot \boldsymbol{X}_{\text{GrÄ}} ; \qquad (3.3\text{-}15/1)$$

⟨FrÄ⟩ → ⟨GrÄ⟩

$$\boldsymbol{X}_{\text{GrÄ}} := \boldsymbol{R}_{\text{FrÄ}\rightarrow\text{GrÄ}} \cdot \boldsymbol{X}_{\text{FrÄ}} . \qquad (3.3\text{-}15/2)$$

Transformation in goniometrischer Schreibweise

⟨GrÄ⟩ → ⟨FrÄ⟩ $(\langle t_{\text{Gr}}, \delta \rangle \rightarrow t_{\text{GrFr}} \rightarrow \langle \alpha, \delta \rangle)$

$$\alpha := t_{\text{GrFr}} - t_{\text{Gr}} = GAST - t_{\text{Gr}} = t_{\text{Fr}} - t$$

$$= LAST - t = t_{\text{GrFr}} + \lambda - t = GAST + \lambda - t ; \qquad (3.3\text{-}16/1)$$

$$\delta := \delta .$$

$\langle \mathbf{Fr\ddot{A}} \rangle \rightarrow \langle \mathbf{Gr\ddot{A}} \rangle \quad (\langle \alpha, \delta \rangle \text{ -> } t_{GrFr} \text{ -> } \langle t_{Gr}, \delta \rangle)$

$$t_{Gr} := t_{GrFr} - \alpha = GAST - \alpha;$$

$$t := t_{GrFr} + \lambda - \alpha = GAST + \lambda - \alpha = LAST - \alpha; \qquad (3.3\text{-}16/2)$$

$$\delta := \delta.$$

GAST und *LAST* bedeuten Scheinbare Sternzeit Greenwich bzw. Scheinbare Ortssternzeit (⇨ 5.3.1).

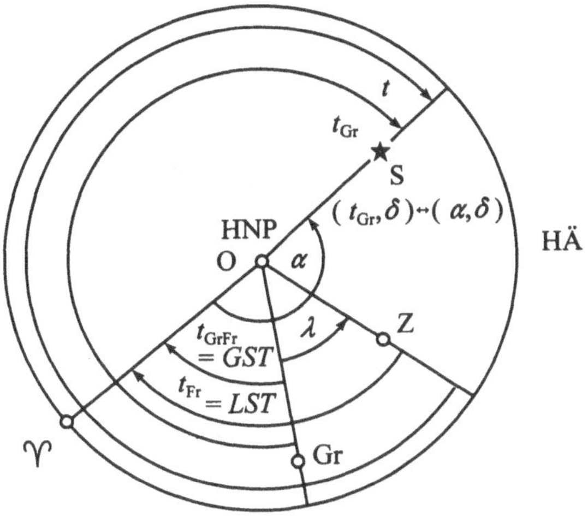

Bild 3.3-4/2 zur Koordinatentransformation
Greenwich-Äquatorsystem ↔ ♈ - Äquatorsystem
(Goniometrische Behandlung)

3.3.6 Frühlingspunkt-Äquatorsystem ↔ Frühlingspunkt-Ekliptiksystem ⟨FrÄ⟩ ↔ ⟨FrE⟩

Das ♈-Äquatorsystem ⟨FrÄ⟩ und das ♈-Ekliptiksystem ⟨FrE⟩ haben eine gemeinsame *X*-Achse; die korrespondierenden *X/Y*- Ebenen sind um die *Schiefe der Ekliptik* ϵ gegeneinander verdreht. Damit ergeben sich für den in 3.1 dargelegten Allgemeinfall einer räumlichen Koordinatentransformation die in Tabelle 3.3-5 niedergelegten Spezialisierungen.

Die Systemübergänge ⟨FrÄ⟩ ↔ ⟨FrE⟩ lassen sich damit wie folgt beschreiben:

Transformation in vektorieller Schreibweise

$$\boldsymbol{X}_{\text{FrÄ}} = \begin{pmatrix} X_{\text{FrÄ}} \\ Y_{\text{FrÄ}} \\ Z_{\text{FrÄ}} \end{pmatrix} = \begin{pmatrix} \cos\alpha \cdot \cos\delta \\ \sin\alpha \cdot \cos\delta \\ \sin\delta \end{pmatrix}; \qquad (3.2\text{-}5)\rightarrow(3.3\text{-}17/1)$$

$$\boldsymbol{X}_{\text{FrE}} = \begin{pmatrix} X_{\text{FrE}} \\ Y_{\text{FrE}} \\ Z_{\text{FrE}} \end{pmatrix} = \begin{pmatrix} \cos l \cdot \cos b \\ \sin l \cdot \cos b \\ \sin b \end{pmatrix}; \qquad (3.2\text{-}6)\rightarrow(3.3\text{-}17/2)$$

$$\boldsymbol{R}_{\text{FrÄ}\rightarrow\text{FrE}} = \begin{pmatrix} 1 & 0 & 0 \\ 0 & \cos\varepsilon & \sin\varepsilon \\ 0 & -\sin\varepsilon & \cos\varepsilon \end{pmatrix}; \qquad (3.3\text{-}18/1)$$

$$\boldsymbol{R}_{\text{FrE}\rightarrow\text{FrÄ}} = \boldsymbol{R}^{-1}{}_{\text{FrÄ}\rightarrow\text{FrE}} = \begin{pmatrix} 1 & 0 & 0 \\ 0 & \cos\epsilon & -\sin\epsilon \\ 0 & \sin\epsilon & \cos\epsilon \end{pmatrix}; \qquad (3.3\text{-}18/2)$$

⟨FrÄ⟩ → ⟨FrE⟩

$$\boldsymbol{X}_{\text{FrE}} := \boldsymbol{R}_{\text{FrÄ}\rightarrow\text{FrE}} \cdot \boldsymbol{X}_{\text{FrÄ}}; \qquad (3.3\text{-}19/1)$$

⟨FrE⟩ → ⟨FrÄ⟩

$$\boldsymbol{X}_{\text{FrÄ}} := \boldsymbol{R}_{\text{FrE}\rightarrow\text{FrÄ}} \cdot \boldsymbol{X}_{\text{FrE}}. \qquad (3.3\text{-}19/2)$$

Transformation in trigonometrischer Schreibweise

⟨FrÄ⟩ → ⟨FrE⟩ $(\langle \alpha, \delta \rangle \text{ -> } \epsilon \text{ -> } \langle b, l \rangle)$

$$\sin b := \cos\epsilon \cdot \sin\delta - \sin\epsilon \cdot \sin\alpha \cdot \cos\delta;$$

$$\cos l := \frac{\cos\alpha \cdot \cos\delta}{\cos b}; \qquad (3.3\text{-}20/1)$$

⟨FrE⟩ → ⟨FrÄ⟩ $(\langle b, l \rangle \text{ -> } \epsilon \text{ -> } \langle \alpha, \delta \rangle)$

$$\sin\delta := \cos\epsilon \cdot \sin b - \sin\epsilon \cdot \sin l \cdot \cos b;$$

$$\cos\alpha := \frac{\cos l \cdot \cos b}{\cos\delta}. \qquad (3.3\text{-}20/2)$$

Tabelle 3.3-5: Bezeichnungen der Koordinaten und Richtungswinkel etc. in den Bezugssystemen ⟨FrÄ⟩ und ⟨FrE⟩

Bezeichnung gemäß 3.1	Bezeichnung gemäß 3.2.2 und 3.2.3	Erläuterungen
⟨E⟩	⟨FrÄ⟩	♈ - Äquatorsystem
$\boldsymbol{X}$	$\boldsymbol{X}_{FrÄ}$	Cartesische Koordinaten ★
r_1	α	*Rektaszension* ★
r_2	δ	*Deklination* ★
d_1	ϵ	Schiefe der Ekliptik
⟨E'⟩	⟨FrE⟩	♈ - Ekliptiksystem
$\boldsymbol{X}'$	$\boldsymbol{X}_{FrE}$	Cartesische Koordinaten ★
r_1'	l	*Ekliptikale Länge* ★
r_2'	b	*Ekliptikale Breite* ★
$\boldsymbol{R} = \boldsymbol{R}_1\{d_1\}$	$\boldsymbol{R}_{FrÄ \to FrE} = \boldsymbol{R}_1\{\epsilon\}$	Drehmatrix ⟨FrÄ⟩ → ⟨FrE⟩
$\boldsymbol{R}' = \boldsymbol{R}^{-1}$	$\boldsymbol{R}_{FrE \to FrÄ} = \boldsymbol{R}^{-1}{}_{FrÄ \to FrE}$	Drehmatrix ⟨FrE⟩ → ⟨FrÄ⟩

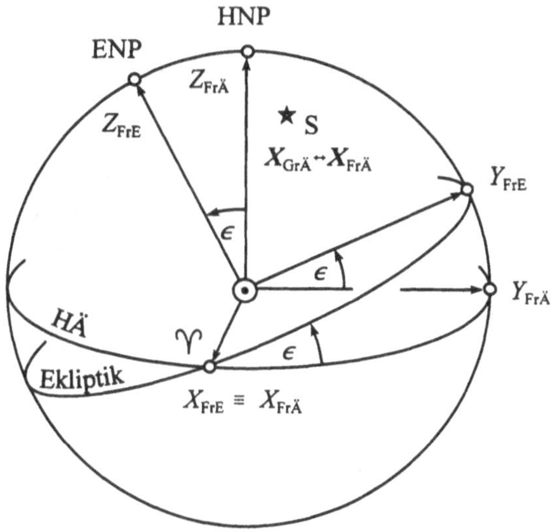

Bild 3.3-5/1 zur Koordinatentransformation
♈ - Äquatorsystem ↔ ♈ - Ekliptiksystem
(Vektorielle Behandlung)

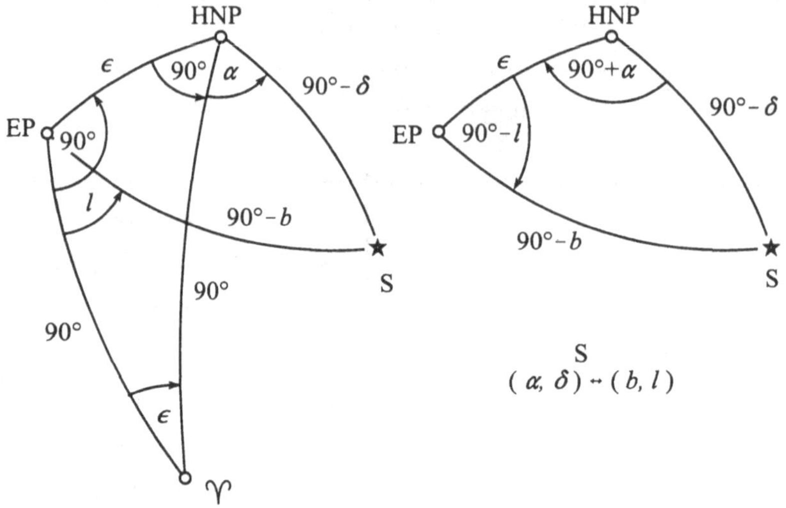

Bild 3.3-5/2: Zur Koordinatentransformation
♈ - Äquatorssystem ↔ ♈- Ekliptiksystem
(Trigonometrische Behandlung)

Die jeweils ersten Gleichungen von (3.3-20/1) und (3.3-20/2) gründen sich auf den *Seiten-Cosinussatz* (1.4-2/1), die zweiten auf den *Sinussatz* (1.4-1).

3.4 Transformation kinematischer Vorgänge

3.4.1 Allgemeines

Im vorausgehenden Abschnitt wurden anhand konkreter Übergänge die Beziehungen erläutert, die zwischen den cartesischen Koordinaten eines Einheitsvektors $\boldsymbol{b}$ in zwei gegeneinander gedrehten Bezugssystemen ⟨I⟩ und ⟨II⟩ bestehen. Danach lautet der Zusammenhang zwischen den korrespondierenden Koordinatensätzen $\boldsymbol{b}_\mathrm{I} = (X_{\mathrm{I}1}, X_{\mathrm{I}2}, X_{\mathrm{I}3})^\mathrm{T}$ und $\boldsymbol{b}_\mathrm{II} = (X_{\mathrm{II}1}, X_{\mathrm{II}2}, X_{\mathrm{II}3})^\mathrm{T}$:

$$\boldsymbol{b}_\mathrm{II} = \boldsymbol{R}_\mathrm{II/I} \cdot \boldsymbol{b}_\mathrm{I}. \tag{3.4-1}$$

Die in dieser Beziehung enthaltene, nach (3.1-10) oder (3.1-14) gebildete Rotationsmatrix $\boldsymbol{R}_\mathrm{II/I}$ beschreibt die momentane relative Ausrichtung des Systems ⟨II⟩ gegenüber Systems ⟨I⟩.

Die Gleichung (3.4-1) kann, wie soeben dargelegt, als Drehung eines Bezugssystems ⟨II⟩ gegenüber einem Bezugssystem ⟨I⟩ verstandenen werden, bei der die Koordinaten eines als Referenz benutzen Vektors $\boldsymbol{b}$ im System ⟨I⟩ die Größe $\boldsymbol{b}_\mathrm{I}$ und im System ⟨II⟩ die Größe $\boldsymbol{b}_\mathrm{II}$ annehmen. Sie kann aber auch als Drehung –

nunmehr mit umgekehrten Drehsinn - des Vektors $\boldsymbol{b}$ gedeutet werden, die in nur einem Bezugssystem vollzogen wird.

Betrachten wir nun eine infinitesimale Drehung von ⟨II⟩ gegenüber ⟨I⟩, die mit einer ebenfalls infinitesimalen Größenänderung $d\boldsymbol{b}_I$ des Vektors $\boldsymbol{b}_I$ gekoppelt ist. Bei diesem Vorgang verändert sich der Vektor $\boldsymbol{b}_{II}$ um

$$d\boldsymbol{b}_{II} = \boldsymbol{R}_{II/I} \cdot d\boldsymbol{b}_I + d\boldsymbol{R}_{II/I} \cdot \boldsymbol{b}_I \ . \tag{3.4-2}$$

Bezieht man die Differentiale auf ein infinitesimales Zeitelement dt, so beschreibt die Variable auf der linken Seite von (4.3-2) die Geschwindigkeit $(d\boldsymbol{b}/dt)_{II}$, mit der sich $\boldsymbol{b}_{II}$ ändert, wenn sich

- $\boldsymbol{b}_I$ bezüglich ⟨I⟩ mit der Geschwindigkeit $(d\boldsymbol{b}/dt)_I$ ändert (erster Term)

und sich im gleichen Zeitraum

- ⟨II⟩ gegenüber ⟨I⟩ mit der Geschwindigkeit ω dreht (zweiter Term).

Unter Beachtung der aus der Vektoranalysis bekannten Entwicklungssätze (Hehl, 1992, 176)

$$(d\boldsymbol{R}/dt) \cdot \boldsymbol{b} = \boldsymbol{R} \cdot \boldsymbol{\Omega} \cdot \boldsymbol{b} = \boldsymbol{R} \cdot \omega \times \boldsymbol{b}, \tag{3.4-3/1}$$

$$\text{mit} \quad \Omega_{II/I} = \Omega = \begin{pmatrix} 0 & -\omega_3 & \omega_2 \\ \omega_3 & 0 & -\omega_1 \\ -\omega_2 & \omega_1 & 0 \end{pmatrix} \quad \text{und} \quad \omega_{II/I} = \omega = \begin{pmatrix} \omega_1 \\ \omega_2 \\ \omega_3 \end{pmatrix} \tag{3.4-3/2}$$

gewinnt man aus (3.4-2) den zur Transformation von Geschwindigkeitsvektoren zwischen zwei gegeneinander rotierenden Bezugssystemen bedeutsamen Ausdruck:

$$\left(\frac{d\boldsymbol{b}}{dt}\right)_{II} = \boldsymbol{R}_{II/I} \cdot \left(\left(\frac{d\boldsymbol{b}}{dt}\right)_I + \omega \times \boldsymbol{b}_I \right) \ . \tag{3.4-4/1}$$

Mit der Notationsvereinbarung (Magnus, 1971, 38)

$$\left(\frac{d_{II}\boldsymbol{b}}{dt}\right) := \left(\frac{d\boldsymbol{b}}{dt}\right)_{II}, \quad \left(\frac{d_I\boldsymbol{b}}{dt}\right) := \boldsymbol{R}_{II/I} \cdot \left(\frac{d\boldsymbol{b}}{dt}\right)_I, \quad \omega \times \boldsymbol{b} := \boldsymbol{R}_{II/I} \cdot \left(\omega \times \boldsymbol{b}_I\right), \tag{3.4-4/2}$$

die man, wenn auch mit anderen Indexzeichen, häufig in der Fachliteratur der Kinematik findet (z.B. Lehmann, 1983, 111), läßt sich (3.4-4/1) vereinfacht auch so beschreiben :

$$\left(\frac{d_{II}\boldsymbol{b}}{dt}\right) = \left(\frac{d_I\boldsymbol{b}}{dt}\right) + \omega \times \boldsymbol{b} \ . \tag{3.4-4/3}$$

In dieser Schreibweise bezeichnen die Indizes I und II wie bisher die beiden Bezugssysteme, in denen die Änderung von $\boldsymbol{b}$ jeweils zu betrachten ist. Anders als in (3.4-4/1), wo die Vektoren jeweils mit ihren systembezogenen Koordinaten einzuführen sind bzw. erhalten werden (der links des Gleichheitszeichens stehende Vektor also mit Koordinaten des Systems II, die beiden rechts stehenden Vektoren mit Koordinaten des Systems I), müssen bei dieser Schreibweise, die den Vollzug der Transformation $\boldsymbol{R}_{I/II}$ bereits impliziert, alle drei Vektoren in einem einheitlichen Koordinatensystem (in I, II oder einem beliebigen anderen) ausgedrückt werden.

Das Gesetz gilt in der angegebenen Form im übrigen auch ohne die oben getroffene Einschränkung der Länge von $\boldsymbol{b}$ auf die Einheit. Der Vektor $\boldsymbol{b}$ muß auch nicht notwendigerweise eine gerichtete Strecke und $\mathrm{d}\boldsymbol{b}/\mathrm{d}t$ dementsprechend einen Geschwindigkeitsvektor bezeichnen. $\boldsymbol{b}$ steht vielmehr für jedwede vektorielle Größe und $\mathrm{d}\boldsymbol{b}/\mathrm{d}t$ für deren zeitliche Änderung. Mit (3.4-4/1) bzw. (3.4-4/3) kann man daher nicht nur Geschwindigkeiten, sondern z.B. auch Drehimpulsänderungen $\mathrm{d}\boldsymbol{H}/\mathrm{d}t$ von einem Bezugssystem in ein anderes transformieren.

Einen wichtigen Sonderfall von (3.4-4/4) erhält man, wenn $\boldsymbol{b}$ in der Drehachse liegt und damit zu $\boldsymbol{\omega}$ proportional wird: $\boldsymbol{b} \equiv \mathrm{k}\cdot\boldsymbol{\omega}$ (mit k = konstanter Faktor). In diesem Fall verschwindet wegen der Parallelität von $\boldsymbol{\omega}$ zu sich selbst das Vektorprodukt $\boldsymbol{\omega}\times\boldsymbol{b} = \boldsymbol{\omega}\times\boldsymbol{\omega}$ und (3.4-4/4) vereinfacht sich zu:

$$\left(\frac{\mathrm{d}_{II}\,\boldsymbol{\omega}}{\mathrm{d}t}\right) \equiv \left(\frac{\mathrm{d}_{I}\,\boldsymbol{\omega}}{\mathrm{d}t}\right). \qquad (3.4\text{-}5)$$

Die Gleichung besagt: In relativ zueinander rotierenden Bezugssystemen sind Richtungsänderungen des Rotationsvektors (bezogen jeweils auf systemfeste Punkte) in beiden Systemen zu jeder Zeit gleich.

3.4.2 Transformation veränderlicher Vektoren zwischen einem Inertialsystem und einem (rotierendem) erdfesten Bezugssystem

Wir untersuchen nun anhand der Formeln (3.4-4/3) und (3.4-5) die momentanen kinematischen Beziehungen zwischen einem Inertialsystem (Index »inertial« := I) und einem erdfesten Bezugssystem (Index »erdfest« := II). Das erdfeste Bezugssystem dreht sich gegenüber dem raumfesten mit der Winkelgeschwindigkeit $\boldsymbol{\omega}_E$. Wie unterscheiden sich Richtungsänderungen eines auf die Einheit normierten Vektors $\boldsymbol{b}$ in den korrespondierenden Bezugssystemen? Zwei aus den genannten Gleichungen beschriebene Sonderfälle verdienen dabei besonderes Interesse:

- $\boldsymbol{b}$ ist im Inertialsystem oder im erdfesten Bezugssystem konstant. Im ersten Fall gilt $\mathrm{d}\boldsymbol{b}_{\mathrm{inertial}}/\mathrm{d}t = \boldsymbol{0}$, im zweiten $\mathrm{d}\boldsymbol{b}_{\mathrm{erdfest}}/\mathrm{d}t = \boldsymbol{0}$.
- $\boldsymbol{b}$ fällt mit dem Rotationsvektor $\boldsymbol{\omega}_E$ zusammen.

Betrachten wir zunächst $\mathrm{d}\boldsymbol{b}_{\text{inertial}}/\mathrm{d}t = \mathbf{0}$. Bei dieser Vorgabe vereinfacht sich (3.4-4/3) zu:

$$\left(\frac{\mathrm{d}_{\text{erdfest}}\boldsymbol{b}}{\mathrm{d}t}\right) = \omega_{\mathrm{E}} \times \boldsymbol{b} . \tag{3.4-6}$$

Der Winkel zwischen ω_{E} und $\boldsymbol{b}$ ($|\boldsymbol{b}| = 1$) beträgt $\gamma = \arcsin \dfrac{|\omega_{\mathrm{E}} \times \boldsymbol{b}|}{|\omega_{\mathrm{E}}|}$. Der durch das Produkt $\omega_{\mathrm{E}} \times \boldsymbol{b}$ gebildete Vektor bezeichnet die Richtung und den Betrag der zeitlichen Änderung von $\boldsymbol{b}$. Er steht senkrecht auf der von ω_{E} und $\boldsymbol{b}$ aufgespannten Ebene und damit auch senkrecht auf $\boldsymbol{b}$ und ω_{E}. Seine Länge ist $\omega_{\mathrm{E}} \cdot \sin\gamma$. Der Bildpunkt B von $\boldsymbol{b}$ hat von der Rotationsachse einen linearen Abstand von $\sin\gamma$. Die auf die ω_{E}-Achse bezogene Winkelgeschwindigkeit der $\omega_{\mathrm{E}}/\boldsymbol{b}$ -Ebene im erdfesten System ergibt sich daraus zu $(\omega_{\mathrm{E}} \cdot \sin\gamma)/\sin\gamma = \omega_{\mathrm{E}}$. Aus diesen Beziehungen folgt, daß im erdfesten Bezugssystem der im Inertialsystem konstante Vektor $\boldsymbol{b}$ den Rotationsvektor auf einem Kreiskegel mit dem Öffnungswinkel γ umläuft, und zwar mit der der Erdrotation entgegengerichteten Winkelgeschwindigkeit ω_{E} = 360°/Tag (also von der nördlichen Hemisphäre aus betrachtet: im Uhrzeigersinn). Die Periode des Umlaufs ist $P = 1$ Tag. Auf der Himmelskugel bildet sich diese Bewegung von $\boldsymbol{b}$ als Umlauf des Bildpunktes $\mathrm{B}\{\boldsymbol{b}\}$ um die Rotationsachse ab. Die Bewegungsspur ist ein Kleinkreis mit dem Radius $a_{\mathrm{b}} = \sin\gamma$.

Nehmen wir beispielsweise als einen im Inertialsystem unveränderlichen Vektor $\boldsymbol{b}$ den auf den Ekliptiknordpol (ENP) gerichteten Einheitsvektor an, der gegenüber der Rotationsachse der Erde um die Schiefe der Ekliptik $\gamma := \epsilon = 23{,}44°$ geneigt ist. Im erdfesten System bewegt sich der ENP auf der Einheitskugel mit einer Periode von $P = 1$ Tag und in einem Achsabstand von

$$a_{\mathrm{b}} = \sin\epsilon = \sin 23{,}44° = 0{,}39778$$

um die Rotationsachse.

Ein qualitativ analoges Ergebnis erzielt man für einen (anderen) Vektor $\boldsymbol{b}$, der im erdfesten Bezugssystem konstant ist: ($\mathrm{d}\boldsymbol{b}_{\text{erdfest}}/\mathrm{d}t = \mathbf{0}$). Nunmehr dreht sich $\boldsymbol{b}$ für den im Inertialsystem unbeweglichen Beobachter mit der Winkelgeschwindigkeit ω_{E} um die Rotationsachse. Der Drehsinn ist nun dem des Uhrzeigers entgegengerichtet. Um auch diesen Fall formelmäßig zu erfassen, genügt es in (3.4-6) den Index »erdfest« mit »inertial« zu vertauschen und a.a.O. das Vorzeichen von ω_{E} umzukehren.

Die aufgezeigte Beziehung, wonach ein in einem der beiden Bezugssysteme konstanter Vektor sich im jeweils anderen Bezugssystem tagesperiodisch ändert, gilt genähert auch bei kleinen Änderungsraten $|\mathrm{d}\boldsymbol{b}_{\text{inertial}}/\mathrm{d}t| \approx 0 \ll 1$ bzw. $|\mathrm{d}\boldsymbol{b}_{\text{erdfest}}/\mathrm{d}t| \approx 0 \ll 1$, wie man durch Abschätzung des Einflusses dieser Glieder auf (3.4-4/3) leicht nachweisen kann. Die für $|\mathrm{d}\boldsymbol{b}_{\text{inertial}}/\mathrm{d}t| = 0$ geltende Periode von 1 Tag ändert sich dabei nur geringfügig. Man spricht in diesem Fall von einem quasi-tagesperiodischen Vorgang.

Die gefundenen Ergebnisse lassen sich wie folgt zusammenfassen:

Langperiodische Richtungsänderungen (Periodendauer P_b » 1 Tag) eines Vektors $\boldsymbol{b}$ in einem der korrespondierenden Bezugssysteme entsprechen quasi-tagesperiodische Richtungsänderungen ($P_{b\,\text{erdfest}} \approx 1$ Tag) im jeweils anderen System.

Noch ein weiterer kinematischer Sonderfall muß in Erwägung gezogen werden, nämlich die Möglichkeit (Tatsache), daß der Rotationsvektor $\boldsymbol{\omega}_\mathrm{E}$ weder im Inertialsystem noch im erdfesten Bezugssystem konstant ist. Dieser erfährt Im Inertialsystem durch Lunisolarpräzession und astronomische Nutation, im erdfesten System durch freie Nutation laufende Richtungsänderungen.

Betrachten wir beispielsweise die Wirkung der Lunisolarpräzession (2.5-7). Sie verändert die Richtung der Rotationsachse der Erde mit einer Winkelgeschwindigkeit von $\omega_{\text{Präz}} = 20{,}04''/\text{Jahr} = (50{,}37''/\text{Jahr})\cdot\sin\epsilon$; ⇨ (2.5-7). Die Richtungsänderung vollzieht sich senkrecht zur Ebene $\boldsymbol{\omega}_\mathrm{E}/\boldsymbol{b}$, also in der gleichen Richtung, in die auch der bereits diskutierte Vektor $\boldsymbol{\omega}_\mathrm{E}\times\boldsymbol{b}$ zeigt. $|\boldsymbol{\omega}_\mathrm{E}|$ bleibt bei diesem Vorgang unverändert, jedoch verlängert sich der Vektor $\boldsymbol{\omega}_\mathrm{E}\times\boldsymbol{b}$ (Betrag: $\omega_\mathrm{E}\cdot\sin\epsilon$) um $\boldsymbol{\omega}_{\text{Präz}}\times(\boldsymbol{\omega}_\mathrm{E}/|\boldsymbol{\omega}_\mathrm{E}|)\cdot b$ (Betrag: $\omega_{\text{Präz}}$) auf $(\boldsymbol{\omega}_\mathrm{E}+\boldsymbol{\omega}_{\text{Präz}}/\cos\epsilon)\times\boldsymbol{b}$. Der Betrag der Bezugsgröße $|\boldsymbol{\omega}_\mathrm{E}\times\boldsymbol{b}| = \omega_\mathrm{E}\cdot\sin\epsilon$ vergrößert sich dabei auf $(\omega_\mathrm{E}+\omega_{\text{Präz}}/\sin\epsilon)\cdot\sin\epsilon$. Der einzige Unterschied zu dem oben ohne Richtungsänderung von $\boldsymbol{\omega}_\mathrm{E}$ entwickelten Ergebnis besteht darin, daß die Umlaufgeschwindigkeit von $\boldsymbol{b}$ im erdfesten System bei Berücksichtigung der Richtungsänderung von $\omega_\mathrm{E} = 2\cdot\pi/\text{Tag} = 360°/\text{Tag}$ auf

$$\omega_\mathrm{E} + \omega_{\text{Präz}}/\sin\epsilon = 360°/\text{Tag} + (20{,}04''/\text{Jahr})/\sin\epsilon = 360°/\text{Tag} + 50{,}37''/\text{Jahr}$$

zunimmt. Man kann leicht nachrechnen, daß das zweite Glied nur etwa 10^{-7} des ersten erreicht, wodurch sich die Periodendauer der Erdrotation ($P_\mathrm{E} = 2\cdot\pi/\omega_\mathrm{E} = 1$ Tag) scheinbar um 0,00864 s verkürzt. Die hier am Beispiel der Lunisolarpräzession $\omega_{\text{PräzLS}}$ getroffene Aussage gilt im zeitlichen Mittel für die Gesamtwirkung aller momentanen, durch Präzession und astronomische Nutation verursachten Bewegungsraten, da $\omega_{\text{PräzLS}}$ als Mittelwert dieser Raten definiert ist.

Eine eingehende Betrachtung verdient schließlich noch der schon einleitend herausgestellte zweite Sonderfall, in dem der Vektor $\boldsymbol{b}$ ist mit dem als beweglich angenommenen Rotationsvektor $\boldsymbol{\omega}_\mathrm{E}$ gleichgesetzt wird. Wir betrachten hier also die unterschiedliche »Winkelgeschwindigkeitsperspektive« unter der der Rotationsvektor der Erde aus der Sicht des Inertialsystems und des erdfesten Bezugssystems erscheint. Für $\boldsymbol{b} := \boldsymbol{\omega}_\mathrm{E}$ verschwindet in (4.4-1) das Kreuzprodukt ($\boldsymbol{\omega}_\mathrm{E}\times\boldsymbol{\omega}_\mathrm{E} = 0$) und die Gleichung vereinfacht sich zu:

$$\left(\frac{\mathrm{d}_{\text{inertial}}\omega_{\mathrm{E}}}{\mathrm{d}t}\right) \equiv \left(\frac{\mathrm{d}_{\text{erdfest}}\omega_{\mathrm{E}}}{\mathrm{d}t}\right). \tag{3.4-7}$$

Die Gleichung besagt: Richtungs- und Betragsänderungen des Rotationsvektors ω_{E} der Erde relativ zum Inertialsystem und relativ zum erdfesten Bezugssystem sind zu jeder Zeit gleich.

Normiert man ω_{E} auf die Einheit, so bezeichnen die beiden Differentialquotienten die auf der Oberfläche der Himmelskugel gemessenen Differentiale der »Lineargeschwindigkeit« des Rotationspols R gegenüber systemfesten Bezugspunkten O_{inertial} und O_{erdfest}. Kennt man nun in den beiden korrespondierenden Bezugssystemen stets gleiche Änderungsrate $\mathrm{d}\omega_{\mathrm{E}}/\mathrm{d}t$ sowie die Rotationszentren O_{inertial} und O_{erdfest} bzw. die Krümmungsradien a_{inertial} und a_{erdfest} konsekutiver Geschwindigkeitsvektoren $\mathrm{d}\omega_{\mathrm{E}}/\mathrm{d}t$, so läßt sich, indem man die systemspezifische Winkelgeschwindigkeit des Rotationspols durch die Quotienten

$$\omega_{\mathrm{R\ inertial}} = (\mathrm{d}\omega_{\mathrm{E}}/\mathrm{d}t)/a_{\text{inertial}} \quad \text{und} \quad \omega_{\mathrm{R\ inertial}} = (\mathrm{d}\omega_{\mathrm{E}}/\mathrm{d}t)/a_{\text{erdfest}} \tag{3.4-8/1}$$

ausdrückt, aus der Winkelgeschwindigkeit ω_{R} in einem System die Winkelgeschwindigkeit von ω_{R} im anderen berechnen:

$$(\mathrm{d}\omega_{\mathrm{E}}/\mathrm{d}t) = \omega_{\mathrm{R\ inertial}} \cdot a_{\text{inertial}} = \omega_{\mathrm{R\ erdfest}} \cdot a_{\text{erdfest}}. \tag{3.4-8/2}$$

Mit Mittelwerten von ω_{R}, ausgedrückt durch die Quotienten $\bar{\omega}_{\mathrm{R}} = 2 \cdot \pi / P_{\mathrm{R}}$, läßt sich (3.4-8/2) auch mit entsprechenden Umlaufperioden P beschreiben:

$$(\mathrm{d}\bar{\omega}_{\mathrm{E}}/\mathrm{d}t) = a_{\mathrm{R\ inertial}} \cdot P_{\text{erdfest}} = a_{\mathrm{R\ erdfest}} \cdot P_{\text{inertial}}. \tag{3.4-8/3}$$

Handelt es sich bei P_{inertial} oder P_{erdfest} um langzeitige Perioden, denen, wie oben gezeigt wurde, jeweils Tagesperioden im korrespondierenden System gegenüberstehen, so gelten offenbar folgende Sätze:

Eine periodische Bewegung der Rotationsachse der Erde (R), die im Inertialsystem mit einer Umlaufzeit von $P_{\mathrm{R\ inertial}} \gg 1$ Tag und einer mittlerer Amplitude von $a_{\mathrm{R\ inertial}}$ abläuft, wird von einem erdfesten Beobachter mit einer Umlaufzeit von $P_{\mathrm{R\ erdfest}} \approx 1$ Tag und einer mittleren Amplitude von

$$a_{\mathrm{R\,erdfest}} = a_{\mathrm{R\,inertial}} \cdot \frac{\omega_{\mathrm{R\,inertial}}}{\omega_{\mathrm{R\,erdfest}}} \approx a_{\mathrm{R\ inertial}} \cdot \frac{1\,\text{Tag}}{P_{\mathrm{R\,inertial}}} \tag{3.4-9/1}$$

wahrgenommen. Und für die Gegensicht gilt die Entsprechung: Eine periodische Bewegung von R, die in einem erdfesten Bezugssystem mit einer Umlaufzeit von $P_{\mathrm{R\,erdfest}} \gg 1$ Tag und einer mittlerer Amplitude von $a_{\mathrm{R\,erdfest}}$ abläuft, wird von einem Beobachter im Inertialsystem mit einer Umlaufzeit von $P_{\mathrm{R\,erdfest}} \approx 1$ Tag und einer mittleren Amplitude von

$$a_{\mathrm{R\,inertial}} = a_{\mathrm{R\,erdfest}} \cdot \frac{\omega_{\mathrm{R\,erdfest}}}{\omega_{\mathrm{R\,inertial}}} \approx a_{\mathrm{R\,erdfest}} \cdot \frac{1\,\mathrm{Tag}}{P_{\mathrm{R\,erdfest}}} \tag{3.4-9/2}$$

wahrgenommen. $a_{\mathrm{R\,inertial}}$ und $a_{\mathrm{R\,erdfest}}$ sind die in der Einheitskugel gemessenen linearen Abstände der Rotationsachse von den im Inertialsystem bzw. erdfest verankerten Bezugspolen, auf die sich die vorgenannten Winkelgeschwindigkeiten und Umlaufperioden beziehen; ⇨ Bild 3.4-1. Die Abstände sind mit den von den Bezugsachsen gegenüber der Rotationsachse aufgespannten Winkeln $\gamma_{\mathrm{R\,inertial}}$ und $\gamma_{\mathrm{R\,erdfest}}$ über deren Sinusfunktion (= Gegenkathete zu Hypotenuse) verknüpft:

$$a_{\mathrm{R\,inertial}} = \sin\gamma_{\mathrm{R\,inertial}}; \qquad a_{\mathrm{R\,erdfest}} = \sin\gamma_{\mathrm{R\,erdfest}}\,. \tag{3.4-9/3}$$

Die analytisch aufgezeigten Beziehungen lassen sich mit der von Poinsot entwickelten Vorstellung veranschaulichen, die periodischen Umläufe der Rotationsachse der Erde um systemfeste Zentren (O_{inertial} und O_{erdfest}) durch das Abrollen eines erdfesten *Polkegels* mit dem Öffnungswinkel $\gamma_{\mathrm{R\,erdfest}}$ an einem raumfesten *Spurkegel* mit dem Öffnungswinkel $\gamma_{\mathrm{R\,inertial}}$ zu erklären. Die Achse, um die der Polkegel (und mit ihm das erdfeste Bezugssystem) momentan rotiert, ist zu jeder Zeit die präzedierende Rotationsachse entlang der sich die beiden Kegel berühren. Sie läuft bei einer Rotation gegen den Uhrzeigersinn (Erdrotation von der nörlichen Hemisphäre aus betrachtet) auf beiden Kegeln im Uhrzeigersinn weiter.

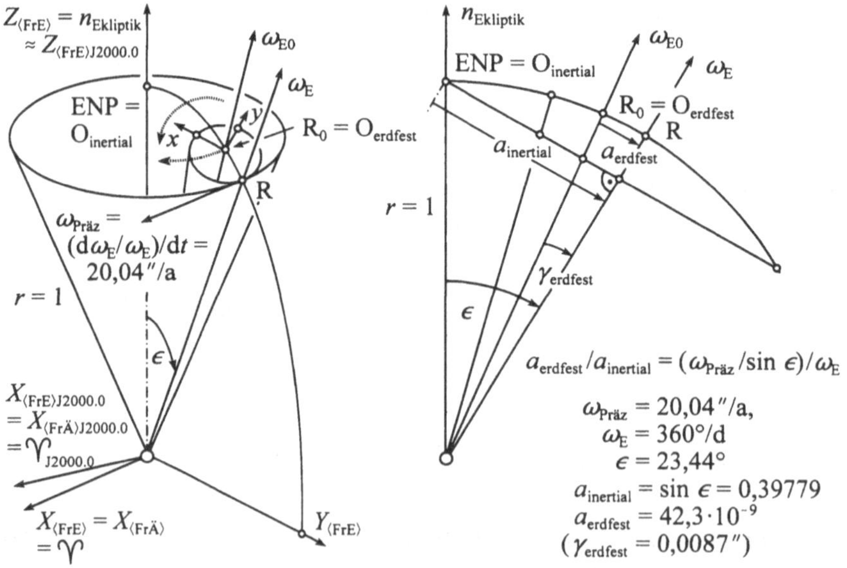

Bild 3.4-1: Erdrotation unter dem Einfluß der Präzession, dargestellt als Abrollen des erdfesten Polkegels auf dem raumfesten Spurkegel

In Bild 3.4-1 ist der Vorgang am Beispiel der Präzession der Erdachse dargestellt.

Anmerkung: Da die Periode der Erddrehung im Inertialsystem nicht 1 Tag (d), sondern nach (2.3-30) nur $P_{\omega E\,\text{inertial}} = 360°/\omega_E = 360°/15{,}04107° h^{-1} = 0{,}99727\,d$ (≈ 1 Sterntag) dauert, müßte man im Zähler des rechtsstehenden Ausdrucks von (3.4-9/1) und (3.4-9/2) strenggenommen 0,99727 d eintragen. Für die Abschätzung von Amplitudengrößen, wo meist nicht zwischen »Quasi-Tagesperiode« und »Tagesperiode« unterschieden werden muß, ist dieser Unterschied (< 0,3%) in der Regel belanglos.

Tabelle 3.4-1: Dominante Komponenten der Richtungsänderung des Rotationsvektors im Inertialsystem und in einem erdfesten Bezugssystem

Bewegungskomponente im erdfesten System	Periode im erdfesten System $P_{R\,\text{erdfest}}$	Mittlere Amplitude im erdfesten System $\gamma_{R\,\text{erdfest}}$	Amplitude des tagesperiodischen Umlaufs im Inertialsystem $\gamma_{R\,\text{inertial}}$
Chandlersche Polbewegung	433,8 d	0,20″	0,00045″
Jahresterm der Polbewegung	365,2 d	0,06″	0,00017″
Bewegungskomponente im Inertialsystem	**Periode im Inertialsystem $P_{R\,\text{inertial}}$**	**Mittlere Amplitude im Inertialsystem $\gamma_{R\,\text{inertial}}$**	**Amplitude des tagesperiodischen Umlaufs im erdfesten System $\gamma_{R\,\text{erdfest}}$**
Präzession	9 412 505,6 d	23°26′21,45″	0,00872″
Nutation 31	13,7 d	0,094″	0,00687″
Nutation 9	182,6 d	0,549″	0,00301″
Nutation 34	9,1 d	0,012″	0,00137″
Nutation 33	13,6 d	0,018″	0,00130″
Nutation 1	6 798,4 d	8,022″	0,00118″
Nutation 32	27,6 d	0,015″	0,00052″

Beispiel zu (3.4-9/1): Die auf den Ekliptikpol gerichtete, im Inertialsystem (weitgehend) unveränderliche Bezugsachse hat gegenüber der Rotationsachse der Erde den Winkelabstand $\gamma_{R\,\text{inertial}} = \epsilon = 23{,}44°$ = Schiefe der Ekliptik; die Amplitude der Rotationsachse der Erde (Polabstand gemessen in der Himmelskugel, s.o.) beträgt also $a_{\mathrm{R\,inertial}} = \sin 23{,}44° = 0{,}39779$. Aus der Präzessionskonstanten $p = 5029{,}0966''$/Jul.Jh. (⇨ 2.10.3: IAU-1976-System der Astronomischen Konstanten) folgt mit 1 Jul.Jh. = 36525 Tage für den Umlauf des Rotationspols um den Ekliptikpol nach dem Dreisatz (p = 5029,0966″/Jul.Jh. = $360°/P_{\mathrm{R\,inertial}}$):

$$P_{\mathrm{R\,inertial}} = 360°/p = 360 \cdot 3600''/(5029{,}0966''/36525\,\mathrm{d}) = 9412505{,}6\,\mathrm{d}\,.$$

In einem erdfesten Bezugssystem äußert sich diese Bewegung als tagesperiodischer Vorgang mit einer Amplitude von $a_{\mathrm{R\,erdfest}} = 0{,}39779\ /\ 9{,}4125 \cdot 10^{6} = 4{,}226 \cdot 10^{-8}$, bzw. mit einem Öffnungswinkel von $\gamma_{\mathrm{R\,erdfest}} = \arcsin 4{,}226 \cdot 10^{-8} = 0{,}00872''$. (⇨ Tabelle 3.4-1, Zeile »Präzession«).

Beispiel zu (3.4-9/2): Die Rotationsachse der Erde umläuft im Zuge der Polbewegung eine erdfeste Bezugsachse in einem momentanen Winkelabstand $\gamma_{\mathrm{R\,erdfest}} = 0{,}20''$ (was einer Amplitude von $a_{\mathrm{R\,erdfest}} = \sin 0{,}20'' = 9{,}696 \cdot 10^{-7}$ entspricht) mit einer Periode von $P_{\mathrm{R\,erdfest}} = 433{,}8$ Tagen (Chandlersche Periode). Diese Bewegung äußert sich im Inertialsystem tagesperiodisch mit einer Amplitude von $a_{\mathrm{R\,inertial}} = 9{,}696 \cdot 10^{-7}/433{,}8 = 2{,}235 \cdot 10^{-9}$, entsprechend $\gamma_{\mathrm{R\,inertial}} = \arcsin 2{,}235 \cdot 10^{-9} = 0{,}00045''$. (⇨ Tabelle 3.4-1, Zeile »Chandlersche Polbewegung«).

Die Präzession (einschließlich astronomische Nutation) und die freie Nutation (Polbewegung) zwingen die Rotationsachse der Erde zu komplizierten periodischen Bewegungen sowohl im Inertialsystem als auch im erdfesten System. Mit Hilfe von Frequenzanalysen können diese Bewegungen in zahlreiche Komponenten mit unterschiedlichen Perioden zerlegt werden. Aufgrund unterschiedlicher Wirkungsmechanismen - Einfluß von Mond, Sonne und Planeten auf der einen Seite, und geophysikalische Vorgänge auf der anderen - lassen sich die präzessionsbedingten Komponenten (anhand eines Nutationsmodells, ⇨ 4.4.5) einfacher im Inertialsystem, die auf der freien Nutation beruhenden Komponenten (Polbewegung, ⇨ 4.6) einfacher in einem erdfesten System erfassen. Die Gleichungen (3.4-5) und (3.4-6) ermöglichen die notwendigen Systemübergänge, die es gestatten, die zunächst systembezogen erfaßten Bewegungen in einem einzigen Bezugssystem zu beschreiben und, falls erforderlich, die durch (3.4-7) bestimmten Abhängigkeiten in Rechnung zu stellen (Richter, 1995, 112). Die dem Jahresbericht 1995/96 des Deutschen Geodätischen Forschungsinstituts entnommene Tabelle 3.4-1 auf der vorausgehenden Seite gibt einen anschaulichen Überblick über die Wechselwirkung der Perioden und Amplituden dominanter Bewegungskomponenten des Rotationspols in den korrespondierenden Bezugssystemen.

Bei den beiden im oberen Teil der Tabelle angegebenen Perioden und mittleren Amplituden der Polbewegung (Chandler- und Jahresterm) handelt es sich um Erfahrungswerte, die auf langjährigen Analysen der Polkoordinaten beruhen. Die im unteren Teil der Tabelle enthaltene Periode der Präzession entspricht, wie bereits im o.a. »Beispiel zu (3.4-9/1)« erläutert, der IAU-1976-Präzessionskonstanten p = 5029,0966″/Jul.Jh., zu deren Kehrwert sie proportional ist (Proportionalitätsfaktor = 360°). Die ausgewählten Nutationsterme, die entsprechend der Nomenklatur des 1980-IAU-Nutationsmodells (⇨ Tabelle 4.4-3) beziffert sind, beschreiben einige dominante Umlaufperioden, die zusammen mit den Perioden der hier nicht zitierten 100 weiteren Terme von (4.14.11) durch Überlagerung ein breites Frequenzspektrum erzeugen (mit Perioden zwischen 18,6 Jahren und fünf Tagen). Die einzelnen Umläufe vollziehen sich nach (4.14.11) auf Ellipsen mit unterschiedlichen Umlaufperioden und Halbmessern. In der Tabelle sind nicht die Ellipsenhalbmesser $a_{0i} \cdot \sin\epsilon$ und b_{0i}, sondern nur die aus diesen gebildeten »mittleren Amplituden« angegeben: $\gamma_{\mathrm{R\,inertial\,i}} = (a_{0i} \cdot \sin\epsilon + b_{0i})/2$. (Die Größen a_{0i} und b_{0i} sind Tabelle 4.4-3 entnommen, $\epsilon = 23{,}44°$ = Schiefe der Ekliptik). Beispielsweise erhält man daraus für die mittlere Amplitude des größten Nutationsterms (mit der Kennzahl i = 1), der eine Periode von $P_{\mathrm{R\,inertial}} = 6798{,}4$ Tage aufweist, mit $a_{01} = 17{,}1996''$ und $b_{01} = 9{,}2025''$:

$$\gamma_{\mathrm{R\,inertial\,1}} = (17{,}1996'' \cdot \sin 23{,}44° + 9{,}2025'')/2 = 8{,}022''.$$

(Vergleiche Tabelle 3.4-1, vorletzte Zeile).

3.5 Zälestische und terrestrische Bezugsrahmen

3.5.1 Allgemeines

Alle in 3.2 skizzierten Bezugssysteme stützen sich auf Koordinatendreibeine, deren Achsen im Prinzip von naturgegebenen Richtungen bestimmt oder von diesen abgeleitet sind: z.B. von der Richtung der Rotationsachse der Erde, der Richtung zum Frühlingsäquinoktium und der Lotrichtung. Die Beziehungen dieser Systeme untereinander lassen sich durch kinematische Modelle beschreiben (⇨ Abschnitte 4 und 5), die die für die Systemübergänge benötigten Parameter enthalten. Als Werkzeuge dienen dabei die in 3.3 beschriebenen Transformationen.

Die bestimmenden Richtungen sind freilich unsichtbar und können daher mit elektromagnetischen (einschließlich optischen) Sensoren nicht unmittelbar erfaßt werden. Durch astrometrische und astrogeodätische Messungen lassen sich aber zwischen den unsichtbaren Bezugsrichtungen und den Richtungen zu sichtbaren materiellen Körpern, z.B. zu Gestirnen und zu Festpunkten auf der Erde zahlenmäßige Beziehungen herstellen, durch die die betreffenden Bezugssysteme in einen materiellen Bezugsrahmen eingefügt werden.

Grundsätzlich würden schon drei »Festpunkte« mit bekannten Koordinaten (die zwei von einem gemeinsamen Ursprung ausgehende Basisvektoren beschreiben) ausreichen, ein räumliches Bezugssystem nach Ursprung und Ausrichtung festzulegen. In der Praxis versucht man jedoch, einen solchen Rahmen auf eine möglichst große Zahl von Festpunkten zu stützen. Durch die so erzielbare Vergrößerung des »Fundaments« wird die Stabilität und die Zuverlässigkeit des Rahmens erhöht und die örtliche Anbindung zusätzlicher Punkte erleichtert. Die Redundanz eröffnet darüber hinaus die Möglichkeit, das durch die Festpunkte materialisierte Bezugssystem auch dann in der gewünschten idealen Lage und Ausrichtung zu halten, wenn einzelne Festpunkte ihre Position verändern.

Welche Festpunkte in den Bezugsrahmen einbezogen werden, ist eine Frage der Vereinbarung. Aus diesem Grund sind grundsätzlich beliebig viele unterschiedliche Bezugsrahmen ein und des selben Bezugssystems denkbar. Wegen unvermeidlicher Meßfehler bei der Erfassung des Rahmens bestimmt die Auswahl der Festpunkte auch die Reproduzierbarkeit und Genauigkeit des zugrundeliegenden Bezugssystems. Man muß daher davon ausgehen, daß ein (per definitionem realer) Bezugsrahmen das ihm zugeordnete (per definitionem ideelle) Bezugssystem nur innerhalb bestimmter Toleranzen beschreiben kann.

3.5.2 Der Zälestische Ephemeridenpol

Wie bereits in 3.4.2 kurz angesprochen, lassen sich aufgrund unterschiedlicher Wirkungsmechanismen - Einfluß von Mond, Sonne und Planeten auf der einen Seite, und geophysikalische Vorgänge auf der anderen - die präzessionsbedingten Bewegungskomponenten der Erde (anhand eines Nutationsmodells, ➪ 4.4.5) einfacher im Inertialsystem, ihre auf der freien Nutation beruhenden Anteile (Polbewegung, ➪ 4.6) einfacher in einem erdfesten System beschreiben. Für den Übergang vom Inertialsystem in ein erdfestes Bezugssystem und umgekehrt müssen aber beide Effekte zusammengefaßt und in einem einheitlichen System beschrieben werden. Für diesen Vorgang benötigt man als Schnittstelle eine Bezugsrichtung, die von beiden Systemen aus möglichst einfach erfaßt werden kann, und es erhebt sich die Frage, welche Richtung diese Forderung bestmöglich erfüllt.

Erinnern wir uns: In 2.3 wurden verschiedene zueinander in enger Beziehung stehende »Erdachsen« erörtert, deren Relativbewegungen in einem terrestrischen Bezugssystem durch die elastischen Eigenschaften der Erde und die Rotation des Erdkörpers in einem inertialen Bezugssystem bestimmt sind (➪ Bild 2.3-2):

- Eine *durch Vereinbarung festgelegte, fest mit der Erdkruste verbundene Erdachse* $O_{E\,konv}$, z.B. die Achse des *Conventional International Origin* (CIO) oder des *IERS Reference Pole* (IRP) in der Nachbarschaft der folgenden physikalisch definierten nicht erdfesten Achsen.

- Die *fiktive Figurenachse* F_0.
  Ihre Lage und Ausrichtung in Bezug auf eine *mittlere Figurenachse* F_{0m} oder die IRP-Achse ist eine Funktion der Massenverteilung der Erde. F_0 umkreist F_{0m} in einem nicht exakt vorhersagbaren Abstand (Größenordnung: 0,06″) mit der Chandler-Periode (etwa 430 Tage).

- Die an F_0 gebundene *fiktive Drehimpulsachse* H_0 und die ebenfalls an F_0 gebundene *fiktive Rotationsachse* R_0.
  Die Bewegungen dieser drei in einer Ebene liegenden Achsen sind ein Ausdruck der freien Nutation, die immer dann in Erscheinung tritt, wenn die Figurenachse und die Rotationsachse eines Körpers nicht zusammenfallen. Äußere Drehmomente, die Mond und Sonne auf den Erdkörper ausüben, haben auf die Lage dieser Achsen keinen Einfluß. H_0 und R_0 umkreisen F_{0m} in einem nicht exakt vorhersagbaren Abstand (Größenordnung: 0,20″ bzw. 0,26″) und wie F_0 mit der Chandler-Periode.

- Die *reale Figurenachse* F, die *reale Drehimpulsachse* H und die *reale Rotationsachse* R.
  Die Achsen F, H und R repräsentieren die aktuelle Dynamik des Erdkörpers. Ihre als *erzwungene Nutation* bezeichneten Umläufe um die Bezugsachsen F_0, H_0 bzw. R_0 werden durch die von Mond und Sonne auf den Erdkörper ausgeübten Drehmomente erzwungen. Die Abstände F_0F, H_0H und R_0R sind exakt berechenbar. (Sie schwanken zwischen 0 und den Maximalwerten $\{F_0F\}_{max} =$ 1,94″, $\{H_0H\}_{max} = 0{,}013''$ und $\{R_0R\}_{max} = 0{,}020''$). Die Achsen haben eine quasitägliche Umlaufperiode, die sich aus der Überlagerung der Umlauf-Frequenz des Mondes (≈ 360°/24,9h) und der Umlauf-Frequenz der Sonne (360°/24h) ergibt.

In Bild 3.5-1 ist die Kinematik der genannten Achsen, deren physikalische Ursachen in Abschnitt 2.3 erörtert wurden, sowohl in einem erdfesten als auch in einem inertialen Bezugssystem skizziert. (Dargestellt sind jeweils die Durchstoßpunkte der Achsen durch die Himmelskugel). Einfachheitshalber wurde der bildlichen Darstellung das Starrkörpermodell (Bild 2.3-1) zugrunde gelegt. Der wesentliche qualitative Unterschied dieses Modells zu dem realistischeren elastischen Erdmodell (Bild 2.3-2) betrifft nur die Achsen F_{0m}, F_0 und F, die in den weiteren Überlegungen eine untergeordnete Rolle spielen. Diese Achsen fallen im Starrkörpermodell in eine einzige erdfeste Achse zusammen, während im elastischen Erdmodell F_0 um F_{0m} mit der Chandler-Periode und F um F_0 mit einer quasitäglichen Periode umlaufen.

Bild 3.5-1 enthält – in der oberen Reihe in einem erdfesten, in der unteren in einem inertialen Bezugssystem – Momentaufnahmen der Lage der o.a. Achspunkte in ¼-Tages-Schritten, die deutlich die tagesperiodischen Bewegungen der

Achsen erkennen lassen. Die Bewegungsspuren eines Tages sind in den beiden links stehenden Bildern durch punktierte Kreise beschrieben. Die innerhalb der Tagesfrist ablaufenden Bewegungen mit wesentlich längeren Umlaufperioden (z.B. die Chandler-Periode der Polbewegung: 431 Tage, der Hauptterm der astronomischen Nutation: 18,6 Jahre, die Präzession: 25770 Jahre) wurden in den Diagrammen auf Null gesetzt. (Die Vereinfachung entspricht der Zeichengenauigkeit). Man erkennt, daß die im erdfesten Bezugssystem stationären (O_E) und quasistationären Achspunkte (H_0 und R_0) im Inertialsystem und die im Inertialsystem quasistationären Achspunkte (H und R) im erdfesten Bezugssystem jeweils auf Kreisbahnen und mit einer Periode von 1 Tag systemfeste Bezugspunkte umlaufen.

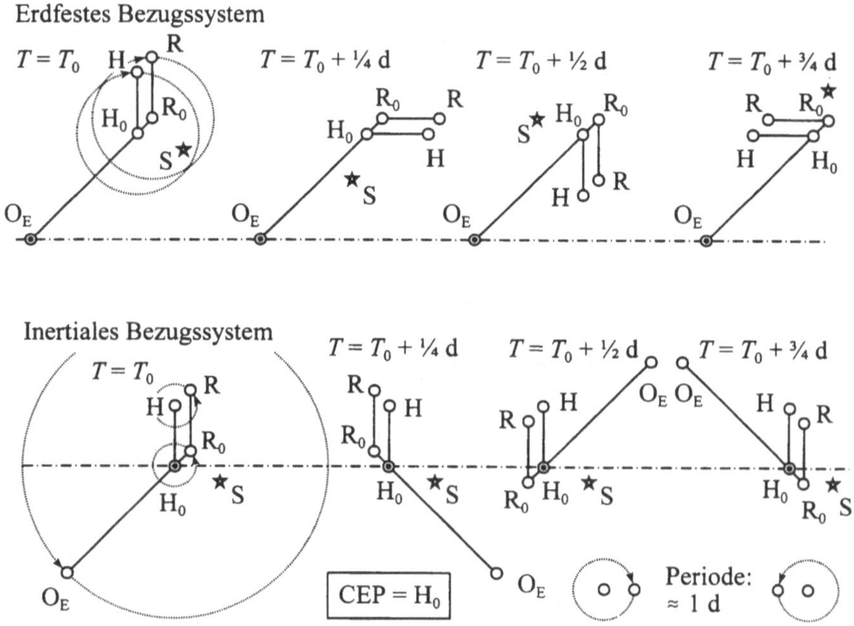

Bild 3.5-1: Die Bewegungen der mittleren Figurenachse ($O_E = F_{0m}$), der Drehimpulsachse (H bzw. H_0) und der Rotationsachse (R bzw. R_0) der Erde in einem erdfesten und einem inertialen Bezugssystem (zur Definition des Zälestischen Ephemeridenpols CEP = H_0)

Zurück zu der oben aufgeworfenen Frage: Welche der Achsen als intermediäre Bezugsrichtung (Schnittstelle) ist am besten geeignet, das nur empirisch erfaßbare Polbewegung vom dem (im Prinzip) exakt formulierbaren Vorgang der Präzession und astronomischen Nutation abzugrenzen, und zwar nach Möglichkeit mit der die Modellierung vereinfachenden Maßgabe, daß diese Bezugsrichtung weder im erdfesten noch im inertialen Bezugssystem tagesperiodische Schwankungen ausführt. Die Freistellung der Bewegung von tagesperiodischen Anteilen würde die analytische Behandlung der Bewegung durch trigonometrische Reihen beträchtlich vereinfachen. Die Antwort auf die gestellte Frage läßt sich aus Bild 3.5-1 und der nachfolgenden Tabelle 3.4-2 ablesen, in der anhand der Kriterien der Fragestellung jede der in Erwägung gezogenen Achsen auf ihre Eignung hin geprüft werden. Im Gegensatz zur graphischen Darstellung, die die Bewegungsvorgänge am Starrkörpermodell der Erde zeigt, ist der Tabelle ein realitätsnahes elastisches Erdmodell zugrunde gelegt.

Tabelle 3.4-2: Merkmale der verschiedenen Erdachsen im Hinblick auf ihre Eignung als intermediäre Bezugsachse zwischen einem erdfesten und einem inertialen Bezugssystem (zur Definition des Ephemeridenpols)

Vektor	Maximale Amplitude der quasi-tagesperiodischen Bewegungsanteile des Vektors n: der Vektor besitzt keine quasi-tagesperiodische Komponente		Der Betrag des Vektors steht unter dem Einfluß der nicht zuverlässig modellierbaren Polbewegung	
	im erdfesten Bezugssystem $O = O_E = F_{0m}$	in einem Inertialsystem $O = H_{0m}$	im erdfesten Bezugssystem $O = O_E = F_{0m}$	in einem Inertialsystem $O = H_{0m}$
OF_0	n	0,06″	ja	ja
F_0F	1,94″	n	nein	nein
OF	1,94″	0,06″	ja	ja
OR_0	n	0,0007″	ja	ja
R_0R	0,020″	n	nein	nein
OR	0,020″	0,0007″		
OH_0	**n**	**0**	ja	**nein**
H_0H	0,013″	n	nein	nein
OH	0,013″	0	ja	nein

Man erkennt, daß weder die Rotationsachse R noch die Figurenachse F die gestellten Forderungen erfüllen, da beide Achsen sowohl im erdfesten als auch im inertialen Bezugssystem tagesperiodische Schwingungen ausführen. Auch die Achsen R_0 und F_0 sind offensichtlich als Bezugsachsen ungeeignet. Zwar zeigen diese Achsen im erdfesten Bezugssystem keine Schwingungen mit der erwähnten

Eintagesperiode. Man könnte sie daher in diesem System einfacher beschreiben als die R- und die F-Achse. Dieser Vorteil kommt aber, wie man sieht, im Inertialsystem nicht zum tragen. Denn dort ist die Bewegung wie die der bereits verworfenen Achsen mit tagesperiodischen Anteilen beaufschlagt, die man in dem angestrebten kinematischen Modell gerne vermeiden möchte. So verbleiben als mögliche Referenzachsen nur noch die Drehimpulsachse H und ihr »freies« Gegenstück H_0. Unter theoretischen Aspekten möchte man zunächst der H-Achse eine Vorzugsstellung einräumen. Denn die Bewegung dieser Achse läßt sich aufgrund von vorhandenen A-priori-Informationen über die Massen und die momentane Konstellation der Körper des Sonnensystems mit Hilfe des Drehimpuls-Erhaltungssatzes und der Kreiseltheorie hypothesenfrei beschreiben und daher auch zuverlässig modellieren. Von besonderer Bedeutung ist dabei, daß die Berechnung der Trajektorie von H nicht mit einer Hypothese der Polbewegung belastet wäre. Leider kann die Achse ihre Sonderstellung bei Betrachtung in einem erdfesten Bezugssystem nicht behaupten. Dort oszilliert sie nämlich wie R und F mit der bekannten Eintagesfrequenz und mit einer Amplitude von 0,013″.

Nun ist aber nicht nur die H-, sondern auch die H_0-Achse durch den Vorzug der hypothesenfreien Modellierbarkeit im Inertialsystem ausgezeichnet. Denn der Vektor HH_0, der die Pole von H und H_0 miteinander verbindet, ist wie H allein von der Konstellation von Mond und Sonne und nicht von geophysikalischen Vorgängen abhängig. Im Gegensatz zur H-Achse ist aber die H_0-Achse im erdfesten Bezugssystem frei von quasitagesperiodischen Schwingungen. Sie erfüllt daher alle für eine Schnittstelle zwischen dem erdfesten und einem Inertialsystem aufgestellten Kriterien.

Die Vorzugsstellung der H_0-Achse und ihres Durchstoßpunktes H_0 durch die Himmelskugel hat die Internationale Astronomische Union (IAU) dazu bewogen, H_0 als *Celestial Ephemeris Pole* (*CEP = Zälestischer Ephemeridenpol*) zum Dreh- und Angelpunkt bei der Beschreibung der momentanen Erdorientierung zu erheben. Auf diesem Drehpunkt beziehen sich sowohl die Erdorientierungsparameter *EOP1* und *EOP2* (Polkoordinaten bezogen auf ein erdfestes Bezugssystem; ⇨ 2.3.4 und 4.6) als auch die für Präzession und Nutation entwickelten Modelle (Polkoordinaten bezogen auf ein Inertialsystem; ⇨ 2.5 und 4.6).

3.5.3 Inertialsystem
Zälestische Bezugssysteme und Zälestischer Bezugsrahmen (ICRF)

Bis in die jüngste Vergangenheit wurden als Bezugsrahmen eines Zälestischen Bezugssystems die im *Fundamentalkatalog 5 (FK5)* enthaltenen Fundamentalsterne verwendet (⇨ 7.2.5). Die Bezugsrichtungen, auf die in diesem Katalog Richtungen und Eigenbewegungen durch ⟨FrÄ⟩-Koordinaten (Rektaszension und

Deklination) bezogen sind, sind durch den *Mittleren Himmelsäquator* und das *Mittlere Frühlingsäquinoktium* einer *Standardepoche* (= J2000.0 im FK5) festgelegt; ➪ Bild 3.2-8. Der Festlegung dieser Richtungen lag bei allen bis in die jüngste Zeit konstruierten Fundamentalkatalogen das *dynamische Konzept* eines Inertialsystems zugrunde (➪ 3.2.7). Aufgrund von Unzulänglichkeiten des Beobachtungsmaterials und der eingesetzten Modelle der Planetenbewegungen galt die durch die Vorgabe der Sternkoordinaten getroffene Vereinbarung immer nur einige Dekaden lang. Sie mußte, wenn man aus Fortschritten bei der Modellierung der Bewegungen der Objekte des Sonnensystems Nutzen ziehen wollte, von Zeit zu Zeit geändert werden.

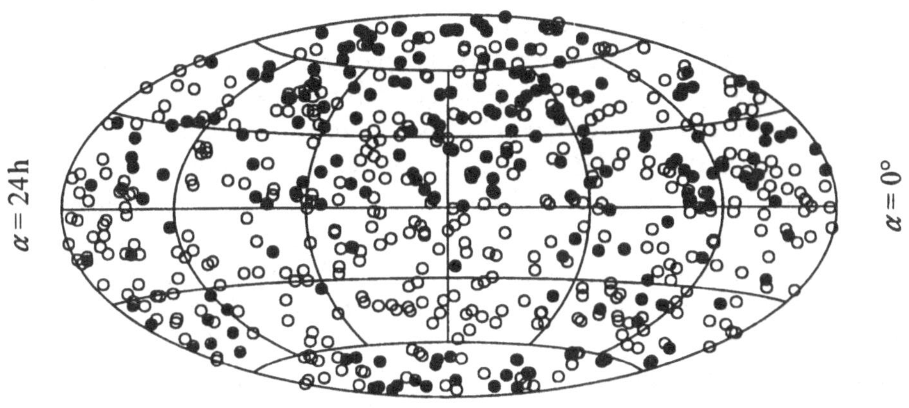

Bild 3.5-1: ICRF-Festpunkte - RSC(WGRF) 95 R 01

Die Übersicht zeigt die von der IAU Working Group on Reference Frames (WGRF) zu einem Zälestischen Bezugsrahmen zusammengefaßten 610 extragalaktische Radioquellen. Die ausgefüllten Kreise repräsentieren eine Untermenge von 210 definierenden Quellen

Fundstelle: 1995 IERS Annual Report, II-30

Aufgrund der Möglichkeiten der Radiointerferometrie (VLBI), mit deren Hilfe man die Richtungen zu extragalaktischen Zielen mit wesentlich höherer Genauigkeit bestimmen kann als mit den erdgebundenen optischen Verfahren der Astrometrie, wird heute dem *kinematischen Konzept* bei der Realisierung eines Inertialsystems der Vorzug gegeben. Seit dem 01.01.1998 ist das von der Internationalen Astronomischen Union (IAU) festgelegte Zälestische Bezugssystem nicht mehr auf die *FK5*-Sterne, sondern auf eine Auswahl von extragalaktischen Radioquellen (Quasare) gestützt (McCarthy, 1992; Feissel/Guinot, 1998). Die den Richtungen zu diesen Zielpunkten zugrunde gelegten Bezugsrichtungen können wegen der vernachlässigbar kleinen Eigenbewegungen der Quasare als Achsen eines

Inertialsystems angesehen werden. Der aus Gründen der Kontinuität zwingend erforderliche fließende Systemübergang vom alten in das neue Konzept wurde durch bestmögliche Anpassung der Bezugsrichtungen zur Übergangsepoche gewährleistet. Wegen der im alten System enthaltenen Unsicherheiten ist die Kompatibilität der alten und der neuen Bezugsrichtungen freilich auf das durch diese Unsicherheiten vorgegebene Maß begrenzt. In der überschaubaren Zukunft steht nun aber ein unveränderlicher Zälestischer Bezugsrahmen höchster Genauigkeit zur Verfügung, dessen Ausrichtung nicht mehr von der genauen Modellierung der Bewegungen der Körper des Sonnensystems abhängt.

Die durch die jüngsten Festlegungen entstandenen Artefakte werden als *International Celestial Reference System (ICRS)* und *International Celestial Reference Frame (ICRF)* bezeichnet. Das *ICRF* besteht aus einem Katalog von 608 Radioquellen, deren globale Verteilung in Bild 3.4-1 dargestellt ist. EineListe der ICRS-Objekte und deren Koordinaten findet man im 1994 IERS Annual Report (1995). Die Genauigkeit, mit der die *ITRF*-Achsen realisiert sind, wird mit 10^{-4} ″ angegeben. Im Bereich des sichtbaren Lichts wird der Rahmen durch die 120000 Sterne des *HIPPARCOS-Katalogs* (⇨ 7.2.6) ergänzt (Lindgreen/Kovalevsky, 1995; Brosche, 1997; Feissel/Mignard, 1998). Da der HIPPARCOS-Sensor nur Objekte des optisch sichtbaren Spektrums heller als $12{,}3^{mag}$ registrierte, die das *ICRF* konstituierenden Radioquellen im Bereich des sichtbaren Lichts aber wesentlich lichtschwächer sind, konnten diese Objekte in der HIPPARCOS-Mission nicht erfaßt werden. Der angestrebte Zusammenschluß des *ICRF* mit dem *HIPPARCOS*-Bezugsrahmen konnte daher nur indirekt über lichtstarke (d.h. vom *HIPPARCOS*-Sensor erfaßte) Radioquellen in der Nähe der *ICRF*-Objekte herbeigeführt werden, die durch gezielte radiointerferometrische Messungen der Koordinatenunterschiede mit dem *ICRF* in Verbindung gebracht wurden (Kovalevsky/Lindgreen/Perryman et al., 1997).

3.5.4 Terrestrischer Bezugsrahmen

Mithilfe der in 3.2 und 3.3 skizzierten Bezugssysteme und Transformationen, die im nachfolgenden Kapitel 4 noch um einige Varianten erweitert werden und im Detail zu behandeln sind, können Richtungen des Erdraumes (z.B. die Lotrichtungen oder Azimute) über astrogeodätische Messungen an das Inertialsystem oder an jedes andere Bezugssystem der Transformationskette angeschlossen werden. Der Anschluß beinhaltet die Lösung der *Hauptaufgabe der Geodätischen Astronomie* (⇨ 1.1). Er setzt voraus, daß die Kinematik der Bewegungsabläufe auf der Grundlage von Modellen der Präzession und Nutation und mithilfe von Permanentbeobachtungen der *Erdorientierungsparameter* als Funktion der Zeit beschrieben werden kann. Außerdem ist ein erdfestes Bezugssystem zu definieren, in dem die vorerwähnten erdfesten Richtungen ausgewiesen werden sollen.

Bis vor wenigen Jahren war dieses Bezugssystem durch eine Reihe von astronomischen Stationen realisiert, die im Rahmen einer internationalen Kooperation mit optischen lotgebundenen Beobachtungsverfahren (mit Merdiankreisen, Astrolabien und Zenitteleskopen; ➪ 8.2) laufend den momentanen Rotationsstatus der Erde - ausgedrückt durch die Weltzeit *UT1* - feststellten und die Bewegungen des momentanen Rotationspoles und des an diesen angebundenen Greenwich-Meridians relativ zu den als erdfest angenommenen Beobachtungsstationen überwachten. Der terrestrische Bezugsrahmen war durch die definitionsgemäß als unveränderlich angenommenen Geographische Längen und Breiten der Stationen festgelegt. Die durch die Koordinaten $\varphi = 90°$ und $\lambda = 0$ bestimmten Bezugsrichtungen dieses Systems waren der *Conventional International Origin* (*CIO*; = vereinbarter erdfester Nordpol) und der *BIH-Greenwich-Meridian*. Bei den Stationen handelte es sich zunächst (1899) um fünf ungefähr gleichabständig auf dem 38°08'Nord-Parallel verteilten Sternwarten (Carloforte, Italien, Gaithersburg, Maryland, Kitab, Rußland, Mitzusawa, Japan und Ukiah, California). Im Laufe der Zeit (bis 1983) hat sich der Kreis der an dem gemeinsamen Polbeobachtungs- und Zeitdienst beteiligten Institute auf 60 erhöht. Die Organisation sowie die Sammlung und Publikation der Beobachtungsergebnisse lag in den Händen des *International Latitude Service* (*ILS*; 1899- 1982), des *Bureau International de l'Heure* (*BIH*; seit 1912), des *International Polar Motion Service* (*IPMS*; 1962-1988) und des *International Earth Rotation Service* (*IERS*; seit 1988).

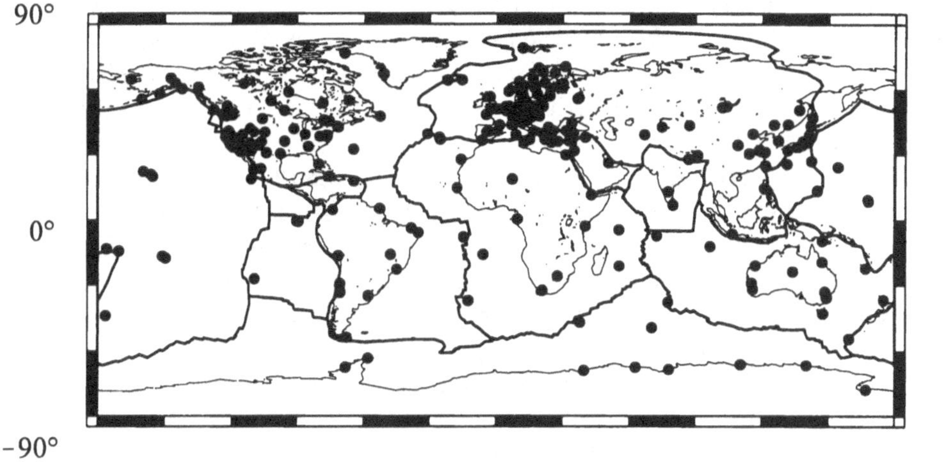

Bild 3.5-2: *ITRF96*-Festpunkte und NNR-NUVEL1A-Plattenmodell der Erde

Das Punktfeld besteht aus 210 Punkten. Es stützt sich auf ein Netzwerk von permanenten VLBI-, SLR-, GPS- und DORIS-Stationen. Fundstelle: 1997 IERS Annual Report, II.57

In den beiden letzten Dekaden haben Satellitenverfahren wie *DORIS* (*Doppler Orbitography and Radiopositioning Integrated by Satellite*), *SLR* (*Satellite Laser Ranging*), *GPS* (*Global Positioning System*), *PRARE* (*Precise Range and Range Rate Experiment*) sowie *LLR* (*Lunar Laser Ranging*) und *VLBI* (*Very Long Baseline Interferometry*) die optischen Verfahren zur Beobachtung der Polbewegung und der Bestimmung der Weltzeit fast vollständig verdrängt, wodurch der durch optische Beobachtungsinstrumente gebildete Bezugsrahmen obsolet geworden ist (Kolaczek, 1989). Der für globale geodätische Beschreibung der Erdoberfläche heute allgemein verwendete terrestrische Bezugsrahmen wird unter der Bezeichnung *ITRF* (*International Terrestrial Reference Frame*) von 290 mit den o.a. neuen Beobachtungssystemen ausgerüsteten Stationen gebildet; ➪ Bild 3.5-2. Der durch die »*IERS*-Conventions (1996)« (McCarthy, 1996, 10) definierte Rahmen wird durch die geozentrischen dreidimensionale Koordinaten der Stationen und deren Änderungsraten bestimmt.

Daß zur Beschreibung des Rahmens Koordinatenangaben allein nicht ausreichen, sondern auch Koordinatenänderungen notwendig sind, hängt mit der Struktur der Erdkruste (*Lithosphäre*) zusammen. Geologische, geophysikalische und geodätische Befunde – durchschnittliche Bewegungsraten über einige Millionen Jahre aus geologischen Analysen und anderen geophysikalischen Informationen auf der einen Seite und moderne geodätische Beobachtungen über einige Jahrzehnte auf der anderen – ergeben das folgende Bild: Die Erdkruste ist in etwa zwanzig unterschiedlich große, etwa 150-200km dicke Platten unterteilt, die auf dem aufgeschmolzenen basaltischen Material der *Asthenosphäre* (= oberste, etwa 350 km dicke Schicht des *Erdmantels*) schwimmen. Unter der Wirkung verschiedener vom Inneren der Erde ausgehender Kräfte, verursacht beispielsweise durch thermische Konvektion der die Asthenosphäre bildenden Massen und wohl auch aufgrund äußerer Kräfte (z.B. der Coriolis-Kraft), werden die Platten zu Linear- und Drehbewegungen gezwungen. Insbesondere an den Plattenrändern, aber auch im Inneren der Platten, treten dabei auch Deformationen auf. Die Verschiebungen und Deformationen in den Lithosphärenplatten verändern selbstverständlich auch die in diesen verankerten Festpunktfelder. Damit bei diesen Bewegungen das *ITRF* und mit ihm das *ITRS* wenigstens »im Mittel erdfest« bleiben, werden die Plattenbewegungen so definiert, daß sie in ihrer Summe keine Rotationen ausführen. Diese Bedingung impliziert die Einführung einer nicht rotierenden unbeweglichen fiktiven Erdkruste, mit der das *ITRF* dauerhaft starr verbunden bleibt. Die Bewegungen der Lithosphärenplatten und mit ihnen der *ITRF*-Festpunkte werden derzeit mit dem vom IERS empfohlenen NNR-NUVEL1A-Modell (Argus/Gordon, 1991; DeMets/Gordon/Argus/Stein, 1994) prädiziert, das die geforderte Nullsummen-Bedingung erfüllt und – abgesehen von einigen Diskrepanzen – auch weitgehend mit den geodätischen Meßergebnissen im Einklang steht. Die Parameter dieses Modells sind plattenspezifische Rotationsvektoren.

4 Die scheinbaren Örter der Gestirne als Funktionen ihrer tatsächlichen Bewegungen und aufgrund anderer physikalischer Einflüsse; entsprechende Reduktionen der Sternkoordinaten

4.1 Einführung

In Kapitel 2 wurden die Bewegungen der Gestirne und eine Reihe von physikalischen Effekten behandelt, die die Sternbeobachtungen beeinflussen. Zur Lösung der Hauptaufgabe der Geodätischen Astronomie (➪ 1.1) sind diese Bewegungen und Effekte nun auf einen erdgebundenen Beobachter und dessen Beobachtungsmöglichkeiten zu beziehen. Die Aufgabe läßt sich in die folgenden Teilaufgaben untergliedern:

- Bestimmung der für den Beobachtungszeitpunkt geltenden *Scheinbaren Sternkoordinaten* aus den *Mittleren Sternkoordinaten* einer Fundamentalepoche, wie sie in Fundamentalkatalogen (z.B. *FK5*) niedergelegt sind. Dazu sind Reduktionen aufgrund der *Eigenbewegungen* (➪ 2.6; 4.5) der Sterne, der *Präzession und Nutation* (➪ 2.5; 4.4) der Erdachse, der *Aberration* (➪ 2.7; 4.3.2), eventueller Parallaxen (➪ 2.9; 4.3.3) und der *relativistischen Strahlenablenkung* (➪ 2.8; 4.3.4) erforderlich.
- Beobachtung ausgewählter Sterne mit erdgebundenen Instrumenten. Die folgende Übersicht zeigt den Zusammenhang zwischen dem Instrumententyp und den gerätetypischen Observablen, die durch Registrierung der Beobachtungszeitpunkte einer definierten Zeitskala zugeordnet werden; ➪ Kapitel 8, 9, 5.

  Astronomisches Universal (➪ 8.3): Zenitdistanzen (z) oder/und Horizontalrichtungen (k);

  Durchgangsinstrument (➪ 8.4): Pseudo-Zenitdistanzen ($z_{nom} + \Delta z$) oder/und Pseudo-Horizontalrichtungen ($k_{nom} + \Delta k$);

  Prismenastrolab (➪ 8.5): Pseudo-Zenitdistanzen;

  Photographische oder CCD-Meßkammer (➪ 8.6): Bildkoordinaten (x, y);

  Langbasisinterferometer (➪ 8.6.4): Laufzeitunterschiede ($\Delta\,\tau$).

- Korrektur der durch die *Atmosphärische Refraktion* verfälschten Richtungen und Laufzeiten (➪ 2.11; 4.7).
- Berechnung der Lotrichtung des Beobachtungsstandorts (Hauptaufgabe der Geodätischen Astronomie) oder anderer Richtungen des Erdraumes in einem momentanen, am Zälestischen Ephemeridenpol und am momentanen Greenwich-Meridian ausgerichteten Äquatorsystem $\langle \text{GrÄ} \rangle_{mom}$; ➪ Kapitel 9.

- Überführung der auf den momentanen Zälestischen Ephemeridenpol und den momentanen Greenwich-Meridian bezogenen Ergebnisse $\langle \text{GrÄ} \rangle_{\text{mom}}$ auf den durch den *IERS Refernce Pole* (*IRP*) und den *IERS Reference Meridian* (*IRM*) festgelegten erdfesten Bezugsrahmen $\langle \text{GrÄ} \rangle_{\text{f}}$, wodurch der der *Polbewegung* Rechnung getragen wird (⇨ 2.3.4; 4.6).

Die dabei anfallenden Berechnungen werden nachfolgend im Detail dargestellt. Die Erörterung erfolgt dabei nach dem bereits dem Kapitel 2 zugrunde gelegten Gliederung, die an typischen Bewegungsvorgängen und einschlägigen physikalischen Effekten ausgerichtet ist:

- Drehung der Erde um ihre Achse (⇨ 2.3, 2.7; 4.2)
- Umlauf der Erde um die Sonne (⇨ 2.4, 2.7, 2.8; 4.3)
- Präzession und Nutation (⇨ 2.5; 4.4)
- Eigenbewegung der Fixsterne (⇨ 2.6; 4.5)
- Polbewegung (⇨ 2.3.4; 4.6)
- Atmosphärische Refraktion (⇨ 2.11; 4.7).

Diese Gliederung entspricht noch nicht der Reihenfolge der Rechenschritte, die die praktische Berechnung gebietet. Der tatsächliche Ablauf der Berechnungen bedarf daher noch einer gesonderten Darstellung, die in 4.8 gegeben wird.

4.2 Drehung der Erde um ihre eigene Achse

4.2.1 Die scheinbare Bewegung der Fixsterne als Folge der Erddrehung

Die in 2.3 erörterte Drehung der Erde relativ zum Fixsternhimmel erlebt ein auf der Erde stehender Beobachter als scheinbare Drehung des Fixsternhimmels: Die Fixsterne bewegen sich auf Kleinkreisen parallel zum Himmelsäquator, und zwar mit einer Winkelgeschwindigkeit, die dem in (2.3-30) bezifferten Wert $\omega_{\text{E/Inertial}}$ dem Betrage nach gleich und hinsichtlich seines Drehsinns entgegen gerichtet ist.

⇨ Bilder 4.2-1/1 und 4.2.1/2: in den Skizzen sind ausgewählte Sternspuren in einem Nordorientierten Horizontsystem (⟨NH⟩; ⇨ 3.2.3) dargestellt.

⇨ Titelbild und Bild 4.2-2: Photoaufnahmen des Himmels (= Abbildungen in einem Allgemeinen Beobachtungssystem (⟨AB⟩; ⇨ 3.2.2)). Die Bilder zeigen die Spuren von Sternen der nördlichen bzw. der südlichen Polarregion, die mit erdfest montierten und auf die Polregionen ausgerichteten Amateurkameras bei mehrstündiger Belichtung aufgezeichnet wurden.

Die Schnittpunkte einer scheinbaren Sternbahn mit dem Horizont nennt man *Aufgang* und *Untergang*, ihre Schnitte mit anderen Bögen *Durchgänge* (z.B.

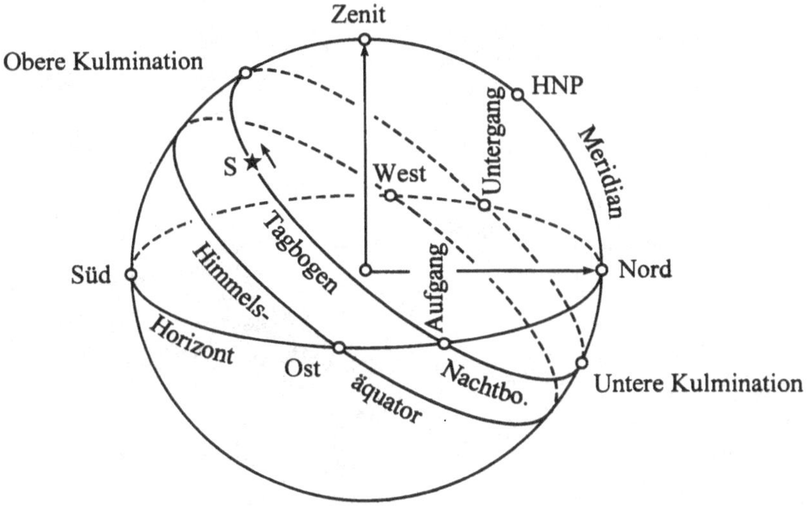

Bild 4.2-1/1: Die scheinbaren Bewegungen der Fixsterne als Folge der Erddrehung in einem Nordorientierten Horizontsystem ⟨NH⟩

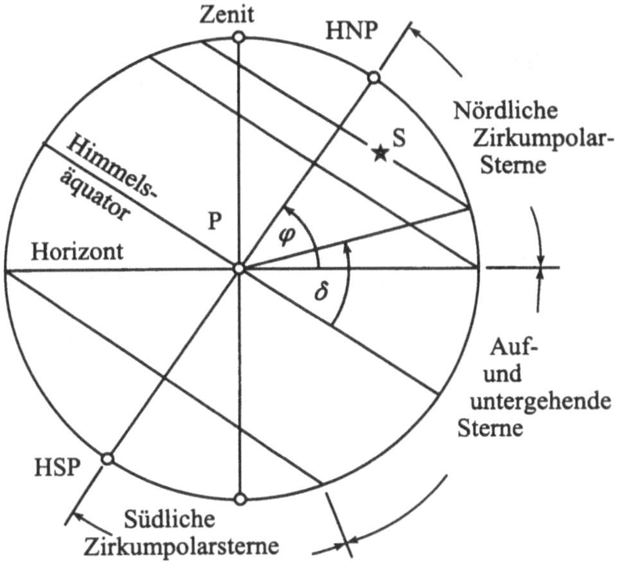

Bild 4.2-1/2: Zirkumpolarsterne, auf- und untergehende Sterne

Bild 4.2-2: Die scheinbare Bewegung der Fixsterne als Folge der Erddrehung aus der Sicht eines erdfesten Beobachters

Aufnahme: 18.06.1994; Standort: $\varphi = -23{,}5°$, $\lambda = 18°$ (Namibia). Die helle Doppelspur nahe dem linken Bildrand gehört zu δ_1/δ_2 *Chamæleontis* (δ_2: $4{,}6^{mag}$; $\delta = -80°31'$), die helle Spur nahe dem rechten Rand zu ϵ *Octantis* ($5{,}1^{mag}$; $\delta = -80°27'$). Die Spur des südlichen »Polarsterns« σ *Oct* ($5{,}5^{mag}$; $\delta = -88°58'$) verläuft etwa 6 mm rechts vom Rotationspol.

Abdruck mit freundlicher Genehmigung von Helmut und Käte Schaefer, Kusterdingen (D)

Durchgang durch den Meridian oder einen anderen Vertikalkreis, Durchgang durch einen Almukantarat). Der über dem Horizont verlaufende Abschnitt der scheinbaren Sternbahn heißt *Tagbogen*, der darunter liegende (für den Beobachter unsichtbare) *Nachtbogen*. Den (im Meridian liegenden) höchsten Punkt, den ein Stern im Tageslauf erreicht ($z = z_{min}$), nennt man seine *Obere Kulmination*, den tiefsten Punkt ($z = z_{max}$) *Untere Kulmination*. Sterne, die an einem bestimmten Standort nie untergehen ($z \leq 90°$), werden als *Zirkumpolarsterne* (des betreffenden Standorts) bezeichnet; für sie gelten die Bedingungen:

Nördliche Zirkumpolarsterne: $\varphi + \delta \geq 90°$ bzw. $\delta \geq 90° - \varphi$; (4.2-1/1)

Südliche Zirkumpolarsterne: $\delta \leq -(90° + \varphi)$. (4.2-1/2)

Alle übrigen Sterne überschreiten zweimal täglich den Horizont. Man spricht von *auf- und untergehenden Sternen*:

$$|\delta| < 90° - |\varphi|. \qquad (4.2\text{-}1/3)$$

Die zu diesen Punkten gehörenden Azimute a_A, a_U und Stundenwinkel t_A, t_U gewinnt man unter Anwendung der Neperschen Regel für rechtseitige Dreiecke ($z = 90°$) aus den zwei zueinander symmetrischen Dreiecken *Z-HNP-Aufgang* und *Z-HNP-Untergang*:

$$\cos a_{A,U} = \frac{\sin\delta}{\cos\varphi}; \qquad (4.2\text{-}2/1)$$

$$\cos t_{A,U} = \tan\varphi \cdot \tan\delta. \qquad (4.2\text{-}2/2)$$

Die Laufzeit eines Sterns zwischen Auf- und Untergang ergibt sich daraus zu:

$$\Delta T_{A/U} = \Delta t_{A/U} = t_U - t_A. \qquad (4.2\text{-}2/3)$$

Man kann diesen Gleichungen u.a. entnehmen, daß Sterne, die im Himmelsäquator liegen ($\delta = 0°$), in allen Geographischen Breiten im Ostpunkt auf- ($a_A = 90°$) und im Westpunkt ($a_A = 270°$) untergehen; ➪ Bild 4.2-1. Das Zeitintervall zwischen Auf- und Untergang solcher Sterne beträgt exakt $\Delta LAST_{A/U} = \Delta t_{A/U} = 12h$*. (nach (4.3-2/2) gilt für $\delta = 0°$: $t_{A,U} = \pm 6h$ und nach (3.3-16/2) $LAST = t + \alpha$; bei der Differenzbildung fällt die Rektaszension α heraus).

Auswirkung der Erddrehung auf Stundenwinkel, Azimute, Zenitdistanzen und Bildkoordinaten der Sterne

Gäbe es keine äußeren Kräfte, die Präzession und astronomische Nutation verursachen (➪ 2.5 und 4.4), so nähme die Achse des Zälestischen Ephemeridenpols und der auf dieser senkrecht stehende Himmelsäquator in Bezug auf den Fixsternhimmel eine unveränderliche (raumfeste) Lage ein. Das Frühlingsäquinoktium - der Schnittpunkt des Himmelsäquators mit der Ekliptik - wäre unter den angenommenen Voraussetzungen ebenfalls raumfest.

In dieser von der Realität nicht gedeckten, für die nachfolgenden, ganz auf die Auswirkungen der Erddrehung (unter Ausschluß der Polbewegung) konzentrierten Überlegungen aber zulässigen Annahme sind die Sternkoordinaten Rektaszension α und Deklination δ im ⟨FrÄ⟩-System konstant. Bezogen auf die erdfesten Bezugssysteme ⟨GrÄ⟩ und ⟨NH⟩, in denen die Richtungen zu den Sternen durch Stundenwinkel t und Deklination δ bzw. durch Azimut a und Zenitdistanz z beschrieben werden, haben wir es hingegen mit stark veränderlichen Koordinaten zu tun. Für den Übergang ⟨FrÄ⟩→⟨GrÄ⟩ gilt nach (3.3-16/2):

$$t := LAST - \alpha, \qquad (4.2\text{-}2/1)$$
$$\delta := \delta,$$

und für den Übergang ⟨FrÄ⟩→⟨NH⟩ nach (3.3-16/2) und (3.3-12/2):

$$\begin{aligned} \cos z &:= \sin\varphi\cdot\sin\delta + \cos\varphi\cdot\cos\delta\cdot\cos\{LAST-\alpha\}\,,\\ \sin a &:= -\frac{\cos\delta}{\sin z}\cdot\sin\{LAST-\alpha\}\,. \end{aligned} \qquad (4.2\text{-}2/2)$$

Da die Scheinbare Ortssternzeit *LAST* pro Sterntag um 24h* wächst, variieren

$$\cos t = \cos\{LAST-\alpha\} \quad \text{und} \quad \sin t = \sin\{LAST-\alpha\}$$

in diesen Zeitraum zwischen ±1, und wir erhalten für cos z in (4.2-2/2) folgende Extrema:

$$\begin{aligned} \{\cos z\}_{\text{extr}} &= \sin\delta\cdot\sin\varphi \pm \cos\delta\cdot\cos\varphi\\ &= \left\{\begin{matrix} \cos\{\delta-\varphi\} = \cos\{\varphi-\delta\}\\ -\cos\{\delta+\varphi\} = \cos\{180^\circ-(\delta+\varphi)\} \end{matrix}\right\} \end{aligned} \qquad (4.2\text{-}3/1)$$

Bei Beschränkung von z auf 90°, also auf den über dem Horizont liegenden Sichtbarkeitsbereich der Sterne, erhält man als Grenzwerte für z:

$$z_{\text{extr}} = \left\{\begin{matrix} |\varphi-\delta| \\ 180^\circ - |(\varphi+\delta)| \le 90^\circ \end{matrix}\right\}.$$

Eine Begrenzung des Azimuts a tritt für alle Sterne ein, für die auf Standorten der nördlichen Hemisphäre $\delta > \varphi \ge 0$, bzw. auf Standorten der südlichen Hemisphäre $\delta < \varphi \le 0$. Das sind Sterne, die in *Elongation* (q = 90° oder 270°) treten. Für diese gilt:

$$|\sin a|_{\text{extr}} = \left|\frac{\cos\delta}{\cos\varphi}\right|. \qquad (4.2\text{-}3/2)$$

Von den vier Azimuten a, die diese Bedingung erfüllen, sind die im vierten und ersten Quadranten liegenden Lösungen Standorten auf der Nordhalbkugel, die Lösungen im zweiten und dritten Quadranten Standorten auf der Südhalbkugel zugeordnet. Für Sterne, die die Elongationsbedingung nicht erfüllen, deren Spuren den Ortsmeridian also außerhalb des Bogens Zenit-HNP auf der Nordhalbkugel und Zenit-HSP auf der Südhalbkugel kreuzen, kann a den gesamten Wertevorrat des Vollkreises ausschöpfen. Will man, wie in den meisten Anwendungsfällen, in denen Sternazimute benötigt werden, die Betrachtungen auf die über dem Horizont liegenden Abschnitte der Sternbahnen beschränken, so greift die in (4.2.-2/2) niedergelegte Einschränkung.

Wie t im ⟨GrÄ⟩- und a, z im ⟨NH⟩-System, verändern sich auch in einem Allgemeinen Beobachtungssystem ⟨AB⟩ die Bildkoordinaten x, y der Sterne als Folge der Erddrehung. Der Sachverhalt ist in Bild 4.2-3 skizziert.

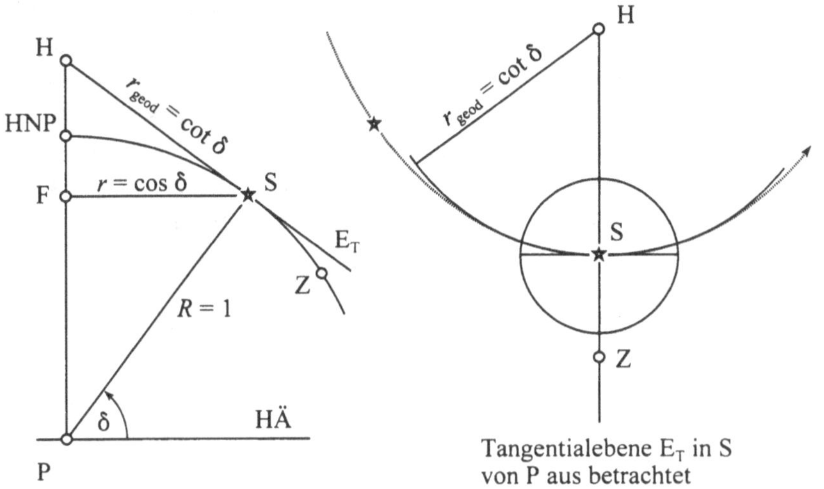

Bild 4.2-3: Abbildung einer Sternspur in der Bildebene eines Fernrohrs, z.B. im CCD-Feld eines CCD-Teleskops

Das in der Bildebene eines Fernrohrs angeordnete Fadenkreuz oder die Zeilen und Spalten eines in die Fernrohrbildebene eingebauten CCD-Chips (➪ 8.1.2) definieren gemeinsam mit dem Hauptpunkt des Fernrohrobjektivs Ebenen. Diese Ebenen schneiden die Himmelskugel in Großkreisen. Alle nicht im Himmelsäquator liegenden Sterne bewegen sich auf der Himmelskugel in Kleinkreisen. Die Verbindungslinien vom Beobachtungsstandort P zur Menge aller Punkte der Sternspur bilden einen Kreiskegel, der aus erdfesten Tangentialebenen E_T Kegelschnitte ausschneidet. Der gleiche, lediglich um den Maßstabsfaktor f = Fernrohrbrennweite »vergrößerte« Kegelschnitt entsteht auch in der Fernrohrbildebene, wenn die Zielachse des Fernrohrs senkrecht zu E_T ausgerichtet wird.

In Bild 4.2-3 ist ein Sterns S in der Deklination δ dargestellt. Die in diesem Bild zugrunde gelegte erdfeste Fernrohreinstellung ergibt sich aus der Zielung auf S im Augenblick des Meridiandurchgangs. Wird, wie angenommen, das Fernrohr nicht nachgeführt, so bildet sich die Sternspur in E_T und in der zu dieser Tangentialebene parallelen (im Bild nicht dargestellten) Fernrohrbrennebene jeweils als Ellipse ab. Die große Halbachse a dieser Ellipse beträgt

$$\text{in } E_T \;\; a = \tan 2\delta \;\text{ und in der Bildebene } a = f \cdot \tan 2\delta,$$

ihr Krümmungsradius r_{geod} (= Kehrwert der geodätischen Krümmung; ➪ S. 526, Fußnote 43) in S $r_{geod} = \cot\delta$ bzw. $r_{geod} = f \cdot \cot\delta$. Ob der Betrachter der Bildebene die Krümmung der Sternspur wahrnehmen kann, hängt von der Brennweite des Teleskop-Objektivs ab. Bei kurzen Brennweiten, wie z.B. wie sie den auf dem Buchtitel oder in Bild 4.2-2 wiedergegebenen Aufnahmen mit Amateurkameras zugrunde liegen, ist die Krümmung augenfällig, in der Bildebene eines langbrennweitigen Theodolitfernrohrs, in der innerhalb des Bildformats nur ein kleiner Ausschnitt der Himmelskugel abgebildet wird, wird man sie kaum wahrnehmen. Legt man parallel zu den Zeilen und Spalten eines CCD-Feldes ein cartesisches Bildkoordinatensystem (x-Achse nach oben, y-Achse nach rechts), so kann die Sternspur in der Nachbarschaft des Bildhauptpunktes durch

$$x = \frac{y^2}{r_{geod}}; \quad \text{bzw.} \quad \begin{aligned} y &= r_{geod} \cdot t; \\ x &= r_{geod} \cdot t^2 \end{aligned} \tag{4.2-4}$$

beschrieben werden. t ist der Stundenwinkel des Sterns, der in der angegebenen Formel im Bogenmaß einzuführen ist.

4.2.2 Tägliche Aberration

Unter der *Täglichen Aberration* versteht man den durch die Rotation der Erde um ihre Achse hervorgerufene kleinen Aberrationsanteil (➪ 2.7.1), der dem wesentlich größeren Effekt (Faktor > 60) der *Jährlichen Aberration* (➪ 4.3.2) überlagert ist. Die Relativgeschwindigkeit v des Beobachters relativ zum Geozentrum, die die *Aberrationskonstante* $\kappa_{Aberr} = \frac{v}{c}$ (2.7-3) bestimmt, ergibt sich im vorliegenden Fall aus der Tangentialgeschwindigkeit v_φ des Beobachtungsstandortes. Sie beträgt in der Geographischen Breite φ:

$$v_\varphi = a_E \cdot \omega_E \cdot \cos\varphi. \tag{4.2-5/1}$$

Faßt man die konstanten Größen Äquatorradius $a_E = 6378$ km und die Winkelgeschwindigkeit der Erde $\omega_E = \pi / 12 \cdot 60 \cdot 60$ s $= \pi / 43200$ s zu einer neuen Konstanten zusammen, so findet man für die Tangentialgeschwindigkeit:

$$v_\varphi = (\,6378 \text{ km} \cdot \pi / 43200 \text{ s}\,) \cdot \cos\varphi = 464 \text{ms}^{-1} \cdot \cos\varphi. \tag{4.2-5/2}$$

Die *Konstante der täglichen Aberration* beträgt demnach (mit $c = 3 \cdot 10^9 \text{ms}^{-1}$) für Punkte der Erdoberfläche in der Geographischen Breite φ:

$$\begin{aligned}\kappa_{\text{TäAb}} &= (v_\varphi / c) \cdot \rho_{\text{rad}\to''} \\ &= 464 \cdot (3 \cdot 10^9)^{-1} \cdot 206265'' \cdot \cos\varphi \\ &= 0{,}32'' \cdot \cos\varphi = 0{,}021\,\text{s} \cdot \cos\varphi. \end{aligned} \tag{4.2-6}$$

Die aberrationsbedingte Richtungskorrektur des einfallenden Sternlichts (2.7-1/1)

$$\upsilon_{\text{TäAb}} = \kappa_{\text{TäAb}} \cdot \sin\theta \tag{4.2.7}$$

kann entweder an den äquatorialen Sternkoordinaten (Rektaszension α und Deklination δ) oder an den Sternkoordinaten in einem erdfesten Horizontsystem (Azimut a und Zenitdistanz z) angebracht werden. Im ersten Fall werden Katalogkoordinaten, im zweiten Fall Beobachtungen korrigiert.

Auswirkung der täglichen Aberration auf Rektaszension, Deklination und Stundenwinkel

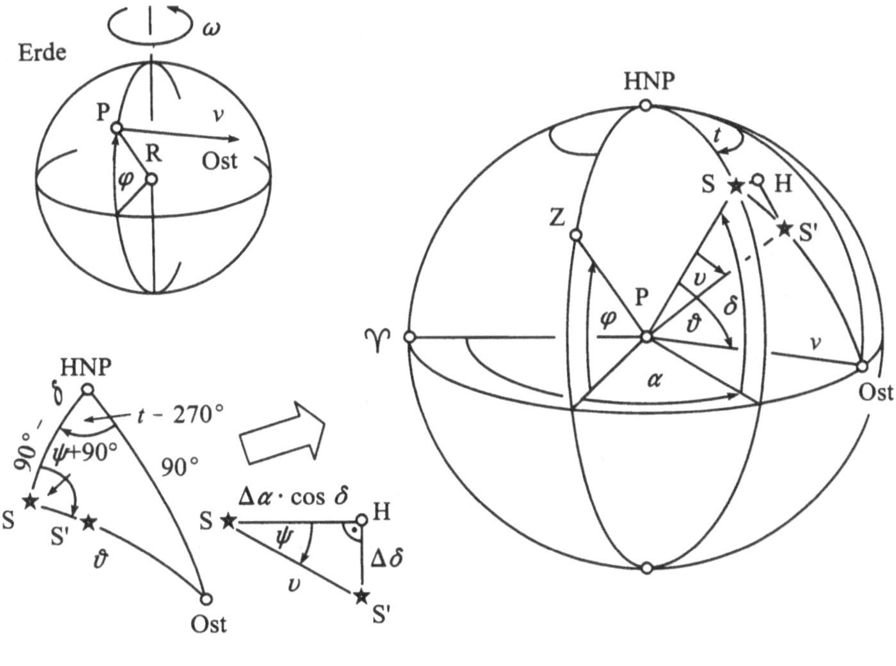

Bild 4.2-4: Änderung der äquatorialen Sternkoordinaten als Folge der Täglichen Aberration

In einem am Frühlingsäquinoktium orientierten Äquatorialsystem ⟨FrÄ⟩ wird die Richtung zum Stern S durch die äquatorialen Sternkoordinaten α und δ, die Richtung des Geschwindigkeitsvektors des Beobachters v durch

$$\alpha_\upsilon = \alpha_{\text{Ost}} = \alpha + t + 6\text{h} \quad \text{und} \quad \delta_v = \delta_{\text{Ost}} = 0$$

beschrieben (➪ Bild 4.2-4). t ist der Stundenwinkel des Sterns. Die Punkte S und Ost spannen den Großkreisbogen auf, auf dem nach dem Aberrationsgesetz der korrigierte Sternort S' im Abstand von υ von S zu liegen kommt. (υ liegt in der Ebene der Vektoren v und c). Bild 4.2-4 lassen sich die folgenden trigonometrischen Beziehungen herleiten:

Für das in seinem Bogen HNP-Ost rechtseitige Dreieck S-HNP-Ost gilt nach der Neperschen Regel (➪1.4):

$$\sin\theta \cdot \sin\psi = \cos t\,; \tag{4.2-8}$$

und nach dem Seiten-Sinus-Cosinussatz (1.4-8):

$$\sin\theta \cdot \cos\psi = \sin\delta \cdot \sin t\,; \tag{4.2-9}$$

ferner für das rechtwinklige Dreieck S-H-S', das wegen seiner »infinitesimal« kleinen Seiten als ebene Figur betrachtet und behandelt werden kann:

$$\Delta\alpha_{\text{TäAb}} = \upsilon_{\text{TäAb}} \cdot \frac{\sin\psi}{\cos\delta} = \kappa_{\text{TäAb}} \cdot \frac{\sin\vartheta \cdot \sin\psi}{\cos\delta}\,; \tag{4.2-10}$$

$$\Delta\delta_{\text{TäAb}} = -\,\kappa_{\text{TäAb}} \cdot \sin\vartheta \cdot \cos\psi. \tag{4.2-11}$$

Durch Substitution von (4.2-8) in (4.2-10) und (4.2-9) in (4.2.11) und wegen $\Delta\alpha_{\text{TäAb}} = -\Delta t_{\text{TäAb}}$ erhält man für die durch die Tägliche Aberration bedingten Änderungen $\Delta\alpha_{\text{TäAb}}$ und $\Delta\delta_{\text{TäAb}}$ der äquatorialen Sternkoordinaten α und δ und des Stundenwinkels t:

$$\Delta\alpha_{\text{TäAb}} = \kappa_{\text{TäAb}} \cdot \cos t \cdot \sec\delta = 0{,}021\text{ s} \cdot \cos\varphi \cdot \cos t \cdot \sec\delta; \tag{4.2-12}$$

$$\Delta\delta_{\text{TäAb}} = \kappa_{\text{TäAb}} \cdot \sin t \cdot \sin\delta = 0{,}32'' \cdot \cos\varphi \cdot \sin t \cdot \sin\delta. \tag{4.2-13}$$

Für den Stundenwinkel gilt:

$$\Delta t_{\text{TäAb}} = -\,\Delta\alpha_{\text{TäAb}} = -\,0{,}021\text{ s} \cdot \cos\varphi \cdot \cos t \cdot \sec\delta\,. \tag{4.2-14}$$

Die wegen des Einflusses der Täglichen Aberration korrigierten Sternkoordinaten und Stundenwinkel lauten:

$$\alpha'_{\text{TäAb}} = \alpha + \Delta\alpha_{\text{TäAb}}\,; \tag{4.2-15}$$

$$\delta'_{\text{TäAb}} = \delta + \Delta\delta_{\text{TäAb}}\,; \tag{4.2-16}$$

$$t'_{\text{TäAb}} = t + \Delta t_{\text{TäAb}}\,. \tag{4.2-17}$$

Auswirkung der täglichen Aberration auf Azimut und Zenitdistanz

Die durch die Tägliche Aberration bedingte Richtungsänderung des von einem Stern ankommenden Lichtstrahls beeinflußt natürlich auch das Azimut a und die Zenitdistanz z dieses Strahls, also die Sternkoordinaten im ⟨NH⟩-System. Bezeichnet man die entsprechenden Korrekturen mit $\Delta a_{\text{TäAb}}$ und $\Delta z_{\text{TäAb}}$, so findet man mit Hilfe einer (hier nicht dargestellten) Transformation von $\Delta\alpha_{\text{TäAb}}$ und $\Delta\delta_{\text{TäAb}}$ aus dem Äquatorial- in das Nordorientierte Horizontsystem z.B. nach Stumpf (1955, 28), Sigl (1975, 76) oder Roelofs (1950, 60)

$$a'_{\text{TäAb}} = a + \Delta a_{\text{TäAb}}\,; \tag{4.2-18}$$

$$z'_{\text{TäAb}} = z + \Delta z_{\text{TäAb}}\,, \tag{4.2-19}$$

und

$$\Delta a_{\text{TäAb}} = \kappa_{\text{TäAb}} \cdot \cos a \cdot \operatorname{cosec} z = 0{,}32'' \cdot \cos\varphi \cdot \cos a \cdot \operatorname{cosec} z\,; \tag{4.2-20}$$

$$\Delta z_{\text{TäAb}} = \kappa_{\text{TäAb}} \cdot \sin a \cdot \cos z = 0{,}32'' \cdot \cos\varphi \cdot \sin a \cdot \cos z\,. \tag{4.2-21}$$

4.3 Umlauf der Erde um die Sonne

4.3.1 Die scheinbare Bewegung der Sonne als Folge des Umlaufs der Erde um die Sonne

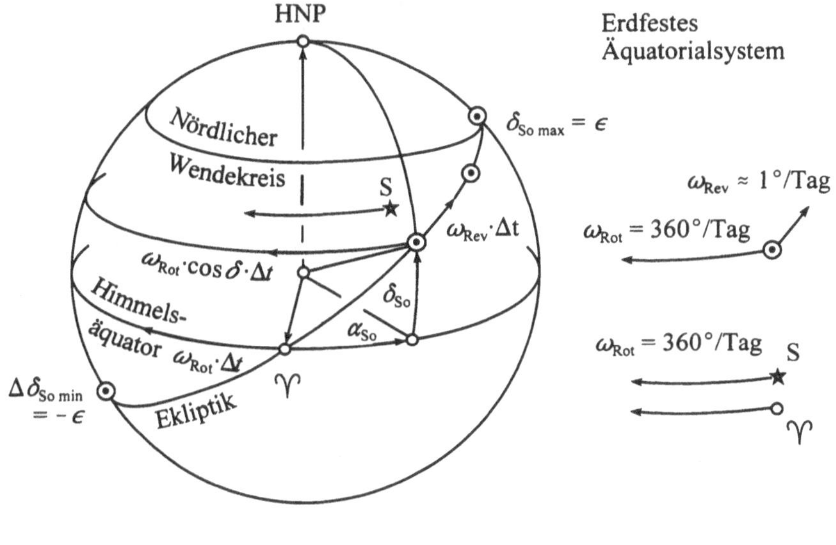

Bild 4.3-1: Scheinbare Bewegung der Sonne im Jahreslauf

Die Erde bewegt sich im Lauf eines Jahres einmal um die Sonne (⇨ 2.2). Der Radiusvektor Sonne-Erde bewegt sich dabei nach dem ersten Keplerschen Gesetz in einer Ebene, die sich in der Himmelskugel als ein Großkreis abbildet. Dieser Großkreis wird als *Ekliptik* bezeichnet. Der Name weist darauf hin, daß in diesem Geometrischen Ort Sonnen- und Mondfinsternisse stattfinden (griechisch: Eklipse = Verschwinden). Die Ekliptik befindet sich inmitten einer Zone des Sternhimmels, in dem die Sternbilder des »*Tierkreises*« (griechisch: *Zodiakus*) liegen (Gundel/Böker, 1972).

Von der Sonne aus gesehen bewegt sich die Erde, von der Erde aus die Sonne in der Ekliptik. Die Winkelgeschwindigkeit dieser Bewegung ist variabel und beträgt etwa

$$\omega_{So} \approx 360°/365{,}25 \text{ Tage} \approx 1°/\text{Tag} \approx 2 \text{ scheinbare Sonnendurchmesser / Tag.}$$

Aus der Sicht eines terrestrischen Beobachters läßt sich die momentane Position der Sonne durch ihre Rektaszension und Deklination α_{So} und δ_{So} beschreiben. Diese Koordinaten überstreichen innerhalb eines Jahres die folgenden Bereiche:

$$\alpha_{So} = [0\,\text{h} \ldots 24\,\text{h}\,[;\quad \delta_{So} = [-\epsilon \ldots 0° \ldots +\epsilon\,],$$

mit $\epsilon = 23{,}44°$ = *Schiefe der Ekliptik;* ⇨ Bild 4.3-1.

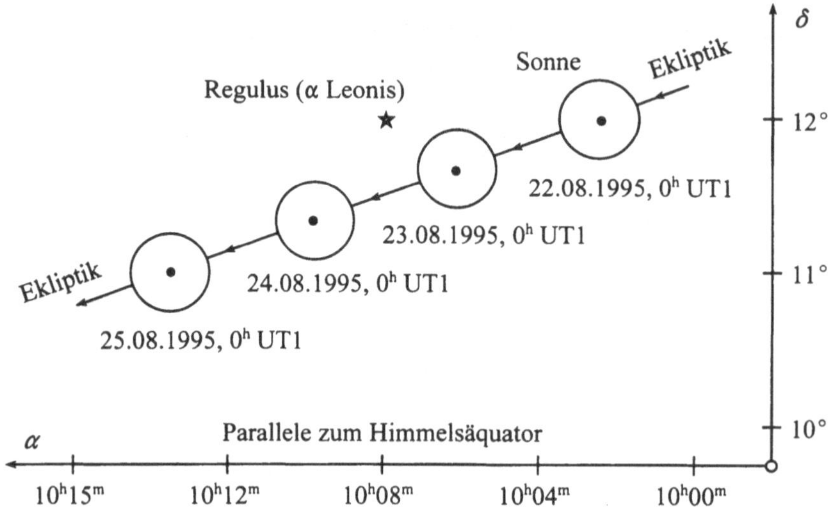

Bild 4.3-2: Konjunktion der Sonne mit Regulus (α Leonis) Ende August

In Bild 4.3-2 ist die Wanderung der Sonne relativ zum Sternhimmel am Beispiel ihrer Begegnung (Konjunktion) mit dem Ekliptik-nahen Stern Regulus (α Leonis) dargestellt, und zwar für den Zeitraum 22.-25.08.1995.

Man beachte: Wegen der hier beabsichtigten Sicht aus dem Innern der Himmelskugel auf ihre Oberfläche, die der Sicht eines irdischen Beobachters auf den Sternenhimmel entspricht, ist die Richtung der Abszisse »Rektaszension« gegenüber Bild 4.3-1 (und allen anderen Darstellungen eines Äquatorialen Koordinatensystems in denen die Himmelskugel von außen betrachtet wird) gespiegelt.

Wegen der Überlagerung der scheinbaren Bewegung der Sonne aufgrund der Drehung der Erde um ihre eigene Achse ($\omega_E = 360°$/Tag) und ihrer scheinbaren Wanderungsbewegung in der Ekliptik als Folge des Jahreslaufs der Erde ($\omega_{So} \approx 1°$/Tag) ist die scheinbare Bahn der Sonne - anders als die Bahn eines Fixsterns - kein Kleinkreis, sondern eine Spirale, die im Jahreszyklus die beiden Wendekreise (Südlicher Wendekreis = Wendekreis des Steinbocks, z.B. am 21.12.1993, und Nördlicher Wendekreis = Wendekreis des Krebses, z.B. am 23.06.1994) berührt.

4.3.2 Jährliche Aberration

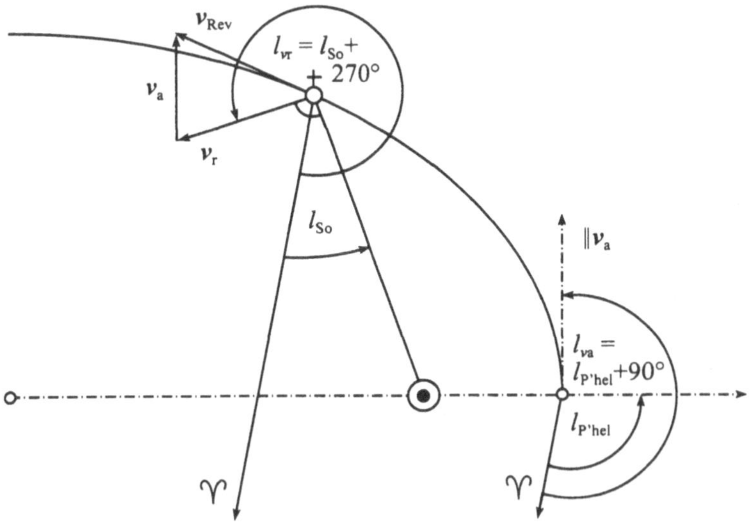

Bild 4.3-3: Komponenten der Bahnbewegung der Erde

Unter der *Jährlichen Aberration* versteht man die durch den Umlauf der Erde um die Sonne hervorgerufene Aberration; ⇨ 2.7. Maßgeblicher Geschwindigkeitsvektor, dessen Verhältnis zur Lichtgeschwindigkeit nach (2.7.1), (2.7.2) und (2.7.3) den Aberrationswinkel υ_{Aberr} bestimmt, ist der Vektor der Bahngeschwindigkeit $\boldsymbol{v}_{Rev}$ der Erde bei ihrem Umlauf um die Sonne. Er liegt in der Bahnebene der Erde (Ebene der Ekliptik) und seine Richtung $r\{\boldsymbol{v}_{Rev}\}$ überstreicht im Laufe eines Jahres den gesamten Wertevorrat des Vollkreises $[0° \ldots r\{\boldsymbol{v}_{Rev}\} \ldots 360°[$. Wegen der Exzentrizität der Erdbahn ist auch $|\boldsymbol{v}_{Rev}| = v_{Rev}$ variabel (Zweites Keplersches Gesetz); der Betrag schwankt zwischen den Extrema

$v_{Rev\,min} = 29{,}29$ km/s im Aphel und $v_{Rev\,max} = 30{,}29$ km/s im Perihel der Erdbahn.

$\boldsymbol{v}_{Rev}$ läßt sich in zwei Komponenten $\boldsymbol{v}_a$ und $\boldsymbol{v}_r$ zerlegen ($\boldsymbol{v}_{Rev} = \boldsymbol{v}_a + \boldsymbol{v}_r$), deren Richtungen so gewählt werden, daß $\boldsymbol{v}_r$ senkrecht zum Radiusvektor Sonne-Erde (zirkuläre Komponente) und $\boldsymbol{v}_a$ senkrecht zur Großen Halbachse der Bahnellipse (achsnormale Komponente) liegt; ⇨ Bild 4.3-3. Für die Beträge $v_r = |\boldsymbol{v}_r|$ und $v_a = |\boldsymbol{v}_a|$ gilt z.B. nach Smart (1960, 110):

$$v_r = \frac{h}{p} \;; \quad v_a = e \cdot \frac{h}{p} = e \cdot v_r \,, \tag{4.3-1}$$

mit h = doppelte Flächengeschwindigkeit des Radiusvektors Sonne-Erde und

p = Formparameter gemäß (2.4-3/6) bzw. (2.4-3/4):

$$h = \frac{2 \cdot a \cdot b \cdot \pi}{U} = a \cdot b \cdot \overline{\omega}_{Rev} = \overline{\omega}_{Rev} \cdot a^2 \cdot \sqrt{1 - e^2} \,; \tag{4.3-2}$$

$$p = \frac{b^2}{a} = a \cdot (1 - e^2) \,.$$

U bedeutet die Umlaufzeit der Erde von Perihel zu Perihel (= 1 Anomalistisches Jahr, das unter der hier zunächst getroffenen Voraussetzung einer ungestörten Keplerbewegung mit dem Siderischen Jahr gleichgesetzt werden kann) und

$\overline{\omega}_{Rev} = 2 \cdot \pi / U$ = Mittlere Winkelgeschwindigkeit der Erde.

Da sowohl die Flächengeschwindigkeit der Erde h als auch die Parameter p und e der Bahnellipse konstant sind, sind $|\boldsymbol{v}_r|$ und $|\boldsymbol{v}_a|$ für alle Punkte der Erdbahn konstant ($\boldsymbol{v}_a$ hat darüber hinaus auch noch eine konstante Ausrichtung).

Das Dritte Keplersche Gesetz bestimmt gemäß (2.4-29):

$$\frac{U^2}{a^3} = \frac{4 \cdot \pi^2}{a^3 \cdot \overline{\omega}_{Rev}^{\,2}} = \frac{4 \cdot \pi^2}{G \cdot (M_{So} + M_E)} = \frac{4 \cdot \pi^2}{k^2 (1 + \frac{M_E}{M_{So}}) \cdot \mathrm{AUM}} \,, \tag{4.3-3/1}$$

bzw. mit $\overline{\omega}_{Rev} = 2 \cdot \pi / U$ (s.o.):

$$\overline{\omega}_{Rev}^{\,2} \cdot a^3 = k^2 \cdot (1 + \frac{M_E}{M_{So}}) \cdot \mathrm{AUM} \,. \tag{4.3-3/2}$$

Der in 2.4.4 erläuterte fiktive Planet mit der Masse $M_{E'} = 0$, der die Sonne auf einer Bahnellipse mit der großen Halbachse $a_{E'} = 1$ AUL und einer Umlaufzeit von $U_{E'} = 365{,}256898326$ AUT umläuft, bewegt sich nach (4.3-3/2) mit einer mittleren Winkelgeschwindigkeit von

$$\overline{\omega}^*_{Rev} = 2 \cdot \pi / U_{E'} = k \cdot \mathrm{AUM}^{1/2} \cdot \mathrm{AUL}^{-3/2}$$

$$= 0{,}0170209895 \ \mathrm{AUT}^{-1} = 1{,}990983675 \cdot 10^{-7} \ \mathrm{rad/s} \,. \tag{4.3-4}$$

Die Substitution von (4.3-2) und (2.4-3/4) in (4.3-1) gibt

$$v_r = \frac{h}{p} = \frac{\bar{\omega}_{Rev} \cdot a}{\sqrt{1 - e^2}} . \qquad (4.3\text{-}5)$$

Die konstante zirkuläre Geschwindigkeitskomponente v_r hat die IAU ihrer Definition der *Konstanten der Jährlichen Aberration* zugrunde gelegt:

$$\kappa_{JäAb} = \frac{v_r}{c} = \frac{\bar{\omega}_{Rev} \cdot a}{c \cdot \sqrt{1 - e^2}} . \qquad (4.3\text{-}6/1)$$

Substituiert man die Lichtgeschwindigkeit c durch den Quotienten Astronomische Längeneinheit AUL dividiert durch die Zeit $\tau_A = 499{,}004782$ s, die das Licht zum Durchlaufen der Strecke 1 AUL benötigt (c = AUL / τ_A), so erhält man aus (4.3-6/1):

$$\kappa_{JäAb} = \bar{\omega}_{Rev} \cdot \tau_A \cdot \frac{a}{AUL} \cdot \frac{1}{\sqrt{1 - e^2}} . \qquad (4.3\text{-}6/2)$$

Über eine Erweiterung von (4.3-6/2) um $\bar{\omega}^*_{Rev} / \bar{\omega}^*_{Rev} = 1$ und Substitution des Zählers dieses Quotienten durch (4.3-4) erhält der Ausdruck eine Form, in der die der IAU-Definition zugrunde liegende Struktur sichtbar wird.

Wir erhalten aus (4.3-6/2) zunächst

$$\kappa_{JäAb} = \left(\frac{\bar{\omega}_{Rev}}{\bar{\omega}^*_{Rev}} \cdot \frac{a}{AUL} \cdot \frac{1}{\sqrt{1 - e^2}} \cdot \frac{AUM^{1/2}}{AUL^{3/2}} \right) \cdot k \cdot \tau_A = F \cdot k \cdot \tau_A .$$

$$\text{Mit } \bar{\omega}_{Rev} = \frac{2 \cdot \pi}{365{,}256363 \cdot 86400 \text{ s}} = 1{,}990986593 \cdot 10^{-7} \frac{\text{rad}}{\text{s}} ,$$

$$\bar{\omega}^*_{Rev} = 1{,}990983675 \cdot 10^{-7} \frac{\text{rad}}{\text{s}} \quad (4.3\text{-}4),$$

$$\frac{a}{AUL} = 1{,}000000321 \quad \text{und} \quad e = 0{,}01670833$$

$$\text{wird } F = \frac{\bar{\omega}_{Rev}}{\bar{\omega}^*_{Rev}} \cdot \frac{a}{AUL} \cdot \frac{1}{\sqrt{1 - e^2}} \cdot \frac{AUM^{1/2}}{AUL^{3/2}}$$

$$= \frac{1{,}990986593}{1{,}990983675} \cdot 1{,}000000321 \cdot 1{,}000139613 \cdot \frac{AUM^{1/2}}{AUL^{3/2}}$$

$$= 1{,}0001414 \; AUM^{1/2} \cdot AUL^{-3/2} ,$$

und unter Beachtung von

$$\begin{aligned} k &= 0{,}01720209895 \cdot \mathrm{AUL}^{3/2}\ \mathrm{AUM}^{-3/2}\ \mathrm{AUT}^{-1} \\ &= 1{,}990983675 \cdot 10^{-7} \cdot \mathrm{AUL}^{3/2}\ \mathrm{AUM}^{-3/2}\ \mathrm{s}^{-1} \text{ bzw.} \\ F \cdot k &= 1{,}991265200 \cdot 10^{-7} \cdot \mathrm{rad\ s}^{-1} \end{aligned}$$

für die in ″ ausgedrückte Konstante der Jährlichen Aberration:

$$\kappa_{\text{JäAb}} = F \cdot k \cdot \tau_A = (1{,}991265200 \cdot 10^{-7} \cdot \mathrm{rad} \cdot \mathrm{s}^{-1}) \cdot \rho_{\mathrm{rad} \to ''} \cdot (499{,}004782\ \mathrm{s})$$

$$\kappa_{\text{JäAb}} = 20{,}49552'' . \qquad (4.3\text{-}7)$$

Dieser Wert wurde in das IAU-System (1976) der Astronomischen Konstanten als abgeleitete Konstante aufgenommen. Er entspricht einer mittleren Bahngeschwindigkeit der Erde von $\bar{v}_E = v_r = c \cdot \kappa_{\text{JäAb}} = 29{,}76939\ \mathrm{km\,s}^{-1}$.

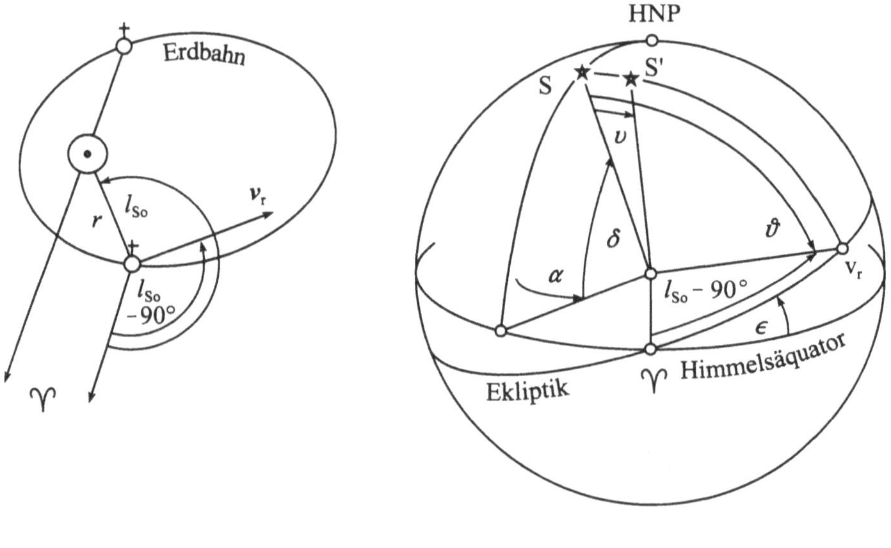

Bild 4.3-4: Änderung der scheinbaren Sternposition als Folge der Jährlichen Aberration (Anteil der kreisförmigen Bewegungskomponente)

Aus den Bildern 4.3-3 und 4.3-4 (links) kann man ersehen, daß für die Ekliptikalen Längen $l_{vr} = l\{v_r\}$ und $l_{va} = l\{v_a\}$ die folgenden, an der Ekliptikalen Länge der Sonne l_{So} und des Perihels $l_{P'hel}$ ausgerichteten Beziehungen gelten:

$$l_{vr} = l_{So} - 90° \quad \text{und} \quad l_{va} = l_{P'hel} + 90° .$$

l_{vr} überstreicht dabei wie l_{So} im Laufe eines Jahres den Wertevorrat des Vollkreises $[0° \ldots l_{vr} \ldots 360°[$, l_{va} ist wie $l_{P'hel}$ nahezu konstant.

Zur Untersuchung der aberrationsbedingten Gesamtwirkung der Bahngeschwindigkeit $\boldsymbol{v}$ auf die Sternkoordinaten betrachten wir zunächst nur ihren kreisförmigen Anteil $\boldsymbol{v}_r$. Dazu werden in Bild 4.3-4 die Richtung zum Stern (=S) und die Bewegungsrichtung von $\boldsymbol{v}_r$ (= v_r) zusammen mit Himmelsnordpol (HNP), Himmelsäquator (HÄ) und Ekliptik in der Gaußschen Richtungskugel dargestellt. S wird vom Beobachter als Folge der Aberration an der Stelle S' wahrgenommen; S' liegt nach (2.7-2) $\upsilon_r = \kappa_{JäAb} \cdot \sin \vartheta$ von S entfernt auf dem Bogen S$-$v$_r$. Da der Bogen S$-$v$_r$ durch die äquatorialen Sternkoordinaten α und δ, und v$_r$ durch die Schiefe der Ekliptik ϵ und der Ekliptikalen Länge l_{vr} eindeutig festliegt, kann man S' von S aus abtragen und findet so die Richtung S', in der ein terrestrischer Beobachter den Stern S sieht.

Die Auswertung der dargelegten trigonometrischen Zusammenhänge liefert die folgenden, durch den sphärischen Anteil der jährlichen Aberration ausgelösten Änderungen der Sternkoordinaten (Mueller, 1969, 93; Smart, 1977, 183; Meeus, 1991, 154):

$$\Delta\alpha_{JäAb}\,(\text{sph.} = -\,\kappa_{JäAb} \cdot (\cos\alpha \cdot \cos\epsilon \cdot \cos l_{So} + \sin\alpha \cdot \sin l_{So}) \cdot \sec\delta \qquad (4.3\text{-}8/1)$$

$$\Delta\delta_{JäAb}\,(\text{sph.}) = -\,\kappa_{JäAb} \cdot ((\tan\epsilon \cdot \cos\delta - \sin\alpha \cdot \sin\delta) \cdot \cos\epsilon \cdot \cos l_{So} + \cos\alpha \cdot \sin\delta \cdot \sin l_{So})\,.$$

Eine ähnliche Betrachtung wie für $\boldsymbol{v}_r$ ist nun noch für die Aberrationswirkung der Geschwindigkeitskomponente $\boldsymbol{v}_a$ anzustellen. Dazu denke man sich in Bild 4.3-4 auf der Ekliptik anstelle des Bildpunktes von v$_r$ den Bildpunkt v$_a$ eingetragen. Die Richtung dieses Punktes ist durch $l_{va} = l_{P'hel} + 90°$ bestimmt. Wegen (4.3-1) $v_a = e \cdot v_r$ erhält man hier für den Aberrationswinkel $\upsilon_a = v_a / c = e \cdot v_r / c = e \cdot \kappa_{JäAb} = 0{,}016708 \cdot 20{,}49552'' = 0{,}342''$ und für die Auswirkung dieses Winkels auf die Sternkoordinaten:

$$\Delta\alpha_{JäAb}\,(\text{ell.}) = e \cdot \kappa_{JäAb} \cdot (\cos\alpha \cdot \cos\epsilon \cdot \cos l_{P'hel} + \sin\alpha \cdot \sin l_{P'hel}) \cdot \sec\delta \qquad (4.3\text{-}8/2)$$

$$\Delta\delta_{JäAb}\,(\text{ell.}) = e \cdot \kappa_{JäAb} \cdot ((\tan\epsilon \cdot \cos\delta - \sin\alpha \cdot \sin\delta) \cdot \cos l_{P'hel} \cdot \cos\epsilon + \cos\alpha \cdot \sin\delta \cdot \sin l_{P'hel})\,.$$

Die ellipsoidischen Anteile der Aberration - sie werden in der Literatur auch als *E-Terme der Aberration* bezeichnet - sind zeitlich kaum veränderlich, da die Variablen in (4.3-8/2) nur säkulare Veränderungen erfahren. Sie wurden daher in den älteren Sternkatalogen (z.B. auch noch im FK4) den geometrischen Sternkoordinaten zugerechnet und durften dementsprechend bei der Reduktion der mittleren Sternkoordinaten auf scheinbare nicht mehr berücksichtigt werden. In dem derzeit maßgeblichen Fundamentalkatalog 5 (FK5) sind die mittleren Sternpositionen ohne Vorwegkorrektion der E-Terme vertafelt. Bei der Berechnung der scheinbaren Sternpositionen aus den mittleren müssen daher sowohl die sphärischen als auch die ellipsoidischen Anteile der Aberration berücksichtigt werden.

Die Zusammenfassung von (4.3-5) und (4.3-6) liefert für die aberrationsbedingten Koordinatenänderungen (Schneider, 1974, 31; Seidelmann, 1992, 131):

$$\begin{aligned}\Delta\alpha_{\text{JäAb}} &= -\ \kappa_{\text{JäAb}}\cdot(\cos\alpha\cdot\cos\epsilon\cdot\cos l_{\text{So}} + \sin\alpha\cdot\sin l_{\text{So}})\cdot\sec\delta\\ &\quad + e\cdot\kappa_{\text{JäAb}}\cdot(\cos\alpha\cdot\cos\epsilon\cdot\cos l_{\text{P'hel}} + \sin\alpha\cdot\sin l_{\text{P'hel}})\cdot\sec\delta\\ &= -\ 1{,}367\text{ s}\cdot(\cos\alpha\cdot\cos\epsilon\cdot\cos l_{\text{So}} + \sin\alpha\cdot\sin l_{\text{So}})\cdot\sec\delta\\ &\quad + 0{,}023\text{ s}\cdot(\cos\alpha\cdot\cos\epsilon\cdot\cos l_{\text{P'hel}} + \sin\alpha\cdot\sin l_{\text{P'hel}})\cdot\sec\delta;\end{aligned}$$

$$\begin{aligned}\Delta\delta_{\text{JäAb}} &= -\ \kappa_{\text{JäAb}}\cdot((\tan\epsilon\cos\delta - \sin\alpha\sin\delta)\cdot\cos\epsilon\cdot\cos l_{\text{So}} + \cos\alpha\sin\delta\cdot\sin l_{\text{So}})\\ &\quad + e\cdot\kappa_{\text{JäAb}}\cdot((\tan\epsilon\cos\delta - \sin\alpha\sin\delta)\cdot\cos\epsilon\cdot\cos l_{\text{P'hel}} + \cos\alpha\sin\delta\cdot\sin l_{\text{P'hel}})\\ &= -\ 20{,}50''\cdot((\tan\epsilon\cos\delta - \sin\alpha\sin\delta)\cdot\cos\epsilon\cdot\cos l_{\text{So}} + \cos\alpha\sin\delta\cdot\sin l_{\text{So}})\\ &\quad + 0{,}34''\cdot((\tan\epsilon\cos\delta - \sin\alpha\sin\delta)\cdot\cos\epsilon\cdot\cos l_{\text{P'hel}} + \cos\alpha\sin\delta\cdot\sin l_{\text{P'hel}}).\end{aligned}$$

(4.3-9)

Eine besonders einfache Form nehmen die Aberrationskorrektionen an, wenn sie im System ekliptikaler Koordinaten (⇨ 3.2.6) ausgedrückt werden. Der Übergang gelingt indem $\epsilon\to 0$, $\alpha\to l$ und $\delta\to b$ gesetzt und Additionstheoreme der trigonometrischen Funktionen angewandt wird:

$$\begin{aligned}\Delta l_{\text{JäAb}} &= +(\ \kappa_{\text{JäAb}}\cdot\cos\{l_{\text{So}}-l\} + e\cdot\kappa_{\text{JäAb}}\cdot\cos\{l_{\text{P'hel}}-l\})\cdot\sec b\\ \Delta b_{\text{JäAb}} &= \kappa_{\text{JäAb}}\cdot\sin b\cdot\sin\{l_{\text{So}}-l\} + e\cdot\kappa_{\text{JäAb}}\cdot\sin b\cdot\sin\{l_{\text{P'hel}}-l\}.\end{aligned} \qquad (4.3\text{-}10)$$

Anmerkung: Im Falle der *Mittleren Sonne* stehen der von der Erde zur (fiktiven) Strahlungsquelle gerichtete Vektor und der Vektor der (konstanten) Bahngeschwindigkeit der Erde stets aufeinander senkrecht (⇨ Bilder 4.3-3 und 4.3-4). Beide Vektoren liegen außerdem in der Ekliptik. Nach (2.7-2) gilt daher wegen $\vartheta = 90°$ ($\sin\vartheta = 1$): $\Delta l_{\text{JäAb}}\{\text{mSo}\} = \kappa_{\text{JäAb}}$. Dies und $\Delta\beta_{\text{JäAb}}\{\text{mSo}\} = 0$ folgt wegen $l = l_{\text{So}}$ und $\beta = \beta_{\text{So}} = 0$ im übrigen auch aus (4.3-7).

Unter dem Einfluß der Aberration erscheint die Mittlere Sonne daher permanent um den Betrag der Aberrationskonstanten $\kappa_{\text{JäAb}}$ in der Richtung der Umlaufbewegung der Erde verschoben. Die Ekliptikale geometrische Länge der Mittleren Sonne l_{mSo} verkleinert sich dadurch auf

$$l'_{\text{mSo}} = l_{\text{mSo}} - \kappa_{\text{JäAb}}.$$

Was den E-Term der Aberration angeht, der maximal den Betrag $e\cdot\kappa_{\text{JäAb}} = 0{,}34''$ erreicht, so ist dieser – anders als bei den Fixsternen, wo er nahezu konstant ist – bei der Sonne variabel: Er erreicht den o.a. Maximalwert beim Perihel- und beim Apheldurchgang der Sonne ($v_a \parallel v_r$) und verschwindet zweimal jährlich ($v_a \perp v_r$). Der E-Term der Aberration betrifft jedoch nur den scheinbaren Lauf der Wahren Sonne, nicht den der Mittleren

Sonne. Unter dem Einfluß des E-Terms wird die Ekliptikale Länge der Wahren Sonne beim Periheldurchgang der Erde um $e \cdot \kappa_{J\&Ab}$ verkleinert und beim Apheldurchgang um den gleichen Betrag vergrößert.

Bei der Betrachtung der Wirkung der Aberration auf die scheinbaren Sternkoordinaten sind wir bisher von einer ungestörten, also elliptischen Keplerbewegung der Erde ausgegangen. Dieses Modell liefert für alle geodätisch-astronomischen Arbeiten, die sich mit einer Genauigkeit von nicht besser als ~0,1″ begnügen können, ausreichend genaue Ergebnisse.

Werden höhere Genauigkeitsansprüche gestellt, etwa in der Langbasis-Interferometrie (VLBI ⇨ 8.6) oder bei satellitengestützten Astrometrie-Missionen (z.B. HIPPARCOS; ⇨ 8.7), so müssen die Berechnung der Aberration die tatsächlichen momentanen Geschwindigkeitsvektoren $\boldsymbol{v}_{Rev} = (v_X, v_Y, v_Z)^T$ der Bahnbewegung der Erde zugrunde gelegt werden. Diese hängen nicht nur von der Wechselwirkung Sonne-Erde/Mond, sondern darüber hinaus auch noch vom Einfluß der

$$-\boldsymbol{c} = -\begin{pmatrix} c_X \\ c_Y \\ c_Z \end{pmatrix} = \mathrm{c} \cdot \begin{pmatrix} \cos\alpha \cdot \cos\delta \\ \sin\alpha \cdot \cos\delta \\ \sin\delta \end{pmatrix} . \qquad (4.3\text{-}11/1)$$

übrigen Planeten ab. Die maßgeblichen Vektoren $\boldsymbol{v}_{Rev}$ fließen aus der Ephemeridenberechnung (⇨ 2.3.4) ein. Da $\boldsymbol{v}_{Rev}$ für die Berechnung der Aberration als Geschwindigkeit in einem Inertialsystem verstanden werden muß, ist dieser Vektor auf das Baryzentrum des Sonnensystems zu beziehen. Die baryzentrische Richtung zu einem Stern läßt sich durch den (negativen) Vektor der Geschwindigkeit des einfallenden Lichtes $\boldsymbol{c}$ beschreiben, der im System ⟨FrÄ⟩{T_0} (⇨ 3.2.8) durch die Konstante c und die baryzentrischen Sternkoordinaten α und δ ausgedrückt werden kann:

In 2.7.1 (⇨ Bild 2.7-1) wurde gezeigt, daß - bei nichtrelativistischer Betrachtung - ein mit einer Geschwindigkeit von

$$\boldsymbol{v}_E = (v_X, v_Y, v_Z)^T \qquad (4.3\text{-}11/2)$$

bewegter Beobachter den Stern in Richtung des Vektors

$$-\boldsymbol{c}_{Ab} = -\boldsymbol{c} + \boldsymbol{v}_E = -\begin{pmatrix} c_{AbX} \\ c_{AbY} \\ c_{AbZ} \end{pmatrix} = \begin{pmatrix} -c_X + v_X \\ -c_Y + v_Y \\ -c_Z + v_Z \end{pmatrix} \qquad (4.3\text{-}11/3)$$

wahrnimmt. Die vektorielle Linksmultiplikation von (4.3-11/3) mit $-\boldsymbol{c}$ ergibt wegen $\boldsymbol{c} \times \boldsymbol{c} = \boldsymbol{0}$

$$\boldsymbol{c} \times \boldsymbol{c}_{Ab} = \boldsymbol{c} \times \boldsymbol{v}_E \tag{4.3-12/1}$$

bzw., wenn man die Aussage dieser Beziehung auf ihre skalaren Anteile (Vektorlängen) beschränkt:

$$c \cdot c_{Ab} \cdot \sin \upsilon = c \cdot v_E \cdot \sin \vartheta . \tag{4.3-12/2}$$

Unter Beachtung von $c_{Ab}^2 = c^2 + 2 \cdot c \cdot v_E \cdot \cos \vartheta + v_E^2$ (Cosinussatz) erhält man daraus für den Sinus des gesuchten Schnittwinkels υ:

$$\sin \upsilon = \frac{v_E \cdot \sin \vartheta}{\sqrt{c^2 + 2 \cdot c \cdot v_E \cdot \cos \vartheta + v_E^2}} . \tag{4.3-13}$$

Durch Taylorreihen-Entwicklung von (4.3-13) kann die in (2.7-1/1) niedergelegte Formel bestätigt werden.

Bei Berücksichtigung des in (4.3-8/3) nicht beachteten relativistischen Prinzips der Konstanz der Lichtgeschwindigkeit unabhängig von der Bewegung des Beobachters ($c_{Ab} \equiv c$) erhält man anstelle von (4.3-8/3) den folgenden Ausdruck (Seidelmann, 1992, 129):

$$-\boldsymbol{c}_{Ab} = \frac{-\beta^{-1} \cdot \boldsymbol{c} + \boldsymbol{v}_E - \dfrac{1 + \beta^{-1}}{c^2} \cdot (\boldsymbol{c} \cdot \boldsymbol{v}_E) \cdot \boldsymbol{v}_E}{1 - \dfrac{1}{c^2} \cdot \boldsymbol{c} \cdot \boldsymbol{v}_E} \tag{4.3-14}$$

$$\text{mit} \quad \beta^{-1} = \sqrt{1 - \left(\frac{v_E}{c} \right)^2} .$$

(Durch vektorielle Linksmultiplikation von (4.3-14) mit $\boldsymbol{c}$ analog zu der vorausgegangenen Entwicklung von (4.3-12/1) läßt sich die in (2.7-1/2) zitierte relativistische Aberrationsformel bestätigen).

Die dem Vektor $-\boldsymbol{c}_{Ab}$ in (4.3-8/3) oder (4.3-14) entsprechenden Richtungswinkel Rektaszension und Deklination ergeben sich nach (3.1-3/1) und (3.1-3/2) zu

$$\begin{aligned} \alpha' &= \arctan \frac{c_{Ab\,Y}}{c_{Ab\,X}} \quad \text{modulo } 180° , \\ \delta' &= \arctan \frac{-c_{Ab\,Z}}{\sqrt{c_{Ab\,X}^2 + c_{Ab\,Y}^2}} . \end{aligned} \tag{4.3-15}$$

Sie können, wie man erkennt, bei Vorgabe von α und δ sowie der Geschwindigkeitskomponenten v_X, v_Y, v_Z aus (4.3-12) in aller Strenge berechnet werden.

Unter der im Falle der *Jährlichen Aberration* gegebenen Voraussetzung $v/c \approx 10^{-4} \ll 1$ lassen sich $\alpha'_{JäAb}$ und $\delta'_{JäAb}$ auch über die Differenzen

$$\Delta\alpha_{JäAb} = \alpha' - \alpha\,; \qquad \Delta\delta_{JäAb} = \delta' - \delta \tag{4.3-16}$$

darstellen, die man gemäß (3.1-5) aus dem Totalen Differentialen der Funktionen (4.3-15) gewinnt:

$$\Delta\alpha = \frac{\partial\alpha}{\partial c_X}\cdot v_X + \frac{\partial\alpha}{\partial c_Y}\cdot v_Y\,; \qquad \Delta\delta = \frac{\partial\alpha}{\partial c_X}\cdot v_X + \frac{\partial\alpha}{\partial c_Y}\cdot v_Y + \frac{\partial\alpha}{\partial c_Z}\cdot v_Z\,; \tag{4.3-17}$$

$$\Delta\alpha_{JäAb} = \frac{1}{c}\cdot(-\sin\alpha\cdot v_X + \cos\alpha\cdot v_Y)\cdot\sec\delta\,; \qquad \Delta\delta_{JäAb} = \frac{1}{c}\cdot(-\cos\alpha\cdot\sin\delta\cdot v_X - \sin\alpha\cdot\sin\delta\cdot v_Y + \cos\delta\cdot v_Z)\,. \tag{4.3-18}$$

Eine Näherungslösung (➪ Seidelmann, 1992, 130) erhält man daraus mit den Substitutionen:

$$v_X = \bar{v}_E\cdot\sin l_{So} = 29{,}8\ \text{km s}^{-1}\cdot\sin l_{So}\,; \qquad v_Y = \bar{v}_E\cdot\cos\epsilon\cdot\cos l_{So} = 27{,}3\ \text{km s}^{-1}\cdot\cos l_{So}\,; \qquad v_Z = \bar{v}_E\cdot\sin\epsilon\cdot\cos l_{So} = 11{,}9\ \text{km s}^{-1}\cdot\cos l_{So}\,. \tag{4.3-19}$$

Die durch Einsetzen dieser Terme in (4.3-18) entstehenden Ausdrücke sind mit den sphärischen Aberrationstermen (4.3-5/1) identisch.

Die in den Formeln (4.3-5/1), (4.3-6) und (4.3-7) verlangte Ekliptikale Länge der Sonne l_{So} ist im *Astronomical Almanac* unter C4-C18 vertafelt, der in (4.3-15) verlangte Geschwindigkeitsvektor $\boldsymbol{v}_E = (v_X, v_Y, v_Z)^T$ findet sich im gleichen Jahrbuch unter B42-B56. Bei der Nutzung der Daten aus der genannten Quelle ist zu beachten, daß l_{So} auf das momentane Äquinoktium, $\boldsymbol{v}_E$ hingegen auf das Äquinoktium der Fundamentalepoche J2000,0 bezogen ist. Daher muß $\boldsymbol{v}_E$, bevor es in (4.3-15) eingeführt wird, durch Multiplikation mit der Präzessionsmatrix $\boldsymbol{P}$ (➪ 4.4.4) auf das Äquinoktium des Beobachtungszeitpunktes transformiert werden.

Wenn die Berechnung der durch den Aberrationseffekt veränderten Sternkoordinaten nicht über (4.3-8) direkt erfolgt, so gilt auf der Grundlage von (4.3-6) oder (4.3-15):

$$\alpha' = \alpha + \Delta\alpha_{\text{JäAb}} ;$$
$$\delta' = \delta + \Delta\delta_{\text{JäAb}} . \qquad (4.3\text{-}20)$$

4.3.3 Jährliche Parallaxe

Während des Umlaufs der Erde um die Sonne scheinen sich als Folge der bewegungsbedingten Veränderungen der Perspektive nahegelegene Fixsterne S_n vor dem unbeweglich erscheinenden Hintergrund der »unendlich fernen« Sterne S_∞ zu bewegen. Wie man Bild 4.3-4 (oben links) entnehmen kann, liegen die dabei eintretenden scheinbaren Richtungsänderungen υ in der Ebene Sonne - Erde - naher Stern. Man bezeichnet die durch diesen Vorgang ausgelöste Richtungsänderung als *Jährliche Parallaxe*. Geht man von einer kreisförmigen Erdbahn mit dem Radius $r = 1$ AUL $= 150 \cdot 10^6$ km und einer Fixsternentfernung von d_n aus, so bildet sich die Menge aller Richtungen nach S_n auf der Himmelskugel als Ellipse mit den Achsen $a_{\text{JäPa}} = \upsilon_{\max}$ und $b_{\text{JäPa}} = \upsilon_{\min} = a_{\text{JäPa}} \cdot \sin\beta$ ab, deren Größe vom Verhältnis AUL/d_n und von der Ekliptikalen Breite β (Neigung der Richtung zum Stern, bezogen auf die Ebene der Ekliptik) abhängt.

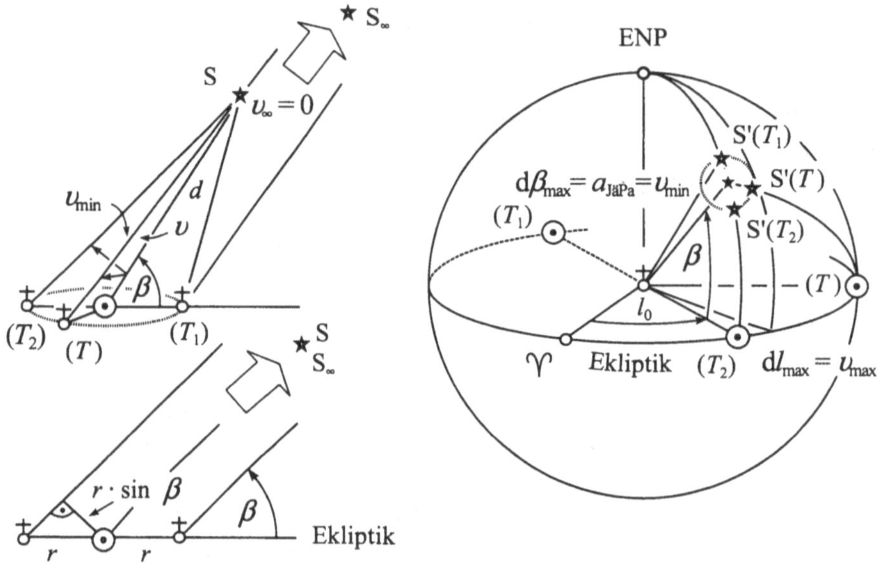

Bild 4.3-5: Auswirkung der Jährlichen Parallaxe naher Fixsterne auf die Sternkoordinaten

Die Richtungsänderung ist am kleinsten, wenn die vorerwähnte Ebene senkrecht auf der Ekliptik steht (wenn sie also den Ekliptikpol enthält), und sie wird maximal, wenn diese Ebene eine minimale Neigung gegenüber der Ekliptik (= β) erreicht. Die Jährlichen Parallaxen der Fixsterne sind durchwegs $a_{\text{JäPa}} < 0{,}75''$ und nur 19 Sterne heller als $9{,}0^{\text{mag}}$ überschreiten die 0,20″-Marke (The HIPPARCOS and TYCHO Catalogues, Vol.1, 482). Bei dem nächstgelegenen Stern handelt es sich um α Centauri.

Auf die Rektaszension α und Deklination δ eines Sterns wirkt sich die Jährliche Parallaxe wie folgt aus (➪ Bild 4.3-4):

$$\Delta\alpha_{\text{JäPa}} = a_{\text{JäPa}}\cdot(\cos\alpha\cdot\cos\epsilon\cdot\sin l_{\text{So}} - \sin\alpha\cdot\cos l_{\text{So}})\cdot\sec\delta;$$
$$\Delta\delta_{\text{JäPa}} = a_{\text{JäPa}}\cdot(\cos\delta\cdot\sin\epsilon\cdot\sin l_{\text{So}} - \cos\alpha\cdot\sin\delta\cdot\cos l_{\text{So}} - \sin\alpha\cdot\sin\delta\cdot\cos\epsilon\cdot\sin l_{\text{So}}). \qquad (4.3\text{-}11/1)$$

Für die auf das Zentrum des Sonnensystems bezogenen Koordinaten α' und δ' erhält man:

$$\alpha_{\text{JäPa}} = \alpha + \Delta\alpha_{\text{JäPa}};$$
$$\delta_{\text{JäPa}} = \delta + \Delta\delta_{\text{JäPa}}. \qquad (4.3\text{-}11/2)$$

Ableitungen der Formeln (4.3-11/1) finden sich z.B. in Mueller (1969, 101), Smart (1977, 221) und Sigl (1991, 72).

Auch hier – wie schon im Falle der Jährlichen Aberration (➪ 4.3.2) – nehmen die Reduktionen eine besonders einfache Form an, wenn sie im ekliptikalen System ausgedrückt werden. Der Übergang wird durch $\epsilon\to 0$, $\alpha\to l$ und $\delta\to\beta$ und Anwendung von Additionstheoremen erreicht:

$$\Delta l_{\text{JäPa}} = a_{\text{JäPa}}\cdot\sin\{l_{\text{So}}-l\}\cdot\sec\beta;$$
$$\Delta\beta_{\text{JäPa}} = -a_{\text{JäPa}}\cdot\cos\{l_{\text{So}}-l\}\cdot\sin\beta. \qquad (4.3\text{-}12)$$

Im Rahmen der optischen Verfahren der Geodätischen Astronomie braucht, wie bereits angedeutet, die Jährliche Parallaxe nur bei ganz wenigen Fixsternen berücksichtigt zu werden. Bei der Erforschung des Weltalls haben die Jährlichen Parallaxen $\gamma = a_{\text{JäPa}}$ als (inverse) Maßzahlen der Fixstern-Entfernungen jedoch eine fundamentale Bedeutung.

$$d = \frac{1\,\text{AUL}\cdot\rho_{\text{rad}\to''}}{\gamma} = \frac{206265\,\text{AUL}''}{\gamma} = \frac{\text{pc}''}{\gamma}. \qquad (4.3\text{-}13)$$

Man entnimmt dieser durch Umstellung aus (4.3-10) gewonnenen Gleichung, daß der Reziprokwert der in ″ ausgedrückten Fixsternparallaxe die Entfernung des betreffenden Sterns in der Einheit Parsec (pc) ergibt (➪ 2.9.3).

4.3.4 Relativistische Strahlenablenkung

Die relativistische Ablenkung eines elektromagnetischen Welle durch die Sonne (➪ 2.8) ist nach (2.8-2) eine Funktion der Elongation E der Strahlungsquelle

(Stern S) von der Sonne:

$$\Delta E = 0{,}00407'' \cdot \cot\frac{E}{2} = 0{,}00407'' \cdot \frac{\sin E}{1 - \cos E} . \tag{4.3-14}$$

Der Ablenkungswinkel ΔE liegt wie E in der von der Erde (O), der Sonne (So) und dem angezielten Stern (S) gebildeten Ebene. Er gibt an, um welchen Betrag sich unter dem Einfluß der Gravitation der Sonne der Winkelabstand $E = \sphericalangle \mathrm{SoOS}$ scheinbar vergrößert.

In Bild 4.3-6 ist erläutert, wie der Ablenkungswinkel ΔE auf die scheinbaren Sternkoordinaten auswirkt. E ergibt sich bei Kenntnis der Sternkoordinaten α, δ und der geozentrischen Sonnenephemeriden α_{So}, δ_{So} aus dem Dreieck So-HNP-S mit Hilfe des Seiten-Cosinus-Satzes (1.4-2/1):

$$\cos E = \sin\delta_{So} \cdot \sin\delta + \cos\delta_{So} \cdot \cos\delta \cdot \cos\{\alpha - \alpha_{So}\} . \tag{4.3-15}$$

Den Winkel γ liefert der Sinussatz:

$$\sin\gamma = \frac{\cos\delta_{So}}{\sin E} \cdot \sin\{\alpha - \alpha_{So}\} . \tag{4.3-16}$$

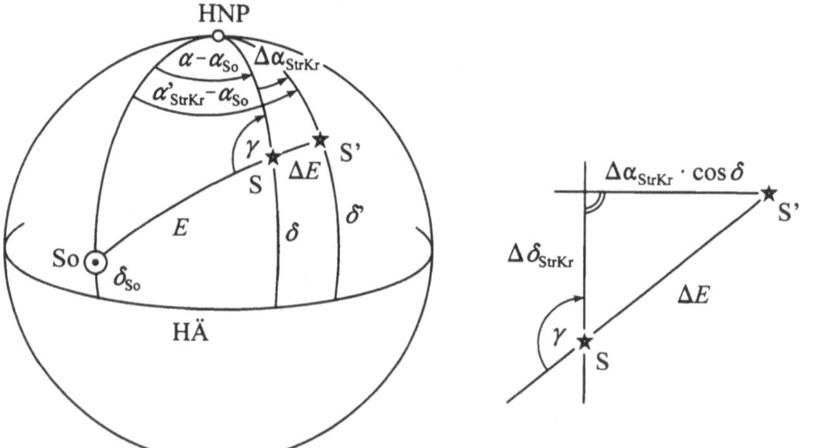

Bild 4.3-6: Auswirkung der relativistischen Strahlenablenkung auf die Sternkoordinaten

Schließlich erhält man noch aus dem Seiten-Sinus-Cosinus-Satz (1.4-8) noch einen Ausdruck für das Produkt

$$\sin E \cdot \cos\gamma = \cos\delta \cdot \sin\delta_{So} - \sin\delta \cdot \cos\delta_{So} \cdot \cos\{\alpha - \alpha_{So}\}. \tag{4.3-17}$$

Die Beziehungen zwischen der Strahlenablenkung ΔE und den daraus resultierenden geozentrischen Rektaszensions- und Deklinationsänderungen $\Delta\alpha_{StrKr}$ und $\Delta\delta_{StrKr}$ kann man dem infinitesimalen ebenen rechtwinkeligen Dreieck SS'F entnehmen. Die Katheten dieses Dreiecks werden von dem Parallelkreis-Element $\Delta\alpha_{StrKr}\cdot\cos\delta$ und dem Meridianbogen-Element $\Delta\delta_{StrKr}$ gebildet, der Dreieckswinkel in der Ecke S ergibt sich aus 180° - γ:

$$\begin{aligned}\Delta\alpha_{StrKr} &= \Delta E\cdot\frac{\sin\gamma}{\cos\delta} = 0{,}00407''\cdot\frac{\sin E}{1-\cos E}\cdot\frac{\sin\gamma}{\cos\delta};\\ \Delta\delta_{StrKr} &= -\Delta E\cdot\cos\gamma = -0{,}00407''\cdot\frac{\sin E}{1-\cos E}\cdot\cos\gamma.\end{aligned}\tag{4.3-18}$$

Nach Substitution von (4.3-16) und (4.3-17) in (4.3-18) und - im Falle de Rektaszensionskorrektur - Umwandlung der Winkeleinheit von »"« in »s« (15" = 1 s, also: 0,00407" = 0,000271 s) wird daraus (➪ Seidelmann, 1992, 139):

$$\begin{aligned}\Delta\alpha_{StrKr} &= 0{,}000271\,\mathrm{s}\cdot\frac{\cos\delta_{So}\cdot\sin\{\alpha-\alpha_{So}\}}{(1-\cos E)\cdot\cos\delta};\\ \Delta\delta_{StrKr} &= 0{,}00407''\cdot\frac{\sin\delta\cdot\cos\delta_{So}\cdot\cos\{\alpha-\alpha_{So}\}-\cos\delta\cdot\sin\delta_{So}}{1-\cos E}.\end{aligned}\tag{4.3-19}$$

Für erdgebundene Beobachtungen ergeben sich schließlich die folgenden scheinbaren Koordinaten:

$$\begin{aligned}\alpha_{StrKr} &= \alpha+\Delta\alpha_{StrKr};\\ \delta_{StrKr} &= \delta+\Delta\delta_{StrKr}.\end{aligned}\tag{4.3-20}$$

4.4 Präzession und astronomische Nutation

4.4.1 Lunisolarpräzession

Wie bereits in 2.5 und 3.5.2 gezeigt und durch die Bilder 2.5-2 und 3.4-1 illustriert wurde, bewirken *Lunisolarpräzession* und *Nutation* eine Wanderung des Himmelsnordpols (HNP) um den Ekliptiknordpol (ENP) herum. Die Bewegung kann, wie a.a.O. dargelegt, durch einen Präzessionskegel mit zeitlich variabler Öffnung beschrieben werden. Der mittlere Öffnungswinkels $\bar{\epsilon}_{LSPrä+Nu}$ dieses Kegels ist identisch mit der *Mittleren Schiefe der Ekliptik* $\bar{\epsilon}$, nämlich (➪ 4.4-1/3)

$$\bar{\epsilon} = \bar{\epsilon}_{LSPrä} = \bar{\epsilon}_{LSPrä+Nu} \approx 23°26'21{,}4''.$$

Auch die Winkelgeschwindigkeit, mit der sich der HNP auf dem Präzessionskegel relativ zur Achse der Ekliptik bewegt, ist variabel. Ihr Mittelwert beträgt

$$\mathrm{d}\psi_{\mathrm{LSPrä}}/\mathrm{d}T = \mathrm{d}\bar{\psi}_{\mathrm{LSPrä+Nu}}/\mathrm{d}T = \omega_{\mathrm{LSPrä}}/\sin\epsilon = 50{,}39''/\ \mathrm{JJ};$$

die Bewegung erfolgt im Uhrzeigersinn (bei Blick aus der Richtung des HNP auf die Ekliptik). Über lange (»säkulare«) Zeiträume hinweg sind auch die angegebenen Mittelwerte Änderungen unterworfen; ⇨ (4.4-1/3) und (4.4-1/5).

$\mathrm{d}\psi_{\mathrm{LSPrä}}/\mathrm{d}T$ beschreibt die gleichförmige Wanderung eines fiktiven Punktes auf einem kreisförmigen Präzessionskegel. Man bezeichnet diesen Punkt als *Mittleren Himmelsnordpol* ($\mathrm{HNP_m}$ = Synonym für $\mathrm{CEP_m}$) und den gleichförmigen Bewegungsvorgang als *Lunisolarpräzession*. Dem $\mathrm{HNP_m}$ entspricht der *Mittlere Himmelsäquator* ($\mathrm{HÄ_m}$) und dessen Schnitt mit der *Ekliptik* das *Mittlere Frühlingsäquinoktium* ($♈_{\mathrm{m}}$).[25]

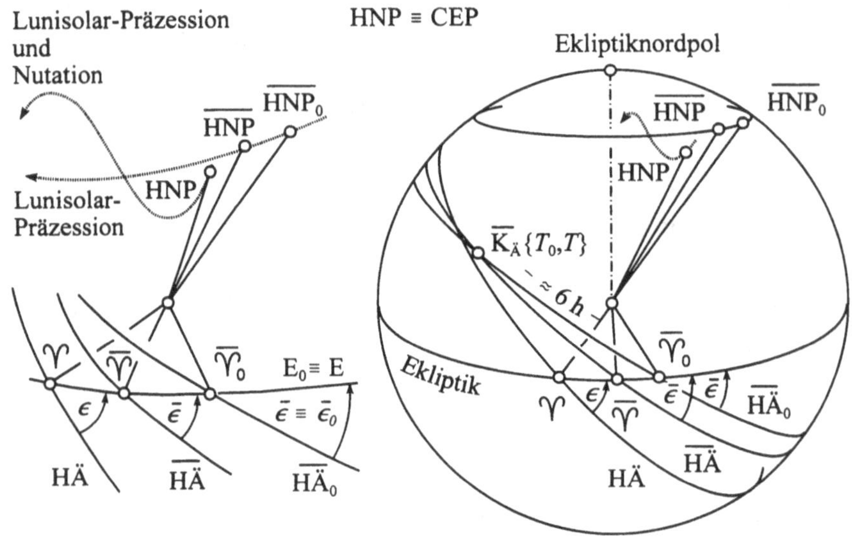

Bild 4.4-1: Wanderung des Himmelsnordpols und des Frühlingsäquinoktiums als Folge der Lunisolarpräzession und der Nutation

Mit der einem konkreten Zeitabschnitt $T - T_0$ entsprechenden Bewegung des Mittleren Himmelspols von $\mathrm{HNP_{m0}}$ nach $\mathrm{HNP_m}$ geht eine synchrone Wanderung des Frühlingsäquinoktiums entlang der Ekliptik von $♈_{\mathrm{m0}}$ nach $♈_{\mathrm{m}}$ einher. Die Winkelgeschwindigkeit relativ zur Ekliptik-Normalen, mit der sich das Frühlingsäquinoktiums dabei auf der Ekliptik fortbewegt. ist gleich der Winkelgeschwin-

[25] Im Text sind mittlere Örter und Koordinaten durch ein tiefgestelltes »m« (z.B.: $\mathrm{HNP_m}$), in den Graphiken durch einen über die Punkt- oder Koordinatenbezeichnung gelegten Querstrich gekennzeichnet (z.B.: $\overline{\mathrm{HNP}}$).

digkeit des HNP, also $\psi_{LSPrä}/dT$). Sie verläuft ebenfalls im Uhrzeigersinn. (Die Sonne bewegt sich demgegenüber in der Ekliptik im Gegensinn des Uhrzeigers).

4.4.2 Planetarische Präzession

Die Lunisolarpräzession wird überlagert durch die *Planetarischen Präzession*. Unter der Einwirkung der Planeten verlagert sich die Ekliptik gegenüber der Fixsternkulisse und damit natürlich auch gegenüber dem (für den Augenblick der Betrachtung festgehaltenen) Mittleren Himmelsäquator. Als Folge dieser Verlagerung wandert das Frühlingsäquinoktium mit einer Geschwindigkeit von

$$d\chi_{PlPrä}/dT \approx 0{,}11''/\,JJ$$

im Uhrzeigersinn dem Mittleren Himmelsäquator entlang. (1 JJ = 1 Julianisches Jahr zu 365,25 Tagen) Darüber hinaus ändert sich die Schiefe der Ekliptik um

$$d\epsilon_{PlPrä}/dT \approx -\,0{,}47''/\,JJ;$$

(⇨ Bild 4.4-2). Drehachse diese Neigungsänderung, die sich durch den Schnitt zweier zeitlich benachbarter Ekliptiklagen ergibt, ist ein *Knotenlinie*, die in der Himmelskugel durch zwei *Knoten* (K_E) abgebildet wird.

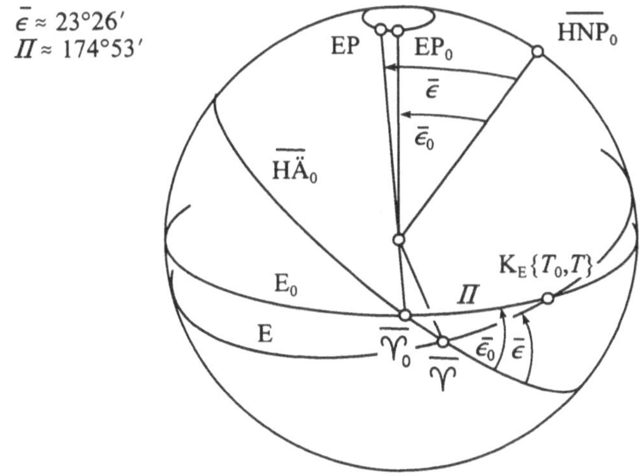

Bild 4.4-2: Wanderung des Ekliptiknordpols und des Frühlingsäquinoktiums als Folge der Planetarischen Präzession

4.4.3 Allgemeine Präzession

Die Überlagerung von Lunisolarpräzession und Planetarischer Präzession erfaßt man durch den Begriff der *Allgemeinen Präzession*; ihre geometrische Bedeutung ist in den Bildern 4.4-3, 4.4-4 und 4.4-5 skizziert. In den Skizzen sind - wie bei den beiden vorausgehenden - Ekliptik und Mittlerer Himmelsäquator zur Epoche T_0 (Index »0«) und zur Epoche T (kein Index) einander gegenübergestellt.

Der Status und die Kinematik der Bewegung läßt sich durch folgende, auf die Standardepoche T_0 = J2000.0 = JD 2451545.0 bezogenen Funktionen der Zeit $f(T)$ beschreiben (Lieske et al., 1977, 15; Seidelmann, 1992, 104 und 114):

Abstand des momentanen Ekliptik-Knotens vom Mittleren Frühlingsäquinoktiums der Standardepoche (= Ekliptikale Länge des momentanen Ekliptik-Knotens): (4.4-1/1)

$$\Pi = 174°52'34{,}982'' - (869{,}8089''/\mathrm{JJh})\cdot(T-T_0) + (0{,}03536''/\mathrm{JJh}^2)\cdot(T-T_0)^2;$$

Akkumulierte Neigungsänderung der Ekliptik, bezogen auf die Ekliptik der Standardepoche: (4.4-1/2)

$$\pi = 47{,}0029(''/\mathrm{JJh})\cdot(T-T_0) - 0{,}03302(''/\mathrm{JJh}^2)\cdot(T-T_0)^2 + 0{,}000060(''/\mathrm{JJh}^3)\cdot(T-T_0)^3;$$

Schiefe der Ekliptik, bezogen auf den Mittleren Himmelsäquator:

$$\epsilon = 23°26'21{,}448'' - 46{,}8150(''/\mathrm{JJh})\cdot(T-T_0) - 0{,}00059(''/\mathrm{JJh}^2)\cdot(T-T_0)^2 + 0{,}001813(''/\mathrm{JJh}^3)\cdot(T-T_0)^3; \quad (4.4\text{-}1/3)$$

Akkumulierte Allgemeine Präzession in Ekliptikaler Länge, bezogen auf das Mittlere Frühlingsäquinoktium der Standardepoche: (4.4-1/4)

$$p = 5029{,}0966(''/\mathrm{JJh})\cdot(T-T_0) + 1{,}11113(''/\mathrm{JJh}^2)\cdot(T-T_0)^2 - 0{,}000006(''/\mathrm{JJh}^3)\cdot(T-T_0)^3;$$

Akkumulierte Lunisolar-Präzession in Ekliptikaler Länge, bezogen auf das Mittlere Frühlingsäquinoktium der Standardepoche: (4.4-1/5)

$$\psi = 5038{,}7784(''/\mathrm{JJh})\cdot(T-T_0) + 1{,}07259(''/\mathrm{JJh}^2)\cdot(T-T_0)^2 - 0{,}001147(''/\mathrm{JJh}^3)\cdot(T-T_0)^3;$$

Akkumulierte Planetarische Präzession in Rektaszension, bezogen auf das Mittlere Frühlingsäquinoktium der Standardepoche: (4.4-1/6)

$$\chi = 10{,}5526(''/\mathrm{JJh})\cdot(T-T_0) - 2{,}38064(''/\mathrm{JJh}^2)\cdot(T-T_0)^2 - 0{,}001125(''/\mathrm{JJh}^3)\cdot(T-T_0)^3.$$

JJh = Julianisches Jahrhundert zu 36525 Tagen = 100 Julianische Jahre.

In den angegebenen Werten ist die Wirkung der relativistisch begründeten *Geodätischen Präzession*, die mit 1,92″/JJh zu Buche schlägt, eingeschlossen.

Die abhängigen Variablen auf der linken Seite von (4.4-1/1) - (4.4-1/6) sind Richtungswinkel, die sich unter dem Einfluß der Lunisolar- und der Planetarischen Präzession langsam ändern und im Zeitpunkt T die angegebenen akkumulierten Werte erreichen. Für ihre Änderungsraten (= Winkelgeschwindigkeit der Richtungsänderung = Präzession) erhält man durch Ableitung nach der Zeit:

Neigungsänderung der Ekliptik, bezogen auf die Ekliptik der Standardepoche:

$\dot{\pi} = 47{,}0029''/\mathrm{JJh} - (0{,}06604''/\mathrm{JJh}^2)\cdot(T-T_0) + (0{,}00018''/\mathrm{JJh}^3)\cdot(T-T_0)^2;$ (4.4-2/1)

Allgemeine Präzession in Ekliptikaler Länge,
bezogen auf das Mittlere Frühlingsäquinoktium der Standardepoche:

$\dot{p} = 5029{,}0966''/\mathrm{JJh} + (2{,}22226''/\mathrm{JJh}^2)\cdot(T-T_0) - (0{,}000018''/\mathrm{JJh}^3)\cdot(T-T_0)^2;$ (4.4-2/2)

Lunisolar-Präzession in Ekliptikaler Länge,
bezogen auf das Mittlere Frühlingsäquinoktium der Standardepoche:

$\dot{\psi} = 5038{,}7784''/\mathrm{JJh} + (2{,}14518''/\mathrm{JJh}^2)\cdot(T-T_0) - (0{,}003441''/\mathrm{JJh}^3)\cdot(T-T_0)^2;$ (4.4-2/3)

Planetarische Präzession in Rektaszension,
bezogen auf das Mittlere Frühlingsäquinoktium der Standardepoche:

$\dot{\chi} = 10{,}5526''/\mathrm{JJh} - (4{,}76128''/\mathrm{JJh}^2)\cdot(T-T_0) - (0{,}003375''/\mathrm{JJh}^3)\cdot(T-T_0)^2;$ (4.4-2/4)

Zur analytischen Beschreibung der präzessionsbedingten Gesamtbewegung des Frühlingsäquinoktiums, die sich aus den o.a. Komponenten zusammensetzt, ist es sinnvoll, die gleichförmig ablaufende *Allgemeinen Präzession* und die periodisch veränderliche *Nutation* gesondert zu behandeln.

Die Abtrennung der Allgemeinen Präzession vom Gesamteffekt der Präzession (Allgemeine Präzession plus Nutation) beinhaltet die Einführung eines Mittleren Himmelsäquators ($\mathrm{HÄ}_m$) und - durch den Schnitt des $\mathrm{HÄ}_m$ mit der Ekliptik - eines Mittleren Frühlingsäquinoktiums (Υ_m). Sternkoordinaten, die sich auf den $\mathrm{HÄ}_m$ und auf das Υ_m beziehen, werden als *Mittlere Sternörter*, jene die sich auf den tatsächlichen (wahren), momentanen Himmelsäquator und das tatsächliche (wahre) Frühlingsäquinoktium beziehen, als *Wahre Sternörter* bezeichnet.

4.4.4 Änderung der Sternkoordinaten als Folge der Allgemeinen Präzession

Ekliptikale oder äquatoriale Sternkoordinaten werden vereinbarungsgemäß stets vom Frühlingsäquinoktium aus gezählt: die Mittleren Koordinaten vom Mittleren, die Wahren Koordinaten vom Wahren Äquinoktium der betreffenden Epoche. Wenn sich unter der Wirkung der Allgemeinen Präzession das Mittlere Frühlingsäquinoktium gegenüber der Fixsternkulisse verschiebt, so ändern sich auch die Sternkoordinaten.

Im *Fundamentalkatalog 5* (*FK5*) sind die Mittleren Sternkoordinaten der Fundamentalsterne zur Standardepoche T_0 = J2000.0 vertafelt. Werden die Mittleren Koordinaten für einen beliebigen anderen Zeitpunkt T benötigt, etwa im Zuge der Berechnung Scheinbarer Sternörter, so sind die präzessionsbedingten Änderungen, die von der Standardepoche bis zu dem betreffenden Zeitpunkt eintreten, in Rechnung zu stellen.

Strenge Formeln zur Transformation über ein längeres Zeitintervall

Für den notwendigen Übergang ist das am Mittleren Frühlingsäquinoktium $♈_0$ der Standardepoche T_0 ausgerichtete Äquatorsystem durch geeignete Drehungen in das entsprechende System der Epoche T zu überführen. In Tabelle 4.4-1 und Bild 4.4-5 sind die einzelnen Drehungen erläutert, die im Sinne des Eulerschen Drehprinzips aneinanderzureihen sind. (Alle Angaben beziehen sich auf »*Mittlere Größen*«. Die üblicherweise zur Kennzeichnung mittlerer Größen angebrachten Indizes oder Querstriche wurden zur besseren Übersicht weggelassen).

Die aus der Folge der Einzeldrehungen $\boldsymbol{R}_1\{\epsilon_0\}, \boldsymbol{R}_3\{\Pi\}, \boldsymbol{R}_1\{\pi\}, \boldsymbol{R}_3\{-\Pi-p\}, \boldsymbol{R}_1\{-\epsilon\}$ zusammengesetzte Gesamtdrehung läßt sich durch die folgende *Präzessionsmatrix* beschreiben:

$$\boldsymbol{P} := \boldsymbol{R}_1\{-\epsilon\} \cdot \boldsymbol{R}_3\{-\Pi-p\} \cdot \boldsymbol{R}_1\{\pi\} \cdot \boldsymbol{R}_3\{\Pi\} \cdot \boldsymbol{R}_1\{\epsilon_0\}. \qquad (4.4\text{-}3)$$

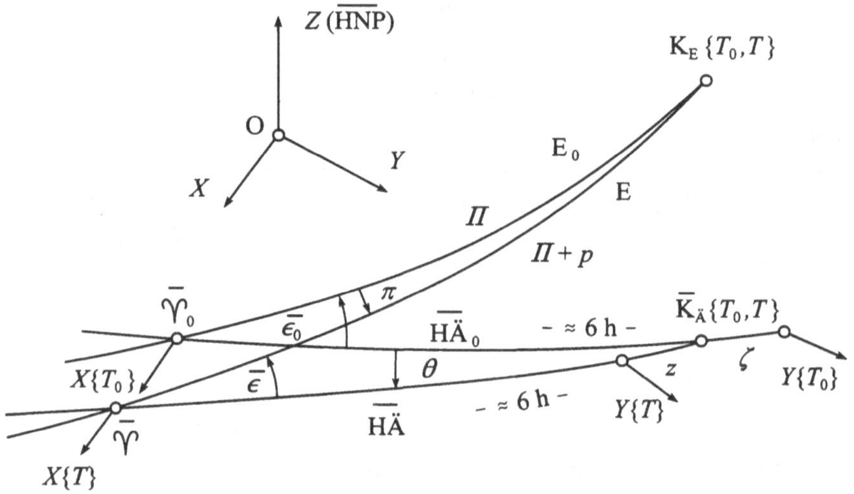

Bild 4.4-3: Wanderung des Frühlingsäquinoktiums
als Folge der Allgemeinen Präzession (Strenge Betrachtung)

Da sich jede räumliche Drehung auf drei Einzeldrehungen zurückführen läßt, genügen drei Drehwinkel, um die Drehmatrix $\boldsymbol{P}$ vollständig zu beschreiben. Parametrisiert man $\boldsymbol{P}$ nach dem Eulerschen Drehprinzip und bezeichnet nach Maßgabe von Tabelle 4.4-2 und Bild 4.4-5 die Drehwinkel um die Z-, die Y- und die (gedrehte) Z-Achse mit $-\zeta$, θ, $-z$ so erhält man als Produkt der Einzeldrehungen:

$$\boldsymbol{P} := \boldsymbol{R}_3\{-z\} \cdot \boldsymbol{R}_2\{\theta\} \cdot \boldsymbol{R}_3\{-\zeta\}, \qquad (4.4\text{-}4/1)$$

bzw. nach Multiplikation der Matrizen oder durch Substitution der Drehwinkel in (3.1-14):

$$\boldsymbol{P} = \begin{pmatrix} \cos\zeta\cdot\cos\theta\cdot\cos z - \sin\zeta\cdot\sin z & -\sin\zeta\cdot\cos\theta\cdot\cos z - \cos\zeta\cdot\sin z & -\sin\theta\cdot\cos z \\ \cos\zeta\cdot\cos\theta\cdot\sin z + \sin\zeta\cdot\cos z & -\sin\zeta\cdot\cos\theta\cdot\sin z + \cos\zeta\cdot\cos z & -\sin\theta\cdot\sin z \\ \cos\zeta\cdot\sin\theta & -\sin\zeta\cdot\sin\theta & \cos\theta \end{pmatrix}. \qquad (4.4\text{-}4/2)$$

Für die Drehwinkel ζ, θ und z gilt bei Zugrundelegung der im IAU(1976)-System der Astronomischen Konstanten (➪ 2.10.3) vereinbarten Präzessionskonstanten $p = 5029{,}0966''$ zur Standardepoche T_0 = J2000,0 (= JED2451545.0) und bei Bezugnahme der Zeitzählung auf diese Epoche nach Lieske/Lederle/Fricke/Morando (1977) bzw. Lieske (1979):

$$\begin{aligned} \zeta &:= (2306{,}2181''/\text{JJh}) \cdot (\text{T}-\text{T}_0) + (0{,}30188''/\text{JJh}^2) \cdot (\text{T}-\text{T}_0)^2 \\ &\quad + (0{,}017998''/\text{JJh}^3) \cdot (\text{T}-\text{T}_0)^3; \qquad (4.4\text{-}5/1) \\ \theta &:= (2004{,}3109''/\text{JJh}) \cdot (\text{T}-\text{T}_0) - (0{,}42665''/\text{JJh}^2) \cdot (\text{T}-\text{T}_0)^2 \\ &\quad - (0{,}041833''/\text{JJh}^3) \cdot (\text{T}-\text{T}_0)^3; \qquad (4.4\text{-}5/2) \\ z &:= (2306{,}2181''/\text{JJh}) \cdot (\text{T}-\text{T}_0) + (1{,}09468''/\text{JJh}^2) \cdot (\text{T}-\text{T}_0)^2 \\ &\quad + (0{,}018203''/\text{JJh}^3) \cdot (\text{T}-\text{T}_0)^3. \qquad (4.4\text{-}5/3) \end{aligned}$$

(1 JJh = Julianisches Jahrhundert = 36525 Tage).

(➪ z.B. Seidelmann, 1992, 104; McCarthy,1996, 22).

Die Änderungsraten dieser Winkel findet man durch Ableitung nach der Zeit:

$$\begin{aligned} d\zeta/dT = \dot{\zeta} &:= (2306{,}2181''/\text{JJh}) + (0{,}60376''/\text{JJh}^2) \cdot (\text{T}-\text{T}_0) \\ &\quad + (0{,}053994''/\text{JJh}^3) \cdot (\text{T}-\text{T}_0)^2; \qquad (4.4\text{-}6/1) \\ d\theta/dT = \dot{\theta} &:= (2004{,}3109''/\text{JJh}) - (0{,}85330''/\text{JJh}^2) \cdot (\text{T}-\text{T}_0) \\ &\quad - (0{,}125499''/\text{JJh}^3) \cdot (\text{T}-\text{T}_0)^2; \qquad (4.4\text{-}6/2) \\ dz/dT = \dot{z} &:= (2306{,}2181''/\text{JJh}) + (2{,}18936''/\text{JJh}^2) \cdot (\text{T}-\text{T}_0) \\ &\quad + (0{,}054609''/\text{JJh}^3) \cdot (\text{T}-\text{T}_0)^2. \qquad (4.4\text{-}6/3) \end{aligned}$$

Bezeichnet man die Mittleren Sternkoordinaten zur Standardepoche T_0 = J2000.0 = JED2451545.0 mit

$$\overline{\boldsymbol{X}}_0 = \begin{pmatrix} \overline{X}_0 \\ \overline{Y}_0 \\ \overline{Z}_0 \end{pmatrix} = \begin{pmatrix} \cos\overline{\alpha}_0 \cdot \cos\overline{\delta}_0 \\ \sin\overline{\alpha}_0 \cdot \cos\overline{\delta}_0 \\ \cos\overline{\delta}_0 \end{pmatrix} \qquad (4.4\text{-}7/1)$$

Tabelle 4.4-1: Elementare Eulersche Drehungen beim Übergang eines ⟨FrÄ⟩-Systems vom Äquinoktium einer Standardepoche T_0 (=♈$_{m0}$) auf das Äquinoktium einer beliebigen Epoche T

	Drehachse	Drehwinkel	Bedeutung des Drehwinkels
1	$X_{\langle FrE\rangle}\{T_0\} \equiv X_{\langle FrÄ\rangle}\{T_0\}$ $\equiv$ O→♈$_m\{T_0\}$	$d_1 = \epsilon_0$	Mittlere Schiefe der Ekliptik zur Epoche T_0
2	$Z_{\langle FrE\rangle}\{T_0\}$ $\equiv$ O→ENP$\{T_0\}$	$d_3 = \Pi$	Abstand des Ekliptikknotens $K_E\{T_0,T\}$ von ♈$_m\{T_0\}$
3	$X'_{\langle FrE\rangle}\{T_0,T\}$ $\equiv$ O→$K_{Ekl}\{T_0,T\}$	$d_1{*} = \pi$	Änderung der Schiefe der Ekliptik infolge der Planetarischen Präzession im Zeitintervall $\Delta T = T - T_0$
4	$Z_{\langle FrE\rangle}\{T\}$ $\equiv$ O→ENP$\{T\}$	$d_3{*} = -\Pi - p$	Abstand des Ekliptikknoten $K_E\{T_0,T\}$ von ♈$_m\{T\}$; Abstandsänderung im Zeitintervall $\Delta T = T - T_0$ infolge der Allgemeinen Präzession p
5	$X_{\langle FrE\rangle}\{T\} \equiv X_{\langle FrÄ\rangle}\{T\}$ $\equiv$ O→♈$_m\{T\}$	$d_1{*} = -\epsilon$	Schiefe der Ekliptik zur Epoche T

Tabelle 4.4-2: Elementare Eulersche Drehungen für den Übergang eines am Frühlingsäquinoktium orientierten Äquatorsystems vom Äquinoktium einer Standardepoche T_0 auf das Äquinoktium eines beliebigen Zeitpunkts T

	Drehachse	Drehwinkel	Bedeutung des Drehwinkels
1	$Z_{\langle FrÄ\rangle}\{T_0\}$ $\equiv$ O→HNP$\{T_0\}$	$d_3 = -\zeta$	Bogenabschnitt auf dem Mittleren Himmelsäquator ($HÄ_m$) der Epoche T_0
2	$Y_{\langle FrÄ\rangle}\{T_0,T\}$ $\equiv$ O→$K_Ä\{T_0,T\}$	$d_2 = \theta$	Drehwinkel um den Äquatorknoten $K_Ä$ für den Übergang vom MHÄ der Epoche T_0 auf den $HÄ_m$ der Epoche T
3	$Z_{\langle FrÄ\rangle}\{T\}$ $\equiv$ O→HNP$\{T\}$	$d_3{*} = -z$	Bogenabschnitt auf dem $HÄ_m$ der Epoche T

und die einer beliebigen anderen Epoche T mit

$$\overline{\boldsymbol{X}} = \begin{pmatrix} \overline{X} \\ \overline{Y} \\ \overline{Z} \end{pmatrix} = \begin{pmatrix} \cos\overline{\alpha} \cdot \sin\overline{\delta} \\ \sin\overline{\alpha} \cdot \sin\overline{\delta} \\ \cos\overline{\delta} \end{pmatrix}, \tag{4.4-7/2}$$

so lautet die Transformationsgleichung in vektorieller Form:

$$\overline{\boldsymbol{X}} = \boldsymbol{P} \cdot \overline{\boldsymbol{X}}_0 \,. \tag{4.4-7/3}$$

Die Auswertung von (4.4-7/3) auf der Grundlage von (4.4-4/2), (4.4-7/1) und (4.4-7/2) liefert unter Anwendung trigonometrischer Additionstheoreme die folgenden trigonometrischen Beziehungen (Seidelmann, 1992, 105; Sigl, 1975, 57, 58), aus denen bei Vorgabe der Präzessionswinkel (4.4-5/1) bis (4.4-5/3)

$$\zeta = \zeta\{T-T_0\}, \quad \theta = \theta\{T-T_0\}, \quad z = z\{T-T_0\}$$

und von mittleren Sternkkordinaten $\overline{\alpha}_0$, $\overline{\delta}_0$ der Epoche T_0 die mittleren Sternkoordinaten $\overline{\alpha}$, $\overline{\delta}$ zum Zeitpunkt T berechnet werden können:

$$\sin\{\overline{\alpha} - z\} \cdot \cos\overline{\delta} := \sin\{\overline{\alpha}_0 + \zeta\} \cdot \cos\overline{\delta}_0 \,; \tag{4.4-8/1}$$

$$\cos\{\overline{\alpha} - z\} \cdot \cos\overline{\delta} := \cos\{\overline{\alpha}_0 + \zeta\} \cdot \cos\theta \cdot \cos\overline{\delta}_0 - \sin\theta \cdot \sin\overline{\delta}_0 \,; \tag{4.4-8/2}$$

$$\sin\overline{\delta} := \cos\{\overline{\alpha}_0 + \zeta\} \cdot \sin\theta \cdot \cos\overline{\delta}_0 + \cos\theta \cdot \sin\overline{\delta}_0 \,. \tag{4.4-8/3}$$

Die gesuchte Deklination $\overline{\delta}$ fließt direkt aus (4.4-8/3):

$$\overline{\delta} := \arcsin\{\cos\{\overline{\alpha}_0 + \zeta\} \cdot \sin\theta \cdot \cos\overline{\delta}_0 + \cos\theta \cdot \sin\overline{\delta}_0\} \,. \tag{4.4-8/4}$$

Nach Substitution des aus (4.4-8/4) berechneten $\overline{\delta}$ in (4.4-8/1) und (4.4-8/2) stehen mit

$$(\overline{\alpha} - z)_{1,2} = \arcsin\{(\sin\{\overline{\alpha}_0 + \zeta\} \cdot \cos\overline{\delta}_0) \cdot \sec\overline{\delta}\} \quad \text{und} \tag{4.4-8/5}$$

$$(\overline{\alpha} - z)_{3,4} = \arccos\{(\cos\{\overline{\alpha}_0 + \zeta\} \cdot \cos\theta \cdot \cos\overline{\delta}_0 - \sin\theta \cdot \sin\overline{\delta}_0) \cdot \sec\overline{\delta}\} \tag{4.4-8/6}$$

zwei Gleichungen zur Verfügung, von denen jede wegen der Zweideutigkeit des arcsin und des arccos zwei Lösungen hat. Die Schnittmenge der beiden Lösungspaare liefert den gesuchten eindeutigen Wert von $\overline{\alpha} - z$, aus dem schließlich, da z von vornherein bekannt ist, auch $\overline{\alpha}$ hervorgeht:

$$\overline{\alpha} = (\overline{\alpha} - z)_{1,2} \cap (\overline{\alpha} - z)_{3,4} + z \,. \tag{4.4-8/7}$$

Selbstverständlich kann man nach Division von (4.4-8/1) durch (4.4-8/2), bei der $\cos\overline{\delta}$ herausfällt und auf der linken Seite der Quotient $\tan\{\overline{\alpha} - z\}$ entsteht, den gesuchte Wert von $\overline{\alpha}$ auch aus

$$(\overline{\alpha} - z) := \arctan \frac{\sin\{\overline{\alpha}_0 + \zeta\} \cdot \cos\overline{\delta}_0}{\cos\{\overline{\alpha}_0 + \zeta\} \cdot \cos\theta \cdot \cos\overline{\delta}_0 - \sin\theta \cdot \sin\overline{\delta}_0} \tag{4.4-8/8}$$

gewinnen. Die notwendige Fallunterscheidung muß man in diesem Fall allerdings außerhalb des angegebenen Algorithmus treffen. Da aber $\overline{\alpha}$ in der Gegenwart und absehbaren Zukunft wesentlich näher bei $\overline{\alpha}_0$ als bei $\overline{\alpha}_0 \pm 180°$ liegt, besteht gleichwohl Eindeutigkeit bei der Zuordnung zum richtigen Quadranten.

Unter Beachtung von

$$\begin{aligned} \boldsymbol{P}^{-1} &= \boldsymbol{R}_3^{-1}\{-\zeta\} \cdot \boldsymbol{R}_2^{-1}\{\theta\} \cdot \boldsymbol{R}_3^{-1}\{-z\} \\ &= \boldsymbol{R}_3^{\mathrm{T}}\{-\zeta\} \cdot \boldsymbol{R}_2^{\mathrm{T}}\{\theta\} \cdot \boldsymbol{R}_3^{\mathrm{T}}\{-z\} \\ &= \boldsymbol{R}_3\{\zeta\} \cdot \boldsymbol{R}_2\{-\theta\} \cdot \boldsymbol{R}_3\{z\}) \end{aligned} \tag{4.4.9/1}$$

folgt im übrigen für die Inversion von (4.4-9/3) in vektorieller Schreibweise

$$\overline{\boldsymbol{X}}_0 = \boldsymbol{P} \cdot \overline{\boldsymbol{X}}. \tag{4.4-9/2}$$

bzw. von (4.4-8/1) bis (4.4-8/3) in trigonometrischer Schreibweise:

$$\sin\{\overline{\alpha}_0 + \zeta\} \cdot \cos\overline{\delta}_0 = \sin\{\overline{\alpha} - z\} \cdot \cos\overline{\delta}; \tag{4.4-9/3}$$

$$\cos\{\overline{\alpha}_0 + \zeta\} \cdot \cos\overline{\delta}_0 = \cos\{\overline{\alpha} - z\} \cdot \cos\theta \cdot \cos\overline{\delta} + \sin\theta \cdot \sin\overline{\delta}; \tag{4.4-9/4}$$

$$\sin\overline{\delta}_0 = \cos\{\overline{\alpha} - z\} \cdot \sin\theta \cdot \cos\overline{\delta} + \cos\theta \cdot \sin\overline{\delta}. \tag{4.4-9/5}$$

Die Berechnung von $\overline{\alpha}_0$ und $\overline{\delta}_0$ erfolgt analog zur Auswertung des oben dargestellten inversen Gleichungssystems.

Näherungsformeln zur Transformation über kurze Zeitintervalle (< ½ Jahr)

Im jährlich erscheinenden *Astronomical Almanac* sind die für die Jahresmitte gültigen mittleren Sternkoordinaten $\overline{\alpha}_r$ und $\overline{\delta}_r$ von 1482 »hellen Sternen« - berechnet nach den o.a. Formeln aus dem FK5 und anderen Quellen und unter gleichzeitiger Berücksichtigung der Eigenbewegungen - sowie die Änderungsraten der Präzessionsparameter in der Form

$$m = \dot{\zeta}_r + \dot{z}_r \quad \text{und} \quad n = \dot{\theta}_r$$

jeweils für die Mitte T_r des betreffenden Almanach-Jahres angegeben: auf den Seiten H2-H31 die Sternkoordinaten und auf B19 die auf das Zeitinkrement 1 JJ bezogenen Änderungsraten m und n. Z.B. lautet die dem Jahr 1994 zugrunde gelegte Bezugsepoche:

$$T_r = \text{J}1994{,}5 = \text{JED } 2449536.125 = 02.07.1994,\ 15{:}00\,\text{Uhr}\,\text{TT}.$$

Da sich die Parameter ζ, θ, z der Präzessionsmatrix $\boldsymbol{P}$ nach (4.4-8) halbjährlich um weniger als 12″ ($6 \cdot 10^{-5}$ rad) ändern, lassen sich die präzessionsbedingten Koordinatenänderungen, die sich innerhalb eines Jahres abspielen, ohne Genauigkeitsverlust auch auf **Differentialformeln** gründen. Voraussetzung dafür ist freilich, daß die einschlägigen Taylor-Entwicklungen auf eine in der Jahresmitte liegende Epoche T_r bezogen werden.

Benennt man den Vektor eines mittleren Sternortes zum Zeitpunkt T mit $\boldsymbol{X}$ (mittleren Sternkoordinaten $\overline{\alpha}$ und $\overline{\delta}$), den entsprechenden Vektor zur Epoche T_r mit $\overline{\boldsymbol{X}}_r$ (mittlere Sternkoordinaten $\overline{\alpha}_r$ und $\overline{\delta}_r$) und die Matrix der präzessionsbedingten kleinen Drehung mit $\boldsymbol{P}_{diff}$, so besteht zwischen den Sternkoordinaten der zwei aufeinander bezogenen Epochen analog zu (4.4-9/3) die Beziehung:

$$\overline{\boldsymbol{X}} = \boldsymbol{P}_{diff} \cdot \overline{\boldsymbol{X}}_r = \boldsymbol{I} \cdot \overline{\boldsymbol{X}}_r + (\boldsymbol{P}_{diff} - \boldsymbol{I}) \cdot \overline{\boldsymbol{X}}_r = \overline{\boldsymbol{X}}_r + (\boldsymbol{P}_{diff} - \boldsymbol{I}) \cdot \overline{\boldsymbol{X}}_r , \qquad (4.4\text{-}12/1)$$

mit $\boldsymbol{P}_{diff} - \boldsymbol{I} = \boldsymbol{P}\{-\Delta\zeta, \Delta\theta, -\Delta z\} - \boldsymbol{I}$

$$= \begin{pmatrix} 0 & -\Delta\zeta - \Delta z & -\Delta\theta \\ \Delta\zeta + \Delta z & 0 & 0 \\ \Delta\theta & 0 & 0 \end{pmatrix} = \begin{pmatrix} 0 & -m & -n \\ m & 0 & 0 \\ n & 0 & 0 \end{pmatrix} \cdot \Delta T , \qquad (4.4\text{-}12/2)$$

Mit den Differentialquotienten (4.4-6/1) - (4.4-6/3), aus denen die Differenzen

$$\Delta\zeta = (d\zeta/dT)_r \cdot \Delta T, \quad \Delta\theta = (d\theta/dT)_r \cdot \Delta T, \quad \Delta z = (dz/dT)_r \cdot \Delta T,$$

über das in Betracht gezogene Zeitinkrement $\Delta T = T - T_r$ integriert werden können, erhält man für die Parameter m und n nach (4.4-12/2):

$$m = (d\zeta/dT)_r + (dz/dT)_r \qquad (4.4\text{-}13/1)$$
$$= (4612{,}4362''/\mathrm{JJh}) + (2{,}79312''/\mathrm{JJh}^2)\cdot(\mathrm{T_r} - \mathrm{T_0}) + (2{,}18936''/\mathrm{JJh}^3)\cdot(\mathrm{T_r} - \mathrm{T_0})^2;$$

$$n = (d\theta/dT)_r \qquad (4.4\text{-}13/2)$$
$$= (2004{,}3109''/\mathrm{JJh}) - (0{,}85330''/\mathrm{JJh}^2)\cdot(\mathrm{T_r} - \mathrm{T_0}) - (0{,}125499''/\mathrm{JJh}^3)\cdot(\mathrm{T_r} - \mathrm{T_0})^2.$$

Für die gesuchte Differenz

$$\Delta\overline{\boldsymbol{X}} = \overline{\boldsymbol{X}} - \overline{\boldsymbol{X}}_r = \overline{\boldsymbol{X}} - \boldsymbol{I} \cdot \overline{\boldsymbol{X}}_r = (\boldsymbol{P}_{diff} - \boldsymbol{I}) \cdot \overline{\boldsymbol{X}}_r ; \qquad (4.4\text{-}14/1)$$

ergibt sich daraus nach Substitution in (4.4-12/1) und (4.4-12/2):

$$\begin{pmatrix} \Delta\overline{X} \\ \Delta\overline{Y} \\ \Delta\overline{Z} \end{pmatrix} = \begin{pmatrix} 0 & -m\cdot\Delta T & -n\cdot\Delta T \\ m\cdot\Delta T & 0 & 0 \\ n\cdot\Delta T & 0 & 0 \end{pmatrix} \cdot \begin{pmatrix} \overline{X}_r \\ \overline{Y}_r \\ \overline{Z}_r \end{pmatrix} = \begin{pmatrix} -\overline{Y}_r \cdot m\cdot\Delta T - \overline{Z}_r \cdot n\cdot\Delta T \\ \overline{X}_r \cdot m\cdot\Delta T \\ \overline{X}_r \cdot n\cdot\Delta T \end{pmatrix} . \qquad (4.4\text{-}14/2)$$

Ersetzt man schließlich die cartesischen Koordinaten der beiden Vektoren links und rechts des Gleichheitszeichens gemäß (3.1-4) und (3.1-2) durch ihre Polarkoordinaten,

$$(4.4\text{-}14/2)$$

$$\begin{pmatrix} -\sin\alpha_r\cdot\cos\delta_r\cdot\Delta\overline{\alpha} - \cos\alpha_r\cdot\sin\delta_r\cdot\Delta\overline{\delta} \\ \cos\alpha_r\cdot\cos\delta_r\cdot\Delta\overline{\alpha} - \sin\alpha_r\cdot\sin\delta_r\cdot\Delta\overline{\delta} \\ \cos\delta_r\cdot\Delta\overline{\delta} \end{pmatrix} = \begin{pmatrix} -\sin\alpha_r\cdot\cos\delta_r\cdot m\cdot\Delta T - \sin\delta_r\cdot n\cdot\Delta T \\ \cos\alpha_r\cdot\cos\delta_r\cdot m\cdot\Delta T \\ \cos\alpha_r\cdot\cos\delta_r\cdot n\cdot\Delta T \end{pmatrix} ,$$

so findet man aus der letzten und vorletzten Zeile dieser Gleichung für die Änderung der mittleren Deklination und der mittleren Rektaszension als Folge der Präzession:

$$\begin{aligned} \Delta\,\overline{\delta}_{\text{Präz}} &= \cos\alpha_{\text{r}}\cdot n\cdot\Delta T\,; \\ \Delta\,\overline{\alpha}_{\text{Präz}} &= (m+\sin\alpha_{\text{r}}\cdot\tan\delta_{\text{r}}\cdot n)\cdot\Delta T\,. \end{aligned} \tag{4.4-14/3}$$

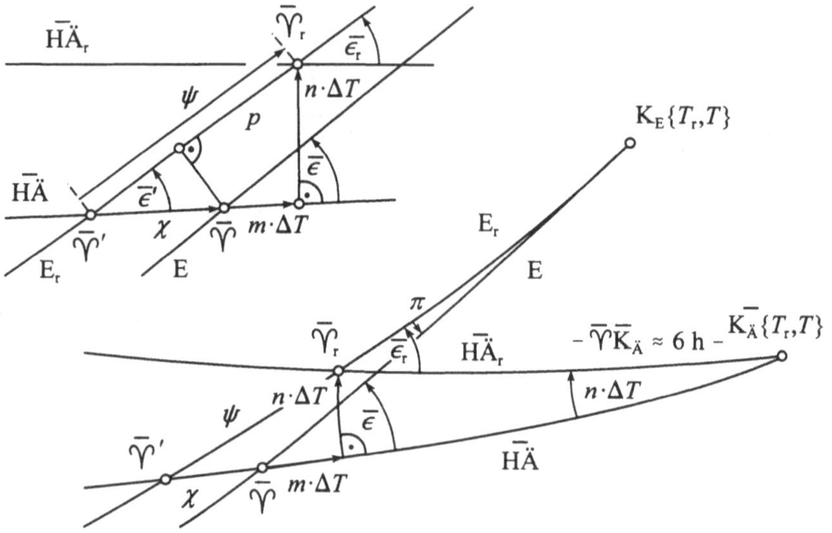

Bild 4.4-4: Wanderung des Frühlingsäquinoktiums als Folge der Allgemeinen Präzession (differentielle Betrachtung: $\Delta T \le$ ½ Jahr);

$m\cdot\Delta T$ = Akkumulierte Allgemeine Präzession in Rektaszension
$n\cdot\Delta T$ = Akkumulierte Allgemeine Präzession in Deklination
$\psi = \dot{\psi}\cdot\Delta T$ = Akkumulierte Lunisolarpräzession in Ekliptikaler Länge
$\chi = \dot{\chi}\cdot\Delta T$ = Akkumulierte Planetarische Präzession in Rektaszension
$\pi = \dot{\pi}\cdot\Delta T$ = Akkumulierte Neigungsänderung der Ekliptik

Mit diesen zwei Gleichungen kann man Rektaszension und Deklination einer Bezugsepoche T_{r} auf einen nicht allzu entfernten Zeitpunkt T (z.B. $\Delta T \le$ ½ Jahr) umrechnen:

$$\begin{aligned} \overline{\alpha} &= \overline{\alpha}_{\text{r}} + \Delta\,\overline{\alpha}_{\text{Präz}}\,; \\ \overline{\delta} &= \overline{\delta}_{\text{r}} + \Delta\,\overline{\delta}_{\text{Präz}}\,. \end{aligned} \tag{4.4-14/4}$$

m und *n* sind im *Astronomical Almanac* – anders als in (4.4-13/2), das die gesuchten Größen in der Einheit »"/JJh« liefert – in der Einheit »°/Jahr« angegeben. Man erhält $\Delta\,\overline{\delta}_{\text{Präz}}$ und $\Delta\,\overline{\alpha}_{\text{Präz}}$ aus (4.4-14/3) daher in »°«, wenn ΔT in der Einheit

»Julianisches Jahr« (JJ) = 365,25 Tage eingeführt wird. Zur bequemen Umrechnung der meist in »Tagen« gegebenen Zeitdifferenz in die Einheit »JJ« ist im erwähnten Jahrbuch auf den Seiten B24-B31 ΔT für jeden Tag des Jahres in der letztgenannten Einheit angegeben. Z.B. entspricht

$$T = 10.01.1994,\ 0{:}00\,\text{Uhr TT} = \text{JED}\,2449362.5,$$

wenn es auf die Jahresmitte

$$T_r = \text{J}\,1994{,}5 = 02.07.1994,\ 15{:}00\,\text{Uhr TT} = \text{JED}\,2449536.125$$

bezogen wird, einem $\Delta T = T - T_r = -173{,}625$ Tage $= -0{,}4754$ JJ.

Zwischen den Parametern der Allgemeinen Präzession p, $m \cdot \Delta T$, $n \cdot \Delta T$ auf der einen und den entsprechenden Größen der Lunisolar- und der Planetarischen Präzession ψ und χ auf der anderen Seite bestehen, wenn sie nur über einen kurzen Zeitraum (z.B. ≤ ½ Jahr) akkumuliert werden, die folgenden differentiellen Beziehungen, die unmittelbar aus der oberen Skizze von Bild 4.4-4 abgelesen werden können:

$$p = \psi - \chi \cdot \cos \epsilon; \qquad (4.4\text{-}15/1)$$

$$m \cdot \Delta T = \psi \cdot \cos \epsilon - \chi; \qquad (4.4\text{-}15/2)$$

$$n \cdot \Delta T = \psi \cdot \sin \epsilon. \qquad (4.4\text{-}15/3)$$

In Bild 4.4-5 sind die in (4.4-14/3) und (4.4-14/4) beschriebenen Beziehungen zwischen $\bar{\alpha}$, $\bar{\delta}$ und $\bar{\alpha}_r$, $\bar{\delta}_r$ anschaulich dargestellt. Auf eine trigonometrische Ableitung der oben bereits auf vektoriellen Weg entwickelten Formeln anhand dieses Bildes, wie man sie z.B. bei Mueller (1969, 67) oder Sigl (1975, 56) findet, wird unter Verweis auf die genannten Quellen verzichtet.

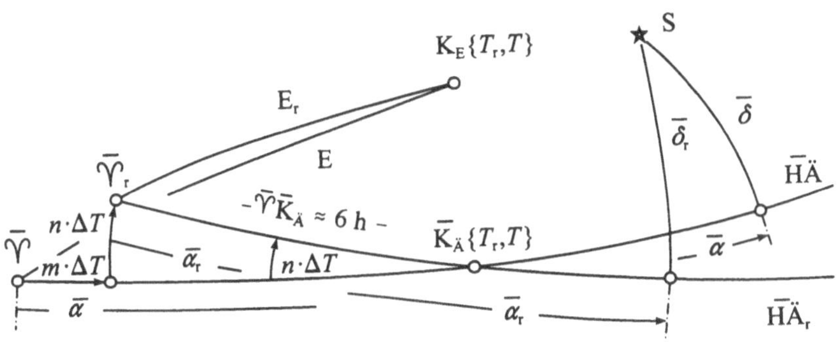

Bild 4.4-5: Änderung der Sternkoordinaten als Folge der Allgemeinen Präzession (Differentielle Betrachtung)

4.4.5 Astronomische Nutation (Nutation)

Die unter dem Begriff der Astronomischen Nutation (Nutation) zusammengefaßten periodischen Anteile der Präzession des Himmelsnordpols (HNP) lassen sich am einfachsten durch Winkelablagen $\Delta\psi\cdot\sin\bar{\epsilon}$ und $\Delta\epsilon$ relativ zum Mittleren Himmelsnordpol (HNP_m) beschreiben. Die Beschreibung erfolgt nach Maßgabe von Bild 4.4-6 durch Projektion des Abstandes HNP_m-HNP auf die Spur des HNP_m ($= \Delta\psi\cdot\sin\bar{\epsilon}$) und auf die dazu senkrechte Richtung ($= \Delta\epsilon$). Die Auslenkungen des Pols korrespondieren, da Pol und Himmelsäquator (HÄ) eine kinematische Einheit bilden, mit entsprechenden Auslenkungen $\Delta\psi$ des Wahren Frühlingsäquinoktiums (♈) gegenüber dem Mittleren Frühlingsäquinoktium ($♈_m$) auf der Ekliptik und mit entsprechenden Neigungsänderungen des HÄ gegenüber der Ekliptik um $\Delta\epsilon$. In Bild 4.4-7 sind die das Frühlingsäquinoktium und den Himmelsäquator betreffenden nutationsbedingten Auslenkungen besonders hervorgehoben. Außerdem sind im unteren Teil des Bildes die mittleren und die wahren äquatorialen Sternkoordinaten gegenübergestellt, deren gegenseitige Beziehung noch gesondert zu erläutern sein wird.

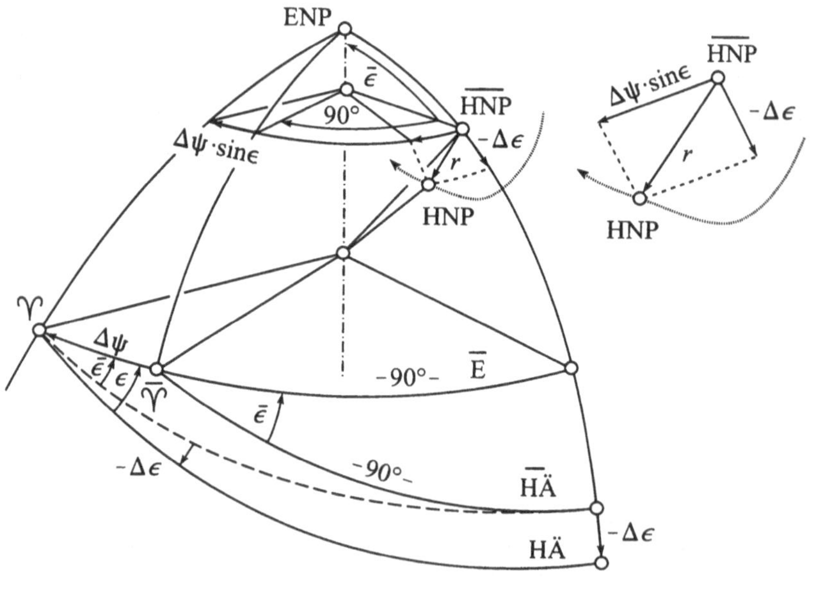

Bild 4.4-6: Nutation in Ekliptikaler Länge ($\Delta\psi$) und Ekliptikschiefe ($\Delta\epsilon$): Periodische Bewegungen des Frühlingsäquinoktiums und des Himmelsäquators

$\Delta\psi$ und $\Delta\epsilon$ hängen im wesentlichen von der Konstellation Erde-Mond-Sonne ab. Zu ihrer Quantifizierung lassen sich wirkungsvoll die folgenden von Charles Eugène Delaunay entwickelten zeitlich veränderlichen *Fundamentalargumente* (Seidelmann, 1992, 114) einsetzen (*Delaunay-Variable*), die einige Richtungen beschreiben, die für die von den beiden Himmelskörpern auf die Erde einwirkenden Kräfte von Bedeutung sind.

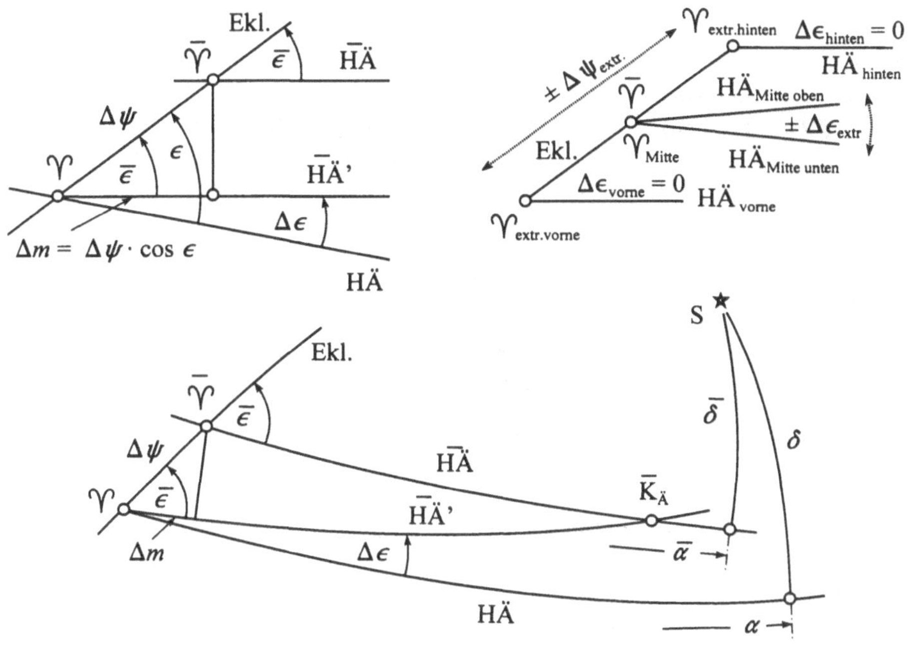

Bild 4.4-7: Nutation in Ekliptikaler Länge ($\Delta\psi$) und in Ekliptikschiefe ($\Delta\epsilon$): Periodische Bewegungen des Frühlingsäquinoktiums und des Himmelsäquators – Beziehung zwischen mittleren und wahren äquatorialen Sternkoordinaten

Mittlere Anomalie des Mondes (= Mittlere ekliptikale Länge des Mondes minus Mittlere ekliptikale Länge des Perigäums der Mondbahn):

$$l = 134°57'46{,}733'' + (1325^{v}198°52'02{,}633''/\mathrm{JJh})\cdot(T-T_0) + (31{,}310''/\mathrm{JJh}^2)\cdot(T-T_0)^2 + (0{,}064''/\mathrm{JJh})\cdot(T-T_0)^3; \quad (4.4\text{-}16/1)$$

(Periode: 1 Anomalistischer Monat
$\approx 360°\cdot 36525\,\mathrm{d} / (1325^{v}198°52'02{,}633'') = 27\mathrm{d}\ 13\mathrm{h}\ 19\mathrm{min}$).

Mittlere Anomalie der Sonne (= Mittlere Ekliptikale Länge der Sonne minus Mittlere ekliptikale Länge des Perigäums der Sonnenbahn):

$$l' = 357°31'39{,}804'' + (99^{v}359°03'01{,}224''/\mathrm{JJh})\cdot(T-T_0) - (0{,}557''/\mathrm{JJh}^2)\cdot(T-T_0)^2 - (0{,}012''/\mathrm{JJh})\cdot(T-T_0)^3; \quad (4.4\text{-}16/2)$$

(Periode: 1 Anomalistisches Jahr
$= 360°\cdot 36525\,\mathrm{d} / (99^{v}359°03'01{,}224'') = 365\mathrm{d}\ 06\mathrm{h}\ 14\mathrm{min}$).

Differenz zwischen der Ekliptikalen Länge des aufsteigenden Knotens der mittleren Mondbahn und der Mittleren ekliptikalen Länge des Mondes:

$$F = 93°16'18{,}877'' + (1342^{v}82°01'03{,}137''/\mathrm{JJh})\cdot(T-T_0) - (13{,}257''/\mathrm{JJh}^2)\cdot(T-T_0)^2 + (0{,}011''/\mathrm{JJh})\cdot(T-T_0)^3; \quad (4.4\text{-}16/3)$$

(Periode: 1 Drakonitischer Monat

$\approx 360°\cdot 36525\mathrm{d} / (1342^{v}82°01'03{,}137'') = 27\mathrm{d}\ 05\mathrm{h}\ 06\mathrm{min}$).

Mittlere Elongation der des Mondes von der Sonne (= Mittlere Ekliptikale Länge des Mondes minus Mittlere ekliptikale Länge der Sonne):

$$D = 297°51'01{,}307'' + (1236^{v}307°06'41{,}328''/\mathrm{JJh})\cdot(T-T_0) - (6{,}891''/\mathrm{JJh}^2)\cdot(T-T_0)^2 + (0{,}019''/\mathrm{JJh})\cdot(T-T_0)^3; \quad (4.4\text{-}16/4)$$

(Periode: 1 Synodischer Monat

$\approx 360°\cdot 36525\mathrm{d} / (1236^{v}307°06'41{,}328'') = 29\mathrm{d}\ 12\mathrm{h}\ 44\mathrm{min}$).

Ekliptikale Länge des aufsteigenden Knotens der mittleren Mondbahn auf der Ekliptik:

$$\Omega = 135°02'40{,}280'' - (5^{v}134°08'10{,}539''/\mathrm{JJh})\cdot(T-T_0) + (7{,}455''/\mathrm{JJh}^2)\cdot(T-T_0)^2 + (0{,}008''/\mathrm{JJh})\cdot(T-T_0)^3; \quad (4.4\text{-}16/5)$$

(Periode: 6798d 09h 12min $\approx 360°\cdot 36525\mathrm{d} / (5^{v}134°08'10{,}539'')$

$6798{,}4\mathrm{d} = 18{,}6$ JJ).

Auch in diesen Gleichungen bezeichnet das Argument $T-T_0$ das seit der Standardepoche T_0 = J2000.0 = JED 2451 545.0 verstrichene Zeitintervall. Das hochgestellte v steht als Einheitenzeichen des Vollkreises = 360°; z.B. bedeutet in (4.4-16/5): $5^{v}134° = 5\cdot 360° + 134° = 1934°$.

Der Zusammenhang zwischen den Fundamentalargumenten und den Nutationsparametern $\Delta\psi$ und $\Delta\epsilon$ läßt sich durch die folgenden *Fourierreihen* beschreiben:

$$\Delta\psi = \sum_{i=1}^{106} \Delta\psi_i = \sum_{i=1}^{106} \left(a_{0i} + a_{1i}\cdot(T - T_0)\right)\cdot \sin L; \quad (4.4\text{-}17/1)$$

$$\Delta\epsilon = \sum_{i=1}^{106} \Delta\epsilon_i = \sum_{i=1}^{106} \left(b_{0i} + b_{1i}\cdot(T - T_0)\right)\cdot \cos L, \quad (4.4\text{-}17/2)$$

mit

$$L = k_{1i}\cdot l + k_{2i}\cdot l' + k_{3i}\cdot F + k_{4i}\cdot D + k_{5i}\cdot \Omega.$$

Kennzeichnend für diesen Reihentyp ist die Darstellung der Reihenglieder durch den Sinus und den Cosinus eines Winkels, dessen zeitliche Frequenz ein ganzzahliges Vielfaches einer Grundfrequenz ist, multipliziert mit der jeweiligen Amplitude. Im vorliegenden Fall gibt es nicht nur eine, sondern fünf voneinander unabhängige Grundfrequenzen $l\{t\}$, $l'\{t\}$, $F\{t\}$, $D\{t\}$, $\Omega\{t\}$, die miteinander eine ganzzahlige Linearkombination $L\{t\}$ bilden.

In (4.4-17) - siehe hierzu auch Tabelle 4.4-3 - nehmen die Koeffizienten k_{ji} die Werte −4, −2, −1, 0, 1, 2, 4 an. Sowohl die Grundfrequenzen als auch die Amplituden (= Faktoren vor dem Sinus und dem Cosinus) sind, wie man an den Gliedern mit $(T-T_0)^2$ und $(T-T_0)^3$ in (4.4-16) und an den Gliedern mit $(T-T_0)$ bei a_{1i} und b_{1i} in (4.4-17) erkennen kann, langfristigen Änderungen unterworfen.

Interpretiert man die kleinen Winkelablagen $\Delta\psi_i \cdot \sin\bar{\epsilon}$ und $\Delta\epsilon_i$ als ebene cartesische Koordinaten auf einer im HNP_m an die Himmelskugel angelegten Tangentialebene, so beschreibt jedes einzelne Koordinatenpaar die Bewegung eines Punktes »HNP_i« relativ zum HNP_m. Die einzelne Bewegung vollzieht sich auf einer Ellipse mit den Halbachsen $\approx a_{0i}\cdot\sin\bar{\epsilon}$ und $\approx b_{0i}$ und mit einer von der Änderungsrate $\dot{L}_i = k_{1i}\cdot\dot{l}+k_{2i}\cdot\dot{l}'+k_{3i}\cdot\dot{F}+k_{4i}\cdot\dot{D}+k_{5i}\cdot\dot{\Omega}$ abhängigen Periode $T_i = 360°/\dot{L}_i$. Der Drehsinn dieser Bewegung kann - je nach Vorzeichen und Wirkung der Koeffizienten k - dem Drehsinn der Erde gleichgerichtet (prograd) oder entgegengerichtet (retrograd) sein. Die Bewegung des CEP relativ zum CEP_m findet man durch Überlagerung der Bewegungen der 106 CEP_i.

Die Amplituden $a_{0i} + a_{1i}\cdot(T-T_0)$ und $b_{0i} + b_{1i}\cdot(T-T_0)$ wurden in einem von Wahr (1981) unter der Annahme einer ellipsoidischen, elastischen und ozeanlosen Erde entwickelten und von der Internationalen Astronomischen Union (IAU) 1980 beschlossenen Nutationsmodell festgelegt. Das Modell ist auf das *Geophysikalische Erdmodell* »1066 A« von Gilbert und Dziewonski gestützt (Bauersima, 1992, 9), in dem folgenden geophysikalischen Einflüssen Rechnung getragen wird:

- eines festen inneren Erdkerns,
- eines flüssigen inneren Erdkerns (die Amplituden der Nutation des Erdmantels werden dadurch mit dem Effekt der »Nutation des freien Kerns« - »Free Core Nutation« beaufschlagt) und
- einer aus seismischen Beobachtungen abgeleiteten Verteilung elastischer Parameter innerhalb der Erde.

Die Amplitudenanteile a_{0i}, a_{1i}, b_{0i}, b_{1i} und die Faktoren k_{1i} bis k_{5i} bei den *Delaunayschen Fundamentalargumente* l, l', F, D, Ω sind in der nachfolgenden Tabelle 4.4-3 zusammengestellt. Wie man sieht, enthält das Modell 106 Terme in der $\Delta\psi$- und 64 Terme ($\neq$0,00000″) in der $\Delta\epsilon$-Reihe. Die Perioden der elliptischen Einzelbewegungen liegen zwischen 18,6 Jahren und 4,7 Tagen. Da der Gegenstand der vorliegenden kinematischen Beschreibung der CEP ist, der gemäß 3.5.2 im Inertialsystem, im $\langle$FrÄ$\rangle_m$- und im$\langle$FrE$\rangle_m$-System keine tages- und quasi-tagesperiodischen Schwingungen ausführt, sind die Funktionen (4.4-17/1) und (4.4-17/2) frei von derartigen Schwingungen.

Tabelle 4.4-3: Die Koeffizienten des IAU-Nutationsmodells von 1980

i	k_{1i}	k_{2i}	k_{3i}	k_{4i}	k_{5i}	Periode [Tage]	a_{0i} $[10^{-4''}]$	a_{1i} $[10^{-4''}$/JJh]	b_{0i} $[10^{-4''}]$	b_{1i} $[10^{-4''}$/JJh]
1	0	0	0	0	1	6798,4	-171996	-174,2	92025	8,9
2	0	0	0	0	2	3399,2	2062	0,2	-895	0,5
3	-2	0	2	0	1	1305,5	46	0,0	-24	0,0
4	2	0	-2	0	0	1095,2	11	0,0	0	0,0
5	-2	0	2	0	1	1615,7	-3	0,0	1	0,0
6	1	-1	0	-1	0	3232,9	-3	0,0	0	0,0
7	0	-2	2	-2	1	6786,3	-2	0,0	1	0,0
8	2	0	-2	0	1	943,2	1	0,0	0	0,0
9	0	0	2	-2	2	182,6	-13187	-1,6	5736	-3,1
10	0	1	0	0	0	365,3	1426	-3,4	54	-0,1
11	0	1	2	-2	2	121,7	-517	1,2	224	-0,6
12	0	-1	2	-2	2	365,2	217	-0,5	-95	0,3
13	0	0	2	-2	1	177,8	129	0,1	-70	0,0
14	2	0	0	-2	0	205,9	48	0,0	1	0,0
15	0	0	2	-2	0	173,3	-22	0,0	0	0,0
16	0	2	0	0	0	182,6	17	-0,1	0	0,0
17	0	1	0	0	1	386,0	-15	0,0	9	0,0
18	0	2	2	-2	2	91,3	-16	0,1	7	0,0
19	0	-1	0	0	1	346,6	-12	0,0	6	0,0
20	-2	0	0	2	1	199,8	-6	0,0	3	0,0
21	0	-1	2	-2	1	346,6	-5	0,0	3	0,0
22	2	0	0	-2	1	212,3	4	0,0	-2	0,0
23	0	1	2	-2	1	119,6	4	0,0	-2	0,0
24	1	0	0	-1	0	411,8	-4	0,0	0	0,0
25	2	1	0	-2	0	131,7	1	0,0	0	0,0
26	0	0	-2	2	1	169,0	1	0,0	0	0,0
27	0	1	-2	2	0	329,8	-1	0,0	0	0,0
28	0	1	0	0	2	409,2	1	0,0	0	0,0
29	-1	0	0	1	1	388,3	1	0,0	0	0,0
30	0	1	2	-2	0	117,5	-1	0,0	0	0,0
31	0	0	2	0	2	13,7	-2274	-0,2	977	-0,5
32	1	0	0	0	0	27,6	712	0,1	-7	0,0
33	0	0	2	0	1	13,6	-386	-0,4	200	0,0
34	1	0	2	0	2	9,1	-301	0,0	129	-0,1
35	1	0	0	-2	0	31,8	-158	0,0	-1	0,0
36	-1	0	2	0	2	27,1	123	0,0	-53	0,0
37	0	0	0	2	0	14,8	63	0,0	-2	0,0
38	1	0	0	0	1	27,7	63	0,1	-33	0,0
39	-1	0	0	0	1	27,4	-58	-0,1	32	0,0
40	-1	0	2	2	2	9,6	-59	0,0	26	0,0

i	k_{1i}	k_{2i}	k_{3i}	k_{4i}	k_{5i}	Periode [Tage]	a_{0i} [10^{-4}″]	a_{1i} [10^{-4}″/JJh]	b_{0i} [10^{-4}″]	b_{1i} [10^{-4}″/JJh]
41	1	0	2	0	1	9,1	-51	0,0	27	0,0
42	0	0	2	2	2	7,1	-38	0,0	16	0,0
43	2	0	0	0	0	13,8	29	0,0	-1	0,0
44	1	0	2	-2	2	23,9	29	0,0	-12	0,0
45	2	0	2	0	2	6,9	-31	0,0	13	0,0
46	0	0	2	0	0	13,6	26	0,0	-1	0,0
47	-1	0	2	0	1	27,0	21	0,0	-10	0,0
48	-1	0	0	2	1	32,0	16	0,0	-8	0,0
49	1	0	0	-2	1	31,7	-13	0,0	7	0,0
50	-1	0	2	2	1	9,5	-10	0,0	5	0,0
51	1	1	0	-2	0	34,8	-7	0,0	0	0,0
52	0	1	2	0	2	13,2	7	0,0	-3	0,0
53	0	-1	2	0	2	14,2	-7	0,0	3	0,0
54	1	0	2	2	2	5,6	-8	0,0	3	0,0
55	1	0	0	2	0	9,6	6	0,0	0	0,0
56	2	0	2	-2	2	12,8	6	0,0	-3	0,0
57	0	0	0	2	1	14,8	-6	0,0	3	0,0
58	0	0	2	2	1	7,1	-7	0,0	3	0,0
59	1	0	2	-2	1	23,9	6	0,0	-3	0,0
60	0	0	0	-2	1	14,7	-5	0,0	3	0,0
61	1	-1	0	0	0	29,8	5	0,0	0	0,0
62	2	0	2	0	1	6,9	-5	0,0	3	0,0
63	0	1	0	-2	0	15,4	-4	0,0	0	0,0
64	1	0	-2	0	0	26,9	4	0,0	0	0,0
65	0	0	0	1	0	29,5	-4	0,0	0	0,0
66	1	1	0	0	0	25,6	-3	0,0	0	0,0
67	1	0	2	0	2	9,1	3	0,0	0	0,0
68	1	-1	2	0	2	9,4	-3	0,0	1	0,0
69	-1	-1	2	2	2	9,8	-3	0,0	1	0,0
70	-2	0	0	0	1	13,7	-2	0,0	1	0,0
71	3	0	2	0	2	5,5	-3	0,0	1	0,0
72	0	-1	2	2	2	7,2	-3	0,0	1	0,0
73	1	1	2	0	2	8,9	2	0,0	-1	0,0
74	-1	0	2	-2	1	32,6	-2	0,0	1	0,0
75	2	0	0	0	1	13,8	2	0,0	-1	0,0
76	1	0	0	0	2	27,8	-2	0,0	1	0,0
77	3	0	0	0	0	9,2	2	0,0	0	0,0
78	0	0	2	1	2	9,3	2	0,0	-1	0,0
79	-1	0	0	0	2	27,3	1	0,0	-1	0,0
80	1	0	0	-4	0	10,1	-1	0,0	0	0,0
81	-2	0	2	2	2	14,6	1	0,0	-1	0,0
82	-1	0	2	4	2	5,8	-2	0,0	1	0,0
83	2	0	0	-4	0	15,9	-1	0,0	0	0,0

i	k_{1i}	k_{2i}	k_{3i}	k_{4i}	k_{5i}	Periode [Tage]	a_{0i} [10^{-4}″]	a_{1i} [10^{-4}″/JJh]	b_{0i} [10^{-4}″]	b_{1i} [10^{-4}″/JJh]
84	1	1	2	-2	2	22,5	1	0,0	-1	0,0
85	1	0	2	2	1	5,6	-1	0,0	1	0,0
86	-2	0	2	4	2	7,3	-1	0,0	1	0,0
87	-1	0	4	0	2	9,1	1	0,0	0	0,0
88	1	-1	0	-2	0	29,3	1	0,0	0	0,0
89	2	0	2	-2	1	12,8	1	0,0	-1	0,0
90	2	0	2	2	2	4,7	-1	0,0	0	0,0
91	1	0	0	2	1	9,6	-1	0,0	0	0,0
92	0	0	4	-2	2	12,7	1	0,0	0	0,0
93	3	0	2	-2	2	8,7	1	0,0	0	0,0
94	1	0	2	-2	0	23,8	-1	0,0	0	0,0
95	0	1	2	0	1	13,1	1	0,0	0	0,0
96	-1	-1	0	2	1	35,0	1	0,0	0	0,0
97	0	0	-2	0	1	13,6	-1	0,0	0	0,0
98	0	0	2	-1	2	25,4	-1	0,0	0	0,0
99	0	1	0	2	0	14,2	-1	0,0	0	0,0
100	1	0	-2	-2	0	9,5	-1	0,0	0	0,0
101	0	-1	2	0	1	14,2	-1	0,0	0	0,0
102	1	1	0	-2	1	34,7	-1	0,0	0	0,0
103	1	0	-2	2	0	32,8	-1	0,0	0	0,0
104	2	0	0	2	0	7,1	1	0,0	0	0,0
105	0	0	2	4	2	4,8	-1	0,0	0	0,0
106	0	1	0	1	0	27,3	1	0,0	0	0,0

Amplituden über 0,1″ haben nur die Terme $i = 1, 2, 9, 10, 31$. Bei Beschränkung auf dieses Genauigkeitsniveau und gleichzeitiger Beschränkung der Anwendung der Formel auf den Zeitraum J1990.0 $\leq T \leq$ J2010.0 ($|T-T_0| \leq 0{,}1$ JJh) erhält man aus (4.4-17) unter Substitution der in Tabelle 4.4-3 niedergelegten Konstanten:

$$\begin{aligned}\Delta\psi = &- 17{,}20''\cdot \sin \Omega \\ &+ 0{,}21''\cdot \sin\{2\cdot\Omega\} \\ &- 1{,}32''\cdot \sin\{2\cdot F - 2\cdot D + 2\cdot\Omega\} \\ &+ 0{,}14''\cdot \sin l' \\ &- 0{,}23''\cdot \sin\{2\cdot \mathrm{F} + 2\cdot\Omega\};\end{aligned} \qquad (4.4\text{-}18/1)$$

$$\begin{aligned}\Delta\epsilon = &\ \ \ 9{,}20''\cdot \cos \Omega \\ &- 0{,}09''\cdot \cos\{2\cdot\Omega\} \\ &+ 0{,}57''\cdot \cos\{2\cdot F - 2\cdot D + 2\cdot\Omega\} \\ &+ 0{,}01''\cdot \cos l' \\ &+ 0{,}10''\cdot \cos\{2\cdot \mathrm{F} + 2\cdot\Omega\}.\end{aligned} \qquad (4.4\text{-}18/2)$$

Die beiden für i = 1 auftretenden, alle anderen überragenden Glieder der Entwicklung, die nunmehr wieder mit voller Stellenzahl angegeben werden, nämlich

$$\Delta\psi_1 = (-17{,}1996'' + (0{,}01742''/\text{JJh})\cdot(T-T_0))\cdot\sin\Omega \qquad (4.4\text{-}18/3)$$

und

$$\Delta\epsilon_1 = 9{,}2025'' + (0{,}00089''/\text{JJh})\cdot(T-T_0))\cdot\cos\Omega. \qquad (4.4\text{-}18/4)$$

beschreiben die in Bild 2.5-3 hervorgehobene *Haupt-Nutationsellipse* mit den für die Standardepoche T_0 = J2000.0 gültigen Halbachsen:

$$a_{\text{Nut1}} = \text{b}_{01} = \Delta\epsilon_{\max} = 9{,}2025''\ (= \textit{Nutationskonstante})$$

und

$$b_{\text{Nut1}} = \text{a}_{01}\cdot\sin\epsilon = \Delta\psi_{\max}\cdot\sin\epsilon = 17{,}1996''\cdot\sin 23{,}439° = 6{,}8416''. \qquad (4.4\text{-}19)$$

4.4.6 Änderung der Sternkoordinaten unter dem Einfluß der Nutation

Die durch die Nutation bewirkte Auslenkung des Wahren Frühlingsäquinoktiums bezogen auf das Mittlere Äquinoktium ($\Delta\psi$) und die Neigungsänderung des Wahren Himmelsäquators bezogen auf den Mittleren Himmelsäquator ($\Delta\epsilon$) läßt sich durch eine Drehmatrix beschreiben, die sich auf die drei in Tabelle 4.4-4 angegebenen Eulerschen Einzeldrehungen stützt:

$$\boldsymbol{N} = \boldsymbol{R}_1\{-\bar{\epsilon}-\Delta\epsilon\}\cdot\boldsymbol{R}_3\{-\Delta\psi\}\cdot\boldsymbol{R}_1\{\bar{\epsilon}\}. \qquad (4.4\text{-}20/1)$$

Tabelle 4.4-4: Elementare Eulersche Drehungen für den Übergang vom Mittleren auf das Wahre Äquatorsystem als Folge der Nutation

	Drehachse	Drehwinkel	Bedeutung des Drehwinkels
1	$X_{Ä} \equiv X_E \equiv O \rightarrow mFr_0$	$\bar{\epsilon}$	Mittlere Schiefe der Ekliptik
2	Z_E	$-\Delta\psi$	Nutation in Ekliptikaler Länge
3	$X_{Ä} \equiv X_E \equiv O \rightarrow mFr$	$-\bar{\epsilon}-\Delta\epsilon$	Mittlere Schiefe der Ekliptik plus Nutation in Schiefe

Da die Nutationsparameter $\Delta\psi$ und $\Delta\epsilon$ stets kleiner als 20″ sind, können sie als differentielle Größen behandelt werden. Damit kann $\boldsymbol{N}$ aus folgenden Einzelmatrizen zusammengesetzt werden:

$$\boldsymbol{N} = \begin{pmatrix} 1 & 0 & 0 \\ 0 & \cos\{\bar{\epsilon}+\Delta\epsilon\} & -\sin\{\bar{\epsilon}+\Delta\epsilon\} \\ 0 & \sin\{\bar{\epsilon}+\Delta\epsilon\} & \cos\{\bar{\epsilon}+\Delta\epsilon\} \end{pmatrix}\cdot\begin{pmatrix} 1 & -\Delta\psi & 0 \\ \Delta\psi & 1 & 0 \\ 0 & 0 & 1 \end{pmatrix}\cdot\begin{pmatrix} 1 & 0 & 0 \\ 0 & \cos\bar{\epsilon} & \sin\bar{\epsilon} \\ 0 & -\sin\bar{\epsilon} & \cos\bar{\epsilon} \end{pmatrix}. \qquad (4.4\text{-}20/2)$$

Siehe hierzu auch die Bilder 4.4-6 und 4.4-7.

Das Produkt dieser Matrizen ergibt, wenn man voraussetzungsgemäß auf Glieder höherer Ordnung verzichtet:

$$N = \begin{pmatrix} 1 & -\Delta\psi\cdot\cos\bar{\epsilon} & -\Delta\psi\cdot\sin\bar{\epsilon} \\ \Delta\psi\cdot\cos\bar{\epsilon} & 1 & -\Delta\epsilon \\ \Delta\psi\cdot\sin\bar{\epsilon} & \Delta\epsilon & 1 \end{pmatrix}. \tag{4.4-20/3}$$

Für den Übergang von den Mittleren Sternkoordinaten $\bar{X}$ zu den Wahren Sternkoordinaten X, der durch die in Tabelle 4.4-4 beschriebenen Argumente $\bar{\epsilon}$, $-\Delta\psi$ und $-\bar{\epsilon}-\Delta\epsilon$ der Nutationsmatrix (4.4-20/3) bestimmt ist, gilt

$$X = N\cdot\bar{X}. \tag{4.4-21/1}$$

In Komponentenschreibweise erhält man daraus, wenn gleichzeitig die cartesischen Koordinaten durch Polarkoordinaten (α, $\bar{\alpha}$, δ, $\bar{\delta}$) ersetzt werden:

$$\begin{pmatrix} \cos\alpha\cdot\cos\delta \\ \sin\alpha\cdot\cos\delta \\ \sin\delta \end{pmatrix} = \begin{pmatrix} 1 & -\Delta\psi\cdot\cos\bar{\epsilon} & -\Delta\psi\cdot\sin\bar{\epsilon} \\ \Delta\psi\cdot\cos\bar{\epsilon} & 1 & -\Delta\epsilon \\ \Delta\psi\cdot\sin\bar{\epsilon} & \Delta\epsilon & 1 \end{pmatrix} \cdot \begin{pmatrix} \cos\bar{\alpha}\cdot\cos\bar{\delta} \\ \sin\bar{\alpha}\cdot\cos\bar{\delta} \\ \sin\bar{\delta} \end{pmatrix}. \tag{4.4-21/2}$$

Nach Ausführung der Multiplikation $N\cdot\bar{X}$ auf der rechten Seite von (4.4-21/2) erhält man die folgenden drei Gleichungen:

$$\begin{aligned} \cos\alpha\cdot\cos\delta &= \cos\bar{\alpha}\cdot\cos\bar{\delta} - (\sin\bar{\alpha}\cdot\cos\bar{\delta}\cdot\cos\bar{\epsilon} + \sin\bar{\delta}\cdot\sin\bar{\epsilon})\cdot\Delta\psi; \\ \sin\alpha\cdot\cos\delta &= \sin\bar{\alpha}\cdot\cos\bar{\delta} + \cos\bar{\alpha}\cdot\cos\bar{\delta}\cdot\cos\bar{\epsilon}\cdot\Delta\psi - \sin\bar{\delta}\cdot\Delta\epsilon; \\ \sin\delta &= \sin\bar{\delta} + \cos\bar{\alpha}\cdot\cos\bar{\delta}\cdot\sin\bar{\epsilon}\cdot\Delta\psi + \sin\bar{\alpha}\cdot\cos\bar{\delta}\cdot\Delta\epsilon. \end{aligned} \tag{4.4-21/3}$$

Die gesuchten Richtungswinkel $\alpha_{\text{Nut}} := \alpha$ und $\delta_{\text{Nut}} := \delta$ ergeben sich aus dem Quotienten der zweiten und der ersten Gleichung von (4.4-21/3) ($= \tan\alpha$) und aus der dritten Gleichung ($= \sin\delta$):

$$\begin{aligned} \alpha_{\text{Nut}} &:= \arctan\frac{\sin\bar{\alpha}\cdot\cos\bar{\delta} + \cos\bar{\alpha}\cdot\cos\bar{\delta}\cdot\cos\bar{\epsilon}\cdot\Delta\psi - \sin\bar{\delta}\cdot\Delta\epsilon}{\cos\bar{\alpha}\cdot\cos\bar{\delta} - (\sin\bar{\alpha}\cdot\cos\bar{\delta}\cdot\cos\bar{\epsilon} + \sin\bar{\delta}\cdot\sin\bar{\epsilon})\cdot\Delta\psi} \ \text{mod.}\, 180°; \\ \delta_{\text{Nut}} &:= \arcsin\{\sin\bar{\delta} + \cos\bar{\alpha}\cdot\cos\bar{\delta}\cdot\sin\bar{\epsilon}\cdot\Delta\psi + \sin\bar{\alpha}\cdot\cos\bar{\delta}\cdot\Delta\epsilon\}. \end{aligned} \tag{4.4-21/4}$$

Für die Differenzen zwischen den Mittleren Koordinaten $\bar{X}$ und den Wahren Koordinaten X eines Sterns gilt:

$$\Delta \boldsymbol{X} = \boldsymbol{X} - \bar{\boldsymbol{X}} = \boldsymbol{N} \cdot \bar{\boldsymbol{X}} - \boldsymbol{I} \cdot \bar{\boldsymbol{X}} = (\boldsymbol{N} - \boldsymbol{I}) \cdot \bar{\boldsymbol{X}}. \qquad (4.4\text{-}22/1)$$

In Komponentenschreibweise, unter gleichzeitiger Substitution der cartesischen Koordinaten durch die Polarkoordinaten $\bar{\alpha}$ und $\bar{\delta}$ und Entwicklung des Vektors $\Delta\bar{X}$ nach $\Delta\alpha$ und $\Delta\delta$ lautet diese Beziehung:

$$\begin{pmatrix} -\sin\bar{\alpha}\cdot\cos\bar{\delta}\cdot\Delta\alpha - \cos\bar{\alpha}\cdot\sin\bar{\delta}\cdot\Delta\delta \\ \cos\bar{\alpha}\cdot\cos\bar{\delta}\cdot\Delta\alpha - \sin\bar{\alpha}\cdot\sin\bar{\delta}\cdot\Delta\delta \\ \cos\bar{\delta}\cdot\Delta\delta \end{pmatrix} \qquad (4.4\text{-}22/2)$$

$$= \begin{pmatrix} 0 & -\Delta\psi\cdot\cos\bar{\epsilon} & -\Delta\psi\cdot\sin\bar{\epsilon} \\ \Delta\psi\cdot\cos\bar{\epsilon} & 0 & -\Delta\epsilon \\ \Delta\psi\cdot\sin\bar{\epsilon} & \Delta\epsilon & 0 \end{pmatrix} \cdot \begin{pmatrix} \cos\bar{\alpha}\cdot\cos\bar{\delta} \\ \sin\bar{\alpha}\cdot\cos\bar{\delta} \\ \sin\bar{\delta} \end{pmatrix}$$

$$= \begin{pmatrix} -\sin\bar{\alpha}\cdot\cos\bar{\delta}\cdot\cos\bar{\epsilon}\cdot\Delta\psi - \sin\bar{\delta}\cdot\sin\bar{\epsilon}\cdot\Delta\psi \\ \cos\bar{\alpha}\cdot\cos\bar{\delta}\cdot\cos\bar{\epsilon}\cdot\Delta\psi - \sin\bar{\delta}\cdot\Delta\epsilon \\ \cos\bar{\alpha}\cdot\cos\bar{\delta}\cdot\sin\bar{\epsilon}\cdot\Delta\psi + \sin\bar{\alpha}\cdot\cos\bar{\delta}\cdot\Delta\epsilon \end{pmatrix}.$$

Aus der dritten und zweiten Zeile der beiden Vektoren links und rechts vom Gleichheitszeichen erhält man für $\Delta\delta_{\mathrm{Nut}} := \Delta\delta$ und $\Delta\alpha_{\mathrm{Nut}} := \Delta\alpha$:

$$\Delta\alpha_{\mathrm{Nut}} := (\sin\bar{\alpha}\cdot\tan\bar{\delta}\cdot\sin\bar{\epsilon} + \cos\bar{\epsilon})\cdot\Delta\psi - \cos\bar{\alpha}\cdot\tan\bar{\delta}\cdot\Delta\epsilon\,; \qquad (4.4\text{-}22/3)$$

$$\Delta\delta_{\mathrm{Nut}} := \cos\bar{\alpha}\cdot\sin\bar{\epsilon}\cdot\Delta\psi + \sin\bar{\alpha}\cdot\Delta\epsilon\,, \qquad (4.4\text{-}22/4)$$

bzw. für den Übergang von der Mittleren Rektaszension $\bar{\alpha}$ und Deklination $\bar{\delta}$ auf die entsprechenden wahren Werte:

$$\alpha_{\mathrm{Nut}} := \bar{\alpha} + \Delta\alpha_{\mathrm{Nut}}\,; \qquad (4.4\text{-}22/5)$$

$$\delta_{\mathrm{Nut}} := \bar{\delta} + \Delta\delta_{\mathrm{Nut}}\,. \qquad (4.4\text{-}22/6)$$

(vgl. auch Oppolzer, 1982, 245; Mueller, 1969, 74; Ramsayer, 1970, 27; Sigl, 1975, 60). Bei der Auswertung von (4.4-22/3) ist zu beachten, daß $\Delta\psi$ und $\Delta\epsilon$ in der Regel in der Einheit »″«, $\Delta\alpha_{\mathrm{Nut}}$ und α_{Nut} in der Einheit »s« gezählt werden. Man muß also, um bei dieser Vorgabe das Ergebnis in der gewünschten Einheit zu erhalten, die rechte Seite von (4.4-22/3) noch mit dem Umrechnungsfaktor $\rho_{''\to s}$ = (1/15)s/″ (1.4-12/2) erweitern.

Für Sterne, die auf dem Mittleren Himmelsäquator liegen, für die also $\bar{\delta}$ verschwindet, nimmt (4.4-22/3) eine besonders einfache Form an:

$$\Delta\alpha_{\mathrm{Nut}} = \cos\bar{\epsilon}\cdot\Delta\psi. \qquad (4.4\text{-}23/1)$$

Diese Beziehung gilt insbesondere auch das *Mittlere Frühlingsäquinoktium* (Υ_m = mFr), das man, da Υ_m als Nullpunkt der Zählung der Mittleren Rektaszension erklärt ist, als fiktiven »Stern« mit verschwindender Rektaszension auffassen kann: $\overline{\alpha}_{\mathrm{mFr}} = 0$. Damit erhält man nach (4.4-22/5) für diesen Punkt:

$$\alpha_{\mathrm{mFr}} = \Delta\alpha_{\mathrm{Nut}} = \cos\overline{\epsilon}\cdot\Delta\psi. \qquad (4.4\text{-}23/2)$$

Die Gleichung beschreibt, wie man sieht, die Rektaszension des Mittleren Frühlingsäquinoktiums bezogen auf das Wahre Äquinoktium (♈). In Anlehnung an den Begriff der *Zeitgleichung*, mit dem man die Rektaszension der Wahren Sonne relativ zur Mittleren Sonne umschreibt (➪ 5.3.2), wird der Ausdruck als *Gleichung der Äquinoktien* bezeichnet. Er spielt eine Schlüsselrolle in der Beziehung zwischen Mittlerer und Scheinbarer Sternzeit (➪ 5.3.1).

Das astronomische Jahrbuch *Apparent Places of Fundamental Stars* (*APlFSt*) enthält in seinem Hauptteil die scheinbaren Örter der im *FK5* niedergelegten 1535 Fundamentalsterne. Für die im Deklinationsbereich $|\delta| \leq 81°$ liegenden 1483 Sterne sind die Koordinaten in 10-Tage-Schritten, für 52 polnahe Sterne $81° < |\delta| < 90°$ in Schritten von einem Tag vertafelt. Wie bereits erwähnt (➪ Tabelle 4.4-3), setzen sich die nach (4.4-17) berechneten Nutationsparameter $\Delta\psi$ und $\Delta\epsilon$ aus Elementen zusammen, deren Perioden zwischen 18,6 Jahren und 4,7 Tagen liegen. Es liegt auf der Hand, daß im Falle der »10-Tage-Sterne« das Tabellenraster für eine Aufnahme der kurzperiodischen Terme zu grob wäre. In den Koordinaten dieser Sterne wurden daher nur die Nutationsanteile berücksichtigt, deren Perioden über 35 Tagen liegen. Bei dieser Vorgabe lassen sich Zwischenwerte ohne Genauigkeitsverlust durch lineare oder quadratische Interpolation (➪ 1.4.2) ermitteln. Die kurzperiodischen, in der Tafel nicht berücksichtigten Nutationseinflüsse $\Delta\alpha_{\mathrm{Nut\,k}}$ und $\Delta\delta_{\mathrm{Nut\,k}}$ müssen in diesem Fall gesondert in Rechnung gestellt werden. Dazu sind im erwähnten Jahrbuch die kurzperiodischen Anteile $\Delta\psi_{\mathrm{k}}$ und $\Delta\epsilon_{\mathrm{k}}$ der Nutationsparameter $\Delta\psi$ und $\Delta\epsilon$ in Tabelle I des Anhangs für jeden Tag des Jahres angegeben. Zu ihrer Interpolation genügt ein linearer Ansatz. Ihr Einfluß auf die Sternkoordinaten folgt dem gleichen Gesetz wie der Einfluß von $\Delta\psi$ und $\Delta\epsilon$. Er lautet daher nach (4.4-22/3) und (4.4-22/4):

$$\Delta\alpha_{\mathrm{Nut\,k}} = (\sin\overline{\alpha}\cdot\tan\overline{\delta}\cdot\sin\overline{\epsilon} + \cos\overline{\epsilon})\cdot\Delta\psi_{\mathrm{k}} - \cos\overline{\alpha}\cdot\tan\overline{\delta}\cdot\Delta\epsilon_{\mathrm{k}}\,; \qquad (4.4\text{-}24/1)$$

$$\Delta\delta_{\mathrm{Nut\,k}} = \cos\overline{\alpha}\cdot\sin\overline{\epsilon}\cdot\Delta\psi_{\mathrm{k}} + \sin\overline{\alpha}\cdot\Delta\epsilon_{\mathrm{k}}\,, \qquad (4.4\text{-}24/2)$$

(Auch an dieser Stelle muß man, um $\Delta\alpha_{\mathrm{Nut\,k}}$ und $\alpha_{\mathrm{Nut\,k}}$ in der Einheit »s« zu erhalten, die rechte Seite von (4.4-24/1) mit dem Umrechungsfaktor $\rho_{''\to s} = (1/15)\mathrm{s}/''$ erweitern). Zur Erleichterung der Auswertung dieser Formeln sind in *APlFSt* zu jedem »10-Tages-Stern« die mit den Parametern $\Delta\psi_{\mathrm{k}}$ und $\Delta\epsilon_{\mathrm{k}}$ verknüpften Faktoren angegeben.

Die Beträge der kurzperiodischen Nutationsanteile sind stets kleiner als 0,25″. Sie brauchen daher selbstverständlich nur dann berechnet zu werden, wenn das betreffende Projekt die vollständige Ausschöpfung des durch den *FK5* und das eingesetzte Nutationsmodell vorgegebenen Genauigkeitspotentials erfordert.

4.4.7 Korrekturen des IAU(1980)-Nutationsmodells mit Hilfe der Erdorientierungsparameter (EOP) des IERS: $\Delta\psi_{\mathrm{IERS}}$, $\Delta\epsilon_{\mathrm{IERS}}$

Die laufenden im Rahmen des *IERS* durchgeführten *VLBI*- und *LLR*-Beobachtungen zeigen, daß die von der IAU 1976 festgelegte Präzessionskonstante und das IAU(1980)-Nutationsmodell die tatsächliche Bewegung des Ephemeridenpols nicht exakt beschreiben. Da die Unterschiede

$$EOP4 = \Delta\psi_{\mathrm{IERS}} = \Delta\psi_{\mathrm{real}} - \Delta\psi_{\mathrm{IAU(1980)}}, \tag{4.4-25/1}$$

$$EOP5 = \Delta\epsilon_{\mathrm{IERS}} = \Delta\epsilon_{\mathrm{real}} - \Delta\epsilon_{\mathrm{IAU(1980)}}, \tag{4.4-25/2}$$

aber vom *IERS* laufend festgestellt werden und über das *IERS-BulletinB* in Form der *Erdorientierungsparameter 4* und *5* (*EOP4* = »dPsi«, *EOP5* = »dEpsilon«) kurzfristig zugänglich sind – auch über das *Internet* –, kann der Nutzer die IAU-Modellwerte jederzeit korrigieren. Die wegen des zusätzlichen Einflusses von $\Delta\psi_{\mathrm{IERS}}$ und $\Delta\epsilon_{\mathrm{IERS}}$ korrigierte Nutationsmatrix (4.4-20/3) lautet:

$$N = \begin{pmatrix} 1 & -(\Delta\psi+\Delta\psi_{\mathrm{IERS}})\cdot\cos\bar{\epsilon} & -(\Delta\psi+\Delta\psi_{\mathrm{IERS}})\cdot\sin\bar{\epsilon} \\ (\Delta\psi+\Delta\psi_{\mathrm{IERS}})\cdot\cos\bar{\epsilon} & 1 & -(\Delta\epsilon+\Delta\epsilon_{\mathrm{IERS}}) \\ (\Delta\psi+\Delta\psi_{\mathrm{IERS}})\cdot\sin\bar{\epsilon} & \Delta\epsilon+\Delta\epsilon_{\mathrm{IERS}} & 1 \end{pmatrix}. \tag{4.4-26/1}$$

Wie im Falle der kurzperiodischen Nutationsglieder (4.4-24) kann man anstelle der direkten Transformation über die korrigierte Nutationsmatrix (4.4-26/1)

$$\boldsymbol{X} = \boldsymbol{N}\cdot\bar{\boldsymbol{X}}. \tag{4.4-26/2}$$

auch entsprechende Korrekturen an den Sternkoordinaten anbringen:

$$\alpha_{\mathrm{Nut}} := \alpha_{\mathrm{NutIAU(1980)}} + \Delta\alpha_{\mathrm{IERS}}; \tag{4.4-27/1}$$

$$\delta_{\mathrm{Nut}} := \delta_{\mathrm{NutIAU(1980)}} + \Delta\delta_{\mathrm{IERS}}, \tag{4.4-27/2}$$

mit

$$\Delta\alpha_{\mathrm{IERS}} = (\sin\bar{\alpha}\cdot\tan\bar{\delta}\cdot\sin\bar{\epsilon} + \cos\bar{\epsilon})\cdot\Delta\psi_{\mathrm{IERS}} - \cos\bar{\alpha}\cdot\tan\bar{\delta}\cdot\Delta\epsilon_{\mathrm{IERS}}; \tag{4.4-28/1}$$

$$\Delta\delta_{\mathrm{IERS}} = \cos\bar{\alpha}\cdot\sin\bar{\epsilon}\cdot\Delta\psi_{\mathrm{IERS}} + \sin\bar{\alpha}\cdot\Delta\epsilon_{\mathrm{IERS}}. \tag{4.4-28/2}$$

4.5 Eigenbewegung der Fixsterne

Edmund Halley hat 1718 durch den Vergleich der Positionsangaben des Sirius (α CMa), des Prokyon (α CMi) und des Arkturus (α Boo) in Ptolemaeus' Almagest und in den Sternkatalogen der Neuzeit festgestellt, daß diese Sterne ihre relative Lage zueinander signifikant verändert hatten (Herrmann, 1976, 143). Halley deutete diese Feststellung, die mit der bis dahin herrschenden Auffassung eines unveränderlichen Fixsternhimmels nicht vereinbar war, zutreffenderweise als die Folge von *Eigenbewegungen* dieser Sterne. 1760 hat Tobias Mayer für weitere 70 Sterne Eigenbewegungen nachgewiesen. Heute sind die Eigenbewegungen von allen katalogisierten Sternen bekannt; ➪ FK5, HIPPARCOS- und TYCHO-Katalog. Der (im Sinne der Eigenbewegung) schnellste bekannte Fixstern ist *Barnards Stern* im Sternbild *Ophiuchus*; er bewegt sich mit einer Winkelgeschwindigkeit von 10,36″/J relativ zum Durchschnitt der übrigen Sterne.

In 2.6 wurde der Zusammenhang der Eigenbewegungen der Fixsterne mit der Dynamik des Milchstraßensystems erörtert: Unter dem Einfluß des Gravitationsgesetzes und der Trägheitsgesetze bewegen sich die Fixsterne auf Kepler-Ellipsen um das galaktische Baryzentrum, einige von ihnen (Sternhaufen, Mehr- und Doppelsternsysteme) darüber hinaus um regionale Baryzentren. Sieht man von nahegelegenen Doppel- und Mehrsternsystemen ab, deren galaktische Bewegung von einer Rotation um ein regionales Zentrum überlagert ist (z.B. α CMa, α CMi, 61 Cyg), so können wegen der extrem großen Radien (z.B. Radius der Sonnenbahn = $R_{So} \approx 10\,\mathrm{kpc}$) und der vergleichsweise kleinen Winkelgeschwindigkeiten (z.B. Winkelgeschwindigkeit der Sonne relativ zum Galaktischen Zentrum $\omega_{So} \approx$ 0,53″/Jh.) für die folgenden Betrachtungen die Bahnbögen der Sonne und der Fixsterne jeweils durch ihre Sehnen ersetzt werden. Dies läßt sich durch folgende Abschätzung rechtfertigen:

Bei einer Laufzeit von 100 Jahren (1 Jh) beträgt für die Sonnenbahn und die Bahnen der benachbarten Fixsterne das Verhältnis von Pfeilhöhe h zur durchlaufenen Bogenlänge ≈ Sehnenlänge = $S = R_{So} \cdot \omega_{So} \cdot 1\,\mathrm{Jh}$, also $h/S = S/8 \cdot R_{So} = \omega_{So} \cdot 1\,\mathrm{Jh}/8$ $= 0{,}53''/\rho_{\mathrm{rad} \to ''} \cdot 8 = 3{,}2 \cdot 10^{-7}$. Da von der Sonne aus betrachtet die Bahnbögen nur wenige ″/Jh betragen, bleibt die Pfeilhöhe von $h = 3{,}2 \cdot 10^{-7} \cdot S$ weit unter der Beobachtungsgenauigkeit. Unter der somit gerechtfertigten Annahme, daß sich ein Fixstern relativ zu einem mit der Sonne gradlinig bewegten Bezugssystem ebenfalls gradlinig bewegt, kann man bei Kenntnis der Richtung $\boldsymbol{X}_0$, der Entfernung d_0 und der Relativgeschwindigkeit

$$\boldsymbol{v}_0 = (\boldsymbol{X}_0 \cdot d_0)^{\cdot} = \dot{\boldsymbol{X}}_0 \cdot d_0 + \boldsymbol{X}_0 \cdot \dot{d}_0 \qquad (4.5\text{-}1)$$

des Sterns zur Epoche T_0 auf seine Position $\boldsymbol{X} \cdot d$ zur Epoche T schließen. Aus Bild 4.5-1 entnimmt man durch Vektoraddition die folgende Beziehung:

$$\boldsymbol{X} \cdot d = \boldsymbol{X}_0 \cdot d_0 + \boldsymbol{v}_0\,(T - T_0) = \boldsymbol{X}_0 \cdot d_0 + (\dot{\boldsymbol{X}}_0 \cdot d_0 + \boldsymbol{X}_0 \cdot \dot{d}_0) \cdot (T - T_0)\,. \qquad (4.5\text{-}2)$$

Dazu äquivalent ist:

$$\boldsymbol{X} \cdot \frac{d}{d_0} = \boldsymbol{X}_0 + \frac{\boldsymbol{v}_0}{d_0} \cdot (T - T_0) = \boldsymbol{X}_0 + \left(\dot{\boldsymbol{X}}_0 + \boldsymbol{X}_0 \cdot \frac{\dot{d}_0}{d_0} \right) \cdot (T - T_0)\,. \qquad (4.5\text{-}3)$$

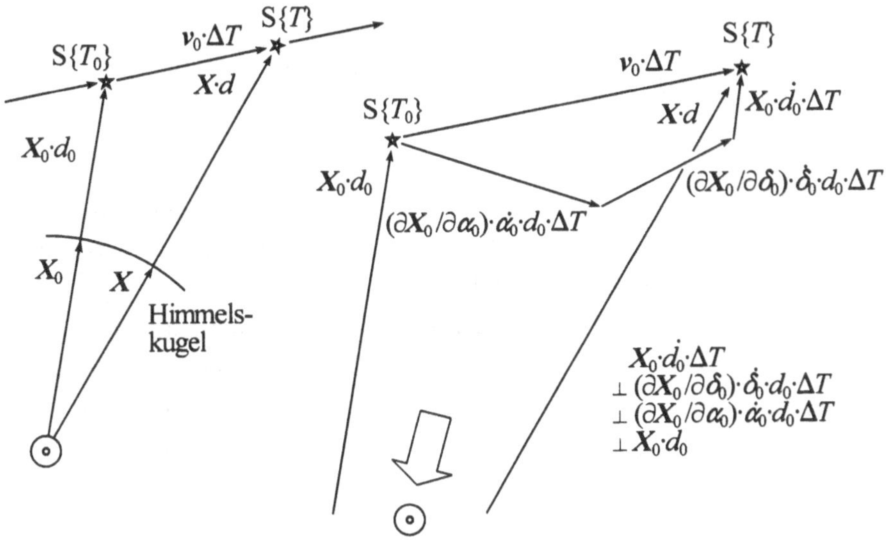

Bild 4.5-1: Heliozentrische Perspektive der Eigenbewegung eines Fixsterns

Hat man den Vektor $(\boldsymbol{X} \cdot d/d_0)$ mit (4.5-3) berechnet, so läßt sich durch Division mit seinem Betrag $|\boldsymbol{X} \cdot d/d_0| = d/d_0$ auch der Richtungsvektor

$$\boldsymbol{X} = (\boldsymbol{X} \cdot d/d_0) \,/\, (d/d_0) \tag{4.5-4}$$

angeben, der die Richtung der neuen Sternposition beschreibt.

In einem am Frühlingsäquinoktium der Epoche T_0 ausgerichteten Äquatorsystem (⇨ 3.4.3), in dem die Richtungen zu den Sternen durch Rektaszension α und Deklination δ beschrieben werden, haben gemäß (3.1-1) und (3.1-3) die in (4.5-3) genannten Vektoren $\boldsymbol{X}_0$, $\dot{\boldsymbol{X}}_0$, $\boldsymbol{v}_0/d_0$ und $\boldsymbol{X}$ folgende Komponenten:

$$\boldsymbol{X}_0 = \begin{pmatrix} \cos\alpha_0 \cdot \cos\delta_0 \\ \sin\alpha_0 \cdot \cos\delta_0 \\ \sin\delta_0 \end{pmatrix} ; \qquad \boldsymbol{X} = \begin{pmatrix} \cos\alpha \cdot \cos\delta \\ \sin\alpha \cdot \cos\delta \\ \sin\delta \end{pmatrix} ;$$

$$\frac{\boldsymbol{v}_0}{d_0} = \dot{\boldsymbol{X}}_0 + \boldsymbol{X}_0 \cdot \frac{\dot{d}_0}{d_0} = \frac{\partial \boldsymbol{X}_0}{\partial \alpha_0} \cdot \dot{\alpha}_0 + \frac{\partial \boldsymbol{X}_0}{\partial \delta_0} \cdot \dot{\delta}_0 + \boldsymbol{X}_0 \cdot \frac{\dot{d}_0}{d_0}$$

$$= \begin{pmatrix} -\sin\alpha_0 \cdot \cos\delta_0 \\ \cos\alpha_0 \cdot \cos\delta_0 \\ 0 \end{pmatrix} \cdot \dot{\alpha}_0 + \begin{pmatrix} -\cos\alpha_0 \cdot \sin\delta_0 \\ -\sin\alpha_0 \cdot \sin\delta_0 \\ \cos\delta_0 \end{pmatrix} \cdot \dot{\delta}_0 + \begin{pmatrix} \cos\alpha_0 \cdot \cos\delta_0 \\ \sin\alpha_0 \cdot \cos\delta_0 \\ \sin\delta_0 \end{pmatrix} \cdot \frac{\dot{d}_0}{d_0} .$$

$$\dot{X}_0 = \frac{\partial X_0}{\partial \alpha_0} \cdot \dot{\alpha}_0 + \frac{\partial X_0}{\partial \delta_0} \cdot \dot{\delta}_0 = \begin{pmatrix} -\sin\alpha_0 \cdot \cos\delta_0 \\ \cos\alpha_0 \cdot \cos\delta_0 \\ 0 \end{pmatrix} \cdot \dot{\alpha}_0 + \begin{pmatrix} -\cos\alpha_0 \cdot \sin\delta_0 \\ -\sin\alpha_0 \cdot \sin\delta_0 \\ \cos\delta_0 \end{pmatrix} \cdot \dot{\delta}_0$$

(4.5-5/1)

$\dot{\alpha}_0$ und $\dot{\delta}_0$ sind die Eigenbewegungskomponenten in Rektaszension und Deklination, $\dot{d}_0$ die Radialgeschwindigkeit. Nach (4.5-5/1) läßt sich der Bewegungsvektor v_0/d_0 durch $\dot{\alpha}_0$ und $\dot{\delta}_0$ und $\dot{d}_0$ beschreiben.

Im Fundamentalkatalog FK 5 und in zahlreichen anderen Quellen werden $\dot{\alpha}_0$ und $\dot{\delta}_0$ mit μ und μ' bezeichnet, $\dot{d}_0$ wird unter der Bezeichnung V geführt. Die Parameter μ und μ' sind a.a.O. in der Einheit "/JJh und V in der Einheit km/s angegeben. Die Entfernung d wird anhand von (2.9-2/2) durch die Sternparallaxe p beschrieben: $\frac{1}{d} = \frac{p}{\mathrm{AUL} \cdot \rho_{\mathrm{rad}\to''}}$. Damit bei diesen Vorgaben v_0/d_0 ohne weitere Manipulationen sofort in der gewünschten Einheit 1/JJh herauskommt, wird (4.5-5/1) durch die Substitutionen

$$1\,\mathrm{JJh} = 36525 \cdot 86400\,\mathrm{s} \text{ und } 1\,\mathrm{AUL} = 149597870\,\mathrm{km}$$

entsprechend umgeformt:

$$\frac{v_0}{d_0} = \frac{1}{\rho_{\mathrm{rad}\to''}} \cdot \left(\frac{\partial X_0}{\partial \alpha_0} \cdot \mu_0 + \frac{\partial X_0}{\partial \delta_0} \cdot \mu_0' + X_0 \cdot \frac{36525 \cdot 86400\,\mathrm{s}}{\mathrm{Jul.Jh} \cdot 149597870\,\mathrm{km}} \cdot p_0 \cdot V_0 \right)$$

$$= 4{,}8481 \cdot 10^{-6} ('')^{-1} \cdot \left(\frac{\partial X_0}{\partial \alpha_0} \cdot \mu_0 + \frac{\partial X_0}{\partial \delta_0} \cdot \mu_0' + 21{,}095 \frac{\mathrm{s}}{\mathrm{km\,Jul.Jh}} \cdot p_0 \cdot V_0 \right).$$

(4.5-5/2)

Mit diesem Ausdruck können nach Substitution in (4.5-3) und (4.5-4) die Komponenten X_1, X_2, X_3 des Vektors X und anhand von (3.1-2) schließlich auch die gesuchten Richtungswinkel α und δ berechnet werden:

$$\alpha_{\mathrm{EigBew}} := \arccos \frac{X_1}{\sqrt{X_1^2 + X_2^2}} \cap \arcsin \frac{X_2}{\sqrt{X_1^2 + X_2^2}} = \arctan \frac{X_2}{X_1} \text{ modulo } 180°\,;$$

$$\delta_{\mathrm{EigBew}} := \arctan \frac{X_3}{\sqrt{1 - X_3^2}}\,. \qquad (4.5\text{-}6)$$

Neben dem dargestellten Rechengang über die Richtungsvektoren X_0 und X findet man in der Literatur auch Formeln, die die Berechnung von α_{EigBew} und δ_{EigBew} aus

$$\begin{aligned}\alpha_{\text{EigBew}} &= \alpha_0 + \Delta\alpha_{\text{EigBew}}\\ \delta_{\text{EigBew}} &= \delta_0 + \Delta\delta_{\text{EigBew}}\end{aligned} \qquad (4.5\text{-}7/1)$$

über Reduktionsgrößen $\Delta\alpha_{\text{EigBew}}$ und $\Delta\delta_{\text{EigBew}}$ ermöglichen, z.B. bei Eichhorn/Rust (1970) und Eichhorn (1974, 22):

$$\Delta\alpha_{\text{EigBew}} = \alpha - \alpha_0 = \arctan \frac{\mu\cdot(T-T_0)}{1+\left(\frac{\dot d_0}{d_0} - \mu'\cdot\tan\delta_0\right)\cdot(T-T_0)}\,; \qquad (4.5\text{-}7)$$

$$\Delta\delta_{\text{EigBew}} = \delta - \delta_0 = 2\cdot\arctan \frac{\mu'\cdot(T-T_0) + \left(1 - \frac{d}{d_0} + \frac{\dot d_0}{d_0}\cdot(T-T_0)\right)\cdot\tan\delta_0}{\left(1+\left(\frac{\dot d_0}{d_0} - \mu'\cdot\tan\delta_0\right)\cdot(T-T_0)\right)\cdot\frac{1}{\cos\{\alpha-\alpha_0\}} + \frac{d}{d_0}}\,;$$

mit

$$\frac{d}{d_0} = \sqrt{1 - \left(2\cdot\frac{\dot d_0}{d_0} + \left(\left(\frac{\dot d_0}{d_0}\right)^2 + \mu^2\cdot\cos^2\delta_0 + \mu'^2\right)\cdot(T-T_0)\right)\cdot(T-T_0)}\;.$$

Man kann diesen Ausdrücken, wenn man sie in Taylorreihen entwickelt, auch die folgenden Näherungsformeln entnehmen, deren Anwendung allerdings nur bei kleinen Zeitinkrementen $T-T_0$ zulässig ist, bzw. auf Aufgaben beschränkt ist, in denen keine hohen Genauigkeitsansprüche gestellt werden:

$$\begin{aligned}\Delta\alpha_{\text{EigBew}} &= \alpha_{\text{EigBew}} - \alpha_0 = \mu\cdot(T-T_0)\,;\\ \Delta\delta_{\text{EigBew}} &= \delta_{\text{EigBew}} - \delta_0 = \mu'\cdot(T-T_0)\,.\end{aligned} \qquad (4.5\text{-}8)$$

Die Differenzen $\Delta\alpha_{\text{EigBew}} = \alpha - \alpha_0$ und $\Delta\delta_{\text{EigBew}} = \delta - \delta_0$ beschreiben die Eigenbewegungen in Rektaszension und Deklination. Man beachte, daß sich diese Veränderungen auf das Äquinoktium der Standardepoche T_0 beziehen. Sollen α und δ zum Äquinoktium des Zeitpunkts T angegeben werden, so ist noch die präzessionsbedingte Wanderung von ♈ zu berücksichtigen (➪ 4.4). Beide Reduktionen - wegen Präzession und wegen Eigenbewegung - lassen sich durch

$$\boldsymbol{X}\cdot\frac{d}{d_0} = \boldsymbol{P}\cdot\left(\boldsymbol{X}_0 + \frac{\boldsymbol{v}_0}{d_0}\cdot(T-T_0)\right) \qquad (4.5\text{-}9)$$

(FK 5, 11) zusammenfassen. Hier steht $\boldsymbol{P}$ für die Präzessionsmatrix (4.4-4), mit der der nach (4.5-3) gewonnene Vektor $\boldsymbol{X}$ auf das Äquinoktium der Epoche T

bezogen werden kann. Die Umrechnung der Komponenten von $\boldsymbol{X}$ in α und δ erfolgt auch hier mit (4.5-6).

Unter dem Einfluß der Präzession ändert sich auch die Perspektive unter der der Bewegungsvektor $\boldsymbol{v}$ und seine Bestimmungsstücke μ, μ' und $\dot{d}$ (4.5-5/1) von der Sonne aus gesehen werden:

$$\boldsymbol{v} = \boldsymbol{P} \cdot \boldsymbol{v}_0 \,. \tag{4.5-10}$$

Die zum Zeitpunkt T gültigen Eigenbewegungskomponenten $\mu = \dot{\alpha}$ und $\mu' = \dot{\delta}$ findet man durch skalare Multiplikation des für die Epoche T angeschriebenen Vektors $\boldsymbol{v}/d = \boldsymbol{P} \cdot \boldsymbol{v}_0/d_0$ (4.5-5/1) mit den Vektoren $\partial\boldsymbol{X}/\partial\alpha$ und $\partial\boldsymbol{X}/\partial\delta$ unter Beachtung, daß in (4.5-5/1) alle auf der rechten Seite stehenden Vektoren aufeinander senkrecht stehen, was $\frac{\partial\boldsymbol{X}}{\partial\alpha} \cdot \frac{\partial\boldsymbol{X}}{\partial\delta} = 0\,,\ \frac{\partial\boldsymbol{X}}{\partial\alpha} \cdot \boldsymbol{X} = 0\,,\ \frac{\partial\boldsymbol{X}}{\partial\delta} \cdot \boldsymbol{X} = 0$ zur Folge hat.

Wegen $\left(\frac{\partial\boldsymbol{X}}{\partial\alpha}\right)^2 = \cos^2\delta$ und $\left(\frac{\partial\boldsymbol{X}}{\partial\delta}\right)^2 = 1$ erhält man schließlich:

$$\mu = \dot{\alpha} = \frac{\frac{\boldsymbol{v}}{d} \cdot \frac{\partial\boldsymbol{X}}{\partial\alpha}}{\cos^2\delta}\,; \quad \mu' = \dot{\delta} = \frac{\boldsymbol{v}}{d} \cdot \frac{\partial\boldsymbol{X}}{\partial\delta}\,. \tag{4.5-11}$$

Siehe hierzu auch Eichhorn/Rust (1970) und Soler/Johnson (1988).

4.6 Polbewegung

4.6.1 Zusammenfassung der Grundlagen

In 2.3 und 2.5 wurden Modelle vorgestellt, mit deren Hilfe die Bewegungen der momentanen Figurenachse (F), der Rotationsachse (R) und der Drehimpulsachse (H) der Erde sowie anderer mit F, R und H in Beziehung stehender »Erdachsen« in einem zälestischen und in einem erdfesten Bezugssystem analytisch und durch Zeitreihen beschrieben werden können. In diesen Modellen spielt der *Zälestische Ephemeridenpol* (CEP) die Rolle eines »Dreh- und Angelpunktes« (➪ 3.5.2). Er repräsentiert die von lunisolaren und planetarischen Drehmomenten und damit auch von tagesperiodischen Schwankungen freie »mittlere Drehimpulsachse« der Erde H_0, deren Bewegungen

- im *zälestischen Bezugsrahmen* durch ein vereinbartes *Präzessions- und Nutationsmodell* – IAU(1976)-Präzessionsformel (4.4-5) und IAU(1980)-Nutationsmodell ((4.4-17), Tabelle 4.4-3) – in Verbindung mit korrigierenden *Erdorientierungsparametern* (*EOP*)

  $EOP4 = \Delta\psi_{\text{IERS}}$ und $EOP5 = \Delta\epsilon_{\text{IERS}}$ (➪ 2.3.4; 4.4.7; (4.4-25))

▸ und im *terrestrischen Bezugsrahmen* ohne analytische Modellierung ausschließlich durch die

Polkoordinaten $EOP1 = x$ und $EOP2 = y$ (⇨ 2.3.1)

erfaßt werden.

Die besagten Erdorientierungsparameter werden im Rahmen des *IERS* laufend beobachtet und den Nutzern über das *IERS-Bulletin B* - auch über das *Internet* - in Form von Zeitreihen zugänglich gemacht.

Die Korrekturen des Nutationsmodells *EOP4* und *EOP5* ermöglichen die Spur des realen CEP im momentanen ⟨FrÄ⟩-System, die Polkoordinaten *EOP1* und *EOP2* im *IERS Terrestrial Reference Frame* (ITRF) zu verfolgen. Eine vom IERS bestimmte und im *IERS-Bulletin B* veröffentlichte Zeitreihe der Polkoordinaten ist auszugsweise in Tabelle 4.6-2 wiedergegeben. Die während eines Chandlerschen Umlaufs des CEP um sein erdfestes »Zentrum« eingenommenen IERS-Polpositionen sind in Bild 4.6-3 graphisch dargestellt.

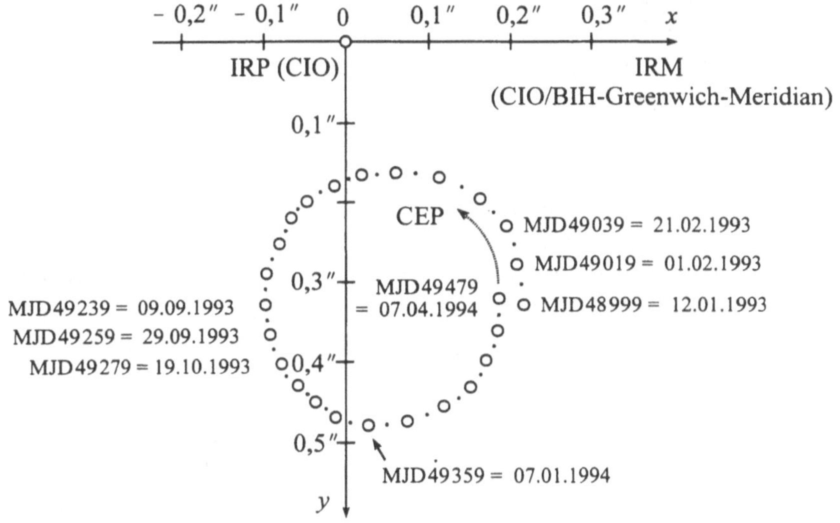

Bild 4.6-1: Wanderung des Zälestischen Ephemeridenpols (CEP) relativ zum IERS Reference Pole (IRP) und IERS Reference Meridian (IRM) im Zeitraum 12.01.1993 bis 07.04.1994
Quelle der in die Graphik umgesetzten Polkoordinaten: IERS-Bulletin B61 vom 03.03.1993

Eine bildliche Darstellung, die einen Zeitraum von 16 Jahren umfaßt, ist in Bild 2.3-4 wiedergegeben. Da der CIO im Zeitraum 1900-1905 (definitionsgemäß) im Zentrum der Polbewegung lag, kann man dem Bild 4.6-1 auch die in 2.3.4 beschriebene Westdrift des Pols von ≈ 0,3″ entnehmen.

Tabelle 4.6-2: Polkoordinaten in 5-Tages-Schritten (»Final Bulletin B values«) für den Zeitraum 02.-29.01.1993. Quelle: IERS-Bulletin B61 vom 03.03.1993

Date 1993 (0^h UTC)	MJD	x [″]	y [″]
Jan 2	48989	0,2097	0,3559
Jan 7	48994	0,2087	0,3411
Jan 12	48999	0,2148	0,3284
Jan 17	49004	0,2137	0,3164
Jan 22	49009	0,2120	0,3010
Jan 29	49014	0,2118	0,2903

4.6.2 Tagesperiodische Polbewegung (Oppolzer-Nutation)

Die im erdfesten Bezugssystem nur der freien Nutation unterworfene, zum *Zälestischen Ephemeridenpol* (H_0 ≡ CEP) weisende »freie Drehimpulsachse« unterscheidet sich von allen anderen in den Abschnitten 2.3 und 2.5 vorgestellten »Erdachsen« (F, H, R, F_0, R_0, IRP) dadurch, daß sie weder im zälestischen noch in einem erdfesten Bezugssystem (z.B. im ITRS) tagesperiodische Schwankungen ausführt. Im zälestischen System ist ihre Bewegung – im Gegensatz zu den Bewegungen der anderen Achsen – frei vom Einfluß geophysikalischer Prozesse, deren Wirkung nur schwer modellierbar ist. Aufgrund dieser Eigenschaft wurde dem CEP bei der Modellierung der Kinematik der Erdrotation die Funktion eines »Dreh- und Angelpunktes« zugewiesen, der als intermediärer Pol in besonderer Weise geeignet ist, das zälestische und das terrestrische Bezugssystem miteinander zu verbinden. Weil keine quasitagesperiodischen Terme auftreten, läßt sich das auf den CEP bezogene Nutationsmodell arithmetisch einfacher gestalten als jedes andere, auf einen anderen Pol bezogene Modell.

Das Augenmerk soll nun auf die »Verschiebungsvektoren« H_0H und R_0R gerichtet werden, die die von äußeren Drehmomenten unbeeinflußten Positionen H_0 und R_0 der Drehimpuls- und der Rotationsachse der Erde mit ihren durch die Gezeitenkräfte von Mond und Sonne erzwungenen realen Positionen H und R verbinden. Die Komponenten dieser Vektoren werden nach Theodor von Oppolzer, der hierfür die theoretischen Grundlagen geschaffen hat, *Oppolzer-Terme* genannt.

Die Komponenten von $\Delta\psi_{\text{OppH}}$ und $\Delta\epsilon_{\text{OppH}}$ von H_0H und $\Delta\psi_{\text{OppR}}$ und $\Delta\epsilon_{\text{OppR}}$ von R_0R stehen in einer unmittelbaren Beziehung zu den Nutationstermen $\Delta\psi$ und $\Delta\epsilon$, die im IAU(1980)-Nutationsmodell durch zwei aus je 106 Gliedern bestehenden Fourierreihen (4.4-17) dargestellt sind. Wir erinnern uns (⇨ 4.4.5): Jedes Paar der 106 Reihenglieder beschreibt – charakterisiert durch die beiden Halbachsen einer Ellipse ($a_{0i}\cdot\sin\epsilon$ und b_{0i}) und durch eine Umlaufperiode (P_i) – den elliptischen

Umlauf eines fiktiven Punktes um den kreisförmig präzedierenden Mittleren Zälestischen Ephemeridenpol (CEP_m) im Inertialsystem. Die Überlagerung (Mittelung) dieser 106 Punkte ergibt den CEP, die Summe der Einzelbewegungen beschreibt den Umlauf des CEP um den CEP_m im Inertialsystem. Jeder einzelne der fiktiven Punktumläufe im Inertialsystem korrespondiert mit $n_i = P_i/1\,\text{Tag}$ quasikreisförmigen quasitagesperiodischen Umläufen des betreffenden Punktes um den CEP_m im erdfesten Bezugssystem, wobei sich die Amplituden der einzelnen Trajektorien nach (3.4-9/1) jeweils auf den Bruchteil $1/n_i$ verkürzen.

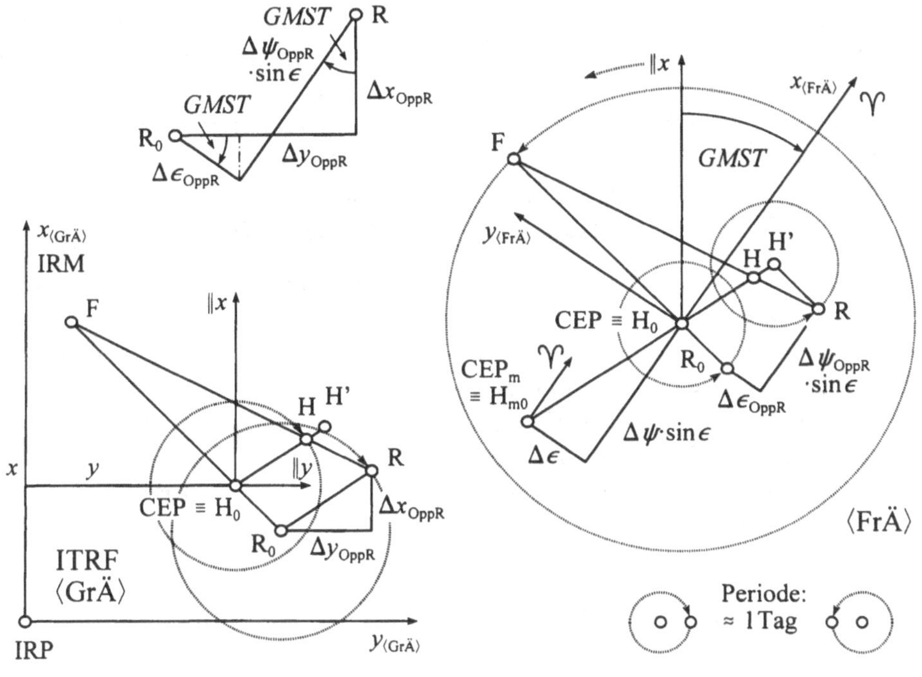

Bild 4.6-2: Oppolzer-Nutation der Rotationsachse der Erde (R) im terrestrischen (Δx_{OppR}, Δy_{OppR}) und im zälestischen Bezugssystem ($\Delta\psi_{OppR}$, $\Delta\epsilon_{OppR}$)

In Bild 4.6-2 ist die Kinematik der geschilderten Bewegungen im ITRF und im ICRF skizziert. In der Darstellung wurde auf die Indizierung mit »i« verzichtet, so daß die drei Skizzen sowohl die Wirkung der Einzeltermen (i) der Nutation als auch deren Summe veranschaulichen. Das Bild stellt eine quasi-eintägige »Momentaufnahme« der Konstellation der Pole H_0, H, R_0, R (und F) in einem erdfesten Bezugssystem ⟨GrÄ⟩ (links) und im präzedierenden ⟨FrÄ⟩-System (rechts) dar. Die im Laufe eines Tages durchlaufenen Trajektorien (dargestellt durch punktierte Kreise) entsprechen dem in 2.3.3 erläuterten Modell einer starren Erde

(⇨ Bild 2.3-1). Jedes der Termpaare $\Delta\epsilon_i$ und $\Delta\psi_i$ der Fourierreihen (4.4-17) ($H_{m0}H_{0i}$) korrespondiert mit entsprechenden Komponenten der *Oppolzer-Nutation* $\Delta\epsilon_{iOppH}$ und $\Delta\psi_{iOppH}$ ($H_{0i}H_i$) bzw. $\Delta\epsilon_{iOppR}$ und $\Delta\psi_{iOppR}$ ($R_{0i}R_i$).

Die Auslenkungen $H_{0i}H_i$ und $R_{0i}R_i$ sind, da sie von ein und demselben Drehmoment erzeugt werden, zu $H_{m0}H_{0i}$, parallel. Sie werden unter identischen geometrischen Bedingungen von den *Delaunayschen Fundamentalargumenten l, l', F, D, Ω* (4.4-16) bestimmt, wenn auch mit deutlich geringerer Wirkung als $H_{m0}H_{0i}$: die Amplitude $|H_{0i}H_i|$ ist jeweils ein mit dem Faktor $1/n_i = 1\,\text{Tag}/P_i$ verkürzter Bruchteil von $|H_{m0}H_{0i}|$.

Einige Zahlenwerte, die das Verhältnis $|H_{0i}H_i|/|H_{m0}H_{0i}|$ veranschaulichen, sind in Tabelle 3.4-1 niedergelegt, z.B. auch für das Nutationsglied 9 der Tabelle 4.4-3: Aus den Koeffizienten $a_{09} = -\ 1{,}3187''$ und $b_{09} = 0{,}5736''$ findet man für entsprechende Nutationsellipse eine maximale »mittlere Amplitude im Inertialsystem« von $|H_{m0}H_{09}|_{maxm} = (1{,}3187''\cdot\sin 23{,}44° + 0{,}5736'') = 0{,}549''$ und – über den Faktor $1/P_9 = 1/182{,}6$ – eine entsprechende maximale Amplitude der Oppolzer-Auslenkung von $|H_{09}H_9|_{maxm} = 0{,}549''/182{,}6 = 0{,}00301''$).

Aufgrund der Identität der jeweils wirksamen Drehmomente können die Oppolzer-Nutationskomponenten $\Delta\epsilon_{iOppH}$ und $\Delta\psi_{iOppH}$ bzw. $\Delta\epsilon_{iOppR}$ und $\Delta\psi_{iOppR}$ im Prinzip durch identisch strukturierte Fourier-Reihen ausgedrückt werden, wie sie zur Beschreibung der IAU(1980)-Nutationsterme $\Delta\epsilon_i$ und $\Delta\psi_i$ verwendet werden. Da die Oppolzer-Terme aber wesentlich kleiner als die eigentlichen Nutationsterme sind, genügen schon 22 Reihenglieder, um die gesuchten Größen mit ausreichender Genauigkeit zu beschreiben. Basierend auf einem Starrkörpermodell der Erde lauten die Reihen nach Kinoshita (1977, 323):

$$\Delta\psi_{OppH} = \sum_{i=1}^{22} \Delta\psi_{iOppH} = \sum_{i=1}^{22} a_{iOppH}\cdot\sin L\,; \qquad (4.6\text{-}1/1)$$

$$\Delta\epsilon_{OppH} = \sum_{i=1}^{22} \Delta\epsilon_{iOppH} = \sum_{i=1}^{22} b_{iOppH}\cdot\cos L\,; \qquad (4.6\text{-}1/2)$$

mit $L = k_{1i}\cdot l + k_{2i}\cdot l' + k_{3i}\cdot F + k_{4i}\cdot D + k_{5i}\cdot \Omega\,.$

Die in diesen Reihen vorkommenden Koeffizienten sind in Tabelle 4.6-3 niedergelegt.

Aus den beiden letzten Spalten der Tabelle ist ersichtlich, daß Beträge der Reihenglieder von (4.6-1) durchwegs $<0{,}01''$ sind; auch ihre Summe bleibt offenbar stets $<0{,}02''$.

Für das Verhältnis der beiden Oppolzer-Vektoren R_0R und H_0H bzw. für das ihrer Koordinatenunterschiede $\Delta\psi_{OppR}$, $\Delta\psi_{OppH}$, $\Delta\epsilon_{OppR}$, $\Delta\epsilon_{OppH}$ erhält man durch Anwendung des *Theorems von Poinsot* (Bauersima, 1998, 108) und über den Vergleich der ähnlichen Dreiecke FH_0H und FR_0R (Bild 4.6-2):

$$\frac{HR}{FH} = \frac{H_0R_0}{FH_0} = \frac{FR - FH}{FH} = \frac{C - A}{A}\,; \quad \text{daraus:} \quad \frac{FR}{FH} = \frac{C}{A}\,;$$
$$\frac{FR}{FH} = \frac{R_0R}{H_0H} = \frac{C}{A} = 1{,}00328 \quad \text{bzw.} \quad R_0R = 1{,}00328 \cdot H_0H\,. \tag{4.6-2/1}$$

$A = 8{,}0092 \cdot 10^{37}\ \mathrm{kg\,m^2}$ und $C = 8{,}0355 \cdot 10^{37}\ \mathrm{kg\,m^2}$ (DMA, 1987, 2-5) sind die Hauptträgheitsmomente der Erde. Das Verhältnis C/A bestimmt auch die R_0R und H_0H konstituierenden Koordinatenunterschiede im ⟨FrÄ⟩- und ⟨GrÄ⟩-System:

Tabelle 4.6-3: Koeffizienten zur Berechnung der Oppolzer-Terme (4.6-1/1) und (4.6-1/2)

i	k_{i1}	k_{i2}	k_{i3}	k_{i4}	k_{i5}	a_{iOppH} ["]	b_{iOppH} ["]
1	0	0	0	0	0	0	- 0,00868
2	1	0	0	- 2	0	0	- 0,00019
3	1	0	0	0	0	0	- 0,00097
4	0	0	0	2	0	0	- 0,00016
5	- 1	0	2	2	1	0,00013	0,00004
6	- 1	0	0	0	1	- 0,00027	- 0,00008
7	1	0	2	0	1	- 0,00070	0,00022
8	1	0	0	0	1	- 0,00029	- 0,00009
9	0	0	2	2	1	0,00012	0,00004
10	0	0	2	0	1	0,00355	0,00110
11	0	0	0	0	1	- 0,00338	- 0,00100
12	- 1	0	2	2	2	0,00065	0,00024
13	- 1	0	2	0	2	- 0,00047	- 0,00017
14	2	0	2	0	2	0,00047	0,00018
15	1	0	2	- 2	2	0,00012	- 0,00005
16	1	0	2	2	2	- 0,00014	0.00005
17	1	0	2	0	2	0,00344	0,00128
18	0	0	2	2	2	0,00057	0,00021
19	0	0	2	0	2	0,01733	0,00640
20	0	1	0	0	0	0	- 0,00014
21	0	1	2	- 2	2	0,00045	0,00016
22	0	0	2	- 2	2	0,00758	0,00277

Diese Beziehung ermöglicht, die Oppolzer-Terme der Drehimpulsachse (Index H) und der Rotationsachse (Index R) ineinander zu überführen.

$$\frac{\Delta\psi_{\mathrm{OppR}}}{\Delta\psi_{\mathrm{OppH}}} = \frac{\Delta\epsilon_{\mathrm{OppR}}}{\Delta\epsilon_{\mathrm{OppH}}} = \frac{\Delta x_{\mathrm{OppR}}}{\Delta x_{\mathrm{OppH}}} = \frac{\Delta y_{\mathrm{OppR}}}{\Delta y_{\mathrm{OppH}}} = \frac{\mathrm{R_0R}}{\mathrm{H_0H}} = \frac{C}{A}. \tag{4.6-2/2}$$

Im erdfesten ⟨GrÄ⟩-System, das sich gegenüber dem ⟨FrÄ⟩-System 360°/Sterntag dreht und dessen momentaner Drehstatus durch die *Scheinbare Sternzeit Greenwich* (*GAST*) bestimmt ist, gilt für die quasitäglichen erzwungenen Umläufe der Rotationsachse R und der Drehimpulsachse H um ihre drehmomentfreien Örter H_0, R_0 (Woolard, 1953, 159; Bauersima, 1992, 28; Haas, 1993, 77):

$$\begin{aligned} \Delta x_{\mathrm{Opp}} &= \Delta\psi_{\mathrm{Opp}} \cdot \sin\epsilon \cdot \cos GMST - \Delta\epsilon_{\mathrm{Opp}} \cdot \sin GMST; \\ \Delta y_{\mathrm{Opp}} &= \Delta\psi_{\mathrm{Opp}} \cdot \sin\epsilon \cdot \sin GMST + \Delta\epsilon_{\mathrm{Opp}} \cdot \cos GMST. \end{aligned} \tag{4.6-3}$$

Die Koordinatenunterschiede Δx_{Opp}, Δy_{Opp} beschreiben die Lage der Vektoren H_0H oder R_0R im (erdfesten) ⟨GrÄ⟩-System.

Mit Hilfe der Reihen (4.6-1) gewinnt man $\Delta\psi_{\mathrm{OppH}}$, $\Delta\epsilon_{\mathrm{OppH}}$ und daraus nach (4.6-3) Δx_{OppH}, Δy_{OppH} (= Oppolzer-Terme der Drehimpulsachse). Die entsprechenden, auf die Rotationsachse bezogenen Terme sind nach (4.6-2/2) um den Faktor C/A größer:

$$\begin{aligned} \Delta\psi_{\mathrm{OppR}} &= \frac{C}{A} \cdot \Delta\psi_{\mathrm{OppH}} \quad \text{und} \quad \Delta\epsilon_{\mathrm{OppR}} = \frac{C}{A} \cdot \Delta\epsilon_{\mathrm{OppH}}; \\ \Delta x_{\mathrm{OppR}} &= \frac{C}{A} \cdot \Delta x_{\mathrm{OppH}} \quad \text{und} \quad \Delta y_{\mathrm{OppR}} = \frac{C}{A} \cdot \Delta y_{\mathrm{OppH}}. \end{aligned} \tag{4.6-4}$$

Die beiden Gleichungen (4.6-3) lassen sich aus der kleinen Skizze von Bild 4.6-2 (Skizze oben links) ablesen, in der die Koordinatenunterschiede im ⟨FrÄ⟩-System ($\Delta\psi_{\mathrm{OppR}} \cdot \sin\epsilon$, $\Delta\epsilon_{\mathrm{OppR}}$) und im ⟨GrÄ⟩-System ($\Delta x_{\mathrm{OppR}}$, Δy_{OppR}) einander gegenüber gestellt sind.

Für den Vektor H_0R, der Richtung und Abstand des Rotationspoles R vom CEP (= H_0) beschreibt, gilt schließlich (➪ Bild 4.6-2):

$$\mathrm{H_0R = H_0R_0 + R_0R}, \tag{4.6-5}$$

mit (4.6-2/1): $H_0R_0 = FH_0 \cdot (C-A)/A = FH_0 \cdot 263/80092 = FH_0 \cdot 0{,}00328$.

Der durch die Polkoordinaten x, y (IERS-Bulletin B) und ihren über eine Chandler-Periode gebildeten Mittelwerten x_m, y_m bestimmte »Radius der Polbewegung« $|FH_0| = \sqrt{(x-x_m)+(y-y_m)}$ (= über einen vollen Umlauf gemittelte Amplitude der CEP-Trajektorie im ITRF) schwankt zwischen 0,1″ und 0,3″ (Richter, 1995;

vgl. auch Bild 2.3-4); im Zeitraum 1993/94 (vgl. Bild 4.6-1) betrug der Radius $|FH_0| \approx 0{,}16''$. $|FH_0|_{max} \approx 0{,}3''$ korrespondiert mit $|H_0R_0|_{max} \approx 0{,}3'' \cdot 0{,}00328 = 0{,}0010''$. Selbstverständlich ist auch die Richtung $r\{H_0R_0\} \equiv r\{FH_0)$ im ITRF durch $x - x_m$ und $y - y_m$ bestimmt. Damit erhält man für die Koordinaten des Rotationspols im ITRF:

$$x_R = x + (x - x_m) \cdot 0{,}00328 + \Delta x_{OppR} \; ;$$
$$y_R = y + (y - y_m) \cdot 0{,}00328 + \Delta y_{OppR} \; . \qquad (4.6\text{-}6)$$

Mit der erwähnte Obergrenze von <0,02″ liegt die Oppolzer-Nutation unterhalb der Beobachtungsgenauigkeit erdgebundener optischer Beobachtungsverfahren und kann daher bei der Anwendung dieser Verfahren allein schon aus diesem Grund vernachlässigt werden. Aber auch wenn man die hochgenaue Langbasisinterferometrie (VLBI) in das Arsenal astrogeodätischer Beobachtungsverfahren einbezieht, braucht die Oppolzer-Nutation bei der Bestimmung von Richtungen (und Strecken) des Erdraumes, die durch den astrogeodätischen Anschluß an das ICRF gewonnen werden, nicht berücksichtigt zu werden. Denn die im FK5, im HIPPARCOS-Katalog und in den Verzeichnissen von extragalaktischen Radioquellen (z.B. 1995 IERS Annual Report, II-21-29) niedergelegten Koordinaten von Objekten des zälestischen Bezugsrahmens (ICRF) sind auf den Zälestischen Ephemeridenpol (CEP) bezogen, der - anders als der Pol der Drehimpulsachse oder der Rotationspol der Erde - im ICRF keine tagesperiodischen Bewegungen ausführt. Wenn nun aber, was vereinbarungsgemäß geschieht, nicht nur die Richtungen zu den zälestischen Zielen, sondern auch die gesuchten Richtungen des Erdraumes (z.B. die Lotrichtungen oder terrestrische Basislinien) auf den CEP bezogen werden, bevor man auf den erdfesten Pol des ITRF (IRP) übergeht, so tritt der Rotationspol als intermediäre Bezugsrichtung nicht in Erscheinung.

Im Gegensatz zur der astrogeodätischen Aufgabenstellung - Ableitung terrestrischer Richtungen aus Richtungen zu Sternen und extragalaktischen Radioquellen über den Ephemeridenpol als intermediäre Bezugsrichtung - wird bei der Bestimmung der Erdorientierungsparameter mit dem VLBI-, SLR- und LLR-Verfahren die momentane Rotationsachse meßtechnisch erfaßt, insbesondere, wenn man kurze Beobachtungssequenzen ins Auge faßt. In der Rotationsachse drückt sich die Kinematik der Erdoberfläche bzw. die mit dieser fest verbundenen Menge von permanenten VLBI-, SLR- und LLR-Stationen aus. Werden durch die genannten Meßverfahren die Trajektorien erdfester Basislinien ($\Delta \boldsymbol{X}$) oder Punkte ($\boldsymbol{X}$) im Inertialsystem beobachtet und durch Zeitreihen beschrieben $\Delta \boldsymbol{X} = \Delta \boldsymbol{X}\{t\}$ bzw. $\boldsymbol{X} = \boldsymbol{X}\{t\}$, so kann die momentane Ausrichtung der Rotationsachse jederzeit relativ zu diesen Trajektorien und damit auch im Inertialsystem angegeben werden. Diese Feststellung erhellt aus der folgenden Überlegung: Drei konsekutive Punkte P_1, P_2, P_3 mit den Koordinaten in einem Inertialsystem: $\boldsymbol{X}_1$, $\boldsymbol{X}_2$, $\boldsymbol{X}_3$ auf der Spur eines mit der Winkelgeschwindigkeit ω_E rotierenden Punktes P definieren eine

Ebene. Der Vektor der Rotationsachse steht senkrecht auf dieser Ebene, die von den konsekutiven Vektoren $\mathrm{d}\boldsymbol{X}_1 = \boldsymbol{X}_2 - \boldsymbol{X}_1$ und $\mathrm{d}\boldsymbol{X}_2 = \boldsymbol{X}_3 - \boldsymbol{X}_2$ aufgespannt wird. Im angenommenen Fall einer infinitesimalen Drehung um den Winkel $\mathrm{d}\theta$, die sich im Zeitelement $\mathrm{d}t$ vollzieht, lautet der dieser Drehung entsprechende momentane Rotationsvektor:

$$\omega_{\mathrm{E}} = \frac{\mathrm{d}\theta}{\mathrm{d}t} = \frac{\mathrm{d}\boldsymbol{X}_1 \times \mathrm{d}\boldsymbol{X}_2}{\mathrm{d}|\boldsymbol{X}_1| \cdot \mathrm{d}|\boldsymbol{X}_2| \cdot \mathrm{d}t} \approx \frac{\Delta\boldsymbol{X}_1 \times \Delta\boldsymbol{X}_2}{\Delta|\boldsymbol{X}_1| \cdot \Delta|\boldsymbol{X}_2| \cdot \Delta t} . \tag{4.6-7}$$

4.6.3 Auswirkung der Polbewegung auf die Lotrichtung und auf Azimute

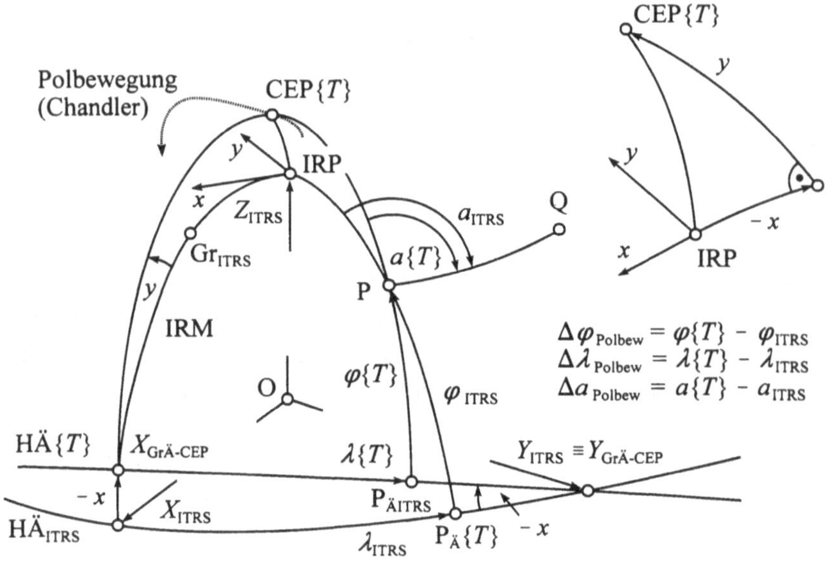

Bild 4.6-3: Polbewegung: Änderungen von
Breite $\Delta\varphi_{\text{Polbew}} = \varphi\{T\} - \varphi_{\text{ITRS}}$
Länge $\Delta\lambda_{\text{Polbew}} = \lambda\{T\} - \lambda_{\text{ITRS}}$ und
Azimut $\Delta a_{\text{Polbew}} = a\{T\} - a_{\text{ITRS}}$

Die aus dem FK5 über das IAU(1980)-Nutationsmodell und mit Hilfe der Erdorientierungsparameter *EOP4* und *EOP5* abgeleiteten Sternkoordinaten beziehen sich auf den Zälestischen Ephemeridenpol (CEP) bzw. auf den zu dieser Richtung senkrechten Himmelsäquator (HÄ) sowie auf das momentane Frühlingsäquinoktium. Mit den Methoden der Geodätischen Astronomie werden daraus in den Beobachtungsstandorten Lotrichtungen (λ, φ) und Azimute (a) abgeleitet, die sich auf den gleichen Pol (also den CEP) und auf einen definierten, den CEP und einen erdfesten Äquatorpunkt enthaltenden »Greenwich-Meridian« (»GrM«) beziehen.

Da der CEP und die an ihn gebundenen Meridiane (einschließlich dem apostrophierten GrM) aufgrund der *Polbewegung* im erdfesten Bezugssystem ihre Lage ändern, sind die so datierten Lotrichtungen und Azimute im erdfesten Bezugssystem zeitlich veränderlich; ⇨ Bilder 4.6-3 und 4.6-4.

Lotrichtungen und Azimute sind aber - abgesehen von hier nicht interessieren Veränderungen aufgrund spontaner oder in geologischen Zeiträumen ablaufender tektonischer Veränderungen - erdfeste Richtungen, die man für geodätische Aufgabenstellungen tunlichst im erdfesten ITRF beschreibt, wo sie konstante Maßzahlen (λ_{ITRF}, φ_{ITRF}, a_{ITRF}) annehmen. Es gilt also, die im CEP/»GrM«-System astrogeodätisch gewonnenen Lotrichtungen und Azimute in das ITRF überzuführen und damit auf den ITRF-Pol (IRP) und auf den ITRF-Greenwich-Meridian (IRM) zu beziehen.

Der Übergang vom IRP/IRM- (ITRS) auf das CEP/»GrM«-System und in umgekehrter Richtung läßt sich durch zwei kleine Drehungen dd_1 und dd_2 um Achsen eines ⟨FrÄ⟩-Systems beschreiben: Erste Drehung $dd_1 = y$ um die X-Achse; zweite Drehung $dd_2 = x$ um die (durch die erste Drehung neu orientierte) Y-Achse. Unter Bezugnahme auf die in 3.1.1 und 3.1.2 dargestellten Werkzeuge zur Beschreibung räumlicher Drehungen kann man für den Übergang vom System ⟨GrÄ-IRP⟩ in das System ⟨GrÄ-HNP⟩ - und umgekehrt - die folgenden Transformationen ansetzen:

⟨ITRF⟩ → ⟨CEP/»GrM«⟩

$$\boldsymbol{X}_{CEP/»GrM«} := \boldsymbol{R}_{ITRF \rightarrow CEP/»GrM«} \cdot \boldsymbol{X}_{ITRF} \; ; \qquad (4.6\text{-}8)$$

⟨CEP/»GrM«⟩ → ⟨ITRF⟩

$$\boldsymbol{X}_{ITRF} := \boldsymbol{R}_{CEP/»GrM« \rightarrow ITRF} \cdot \boldsymbol{X}_{CEP/»GrM«} \, . \qquad (4.6\text{-}9)$$

Mit den in Tabelle 4.6-1 niedergelegten Querverweisen erhält man die nachfolgend spezifizierten Transformationsgleichungen.

Transformation in vektorieller Schreibweise

$$\boldsymbol{X}_{GrÄ\text{-}IRP} = \begin{pmatrix} X_{GrÄ\text{-}IRP} \\ Y_{GrÄ\text{-}IRP} \\ Z_{GrÄ\text{-}IRP} \end{pmatrix} = \begin{pmatrix} \cos\lambda_{IERS} \cdot \cos\varphi_{IERS} \\ \sin\lambda_{IERS} \cdot \cos\varphi_{IERS} \\ \sin\lambda_{IERS} \end{pmatrix} \; ; \qquad (4.6\text{-}10)$$

$$\boldsymbol{X}_{GrÄ\text{-}HNP} = \begin{pmatrix} X_{GrÄ\text{-}HNP} \\ Y_{GrÄ\text{-}HNP} \\ Z_{GrÄ\text{-}HNP} \end{pmatrix} = \begin{pmatrix} \cos\lambda \cdot \cos\varphi \\ \sin\lambda \cdot \cos\varphi \\ \sin\lambda \end{pmatrix} \; ; \qquad (4.6\text{-}11)$$

$$\boldsymbol{R}_{\mathrm{IRP}\to\mathrm{HNP}} = \begin{pmatrix} 1 & 0 & -x \\ 0 & 1 & y \\ x & -y & 1 \end{pmatrix} ; \quad \boldsymbol{R}_{\mathrm{HNP}\to\mathrm{IRP}} = \begin{pmatrix} 1 & 0 & x \\ 0 & 1 & -y \\ -x & y & 1 \end{pmatrix} . \qquad \begin{matrix}(4.6\text{-}12/1)\\(4.6\text{-}12/2)\end{matrix}$$

Tabelle 4.6-1: Bezeichnungen der Koordinaten und Richtungswinkel etc. in den Bezugssystemen ⟨ITRS⟩ und ⟨CEP/»GrM«⟩

Bezeichnung gemäß 3.1	Bezeichnung gemäß 4.6	Erläuterungen
⟨E⟩	⟨ITRS⟩	Greenwich-Äquatorsystem gemäß IERS-Vereinbarung
$\boldsymbol{X}$	$\boldsymbol{X}_{\mathrm{GrÄ-IRP}} \equiv \boldsymbol{X}_{\mathrm{ITRS}}$	Cart. Koord. im ⟨GrÄ-IRP⟩ ≡ ⟨ITRS⟩
r_1	λ_{IERS}	*Geogr. Länge eines Standortes im ⟨GrÄ-IRP⟩* ≡ ⟨ITRS⟩
r_2	φ_{IERS}	*Geogr. Breite eines Standortes im ⟨GrÄ-IRP⟩* ≡ ⟨ITRS⟩
$\mathrm{d}d_2$	x	*x-Koordinate des CEP im ITRF* (Drehung um $Y_{\mathrm{GrÄ-IRP}}$-Achse)
$\mathrm{d}d_1$	y	*y-Koordinate des CEP im ITRF* (Drehung um $X_{\mathrm{GrÄ-IRP}}$-Achse)
⟨E'⟩	⟨GrÄ-CEP⟩	Momentanes Greenwich-Äquator-System mit Ausrichtung zum CEP
$\boldsymbol{X'}$	$\boldsymbol{X}_{\mathrm{GrÄ-CEP}}$	Cart. Koordinaten im ⟨GrÄ-CEP⟩
r_1'	$\lambda\{T\} = \lambda$	*Geogr. Länge eines Standortes im ⟨GrÄ-CEP⟩*
r_2'	$\varphi\{T\} = \varphi$	*Geogr. Breite eines Standortes im ⟨GrÄ-CEP⟩*
$\boldsymbol{R} = \boldsymbol{R}\{\mathrm{d}d_1\}\cdot\boldsymbol{R}\{\mathrm{d}d_2\}$	$\boldsymbol{R}_{\mathrm{IRP}\to\mathrm{CEP}} = \boldsymbol{R}_1\{y\}\cdot\boldsymbol{R}_2\{x\}$	Drehmatrix ⟨GrÄ-IRP⟩ → ⟨GrÄ-CEP⟩

Transformation in trigonometrischer Schreibweise

In der Praxis wird der Übergang von den Koordinaten λ, φ und von Azimuten a des ⟨GrÄ-IRP⟩- in das ⟨GrÄ-HNP⟩-System meist über die Differenzen

$$\Delta\lambda_{\text{Polbew}} = \lambda - \lambda_{\text{IERS}} := \tan\varphi \cdot (\sin\lambda \cdot x + \cos\lambda \cdot y); \qquad (4.6.\text{-}13/1)$$

$$\Delta\varphi_{\text{Polbew}} = \varphi - \varphi_{\text{IERS}} := \cos\lambda \cdot x - \sin\lambda \cdot y; \qquad (4.6\text{-}13/2)$$

$$\Delta a_{\text{Polbew}} = a - a_{\text{IERS}} := -\sec\varphi \cdot (\sin\lambda \cdot x + \cos\lambda \cdot y) \qquad (4.6\text{-}13/3)$$

herbeigeführt.

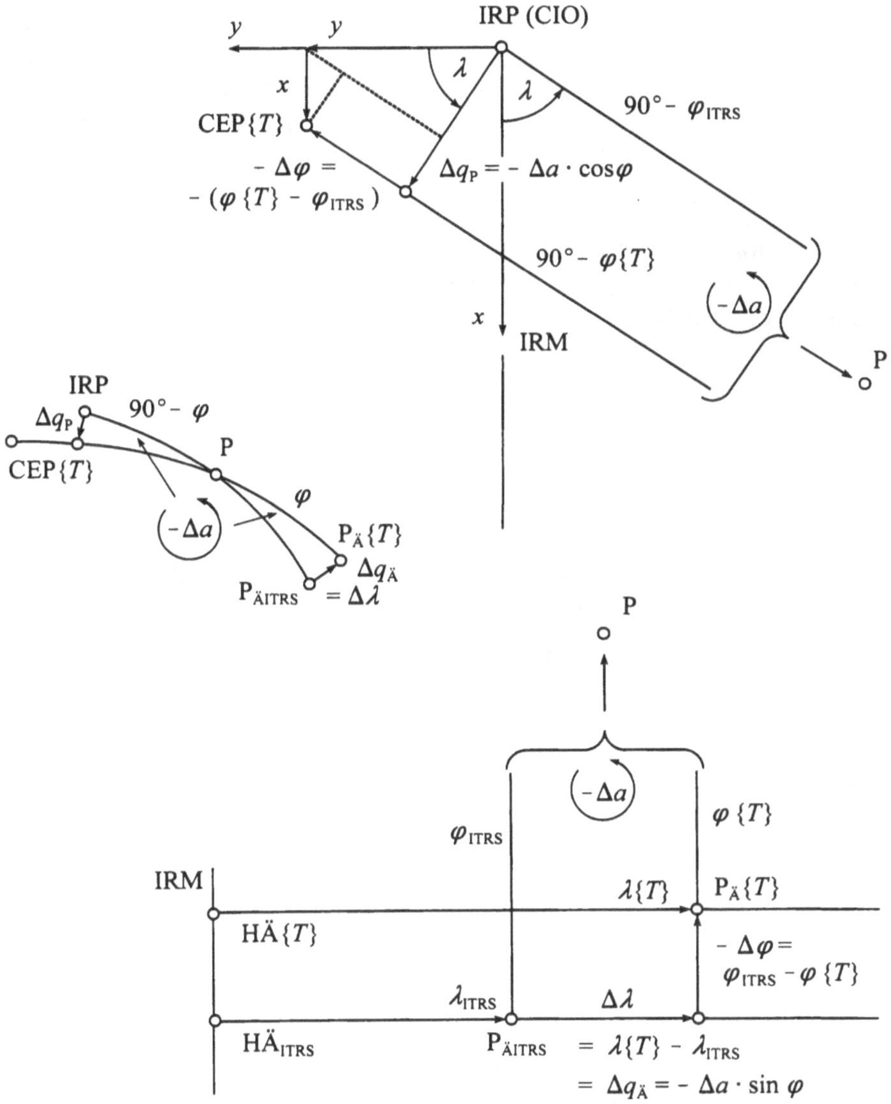

Bild 4.6-4: Polbewegung: Änderung von Breite, Länge und Azimut - Vergrößerung der mit dem Meridian von P verknüpften Pol- und Äquatorregion von Bild 4.6-1

Diese Formeln lassen sich unter Beachtung des Zusammenhangs, der zwischen der Richtungsänderung Δa eines Großkreises in einem »Pol« P und der aus dieser Richtungsänderung resultierenden Querversetzung Δq von Punkten auf dem Großkreis im Abstand S besteht, nämlich

$$\Delta q = \sigma \cdot \Delta a = \sin S \cdot \Delta a, \tag{4.6-14}$$

mit

$$\sigma = \sin S = \text{»reduzierte Länge« von } S,$$

leicht aus den in Bild 4.6-2 ablesen. In diesem Bild ist die durch die Meridiane CEP-P und IRP-P bestimmte Zone in drei Ausschnittvergrößerungen dargestellt. Oben: die Nachbarschaft der Pole CEP und IRP, in der Mitte: die Nachbarschaft des Punktes P, dessen Änderungen in Breite, Länge und Azimut bestimmt werden sollen, und unten: der durch die beiden Meridiane CEP-P und IRP-P bestimmte äquatoriale Bereich.

Man erhält zunächst unter Beachtung von $S = 90° - \varphi$ (um die Querverschwenkung Δq_{P} am Pol) und $S = \varphi$ (um die Querverschwenkung $\Delta q_{\text{Ä}}$ am Himmelsäquator zu gewinnen) aus (4.6-14):

$$\Delta q_{\mathrm{P}} = (\sin\{90° - \varphi\}) \cdot (-\Delta a) = -\Delta a \cdot \cos\varphi \quad \text{und} \tag{4.6-15}$$

$$\Delta\lambda = \Delta q_{\text{Ä}} = -\Delta a \cdot \sin\varphi. \tag{4.6-16}$$

Der Vergleich dieser beiden Gleichungen liefert:

$$\Delta\lambda = \Delta q_{\mathrm{P}} \cdot \tan\varphi \tag{4.6-17}$$

Um den Zusammenhang mit (4.6-13/1), (4.6-13/2) und (4.6-13/3) herzustellen, sind die aus Bild 4.6-2 ablesbaren Beziehungen

$$-\Delta\varphi = -\cos\lambda \cdot x + \sin\lambda \cdot y \quad \text{und} \tag{4.6-18}$$

$$\Delta q_{\mathrm{P}} = \sin\lambda \cdot x + \cos\lambda \cdot y \tag{4.6-19}$$

zu beachten. (4.6-18) beschreibt die auf P bezogene Breitenänderung des Pols; die Gleichung ist mit (4.6-13/2) identisch ($\Delta\varphi \equiv \Delta\varphi_{\mathrm{Polbew}}$). (4.6-13/1) findet man durch Einsetzen von (4.6-19) in (4.6-17); ($\Delta\lambda \equiv \Delta\lambda_{\mathrm{Polbew}}$). Schließlich ergibt sich (4.6-13/3) aus (4.6-16) und (4.6-13/1); ($\Delta a \equiv \Delta a_{\mathrm{Polbew}}$).

4.7 Atmosphärische Refraktion

4.7.1 Allgemeines

Die Atmosphärische Refraktion bewirkt eine Veränderung der Ausbreitungsgeschwindigkeit der elektromagnetischen Wellen sowie in der Regel eine Krümmung ihrer Trajektorie. Während für die astronomisch-geodätischen Arbeiten im sichtbaren Bereich des Spektrums nur der letztgenannte Effekt (Strahlenbrechung) von Bedeutung ist, muß bei der Auswertung radiointerferometrischer Arbeiten (VLBI) auch den Laufzeitveränderungen Rechnung getragen werden.

4.7.2 Strahlenbrechung

Lichtstrahlen, die sich in der Erdatmosphäre ausbreiten, werden aufgrund der Wirkung der Strahlenbrechung zum Lot hin abgelenkt. Einem Beobachter auf der Erdoberfläche erscheint ein Gestirn daher im Vergleich zu dessen tatsächlicher Richtung (in der er das Gestirn beobachten würde, wenn die Erde keine Atmosphäre hätte) unter einer verkleinerten Zenitdistanz. Aufgrund des Effekts, der für Zenitdistanzen ≈ 90° etwa ½° beträgt, kann man z.B. die Sonne (scheinbarer Durchmesser ≈ ½°) auch noch oder schon sehen, wenn sie - geometrisch betrachtet - bereits untergegangen bzw. noch nicht aufgegangen ist.

Wie im folgenden noch zu zeigen sein wird, hängt die refraktionsbedingte Richtungsänderung von der Zenitdistanz z ab, unter der ein Gestirn vom betreffenden Beobachtungsort aus erscheint, sowie vom aktuellen Zustand der Atmosphäre, der meteorologischen Schwankungen unterworfen ist. Da die momentane Zenitdistanz eines Gestirns nach (3.3-16/1) eine Funktion des Standorts des Beobachters (φ, λ) und des zeitlich veränderlichen Stundenwinkels t sowie eines wechselhaften meteorologischen Zustandes der Atmosphäre ist, ist es nicht möglich, den Refraktionseinfluß bereits an den Sternkoordinaten anzubringen.

Wenn also die zu Gestirnen gemessene Zenitdistanzen mit den Koordinaten dieser Gestirne (α, δ) in Verbindung gebracht werden sollen, wie dies zur Lösung der Grundaufgaben der Geodätischen Astronomie erforderlich ist, müssen die Beobachtungen vor ihrer Verknüpfung vom Einfluß der Refraktion befreit werden.

Das Grundgesetz der Strahlenbrechung ist das von Willibrord Snellius (1580-1626) entdeckte und nach ihm benannte *Brechungsgesetz* (➪ (2.10-15/1), (2.10-15/2), Bild 4.7-1 - links oben). Nach diesem Gesetz erfährt ein Lichtstrahl an der Grenzfläche zweier Medien, in denen sich das Licht mit unterschiedlicher Geschwindigkeit ausbreitet, eine Richtungsänderung. Dabei ist das Verhältnis vom Sinus des Einfallswinkels (z_{i+1} = Winkel des einfallenden Strahls gegen das Einfallslot) zum Sinus des Brechungswinkels (z_i = Winkels des gebrochenen Strahls gegen das Einfallslot) konstant und gleich dem Verhältnis der Ausbreitungsgeschwindigkeiten (v_i und v_{i+1}) des Lichtstrahls und dem reziproken Verhältnis der Brechungskoeffizienten (n_i und n_{i+1}) der aneinandergrenzenden Medien, die die Ausbreitungsgeschwindigkeit bestimmen:

$$\frac{\sin z_{i+1}}{\sin z_i} = \frac{v_{i+1}}{v_i} = \frac{n_i}{n_{i+1}} . \qquad (4.7\text{-}1)$$

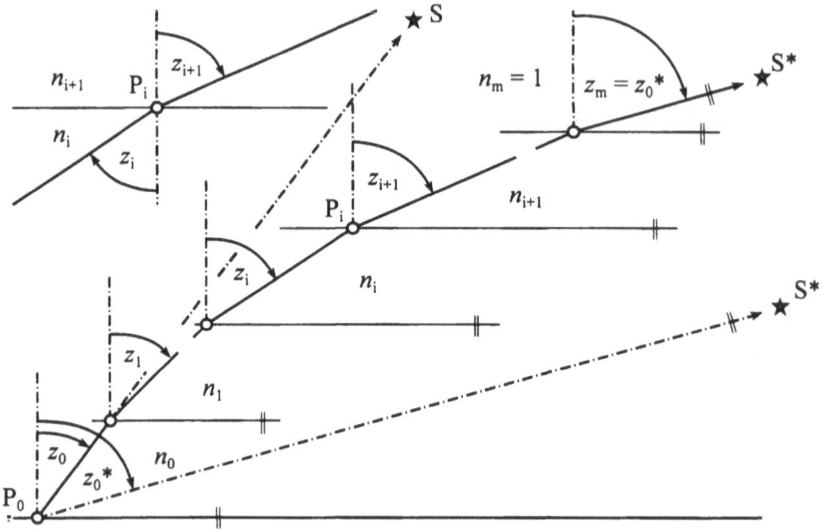

Bild 4.7-1: Verlauf eines Lichtstrahls unter Annahme eines vereinfachten Atmosphärenmodells (ebene und parallele Luftschichten)

Das Gesetz soll zunächst auf das in Bild 4.7-1 skizzierte, stark vereinfachte Atmosphärenmodell angewandt werden, das aus ebenen und parallelen Luftschichten mit jeweils homogenen Inhalten aufgebaut ist. Man erhält für die Richtungen z_i und z_{i+1} eines Lichtstrahls am Übergang zweier unmittelbar benachbarter Luftschichten:

$$n_{i+1} \cdot \sin z_{i+1} = n_i \cdot \sin z_i \,. \tag{4.7-2}$$

Setzt man diese Beziehung nun der Reihe nach für alle Luftschichten (m ... i ... 0) an, aus denen die Atmosphäre im angenommenen Idealfall zusammensetzt ist, – beginnend mit der obersten Schicht (i = m), die an das Vakuum mit $n = 1$ grenzt, bis hin zu der Schicht (i = 0), in der sich der Beobachter befindet –, so entsteht die folgende Beziehungskette:

$$\begin{aligned} \sin z_0^* &= n_m \cdot \sin z_m \\ n_m \cdot \sin z_m &= n_{m-1} \cdot \sin z_{m-1} \\ &\;\;\vdots \\ n_{i+1} \cdot \sin z_{i+1} &= n_i \cdot \sin z_i \\ &\;\;\vdots \\ n_1 \cdot \sin z_1 &= n_0 \cdot \sin z_0 \,. \end{aligned} \tag{4.7-3}$$

Bei der Addition aller Gleichungen (4.7-3) heben sich alle durch die Indizes i = 1 ... m gekennzeichneten Terme heraus und es verbleibt als Summe

$$\sin z_0^* = n_0 \cdot \sin z_0 \,. \tag{4.7-4}$$

Der Unterschied zwischen z_0* und z_0 wird offenbar nur von der Zenitdistanz z_0 und vom Refraktionskoeffizienten n_0 im Beobachtungsort bestimmt.

Für die Differenz

$$\Delta z_0 = z_0^* - z_0 \qquad (4.7\text{-}5)$$

erhält man durch Taylorentwicklung der linken Seite von (4.7-4) und Übergang auf die Einheit »″«

$$\sin z_0^* \;=\; \sin z_0 + \cos z_0 \cdot \Delta z \;=\; n_0 \cdot \sin z_0 :$$

$$\Delta z_0 \;=\; \rho_{\text{rad}\to''} \cdot (n_0 - 1) \cdot \tan z_0 . \qquad (4.7\text{-}6/1)$$

Mit $\lambda = 0{,}58$ µm und bei der Annahme atmosphärischer Standardbedingungen ($p = 1013{,}25$ hPa, $T = 0°$C), für die $n_0 = n_{\text{Ph norm}} = 1{,}000293$ gilt (➪ 2.10.2), lautet (4.7-6/1):

$$\Delta z_0 \;=\; 206265'' \cdot 0{,}000293 \cdot \tan z_0 \;=\; 60'' \cdot \tan z_0 . \qquad (4.7\text{-}6/2)$$

Wie der Vergleich mit (4.7-32/1) zeigt, stimmt das Modell für kleine Zenitdistanzen weitgehend mit dem im folgenden behandelten, grundsätzlich qualifizierteren Modell einer sphärisch geschichteten Atmosphäre überein und ist daher sehr gut für Abschätzungen geeignet.

Das hohe Maß an Übereinstimmung läßt sich unter der Annahme folgender Maximalwerte leicht erklären.

- Höhe der refraktionswirksamen Atmosphäre $h_{\text{Atm}} \approx 75$ km;
- Maximale Zenitdistanz $z_{0\,\max} = 45°$;

Horizontalentfernung $S_{\max}$ des Lichtweges bei $z_{0\,\max} = 45°$:

$$S_{\max} \approx h_{\text{Atm}} \cdot \tan z_{0\,\max} = 75 \text{ km} .$$

Pfeilhöhe p der sphärisch gewölbten Luftschichten im Vergleich mit den als eben angenommenen:

$$p = S_{\max}^2 \,/\, 8{\cdot}R = (75 \text{ km})^2 / \, 8{\cdot}6380 \text{ km} = 110 \text{ m} .$$

Pfeilhöhe p bezogen auf die Entfernung $S_{\max}$:

$$p \,/\, S_{\max} = 110 \text{ m} \,/\, 75 \text{ km} = 1{,}5\text{‰} .$$

Diese Aufwölbung bliebe in Bild 4.7-1 unter der Zeichengenauigkeit.

Strebt man eine höhere geometrische Genauigkeit bei der Modellierung des Lichtweges in der Erdatmosphäre an, so darf die Krümmung der Luftschichten nicht vernachlässigt werden. Im einfachstem Modell werden die Luftschichten als konzentrische Kugelschalen von differentieller Ausdehnung und jeweils homogener Brechkraft betrachtet. Die nachfolgende Darstellung des Strahlenganges in einem solchen Modell ist an Helmert (1884, 553-561), Smart (1977, 62-68) und Mueller (1969, 103-109) angelehnt.

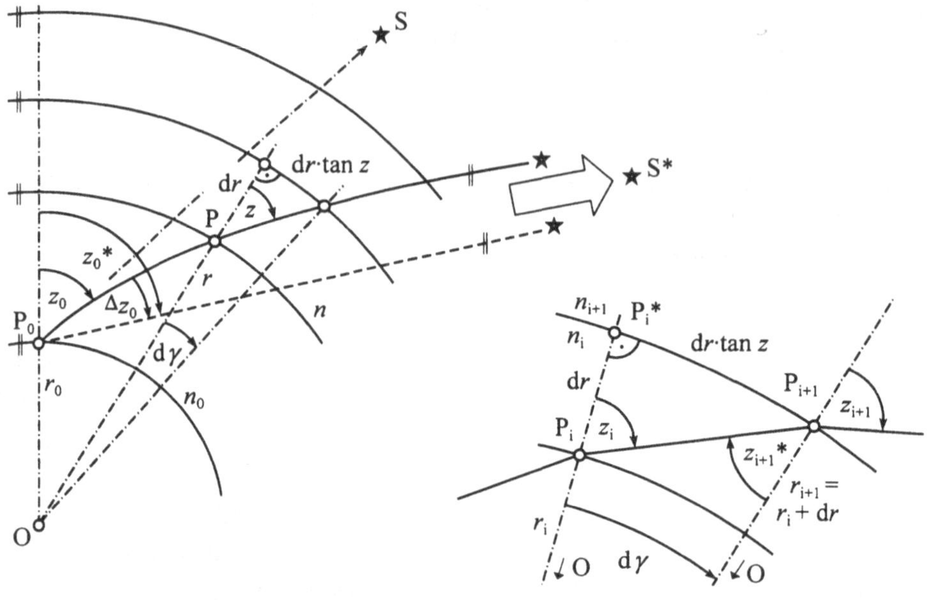

Bild 4.7-2: Strahlenbrechung in einem Atmosphärenmodell
mit sphärisch-konzentrischen Luftschichten

In Bild 4.7-2 links sei O der Mittelpunkt einer im Beobachtungsstandort P_0 senkrecht zur Lot- (Zenit-) Richtung OP_0 angelegten Erdkugel mit dem Radius $r_0 = R + h_0$ (R = Erdradius = 6378 km, h_0 = Höhe von P_0).

Ein von einem Stern S* kommender Lichtstrahl wird in der Atmosphäre gebrochen und erreicht den Beobachter in P_0 unter der Zenitdistanz z_0 . Ohne den Einfluß der Atmosphäre könnte der Beobachter S* direkt anzielen und würde bei dieser Beobachtung die Zenitdistanz z_0* erhalten. Die Differenz

$$\Delta z_0 = z_0^* - z_0 \tag{4.7-7}$$

ist die Korrektur, die an z_0 anzubringen ist, um aus der gemessenen Zenitdistanz z die gesuchte refraktionsfreie Zenitdistanz z_0* zu erhalten.

Betrachten wir zunächst anhand eines kleinen Ausschnittes aus dem Strahlengang die differentielle Richtungsänderung dβ, die der Lichtstrahl beim Übergang von einer Luftschicht mit dem Refraktionskoeffizienten n_{i+1} in die benachbarte Schicht erfährt, deren Refraktionskoeffizient n_i beträgt. Der Ausschnitt ist auf der rechten Seite von Bild 4.7-2 vergrößert dargestellt. Dabei wurde der stetig gekrümmte Strahl durch differentielle Geradenstücke ersetzt. Der Blick auf Bild 4.7-2 zeigt, daß sich die gesuchte Richtungsänderung $d\beta = z_{i+1} - z_{i+1}^*$ in zwei Komponenten dz und dγ zerlegen läßt,

$$d\beta = dz + d\gamma\,, \qquad (4.7\text{-}8)$$

nämlich in einen Unterschied dz der Einfallswinkel z_{i+1} und z_i bezüglich der benachbarten konvergenten Lotrichtungen $\{r_{i+1}\}$ und $\{r_i\}$

$$dz = z_{i+1} - z_i\,, \qquad (4.7\text{-}9)$$

und in den Kontingenzwinkel (Zentriwinkel) dγ, um den sich diese Lotrichtungen - dargestellt durch die Radien r_{i+1} und r_i - voneinander unterscheiden:

$$d\gamma = \{r_{i+1}\} - \{r_i\}. \qquad (4.7\text{-}10)$$

Nach dem Brechungsgesetz (2.10-15/1) stehen in einem beliebigen Punkt P_{i+1} des Lichtweges die korrespondierenden Winkel z_{i+1} und $z_{i+1}{}^*$ zueinander in folgender Beziehung:

$$n_{i+1} \cdot \sin z_{i+1} = n_i \cdot \sin z_{i+1}{}^*. \qquad (4.7\text{-}11)$$

Im Dreieck OP_iP_{i+1} erhält man nach dem Sinussatz

$$r_i \cdot \sin z_i = r_{i+1} \cdot \sin z_{i+1}{}^*. \qquad (4.7\text{-}12)$$

Durch Elimination von $\sin z_{i+1}{}^*$ aus (4.7-11) und (4.7-12) gewinnt man daraus:

$$r_{i+1} \cdot n_{i+1} \cdot \sin z_{i+1} = r_i \cdot n_i \cdot \sin z_i\,. \qquad (4.7\text{-}13/1)$$

Die selbe Beziehung - unterschieden lediglich durch die Indizes - erhält man auch für die unmittelbar benachbarten Grenzschichten, z.B.

$$r_i \cdot n_i \cdot \sin z_i = r_{i-1} \cdot n_{i-1} \cdot \sin z_{i-1}\,, \qquad (4.7\text{-}13/2)$$

wodurch sich durch Addition von (4.7-13/1) und (4.7-13/2) der Zusammenhang der Zenitdistanzen z zwischen zwei nun nicht mehr benachbarten Luftschichten herstellen läßt, z.B.:

$$r_{i+1} \cdot n_{i+1} \cdot \sin z_{i+1} = r_{i-1} \cdot n_{i-1} \cdot \sin z_{i-1}\,. \qquad (4.7\text{-}13/3)$$

Offenbar gilt generell: $r_i \cdot n_i \cdot \sin z_i = r_j \cdot n_j \cdot \sin z_j$, oder einfacher ausgedrückt:

$$r \cdot n \cdot \sin z \;=\; \text{const.} \qquad (4.7\text{-}14)$$

Mit dieser Beziehung läßt sich das für jeden Punkt des Lichtstrahls gültige Variablenprodukt auf der linken Seite von (4.7-14) auch auf die im Beobachtungsstandort P_0 meßbaren bzw. bekannten Größen r_0, n_0, z_0 beziehen:

$$r \cdot n \cdot \sin z \;=\; r_0 \cdot n_0 \cdot \sin z_0 \;=\; k_0\,. \qquad (4.7\text{-}15)$$

Indem man die durch (4.7-14) an einer beliebigen Grenzschicht beschriebenen Verhältnisse mit Hilfe von Differentialen dr, dn, dz ausdrückt:

$$(r + dr) \cdot (n + dn) \cdot \sin\{z + dz\} = r \cdot n \cdot \sin z\,,$$

gewinnt man durch Taylorentwicklung von sin $\{z + \mathrm{d}z\}$ und Vernachlässigung aller Differentiale zweiter und höherer Ordnung die für den Lichtweg grundlegende Differentialgleichung:

$$\mathrm{d}z = -\left(\frac{\mathrm{d}r}{r} + \frac{\mathrm{d}n}{n}\right) \cdot \tan z = -\left(\mathrm{d}\{\ln r\} + \mathrm{d}\{\ln n\}\right) \cdot \tan z\,, \qquad (4.7\text{-}16)$$

mit der der erste Summand dz von (4.7-8) als Funktion von dr/r, dn/n, und z beschrieben ist.

Der zweite Summand dγ von (4.7-8), der Kontingenzwinkel zweier differentiell benachbarter Lotrichtungen $\{r_{i+1}\}$ und $\{r_i\}$, ist nur von dr/r und z abhängig. Den Zusammenhang kann man anhand von Bild 4.7-2 rechts (rechtwinkliges Dreieck $P_{i+1}\,P_i\,P_i{}^*$) erkennen:

$$\mathrm{d}\gamma = \frac{\mathrm{d}r}{r} \cdot \tan z = \mathrm{d}\{\ln r\} \cdot \tan z\,. \qquad (4.7\text{-}17)$$

(4.7-16) und (4.7-17) in (4.7-8) eingesetzt ergibt:

$$\mathrm{d}\beta = -\frac{\mathrm{d}n}{n} \cdot \tan z = \mathrm{d}\{\ln n\} \cdot \tan z\,. \qquad (4.7\text{-}18)$$

Mit $\tan z = \sin z \cdot (1 - \sin^2 z)^{-1/2}$ und $\sin z = k_0/(r \cdot n)$ (4.7-15) gelingt es, diese Gleichung als Funktion von n und r darzustellen:

$$\mathrm{d}\beta = -\frac{\mathrm{d}n}{n} \cdot \frac{\sin z}{\sqrt{1 - \sin^2 z}} = -\frac{\mathrm{d}n}{n} \cdot k_0 \cdot \frac{1}{\sqrt{n^2 \cdot r^2 - k_0^2}}\,. \qquad (4.7\text{-}19)$$

Der Ausdruck, den bereits Laplace (1805, 277) kannte (vgl. Helmert, 1884, 554), beschreibt – wie bereits dargelegt – die differentielle Richtungsänderung, die ein Lichtstrahl beim Übergang von einer im Abstand r vom Erdmittelpunkt sphärisch angeordneten Luftschicht mit dem Refraktionskoeffizienten n + dn zur benachbarten Schicht mit dem Koeffizienten n erfährt. Die Richtungsänderung Δz_0 beim Weg des Lichtes durch die gesamte Atmosphäre erhält man daraus durch Integration über alle Elemente dβ:

$$\Delta z_0 = -\int_{n=1}^{n_0} \mathrm{d}\beta = k_0 \cdot \int_{n=1}^{n_0} \frac{dn}{n \cdot \sqrt{n^2 \cdot r^2 - k_0^2}}\,. \qquad (4.7\text{-}20)$$

(4.7-20) beschreibt den Einfluß der Refraktion auf die Beobachtung von Zenitdistanzen zu Objekten, die außerhalb der Erdatmosphäre liegen. Man beachte, daß die Formel zwei Variable n und r enthält, die sich – abgesehen im Falle eines horizontalen Strahlenverlaufs – auf dem Integrationsweg ändern.

Grundsätzlich müßte an dieser Stelle, um (4.7-20) integrierbar zu machen, r als eine Funktion von n dargestellt werden: $r = r\{n\}$. Diese Substitution wird zunächst zurückgestellt - sie wird sich am Ende als unnötig erweisen - und mit Hilfe der Hilfsvariablen $\epsilon = (r - r_0) / r_0$ das Verhältnis r/r_0 durch $r/r_0 = 1 + \epsilon$ beschrieben.

Bei der Annahme einer $r - r_0 = 75$ km hohen refraktionswirksamen Atmosphäre wird ϵ nur um maximal 75 km / 6380 km ≈ 1% von der Einheit abweichen. Mit der Substitution $r = r_0 + r_0 \cdot \epsilon$ erhält man nach einigen Entwicklungen und unter Vernachlässigung von Gliedern mit ϵ^2 etc. aus (4.7-20) das Aggregat:

$$\Delta z_0 = \Delta z_{01} + \Delta z_{02}, \tag{4.7-21}$$

das nun aus zwei Integralen besteht:

$$\Delta z_{01} = n_0 \cdot \sin z_0 \cdot \int_{n=1}^{n_0} \frac{\mathrm{d}n}{n \cdot \sqrt{n^2 - n_0^2 \cdot \sin^2 z_0}} \quad \text{und} \tag{4.7-22/1}$$

$$\Delta z_{02} = -n_0 \cdot \sin z_0 \cdot \int_{n=1}^{n_0} \frac{\epsilon \cdot n \cdot \mathrm{d}n}{(n^2 - n_0^2 \cdot \sin^2 z_0)^{3/2}} . \tag{4.7-22/2}$$

Das erste der beiden Integrale ist elementar lösbar und lautet:

$$\Delta z_{01} = -\arcsin \frac{n_0 \cdot \sin z_0}{n} \Big|_{n=1}^{n_0} = -z_0 + \arcsin\{n_0 \cdot \sin z_0\} . \tag{4.7-23/1}$$

Der Ausdruck läßt sich noch vereinfachen, wenn

$$\arcsin\{n_0 \cdot \sin z_0\} \equiv \arcsin\{\sin z_0 + (n_0 - 1) \cdot \sin z_0\}$$

unter Beachtung von $(n_0 - 1) \cdot \sin z_0 \ll 1$ an der Stelle $\sin z_0$ in eine McLaurin-Reihe entwickelt wird:

$$\arcsin\{n_0 \cdot \sin z_0\} = z_0 + (n_0 - 1) \cdot \tan z_0 + \frac{(n_0 - 1)^2}{2} \cdot \tan^3 z_0 + \dots .$$

Damit erhält man anstelle von (4.7-23/1):

$$\Delta z_{01} = (n_0 - 1) \cdot \tan z_0 + \frac{(n_0 - 1)^2}{2} \cdot \tan^3 z_0 . \tag{4.7-23/2}$$

Die Formel stimmt - abgesehen von den Gliedern mit $(n_0 - 1)^2$ und höherer Ordnung - mit der bereits aus dem Modell ebener Luftschichten bekannten Formel (4.7-6/1) überein. Δz_{01} hängt offensichtlich ausschließlich von Variablen ab, die für den Beobachtungsstandort P_0 gelten und dort durch Messung bestimmt werden können: z_0 durch Zenitdistanzmessung und $n_0 - 1$ nach (2.10-13) durch die Messung von Luftdruck p_0, Lufttemperatur T_0 und eventuell des Wasserdampfdruckes e_0.

$$\Delta z_{01} = 0{,}0009869 \text{ rad hPa}^{-1} \cdot \frac{p_0 - 0{,}14 \cdot e_0}{1 + \alpha \cdot T_{\text{Cels } 0}} \cdot (n_{\text{Ph norm}} - 1) \cdot \tan z_0 + 4{,}5 \cdot 10^{-8} \text{ rad} \cdot \tan^3 z_0 . \tag{4.7-23/3}$$

($\alpha = 0{,}003675$ K^{-1} = Kubischer Ausdehnungskoeffizient der Luft).

Um das Integral von Δz_{02} (4.7-22/2) auszuwerten, das zusammen mit Δz_{01} den Refraktionswinkel Δz_0 (4.7-21) bildet, wird zunächst der Refraktionskoeffizient n und sein Differential dn nach dem *Gesetz von Arago* als lineare Funktion der Luftdichte δ dargestellt:

$$n - 1 = \kappa \cdot \delta , \tag{4.7-24/1}$$

$$\mathrm{d}n = \kappa \cdot \mathrm{d}\delta . \tag{4.7-24/2}$$

Der Proportionalitätsfaktor κ, mit dem die Dichte δ der Luft $n-1$ bestimmt, ist nach Smart (1977, 66):

$$\kappa = 2{,}266 \cdot 10^{-4} \text{ m}^3 \text{kg}^{-1} . \tag{4.7-25}$$

Aus (4.7-22/2) erhält man mit (4.7-24/2)

$$\Delta z_{02} = -\kappa \cdot n_0 \cdot \sin z_0 \cdot \int_{\delta=0}^{\delta_0} \frac{\epsilon \cdot n \cdot \mathrm{d}\delta}{(n^2 - n_0^2 \cdot \sin^2 z_0)^{3/2}} . \tag{4.7-26}$$

Da n und n_0 nahe bei der Einheit liegen, ändert sich am Integral nur wenig (bei Beschränkung auf Glieder der ersten Ordnung überhaupt nicht), wenn man $n = n_0 = 1$ setzt, wodurch sich (4.7-26) zu

$$\begin{aligned} \Delta z_{02} &= -\kappa \cdot \frac{\sin z_0}{(1 - \sin^2 z_0)^{3/2}} \cdot \int_{\delta=0}^{\delta_0} \epsilon \cdot \mathrm{d}\delta = -\kappa \cdot \frac{\sin z_0}{\cos^3 z_0} \cdot \int_{\delta=0}^{\delta_0} \epsilon \cdot \mathrm{d}\delta \\ &= -\kappa \cdot \tan z_0 \cdot (1 + \tan^2 z_0) \cdot \int_{\delta=0}^{\delta_0} \epsilon \cdot \mathrm{d}\delta \end{aligned} \tag{4.7-27}$$

vereinfacht.

Durch partielle Integration läßt sich das verbliebene Integral zerlegen in:

$$\int_{\delta=0}^{\delta_0} \epsilon \cdot \mathrm{d}\delta = \epsilon \cdot \delta \,\Big|_{\delta=0}^{\delta_0} - \int_{\epsilon=\epsilon_{\max}}^{0} \delta \cdot \mathrm{d}\epsilon . \tag{4.7-28/1}$$

Die durch $\epsilon \cdot \delta \,\Big|_{\delta=0}^{\delta_0}$ festgelegte Differenz zweier Produkte verschwindet, weil jedes einzelne Produkt verschwindet: Am Beobachtungsstandort, gekennzeichnet durch $\delta = \delta_0$ und $\epsilon = 0$ ($r/r_0 = 1$), ist $\epsilon \cdot \delta = 0$, weil $\epsilon_0 = 0$ ist. An der Eintrittstelle des Lichtstrahles in die Atmosphäre ist die Luftdichte $\delta = 0$, was ebenfalls $\epsilon \cdot \delta = 0$ nach sich zieht. Damit erhalten wir aus (4.7-28/1) und nach Vorzeichenwechsel wegen Vertauschung der Integrationsgrenzen:

$$\int_{\delta=0}^{\delta_0} \epsilon \cdot \mathrm{d}\delta = \int_{\epsilon=0}^{\epsilon_{\max}} \delta \cdot \mathrm{d}\epsilon . \qquad (4.7\text{-}28/2)$$

Das Integral (4.7-28/2) läßt sich als die Masse $m = \overline{\delta} \cdot dq \cdot (r_{\max} - r_0) = \overline{\delta} \cdot dq \cdot (h_{\max} - h_0)$ einer vom Punkt P_0 ($h = h_0$, $\epsilon = 0$) bis zur Grenze der Atmosphäre ($h = h_{\max}$, $\epsilon = \epsilon_{\max}$) reichenden Luftsäule mit einem differentiellen Querschnitt $dq \rightarrow 0$ interpretieren. Denn wegen $1 + \epsilon = r/r_0$ gilt $d\epsilon = dr/r_0 = dh/r_0$, und somit auch

$$\int_{\epsilon=0}^{\epsilon_{\max}} \delta \cdot \mathrm{d}\epsilon = \frac{1}{r_0} \cdot \int_{h=h_0}^{h_{\max}} \delta \cdot \mathrm{d}h = \frac{1}{r_0} \cdot \overline{\delta} \cdot (h_{\max} - h_0) = \frac{m}{r_0 \cdot \mathrm{d}q} . \qquad (4.7\text{-}29/1)$$

Unter Bezugnahme auf die in 2.11.4 definierte *homogene Atmosphäre* ($\delta_{\text{hom}} = \delta_{0\ \text{Stand.Atm.}} = 0{,}001293\,\text{g/cm}^3 = \text{const.}$; $h_{\text{hom}} \approx 8\,\text{km}$) und unter der vereinfachten Annahme, daß in der unteren Luftschicht, in der P_0 liegt, sich δ_{hom} und δ_0 nur geringfügig unterscheiden, kann (4.7-29/1) auch durch

$$\int_{\epsilon=0}^{\epsilon_{\max}} \delta \cdot \mathrm{d}\epsilon = \frac{m}{r_0 \cdot \mathrm{d}q} = \frac{1}{r_0} \cdot \delta_0 \cdot (h_{\text{hom}} - h_0) \qquad (4.7\text{-}29/2)$$

ersetzt werden.

Die Masse m der betrachteten Luftsäule erzeugt im Punkt P_0 eine Schwerkraft $m \cdot \overline{g} \approx m \cdot g_0$. und übt auf den Querschnitt dq einen Druck von $p_0 = \dfrac{m \cdot g_0}{\mathrm{d}q}$ aus. Man kann das Integral (4.7-29/1) damit auch durch den Luftdruck p_0 im Beobachtungsstandort ausdrücken:

$$\int_{\epsilon=0}^{\epsilon_{\max}} \delta \cdot \mathrm{d}\epsilon = \frac{1}{r_0} \cdot \frac{p_0}{g_0} = \delta_0 \cdot \frac{h_{\text{hom}} - h_0}{r_0} , \qquad (4.7\text{-}29/3)$$

und erhält anstelle von (4.7-27):

$$\Delta z_{02} = -\kappa \cdot \frac{p_0}{r_0 \cdot g_0} \cdot (\tan z_0 + \tan^3 z_0) = -\kappa \cdot \frac{\delta_0 \cdot (h_{hom} - h_0)}{r_0} \cdot (\tan z_0 + \tan^3 z_0)$$

(4.7-30/1)

Mit $\kappa = 2{,}266 \cdot 10^{-4}\,m^3\,kg^{-1}$, $r_0 = 6378\,km$, $g_0 = 9{,}81\,m/s^2$, $\delta_0 = 0{,}001293\,g/cm^3$ und $h_{hom} - h_0 \approx 8$ km wird daraus wegen $1\,hPa = 100\,N/m^2$ und $1\,N = 1\,kg\,m/s^2$

$$\Delta z_{02} = -3{,}61 \cdot 10^{-10}\,rad\,hPa^{-1} \cdot p_0 \cdot (\tan z_0 + \tan^3 z_0)$$

$$\approx -3{,}66 \cdot 10^{-7}\,rad \cdot (\tan z_0 + \tan^3 z_0)\,. \qquad (4.7\text{-}30/2)$$

Die Zusammenfassung von (4.7-24/1) und (4.7-30/2) und die Auslegung der Formel auf einen Mittelwert des Brechungskoeffizienten $n_{Ph\ norm} = 1{,}000293$ (2.10.10/3) für den Bereich des sichtbaren Lichts ($\overline{\lambda} = \lambda_{grünes\ Licht} = 0{,}57\ \mu m$) ergibt mit $\rho_{rad \to ''} = 206265''$ (um Δz_0 in »″« zu erhalten):

$$\Delta z_0 = 0{,}0597''hPa^{-1} \cdot \frac{p_0 - 0{,}14 \cdot e_0}{1 + \alpha \cdot T_{Cels\,0}} \cdot \tan z_0 - 0{,}066'' \cdot \tan^3 z_0\,. \qquad (4.7\text{-}31/1)$$

Da e_0 stets kleiner als der Sättigungsdampfdruck $e_{Sätt}$ ist, der für Temperaturen von 0° bis 20° zwischen 6,1 hPa und 23,4 hPa liegt (Kohlrausch, 1968/3, 44) also $e_0 \leq e_{Sätt} \leq 23{,}4\,hPa$, $e_0 / p_0 \leq 2{,}3\%$, $0{,}14 \cdot e_0 / p_0 \leq 3{,}2‰$, wird e_0 in der Praxis meist vernachlässigt, ebenso das Glied mit $\tan^3 z_0$, und man erhält die einfache Formel:

$$\Delta z_0 = 0{,}0597''hPa^{-1} \cdot \frac{p_0}{1 + \alpha \cdot T_{Cels\,0}} \cdot \tan z_0\,. \qquad (4.7\text{-}31/2)$$

Die durch die getroffenen Vereinfachungen entstehenden maximalen Fehler von Δz_0 liegen aufgrund der Vernachlässigung der Luftfeuchte (unter Annahme von $e_0 = 23{,}4\,hPa$) bei 0,20″ und aufgrund des $\tan^3$-Gliedes (mit $z_0 \leq 45°$) bei 0,07″.

Bei Beobachtung in Meereshöhe und unter der Annahme einer Standardatmosphäre ($p_0 = 1013{,}25\,hPa$, $T_{Cels\,0} = 0°$) erhält man:

$$\Delta z_0 = 60{,}5'' \cdot \tan z_0\,, \qquad (4.7\text{-}32/1)$$

und in 500 m Höhe (Normalluftdruck in dieser Höhe $p_0 = 955\,hPa$, $T_{Cels\,0} = 0°$):

$$\Delta z_0 = 55{,}00'' \cdot \tan z_0\,. \qquad (4.7\text{-}32/2)$$

Vergleichbare Formeln - Unterschiede beruhen auf unterschiedliche Annahmen über die maßgeblichen meteorologischen Daten - finden sich z.B. in Roelofs, 1950, 55; Landolt/ Börnstein, 1965, 48; Saastamoinen, 1972, 386; Smart, 1977, 68; Naito/Sugawa, 1084; Mackie, 1985, 125; Meeus, 1992, 114; Seidelmann, 1992, 144; *The Astronomical Almanac, B62.*

Bemerkenswert an der hier entwickelten Formel (4.7-31/1) bzw. (4.7-31/2) und auch an den soeben aufgezählten ist, daß im Rahmen der vorgenommenen Vereinfachungen (bei Taylor-Entwicklungen Vernachlässigung von Gliedern zweiter und höherer Ordnung) Δz_0 nur von den atmosphärischen Bedingungen des Beobachtungsstandortes P_0 abhängt: Eine Gelegenheit, die Funktion $n = n\{r\}$ zu spezifizieren und dadurch mögliche Einflüsse der Atmosphäre abseits des Beobachtungsortes P_0 ins Spiel zu bringen, wurde durch die Vereinfachung (4.7-29/2), die in Strenge nur für $z = 0°$ zulässig ist, vergeben.

Man darf daher aus der Struktur von (4.7-31) nicht den Schluß ziehen, daß der Aufbau der Atmosphäre ohne Einfluß auf das Ergebnis wäre. Allerdings ist wegen der Kleinheit von (4.7-29) dieser Einfluß für kleine Zenitdistanzen sehr gering. Auch bei der Entwicklung der geometrischen Zusammenhänge wurden Vereinfachungen vorgenommen, die den Anwendungsbereich der Formeln einschränken, etwa beim Übergang von (4.7-23/1) auf (4.7-23/2), wo Glieder der zweiten und höherer Ordnung vernachlässigt wurden. Alles in allem sollte man die Anwendung der Formeln auf kleine Zenitdistanzen (z.B. $z \leq 45°$) beschränken. Derartige Beschränkungen, u.U. mit großzügigeren Grenzwerten, gelten grundsätzlich auch für genauere (und kompliziertere) Formeln, etwa für jene, die von Saastamoinen (1971/ 1972) entwickelt wurden (Seidelmann, 1992, 143-144).

Auf die Struktur $\Delta z_0 = r_0 \{z\} \cdot f \{ p_0, T_{\text{Cels } 0} \}$ gebracht, sind Saastamoinens Formeln im *Star Almanac for Land Surveyors* (z.B. 1996, 62-64) für Zenitdistanzen von 0° bis 80° vertafelt.

Numerische Integration

Eine Möglichkeit, die bei der Konstruktion der geschlossenen Formel (4.7-31) begangenen kleinen Fehler zu vermeiden, bietet die numerische Integration von (4.7-20). Das numerische Integrationsverfahren liefert bei entsprechender Rechnerleistung grundsätzlich strenge Ergebnisse und erlaubt - was mit der geschlossenen Formel nicht möglich ist - beliebige Atmosphärenmodelle $n = n\{r\}$ bzw. $r = r\{n\}$ ins Spiel zu bringen. $n\{r\}$ und $r\{n\}$ können dabei als Funktionen oder in Form von Zahlenreihen vorgegeben werden.

Wählt man als Schrittweite der Intergration $\Delta n = (1 - n_0) / m$ (m = beliebig vorgegebene Anzahl von Schritten), so erhält man mit den aus Messungen in P_0 bekannten *Startwerten*:

$$z^{(0)} := z_0 ; \quad n^{(0)} := n_0 ; \quad r^{(0)} := r_0 := R_0 + h_0 ;$$

$k_0 = n_0 \cdot r_0 \cdot \sin z_0$; (4.7-15) (R_0 = Erdradius = 6378 km; h_0 = Höhe von P_0),

die Differenzen $\Delta\beta^{(i)}$ etc. für $i = 1 \ldots m$:

$$\Delta\beta^{(i)} := -\frac{\Delta n}{n^{(i-1)}}\cdot\tan z^{(i-1)}; \quad (4.7-18)$$

$$n^{(i)} := n^{(i-1)} + \Delta n;$$

$$r^{(i)} := r\{n^{(i)}\}; \tag{4.7-34/1}$$

$$\sin z^{(i)} := \frac{k_0}{n^{(i)}\cdot r^{(i)}} \quad (4.7-15); \quad \tan z^{(i)} := \frac{\sin z^{(i)}}{\sqrt{1-\sin^2 z^{(i)}}}.$$

Integration aller $\Delta\beta^{(i)}$: Nachdem $i = m$ erreicht ist, werden alle in den einzelnen Integrationsschritten i gewonnenen $\Delta\beta^{(i)}$ aufsummiert (integriert):

$$\Delta z_0^{(m)} = -\beta^{(m)} = -\sum_{i=1}^{m}\Delta\beta^{(i)}. \tag{4.7-34/2}$$

Um sicher zu gehen, daß mit $\Delta n = (1-n_0)/m$ eine ausreichend kleine Schrittweite gewählt wurde, wird man z.B. mit halbierter Schrittweite ($m := 2\cdot m$) den angegebenen Integrationsprozeß erneut durchlaufen. Stimmt das neue Ergebnis $\Delta z_0{}^{(m)}$ ($m := 2\cdot m$) mit dem vorangegangenen (m) überein, so kann die Iteration abgebrochen und der gesuchte Refraktionswinkel

$$\Delta z_0 := \Delta z_0{}^{(m)} \tag{4.7-34/3}$$

angegeben werden. Wenn nicht, ist die Prozedur so lange zu wiederholen, bis zwei aufeinander folgende, durch Halbierung der Schrittweite unterschiedene Summen zum gleichen Ergebnis führen.

Die Differentialgleichung (4.7-18) und das daraus gebildete Integral (4.7-20), das den analytischen Formeln (4.7-31/1) und (4.7-31/2) zugrunde liegt, ist für einen horizontal verlaufenden Lichtstrahl ($\tan z_0 \to \infty$, $dn/n \to 0$) unbestimmt, obwohl $d\beta$ existiert. In der Tat handelt es sich dabei um eine Singularität, die durch Einführung einer anderen Integrationsvariablen durchaus aufgehoben werden kann. So erhält man z.B. aus (4.7-16) und (4.7-18) durch die Eliminierung von $\tan z$ und unter Beachtung von $d\{\ln n\} = dn/n$, $d\{\ln r\} = dr/r$:

$$d\beta = -\frac{d\{\ln n\}}{d\{\ln r\} + d\{\ln n\}}\cdot dz = -\frac{\dfrac{d\{\ln n\}}{d\{\ln r\}}}{1+\dfrac{d\{\ln n\}}{d\{\ln r\}}}\cdot dz = -\frac{r\cdot\dfrac{dn}{dr}}{n + r\cdot\dfrac{dn}{dr}}\cdot dz; \tag{4.7-35}$$

(Auer/Standish, 1979; Seidelmann, 1992, 141-143).

Das aus (4.7-35) über den Lichtweg in der Atmosphäre gebildete Integral lautet:

$$\beta = -\int\limits_{z=0}^{z_0} \frac{r \cdot \frac{\mathrm{d}n}{\mathrm{d}r}}{n + r \cdot \frac{\mathrm{d}n}{\mathrm{d}r}} \cdot \mathrm{d}z\,. \tag{4.7-36}$$

($z = 0$, das hier anstelle von $n = 1$ als Integrationsgrenze einzusetzen ist, tritt für $r \to \infty$ ein, wenn der für z maßgebliche Radius r parallel zum Lichtstrahl verläuft). Gibt man nun noch ein Atmosphärenmodell $n = n\{r\}$ vor, was implizit auch eine Aussage über $\frac{\mathrm{d}n}{\mathrm{d}r} = \frac{\mathrm{d}n\{r\}}{\mathrm{d}r} = \frac{\mathrm{d}n}{\mathrm{d}r}\{r\}$ einschließt, so kann der Integrand

$$f = f\{r\} = \frac{r \cdot \frac{\mathrm{d}n}{\mathrm{d}r}\{r\}}{n\{r\} + r \cdot \frac{\mathrm{d}n}{\mathrm{d}r}\{r\}} \tag{4.7-37}$$

für jedes beliebige r berechnet werden.

Welcher Wert r nun über $f\{r\}$ in (4.7-36) mit dem einzelnen dz zu verknüpfen ist, richtet sich nach den Zenitdistanzen z, auf die sich r jeweils bezieht. Er ist durch (4.7-15) bestimmt:

$$r \cdot n\{r\} \cdot \sin z\{r\} = k\{r\} = k_0\,,$$

und kann bei Vorgabe von k_0 und z sowie eines Näherungswertes $r^{(0)}$ von r nach dem Newtonschen Iterationsverfahren (Δr aus der Taylorentwicklung von

$$k\{r^{(j-1)} + \Delta r^{(j)}\} \approx k\{r^{(j-1)}\} + k'\{r^{(j-1)}\} \cdot \Delta r^{(j)} \approx k_0$$

unter Beachtung von $k'\{r\} = n \cdot \sin z + r \cdot n' \cdot \sin z$) iterativ berechnet werden:

Startwerte $r^{(0)} := r_0 := R_0 + h;\quad n^{(0)} = n\{r^{(0)}\};\quad \left\{\frac{\mathrm{d}n}{\mathrm{d}r}\right\}^{(0)} = \frac{\mathrm{d}n}{\mathrm{d}r}\{r^{(0)}\}\,;$

$k_0 = n_0 \cdot r_0 \cdot \sin z_0\,;\ z.$

Iteration $j = 1 \ldots q$:

$$\Delta r^{(j)} = r^{(j)} - r^{(j-1)} := \frac{k_0 - r^{(j-1)} \cdot n^{(j-1)} \cdot \sin z}{r \cdot \left\{\frac{\mathrm{d}n}{\mathrm{d}r}\right\}^{(j-1)} \cdot \sin z + n^{(j-1)} \cdot \sin z}\,,$$

$$r^{(j)} := r^{(j-1)} - \frac{r^{(j-1)} \cdot n^{(j-1)} - \frac{k_0}{\sin z}}{r \cdot \left\{\frac{\mathrm{d}n}{\mathrm{d}r}\right\}^{(j-1)} + n^{(j-1)}}\,. \tag{4.7-38/1}$$

:Die Iteration wird so lange fortgesetzt, bis $r^{(j)} - r^{(j-1)}$ eine vorgegebene Schranke unterschreitet. Das zuletzt gewonnene $r^{(q)} := r^{(j)}$ ist dann das gesuchte Ergebnis. In der nachfolgenden Beschreibung der numerischen Integration von (4.7-36), bei der in jedem Integrationsschritt r aus einem Näherungswert zu berechnen ist, wird der geschilderte Integrationsprozeß durch den »Operator«

$$r := r^{(q)} := r\{k_0, r^{(\text{näh})}, n\{r^{(\text{näh})}\}, \left\{\frac{dn}{dr}\right\}^{(\text{näh})}, z\} \qquad (4.7\text{-}38/2)$$

ausgedrückt.

Vor dem Start der numerischen Integration ist über das Inkrement Δz zu verfügen, das man durch willkürliche Teilung des Integrationsweges $z = 0$ bis $z = z_0$ ... in m gleichgroße Abschnitte

$$\Delta z = z_0 / m \qquad (4.7\text{-}39)$$

erhält. Die Startwerte $z^{(0)} := z_0$, $n^{(0)} := n_0$, $\{dn/dr\}^{(0)}$, $r^{(0)} := r_0 = R + h_0$ (R = Erdradius = 6378 km, h_0 = Höhe von P_0), und die von n_0, r_0 und z_0 gemäß (4.7-15) abhängige Konstante k_0 sind vorgegeben.

Damit hat man folgenden Rechenablauf:

Berechnung der Differenzen $\Delta\beta^{(i)}$ für $i = 1 \dots m$:

$$\begin{aligned}
\Delta\beta^{(i)} &:= -f\{r^{(i-1)}\} \cdot \Delta z\,; \quad (4.7\text{-}36) \text{ mit } (4.7\text{-}37)\\
z^{(i)} &:= z^{(i-1)} + \Delta z\,;\\
r^{(i)} &:= r\{k_0, r^{(i-1)}, n^{(i-1)}, \left\{\frac{dn}{dr}\right\}^{(i-1)}, z^{(i)}\}\,; \quad (4.7\text{-}38/2)\\
n^{(i)} &:= n\{r^{(i)}\}\,; \quad (\text{Atmosphärenmodell})\\
\left\{\frac{dn}{dr}\right\}^{(i)} &:= \frac{dn}{dr}\{r^{(i)}\}\,. \quad (\text{Atmosphärenmodell})
\end{aligned} \qquad (4.7\text{-}40)$$

Integration aller $\Delta\beta^{(i)}$: Nachdem $i = m$ erreicht ist, werden alle in den einzelnen Integrationsschritten i gewonnenen $\Delta\beta^{(i)}$ aufsummiert (integriert):

$$\Delta z_0^{(m)} = -\beta^{(m)} := -\sum_{i=1}^{m} \Delta\beta^{(i)} \qquad (4.7\text{-}41)$$

Um sicher zu gehen, daß m nicht zu klein (Δz_0 zu groß) gewählt wurde, wird der Zyklus mit halber Schrittweite ($m = 2{\cdot}m$) wiederholt und das Ergebnis mit dem des vorausgegangenen Rechenlaufs verglichen. Stimmen die beiden Ergebnisse für Δz_0 überein, so ist die Integration abgeschlossen:

$$\Delta z_0 := \Delta z_0^{(m)}\,.$$

Wenn das Konvergenzkriterium nicht erfüllt ist, wird die Prozedur so lange wiederholt, bis zwei aufeinander folgende Ergebnisse übereinstimmen.

4.7.3 Laufzeitverzögerung

Bei der Langbasisinterferometrie wird die momentane Richtung zu einer Radioquelle Q aus dem Zeitunterschied ΔT bestimmt, der zwischen den Ankunftzeiten einer von Q ausgesandten Wellengruppe in den Endpunkten A und B einer terrestrischen Basis liegt. Die für die Richtungsbestimmung maßgebliche geometrische Größe ist dabei der Entfernungsunterschied ΔS_{AB} zwischen Q und A auf der einen und Q und B auf der anderen Seite; ⇨ Bild 4.7-3. Ohne den Einfluß der Atmosphäre könnte der Entfernungsunterschied unmittelbar aus der Differenz der Ankunftzeiten T_B und T_A markanter identischer Wellensequenzen gewonnen werden:

$$S_{AB} = c \cdot (T_B - T_A). \tag{4.7-42}$$

Betrachten wir zunächst nur den Weg von Q nach A bzw. dessen in der Atmosphäre verlaufendes Wegstück $S_{A\,RA}$ vom Rand der Atmosphäre RA nach A.

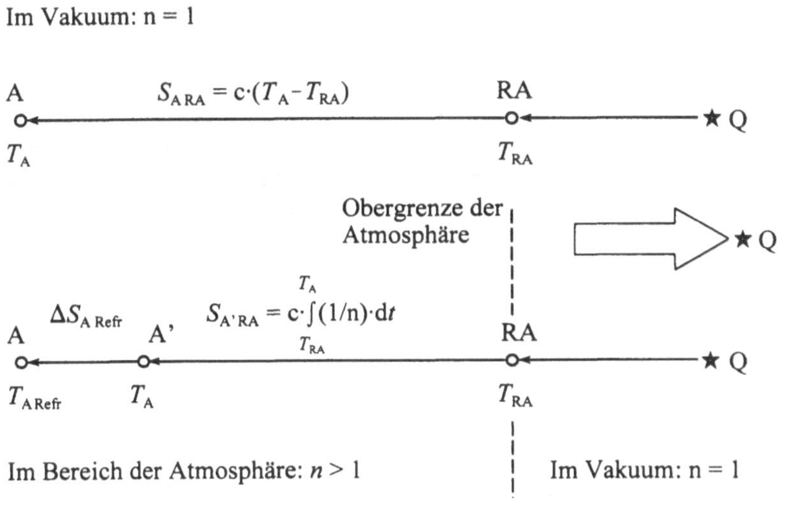

Bild 4.7-3: Lichtwege im Vakuum und in der Atmosphäre

Ohne Atmosphäre ergäbe sich der Lichtweg $S_{A\,RA}$ aus der Differenz der Epochen T_{RA} und T_A, in denen die aus Q kommende elektromagnetische Welle die Punkte RA und A erreicht über (Bild 4.7-3 oben):

$$S_{\mathrm{A\,RA}} = \mathrm{c} \cdot \int_{T_{\mathrm{RA}}}^{T_{\mathrm{A}}} \mathrm{d}t = \mathrm{c} \cdot (T_{\mathrm{A}} - T_{\mathrm{RA}}). \tag{4.7-43}$$

Bei ihrem Weg durch die Atmosphäre wird eine Wellenfront unter dem Einfluß des Refraktionskoeffizienten $n = c/v$ verzögert, sie kann daher im Zeitintervall $T_{\mathrm{A}} - T_{\mathrm{RA}}$ nur noch die Strecke $S_{\mathrm{A'RA}}$ durchlaufen (Bild 4.7-3 unten):

$$S_{\mathrm{A'RA}} = \int_{T_{\mathrm{RA}}}^{T_{\mathrm{A}}} v \cdot \mathrm{d}t = \mathrm{c} \cdot \int_{T_{\mathrm{RA}}}^{T_{\mathrm{A}}} \frac{1}{n} \cdot \mathrm{d}t. \tag{4.7-44}$$

Der Vergleich von (4.7-43) mit (4.7-44) ergibt den durch die atmosphärische Laufzeitverzögerung verursachten »Streckenfehler«:

$$\begin{aligned} \Delta S_{\mathrm{A\,Refr}} &= S_{\mathrm{A\,RA}} - S_{\mathrm{A'RA}} = \mathrm{c} \cdot \int_{T_{\mathrm{RA}}}^{T_{\mathrm{A}}} \mathrm{d}t - \mathrm{c} \cdot \int_{T_{\mathrm{RA}}}^{T_{\mathrm{A}}} \frac{1}{n} \cdot \mathrm{d}t = \mathrm{c} \cdot \int_{T_{\mathrm{RA}}}^{T_{\mathrm{A}}} (1 - \frac{1}{n}) \cdot \mathrm{d}t \\ &= \int_{\mathrm{RA}}^{\mathrm{A}} (1 - \frac{1}{n}) \cdot \mathrm{d}S \approx \int_{\mathrm{RA}}^{\mathrm{A}} (n - 1) \cdot \mathrm{d}S. \end{aligned} \tag{4.7-45}$$

(Der kleine Unterschied zwischen $1 - 1/n$ und $n - 1$ ist für das Ergebnis ΔS, das im Verhältnis zu S selbst nur eine »kleine Größe« ist, ohne Belang.)

Nach der Vorschrift (4.7-45) müßte zur Berechnung von $\Delta S_{\mathrm{A\,Refr}}$ der Refraktionskoeffizient auf dem gesamten Weg der Welle durch die Atmosphäre bekannt sein. Dies ist in aller Regel nicht der Fall, und zwar weder im Bereich der Troposphäre, deren Refraktionsverhalten von meteorologischen Parametern regiert wird, noch in der Ionosphäre, wo der Grad der Ionisation der (im meteorologischen Sinne nicht mehr existenten) Restatmosphäre für die Refraktion verantwortlich ist (➪ 2.10.2, 2.10.3, 2.10.5). Für den Bereich der Troposphäre kann man Atmosphärenmodelle einsetzen, die nach Möglichkeit durch gemessene meteorologische Daten gestützt werden. Bei der Erfassung des ionosphärischen Refraktionseinflusses (2.10-17) ist man weitgehend auf Messungen angewiesen, mit denen die Anzahl der freien Ionen bestimmt werden kann, etwa nach einem Vorschlag von Lohmar (1985) durch *Zweifrequenz-Dopplermessungen nach Satelliten*. Mittlererweile widmen sich etliche GPS-Auswertezentren, die die Bahnen der GPS-Satelliten von Permanentstationen aus analysieren, der systematischen »Überwachung« der Ionosphäre, mit dem Ziel, den Status der Ionosphäre laufend zu erfassen und der Nutzergemeinschaft zugänglich zu machen, sowie einschlägige Vorhersagen zu geben (Campbell et al., 1986; Schaer/Beutler/Rothacher, 1998; Schaer et al., 1996; Jakowski, 1997). Wegen der gänzlich verschiedenen Wirkungsgesetze von

Troposphäre und Ionosphäre ist es geboten, die Troposphärische und die Ionosphärische Refraktion unabhängig voneinander zu untersuchen.

Troposphärische Refraktion

Nach (2.10-15) ist n in der Troposphäre eine Funktion der Lufttemperatur T, des Luftdrucks p und des Partialdampfdrucks des Wasserdampfes e. Da p und e in unterschiedlicher Weise von der Höhe abhängen, müssen sie bei einer Modellierung der Atmosphäre, bei der n als Funktion der Höhe dargestellt wird, getrennt behandelt werden. Dazu wird zunächst der durch (4.7-45) beschriebene Gesamteinfluß der Refraktion auf den Streckenfehler ΔS_{Refr} in seine durch die trockene Luft und den Wasserdampfgehalt der Luft erzeugten Anteile ΔS_{tr} und ΔS_{f} zerlegt. Durch Überlagerung der Partialwirkungen der refraktiven Anteile der Luft

$$n - 1 = (n_{\mathrm{tr}} - 1) + (n_{\mathrm{f}} - 1) \qquad (4.7\text{-}46)$$

erhält man aus (4.7-45):

$$\Delta S_{\mathrm{Refr}} = \Delta S_{\mathrm{tr}} + \Delta S_{\mathrm{f}} = \int_{\mathrm{RA}}^{\mathrm{A}} (n_{\mathrm{tr}} - 1) \cdot \mathrm{d}S + \int_{\mathrm{RA}}^{\mathrm{A}} (n_{\mathrm{f}} - 1) \cdot \mathrm{d}S \,. \qquad (4.7\text{-}47)$$

Für zenital einfallende Strahlen ($\mathrm{d}S = \mathrm{d}h$) lassen sich die Integrale (4.7-47) sehr einfach mit Hilfe des Modells der *Homogenen Atmosphäre* (➪ 2.11-4) lösen, die im vorliegenden Fall die gleiche refraktive Wirkung zeigt wie eine beliebig anders geschichtete Atmosphäre, nämlich

$$\int_0^{h} (n - 1) \cdot \mathrm{d}h = \int_0^{h_{\mathrm{hom}}} (n_0 - 1) \cdot \mathrm{d}h = (n_0 - 1) \cdot h_{\mathrm{hom}} \,. \qquad (4.7\text{-}48)$$

Daraus erhält man z.B. für die Gesamtwirkung des Refraktionseinflusses der trockenen Luft unter Bezugnahme auf (2.11-12/2) und unter der Annahme p = 1013,25 hPa und T = 273,15°C (T_{Cels} = 0°C):

$$\begin{aligned} \Delta S_{\mathrm{trZen}} &= (n_0 - 1) \cdot 8{,}0 \text{ km} \\ &= 77{,}64 \cdot 10^{-6}\, \mathrm{K\,hPa}^{-1} \cdot \frac{1013{,}15 \text{ hPa}}{273{,}15 \text{ K}} \cdot 8{,}0 \text{ km} = 2{,}3 \text{ m} \,. \end{aligned} \qquad (4.7\text{-}49)$$

Um die Integrale (4.7-47) für eine beliebige Richtung des einfallenden Strahles zu lösen, ist es notwendig, $n = n(S)$ als Ortsfunktion zu beschreiben. Idealerweise sollte diese Funktion die Realität widerspiegeln. Wegen der sehr komplexen, räumlich und zeitlich veränderlichen Struktur der Atmosphäre kann eine solche Funktion aber nicht angegeben werden. Man ist vielmehr darauf angewiesen, die reale Atmosphäre durch *Atmosphärenmodelle* zu approximieren. Wie in Anbetracht der komplexen Realität nicht anders zu erwarten, gibt es dazu viele Möglichkeiten, die in zahlreichen Untersuchungen erörtert wurden. Ohne Anspruch auf Vollständigkeit darf vor allem auf folgende Autoren verwiesen werden: Garfinkel (1967); Hopfield (1969; 1980); Saastamoinen (1971/1972; 1973); Rahnemoon (1988).

Eine Synopse weiterer Modelle findet man in der letztgenannten Quelle sowie z.B. bei Janes/Langley/Newby (1989) und Kaniuth/Stuber/Tremel (1989).

Als Beispiel für ein auf eine umfangreiche und globale Datenbasis gestütztes Atmosphärenmodell soll im folgenden nur die *Hopfield-Atmosphäre* behandelt werden, der das Modell einer polytropen Atmosphäre (➪ 2.11.4) zugrunde liegt. Analog zu (4.7-46) und (4.7-47) wird dabei die Luft in ihre trockenen und feuchten Bestandteile zerlegt, deren partielle Refraktionswirkungen sich gemäß (4.7-46) und (4.7-47) überlagern. Hopfield übernimmt die durch einen Temperaturgradienten von $\gamma = \mathrm{d}T/\mathrm{d}h \approx -6{,}8$ K/km gekennzeichnete biquadratische Form (2.11-20/1), die nunmehr auf einen in der Höhe h_0 gelegenen Standpunkt bezogen wird.

Die beiden Refraktionsfunktionen $n_{\mathrm{tr}} - 1$ und $n_{\mathrm{f}} - 1$, die im folgenden durch die Indizes $i = tr$ für trockene Luft und $i = f$ für den Wasserdampfanteil der Luft gekennzeichnet werden, lassen sich damit wie folgt beschreiben:

$$n_{\mathrm{i}} - 1 = (n_{\mathrm{i0}} - 1) \cdot \left(\frac{h_{\mathrm{i}} - h}{h_{\mathrm{i}} - h_0} \right)^4 . \qquad (4.7\text{-}50)$$

Die Funktion ist für trockene Luft wohl begründet: ihr liegt, wie bereits erwähnt, das Modell einer polytropen Atmosphäre zugrunde, in der die Temperatur proportional mit der Höhe abnimmt (➪ 2.11.4; Hopfield, 1971, 358). Mangels einer Alternative - die Verteilung des Wasserdampfes in der Luft ist kaum modellierbar - wird sie auch zur Modellierung des Refraktionseinflusses der Luftfeuchte angehalten. Die Parameter h_{i}, die die Obergrenze der trockenen (h_{tr}) und feuchten (h_{f}) polytropen Schichten festlegen, lauten in der Hopfield-Atmosphäre

$$h_{\mathrm{tr}} = 40136\ \mathrm{m} + 148{,}72\ \mathrm{m}\,{}^\circ\mathrm{C}^{-1} \cdot T_{\mathrm{Cels}\,0} \quad \text{und} \qquad (4.7\text{-}51/1)$$

$$h_{\mathrm{f}} = 11\,000\ \mathrm{m}. \qquad (4.7\text{-}51/2)$$

Setzt man (4.7-50) und (4.7-51) in (4.7-47) ein, so erhält man für ΔS_{tr} und ΔS_{f}:

$$\Delta S_{\mathrm{i}} = \frac{n_{\mathrm{i0}} - 1}{h_{\mathrm{i}}^4} \cdot \int_{\mathrm{RA}}^{\mathrm{A}} (h_{\mathrm{i}} - h)^4 \cdot \mathrm{d}S = \frac{n_{\mathrm{i0}} - 1}{h_{\mathrm{i}}^4} \cdot \int_{\mathrm{RA}}^{\mathrm{A}} (r_{\mathrm{i}} - r)^4 \cdot \mathrm{d}S . \qquad (4.7\text{-}52)$$

Mit $\dfrac{\mathrm{d}S}{\mathrm{d}r} = \dfrac{1}{\cos z} = \dfrac{1}{\sqrt{1-\sin^2 z}}$ (⇨ Bild 4.7-2) und unter Beachtung von (4.7-15) erhält man für den Differentialquotienten dS/dr :

$$\frac{\mathrm{d}S}{\mathrm{d}r} = \frac{1}{\sqrt{1-\sin^2 z}} = \frac{1}{\sqrt{1-\dfrac{k_0^2}{n^2\cdot r^2}}} = \frac{n\cdot r}{\sqrt{n^2\cdot r^2 - k_0^2}}\,. \tag{4.7-53}$$

Mit diesem Ausdruck und in Würdigung der Tatsache, daß sich n auf dem Integrationsweg nur wenig ändert ($n \approx 1$), läßt sich (4.7-52) durch

$$\Delta S_\mathrm{i} = \frac{n_{\mathrm{i}0}-1}{h_\mathrm{i}^4}\cdot\int\limits_{\mathrm{RA}\,(r=r_\mathrm{i})}^{\mathrm{A}\,(r=r_0)} \frac{(r_\mathrm{i}-r)^4\cdot r}{\sqrt{r^2-r_0^2\cdot\sin^2 z_0}}\cdot\mathrm{d}r \tag{4.7-54/1}$$

annähern, oder, wenn man in (4.7-53) $z = z_0$ und damit dS/dr = 1/cos z_0 als Konstante ansetzt, durch

$$\begin{aligned}\Delta S_\mathrm{i} &= \frac{n_{\mathrm{i}0}-1}{h_\mathrm{i}^4\cdot\cos z_0}\cdot\int\limits_{\mathrm{RA}\,(r=r_\mathrm{i})}^{\mathrm{A}\,(r=r_0)} (r_\mathrm{i}-r)^4\cdot\mathrm{d}r \\ &= \frac{n_{\mathrm{i}0}-1}{5\cdot h_\mathrm{i}^4\cdot\cos z_0}\cdot(r_\mathrm{i}-r)^5\Big|_{r=r_0}^{r=r_\mathrm{i}} = \frac{n_{\mathrm{i}0}-1}{5\cdot\cos z_0}\cdot h_\mathrm{i}\,.\end{aligned} \tag{4.7-54/2}$$

Betrachten wir zunächst nur den Streckenfehler $\Delta S_{\mathrm{i\,Zen}}$ eines im Zenit einfallenden, durch $z = z_0 = 0$ gekennzeichneten Strahles. Um diesen Sonderfall darzustellen, kann man in (4.7-52) dS = dr setzen und erhält ohne die Notwendigkeit Vernachlässigungen zuzulassen, als Integrationsergebnis den Ausdruck

$$\Delta S_{\mathrm{i\,Zen}} = \frac{n_{\mathrm{i}0}-1}{5}\cdot h_\mathrm{i}\,, \tag{4.7-55}$$

der sich für cos z_0 = 1 im übrigen auch aus (4.7-54/2) ergibt. (Aus dieser Identität erkennt man, daß die oben vorgenommenen Vereinfachungen für zenitnahe Strahlen keine nennenswerten Verfälschungen nach sich ziehen).

Mit (2.11-12/2) erhalten wir aus (4.7-54/2) für *trockene Luft*: (4.7-56/1)

$$\Delta S_{\mathrm{tr\,Zen}} = \frac{77{,}64\ \mathrm{K\,hPa}^{-1}\cdot 10^{-6}}{5}\cdot\frac{p_0}{T_0}\cdot h_\mathrm{tr} = 1{,}552\cdot 10^{-5}\ \mathrm{K\,hPa}^{-1}\cdot\frac{p_0}{T_0}\cdot h_\mathrm{tr}\,,$$

und für den *Wasserdampfanteil der Luft*: (4.7-56/2)

$$\Delta S_{\mathrm{f\,Zen}} = \frac{371\,780\ \mathrm{K}^2\,\mathrm{hPa}^{-1}\cdot 10^{-6}}{5}\cdot\frac{e_0}{T_0^2}\cdot h_\mathrm{f} = 0{,}07436\ \mathrm{K}^2\,\mathrm{hPa}^{-1}\cdot\frac{e_0}{T_0^2}\cdot h_\mathrm{f}\,.$$

Beispiel unter der Annahmen

$p_0 = 953$ hPa, $e_0 = 23$ hPa, $T_0 = 288{,}15$ K ($T_{\mathrm{Cels}\,0} = 15°$C):

$$\Delta S_{\mathrm{tr\,Zen}} = 1{,}552\cdot 10^{-5}\cdot\frac{955}{288{,}15}\cdot(10\,136 + 148{,}72\cdot 15)\ \mathrm{m} = 2{,}18\ \mathrm{m}\,;$$

$$\Delta S_{\mathrm{f\,Zen}} = 0{,}07436\cdot\frac{23}{288{,}15^2}\cdot 11\,000\ \mathrm{m} = 0{,}22\ \mathrm{m}\,.$$

Zur Berechnung von ΔS_i stehen grundsätzlich zwei Wege offen:

- Die *numerische Integration* von (4.7-54/1) oder
- die Abbildung der zenitalen Streckenfehler $\Delta S_{\mathrm{i\,Zen}}$ (4.7-55) bzw. (4.7-56) in die Richtung des einfallenden Lichtstrahls mit Hilfe einer *Abbildungsfunktion (mapping function)*.

Wie der Vergleich von (4.7-54/2) und (4.7-55) zeigt, gilt für den Übergang von ΔS_i auf $\Delta\, S_{\mathrm{Refr}}$ für kleine Zenitdistanzen:

$$\Delta S_{\mathrm{Refr}} = \Delta S_{\mathrm{tr}} + \Delta S_\mathrm{f} = \frac{\Delta S_{\mathrm{tr\,Zen}} + \Delta S_{\mathrm{f\,Zen}}}{\cos z_0}\,. \qquad (4.7\text{-}57)$$

Für größere Zenitdistanzen und bei höheren Genauigkeitsansprüchen müssen differenziertere Abbildungsfunktionen herangezogen werden, die genauer als (4.7-57) das Verhältnis von (4.7-54/1) und (4.7-55) beschreiben. Als Beispiel für eine vergleichsweise einfache Lösung mag die von Seeber (1989, 53) und Hofmann-Wellenhof et al. (1997, 113) mitgeteilte Formel dienen:

$$\begin{aligned}\Delta S_{\mathrm{Refr}} &= \Delta S_{\mathrm{tr}} + \Delta S_\mathrm{f}\\ &= \frac{\Delta S_{\mathrm{tr\,Zen}}}{\sin\sqrt{(90° - z)^2 + 6{,}25\,(°)^2}} + \frac{\Delta S_{\mathrm{f\,Zen}}}{\sin\sqrt{(90° - z)^2 + 2{,}25\,(°)^2}} \qquad (4.7\text{-}58)\end{aligned}$$

Mit dem Ziel, den Approximationsgrad zu erhöhen, wurden darüber hinaus auch noch differenziertere Abbildungsfunktionen entwickelt, etwa von Hopfield (1969, 4494), Black (1979) und Remondi (1984, 39).

4.8 Zusammenfassung der Reduktionen und Transformationen

4.8.1 Vorbemerkung

Die in den vorausgegangenen Abschnitten 4.4 bis 4.7 erläuterten Reduktionen sind Elemente einer Kette von Rechenschritten, die zwischen den Mittleren Sternörtern zu einer Epoche T_0, wie sie in Fundamentalkatalogen niedergelegt sind, und den Sternörtern, die man im Zeitpunkt T von ein erdfesten Standort aus »tatsächlich« beobachten kann, eine Verbindung herstellen. Dreh- und Angelpunkt der Reduktionsreihe ist der Zälestische Ephemeridenpol (CEP). Der Übergang wird, wie wir gesehen haben, durch eine Reihe von Phänomena bestimmt: Eigenbewegungen, Präzession, Nutation, Jährliche Parallaxen, Jährliche und Tägliche Aberration, Erddrehung, Polbewegung und Refraktion. Die einzelnen Effekte lassen sich wie folgt klassifizieren:

Eigenbewegungen, Präzession und Nutation sowie Jährliche Parallaxen sind aus langjährigen Beobachtungsreihen bekannt. Auf der Grundlage dieser Daten lassen sich die Eigenbewegungen und Jährlichen Parallaxen durch sternspezifische Bewegungskomponenten bzw. Entfernungsangaben, Präzession und Nutation durch vereinbarte Modelle (IAU-Präzessionskonstante, IAU(1980)-Nutationsmodell) beschreiben. Grundlage der Aberrationsreduktionen und der Refraktion sind Theorien. Bedingt durch notwendige Vereinfachungen bei der Modellbildung (Nutation) und unter dem Einfluß nicht oder nicht ausreichend modellierbarer geophysikalischer Vorgänge (Erddrehung, Polbewegung) sind die eingesetzten Modelle allerdings nicht in der Lage, die realen Zusammenhänge vollständig zu beschreiben. Die verbleibenden Defizite können jedoch mit Hilfe von fünf *Erdorientierungsparametern* (*EOP1-EOP5*) ausgeglichen werden, die im Rahmen des *IERS* durch Permanentbeobachtungen von ausgewählten Objekten des Sternhimmels, insbesondere von Quasaren mit dem VLBI-Verfahren, bestimmt werden.

4.8.2 Zusammenfassung der modellierbaren Anteile der Reduktionskette

Die in 4.4 bis 4.7 behandelten Reduktionen wurden jeweils in dem Bezugssystem entwickelt, in dem sich der betreffende Vorgang am einfachsten darstellen läßt. (Beispielsweise lassen sich die Jährliche Aberration und die Jährliche Parallaxe am einfachsten in einem ekliptikalen, die Refraktion in einem horizontalen Bezugssystem erklären und beschreiben). Die einzelnen Reduktionen können daher nicht ohne weiteres aneinandergereiht werden. Vielmehr sind zur Darstellung ihrer Gesamtwirkung die geometrischen Beziehungen zu berücksichtigen, in der die einzelnen Bezugssysteme zueinander stehen. Dabei spielen die in 3.3 erörterten Koordinatentransformationen (Drehungen) eine zentrale Rolle.

In Diagramm 4.8-1 sind die Zusammenhänge in Form eines Flußdiagramms schematisch dargestellt. Das Schaubild zeigt, wie die zu einer vereinbarten

Standard- (Katalog-) Epoche T_0 im ⟨mFrÄ⟩$\{T_0\}$-System (z.B im *FK5*-System mit T_0 = J2000.0) gegebenen *baryzentrischen Mittleren Örter* $\alpha_m\{T_0\}$, $\delta_m\{T_0\}$ und die in einem Zeitpunkt T im ⟨mFrÄ⟩$\{T\}$-System »beobachteten« *topozentrischen Scheinbaren Örter* $a\{T\}$, $t\{T\}$ im geozentrischen ⟨FrÄ⟩$\{T\}$- ⟨GrÄ⟩$\{T\}$- oder ⟨NH⟩$\{T\}$-System zusammentreffen. Die bei diesem Vorgang notwendigen Drehungen sind durch Hinweise auf intermediäre Bezugssysteme nur angedeutet. Unerwähnt sind in dem Diagramm auch die Erdorientierungsparameter, die die Übergänge mitbestimmen. Auf deren Einfluß wird in 4.8.3 eingegangen.

Wenn man vom Einfluß der Erdorientierungsparameter absieht, erhält man, ausgehend von den mittleren Sternkoordinaten zur Epoche T_0 ($\overline{\alpha_0}$, $\overline{\delta_0}$), die scheinbaren Sternkoordinaten im momentanen ⟨FrÄ⟩-System (α, δ) durch Aneinanderreihen der in 4.4 bis 4.7 entwickelten Transformationen: {Eigenbewegungen und Präzession: (4.5-9)/(4.5-6)} → {Nutation: (4.4-21/1)/(4.4-22/3), (4.4-22/4)} → {Jährliche Aberration: (4.3-14)/(4.3-15)} → {Jährliche Parallaxe: (4.3-11/1), (4.3-11/2)} → {Relativistische Strahlenablenkung: (4.3-19), (4.3-20)}.

Vom erdfesten nordorientierten Horizontalsystem ⟨NH⟩ aus, in dem man die momentanen erdgebundenen Sternkoordinaten (a, z) durch Beobachtung gewinnen kann, führt der Weg zum ⟨FrÄ⟩-System (Zeitpunkt T) über folgende Reduktionen und Transformationen: {Refraktion: z.B. (4.7-31/1)} → {Drehung in das ⟨GrÄ⟩-System: (3.3-10/2), (3.3-11/1) / (3.3-12/1)} → {Drehung in das ⟨FrÄ-System: (3.3-15/1), (3.3-14/1) / (3.3-16/1) (Erdrotation)⟩. Auch hier wurde zunächst vom Einfluß der Erdorientierungsparameter abgesehen.

Eine Form der Reduktion, bei der die Gesamtwirkung von Eigenbewegungen, Präzession, Nutation, Jährlicher Parallaxe und Jährlicher Aberration durch ein System von variablen *Tages*- und konstanten *Sternzahlen* beschrieben wird, geht auf Friedrich Wilhelm Bessel zurück. Die Benutzung der nach Bessel benannten Zahlen setzt voraus, daß zu einer dem Beobachtungszeitpunkt nahen Epoche T_r, etwa zur nächstgelegenen Jahresmitte, die Mittlere Sternörter $\overline{\alpha_r}$, $\overline{\delta_r}$ vorausberechnet werden bzw. bereits vorliegen. In diesem Fall sind alle Reduktionen kleine Winkel, die als lineare Funktionen der Zeit dargestellt werden können.

Die *Besselschen Reduktionsformeln* lauten (Astronomical Almanac, B22):

$$\begin{aligned} \alpha - \overline{\alpha_r} &= \Delta\alpha = \mu_r \cdot \Delta T + A \cdot a + B \cdot b + C \cdot c + D \cdot d + E; \\ \delta - \overline{\delta_r} &= \Delta\delta = \mu'_{0n} \cdot \Delta T + A \cdot a' + B \cdot b' + C \cdot c' + D \cdot d'. \end{aligned} \qquad (4.8\text{-}1/1)$$

In diesen Formeln bedeuten mit $\Delta T = T - T_r$:

$\mu_r \cdot \Delta T = \Delta\alpha_{\mathrm{EigBew}}$ und $\mu'_r \cdot \Delta T = \Delta\delta_{\mathrm{EigBew}}$

die *Eigenbewegungskomponenten* in Rektaszension und Deklination (⇨ 4.5-8),

A, B, C, D, E die Besselschen Tageszahlen,

a, b, c, d die der Rektaszension und a', b', c', d' die der Deklination zugeordneten Besselschen Sternzahlen. Tages- und Sternzahlen sind wie folgt definiert:

Besselsche Tageszahlen (⇨ Mueller, 1963, 75, 93; Smart, 1977, 184, 243, 244; Taff, 1981, 74; Astronomical Almanac, B22. Eine in Tagesschritten gegliederte Tabelle ist inAstronomical Almanac B24-B31 niedergelegt):

$$A = n \cdot \Delta T + \sin\epsilon \cdot \Delta\psi;$$
$$B = -\Delta\epsilon;$$
$$C = -v_Y/c \approx -\kappa \cdot \cos\epsilon \cdot \cos l_{So}; \qquad (4.8\text{-}1/2)$$
$$D = -v_X/c \approx -\kappa \cdot \sin l_{So};$$
$$E = (\cos\epsilon - (m/n) \cdot \sin\epsilon) \cdot \Delta\psi;$$

Besselsche Sternzahlen (⇨ Mueller, 1963, 76, 93; Smart, 1977, 184, 243, 244; Taff, 1981, 74; Astronomical Almanac, B22):

$$a = \sin\alpha_r \cdot \tan\delta_r + m_r/n_r; \qquad a' = \cos\alpha_r;$$
$$b = \cos\alpha_r \cdot \tan\delta_r; \qquad b' = -\sin\alpha_r;$$
$$c = \cos\alpha_r \cdot \sec\delta_r; \qquad c' = \tan\epsilon_r \cdot \cos\delta_r - \sin\alpha_r \cdot \sin\delta_r; \qquad (4.8\text{-}1/3)$$
$$d = \sin\alpha_r \cdot \sec\delta_r; \qquad d' = \cos\alpha_r \cdot \sin\delta_r.$$

Die Tageszahlen sind, wie man an den Variablen ΔT, $\Delta\psi$, $\Delta\epsilon$, l_{So} erkennt, kleine veränderliche Winkel, die sich »von Tag zu Tag« ändern. Die Sternzahlen sind dimensionslose Größen, die sich als Funktionen der Sternkoordinaten wie diese nur langsam ändern. Im konkreten Anwendungsfall der Formeln (Bezugnahme auf T_r = Jahresmitte, ΔT/JJh ≤ ½Jahr/JJh = 0,005) kann für alle Beobachtungszeitpunkte eines Jahres pro Stern mit einem einzigen Satz von Sternzahlen auskommen.

Die aus den Produkten von Tages- und Sternzahlen gebildeten Aggregate sind identisch mit den entsprechenden Präzessions- Nutations- und Aberrationsreduktionen nach Maßgabe der folgenden Zusammenhänge:

$$A \cdot a + B \cdot b + E \equiv \Delta\alpha_{Präz} + \Delta\alpha_{Nut} \text{ und } A \cdot a' + B \cdot b' \equiv \Delta\delta_{Präz} + \Delta\delta_{Nut} \qquad (4.8\text{-}2/1)$$

= Korrekturen in Rektaszension und Deklination wegen *Präzession* und *Nutation*; ⇨ (4.4-14/3), (4.4-22/3), (4.4-22/4)

$$C \cdot c + D \cdot d \equiv \Delta\alpha_{JäAb} \text{ und } C \cdot c' + D \cdot d' \equiv \Delta\delta_{JäAb} \qquad (4.8\text{-}2/2)$$

= Korrekturen in Rektaszension und Deklination wegen *Jährlicher Aberration*; ⇨ (4.3-15), (4.3-5/1).

Die Besselsche Methode zur Berechnung der Reduktionen von einem Mittleren Sternort der Epoche T_r auf den Scheinbaren Sternort eines nahen Zeitpunkts T (und umgekehrt) entsprach den rechentechnischen Möglichkeiten bis in die Mitte dieses Jahrhunderts. Um den Nutzer zu entlasten, wurden Berechnungen soweit irgend möglich vorweggenommen und die Ergebnisse in Tafeln niedergelegt. Der

Nutzers konnte so die Tageszahlen einer entsprechenden Tabelle entnehmen, mußte lediglich die Sternzahlen berechnen und einige Multiplikationen und Additionen ausführen. Vor dem Hintergrund der heute zu Gebote stehenden rechentechnischen Möglichkeiten ist der Umweg über vorausberechnete Tafeln meist nicht mehr sinnvoll. Die Besselsche Reduktionsmethode wird daher heute nur noch selten angewendet. Aus diesem Grund kann auch auf die Erörterung von Ergänzungen der Formeln (4.8-1/1) verzichtet werden, die dem Einfluß von *Gliedern höherer Ordnung* bei polnahen Sternen (Mueller, 1969, 120; Taff, 1981, 74; Astronomical Almanac B22 und B32-B35) und der meist vernachlässigbar kleinen *Jährlichen Parallaxe* (Astronomical Almanac, B22) Rechnung tragen. Der interessierte Leser darf auf die angegebenen Quellen verwiesen werden.

Die Besselschen Tageszahlen sind im Astronomical Almanac, B24-B31 für jeden Tag des Jahres, in den Apparent Places of Fundamental Stars (1995: 476-477) in 10-Tagesschritten zuzüglich stündlicher Änderungsraten niedergelegt. In den Zahlen des erstgenannten Tafelwerks sind kurzperiodische Nutationsglieder enthalten, im zweiten nicht.

4.8.3 Berücksichtigung der Erdorientierungsparameter

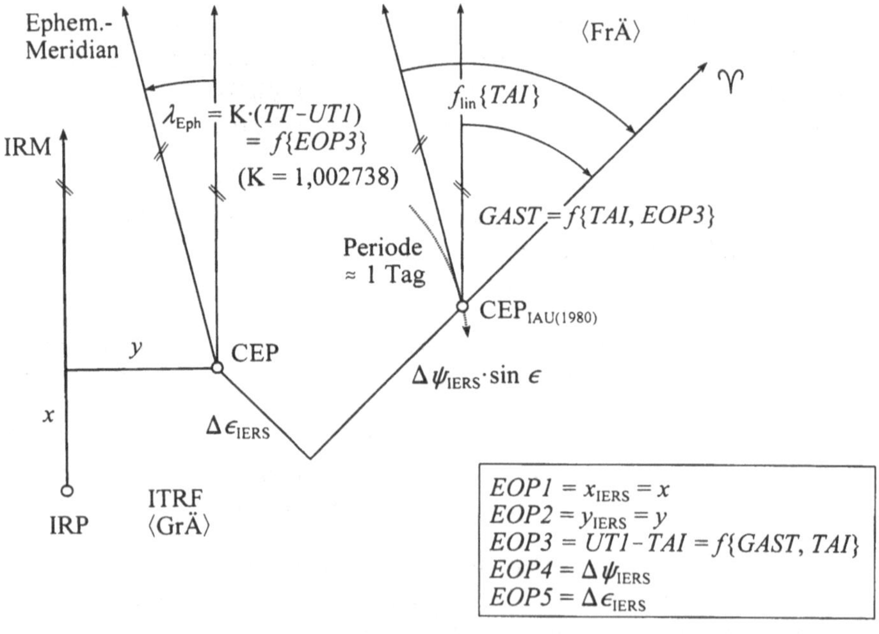

Bild 4.8-1: Geometrische Bedeutung der Erdorientierungsparameter *EOP1* bis *EOP5*

Diagramm 4.8.1: Reduktionen beim Übergang
von einem mittleren Sternort (*Rektaszension* $\overline{\alpha_0}$, Deklination $\overline{\delta_0}$)
der Standardepoche T_0 im ⟨FrÄ⟩-System
- Koordinatenursprung im Baryzentrum des Sonnensystems, Orientierung der Koordinatenachsen am mittleren Zälestischen Ephemeridenpol (mCEP) und am mittleren Frühlingsäquinoktium der Standardepoche -

auf den zur Beobachtungsepoche T zu erwartenden tatsächlichen Sternort (ausgedrückt z.B. durch Azimut a und Zenitdistanz z) im ⟨NH⟩-System
- Koordinatenursprung im Topozentrum, Orientierung der Koordinatenachsen an der Lot- und an der durch den CEP bestimmten momentanen Nordrichtung -

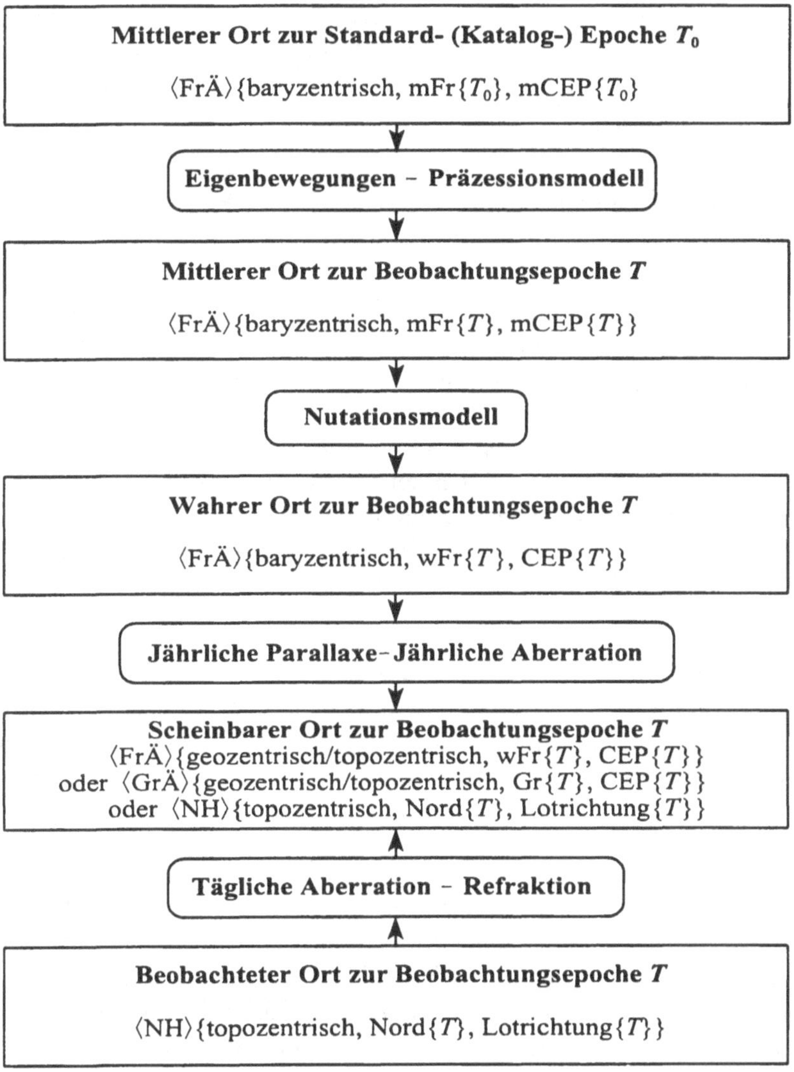

Abgesehen vom Einfluß der Eigenbewegungen und der Aberration beinhaltet der Übergang vom Bezugssystem $\langle \text{FrÄ} \rangle_m \{T_0\}$, in dem die Mittleren Örter zur Epoche T_0 dargestellt werden, in das Bezugssystem $\langle \text{FrÄ} \rangle \{T\}$, das der Beschreibung der Scheinbaren Örter im Zeitpunkt T zugrunde liegt, eine von der Präzessionsmatrix $\boldsymbol{P}$ (4.4-4/2) und der Nutationsmatrix $\boldsymbol{N} = \boldsymbol{N}\{\Delta\psi, \Delta\epsilon\}$ (4.4-20/3) bestimmte Drehung $\boldsymbol{N} \cdot \boldsymbol{P}$. Wird diese Drehung anhand des IAU(1980)-Nutationsmodells (4.4-17) vorgenommen, so ist das $\langle \text{FrÄ} \rangle$-System zum korrespondierenden modellierten Ephemeridenpol $\text{CEP}_{\text{IAU(1980)}}$ hin ausgerichtet. Sobald man die Erdorientierungsparameter $EOP4 = \Delta\psi_{\text{IERS}}$ und $EOP5 = \Delta\epsilon_{\text{IERS}}$ kennt, können auf der Grundlage von (4.4-26/1) $\boldsymbol{N}_{\text{IERS}} = \boldsymbol{N}\{\Delta\psi + \Delta\psi_{\text{IERS}}, \Delta\epsilon + \Delta\epsilon_{\text{IERS}}\} = \boldsymbol{N}\{\Delta\psi, \Delta\epsilon\} \cdot \boldsymbol{N}\{\Delta\psi_{\text{IERS}}, \Delta\epsilon_{\text{IERS}}\} = \boldsymbol{N}_{\text{IAU(1980)}} \cdot \boldsymbol{N}_{\text{IERS}} = \boldsymbol{N} \cdot \Delta\boldsymbol{N}$ die scheinbaren Sternörter auch auf den wahren Ephemeridenpol CEP bezogen werden, dessen Bewegung vor der Sternkulisse definitionsgemäß frei von tagesperiodischen Schwankungen ist. Da $\boldsymbol{N}_{\text{IAU(1980)}}$ keine tagesperiodischen Schwankungen enthält, ist auch $\boldsymbol{N}_{\text{IERS}}$ und ihre Elemente *EOP4* und *EOP5* frei davon.

Die Parameter $EOP1 = x_{\text{IERS}} = x$, $EOP2 = y_{\text{IERS}} = y$ und $EOP3 = UT1 - UTC$ ermöglichen den Übergang vom erdfesten *IERS Terrestrial Reference System* (ITRS) über das am wahren CEP ausgerichtete momentane terrestrische System (Drehmatrix $\boldsymbol{R}_{\text{IRP-CEP}} = \boldsymbol{W} = \boldsymbol{W}\{x, y\}$, (4.6-12/1)) auf das CEP-orientierte $\langle \text{FrÄ} \rangle$-System (Drehmatrix $\boldsymbol{R}_{\text{GrÄ-FrÄ}} = \boldsymbol{S} = \boldsymbol{S}\{GAST\}$, (3.3-14/1)). Der *EOP3* gestattet die Zuordnung von *TT*-, *TAI*- oder *UTC*-Zeitangaben zu entsprechende Angaben der Weltzeitskala *UT1* (⇨ 5.9.1), wodurch auch eine geometrische Beziehung zwischen dem Ephemeriden- und dem Greenwich-Meridian hergestellt wird. Über die in 5.3.3 und 5.9.2 dargestellten Zusammenhänge zwischen *UT1*, *GMST*, *GAST* und *TAI* bzw. *UTC* erhält man schließlich den für die Matrix $\boldsymbol{R}_{\text{GrÄ-FrÄ}} = \boldsymbol{S}\{GAST\} = \boldsymbol{S}\{TAI, EOP3, \alpha_{\text{mSo}}, \Delta m\}$ maßgeblichen Parameter *Scheinbare Sternzeit Greenwich* (*GAST*). Für die Parameter *EOP1* bis *EOP3* gilt im übrigen das gleiche, was oben bereits über *EOP4* und *EOP5* gesagt wurde: sie sind frei von tagesperiodischen Schwankungen.

Zur Übertragung von Scheinbaren Sternörtern $\boldsymbol{X}_{\text{IAU(1980)}}$, deren Positionen mit dem IAU(1980)-Nutationsmodell beschrieben sind, in den erdfesten Bezugsrahmen des ITRF, wo sich die Scheinbaren Sternörter als $\boldsymbol{X}_{\text{ITRF}}$ präsentieren, sind nach den vorausgegangenen Darlegungen die folgenden fünf Einzeldrehungen aneinanderzureihen:

$$\boldsymbol{X}_{\text{ITRF}} = \boldsymbol{W}^{\text{T}}\{EOP1, EOP2\} \cdot \boldsymbol{S}\{..\, EOP3\, ..\} \cdot \boldsymbol{N}\{EOP4, EOP5\} \cdot \boldsymbol{X}_{\text{IAU(1980)}}. \quad (4.8\text{-}3)$$

In Bild 4.8-1 sind die der Transformation (4.8-3) zugrunde liegenden geometrischen Beziehungen skizziert. Bemerkenswert ist, wie man auch an der Skizze erkennt (Drehung $\text{CEP}_{\text{IAU(1980)}}$ um CEP), daß mit (4.8-3) tagesperiodische Richtungsänderungen zwischen dem ICRF und dem ITRF erfaßt werden, obwohl die Parameter *EOP1* bis *EOP5* keine tagesperiodischen Schwankungen erfahren.

4.8.4 Parametrisierung der Erdrotation nach Richter

In dem dargestellten Konzept für den Übergang vom Zälestischen (ICRF) in den Terrestrischen Bezugsrahmens (ITRF) wurde dem Zälestischen Ephemeridenpol (CEP) eine »tragende«, wenn auch nur intermediäre Rolle zugewiesen. Eine physikalische Bedeutung hat dieser Pol und die an ihm ausgerichtete »drehmomentfreie Drehimpulsachse« nicht. Der CEP (= H_0) verdankt seine »Existenz« lediglich dem künstlichen Prozeß der vereinbarten rechnerischen Unterdrückung tagesperiodischer Bewegungsanteile. Abgesehen von Komplikationen bei der Modellierung (wegen der schwer prädizierbaren geophysikalischen Einflüsse) könnte daher auch der Rotationspol (R) oder einer der anderen in 2.3 und 2.5 vorgestellten »Pole« (F, H, F_0, R_0, IRP) die Rolle eines Dreh- und Angelpunktes zwischen dem ICRF und dem ITRF übernehmen. Der tiefere Grund für diese scheinbare Beliebigkeit der Wahl liegt in der Tatsache, daß die geometrischen Beziehungen zwischen erdfesten Stationen auf der einen Seite und Satelliten, Sternen und extragalaktischen Radioquellen auf der anderen - damit auch die entsprechende Beobachtungen - nur von der Orientierung der Erde (Erdkruste, erdfeste Beobachtungsstationen), nicht aber von der Richtung zum CEP, zum Rotationspol oder einem der anderen Pole abhängen. Zwar enthält die aus den Matrizen der Präzession $\boldsymbol{P}$, der Nutation $\boldsymbol{N}$, der Erddrehung $\boldsymbol{S}$ und der Polbewegung $\boldsymbol{W}$ zusammengesetzte Drehmatrix

$$\boldsymbol{R} = \boldsymbol{W}^{\mathrm{T}} \cdot \boldsymbol{S} \cdot \boldsymbol{N} \cdot \boldsymbol{P} \tag{4.8-4}$$

mit den Erdorientierungsparametern *EOP1*, *EOP2*, *EOP4*, *EOP5* Drehwinkel, die alle am CEP angeschlossen sind. Es gibt aber beliebig viele andere Wege, durch Einzeldrehungen aus dem ICRF in das ITRF zu gelangen. Die formal einfachsten lassen sich mit drei Cardanischen oder Eulerschen Drehwinkel realisieren. Bei diesem Konzept wird die Matrix $\boldsymbol{R}$ in drei Teilmatrizen zerlegt,

$$\boldsymbol{R} = \boldsymbol{R}\{\alpha, \beta, \gamma\} = \boldsymbol{R}\{\gamma\} \cdot \boldsymbol{R}\{\beta\} \cdot \boldsymbol{R}\{\alpha\}, \tag{4.8-5}$$

die als Produkt die räumliche Drehung vollständig beschreiben: Es liegt auf der Hand, daß auf diesem Weg, der nur von der gegenseitigen Ausrichtung des ICRF und des ITRF und dem angewandten Drehmodus abhängt, der CEP nicht berührt wird.

Die einfache Form der Parametrisierung (4.5-8) hat allerdings zwei nicht unerheblichen Nachteile:

- Im Gegensatz zur konventionellen Parametrisierung, in der die Erdorientierungsparameter kleine Winkel sind, können alle drei Winkel α, β, γ (einer stets, die beiden anderen im Laufe der Zeit) beliebig große Werte annehmen. Vereinfachungen der mathematische Behandlung der Vorgänge, wie sie bei differentiellen Größen möglich sind, können so nicht in genutzt werden.

- Der Bezug zum Ephemeridenpol und zum benachbarten Rotationspol geht verloren. In der geodätischen Astronomie wäre dies im Prinzip kein besonderer Nachteil, da in diesem Arbeitsgebiet der CEP nur eine vorübergehende Funktion hat. Es gibt aber zahlreiche wissenschaftliche Fragestellungen, z.B. bei der dynamischen Analyse der Erdorientierung, für die die herkömmliche pol- und äquatorbezogene Parametrisierung hohe Aussagekraft besitzt: Etwa wenn es darum geht, zwischen der beobachteten Erdrotation und den inneren und äusseren Drehmomenten, die auf die Erde wirken, und der dynamischen Beschaffenheit der Erde und Beziehungen herzustellen. Diese Faktoren wirken sich auf die Richtung des Rotationsvektors anders aus als auf seinen Betrag. Die Parameter *EOP1*, *EOP2*, *EOP4*, *EOP5* (Richtung) und *EOP3* (Betrag) beinhalten daher wichtige Informationen zu den fraglichen Drehmomenten und zur Dynamik der Erde. α, β, γ sind dagegen, weil sich in ihnen äquatoriale und polare Orientierungsanteile vermischen, für dynamische Untersuchungen weniger geeignet.

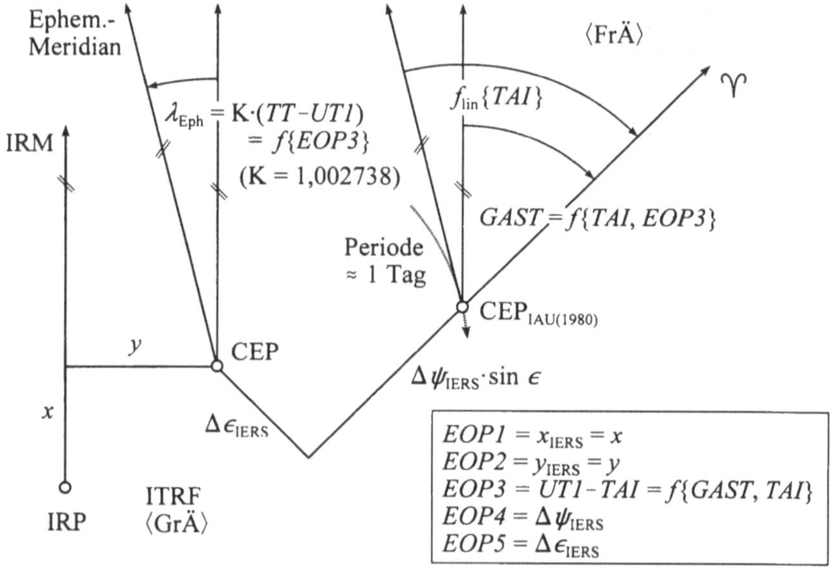

Bild 4.8-2: Geometrische Bedeutung der Erdorientierungsparameter Ei_1 und Ei_2

Vor diesem Hintergrund verdient das von Richter (1995) vorgeschlagene Konzept zur Parametrisierung der Erdorientierung Beachtung, das sich, wie das eben vorgestellte, anstelle der bisher fünf Erdorientierungsparameter mit der Mindestzahl von drei begnügt, ohne dabei die Aussagekraft gegenüber der herkömmlichen

Parametrisierung zu schmälern. Nach diesem Konzept wird die Matrix $\boldsymbol{R}$ in einen Modellanteil

$$\boldsymbol{R}_0 = \boldsymbol{W}_0^{\mathrm{T}} \cdot \boldsymbol{S}_0 \cdot \boldsymbol{N}_0 \cdot \boldsymbol{P}_0 \tag{4.8-6}$$

und einen durch kleine Restdrehungen (*Richtersche Erdorientierungsparameter*) $\Delta\alpha = EP1$, $\Delta\beta = EP2$, $\Delta\gamma = EP3$ bestimmten Störanteil $\boldsymbol{E}$ zerlegt, der sich gemäß (3.1-11) nur geringfügig von der Einheitsmatrix unterscheidet:

$$\boldsymbol{E} = \boldsymbol{E}\{\Delta\gamma\} \cdot \boldsymbol{E}\{\Delta\beta\} \cdot \boldsymbol{E}\{\Delta\alpha\} = \begin{pmatrix} 1 & \Delta\gamma & -\Delta\beta \\ -\Delta\gamma & 1 & \Delta\alpha \\ \Delta\beta & -\Delta\alpha & 1 \end{pmatrix}. \tag{4.8-7}$$

Für alle vier in Modell (4.8.6) zusammengefaßten Einzeldrehungen lassen sich ausreichend gute Modelle bereitstellen:

- Modelle der Präzession $\boldsymbol{P}_0$ und der Nutation $\boldsymbol{N}_0$, etwa (wie schon bisher) gemäß den IAU-Vereinbarungen (4.4-4)/(4.4-5) und (4.4-17),
- ein Modell der Erddrehung $\boldsymbol{S}_0 = \boldsymbol{S}\{GAST_0\}$ auf der Grundlage eines Modellwerts der Scheinbaren Sternzeit Greenwich, ausgehend z.B. von der Näherung $UT1_0 := UTC$, und schließlich
- ein Modell der Polbewegung $\boldsymbol{W}_0 = \boldsymbol{W}\{x_0, y_0\}$ (4.6-12), in dem die Polkoordinaten x_0 und y_0 zu Null gesetzt oder z.B. mit einem Chandler- und einen Jahresterm mit jeweils konstanter Periode modelliert werden.

Um nun die modellierte Drehung $\boldsymbol{R}_0$ in die gewünschte Gesamtdrehung $\boldsymbol{R}$ überzuführen, ist $\boldsymbol{E}$ mit $\boldsymbol{R}_0$ zu multiplizieren. Dabei wäre es, wenn als Produkt $\boldsymbol{R}$ erzielt werden soll, grundsätzlich gleichgültig, an welcher Stelle $\boldsymbol{E}$ in die Folge der Matrizenmultiplikationen (4.8-6) eingebracht wird. Wenn aber – der Zielsetzung der Richterschen Parametrisierung entsprechend – $\Delta\alpha$, $\Delta\beta$ und $\Delta\gamma$ wie die konventionellen Parameter *EOP1* bis *EOP5* polare und äquatoriale Drehwinkel beschreiben sollen, muß die Drehung $\boldsymbol{E}$ an einem der modellierten Pole angeschlossen werden: an den durch das $\boldsymbol{W}_0^{\mathrm{T}}$-Modell bestimmten $\mathrm{CEP}_{\mathrm{Mod}}$ oder an den durch IAU-Vereinbarungen durch $\boldsymbol{N}_0 \cdot \boldsymbol{P}_0$ festgelegten $\mathrm{CEP}_{\mathrm{IAU(1980)}}$.

Mit dieser Maßgabe erhält man für $\boldsymbol{R}$ diese zwei äquivalenten Ausdrücke:

$$\boldsymbol{R} = \boldsymbol{W}_0^{\mathrm{T}} \cdot \boldsymbol{E}_1 \cdot \boldsymbol{S}_0 \cdot \boldsymbol{N}_0 \cdot \boldsymbol{P}_0 = \boldsymbol{W}_0^{\mathrm{T}} \cdot \boldsymbol{S}_0 \cdot \boldsymbol{E}_2 \cdot \boldsymbol{N}_0 \cdot \boldsymbol{P}_0. \tag{4.8-8/1}$$

Zerlegt man die beiden (unterschiedlichen) Matrizen $\boldsymbol{E}_i$ entsprechend (4.8-7) in ihre Elemente $\boldsymbol{E}_i = \boldsymbol{E3}_i \cdot \boldsymbol{E2}_i \cdot \boldsymbol{E1}_i$ (i = 1, 2; $\boldsymbol{Ek}_i = \boldsymbol{E}\{Ek_i\}$) und beachtet, daß bei infinitesimalen Drehungen die Reihenfolge der Einzeldrehungen keine Rolle spielt, so läßt sich (4.8-8/1) auch so darstellen:

$$\boldsymbol{R} = \boldsymbol{W}_0^{\mathrm{T}} \cdot \boldsymbol{E1}_1 \cdot \boldsymbol{E2}_1 \cdot (\boldsymbol{E3}_1 \cdot \boldsymbol{S}_0) \cdot \boldsymbol{N}_0 \cdot \boldsymbol{P}_0 = \boldsymbol{W}_0^{\mathrm{T}} \cdot (\boldsymbol{E3}_2 \cdot \boldsymbol{S}_0) \cdot \boldsymbol{E2}_2 \cdot \boldsymbol{E1}_2 \cdot \boldsymbol{N}_0 \cdot \boldsymbol{P}_0. \tag{4.8-8/2}$$

Die beiden durch (4.8-8/2) ausgedrückten Transformationswege sind in Bild 4.8-2 skizziert. Beide Wege beginnen im $CEP_{IAU(1980)}$ und enden im $CEP_{Mod\,terr}$. Der erste Weg führt nach einer Drehung des terrestrischen Bezugssystems um $GAST = GAST_0 + E3_1 \cdot K$ (Drehmatrix: $\boldsymbol{E3}_1 \cdot \boldsymbol{S}_0$, K = 1,00274 = Umrechnungsfaktor von Weltzeit in Sternzeit: ⇨ (5.3-27/3)) über die Drehungen $E2_1$ und $E1_1$ ($\boldsymbol{E1}_1 \cdot \boldsymbol{E2}_1$) zum Zielsystem. Beim zweiten Weg werden zuerst die Drehungen $E1_2$ und $E2_2$ ($\boldsymbol{E2}_2 \cdot \boldsymbol{E1}_2$) ausgeführt und erst dann wird die Drehung um $GAST_0 + E3_2 \cdot K$ vollzogen. Die beiden Parameter $E3_1$ und $E3_2$, die jeweils eine kleine Drehung um den $CEP_{Mod\,terr}$ oder um den $CEP_{IAU(1980)}$ beschreiben, sind gleich groß und entsprechen dem *EOP3* der herkömmlichen Parametrisierung. Sie drücken das Integral der Schwankungen des Betrags des Rotationsvektors aus. Die beiden anderen - $E1_1$ und $E2_1$ bzw. $E1_2$ und $E2_2$ - stellen die Verbindung zwischen den beiden Modellpolen $CEP_{Mod\,terr}$ und dem $CEP_{IAU(1980)}$ her: $E1_1$ und $E2_1$ sind »Polkoordinaten« im terrestrischen, $E1_2$ und $E2_2$ im zälestischen Bezugssystem. Der CEP bleibt, wie schon eingangs festgestellt wurde, bei der Richterschen Parametrisierung unberücksichtigt.

E1 bis *E3* sind wie *EOP1* bis *EOP5* aus geometrischen Beobachtungen ableitbar. Beide Transformationsmodi beschreiben eindeutig die laufende Orientierung des ITRF gegenüber dem ICRF. Beide Parametersätze decken sowohl die langperiodischen als auch die tagesperiodischen Schwankungen dieser Orientierung ab. Sie sind daher im Ergebnis gleichwertig. Es bleibt aber ein bemerkenswerter Unterschied: Die tagesperiodischen Schwankungen der Orientierungen kommen bei *E1* und *E2* in den Zahlenwerten zum Ausdruck (Schwankungen der Parameter im Laufe des Tages). Die Parameter *EOP1* bis *EOP5* hingegen ändern sich im Laufe eines Tages nur geringfügig linear. Hier sorgt der Transformationsmodus dafür, daß die tagesperiodischen Schwankungen im Ergebnis zum Ausdruck kommen.

Aus Bild 4.8-2 kann man noch die folgenden Zusammenhänge zwischen $E1_1$ und $E2_1$ auf der einen Seite und $E1_2$ und $E2_2$ auf der anderen ablesen:

$$\begin{aligned} E1_1 &= E1_2 \cdot \sin\epsilon \cdot \cos GAST + E2_2 \cdot \sin GAST; \\ E2_1 &= E1_2 \cdot \sin\epsilon \cdot \sin GAST + E2_2 \cdot \cos GAST; \end{aligned} \qquad (4.8\text{-}9/1)$$

und

$$\begin{aligned} E1_2 \cdot \sin\epsilon &= E1_1 \cdot \sin GAST + E2_1 \cdot \sin GAST; \\ E2_2 &= E1_1 \cdot \cos GAST + E2_1 \cdot \sin GAST. \end{aligned} \qquad (4.8\text{-}9/2)$$

5 Zeitsysteme

5.1 Einführung

5.1.1 Allgemeines

Bei den meisten der in den vorangegangenen Abschnitten dargestellten Gesetzmäßigkeiten und Zusammenhängen spielt die Zeit als unabhängige Variable eine zentrale Rolle. Das gilt ganz besonders für die zum Teil schnell veränderlichen Observablen, die bei der astrogeodätischen Beobachtung von Gestirnen auftreten (Zenitdistanzen und Horizontalwinkel), aber auch für die ebenfalls veränderlichen Sternkoordinaten (Rektaszension und Deklination) sowie für die Phänomene, die diese beeinflussen (Präzession, Nutation, Aberration, Eigenbewegung). In allen diesen Fällen sind geometrische Zusammenhänge als Funktion der Zeit darzustellen.

Zur Realisierung einer Zeitskala bedarf es einer abzählbaren Folge von definierten Ereignissen, mit der die zu untersuchenden Ereignisse im Sinne von »vorher«, »gleichzeitig« oder »nachher« in Beziehung gebracht werden können. Am einfachsten läßt sich eine derartige Skala mit Hilfe von periodisch wiederkehrenden natürlichen oder künstlichen Ereignissen realisieren. Die Entscheidung für einen bestimmten »Frequenzgenerator« ist dabei weitgehend beliebig. Allerdings bedarf es einer Vereinbarung unter allen Nutzern darüber, welche Ereignisse die Zeitskala bilden sollen, wenn diese dazu bestimmt ist, Beobachtungen unterschiedlicher Epochen und an verschiedenen Orten zu einem gemeinsam genutzten Modell der Realität zusammenzufügen.

Eine derartige Vereinbarung muß folgende Fragen klären:

- Auf welchen natürlichen oder künstlichen Vorgang soll die Zeitskala gegründet werden?
- Mit Hilfe welcher Theorie wird der Vorgang modelliert und in eine mathematisch-physikalische Form gebracht?
- Wie groß ist die Einheit, nach der die Skala gegliedert werden soll?
- Welche Epoche wird der Zählung in der Zeitskala zugrundegelegt und welcher Modus soll bei der Zählung angewandt werden?
- Wie kann bzw. soll die Zeitskala realisiert werden, m.a.W. welche physischen Körper oder physikalischen Vorgänge sind zu beobachten und welche Beobachtungsverfahren sollen eingesetzt werden?
- In welchem Verhältnis steht die Zeitskala zu anderen bereits existierenden oder neu hinzukommenden Zeitskalen?

5.1.2 Vorbemerkungen zu den verwendeten Formelzeichen

Eine physikalische Größe wird in der modernen physikalisch-mathematischen Nomenklatur als ein Produkt aus einem *Zahlenwert*, d.h. einer reinen Zahl, und einer *Einheit* ausgedrückt:

Physikalische Größe = Zahlenwert mal Einheit.

Für eine physikalische Größe mit dem Formelzeichen a kann die Beziehung in der Form

$$a = \{a\} \cdot [a]\,,$$

geschrieben werden, wobei $\{a\}$ die Zahl und $[a]$ das Einheitenzeichen bedeutet. Für physikalische Größen mit der Dimension 1 hat die Einheit oft keinen Namen oder kein Zeichen und wird daher nicht explizit angegeben (U.I.P., 1990). Was die Darstellungsform angeht, so hat es sich eingebürgert, die physikalische Größe kursiv, den Zahlenwert und die Einheit hingegen mit aufrechtstehenden Lettern zu schreiben.

Ein weiterer Grundsatz besagt, daß für das Formelzeichen a und die Einheit $[a]$ einer physikalischen Größe unterschiedliche Abkürzungen zu verwenden sind. Da die Einheiten meist durch internationale Vereinbarungen festgelegt sind, z.B. im CGS-System oder im SI-System, betrifft die Einschränkung allein das Formelzeichen. Es ist also grundsätzlich nicht zulässig (und wäre auch verwirrend), beispielsweise eine metrische Länge mit dem Formelzeichen »*m*« zu bezeichnen und zu schreiben: $m = 3{,}15\,\mathrm{m}$. Zulässig wäre z.B. $l = 3{,}15\,\mathrm{m}$.

Um ein bestimmtes *Zeitintervall* ΔT (das eine physikalische Größe darstellt) in der Einheit *Sekunde* auszudrücken, wäre z.B. zu schreiben: $\Delta T = 317{,}54\,\mathrm{s}$. In den Einheiten *Stunde* (h), *Tag* (d) oder *Tropisches Jahr 1900* ($\mathrm{a_{Trop1900}}$) lautet dieser Ausdruck: $\Delta T = 0{,}088205\,\mathrm{h} = 3{,}6752\,\mathrm{d} = 1{,}006245 \cdot 10^{-5}\,\mathrm{a_{Trop1900}}$.

Bei der quantitativen Beschreibung von Zeitintervallen taucht nun das Problem auf, daß eine Vielzahl von Zeitskalen existiert und vorgehalten werden muß, deren Einheiten in einer zwar engen, aber nicht identischen und oft genug variablen Beziehung zur Sekunde (s) stehen. Dazu eine kleine Auswahl unterschiedlich langer »Sekunden«, die den nachfolgenden Abschnitten des Kapitels 5 entnommen sind: $\mathrm{s_{AT}}$ ($\equiv$ s), $\mathrm{s_{TT}}$, $\mathrm{s_{TDB}}$, $\mathrm{s_{UT1}}$, $\mathrm{s_{AST}}$, $\mathrm{s_{MST}}$; die Indizes verweisen auf die zugrunde liegende Zeitskala: AT = Atomzeit, TT = Terrestrische Zeit, TDB = Baryzentrische dynamische Zeit, UT1 = Weltzeit 1, MST = Mittlere Sternzeit.

Will man nun ein Zeitintervall ΔT, das zwischen zwei Ereignissen liegt, durch einen Zahlenwert ausdrücken, so kommt man selbstverständlich zu unterschiedlichen Ergebnissen, je nachdem in welcher Einheit das Zeitintervall ausgedrückt wird. Anknüpfend an das o.a. Beispiel findet man etwa:

$$\Delta T = 317{,}54\ \mathrm{s} \equiv 317{,}54\ \mathrm{s_{AT}} = 318{,}41\ \mathrm{s_{MST}}\,.$$

Würde man in das Beispiel alle in der vorangegangenen Aufzählung genannten Einheiten aufnehmen und außerdem noch mehr Nachkommastellen mitführen, so ergäbe sich – abgesehen von der durch die Sekundendefinition vorgegebene Identität $s \equiv s_{AT}$ – bei jeder Einheit ein anderer Zahlenwert.

In der Metrologie der Zeit, insbesondere auch in der astronomisch-geodätischen Literatur, wird dieser Grundsatz, Formelzeichen und Einheit strikt voneinander zu trennen, nicht konsequent eingehalten. Hier werden für das Formelzeichen, das nach den dargelegten Regeln z.B. T (für eine Epoche) oder ΔT (für ein Zeitintervall) lauten müßte, meistens Bezeichnungen gewählt, die bereits auf die verwendete Einheit hinweisen. Man schreibt also beispielsweise nicht $\Delta T = 317{,}54\,s_{UT1} = 318{,}41\,s_{MST}$, sondern $\Delta UT1 = 317{,}54\,s$ bzw. $\Delta MST = 318{,}41\,s$. Bei dieser Darstellungsform wird zumindest bei Vergleichen die bewährte Regel verletzt, »Gleiches gleich zu bezeichnen«. Zwar kann man dem Formelzeichen nun entnehmen, welche Einheiten – in dem Beispiel: welcher Typ von Sekunde – gemeint ist. Man erkennt aber nicht mehr, ob $\Delta UT1$ und ΔMST gleiche Zeitintervalle bezeichnen oder nicht.

Man begegnet dem Problem in wissenschaftlichen Abhandlungen und in der Praxis dadurch, daß man im konkreten Einzelfall, in dem die Zusammenhänge nicht evident sind, zusätzliche Erläuterungen gibt. Wegen der häufigen Querverweise auf externe Quellen, insbesondere auch mit Rücksicht auf internationale Vereinbarungen, durch die Abkürzungen für die verwendeten Formelzeichen festgelegt sind, werden auch in der folgenden Darstellung neben einer korrekten Schreibweise meist die bemängelten Darstellungsmodi aufgegriffen und die vorgetragenen Bedenken insoweit zurückgestellt.

Eine weitere Eigenart der Darstellung, die einer besonderen Erläuterung bedarf, findet man bei der Anwendung von Zeitskalen, die durch die Rotation der Erde definiert sind (Sternzeit, Sonnenzeit ➪ 5.3). In diesen Zeitskalen sind Epochen T und Zeitintervalle ΔT durch die momentane Ausrichtung r bzw. Richtungsdifferenzen Δr eines an die Erddrehung gekoppelten fiktiven Zeigers definiert. Vereinbarungsgemäß wird dem Zeitintervall von $\Delta T = 24\,h = 1440\,min = 86400\,s$ das Winkelmaß einer »ganzen Umdrehung« der Erde = 24 h = 1440 min = 86400 s zugeordnet (➪ 1.4), was einem Proportionalitätsfaktor (= Winkelgeschwindigkeit) von

$$\omega_E = \frac{24\,h\,(WM)}{24\,h\,(ZM)} = \frac{h\,(WM)}{h\,(ZM)} = \frac{min\,(WM)}{min\,(ZM)} = \frac{s\,(WM)}{s\,(ZM)}$$

entspricht (WM = Winkelmaß, ZM = Zeitmaß). Mit der Winkeleinheit h, min, s für das Winkelmaß und h, min, s für das Zeitmaß nimmt der Zahlenwert von ω_E die Zahl 1 an: $\{\omega_E\} = 1$, und seine Einheit lautet wahlweise:

$$[\omega_E] = \frac{\text{h (WM)}}{\text{h (ZM)}} = \frac{\text{min (WM)}}{\text{min (ZM)}} = \frac{\text{s (WM)}}{\text{s (ZM)}}$$

Für die zwischen Δr und ΔT bestehende Beziehung gilt $\Delta r = \omega_E \cdot \Delta T$. Wegen $\{\omega_E\} = 1$ sind die Zahlenwerte von Δr und ΔT gleich: $\{\Delta r\} = \{\Delta T\}$.

In Anbetracht der dargelegten Zusammenhänge wird nun in Gleichungen von der Form $r_2 = r_1 + \omega_E \cdot \Delta T$, in denen sowohl Richtungsvariable $\Delta r = r_2 - r_1$ als auch Zeitvariable ΔT auftreten, der Einfachheit halber ω_E weggelassen und gleichzeitig auf die Unterscheidung h, min, s (WM) und h, min, s (ZM) verzichtet und beide Einheiten schlicht mit h, min, s bezeichnet. In der Regel ist an der Bezeichnung der unabhängigen Variablen (Δr oder ΔT) zu erkennen, in welcher Einheit das Ergebnis verstanden werden soll.

Die so getroffenen Vereinfachungen können auch in graphischen Darstellungen genutzt werden, mit denen in 5.3 Zusammenhänge vom Typ $r_2 = r_1 + \omega_E \cdot \Delta T$ visualisiert werden: Zeitintervalle werden als Winkelunterschiede dargestellt und miteinander goniometrisch verknüpft. Hilfreich ist dabei die Vorstellung einer Zeigeruhr, an der abgelesene Zeigerstellungen r ($[r]$ = h, min, s; (WM)) intuitiv (und unterstützt durch entsprechende Interpretation der Ablesungen) als Epochen T ($[T]$ = h, min, s; (ZM)) interpretiert werden.

5.2 Uhren: Hilfsmittel der Zeitinterpolation und selbständige Zeitnormale

5.2.1 Rückblick

Die im Verlauf der Kulturgeschichte des Menschen verwendeten Zeitmaßstäbe stützten sich stets auf die durch die Erddrehung und die durch den Lauf von Mond und Sonne bestimmten Perioden: Tag, Monat, Jahr. Zur Unterteilung dieser für eine genaue Datierung von Ereignissen oft zu groben Einheiten, insbesondere im Zusammenhang mit der bereits im Altertum einsetzenden wissenschaftlichen Erforschung der Bewegungen der Gestirne, war es notwendig, die kürzeste dieser naturgegebenen Einheiten – den Tag – mit technischen Mitteln weiter zu unterteilen. Auch das frühe »bürgerliche« Leben erforderte eine solche Unterteilung. Sie wurde z.B. dadurch erreicht, daß man mit *Sonnenuhren* die im Laufe des Tages auftretenden Schattenlängen und/oder -richtungen maß und die gefundenen Größen empirisch in den naturgegebenen Zeitrahmen einpaßte. Aber auch abgemessene Wasser- und Sandmengen, die in *Wasser-* und *Sanduhren* von einem Gefäß in ein anderes geleitet wurden oder glimmfähiges Material, das in *Glimmuhren* abgebrannt wurde, dienten als Zeitmaßstäbe.

Instrumente, die mit technischen Mitteln einen Zeitmaßstab erzeugen, nennt man *Uhren*. Das entscheidende Qualitätsmerkmal einer »guten« Uhr ist darin zu sehen, daß der von ihr erzeugte Takt konstant ist. In diesem Sinne waren die Erfindungen von *tragbaren Federuhren* (Peter Henlein, 1510), *Pendeluhren* (Christiaan Huygens, 1657), von *Federuhren mit Unruh* (Christiaan Huygens, 1675) und von *Federuhren, die zum Gebrauch auf hoher See geeignet waren* (John Harrison, 1731), bahnbrechende Ereignisse der Technikgeschichte. Der heutige Stand der Technik wird von *Quarzuhren* und *Atomuhren* bestimmt. In diesen Systemen wird der Zeittakt durch die piëzoelektrisch angeregten mechanischen Schwingungen eines Quarzes bzw. in atomphysikalischen Prozessen erzeugt.

In der Vergangenheit dienten Uhren in der Astronomie allein dazu, die durch die Bewegungen der Gestirne definierten Zeitskalen zu inter- und - in beschränktem Maße - zu extrapolieren. Mittlerweile haben Uhren einen technischen Stand erreicht, der es möglich gemacht hat, sie als selbständige Zeitnormale einzusetzen. (⇨ 5.5 und 5.6).

5.2.2 Die Anfänge der Uhrentechnik

Als älteste Uhren, die bereits in den frühen Hochkulturen Chinas und des Zweistromlandes bekannt waren, darf man wohl die *Sonnenuhren* ansehen (Fleet, 1974, 7; Zimmermann /Weigert, 1995, 505; Gaitzsch/Grassl/Mäutner, 1982, 11-16). Eine Sonnenuhr besteht aus einem *Gnomon* (griechisch: *Schattenstab*) und einer mit einem *Ziffernblatt* versehenen Projektionsebene. Der Gnomon entwirft auf dem Ziffernblatt einen Schatten, der nach Richtung und Länge dem Tageslauf der Sonne folgt. Länge und Ausrichtung des Schattens sind daher Maße für die Tageszeit, die bei geeigneter Teilung direkt am Ziffernblatt abgelesen werden kann. Der Schattenstab wird meist parallel zur Rotationsachse der Erde angeordnet. Je nach Ausrichtung der Projektionsebene unterscheidet man *Äquatorialuhren* (Projektionsebene parallel zum Himmelsäquator), *Horizontaluhren* (Projektionsebene = Horizontalebene) und *Vertikal-* oder *Mittagsuhren* (Projektionsebene = Ebene des Ersten Vertikals). Sonnenuhren zeigen die Scheinbare Sonnenzeit an (⇨ 5.3.2).

Weit zurück in die Antike können auch die *Wasseruhren* verfolgt werden. Bei diesem Uhrentyp dient aus einem Behälter auslaufendes oder in einen Behälter einlaufendes Wasser zur Messung von Zeitintervallen (Michel, 1965, 164; Gaitzsch/Grassl/Mäutner, 1982, 17-25). Wasseruhren wurden bis in die Neuzeit, z.B. noch von Tycho Brahe (Koch, 1987, 237), bei Sternbeobachtungen benutzt.

Nach dem gleichen Prinzip wie die Wasseruhren arbeiten die *Sanduhren.* Die frühesten Nachrichten über dieses Gerät sind aus dem 14. Jahrhundert überliefert (Michel, 1965, 164; Gaitzsch/Grassl/Mäutner, 1982, 26-29). Ein in seiner Mitte bis auf wenige Sandkorndurchmesser verengtes Glasgefäß (dessen äußere Form im allgemeinen zwei an ihren schlanken Enden zusammengefügten Birnen gleicht) ist zu etwa 1/3 mit feinem trockenen Sand gefüllt, der von der oberen Gefäßhälfte in die untere fließen kann. Die gesamte in den Glasbehälter eingefüllte Sandmenge ist ein Maß für ein bestimmtes Zeitintervall. Die Sandmenge wird dabei so festgelegt, daß der Durchlauf einer Füllung einer gebräuchlichen Zeiteinheit (z.B. einer Stunde oder 10 Minuten) entspricht. An einer an der Gefäßwand angebrachten Skalenteilung lassen sich an der momentanen Sandhöhe noch Bruchteile der uhrspezifischen Zeiteinheit ablesen. Große Bedeutung hatten die Sanduhren in der Segelschiffahrt, wo sie mit 30 min Laufzeit als »*Stundengläser*« (Glasenuhren) verwendet wurden.

5.2.3 Mechanische Uhren

Die ersten mechanischen Uhren waren *Triebräderuhren*. Sie dürften bereits im 11. Jahrhundert erfunden worden sein. Sichere Nachweise gibt es jedoch erst seit dem 13. Jahrhundert (Dante Alighieri, *La divina commedia*, Paradiso, 24. Gesang, Zeilen 12-14). 1284 ist die erste mechanische Turmuhr an der Kathedrale von Exeter nachgewiesen (Koch, 1987, 268).

Ein in einer Zeigerachse endendes Gefüge von Zahnrädern wird durch ein Gewicht, das über ein Seil eine Trommel antreibt, in Bewegung versetzt. Damit das Gewicht nicht ungehemmt zu Boden gleitet und dabei den Zeiger in immer raschere Drehung versetzt, wird der Bewegungsablauf mit Hilfe einer *Waaghemmung* in kurzen Zeitintervallen (z.B. im Sekundentakt) unterbrochen und kurz danach wieder freigegeben.

Die Waaghemmung sorgt zwar für einen »geregelten« Bewegungsablauf der Uhr, sie ist aber für sich allein nicht in der Lage, einen gleichmäßigen Takt zu erzeugen, wie beispielsweise ein schwingendes Pendel. Die Erkenntnis, daß ein Pendel isochrone Schwingungen ausführt, verdanken wir Galileo Galilei (1564-1642). Aber obwohl er auch Gedanken zur Anwendung des Pendels als Taktgeber der Zeitmessung äußerte, blieb es bei skizzenhaften Entwürfen und nicht vollendeten Modellen seines Sohnes Vincenzo und seines Schülers Vincenzo v. Viriane. Erst 1656 gelang es Christian Huygens (1629-1695), das Pendel als eigenschwingfähiges System in einer Uhr zu verwenden und mit der *Pendeluhr* eine neue Entwicklungsphase genauer Zeitmessung einzuleiten (Michel, 1965, 182). Wie bei der Räderuhr ist auch bei einer Pendeluhr ein *Hemmung* erforderlich, um die durch Gewichte oder Spiralfedern erzeugten Antriebskräfte in kleine, mit der Schwingungsdauer des Pendels abgestimmte Impulse umzuwandeln. Pendeluhren erwiesen sich nahezu 300 Jahre lang - bis zur Erfindung der Quarzuhr 1933 - als die genauesten Uhren. Sie erreichten auf dem Höhepunkt ihrer Entwicklung eine Ganggenauigkeit von wenigen ms/Tag (Scheibe, 1953; Ramsayer, 1970, 150).

Huygens erfand 1675 auch noch die *Federuhr mit Unruh*. Mit einer solchen Uhr konnte man zwar nicht die gleiche Genauigkeit wie mit einer Pendeluhr erreichen, sie hatte aber den Vorzug, daß sie nicht nur ortsfest betrieben werden konnte. Die Uhr war damit grundsätzlich auch zur *Zeitbewahrung* auf Reisen und zur Bestimmung Geographischer Längen geeignet. Als schwingendes System dient bei einer Federuhr ein kleines, fest mit einer Spiralfeder verbundenes und drehbar im Uhrgehäuse gelagertes Schwungrad (Unruh), das sich in eine Drehschwingung versetzen läßt. Der Antrieb erfolgt durch eine aufziehbare Spiralfeder. Eine Hemmung sorgt wie bei der Pendeluhr für eine dosierte Energiezufuhr zur Aufrechterhaltung der Drehschwingung. Die Federuhr mit Unruh hat in zahlreichen Ausführungsformen große Verbreitung gefunden und ist im 20. Jahrhundert als Taschenuhr, Armbanduhr und Stoppuhr zum Massenartikel geworden. Historisch bemerkenswerte Exemplare dieses Typs hat Peter Henlein (ca. 1480-1542) mit seinen *Nürnberger Eiern* und John Harrison (1693-1776) mit seinem *Seechronometer* geschaffen (Michel, 1965, 176-177; Proverbio, 1985, 95-103). Bis zur Erfindung der Quarzuhr in den zwanziger Jahren war die Federuhr mit Unruh das am häufigsten verwendete Zeitmeßgerät.

5.2.4 Quarzuhren

Bei Quarzuhren wird zur Erzeugung des Uhrentaktes der *piëzoelektrischen Effekt* genutzt, der bei Quarz und anderen Kristallen mit »polarer Achse« unter der Einwirkung einer von außen an das Kristall angelegten elektrischen oder mechanischen Spannung auftritt. Der Effekt ist 1880 von Pierre und Jacques Curie entdeckt worden (Curie/Curie, 1882). 1921 zeigte Cady (1922), daß Quarzkristalle in der Lage sind, elektrische Schwingkreise zu stabilisieren, und es dauerte nicht lange, bis quarzstabilisierte Oszillatoren als Taktgeber von Uhren eingesetzt werden konnten. Die erste Quarzuhr ist 1928 von Warren Alvin Marrison gebaut worden (Horton/Marrison, 1928; Marrison, 1948; Becker, 1975). Mit den an der Physikalisch-Technischen Reichsanstalt entwickelten Quarzuhren ist es in den dreißiger Jahren Adolf Scheibe und Udo Adelsberger gelungen, jahreszeitliche Rotationsschwankungen der Erde meßtechnisch nachzuweisen (Scheibe/Adelsberger, 1936; Marrison, 1930; 1948, 564; Scheibe, 1953). Quarzoszillatoren finden sich heute in fast allen Uhren (Armbanduhren, Stoppuhren, Funkuhren, GPS-Empfänger), insbesondere auch in den bei astronomischen Feldarbeiten genutzten Chronometern und Chronographen, in elektromagnetischen Entfernungsmessern, in elektronischen Rechnern und in vielen anderen Geräten.

Piëzoelektrische Kristalle bauen unter einer von außen angelegten mechanischen Spannung (Druck oder Zug) eine elektrische Spannung auf. Umgekehrt werden derartige Kristalle durch das Anlegen einer elektrischen Spannung deformiert. Unabhängig von seiner piëzoelektrischen Eigenschaft besitzt jedes Kristall eine bestimmte Eigenfrequenz, die vom Elastizitätsmodul des Materials und der Größe des Kristallkörpers abhängt. Wird nun an einen piëzoelektrischen, in eine bestimmte Größe geschnittenen Kristall eine elektrische Wechselspannung angelegt und diese in einem Regelkreis auf die Eigenfrequenz des Kristalls abgestimmt, so schwingt das System im Takt der Eigenfrequenz des Kristalls (Heising, 1946). Die Wechselspannung kann abgenommen und verstärkt und in analoger oder digitaler Form zur Steuerung einer Uhr verwendet werden. (Ramsayer, 1970, 160-166; Mueller, 1969, 328-334; Sigl, 1993, 203-205; Schlüter, 1988, 63-69; Bedrich, 1998, 64).

5.2.5 Atomuhren

Taktgeber von Atomuhren sind elektromagnetische Schwingungen in bestimmten, für das betreffende chemische Element typischen Frequenzen, die die Atome bei geigneter »Anregung« aussenden. Durch die mit der Anregung verbundene Energiezufuhr werden die in »Orbitalen« (Elektronenschalen) um den Atomkern verteilten Elektronen aus ihrem Grundzustand in weiter außen liegende Orbitale gehoben und/oder es wird ihr *Spin* (Drehimpuls) verändert. Bei diesen Energieübergängen kann das betreffende Atom nur bestimmte ganzzahlige Vielfache eines elementaren Energiequantums ϵ aufnehmen, die für den betreffenden Stoff spezifisch sind. Bei der Rückkehr der Elektronen in ihren Grundzustand wird die frei werdende Energie als elektromagnetische Strahlung abgegeben, wobei die Frequenz der Strahlung f der *Bohrschen Bedingung*

$$\epsilon = \mathrm{h} \cdot f \qquad (5.2\text{-}1)$$

gehorcht. Das konstante Verhältnis zwischen ϵ und f wird dabei durch das *Plancksche Wirkungsquantum* $\mathrm{h} = e/f = 6{,}6 \cdot 10^{-34}$ Js bestimmt.

Die im betreffenden chemischen Element möglichen und für dieses typischen i Energieübergänge $k_i \cdot \epsilon$ (k_i = ganzzahlig) spiegeln sich in einem aus den Frequenzen $(\epsilon/\mathrm{h}) \cdot k_i$ zusammengesetzten Element-spezifischen *Strahlungsspektrum.* Durch Anregung der Atome in einer geeigneten »*Uhrfrequenz*« mit einer gleichgroßen, dem Stoff von außen zugeführten Erregerfrequenz läßt sich ein Zustand der Resonanz erzielen und die Uhrfrequenz als *Frequenznormal* nutzen.

Vor dem Hintergrund der technologischen Möglichkeiten der Weiterverarbeitung der erzeugten Frequenzen und ihrer Nutzung als Taktgeber von Uhren, hat man bis dato vor allem jene Frequenzübergänge nutzbar gemacht, die im Bereich der Mikrowellen liegen und daher mit den Methoden der Hochfrequenztechnik bearbeitet werden konnten. In diesem Frequenzbereich liegen die durch Spin-Umkehr von Außenelektronen erzeugten *Hyperfeinstrukturübergänge*, die bei Wasserstoff (H)-, Rubidium (Rb)- und Caesium (Cs)-Atomen und anderen Alkalimetallen auftreten.

Im Normalzustand eines Stoffes halten sich die Übergänge, bei denen Energie von außen aufgenommen, und solche, bei denen Energie frei und wieder nach außen abgegeben wird, die Waage. Um die möglichen Energieüberträge zur Erzeugung der ihnen eigenen Frequenzen zu nutzen, ist es erforderlich, den normalen Gleichgewichtszustand der Atome durch Energiezufuhr zu stören, wodurch sich die Population von Atomen mit höherem Energieniveau auf Kosten der Population mit niedrigerem Energieniveau vergrößert. Auch in dem »angeregten Zustand« des Stoffes tritt wieder ein Gleichgewichtszustand ein; nunmehr allerdings mit einem größeren Umsatz an Energie. Der Stoff »leuchtet« und zeigt ein Spektrum, das dem bei der Rückkehr in den Normalzustand freiwerdenden Energiequanten entspricht. Die verschiedenen Typen atomarer Frequenzgeneratoren unterscheiden sich in der Art und Weise, wie die in einem Stoff enthaltenen Atome mit unterschiedlichen Energieniveaus selektiert werden, damit nur noch solche übrig bleiben, die die gewünschte Uhrfrequenz liefern, und danach, wie die Energieabgabe und damit die Frequenzerzeugung ausgelöst wird.

Die derzeit wichtigsten atomaren Frequenznormale sind der *Wasserstoff-Maser*, das *Caesium-* und das *Rubidium-Normal*. Mit ihrer Hilfe werden die folgenden »Uhrfrequenzen« (Wellenlängen) erzeugt:

H-Maser:	$f = 1{,}420405752$ GHz	($\lambda = 21{,}1$ cm)
Cs-Normal:	$f = 9{,}192631770$ GHz	($\lambda = 3{,}3$ cm)
Rb-Normal:	$f = 6{,}834682613$ GHz	($\lambda = 4{,}4$ cm)

Für handelsübliche Atomuhren der vorgenannten Typen gibt Bauch (1995) die in Tabelle 5.2-1 niedergelegten charakterisierenden Leistungsdaten an.

Tabelle 5.2-1: Leistungsdaten von Atomuhren

	Rb-Normal	Cs-Normal	H-Maser
Unsicherheit	10^{-9} - 10^{-10}	$(1-7)\cdot 10^{-12}$	$2\cdot 10^{-12}$
Frequenzinstabilität			
σ {1 s}	$(3-20)\cdot 10^{-12}$	$(5-10)\cdot 10^{-12}$	$2\cdot 10^{-13}$
σ {100 s}	$(3-20)\cdot 10^{-13}$	$(5-10)\cdot 10^{-13}$	$4\cdot 10^{-15}$
Min {σ {t}}	$(2-5)\cdot 10^{-13}$	$(1-10)\cdot 10^{-14}$	$1\cdot 10^{-15}$
	für $t > 500$ s	für $t > 10^5$ s	für $t > 2000$ s
Frequenzdrift	$(1-4)\cdot 10^{-11}$/Monat	$(1-10)\cdot 10^{-14}$/Monat	$(0{,}6-30)\cdot 10^{-14}$
Volumen	$(0{,}5-50)$ dm^3	$(20-50)$ dm^3	ca. 500 dm^3
Preis	(5-30) TDM	(90-150) TDM	(300-500) TDM

Zur Technologie der Atomuhren gibt es eine umfangreiche Fachliteratur, auf die beispielsweise durch folgende Referenzen verwiesen werden kann:

H-Maser: Ramsay (1965); Weber (1967/2); Popa (1982); Vanier/Audoin (1989, 949-1256);

Rb-Frequenznormal: Vanier/Audoin (1989, 1257-1409); Ringer/Gandy/Jechart (1975)

Cs-Frequenznormal: Essen/Parry (1956); Beehler/Mockler/Richardson (1965); Forman (1985); Vanier/Audoin (1989, 603-947); Ramsey (1991); Bauch et al. (1993); Weyers (1994); Bauch (1995); Bauch et al. (1996).

Darüber hinaus gibt es zahlreiche vergleichende Untersuchungen und Übersichtsartikel, in denen Aufbau, Funktion und Leistungsmerkmale der vorgenannten atomaren Frequenznormale dargestellt sind, z.B.: Beehler (1967), Hellwig (1975), Weber (1982, 465-481), Schlüter (1988), Lewis (1991), Ramsey (1991), Itano/Ramsey (1993), Vanier/Audoin (1989), Bauch/Fischer (1993) Bauch (1994). Hellwig (1975), Vanier/ Audoin (1989), Itano (1991), Rolston/Phillips (1991), Itano/Ramsey (1993) erläutern neben den o.a. Systemen noch eine Reihe anderer Atomuhrtypen. Neue Entwicklungen in der Physikalisch-Technischen Bundesanstalt schildern Bauch/Dorenwendt/Hetzel (1994).

Aus Platzgründen wird an dieser Stelle nur auf die *Caesium-Uhr* näher eingegangen, die bei der Generierung der Internationalen Atomzeit und der gesetzlichen Zeit eine zentrale Rolle spielt. Sie ist im übrigen die am häufigsten genutzte Atomuhr. Ihr Funktionsprinzip läßt sich wie folgt skizzieren:

Der Grundzustand des Caesium-Isotops 133 ist durch zwei Zustandskomponenten gekennzeichnet, die sich um einen der Frequenz von $f = 9{,}192631770\,\text{GHz}$ entsprechenden Energiebeitrag unterscheiden. Diese Aufspaltung des Grundzustandes gibt Anlaß zur Hyperfeinstruktur der Spektrallinien. Sie ist eine fundamentale Konstante des Atoms und eine Folge der Wechselwirkung zwischen dem Spin des (einzigen) Valenzelektrons des Atoms (= ±1/2) und seines Kerns (= 7/2). Den genannten Kennzahlen entsprechen Drehimpulse von $\pm\, 1/2\, \hbar$ bzw. $7/2\, \hbar$, mit $\hbar = h/(2\cdot\pi)$. Entsprechend den zwei Möglichkeiten der Ausrichtung des Elektronen-Spins existieren im elementaren Caesium zwei Zustände, die man durch die Quantenzahlen $F = (7/2 + 1/2)\cdot\hbar = 4\,\hbar$ und $F = (7/2 - 1/2)\cdot\hbar = 3\,\hbar$ charakterisieren kann.

Der Spin des Kerns und des Elektrons ist mit einem Magnetfeld gekoppelt, das dem betreffenden Elementarteilchen die Eigenschaft eines magnetischen Dipols verleiht. Aufgrund der zwei Möglichkeiten der Ausrichtung des Elektronenspins sind im Caesium (und in allen anderen Elementen mit ungerader Elektronenzahl in der Außenschale) zwei Populationen von Atomen enthalten, die sich durch unterschiedliche, in Bild 5.2-1 oben (Breit-Rabi-Diagramm) durch $F = 3$ und $F = 4$ gekennzeichnete magnetische Momente unterscheiden. Aufgrund seiner Eigenschaft als magnetischer Dipol erfährt das Atom unter dem Einfluß eines Magnetfeldes ein Drehmoment, dem das Atom durch Präzession seiner Spinachse ausweicht. Auch bei diesem Vorgang sind nur bestimmte, quantenmechanisch erlaubte und durch (ganzzahlige) Orientierungs-Quantenzahlen m_F gekennzeichnete Ausrichtungen der Spinachse möglich. (Im Zustand $F = 3$: $m_F = -3 .. 0 .. +3$; im Zustand $F = 4$: $m_F = -4 .. 0 .. +4$). An die Orientierungs-Quantelung sind zusätzliche Energie-Niveaus gekoppelt, die als Ausgangs- oder Ziel-Niveaus für Energiesprünge in Betracht kommen und Plattformen für die Emission oder Absorbtion von elektromagnetischen Wellen bilden können.

Die Funktion einer Atomuhr ist in Bild 5.2-1 skizziert.

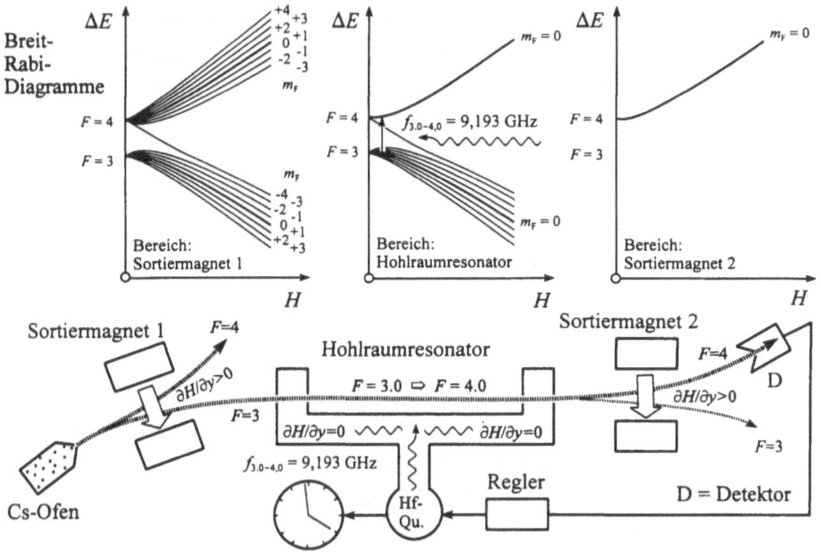

Bild 5.2-1: Funktionsskizze einer Caesium-Uhr

Das System besteht aus

- zwei *Sortiermagneten*, die aufgrund einer schneidenförmiger Ausbildung jeweils eines ihrer beiden Polschuhe inhomogene Magnetfelder erzeugen[26],

[26] In modernen Caesium-Uhren werden meist 4- oder 6-Pol-Magnete verwendet, die ebenfalls inhomogene Magnetfelder erzeugen. Bei diesem Magnettyp erfolgt die Ablenkung der auszublendenden Atome ($F = 4$) nicht einseitig (Bild 5.2-1), sondern - vergleichbar mit der Wirkung einer Zerstreulinse - nach allen Seiten hin. Die Wirkung - Fokussierung der Atompopulation $F = 3$ in der Öffnung des Hohlraumresonators - ist die gleiche.

- einem in ein homogenes Magnetfeld eingebetteten *Hohlraumresonator*, dessen Länge auf die o.a. Wellenlänge abgestimmt ist,
- einem *Mikrowellen-Quarz-Oszillator* als Hochfrequenzquelle (Hf.-Qu.),
- einem *Detektor* (D),
- einem *Regler* und
- einer impulsgesteuerten *Uhrenanzeige*.

Die Uhrenimpulse werden wie folgt gewonnen (⇨ Bild 5.2-1): In einem Ofen (O) wird elementares Caesium (^{133}Cs) durch Erhitzen zum Verdampfen gebracht. Durch eine Blende kann ein Strahl von Caesiumatomen den Ofen verlassen. In dem Strahl befinden sich - wie in der gesamten Stoffmenge - etwa gleich viel Atome der Zustände $F = 3$ und $F = 4$. Nach Verlassen des Ofens wird der Strahl durch einen ersten Sortiermagneten (M) hindurchgeführt. Einer der beiden Polschuhe der Magnete ist schneidenförmig ausgebildet. Der Magnet erzeugt aufgrund seiner Form ein inhomogenes Magnetfeld, in dem die beiden Atompopulationen ($F = 3$ und $F = 4$) unterschiedlich stark quer zur Richtung des Caesium-Strahls abgelenkt und so auf unterschiedliche Trajektorien geführt werden. Außerdem wird eine Richtungsquantelung der Spinachsen der Atome erzwungen, was zu einer weiteren Aufteilung der durch $m_F = -3, -2, -1, 0, 1, 2, 3, 4$ gekennzeichneten Energienieveaus (Hyperfeinstruktur) führt. Durch Fokussierung wird erreicht, daß Atome des Zustands $F = 4$ ausgeblendet werden und nur Atome des Zustandes $F = 3$ in den Hohlraumresonator eintreten. Das an den Resonator angelegte homogene Magnetfeld sorgt dafür, daß die nunmehr nur noch im Zustand $F = 3$ vorkommenden Energieniveaus $m_F = -3, -2, -1, 0, 1, 2, 3, 4$ (linkes Diagramm) mit ihren unterschiedlichen Orientierungen wie bei ihrem Eintritt in den Resonator klar definiert und voneinander getrennt bleiben. Der angestrebte, an die Frequenz $f = 9\,192\,631\,770$ Hz gebundene Energiesprung, der schließlich die Uhrenfrequenz erzeugt, ist jener, in dem Atome des Zustandes $F = 3$, $m_F = 0$ in den Zustand $F = 4$, $m_F = 0$ überführt werden (mittleres Diagramm). Er wird durch eine von einem Quarz-Oszillator generierte und dem Hohlraumresonator zugeführten Mikrowelle mit einer Frequenz von etwa der Sollfrequenz erzwungen. Durch den zweiten Sortiermagneten werden dann nur die Atome des Atomstrahls, die eine Zustandänderung von $F = 3$, $m_F = 0$ nach $F = 4$, $m_F = 0$ erfahren haben, auf den Detektor (D) gelenkt. Aufgrund der Resonanzwirkung bei Schwingungen in der Eigenfrequenz erreicht die Zahl der Atome im Detektor dann ein Maximum, wenn die in der Hochfrequenzquelle (Hf.-Qu.) erzeugte und dem Hohlraumresonator zugeführte Frequenz den für das Element Caesium charakteristischen Wert von $f = 9\,192\,631\,770$ Hz annimmt. Über einen Regelkreis, der die von der Hf.-Qu. generierte und in den Resonator eingespeiste Frequenz laufend mit dem Kriterium »maximale Resonanz« regelt, wird die Hf.-Qu. auf die Frequenz f getrimmt. Ein Zählwerk, das die von dem System erzeugten und nach außen abgegebenen Schwingungen zählt, sorgt schließlich dafür, daß nach jeder

9192631770sten Schwingung, also im Sekundentakt, ein Impuls an eine Digitaluhr gegeben wird.

Abschließend noch ein Hinweis auf neuere Entwicklungen (Itano, 1991; Rolston/Phillips, 1991; Itano/Ramsey, 1993; Bauch, 1994; Tamm/Schnier/Bauch, 1995; Bedrich, 1998, 68): Bei den *Ionenfallenuhren* wird die höhere und damit besser kontrollierbare atomare Resonanz schwerer Ionen wie Quecksilber (Hg^+), Magnesium (Mg^+) oder Ytterbium (Yb^+) ausgenutzt. Werden solche Ionen in einem rotationssymmetrischen elektromagnetischen Wechselfeld, einer sog. atomaren Falle, berührungslos gehalten, so kann die jeweilige Resonanzfrequenz kurzzeitig nahezu frei von äußeren Störungen beobachtet werden. Allerdings muß die Eigenbewegung der Ionen, die im Vergleich mit dem nichtionisierten Atomen aufgrund der elektrischen Abstoßungkräfte stark erhöht ist, durch ständige Kühlung unterdrückt werden. Sehr erfolgreich sind auch Experimente mit kalten ($T < 2{,}5\mu K$) Cs-Atomen verlaufen, deren Resonzfrequenzen in einer sog. *atomaren Fontäne* abgetastet werden. (Hübner et al., 1998; Weyers et al., 1999).

5.2.6 Pulsare

1967 ein Stern entdeckt worden, der mit konstanter Frequenz Mikrowellen aussendet (Hewish et al., 1968; Bernstein, 1987, 6-7; Guinot, 1989, 375-376). Mittlerweile sind über 500 solcher Strahlungsquellen bekannt. Die Objekte werden als *Pulsare* bezeichnet. Pulsare sind rotierende Neutronensterne extremer Dichte (Masse ≈ 1,4 fache Sonnenmasse = $2{,}785 \cdot 10^{33}$g, Radius ≈ 10 km, Dichte ≈ $6{,}7 \cdot 10^{14}$g/cm^3). Sie sind hochgradig magnetisiert, drehen sich mit vergleichsweise großer Geschwindigkeit (z.B. 640 Umdrehungen/s) gleichförmig um ihre Achse und senden dabei ihrer Drehrate entsprechende Frequenzen im Millisekunden-Bereich aus (z.B. der Pulsar PSR 1937+21: 1,557 ms). Die Signale können mit großen Radioteleskopen empfangen werden.

Einer auf den Pulsen eines Pulsars gegründete Zeitskala ist durch eine hohe Langzeitstabilität gekennzeichnet. Da die einzelnen Pulse aber sehr schwach und unscharf sind (z.B. 100 ns), sind zur Übertragung der Pulsar-Zeitskala auf eine terrestrische Uhr sehr lange Integrationszeiten erforderlich (z.B. 1 Jahr). Und: Die Ankunftszeiten der Pulse auf der Erde hängen von der Position der Erde bei ihrem Umlauf um die Sonne ab. Um eine Genauigkeit von 100ns zu erreichen, müßte die Erdbahn auf 30m genau bekannt sein, was derzeit nicht der Fall ist.

Im Gegensatz zu den durch Atomuhren erzeugten Frequenzen sind die von den Pulsaren abgestrahlten nicht naturgesetzlich vorgegeben. Trotz ihrer erwiesenen Frequenzstabilität werden Pulsare daher als Frequenznormale nicht in Betracht gezogen. Ganz sicher werden aber die Arbeitsgruppen, die Pulsare beobachten und untersuchen, und die Institutionen, die Atomuhren bauen und betreiben, aus einem engen Kontakt Nutzen ziehen können, z.B. beim Studium des Langzeitverhaltens der Atomuhren und der Pulsare (Taylor, 1991; Bauch, 1995).

5.3 Auf die Erddrehung gestützte Zeitskalen

5.3.1 Sternzeit

Mittlere Ortssternzeit und Mittlere Sternzeit Greenwich

In Abschnitt 4.1.1 wurde gezeigt, daß sich aus der Sicht eines erdgebundenen Betrachters die Fixsterne als Folge der *Erddrehung* parallel zum Himmelsäquator um die Himmelspole bewegen, und zwar vom Himmelsnordpol aus betrachtet im Uhrzeigersinn. Die Bewegungsrate ist - abgesehen vom Drehsinn - identisch mit der Winkelgeschwindigkeit, mit der sich die Erde relativ zum Fixsternhimmel um ihre eigene Achse dreht:

$$\omega_{\text{E Inertial}} = 360°/\,0{,}99726968\text{ d} = 360°59'08{,}182''\,/\,\text{d} \approx 360°/\text{d} = 15''/\text{s}.$$

(The Astronomical Almanac 1997, E88). An dieser scheinbaren Bewegung nimmt auch das *Mittlere Frühlingsäquinoktium* (*mFr*) teil. Dieses vollzieht allerdings über die gemeinsame Bewegung hinaus als Folge der *Allgemeinen Präzession in Rektaszension* gegenüber den Fixsternen eine Relativbewegung mit einer Winkelgeschwindigkeit von

$$\omega_{\text{AllgPräRA}} = 46{,}1''\,/\,\text{a} = 0{,}126''\,/\,\text{d}$$

(The Astronomical Almanac, 1997, B19). Der Drehsinn von $\omega_{\text{AllgPräRA}}$ ist dem von $\omega_{\text{E Inertial}}$ gleichgerichtet.

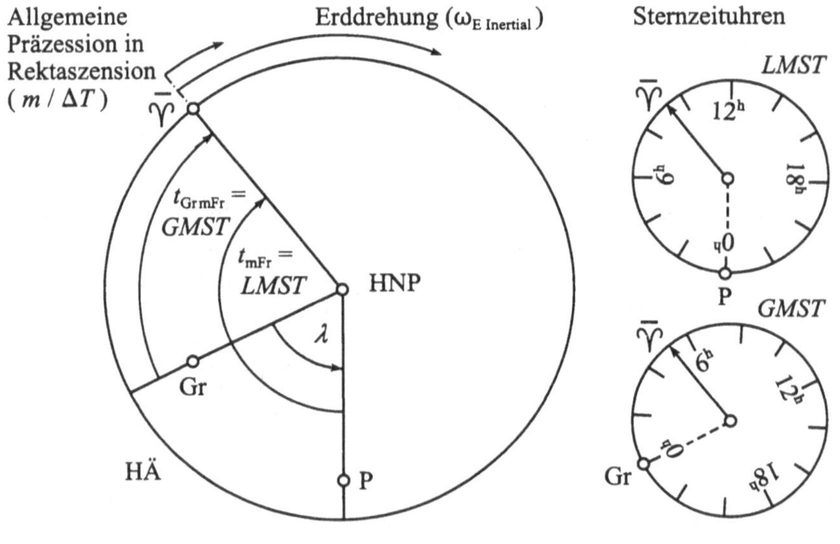

Bild 5.3-1: Stundenwinkel des Mittleren Frühlingsäquinoktiums unter dem Einfluß von Erdrotation $\omega_{\text{E Inertial}}$ und Allgemeiner Präzession in Rektaszension $\omega_{\text{AllgPräRA}}$ (Zur Definition der Mittleren Sternzeit)

In Bild 5.3-1, auf das im folgenden Bezug genommen wird, sind beide Bewegungskomponenten durch (unmaßstäbliche) »Geschwindigkeitspfeile« angedeutet. Da die Winkelgeschwindigkeiten beider Bewegungen - der Erddrehung und der Präzession - (nahezu) konstant sind, ist auch die aus der Überlagerung resultierende Winkelgeschwindigkeit $\omega_{\mathrm{E\,Inertial}} + \omega_{\mathrm{AllgPräRA}}$, also die Bewegung des mFr relativ zum Inertialsystem, (nahezu) konstant.

Die momentane Ausrichtung des mFr relativ zur Erde läßt sich durch dessen Stundenwinkel t_{mFr} beschreiben. Dieser kann auf einen Ortsmeridian oder auf den Meridian von Greenwich bezogen werden: t_{mFr} bzw. $t_{\mathrm{Gr\,mFr}}$. Da der Stundenwinkel (nahezu) proportional mit der Zeit zunimmt, kann er als zeitbezogenes Argument (»time like argument«), d.h. als eine »Zeitvariable« verwendet werden. Diese wird im ersten Fall als *Mittlere Ortsternzeit* (englisch: *Local Mean Sideral Time = LMST*) und im zweiten Fall als *Mittlere Sternzeit Greenwich* (englisch: *Greenwich Mean Sideral Time = GMST*) bezeichnet. Man verfügt also über das Verhältnis Zeitargument / Stundenwinkel wie folgt:

$$LMST = t_{\mathrm{mFr}}; \qquad (5.3\text{-}1)$$

$$GMST = t_{\mathrm{Gr\,mFr}}. \qquad (5.3\text{-}2)$$

LMST und *GMST* sind nach dieser Definition, wie auch die Stundenwinkel *t*, primär Winkel, die mit der Drehrate $\omega_{\mathrm{E\,Inertial}} + \omega_{\mathrm{AllgPräRA}}$ den Definitionsbereich des Vollkreises [0° ... 360°[bzw. [0^h ... 24^h[durchlaufen. Bei Deutung als Zeitvariable schöpfen sie im Zeitraum einer vollen Erdumdrehung den Wertevorrat [0^h ... 24^h[aus.

Anmerkung: Als Analogon zur Zeitangabe aufgrund dieser Zeitdefinition mag eine Zeigeruhr dienen (⇨ Bild 5.3-1, rechter Seite): Betrachtet man mFr als Stundenzeiger und die Schnitte der (erdfesten) Meridiane mit dem Himmelsäquator als Marken eines Ziffernblattes mit einer von Ost nach West laufender 24-Stunden-Teilung, so zeigt diese Uhr die Mittlere Sternzeit an. Sie zeigt die *LMST* oder *GMST* an, je nach dem, ob der Nullpunkt der Teilung des Ziffernblattes in den Ortsmeridian oder in den Meridian von Greenwich gelegt wird.

Das zwischen zwei aufeinanderfolgenden Oberen Kulminationen von mFr im Ortsmeridian oder im Meridian von Greenwich liegende *Zeitintervall* wird als *Mittlerer Sterntag* oder kurz als *Sterntag* (Einheit »d*«) bezeichnet, seine Unterteilungen *Sternzeit-Stunden* (h*), *Sternzeit-Minuten* (min*) und *Sternzeit-Sekunden* (s*). Dabei gilt für die Unterteilung die Vereinbarung:

$$1\ \mathrm{d}^* = 24\ \mathrm{h}^*;\quad 1\ \mathrm{h}^* = 60\ \mathrm{min}^*;\quad 1\ \mathrm{min}^* = 60\ \mathrm{s}^*;\quad 1\ \mathrm{d}^* = 86400\ \mathrm{s}^*. \qquad (5.3\text{-}3)$$

Nach dieser Vereinbarung wäre der oben angesprochene Wertevorrat durch [0^{h*} ... 24^{h*}[zu beschreiben. Falls eine Zeitangabe aber zweifelsfrei als eine Angabe in der Einheit »Sternzeit« erkennbar ist, beispielsweise wenn sie durch die Variablen *GMST* oder *LMST* ausgedrückt wird, kann zur Vereinfachung auf die Spezialisierung der Einheit mit dem Asterisk (*) verzichtet werden.

Zwischen der Mittleren Ortssternzeit *LMST* und der Mittleren Sternzeit Greenwich *GMST* bzw. zwischen den entsprechenden Stundenwinkeln t_{mFr} und $t_{\mathrm{Gr\,mFr}}$ gelten gemäß Bild 5.3-1 und unter Beachtung von (5.3-1) und (5.3-2) die Beziehungen:

$$LMST - GMST = t_{\mathrm{mFr}} - t_{\mathrm{Gr\,mFr}} = \lambda; \qquad (5.3\text{-}4)$$

λ = Geographische Länge des Ortsmeridians.

Scheinbare Ortssternzeit und Scheinbare Sternzeit Greenwich

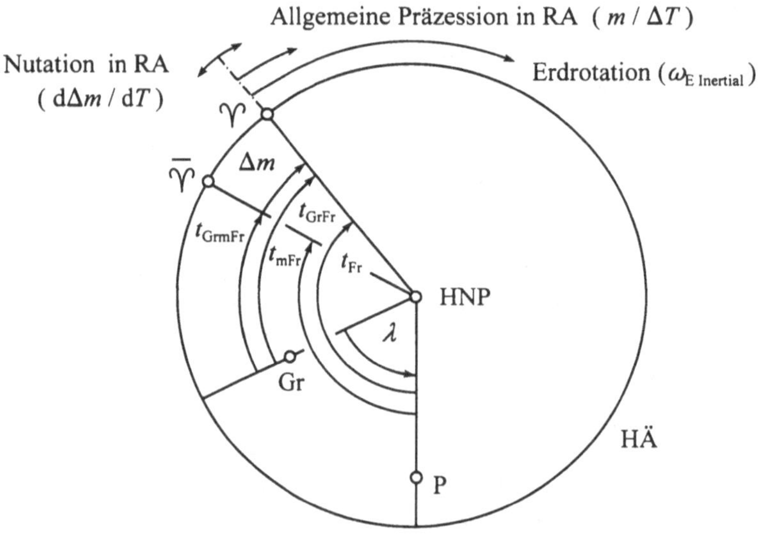

Bild 5.3-2: Stundenwinkel des Wahren Frühlingsäquinoktiums unter dem Einfluß von Erdrotation, Allgemeiner Präzession und Nutation in Rektaszension (Zur Definition der Wahren Sternzeit)

In Analogie zur Mittleren Sternzeit, die an die Bewegung des Mittleren Frühlingsäquinoktiums (wFr) gebunden ist, kann auch auf die Bewegung des *Wahren Frühlingsäquinoktiums* (*wFr*) eine Zeitskala gegründet werden. Die dem wFr entsprechenden Stundenwinkel lauten t_{wFr} und $t_{\mathrm{Gr\,wFr}}$, die diesen Winkeln zugeordneten Zeitmaße *Scheinbare oder Wahre Ortssternzeit* (englisch: *Local Apparent Sideral Time*: *LAST*) bzw. *Scheinbare oder Wahre Sternzeit Greenwich* (englisch: *Greenwich Apparent Sideral Time*: *GAST*):

$$LAST = t_{\mathrm{wFr}} \, ; \tag{5.3-5}$$

$$GAST = t_{\mathrm{Gr\,wFr}} \, . \tag{5.3-6}$$

Der Stundenwinkel t_{wFr} reflektiert drei voneinander unabhängige Drehraten: Zunächst - wie t_{mFr} - die Winkelgeschwindigkeit der *Erddrehung* mit $\omega_{\mathrm{E\,Inertial}}$ und die *Allgemeine Präzession in Rektaszension* $\omega_{\mathrm{AllgPräRA}}$. Als dritte Komponente kommt noch die *Nutation in Rektaszension* des Frühlingsäquinoktiums ω_{NuRA} hinzu. Sie ist wie die *Nutation in ekliptikaler Länge*$(\Delta\psi/\Delta T)$ eine periodische Funktion, die definitionsgemäß im Mittel verschwindet ($\bar{\omega}_{\mathrm{NuRA}} = 0$) und Extremwerte von $\omega_{\mathrm{NuRA\,extr}} = \pm\, 0{,}175''/\mathrm{d}$ erreicht.[27)]

Da der Stundenwinkel t_{wFr} als Folge von $\omega_{\mathrm{NuRA}} \neq$ const. nicht gleichförmig wächst, repräsentieren *LAST* und *GAST* eine *ungleichförmige Zeitskala.* Bemerkenswert ist dabei, daß sich auch mit einer ungleichförmigen Zeitskala Ereignisse eindeutig zuordnen und mit anderen Ereignissen vergleichen lassen, wenn die Unregelmäßigkeiten der Zeitskala bekannt sind oder wenn alle Nutzer diese Skala benutzen. In diesem Sinne hat die Scheinbare Sternzeit, die sich unmittelbar aus astronomischen Beobachtungen gewinnen läßt, in der Geodätischen Astronomie eine zentrale Bedeutung.

Auch an dieser Stelle erscheint der Vergleich mit einer Zeigeruhr hilfreich, wie er bereits in Bild 5.3-1 geführt wurde. Im Unterschied zu jener gleichförmig laufenden Uhr muß man sich nunmehr in Bild 5.3-2 eine ungleichförmig laufende Uhr vorstellen.

Für die Differenz der Größen (5.3-5) und (5.3-6) gilt wie unter (5.3-4):

$$LAST - GAST = t_{\mathrm{wFr}} - t_{\mathrm{Gr\,wFr}} = \lambda ; \tag{5.3-7}$$

λ = Geographische Länge des Ortsmeridians.

Gleichung der Äquinoktien

Während das Mittlere Frühlingsäquinoktium (mFr) als Folge der gleichförmigen Erdrotation und der gleichförmigen Präzession gleichförmig auf dem Himmelsäquator wandert, führt das Wahre Frühlingsäquinoktium (wFr) unter Einfluß der Nutation Schwingungen um mFr aus. Der Abstand des mFr vom Orts- bzw. vom Greenwich-Meridian wird durch die Stundenwinkel t_{mFr} und $t_{\mathrm{Gr\,mFr}}$, der des wFr von den genannten Meridianen durch t_{wFr} und $t_{\mathrm{Gr\,wFr}}$ beschrieben. Für die entsprechenden Differenzen gilt gemäß Bild 5.3-2 und unter Beachtung der in (5.3-5) und (5.3-6) niedergelegten Sternzeit-Definition (Sternzeit = Stundenwinkel des Frühlingsäquinoktiums):

---

27) Der angegebene Extremwert $\omega_{\mathrm{NuRA\,extr}} = \pm\, 0{,}175''/\,\mathrm{d}$ wurde durch numerische Differentation von $\Delta\psi = \Delta\psi\{T\}$ (4.3-10) und daran anschießendem Vergleich der Einzelergebnisse gefunden: $\omega_{\mathrm{NuRA}} = (\Delta\psi\{T+1\,\mathrm{d}\} - \Delta\psi\{T\})\,/\,1\,\mathrm{d}$.

$$\begin{aligned}\Delta m &= t_{\mathrm{wFr}} - t_{\mathrm{mFr}} &&= t_{\mathrm{Gr\,wFr}} - t_{\mathrm{Gr\,mFr}} \\ &= LAST - LMST = && GAST - GMST.\end{aligned} \qquad (5.3\text{-}8)$$

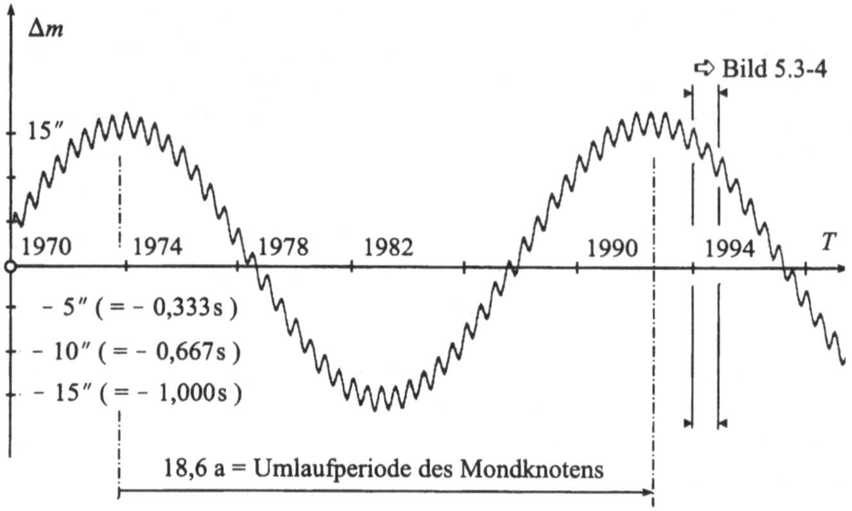

Bild 5.3-3: Gleichung der Äquinoktien 1970 - 2000

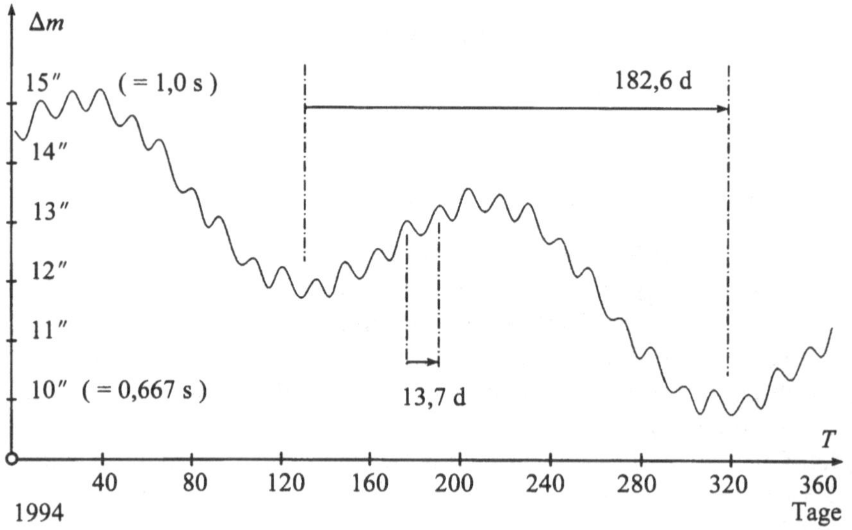

Bild 5.3-4: Gleichung der Äquinoktien 1994

Der Winkel bzw. die Zeitdifferenz Δm ist die *Nutation in Rektaszension des wFr*, die im Zusammenhang mit der Zeitrechnung als *Gleichung der Äquinoktien* (englisch: *Equation of Equinox*) bezeichnet wird. Sie vermittelt den Übergang von dem aus Sternbeobachtungen fließenden Stundenwinkel des wFr (t_{wFr}) zur Mittleren Ortssternzeit (*LMST*), die wiederum, wie noch zu zeigen ist (5.3.3) in einer Proportionalitätsbeziehung zur Weltzeit (*UT1*) steht (siehe 5.3.3).

Der Berechnung der Gleichung der Äquinoktien aus (4.4-23/2)

$$\Delta m := \Delta \psi \cdot \cos \epsilon$$

muß die Berechnung der für die betreffende Epoche maßgeblichen Nutation $\Delta \psi$ gemäß (4.4-17/1) vorausgehen.

$\Delta \psi$ und ϵ sind in Tagesschritten im *Astronomcal Almanac* (Seite B24-B31) vertafelt. Δm findet man - ebenfalls in Tagesschritten - in *Apparent Places of Fundamental Stars* (*Table II - Sideral Time at 0^h UT1,* Spalte *Equation of Equinox*). Zur Erleichterung der Interpolation ist hier Δm in einen langperiodischen $\Delta m_{langper}$ und in einen kurzperiodischen Term $\Delta m_{kurzper}$ zerlegt.

$$\Delta m = \Delta m_{langper} + \Delta m_{kurzper} = \Delta m_l + \Delta m_k \tag{5.3-9}$$

Die Tabelle weist ferner die für *U.T.*(= *UT1*) = 0^h geltende Mittlere und Scheinbare Sternzeit Greenwich (GMST, GAST) aus, deren Differenz ebenfalls Δm ergibt.

Die Gleichung der Äquinoktien kann mit reduzierter Genauigkeit auch anhand des jährlich vom Royal Greenwich Observatory herausgegebenen *Star Almanac for Land Surveyors* ermittelt werden, und zwar mit Hilfe der in der Tabelle *Sun* in Sechs-Stunden-Intervallen vertafelten Größe *R*. Δm ist dort mit der für den Übergang von der Weltzeit *UT1* zur *GMST* erforderlichen Rektaszension der Mittleren Sonne α_{mSo} (⇨ 5.3.2) zu *R* zusammengefaßt:

$$R = \alpha_{mSo} + \Delta m - 12\text{ h}. \tag{5.3-10}$$

Wegen

$$GAST = GMST + \Delta m \quad (5.3\text{-}8)$$

und

$$GMST = \alpha_{mSo} - 12\text{ h} + UT1 \quad (5.3\text{-}24/2),$$

die aufeinander addiert und um (5.3-10) vermindert (5.3-11) ergeben, läßt sich über *R* die *GAST* direkt aus *UT1* berechnen:

$$GAST = UT1 + R. \tag{5.3-11}$$

Der Tabellenwert *R* liefert die Nutation in Rektaszension allerdings nur mit einer Genauigkeit von 0,1 s, was für viele Aufgabenstellungen aber durchaus ausreicht.

Die Tabellen 5.3-1 und 5.3-2 enthalten einige Berechnungsbeispiele zur Anwendung der *Gleichung der Äquinoktien*, wobei an dieser Stelle vor allem der Übergang von *GMST* nach *GAST* und umgekehrt von Interesse ist.

Die Bilder 5.3-3 und 5.3.4 zeigen den Graphen der Gleichung der Äquinoktien im Zeitraum 1970 bis 2000 und – mit (unterschiedlich) vergrößertem Winkel- und Zeitmaßstab – für das Jahr 1974. In Bild 5.3-3 kann man sehr gut die durch den Umlauf des Mondknotens bestimmte Periode von 6798,4 Tagen = 18,6 Jahren mit einer Amplitude von $\pm$ 17,2″· cos ϵ = $\pm$ 15,8″ = $\pm$ 1,05 s (1974, 1982, 1992) sowie eine 182,6-Tage-Periode mit einer Amplitude von $\pm$ 1,3″· cos ϵ = $\pm$ 1,2″ = $\pm$ 0,08 s erkennen (Tabelle 4.4-3, Koeffizienten a_{01} und a_{09}).

In Bild 5.3-4 wird neben der 182,6-Tage-Periode noch eine Periode von 13,7 Tagen sichtbar, deren Amplitude etwa $\pm$ 0,2″· cos ϵ = $\pm$ 0,2″ = $\pm$ 0,01 s erreicht (Tabelle 4.4-3, Koeffizient a_{031}).

5.3.2 Sonnenzeit

Mittlere Ortszeit, Weltzeit

Seit alters her wurde die Sonne als Zeitanzeiger verstanden. Auch auf diesen Zeiger läßt sich das in 5.3.1 eingeführte Bild eines Uhrzeigers anwenden. Der »Sonnenzeiger« hat gegenüber dem am Sternenhimmel nicht erkennbaren Frühlingsäquinoktium (das die Mittlere Sternzeit anzeigt) überdies den Vorzug, daß er für jedermann sichtbar ist und – vor allem – dem durch die Abfolge von Tag und Nacht geprägten Lebensrhythmus der Menschen »folgt«. Aus den weiter unten noch darzulegenden Gründen bewegt sich der durch die reale (»scheinbare«) Sonne verkörperte Zeiger aber nicht gleichförmig.

Man gewinnt eine an der Lauf der Sonne gebundene weitgehend gleichförmige Zeitskala, wenn zum Zweck der Zeitmessung die (wahre) Sonne durch eine auf dem Himmelsäquator laufende *Mittlere Sonne* ersetzt wird, die sich dort mit der mittleren Winkelgeschwindigkeit der wahren Sonne bewegt:

$$\omega_{\mathrm{mSo}} = \bar{\omega}_{\mathrm{wSo}} = 360°/\,a_{\mathrm{trop}} = 24\ \mathrm{h}\,/\,a_{\mathrm{trop}} = 86400\ \mathrm{s}\,/\,a_{\mathrm{trop}}\,,$$ [28]

bzw. wenn man die Drehwinkel nicht auf das Tropische Jahr a_{trop}, sondern auf das aus 36525 Tagen bestehende Julianische Jahrhundert (JJh) bezieht

$$\omega_{\mathrm{mSo}} = 86400\ \mathrm{s}\,/\,(a_{\mathrm{trop}}/\mathrm{JJh})\cdot \mathrm{JJh}\,.$$

Für die Epoche T_{U0} = 1900, Januar 0, 12^{h} UT1 erhält man für a_{trop}/Jul.Jh. bzw. für ω_{mSo}

$$a_{\mathrm{trop}}/\mathrm{JJh} = 0{,}009999786414;\quad \omega_{\mathrm{mSo}} = 8640184{,}542\ \mathrm{s}\,/\,\mathrm{JJh};$$

und für die Epoche T_{U0} = 2000, Jan 1, 12^{h} UT1 (derzeit Standardepoche):

[28] Die Einheiten h, min und s sind hier und in den folgenden Formeln, in denen die Rektaszension der Mittleren Sonne beschrieben wird, als Winkelmaße zu verstehen (Vollkreis = 360° = 24 h = 1440 min = 86400 s).

$$a_{trop}/\text{JJh} = 0{,}009999786101; \quad \omega_{mSo} = 8640184{,}812866 \text{ s / JJh} .$$

Gestützt auf Sonnenbeobachtungen von 1756-1885 hat Simon Newcomb (1835-1909) in einer Theorie über die »Bewegung der Erde um ihre Achse und um die Sonne« (Newcomb, 1895, 9) die in der Ekliptik verlaufende Bewegung der Mittleren Sonne modelliert, indem er die Ekliptikale Länge der Mittleren Sonne l_{mSo} als eine quadratische Funktion der an die Erddrehung gebundenen Zeitvariablen T_U darstellte:

$$l_{mSo} = 279°41'48{,}04'' + (129602768{,}13 \text{ ''/JJh}) \cdot (T_U - T_{U0}) + (1{,}089 \text{ ''/JJh}^2) \cdot (T_U - T_{U0})^2 . \quad (5.3\text{-}12/1)$$

Die Koeffizienten in dieser Formel beziehen sich auf die Standardepoche

$$T_{U0} = 1900, \text{ Januar } 0, 12^h \text{ UT1} = 31.12.1899, 12^h \text{ UT1} = \text{JD } 2415020{,}0 .$$

Unter dem Einfluß der Aberration (⇨ Anmerkung nach (4.3-7)) verkleinert sich der konstante Term von (5.3-12/1) um den Betrag der von Newcomb mit $\kappa_{JäAb} = 20{,}50'' = 1{,}367\text{s}$ angenommenen Aberrationskonstanten auf $279°41'27{,}54'' = 18^h 38^m 45{,}83^s$.

Eine vom Frühlingsäquinoktium aus synchron mit der ekliptikalen mittleren Sonne (»Erste mittlere Sonne«) auf dem Himmelsäquator laufende »Zweite Mittlere Sonne« folgt dem gleichen Bewegungsgesetz (5.3-12/1), nämlich – nach Berücksichtigung der Aberration –

$$\alpha_{mSo} = 18^h 38^m 45{,}836^s + (8640184{,}542 \text{ s / JJh}) \cdot (T_U - T_{U0}) + (0{,}0929 \text{ s / JJh}^2) \cdot (T_U - T_{U0})^2 \quad (5.3\text{-}12/2)$$

Unter Bezugnahme auf die Standardepoche

$$T_{U0} = 2000, \text{ Januar } 1, 12^h \text{ UT1} = 01.01.2000, 12^h \text{ UT1} = \text{JD } 2451545{,}0$$

rechnet man heute nach einem IAU-Beschluß von 1982 (Aoki et al., 1982; *Supplement for the Astronomical Almanac 1984*, S13) mit:

$$\alpha_{mSo} = 18^h 41^m 50{,}54841^s + (8\,640\,184{,}812866 \text{ s / JJh}) \cdot (T_U - T_{U0}) + (0{,}093104 \text{ s / JJh}^2) \cdot (T_U - T_{U0})^2 - (0{,}0000062 \text{ s / JJh}^3) \cdot (T_U - T_0)^3 . \quad (5.3\text{-}12/3)$$

Wird entsprechend den in der Formel verwendeten Maßeinheiten der Koeffizienten (s/JJh, s/(JJh)^2 etc.) der seit der Epoche T_{U0} verstrichene Zeitraum $T - T_{U0}$ in der Einheit »Julianisches Jahrhundert« (= 35525 Tage) eingeführt, so erhält man die Produkte in der Einheit »s«.

Zu der mit nahezu konstanter Geschwindigkeit ablaufenden Bewegung der Mittleren Sonne tragen der *Lauf der Erde um die Sonne* (aus terrestrischer Sicht: der

Lauf der Sonne um die Erde) und die *Allgemeine Präzession* bei. Die Glieder zweiter und dritter Ordnung berücksichtigen den säkularen Einfluß der Planeten, die das Zweikörper-Modell Sonne - Erde/Mond stören.

Der Beitrag der *Erdrotation* zur Winkelgeschwindigkeit der Mittleren Sonne ist (wie auch zur scheinbaren Winkelgeschwindigkeit aller Fixsterne)

$$\omega_{\mathrm{E\,Inertial}} \approx 360°/\,\mathrm{d}\,.$$

Die scheinbare Bewegung der Sonne vollzieht sich (bei Sicht aus dem Himmelsnordpol) im Uhrzeigersinn. Diese Bewegung wird überlagert von der *Wanderung der Mittleren Sonne relativ zum Mittleren Frühlingsäquinoktium*. Ihre Winkelgeschwindigkeit wird im wesentlichen durch den Koeffizienten des linearen Gliedes von (5.3-12/2) bzw. (5.3-12/3) beschrieben und beträgt demnach:

$$\begin{aligned}\bar{\omega}_{\mathrm{E\,Rev}} = \omega_{\mathrm{mSo}} = \mathrm{d}\alpha_{\mathrm{mSo}}/\,\mathrm{d}T &\approx 8640184\ \mathrm{s/JJh}\\ &= 8640184\ \mathrm{s}\,/\,36525\ \mathrm{d}\\ &= 236{,}56\ \mathrm{s/d} = 3548{,}3''/\mathrm{d} = 59'08{,}3''/\mathrm{d} \approx 1°/\mathrm{d}.\end{aligned}$$

(Die Glieder höherer Ordnung von (5.3-12) können bei dieser Abschätzung unberücksichtigt bleiben). Die Drehung verläuft im Gegensinn des Uhrzeigers.

Schließlich trägt als dritte Bewegungskomponente zur scheinbaren Gesamtbewegung auch noch die durch die durch die *Allgemeine Präzession* bedingte *Wanderung des Mittleren Frühlingsäquinoktiums* bei, auf das sich α_{mSo} bezieht. Wie bereits in 5.3.1 dargelegt, beträgt diese Drehrate (Allgemeine Präzession in Rektaszension) $\omega_{\mathrm{AllgPräRA}} = 46{,}1''\,/\,\mathrm{a}$. Ihr Drehsinn entspricht dem des Uhrzeigers.

Die aktuelle Position der Mittleren Sonne bezüglich eines erdfesten Bezugssystems läßt sich durch ihren Stundenwinkel t_{mSo} beschreiben. Dieser wird, je nachdem, ob er sich auf den Ortsmeridian oder auf den Meridian von Greenwich bezogen wird, mit t_{mSo} oder $t_{\mathrm{Gr\,mSo}}$ bezeichnet. Da sich der Stundenwinkel der Mittleren Sonne ebenso wie der Stundenwinkel des Mittleren Frühlingsäquinoktiums zeitproportional vergrößert, ist er wie jener als Zeitvariable geeignet. Diese Variable wird bei Bezugnahme auf den Ortsmeridian als *Mittlere Ortzeit* (*Local Mean Time = LMT*) und bei Bezugnahme auf den Greenwich-Meridian als *Mittlere Greenwich Zeit* (*Greenwich Mean Time = GMT*), *Weltzeit* oder *Universalzeit* (*Universal Time = UT1*) bezeichnet. Im Gegensatz zur Sternzeit, die bei jeder Oberen Kulmination des Frühlingsäquinoktiums auf Null gesetzt wird, wird die tageweise Zählung der Mittleren Ortszeit und der Mittleren Greenwich-Zeit im Augenblick der *Unteren Kulmination* der Mittleren Sonne durch den betreffenden Meridian (= Mitternacht) begonnen. Man verfügt also:

$$LMT = t_{\mathrm{mSo}} + 12\mathrm{h}\,; \qquad (5.3\text{-}13/1)$$

$$UT1 = GMT = t_{\mathrm{Gr\,mSo}} + 12\mathrm{h}\,. \qquad (5.3\text{-}13/2)$$

Im öffentlichen Leben der verschiedenen Kulturen waren neben der astronomischen Stundenzählung, die nach (5.3-12) um Mitternacht beginnt, noch viele andere Zählmodi in Gebrauch. Beispiele findet man z.B. in der Bibel (z.B. Lukas 23, 44) oder in Goethes (1976, 44) Bericht über seine die »Italienische Reise«.

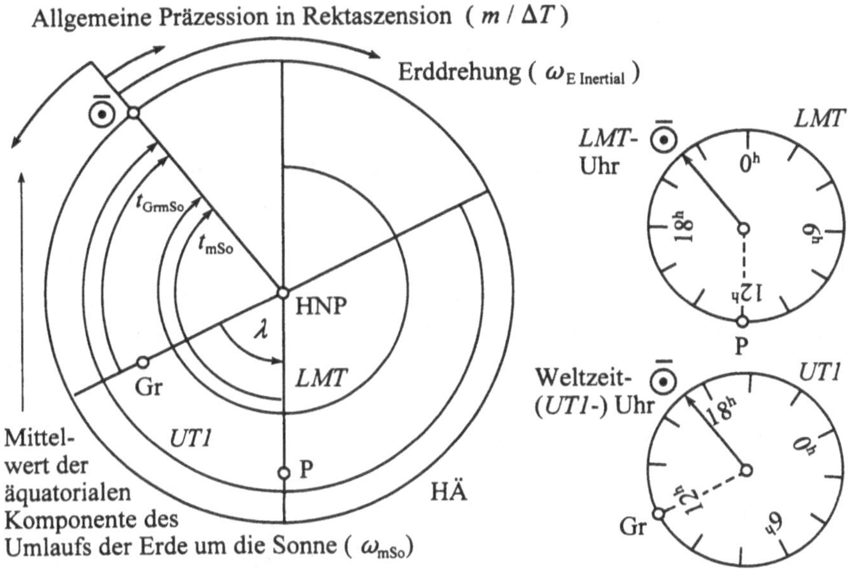

Bild 5.3-5: Stundenwinkel der Mittleren Sonne unter dem Einfluß der Erdrotation, der Bahnbewegung der Erde und der Allgemeinen Präzession in Rektaszension (Zur Definition der Mittlere Sonnenzeit)

Das zwischen zwei aufeinanderfolgenden Unteren Kulminationen der Mittleren Sonne durch den Ortsmeridian oder durch den Meridian von Greenwich liegende Zeitintervall wird als *Mittlerer Sonnentag* (kurz: *Tag* oder d) bezeichnet, seine Unterteilungen als *Minuten* (min) und *Sekunden* (s), wobei für diese Unterteilungen wie üblich gilt:

$$1\,\mathrm{d} = 24\,\mathrm{h};\quad 1\,\mathrm{h} = 60\,\mathrm{min};\quad 1\,\mathrm{min} = 60\,\mathrm{s};\quad 1\,\mathrm{d} = 86400\,\mathrm{s}. \qquad (5.3\text{-}14)$$

Bis zur Einführung der Zeiteinheit »Ephemeridensekunde« (⇨ 5.4.1) galt die so definierte Sekunde (1 s = (1/86400) Tag) als die Einheit der Zeit. Zwischen der *Mittleren Ortszeit LMT* und der *Weltzeit UT1* bzw. zwischen den entsprechenden Stundenwinkeln gelten gemäß Bild 5.3-3 die Beziehungen:

$$LMT - UT1 = t_{\mathrm{mSo}} - t_{\mathrm{Gr\,mSo}} = \lambda; \qquad (5.3\text{-}15)$$

λ = Geographische Länge des Ortsmeridians.

Scheinbare Ortszeit und Scheinbare Greenwich Zeit

Die *Mittlere Sonne* (*mSo*) ist, wie dargelegt, ein fiktiver, auf dem Himmelsäquator mit nahezu konstanter Geschwindigkeit laufender Punkt. Der Stundenwinkel t_{mSo} dieses Punktes wächst proportional zur Weltzeit *UT1*.

Auch der Lauf der (wahren) *Sonne* (*wSo*) kann durch einen Stundenwinkel beschrieben werden: t_{wSo}. Allerdings wächst dieser Parameter nicht zeitproportional. Dafür sind die folgenden Gründe maßgebend:

- Die wSo bewegt sich nach dem Zweiten Keplerschen Gesetz in der Ekliptik mit *variabler* Linear- und Winkelgeschwindigkeit (⇨ 2.2). Die mittlere Periodendauer dieser Bewegung beträgt 1 Anomalistisches Jahr (= Zeitraum zwischen zwei aufeinander folgenden Periheldurchgängen der Erde).
- Die wSo bewegt sich in der Ekliptik, wohingegen der auf sie bezogene Stundenwinkel t_{wSo} im Himmelsäquator gezählt wird. Aus dem durch die Schiefe der Ekliptik bestimmten geometrischen Sachverhalt folgt ein periodisch veränderliches Fortschreiten von t_{wSo}. Die projektionsbedingte Periodendauer beträgt ½ Tropisches Jahr. (Man beachte: Selbst wenn sich wSo in der Ekliptik mit konstanter Winkelgeschwindigkeit bewegen würde, was sie nach dem Zweiten Keplerschen Gesetz nicht tut, würde sich t_{wSo} aufgrund der Projektion der Sonne von der Ekliptik in den Himmelsäquator periodisch verändern).

Beide Effekte überlagern sich mit der Wirkung, daß sich der Stundenwinkel der wSo nicht gleichmäßig verändert und sich daher nur bedingt als Zeitvariable eignet. Gleichwohl läßt sich, wenn man die Einschränkung nicht aus dem Auge verliert, auch auf diesen Stundenwinkel eine Zeitskala gründen, die man als *Wahre oder Scheinbare Sonnenzeit* bezeichnet. Die Bezugnahme erfolgt analog zu (5.3-13/1) und (5.3-13/2) und liefert:

$$LAT = t_{wSo} + 12\,\mathrm{h}\,; \qquad (5.3\text{-}16/1)$$

$$GAT = t_{Gr\,wSo} + 12\,\mathrm{h}\,. \qquad (5.3\text{-}16/2)$$

LAT und *GAT* stehen dabei für *Local Apparent Time* (*Scheinbare Ortszeit*) bzw. *Greenwich Apparent Time* (Scheinbare Greenwich Zeit).

Wenn sich die beiden Zeitangaben die gleiche Epoche bezeichnen, beschreibt ihr Unterschied wie in (5.3-15) den Längenunterschied zwischen dem Greenwich-Meridian und dem Ortsmeridian, für den die Zeitangabe *LAT* gilt :

$$LAT - GAT = t_{wSo} - t_{Gr\,wSo} = \lambda\,. \qquad (5.3\text{-}17)$$

Bis zur Erfindung und Verbreitung transportabler mechanischer Uhren war die *LAT* die einzige an jedem Ort für den Menschen (z.B. mit Hilfe von Sonnenuhren) realisierbare und damit die für das Leben maßgebliche Zeitskala.

Zeitgleichung

Der Unterschied zwischen der (ungleichförmig ablaufenden) Scheinbaren Zeit (*LAT* und *GAT*) und der Mittleren Zeit (*LMT* und *GMT* = *UT1*) läßt sich durch die *Zeitgleichung*

$$\begin{aligned} e &= t_{\mathrm{wSo}} - t_{\mathrm{mSo}} &&= LAT - LMT \\ &= t_{\mathrm{Gr\,wSo}} - t_{\mathrm{Gr\,mSo}} &&= GAT - UT1 = -(\alpha_{\mathrm{wSo}} - \alpha_{\mathrm{mSo}}). \end{aligned} \qquad (5.3\text{-}18)$$

beschreiben; vgl. (5.3-13/1 5.3-13/2 und (5.3-24/1). Zur Veranschaulichung der sie bestimmenden Einflüsse wird e in zwei Anteile zerlegt: in einen Anteil e_1, der im wesentlichen auf die ungleichförmige Bahngeschwindigkeit der wSo in der Ekliptik zurückzuführen ist, und einen Anteil e_2, dessen Ursache in der Projektion der Bahnbewegung aus der Ekliptik in den Himmelsäquator liegt, in dem t gemessen wird:

$$e = e_1 + e_2.$$

Der Zusammenhang zwischen den Örtern von wSo und mSo bzw. der durch diese Örter repräsentierten Skalen der Scheinbaren und der Mittleren Zeit wurde dabei über die folgende, in Bild 5.3-6 veranschaulichte Vereinbarung herbeigeführt:

Im Augenblick des Durchgangs von wSo durch das Perihel (im Zeitpunkt T_1) wird mit ihr in der Mittleren Ekliptik eine fiktive *Erste Mittlere Sonne* (Δ) in Bewegung gesetzt und zwar mit der mittleren Winkelgeschwindigkeit der wahren Sonne $\omega_\Delta = \bar{\omega}_{\mathrm{wSo}}$. Sobald die Erste Mittlere Sonne (Δ) das Mittlere Frühlingsäquinoktium (mFr) erreicht (im Zeitpunkt T_2), wird von diesem Punkt aus mit gleicher Winkelgeschwindigkeit, nämlich mit $\omega_{\mathrm{mSo}} = \omega_\Delta = \bar{\omega}_{\mathrm{wSo}}$, die *Zweite mittlere Sonne*, kurz *Mittlere Sonne* (*mSo*) genannt, auf dem Mittleren Himmelsäquator in Lauf gesetzt. Δ und mSo laufen nun auf unterschiedlichen Wegen (die erste weiter in der Ekliptik, die zweite auf dem Mittleren Himmelsäquator) und treffen sich nach ½ Tropischen Jahr (Zeitpunkt T_5) im Mittleren Waagepunkt und nach einem ganzen Tropischen Jahr (Zeitpunkt T_7) wieder im Mittleren Frühlingsäquinoktium.

Was das Verhältnis zwischen der wSo und Δ angeht, läuft wSo zunächst (ab dem Zeitpunkt T_1) ¼ Jahr lang schneller, dann - ein weiteres ¼ Jahr lang - langsamer als Δ. Aus Symmetriegründen und weil ihre Wege und mittleren Geschwindigkeiten gleich sind, treffen sich die beiden Punkte nach einem halben Jahr (zum Zeitpunkt T_4) im Aphel. Im ganzen ersten Halbjahreszeitraum ($T_4 - T_1$) eilt also wSo der Δ voraus ($e_1 < 0$); in der zweiten Jahreshälfte kehren sich die Bewegungsraten entsprechend um ($e_1 > 0$). ⇨ 5.3-6 und 5.3-7.

Das Verhältnis von Δ zu mSo wird, wie bereits dargelegt, durch die Schiefe der Ekliptik geprägt. Als Folge der Projektion der Ekliptikörter in den Himmelsäquator bleibt die Δ nach dem Durchgang durch das Mittlere Frühlingsäquinoktium (Zeitpunkt T_2) zunächst ¼ Jahr lang (bis zum Zeitpunkt T_3) hinter mSo zurück ($e_2 > 0$), um ihr dann das nächste ¼ Jahr (bis zum Zeitpunkt T_5, wo sich Δ und mSo im Herbstäquinoktium wieder begegnen) vorauszueilen ($e_2 < 0$). Der gleiche Prozeß wiederholt sich dann im dritten und vierten Quartal des ab dem Frühlingsäquinoktium gezählten Tropischen Jahres. ⇨ Bilder 5.3-6 und 5.3-8.

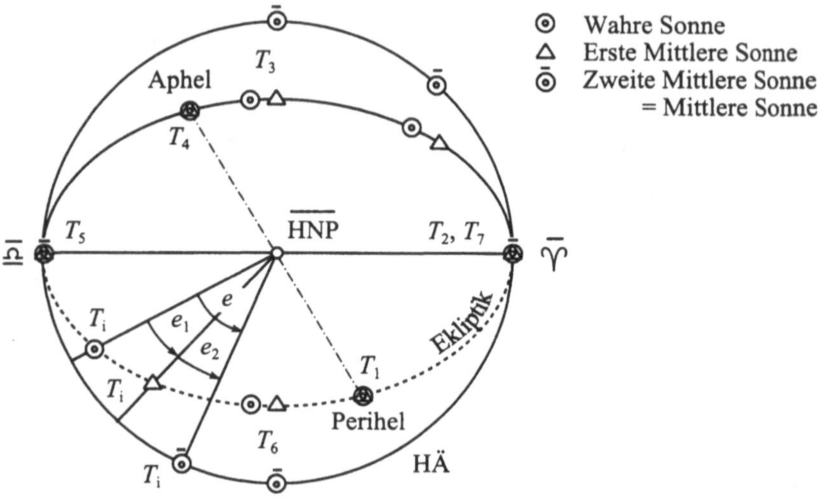

Bild 5.3-6: Elemente der Zeitgleichung

Die Gesamtwirkung $e = e_1 + e_2$ ist in Bild 5.3-9 veranschaulicht. Wie man sieht, ergibt die Überlagerung der phasenverschobenen Funktionen e_1 (Periode 1: Anomalistisches Jahr) und e_2 (Periode: 1 Tropisches Jahr) eine Funktion e, die vier Nullstellen ($e = 0$), zwei Hauptextrema (e_{max} = 16min 25s, e_{min} = -14min 15s) und zwei Nebenextrema (e_{max} = 3min 42s, e_{min} = -6min 29s) besitzt.

Die Zeitgleichung ist als Funktion des Stundenwinkels der Sonne an den scheinbaren Lauf der Sonne gebunden, der seinerseits den Lauf der Erde um die Sonne reflektiert. Aufgrund der störenden Einflüsse des Mondes und der Planeten ist die Bahn der Erde um die Sonne sehr kompliziert. (Zur Erinnerung: die Erde und der Mond drehen sich auf einer Kepler-Ellipse um das Massenzentrum Erde-Mond. Das Massezentrum Erde-Mond bewegt sich auf einer Kepler-Ellipse um das Baryzentrum des Sonnensystems. Alle Kepler-Ellipsen sind durch die Gravitationswirkung der übrigen Körper des Sonnensystems, insbesondere der Planeten Jupiter und Venus gestört.) Die genaue Berechnung der Erdbahn (der Ephemeriden der Erdbahn) kann durch numerische Integration der Differentialgleichungen

(2.4-34) oder auf der Grundlage konkreter Planetentheorien erfolgen, etwa der Theorie »VSOP« - Variations Séculaires des Orbites Planétaires (Bretagnon, 1982; Bretagnon/Francon, 1988; Meeus, 1994, 170-175). Auf diese Theorie stützt sich auch die von Meeus (1994, 190-192) angegebene Formel zur Berechnung der Zeitgleichung. Mit etwas geringerer Genauigkeit findet man e mit einer von Smart (1977, 149) angegebenen Formel. In Anbetracht des Umfangs der in diese implizierten Algorithmen wird auf die Wiedergabe der beiden Formeln verzichtet.

Eine auf eine Genauigkeit von 3 s und den Zeitraum eines Jahres beschränkte vergleichsweise einfache Formel der Zeitgleichung ist in *The Astronomical Almanac, C2*, zu finden. Sie lautet z.B. für das Jahr 1995:

$$\begin{aligned} e = & -106{,}6\,\mathrm{s}\cdot\sin L + 596{,}1\,\mathrm{s}\cdot\sin 2L + 4{,}4\,\mathrm{s}\cdot\sin 3L - 12{,}7\,\mathrm{s}\cdot\sin 4L \\ & -428{,}8\,\mathrm{s}\cdot\cos L - 2{,}1\,\mathrm{s}\cdot\cos 2L + 19{,}3\,\mathrm{s}\cdot\cos 3L \end{aligned} \qquad (5.3\text{-}19)$$

mit $L = 279{,}196° + 0{,}985647°/\mathrm{d}\cdot\Delta T$ = mittlere Ekliptikale Länge der Sonne und ΔT = Zeitspanne vom 00.01.1995, 0^{h}UT1 bis zur Epoche, für die e bestimmt werden soll.

Eine bequeme Zugriffsmöglichkeit auf genaue Zahlenwerte der Zeitgleichung bieten einschlägige *Tafeln*, in denen die Ergebnisse der Ephemeridenberechnungen für ein ganzes Jahr zusammengetragen sind.

Im *Almanac for Land Surveyors*, Tabelle *Sun*, ist in Sechsstunden-Schritten eine Hilfsgröße E vertafelt (2-25), die mit der Zeitgleichung über die Beziehung

$$E = e + 12\mathrm{h} \qquad (5.3\text{-}21)$$

verknüpft ist. Die Tafelgenauigkeit von E beträgt 0,1 s.

Für den Übergang $UT1 \rightarrow GAT$ gilt nach (5.3-18) und (5.3-21):

$$GAT = t_{\mathrm{Gr\,wSo}} + 12\mathrm{h} = UT1 + e = UT1 + E - 12\mathrm{h}. \qquad (5.3\text{-}22/1)$$

In Tabelle 5.3-1 ist dieser Übergang an einem Beispiel dargestellt.

Im Augenblick des Durchgangs der wSo durch den Greenwich-Meridian (Tr_{GrwSo}) verschwindet der Stundenwinkel $t_{\mathrm{Gr\,wSo}}$. In diesem Fall besteht zwischen $UT1$ und E nach (5.3-22/1) die Beziehung

$$UT1_{\mathrm{TrGrwSo}} = 24\mathrm{h} - E_{\mathrm{TrGrwSo}}. \qquad (5.3\text{-}22/2)$$

Auf der Grundlage von (5.3-15) und (5.3-22/1) kann bei bekannter Länge λ des Standorts der Stundenwinkel der wahren Sonne vorausberechnet werden:

$$t_{\mathrm{wSo}} := UT1 + \lambda + e - 12\mathrm{h} = UT1 + \lambda + E - 24\mathrm{h}. \qquad (5.3\text{-}23/1)$$

Für den Durchgang der wSo durch den Meridian der Länge λ erhält man entsprechend zu (5.3-22/2):

$$UT1_{\mathrm{Tr\lambda wSo}} = 24\mathrm{h} - E_{\mathrm{Tr\lambda wSo}} - \lambda. \qquad (5.3\text{-}23/2)$$

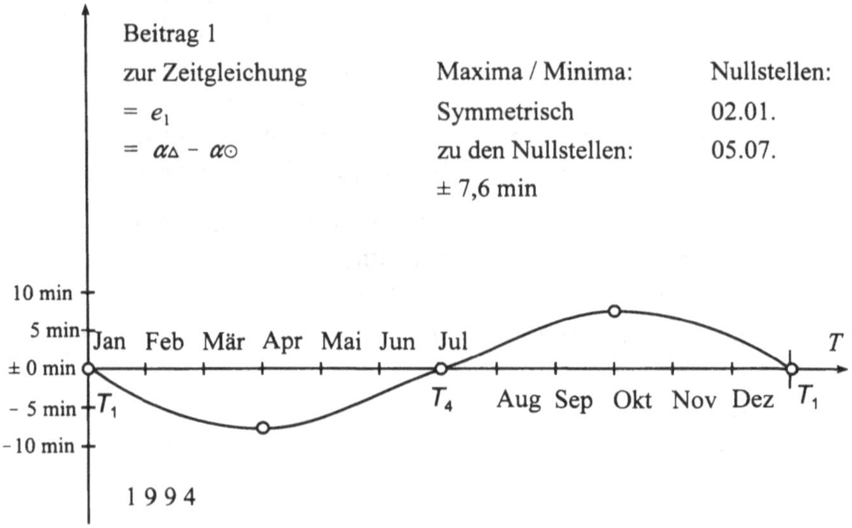

Bild 5.3-7: Auswirkung der ungleichförmigen Bahngeschwindigkeit der Sonne (2. Keplersches Gesetz) auf die Zeitgleichung

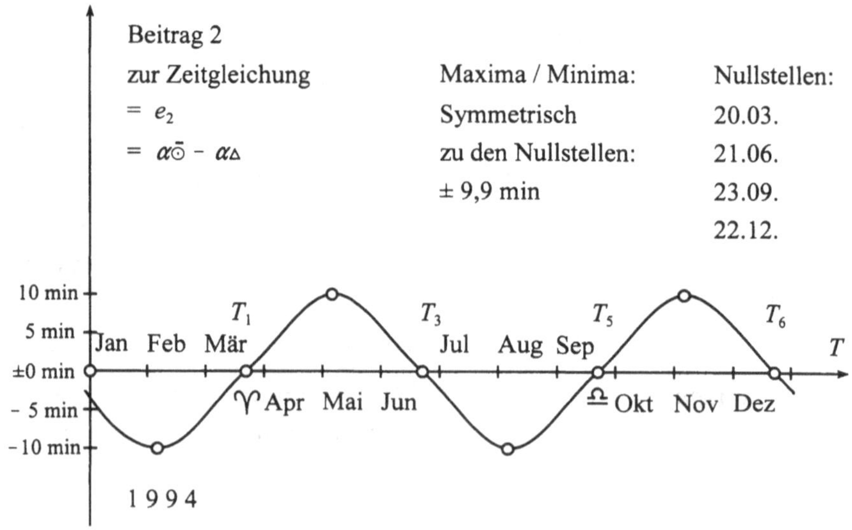

Bild 5.3-8: Auswirkung der Schiefe der Ekliptik auf die Zeitgleichung

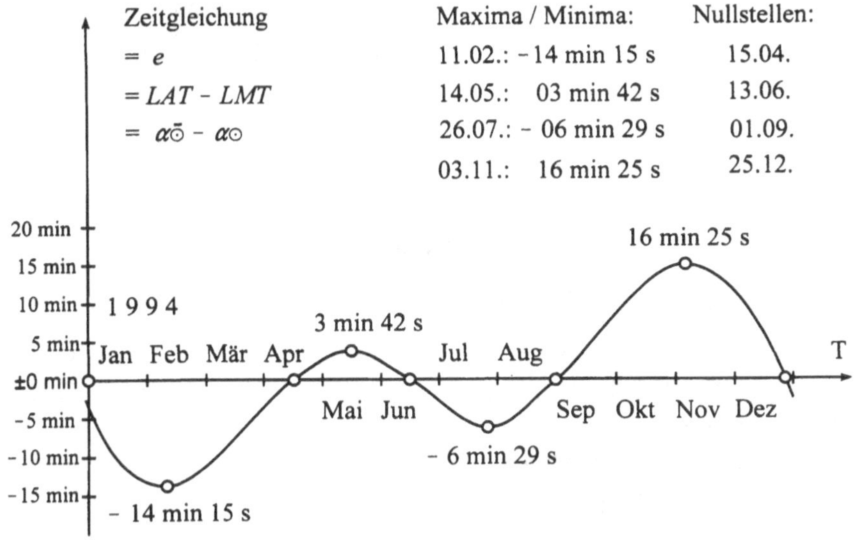

Bild 5.3-9: Zeitgleichung: $e = GAT - UT1 = LAT - LMT$
Unterschied zwischen Mittlerer und Scheinbarer Sonnenzeit

Mit einer Genauigkeit von 10^{-2} s kann man den Durchgangszeitpunkte der wahren Sonne durch den *Ephemeridenmeridian* (➪ 5.4.3) dem *Astronomical Almanac, C4-C19, »Sun, ... for 0ʰ Dynamical Time«*, Spalte *»Ephemeris Transit«* entnehmen. Diese Epochen sind a.a.O. allerdings in der Skala der Terrestrischen Zeit (*TT*; ➪ 5.4.2) beschrieben und müssen, wenn sie in der *UT1*-Zeitskala benötigt werden, noch anhand der aktuellen Unterschiede $\Delta UT = UT1 - UTC$, $UTC - TAI$ und der Nullpunktdifferenz $TAI - TT =$ 32,184s umgerechnet werden; (*IERS-Bullein B*; *Astronomical Almanac, K8-9*).

In aller Regel wird die Durchgangsepoche der Sonne nicht für den Ephemeridenmeridian benötigt, sondern für einen beliebigen Meridian, von dem aus die Sonne beobachtet wird. Um diesen Zeitpunkt zu finden, muß anhand von (5.4-26) zwischen den vertafelten Werten (quadratisch) interpoliert werden.

Rechenbeispiel

Zu welchen Weltzeit-Epochen überquerte die Sonne am 05.07.1995 den Greenwich-Meridian und den Meridian $\lambda = 12°15'15{,}0''$ (Ost) ?

Beim Durchgang der Sonne durch den Greenwich-Meridian gilt nach (5.3-22/2): $UT1_{TrGrwSo} = 24\text{h} - E_{TrGrwSo}$. Der gesuchte Wert von $UT1 = 24\text{h} - E = 12\text{h} - e = x$

kann aus der Tabelle S.14 des *Star Almanac 1995*, die in Tabelle 5.3-2 auszugsweise wiedergegeben ist, durch Interpolation gewonnen werden:

Den gesuchten Wert x, der die gesuchte Durchgangsepoche beschreibt, findet man mit Hilfe des Dreisatzes:

$$\frac{x - 12\,\mathrm{h}}{18\,\mathrm{h} - 12\,\mathrm{h}} = \frac{x - 12^h 04^m 29{,}5^s}{12^h 04^m 32{,}1^s - 12^h 04^m 29{,}5^s}\,.$$

$$x = 12^h 04^m 29{,}5^s\,\mathrm{UT1}$$

Die Zeitgleichung beträgt im Zeitpunkt x: $e = 12\mathrm{h} - x = -\,4\mathrm{min}\ 29{,}5\,\mathrm{s}$.

Zum Vergleich: Die Auswertung von (5.3-19) liefert mit dem Zeitargument $\Delta T = 185{,}5\mathrm{d}$ (05.07.1995, 12h UT1 minus 00.01.1995, 0hUT1) für die Zeitgleichung einen Wert von $e = -\,4\mathrm{min}\ 28{,}3\,\mathrm{s}$ (entsprechend $E = 11^h 55^m 31{,}7^s\mathrm{UT1}$), was einer Durchgangszeit der Sonne durch den Greenwich-Meridian von $x = 12^h 04^m 28{,}3^s\mathrm{UT1}$ entspricht.

Wenn die Sonne – wie eben ermittelt – um $x = 12^h 04^m 29{,}5^s\mathrm{UT1}$ den Greenwich-Meridian überquert, so liegt die Durchgangsepoche durch den 12°15′15,0″-Meridian schon etwa $12°15'15{,}0'' \cdot \rho_{\circ \to h} = 49\mathrm{min}\ 01{,}1\,\mathrm{s}$ zurück. Um den genauen Zeitunterschied y zu finden, bei dem die in 49min eingetretene Änderung der

Tabelle 5.3-1: Übergang *UT1* → *GAT* für drei ausgewählte Zeitsequenzen (*E* aus den *Star Almanacs for Land Surveyors 1991*, *1992*, *1994*)

UT1	Zeitgleichung $e = LAT - LMT$ $= GAT - UT1$ $= E - 12^h$	*GAT*
31.12.1990 $23^h59^m58{,}62^s$	$-\,03^m09{,}6^s$	$23^h56^m49{,}0^s$
31.12.1990 $23^h59^m59{,}62^s$	$-\,03^m09{,}6^s$	$23^h56^m50{,}0^s$
01.01.1991 $00^h00^m00{,}62^s$	$-\,03^m09{,}6^s$	∘ $23^h56^m51{,}0^s$
31.12.1991 $23^h59^m58{,}87^s$	$-\,03^m03{,}2^s$	$23^h56^m55{,}7^s$
31.12.1991 $23^h59^m59{,}87^s$	$-\,03^m03{,}2^s$	$23^h56^m56{,}7^s$
01.01.1992 $00^h00^m00{,}87^s$	$-\,03^m03{,}2^s$	∘ $23^h56^m57{,}7^s$
31.12.1993 $23^h59^m59{,}20^s$	$-\,03^m18{,}3^s$	$23^h56^m40{,}9^s$
01.01.1994 $00^h00^m00{,}20^s$	$-\,03^m18{,}3^s$	∘ $23^h56^m41{,}9^s$
01.01.1994 $00^h00^m01{,}20^s$	$-\,03^m18{,}3^s$	∘ $23^h56^m42{,}9^s$

∘ : Tagesangabe in Spalte 1 minus 1 Tag

Tabelle 5.3-2: Zur Berechnung der Durchgangszeiten x der Sonne durch den Greenwich-Meridian und durch den Meridian $\lambda = 12°15'15{,}0'' = 49^m01{,}0^s$ (*E* in Sechs-Stunden-Intervallen aus dem *Star Almanac 1995*, S.14)

UT1	*E*	- *E*	$-(\lambda + E)$
05.07.1995			
06^h	$11^h55^m32{,}4^s$	$12^h04^m26{,}8^s$	$11^h15^m25{,}8^s$
→ $11^h15^m28{,}2^s = y$	$11^h55^m30{,}8^s$	$12^h04^m29{,}2^s$	$11^h15^m28{,}2^s = y$
12^h	$11^h55^m30{,}5^s$	$12^h04^m29{,}5^s$	$11^h15^m28{,}5^s$
→ $12^h04^m29{,}5^s = x$	$11^h55^m30{,}5^s$	$12^h04^m29{,}5^s = x$	
18^h	$11^h55^m27{,}9^s$	$12^h04^m32{,}1^s$	

Zeitgleichung zu berücksichtigen ist, sind auf der Grundlage der in Tabelle 5.3-2 vorgetragenen Zahlen für $-E$ und $-(\lambda - E)$ wieder Zeitverhältnisse anzusetzen und man findet durch lineare Interpolation für den Zeitpunkt des gesuchten Meridiandurchgangs:

$$\frac{y - 6\text{ h}}{12\text{ h} - 6\text{ h}} = \frac{y - 11^h15^m25{,}8^s}{11^h15^m28{,}5^s - 11^h15^m25{,}8^s}\,.$$

$$y = 11^h15^m28{,}2^s\,\text{UT1}$$

Dem *Astronomical Almanac 1995, C13*, kann man für $d = 05.07.1995$ und $d + 1 = 06.07.1995$ als Durchgangszeiten der Sonne durch den Ephemeridenmeridian: $ETr_d = 12^h04^m\,29{,}31^s$ TT bzw. $ETr_{d+1} = 12^h04^m\,39{,}60^s$ TT entnehmen. Das Zeitintervall zwischen zwei aufeinander folgenden Durchgängen beträgt also $ETr_{d+1} + 24\text{h} - ETr_d = 24\text{h} + 10{,}29\text{s} = 86410{,}29\text{s}$.

Die Unterschiede zwischen Weltzeit und Terrestrischer Zeit $\Delta TT = TT - UT1$ zu den Epochen 1995.0 und 1996.0 betragen nach dem *Astronomical Almanac 1998, K9*: $\Delta TT_{1995.0} = 60{,}78\text{s}$ und $\Delta TT_{1996.0} = 61{,}63\text{s}$. Für den 05.07.1995, 12h, läßt sich daraus $\Delta TT_{05.07.1995,\ 12\text{h}} = 61{,}21\text{s}$ interpolieren. Mit $\lambda = 0$ (Greenwich-Meridian) und weil wegen der Nähe des Greenwich-Meridians zum Ephemeridenmeridian lineare Interpolation möglich ist, erhält man mit (5.4-26/1) für die Durchgangsepoche der wSo durch den Greenwich-Meridian in der Skala der Terrestrischen Zeit:

$$\begin{aligned} Tr\{\text{Gr}\} &= ETr_d + \frac{1{,}002738 \cdot \Delta TT}{24\text{h}} \cdot (ETr_{d+1} + 24\text{h} - ETr_d) \\ &= 12^h04^m29{,}31^s + \frac{1{,}002738 \cdot 61{,}21\text{ s}}{86400\text{ s}} \cdot 86410{,}29\text{ s} \\ &= 12^h04^m29{,}31^s + 61{,}38\text{ s} = 12^h05^m30{,}69^s\,. \end{aligned}$$

Um die so gefundene Durchgangsepoche in der *UT1*-Zeitskala auszudrücken, ist der so gefundene Wert noch um $\Delta TT = TT - UT1 = 61{,}21$ s zu verkleinern. Das Ergebnis lautet in Übereinstimmung mit dem über E gefundenen Wert: $Tr\{\mathrm{Gr}\}$ = $12^{\mathrm{h}}04^{\mathrm{m}}29{,}48^{\mathrm{s}}$ UT1.

Für die Zeitgleichung erhält man nach (5.4-27/2) mit den o.a. Zahlen für *ETr* und ΔTT: $e = -$ 4 min 29,45 s. Der Wert gilt für 12^{h}TT = $11^{\mathrm{h}}58^{\mathrm{m}}58{,}79^{\mathrm{s}}$ UT1. Um ihm mit dem oben mit Hilfe von E für $12^{\mathrm{h}}04^{\mathrm{m}}29{,}5^{\mathrm{s}}$ UT1 gefundenen Wert vergleichbar zu machen, ist noch die zwischen den beiden Epochen (also in 330,7 s) eingetretende Änderung von e in Rechnung zu stellen. Diese beträgt −0,04 s und die Zeitgleichung verkleinert sich auf −4 min 29,49 s.

Wenn, wie oben geschehen, der Durchgang durch einen vom Ephemeridenmeridian weiter entfernten Meridian bestimmt werden soll, kommt man um die Auswertung des gesamten in (5.4-26) niedergelegten Formelsatzes (quadratische Interpolation) nicht herum.

5.3.3 Umwandlung Sternzeit ↔ Sonnenzeit

Umwandlung Sternzeit-Intervalle ↔ Sonnenzeit-Intervalle

Sowohl die Sternzeit als auch die Weltzeit beziehen ihre Taktfrequenz im Wesentlichen aus der Erddrehung. Der Zeitrahmen, auf den sich die Einheit der betreffenden Zeitskala (d = Sonnentag = Tag; d* = Sterntag) bezieht, wird dabei im ersten Fall aus den Durchgängen des Mittleren Frühlingsäquinoktiums, im zweiten aus den Durchgängen der Mittleren Sonne durch einen Ortsmeridian gebildet.

In Bild 5.3-10 ist der hier zu erörternde Sachverhalt aus der Sicht eines nördlich der Ekliptik stehenden Beobachters dargestellt. Die Abbildung zeigt die in die Ebene des Himmelsäquators projizierte Konstellation *Erde – Frühlingsäquinoktium – Sonne* zu drei aufeinander folgenden Zeitpunkten: T_1, $T_2 = T_1 + 1\,\mathrm{d}^*$ und $T_3 = T_1 + 1\,\mathrm{d}$. Zur Beschreibung des prinzipiellen Unterschieds zwischen der Sternzeit- und der Weltzeitskala kann dabei zunächst auf eine Differenzierung zwischen Mittlerem und Wahrem Frühlingsäquinoktium sowie zwischen Mittlerer und Wahrer Sonne verzichtet werden. Ferner wird (ohne Beeinträchtigung der Allgemeingültigkeit) als Epoche T_1 der Frühlingsanfang gewählt, ein Zeitpunkt also, in der Erde, Sonne und Frühlingsäquinoktium in einer Geraden liegen. Der Meridian, in dem in diesem Moment Frühlingsäquinoktium und Sonne kulminieren (dessen Ebene also die Richtungen zur Sonne und zum Frühlingsäquinoktium enthält), wird dabei als Bezugsmeridian gewählt, dessen Ausrichtung noch zu zwei weiteren Epochen T_2 und T_3 betrachtet wird.

Die Erde bewegt sich in ihrer Bahn um die Sonne und dreht sich gleichzeitig um ihre eigene Achse. In dem als 1 *Sterntag* bezeichneten Zeitintervall $T_2 - T_1 = 1\mathrm{d}^*$

wandert die Erde von Position 1 nach Position 2. Es handelt sich bei diesen Positionen um zwei Bahnörter, die durch zwei aufeinander folgende obere Kulminationen des Frühlingsäquinoktiums im hervorgehobenen Ortsmeridian gekennzeichnet sind. Bedingt durch die Wanderung der Erde in ihrer Bahn hat sich in dem Zeitintervall die Konstellation Erde - Frühlingsäquinoktium - Sonne geändert und man muß noch das Zeitintervall $T_3 - T_2$ verstreichen lassen, bis in Position 3 auch die Sonne im Ortsmeridian kulminiert. Das Zeitintervall $T_3 - T_1 = 1\,\text{d}$ wird als 1 *Sonnentag* oder kurz 1 *Tag* bezeichnet.

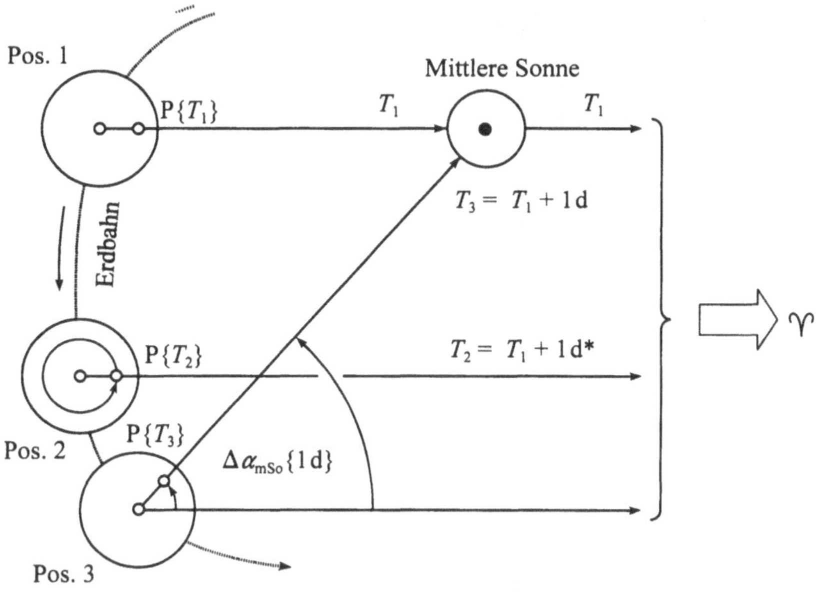

Bild 5.3-10: Sterntag und Sonnentag

Die quantitative Beziehung, die zwischen der *Mittleren Sternzeit* und der *Mittleren Sonnenzeit* bzw. zwischen der Zeitspanne eines *Mittleren Sterntages* und eines *Mittleren Sonnentages* besteht, läßt sich aus Bild 5.3-11 ablesen, das die Folge der sich verändernder Richtungen in einem erdfesten äquatorialen Bezugssystem zeigt: auf der linken Seite die Konfiguration Erde (Ortsmeridian eines Punktes P) - Mittleres Frühlingsäquinoktium - Mittlere Sonne zu einer beliebigen Epoche T und auf der rechten Seite Konfigurationen in den vorher hervorgehobenen Epochen T_1, T_2 und T_3. Dabei werden als maßgebliche Richtungen nur noch die zum Mittleren Frühlingsäquinoktium und zur Mittlere Sonne (also nicht mehr zu den entsprechenden wahren Örtern) in Betracht gezogen.

$$t_{\text{mFr}} = t_{\text{mSo}} + \alpha_{\text{mSo}}. \qquad (5.3\text{-}24/1)$$

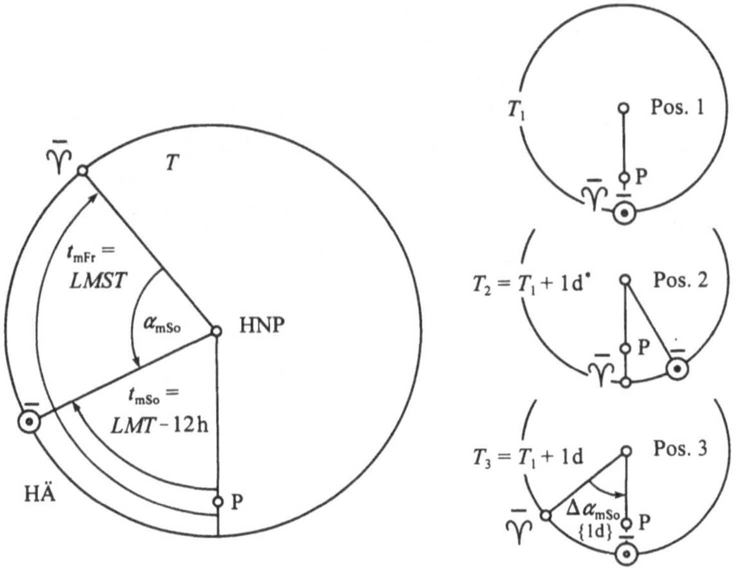

Bild 5.3-11: Zusammenhang zwischen Sternzeit und Sonnenzeit bzw. zwischen Sterntag und Sonnentag aus der Sicht eines erdfesten Beobachters

Wegen (5.3-1)/(5.3-2) und (5.3-13/1) und (5.3-13/2) ist dazu äquivalent:

$$LMST = LMT - 12\text{h} + \alpha_{mSo}; \qquad (5.3\text{-}24/2)$$

$$GMST = UT1 - 12\text{h} + \alpha_{mSo}. \qquad (5.3\text{-}24/3)$$

In dem als Mittleren Sonnentag bezeichneten Zeitintervall $1\,\text{d} = T_3 - T_1$, der durch die auf der rechten Seite vom Bild 5.3-11 niedergelegten Momentaufnahmen »Position 1« und »Position 3« festgehalten ist, hat t_{mSo} einen Vollkreis

$$t_{mSo}\,\{T_3\} - t_{mSo}\,\{T_1\} = 360°$$

überstrichen und α_{mSo} ist gemäß (5.3-12/2) um

$$\Delta\alpha_{mSo}\,\{T_3 - T_1\} = \Delta\alpha_{mSo}\,\{1\text{d}\} = 8640185\,(\text{s}/36525\text{d})\cdot(1\text{d})$$
$$= 236{,}555\,\text{s} = 3548{,}33'' = 59'08{,}33'' \approx 1°$$

angewachsen. Damit erhält man bei Substitution von T_1 und T_3 in (5.3-19) und anschließender Differenzbildung:

$$t_{mFr}\,\{T_3\} - t_{mFr}\,\{T_1\} = t_{mSo}\,\{T_3\} - t_{mSo}\,\{T_1\} + \Delta\alpha_{mSo}\,\{T_3 - T_1\}.$$
$$\Delta t_{mFr}\,\{T_3 - T_1\} = \Delta t_{mSo}\,\{T_3 - T_1\} + \Delta\alpha_{mSo}\,\{T_3 - T_1\}.$$
$$\Delta t_{mFr}\,\{1\text{d}\} = 360° + \Delta\alpha_{mSo}\,\{1\text{d}\} = 360°59'08{,}33'' = 24^{\text{h}}03^{\text{m}}56{,}555^{\text{s}}.$$

Ersetzt man in der letzten Gleichung schließlich noch den Stundenwinkel $\Delta t_{\mathrm{mFr}}\,\{1\,\mathrm{d}\}$ gemäß (5.3-1) durch das ihm äquivalente Sternzeitmaß $\Delta LMST\,\{1\,\mathrm{d}\}$, so erhält man für die einem Tag (d) entsprechende Maßzahl:

$$\begin{aligned}\Delta LMST\,\{1\,\mathrm{d}\} &= 24\,\mathrm{h}^*\ 03\,\mathrm{min}^*\ 56{,}555\,\mathrm{s}^* \\ &= 1\,\mathrm{d}^* + 3\,\mathrm{min}^* + 56{,}555\,\mathrm{s}^* = 1{,}002737909\,\mathrm{d}^* \qquad (5.3\text{-}25)\end{aligned}$$

Durch eine entsprechende, auf das Zeitintervall $T_2 - T_1$ ausgelegte Konkretisierung von (5.3-24/1), die sich auf die Maßgabe $t_{\mathrm{mFr}}\,\{T_2\} - t_{\mathrm{mFr}}\,\{T_1\} = 360°$ stützt, und unter Beachtung von

$$\begin{aligned}\Delta\alpha_{\mathrm{mSo}}\,\{T_2 - T_1\} &= \Delta\alpha_{\mathrm{mSo}}\,\{T_3 - T_1\}\cdot(\mathrm{d}^*/\,\mathrm{d}) \\ &= 236{,}555\,\mathrm{s}\cdot(\mathrm{d}^*/\,1{,}002737909\,\mathrm{d}^*) \\ &= 235{,}909\,\mathrm{s} = 3\,\mathrm{min} + 55{,}909\,\mathrm{s}\,,\end{aligned}$$

findet man:

$$\begin{aligned}\Delta LMT\{1\,\mathrm{d}^*\} &= 1\,\mathrm{d} - 235{,}909\,\mathrm{s} \\ &= 23\,\mathrm{h}\ 56\,\mathrm{min}\ 04{,}091\,\mathrm{s} = 0{,}997269566\,\mathrm{d}. \qquad (5.3\text{-}26)\end{aligned}$$

Überträgt man die gemäß (5.3-25) und (5.3-26) für die Einheiten Sterntag und Sonnentag gefundenen Beziehungen auf die jeweils zugeordneten Teileinheiten Stunden, Minuten und Sekunden, so findet man die in Tabelle 5.3-3 niedergelegten Beziehungen.

Tabelle 5.3-3: Umwandlung von Zeitintervallen
Sonnenzeit → äquivalente Sternzeit; Sternzeit → äquivalente Sonnenzeit

Mittlere Sonnenzeit	Äquivalente Mittlere Sternzeit	Mittlere Sternzeit	Äquivalente Mittlere Sonnenzeit
1 d	1,002737909 d*	1 d*	0,997269566 d
1 d	1 d* + 3 min* 56,555 s*	1 d*	1 d - 3 min 55,909 s
1 h	1 h* + 9,856 s*	1 h*	1 h - 9,830 s
1 min	1 min* + 0,164 s*	1 min*	1 min - 0,164 s
1 s	1,003 s*	1 s*	1 s - 0,003 s = 0,997 s

Gelegentlich werden die zwischen der Sternzeit und der Sonnenzeit (Weltzeit) durch (5.3-25) und (5.3-26) beschriebenen Beziehungen in Form von Verhältniszahlen benötigt. Diese lauten für das

(dimensionslose) *Einheitenverhältnis = Einheit Sonnenzeit / Einheit Sternnzeit*:

$$K = 1\,\mathrm{d}/\,1\,\mathrm{d}^* = 1\,\mathrm{h}/\,1\,\mathrm{h}^* = 1\,\mathrm{min}/\,1\,\mathrm{min}^* = 1\,\mathrm{s}/\,1\,\mathrm{s}^* = 1{,}002737909, \qquad (5.3\text{-}27/1)$$

bzw., wenn K auf die Einheit bezogen und mit

$$k = 0{,}002737909 = 236{,}555 \text{ (s/d)} \tag{5.3-27/2}$$

wie folgt zerlegt wird:

$$K = 1 + k = 1{,}002737909 = 1 + 236{,}555 \text{ s/d.} \tag{5.3-27/3}$$

Entsprechend erhält man für den Kehrwert von K, also für das

Einheitenverhältnis $K' = 1/K$ = *Einheit Sternzeit / Einheit Sonnenzeit*:

$$K' = 1\,\text{d}^*/\ 1\,\text{d} = 1\,\text{h}^*/\ 1\,\text{h} = 1\,\text{min}^*/\ 1\,\text{min} = 1\text{s}^*/\ 1\,\text{s} = 0{,}997269566. \tag{5.3-28/1}$$

bzw., wenn K' auf die Einheit bezogen und mit

$$k' = 0{,}002730434 \tag{5.3-28/2}$$

wie folgt zerlegt wird:

$$K' = 1 - k' = 1 - 235{,}909 \text{ (s*/d*).} \tag{5.3-28/3}$$

Mit K und K' bzw. k und k' lassen sich zwischen den Maßzahlen, die ein bestimmtes Zeitintervall in den Einheiten Sternzeit auf der einen und Sonnenzeit auf der anderen beschreiben, die folgenden Umrechnungsformeln angeben:

$$\Delta GMST = \Delta UT1 \cdot (\text{d}^*/\text{d}) \cdot K = \Delta UT1 \cdot (\text{d}^*/\text{d}) + \Delta UT1 \cdot (\text{s}^*/\text{s}) \cdot k; \tag{5.3-29}$$

$$\Delta UT1 = \Delta GMST \cdot (\text{d}\ /\text{d}^*) \cdot K' = \Delta GMST \cdot (\text{d}\ /\text{d}^*) - \Delta GMST \cdot (\text{s}\ /\text{d}^*) \cdot k'. \tag{5.3-30}$$

Für die entsprechenden Intervalle der $LMST$ und der LMT gilt analog:

$$\Delta LMST = \Delta LMT \cdot (\text{d}^*/\text{d}) \cdot K = \Delta LMT \cdot (\text{d}^*/\text{d}) + \Delta LMT \cdot (\text{s}^*/\text{s}) \cdot k\,; \tag{5.3-31}$$

$$\Delta LMT = \Delta LMST \cdot (\text{d}\ /\text{d}^*) \cdot K' = \Delta LMST \cdot (\text{d}\ /\text{d}^*) - \Delta LMST \cdot (\text{s}\ /\text{d}^*) \cdot k'. \tag{5.3-32}$$

Rechenbeispiele

Gegeben: $\Delta UT1 = 2\text{h}\ 15\text{min}\ 36\text{s} = 8136\text{s}$; *Gesucht*: $\Delta GMST$

1. Lösungsweg nach (5.3-29), erster Ausdruck:

$$\begin{aligned} \Delta GMST &= \Delta UT1 \cdot K \\ &= 8136\text{s (s*/s)} \cdot 1{,}002737909 = 8158{,}276\text{s}^* \\ &= 2\text{h}^*\ 15\text{min}^*\ 58{,}276\text{s}^*. \end{aligned}$$

2. Lösungsweg (5.3-29), zweiter Ausdruck:

$$\begin{aligned} \Delta GMST &= \Delta UT1 \cdot (\text{d}^*/\text{d}) + \Delta UT1 \cdot k \\ &= 2\text{h}^*\ 15\text{min}^*\ 36\text{s}^* + 8136\text{s (s*/s)} \cdot 0{,}002737909 \\ &= 2\text{h}^*\ 15\text{min}^*\ 36\text{s}^* + 22{,}276\text{s}^* = 2\text{h}^*\ 15\text{min}^*\ 58{,}276\text{s}^*. \end{aligned}$$

Gegeben: $\Delta GMST = 2\text{h}^* \, 15\text{min}^* \, 58{,}276\text{s}^* = 8158{,}276\text{s}^*$; *Gesucht*: $\Delta UT1$

1. Lösungsweg (5.3-30), erster Ausdruck:

$$\begin{aligned} \Delta UT1 &= \Delta GMST \cdot K' \\ &= 8158{,}276\text{s}^*(\text{s}^*/\text{s}) \cdot 0{,}997269566 = 8136{,}000\text{s} \\ &= 2\text{h} \; 15\text{min} \; 36{,}000\text{s} \end{aligned}$$

2. Lösungsweg (5.3-30), zweiter Ausdruck:

$$\begin{aligned} \Delta UT1 &= \Delta GMST \cdot (\text{d}/\text{d}^*) - \Delta GMST \cdot k' \\ &= 2\text{h} \; 15\text{min} \; 58{,}276\text{s} - 8158{,}276\text{s}^*(\text{s}/\text{s}^*) \cdot 0{,}002730434 \\ &= 2\text{h} \; 15\text{min} \; 58{,}276\text{s} - 22{,}276\text{s} = 2\text{h} \; 15\text{min} \; 56{,}000\text{s}. \end{aligned}$$

Umwandlung von Epochenangaben Sternzeit ↔ Weltzeit

Zwischen den Epochenangaben in Weltzeit *UT1* und in Sternzeit *GMST*, die ein und denselben Zeitpunkt beschreiben, besteht die Beziehung:

$$GMST := \alpha_{\text{mSo}} - 12\,\text{h} + UT1. \qquad (5.3\text{-}33)$$

Sie läßt sich aus Bild 5.3-11 ablesen, wenn in der dort dargestellten Szene der Ortsmeridian von P durch den Greenwich-Meridian ersetzt wird und die Zeitvariablen entsprechend umbenannt werden: P→Gr, *LMST*→*GMST*, *LMT*→*UT1*. Das Bindeglied zwischen *GMST* und *UT1* ist die Rektaszension der Mittleren Sonne α_{mSo}, deren ständig wachsende Größe gemäß (5.3-12) von dem Zeitunterschied $T - T_0$ bestimmt wird:

$$\begin{aligned} \alpha_{\text{mSo}} := 18^{\text{h}}\,41^{\text{m}}\,50{,}54841^{\text{s}} &+ 8640184{,}812866(\text{s/JJh}) \cdot (T - T_0) \\ &+ 0{,}093104(\text{s/JJh}^2) \cdot (T - T_0)^2 \\ &- 0{,}0000062(\text{s/JJh}^3) \cdot (T - T_0)^3. \end{aligned}$$

$T - T_0$ bedeutet dabei die seit der Standardepoche J2000,0 12^{h} UT1 ≡ 01.01.2000, 12^{h} UT1 ≡ JD 2451 545,0 »verstrichene« Zeitspanne. (Die Variable ist bis J2000,0 negativ).

Für den Übergang von einer *GMST*- in eine *GAST*-Epoche und umgekehrt gilt:

$$GAST = GMST + \Delta m. \qquad (5.3\text{-}8)$$

Das für diesen Übergang maßgebliche Verbindungsstück ist die *Gleichung der Äquinoktien (Nutation in Rektaszension)* Δm, die durch die *Nutation in Ekliptikaler Länge* $\Delta\psi$ (4.3-10) und der Schiefe der Ekliptik ϵ bestimmt ist:

$$\Delta m = \Delta\psi \cdot \cos\epsilon. \qquad (4.3\text{-}15)$$

Eine weitere Möglichkeit der rechnerischen Zuordnung der vorerwähnten Zeitskalen ist bei der Benutzung von *Astronomischen Jahrbüchern* gegeben, in denen die maßgeblichen Beziehungen in Funktionstafeln niedergelegt sind, etwa in den *Apparent Places of Fundamental Stars* in »*Table II Sideral Time at 0^h U.T.*« in Tagesabständen oder in den *Star Almanacs for Land Surveyors* in der Tabelle »*Sun*« in Sechs-Stunden-Abständen (0^h, 6^h, 12^h, 18^h UT1). Dabei müssen die Funktionswerte zu den gegebenen Epochen in der Regel durch Interpolation gewonnen werden.

Bei Benutzung der *Apparent Places*-Tafeln lassen sich unter Bezugnahme auf die in Bild 5.3-12 veranschaulichte Gleichung (5.3-29) bei Beachtung von $\Delta UT1 = UT1 - 0^h\mathrm{UT1} = UT1$ und unter Anwendung der in (5.3-27/1) niedergelegten Verhältniszahl K Zusammenhänge wie folgt beschreiben:

$$\Delta GMST / \Delta UT1 = K\,;$$

$$(GMST - GMST\{UT1 = 0\mathrm{h}\}) / UT1 = K\,;$$

$$GMST := GMST\{UT1 = 0\mathrm{h}\} + UT1 \cdot 1{,}0027379093(\mathrm{h}^*/\mathrm{h}). \qquad (5.3\text{-}29)$$

bzw.

$$\Delta GAST / \Delta UT1 = (GAST\{UT1 = 24\mathrm{h}\} - GAST\{UT1 = 0\mathrm{h}\}) / 24\mathrm{h}\,;$$

$$GAST := GAST\{UT1{=}0\mathrm{h}\} + (GAST\{UT1{=}24\mathrm{h}\} - GAST\{UT1{=}0\mathrm{h}\}) / 24\mathrm{h}\,.$$

Bei Benutzung des *Star Almanacs* kann der Übergang $UT1 \rightarrow GAST$ über die dort in Sechs-Stunden-Intervallen tabellierte Hilfsgröße

$$R = \alpha_{\mathrm{mSo}} + \Delta m - 12\mathrm{h} \qquad (5.3\text{-}10)$$

gewonnen werden, in der α_{mSo} und Δm zu einer einzigen Funktion zusammengefaßt sind. Auf der Grundlage der Variablen R läßt sich $GAST$ daher unter Überspringung der $GMST$ direkt aus $UT1$ ableiten:

$$GAST := UT1 + R\,. \qquad (5.3\text{-}11)$$

Wenn - entsprechend dem Regelfall bei der Umrechnung einer Epochenangabe von *UT1*- in Sternzeit - die Scheinbare Ortssternzeit (*LAST*) für einen Ort der Geographische Länge λ benötigt wird, so ist noch der in (5.3-7) niedergelegte Übergang von Greenwich- in Ortszeit zu vollziehen:

$$LAST := GAST + \lambda\,. \qquad (5.3\text{-}7)$$

Wenn für Beobachtungsprogramme aufzustellen und Sterndurchgänge vorauszuberechnen sind, ist zu einer bestimmten Weltzeit die entsprechende Scheinbare Sternzeit zu berechnen. Dabei sind die Übergänge

UT1* → *GMST* → *GAST* → *LAST

zu durchlaufen, denen für die Teilsequenz $UT1 \rightarrow GMST \rightarrow GAST$ die soeben niedergelegten Beziehungen zugrunde liegen.

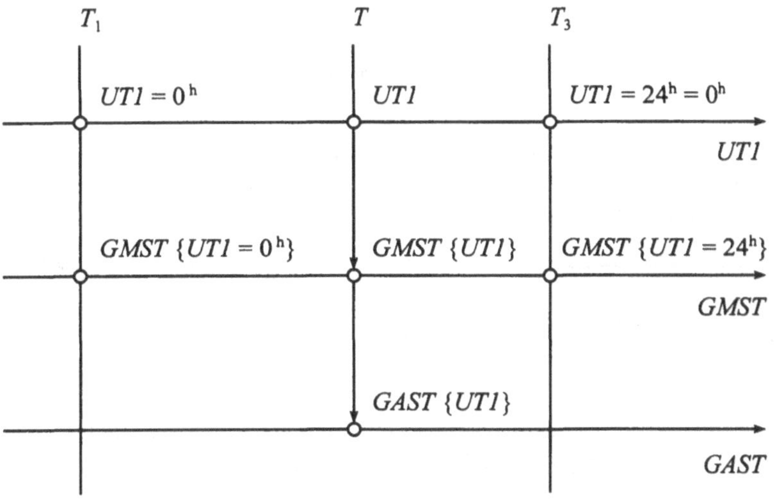

Bild 5.3-12: Umrechnung von *UT1*-Epochen in *GMST*- und *GAST*-Epochen bei Kenntnis der *GMST*$\{UT1 = 0^h\}$- und *GMST*$\{UT1 = 24^h\}$ Epochen

Im folgenden **Rechenbeispiel** wurde die Umrechnung *UT1→GMST→GAST→LAST* für eine konkreten Ortsmeridian durchgeführt.

Gegeben: 05.07.1995, $UT1 = 14^h27^m30{,}21^s$
(JD 2449904 + 0,102432986 d = JD 2449904,10243).
$\lambda = 18°12'37{,}5''$.

Gesucht: *GMST*, *GAST*, *LAST*.

Lösung (5.3-12), (5.3-28), (4.3-10), (4.3-15), (5.3-7):

$$T := \text{JD}2\,449904{,}10243; \quad T_0 := \text{JD}2451\,545{,}0; \quad T - T_0 := -1640{,}89757\,\text{d}$$

$$\alpha_{\text{mSo}} := 18^h41^m50{,}5484^s + 8640\,184{,}812866(\text{s/JJh}) \cdot (T - T_0)$$
$$= 18^h41^m50{,}5484^s + 8640\,184{,}813(\text{s} / 36525\,\text{d}) \cdot (-1640{,}89757\,\text{d} / 36525\,\text{d})$$
$$= 18^h41^m50{,}5484^s - 388\,163{,}1284\,\text{s}$$
$$= 18^h41^m50{,}5484^s - 4\,\text{d}\ 11\,\text{h}\ 49\,\text{min}\ 23{,}1284\,\text{s}$$
$$= 06^h52^m27{,}420^s$$

(4 d blieb als Vielfaches des Vollkreises unberücksichtigt)

$$GMST := \alpha_{\text{mSo}} - 12\text{h} + UT1 \quad = 06^h52^m27{,}420^s - 12\text{h} + 14^h27^m30{,}21^s$$
$$= 09^h19^m57{,}630^s$$

$$\Delta m := 0{,}592\,\text{s}$$

$$GAST := GMST + \Delta m = 09^h19^m57{,}630^s + 0{,}592\ \text{s} = 09^h19^m58{,}222^s.$$

$$LAST := GAST + \lambda \quad = 09^h19^m58{,}222^s + (18°12'37{,}5'') / (15°/ 1h)$$
$$= 09^h19^m58{,}222^s + 01^h12^m50{,}500^s$$
$$= 10^h32^m48{,}722^s .$$

Tabelle 5.3-4: Übergänge *UT1→ GMST→GAST* anhand der in den *Apparent Places of Fundamental Stars 1991, 1992, 1994, 1995* vertafelten *Gleichung der Äquinoktien Δm* für vier ausgewählte Zeitsequenzen

Datum / UT11	*GMST*	$\Delta m = \Delta m_{\text{langperiodisch}} + \Delta m_{\text{kurzperiodisch}}$	*GAST* $= GMST + \Delta m$
31.12.1990 $23^h59^m58{,}62^s$	$06^h40^m33{,}40^s$	0,93s + 0,01s	$06^h40^m34{,}34^s$
31.12.1990 $23^h59^m59{,}62^s$	$06^h40^m34{,}40^s$	0,93s + 0,01s	$06^h40^m35{,}34^s$
01.01.1991 $00^h00^m00{,}62^s$	$06^h40^m35{,}40^s$	0,93s + 0,01s	$06^h40^m36{,}34^s$
31.12.1991 $23^h59^m58{,}87^s$	$06^h39^m36{,}36^s$	1,06s - 0,01s	$06^h39^m37{,}41^s$
31.12.1991 $23^h59^m59{,}87^s$	$06^h39^m37{,}36^s$	1,06s - 0,01s	$06^h39^m38{,}41^s$
01.01.1992 $00^h00^m00{,}87^s$	$06^h39^m38{,}36^s$	1,06s - 0,01s	$06^h39^m39{,}41^s$
31.12.1993 $23^h59^m59{,}20^s$	$06^h41^m38{,}66^s$	0,96s + 0,01s	$06^h41^m39{,}63^s$
01.01.1994 $00^h00^m00{,}20^s$	$06^h41^m39{,}66^s$	0,96s + 0,01s	$06^h40^m40{,}63^s$
01.01.1994 $00^h00^m01{,}20^s$	$06^h41^m40{,}66^s$	0,96s + 0,01s	$06^h40^m41{,}63^s$
05.07.1995 00^h	$18^h50^m04{,}912^s$	0,601s-0,007s	$18^h50^m05{,}507^s$
05.07.1995 $14^h27^m30{,}21^s$	$9^h19^m57{,}631^s$	0,602s-0,010s	$9^h19^m58{,}223^s$
06.07.1995 00^h	$18^h54^m01{,}468^s$	0,603s-0,012s	$18^h54^m02{,}058^s$

Bei der Umkehrung des oben dargestellten Rechengangs

LAST → GAST → GMST → UT1

sind die o.a. Formeln in der Gegenrichtung auszuwerten, was im grundsätzlich keine besonderen Schwierigkeiten macht. Das einzige Problem, das dabei auftritt, ergibt sich aus dem Umstand, daß die Bestimmung von α_{mSo} und Δm anhand von (5.3-12), (4.3-10) und (4.3-15) die Weltzeit der Umrechnungsepoche benötigt wird, die - weil sie erst am Ende der Berechnungskette steht - nicht von vorneherein bekannt ist. Da sich α_{mSo} und Δm aber mit der Zeit nur relativ langsam ändern, kann das Problem iterativ gelöst werden. Dazu sind mit einem Näherungswert für *UT1* zunächst Näherungswerte von α_{mSo} und Δm zu bestimmen, mit denen (5.3-28) und (5.3-8) ein erstes mal ausgewertet wird. Mit dem dabei erzielten Ergebnis kann dann α_{mSo}, Δm und *UT1* erneut berechnet werden. Man wird den Iterationsprozeß so lange fortführen, bis sich der für *UT1* immer wieder errechnete Wert stabilisiert hat. Bei der Benutzung der *Apparent Places* und des *Star Almanacs* treten keine erwähnenswerten Besonderheiten auf.

Das folgende **Rechenbeispiel** ist daher lediglich dem Iterationsprozeß gewidmet.

Gegeben: 05.07.1995, $GAST = 09^h19^m58{,}222^s$.
(≈ JD 2449903,5).

Gesucht: *GMST* und *UT1*.

Lösung (5.3-12/3), (4.4-23), (4.3-15):

Tabelle 5.3-5: Zur Umrechnung *GAST* → *GMST* → *UT1*

	1. Iteration	2. Iteration	3. Iteration
UT1	0^h	$14^h29^m52{,}718^s$	$14^h27^m29{,}820^s$
T	JD 2449903,5	JD 2449904,10408	JD 2449904,10243
T_0	JD 2451545,0	JD 2451545,0	JD 2451545,0
$T - T_0$	- 1641,5d	- 1640,89592d	- 1640,8976d
Δm	0,594s	0,592s	0,592s
α_{mSo}	$06^h50^m04{,}912^s$	$06^h52^m27{,}810^s$	$06^h52^m27{,}420^s$
GAST	$09^h19^m58{,}222^s$	$09^h19^m58{,}222^s$	$09^h19^m58{,}222^s$
GMST	$09^h19^m57{,}628^s$	$09^h19^m57{,}630^s$	$09^h19^m57{,}630^s$
UT1	$14^h29^m52{,}716^s$	$14^h27^m29{,}820^s$	$14^h27^m30{,}21^s$

1. Näherung (T, $T - T_0$, Δm, α_{mSo}, *GMST*, *UT1*):

$UT := 0^h$; $T :=$ JD 2449903,5; $T_0 :=$ JD 2451545,0; $T - T_0 := -\ 1641{,}5$ d;
$\Delta m := 0{,}592$s;

$$GMST := GAST - \Delta m = 09^h19^m58{,}222^s - 0{,}594\ \text{s} = 09^h19^m57{,}628^s;$$

$$\alpha_{mSo} := 18^h41^m50{,}5484^s + 8640184{,}812866(\text{s/JJh}) \cdot (T - T_0)$$
$$:= 18^h41^m50{,}5484^s + 8640184{,}813(\text{s} / 36525\ \text{d}) \cdot (-1641{,}5\ \text{d} / 36525\text{d})$$
$$:= 18^h41^m50{,}5484^s - 388305{,}6364\text{s}$$
$$:= 18^h41^m50{,}5484^s - 4\text{d}\ 11\text{h}\ 51\text{min}\ 45{,}6364\text{s}$$
$$:= 06^h50^m04{,}912^s$$

$$UT1 := -\ \alpha_{mSo} + 12^h + GMST := -\ 06^h50^m04{,}912^s + 12\text{h} + 09^h19^m58{,}222^s$$
$$:= 14^h29^m52{,}716^s.$$

Die Ergebnisse der zur Lösung der Aufgabe notwendigen drei Iterationsschritte sind in Tabelle 5.3-5 niedergelegt. *Definitive Lösung*: $UT1 = 14^h27^m30{,}21^s$

Tabelle 5.3-6: Übergänge *UT1* → *GAST* für vier ausgewählte Zeitsequenzen anhand der in den *Star Almanacs for Land Surveyors 1991, 1992, 1994, 1995* vertafelten Hilfsgröße *R*

UT1	*R*	*GAST* = *UT1* + *R*
31.12.1990 $23^h59^m58{,}62^s$	06h 40min 35,7s	$06^h40^m34{,}3^s$
31.12.1990 $23^h59^m59{,}62^s$	06h 40min 35,7s	$06^h40^m35{,}3^s$
01.01.1991 $00^h00^m00{,}62^s$	06h 40min 35,7s	$06^h40^m36{,}3^s$
31.12.1991 $23^h59^m58{,}87^s$	06h 39min 38,5s	$06^h39^m37{,}4^s$
31.12.1991 $23^h59^m59{,}87^s$	06h 39min 38,5s	$06^h39^m38{,}4^s$
01.01.1992 $00^h00^m00{,}87^s$	06h 39min 38,5s	$06^h39^m39{,}4^s$
31.12.1993 $23^h59^m59{,}20^s$	06h 41min 40,4s	$06^h41^m39{,}6^s$
01.01.1994 $00^h00^m00{,}20^s$	06h 41min 40,4s	$06^h40^m40{,}6^s$
01.01.1994 $00^h00^m01{,}20^s$	06h 41min 40,4s	$06^h40^m41{,}6^s$
05.07.1995 12^h	18h 52min 03,8s	$06^h52^m03{,}8^s$
05.07.1995 $14^h27^m30{,}21^s$	18h 52min 28,0s	$09^h19^m58{,}2^s$
05.07.1995 18^h	18h 53min 02,9s	$12^h53^m02{,}9^s$

5.3.4 Varianten der Weltzeit

Weltzeit *UT1* und Mittlere Sternzeit Greenwich *GMST* stehen in bekannten linearen Beziehungen zu den Stundenwinkel

- der Mittleren Sonne ($UT1 = t_{\text{GrmSo}} + 12\text{h}$, (5.3-13/2)),
- des Mittleren Frühlingsäquinoktiums ($UT1 = t_{\text{GrmFr}} - \alpha_{\text{mSo}} + 12\text{h}$; (5.3-2), (5.3-33)) und
- des zu einer Bezugsepoche an Ort und Stelle »zurückgelassenen« und so starr mit dem Fixsternhimmel verbundenen Mittleren Frühlingsäquinoktiums, z.B. zur Epoche J2000, auf den sich die Sternkoordinaten des Fundamentalkatalogs FK5 beziehen ($UT1 = t_{\text{GrmFr0}} + m + 12\text{h} - \alpha_{\text{mSo}}$); m = akkumulierte Allgemeine Präzession in Rektaszension).

UT1 beschreibt damit wie *GMST* die augenblickliche Ausrichtung des Terrestrischen Bezugsrahmens, repräsentiert durch den IERS-Greenwich-Meridian (IRM), gegenüber dem vom IERS definierten zälestischen Bezugsrahmen (ICRF

= IERS Celestial Reference Frame), repräsentiert durch den Mittleren Frühlingspunkt zur Bezugsepoche J2000,0. *UT1* und *GMST* haben daher bei der Übertragung der raumfesten Richtungen zu den Fixsternen auf erdfeste Richtungen eine zentrale Funktion.

Die Weltzeit kann - abgesehen von polnahen Standorten an jedem Ort der Welt durch astronomische Beobachtungen festgestellt werden. Dazu ist es notwendig, die an die Beobachtungsepoche gebundenen Stundenwinkels t von »Zeitsternen« mit bekannter Rektaszension α zu bestimmen; ➪ 9.5.2 und 9.5.3. Die Weltzeit erhält man daraus auf der Grundlage der bekannten Beziehungen,

$$t_{\mathrm{wFr}} := t + \alpha, \qquad (3.3\text{-}16/1)$$

$$LAST := t_{\mathrm{wFr}}, \qquad (5.3\text{-}5)$$

$$GAST := LAST - \lambda, \qquad (5.3\text{-}7)$$

$$GMST := GAST - \Delta m, \qquad (5.3\text{-}8)$$

$$UT1 := GMST - \alpha_{\mathrm{mSo}} + 12\mathrm{h}, \qquad (5.3\text{-}28)$$

die nach Substitution von von (5.3-7) in (5.3-8) und von (5.3-8) in (5.3-28)

$$UT1 := LAST + 12\mathrm{h} - \alpha_{\mathrm{mSo}} - \lambda - \Delta m. \qquad (5.3\text{-}34)$$

ergeben. In dieser Beziehung bedeutet λ die momentane Geographische Länge des Beobachtungsortes.

Wird nun die auf dem Umweg des Stundenwinkels eines Gestirns t beobachtete *LAST* nicht, wie es (5.3-34) vorschreibt, mit λ, sondern mit der (konstanten) erdfesten Länge λ_{IERS} der Beobachtungsstation auf den Greenwich-Meridian reduziert, so erhält man wegen $\lambda \neq \lambda_{\mathrm{IERS}}$ ein Ergebnis $\neq$ *UT1*, das sich um die Differenz $\Delta\lambda_{\mathrm{Polbew}} = \lambda - \lambda_{\mathrm{IERS}}$ von *UT1* unterscheidet:

$$UT0 = LAST + 12\ \mathrm{h} - \alpha_{\mathrm{mSo}} - \lambda_{\mathrm{IERS}} - \Delta m. \qquad (5.3\text{-}35)$$

Nach (4.6-2) hängt $\Delta\lambda_{\mathrm{Polbew}}$ von den Polkoordinaten x, y und der Geographischen Breite φ ab:

$$\Delta\lambda_{\mathrm{Polbew}} := \lambda - \lambda_{\mathrm{IERS}} = \tan\varphi \cdot (\sin\lambda \cdot x + \cos\lambda \cdot y). \qquad (5.3\text{-}36)$$

Die Differenz von (4.3-34) und (4.3-35) liefert unter Beachtung von (5.3-36) die Beziehung zwischen den beiden Weltzeitvarianten *UT1* und *UT0*.

$$UT1 = UT0 - \Delta\lambda_{\mathrm{Polbew}}\,. \qquad (5.3\text{-}37)$$

Die Einschaltung der vom Beobachtungsort abhängigen Weltzeit *UT0* als Zwischengröße ist insbesondere für die mit der Zeitbestimmung befaßten astronomischen Stationen von Bedeutung, da der Übergang von *LAST* auf *UT0* mit der konstanten (bekannten) Länge λ_{IERS} durchgeführt werden kann und eine gleichzeitige Längenbestimmung nicht erforderlich ist. Der weitere Übergang von *UT0* nach *UT1* erfolgt sodann auf der Grundlage von (5.3-37) anhand der mit großer Genauigkeit bekannten aktuellen Polkoordinaten.

Ohne große Bedeutung für geodätische Aufgabenstellungen ist heute die 1956 eingeführte Weltzeit *UT2* (Tr.IAU X, 1960, 489). Sie wird durch Glättung der in *UT1* enthaltenen jahreszeitlich bedingten Schwankungen gewonnen, die Maximalbeträge von 0,03 s erreichen. Die Glättung, das heißt der Übergang von *UT1* nach *UT2*, wird durch die folgende empirisch gewonnene Formel (z.B. 1994 IERS Annual Report, I-12) bewirkt.

$$\begin{aligned} UT2 - UT1 = {} & 0{,}0220\,\mathrm{s} \cdot \sin\{2\cdot\pi\cdot q\} - 0{,}0120\,\mathrm{s} \cdot \cos\{2\cdot\pi\cdot q\} \\ & - 0{,}0060\,\mathrm{s} \cdot \sin\{4\cdot\pi\cdot q\} - 0{,}0070\,\mathrm{s} \cdot \cos\{4\cdot\pi\cdot q\} \end{aligned} \qquad (5.3\text{-}34)$$

mit

$$q = \mathrm{fract}\,\{(MJD - 51\,544{,}03\,\mathrm{d})/365{,}2422\,\mathrm{d}\}.$$

Bezugszeitpunkt der Zeitzählung ist in dieser Gleichung die Epoche des Besseljahres B2000.0 = JD2451544,53= MJD51 544,03. Die Funktion »fract $\{x\}$«, die eine Dezimalzahl auf ihre Nachkommastellen beschränkt (z.B. fract $\{2{,}17\} = 0{,}17$), reduziert das Zeitargument $2\cdot\pi\cdot q$ auf einen Bruchteil des betreffenden Jahres. Die Reduktion hat rein rechentechnische Gründe; sie begrenzt die numerischen Fehler bei der Auswertung der Winkelfunktionen.

5.4 Auf die Bahnbewegungen der Körper des Sonnensystems gestützte (dynamische) Zeitskalen, relativistisch begründete Varianten der dynamischen Zeit

5.4.1 Ephemeridenzeit

Die unabhängige Variable der Differentialgleichungen (2.4-34), die die Bewegungen der Planeten des Sonnensystems, des Mondes und der künstlichen Erdsatelliten beschreiben, ist eine *Inertialzeit* im Newtonschen Sinn (*Newtonsche Zeit*). Die dieser Variablen zugrundeliegende Zeitskala nennt man *Ephemeridenzeit* (*ET*). Sie wird durch die momentanen Örter - bechrieben durch *Ephemeriden* - repräsentiert, die der Erde, dem Mond und den Planeten in ihren Bahnen in Abhängigkeit von der Zeit durchlaufen werden, bzw. durch die scheinbaren Örter, unter denen die Sonne, der Mond und die Planeten von der Erde aus erscheinen. Der Zusammenhang zwischen Ort und Zeit zu einer beliebigen Epoche wird durch die Integration der vorgenannten Differentialgleichungen hergestellt.

Die Bewegungen der vorgenannten Himmelskörper folgen Newtons Gravitationsgesetz und Aktionsprinzip

$$f = \mathrm{G} \cdot M_1 \cdot M_2 \cdot \Delta\boldsymbol{x} / |\Delta\boldsymbol{x}|^3 \qquad (2.4\text{-}16)$$

$$f = M \cdot \mathrm{d}^2\boldsymbol{x} / \mathrm{d}T^2 \qquad (2.4\text{-}15)$$

sowie Einsteins Relativitätstheorie, wobei letztere nur für die Bewegung der sonnennahen Planeten, insbesondere des Planeten Merkur von praktischer Bedeutung ist (Periheldrehung der Merkurbahn). Störeinflüsse aufgrund anderer physikalischer Prozesse (Reibung an interplanetarischer Materie, Strahlungsdruck der Sonne) sind im Vergleich zu den vorgenannten Kräften vernachlässigbar klein. Diese physikalischen Rahmenbedingungen haben zur Folge, daß die Bahnbewegungen der Planeten und des Mondes dem Ideal der »Gleichförmigkeit« näher kommen als die Drehung der Erde um ihre Achse, die von zahlreichen, z.T. noch unerforschten Parametern bestimmt ist (⇨ 2.3.5). Die aufeinanderfolgenden Konstellationen des Planetensystems und des Systems Erde-Mond repräsentieren damit – vermittels der in den vorgenannten Differentialgleichungen angesetzten Zeitvariablen – einen Zeitmaßstab, der ein weitaus höheres Maß an Gleichförmigkeit aufweist, als die an die unregelmäßige Erdrotation gebundene Skala der Sternzeit und der Weltzeit.

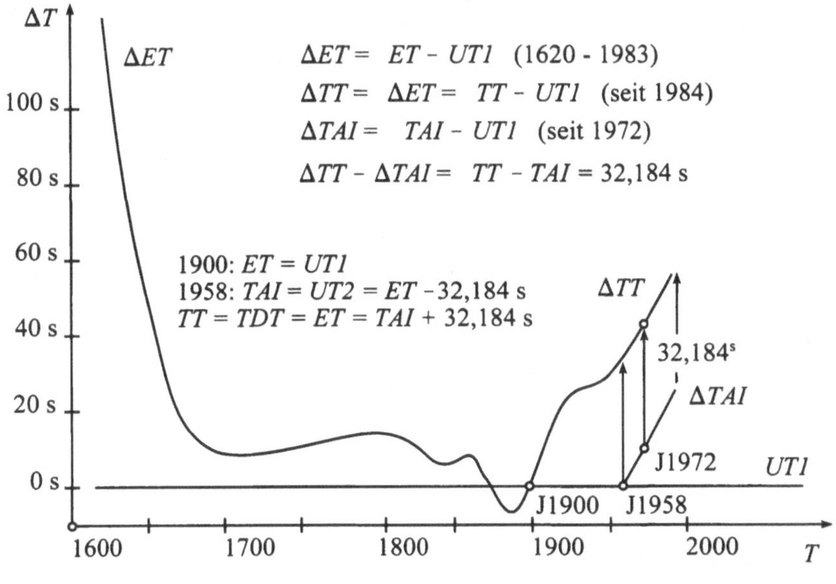

Bild 5.4-1: Ephemeridenzeit im Vergleich zur Weltzeit im Zeitraum von 1620 bis heute (Der Graph $\Delta ET / \Delta TDT$ ist eine schematische Darstellung der im *Astronomical Almanac, K8-K9* abgedruckten Zeitreihe)

Der Widerspruch zwischen den aus den Bewegungsgleichungen vorausberechneten Ephemeriden des Mondes der Sonne und der Planeten und den in Einheiten der Weltzeit gemessenen tatsächlichen Örtern ist schon lange bekannt und läßt sich anhand historisch dokumentierter astronomischer Ereignisse bis in das Altertum zurückverfolgen (z.B. wenn eine Sonnenfinsternis, die eine bestimmte Konstellation Sonne-Mond-Erde voraussetzt, mit einem bestimmten Ort sowie mit Tag und Stunde eines historisch erfaßten Tages in Verbindung gebracht werden kann). Bild 5.4-1 zeigt mit einem Graphen diese durch die Differenz

$$\Delta ET = ET - UT1 \qquad (5.4\text{-}1)$$

ausgedrückten Unterschiede für die Zeit von 1620 bis zur Gegenwart. In Tabelle 5.4-1 sind einige Zahlen der zugrunde liegenden Zeitreihe wiedergegeben (Quelle: *The Astronomical Almanac, 1995, K9*).

Auf der Grundlage geschichtlicher und astronomischer Dokumente über Sonnen- und Mondfinsternisse (Oppolzer, 1887; Stephenson, 1977; Meeus/Mucke, 1979; 1983; Bretterbauer, 1987) läßt sich die Funktion ΔET bis in das Altertum zurückverfolgen und zur Analyse des Langzeitverhaltens der Erdrotation (Verlangsamung der Erddrehung) und für chronologische und historische Studien nutzen (Kalibrierung alter Kalender, geographische Zuordnung der Siedlungsgebiete alter Völker). Der meßtechnische Nachweis, daß die Widersprüche ihre Ursache in dem nicht gleichförmig rotierenden Erdkörper haben, konnte freilich erst in diesem Jahrhundert geführt werden (Scheibe/Adelsberger, 1936; Spencer Jones, 1939; Scheibe, 1953).

Tabelle 5.4-1: $\Delta ET = ET - UT1$; ab 1984: $\Delta TT = TDT - UT1$

Jahr	ΔET [s]	Jahr	ΔET [s]	Jahr	ΔET [s]
1900.0	- 2,72	1940.0	24,33	1980.0	50,54
1910.0	10,46	1950.0	29,15	1990.0	56,86
1920.0	21,16	1960.0	33,15	2000.0	?
1930.0	24,02	1970.0	40,18		

? zum Zeitpunkt der Drucklegung noch nicht bekannt

Grundsätzlich kann man die Skala der Ephemeridenzeit von der Bewegung eines beliebigen Körpers des Sonnensystems ableiten. Um eine möglichst hohe Auflösung dieser Skala zu erzielen, werden für diesen Vorgang erdnahe Objekte bevorzugt, die die größten scheinbaren Bewegungen zeigen (Maximalwerte der Bewegungsraten: Mond $\approx$ 13,2°/d; Sonne $\approx$ 1,0°/d; Venus $\approx$ 1,2°/d; Merkur $\approx$ 1,9°/d; Mars $\approx$ 0,7°/d), wobei Sonne und Mond wegen ihrer tagtäglichen Sichtbarkeit Vorteile bieten. Per definitionem wurde der Ephemeridenzeit die Bewegung einer

Fiktiven mittleren Sonne[29] relativ zur Erde zugrunde gelegt, die mit der von Newcomb (1895, 8) beschriebenen Bewegung einer Mittleren Sonne in enger Beziehung steht:

$$l_{\text{fmSol}} = 279°41'48{,}04'' + (129602768{,}13''/\,\text{Jul.Eph.Jh.}) \cdot (T_\text{E} - T_{\text{E0}}) + (1{,}089''/\,\text{Jul.Eph.Jh.}^2) \cdot (T_\text{E} - T_{\text{E0}})^2 \,. \qquad (5.4\text{-}2)$$

(Taff, 1981, 108; 1985, 101).

Newcomb ist in seiner Theorie der scheinbaren Sonnenbewegung noch von einer gleichförmigen Erdrotation ausgegangen. In seiner Formel (5.3-12/1),

$$l_{\text{fmSol}} = 279°41'48{,}04''+ (129602768{,}13''/\text{JJh}) \cdot (T_\text{U}-T_{\text{U0}}) + (1{,}089''/\,\text{JJh}^2) \cdot (T_\text{U}-T_{\text{U0}})^2,$$

die formal mit (5.4-2) übereinstimmt (gleiche Maßzahlen, gleiche Struktur), ist das Zeitargument daher in der Einheit »Julianisches Jahrhundert = 36525 Sonnentage« (➪ 5.3.2) zu verstehen. Mit der Einführung einer »*Fiktiven mittleren Sonne*« neben der Newcombschen »Mittleren Sonne« wurde dem begrifflichen Unterschied der beiden Formeln Rechnung getragen.

In (5.4-2) ist l_{fmSol} die von Einfluß der Aberration befreite Ekliptikale Länge der vorerwähnten Fiktiven mittleren Sonne und $T_\text{E} - T_{\text{E0}}$ das in Ephemeridenzeit gemessene Zeitargument, das von der Epoche der Ephemeridenzeit T_{E0} = 1900, Januar, 0, 12$^\text{h}$ ET = JED2415020,0 an zu zählen ist. Unter einem Julianischen Ephemeriden-Jahrhundert (Jul.Eph.Jh.) ist die aus 36525 Ephemeridentagen zu je 86400 Ephemeridensekunden bestehende Zeitspanne zu verstehen.

Als Zeitnormal der Ephemeridenzeit wurde das Tropische Jahr zur Epoche 1900 (a_{trop} {1900}) festgelegt. Es ist dies die Zeitspanne, in der l_{fmSol} zur angegebenen Epoche um 360° anwächst. Seine Länge im Verhältnis zur Länge des Jul.Eph.Jh. ergibt sich aus (5.4-1), wenn diese Beziehung für $T_\text{E} = T_{\text{E0}}$ und für $T_\text{E} = T_{\text{E0}} + 1\ \text{a}_{\text{trop}}$ {1900} angesetzt, die Differenz gebildet und diese Differenz = 360° gesetzt wird.

$$\Delta l_{\text{fmSol}}\,\{1\ \text{a}_{\text{trop}}\{1900\}\} = l_{\text{fmSol}}\,\{T_{\text{E0}} + 1\ \text{a}_{\text{trop}}\{1900\}\} - l_{\text{fmSol}}\,\{T_{\text{E0}}\} = (129602768{,}13''/\text{Jul.Eph.Jh.}) \cdot 1\ \text{a}_{\text{trop}}\{1900\} = 360°.$$

Durch Umstellung läßt sich dieser Beziehung das Verhältnis

$$\frac{\text{Jul.Eph.Jh.}}{\text{a}_{\text{trop}}\{1900\}} = \frac{129602768{,}13''}{360 \cdot 3600''} = 100{,}002135903\,, \qquad (5.4\text{-}3/1)$$

[29] Die in der Literatur verwendete Bezeichnung *Fiktive mittlere Sonne* (fmSo) ist insoweit ein wenig irreführend, als sie den Eindruck erweckt, als sei die *Mittlere Sonne* (mSo) nicht fiktiv. Dem ist nicht so: Auch die mSo ist eine Fiktion. Das Attribut »fiktiv« dient lediglich der Unterscheidung zweier unterwschiedlich definierter mittlerer Sonnen.

und, nach Unterteilung des Jul.Eph.Jh. in Ephemeridensekunden,

$$1 \text{ Jul.Eph.Jh.} = 36525 \cdot 86400\ s_{Eph} = 2555760000\ s_{Eph}\,, \qquad (5.4\text{-}3/2)$$

das Verhältnis

$$s_{Eph} / a_{trop}\{1900\} = 3{,}168876464 \cdot 10^{-8} = 1/31556925{,}97 \qquad (5.4\text{-}3/3)$$

gewinnen.

Diese Verhältniszahl hat das Internationale Komitee für Maße und Gewichte 1956 auf Vorschlag der IAU der Definition der Ephemeridensekunde (s_{Eph}) zugrunde gelegt (CIPM, 1957, 77; Tr.IAU X, 1960, 490):

»Die Ephemeridensekunde ist der 1/31556925,9747 Teil des Tropischen Jahres der Epoche 1900, Januar 0, 12^h.«

Die Ausgangsepoche der Zeitzählung wurde dabei wie folgt festgesetzt:

»Die Ephemeridenzeit wird von dem Zeitpunkt in der Nähe des Beginns des Kalenderjahres 1900 gezählt, in dem die Geometrische mittlere Länge der Sonne 279°41′48,04″ erreichte. Dieser Zeitpunkt wird als 1900, Januar 0, 12^h (ET) gezählt. Die Einheit der Ephemeridenzeit ist die Ephemeridensekunde (Definition von 1956)«.[30)]

Wie man sieht, wird die in dieser Definition niedergelegte Länge der Sonne durch den konstanten Term in Newcombs Ausdruck (5.4-2) beschrieben.

Da der die Epoche 1900, Januar 0, 12^h ET bestimmende Winkel $l_{mSo} = 279°41'48{,}04''$ nicht exakt zur Epoche 1900, Januar 0, 12^h UT1 erreicht wurde, beschreiben die vorgenannten Zeitangaben unterschiedliche Zeitpunkte. Ausweislich des *Astronomical Almanacs, K9*, (vergl. auch Tabelle 5.3-1) lag die *ET*-Epoche 1900, Januar 0, 12^h um 2,72^s nach der gleichlautenden *UT1*-Epoche.

Wie läßt sich nun nach den getroffenen Vereinbarungen die Ephemeridenzeit tatsächlich realisieren? Hier ist zunächst auf eine Lücke in den o.a. Definitionen hinzuweisen: Die Definition stellt keinen Bezug zu beobachtbaren Größen her, denn die Fiktive mittlere Sonne ist ein fiktiver dimensionloser Körper, der sich nur dann »fassen« läßt, wenn die periodischen Anteile der Ekliptikalen Länge der Sonne bekannt sind. Diese lassen sich nur über eine Theorie beschreiben und müssen grundsätzlich zur Disposition gestellt bzw. vereinbart werden. Darüber hinaus fehlt in der Definition die Aussage, mit welcher Aberrationskonstante die beobachteten Ekliptikalen Längen zu reduzieren sind. Auf Empfehlung der IAU

[30)] Mit der in der IAU-Definition verwendeten Bezeichnung »Geometrische mittlere Länge der Sonne« ist die »Ekliptikale mittlere Länge der Sonne« bzw. die »Ekliptikale Länge einer Mittleren Sonne« gemeint. Das Attribut »geometrisch« soll klarstellen, daß der Einfluß der Jährlichen Aberration nicht berücksichtigt ist, der die »wahren geometrischen Zusammenhänge« verfälscht.

wurde die Ephemeridenzeit aus Beobachtungen des Mondes abgeleitet, dessen Orbitalbewegung durch die »*Mond-Theorie*« von Brown (1899-1910; 1960) bzw. auf darauf fußende Ephemeriden (US Nautical Almanac Office, 1954) bestmöglich erfaßt war. Die momentanen Positionen des Mondes sind aus Photoaufnahmen des Mondes vor dem Hintergrund des Fixsternhimmels gewonnen worden, wobei die Aufnahmeepochen mit einer (bestmöglich) nach *UT2* laufenden Atomuhr festgehalten wurden. Als Kamera kam die speziell für das geschilderte Szenario entwickelte Markowitz-Mondkamera zum Einsatz (Markowitz, 1954; 1969, 107-114; Mueller, 1969, 303).

Abschließend und im Vorgriff auf 5.4.2 sei noch einmal ausdrücklich darauf hingewiesen, daß der IAU-Ephemeridenzeit der Newtonsche Zeitbegriff zugrunde liegt: relativistische Einflüsse, die aufgrund der gestiegenen Beobachtungsgenauigkeit heute zu beachten sind, wurden nicht berücksichtigt.

5.4.2 Relativistisch begründete Zeitskalen

Im Konzept von Albert Einsteins *Spezieller und Allgemeiner Relativitätstheorie* ist die Zeit keine absolute Größe, sondern hängt von dem Bezugssystem ab, in dem sie gemessen wird: Ein durch zwei Ereignisse bestimmtes Zeitintervall wird von zwei Beobachtern »K« und »E« mit unterschiedlichen Ergebnissen ΔT_K bzw. ΔT_E wahrgenommen (mit anderen Worten: von zwei identischen Uhren unterschiedlich angezeigt), wenn sich die Beobachter in verschiedenen Bezugssystemen befinden. Dieses Phänomen nennt man *Zeitdilatation*. Der Quotient

$$\gamma = \frac{\mathrm{d}T_K}{\mathrm{d}T_E} , \qquad (5.4\text{-}4/1)$$

der sich aus dem Vergleich der korrespondierenden Beobachtungen ergibt, hängt vom kinetischen und gravitatorischen Energiepotential Φ des Systems »E« im Vergleich zum System »K« ab. (Die Indizes »K« und »E« sind an die in der Relativitätstheorie verwendeten Begriffe *K̲oordinatenzeit* und *E̲igenzeit* angelehnt).

Das mit der Geschwindigkeit v relativ zu »K« bewegte System »E« verfügt über ein *Potential der kinetischen Energie* von $\Phi_v = v^2/2$. Nach der Speziellen Relativitätstheorie gibt dieses Potential Anlaß zu einer Zeitdilatation von

$$\gamma_v = \frac{1}{\sqrt{1 - \frac{2 \cdot \Phi_v}{c^2}}} = \frac{1}{\sqrt{1 - \frac{v^2}{c^2}}} , \qquad (5.4\text{-}4/2)$$

(Gerthsen, 1956, 525). $c = 2{,}998 \cdot 10^8$ m/s = Lichtgeschwindigkeit.

Darüber hinaus bewirkt nach der Allgemeinen Relativitätstheorie auch ein durch eine Gravitationsquelle M erzeugtes

Gravitationspotential $\Phi_g = G \cdot \int\limits_{\text{Körper}} \frac{dM}{r} \approx G \cdot \frac{M}{r}$ eine Zeitdilatation. Dieses Potential ist durch die Massenverteilung innerhalb der Gravitationsquelle und durch die Position »E« einer Testmasse bestimmt, die von der Gravitationsquelle angezogen wird. Unter der Annahme eines punktförmigen Körpers $M = dM$ und/ oder eines großen Abstandes r gilt die mit »≈« beschriebene Beziehung in Strenge. Sie wird im folgenden für alle in Betracht gezogenen Himmelskörpers angenommen wird. Der Quotient der gravitationsbedingten Zeitdilatation beträgt mit dieser Vereinfachung ($G = 6{,}672 \cdot 10^{-11}\, m^3 kg^{-1} s^{-2}$ = Gravitationskonstante).

$$\gamma_g = \frac{1}{\sqrt{1 - \frac{2 \cdot \Phi_g}{c^2}}} = \frac{1}{\sqrt{1 - \frac{2 \cdot G \cdot M}{r \cdot c^2}}} \tag{5.4-4/3}$$

Die Effekte γ_v und γ_g überlagern sich zur Gesamtwirkung

$$\gamma = \gamma_v \cdot \gamma_g . \tag{5.4-4/4}$$

Für $(v/c)^2 \ll 1$ und $2 \cdot G \cdot M / r \cdot c^2 \ll 1$ erhält man nach Entwicklung von (5.4-4/4) in eine Taylorreihe:

$$\gamma = 1 + \frac{1}{c^2} \cdot (\Phi_v + \Phi_g) = 1 + \frac{1}{c^2} \cdot \left(\frac{v^2}{2} + \frac{G \cdot M}{r} \right), \tag{5.4-4/5}$$

bzw. - ➪ Soffel (1987, 18) -

$$\frac{1}{\gamma} = 1 - \frac{1}{c^2} \cdot (\Phi_v + \Phi_g) = 1 - \frac{1}{c^2} \cdot \left(\frac{v^2}{2} + \frac{G \cdot M}{r} \right). \tag{5.4-4/6}$$

Eine (momentane) Frequenz f läßt sich durch eine bestimmte Anzahl dn von Schwingungen pro Zeiteinheit dT beschreiben:

$$f = \frac{dn}{dT} . \tag{5.4-5}$$

Damit kann (5.4-4/1) auch durch die Variablen $f_E = dn/dT_E$ und $f_K = dn/dT_K$ ausgedrückt werden:

$$f_K = \frac{1}{\gamma} \cdot f_E . \tag{5.4-6}$$

Da γ stets größer als die Einheit ist ($\gamma > 1$; $\gamma^{-1} < 1$), erscheinen einem im System »K« ruhenden Beobachter alle bewegten und unter Gravitationseinfluß laufenden Uhren der Systeme »E« im Vergleich mit einer an seinem eigenen Standort betriebenen Uhr stets langsamer zu laufen ($f_K < f_E$) .

Vor dem Hintergrund des dargelegten physikalischen Sachverhalts hat die IAU 1976 zur »zeitgerechten« Behandlung himmelsmechanischer Probleme, insbesondere für die Berechnung der Bahnen natürlicher und künstlicher Satelliten im Sonnensystem (Planeten, interplanetarische Satelliten) und im Erde-Mond-Raum (Mond, künstliche Erdsatelliten, z.B. die GPS-Satelliten) zwei Zeitskalen definiert, die den relativistischen Zusammenhängen hinsichtlich der periodischen Unterschiede der beiden Skalen Rechnung tragen sollten: Die *Baryzentrische dynamische Zeit* (*TDB* = *Temps Dynamique Barycentrique*), die sich auf das Massezentrum (Baryzentrum) des Sonnensystems bezieht, und die *Terrestrische dynamische Zeit* (*TDT* = *Temps Dynamique Terrestre*), deren Referenz das System Erde-Mond ist. Letztere kann als Fortsetzung der *Ephemeridenzeit* (*ET*; ⇨ 5.4.1) gelten, an die sie bei ihrer Einführung im Jahre 1984 unmittelbar angeschlossen wurde.

Das Konzept relativistisch begründeter Zeitskalen wurde 1991 durch die Hinzunahme der *Baryzentrischen Koordinatenzeit* (*TCB* = *Temps Coordonné Barycentrique*) und der *Geozentrischen Koordinatenzeit* (*TCG* = *Temps Coordonné*) erweitert. Gleichzeitig wurde die *TDT* in *Terrestrische Zeit* (*TT* = *Temps Terrestre*) umbenannt. Durch die Umbenennung der *TDT* sollte unterstrichen werden, daß die *TT* als Idealform der *TAI* keine auf dynamische Theorien gegründete Ephemeridenzeit darstellt).

Die *TDB* und die *TCB* sind Zeit-Argumente für die Berechnung der Ephemeriden von Körpern, die sich um das Zentralgestirn Sonne bewegen: Planeten (einschließlich des Erde-Mond-Systems), Planetoiden, künstliche interplanetarische Satelliten und auch des Mondes. Die *TDT* (nunmehr *TT*) und die *TCG* sind Zeitargumente der Ephemeriden künstlicher Erdsatelliten.

Soweit künstliche Erdsatelliten mit Uhren ausgerüstet sind, deren Zeittakt mit erdgebundenen Uhren in Beziehung gebracht werden muß, z.B. bei der Messung von Pseudoentfernungen zu den GPS-Satelliten, muß in dem betreffenden Satellitensystem noch mit einer weiteren, vom Schwerefeld der Erde (Abstand Erde-Satellit) und von der Geschwindigkeit des Satelliten und dem Schwerepotential, in dem es sich bewegt, abhängigen *Dynamischen Satellitenzeit* gerechnet werden.

Die Verwendung der *TDB* und/oder der *TCB* eröffnet die Möglichkeit, die (nach terrestrischer Zeit) auf der Erde laufenden Uhren hinsichtlich ihrer erdspezifischen periodischen »Störeinflüsse« zu korrigieren, wenn diese Uhren bei der Beobachtung von Körpern eingesetzt werden, die sich um die Sonne bewegen.

Die Beziehungen, die zwischen den vorgenannten Zeitskalen bestehen, sollen zunächst durch die Gegenüberstellung von Baryzentrischer ($TCB = T_K$) und Terrestrischer Zeit ($TT = T_E$) erhellt werden, wobei zur Vereinfachung der Darstellung als Basis der T_E-Zeitmessung zunächst eine punktförmige massenlose Erde angenommen wird, die die Sonne auf einer Kepler-Ellipse umkreist. Auc bleibt die Frage, wie die TT generiert wird, zunächst außer Betracht.

Im System Sonne-Erde sind wegen der Exzentrizität der Erdbahn und wegen der damit zusammenhängenden variablen Bahngeschwindigkeit der Erde beide Dilatationsquotienten $\gamma_v = \gamma_v\{T\}$ (5.4-4/2) und $\gamma_g = \gamma_g\{r\{T\}\} = \gamma_g\{T\}$ (5.4-4/3), und damit auch $\gamma = \gamma_v \cdot \gamma_g = \gamma\{T\}$ (5.4-4/4) periodisch veränderliche Größen. Man kann die beiden korrespondierenden Zeitskalen »K« und »E« daher zunächst nur im Differentiellen miteinander vergleichen:

$$dT_K = \gamma \cdot dT_E \quad \text{bzw.} \quad \frac{dT_K}{dT_E} = \gamma . \qquad (5.4\text{-}3/1)$$

Um die für das Verhältnis endlicher Zeitabschnitte geltenden Beziehungen zu gewinnen, muß von einem vereinbarten Ereignis zur Epoche T_{E0} aus über die Zeit integriert werden:

$$T_K - T_{K0} = \int_{T_{E0}}^{T_E} \gamma \cdot dT_E . \qquad (5.4\text{-}7)$$

Im System Sonne-Erde unterscheidet sich γ von der Einheit nur ganz geringfügig. Denn sowohl $v_E^2/c^2 \approx (29{,}8\ \text{km/s})^2/(3 \cdot 10^5\ \text{km/s})^2 = 1{,}0 \cdot 10^{-8}$, als auch

$2 \cdot G \cdot M_{So}/r_E \cdot c^2 \approx 2 \cdot 1{,}327 \cdot 10^{-11}\,\text{km}^3\,\text{s}^{-2} / 1{,}5 \cdot 10^8\,\text{km} \cdot 3{,}0^2 \cdot 10^{10}\,\text{km}^2\,\text{s}^{-2} = 2{,}0 \cdot 10^{-8}$

sind, wie man sieht, extrem klein. Man kann daher bei einer Taylor-Entwicklung der beiden Dilatationsquotienten γ_v und γ_g schon mit den Gliedern der ersten Ordnung eine sehr gute Annäherung an die Ausgangsfunktion erreichen und erhält nach (5.4-4/5):

$$\gamma = \gamma_v \cdot \gamma_g = 1 + \frac{v^2}{2 \cdot c^2} + \frac{G \cdot M_{So}}{r_E \cdot c^2} . \qquad (5.4\text{-}8)$$

Die Bahngeschwindigkeit v_E der Erde liegt nach Voigt (1991, 36) innerhalb der Grenzen

$$29{,}3\ \text{km/s} < v_E < 30{,}3\ \text{km/s}.$$

Wegen der geringen Bandbreite der Bahngeschwindigkeit kann die Funktion $v_E = v\{T\}$ in guter Annäherung durch ihren Mittelwert v_0 und ihre maximale Abweichung Δv_{extr} ausgedrückt und durch

$$v_E = v_0 + \Delta v_{extr} \cdot \cos\{2 \cdot \pi \cdot (T - T_{P'hel}) / \text{Jahr}\}$$

approximiert werden, wobei die maßgeblichen Koeffizienten

$$v_0 = 29{,}8\ \text{km/s} \quad \text{und} \quad \Delta v_{extr} = 0{,}5\ \text{km/s}$$

lauten. Das Zeitargument zählt vom Zeitpunkt des Periheldurchgangs $T_{P'hel}$ aus. (Die Funktion liefert für die Epochen $T - T_{P'hel} = 0$, ½, 1 Jahr die vorgenannten Grenzwerte von v und für die Epochen $T - T_{P'hel} =$ ¼, ¾ Jahr den Mittelwert v_0).

Auch die Länge des Radiusvektors r_E bewegt sich wegen der nur geringen Exzentrizität der Bahnellipse der Erde ($a = 1{,}496 \cdot 10^8$km; $e = 0{,}0167$) nach (2.4-3/7) und (2.4-3/8) in engen Grenzen:

$$1{,}471 \cdot 10^8 \text{ km} < r_E < 1{,}521 \cdot 10^8 \text{ km},$$

so daß sich auch die Funktion $r = r_E\{T\}$, gestützt auf einen Mittelwert r_0 und eine maximale Abweichung Δr_{extr},

$$r_0 = 1{,}496 \cdot 10^8 \text{ km} \quad \text{und} \quad |\Delta r_{extr}| = 2{,}5 \cdot 10^6 \text{ km},$$

in guter Näherung durch

$$r_E = r_0 - \Delta r_{extr} \cdot \cos\{2 \cdot \pi \cdot (T - T_{P'hel}) / \text{Jahr}\}$$

beschreiben läßt. (Auch hier ergeben sich für die Epochen $T - T_{P'hel} = 0$, ½, 1 Jahr die o.a. Grenzwerte von r und für die Epochen $T - T_{P'hel} =$ ¼, ¾ Jahr der Mittelwert r_0).

Mit diesen Substitutionen findet man für γ_v, γ_g und γ:

$$\gamma_v = 1 + \frac{v_E^2}{2 \cdot c^2} = 1 + \frac{v_0^2}{2 \cdot c^2} + \frac{v_0 \cdot \Delta v_{extr}}{c^2} \cdot \cos \frac{2 \cdot \pi \cdot (T - T_{P'hel})}{\text{Jahr}}; \qquad (5.4\text{-}9/1)$$

$$\gamma_g = 1 + \frac{G \cdot M_{So}}{r_E \cdot c^2} = 1 + \frac{G \cdot M_{So}}{r_0 \cdot c^2} + \frac{G \cdot M_{So} \cdot \Delta r_{extr}}{r_0^2 \cdot c^2} \cdot \cos \frac{2 \cdot \pi \cdot (T - T_{P'hel})}{\text{Jahr}}; \qquad (5.4\text{-}9/2)$$

$$\gamma = \gamma_v \cdot \gamma_g \qquad (5.4\text{-}9/3)$$

$$= \left(1 + \frac{v_0^2}{2 \cdot c^2} + \frac{G \cdot M_{So}}{r_0 \cdot c^2}\right) + \left(\frac{v_0 \cdot \Delta v_{extr}}{c^2} + \frac{G \cdot M_{So} \cdot \Delta r_{extr}}{r_0^2 \cdot c^2}\right) \cdot \cos \frac{2 \cdot \pi \cdot (T}{\text{Ja}}$$

Der Ausdruck setzt sich, wie man sieht, aus einem konstanten und einem periodischen Anteil zusammen. Der konstante Term ist geringfügig ($\approx 1{,}5 \cdot 10^{-8}$) größer als eins. Der Überschuß über die Einheit drückt den (positiven) Gang einer Uhr im Geozentrum relativ zu einer identischen Uhr aus, die im Baryzentrum des Sonnensystems läuft. Das positive Vorzeichen des Gangs der Erduhr besagt, daß diese etwas langsamer als die »Sonnenuhr« läuft. (Wegen der vorausgesetzten unzugänglichen Standorte können die beide angesprochenen Uhren selbstverständständlich nicht technisch realisiert werden, die Gesetzmäßigkeit gilt aber für alle identischen Frequenzgeneratoren, beispielsweise für jene, denen natürliche atomare Prozesse zugrunde liegen). Das periodische Glied hat eine Periode von einem Anomalistischen Jahr und verschwindet im Jahresmittel.

Für das bestimmte Integral (5.4-7) erhält man aus (5.4-9/3):

$$T_K - T_{K0} = \int_{T_{E0}}^{T_E} \gamma \cdot dT_E \tag{5.4-10}$$

$$= \int_{T_{E0}}^{T_E} \left(\left(1 + \frac{v_0^2}{2 \cdot c^2} + \frac{G \cdot M_{So}}{r_0 \cdot c^2} \right) + \left(\frac{v_0 \cdot \Delta v_{extr}}{c^2} + \frac{G \cdot M_{So} \cdot \Delta r_{extr}}{r_0^2 \cdot c^2} \right) \cdot \cos \frac{2 \cdot \pi \cdot T - T_{P'hel}}{Jahr} \right) \cdot dT$$

$$= \left(1 + \frac{v_0^2}{2 \cdot c^2} + \frac{G \cdot M_{So}}{r_0 \cdot c^2} \right) \cdot (T_E - T_{E0})$$

$$+ \left(\frac{v_0 \cdot \Delta v_{extr}}{c^2} + \frac{G \cdot M_{So} \cdot \Delta r_{extr}}{r_0^2 \cdot c^2} \right) \cdot \frac{Jahr}{2 \cdot \pi} \cdot \left(\sin \frac{2 \cdot \pi \cdot (T_E - T_{P'hel})}{Jahr} - \sin \frac{2 \cdot \pi \cdot (T_{E0} - T_{P'hel})}{Jahr} \right).$$

Die dieser Gleichung zugrundeliegende Bedingung, daß T_{K0} und T_{E0} ein und dieselbe Epoche beschreiben und daher nicht unabhängig voneinander gewählt werden können, wird durch Gleichsetzen der mit T_{K0} und T_{E0} verknüpften konstanten Terme auf beiden Seiten von (5.4-10) erreicht:

$$T_{K0} = T_{E0} + \left(\frac{v_0 \cdot \Delta v_{extr}}{c^2} + \frac{G \cdot M_{So} \cdot \Delta r_{extr}}{r_0^2 \cdot c^2} \right) \cdot \frac{Jahr}{2 \cdot \pi} \cdot \sin \frac{2 \cdot \pi \cdot (T_{E0} - T_{P'hel})}{Jahr}. \tag{5.4-11/1}$$

Damit verwandelt sich (5.4-10) in:

$$T_K = T_E + \left(\frac{v_0^2}{2 \cdot c^2} + \frac{G \cdot M_{So}}{r_0 \cdot c^2} \right) \cdot (T_E - T_{E0})$$

$$+ \left(\frac{v_0 \cdot \Delta v_{extr}}{c^2} + \frac{G \cdot M_{So} \cdot \Delta r_{extr}}{r_0^2 \cdot c^2} \right) \cdot \frac{Jahr}{2 \cdot \pi} \cdot \sin \frac{2 \cdot \pi \cdot (T_E - T_{P'hel})}{Jahr}. \tag{5.4-11/2}$$

An dieser Stelle sei kurz daran erinnert, daß die bis hierher entwickelten Formeln darauf zielen, die Beziehung zwischen der *Terrestrischen Zeit* (*TT*) und der *Baryzentrischen Koordinatenzeit* (*TCB*) zu beschreiben, und daß zur Vereinfachung der Entwicklung die Erde zunächst als masselos und punktförmig angenommen wurde. Der Beobachter befindet sich demnach im Geozentrum. (5.4-11/2) trägt diesem Modell Rechnung.

Definitionsgemäß wird der *TT*-Sekundentakt aber von einer auf dem Geoid laufenden Uhr erzeugt, die im Vergleich mit einer hypothetischen geozentrischen Zwillingsuhr unter dem Einfluß des Gravitationspotentials der Erde steht und aufgrund der Überlagerung der Bahnbewegung der Erde und der Erdrotation auch über ein anderes Geschwindigkeitspotential verfügt. Um die Unterschiede in Rechnung zu stellen, ist in (5.4-9/2) $\frac{G \cdot M_{So}}{r_0}$ durch $\frac{G \cdot M_{So}}{r_0} + \frac{G \cdot M_E}{a_e}$ und in (5.4-9/1) v_0^2 durch $(\boldsymbol{v}_E + \boldsymbol{v}_e)^2 \approx v_e^2 + 2 \cdot \boldsymbol{v}_E \cdot \boldsymbol{v}_e$ zu ersetzen. ($\boldsymbol{v}_E$ = Vektor der Bahngeschwindigkeit der Erde, $\boldsymbol{v}_e$ = Vektor der Tangentialgeschwindigkeit des Beobachtungsortes relativ zum Geozentrum, M_E = Masse der Erde, a_e = Erdradius).

Mit diesen Ergänzungen lautet der erste Klammerausdruck von (5.4-9/3):

$$1 + \frac{v_0^2}{2 \cdot c^2} + \frac{G \cdot M_{So}}{r_0 \cdot c^2} + \frac{G \cdot M_E}{a_e \cdot c^2} + \frac{\boldsymbol{v}_E \cdot \boldsymbol{v}_e}{c^2}, \qquad (5.4\text{-}12/1)$$

und das daraus gebildete Integral:

$$T_E + \left(\frac{v_0^2}{2 \cdot c^2} + \frac{G \cdot M_{So}}{r_0 \cdot c^2} + \frac{G \cdot M_E}{a_e \cdot c^2} \right) \cdot T_E + \frac{\boldsymbol{v}_E \cdot (\boldsymbol{r} - \boldsymbol{r}_e)}{c^2}. \qquad (5.4\text{-}12/2)$$

(Die Näherung $\int \boldsymbol{v}_E \cdot \boldsymbol{v}_e \cdot dT_E = \boldsymbol{v}_E \cdot (\boldsymbol{r} - \boldsymbol{r}_e)$ ist zulässig, da sich $\boldsymbol{v}_E$ (Periode 1 Jahr) im Vergleich mit $\boldsymbol{v}_e$ (Periode 1 Tag) nur wenig ändert und für den hier maßgeblichen Integrationszeitraum von 1 Tag als konstant angesehen werden kann).

Zur formalen Vereinfachung der Ausdrücke werden die in (5.4-12/2) bzw. in (5.4-11/2) enthaltenen sowie die zur Darstellung der *Geozentrischen Koordinatenzeit* (*TCG*) notwendigen relativistischen Terme im Einklang mit den IERS-Standards (Seidelmann, 1992, 46-47; McCarthy, 1996, 19) wie folgt abgekürzt:

$$L_C = \frac{v_0^2}{2 \cdot c^2} + \frac{G \cdot M_{So}}{r_0 \cdot c^2}; \qquad (5.4\text{-}13/1)$$

$$L_G = \frac{\Phi_{Geoid}}{c^2} \approx \frac{G \cdot M_E}{a_e \cdot c^2}; \qquad (5.4\text{-}13/2)$$

$$L_B = L_C + L_G = \frac{v_0^2}{2 \cdot c^2} + \frac{G \cdot M_{So}}{r_0 \cdot c^2} + \frac{\Phi_{Geoid}}{c^2}. \qquad (5.4\text{-}13/3)$$

Für das jahresperiodische Glied von (5.4-11) und für das tagesperiodische Glied (5.4-12/2) werden die Kurzbezeichnungen $\Delta T_{jahrper}$ und ΔT_{tagper} eingeführt:

$$\Delta T_{\text{jahrper}} := \left(\frac{v_0 \cdot \Delta v_{\text{extr}}}{c^2} + \frac{G \cdot M_{So} \cdot \Delta r_{\text{extr}}}{r_0^2 \cdot c^2} \right) \cdot \frac{\text{Jahr}}{2 \cdot \pi} \cdot \sin \frac{2 \cdot \pi \cdot (T_E - T_{P'hel})}{\text{Jahr}} ; \quad (5.4\text{-}14)$$

$$\Delta T_{\text{tagper}} := \frac{\boldsymbol{v}_E \cdot (\boldsymbol{r} - \boldsymbol{r}_e)}{c^2} . \quad (5.4\text{-}15)$$

Durch Einsetzen der bekannten Größen $v_0 = 29{,}8$ km/s, $r_0 = 1{,}496 \cdot 10^8$ km, $G \cdot M_{So} = 1{,}327 \cdot 10^{11}$ km³/s², $\Phi_{Geoid} = 62{,}64$ km²/s², $G \cdot M_E = 3{,}986 \cdot 10^5$ km³/s², $a_e = 6{,}378 \cdot 10^3$ km, $c = 2{,}998 \cdot 10^5$ km/s erhält man für L_C, L_G und L_B folgende Zahlenwerte:

$$L_C = \frac{29{,}8^2}{2 \cdot (2{,}998 \cdot 10^5)^2} + \frac{1{,}327 \cdot 10^{11}}{1{,}496 \cdot 10^8 \cdot (2{,}998 \cdot 10^5)^2}$$
$$= 4{,}94 \cdot 10^{-9} + 9{,}88 \cdot 10^{-9} = 1{,}48 \cdot 10^{-8} = 46{,}7 \text{ s/Jul.Jh.} \quad (5.4\text{-}16/1)$$

$$L_G = \frac{62{,}64}{(2{,}998 \cdot 10^5)^2} = 0{,}07 \cdot 10^{-8} = 2{,}2 \text{ s/Jul.Jh.} \quad (5.4\text{-}16/2)$$

$$L_B = L_C + L_G = 1{,}55 \cdot 10^{-8} = 48{,}9 \text{ s/Jul.Jh.}. \quad (5.4\text{-}16/3)$$

Der (ebenfalls konstante) Koeffizient des jahresperiodischen Gliedes (5.4-14) lautet mit $\Delta v_{extr} = 0{,}5$ km/s, $\Delta r_{extr} = 2{,}5 \cdot 10^6$ km und unter Beachtung, daß 1 (Tropisches) Jahr $= 3{,}157 \cdot 10^7$ s:

$$\Delta T_{\text{jahrper}} = \left(\frac{v_0 \cdot \Delta v_{\text{extr}}}{c^2} + \frac{G \cdot M_{So} \cdot \Delta r_{\text{extr}}}{r_0^2 \cdot c^2} \right) \cdot \frac{\text{Jahr}}{2 \cdot \pi} \cdot \sin \frac{2 \cdot \pi \cdot (T_E - T_{P'hel})}{\text{Jahr}}$$

$$= \left(\frac{29{,}8 \cdot 0{,}5}{(2{,}998 \cdot 10^5)^2} + \frac{1{,}327 \cdot 10^{11} \cdot 2{,}5 \cdot 10^6}{(1{,}495 \cdot 10^8)^2 \cdot (2{,}998 \cdot 10^5)^2} \right) \cdot \frac{3{,}156 \cdot 10^7 \text{s}}{2 \cdot \pi} \cdot \sin \frac{2 \cdot \pi \cdot (T_E -}{\text{Jahr}}$$

$$= (0{,}000832 \text{s} + 0{,}000828 \text{s}) \cdot \sin \frac{2 \cdot \pi \cdot (T_E - T_{P'hel})}{\text{Jahr}}$$

$$= 0{,}00166 \text{s} \cdot \sin \frac{2 \cdot \pi \cdot (T_E - T_{P'hel})}{\text{Jahr}} . \quad (5.4\text{-}17/1)$$

Das Argument des Sinus ist nach (2.4-7) identisch mit der Mittleren Anomalie der Erde (a.a.O. mit »M« bezeichnet) $A = \frac{360°}{\text{Jahr}} \cdot (T_E - T_{P'hel})$. Damit läßt sich (5.4-17/1) durch

$$\Delta T_{\text{jahrper}} = 0{,}00166 \text{s} \cdot \sin A \quad (5.4\text{-}17/2)$$

ausdrücken. Bei (geometrisch) genauerer Modellierung der Bahnellipse der Erde erhält man nach Green (1985, 254) oder Seidelmann (1992, 42) anstelle von (5.4-17/2):

$$\Delta T_{\text{jahrper}} = 0{,}001658\,\text{s} \cdot \sin A + 0{,}000014\,\text{s} \cdot \sin 2A, \qquad (5.4\text{-}17/3)$$

oder, mit etwas anderer Struktur und unter Bezugnahme auf die Standardepoche $T_0 =$ 01.01.2000, 12^h = JED 2451545,0 nach Seidelmann/Fukushima (1992):

$$\begin{aligned}\Delta T_{\text{jahrper}} = {} & + 0{,}0016568\,\text{s} \cdot \sin\{(35999{,}37°/\text{Jul.Eph.Jh.}) \cdot (T - T_0) + 357{,}5°\}\\ & + 0{,}0000224\,\text{s} \cdot \sin\{(32964{,}5°/\text{Jul.Eph.Jh.}) \cdot (T - T_0) + 246°\}\\ & + 0{,}0000138\,\text{s} \cdot \sin\{(71998{,}7°/\text{Jul.Eph.Jh.}) \cdot (T - T_0) + 355°\}\\ & + 0{,}000048\,\text{s} \cdot \sin\{(3034{,}9°/\text{Jul.Eph.Jh.}) \cdot (T - T_0) + 25°\}\\ & + 0{,}000047\,\text{s} \cdot \sin\{(34777{,}3°/\text{Jul.Eph.Jh.}) \cdot (T - T_0) + 230°\}.\end{aligned} \qquad (5.4\text{-}17/4)$$

Auch diese Ausdrücke stützen sich auf eine Kepler-Ellipse der Erdbahn, d.h. allein auf die Wechselwirkung Sonne-Erde. Eine Formel, in der Störungen durch Mond und Planeten berücksichtigt sind und die entsprechend kompliziert strukturiert ist, hat Moyer (1981) entwickelt (Soffel, 1987, 21; Seidelmann, 1992, 43).

Um die o.a. Formel zur Transformation von *Terrestrischer Zeit* in *Baryzentrische Koordinatenzeit* praktisch nutzbar zu machen, ist noch eine Verfügung über die Epoche T_{E0} erforderlich, von der aus die Variable $T_E - T_{E0}$ gezählt werden soll und in der T_E und T_K gleiche Zahlenwerte annehmen. Nach einer Festlegung der IAU ist dies die Epoche

01.01.1977, $0^h 0^m 0^s$ TAI = JDA 2443 144,5 = MJDA 431 440,0, identisch mit

01.01.1977, $0^h 0^m 32{,}184^s$ TT = JDE 2443 144,5003725 = MJD 431 440,0003725.

JDA, MJDA; JDE, MJDE = Julianisches und Modifiziertes Julianische Tageszahlen in der Skala der *TAI* (Kennbuchstabe »A«) bzw. der *TT* (Kennbuchstabe »E«).

Damit erhalten wir für den Übergang von der *Terrestrischen Zeit* (*TT*) zur *Baryzentrischen Koordinatenzeit* (*TCB*)

$$TCB - TT = L_B \cdot (MJDA - 43\,144{,}0\,\text{d}) + \Delta T_{\text{jahrper}} + \Delta T_{\text{tagper}}, \qquad (5.4\text{-}18/1)$$

und für den entsprechenden Teilübergang von der *Baryzentrischen dynamischen Zeit* (*TDB*) zur *Baryzentrischen Koordinatenzeit* (*TCB*):

$$TCB - TDB = L_B \cdot (MJDA - 43\,144{,}0\,\text{d}). \qquad (5.4\text{-}18/2)$$

Der Maßstabsfaktor L_B, der einen Durchschnittswert der Beziehung $\dfrac{d\,TCB}{d\,TT} - 1$ ausdrückt, lautet nach McCarthy (1996, 19) (vgl. auch (5.4-16/3):

$$L_B = 1{,}550519748 \cdot 10^{-8} = 48{,}9306820\ \text{s}/\text{JJh}. \qquad (5.4\text{-}18/3)$$

Im Unterschied zu (5.4-13/3) und (5.4-16/3) ist in dem Zahlenwert über die Gravitation der Sonne hinaus auch noch der Gravitationseinfluß der übrigen Körper des Sonnensystems berücksichtigt.

Beim Übergang von der *Terrestrischen Zeit (TT)* zur *Geozentrischen Koordinatenzeit (TCG)* ist als Parameter lediglich das konstante Schwerepotential auf dem Geoid $\Phi_{\mathrm{Geoid}} = 62\,636\,856{,}85\ \mathrm{m^2/s^2}$ in Rechnung zu stellen. Periodische Glieder wie beim Übergang $TT \rightarrow TCB$ treten, wenn man die im Mittel verschwindenden Gezeiteneinflüsse unberücksichtigt läßt, nicht auf. Mit

$$L_{\mathrm{G}} = \frac{\Phi_{\mathrm{Geoid}}}{\mathrm{c}^2} = \frac{62\,636\,856{,}85\ \mathrm{m^2/s^2}}{(299\,792\,458)^2\ \mathrm{m^2/s^2}} = 6{,}9692903\cdot 10^{-10}$$
$$= 2{,}1993408\ \mathrm{s/JJh} \qquad (5.4\text{-}19/1)$$

(McCarthy, 1996, 19; vgl. auch (5.4-16/2)), das in (5.4-11/2) an die Stelle des ersten Klammerausdrucks tritt, lautet die Transformationsformel:

$$TCG - TT = L_{\mathrm{G}} \cdot (MJDA - 43\,144{,}0\,\mathrm{d}). \qquad (5.4\text{-}19/2)$$

Auch bei diesem Übergang wird vereinbarungsgemäß auf die Ausgangsepoche $T_{\mathrm{E0}} = 01.01.1977,\ 0^{\mathrm{h}}\,0^{\mathrm{m}}\,0^{\mathrm{s}}$ TAI = MJDA 431440,0 Bezug genommen.

Der Übergang der *Geozentrischen (TCG)* zur *Baryzentrischen Koordinatenzeit (TCB)* ergibt sich schließlich aus dem Vergleich von (5.4-18/1) mit (5.4-19/2):

$$TCB - TCG = L_{\mathrm{C}} \cdot (MJDA - 43\,144{,}0\,\mathrm{d}) + \Delta T_{\mathrm{jahrper}} + \Delta T_{\mathrm{tagper}}, \qquad (5.4\text{-}20/1)$$

mit

$$L_{\mathrm{C}} = L_{\mathrm{B}} - L_{\mathrm{G}} = 1{,}4808268457\cdot 10^{-8} = 46{,}73134127\ \mathrm{s\,/\,JJh} \qquad (5.4\text{-}20/2)$$

(McCarthy, 1996, 83-86; vgl. auch (5.4-16/1)).

Die Verhältnisse (Maßstäbe) der im vorliegenden Abschnitt erläuterten relativistischen Zeitskalen untereinander sind unabhängig von der Größe der Zeiteinheit. Um eine Zeitskala zu realisieren muß man jedoch eine Festlegung darüber treffen, in welchen Schritten die Zeitzählung erfolgen soll. Dazu bedarf es einer Definition über die Länge dieser Einheit relativ zu einer allgemein zugänglichen und stabilen Bezugsfrequenz. Bei den erläuterten Zeitskalen *TT*, *TCG* und *TCB* wurde als Einheit die aus Schwingungen des Caesiumatoms abgeleitete SI-Sekunde festgesetzt. Die dadurch entstandenen Zusammenhänge werden in 5.6.2 erläutert, wo sich auch graphische und tabellarische Übersichten zum Verhältnis *ET*, *TDT* ≡ *TT*, *TCG*, *TCB* auf der einen und der *TA* und der *TAI* auf der anderen finden (Bild 5.6-1 und Tabelle 5.6-1).

5.4.3 Der Ephemeridenmeridian

Die Mittlere Sonne (mSo) folgt mit ihrer Bewegung im Mittleren Himmelsäquator definitionsgemäß der Newcombschen Funktion (5.3-12/2):

$$\alpha_{\mathrm{mSo}} = 18^{\mathrm{h}}38^{\mathrm{m}}45{,}836^{\mathrm{s}} + (8640184{,}542\ \mathrm{s\,/\,JJh})\cdot(T_{\mathrm{U}} - T_{\mathrm{U0}})$$
$$+ (0{,}0929\ \mathrm{s\,/\,JJh^2})\cdot(T_{\mathrm{U}} - T_{\mathrm{U0}})^2. \qquad (5.4\text{-}21)$$

Als Zeitvariable T tritt in dieser Formel die Weltzeit ($UT1$) auf.

Die durch die Ephemeridenzeit-Variable ET bzw. an die Variable der Terrestrischen Zeit TT bestimmte Fiktive mittlere Sonne (fmSo) gehorcht formal dem gleichen Gesetz:

$$\alpha_{\mathrm{fmSo}} = 18^{\mathrm{h}}38^{\mathrm{m}}45{,}836^{\mathrm{s}} + (8640184{,}542\ \mathrm{s}\,/\,\mathrm{Jul.Eph.Jh.}) \cdot (T_{\mathrm{E}} - T_{\mathrm{E0}})$$
$$+ (0{,}0929\ \mathrm{s}\,/\,\mathrm{Jul.Eph.Jh.}^2) \cdot (T_{\mathrm{E}} - T_{\mathrm{E0}})^2. \qquad (5.4\text{-}22)$$

Da sich zu einer Epoche aber $T_{\mathrm{E}} = ET = TT$ und $T_{\mathrm{U}} = UT1$ um $\Delta ET = \Delta TT = ET - UT1 = TT - UT1$ (5.4-1) unterscheiden und $\Delta ET = \Delta TT$ seit 1903 positiv ist (1995: ≈ 61,2s), ist stets $\alpha_{\mathrm{fmSo}} > \alpha_{\mathrm{mSo}}$. Bezogen auf das Mittlere Frühlingsäquinoktium läuft demnach die mSo der fmSo im Abstand von

$$\Delta\alpha_{\mathrm{fSo}} = \alpha_{\mathrm{fmSo}} - \alpha_{\mathrm{mSo}} = (8\,640\,184{,}542\ \mathrm{s/Jul.Jh.}) \cdot \Delta TT$$
$$= 8\,640\,184{,}542 \cdot \frac{\mathrm{s}}{36\,525 \cdot 86\,400\ \mathrm{s}} \cdot \Delta TT$$
$$= 0{,}002738 \cdot \Delta TT \qquad (5.4\text{-}23)$$

hinterher. Beispielsweise betrug im Jahr 1995, in dem $\Delta TT \approx 61{,}2\,\mathrm{s}$ erreichte, der Winkelabstand zwischen mSo und fmSo $\Delta\alpha_{\mathrm{fSo}} = 0{,}17\,\mathrm{s} = 2{,}6''$. Der Faktor bei ΔTT ist identisch mit dem in 5.3.3 eingeführten Konstanten k, die der Umrechnung von Mittlerer Sternzeit in Mittlere Sonnenzeit dient (5.3-22/2): $k = K - 1 = \mathrm{d/d^*} - 1 = 0{,}002738$. Da sich ΔTT jährlich um weniger als 1 s ändert, ändert sich $\Delta\alpha_{\mathrm{fSo}}$ in der Größenordnung von einigen wenigen ms/Jahr. $\Delta\alpha_{\mathrm{fSo}}$ kann daher bei Betrachtungen, die einen Zeitrahmen von wenigen Tagen betreffen (z.B. für eine astrogeodätische Beobachtungskampagne), als konstant angesehen werden.

Würde sich die Erde mit konstanter Geschwindigkeit von 360″/86 400 s TT drehen, so hätte kein Anlass zur Einführung der Ephemeridenzeit bestanden, da sich in diesem Fall - bei Vereinbarung eines gemeinsamen Nullpunkts und identischer Skalierung - die beiden Zeitskalen $UT1$ und ET bzw. TT nicht voneinander unterschieden hätten: $UT1 \equiv ET = TT$. Es hätte wegen der dann gegebenen Übereinstimmung von (5.4-21) und (5.4-22) auch kein Unterschied zwischen der mSo und der fmSo bestanden und die Differenz (5.4-23) wäre verschwunden: $\Delta\alpha_{\mathrm{fSo}} \equiv 0$. Der Durchgang der mSo und der fmSo durch den Meridian von Greenwich würde definitionsgemäß stets um 12^{h} UT1 = 12^{h} TT stattfinden.

Die Ephemeridensekunde wurde, gestützt auf Daten des 19. Jahrhunderts, bei ihrer Einführung nach der Dauer der Weltzeitsekunde zur Epoche 1900 bemessen und dabei - gemessen an der heute bekannten langfristigen Verlangsamung der Erddrehung - zu kurz angesetzt. Abgesehen davon, daß wegen der Unregelmäßigkeiten der Erddrehung $UT1$ und TT ohnehin nur punktuell übereinstimmen könnten, gilt wegen des erwähnten Skalierungsfehlers seit 1903 und in überschaubarer Zukunft:

$$\Delta TT = TT - UT1 > 0 \quad \text{bzw.} \quad TT > UT1 \tag{5.4-24}$$

(*Astromomical Almanac, K9* und Tabelle 5.9-1).

Betrachtet man nun den Greenwich-Meridian der realen Erde (Gr) in Relation zur mSo gemeinsam mit dem als *Ephemeridenmeridian* bezeichneten »Greenwich-Meridian« einer gleichförmig rotierenden fiktiven Erde (Gr_{Eph}) in Relation zur fmSo, so läßt sich anhand von Bild 5.4-3, in dem alle vorgenannten Örter eingetragen sind, und unter Beachtung von (5.4-23), (5.4-24) und (5.3-22/1) für den Abstand des Ephemeridenmeridians vom Greenwich-Meridian die folgende Beziehung feststellen:

$$\begin{aligned}\lambda_{Eph} &= TT + \Delta\,\alpha_{fmSo} - UT1 = \Delta\alpha_{fmSo} + \Delta TT = 0{,}002738 \cdot \Delta TT + \Delta TT \\ &= K \cdot \Delta TT = 1{,}002738 \cdot \Delta TT.\end{aligned} \tag{5.4-25}$$

Der in der Geographischen Länge $\lambda_{Eph} = 1{,}002738 \cdot \Delta TT$ östlich des Greenwich-Meridians liegende, im Takt des Ephemeridentages gleichmäßig rotierende *Ephemeridenmeridian* ist ein wichtiger intermediärer Bezugsort, der es ermöglicht, die Ergebnisse der Bahnberechnung der Körper des Sonnensystems – im Rahmen astrogeodätischer Aufgabenstellungen vor allem der Sonne – mit der unregelmäßig und zunehmend langsamer rotierenden Erde in Beziehung zu bringen.

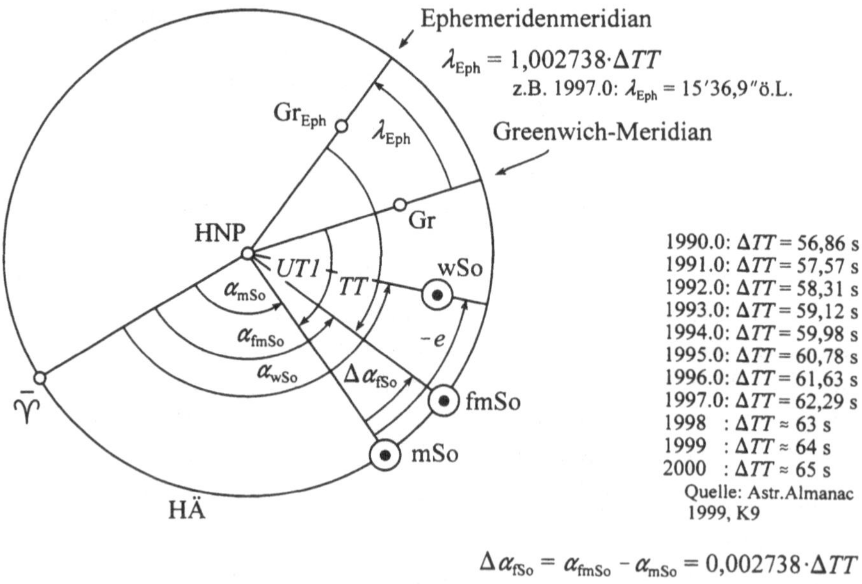

Bild 5.4-3: Beziehungen zwischen der Mittleren Sonne (mSo), der Fiktiven Mittleren Sonne (fmSo), der wahren Sonne (wSo) auf der einen und dem Greenwich- und dem Ephemeridenmeridian (Gr; Gr_{Eph}) auf der anderen Seite

Da sich der Ephemeridenmeridian relativ zu fmSo proportional zu *TT* dreht und auch die Rektaszension der Sonne eine »bekannte« Funktion von *TT* ist, ist die Durchgangsepoche der Sonne durch den Ephemeridenmeridian mit den Methoden der Himmelsmechanik vorausberechenbar. Dies gilt auch für die anderen Körper des Sonnensystems. In Kenntnis des vom IERS empirisch bestimmten »Zeitunterschieds« ΔTT ist über (5.4-25) der Übergang vom Ephemeriden- auf den Greenwich-Meridian oder auf einen beliebigen anderen Meridian der Erde möglich.

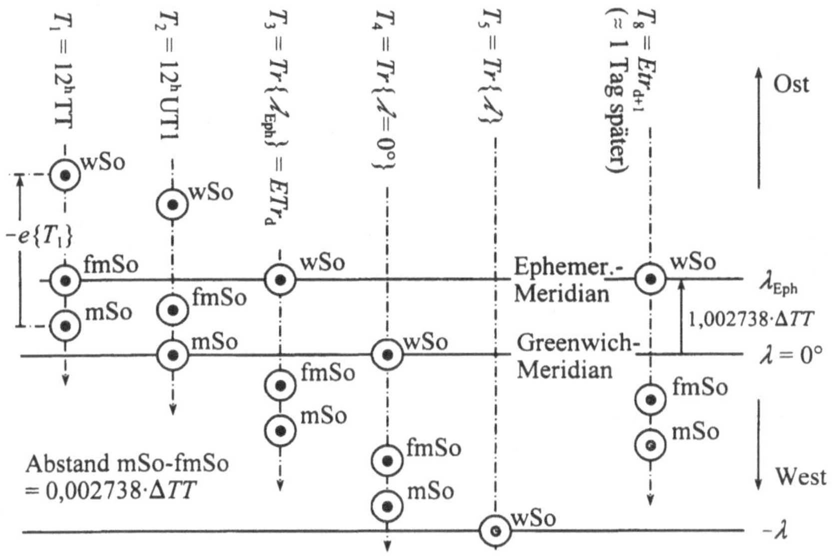

Bild 5.4-4/1: Die Bewegungungen der wahren Sonne, der Fiktiven mittleren Sonne und der Mittleren Sonne relativ zu den Meridianen: ausgewählte Meridiandurchgänge

Von Interesse ist vor allem die Durchgangsepoche der Sonne durch einen Meridian mit bekannter Geographischer Länge λ. Betrachten wir dazu die Bilder 5.4-3 und 5.4-4/1, in denen für acht aufeinanderfolgende Durchgangsepochen T_1 bis T_8 die veränderlichen geometrischen Beziehungen der wahren Sonne (wSo), der Fiktiven mittleren Sonne (fmSo) und der Mittleren Sonne (mSo) zu den Meridianen $\lambda = \lambda_{Eph} = 1{,}002738 \cdot \Delta TT$, $\lambda = 0$ und λ dargestellt sind.

In dem Bild sind folgende nacheinander eintretende Ereignisse bezeichnet:

- Durchgang der fmSo durch $\lambda_{Eph} = 1{,}002738 \cdot \Delta TT$:
  $T_1 = 12^h$ TT;
  $(\Delta TT\{05.07.1995 \approx 1995.51\} \approx 61{,}21\,s;\ \lambda_{Eph}\{1995.51\} = 15'20{,}7'')$.

- Durchgang der mSo durch $\lambda = 0°$:
  $T_2 = 12^h$ UT1;
  ($\Delta TT\{1995.51\} \approx 61{,}21$ s; $T_2 = 12^h01^m01{,}21^s$ TT).
- Durchgang der wSo durch $\lambda_{Eph} = 1{,}002738 \cdot \Delta TT$ (»Ephemeris Transit«):
  $T_3 = Tr_{wSo}\{\lambda_{Eph}\} = ETr_d$;
  ($\lambda_{Eph}\{1995.51\} = 15'20{,}7''$; für d = 05.07.1995: $ETr_d = 12^h04^m29{,}31^s$).
- Durchgang der wSo durch $\lambda = 0°$:
  $T_4 = Tr_{wSo}\{\lambda = 0°\}$;
  (d = 05.07.1995: $Tr_{wSo}\{\lambda = 0°\} = 12^h05^m30{,}69^s$TT $= 12^h04^m29{,}48^s$UT1).
- Durchgang der wSo durch einen beliebigen Meridian λ:
  $T_5 = Tr_{wSo}\{\lambda\}$.
- Durchgang der fmSo durch $\lambda_{Eph} = 1{,}002738 \cdot \Delta TT - 360° = 1{,}002738 \cdot \Delta TT$; (einen Ephemeridentag nach T_1):
  $T_6 = 12^h$ TT + 24 h TT $= 12^h$ TT;
  ($\Delta TT\{06.07.1995 \approx 1995.51\} \approx 61{,}21$ s; $\lambda_{Eph}\{1995.51\} = 15'20{,}7''$).
- Durchgang der mSo durch $\lambda = -360° = 0°$; (1 Tag nach T_2):
  $T_7 = 12^h$ UT1 + 24 h UT1 $= 12^h$ UT1;
  ($\Delta TT\{1995.51\} \approx 61{,}21$ s; $T_2 = 12^h01^m01{,}21^s$ TT).
- Durchgang der wSo durch $\lambda_{Eph} = 1{,}002738 \cdot \Delta TT - 360° = 1{,}002738 \cdot \Delta TT$; ($\lambda_{Eph}\{1995\} = 15'0{,}54''$); (~ 1 Tag nach T_3):
  $T_8 = Tr_{wSo}\{\lambda_{Eph} - 360°\} = ETr_{d+1}$.

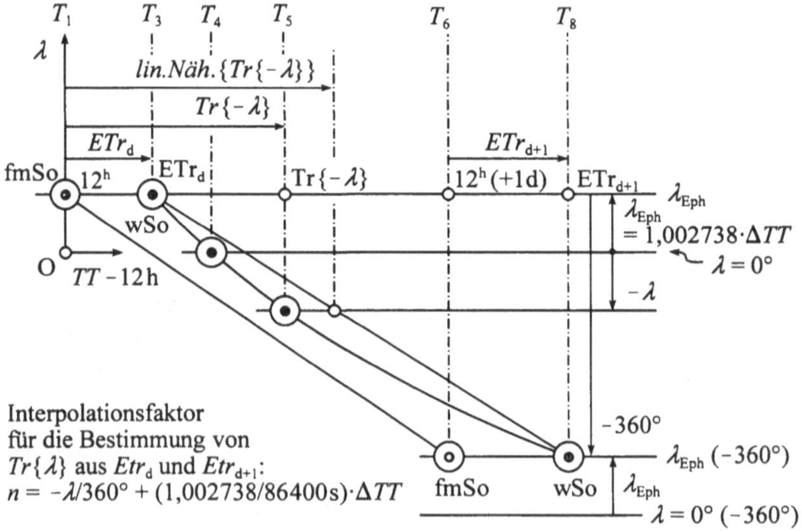

Bild 5.4-4/2: Durchgang der Sonne durch einen beliebigen Meridian

Aus der Ephemeridenrechnung sind die Ephemeridendurchgänge der wSo $T_3 = Tr_{\text{wSo}}\{\lambda_{\text{Eph}}\} = ETr_{\text{d}}$ und $T_8 = Tr_{\text{wSo}}\{\lambda_{\text{Eph}}-360°\} = ETr_{\text{d+1}}$, zuzüglich der entsprechenden Durchgänge an den Vortragen (d-1, d-2, ..) und an den Tagen danach (d+2, d+3, ..) bekannt, wodurch die Durchgangszeit $Tr_{\text{wSo}}\{\lambda\}$ der wSo durch einen beliebigen Meridian λ als Funktion von λ durch (höhere) Interpolation ermittelt werden kann. Stellt man die Längenänderung der fmSo und der wSo graphisch als Funktion der Terrestrischen Zeit (*TT*) dar, so entstehen die beiden in Bild 5.4-4/2 niedergelegten Graphen (fmSo: geradlinig; wSo: gekrümmt). Gehen wir zunächst mit dem Ansatz einer linearen Interpolation, die im vorliegenden Fall freilich nur ein Näherungsergebnis liefert, an die Lösung des Problems. Mit der getroffenen Vereinfachung stellt sich der Graph wSo als Gerade dar, die die Positionen der wSo zu den Epochen $T_3 = = ETr_{\text{d}}$ und $T_8 = ETr_{\text{d+1}}$ miteinander verbindet. Unter Anwendung des Dreisatzes findet man für die Durchgangsepoche $Tr\{\lambda\}$ der wSo durch den Meridian mit der Länge λ die näherungsweise gültige Beziehung

$$\frac{\text{linNäh}\{Tr\{\lambda\}\} - ETr_{\text{d}}}{ETr_{\text{d+1}} + 24\,\text{h} - ETr_{\text{d}}} = \frac{\lambda_{\text{Eph}} - \lambda}{360°} = \frac{1{,}002738 \cdot \Delta TT - \lambda/(15°/\text{h})}{24\,\text{h}} \qquad (5.4\text{-}26/1)$$

in der »linNäh$\{Tr\{\lambda\}\}$« den durch lineare Interpolation gewonnenen Näherungswert der gesuchten Durchgangsepoche $Tr\{\lambda\}$ darstellt. Mit dem durch den Ausdruck auf der rechten Seite von (5.4-26/1) bestimmtem *Interpolationsfaktor*

$$n = \frac{1{,}002738 \cdot \Delta TT - \lambda/(15°/\text{h})}{24\,\text{h}} = \frac{-\lambda}{360°} + \frac{1{,}002738}{86\,400\,\text{s}} \cdot \Delta TT \qquad (5.4\text{-}26/2)$$

und mit der Abkürzung $\Delta ETr = ETr_{\text{d+1}} - ETr_{\text{d}}$ fließt aus (5.4-26/1):

$$Tr\{\lambda\} \approx \text{linNäh}\{Tr\{\lambda\}\} = ETr_{\text{d}} + n \cdot \Delta Etr\,. \qquad (5.4\text{-}26/3)$$

Den exakten Wert $Tr\{\lambda\}$ des Durchgangs der Sonne (wSo) durch den Meridian λ, der sich von der linearen Näherung um vernachlässigte quadratische und kubische Interpolationsglieder unterscheidet (Glieder mit n^2, n^3 ..), gewinnt man durch Interpolation höherer Ordnung mit Hilfe einer der in 1.4.2 angegebenen Formeln (von Newton, Gauß, Bessel oder Stirling) über die Zuordnung

$$f\{a\} := ETr_{\text{d}},\; h := \Delta ETr := ETr_{\text{d+1}} + 24\,\text{h} - ETr_{\text{d}}, \qquad (5.4\text{-}26/4)$$

und mit dem in (5.4-26/2) festgelegten Interpolationsfaktor *n*. Beispiele für die Berechnung eines Meridiandurchgangs der wSo anhand der Tafel *»Sun«* (Spalte *»Ephemeris Transit«*) im *Astronomical Almanac, C4-C19* sind in 5.3.2 (Rechenbeispiel im Abschnitt »Zeitgleichung«) und in den Tabellen 1.4-1 und 1.4-2 niedergelegt.

Der Zusammenhang zwischen der Zeitgleichung *e* um 12^h TT und dem Zeitpunkt des *ETr* ist näherungsweise (Sigl, 1975, 102):

$$e = 12\mathrm{h} - EphTr - 0{,}002738 \cdot \Delta TT \approx 12\mathrm{h} - EphTr. \qquad (5.4\text{-}27/1)$$

In dieser Formel ist die Änderung, die *e* im Laufe eines Tages erfährt, nicht berücksichtigt. Gleichwohl liefert sie die Zeitgleichung auf einige 1/10 Sekunden ganau. In der nachfolgende Formeln (5.4-27/2) ist der Änderung von *e* Rechnung getragen. Wenn man die Werte von *ETr* dem *Astronomical Almanac* (C4-C19) entnimmt, so erhält man das Ergebnis mit einer Genauigkeit von 0,01s. Der Wert

$$e = (12\mathrm{hTT} - ETr_{\mathrm{d}}) \cdot \frac{24\mathrm{h}}{24\mathrm{h} + ETr_{\mathrm{d+1}} - ETr_{\mathrm{d}}} - 0{,}002738 \cdot \Delta TT \qquad (5.4\text{-}27/2)$$

gilt für 12h *TT*. Um *e* für einen anderen Zeitpunkt des Tages zu finden, muß *die Variable* zunächst in Tagesschritten berechnet und sodann quadratisch interpoliert werden.

5.5 Auf atomphysikalische Vorgänge gestützte Zeitskalen

5.5.1 Sekundendefinition von 1967

Die in 5.2.5 beschriebenen Atomuhren wurden in den ersten Jahren ihrer Verfügbarkeit vor allem als stabile und hochgenaue Frequenz- und Zeitnormale in physikalischen Laboratorien benutzt. In der Astronomie wurden sie zunächst - wie alle anderen Uhren vorher auch - nur als intermediäre Träger der Skalen der Weltzeit und der Ephemeridenzeit gesehen. Der unter metrologischen Gesichtspunkten naheliegenden und auch lebhaft diskutierten Vorstellung, Atomuhren als Zeitnormale oder gar als autonome Träger einer »Weltzeitskala« einzusetzen, wurde aus dem Kreis der Astronomen zunächst mehr Zurückhaltung als Begeisterung entgegengebracht (Guinot, 1989, 379). So kam es, daß in den fünfziger Jahren, als man wegen unübersehbarer Mängel der seinerzeit gültigen Definition der Sekunde gezwungen war, die physikalische Einheit der Zeit neu als eine zeitlich unveränderliche Größe zu definieren, einer »astronomischen Lösung« der Vorzug vor einer metrologischen Lösung des Problems gegeben wurde.

Wie bereits dargelegt, bestimmte die 1956 festgelegte Definition der Zeiteinheit das differentielle Tropische Jahres zum Zeitpunkt 31.12.1899, 12^h als Maßstab, von dem durch Unterteilung in 31 556925,9747 Teile die SI-Basiseinheit *Ephemeridensekunde* abgeleitet wurde. Da aus dem Lauf der Erde um die Sonne (von der Erde aus wahrnehmbar am scheinbaren Umlauf der Sonne um die Erde) die Zeitmarken des Tropischen Jahres und beliebige andere Zeitpunkte aber nur recht ungenau »abgelesen« werden können (Becker, 1966,7), hat man die Ephemeridensekunde in der Praxis mit Hilfe der Mondpositionen ermittelt. Der Mondumlauf wurde dabei, nachdem er auf der Grundlage einer Bewegungstheorie des Mondes in Langzeitvergleichen (Messung von Mondpositionen vor dem Fixsternhintergrund) mit dem Erdumlauf als »sekundäres Zeitnormal« kalibriert worden war, operationell als Taktgeber der Ephemeridenzeit verwendet (Markowitz, 1954; 1969; Bauch, 1994). Aber auch an der »Monduhr« kann, obwohl sich ihr »Zeiger« zwölf mal schneller dreht als der Zeiger einer entsprechenden »Sonnenuhr«, der Sekundentakt nicht ad hoc abgelesen werden: Es bedarf vielmehr langwieriger, über mehrere Jahre laufender Beobachtungsreihen, um eine Aussage über die Länge der Ephemeridensekunde relativ zum Zeittakt einer Atomuhr zu gewinnen (Markowitz, 1954; Markowitz et al., 1958).

Im Gegensatz zu den mit der Generierung des Zeittakts der Ephemeridenzeit verbundenen Schwierigkeiten steht der Zeittakt einer Atomuhr ohne Zeitverzögerung und - auch wenn man längere Zeiträume in Betracht zieht - mit deutlich geringerer Unsicherheit zur Verfügung. Vor diesem Hintergrund wurde die Ephemeridensekunde schon elf Jahre nach ihrer Kodifizierung als SI-Basiseinheit wieder aufgegeben und durch eine neue Einheit ersetzt, die nunmehr an eine dem Cäsium-133-Isotop eigene Resonanzfrequenz gekoppelt ist. Die von der 13. Generalkonferenz für Maß und Gewicht 1967 beschlossene und noch heute gültige Definition der Länge der SI-Sekunde lautet in deutscher Übersetzung:

> *Die Sekunde ist das 9192631fache der Periodendauer der dem Übergang zwischen den beiden Hyperfeinstrukturen des Grundzustandes von Atomen des Nuklids ^{133}Cs entsprechenden Strahlung.*

Da diese Definition keinen Hinweis auf ein bestimmtes Schwere- und/oder Gravitationspotential enthält, ist die so generierte Zeitskala als *Eigenzeit* im Sinne der speziellen und allgemeinen Relativitätstheorie zu verstehen. Der (momentane) Maßstab der erzeugten Frequenz aus der Sicht eines Beobachters, der sich in einem anderen Bezugssystem befindet, ist daher vom Schwere- und Geschwindigkeitspotential abhängig, dem die Uhr unterliegt. Beispielsweise laufen die Atomuhren der Physikalisch Technischen Bundesanstalt an ihrem Standort in Braunschweig (*Höhe über NN* = 79 m) schneller als wenn sie in Meereshöhe stehen würden ($\Delta f / f = 8{,}6 \cdot 10^{-15}$; ➪ 5.1.2), und die Uhren in einem GPS-Satelliten (Bahnradius = 26580km, Umlaufzeit 12h*) laufen in der Umlaufbahn des Satelliten schneller als vor dem Start auf der Erde ($\Delta f / f = 4{,}464 \cdot 10^{-10}$; Hofmann-Wellenhof et al. 1992, 111).

5.5.2 Internationale Atomzeit

Im Jahre 1967 empfahl die Internationale Astronomische Union (IAU), die am Bureau International de l'Heure (BIH) und an einigen Instituten bereits eingerichteten Atomzeitskalen zu koordinieren und zu einer internationalen Zeitskala auszubauen. Die Zeitskala erhielt die Bezeichnung *Internationale Atomzeit* (*Temps Atomique International*: *TAI*). Als Skalenmaß wurde die von einer fiktiven, auf dem Geoid (d.h. in Meereshöhe) ruhenden Caesium-Uhr erzeugte SI-Sekunde festgelegt. Über den »Nullpunkt« der neuen Zeitskala wurde bei ihrer Einführung so verfügt, daß die Zeitangabe der *TAI* am 01.01.1958, 0^h mit der *UT1*-Zeit übereinstimmte: 01.01.1958, $0^h00^m00^s$ TAI = 01.01.1958, $0^h00^m00^s$ UT1 (Seidelmann, 1992, 84). Da sich *UT1* in diesem Zeitpunkt von der Ephemeridenzeit (*ET*) bereits um 32,184s unterschied, impliziert die getroffene Festlegung auch einen Anschluß der Atomzeit an die Ephemeridenzeit,

$$ET_0 = UT1_0 + 32{,}184\,\mathrm{s} = TAI_0 + 32{,}184\,\mathrm{s}, \qquad (5.5\text{-}1)$$

bei der die Konstante 32,184s als exakte Zahl zu verstehen ist.

Soviel man bis dato aus den laufenden simultanen Beobachtungen weiß, entwickeln sich die *ET* (einschließlich ihrer relativistisch begründeten Nachfolgeskalen *Terrestrische dynamische Zeit* = *TDT* und *Terrestrische Zeit* = *TT*) und die *TAI* erwartungsgemäß gleichförmig und im Maßstab 1:1. Die beobachteten Unterschiede bewegen sich im Bereich von wenigen µs. Hinsichtlich der Verhältnisse der genannten Zeitskalen gilt daher über die Anfangsepoche hinaus und bis auf weiteres:

$$ET = TDT = TT = TAI + 32{,}184\,\mathrm{s}. \qquad (5.5\text{-}2)$$

An der Bildung der *TAI* sind derzeit etwa 250 Atomuhren in ungefähr 45 Zeitinstituten beteiligt (Bauch, 1994/1). Aufgrund unvermeidlicher technischer Unzulänglichkeiten laufen diese Uhren nicht vollkommen synchron, mit der Folge, daß jedes Zeitinstitut seine eigene uhren- und institutspezifische Atomzeit *TAI (i)* »erzeugt«. Aus den so weltweit verknüpften Zeitskalen bestimmt das BIH im Rahmen eines technischen Verbundes die *TAI* durch Mittelbildung. Die Einzelergebnisse erhalten dabei Gewichte, die nach den beobachteten Frequenzschwankungen bemessen werden.

Um bei der Zusammenfassung der *TAI (i)* zur *TAI* den relativistisch verursachten Gangunterschieden Rechnung zu tragen, werden die individuellen Zeitskalen vor ihrer Mittelung zur *TAI* auf das Geoid reduziert (Soffel, 1987, 19). Dazu erhält die an einem Uhrenstandort in der Höhe *H* erzeugte Frequenz (die Frequenz des Hyperfeinstruktur-Übergangs des Caesium-Atoms f = 9,192631770 GHz) einen Abschlag von

$$\Delta f = f \cdot \frac{\bar{g} \cdot H}{c^2} \approx 9{,}193\,\mathrm{GHz} \cdot \frac{0{,}009806\,\mathrm{km/s}^2}{(299792\,\mathrm{km/s})^2} \cdot H = (0{,}00100\,\mathrm{Hz/km}) \cdot H; \qquad (5.5\text{-}3)$$

$$f_0 = f - \Delta f,$$

damit der auf diese Weise etwas verlängerte Sekundentakt - erzeugt durch jede 9192631770ste Schwingung von nunmehr f_0 - mit dem Takt übereinstimmt, der von der gleichen Uhr in Meereshöhe (also auf dem Geoid) ohne den vorgenommenen Abschlag erzeugt werden würde. $\bar{g} \cdot H = -(W - W_0) = C$ sind äquivalente Ausdrücke für den (negativen) Potentialunterschied zwischen dem Schwerepotential W am Uhrenstandort und dem Schwerepotential W_0 auf dem Geoid. C ist die sogenannte Geopotentielle Kote, $\bar{g}$ die mittlere Schwere für die in (5.5-1) näherungsweise ein Mittelwert der Normalschwere $\bar{g} \approx 9{,}806\,\mathrm{m\,s^{-2}}$ genommen wurde (Heck, 1987, 296 und 302; Schödlbauer, 1990/2, 362-363).

Für die Atomuhren der Physikalisch-Technischen Bundesanstalt in Braunschweig ($H = 79$ m), die den deutschen Beitrag zur *TAI* liefern, beträgt die vor der Weitergabe der Zeitsignale angebrachte relativistische Frequenzverschiebung:

$$\Delta f / f = 8{,}6 \cdot 10^{-15} \quad \text{bzw.} \quad \Delta f = 0{,}00008\,\mathrm{Hz}.$$

5.5.3 GPS-Zeit

Die *GPS*-Zeitskala stützt sich wie die *TAI* auf eine große Zahl systemeigener Atomuhren. Die Uhren befinden sich in den Monitorstationen des »GPS-Bodensegments« sowie in den Satelliten (vier Uhren pro Satellit) und sind fest an die koordinierte Weltzeitskala des US Naval Observatory gekoppelt, die ihrerseits von 73 Caesiumuhren und 12 Wasserstoff-Masern getragen wird. (Fischer, 1995).

Als Nullpunkt der *GPS*-Zeitskala wurde der 06.01.1980, 0^hUTC festgelegt. Von dieser Epoche aus wird die *GPS-Zeit* in Einheiten »GPS-Wochen« (W) plus Sekunden (s) gezählt. (Eine Woche = 7·24·3600s = 604800 s, Wochenbeginn ist stets Sonntag, $0^h\,00^m\,00^s$ *GPS-Zeit*). Die Wochenzählung erfolgt in einem Zyklus von 1024 Wochen; der Wochenzähler wurde daher am 22.08.1999 wieder auf Null gesetzt. Gelegentlich findet man auch die übliche Kalenderzählung, die von der genannten Startepoche an im Takt der *GPS-Zeit* weitergeführt wird. Zwischen der Zeitskala der *UTC*, die über (5.6-1) mit der *TAI* zusammenhängt, und der *GPS-Zeit* bestanden also bei der Einführung der *GPS*-Zeitskala die folgenden Beziehungen:

06.01.1980, $0^h00^m00^s$UTC = 06.01.1980, $0^h00^m19^s$TAI
= 06.01.1980, $0^h00^m00^s$ GPS-Zeit (Kalenderzählung)
= $0^W\,00^s$ GPS-Zeit (Wochenzählung).

Obwohl die Bezugsrahmen der *TAI* und der *GPS-Zeit* sich theoretisch geringfügig unterscheiden könnten, da die beiden Skalen nicht aus identischen Uhren abgeleitet werden, können die jeweils generierten Zeitintervalle aufgrund der hohen Frequenzstabilität der Atomuhren und der im vorliegenden Fall großen Zahl einbezogener Uhren für alle praktischen Anwendungsfälle als äquivalent betrachtet werden. Man kann daher davon ausgehen, daß die bei der Einführung der *GPS*-

Zeit festgelegte Differenz

$$TAI - GPS\text{-}Zeit = 19\,s \text{ (exakt)}$$

auch in der näheren Zukunft erhalten bleibt, so daß man aus der *GPS-Zeit* sowohl die *TAI* (5.5-2) als auch die *UTC* (5.6-1) ableiten kann. Da die GPS-Zeitskala heute weltweit zur Verfügung steht, ist sie für Aufgaben der Geodätischen Astronomie von besonderem Interesse.

In Tabelle 5.5-1 sind die systembezogenen Zeitangaben der *UTC*, der *TAI* und der *GPS-Zeit* für den Nullpunkt der *GPS*-Zeitskala (06.01.1980 $00^h00^m00^s$) sowie für die bereits in Tabelle 5.3-1 und 5.3-2 niedergelegten drei Zeitsequenzen einander gegenübergestellt. In den Bildern 5.6-1, 5.6-2 und 5.6-3 sind die Zusammenhänge graphisch skizziert.

Tabelle 5.5-1: Übergänge *UTC* → *TAI* → *GPS-Zeit* für einige ausgewählte Zeitsequenzen (*UTC*-Schaltsekunde am 01.01.1991, $0^h00^m00^s$)

UTC	*TAI*	*GPS-Zeit*	
		Kalender-zählung	Wochen-zählung
06.01.1980			0^W
$00^h00^m00{,}00^s$	$00^h00^m19{,}00^s$	$00^h00^m00{,}00^s$	$0{,}00^s$
01.01.1991			573^W
○ $23^h59^m59{,}00^s$	$00^h00^m24{,}00^s$	$00^h00^m05{,}00^s$	$86405{,}00^s$
○ $23^h59^m60{,}00^s$	$00^h00^m25{,}00^s$	$00^h00^m06{,}00^s$	$86406{,}00^s$
$00^h00^m00{,}00^s$	$00^h00^m26{,}00^s$	$00^h00^m07{,}00^s$	$86407{,}00^s$
01.01.1992			625^W
○ $23^h59^m59{,}00^s$	$00^h00^m25{,}00^s$	$00^h00^m06{,}00^s$	$172806{,}00^s$
$00^h00^m00{,}00^s$	$00^h00^m26{,}00^s$	$00^h00^m07{,}00^s$	$172807{,}00^s$
$00^h00^m01{,}00^s$	$00^h00^m27{,}00^s$	$00^h00^m08{,}00^s$	$172808{,}00^s$
01.01.1994			729^W
○ $23^h59^m59{,}00^s$	$00^h00^m27{,}00^s$	$00^h00^m08{,}00^s$	$518408{,}00^s$
$00^h00^m00{,}00^s$	$00^h00^m28{,}00^s$	$00^h00^m09{,}00^s$	$518409{,}00^s$
$00^h00^m01{,}00^s$	$00^h00^m29{,}00^s$	$00^h00^m10{,}00^s$	$518410{,}00^s$

○ angegebener Kalendertag - 1

5.6 Beziehungen zwischen der Internationalen Atomzeit, der Ephemeridenzeit und den relativistischen Zeitskalen

5.6.1 Vorbemerkung

Im Prinzip - entgegenstehende Erkenntnisse sind nicht bekannt - sind die mit Hilfe von Atomuhren und die durch die Ephemeriden der Körper des Sonnensystems verkörperten Zeitskalen gleichförmig und daher auch zueinander kompatibel. Bedingt durch unvermeidbare Mängel bei ihrer Generierung läßt sich dieses Prinzip aber praktisch nicht vollständig umsetzen, und zwar weder bei den Atomuhren noch bei der »Ephemeridenuhr«.

Wie bereits dargelegt (➪ 5.2.5), können aufgrund von technischen Unzulänglichkeiten auch bei den präzisesten Atomuhren Schwankungen des Uhrgangs nicht völlig ausgeschlossen werden. Diese unerwünschten Abweichungen vom Lauf einer Idealuhr werden durch den Zusammenschluß einer großen Zahl von Uhren im Rahmen der *TAI* zwar geglättet und reduziert, nicht aber gänzlich beseitigt.

Ähnliche Abstriche vom Ideal müssen auch bei der Berechnung der Planeten- und Mondephemeriden gemacht werden. Zwar legen die den Ephemeriden zugrunde liegenden Gesetze der klassischen und relativistischen Mechanik die Örter der genannten Himmelskörper als Funktion einer per definitionem gleichförmigen Zeitskala eindeutig fest. Die Differentialgleichungen der Bahnbewegungen lassen sich aber nur in einem limitierten Zeitrahmen exakt integrieren. Das gilt sowohl für den Fall, daß die Integration durch numerische Verfahren erfolgt, als auch beim Einsatz von einschlägigen Planeten- und Mondtheorien, durch die die Bahnen der genannten Himmelskörper modelliert werden. Im Falle der numerischen Integration (zur Lösung des Differentialgleichungssystems (2.4-33) unter Berücksichtigung aller Körper des Sonnensystems) ergibt sich die Limitierung aus der Beschränkungen der Rechnerkapazität, beim Einsatz konkreter Bewegungstheorien (z.B. der Planetentheorie VSOP82 oder der Brownschen Mondtheorie) aufgrund von unvermeidlichen Defiziten dieser Theorien.

Bis dato konnten freilich noch keine Abweichungen zwischen der Internationalen Atomzeit und der Terrestrischen Zeit beobachtet werden, die man als einen gesicherten, deterministisch begründbaren Trend deuten dürfte.

5.6.2 Beziehungen zwischen Internationaler Atomzeit, Terrestrischer Zeit und der terrestrischen und baryzentrischen Koordinatenzeit

Unter der Hypothese, daß sowohl die quantenmechanischen Vorgänge, die in Atomuhren als Taktgeber genutzt werden, als auch die Ephemeriden der Körper des Sonnensystems gleichförmige Zeitskalen begründen, und als Ergebnis der Einpassung der Atomzeit- in die Ephemeridenzeit-Sekunde, die 1967 zur

Neudefinition der SI-Sekunde geführt hat, kann die Terrestrische Zeit (*TT* = relativistisch begründete, maßstabsneutrale Neudefinition der Ephemeridenzeit *ET*) als Atomzeit (*TA*) interpretiert werden, wenn letztere von einer in Meereshöhe gelagerten Uhr mit verschwindendem Uhrgang (»Idealuhr«) generiert wird (Seidelmann/Fukushima, 1992). Die Zeitskala der *Internationalen Atomzeit* (*TAI*), die in einem Verbund aller am internationalen Zeitdienst beteiligten Atomuhren durch Mittelung gebildet wird, kommt diesem Ideal sehr nahe. Unter Berücksichtigung eines bei der Einführung der *TAI* willkürlich festgelegten Nullpunktunterschieds von 32,184 s besteht nach (5.5-2) die Beziehung:

$$TT = TDT = ET = TAI + 32{,}184\,\mathrm{s}. \tag{5.6-1}$$

(*TT* und *TDT* sind identische Zeitskalen; die Umbenennung von *TDT* in *TT* diente lediglich der semantischen Klarstellung , Eine fiktive, im Massezentrum der Erde gelagerte Idealuhr läuft im Takt der *Geozentrischen Koordinatenzeit* (*TCG*). Dieser Takt unterscheidet sich vom Takt der *TT* nach (5.4-19/2) und (5.4-19/1) lediglich um den konstanten Maßstabsfaktor:

$$\frac{TCG}{TT} = 1 + L_G = 1{,}00000\,00006\,969291\,. \tag{5.6-2}$$

Er liegt, da (Maßzahl{*TCG*})/(Maßzahl{*TT*} > 1, bzw. Maßzahl{*TCG*} > Maßzahl{*TT*}, offenbar etwas höher als der Takt der *TT*.

Die *TCG* ist, wie jedwede im Massenzentrum eines abgeschlossenen dynamischen Systems verankerte Koordinatenzeit, die systemgerechte Zeitskala, mit der die Bewegungen der Körper des Systems den Gesetzen der relativistischen Mechanik entsprechend beschrieben werden können. Sie wäre also die zur Beschreibung von Satellitenbahnen gewissermaßen vorgegebene Zeitskala. Auf der anderen Seite führen Bahnbestimmungen, die auf die Beobachtungen momentaner Satellitenpositionen gestützt sind, auch bei jeder anderen zur *TCG* proportionalen Zeitskala, wie sie z.B. die *TT* darstellt, zu geometrisch richtigen Ergebnissen. Denn die Berechnung von Satellitenephemeriden mit den Integrationsverfahren der Bahnbestimmung - einerlei, ob sie nach den Gesetzten der Newtonschen oder der relativistischen Mechanik erfolgt - ist von der Wahl der Zeiteinheit im Prinzip unabhängig, da diese Berechnung unter Anschluß an »beobachtete« Satellitenpositionen stets eine Neubestimmung des vorgegebenen Zeitmaßstabs und dessen proportionale Einpassung in den vorgegebenen Zeitrahmen impliziert. Im übrigen wäre der Maßstabsunterschied zwischen *TT* und *TCG* (s.o.) von $7 \cdot 10^{-10} \approx 22\,\mathrm{ms/Jahr} = 60\,\mu\mathrm{s/Tag}$ in Anbetracht der zahlreichen Störeinflüsse, die auf Erdsatelliten einwirken und entsprechend modelliert werden müssen, und der aus diesem Grund auf wenige Tage beschränkten Integrationszeiten, in der Praxis ohnehin nicht meßtechnisch erfaßbar.

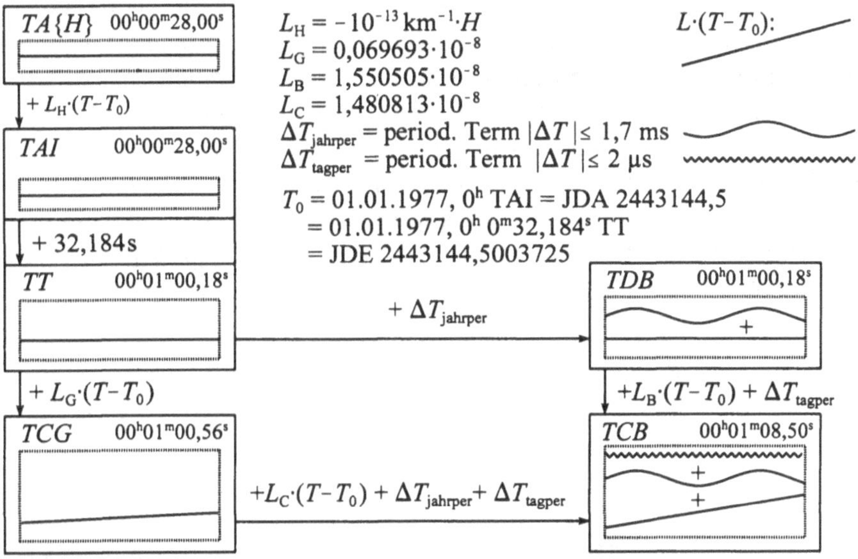

Bild 5.6-1: Beziehung der *Internationalen Atomzeit* (*TAI*) und der *Terrestrischen Zeit* (*TT*) zu den relativistisch begründeten Zeitskalen *Terrestrische Koordinatenzeit* (*TCG*), *Baryzentrisch dynamische Zeit* (*TDB*) und *Baryzentrische Koordinatenzeit* (*TCB*)

Die *TCG* gewinnt ihre Bedeutung daher vor allem, wenn die Satellitenbahnen mit den Bahnen anderer Körper des Sonnensystems in Beziehung gebracht werden müssen, etwa bei interplanetarischen Satellitenmissionen.

Die Tatsache, daß bei Vorgabe einer gleichförmigen Zeitskala auch die Bahnbestimmung der Planeten des Sonnensystems von der Erde aus ohne eine Festlegung auf eine bestimmte Zeiteinheit möglich ist, hat dazu geführt, daß man in den ersten Anläufen zur Berücksichtigung der relativistischen Zeitdilatation noch glaubte, auf die Einführung einer *Baryzentrischen Koordinatenzeit* (*TCB*) verzichten zu können, deren Skala sich von der der *Baryzentrischen dynamischen Zeit* (*TDB*) nach (5.4-18/2) nur um einen konstanten Faktor unterscheidet:

$$\frac{TCB}{TDB} = 1 + L_B = 1{,}00000\,00155\,0519748\,. \qquad (5.6\text{-}3)$$

In der Tat lassen sich die Ephemeriden der Planeten bei Beachtung der periodischen Unterschiede zwischen *TT* und *TDB* - (5.4-18/1) minus (5.4-18/2) -

$$TDB - TT = \Delta T_{\text{jahrper}} + \Delta T_{\text{tagper}}\,, \qquad (5.4\text{-}18/1)$$

auch dann bestimmen, wenn der Maßstabsfaktor zwischen der baryzentrischen und der terrestrischen Zeitskala nicht in Rechnung gestellt wird. (Beispielsweise hat man bis zur Einführung der relativistischen Zeitskalen für alle Bezugssysteme eine einzige Zeitskala geführt, nämlich die Skala der Newtonschen Zeit. Man hat also - nach heutiger Terminologie - die baryzentrische und terrestrische Zeitskala als identisch betrachtet). Auch hier gilt, was oben zur Berechnung von Satelliten-Ephemeriden gesagt wurde, daß nämlich der Anschluß neu berechneter Bahnbögen an »beobachtete« Ephemeriden stets eine Neubestimmung des vorgegebenen Zeitmaßstabs und dessen proportionale Einpassung in den vorgegebenen Zeitrahmen impliziert und eine Zeiteinheit daher nicht zwingend vorgegeben werden muß.

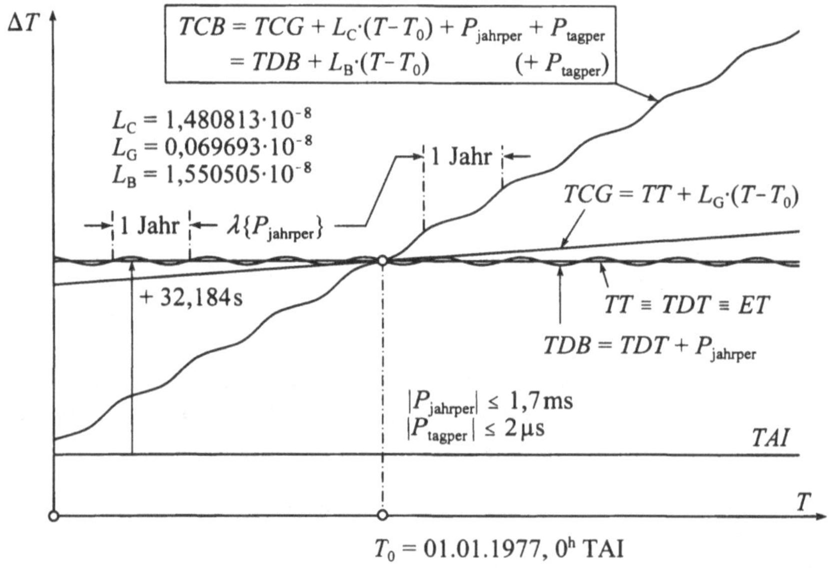

Bild 5.6-2: Beziehung der *Internationalen Atomzeit* (*TAI*) zu den relativistisch begründeten Zeitskalen *Terrestrische Zeit* (*TT*), *Terrestrische Koordinatenzeit* (*TCG*), *Baryzentrisch dynamische Zeit* (*TDB*) und *Baryzentrische Koordinatenzeit* (*TCB*). Die jahresperiodischen Komponenten (maximal 1,7ms) sind überhöht dargestellt, auf eine Darstellung der tagesperiodischen Anteile (maximal 2μs) wurde verzichtet

Obwohl mit der Einführung der *TDB* und der *TT* im Hinblick auf die Bahnbestimmung von Planeten und künstlichen Erdsatelliten den Belangen der allgemeinen und speziellen Relativitätstheorie in wesentlichen Punkten Rechnung getragen wurde, haben sich mit diesen Zeitskalen technische und konzeptionelle Schwierigkeiten ergeben (Guinot/Seidelmann, 1980; Seidelman/Fukushima, 1992). Das Hauptproblem ergab sich aus der Nichtbeachtung (Unterdrückung) der Maßstabsfaktoren L_B, L_C und L_G. Denn diese Unterdrückung zwang dazu, zwischen einer irgendwo im Sonnensystem gemessenen Eigenzeit auf der einen Seite und der *TCB* und der *TCB* auf der anderen empirische Maßstabsfaktoren einzuführen, eine Konsequenz, die vor dem Hintergrund der Konstanz der Lichtgeschwindigkeit und der Tatsache, daß die Astronomische Entfernungseinheit durch die Einheit der Zeit und die Lichtgeschwindigkeit definiert ist, ad hoc jeweils neue Zeit- und Längeneinheiten nach sich zog. Als Ergebnis der Diskussion dieser Probleme wurde die Notwendigkeit gesehen, die verschiedenen Bezugssysteme streng nach den Gesetzen der Relativitätstheorie zu definieren und den theoretischen Maßstabsunterschied von vornherein zu beachten. Auch die Interpretation der Beobachtungsverfahren im Bereich der Licht- und der Mikrowellen mußte vor dem Hintergrund dieser Theorie neu überdacht werden. Mit der Einführung der *Baryzentrischen* (*TCG*) und der *Terrestrischen Koordinatenzeit* (*TCB*) konnten die erkannten Defizite weitgehend ausgeräumt werden. Die *SI-Sekunde* ist nun Einheit der Zeit in allen in Betracht kommenenden Bezugssystemen.

Die Bilder 5.6-1 und 5.6-2 geben einen anschaulichen Überblick über in 5.4.2 erörterten relativistisch begründeten Zeitskalen *TCB*, *TDB*, *TCG*, *TT* (*ET*, *TDT*) bestehen (Seidelmann/Fukushima, 1992). Bezugszeitskala ist die *TAI*. Um die vergleichsweise kleinen periodischen Anteile der *TCB* und der *TDB* relativ zur *TT* (*TAI*) zu deutlicher zu veranschaulichen, wurde auf eine maßstabsgetreue Darstellung verzichtet.

5.7 Koordinierte Weltzeit, Zonenzeiten

5.7.1 Koordinierte Weltzeit

Die Zeitskalen der *Weltzeit* (*UT1*) und der *Internationalen Atomzeit* (*TAI*), die durch zwei unterschiedliche, voneinander unabhängige Taktgeber erzeugt werden, wurden bei der Einführung der *TAI* (auf dem Umweg über die *Ephemeridenzeit*) zwar bestmöglich zueinander in Beziehung gebracht (d.h. es wurde über einen langjährigen Vergleich ein durchschnittliches Verhältnis der Frequenzen festgestellt), wegen der Unregelmäßigkeiten der Erddrehung sind die beiden Zeitskalen aber nicht kongruent. Da beide Skalen ihre eigenständige Bedeutung und Funktion besitzen - die *UT1* als Maßzahl für die momentane Orientierung der Erde und gleichzeitig als eine (durch die Abfolge von Tag und Nacht) dem Lebensrhythmus der Menschen entsprechende Skala, die *TAI* als gleichförmiges Zeitmaß, wie es z.B. zur Lösung der Aufgaben der Himmelsmechanik und der Satellitengeodäsie benötigt wird -, kann auf keine der beiden Skalen verzichtet werden. Auf der anderen Seite versteht es sich aber von selbst, daß es im öffentlichen Leben nur eine einzige »verbindliche« Zeitskala geben kann. In dem Bemühen, mit einer öffentlich verbindlichen (gesetzlichen) Zeit möglichst vielen Ansprüchen gerecht zu werden, hat man 1972 mit der *Koordinierten Weltzeit* (*UTC* = *Universal Time Coordinated*) eine Kompromißzeitskala eingeführt. Diese bezieht ihren (Sekunden-) Takt von der *TAI* und ist daher gleichförmig, sie wird aber immer dann, wenn die *TAI* und die *UT1* mehr als ein festgesetztes Maß auseinanderlaufen, durch Sprünge bei der Zählung der Sekunden wieder an den Takt der *UT1* herangeführt, womit dem Biorhythmus des Menschen Rechnung getragen wird.

Zwischen der *UTC* und der *TAI* wurde durch Vereinbarung die folgende Beziehung hergestellt:

$$UTC = TAI - n \cdot 1\ \text{s}. \tag{5.7-1}$$

n ist eine ganze Zahl, die entsprechend den aktuellen Erfordernissen geändert wird. Die Sprünge in der Zählung werden mit erster Präferenz jeweils am 01.01. $00^h\,00^m\,00^s$ und/oder am 01.07. $00^h\,00^m\,00^s$, mit zweiter am 01.04. $00^h\,00^m\,00^s$ und/oder am 01.10. $00^h\,00^m\,00^s$ vorgenommen. Praktisch werden die Sprünge in der Zählung der *UTC* durch Einfügen sogenannter *Schaltsekunden* bewirkt.

Zuständig für die Schaltung ist der *International Earth Rotation Service (IERS)*, der die Maßnahme mit einem Vorlauf von einigen Monaten ankündigt.

Die Wahl des Schaltzeitpunkts ergibt sich aus einer Analyse und Extrapolation des Trends der laufend beobachteten Differenz

$$\Delta UT1 = UT1 - UTC. \tag{5.7-2}$$

Man versucht, die Schaltvorgänge auf ein Mindestmaß zu beschränken, gleichzeitig aber sicherzustellen, daß

$$|\Delta UT1| = |UT1 - UTC| < 0{,}7\ \text{s}.$$

Die Differenz $\Delta UT1$, die der Kreis der *UT1-Nutzer* benötigt, um aus der *UTC* die *UT1* zu gewinnen, werden vom *International Earth Rotation Service (IERS)* laufend beobachtet und in monatlichen Bulletins (Bulletin B) veröffentlicht.

Die *UTC* hatte bei ihrer Einführung am 01.01.1972, $00^h\,00^m\,00^s$ gegenüber der Atomzeit einen Epochenabstand von $(TAI - UTC)_{01.01.1972} = 10$ s, der genähert der Differenz $(TAI - UT1)_{01.01.1972}$ entsprach. (Aufgrund der seinerzeitigen Differenz $TAI - UT1 = 10{,}04$ s fiel dieser Zeitpunkt mit $UT1 = 31.12.1971,\ 23^h\,59^m\,59{,}96^s$ zusammen). Wegen der Drift der *UT1* (und damit auch der *UTC*) ist der Abstand der *UTC*- von der *TAI*-Zeitskala bis heute (zweite Jahreshälfte 1998) auf 31 s angewachsen (IERS Bulletin 60, 1998).

In den Bildern 5.7-1, 5.7-2 und 5.7-3 sind die Beziehungen von *TAI*, *UTC* und *UT1* in verschiedenen Maßstäben dargestellt. Bild 5.7-2 zeigt darüber hinaus noch den Zusammenhang mit der *TDT*. Mit Bild 5.7-3 sollte vor allem die Zählung der Epochen in den verschiedenen Zeitskalen (einschließlich der Einfügung einer Schaltsekunde in der *UTC*) veranschaulicht werden.

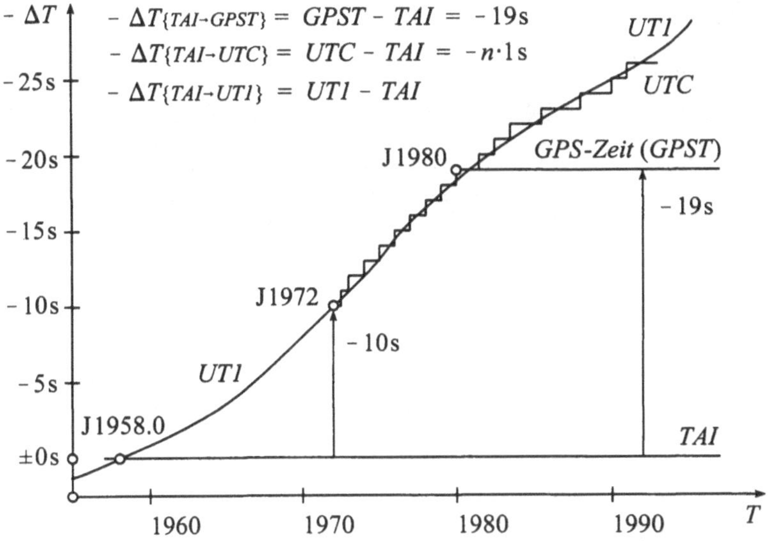

Bild 5.7-1: Zusammenhänge zwischen
TAI, *GPS-Zeit*, *UTC* und *UT1* (Zeitraum 1985 - 1994)

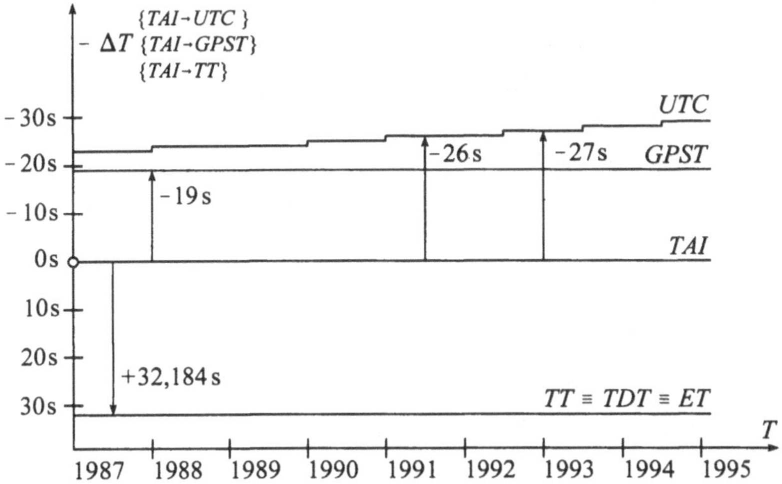

Bild 5.7-2: Zusammenhänge zwischen
TDT, *TAI*, *GPS-Zeit* und *UTC* (Zeitraum 1987 - 1995)

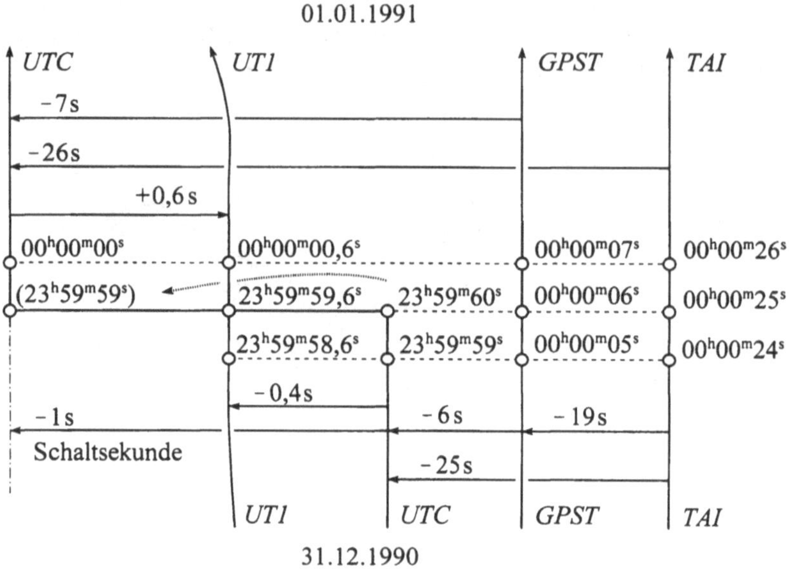

Bild 5.7-3: Zusammenhänge zwischen *TAI*, *GPS-Zeit*, *UTC* und *UT1*, dargestellt am Beispiel einer Sequenz von drei aufeinander folgenden Sekunden um die Jahreswende 1990/1991

Tabelle 5.7-1: Übergänge *UTC* → TAI → *UT1* für einige ausgewählte Zeitsequenzen nach BIH-Bulletins B vom 02.1991, 02.1992 und vom 03.1994 (*UTC*-Schaltsekunde zur Anpassung an *UT1* am 31.12.1990, $23^h59^m60^s$)

UTC	*TAI* - *UTC*	*TAI*	Δ*UT1*	*UT1* := *UTC* +Δ*UT1*
31.12.1990, $23^h59^m59{,}0^s$	+ 25,0 s	• $00^h00^m24{,}0^s$	- 0,38 s	$23^h59^m58{,}62^s$
31.12.1990, $23^h59^m60{,}0^s$	+ 25,0 s	• $00^h00^m25{,}0^s$	- 0,38 s	$23^h59^m59{,}62^s$
01.01.1991, $00^h00^m00{,}0^s$	+ 26,0 s	$00^h00^m26{,}0^s$	+ 0,62 s	$00^h00^m00{,}62^s$
31.12.1991, $23^h59^m59{,}0^s$	+ 26,0 s	• $00^h00^m25{,}0^s$	- 0,13 s	$23^h59^m58{,}87^s$
01.01.1992, $00^h00^m00{,}0^s$	+ 26,0 s	$00^h00^m26{,}0^s$	- 0,13 s	◦ $23^h59^m59{,}87^s$
01.01.1992, $00^h00^m01{,}0^s$	+ 26,0 s	$00^h00^m27{,}0^s$	- 0,13 s	$00^h00^m00{,}87^s$
31.12.1993, $23^h59^m59{,}0^s$	+ 28,0 s	• $00^h00^m27{,}0^s$	+ 0,20 s	$23^h59^m59{,}20^s$
01.01.1994, $00^h00^m00{,}0^s$	+ 28,0 s	$00^h00^m28{,}0^s$	+ 0,20 s	$00^h00^m00{,}20^s$
01.01.1994, $00^h00^m01{,}0^s$	+ 28,0 s	$00^h00^m28{,}0^s$	+ 0,20 s	$00^h00^m01{,}20^s$

• angegebener *UTC*-Kalendertag + 1
◦ angegebener *UTC*-Kalendertag - 1

Die *UTC* ist die Grundlage der *Gesetzlichen Zeit* aller Länder der Erde. Sie wird als Zonenzeit (s.u.) über Zeitzeichensender verbreitet und steht daher überall dort zur Verfügung, wo Zeitzeichen empfangen werden können. Bei hohen Genauigkeitsansprüchen ist dabei die Laufzeit des Signals zu beachten. In Verbindung mit dem Parameter $\Delta UT1$, der von manchen Zeitzeichensendern als prädizierter Näherungswert in kodierter Form übertragen wird oder mit einer Verzögerung von einem Monat dem IERS-Bulletin B entnommen werden kann, eröffnen die *UTC* bzw. die Zonenzeiten überall in der Welt den Zugang zu *UT1*. Dies ist für die Aufgabe der astronomischen Längenbestimmung von fundamentaler Bedeutung.

5.7.2 Zonenzeiten

Die Mittlere Ortszeit (*LMT*, ⇨ 5.3.2) ist eine Zeitangabe, die definitionsgemäß mit dem Meridian λ_i = const. verbunden ist, auf dem der betreffende Ort liegt: $LMT = LMT_i$. Die zur gleichen Epoche geltende Mittlere Ortszeit eines anderen Meridians λ_k = const. unterscheidet sich von LMT_i um

$$\Delta LMT_{i \to k} = LMT_k - LMT_i = \lambda_k - \lambda_i . \qquad (5.7\text{-}3)$$

Dem vor allem durch den Bau von Eisenbahnen im 19. Jahrhundert gewachsenen Bedürfnis, in einem Staatsgebiet nur eine einzige Zeitskala zu verwenden, begegnete man mit der Einführung einer *Gesetzlichen Zeit*, die mit der Mittleren Ortszeit eines ausgewählten Meridians λ_0 (z.B. des Meridians der Hauptstadt des Landes) gleichsetzt wurde: *Gesetzliche Zeit* = LMT_0. Die so definierte Zeitskalen wurden nach Verkehrszentren oder Hauptstädten benannt (Beispiele: Petersburger, Prager, Pester, Pariser, Karlsruher Zeit). Mit derartigen Verfügungen erreichte man regionale Einheitlichkeit der Zeitsysteme.

Da zunächst jedes Land einen anderen *Zentralmeridian* festlegte (nämlich jeweils den eigenen), traten an den Landesgrenzen »Zeitsprünge« auf, die vom Längenunterschied der benachbarten Zentralmeridiane abhingen und, da die Zentralmeridiane willkürlich festgesetzt wurden, beliebige Werte annehmen konnten.

Die so festgelegte Gesetzliche Zeit eines Landes korrespondiert nur in der Nähe des Zentralmeridians mit dem gewohnten Wechsel von Tag und Nacht (d.h. mit »Mitternacht« in der Mitte der Nacht und »Mittag« in der Mitte des Tages). Je weiter man sich von diesem Meridian entfernt, umso mehr weicht die Gesetzliche Zeit von der betreffenden Ortszeit ab, die allein den Wechsel der Tageszeiten widerspiegelt. Die Abweichung ist gleich dem Längenunterschied und kann bei Ländern mit großer Ost-West-Ausdehnung mehrere Stunden betragen ($15° = 1$ h).

Um die Unterschiede zwischen der Gesetzlichen Zeit und den Ortszeiten in allen Ländern der Erde auf ein den Gewohnheiten des täglichen Lebens entsprechendes Maß zu beschränken, und darüber hinaus die Zeitsysteme weltweit zu vereinheitlichen, wurde 1883 und 1884 auf internationalen Kongressen zur Schaffung einer globalen Einheitszeit vorgeschlagen, die Erde in *Zeitzonen* einzuteilen, in denen jeweils einheitliche, von der Ortszeit in tolerierbarem Umfang abweichende *Zonenzeiten* (*ZZ*) gelten sollten. Die Zonenbreite (= Längenunterschied einer einzelnen Zone) wurde auf $\Delta\lambda_{ZZ} = 15°$ festgesetzt, wodurch die Erde in 24 Zeitzonen gegliedert wurde, deren Zonenzeiten sich untereinander um eine ganze Anzahl von Stunden unterscheiden. Als Nullmeridian der Zonenzählung wurde der Meridian von Greenwich empfohlen (Ginzel III, 1914, 337).

Die Umsetzung dieser Empfehlung durch die einzelnen Staaten erfolgte unterschiedlich schnell. Die ersten, die sich dem neuen System anschlossen, waren 1883 und 1884 die amerikanischen Eisenbahngesellschaften (Bartky, 1985. Deutschland folgte 1893. Aber noch 1913 (Ginzel III, 1914, 339-342) haben etliche Staaten, darunter auch einige europäische, den Schritt zur (globalen) Zonenzeit nicht vollzogen, mit der Folge, daß der Unterschied zur Greenwich-Zeit in diesen Fällen noch beliebig vom Vielfachen ganzer Stunden abwich (z.B. Griechenland: $+ 1^h 34^m 53^s$, in Rußland: $+ 2^h 01^m 19^s$). Mittlererweile haben sich alle Staaten der Erde in das globale Zeitsystem eingefügt.

Auf der Grundlage der heute als Referenz für eine globale Zeitzählung geltenden Koordinierten Weltzeit (*UTC*) läßt sich die Einteilung der Erde in **Zeitzonen** wie folgt beschreiben:

Die *UTC*-Zone ist im Greenwich-Meridian $\lambda_{H\pm0} = 0°$ zentriert und wird durch die Meridiane $\lambda_{H\pm0/W} = -7{,}5°$ und $\lambda_{H\pm0/O} = +7{,}5°$ begrenzt. Die gesetzliche Zeit in dieser *Zeitzone »0«* wird *Westeuropäische Zeit* (*WEZ*) genannt;

$$WEZ \equiv UTC \equiv Z\text{-}Zeit\ (ZULU\ Time).^{31)} \qquad (5.7\text{-}4)$$

Die östlich anschließende *Zeitzone »1«*, die *Zone der Mitteleuropäischen Zeit* (*MEZ*) , hat ihren Hauptmeridian in $\lambda_{H+1} = 15°$, ihre Grenzen werden durch die Meridiane $\lambda_{H+1/W} = 7{,}5°$ und $\lambda_{H+1/O} = 22{,}5°$ gebildet. Die *MEZ* unterscheidet sich von der *UTC* (*WEZ*) um eine Stunde:

$$MEZ \equiv ZZ_{+1} \equiv A\text{-}Zeit \equiv UTC + 1\,\text{h} \equiv WEZ + 1\,\text{h}\,. \qquad (5.7\text{-}5)$$

Die *MEZ* ist in Deutschland 1893 als *Gesetzliche Zeit* eingeführt worden.

Die auf den Hauptmeridian $\lambda_{H+2} = 30°$ bezogene *Zone der Osteuropäischen Zeit* (*OEZ*) reicht von $\lambda_{H+2/W} = 22{,}5°$ bis $\lambda_{H+2/O} = 37{,}5°$. Für diese *Zeitzone »2«* gilt:

---

31) Im Bereich der *North Atlantic Treaty Organization* (*NATO*) werden die Zeitzonen mit den Buchstaben des Alphabets von A (Alpha) bis Z (Zulu) bezeichnet, wobei der Buchstabe I entfällt. Von der Zone Z (≡ *UTC*-Zone) ausgehend, beginnt die Zählung der Zonen nach Osten hin mit dem Buchstaben A, nach Westen hin mit dem Buchstaben N. Die Zone, in der die Datumsgrenze liegt ($ZZ_{\pm12}$), führt in ihrem westlichen Teil (ZZ_{+12}) die Bezeichnung »M«, in ihrem östlichen Teil (ZZ_{-12}) die Bezeichnung »Y«.

$$OEZ \equiv ZZ_{+2} \equiv B\text{-}Zeit \equiv UTC + 2\,\mathrm{h} \equiv WEZ + 2\,\mathrm{h} \equiv MEZ + 1\,\mathrm{h}\,. \qquad (5.7\text{-}6)$$

Für die an die *UTC*-Zone nach Westen hin anschließenden Zonen kehrt sich das Vorzeichen der Zeitzuschläge entsprechend um. Beispielsweise gilt für die in Peru ($\lambda_{H\text{-}5} = -75°$) maßgebliche Zonenzeit ($ZZ_{Peru} = ZZ_{-5} =$ *Zeitzone* »-5«):

$$ZZ_{Peru} \equiv ZZ_{-5} \equiv Q\text{-}Zeit \equiv UTC - 5\,\mathrm{h} \equiv MEZ - 6\,\mathrm{h}. \qquad (5.7\text{-}7)$$

Wie man sieht, läßt sich eine *beliebige Zonenzeit* (ZZ_i) bei Vorgabe des für die Zeitzone maßgeblichen Hauptmeridians nach folgender Regel bestimmen:

$$ZZ_{\pm i} = UTC + \lambda_{H\pm i} \cdot (\mathrm{h}/15°). \qquad (5.7\text{-}8)$$

Wenn sich anhand der angegebenen Formeln Ergebnisse $> 24^h$ oder $< 0^h$ ergeben, müssen Zeitangaben mit dem Datum des nächsten bzw. des vorausgegangenen Tages versehen werden.

Bei der dem Hauptmeridian $\lambda_{H\pm 12} = \pm\,180°$ zugeordneten Zone ergibt sich die Besonderheit, daß man mit

$$ZZ_{\pm 12} = UTC \pm 12\,\mathrm{h} \qquad (5.7\text{-}9)$$

unabhängig vom Vorzeichen die gleiche Uhrzeit erhält, je nach dem angesetzten Vorzeichen aber verschiedene Tageszahlen, z.B. für

»Sonntag«, $UTC = 10^h \rightarrow$ »Sonntag«, $ZZ_{+12} = 22^h$ bzw. »Samstag«, $ZZ_{-12} = 22^h$.

Um die Zweideutigkeit der Datierung auszuschließen, wurde entlang dem ±180°-Meridian ($\lambda_{H\pm 12}$) eine *Datumsgrenze* eingeführt, durch die die $ZZ_{\pm 12}$-Zone in zwei Hälften geteilt wird. Durch diese Verfügung ist - bei gleicher Uhrzeit - das Datum in der westliche Hälfte immer einen Tag weiter (z.B. »Sonntag«) als in der östlichen Hälfte (»Samstag«).

Praktische Gründe gebieten *Ausnahmen* von den dargestellten Regeln.

- Eine geradezu zur Regel gemachte Ausnahme betrifft die Abgrenzung der Zeitzonen: Sie erfolgt nur selten entlang der oben definierten Grenzmeridiane. Um innerhalb eines staatlichen Hoheitsgebiets möglichst nur eine Zeitzone zu haben, werden die Zonengrenzen nämlich fast immer an die Landesgrenzen verschoben. Auch die Datumsgrenze folgt - aus den gleichen Gründen - nicht durchgängig dem ±180°-Meridian.

- Manche Länder fügen sich nicht in das oben beschriebene Raster der 24 Zeitzonen. So gilt etwa für die Zonenzeiten im Iran $ZZ_{Iran} = UTC + 3\,\mathrm{h}\ 30\,\mathrm{min}$, in Afghanistan $ZZ_{Afgh.} = UTC + 4\,\mathrm{h}\ 30\,\mathrm{min}$, in Indien $ZZ_{Indien} = UTC + 5\,\mathrm{h}\ 30\,\mathrm{min}$ und in Nepal $ZZ_{Nepal} = UTC + 5\,\mathrm{h}\ 45\,\mathrm{min}$. Auch Südaustralien und das australische Nordterritorium fallen mit $ZZ_{Südaustralien} = UTC + 9\,\mathrm{h}\ 30\,\mathrm{min}$ aus dem Rahmen.

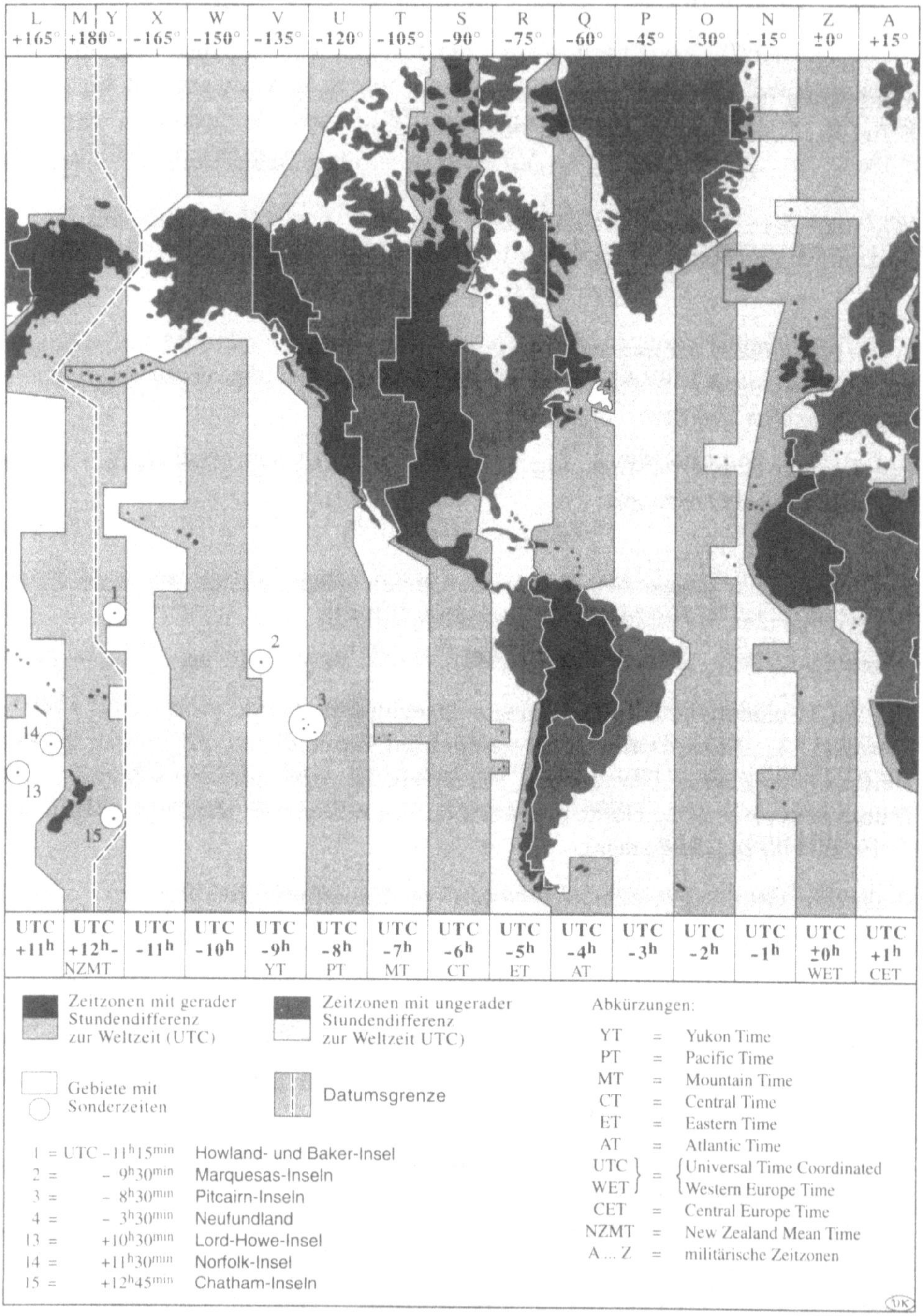

Bild 5.7-4/1: Zeitzonen der Erde - Westliche Hemisphäre; Stand Mitte 1998 (kartographische Bearbeitung: Uwe G. F. Kleim)

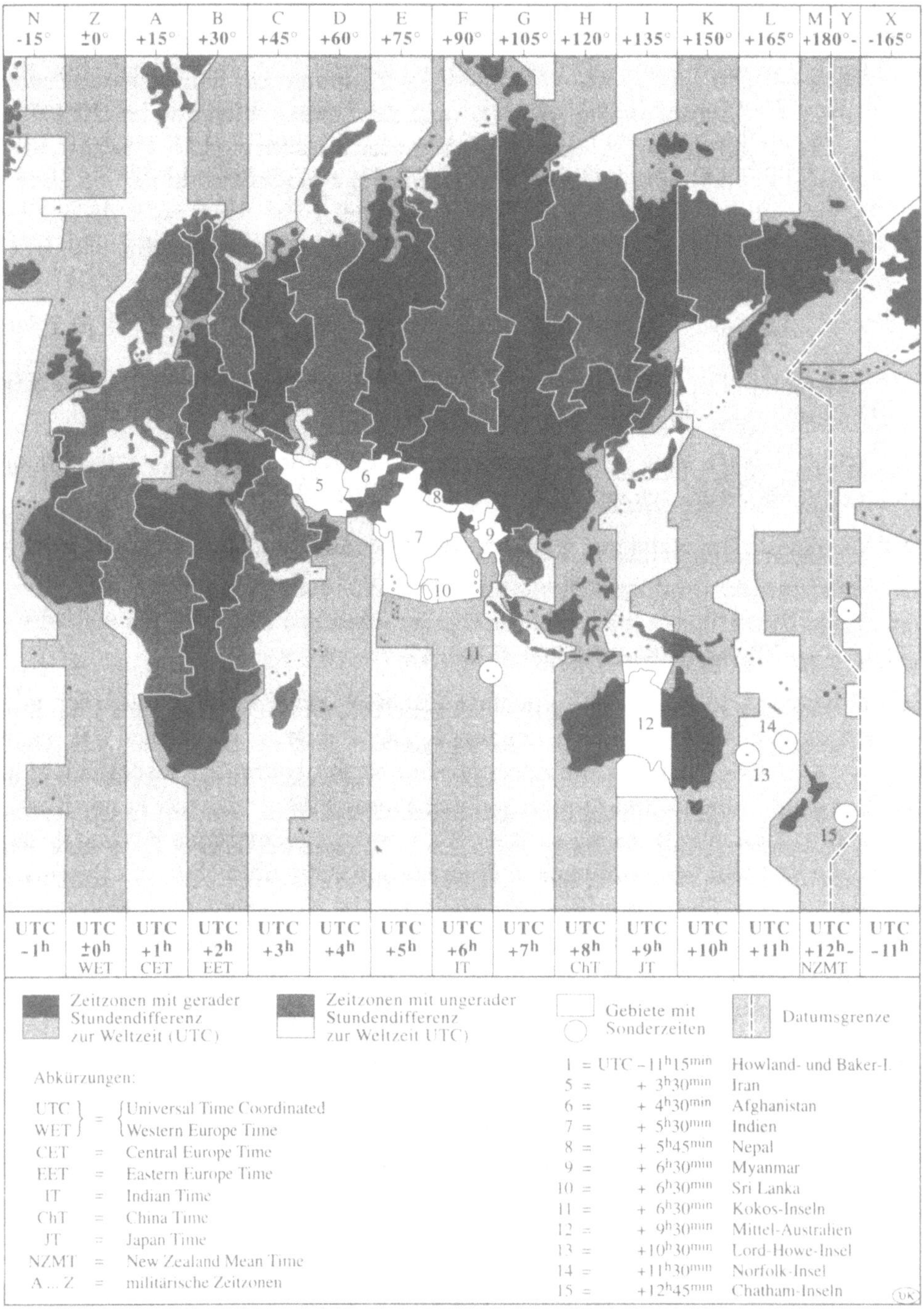

Bild 5.7-4/2: Zeitzonen der Erde - Östliche Hemisphäre; Stand Mitte 1998
(kartographische Bearbeitung: Uwe G. F. Kleim)

- Um in den Ländern der gemäßigten Breiten, in denen im Sommer die Sonne wesentlich länger als 12 h über dem Horizont steht (z.B. ist in einer Geographischen Breite von $\varphi = 48°$ (München) im Zeitpunkt der Sommersonnwende (21.06.) der Sonnenaufgang um $4^h 00^m$ und der Sonnenuntergang um $20^h 03^m$), das Tageslicht besser zu nutzen, wird in vielen Ländern (EU, USA etc.) im »Sommerhalbjahr« als Zonenzeit eine *Sommerzeit* eingeführt, in der die Uhren um eine Stunde vorgestellt werden. Im Bereich der *MEZ* wird diese Zeit *Mitteleuropäische Sommerzeit* (*MESZ*) genannt. Zur *OEZ*, *MEZ* und *UTC* bestehen die Beziehungen:

$$MESZ = UTC + 2\,\text{h} = MEZ + 1\,\text{h} = OEZ. \tag{5.7-10}$$

  Eine Sommerzeit (Daylight Saving Time) ist erstmals im Ersten Weltkrieg in Großbritannien eingeführt worden (Smith, 1985).

Die Bilder 5.7-4/1 und 5.7-4/2 geben einen Überblick über die tatsächliche Gliederung der *Zeitzonen der Erde* mit Stand Mitte 1998.

Zeitzonenkarten findet man in Weltatlanten und Jahrbüchern, etwa in dem alljährlich erscheinenden Fischer Weltalmanach (Baretta, z.B. 1998), sowie als nutzerorientierte Einzelstücke, die von militärgeographischen Dienststellen und kartographischen Verlagen herausgegeben werden (⇨ 10.2.6).

Bei der Nutzung dieser Karten sollte man beachten, daß Staaten gelegentlich ihre Zuordnung zum internationalen Zeitzonensystem ändern: So wurden z.B. nach dem Zerfall der Sowjetunion die Zeitzonen der Nachfolgestaaten, insbesondere in der Russischen Föderation grundlegend geändert: Früher war das in der Russischen Föderation gelegene Gebiet zwischen ≈ 30° ö.L. (Ostgrenze Finnlands, der baltischen Staaten, Weißrußlands und der Ukraine) bis über 180° ö.L. hinaus – nach den Regeln Platz für 10 Zeitzonen – bis vor wenigen Jahren lediglich in sieben Zonen eingeteilt, so daß an mehreren Zonengrenzen Zeitsprünge von zwei Stunden auftraten. Nunmehr hat sich die Föderation in das internationale System eingefügt und auch auf ihrem Territorium das Einstunden-Raster angelegt.

Eine meist zuverlässige Quelle der gültigen Zeitzonen stellen die Flugpläne der internationalen Fluggesellschaften dar, die neben den Abflug- und Ankunftszeiten ihrer Linienflüge in der jeweiligen Zonenzeit (dort meist ungenau als »Ortszeit« bezeichnet) auch den Zeitunterschied zu *UTC* oder zur Zonenzeit des Heimatlandes angeben.

5.8 Länge des Jahres, Kalender, Zeitrechnung

5.8.1 Länge des Jahres und Jahresbeginn

Das bürgerliche Leben, die Geschichtsschreibung und viele andere Bereiche des menschlichen Wirkens machen es erforderlich, die Abfolge der einzelnen Tage, also den durch die Erddrehung gegebenen Zeittakt, in einen weitergespannten Rahmen mit geringerer Taktfrequenz einzubinden. Als natürliche Zeitrahmen bieten sich dabei die deutlich längeren Perioden an, die durch den Umlauf des Mondes um die Erde und der Erde um die Sonne erzeugt werden. Im ersten Fall bilden die *Mondphasen* »Zeitzeichen«, die Zeitabschnitte von etwa einem *Monat* Dauer begrenzen. Im zweiten Fall markieren typische Konstellationen der Sonne, z.B. die *Solstitien* (= Sonnwenden) oder die *Äquinoktien* (= Tag- und Nachtgleichen) das *Tropische Jahr* und die *Jahreszeiten*.

Im Verlauf der abendländischen Geschichte hat sich die zwar weniger auffällige, für das menschliche Leben langfristig aber einflußreichere Zeiteinheit »Jahr« gegenüber dem Zeitzähler »Monat« als die gewichtigere durchgesetzt.

Alle vorgenannten natürlichen Perioden sind voneinander unabhängig und überdies nicht konstant. Es darf daher nicht erwartet werden, daß diese zueinander in einem rationalen Verhältnis stehen, das es erlauben würde, das Jahr in eine ganzzahlige Anzahl von Monaten und Tagen einzuteilen. Wir erkennen dies z.B. anhand der folgenden für das *Jahr 1994* geltenden Mittelwerte (unter Beachtung von der im *1994 IERS Annual Report* niedergelegten Verhältniszahlen

1 Tag (d = »Weltzeittag«) = 86400,00231 s = 1,000000027 d_{TT}):

1 Synodischer Monat (Syn.Mon.; Zeitspanne von Neumond zu Neumond)
= 29,530589 d_{TT} = 29,530588 d (*The Astronomical Almanac 1995, D2*)

1 Tropisches Jahr (a_{Trop}) = 12,368266 Syn.Mon. = 365,242190 d_{TT}
= 365,242180 d (*The Astronomical Almanac 1995, C1*).[32)]

Die von Null verschiedenen Nachkomma-Zahlen zeigen, daß weder der Synodische Monat noch das Tropische Jahr ganzzahlige Vielfache der Tageslänge sind.

---

32) Mit den angegebenen Beziehungen zwischen Jahres- und Tageslänge läßt sich auch die in (5.3-22) eingeführte Verhältniszahl K = Zeiteinheit der Weltzeit / Zeiteinheit der Mittleren Sternzeit = 1 d / 1 d* = 1 h / 1 h* = 1 min / 1 min* = 1 s / 1 s* bestätigen, wenn man beachtet, daß die Anzahl der im *Tropischen Jahr* enthaltenen *Weltzeittage* n = 365,242180 (s.o.) um exakt eins kleiner ist als die Anzahl der *Mittleren Sternzeittage* n+1: K = (n+1) / n = (365,242180 + 1) / 365,242180 = 1,002737909. Denn die Erde dreht sich im Laufe eines *Tropischen Jahres* - das ist der Zeitraum, in dem die Erde einmal die Sonne umkreist (in dem gemäß Bild 5.3-10 die Erde ihre Bahn von »Pos. 1« bis »Pos. 1« durchläuft) - in Bezug auf die Mittlere Sonne n mal um ihre Achse, gegenüber dem Mittleren Frühlingsäquinoktium einmal mehr, also n + 1 mal.

Beide Zeiteinheiten sind daher als übergeordnete Zählgrößen bei der Zählung der Tage nur eingeschränkt geeignet.

Für die Kalenderrechnung (⇨ 5.8.2) ist es hilfreich, die vorerwähnten Verhältniszahlen Syn.Mon./d, a_{Trop}/Syn.Mon. und a_{Trop}/d durch Kettenbrüche auszudrükken (Strubecker, 1956, 77, 81). Einem Kettenbruch kann man sehr einfach eine Folge von echten oder unechten Brüchen entnehmen, die die vorgegebene Dezimalzahl mit beliebiger Genauigkeit annähert. Ausgehend von den o.a. Verhältniszahlen erhält man auf diesem Weg die in (5.8-1) bzw. die in Tabelle 5.8-1 niedergelegten Näherungswerte.

$$1\ \text{Syn.Mon.} = 29{,}530589\ \text{d} = 29\ \text{d} + \cfrac{1\ \text{d}}{1 + \cfrac{1}{1 + \cfrac{1}{7 + \cfrac{1}{1 + \cfrac{1}{2 + \dots}}}}}\ ; \qquad (5.8\text{-}1/1)$$

$$1\ a_{Trop} = 365{,}242180\ \text{d} = 365\ \text{d} + \cfrac{1\ \text{d}}{4 + \cfrac{1}{7 + \cfrac{1}{1 + \cfrac{1}{2 + \cfrac{1}{1 + \dots}}}}}\ . \qquad (5.8\text{-}1/2)$$

$$1\ a_{Trop} = 12{,}368266\ \text{Syn.Mon.} = 12\ \text{Syn.Mon.} + \cfrac{1\ \text{Syn.Mon.}}{2 + \cfrac{1}{1 + \cfrac{1}{2 + \cfrac{1}{1 + \cfrac{1}{1 + \dots}}}}}\ ; \qquad (5.8\text{-}1/3)$$

Große praktische Bedeutung haben dabei die durch Asterisken hervorgehobenen Zahlen bei der Definition von Kalenderregeln gewonnen, durch die die »gebrochenen« Monate und Tage durch eine geeignete Kombination einer ganzen Anzahl von Monaten und Tagen substituiert werden können:

Tabelle 5.8-1: Näherungswerte für die Verhältniszahlen
Tropisches Jahr / Synodischer Monat / Weltzeittag

	Syn.Mon.	d
a_{Trop}	$12 \rightarrow 12^1/_3 \rightarrow 12^4/_{11} \rightarrow 12^7/_{19}$ *) $\rightarrow$ (12,368266)	$365 \rightarrow 365^1/_4$ **) $\rightarrow 365^8/_{33} \approx 365^{97}/_{400}$ ***) $\rightarrow$ (365,242180)
Syn.Mon.		$29 \rightarrow 29^1/_2 \rightarrow 29^9/_{17} \rightarrow$ (29,530589)

Aus der Tabelle kann man Schaltregeln für die folgenden, in 5.8.2 noch eingehend erörterten Kalender entnehmen:

Julianischer Kalender

4 a · 365 $^1/_4$ d/a **) := 3 a · 365 d/a + 1 a · 366 d/a:
die durchschnittliche Länge des Julianischen Jahres von $365^1/_4$ Tagen wird durch einen Zyklus von 3 Jahren mit 365 Tagen und 1 Jahr mit 366 Tagen bewirkt.

Gregorianischer Kalender

400 a · 365 $^{97}/_{400}$ d/a ***) := (3 a · 365 d/a + 1 a · 366 d/a) · 100 − 3 d:
die durchschnittliche Länge des Gregorianischen Jahres von $365^{97}/_{400}$ Tagen wird durch im wesentlichen wie im Julianischen Kalender erreicht; Ausnahme: die Julianische Schaltung unterbleibt drei mal in 400 Jahren.

Jüdischer Kalender

19 a · 12 $^7/_{19}$ Syn.Mon./a *) : = 12 a · (19−7) Syn.Mon./a + 7 a · 13 Syn.Mon./a:
die durchschnittliche Länge eines Jahres von 12 $^7/_{19}$ Syn.Mon. wird in einem Zyklus von 19 Jahren erreicht. In diesem Zeitraum werden 12 Jahre mit 12 Synodischen Monaten und 7 Jahre mit 13 Synodischen Monaten untergebracht. Da der Synodische Monat = 29,530589 Tage ebensowenig wie das Jahr aus einer ganzen Anzahl von Tagen besteht, müssen bei der Monatszählung Monate mit 29 Tagen und Monate mit 30 Tagen in geeigneter Weise miteinander kombiniert werden.

5.8.2 Kalender, Zeitrechnung

Unter einem Kalender versteht man ein vereinbartes Regelwerk, nach dem die Folge der Tage in übergeordneten zeitlichen Einheiten zusammengefaßt und gezählt wird. Vereinbarungsgemäß ist die kleinste Einheit der Kalenderzählung der Tag. Welche übergeordneten Einheiten zur Gliederung der Tage herangezogen wurden, bestimmten die Zivilisationen, die Kalender hervorbrachten, nach sehr unterschiedlichen Regeln. Allen gemeinsam ist dabei freilich die Bezugnahme auf periodische Ereignisse im scheinbaren Lauf von Mond und/oder Sonne, wodurch drei Typen von Kalendern Bedeutung erlangten: der Mondkalender, der Mond/ Sonnen-(Lunisolar-) Kalender und der Sonnen-(Solar-) Kalender.

Mondkalender

Der zeitliche Rahmen, in dem im Mondkalender die Tage gezählt werden, ist der Synodische Monat. Diese Zeitspanne reicht von einem Neumond zum nächsten und dauert (⇨ Tabelle 5.8-1) näherungsweise 29½ Tage. Der Mittelwert von 29½ Tagen wird durch den Wechsel von einem Kalendermonat mit 29 und einem mit 30 Tagen erreicht. 12 solcher Monate bilden ein *Mondjahr* von i.d.R. $29\frac{1}{2} \cdot 12$ d $= (29 + 30) \cdot 6$ d $= 354$ d . Da das Mondjahr um $(365{,}2422 - 354)$ d $= 11{,}2422$ d vom Tropischen Jahr abweicht, wandert der Jahresanfang - bezogen auf die Jahreszeiten - jährlich um 11-12 Tage nach vorne, im Laufe von $365{,}2422$ d/ $11{,}2422$ d $a^{-1} = 32\frac{1}{2}$ a also einmal durch alle Jahreszeiten.

Nach dem Mondkalender richteten sich die alten Hirtenvölker des Orients. Als liturgischer Kalender des Islam wird er (mit Modifikationen im bürgerlichen Leben) auch heute noch in allen islamischen Staaten und Gemeinden beachtet. (Doggett, 1992, 589-591).

Mond/Sonnen-Kalender (Lunisolarkalender)

Diesem Kalender liegt die gleiche Gliederung der Monate wie dem Mondkalender zugrunde, es wechseln einander also 29- und 30-Tage-Monate ab, so daß die durchschnittliche Monatslänge 29½ Tage (genauer: $29\,^{9}/_{17}$ d) beträgt. Um die Wanderung des Jahresanfangs durch die Jahreszeiten zu vermeiden, werden entsprechend der Jahreslänge von $12\,^{7}/_{19}$ Synodischen Monaten (⇨ Tabelle 5.8-1) in einem Zyklus von 19 Jahren (Meton-Zyklus) 12 Jahre mit 12 Monaten (zu 29 oder 30 Tagen) 7 Jahre mit 13 Monaten (zu 29 oder 30 Tagen) aneinandergereiht. Ein *Lunisolarjahr* dauert also in der Regel 354 oder 384 Tage.

Der Mond/Sonnen-Kalender war im antiken Griechenland in Gebrauch. Das Judentum, das ihn bereits während der babylonischen Gefangenschaft (1. Hälfte des 6. Jh.v.Chr.) beachtete, hat ihn bis in die Gegenwart überliefert, wo er - heute nach festgeschriebenen Regeln (Seidelmann, 1992, 584-589) - als offizieller Kalender des Staates Israel und als liturgischer Kalender dient (Doggett, 1992, 584-589).

Sonnenkalender

Mit dem *Sonnenkalender* wird versucht, die durchschnittliche Länge eines Kalenderjahres nach der Länge des Tropischen Jahres

$$a_{Trop} = 365\,^{1}/_{4}\text{ d} \rightarrow 365\,^{8}/_{33}\text{ d} \approx 365\,^{97}/_{400}\text{ d} \rightarrow 365{,}24218\text{d} \approx 365{,}2422\text{d}$$

zu bemessen. Durch dieses Vorgehen wird erreicht, daß die Jahreszeiten im Jahreszyklus einen festen Platz einnehmen. Die Schaltregel, nach der die gewünschte Übereinstimmung erreicht wird, richtet sich nach dem der Jahreslänge a_{Trop} zugrunde gelegten Näherungswert.

Die Unterteilung des Kalenderjahres in 12 Monate hat im Sonnenkalender keine Beziehung zu den Mondphasen.

Julianischer Kalender

Den aus dem Römischen Reich in das christliche Abendland übernommenen Kalender hat unter Beratung durch den griechischen Astronomen Sosigenes von Alexandria (1. Jh.v.Chr.) Gaius Julius Caesar (100-44 v.Chr.) am 01.01.45 v.Chr. angeordnet. Die wesentliche Neuerung des nach Caesar so genannten *Julianischen Kalenders* gegenüber der altrömischen Zählung der Jahre war die Schaltregel, daß auf drei *Gemeinjahre* zu 365 Tagen ein *Schaltjahr* mit 366 Tagen zu folgen hat. Die Regel ermöglichte die bestmögliche Anpassung des Kalenders an die von Sosigenes mit 365¼ Tagen angenommene Länge des Tropischen Jahres: $(3 \cdot 365\ d + 1 \cdot 366\ d) / 4 = 365\frac{1}{4}\ d$.[33]. Die im Julianischen Kalender als Mittelwert der Jahreslänge bestimmte Zeitspanne von 365,25 Tagen, die heute noch bei der astronomischen Zeitzählung eine Rolle spielt, bezeichnet man als *Julianisches Jahr*. 100 Julianische Jahre (= 36523 Tage) werden als *Julianisches Jahrhundert* bezeichnet.

Zur chronologischen Zählung der Jahre wurde zunächst der alte Brauch übernommen, die Namen der in dem betreffenden Jahr regierenden Konsuln anzugeben, die dann in eigenen Verzeichnissen, den bis in das 6. Jahrhundert n.Chr. fortgeführten »Fasti Consulares« erfaßt wurden. Später zählte man die Jahre in bestimmten Ären z.B. der *Caesarischen Ära* (ab 49 v.Chr.) oder der *Diokletianischen Ära* (ab 284 n.Chr.). Ab dem 1. Jahrhundert n. Chr. setzte sich parallel dazu die Zählung »seit Gründung Roms durch Romulus und Remus« (753 v.Chr.) durch, bei der die Jahreszahlen den Zusatz »a.u.c.« (ab urbe condita) erhielten (Wendorff, 1993, 71/72).

Unter den zahlreichen für Zwecke der Chronologie oft nebeneinander verwendeten Ären erwies sich die Jahreszählung nach der Ära des Kaisers Diokletian (243-313; Kaiser 284-305), der durch eine tiefgreifende Reichsreform das öffentliche Leben nachhaltig beeinflußt hat, als besonders beständig. Und obwohl Diokletian eine der grausamsten Christenverfolgungen betrieben hat, zählte man (zumindest bei bestimmten Vorgängen, etwa zur Festlegung des Osterdatums) noch bis in das 6. Jahrhundert - das Christentum war unter Kaiser Theodosius bereits im Jahre

[33] Den zum Zeitpunkt der Kalenderreform bereits bekannten genaueren Wert Hipparchs: $a_{Trop} = 365\frac{1}{4} - \frac{1}{300}$ (Newton, 1977, 86; Swertlow, 1979/1980) hat Sosigenes sicher gekannt, ihn aber vermutlich mit Blick auf eine möglichst einfache Schaltregel zugunsten des älteren Näherungswertes 365¼ hintangestellt.

381 römische Staatsreligion geworden - die Jahre nach der Diokletianischen Ära (»anni Diocletiani«).

Die moderne Zeitrechnung, die in fast allen Kulturen Eingang gefunden hat, nimmt, wenn auch nicht immer expressis verbis, auf die Geburt von Jesus Christus Bezug. Ihr Begründer war der skythische Mönch und Abt in Rom Dionysius Exiguus (ca. 470 - ca. 550). Dionysius errechnete durch Vergleich der Texte des Neuen Testaments mit historischen Schriften das Geburtsjahr Jesu Christi und bestimmte dieses Jahr zur Epoche der *Christlichen Ära*. Die Bezugnahme auf die Epoche erfolgt durch die Zusätze zur Jahreszahl »n.Chr.« oder »v.Chr.« (nach bzw. vor Christi Geburt). Die dionysische Zeitrechnung drängte die anderen Ären nur ganz allmählich zurück. Vielfach zählte man weiterhin nach Regierungsjahren: so die Langobarden und Franken nach den Jahren ihrer Könige, die Päpste (seit 781) nach den Pontifikationsjahren. Die allgemeine Verbreitung der Christlichen Ära ist nicht vor dem 12. Jahrhundert erreicht. (Maier, 1991, 35).

Gregorianischer Kalender

Wie bereits erwähnt, beträgt der der Julianischen Schaltregel zugrundegelegte Wert für die Länge des Tropischen Jahres 365¼ d. Da der genaue Wert für diese Zeitspanne a_{Trop} = 365,24218 d davon um 0,00782 d/a abweicht, mußte die Differenz zu einem Auseinanderdriften des Tropischen Jahres und des Kalenderjahres und damit früher oder später zu unerwünschten Widersprüchen führen. Die geringe Abweichung von 0,00782 d/a akkumulierte von 325 n.Chr., dem Jahr des Konzils von Nicaea, bis 1582 (= 1257 Jahre) zu einer Differenz von (0,00782·1257 Jahre ≈) 10 Tagen, die ein aus der Sicht der Kirche nicht mehr vertretbares Vorrücken des Osterfestes im Kalender zur Folge hatte. (Nach dem Konzil von Nicaea 325 n.Chr. war das Osterfest am Sonntag nach dem ersten Frühlingsvollmond zu feiern; mit dem Vorrücken des Frühlingsanfangs rückte schrittweise auch der Ostertermin nach vorne.) 1582 zog Papst Gregor XIII mit der päpstlichen Bulle »Inter Gravissimus« einen Schlußstrich unter eine schon mehrere Jahrhunderte lang geführte Diskussion und setzte mit Wirkung vom 15. Oktober 1582 den später nach ihm benannten *Gregorianischen Kalender* in Kraft, der die aufgelaufenen Differenz beseitigte und durch Neuregelung der Schaltregel für lange Zeit einen exakten Kalender garantierte. Der Jahresbeginn wurde um 10 Tage zurückversetzt, was durch Überspringen der Tage vom 5. bis zum 14. Oktober 1582 bewirkt wurde: auf (Donnerstag) den 4. folgte unmittelbar (Freitag) der 15. Oktober 1582. Die von Christophorus Clavius (= Christoph Schlüssel) vorgeschlagene neue (Gregorianische) Schaltregel stimmt bis auf eine kleine Ausnahme mit der Julianischen überein. Die Ausnahme: Von den Säkularjahren (1600, 1700, etc.), die nach der alten Regel Schaltjahre waren, sollten fortan nur noch die durch 400 teilbaren Schaltjahre sein. Der Schalttag mußte also - in

Unterbrechung des Julianischen Vier-Jahres-Zyklus - in den Jahren 1700, 1800, 1900, 2100 etc. auszufallen. Das Jahr 2000 ist demnach das erste »Jahrhundertjahr« seit dem Jahr 1600 mit nur 365 Tagen.

Als durchschnittliche Jahreslänge ergibt sich nach dem Gregorianischen Kalender mit $((3 \cdot 365 + 366) \cdot 100 - 3)\,\mathrm{d} / 400 = 365^{97}/_{400}\,\mathrm{d} = 365{,}2425\,\mathrm{d}$,

ein Wert, der von der Länge des Tropischen Jahres nur noch um

$$(365{,}242224 - 365{,}2425)\,\mathrm{d/a} = -0{,}000276\,\mathrm{d/a}$$

abweicht und daher erst nach $1\,\mathrm{d} / 0{,}00276\,\mathrm{d/a} = 3623$ Jahren einen »Fehler« von einem Tag ergeben wird.

Der Gregorianische Kalender hat als Werk der römisch-katholischen Kirche (Coyne/Hoskin/Pedersen, 1983) zunächst in den katholischen Ländern Eingang gefunden. Die protestantischen Länder folgten nur zögernd, England und seine nordamerikanischen Kolonien z.B. erst 1752. Japan führte den Kalender 1873, die junge Republik China 1918 und die säkularisierte Türkei 1927 ein. Fast ebenso lange dauerte es, bis die christlich-orthodox geprägten Staaten Bulgarien (1916), Griechenland (1924) und Rumänien (1924) den Gregorianischen Kalender übernahmen (Bates, 1952; Maier, 1991, 29; Wendorff, 1993, 88-92). Heute ist der Gregorianische Kalender weltweit präsent, und er wird sogar in der jüdischen und islamischen Welt, die sich auf große eigene Kalendertraditionen berufen kann, als Ergänzungschronologie zu den nach wie vor bestehenden jüdischen und mohammedanischen Kalendern beachtet (Maier, 1991, 127).

Neuere Kalenderexperimente

Versuche, die christliche Zählung der Jahre wieder abzuschaffen, etwa mit der Proklamation einer *Französischen Ära* (1792) und der Einführung eines *Revolutionskalenders* (1792-1805) (Meinzer, 1992; Wendorff, 1993, 100-107) oder mit einer Kalenderreform in der Sowjetunion (1929-1940) sind gescheitert. Bei diesen Reformen ist nicht nur der Nullpunkt der Jahreszählung, sondern auch die Länge der Woche (10-Tage-Woche in Frankreich, Fünf-Tage-Woche in der Sowjetunion) und der Monate sowie die Benennung der Wochentage und der Monate geändert worden. Insbesondere an die Französische Ära wird man noch heute gelegentlich erinnert, da wichtige Ereignisse der französischen und europäischen Geschichte mit den Datumsbezeichnungen des Revolutionskalenders in die Geschichtsbücher übernommen wurden: z.B. 9. Thermidor II (27.07.1894): Sturz Robespièrres; 18. Brumaire VIII (09.11.1899): Staatsstreich Napoleons. Auch berühmte wissenschaftliche Abhandlungen sind mit einer Jahreszahl der Französischen Ära in die Annalen der Wissenschaft eingegangen. So liest man z.B. auf dem Titelblatt des in 4.7.2 zitierten »Traité de mécanique céleste« (Laplace, 1805) als Jahr der Veröffentlichung: »an XIII = 1805«.

Bessel-Jahr und Julianisches Jahr

Zur Beschreibung langsam ablaufender Vorgänge, z.B. des Laufs der Sonne im Jahreszyklus oder der Eigenbewegungen von Sternen, hat es sich als praktisch erwiesen, die Zeit in der Einheit »Jahr« oder »Jahrhundert« zu zählen und Zeitintervalle durch Dezimalbrüche einer der genannten Einheiten zu beschreiben. Eine solche Zeitzählung setzt eine kontinuierliche Zeitskala voraus, wie sie beispielsweise durch das Aneinanderreihen von Tropischen oder Julianischen Jahren entsteht. Ferner muß die Epoche festgelegt werden, von der aus das betreffende Zeitintervall gezählt werden soll.

Ein solches System hat erstmals Friedrich Wilhelm Bessel eingeführt. Bessel bestimmte als Einheit der Zählung das Tropische Jahr und als seine Epoche den Augenblick, in dem die Mittlere Sonne von der Erde aus betrachtet und abgelenkt durch die Jährliche Aberration exakt die Rektaszension $\alpha_{\mathrm{mSo}} = 18^{\mathrm{h}}\,40^{\mathrm{m}}$ erreicht. Das so definierte Jahr nennt man *Fiktives Sonnenjahr* oder *Besseljahr*. Es beginnt in unmittelbarer Nähe des Jahresanfangs nach bürgerlicher (Gregorianischer) Kalenderzählung und erhält die gleiche Jahresnummer wie jene. Zur Unterscheidung wird der Jahreszahl der Besselschen Zählung das Präfix »B« vorausgestellt. Beispielsweise ist nach dieser Vorschrift der Beginn des Besseljahres 2000 mit B2000,0 bezeichnen. Diese Epoche liegt gemäß (5.3.12/3)

$$((18^{\mathrm{h}}40^{\mathrm{m}} - 18^{\mathrm{h}}41^{\mathrm{m}}50{,}548^{\mathrm{s}})/8640184{,}813)\cdot 36525\cdot 86400 = -40376{,}793\,\mathrm{s}$$

nach der Standardepoche J2000,0 = 01.01.2000, 12^{h} UT1, also - man beachte das negative Vorzeichen des Zuschlags - im Zeitpunkt 01.01.2000, $00^{\mathrm{h}}47^{\mathrm{m}}03{,}207^{\mathrm{s}}$ UT1 nach bürgerlicher Kalenderzählung (= JD2451544,53268).

Die Besselsche Jahreszählung wird nur noch selten angewandt, beispielsweise zur Beschreibung der (*UT2 - UT1*)-Differenz im *1995 IERS Annual Report, I-12*.

Wesentlich häufiger wird zur Beschreibung langsam ablaufender Bewegungsvorgänge als Einheit der Zeitvariablen das *Julianische Jahrhundert* verwendet, dessen Länge 100 Julianische Jahre = 36525 Tage beträgt. Als Epoche von Zeitangaben nach dieser Zählung wird derzeit die bereits oben erwähnte Standardepoche J2000,0 = 01.01.2000, 12^{h} UT1 = JD2451545,0

Julianische Epoche und Bessel-Epoche können bei gegebener Julianischer Tageszahl *JD* (⇨ 5.8.3) wie folgt berechnet werden (*Astronomical Almanac, B4*):

$$\textit{Julianische Epoche} = \mathrm{J}[2000{,}0 + (JD - 2451545{,}0)/365{,}25]; \qquad (5.8\text{-}2)$$

$$\textit{Bessel-Epoche} = \mathrm{B}[1900{,}0 + (JD - 2415020{,}31352)/365{,}242198781].$$

Beispielsweise wird der in Tabelle 5.9-1 festgehaltene Zeitpunkt

$$01.01.1994,\ 00^{\mathrm{h}}00^{\mathrm{m}}00{,}20^{\mathrm{s}}\ \mathrm{UT1} = \mathrm{JD}\ 2449353{,}5000023$$

nach den dargelegten Regeln durch folgende Datumsangaben beschrieben:

als *Julianische Epoche*: J 1994,000000006 oder als

Bessel-Epoche: B 1994,001149366.

Beide Zählmodi sind, wie man mit Blick auf (5.8-2) erkennen kann, an den Weltzeittag (*JD*) als Zähleinheit gebunden. Im Gegensatz zur Besselschen Zählung, bei der diese Einheit in den Zyklus des Tropischen Jahres = 365,242190 Weltzeittage (1995) eingeordnet wird, ist die Julianische Zählung am Julianischen Jahr = 365,25 Weltzeittage ausgerichtet, das um den Faktor 365,25/365,242190 = 1,000021383 länger ist als das Tropische Jahr. Durch diesen Maßstabsunterschied verschieben sich die Zeitangaben der beiden Zählmodi um (365,25 Tage - 365,242190 Tage = 0,00781 Tag pro Jahr, also in 128 Jahren etwa um einen Tag. (Es handelt sich hier um den gleichen Unterschied, der zur Gregorianischen Kalenderreform im Jahre 1582 geführt hat. Zur Beschreibung säkularer Bewegungsvorgänge, die nicht (primär) vom Umlauf der Erde um die Sonne abhängen, wie z.B. die Präzession, die Nutation und die Eigenbewegungen der Fixsterne, sind beide Zählmodi gleichwertig. Ganz offensichtlich ist aber der Julianische Modus einfacher zu handhaben. Hingegen eignet sich die Besselsche Zählung besser zur Beschreibung von Bewegungsvorgängen, die vom Jahreslauf der Erde um die Sonne bestimmt werden, etwa zur analytischen Beschreibung saisonaler Schwankungen der Tageslänge oder der Differenz *UT1 - UT2* (5.3-34).

5.8.3 Tageszählung nach Scaliger (Julianische und Modifizierte Julianische Tageszahlen)

Für astronomische Berechnungen, die lange Zeiträume umfassen (Ephemeridenberechnung, Berechnung der Präzession und Nutation), ist die Zeitrechnung mit konventionellen Kalendern wegen der unterschiedlichen Länge der Jahre und der Monate sehr unbequem. Zusätzlich kompliziert wird der Vorgang, wenn Daten aus unterschiedlichen Kalendern miteinander in Beziehung gebracht werden sollen.

Vor allem mit Sicht auf chronologische Aufgabenstellungen hat Joseph Justus Scaliger (1540-1609) eine Zeitskala entwickelt, die auf einer schlichten fortlaufenden Zählung der Tage ab einer vorgeschichtlichen Epoche beruht. Den Nullpunkt der Zählung legte Scaliger auf den 01.01.4713 v.Chr., 0 Uhr, (proleptischer Julianischer Kalender). Ein nach Scaliger gezählter und festgelegter Zeitpunkt wird durch eine Zahl und die physikalische Einheit »Tag« gekennzeichnet. Vereinbarungsgemäß wird die Einheit durch »JD« abgekürzt und der Zahl vorangestellt.

Im Gegensatz zur Chronologie, wo man sich zur eindeutigen Identifizierung eines Ereignisses meist damit begnügen kann, den Tag des Ereignisses mit einer ganzzahligen Nummer zu bezeichnen (notwendige Unterteilungen eventuell durch Angabe der Uhrzeit), wendet man das Scaligersche Zählprinzip in der Astronomie auf beliebige Epochen an. Die Tageszahlen werden dazu entsprechend dezimal unterteilt.

Für die Aufgaben der Astronomie wurde das Zählschema noch etwas abgewandelt. Um das Datum nicht während der Beobachtungsnacht weiterzählen zu müssen, verschob man den Zeitrahmen um 12 Stunden auf den 01.01.4713 v.Chr. 12^hUT1. Die in diesem Sinne durchgeführte Zählung liefert für die laufenden Nummern der seit damals verstrichenen Tage die *Julianischen Tageszahlen.*[34)] [35)] Beispielsweise gilt für den 01.01.2000, 12^h UT1 ≡ JD 2451545,0 .

Der Vorteil der Datierung nach Tageszahlen im Vergleich mit der Zeitzählung in einem konventionellen Kalender liegt darin, daß die Tageszahlen unmittelbar als Zeitvariable geeignet sind. Zeitintervalle lassen sich mit ihrer Hilfe durch einfache Differenzbildung berechnen.

Der Nullpunkt dieser Zeitskala ist von Scaliger so festgesetzt worden, daß in ihm zwei astronomische Perioden und der in der frühen Chronologie des Altertums verwendete *Indiktionszyklus* zusammengeführt wurden. Bei den astronomischen Perioden handelt es sich um den *Sonnenzyklus* von 28 Jahren, nach dem sich im Julianischen Kalender die Belegung der Tage des Jahres mit bestimmten Wochentagen wiederholt, und um den *Metonischen Zyklus* von 19 Jahren, in dem sich eine entsprechende Koinzidenz der Mondphasen mit den Tagen des Jahres ergibt. Der Indiktionszyklus hat eine Periode von 15 Jahren; er hängt mit dem römischen Steuerrecht zusammen. Die Überlagerung der drei Perioden ergibt eine Periode von $28 \cdot 19 \cdot 15 = 7980$ Jahren (= *Julianische Periode*). Die Epoche der Zählung 01.01.4713 v.Chr. wurde durch Rückrechnung der tradierten konventionellen Zyklus-Epochen bis zu ihrem gemeinsamen Ursprung gefunden.

---

34) Warum Scaliger für die von ihm geschaffenen Begriffe das Attribut »Julianisch« gewählt hat, ist nicht klar. Einige Autoren vermuten, es sei dies eine Referenz an den Vater Julius Scaliger. Da Scaligers Konzept sehr eng mit dem Julianischen Kalender verknüpft ist, dürfte eine Bezugnahme auf den Julianischen Kalender aber näher liegen (Zemanek, 1981, 69).

35) Man findet in der Literatur (z.B. im Explanatory Supplement to the Astronomical Almanac) nicht selten für den Begriff »Julianische Tageszahl (Julian Day Number)« die Bezeichnung »Julianisches Datum (Julian Datum)«. Diese Bezeichnung ist nicht sehr glücklich gewählt, das sie als Datum im »Julianischen Kalender« verstanden werden kann, ähnlich wie man unter einem »Gregorianischen Datum« ein Datum im Gregorianischen Kalender versteht (Meeus, 1992, 72). Wenn schon im Zusammenhang mit der von Scaliger eingeführten Ära der Begriff »Datum« verwendet werden soll, der zur Bezeichnung eines bestimmten Zeitpunkts selbstverständlich sinnvoll ist, so müßte man ein solches Datum wohl als »Scaliger-Datum« und dürfte es nicht als Julianisches Datum bezeichnen.

Tabelle 5.8-1: Übergänge *UTC* → *UT1* → *JD* → *MDJ*
für einige ausgewählte Zeitsequenzen und Epochen

UTC	*UT1*	*JD*	*MJD*
31.12.1990, $23^h59^m59,00^s$	$23^h59^m58,62^s$	2.448.257,4999840	48.256,9999840
31.12.1990, $23^h59^m60,00^s$	$23^h59^m59,62^s$	2.448.257,4999956	48.256,9999956
31.12.1990, $23^h59^m60,38^s$	• $00^h00^m00,00^s$	2.448.257,5000000	48.257,0000000
01.01.1991, $00^h00^m00,00^s$	$00^h00^m00,62^s$	2.448.257,5000072	48.257,0000072
31.12.1991, $23^h59^m59,00^s$	$23^h59^m58,87^s$	2.448.622,4999869	48.621,9999869
01.01.1992, $00^h00^m00,00^s$	∘ $23^h59^m59,87^s$	2.448.622,4999985	48.621,9999985
01.01.1992, $00^h00^m00,13^s$	$00^h00^m00,00^s$	2.448.622,5000000	48.622,0000000
01.01.1992, $00^h00^m01,00^s$	$00^h00^m00,87^s$	2.448.622,5000101	48.622,0000101
31.12.1993, $23^h59^m59,00^s$	$23^h59^m59,20^s$	2.449.353,4999907	49.352,9999907
31.12.1993, $23^h59^m59,80^s$	• $00^h00^m00,00^s$	2.449.353,5000000	49.353,0000000
01.01.1994, $00^h00^m00,00^s$	$00^h00^m00,20^s$	2.449.353,5000023	49.353,0000023
01.01.1994, $00^h00^m01,00^s$	$00^h00^m01,20^s$	2.449.353,5000139	49.353,0000139
01.01.2000 ? [36]	$12^h00^m00,00^s$	2.451.545,0000000	51.544,5000000

• angegebener *UTM*-Kalendertag + 1
∘ angegebener *UTM*-Kalendertag − 1

Tabelle 5.8-2: Übergänge *UTC* → *TDT* → *JDE* → *MJDE*
für einige auserwählte Zeitsequenzen und Epochen

UTC	*TT*	*JDE*	*MJDE*
31.12.1990, $23^h59^m02,82^s$	• $00^h00^m00,00^s$	2.448.257,5000000	48.257,0000000
31.12.1990, $23^h59^m59,00^s$	• $00^h00^m56,18^s$	2.448.257,5006503	48.257,0006503
31.12.1990, $23^h59^m60,00^s$	• $00^h00^m57,18^s$	2.448.257,5006619	48.257,0006619
01.01.1991, $00^h00^m00,00^s$	$00^h00^m58,18^s$	2.448.257,5006734	48.257,0006734
31.12.1991, $23^h59^m01,82^s$	• $00^h00^m00,00^s$	2.448.622,5000000	48.622,0000000
31.12.1991, $23^h59^m59,00^s$	• $00^h00^m57,18^s$	2.448.622,5006619	48.622,0006619
01.01.1992, $00^h00^m00,00^s$	$00^h00^m58,18^s$	2.448.622,5006734	48.622,0006734
01.01.1992, $00^h00^m01,00^s$	$00^h00^m59,18^s$	2.448.622,5006850	48.622,0006850
31.12.1993, $23^h58^m59,82^s$	• $00^h00^m00,00^s$	2.449.353,5000000	49.353,0000000
31.12.1993, $23^h59^m59,00^s$	• $00^h00^m59,18^s$	2.449.353,5006850	49.353,0006850
01.01.1994, $00^h00^m00,00^s$	$00^h01^m00,18^s$	2.449.353,5006966	49.353,0006966
01.01.1994, $00^h00^m01,00^s$	$00^h01^m01,18^s$	2.449.353,5007081	49.353,0007081
01.01.2000, $12^h00^m00,00^s$	$12^h00^m00,00^s$	2.451.545,0000000	51.544,5000000

• angegebener *UTM*-Kalendertag + 1

[36] Die UTC-Epoche, die *UT1* = 01.01.2000, $12^h00^m00^s$ entspricht, kann frühestens zur angegebenen Epoche festgestellt werden. Sie war daher bei der Drucklegung (1999) nicht bekannt.

Um für Anwendungsfälle, in denen nur Zeitangaben der jüngeren Vergangenheit und der nächsten Zukunft eingehen (≈ ± 100 Jahre), werden zur Vermeidung großer Zahlen anstelle der *JD* die *Modifizierten Julianischen Tageszahlen (MJD)* verwendet, die sich aus den *JD* durch Subtraktion von 2400000,5 Tagen ergeben:

$$MJD = JD - 2400000{,}5\ \mathrm{d}.$$

Für das o.a. Beispiel gilt also

$$01.01.2000,\ 12^{h}\ UT1 \equiv JD\ 2451545{,}0 \equiv MJD\ 51544{,}5.$$

Die *Julianischen Tageszahlen* (»of day commencing at Greenwich noon on:«) sind in *The Astronomical Almanac* für alle »nullten« Tage der Monate (Jan.0, Feb.0, ... Dez.0) des Zeitraums 1950 bis 2000 in Tabelle K2 niedergelegt. Die Julianische Tageszahl eines beliebigen i. Tages eines Monats ($i = 1 \ldots 31$) findet man durch Addition von *i* zur Tageszahl des 0. Tages. Um auch noch Bruchteile eines Tages zu bezeichnen, ist die Uhrzeit des Ereignisses in Sekunden (s) auszudrücken und in die Einheit Tag (d) umzurechnen (1 d = 86400 s). Die erhaltene Dezimalzahl < 1 wird dann dem vorher gefundenen ganzzahligen Wert hinzugefügt. Algorithmen zur Berechnung der Julianischen Tageszahlen für beliebige Epochen des Julianischen oder Gregorianischen Kalenders findet man z.B. in Meeus (1992, 72-80).

In Tabelle 5.8-1 wurden die Julianischen Tageszahlen für einige Zeitsequenzen und Epochen ausgewiesen. Abgesehen von der hinzugefügten Standardepoche JD 2451545,0 , die bei der Umrechnung der *FK5*-Sternörter auf frühere und spätere Epochen eine Rolle spielt, wurde auch hier an die in den Tabellen 5.5-1, 5.5-2 ausgewiesenen Epochen angebunden.

Die Julianischen Tageszahlen sind definitionsgemäß an die Sonnenzeitskala (*UT1*) gebunden. Das Zählprinzip läßt sich aber selbstverständlich auf jede andere Zählskala übertragen, in der »Tage« gezählt werden. Es wird insbesondere im Zusammenhang mit der Dynamischen Zeit (früher Ephemeridenzeit) angewandt, die der Berechnung der Ephemeriden der Körper des Sonnensystems zugrunde zu legen ist. Zur Unterscheidung werden die an die Dynamische Zeit gebundenen Julianischen und Modifizierten Julianischen Tageszahlen mit dem Index E (für »Ephemeridenzeit«) versehen: *JDE, MJDE* (Meeus, 1992, 73). In den Atomzeitskalen würde man dementsprechend *JDA* und *MJDA* schreiben. Die Zeitangaben *JD, JDE* und *JDA* bzw. *MD, MJDE* und *MJDA* unterscheiden sich in einer bestimmten Epoche um die gleichen Beträge $\Delta T_E = TDT - UT1$ bzw. $\Delta T_A = AT - UT1$, um die sich die entsprechenden Zeitangaben in konventioneller Weise unterscheiden. Da ΔT im allgemeinen in der Einheit »s« angegeben wird, *JD, JDE* und *JDA* aber in der Einheit »Tag« gezählt werden, gilt:

$$JDE - JD = MJDE - MJD = \Delta T_E\,/\,(86400\ \mathrm{s/d})\ \text{ bzw.}$$

$$JDA - JD = MJDA - MJD = \Delta T_A\,/\,(86400\ \mathrm{s/d}).$$

Tabelle 5.8-2 weist wie Tabelle 5.9-1 die den ausgewählten Epochen und Sequenzen entsprechenden Zahlenwerte aus.

Tabelle 5.9-1: Epochenangaben in verschiedenen Zeitskalen

Zeitskala	Epoche in betr. Zeitskala	siehe Tabelle
UTC (Z-Zeit)	01.01.1994, $00^h00^m00{,}00^s$	5.5-1, 5.7-1
ZZ »+1«	01.01.1994, $01^h00^m00{,}00^s$	
ZZ »+12« (M-Zeit)	01.01.1994, $12^h00^m00{,}00^s$	
ZZ »−1« (N-Zeit)	31.12.1993, $23^h00^m00{,}00^s$	
ZZ »−12« (Y-Zeit)	31.12.1993, $12^h00^m00{,}00^s$	
TAI	01.01.1994, $00^h00^m28{,}00^s$	5.5-1, 5.7-1
JDA	2449353,5003241	
MJDA	49353,0003241	
GPS-Zeit	$729^W518409{,}00^s$	5.5-1
TT (ET, TDT)	01.01.1994, $00^h01^m00{,}18^s$	
JDE	2449353,5006966	5.8-2
MJDE	49353,0006966	5.8-2
TCG	01.01.1994, $00^h01^m00{,}56^s$	
TDB	01.01.1994, $00^h01^m00{,}18^s$	
TCB	01.01.1994, $00^h01^m08{,}50^s$	
GMST	01.01.1994, $06^h41^m39{,}66^s$	5.3-2
GAST	01.01.1994, $06^h41^m40{,}63^s$	5.3-2, 5.3-3
UT1	01.01.1994, $00^h00^m00{,}20^s$	5.3-2, 5.3-3, 5.7-1
UT2	01.01.1994, $00^h00^m00{,}19^s$	
JD	2449353,5000023	5.8-1
MJD	49353,0000023	5.8-1
Julianische Epoche	J 1994,000000006	
Bessel-Epoche	B 1994,001149366	
GAT	31.12.1993, $23^h56^m41{,}90^s$	5.3-1
LMST (λ= 11°40'03″)	01.01.1994, $07^h28^m19{,}86^s$	
LAST (λ= 11°40'03″)	01.01.1994, $07^h28^m20{,}83^s$	
LMT (λ= 11°40'03″)	01.01.1994, $00^h46^m40{,}40^s$	
LAT (λ= 11°40'03″)	01.01.1994, $00^h43^m22{,}10^s$	

5.9 Die astronomisch-geodätischen Zeitskalen im Vergleich

5.9.1 »Erduhr«, »Ephemeridenuhr«, »Atomuhr«

In den vorausgegangenen Abschnitten 5.3 bis 5.7 wurden die für die Geodätische Astronomie, die Satellitengeodäsie und die Himmelsmechanik bedeutsamen *Zeitskalen* vorgestellt, nämlich

- die durch die Erdrotation (»Erduhr«) bestimmten Skalen der *Sternzeit* und der *Sonnenzeit* :

  Mittlere Sternzeit Greenwich (GMST)
  Scheinbare Sternzeit Greenwich (GAST)
  Mittlere Ortssternzeit (LMST)
  Scheinbare Ortssternzeit (LAST)
  Mittlere Sonnenzeit Greenwich = Weltzeit (UT1)
  Scheinbare Sonnenzeit Greenwich (GAT)
  Mittlere Ortssonnenzeit = Mittlere Ortszeit (LMT)
  Scheinbare Ortssonnenzeit = Scheinbare Ortszeit (LAT),

- die von den (periodischen) Bewegungen der Körper des Sonnensystems (»Ephemeridenuhr«) bestimmte Skala der *Dynamischen Zeit*:

  Ephemeridenzeit (ET) mit ihren relativistisch begründeten Varianten

  Terrestrische Dynamische Zeit (TDT)
  Baryzentrische Dynamische Zeit (BDT)
  Terrestrische Zeit (TT)
  Geozentrische Koordinatenzeit (TCG)
  Baryzentrische Koordinatenzeit (TCB),

- die von Atomuhren erzeugten Skalen der *Atomzeit*:

  Internationale Atomzeit (IAT)
  mit den gleichen relativistisch begründeten Varianten wie bei der Dynamischen Zeit, sowie die

  GPS-Zeit (*GPST*),

und schließlich

- die durch eine Kombination der Atomzeit und der Weltzeit ad hoc konstruierte Skala der *Koordinierten Weltzeit* (*UTC*) :

Wir haben außerdem gesehen, daß diese Skalen völlig unabhängig voneinander und aufgrund unterschiedlicher physikalischer Gesetze existieren, mit der Folge, daß sich ihre gegenseitigen Beziehungen z.T. nur empirisch erfassen lassen.

In den Bildern 5.9-1 und 5.6.1 sind die Beziehungen zwischen den einzelnen Zeitskalen in Kastendiagrammen, in den Bildern 5.7-1, 5.7-2, 5.7-3 und 5.6-2 durch

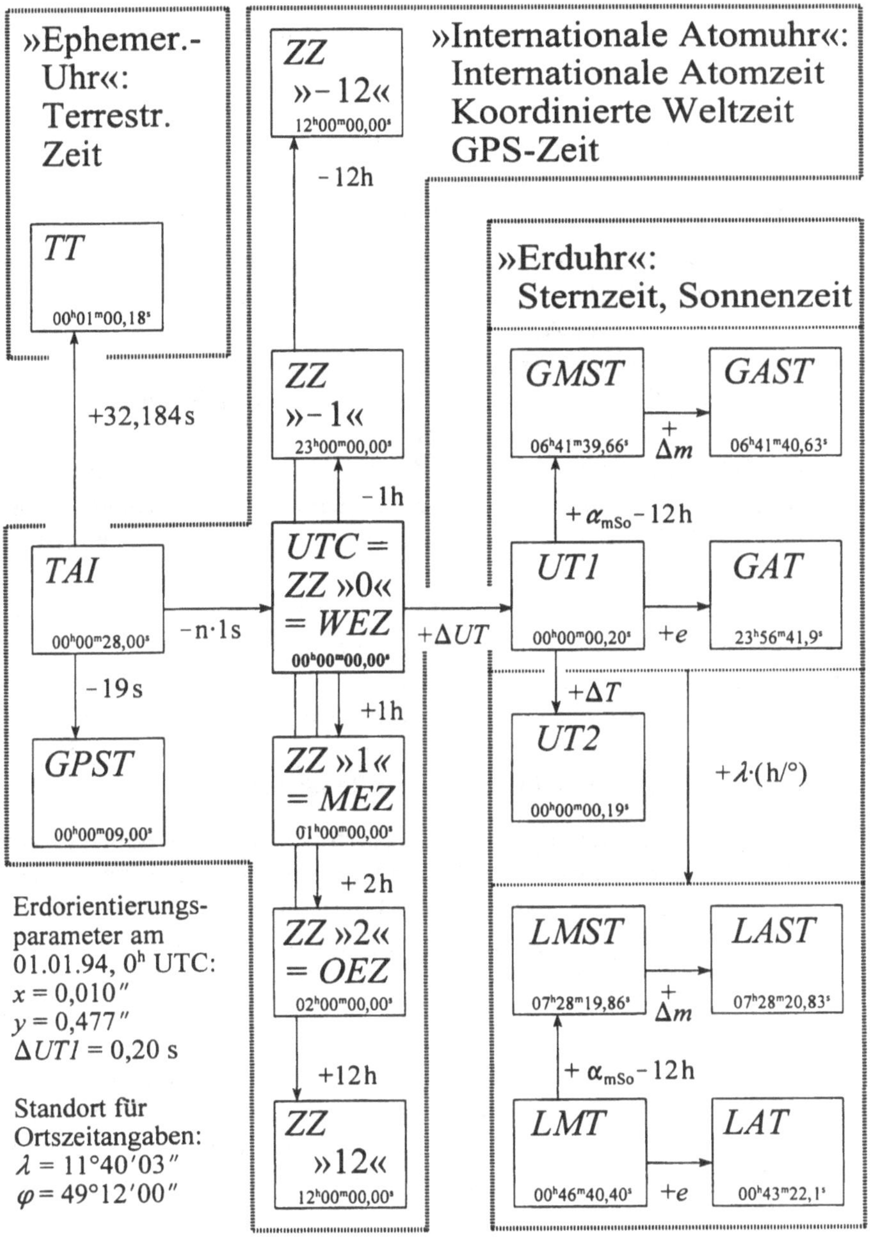

Bild 5.9-1: Beziehungen zwischen den verschiedenen Zeitskalen.
Die beispielsweise mitgeteilten Zeitangaben beziehen sich auf die Epoche 01.01.1994, 0 h UTC
Quelle für die Erdorientierungsparameter $\Delta UT1$, x, y: IERS-Bulletin B

Graphen dargestellt. Die Übersicht in Tabelle 5.9-1 enthält darüber hinaus, beschränkt auf ein für die UTC-Epoche 01.01.1994, 0^h berechnetes Zahlenbeispiel, das die zu dieser Epoche in den anderen Zeitskalen (*ZZ»n«*, *TDT, IAT, GPST, GMST, GAST, UT1, UT2, GAT, LMST, LAST, LMT, LAT*) gültigen Epochen zeigt. (Vergleiche hierzu auch die Tabellen 5.3-1, 5.3-2, 5.3-3, 5.5-1, 5.7-1, aus denen die Epochenvergleiche entnommen sind).

5.9.2 Koordinierte Weltzeit und Stundenwinkel der Sterne

Aufgrund der laufenden Beobachtungen der Erddrehung durch den Internationalen Erdrotationsdienst (IERS), der die Unregelmäßigkeiten der Erddrehung ($\Delta UT1 = UT1 - UTC$) und die Abweichungen vom IAU-Nutationsmodell ($\Delta\psi_{\text{IERS}}$) ständig beobachtet und dokumentiert, sowie in Kenntnis der den verschiedenen Zeitskalen zugrunde liegenden Gesetzmäßigkeiten, läßt sich eine in einer beliebigen Zeitskala gegebene Epoche in jede andere Zeitskala übertragen. Da die Epochen der *UTC*- bzw. verschiedener Zonenzeitskalen ZZ»n« überall auf der Welt durch Zeitzeichensender und durch das Global Positioning System verbreitet werden, sind alle Zeitskalen grundsätzlich an jedem Ort der Erde und zu jeder Zeit zugänglich. Was die zeitliche Verfügbarkeit angeht, muß bei den aus *UTC* abgeleiteten Sternzeit- und Sonnenzeit-Epochen allerdings noch die Einschränkung gemacht werden, daß die Epochenunterschiede $\Delta UT1$ zur *UTC*-Skala im Augenblick des Zeitzeichenempfangs nur in Form von vorausberechneten Werten vorliegen. Die genauen Ablagen stehen nach Auswertung der IERS-Beobachtungen erst nach einigen Wochen zur Verfügung, eine Verzögerung, die für die astrogeodätischen Aufgabenstellungen in der Regel ohne Belang ist.

Bei der Lösung einer Reihe von Grundaufgaben der Geodätischen Astronomie geht der Stundenwinkel t eines bestimmten Sterns als unabhängige Variable in den Lösungsalgorithmus ein. t steht nach (3.3-16/2) in linearer Beziehung zur Rektaszension α des betreffenden Sterns, zur Scheinbaren Sternzeit Greenwich (*GAST*) und zur Scheinbaren Ortssternzeit (*LAST*) :

$$t = t_{\text{GrFr}} + \lambda - \alpha = GAST + \lambda - \alpha = LAST - \alpha \,. \tag{5.9-1}$$

Da die *GAST* aber nach der eingangs getroffenen Feststellung auch in einer bekannten Beziehung zur Weltzeit *UT1* und zur Koordinierten Weltzeit (*UTC*) bzw. zu den Zonenzeiten (*ZZ*»n«) steht, läßt sich bei Vorgabe von α und der Geographischen Länge λ des Beobachtungsortes sowie der Korrekturgrößen $\Delta UT1$ und $\Delta\psi_{\text{IERS}}$ eine Kette von Beziehungen herstellen, die zusammengefaßt einen *Algorithmus* zur Berechnung von t ergeben. Dieser Algorithmus, mit dem t als eine Funktion von α, λ und *UTC* berechnet werden kann, wird im weiteren nur noch symbolisch durch

$$t = t\{\alpha\,, \lambda\,, UTC, \Delta UT1,\} \tag{5.9-2}$$

beschrieben. Er setzt sich aus den im folgenden detailliert beschriebenen Transformationselementen zusammen, die im Rechenablauf aufeinander folgen:

- *Zonenzeit → Koordinierte Weltzeit* (*ZZ*»n« → *UTC*)

  $UTC := ZZ\text{»n«} - \lambda_{ZZ\text{»n«}}$ (5.7-8) (5.9-3)

  $\lambda_{ZZ\text{»n«}}$ bedeutet den zwischen der Zeitzone »n« und der Zeitzone »0« (auf die sich *UTC* bezieht) liegenden nominalen Zeitunterschied. Dieser auf die Umrechnungsepoche bezogene »Zeitunterschied« wird in Zeitzonenkarten (⇨ Bilder 5.7-4) dokumentiert, die man in den meisten Atlanten oder als eigenständige kartographische Produkte findet (⇨10.2.6). Zuverlässige Quellen für die in Rechnung gestellten »Längen«- bzw. »Zeitdifferenzen« $\lambda_{ZZ\text{»n«}}$ sind auch die Flugpläne der internationalen Luftverkehrsgesellschaften, die in ihren Kursbüchern die Zonenzeit-Unterschiede zwischen den angeflogenen Zielen und der *UTC*-Zeitzone ausweisen.

- *Koordinierte Weltzeit → Weltzeit* (*UTC* → *UT1*)

  $UT1 := UTC + \Delta UT1$ (5.7-2) (5.9-4)

  Die Korrektur $\Delta UT1$, die als Erdorientierungsparameter *EOP3* den Unterschied zwischen *UT1* und *UTC* bzw. *TAI* beschreibt (⇨ (2.3-25)), kann dem monatlich erscheinenden *Bulletin B* des *IERS* entnommen werden.

- *Weltzeit → Mittlere Sternzeit Greenwich* (*UT1* → *GMST*)

  $GMST := \alpha_{mSo} - 12\text{ h} + UT1$ (5.3-28) (5.9-5)

  α_{mSo} ist die Rektaszension der Mittleren Sonne, die nach (5.3-12) wie folgt zu berechnen ist:

  $$\begin{aligned}\alpha_{mSo} := 18^h41^m50{,}54841^s &+ 8.640.184{,}812866\ (\text{s/JJh}) \cdot (T - T_0)\\ &+ 0{,}093104\ (\text{s/JJh}^2) \cdot (T - T_0)^2\\ &- 0{,}0000062\ (\text{s/JJh}^3) \cdot (T - T_0)^3.\end{aligned}$$

  In dieser Formel bedeutet T die Epoche, für die α_{mSo} zu bestimmen ist, und T_0 ist die der Formel zugrunde gelegte Bezugsepoche = J2000,0 12^h *UT1* = 01.01.2000, 12^h *UT1* = JD 2451545,0 . Führt man $(T-T_0)$ in Einheiten des »Julianischen Jahrhunderts« (1 JJh=36525 Tage) ein, so werden die Glieder der Potenzreihe in der Einheit s ausgeworfen.

  Wie bereits in Abschnitt 5.3.2 dargelegt, ist die o.a. Funktion (5.3-28) *GMST* = *GMST*{*UT1*} in den *Apparent Places of Fundamental Stars* (z.B. *1998*) in *Tabelle II – Sideral Time at* 0^h, Spalte *Mean Sideral Time* (480-483) in Tagesschritten vertafelt.

- *Mittlere → Scheinbare Sternzeit Greenwich* (*GMST* → *GAST*)

  $GAST := GMST + \Delta m$ (5.3-8) (5.9-6)

$\Delta m = \Delta\alpha_{\text{Nut}} = \Delta\psi \cdot \cos\epsilon$ ist die *Gleichung der Äquinoktien* (4.4-23/2). Sie beschreibt den äquatorialen Abstand des Wahren vom Mittleren Frühlingsäquinoktium und wird, da $\cos\epsilon$ hier als konstante Größe betrachtet werden darf, im wesentlichen von der *Nutation in Ekliptikaler Länge* $\Delta\psi$ bestimmt. $\Delta\psi$ wird zum überwiegenden Teil durch das IAU-Nutationsmodell beschrieben, in dem die Nutationskomponente $\Delta\psi_{\text{IAU}}$ (analog zu α_{mSo} in einem Modell der Sonnenbewegung, s.o.) in Abhängigkeit von der Zeitvariablen $T-T_0$ in einer Fourier-Reihe dargestellt ist (4.4-10):

$$\Delta\psi_{\text{IAU}} = \Delta\psi\{T-T_0\} \ .$$

Berücksichtigt man noch die vom IERS beobachteten und in seinem *Bulletin B* veröffentlichten Abweichungen $\Delta\psi_{\text{IERS}} = EOP4$ (⇨ (4.4-25/1) des realen Wahren Frühlingsäquinoktiums vom modellierten, die einige 0,01 s erreichen können, so lautet die *Gleichung der Äquinoktien*

$$\Delta m = (\Delta\psi_{\text{IAU}} + \Delta\psi_{\text{IERS}}) \cdot \cos\epsilon \ . \qquad (5.9\text{-}7)$$

Δm ist in den *Apparent Places of Fundamental Stars* (z.B. *1996*) in *Tabelle II - Sideral Time at* 0^h, Spalte *Equation of Equinox* (480-483) in Tagesschritten vertafelt. Im *Star Almanac for Land Surveyors* (z.B. *for the year 1996*) ist in der Tabelle *Sun* eine Korrekturgröße R niedergelegt, die nach Maßgabe von (5.3-10) die α_{mSo} und Δm zusammenfaßt und so den direkten Übergang von *UT1* in *GAST* ermöglicht:

$$GAST = GAST\{UT1\} = UT1 + R \ . \qquad (5.3\text{-}10) \qquad (5.9\text{-}8)$$

Da R im *Star Almanac* nur mit einer Genauigkeit von 0,1 s vertafelt ist, Δm in den *Apparent Places* ... aber mit drei Nachkommastellen, ist eine Korrektur von R wegen $\Delta\psi_{\text{IERS}}$ nicht sinnvoll.

- *Scheinbare Sternzeit Greenwich → Scheinbare Ortssternzeit (GAST → LAST)*

$$LAST := GAST + \lambda \ , \qquad (5.3\text{-}7) \qquad (5.9\text{-}9)$$

mit λ = Geographische Länge des Ortes, für den die Ortssternzeit *LAST* bestimmt werden soll, einzuführen in der Einheit »h, min, s« .

- *Scheinbare Ortssternzeit → Stundenwinkel (LAST → t)*

$$t = LAST - \alpha \ . \qquad (3.3\text{-}16/2) \qquad (5.9\text{-}10)$$

α = Rektaszension des betreffenden Sterns.

Damit sind alle elementaren Transformationselemente beschrieben, die in ihrer Gesamtheit den Übergang von der *UTC* zum Stundenwinkel t eines konkreten Sterns bewirken:

$$t = t\{\bar{\alpha}, \lambda, UTC, \Delta\psi_{\mathrm{IERS}}, \Delta UT1\} \qquad (5.9\text{-}11/1)$$
$$= UTC + \Delta UT1 + \alpha_{\mathrm{mSo}} - 12\,\mathrm{h} + \Delta m_{\mathrm{IAU}} + \Delta\psi_{\mathrm{IERS}} \cdot \cos\epsilon + \lambda - \bar{\alpha}.$$

Faßt man die Mittlere Rektaszension $\bar{\alpha}$ mit den modellierten Δm_{IAU} und gemessenen Nutationstermen $\Delta\psi_{\mathrm{IERS}}$ (IERS-Bulletin B) zur Wahren Rektaszension α zusammen - der Anteil $\bar{\alpha} + \Delta m_{\mathrm{IAU}}$ bzw. $\alpha - \Delta\psi_{\mathrm{IERS}} \cdot \cos\epsilon$ kann den *Apparent Places of Fundamental Stars* entnommen werden -

$$\alpha = \bar{\alpha} + \Delta m_{\mathrm{IAU}} + \Delta\psi_{\mathrm{IERS}} \cdot \cos\epsilon \qquad (5.9\text{-}11/2)$$

und betrachtet darüber hinaus (5.7-2)

$$UT1 = UTC + \Delta UT1,$$

so erhält man anstelle von (5.9-11/1) die bereits in (5.8-2) definierte Funktion:

$$t = t\{\alpha, \lambda, UTC, \Delta UT1\} = t\{\alpha, \lambda, UT1\}. \qquad (5.9\text{-}11/3)$$

Bei Benutzung der im Astronomical Almanac B8-B15 abgedruckten Umrechnungstabelle $UT1 \leftrightarrow GAST$ ($GAST = GAST\{UT1\}$), in der die Transformationen (5.9-4), (5.9-5) und (5.9-1) zusammengefaßt und in Tagesschritten tabelliert sind, vereinfacht sich die Auswertung der Funktion (5.9-11/3) zu:

$$t = t\{GAST, \alpha, \lambda\} = GAST - \alpha + \lambda. \qquad (5.9\text{-}11/4)$$

5.10 Zeitübertragung und Zeitverteilung

5.10.1 Einführung

Die Weltzeit *UT1* ist, wie wir gesehen haben, ein Maß für den momentanen Drehstatus der Erde. Sie beschreibt die Ausrichtung des Greenwich-Meridians relativ zur Mittleren Sonne. Da der Lauf der Mittleren Sonne gegenüber dem Fixsternhimmel bekannt ist, beschreibt *UT1* auch die Ausrichtung der Erde in einem Inertialsystem. Durch Permanentbeobachtungen von Fixsternen und extragalaktischen Radioquellen kann die *UT1*-Zeitskala als Zeitreihe dargestellt werden, wenn die Beobachtungsepochen anhand der Skala der Koordinierten Atomzeit (*TAI*) bzw. der Koordinierten Weltzeit (*UTC*) festgestellt werden. Bei diesem vom *International Earth Rotation Service* (*IERS*) koordinierten Vorgang werden die Differenzen $\Delta UT = UT1 - UTC$ gewonnen und anschließend im *IERS-Bulletin B* der Öffentlichkeit zugänglich gemacht. Jedermann, der Zugang zur *TAI* oder *UTC* hat und sich die vorerwähnte *IERS*-Information besorgt, hat mit der ΔUT-Zeitreihe auch Zugriff auf *UT1* (5.9-4). Über die in 5.3.3 dargestellte Beziehungskette steht bei Kenntnis der *UT1* vermittels (5.3-28)/ (5.9-5) auch die Mittlere Sternzeit (*GMST*) und über (5.3-8)/(5.9-6)/(5.9-8) die Scheinbare Sternzeit

Greenwich (*GAST*) zur Verfügung. Letztere ist aufgrund ihrer »Identität« mit dem vom Greenwich-Meridian aus gezählten Stundenwinkel des Wahren Frühlingsäquinoktiums $GAST \equiv t_{GrFr}$ nach (9.1-1) eine mögliche Observable bei der astrogeodätischen Richtungsbestimmung. Die zwingende Voraussetzung für die Nutzungsmöglichkeit der *GAST*-Zeitskala ist eine am Beobachtungsort synchron mit der *UTC* laufende Uhr. Gleichwertig zu einer *UTC*-datierten Uhr ist eine Uhr mit bekanntem, auf die *UTC* bezogenen Uhrstand $\Delta U = U - UTC$.

Die *UTC* ist eine »koordinierte Zeit«, die von zahlreichen, auf viele Standorte verteilte Atomuhren »erzeugt« wird. Sowohl die Koordinierung der individuellen Zeitskalen, aus der die *UTC* gebildet wird, als auch die Verbreitung der *UTC* an den Kreis der Nutzer beinhaltet das Problem, eine an einem Ort A generierte Atomzeitskala zu einem Ort B zu übertragen. Wenn die Übertragung gezielt erfolgt, spricht man von *Zeitübertragung* (englisch: *time transfer*), wird die im Ort A generierte Zeitskala von A aus einem unbestimmten Benutzerkreis verfügbar gemacht, so wird meist der Begriff *Zeitverteilung* (englisch: *time dissemination*) verwendet. Der erste Begriff wird auch als Oberbegriff verstanden.

5.10.2 Zeitübertragung durch Uhrentransport

Der Uhrentransport ist das älteste Verfahren der Zeitübertragung, mit der die von einer Referenzuhr in A angezeigte Zeit an einem beliebigen anderen Beobachtungsort B zugänglich gemacht werden kann. Das Verfahren erfordert eine stabil laufende transportable Uhr, die am Standort der Referenzuhr mit dieser synchronisiert und sodann zum Beobachtungsort transportiert bzw. vom Beobachter mitgeführt wird. Vor Ort steht so eine Kopie der Zeitskala der Referenzuhr zur Verfügung. Seit der Konstruktion der ersten seetauglichen Uhr durch John Harrison im Jahre 1731 gehören Chronometer zur Standardausrüstung aller Hochseeschiffe. Bis zur Erfindung der Signalübertragung über elektrische Leitungen (19. Jahrhundert) und per Funk (zu Beginn des 20. Jahrhunderts) war man bei der astrogeodätischen Längenbestimmung und in der Astronavigation ganz auf diese Art der Zeitübertragung angewiesen (z.B.: Struve, 1844; Struve/Struve, 1846).

Der Uhrentransport war bis vor wenigen Jahren die genaueste und gebräuchlichste Methode zur Synchronisierung der weltweit auf zahlreiche Zeitlaboratorien verteilten Atomuhren, die heute im Verbund und koordiniert durch das *Bureau International des Poids et Mésures* (*BIPM*) die *Internationale Atomzeit* (*TAI*) generieren. Auch die Kalibrierung von Präzisionsuhren in kommerziellen Anwendungsgebieten wurde auf diesem Wege durchgeführt. Bei der für die Synchronisation von Primärnormalen geforderten Genauigkeit, müssen bei dieser Art des Zeitvergleichs orts- und transportbedingte relativistische Effekte berücksichtigt werden (Soffel, 1987; Schlüter, 1988, 33-36; Seidelmann, 1992, 70-73).

5.10.3 Zeitverbreitung durch Zeitzeichensender

Die Ära der von Uhrentransporten unabhängigen Zeitübertragung begann mit der Entwicklung der Telegraphie im 19. Jahrhundert. Die durch ein großes Interesse der Öffentlichkeit geförderte und von Militär, öffentlicher Verwaltung und Wirtschaft nachhaltig unterstützte Technologie eröffnete die Möglichkeit, einen in einem Observatorium durch Sternbeobachtungen generierten Zeittakt ohne die Umstände und die Unsicherheit eines Uhrentransportes in entfernte Orte zu übertragen, was zunächst vor allem zur Bestimmung der Längenunterschiede zwischen telegraphisch miteinander verbundenen Sternwarten genutzt wurde (Bruhns/ Förster, 1865). Die Übertragungsmöglichkeit von Zeitsignalen von einer Sternwarte zu einer anderen war auch eine wesentliche Voraussetzung für die Einrichtung einer globalen Zeitskala. Für den astrogeodätischen Feldgebrauch und für die Navigation war die Technologie, da sie an feste Telegraphenleitungen gebunden war, freilich wenig hilfreich.

Die Perspektive änderte sich grundlegend mit den mittlerweile berühmten Versuchen von Heinrich Robert Hertz im Jahre 1887, der als erster die Erzeugung und Ausstrahlung elektromagnetischer Wellen vorführte, und mit der praktischen Umsetzung der Hertzschen Entdeckung als Mittel der drahtlosen Telegraphie durch Guglielmo Marconi im Jahre 1897 (Hilberg, 1993/2). Schon 1899 ist es Marconi gelungen, Radiosignale von Dover über den Kanal nach Boulogne zu übertragen, und man erkannte schnell, daß Radiowellen nicht nur zur Längenbestimmung, sondern auch zur öffentlichen Verbreitung einer überregionalen Zeitskala genutzt werden konnten.

Heute haben spezielle Zeitzeichensender die Aufgabe übernommen, die Zeitskala einer hochgenauen Referenzuhr regional und global zu verbreiten. Die Verbreitung erfolgt in erster Linie per Funk und zwar vorzugsweise über Langwelle. Durch die Funkübertragung wird die Zeitskala einer Referenzuhr mit einer kleinen, der Signallaufzeit entsprechenden Verzögerung am Ort des Signalempfangs verfügbar gemacht. Die von den Zeitzeichensendern abgestrahlten Signale werden von Referenzuhren generiert, die in aller Regel in das vom *BIPM* koordinierte internationales Verbundsystem hochgenauer Atomuhren eingebunden sind; ➪ 6.2. Durch den Verbund aller in das System eingebundener Zeitinstiute steht dem mit einem geeigneten Empfänger ausgestatteten Nutzer weltweit die *UTC*-Zeitskala zur Verfügung. Er kann so, ohne selbst über eine synchronisierte Atomuhr zu verfügen, de facto auf diese Zeitskala zugreifen.

Zeitzeichen werden im Langwellen-, Kurzwellen- und Ultrakurzwellenbereich ausgestrahlt.

Langwellen - LF, VLF ($1\text{km} \leq \lambda \leq 100\text{km}$; $300\text{kHz} \geq f \geq 3\text{kHz}$) erreichen den Empfangsort auf zwei Wegen: Ein Wellenzug breitet sie sich entlang der Erdoberfläche aus (Bodenwelle). Ein anderer Teil des abgestrahlten Signals gelangt über die ionosphärische D-Schicht zum Empfangsort. Bis zu etwa 600 km Entfernung vom Sender überwiegt der Einfluß der Bodenwelle.

In einem einfachen Modell geht man bei der Laufzeitberechnung nur von der parallel zur Erdoberfläche verlaufenden Bodenwelle aus, die beim Empfänger mit einer Verzögerung von

$$\Delta T = b / \mathrm{c} + k \qquad (5.10\text{-}1/1)$$

eintrifft. ΔT setzt sich aus einem für die Sendeanlage und den Empfänger typischen konstanten Anteil k und einer entfernungsabhängigen Komponente zusammen. Letztere hängt vom Bogenabstand b des Standorts vom Sender ab. b kann man aus Geographischen Koordinaten des Standortes (φ, λ) und des Sendeorts (φ_S, λ_S) nach dem Seiten-Cosinussatz (1.4-2)

$$b = R \cdot \arccos\{\sin\varphi \cdot \sin\varphi_S + \cos\varphi \cdot \cos\varphi_S \cdot \cos(\lambda - \lambda_S)\} \qquad (5.10\text{-}1/2)$$

berechnen; Erdradius $R = 6378\,\mathrm{km}$, c = Lichtgeschwindigkeit. k läßt sich durch Kalibrierung bestimmen.

Die Raumwelle kann nach Reflektion an der Ionosphäre mehrere Tausend km weit reichen – nachts weiter als bei Tag. Sie trifft aufgrund des längeren Ausbreitungswegs später beim Empfänger ein. Die Laufzeitunterschiede können im ungünstigsten Fall mehrere 0,1 ms betragen (Hetzel, 1993) und signifikante tages- und monatsperiodische Schwankungen aufweisen (Bonatz/Schulz, 1972). Die *PTB* rechnet im Falle der von ihr über den *DCF77*-Sender in Mainflingen mit 77,5kHz ausgestrahlten Langwelle bei Entfernungen »bis zu einigen hundert Kilometern vom Sendeort« mit »Unsicherheiten der aufgenommenen Zeitpunkte »von weniger als 0,1 ms« (PTB 1995, 7).

Ein besonderer Vorzug der Langwelle ist, daß ihre Ausbreitung von Hindernissen, die im Verhältnis zur Wellenlänge klein sind, kaum beeinträchtigt wird und daher auch innerhalb von Gebäuden empfangen werden kann.

Ultrakurzwellen ($1\,\mathrm{m} \le \lambda \le 10\,\mathrm{m}$; $300\,\mathrm{MHz} \ge f \ge 30\,\mathrm{MHz}$) erfordern Sichtverbindung und taugen daher nur für den Nahbereich. Die Signallaufzeit kann hier in der Regel aus der Lichtgeschwindigkeit ohne weitere Refraktionskorrekturen gerechnet werden.

Die weitesten terrestrischen Entfernungen können mit *Kurzwellen* ($10\,\mathrm{m} \le \lambda \le 100\,\mathrm{m}$; $30\,\mathrm{MHz} \ge f \ge 3\,\mathrm{MHz}$) überbrückt werden. Kurzwellen breiten sich zwar wie die Ultrakurzwellen nahezu geradlinig aus und reichen daher mit ihren bodennahen Anteilen bei weitem nicht so weit wie Langwellen. Da ihre Wellenzüge aber von der Ionosphäre reflektiert werden, können sie als Folge von Mehrfachreflektionen zwischen Ionosphäre und Erdoberfläche oft noch in den entferntesten Gegenden der Erde empfangen werden. Wegen der Ungewißheit über den tatsächlichen Ausbreitungsweg - oft gibt es mehrere Wege mit unterschiedlichen Laufzeiten - sind Signale, die über Kurzwellen empfangen wurden, mit hohen Laufzeitunsicherheiten behaftet und daher für astrogeodätische Arbeiten nicht zu empfehlen.

Neben den eigentlichen Zeitzeichensendern übertragen auch die Sender der Navigationssysteme LORAN C (Potts/Wieder, 1972) und OMEGA (Swanson/Kugel, 1972) Zeitsignale: LORAN C im Langwellenbereich (LF) mit einer Frequenz von 100kHz (λ = 3,0km), OMEGA im Bereich der Längstwellen (VLF) mit 10,2-13,8kHz (λ = 29,4-21,7 km); (Mueller, 1969, 361-369; Fischer, 1983).

5.10.4 Zeitverbreitung durch das Global Positioning System (GPS)

Die mit Atomuhren ausgerüsteten Navigationssatelliten des US-amerikanischen *Global Positioning System* (*GPS*) strahlen im Mikrowellenbereich über zwei Trägerwellen (f_1/f_2 = 1,57542GHz/1,22760GHz bzw. λ_1/λ_2 = 19,0cm/24,4cm) in GPS-Zeit (⇨ 5.5.3) datierte Zeitmarken mit einer Frequenz f = 10,23MHz (P-Code) und 1,023MHz (C/A-Code) ab. Die Zeitmarken werden beim Empfang in einem GPS-Empfänger mit der Zeitskala der Empfängeruhr verglichen. Würden sich Satellitenuhr und Empfängeruhr von vorne herein auf die gleiche Zählepoche beziehen und zueinander synchron laufen, so könnte aus der Differenz zwischen der beobachteten, mit der Empfängeruhr gemessenen Ankunftszeit und dem von der Satellitenuhr bestimmten Sendezeitpunkt durch schlichte Differenzbildung der Zeitangaben auf die Laufzeit des Signals geschlossen werden. Da die Ausbreitungsgeschwindigkeit des Signals ausreichend genau bekannt ist, stünde mit der Laufzeit auch die Entfernung zum Satelliten fest. Durch den gleichzeitigen Empfang der Signale von drei auf bekannten Bahnen ziehenden Satelliten könnte der momentane Standort des GPS-Empfängers durch räumlichen Bogenschlag (Schnitt von drei in den drei Satellitenörtern zentrierten Kugeln mit den Radien der Entfernungen) gewonnen werden.

Die Empfängeruhr ist eine Quarzuhr, die nicht so stabil läuft wie die Satellitenuhr. Zwischen den beiden Uhren besteht daher zunächst eine unbekannte Standdifferenz mit der Folge, daß alle in der geschilderten Weise gewonnen Laufzeiten um einen unbekannten konstanten Betrag verfälscht sind. Der räumliche Bogenschlag ist unbestimmt. Der Schnitt wird jedoch eindeutig, wenn zur Bestimmung des Standes der Empfängeruhr die Signale eines vierten Satelliten empfangen werden. Nunmehr können aus vier gleichzeitig gemessenen Pseudolaufzeiten neben den Koordinaten des Empfängerstandorts der Stand der Empfängeruhr und mit dieser Größe die exakte GPS-Zeit im Augenblick des Signalempfangs berechnet werden. Da die Unterschiede zwischen GPS-Zeit und Internationaler

Atomzeit (*TAI*) und zwischen *TAI* von der *UTC* bekannt sind, steht bei Kenntnis der *GPS*-Zeit auch die *UTC* vor Ort zur Verfügung.

Selbstverständlich ist bei der Bestimmung der Laufzeiten die Refraktion durch die Atmosphäre zu berücksichtigen. Diese hat eine ionosphärische und eine troposphärische Komponente. Beide Anteile lassen sich recht gut erfassen, vor allem, wenn man sich auf zenitnahe Satelliten beschränkt: Die ionosphärische Refraktion durch Auswertung der dispersionsbedingten Laufzeitunterschiede der beiden Trägerwellen und die troposphärische Refraktion durch die Messung meteorologischer Parameter (Temperatur, Luftdruck, Partialdruck des Wasserdampfs).

Die Genauigkeit, mit der durch den Empfang von GPS-Signalen in dem geschilderten Modus (»time dissemination«) die *UTC* festgestellt werden kann, beträgt etwa 0,1 µs (Lange, 1988; Nau, 1988; 1993; Lewandowski/Thomas, 1991; Bedrich, 1998, 88). Der Vergleich mit erdgebundenen Verfahren (5.10.3) zeigt, daß das GPS-Verfahren der Zeitverbreitung um den Faktor 1000 genauer ist.

Neben dem GPS können auch aus anderen Satellitensystemen Zeitinformationen bezogen werden, z.B. aus dem russischen GLONASS-System, das ähnlich wie GPS strukturiert ist (Bedrich, 1998, 93), oder aus bestimmten geostationären Satelliten (Gupta/Hanjura/Mathur, 1991).

5.10.5 Zeitübertragung mit dem Global Positioning System (GPS)

Das GPS ist heute eines der genauesten Verfahren der Zeitverbreitung und es hat daher auch bei der Zeitübertragung zur Koordinierung der am internationalen Zeitdienst beteiligten Institute eine dominierende Funktion übernommen. Die Zeitübertragung dient hier dem Vergleich und der Zusammenfassung von zwei oder mehreren an verschiedenen Orten generierten Atomzeitskalen. Für diesen Vergleich benutzen die Zeitinstitute vor allem das *Common-view*-Verfahren (Allan/Weiss, 1980; Bauch/Dorenwendt, 1994; Klepczynski, 1996; Lewandowsky/Azoubib/Klepczynski, 1999).

Das Prinzip dieses Verfahrens besteht darin, die Signale eines möglichst zenitnahen Satelliten gleichzeitig von den beiden zu vergleichenden Stationen A und B aus aufzunehmen. Die Messung in A liefert den Stand der Empfängeruhr A, die Messung in B den Stand der Empfängeruhr B. Da sich beide Uhrstände aufgrund des *Common-view*-Prinzips - gleichzeitige Signalaufnahme in A und B - auf ein und dieselbe Epoche der Satellitenuhr beziehen, erhält man durch Differenzbildung den Stand der Uhr B relativ zu Uhr A (oder umgekehrt). Werden die Empfängeruhren gleichzeitig mit angeschlossenen Atomuhren verglichen, so beinhaltet dieser Vergleich auch den Vergleich der in den Atomuhren erzeugten Zeitskalen. Die simultane Messung von A und B aus, die die gleichzeitige Sicht zu einem sowohl in A wie auch in B möglichst zenitnahen Satelliten erfordert, erhöht die Übertragungsgenauigkeit, da durch die Differenzbildung Fehler der Satellitenuhr, Orbitfehler und ein großer Teil der nicht modellierten Refraktionsfehler herausfallen. Die Kompensation von Fehlern der im Prinzip an sich hochgenauen Satellitenzeitskala ist vor allem deshalb bedeutsam, weil diese Skala bei eingeschaltetem *Selective-availability*-Modus (S/A) (Hofmann-Wellenhof/Lichtenegger/Collins, 1992, 17) in unbekanntem Umfang verfälscht sein kann.

Der Uhrenvergleich nach dem Common-view-Verfahren wird von den Zeitinstituten nach einem vereinbarten Zeitplan durchgeführt, der sich nach den günstigsten Sichtwinkel für kontinentale und interkontinentale Übertragungen richtet. Die dabei erreichbare Übertragungsgenauigkeit beträgt 30ns, wenn S/A eingeschaltet und 10ns wenn S/A abgeschaltet ist (Nau, 1993).

5.10.6 Zeitübertragung über Kommunikationssatelliten

Mit noch höheren Übertragungsgenauigkeit als beim GPS-Common-View-Verfahren können Zeitübertragungen im *Zweiwegeverfahren* über geostationäre Kommunikationssatelliten durchgeführt werden (Starker, 1994). Bei diesem Verfahren kann man mit Übertragungsgenauigkeiten im Sub-nm-Bereich rechnen.

Bei der Zweiwege-Übertragungstechnik werden die Zeitsignale von den beteiligten Bodenstation zum Satelliten gesendet und von diesem sodann an alle Stationen weitergeleitet. Da jede Station mit der dem Weg entsprechenden Verzögerung auch ihre eigenen Signale zurückerhält, können die Laufzeiten und Lichtwege zwischen den Bodenstationen und dem Satelliten und damit auch zwischen den Bodenstationen (über den Satelliten) mit hoher Genauigkeit angegeben werden. Würden alle beteiligten Uhren synchron laufen, so entsprächen die Ankunftszeiten der Zeitsignale in den anderen Stationen exakt den bekannten Laufzeiten. Kommt aber nun z.B. in einer Station B das von Station A ausgesendete Signal früher oder später an, als der nun bekannten Signallaufzeit A-Satellit-B entspricht, so liegt die Ursache allein in einer Differenz des Uhrstände, deren Bestimmung der Zeitvergleich zum Ziel hat.

Der Vorteil gegenüber dem GPS-Verfahren besteht vor allem darin, daß zur Erreichung der hohen Übertragungsgenauigkeit keine genauen Stationskoordinaten und Satellitenephemeriden erforderlich sind, weil die für die Signallaufzeiten maßgeblichen Entfernungen zwischen den Bodenstationen und dem Satelliten direkt gemessen werden. Ein weiterer Vorteil, vor allem mit Blick auf den Dauerbetrieb, ist in der Unabhängigkeit von militärischen Dispositionen zu sehen, der die GPS-Satelliten unterliegen (Verschlechterung der Zeitsignale im Selective Availability Mode). Der Aufwand des Zwei-Wege-Verfahrens ist freilich wesentlich höher. Denn anders als bei der GPS-Nutzung, wo pro Station lediglich ein

Empfänger benötigt wird, müssen die Zeitinstitute beim Einsatz der Zweiwege-Technologie sowohl mit Empfangs- als auch mit Sendeanlagen ausgerüstet werden (Kirchner, 1991).

Die Leistungsfähigkeit des Zweiwege-Verfahrens, das im übrigen nicht auf Mikrowellen beschränkt ist, sondern mit einigen Modifikationen auch mit Laserlicht durchgeführt werden kann, wurde in zahlreichen experimentellen und operationellen Verbindungen nachgewiesen. Erwähnenswert sind vor allem die folgenden Großprojekte: Shuttle Time and Frequency Transfer - STIFT (Allan et al., 1981), DLR-Navigations-Experiment - NAVEX (Starker/Sappl/Schäfer, 1993), Laser Synchronisation from geostationary Orbit - LASSO (Veillet/Fridelance, 1993), Microwave Timing and Ranging Experiment - MITREX (Hartl et al, 1983), Precise Range and Range-Rate Equipment - PRARE (Bedrich, 1998). Auch der temporäre Zusammenschluß von sechs europäischen Zeitinstituten über den geostationären Kommunikationssatelliten INTELSAT VA-F13 verlief sehr erfolgreich (Davis et al., 1995). Obwohl der über dem Äquator in einer Geographischen Länge von $\lambda = 53°W$ »stehende« und vor allem für transatlantische Verbindungen installierte Satellit für innereuropäische Verbindungen nicht besonders günstig liegt, betrugen die Schleifenschlüsse z.B. im Dreieck Graz (A) - Teddington (UK) - Braunschweig (D) nur wenige ns.

6 Zeitdienste, International Earth Rotation Service (IERS), International GPS Service (IGS)

6.1 Zeitdienste

6.1.1 Rückblick

Die Ära der von Uhrentransporten unabhängigen Zeitübertragung begann mit der Entwicklung der Telegraphie im 19. Jahrhundert (King, 1962), die die Möglichkeit eröffnete, den in einem Observatorium durch Sternbeobachtungen generierten Zeittakt ohne die Umstände und die Unsicherheit eines Uhrentransportes in entfernte Orte zu übertragen. Das Verfahren wurde zunächst vor allem zur Bestimmung der Längenunterschiede zwischen den telegraphisch verbundenen Sternwarten genutzt (Bruhns/Förster, 1865). Eine solche Übertragungsmöglichkeit von Zeitsignalen von einer Sternwarte zu einer anderen war eine wesentliche Voraussetzung für die Einrichtung einer globalen Zeitskala. Für den astrogeodätischen Feldgebrauch und für die Navigation war diese Möglichkeit, da sie an feste Telegraphenleitungen gebunden war, freilich wenig hilfreich.

Die Perspektive änderte sich grundlegend mit den berühmten Versuchen von Heinrich Robert Hertz im Jahre 1887, in denen dieser als erster die Erzeugung elektromagnetischer Wellen demonstrierte, und mit der praktischen Umsetzung dieser Entdeckung als Mittel der drahtlosen Telegraphie durch Guglielmo Marconi im Jahre 1897 (Hilberg, 1993/2). Schon 1899 ist es Marconi gelungen, Radiosignale von Dover (England) über den Ärmelkanal nach Boulogne (Frankreich) zu übertragen, und man erkannte schnell, daß Radiowellen nicht nur zur Kommunikation, sondern auch zur Längenbestimmung und zur öffentlichen Verbreitung einer überregionalen Zeitskala genutzt werden konnten. Ab 1903 begann man in den USA, ab 1907 in Deutschland und ab 1910 in Frankreich, über öffentliche Rundfunkstationen die Zeit »anzusagen« (Smith, 1985). Zu den ersten Stationen, die regelmäßig Zeitzeichen aussendeten, gehörten das United States Naval Observatory in Washington (DC), 1905, das Geodätische Institut Potsdam, 1907, und die Küstenfunkstelle Norddeich, 1910. Motivation der ersten Zeitsignal-Sendungen war die Verbreitung einer einheitlichen Zeitskala und die für eine korrekte Navigation überaus bedeutsame Standkontrolle von Uhren an Bord von Schiffen.

6.1.2 Generierung und Koordinierung der Internationalen Atomzeit

Von 1913 (Gründung) bis 1988 lag die Koordinierung einer international vereinbarten Zeitskala (»Weltzeitskala«) beim *Bureau International de l'Heure* (*BIH*). Das Institut generierte zunächst, der damaligen Sekundendefinition entsprechend, eine auf der Erddrehung gegründete (*Greeenwich Mean Time* - *GMT*), zum Ende der Periode eine Zeitskala, die sich auf atomphysikalische Frequenzen stützte

(*Internationale Atomzeit – TAI*). Seit 1988 liegt die Zuständigkeit für die Darstellung der *TAI* und der *Koordinierten Weltzeit* (*UTC*) beim *Bureau International des Poids et Mesures* (*BIPM*); (Quinn, 1991).

Mit Hilfe des in 5.10.4 skizzierten Common-view-GPS-Verfahrens vergleichen etwa 45 nationale Zeitinstitute regelmäßig ihre lokalen Atomzeitskalen und teilen dem BIPM die Ergebnisse dieser Vergleiche mit. Zusätzlich übermitteln die Institute die Stände ihrer Uhren in Bezug auf ihre lokalen Skalen an das BIPM. Aus diesen Meßwerten entsteht durch Mittelbildung, bei der die einzelnen Uhren entsprechend ihrer langzeitigen Frequenzstabilität ein Gewicht erhalten, die freie Atomzeitskala *Echelle Atomique Libre* (*EAL*). Zu den 190 beteiligten Atomuhren gehören neben kommerziellen Cäsiumuhren verschiedener Hersteller etwa 15 aktive Wasserstoffmaser und fünf primäre Cäsiumnormale. Da das Skalenmaß der freien Skala nicht exakt mit der definitionsgemäßen Dauer der Sekunde übereinstimmt, was mit der eingeschränkten Qualität kommerzieller Uhren und möglicherweise auch mit der Frequenzdrift der an sich hochgenauen und bei der Mittelung daher hoch bewerteten Wasserstoffmaser zusammenhängen mag, muß die *EAL* nachgesteuert werden, um aus ihr die *TAI* zu gewinnen (Bauch/Dorenwendt/Hetzel, 1994). Hierfür benutzt das BIPM die vorerwähnten primären Cäsiumnormale, insbesondere die aufgrund ihrer nachgewiesenen Langzeitstabilität mit überproportional hohem Gewicht versehenen Normale der Physikalisch-Technischen Bundesanstalt in Braunschweig (Bauch et al., 1993; 1996).

6.1.3 Zeitzeichensender

Weltweit arbeiten zahlreiche Zeitzeichensender, die die UTC oder die für das betreffende Land maßgebliche Gesetzliche Zeit (Zonenzeit) im Dauerbetrieb verbreiten und damit der Öffentlichkeit zugänglich machen. Die Reichweite dieser Sender hängt von ihrer Antennenleistung und der abgestrahlten Trägerfrequenz ab. Die Dokumente der *International Telecommunication Union* (ITU, 1990; 1997), das *Star Almanac for Land Surveyors* und etliche andere Quellen (z.B. deBoer, 1988) enthalten Verzeichnisse von Zeitzeichen- und Normalfrequenzempfängern. Im *Star Almanac* findet man vor allem jene Sender, die für astrogeodätische Nutzung geeignet sind. In Europa gibt es vier solcher Sender. Diese senden im Langwellenbereich (Schlüter, 1988, 109): *DCF77* in Mainflingen (D), *HBG75* in Prangins (CH), *MSF60* in Rugby (UK) und *OMA50* in Liblice (CZ).

Der heute in Mitteleuropa wohl am häufigsten empfangene Zeitzeichen- und Normalfrequenzsender – die weitaus meisten Funkuhren dürften privat genutzt werden – ist der vorerwähnte Telekom-Langwellensender *DCF77* mit Standort in Mainflingen (50°01'Nord, 09°00'Ost) bei Frankfurt/Main (Hetzel, 1983; 1988; 1993/1; 1993/2; 1998). Der Sender arbeitet im Dauerbetrieb und sendet auf der

Trägerfrequenz 77,5kHz ($\lambda = 3871\,m$) mit einer Leistung von 50kW. Die Reichweite beträgt bis zu 2000km. Das im Sekundentakt abgestrahlte Steuersignal wird von der Atomzeitskala der *Physikalisch Technischen Bundesanstalt* (*PTB*) bezogen. Es wird ständig so nachgeregelt, daß es innerhalb einer Toleranz von ± 0,3µs mit dem von der PTB generierten UTC-Signalen übereinstimmt.

Die Sekundenmarken werden der Trägerwelle phasensynchron amplitudenmoduliert mitgegeben. Hierzu wird die Amplitude der Trägerwelle zu Beginn jeder Sekunde - ausgenommen die 59. Sekunde jeder Minute - für die Dauer von 0,1s oder 0,2s auf etwa 25% abgesenkt. Der Beginn der Absenkung ist der nominale Sekundenbeginn. Das Fehlen der 59. Sekundenmarke kündigt die nächstfolgende Minutenmarke an. Im Laufe einer jeden Minute werden die Zähler von Minute, Stunde, Kalendertag, Wochentag, Kalendermonat und Kalenderjahr sowie andere Informationen, z.B. bevorstehende »Schaltungen« (UTC-Schaltsekunde, Sommerzeit/Winterzeit) und Prüfbits in kodierter Form übertragen. Als Kode dient dabei die Dauer der Impulse (0,1 s = »Kode ein« oder 0,2s = »Kode aus«).

6.2 International Earth Rotation Service (IERS)

6.2.1 Einführung

Die Ableitung von Richtungen in einem erdfesten Bezugsrahmen aus Richtungen, die in einem zälestischen Bezugsrahmen beschrieben sind, erfordert die Kenntnis des momentanen Ausrichtung der Erde im zälestischen Bezugsrahmen, deren Kinematik von äußeren und innereren auf die Erde einwirkenden Kräften bestimmt wird. Äußere Kräfte sind die Gravitationskräfte der Körper des Sonnensystems und die Kräfte der Trägheit. Ihre Auswirkung auf die Erdorientierung folgt bekannten physikalischen Gesetzen und ist daher (voraus-)berechenbar. Die inneren Kräfte hingegen haben vielfältige, noch nicht in allen Einzelheiten verstandene und überdies schwer quantifizierbare geodynamische Ursachen. Vorhersagen über ihre Auswirkung auf die Erdorientierung sind daher nur in beschränktem Umfang möglich. Da sich die Einzelwirkungen überlagern, betrifft die Unsicherheit der Vorhersage auch die Gesamtwirkung.

Trotz dieser Einschränkungen läßt sich das Drehverhalten der Erde jederzeit mit der erforderlichen Genauigkeit »beherrschen«, wenn es durch die Permanentbeobachtungen von Festpunkten des zälestischen Bezugsrahmens von terrestrischen Festpunkten aus laufend beobachtet wird. Wegen der großen Bedeutung der Erdorientierung für Navigation und Geodäsie wird diese Überwachung heute im Rahmen internationaler Vereinbarungen sichergestellt (⇨ 6.1.2). Die dabei laufend anfallenden *Erdorientierungsparameter* (Polkoordinaten x, y, UT1-Ablage $\Delta UT1 = UT1 - UTC$, Korrekturen des Nutationsmodells $\Delta\psi$, $\Delta\epsilon$) werden dazu genutzt, die teilweise noch unzulänglichen Bewegungsmodelle zu verbessern. Für die Aufgaben der Geodätischen Astronomie sind sie von elementarer Bedeutung, da astrogeodätische Produkte (Lotrichtungen, Azimute) nun von den geschilderten Unsicherheiten der Bewegungsmodelle freigestellt werden können.

Zur Beschreibung der momentanen Ausrichtung der Erde in einem zälestischen Bezugssystem sind drei Drehwinkel erforderlich. Bedingt durch die gewählten Ansätze zur Modellierung der Einzelphänomene (Präzession und Nutation auf der einen Seite, Polbewegung auf der anderen), die nach zur Gesamtdrehung beitragen, werden zur Darstellung der Drehung tatsächlich fünf Drehwinkel verwendet. (Selbstverständlich sind diese Drehwinkel nun nicht mehr unabhängig voneinander.) In der gängigen Praxis werden die fünf Winkel zunächst durch Modelle beschrieben und dann anhand der aktuellen Erdorientierungsparameter der Realität angepaßt. Die Tatsache, daß die Erdorientierungsparameter erst einige Wochen nach den Messungen zur Verfügung stehen, ist für die Aufgaben der Geodätischen Astronomie ohne Belang.

6.2.2 Laufende Beobachtung der Erdrotation durch den International Earth Rotation Service (IERS)

Die Polbewegung beeinflußt die Ergebnisse astrogeodätischer Breiten-, Längen- und Azimutbeobachtungen unmittelbar. Die Anwendung der Reduktionsformeln (4.6-1), (4.6-2) und (4.6-3), mit deren Hilfe die Beobachtungen auf ein erdfestes Bezugssystem umgesetzt werden können, setzt die Kenntnis der Polkoordinaten x und y voraus. Um x und y zu gewinnen, sind gleichzeitige Sternbeobachtungen von mindestens zwei erdfesten Stationen aus notwendig. Wegen der Bedeutung der Polbewegung für die Geodäsie gründete die *Internationale Assoziation für Geodäsie* (*IAG*) im Jahre 1899 - bald nach der Entdeckung des Phänomens durch Küstner (1890) - den *Internationalen Breitendienst* (*International Latitude Service - ILS*). Kurz darauf begannen fünf nahezu gleichabständig auf dem 39°08′-Parallel verteilte Observatorien (⇨ 4.6.3) mit ihrer Arbeit.: Carloforte, Italien (λ = 8°), Kitab, UdSSR (λ = 67°), Mizusawa, Japan (λ = 141°), Ukiah, USA (λ = 237°) und Gaithersburg, USA (λ = 283°).

Die Stationen i = 1...5 mit den erdfesten Koordinaten $\varphi_{\mathrm{ILS\,i}}$ und λ_{ILSi} bestimmten Nacht für Nacht nach einem gemeinsamen Beobachtungsprogramm die aktuellen Breiten φ_i ihrer Standorte. Pro Tag und Station wurden so fünf Werte $\Delta\varphi_{\mathrm{Polbew\,i}} = \varphi_i - \varphi_{\mathrm{ILS\,i}}$ gewonnen, aus denen das *ILS* auf der Grundlage von (4.6-2)

$$\Delta\varphi_{\mathrm{Polbew\,i}} = \varphi_i - \varphi_{\mathrm{ILS\,i}} = \cos\lambda_{\mathrm{ILS\,i}} \cdot x - \sin\lambda_{\mathrm{ILS\,i}} \cdot y \qquad (6.1\text{-}1)$$

durch Ausgleichung nach der Methode der kleinsten Quadrate die aktuellen Polkoordinaten x, y bestimmte.

Im Lauf der Zeit wurde eine größere Anzahl weiterer Stationen (i = 6...n) in das Beobachtungssystem einbezogen (1983: 60 Stationen mit 80 Instrumenten). Die hinzu gekommenen Stationen arbeiteten überwiegend mit Beobachtungsverfahren, die simultan zu den Breiten auch die aktuellen Geographischen Längen der Stationen lieferten (Astrolab-Verfahren, Photographische Zenitbeobachtungen). Mit den beobachteten aktuellen Längen λ_i, die im übrigen der laufenden, vom *Bureau International de l'Heure* (*BIH*) koordinerten Bestimmung der Weltzeit *UT1* dienten, stand nun auf der Grundlage von (4.6-1) ein zusätzlicher Satz von Bestimmungsgleichungen für x und y zur Verfügung:

$$\Delta\lambda_{\text{Polbew}\,i} = \lambda_i - \lambda_{\text{ILS}\,i} = \tan \varphi_{\text{ILS}\,i} \cdot (\sin \lambda_{\text{ILS}\,i} \cdot x + \cos \lambda_{\text{ILS}\,i} \cdot y). \quad (6.1\text{-}2)$$

Um den erweiterten Funktionen angemessen Rechnung zu tragen, wurde der vom *ILS* wahrgenommene Dienst umorganisiert und unter der Trägerschaft der *International Astronomical Union* (*IAU*) und der *International Union for Geodesy and Geophysic* (*IUGG*) ab 1962 unter dem Namen *International Polar Motion Service* (*IPMS*) weitergeführt.

In Experimenten des MERIT-Projekts (MERIT = Monitoring of the Earth Rotation and Intercomparison of the Techniques) wurden 1980-1984 neue nichtoptische Beobachtungstechniken auf ihre Eignung zur Permanentbeobachtung der Erdrotation untersucht und mit den optischen Verfahren verglichen. Die Untersuchungen verliefen überaus erfolgreich und führten zur Einbeziehung von permanenten Doppler- und Laser-Messungen zu Satelliten (SLR), Lasermessungen zum Mond (LLR) und des Verfahrens der Langbasisinterferometrie (VLBI) in die Polbeobachtungsprogramme. Den erweiterten Beobachtungsmöglichkeiten wurde 1988 mit der Gründung des *International Earth Rotation Service* (Trägerschaft nach wie vor bei der IAU und der IUGG) Rechnung getragen. Im Zuge dieser Maßnahme wurden die einschlägigen Aktivitäten des *IPMS* (Polbewegung: x = *EOP1* und y = *EOP2*) und des *BIH* (Bestimmung der Weltzeit: $\Delta UT = UT1 - UTC = EOP3$) in eine gemeinsame organisatorische Einheit zusammengeführt. Die die Zeitbestimmung betreffenden Aufgaben, insbesondere die Koordinierung der *Internationalen Atomzeit*, deren Takt nicht mehr von der Erddrehung abhängt, wurden bei dieser Gelegenheit dem *Bureau International des Poids et Mesures* (*BIPM*) übertragen.

Beobachtet werden bei der Anwendung der mittlerweile dominierenden nicht an das Lot gebundenen und nicht-optischen Verfahren freilich nicht mehr die astronomisch geographischen Koordinaten λ_i und φ_i, sondern ihre ellipsoidischen Gegenstücke L_i und B_i, die sich voneinander um die entsprechenden Lotabweichungskomponenten unterscheiden. Um bei diesem Übergang die Zeitreihe der Polkoordinaten konsistent zu halten, mußten der Bezugspol, und der Bezugsmeridian neu definiert werden.

Ergänzend zu vorerwähnten Parametern *EOP1*, *EOP2* und *EOP3*, mit denen die Ausrichtung des Ephemeridenpols und des Ephemeridenmeridians relativ zu den entsprechenden erdfesten Örtern *IERS-Referenzpol* (*IRP*) und *IERS-Referenzmeridian* (*IRM*) beschrieben wird, liefern die geschilderten Permanentbeobachtungen mit dem *VLBI* und den anderen Raumverfahren auch Korrekturen des IAU(1980)-Nutationsmodells: $\Delta\psi_{\mathrm{IERS}} = EOP4$ (4.4-25/1) und $\Delta\epsilon_{\mathrm{IERS}} = EOP5$ (4.4-25/2) ermöglichen.

Einen detaillierten Abriß der oben in Kürze dargestellten Entwicklung des *IERS* von den Anfängen um die Jahrhundertwende bis heute, gibt Kolaczek (1989).

6.3 International GPS Service (IGS)

6.3.1 Produkte des IGS

Das Internationale GPS Service ist eine Einrichtung der International Association of Geodesy (IAG). Der von 80 Institutionen unterstützte Dienst hat Zugriff auf 150 weltweit verteilte GPS-Permanent-Stationen. Die Auswertung der laufend anfallenden Daten erfolgt in drei globalen und in fünf regionalen Daten-Zentren. Produkte des IGS sind u.a. Zeitreihen der Ephemeriden der GPS-Satelliten, der Erdorientierungsparameter *EOP1*, *EOP2* (Polkoordinaten) und der Tageslänge (*LOD*), der Stationskoordinaten und ihrer zeitlichen Änderung sowie atmosphärischer Daten (Beutler, et al., 1999). Für astrogeodätische Aufgaben von Interesse sind dabei vor allem die laufenden zahlenmäßigen Beschreibungen der Ionosphäre und der Troposphäre, auf die in im folgenden Abschnitt 6.3.2 noch näher eingegangen wird.

6.3.2 Permanentbeobachtung der Atmosphäre

Im Gegensatz zu GPS-Meßstationen auf Standorten mit noch unbekannter Position sind auf Permanentstationen die geometrischen Signalwege zu den GPS-Satelliten - abgesehen von kleinen Einschränkungen, die von nicht prädizierbaren Änderungen der Satellitenbahnen herrühren - von vornherein bekannt. Damit kennt man auch die jeweiligen durch die Lichtgeschwindigkeit c bestimmten »refraktionsfreien Laufzeiten«. Unterschiede zwischen den gemessenen und den refraktionsfreien Laufzeiten haben ihre Ursache im wesentlichen im Refraktionseinfluß der Atmosphäre. Die GPS-Beobachtungen auf Permanentstationen lassen sich daher dazu nutzen, integrale Refraktionsparameter der Atmosphäre zu bestimmen. Diese Parameter sind sowohl für die optischen Verfahren der Geodätischen Astronomie als auch bei der Langbasisinterferometrie von großer Bedeutung und ergänzen die konventionellen, auf Luftdruck- und Lufttemperaturmessungen gestützten Verfahren der Refraktionsbestimmung.

GPS-Permanentbeobachtungen der Ionosphäre

GPS-Satelliten senden ihre Signale auf zwei Frequenzen (*L1* und *L2*) im Mikrowellenbereich aus: f_{L1} = 1,57542 GHz, f_{L2} = 1,22760 GHz. Nach (2.11-14/2) ist der Brechungsindex n der Ionosphäre von der Elektronendichte EC und von der Wellenlänge f abhängig. Wenn nun das *L2*-Signal die GPS-Antenne später erreicht als das *L1*-Signal, so ist dieser Laufzeitunterschied allein dem Einfluß der freien Elektronen auf dem Signalweg zuzuschreiben. Die über den Signalweg gezählte und auf einen Luftsäulenquerschnitt von 1 m^2 bezogene Gesamtzahl TEC dieser Elektronen (*TEC = Total Electron Content*) findet man nach Beutler et al. (1999) aus dem Unterschied der durch »Code-Messungen« bestimmten unterschiedlichen Pseudoentfernungen p_{L1} und p_{L2}:

$$TEC = \frac{p_{L1} - p_{L2}}{\alpha \cdot \left(\frac{1}{f_{L1}^{\,2}} - \frac{1}{f_{L2}^{\,2}} \right)} . \qquad (6.3\text{-}1)$$

$\alpha = 40{,}3\,\mathrm{Hz^2 m^3 TECU^{-1}}$, wobei 1 TECU = Einheit der Elektronenzählung = 10^{16} Elektronen/m^2.

Über ein »Single-layer-Modell der Ionosphäre und die *mapping function* $1/\cos z$ können die »gemessenen« Elektronendichten auf vertikale Luftsäulen reduziert werden. Die Gesamtheit der entsprechenden Auswertungen aller IGS-Stationen liefert eine Momentaufnahme des Zustandes der Ionosphäre, die sich nach dem Beispiel von Bild 2.10-3 mit Hilfe von Isolinien gleicher Elektronendichte darstellen läßt.

Derartige Zustandsbilder produziert z.B. das JPL Ionosphere Associate Analysis Center des IGS in Ein-Stunden-Intervallen. Eine Analyse solcher Bilderserien zeigt sehr deutlich die maximale Ionisierung der Atmosphäre auf der Tagseite der Erde und wie sich eine Welle der maximalen und minimalen Ionisierung mit der Sonne von Ost nach West bewegt. Gleichzeitig erkennt man eine von der veränderlichen Strahlung der Sonne bestimmte laufende Änderung der Ionisierung.

GPS-Permanentbeobachtungen der Troposphäre

Die Troposphäre ist für Mikrowellen nicht dispersiv. Die *L1*- und die *L2*-Frequenz haben daher in der Troposphäre gleiche Laufzeiten. Bringt man bei der GPS-Auswertung zunächst die ionosphärisch bedingten Laufzeitverzögerungen in Abzug, die, wie oben dargelegt, durch Zweifrequenzmessungen erfaßt werden können, so geben die verbleibenden Unterschiede zwischen Soll- und Ist-Entfernungen Aufschluß über den Einfluß der Troposphäre auf die Laufzeit der GPS-Signale und damit auch über die momentane troposphärische Refraktion auf dem

Signalweg Satellit-Station. Über eine geeignete Mapping-Funktion (im einfachsten Fall $1/\cos z$) kann die Laufzeitverzögerung in der Schrägentfernung auch hier auf eine vertikale Luftsäule zurückgeführt werden. Das Ergebnis beschreibt den integralen Einfluß der trockenen Luft und des Wasserdampf-Anteils der Troposphäre. Wie die ionosphärische kann auf diesem Weg auch die troposphärische Refraktion weiträumig und in hoher zeitlicher Auflösung bestimmt und die Ergebnisse den Nutzern zur Verfügung gestellt werden.

Ein für die Wettervorhersage wichtiger Aspekt der Bestimmung der troposphärischen Refraktion mit Hilfe von GPS-Messungen ergibt sich durch der Möglichkeit, aus den troposphärischen Laufzeitverzögerungen den integralen Wassergehalt der Luft (*IPWV* = Integrated Precipitable Water Vapor) abzuleiten, den man mit konventionellen meteorologischen Messungen nur mit hohem Aufwand (z.B. mit Ballonsonden) erfassen kann. Bevis et al. (1992) haben gezeigt, daß der Parameter *IPWV* proportional zu der durch die Luftfeuchte ausgelösten Laufzeitverzögerung ist. Die GPS-Messung liefert, wie bereits erwähnt, eine genaue Schätzung der gesamten troposphärischen Laufzeitverzögerung. Auf der anderen Seite erlauben Temperatur- und Luftdruckmessungen an den Empfängerstandorten eine zuverlässige Berechnung des hydrostatischen Anteils der Signallaufzeit. Die Differenz der beiden Werte beschreibt die Wirkung des in der Luft enthaltenen Wassers. Über den von Bevis et al. (1992) bestimmten Proportionalitätsfaktor läßt sich daraus die in einer vorgegebenen Luftsäule enthaltene Wassermenge berechnen, die bei der Wettervorhersage eine zentrale Rolle spielt.

7 Sternkataloge, Jahrbücher, Bulletins, Himmelsgloben und Sternkarten

7.1 Klassifikation der Sterne

7.1.1 Größenklassen (Magnituden), Spektren

Zur Beschreibung der Helligkeit eines Gegenstandes im Bereich des sichtbaren Lichts sind u.a. folgende SI-Einheiten von Bedeutung:

Lichtstärke: Ihre physikalische Einheit ist im SI-System die Candela. Die Einheit wurde in einem Beschluß der 16. Generalkonferenz für Maß und Gewicht (1979) wie folgt definiert (Bischoff/Metzdorf, 1994):

Die Candela (cd) *ist die Lichtstärke in einer bestimmten Richtung einer Strahlungsquelle, die monochromatische Strahlung der Frequenz* $540 \cdot 10^{12}$ *Hertz aussendet und deren Strahlstärke in dieser Richtung 1/683 Watt durch Steradiant beträgt.*

Lichtstrom: SI-Einheit = Lumen (lm) ; 1 lm = 1 cdsr.

Beleuchtungsstärke: SI-Einheit = Lux (lx); 1 lx = 1 lm/m² = 1 cdsr/m².

➪ DIN 1301; Bischoff/Metzdorf (1994).

Dazu einige Erläuterungen:

Lichtstärke (I): Die in der SI-Einheit »Watt« gemessene Strahlungsleistung einer Lichtquelle, die nach der SI-Definition als »Lichtstärke« bezeichnet wird, ist durch die in einem Zeitintervall Δt in den Raumwinkel 1 Steradiant abgestrahlte Anzahl N von Photonen der o.a. Frequenz bestimmt. Jedes Photon transportiert eine bestimmte Energiemenge e_{Phot}. Eine bestimmte pro Zeiteinheit und Steradiant abgestrahlte Anzahl von Photonen kennzeichnet daher die Leistung des Strahlers:

$$I = \frac{e_{\text{Phot}} \cdot N}{\Delta t \cdot 1\,\text{sr}} \quad ; \quad [\text{SI-Einheit von } I] = \text{cd}. \qquad (7.1\text{-}1)$$

Lichtstrom (*Φ*)*:* Man betrachtet nun von der Lichtquelle aus einen beliebigen (von 1 sr abweichenden) Raumwinkel Ω. Die pro Zeiteinheit durch Ω hindurchgehende Anzahl von Photonen wird durch das Verhältnis Ω/sr bestimmt. Die so bestimmte Strahlungsleistung beträgt:

$$\Phi = I \cdot \Omega = \frac{e_{\text{Phot}} \cdot N}{\Delta t} \cdot \frac{\Omega}{\text{sr}} \quad ; \quad [\text{SI-Einheit von } \Omega] = \text{lm} = \text{cd sr}. \qquad (7.1\text{-}2/1)$$

Beleuchtungsstärke (E): Nach (7.1-1) und (7.1-2/1) ist der Lichtstrom einer mit konstanter Leistung strahlender Lichtquelle unabhängig von der Entfernung d, in der dieser »Strom« betrachtet wird, immer gleich groß. Eine im Abstand d senkrecht zur Strahlungsrichtung angeordnete Fläche F steht mit dem sie einschließenden Raumwinkel Ω in der einfachen Beziehung

Mit dieser Beziehung läßt sich (7.1-2/1) wie folgt auch in Abhängigkeit von F und d ausdrücken:

$$\Phi = \frac{e_{\text{Phot}} \cdot N}{\Delta t} \cdot \frac{F}{d^2} \,. \tag{7.1-2/2}$$

Bezieht man den Lichtstrom nun auf die Fläche F, so beträgt die auf F treffende

$$\Omega = \frac{F}{d^2} \text{ sr} \,.$$

Strahlungsleistung wegen (7.1-1)

$$E = \frac{\Phi}{F} = \frac{e_{\text{Phot}} \cdot N}{\Delta t \cdot d^2} = \frac{I \cdot 1 \text{ sr}}{d^2} \,;$$

$$[\text{SI-Einheit von } E] = \text{lx} = \frac{\text{lm}}{\text{m}^2} = \frac{\text{cd sr}}{\text{m}^2} \,. \tag{7.1-3}$$

Diese flächenbezogene Strahlungsleistung bezeichnet man als *Beleuchtungsstärke*. Man erkennt, daß diese umgekehrt proportional zum Quadrat der Entfernung einer Strahlenquelle abnimmt. Die Beleuchtungsstärke läßt sich mit *Photometern* messen.

In der Astronomie ist die *Beleuchtungsstärke* eine wichtige Klassifizierungsgröße, auf deren Grundlage die Sterne in *Größenklassen (GrKl)* eingeteilt werden. Das Prinzip, nach dem diese Einteilung traditionsgemäß erfolgt, geht auf Hipparch (190-125 v.Chr.) zurück, der die sichtbaren Sterne entsprechend ihrer *visuellen scheinbaren Helligkeit* in sechs Klassen eingeteilt hat: »Magnitude 1« (1^{mag}) für die hellsten Sterne und »Magnitude 6« (6^{mag}) für die schwächsten, gerade noch mit freiem Auge wahrnehmbaren.

Nach einer von Ernst Heinrich Weber (1795-1878) und Gustav Theodor Fechner (1801-1887) entdeckten Gesetzmäßigkeit verhalten sich die Intensitäten physiologischer Empfindungen wie die Logarithmen der sie auslösenden Reizintensitäten. Für die vom menschlichen Auge wahrgenommenen (= physiologisch empfundenen) Größenklasse *GrKl* eines Sternes der Beleuchtungsstärke E gilt danach folgende Proportionalitätsbeziehung (» ~ « = Symbol für »proportional«):

$$GrKl \sim \ln E \sim \log E \,. \tag{7.1-4}$$

(Logarithmen mit unterschiedlicher Basis sind zueinander proportional, also auch der natürliche Logarithmus (Basis e) ln E und der dekadische (Briggsche) Logarithmus (Basis 10) log E).

Für die Differenz zweier Größenklassen $GrKl_i$ und $GrKl_k$ folgt aus (7.1-4)

$$GrKl_i - GrKl_k = K \cdot (\log E_i - \log E_k) = K \cdot \log (E_i / E_k) \,. \qquad (7.1\text{-}5)$$

Die von Hipparch den Sternen als Ergebnis subjektiver Bewertungen zugewiesenen und von Ptolemaeus in seiner *Syntaxis* dokumentierten Größenklassen wurden 1856 von Norman Robert Pogson (1829-1891) so »kalibriert«, daß zwei Sterne, deren Beleuchtungsstärken zueinander im Verhältnis $E_i / E_{i+1} = 1{:}100^{1/5} = 1{:}2{,}512$ stehen, sich um 1^{mag} unterscheiden. Mit dieser Vorgabe lautet (7.1-5)

$$GrKl_i - GrKl_k = -\, 2{,}5^{mag} \cdot \log (E_i / E_k); \qquad (7.1\text{-}6)$$

bzw.

$$E_i / E_k = 10^{-0{,}4 \cdot (GrKl_i \,-\, GrKl_k)}. \qquad (7.1\text{-}7)$$

Der durch Kalibrierung gewonnenen Verhältniszahl $K = -\, 2{,}5^{mag}$ liegen photometrische Messungen der Beleuchtungsstärken zugrunde. Danach beträgt die Beleuchtungsstärke von Sternen der Magnitude 6 etwa 1/100 der von Sternen der Magnitude 1, also

$$E\,\{6^{mag}\} \,/\, E\,\{1^{mag}\} \approx 1{:}100 \,.$$

Setzt man $GrKl_6 - GrKl_1 = 6^{mag} - 1^{mag} = 5^{mag} = K \cdot \log 0{,}01$, so folgt für K der o.a. Wert. (Im übrigen findet man für die Magnitudendifferenz 1^{mag} die bereits erwähnte Verhältniszahl 1:2,512 bestätigt:

$$E_i / E_{i+1} = 10^{-0{,}4} = 100^{-0{,}2} = 1{:}100^{1/5} = 1{:}2{,}512 \text{)}.$$

Der Nullpunkt der Skala der Größenklassen wurde durch die den Polarstern betreffende Verfügung $GrKl$ {Polaris} = $2{,}12^{mag}$ festgelegt.[37)]

Die von Hipparch festgelegte Skala der Größenklassen (1^{mag} bis 6^{mag}) bezog sich nur auf einen Teil der Sterne, die mit freiem Auge wahrnehmbar waren (Pedersen, 1974, S.259). Mit der Erfindung des Fernrohrs (1750 Jahre nach Hipparch) konnten auch lichtschwächere Sterne beobachtet werden und es ergab sich daraus die Notwendigkeit, die bestehende Skala über die $GrKl = 6^{mag}$ hinaus zu erweitern. Die Skala umfaßt heute einen Bereich von etwa 50^{mag}: Von der Sonne mit - $GrKl$ {Sonne} = $-\, 26{,}8^{mag}$ bis hin zu den lichtschwächsten Sternen in der Größen-

---

37) Bei dieser Festlegung, die sich im übrigen nicht allein auf den Polarstern, sondern auf eine als *»North Polar Sequence«* bezeichnete Gruppe von Standardsternen stützte, war noch nicht bekannt, daß die Helligkeit des Polarsterns veränderlich ist: Seine Größenklasse beträgt heute $2{,}12^{mag}$ (FK5). Auf die mittlerweile von einer großen Zahl klassifizierter Fixsterne getragenen Skala der Größenklassen hat diese Veränderung keinen Einfluß.

klasse ≈ 24^{mag}, die nur mit den leistungsfähigsten Fernrohren wahrgenommen werden können. Der hellste Fixstern, *Sirius,* nimmt in dieser Skala die Größenklasse *GrKl* {Sirius} = − $1{,}5^{mag}$ ein, für die Vega gilt *GrKl* {Vega} = 0^{mag}.[38)]

Die visuell beobachtete Größenklasse (= scheinbare Helligkeit) eines Sterns hängt von seiner *wahren Helligkeit* und von seiner *Entfernung d* ab. Um die wahren (absoluten) Helligkeiten verschiedener Sterne miteinander vergleichen zu können, werden die (entfernungsabhängigen) scheinbaren Helligkeiten *E* auf eine *Standardentfernung* von 10 pc normiert. Da die Beleuchtungsstärke *E* einer Lichtquelle mit dem Quadrat der Entfernung abnimmt, stehen die Beleuchtungsstärken zweier im absoluten Sinn gleich heller Sterne i und k zueinander im Verhältnis

$$E_i / E_k = d_k^2 / d_i^2 \,. \qquad (7.1\text{-}8)$$

Für die Differenz der Größenklassen *GrKl* und *GrKl* {10 pc} des betrachteten Sterns und seiner in d = 10 pc gerückten Kopie gilt nach (7.1-5)

$$GrKl - GrKl\,\{10\text{ pc}\} = -2{,}5^{mag} \cdot (\log E - \log E\{10\text{ pc}\}) \qquad (7.1\text{-}9)$$

Unter Beachtung des Abstandsgesetzes (7.1-8)

$$E / E\{10\text{ pc}\} = (10\text{ pc})^2 / d^2$$

erhält man aus (7.1-9)

$$\begin{aligned} GrKl - GrKl\,\{10\text{ pc}\} &= -2{,}5^{mag} \cdot (\log\,\{10\text{ pc}\}^2 - \log d^2) \\ &= -\,2 \cdot 2{,}5^{mag} \cdot (1 - \log d) \\ &= -\,5^{mag} + 5^{mag} \cdot \log d\,, \qquad (7.1\text{-}10/1) \end{aligned}$$

bzw. wenn anstelle der Entfernung d der parallaktische Winkel
$p = (\mathrm{AUL}/d) \cdot \rho_{\mathrm{rad} \to ''}$ gesetzt wird, unter dem der Halbmesser der Erde
a = 1 AUL vom Stern aus erscheint:

$$GrKl - GrKl\,\{10\text{ pc}\} = -\,5^{mag} - 5^{mag} \cdot \log p\,. \qquad (7.1\text{-}10/2)$$

Nach den vorausgegangenen Dimensionsvereinbarungen ist d in der Einheit »pc« und p in der Einheit »″« einzuführen, um die Größenklasse in der Einheit »^{mag}« zu erhalten.

Neben der Größenklasse der Sterne, die ein Maß für die Beleuchtungsstärke ist, spielen bei der Erforschung der Struktur und der Entwicklung des Universums

---

[38)] Sirius und Vega, die beiden hellsten Sterne des Fixsternhimmels, hatten nach Hipparch bzw. Ptolemaeus die Größenklasse 1^{mag} (Ptolemaeus/Manitius, 1961, 37 und 57). Diese Bewertung ließ sich bei der Pogsonschen Kalibrierung nicht aufrechterhalten. Abgesehen von diesen und anderen »Ausreißern« die auf das Konto der alten Beobachtungen gehen, weist im Lichte moderner photometrischer Meßverfahren auch Pogsons Helligkeitsskala Mängel auf, die ihren heutigen Stellenwert relativieren (Hearnshaw, 1992).

auch die Spektren der Sterne eine wichtige Rolle. Eine Schlüsselstellung nimmt dabei das *Hertzsprung-Russel-Diagramm* ein: In diesem von Henry Norris Russel (1877-1957) auf der Grundlage der Arbeiten von Ejnar Hertzsprung (1873-1967) aufgestellten Diagramm wird für die Sterne eines bestimmten Typs (»Hauptreihensterne«, zu der auch die Sonne zählt, »Riesen«, »Weiße Zwerge«) ein funktionaler Zusammenhang zwischen ihrer Spektralklasse, die im wesentlichen durch die Oberflächentemperatur des Sterns bestimmt ist, und ihrer absoluten Größenklasse *GrKl* {10 pc} hergestellt. Damit ist ein Weg zur nicht- trigonometrischen Entfernungsbestimmung geöffnet: Es kann nämlich bei Kenntnis des Sterntyps aus der meßbaren Spektralklasse eines Sterns dessen absolute Größenklasse - (Hertzsprung-Russel-Diagramm), und sodann aus der absoluten Größenklasse durch den Vergleich mit der meßbaren scheinbaren Größenklasse mit Hilfe von (7.1-10/1) bzw. (7.1-10/2) die Sternentfernung *d* bzw. die *spektroskopische Sternparallaxe p* bestimmt werden. (Unsöld/Baschek, 1988, S.137).

7.1.2 Nomenklatur der Fixsterne

Schon im Altertum hat man die Fixsterne gruppenweise zu *Sternbildern* zusammengefaßt und so die Sterne hierarchisch geordnet. Im griechischen Kulturkreis wurden die einzelnen Sterngruppen mit mythologischen Gestalten (z.B. Cassiopeia, Hercules, Orion), mit Tieren (z.B. Großer Bär, Kleiner Bär, Stier, Adler, Schwan) oder mit bestimmten geometrischen Figuren (z.B. Lyra, Krone, Dreieck) in Verbindung gebracht und nach diesen benannt. Die von Claudius Ptolemaeus (90-160 n.Chr.) in seiner »Syntaxis« niedergelegten Namen der vom Mittelmeerraum aus sichtbaren Sternbilder ($90° \geq \delta \geq -60°$) sind bis auf wenige Ausnahmen heute noch gebräuchlich. Man findet die Namen bereits bei Hipparch (190-125 v.Chr.), Arat (1. Hälfte des 3.Jhs. v.Chr.) und Eudoxos (ca. 408-355 v.Chr.), wobei sich diese Autoren ganz offensichtlich auf noch wesentlich ältere Quellen stützten. Durch Teilung der alten Sternbilder kamen später noch einige wenige neue hinzu. Z.B. wurde das alte Sternbild »Schiff Argo« in »Carina« (Kiel), »Vela« (Segel), »Puppis« (Schiffsrumpf), »Pyxis« (Kompaß) und »Antlia« (Luftpumpe) aufgeteilt. Die Sternbilder des südlichen Teils des Sternhimmels, die europäische Seefahrer erstmals bei ihren Entdeckungsreisen im 15. Jahrhundert sahen und nicht bereits »ptolemäische Namen« hatten, wurden von Seefahrern und Astronomen (Houtman, Hevelius, Lacaille; ⇨ 7.2.5) nach wissenschaftlichen Instrumenten und Werkzeugen, z.B. »Oktans«, »Telescopium«, »Fornax« (Chemischer Ofen), »Circinus« (Zirkel), oder ebenfalls nach Tieren, z.B. »Tucana«, »Chamäleon«, »Musca« (Fliege), benannt.

Heute werden die Sternbilder in Verzeichnissen und Karten meist mit ihren lateinischen Namen geführt (z.B. »Ursa maior« für »Großer Bär« oder »Taurus« für »Stier«) und oft durch Buchstabenfolgen abgekürzt (z.B. »UMa« für »Ursa Maior«,

»Tau« für »Taurus«). Daneben gibt es für einige Sternkonfigurationen noch volkstümliche Namen, etwa »Großer Wagen« (in den deutschsprachigen Ländern), »The Plough«, »Charles's Wain« (im angelsächsischen Sprachraum) oder »The Big Dipper« (in den USA) für die sieben hellsten Sterne des »Großen Bären« (UMa).

Es liegt auf der Hand, daß die Sternbilder, wenn man sie als Zeichen von Figuren versteht, die nur in der Phantasie der Betrachter existieren und demzufolge nur vage Begrenzungslinien aufweisen, den Sternhimmel nicht lückenlos abdecken. Um eine für Klassifizierungszwecke erforderliche eindeutige Abgrenzung sicherzustellen, hat die Internationale Astronomische Union – auf der Grundlage von Vorarbeiten von Johann Elert Bode (1747-1826) – 1936 die Grenzen der Sternbilder durch individuell abgemessene Bogenstücke der Koordinatenlinien α = const., δ = const. (⇨ 3.2.4) der Epoche 1875,0 festgelegt (Delporte, 1930). Durch die Festlegung auf die genannte Epoche wurde sichergestellt, daß die Begrenzugslinien der Sternbilder in enger Beziehung zu den Sternen bleiben und sich nicht – als Folge der Präzession der Äquinoktien – zusammen mit dem Himmelsäquator und dem Frühlingsäquinoktium gegenüber dem Fixsternhimmel verschieben.

Die hellsten Sterne des Fixsternhimmels, aber auch einige weniger auffällige, tragen aus der griechischen und arabischen Astronomie übernommene Namen, z.B. *Antares* (griech.: *Gegen-Ares*), *Arcturus* (griech.: *Bärenhüter*), *Castor* und *Pollux* (griechische Eigennamen eines Zwillingspaares), *Aldebaran* (arab.: der [den Plejaden] nachfolgende). Eine solchermaßen individuelle Benennung mußte sich naturgemäß auf eine kleinere Zahl von Sternen beschränken. Die Notwendigkeit, im Zuge der Erforschung des Himmels eine größere Zahl von Sternen individuell anzusprechen, machte es daher erforderlich, die Sterne nach anderen Kriterien einzuteilen.

Ptolemaeus benutzte in seiner Syntaxis zur Identifizierung der Sterne verbale Umschreibungen, z.B. für den Stern *α Leonis »Der Stern im Herzen [des Löwen], genannt Regulus«*, für *β Leonis »Der Stern am Ende des Schwanzes«* oder für *β Orionis = Rigel »Der glänzende am Ende des linken Fußes mit dem Fluß [= Eridamus] gemeinsame«* (Ptolemaeus/Manitius, 1961, S.47, S. 56).

Eine sehr bequeme und heute noch gültige Nomenklatur hat Johann Bayer (1572-1625) eingeführt, der diese erstmals in den sorgfältig ausgearbeiteten Himmelskarten seiner 1603 in Augsburg erschienenen »*Uranometria*« benutzte (Ashbrook, 1973). Die Bayersche Nomenklatur stützt sich auf den durch die Sternbilder vorgegebenen hierarchischen Rahmen: Innerhalb eines Sternbildes werden die Sterne mit kleinen griechischen oder lateinischen Buchstaben bezeichnet, dem der lateinische Name des Sternbildes hinzugefügt wird. Zum Beispiel: »*β Orionis*« (kurz »*β Ori*«) für den Stern »*Rigel*« (Größenklasse $0{,}12^{mag}$) im Sternbild des »*Orion*«. Die alphabetische Reihenfolge korrespondiert weitgehend mit der Skala der Helligkeiten: α wurde für den hellsten, β für den zweithellsten Stern vergeben, usw.. Nachdem das griechische Alphabet ausgeschöpft war, wurde die Numerierung mit den lateinischen Buchstaben fortgesetzt, und zwar zunächst mit Klein-, und - nach Erschöpfung auch dieses Vorrats - mit Großbuchstaben. John Flamsteed (1646-1719) erweiterte dieses Numerierungsprinzip im Katalog seiner »*Historia Coelestis Britannica*« auf lichtschwächere Sterne und vergab arabische Zahlen, z.B. »*11 Tauri*« (kurz *11 Tau*) für einen Stern der Größenklasse $6{,}11^{mag}$ im Sternbild des Stiers. Im übrigen findet man in allen modernen Sternkatalogen laufende Sternnummern, die in Verbindung mit den Sternkoordinaten die Identität der Sterne eindeutig festlegen. So hat der vorerwähnte Stern *11 Tau* in den *Deutschen Fundamentalkatalogen (FK3, FK4, FK5*) die Nummer *1103*, in *»Boss' General Catalogue«* die Nummer *(GC)4382*, im *»Henry Draper Catalogue«* die Nummer *(HD)22805* und in der »*Bonner Durchmusterung*« die Nummer *(BD)+2-4° 529*. (Die angegebenen Nummern sind den im FK5 gegebenen Querverweisen entnommen).

An dieser Stelle ist ein ausdrücklicher Hinweis auf die von Werner/Schmeidler (1986) erstellte *Synopsis der Nomenklatur der Fixsterne* geboten. In diesem Werk sind für 2739 Sterne heller als $5{,}5^{mag}$ die in den wichtigsten alten (⇨ 7.2.3) und neueren Katalogen (⇨ 7.2.5) verwendeten Sternnummern gegenübergestellt. Außerdem findet man neben den Sternkoordinaten zur Epoche 1900 wertvolle Feststellungen zur Etymologie der Namen der Sternbilder. Inselkarten aller Sternbilder mit der von der IAU festgelegten Grenzlinien (Delporte, 1930) im Maßstab $M_0 \approx 1$ mm : 3° ergänzen das Zahlenwerk. Sehr detaillierte Untersuchungen zur Etymologie der Namen der Sterne und Sternbilder hat Kunitzsch (1974) in seinem *Kommentar zum Almagest* durchgeführt.

7.2 Sternverzeichnisse und Fundamentalkataloge

7.2.1 Allgemeines

Die Lösung der Hauptaufgabe der Geodätischen Astronomie - Bestimmung von Lotrichtungen und andere Richtungen des Erdraumes auf der Grundlage der Beobachtung von Fixsternen, ⇨ 1.1 - setzt die Kenntnis der Richtungen zu den beobachteten Sternen im Zeitpunkt der Beobachtung voraus. Darüber hinaus müssen die kinematischen Beziehungen zwischen dem Bezugssystem, auf das sich die vorgegebenen Richtungen beziehen und in dem diese durch Koordinaten beschrieben sind, und dem erdfesten Bezugssystem bekannt sein.

Wären die Fixsterne im Einklang mit ihrem Gattungsnamen raumfeste Ziele, so würde man zur Beschreibung der Richtungen zu diesen Objekten sinnvollerweise ein Bezugssystem zugrunde legen, in dem sich die Sternkoordinaten zeitlich nicht ändern. Wegen der *Eigenbewegungen der Fixsterne* (⇨ 2.6) existiert ein solches System aber nicht. Am nächsten kommt man dem Ideal, wenn den Sternkoordinaten ein Bezugssystem zugrunde gelegt wird, in dem die Eigenbewegungen der Fixsterne »im Mittel« verschwinden. Da die Eigenbewegungen nicht von vornherein bekannt sind und sich zudem von Stern zu Stern unterscheiden, läßt sich das angestrebte Bezugssystem nur in einem iterativen Prozeß einrichten, der langjährige systematische Sternbeobachtungen voraussetzt.

An derartigen Beobachtungen haben sich bis zum Ende des 19. Jahrhunderts fast alle namhaften Sternwarten beteiligt. Ihre Ergebnisse (Koordinaten und Koordinatenänderungen ausgewählter Fixsterne) sind in zahlreichen Katalogen niedergelegt (Eichhorn, 1974, 144-163; FK5, 1988, 91-106). Naturgemäß enthalten die einzelnen Kataloge - als Folge unterschiedlicher Standorte der »zuständigen« Sternwarten und unterschiedlicher Auswahlkriterien für die in die Beobachtungsprogramme einbezogenen Sterne - unterschiedliche Sternpopulationen. Auch die Beobachtungsepochen sind in aller Regel nicht deckungsgleich. Um einen den ganzen Sternhimmel umfassenden einheitlichen Bezugsrahmen zu schaffen - gleichbedeutend mit der Realisierung eines Quasiinertialsystems -, war es notwendig, die einzelnen Kataloge in einem *Fundamentalkatalog* - zusammenzuführen. Die geschilderten Rahmenbedingungen und katalog-spezifische systematische Fehler gestalten diese Zusammenführung zu einer überaus schwierigen Aufgabe.

7.2.2 Aufgaben und Methoden der Astrometrie

Die Methoden der Geodätischen Astronomie erlauben die Bestimmung von Richtungen in einem erdfesten Bezugssystem unter Bezugnahme auf Richtungen zu Fixsternen und anderen sichtbaren Objekten des Himmels. Die Methoden setzen voraus, daß die Positionen der Fixsterne in einem zälestischen Bezugssystem bekannt sind.

Die Bestimmung dieser Positionen ist die zentrale Aufgabe der Astrometrie. Eng verknüpft mit diesen Arbeiten ist die Definition eines zälestischen Bezugssystems sowie die Konstruktion und Pflege eines zälestischen Bezugsrahmens, der sich auf die vorerwähnten Positionsbestimmungen sowie auf die Messung von Parallaxen und Eigenbewegungen stützt.

Die Astrometrie kann man in die Bereiche *Nachbarschaftsastrometrie* (small field astrometry) und *Fundamental-Astrometrie* gliedern (Kovalevsky, 1990/2):

In der **Nachbarschaftsastrometrie** werden die Positionen von Sternen relativ zu ihren Nachbarn im Gesichtsfeld eines Meßfernrohrs bestimmt. Ihr wichtigstes

Werkzeug sind langbrennweitige Teleskope und entsprechend angepaßte Meßkammern, mit denen man eine Winkelmeßgenauigkeit von besser als 0,1″ erreichen kann. Eine in die Zukunft weisende Entwicklung stellt die Substitution der Photoplatten durch elektrische Detektoren dar: *Charge-coupled Devices* (*CCD*) und *Multichannel Astrometric Photometers* (*MAP*). Mit dem MAP wurde eine Genauigkeit von bis zu 0,003″ erreicht.

Aufgabe der **Fundamentalastrometrie** ist es, die geometrischen Beziehungen zwischen Sternen festzustellen, die sich in weit auseinanderliegenden Himmelsregionen befinden. Das Arbeitsgebiet beinhaltet die bereits erwähnte Konstruktion und Pflege eines zälestischen Bezugsrahmens. Dafür sollen nach Möglichkeit alle regionalen systematischen Fehler beseitigt und der Bezugsrahmen so festgelegt werden, daß er gegenüber einem Inertialsystem keine Rotation ausführt. Die Ergebnisse werden in einem *Fundamentalkatalog* zusammengetragen, auf die alle anderen Messungen bezogen werden können. In der Vergangenheit wurden Fundamentalkataloge aus Durchgangsbeobachtungen mit *Meridiankreisen* und *Prismenastrolabien* abgeleitet. Mit diesen Instrumenten wurden in automatisierten unpersönlichen Meßverfahren Genauigkeiten von bis zu 0,04″ erreicht.

Die modernste erdgebundene Beobachtungstechnik ist die *Langbasisinterferometrie* (➪ 8.6.4), die allerdings nur zur Erfassung von Radioquellen angewandt werden kann. Eine Verknüpfung mit optisch sichtbaren Sternen ist möglich, wo Radioquellen auch als optische Strahler identifiziert werden können. Die im Radiowellenbereich erreichbare Genauigkeit ist besser als 0,001″. Auf extragalaktische *Quasare* angewandt, ermöglicht das Verfahren den Anschluß der optisch sichtbaren Fixsterne an ein Inertialsystem.

Als modernstes und erfolgreichstes astrometrisches Meßsystem bewährte sich in jüngster Zeit der ESA-Satellit HIPPARCOS (High Precision Parallax Collecting Satellite), mit dessen Hilfe von 1989 bis 1993 die Positionen, Parallaxen und Eigenbewegungen von nahezu 120000 Fixsternen und anderen Objekten, die Lichtwellen abstrahlen, mit einer Geauigkeit von 0,001″ bestimmt wurden (ESA, 1997). Das Meßsystem des HIPPARCOS-Sensors beruht auf der hochgenauen Bestimmung von Positionswinkeln (= Bögen auf der Himmelskugel) aller in einem Abstand von etwa 58° voneinander entfernten Sternen. Durch eine laufend veränderte kreiselgesteuerte Ausrichtung des Sensors konnte der gesamte Sternhimmel in ein stabiles »Streckennetz« eingebunden werden, das die gegenseitigen geometrischen Beziehungen der Objekte durch die gemessenen Bögen mit höchster Präzision festlegt. Aufgrund der veränderlichen Position des Satelliten in seinem Lauf um die Erde und mit dieser um die Sonne – korrespondierend mit Veränderungen der scheinbaren Sternörter – konnten während der Mission auch Parallaxen und damit Entfernungen zu den Fixsternen bestimmt werden. Die vierjährige Laufzeit der Mission und ein Spektralsensor ermöglichten darüber hinaus die Feststellung von tangentialen und radialen Eigenbewegungen.

7.2.3 Alte Sternkataloge

Wegen ihrer großen Bedeutung, die die Vorläufer der modernen Fundamentalkataloge als herausragende Dokumente der Wissenschaftsgeschichte, aber auch als heute noch ergiebige Quellen bei der Erforschung der Eigenbewegung der Sterne und der Präzession der Rotationsachse der Erde haben, sei an dieser Stelle ein kurzer Rückblick auf die vom Altertum bis in das 19. Jahrhundert entstandenen Sternkataloge gegeben. Zu diesem Thema gibt es zahlreiche Einzeluntersuchungen und Bibliographien, auf die hier nur beispielhaft verwiesen werden kann: Baily (1843); Knobel (1877); Ševarlić/Teleki/Szádeczky-Kardoss (1978); Werner/Schmeidler (1986).

Der älteste, aus dem Altertum erhaltene Sternkatalog stammt von Claudius Ptolemaeus, der von etwa 85 bis 160 n. Chr. in Alexandria gelebt hat (Newton, 1977, S.237; Grasshoff,1990, S.1; Toomer, 1984). Der Katalog ist Teil eines großen, mehrbändigen Werkes, dem Ptolemaeus den Titel *E Matematike Syntaxis* gegeben hat und das unter der Bezeichnung *Almagest* über den arabischen Kulturkreis seinen Weg in das christliche Abendland gefunden hat (Manitius, 1913; Kunitzsch, 1974). In dem Katalog sind 1027 Fixsterne durch Angabe des Sternbildes, dem sie angehören, und durch eine verbale Beschreibung ihrer Lage innerhalb des Sternbildes gekennzeichnet (Becker, 1980, S.40). Außerdem ist die Größenklasse der einzelnen Sterne in einer von 1 bis 6 reichenden Skala angegeben, deren Struktur auch der modernen Helligkeitsklassifikation zugrunde gelegt wurde (⇨ 7.1.1). Die im Almagest angegebenen Koordinaten der Sterne beziehen sich auf das in 3.2.5 beschriebene Ekliptiksystem und auf die Epoche 138 n. Chr. (Ptolemaeus nannte als Epoche der Koordinaten »den Anfang der Regierung des Kaisers Antoninus Pius« und das Jahr 885 der Nabonassar-Ära).

Die meisten der im Almagest verzeichneten Sternkoordinaten sind einem etwa 300 Jahre vor Ptolemaeus entstandenen, heute verschollenen Verzeichnis des Hipparch (190-125 v.Chr.) entnommen worden, dessen Epoche in das Jahr 129 v. Chr. fällt. Ptolemaeus' eigene Angaben, ein Kommentar Hipparchs zu den *Phaenomena des Arat und Eudoxus* (das einzige erhaltene Werk von Hipparch) und umfangreiche neuzeitliche Forschungen (Dreyer, 1917; Vogt, 1925; Böker, 1952; Grasshoff, 1990) ermöglichten eine weitgehende Identifizierung der aus dem Hipparchschen Fixsternverzeichnis übernommenen Daten. Im übrigen lassen der vorerwähnte Kommentar Hipparchs zu dem Lehrgedicht *Phenomena (Himmelserscheinungen)* des Arat (1. Hälfte des 3. Jahrhunderts v.Chr.) und zu einem thematisch verwandten Werk des Eudoxos (406-ca. 355 v.Chr.) sowie die Aratsche Dichtung selbst auf noch ältere Kataloge bzw. auf eine »*Urphaenomena*« schließen (Böker, 1952).

Den ersten vom Almagest unabhängigen Sternkatalog schuf 1295 Jahre nach dem ptolemäischen Werk Ulugh Beg (1394-1449) in Samarkand (Hyde, 1665; Baily, 1843). Von der 2. Hälfte des 16. Jahrhunderts an entstanden auch in Europa neue Kataloge. Die Reihe dieser Werke, deren Genauigkeit mehr und mehr gesteigert werden konnte, ist mit den heute berühmten Namen Tycho Brahe (1546-1601), Johannes Hevelius (1611-1687), John Flamsteed (1646-1719), Nicolas-Louis de Lacaille (1713-1762), James Bradley (1692-1762), Friedrich Wilhelm Bessel (1784-1846), Joseph-Jérôme Lefrançais de Lalande (1732-1807), Guiseppe Piazzi (1746-1826), Francis Baily (1774-1844), Maximilian Weisse (1798-1875), Friedrich Wilhelm August Argelander (1799-1875), Stephen Groombridge (1755-1832) verbunden (Ferrari, 1883, S.38-40; Werner/Schmeidler, 1986). Insbesondere die mit Hilfe von Fernrohren bestimmten Sternkoordinaten (seit Flamsteed) können als Vorläufer und Bausteine der in 7.2.3 behandelten modernen Fundamentalkataloge betrachtet werden.

7.2.4 Konstruktion eines Fundamentalkatalogs

Könnte man die Richtungen zu den Fixsternen durch eine einzige Momentaufnahme (von einem Standort aus) erfassen, so würden die durch die Aufnahme festgestellten Sternkoordinaten ein (Quasi-) Inertialsystem repräsentieren und einen quasiinertialen Bezugsrahmen darstellen. Wegen der Eigenbewegungen der Sterne ist ein an die so ermittelten Koordinaten gebundenes Bezugssystem jedoch veränderlich. Der von den Fixsternen gebildete Rahmen kann das eingeführte Bezugsystem daher nur dann über die Aufnahmeepoche hinaus repräsentieren, wenn die Sternkoordinaten entsprechend den Eigenbewegungen der Sterne individuell fortgeschrieben werden. Eine derartige Momentaufnahme ist durch das von der ESA durchgeführte satellitengestützte Astrometrieprojekt *HIPPARCOS* (⇨ 7.2.2) im Prinzip realisiert worden. Auf dieses Projekt wird a.a.O. noch näher eingegangen.

In der Vergangenheit war eine gleichzeitige Erfassung aller Sterne nicht möglich. Die Richtungen zu den Fixsternen konnten aufgrund der verfügbaren Meßinstrumente und der erd- (stations-) gebundenen Meßverfahren nur durch Einzelmessungen - Stern um Stern - festgestellt werden, wodurch sich die Erfassung des gesamten Himmels über viele Jahrzehnte (bis Jahrhunderte) hinzog. Kompliziert wurde diese Vorgehensweise noch durch das Problem, daß die Abszissen und die Ordinaten der Sternkoordinaten - Deklination und Rektaszension - nach gänzlich unterschiedlichen Verfahren bestimmt werden mußten und daher in der Regel nicht gemeinsam gewonnen werden konnten. Derartige Einzelmessungen, die keine meßtechnische Beziehung zwischen den einzelnen Objekten stellen, bezeichnet man als *Absolut-* oder *Fundamentalbeobachtungen*.

In einem Fundamentalkatalog werden die von verschiedenen terrestrischen Standorten aus gewonnenen topozentrischen Beobachtungsergebnisse zusammengeführt, vom Einfluß der Polbewegung und von standortbedingten und periodischen Einflüssen (Refraktion, Tägliche Aberration, Jährliche Aberration, Jährliche Parallaxe, Nutation) befreit und unter Berücksichtigung der individuellen Eigenbewegungen und einer vereinbarten Präzessionskonstante auf eine bestimmte Standardepoche reduziert. Die dabei anfallenden Rechenschritte sind in Diagramm 4.8-1 niedergelegt, das im vorliegenden Fall von unten nach oben zu durchlaufen ist. Das Ergebnis sind Mittlere Sternörter, die sich auf das in der Standardepoche gültige Mittlere Äquinoktium beziehen.

Das zentrale Problem bei der Reduktion der Beobachtungsergebnisse auf ein allen Sternen gemeinsames zälestisches Bezugssystem ist die Schwierigkeit, die Effekte *Eigenbewegung* und *Allgemeine Präzession* eindeutig voneinander zu trennen (Fricke, 1971; 1972; 1974). Entsprechend groß ist die Bandbreite der bis dato für die *Präzessionskonstante* ermittelten Zahlenwerte (Newcomb, 1898/2, S.10; Böhme/Fricke, 1965). Um die zu verschiedenen Zeiten und von verschiedenen Sternwarten gewonnenen Sternkoordinaten in ein gemeinsames Bezugssystem zusammenzuführen und so hinsichtlich der ermittelten Richtungen zu vergleichbaren Ergebnissen zu kommen, ist eine Vereinbarung über die Größe der *Präzessionskonstante* notwendig, mit der alle Beteiligten die Beobachtungsergebnisse reduzieren. Die Genauigkeit, mit der diese Konstante tatsächlich bestimmt werden kann, bleibt aber ein limitierender Faktor beim Anschluß terrestrischer Bezugssysteme an ein Inertialsystem.

7.2.5 Fundamentalkataloge

Mit dem Ausgang des 19. Jahrhunderts haben sich einige Astronomen der mühevollen Aufgabe unterzogen, das umfangreiche, in vielen Jahren systematischer Arbeit gesammelte Beobachtungsmaterial aller namhaften Sternwarten zusammenzutragen und aus der Fülle der Daten *Kompilationskataloge* zu entwickeln, die eine globale Nutzung aller Positionsangaben ermöglichen sollten. Namhafte Beispiele für diese Arbeiten sind eine *deutsche* und eine *amerikanische Serie von Fundamentalkatalogen*. Ziel dieser Bemühungen war die Entwicklung und Bereitstellung eines einheitlichen zälestischen Bezugsrahmens, der sowohl für die Aufgaben der Geodätischen Astronomie als auch zur Lösung astronomischer Problemstellungen, etwa für das Studium der Dynamik der Galaxis, unverzichtbar ist. Heute sind dazu noch die Aufgaben der Navigation und Steuerung von Raumfahrzeugen hinzugekommen (Hubble-Teleskop, HIPPARCOS-Sensor).

Die **Reihe der amerikanischen Fundamentalkataloge** umfaßt die folgenden Werke:

- *Catalogue of Fundamental Stars for the Epochs 1875 and 1900, Reduced to an Absolute System* (Newcomb, 1899).
- *Positions and Proper Motions of 1504 Standard Stars for the Equinox 1925.0* (Eichelberger, 1925).
- *Preliminary General Catalogue of 6188 Stars for the Epoch 1900, Including those Visible to the Naked Eye and other Well-determined Stars* (Boss, 1910).
- *General Catalogue of 33342 Stars for the Epoch 1950 (GK)* (Boss, 1937).
- *Catalogue of 5268 Standard Stars, 1950.0, Based on the Normal System N30* (Morgan, 1952).

Die **Reihe der deutschen Fundamentalkataloge** besteht aus:

- *Fundamental-Catalog für die Zonenbeobachtungen nördlichen Himmel* (Auwers, 1879) und
  Fundamental-Catalog für Zonenbeobachtungen am Südhimmel und südlicher Polar-Catalog für die Epoche 1900 (Auwers, 1897).
- *Neuer Fundamentalkatalog des Berliner Astronomischen Jahrbuchs nach den Grundlagen von A. Auwers für die Epochen 1875 und 1900* (Peters, 1907).
- *Dritter Fundamentalkatalog des Berliner Astronomischen Jahrbuchs*
  I: 1535 Fundamentalsterne (Kopff, 1937)
  II: 1987 Zusatzsterne (Kopff, 1938).
- *Fourth Fundamental Catalogue (FK4)* für die Epochen 1950.0 und 1975.0
  I: 1535 Fundamentalsterne (ARI Heidelberg, 1963)
  II: 1987 Zusatzsterne (ARI Heidelberg, 1963)I
- *Fifth Fundamental Catalogue (FK5)* für die Epochen und Äquinoktien B1950.0 und J2000.0
  I: 1535 Fundamentalsterne (ARI Heidelberg, 1988)
  II: 3117 Zusatzsterne (ARI Heidelberg, 1991).

1935 (beginnend mit dem FK3) wurde die deutsche Reihe der Fundamentalkataloge Grundlage aller astronomischen Jahrbücher (⇨ 7.3) angenommen.

Aufgrund der ihm zugrunde liegenden Daten und der angewandten Konstruktionsprinzipien konnte der *FK5* bis zu seiner »Ablösung« durch den *HIPPARCOS*-Katalog (⇨ 7.2.6), dem er zugrunde gelegt wurde, als bestmögliche Realisierung eines Quasi-Inertialsystems gelten. Zur Erstellung des *FK5* wurden etwa 300 absolute und quasiabsolute Sternkataloge gesichtet und nach deren Analyse und Bewertung 85 ausgewertet. Die verwendeten Beobachtungen sind im Zeitraum zwischen 1900 und 1980 mit *Meridiankreisen, Vertikalkreisen, Transit-Instrumenten* und *Prismenastrolabien* gewonnen worden. Der Katalog besteht aus zwei Teilen. Teil 1 (*Part I: The Basic Fundamental Stars*) enthält die Mittleren Örter

(Rektaszension und Deklination), die Eigenbewegungsraten sowie die Größen- und Spektralklassen von 1535 Fixsternen (≈ 1 Stern / 25(°)²) für die Epochen und Äquinoktien J2000.0 und B1950.0. Teil 2 (*Part II: The FK5 Extension - New Fundamental Stars*) ergänzt dieses Verzeichnis um weitere 3117»Zusatzsterne« (Sterndichte des gesamten FK5 nunmehr ≈ 3 Sterne / 25(°)²). Die Hinzunahme der *Zusatzsterne* bewirkte eine für die Aufgaben der Astrometrie und der Geodätischen Astronomie gleichermaßen wünschenswerte Verdichtung des *FK5*-Bezugsrahmens, allerdings auf einem hierarchisch etwas niedrigerem Niveau.

7.2.6 Die ESA-Kataloge »*HIPPARCOS*« und »*TYCHO*«

Die Kataloge *HIPPARCOS* und *TYCHO* sind Produkte der von der European Space Agency (ESA) von 1989 bis 1993 durchgeführten satellitengestützten Astrometrie-Mission *HIPPARCOS* (Perryman, 1985; Kovalevsky, 1994, 191-234). Die bei dieser Mission eingesetzten Sensoren sind in 8.6 beschrieben.

Der *HIPPARCOS*-Katalog (Høg/Kovalevsky/Lindegren, 1992; ESA, 1997) enthält die Positionen, trigonometrische Parallaxen und Eigenbewegungen von 118218 Sternen bis zu einer Helligkeit von $12{,}4^{mag}$, was einer Sterndichte von etwa $3/(°)^2$ entspricht. Die durchschnittliche Genauigkeit der genannten geometrischen Grössen liegt bei etwa 0,001″. Da bei der Mission auch alle Sterne des FK5-Katalogs ⇨7.2.5 erfaßt wurden, konnte der *HIPPARCOS*-Katalog an das Äquinoktium dieses Fundamentalkatalog angeschlossen werden. Gleichzeitig wurde über Radioquellen, die sowohl im Bereich der Radiofrequenzen als auch im optischen Wellenbereich Strahlung aussenden, eine Verbindung zu jenen extragalaktischen Radioquellen hergestellt, die das *International Celestial Reference Frame* (*ICRF*) bilden; ⇨3.5.3. Aufgrund dieser Verbindung repräsentiert der *HIPPARCOS*-Katalog das *ICRF* im Bereich der Lichtwellen und gilt daher heute als primäre Realisierung des *International Celestial Reference System* (*ICRS*) auf der Grundlage optisch erfaßbarer Fixsterne (Feissel/Mignard, 1998, Brosche/Schuh, 1999). Der *HIPPARCOS*-Katalog ist sowohl in gedruckter Form (ESA, 1997, 5-9) als auch auf CD-ROM-Disketten veröffentlicht worden.

Im *TYCHO*-Katalog sind die Positionen von über 1 Million Sterne mit Sternen bis zu einer Helligkeit von $11{,}5^{mag}$ zusammengetragen. Der Katalog enthält bei einer Sterndichte von etwa $25/(°)^2$ 99% aller Sterne, die heller als 10^{mag} sind. Der durchschnittliche Positionsfehler liegt bei 0,025″. Trotz des niedrigeren Genauigkeitsniveaus kann der *TYCHO*-Katalog als wertvolle Ergänzung des *HIPPARCOS*-Katalogs betrachtet werden, insbesondere zur Menge der lichtschwächeren Sterne hin. Er enthält aber auch 40000 Sterne heller als 9^{mag}, die im *HIPPARCOS*-Katalog nicht enthalten sind. Für diese Sterne beträgt die Genauigkeit der Positionen, Parallaxen und Eigenbewegungen 0,007″. Im Gegensatz zum *HIPPARCOS*-Katalog ist der *TYCHO*-Katalog nur auf CD-ROM-Disketten erhältlich.

7.3 Astronomische Jahrbücher (Almanache) und Bulletins

7.3.1 Zweck von Jahrbüchern

In den Fundamentalkatalogen sind die erfaßten Sterne durch ihre Mittlereren Örter beschrieben. Die zu dieser Beschreibung verwendeten Koordinaten α_m und δ_m beziehen sich dabei auf ein heliozentrisches, für eine Standardepoche (beim FK5 die Epoche J2000.0) gültiges Mittleres Frühlingspunkt-Äquator-System $\langle \text{FrÄ} \rangle_m$. Die Mittleren Örter unterscheiden sich von den entsprechenden Richtungen, die ein Beobachter zu einem beliebigen anderen Zeitpunkt von der Erde aus wahrnimmt, um die Einflüsse von Eigenbewegungen, Präzession, Nutation, Jährliche Parallaxe, Jährliche Aberration, Tägliche Aberration und Refraktion. Abgesehen von der Täglichen Aberration und der Refraktion sind alle diese Einflüsse - wir haben sie in Abschnitt 4 als quantifizierbare Reduktionsgrößen kennengelernt - durch Angabe des Beobachtungszeitpunkts eindeutig festgelegt. Mit Ausnahme für Objekte des Sonnensystems sind die Reduktionsgrößen nicht vom terrestrischen Standort des Beobachters abhängig. Die ortsunabhängigen Reduktionen und mit diesen die Scheinbaren Sternkoordinaten α und δ lassen sich daher für eine global gültige geozentrische Sicht jederzeit vorausberechnen.

Während die Scheinbaren Sternörter mit entsprechenden Rechenprogrammen und kleinen PCs (Laptops) heute grundsätzlich von jedem Nutzer selbst berechnet werden können, übersteigt die Berechnung der Ephemeriden der Körper des Sonnensystems die Möglichkeiten der geodätischen Anwender bei weitem. Das hängt sowohl mit den mathematischen und rechentechnischen Schwierigkeiten zusammen, die die Lösung des n-Körper-Problems aufwirft, als auch mit dem fehlenden Zugriff auf die Bahndaten der Vergangenheit, ohne die eine Vorausberechnung von Planetenbahnen nicht möglich ist. Daher kann man zumindest für die Objekte des Sonnensystems auch heute nicht auf die Zuarbeit durch Astronomische Recheninstitute verzichten. Das über viele Jahrhunderte gepflegte und bewährte Verfahren, die Berechnungsergebnisse in Jahrbüchern niederzulegen und auf diese Weise allen Interessenten und Nutzern zugänglich zu machen, hat daher bis heute nicht an Bedeutung verloren.

Im folgenden werden die wichtigsten dieser Jahrbücher kurz beschrieben; siehe hierzu auch 10.2.5.

7.3.2 The Astronomical Almanac

Das Astronomical Almanac ersetzte ab 1981 zwei traditionsreiche, vor allem in der Seeschiffahrt verwendete astronomische Jahrbücher: das britische *The Nautical Almanac* (seit 1767) und das US-amerikanische *The American Ephemeris and Nautical Almanac* (seit 1855). Das Werk wird heute vom *US Nautical Almanac*

Office, Naval Observatory, Washington, DC, und von *Her Majesty's Nautical Almanac Office, Royal Greenwich Observatory* gemeinsam herausgegeben. Beiträge zu dem Werk leisten außer den zwei genannten Stellen auch noch das *Service des Calculs, Bureau des Longitudes, Paris*, und das *Institute of Theoretical Astronomy , St. Petersburg.* Ein in größeren Abständen herausgegebenes *Explanatory Supplement to The Astronmomical Almanac* (Herausgeber: Seidelmann) begleitet die Serie der regelmäßig erscheinenden Jahresbände.

Für astrogeodätische Arbeiten sind vor allem folgende Abschnitte bedeutsam:

B *Time-scales and Coordinate Systems*: Ephemeriden der Erde, Polaris-Tabelle, Tabellen zur Umrechnung von Weltzeit in Sternzeit sowie zur Präzession und Nutation, Besselsche Tageszahlen;

C *Sun*: Orbit-Elemente und Ephemeriden, Durchgangsepochen durch den Ephemeriden-Meridian, Zeitgleichung;

H *Stars et Stellar Systems*: Für die Jahresmitte gültige FK5-Positionen von hellen Sternen (»*Bright Stars*«);

K *Tables and Data*: Julianische Tageszahlen der Tage des Kalenderjahres, Reduktion der Zeitskalen.

7.3.3 Apparent Places of Fundamental Stars

Die *Apparent Places of Fundamental Stars* werden seit 1941 herausgegeben. Die unter der Schirmherrschaft der Internationalen Astronomischen Union stehende Bearbeitung und Herausgabe erledigte bis 1959 *Her Majesty's Nautical Almanac Office, Royal Greenwich Observatory*, 1960 hat das *Astronomische Recheninstitut, Heidelberg* die Aufgabe übernommen.

Die im jährlichen Zyklus erscheinenden Bände enthalten die für das betreffende Jahr maßgeblichen Mittleren und Scheinbaren Örter aller 1535 FK5-Sterne. (Die im Teil 2 des FK5 enthaltenen Zusatzsterne sind nicht berücksichtigt). Die Mittleren Örter beziehen sich auf den Mittleren Äquator und das Mittlere Frühlingsäquinoktium der Jahresmitte (z.B. J1999.5), die Scheinbaren Örter auf den Wahren Äquator und das Wahre Frühlingsäquinoktium der vertafelten Epochen.

Das Verzeichnis der Scheinbaren Örter ist in zwei Teile gegliedert:

Teil I: 1483 Sterne mit Deklinationen zwischen ± 81° (»10-Tage-Sterne«) für jede zehnte obere Kulmination Greenwich, und

Teil II: 52 Polsterne mit Deklinationen über ± 81° (»Polsterne«) für jede obere Kulmination in Greenwich.

Die Koordinaten der 10-Tage-Sterne müssen noch um den Einfluß der kurzperiodischen Nutationsglieder berichtigt werden, die in einer gesonderten, in Tagesschritten geteilten »Tafel I« (*Short-period terms of nutation*) niedergelegt sind. Die engere Tabellierung der Polsterne im Vergleich zu den übrigen ist mit Annäherung an den Pol wachsende Auswirkung (Faktor tan δ) der Präzession und der Nutation auf die Rektaszensionen veranlaßt. Bei diesen Sternen ist dem Einfluß der kurzperiodischen Nutationsglieder bereits Rechnung getragen.

In einer »Tafel II« (*Sideral time at 0^h U.T.*) sind tageweise die Zuordnungen zwischen Weltzeit *UT1* auf der einen und der *Mittleren* und *Scheinbaren Sternzeit* auf der anderen Seite niedergelegt.

7.3.4 Star Almanac for Land Surveyors

Das Star Almanac for Land Surveyers wird seit 1951 von *Her Majesty's Nautical Almanac Office, Royal Greenwich Observatory*, herausgegeben. Wie der Name schon sagt, ist auf geodätische Anwendungen (Aufgaben der Geodätischen Astronomie) zugeschnitten, allerdings mit einem gegenüber dem in 7.3.3 besprochenen Jahrbuch deutlich reduzierten Genauigkeitsniveau. Das 80seitige handliche Heftchen enthält die Scheinbaren Örter von 685 Fixsternen mit Magnituden $< 5{,}5^{mag}$ in Monatsschritten, für 10 polnahe Sterne in 10-Tage-Schritten. Im Unterschied zu den *Apparent Places*, die nur auf Sternbeobachtungen ausgelegt sind, enthält das Star Almanac auch die Ephemeriden der Sonne. Sie sind in 6-Stunden-Schritten als Funktion der Weltzeit *UT1* tabelliert. Eine eigene Tabelle ist der Azimut- und Breitenbestimmung mit dem nördlichen Polarstern (α Ursae Minoris = Polaris) gewidmet.

7.3.5 Astronomisches Jahrbuch für die Truppenvermessung

Das handliche Heft (86 Seiten) wird vom (deutschen) Amt für Militärisches Geowesen herausgegeben. Es dient wie das Star Almanac astrogeodätischen Aufgaben. Das Heft enthält die Ephemeriden der Sonne in 6-Stunden-, des Mondes in 2-Stunden- und der 25 ausgewählten Fixsterne in 10-Tages-Schritten, und zwar jeweils mit einer Tabelliergenauigkeit von 0,001° (= 3,6″).

7.3.6 Nautisches Jahrbuch oder Ephemeriden und Tafeln

Das vom Bundesamt für Seeschiffahrt und Hydrographie herausgegebene Jahrbuch ist ganz auf die Astronavigation zugeschnitten. Es enthält, in Stundenschritten tabelliert, die Scheinbaren Örter von 50 Fixsternen, der Sonne, des Mondes und der Planeten Venus, Mars, Jupiter und Saturn. Die auf Messung mit dem Spiegelsextanten ausgelegte Tafelgenauigkeit von 0,1′ ist für geodätische Aufgabenstellungen allerdings im allgemeinen nicht ausreichend. *Gesamtbeschickungstafeln* geben die Möglichkeit, die mit einem Sextanten gemessenen »Höhenwinkel« von Fixsternen und Planeten in einfacher Weise wegen der

Kimmtiefe des natürlichen Horizonts (⇨ 8.1.2, Lotsensoren) und wegen Refraktion (⇨ 4.7.2) zu korrigieren. Für Sonnen- und Mondbeobachtungen enthalten die Tabellenwerte darüber hinaus noch Reduktionen vom den unteren und oberen Rändern der Sonne und des Mondes auf die jeweiligen Mitten der beiden Himmelskörper, mit denen den veränderlichen scheinbaren Durchmessern von Sonne und Mond Rechnung getragen wird.

7.3.7 Bulletins des IERS

Die im FK5 und in astronomischen Jahrbüchern niedergelegten Sternkoordinaten beziehen sich auf das *International Celestial Reference Frame* (*ICRF*), dessen momentane Ausrichtung - die Richtung des Ephemeridenpols im ICRF - durch das IAU(1976)-Präzessions- und das IAU(1980)-Nutationsmodell nicht vollständig beschrieben wird und daher auch nicht exakt vorhergesagt werden kann. Auch bezüglich des erdfesten *International Terrestrial Reference Frame* (*ITRF*) läßt sich die Richtung des Ephemeridenpols nicht exakt vorhersagen. Schließlich sind auch Vorhersagen zur momentanen Ausrichtung des erdfesten *IERS Reference Meridian* (*IRM*) - ausgedrückt durch die *Scheinbare Sternzeit Greenwich* (*GAST*) oder durch die *Weltzeit UT1* - aufgrund von Unregelmäßigkeiten in der Erddrehung nur mit Einschränkungen möglich. Durch die in 6.1.2 beschriebenen Aktivitäten des *IERS* werden die tatsächlichen Beziehungen von *ICRF* und *ITRF* aber laufend beobachtet und durch Zeitreihen der Erdorientierungsparameter $EOP1 = x$, $EOP2 = y$ (x, y = Polkoordinaten), $EOP3 = UT1 - UTC$, $EOP4 = \Delta\psi_{\mathrm{IERS}}$ und $EOP5 = \Delta\epsilon_{\mathrm{IERS}}$ zahlenmäßig festgehalten. Die Ergebnisse werden in folgenden Publikationsorganen der Öffentlichkeit zugänglich gemacht:

Bulletin A erscheint wöchentlich. Es enthält die von den am beteiligten Beobachtungsgruppen (VLBI, SLR, LLR, GPS) in einem *Rapid Service* zusammengetragenen Erdorientierungsparameter sowie erste darauf gestützte Vorhersagen.

Bulletin B erscheint monatlich. Es enthält die aus allen Beobachtungsdaten abgeleiteten geglätteten definitiven Erdorientierungsparameter sowie geglättete Ergebnisse der momentanen Tageslänge (*LOD*) und der Winkelgeschwindigkeit der Erde. Das Bulletin gibt außerdem Auskunft über die aktuellen Ablagen zwischen *TAI* und *UTC*, über den letzten Zeitpunkt einer *UTC*-Schaltung, sowie über die auf 0,1s gerundete Differenz $\Delta UT1 = UT1 - UTC$, die über verschiedene Zeitdienste zusätzlich zum *UTC*-Signal verbreitet wird.

Bulletin C beinhaltet die Ankündigung des Zeitpunkts der nächsten *UTC*-Schaltsekunde und

Bulletin D informiert über den Zeitpunkt der nächsten Änderung der auf 0,1s gerundeten Differenz $\Delta UT1 = UT1 - UTC$, die über verschiedene Zeitdienste zusätzlich zum *UTC*-Signal verbreitet wird.

7.4 Himmelsgloben und Sternkarten

7.4.1 Himmelsgloben

Die im Prinzip abstrakte Abbildung von naturgegebenen Richtungen auf die Oberfläche der Gaußschen Richtungskugel (Himmelskugel), wie sie in Abschnitt 1.3 (Bild 1.3-1) beschrieben wurde, insbesondere der Richtungen von einem erdgebundenen Beobachter zu fiktiven Punkten des Himmels (Rotationspole der Erde, Äquinoktien) und zu Fixsternen, läßt sich ohne weiteres auch auf eine materielle, z.B. aus Glas oder Kunststoff bestehende Kugel übertragen. Markiert man auf der Kugeloberfläche die Bildpunkte, so entsteht als Ergebnis einer derartigen Abbildung ein *Himmelsglobus*, der aufgrund des gewählten Projektionsprinzips ein längentreues Abbild des Sternhimmels und der auf der Richtungskugel eingeführten Koordinatenlinien darstellt.

Da die Längentreue einer Abbildung auch ihre Winkeltreue einschließt, werden auf dem Himmelsglobus alle Bögen und Winkel unverzerrt dargestellt. Im Gegensatz zur Natur, wo sich der Betrachter des Sternhimmels stets im Inneren der Himmelskugel befindet, läßt sich ein Himmelsglobus in der Regel nur von außen betrachten. Dies hat zur Folge, daß ein Betrachter die Anordnung der Sterne auf dem Himmelsglobus (z.B. die Sternbilder) spiegelverkehrt sieht. Vergleiche hierzu die Abbildung der *Ursa Majoris* auf einem Himmelsglobus (z.B. Bild 1.3-2: der Betrachter blickt von außerhalb der Himmelskugel auf das Sternbild) und in einer Sternkarte (z.B. Bild 7.4-2: der Betrachter blickt von seinem terrestrischen Standpunkt aus, also aus dem Inneren der Himmelskugel auf das Sternbild).

Himmelsgloben hat es bereits im Altertum gegeben. So ist sicher, daß bereits Arat (3. Jh.v.Chr.) einen Himmelsglobus zur Hand hatte, als er sein berühmtes Sterngedicht verfaßte (Böker, 1952, 31).[39] Wer den ersten Himmelsglobus geschaffen hat, und wann dies geschah, ist freilich unbekannt. Erhalten hat sich aus der Antike neben Anweisungen zur Herstellung und zum Gebrauch ein eindrucksvolles Zeugnis aus dem Bereich der Kunst: eine 65 cm große, mit 42 Sternbildern versehene Marmorkugel, die der *Atlas Farnese* auf seinem Nacken trägt[40] (Fau

[39] Globen waren seinerzeit nicht nur Mittel zur Darstellung der Sterne, sondern wichtige Werkzeuge zur Feststellung der Sternörter. Die Vermessung des Fixsternhimmels und der Bewegungen der Planeten erfolgte nämlich allein durch Messung von Positionswinkeln, also von Winkelabständen zwischen den Sternen. Die Positionen wurden – ausgehend von zwei beliebigen »Basissternen« und vergleichbar mit dem geodätischen Verfahren der Triangulation – durch »Bogenschlag« auf dem Globus ermittelt.

[40] Die 191 cm hohe Marmorplastik des *Atlas Farnese*, die den sagenhaften Riesen Atlas mit geschultertem Himmelsgewölbe darstellt, wurde 1575 bei Grabarbeiten in Rom gefunden und kam in die Antikensammlung des Patriziergeschlechts der *Farnese*. Sie befindet sich heute im Museo Nazionale in Neapel. Die Plastik gilt nicht als griechisch-

ser,1973, 11, 39). Der älteste erhaltene Himmelsglobus abendländischer Herkunft stammt aus dem Besitz des Kardinals Nikolaus von Kues (1401-1464) und dürfte um 1400 in Nürnberg hergestellt worden sein (Fauser, 1973, 13). Der 27,2 cm große Globus besteht aus einem mit einer Gipsschicht überzogenen Holzkern. Er ist mit Leinwand bespannt und mit Ölfarben bemalt (Pilz, 1977, 49).

Was die weitere Entwicklung angeht, darf auf die Literatur verwiesen werden: ➪ z.B. Fauser (1973); Bayerische Staatsbibliothek (1979); Staatsbibliothek Preussischer Kulturbesitz (1989); Allmayer-Beck (1997); einschlägige Fachzeitschriften, etwa die von der *Internationalen Coronelli-Gesellschaft für Globen- und Instrumentenkunde* in Wien herausgegebene *Der Globusfreund*.

Moderne Himmelsgloben enthalten neben den zu Sternbildern zusammengefaßten größeren Fixsternen meist ausgewählte Gitterlinien gleicher Rektaszension und Deklination (α = const. und δ = const.) des ⟨FrÄ⟩-Systems (➪ 3.2.5) - darunter den Himmelsäquator und die beiden Wende- und Polarkreise -, sowie die Ekliptik. Die Kugel ist dabei in der Regel in einen den Horizont des Betrachters verkörpernden Rahmen gefaßt und mechanisch so gelagert, daß die zur Rotationsachse der Erde parallele *Z*-Achse des Äquatorsystems beliebig ausgerichtet und die Himmelskugel außerdem um diese Achse gedreht werden kann. Diese Anordnung ermöglicht die Darstellung des aktuellen Sternhimmels für jeden Standort der Erde und für eine beliebige Epoche. Am Rahmen können die Sternkoordinaten *Azimut* und *Zenitdistanz* in einem Nordorientierten Horizontsystem (➪ 3.2.3) eingestellt bzw. abgelesen werden.

7.4.2 Sternkarten, Sternatlanten, Sternfinder

Himmelsgloben vermitteln zwar ein unverzerrtes und überaus anschauliches Bild des Sternhimmels, ihrer praktischen Verwendbarkeit sind aber aufgrund ihrer räumlichen Ausdehnung von einem bestimmten Durchmesser an Grenzen gesetzt. Die Einschränkung der Unhandlichkeit entfällt, wenn die Himmelskugel in eine Ebene abgebildet wird. Dabei kann durch geeignete Maßstabswahl jeder geforderten Darstellungsdichte entsprochen werden. Abbildungsprodukte sind *Himmels-* und *Sternkarten*; Beispiele ➪ 10.2.6.

Der Maßstab $M = 1 : m$ ist dabei durch das Verhältnis »Abstand zweier benachbarter Gitterlinien in der Abbildungsebene (gemessen z.B. in mm) / Differenz der

---

hellenistische Originalarbeit - als solche wäre sie nach der Lage des Frühlingsäquinoktiums etwa um 300 v.Chr. anzusetzen - sondern als römische Kopie des ersten vorchristlichen Jahrhunderts. Auf der Kugel sind 42 Sternbilder im Hochrelief herausgearbeitet. Da nur die Sternbilder, nicht aber die Sternörter dargestellt sind, kann die Kugel, die der Atlas trägt, nicht als echter Himmelsglobus, sondern lediglich als die künstlerische Darstellung eines solchen betrachtet werden.

Maßzahlen dieser Gitterlinien (z.B. in der Einheit »°« oder »h«)« bestimmt. Der Maßstab hat also die Dimension »Längeneinheit« (in der Karte) / »Winkeleinheit« (auf der Himmelskugel). Z.B. hat die Sternkarte Bild 7.4-1 im Äquator den Maßstab $M_0 = 1 : m_0 = 1$ cm : 15° bzw. = 1 cm : 1 h; die entsprechende Maßstabszahl $m_0 = 1 : M_0$ ist demnach $m_0 = 15°$: 1 cm bzw. = 1 h : 1 cm.

Da eine Kugel in die Ebene nicht längentreu abgebildet werden kann, ist der Maßstab $M = 1 : m$ einer Sternkarte variabel. Die Größe des Maßstabs hängt im allgemeinen von Lage und Richtung des betrachteten Bogenelements ab. Für einen bestimmten Punkt der Abbildung liegt er zwischen einem Maximal- und einem Minimalwert: $m_{max} \geq m \geq m_{min}$. Winkgeltreue (konforme) Abbildungen sind dadurch ausgezeichnet, daß ihr Maßstab richtungsunabhängig, d.h. in einem Punkt für alle Richtungen gleich ist: $m = m_{max} = m_{min}$.

Der Flächenmaßstab einer Karte ist durch $m_F = m_{max} \cdot m_{min}$ gekennzeichnet. Er ist in flächentreuen Abbildungen für alle Punkte der Abbildung gleich.

Welcher Netzentwurf einer Abbildung im Einzelfall zugrunde gelegt wird, wird in erster Linie vom Zweck der Sternkarte bestimmt. Die Vielfalt der Abbildungsmöglichkeiten läßt dem Bearbeiter aber einen großen Auswahlspielraum.

Für *großmaßstäbliche Darstellungen* des Sternhimmels, die maßstabsbedingt eine hohe Auflösung ermöglichen, wird die Himmelskugel in aller Regel in Segmente eingeteilt und jedes Segment für sich abgebildet. Dabei werden in einem Kartenwerk durchaus unterschiedliche Abbildungsverfahren gewählt, um die Abbildungsverzerrungen klein zu halten. Typisch für die Bearbeitung großmaßstäblicher Kartenwerke, die den gesamten Sternhimmel abdecken, ist die Einteilung des Sternhimmels in Deklinationsbereiche (Zonen), die auf geeignet angeschmiegte Kegel abgebildet werden. Für die Polarzone ergibt sich nach diesem Prinzip als Abbildungsfläche eine Ebene (= Kegel mit Öffnungswinkel 90°) und für die Zone um den Äquator ein Zylinder (= Kegel mit Öffnungswinkel 0°). In dem durch die Kegelabbildung gegebenen Rahmen kommen im übrigen meist *winkel-* und *abstandstreue Abbildungen* zur Anwendung.

Für *kleinmaßstäbliche Darstellungen* des gesamten Sternhimmels, die meist thematischen Charakter haben (z.B. Auskunft über deren flächenhafte Verteilung der hellsten Sterne, bestimmter Galaxien oder anderer Objekte geben) und jeweils nur einer kleineren Zahl von Objekten enthalten, wird in der Regel eine geschlossene Abbildung der ganzen Himmelskugel angestrebt. Für derartige Darstellungen eignen sich vor allem *flächentreue* oder *abstandstreue Abbildungen.*

Im folgenden wird eine Auswahl über die in Himmels- und Sternkarten häufig verwendeten Abbildungen gegeben. Angegeben werden die Abbildungsgleichungen, mit denen die durch *Rektaszension* α und *Deklination* δ beschriebenen

Sternkoordinaten in *linkshändige ebene cartesische Koordinaten x, y* bzw. in *ebene Polarkoordinaten β, r* (Richtungswinkel β im Uhrzeigersinn) überführt werden. Als spezifische Kartenmerkmale werden darüber hinaus die ortsabhängigen extremen *Längenmaßstabszahlen* m_{max} und m_{min} (die sich in allen diskutierten Abbildungen auf die Süd-Nord- (m_{SN}) oder auf die West-Ost-Richtung (m_{WO}) beziehen) und die *Flächenmaßstabszahl* $m_F = m_{max} \cdot m_{min}$ angegeben, die Aufschluß über die kartentypischen Verzerrungen geben. Die Maßstabszahl m_0 bezeichnet eine frei bestimmbare Größe, mit der über den Kartenmaßstab in einem Bezugspunkt oder entlang einer Bezugslinie der Abbildung verfügt wird.

Winkeltreue Zylinderabbildung (Mercator-Abbildung)

⇨ Raisz (1938, 84-87); Wagner (1949, 78-86); Hake (1982, 153-156); Kuntz (1983, 55-56); Snyder (1987, 38-41); Maling (1992, 212-215); Hake/Grünreich (1994, 65-66).

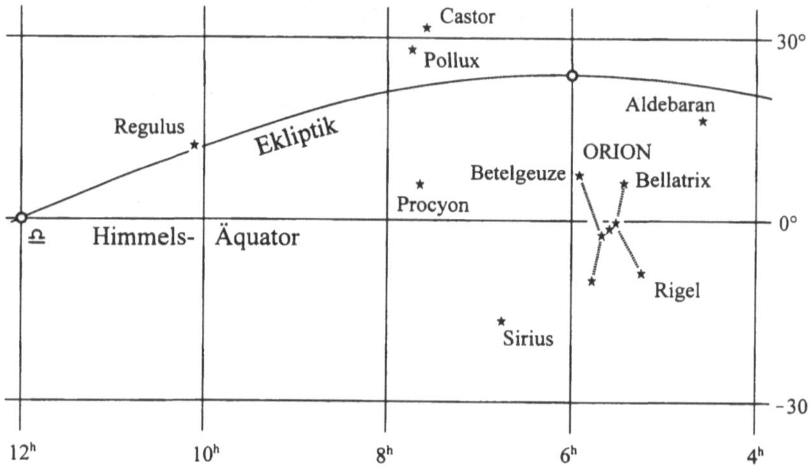

Bild 7.4-1: (Winkeltreue) Mercator-Abbildung einer äquatornahen Region des Himmels

Die Abbildung gibt wie alle winkeltreuen Abbildungen die abgebildeten Gegenstände (hier die Sternbilder und Sternkonstellationen) formtreu wieder. Da die Längenmaßstabszahl m zu den Polen hin über alle Grenzen wächst, ist eine Beschränkung der Abbildung auf eine äquatornahe Zone geboten. Für $-30° \leq \delta \leq 30°$ ist $m \leq 1{,}15$, für $-60° \leq \delta \leq 60°$ gilt $m \leq 2{,}0$.

$$y = -m_0 \cdot \alpha;$$

$$x = m_0 \cdot \ln \tan\left\{45° + \frac{\delta}{2}\right\} = \frac{m_0}{2} \cdot \ln \frac{1 + \sin\delta}{1 - \sin\delta}; \qquad (7.4\text{-}1/1)$$

$$m = m_{SN} = m_{WO} = m_0 \cdot \frac{1}{\cos\delta};$$
$$m_F = m^2. \qquad (7.4\text{-}1/2)$$

Beispiel für eine Abbildung im Bereich $-50° \leq \delta \leq 50°$: *Äquatoriale Sternkarte* in Karttunen et al. (1987, Innenseite des Buchdeckels); Äquatorialer Maßstab: $M_0 = 1$ cm : 10,7° (Deklination) bzw. $M_0 = 1$ cm : 0,72 h (Rektaszension). Die nachstehende Schemazeichnung 7.4-1 deckt den Bereich $-30° \leq \delta \leq 30°$ / 4 h $\leq \alpha \leq$ 12 h ab; ihr äquatorialer Maßstab beträgt $M_0 = 1$ cm : 12,5° (Deklination) bzw. $M_0 = 1$ cm : 0,83 h (Rektaszension).

Mittabstandstreue Zylinderabbildung mit längentreuem Äquator (Quadratische Plattkarte)

⇨ Wagner (1949, 71-72); Hake (1982, 125-126); Kuntz (1990, 128); Hake/Grünreich (1994, 64):

$$y = -m_0 \cdot \alpha;$$
$$x = m_0 \cdot \delta; \qquad (7.4\text{-}2/1)$$

$$m_{SN} = m_{min} = m_0;$$
$$m_{WO} = m_{max} = m_0 \cdot \frac{1}{\cos\delta};$$
$$m_F = m_{min} \cdot m_{max} = m_0^2 \cdot \frac{1}{\cos\delta}. \qquad (7.4\text{-}2/2)$$

Für eine äquatornahe Zone unterscheidet sich die Quadratische Plattkarte nur geringfügig von der Mercator-Abbildung. Eine maßstabsgleiche Darstellung des in Bild 7.4-1 erfaßten Gebietes würde im Rahmen der Zeichengenauigkeit keine Unterschiede erkennen lassen.

Die Abbildung wurde z.B. zur Darstellung der äquatorialen Zone $\delta = \pm 3°$ im *Millennium Atlas* des *HIPPARCOS-Katalogs* verwendet (⇨ 10.2.6: ESA, 1997, Vol. 14, 247-270, Vol. 15, 767-786, Vol. 16, 1279-1302). Für die mittlere Maßstabszahl $\bar{m} = \sqrt{m_F}$ gilt dort $m_0 \leq \bar{m} \leq 1{,}0007 \cdot m_0$, was an der Grenze der Zeichengenauigkeit liegt. Im übrigen wurde die Abbildung in zahlreichen Übersichtskarten zugrundegelegt, z. B. der dem *Atlas der Sternbilder* von Slawik/Reichert (⇨ 10.2.6) vorangestellten zur Darstellung des Bereichs $\delta = \pm 60°$.

Winkeltreue azimutale Abbildung (Stereographische Abbildung)

➪ Wagner (1949, 91-96); Hake (1982, 141-143); Kuntz (1990, 101-108); Snyder (1987, 154-163); Hake/Grünreich (1994, 60).

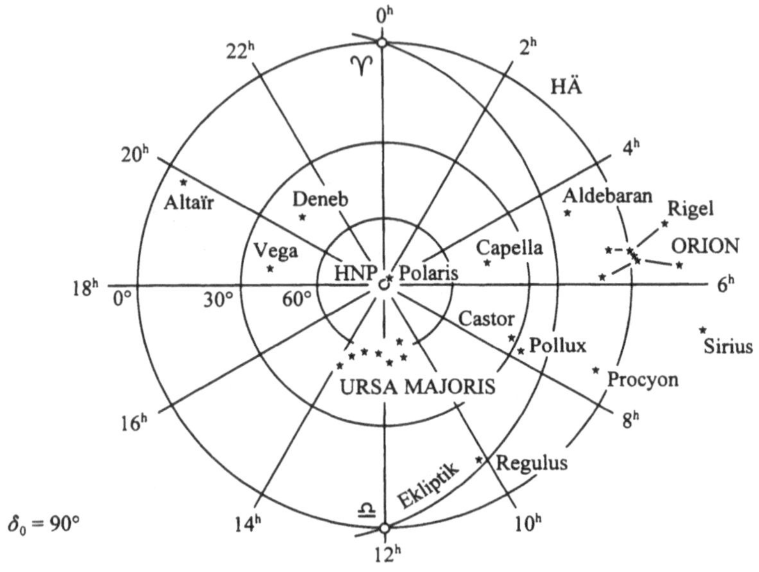

Bild 7.4-2: Stereographische Abbildung der nördlichen Hemisphäre der Himmels

$$\beta = \pm\alpha; \quad r = 2 \cdot m_0 \cdot \tan\left\{45° \mp \frac{\delta}{2}\right\}; \tag{7.4-3/1}$$

$$m = m_{SN} = m_{WO} = m_0 \cdot \frac{1}{\cos^2\left\{45° \mp \frac{\delta}{2}\right\}}; \quad m_F = m^2. \tag{7.4-3/2}$$

Die alternativ angegebenen Vorzeichen (±) oder (∓) unterscheiden die Abbildungen der nördlichen (oberes Vorzeichen) und der südlichen Hemisphäre (unteres Vorzeichen).

Die Stereographische Abbildung eignet sich vor allem zur Darstellung der Polregionen. Sie ist über die Eigenschaft der *Winkeltreue* hinaus durch *Kreistreue* gekennzeichnet: Alle Kreise auf der Himmelskugel (Äquator, Parallelkreise, Ekliptik, Horizont, Almukantarate) erscheinen auch in der Abbildung als Kreise. Die Maßstabszahl wächst bei zunehmenden Polabstand über alle Grenzen. Für

$60° \le |\delta| \le 90°$ ist $m \le 1{,}07$, für $30° \le |\delta| \le 90°$ gilt $m \le 1{,}3$ und für $0° \le |\delta| \le 90°$: $m \le 2{,}0$.

Die Schemazeichnung 7.4-2 deckt den Bereich $0° \le \delta \le 90°$ und $0\ h \le \alpha \le 24\ h$ ab; ihr polarer Maßstab beträgt M_0 = 1 cm : 35,3° (Deklination) bzw. = 1 cm : 2,35 h (Rektaszension); am Rand der Abbildung, der hier durch den Himmelsäquator gebildet wird, steigt der Maßstab auf das Doppelte an (M_0 = 1 cm : 17,6° (Deklination) bzw. = 1 cm : 1,17 h (Rektaszension).

Mittabstandstreue azimutale Abbildung

➪ Wagner (1949, 91-96); Hake (1982, 138-139); Kuntz (1990, 99-100); Snyder (1987, 191-202).

$$\beta = \pm\alpha; \qquad r = m_0 \cdot \operatorname{arc}\{90° \mp \delta\} \cdot \sec\delta; \tag{7.4-4/1}$$

$$m_{SN} = m_{min} = m_0; \qquad m_{WO} = m_{max} = m_0 \cdot \operatorname{arc}\{90° \mp \delta\} \cdot \sec\delta; \qquad m_F = m_0^2 \cdot \operatorname{arc}\{90° \mp \delta\} \cdot \sec\delta. \tag{7.4-4/2}$$

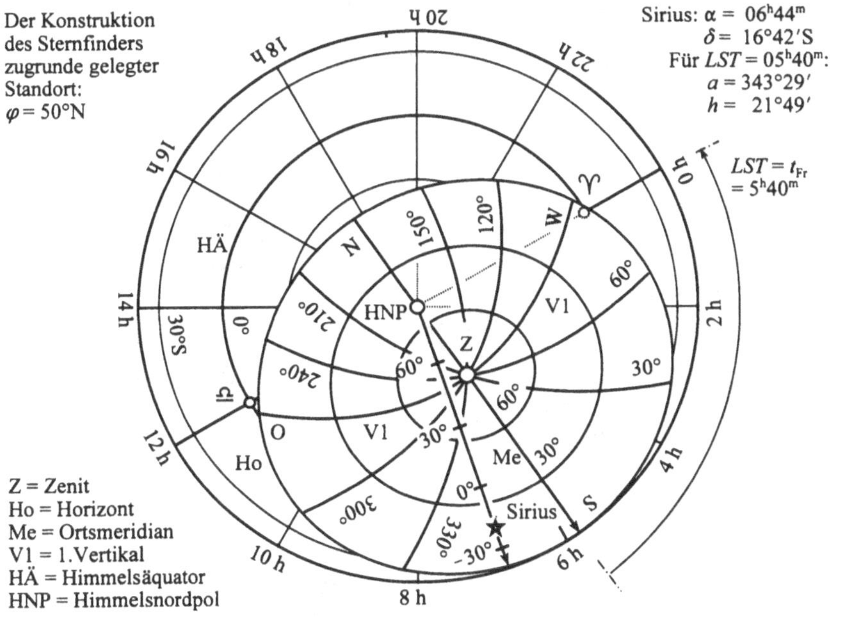

Bild 7.4-3: Sternfinder für die Geographische Breite φ_0 =50°
Mittabstandstreue Abbildung des Bereichs $-40° \le \delta \le 90°$

Die alternativ angegebenen Vorzeichen (±) oder (∓) unterscheiden die Abbildung der nördlichen (Zentralpunkt = HNP: oberes Vorzeichen) und der südlichen Hemisphäre (Zentralpunkt = HSP: unteres Vorzeichen).

Wie bei der Stereographischen Abbildung wächst die Maßstabszahl bei zunehmendem Polabstand über alle Grenzen, allerdings nicht so drastisch wie bei jener: Für den Bereich $60° \leq |\delta| \leq 90°$ ist $\bar{m} \leq 1{,}02$, für $30° \leq |\delta| \leq 90°$ gilt $\bar{m} \leq 1{,}09$ und für $0° \leq |\delta| \leq 90°$: $\bar{m} \leq 1{,}25$.

Die mittabstandstreue azimutale Abbildung ist weder winkel- noch flächentreu. Da für kleine Polabstände die Maßstabsunterschiede zur winkel- und flächentreuen Abbildung sehr gering sind, wird sie wegen ihres einfachen Abbildungsgesetzes in vielen himmelskundlichen Atlanten zur Darstellung polarer Regionen verwendet, z.B. im *Himmelsatlas* von Schurig/Götz (1960, Tafeln I, II, VII, VIII), im *Atlas zur Himmelskunde* von Schaifers (1969, Tafeln 1, 2, 7, 8), im *Sternatlas* von Marx/Pfau (1975, 1,2,15) oder im *Millennium Star Atlas* des *Hipparcos-Katalogs* (➪ 10.2.6: ESA, 1997, Vol. 14 Karten 1, 2, 515, 516). Auch die meisten *Drehbaren Sternkarten* (»*Sternfinder*«) - Bild 7.4-3 zeigt ein Beispiel, auf das am Ende des vorliegenden Abschnitts noch eingegangen wird - sind nach diesem Abbildungsprinzip konstruiert (z.B. Barth, 1974).

Winkeltreue Kegelabbildung (Lambert-Abbildung)

➪ Wagner (1949, 62-68); Hake (1982, 163-165).

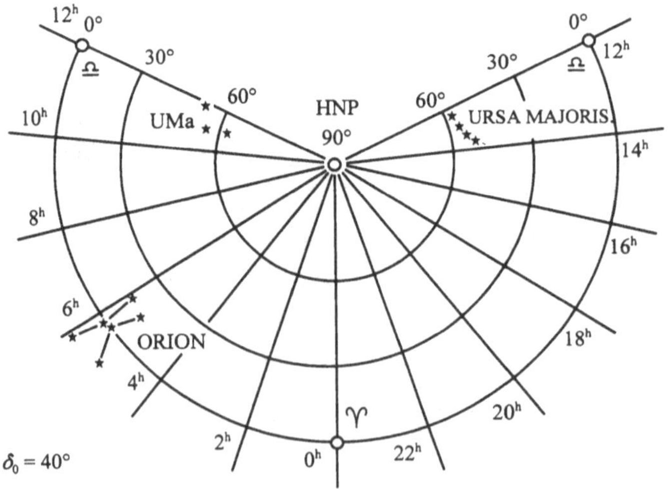

Bild 7.4-4: Winkeltreue Kegelabbildung

Bei den erörterten azimutalen Abbildungen steigt die Flächenverzerrung mit zunehmendem Polabstand, bei der Mercatorabildung mit zunehmendem Äquatorabstand. Sie erreicht z.B. für $\delta = 45°$ bei der Stereographischen Abbildung $m_F = 1{,}37 \cdot m_{F0}$ und bei der Mercatorabbildung $m_F = 2{,}00 \cdot m_{F0}$. Eine häufig wahrgenommene Möglichkeit, die Flächenverzerrungen auch für mittlere Deklinationen eng zu begrenzen, bietet die Abbildung auf einen in einer mittleren Deklination δ_0 an die Kugel angelegten Kegel.

Mit der verkürzten Schreibweise $n = \sin\,\delta_0$ gelten für die winkeltreue Kegelabbildung folgende Abbildungsgleichungen:

$$\beta = \pm n \cdot \alpha ;$$

$$r = m_0 \cdot \frac{\tan^n \{45° \mp \frac{\delta_0}{2}\}}{\mp \tan \delta_0} \cdot \tan^n \{45° \mp \frac{\delta}{2}\} ; \qquad (7.4\text{-}5/1)$$

$$m = m_{SN} = m_{WO} = m_0 \cdot \frac{\sin^{1-n} \{45° \mp \frac{\delta_0}{2}\} \cdot \cos^{1-n} \{45° \mp \frac{\delta_0}{2}\}}{\sin^{1-n} \{45° \mp \frac{\delta}{2}\} \cdot \cos^{1-n} \{45° \mp \frac{\delta}{2}\}} ; \qquad (7.4\text{-}5/2)$$

$$m_F = m^2 .$$

Die alternativ angegebenen Vorzeichen (±) oder (∓) unterscheiden die Abbildung der nördlichen ($\delta_0 \geq 0$: oberes Vorzeichen) und der südlichen Hemisphäre ($\delta_0 \leq 0$: unteres Vorzeichen).

Die Maßstabszahl $m = \sqrt{m_F}$ beträgt im Berührparallel δ_0 : $m = m_0$. Wählt man z.B. $\delta_0 = 50°$, so gilt für $30° \leq \delta \leq 70°$: $m_0 \leq m \leq 1{,}08 \cdot m_0$.

Abstandstreue Kegelabbildung

➪ Raisz (1938, 93-94); Wagner (1949, 34-37).

Die Abbildung hat folgende Merkmale: Die Linien δ = const. werden ausgehend von $\delta = \delta_0$ = const. als gleichabständige parallele Kreise, die Linien α = const. als dazu senkrechte, in gleichen Winkelabständen angeordnete Geraden abgebildet. Der Normalmaßstab $M_0 = 1 : m_0$ wird in Richtung der Linien α = const. und senkrecht dazu auf dem Bezugsparallel $\delta = \delta_0$ = const. realisiert. Aus diesen Festlegungen ergeben sich mit $n = \sin\,\delta_0$ die folgenden Abbildungsgleichungen:

$$\beta = \pm n \cdot \alpha ;$$

$$r = \pm m_0 \cdot (\cot \delta_0 - \text{arc} \{ \delta - \delta_0 \}) ; \qquad (7.4\text{-}6/1)$$

$$m_{WO} = m_{\min} = m_0 ;$$
$$m_{SN} = m_{\max} = \frac{n \cdot r}{\cos\delta} = m_0 \cdot \frac{(\cot\delta_0 - \operatorname{arc}\{\delta - \delta_0\})}{\cos\delta} ; \qquad (7.4\text{-}6/2)$$
$$m_F = m_{WO} \cdot m_{SN} = m_0^2 \cdot \frac{(\cot\delta_0 - \operatorname{arc}\{\delta - \delta_0\})}{\cos\delta} .$$

Die alternativ angegebenen Vorzeichen (±) unterscheiden die Abbildungen der nördlichen ($\delta_0 \geq 0$: oberes Vorzeichen) und der südlichen Hemisphäre ($\delta_0 \leq 0$: unteres Vorzeichen).

Für $\delta_0 \to 0$ geht die Abbildung in die Quadratische Plattkarte, für $\delta_0 = \pm 90°$ in die Mittabstandstreue Azimutale Abbildung über.

Die Abstandstreue Kegelabbildung wurde z.B. im *Millennium Star Atlas* des *Hipparcos-Katalogs* (➪ 10.2.6: ESA, 1997, Vol. 14-13) verwendet. Mit der mittleren Maßstabszahl $\bar{m} = \sqrt{m_F}$ gilt dort in der der Äquatorzone benachbarten Zone {6° ± 3°} $m_0 \leq \bar{m} \leq 1{,}0007 \cdot m_0$ und für die der Polzone {90° - 3°} benachbarte Zone {84° ± 3°} $m_0 \leq \bar{m} \leq 1{,}0011 \cdot m_0$, was an der Grenze der Zeichengenauigkeit liegt.

Polykonische Abbildung

➪ Raisz (1938, 98)

Polständige winkeltreue und abstandstreue Kegelabbildungen weisen entlang der Parallelkreise (δ = const.) einen konstanten, entlang der Kolure (α = const.) einen veränderlichen Maßstab auf, dessen Kehrwert (m_{SN}) mit zunehmendem Abstand $|\delta - \delta_0|$ über alle Grenzen wächst. Soll das Verhältnis m_{SN}/m_{WO} unter einer gewünschten Grenze gehalten werden, so muß man die Nord-Süd-Ausdehnung $\Delta\delta$ begrenzen. Die Abbildung des gesamten Himmels oder auch nur einer Hemisphäre in einem geschlossenen Abbildungsvorgang ist dadurch ausgeschlossen.

Gleichwohl lassen sich unter der Vorgabe einer Kegelabbildung auch bei der Darstellung der gesamten Himmelskugel die Maßstabsverhältnisse m_{SN}/m_{WO} limitieren, wenn die Kugel in *i* Zonen $\delta_{0i} \pm \Delta\delta$ aufgeteilt und jede Zone einem der Zone angepaßten Kegel zugerechnet und auf diesen abgebildet wird. In Bild 7.4-5 ist das Prinzip auf der Grundlage einer in (nur) 7 Zonen eingeteilten Himmelskugel skizziert. Man erkennt, daß sich die einzelnen »Kartenblätter« mit $\Delta\delta = 30°$ und $\Delta\alpha$ = 2h (= 30°) nur in WO-Richtung nahtlos aneinanderreihen lassen, während in SN-Richtung wegen der unterschiedlichen Krümmung der Parallelkreise δ = const Klaffungen auftreten. Diese Klaffungen lassen sich aber genau so wie die Maßstabsdifferenzen $(m_{SN} - m_0)/m_0$ beliebig verkleinern, wenn die Deklinationsbereiche $\Delta\delta$ nur klein genug gemacht werden.

Ein aktuelles Beispiel für die Anwendung des polykonischen Abbildungsprinzips bietet der bereits erwähnte, im Maßstab $M_0 = 1{:}m_0 = 1$ mm : 112" erstellte *Millennium Star Atlas* des *Hipparcos-Katalogs*.

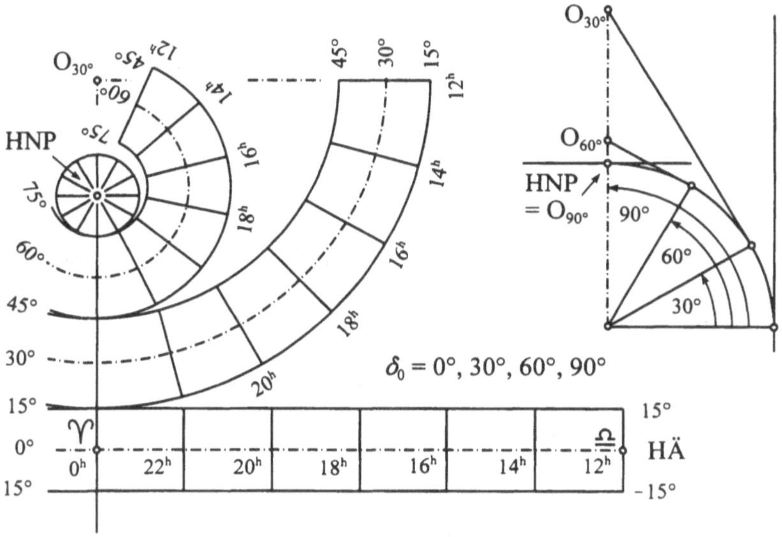

Bild 7.4-5: Polykonische Abbildung

Als Bezugsparallele dienen dort die Parallelkreise $\delta_0 = 0, \pm 6°, \pm 12° \ldots \pm 84°, \pm 90°$, die SN-Ausdehnung der einzelnen Zonen ist so auf $\Delta\delta = 6°$ beschränkt. Die Abweichung des Maßstabs m_{SN} vom Nominalwert m_0 erreicht (an der Nordgrenze der 84°±3°-Zone) 2,3‰. Da alle Sternkoordinaten im Hipparcos-Katalog auch in digitaler Form vorliegen, hat diese Abweichung keinerlei praktische Bedeutung.

Gnomonische Projektion (Zentralprojektion - Photogrammetrische Abbildung)

⇨ Wagner (1949, 98-99); Hake (1982, 143-144).

Eine einfache Methode zur astrometrischen Erfassung und kartographischen Darstellung des Sternhimmels ist das photogrammetrische Verfahren: Jede mit einer photogrammetrischen oder einer CCD-Meßkammer bzw. mit einem entsprechend ausgerüsteten Teleskop aufgenommene Photographie oder deren Entsprechung im CCD-Feld liefert ein zentralperspektivisches Bild der erfaßten Szene. Bei bekannter innerer und äußerer Orientierung der Meßkammer können so aus Photoaufnahmen des Sternhimmels die Richtungen zu den aufgenommenen Sternen ermittelt und - bei gleichzeitiger Registrierung der Aufnahmeepoche - astrometrische oder astrogeodätische Schlußfolgerungen gezogen werden (Bestimmung der Sternkoordinaten α, δ oder der Lotrichtung des Aufnahmeortes λ, φ).

Wir setzen zunächst eine ideale Aufnahmeanordnung voraus: Die Rahmenmarken der Meßkammer, die ein cartesisches Bildkoordinatensystem definieren, und die Photoplatte liegen in der Brennebene des Objektivs und sind senkrecht zur Zielachse des Objektivs angeordnet; im übrigen liegt die x-Achse des Bildkoordinatensystems in einer Vertikalebene und die y-Achse, die die x-Achse zu einem Linkshandsystem ergänzt, in der Horizontalebene (Definition nach 9.2.2).

Wird nun das Teleskop mit der Kammerkonstante c auf einen Punkt des Himmels mit den Koordinaten α_0 und δ_0 gerichtet, so bestehen zwischen der *Rektaszension* α und der *Deklination* δ eines Sterns auf der einen und seinen Bildkoordinaten x und y auf der anderen Seite die folgenden Beziehungen (Mueller, 1969, 187; Eichhorn, 1974, 70; Smart 1977, 283-284; Taff, 1981, 117; Green, 1985, 312):

$$\begin{aligned} \cos p &:= \sin\delta_0 \cdot \sin\delta + \cos\delta_0 \cdot \cos\delta \cdot \cos\{\alpha - \alpha_0\}\,; \\ \sin\gamma &:= \frac{\cos\delta}{\sin p} \cdot \sin\{\alpha - \alpha_0\}\,; \end{aligned} \qquad (7.4\text{-}7/1)$$

$$\begin{aligned} y &:= c \cdot \tan p \cdot \sin\gamma = c \cdot \frac{\cos\delta \cdot \sin\{\alpha - \alpha_0\}}{\sin\delta_0 \cdot \sin\delta + \cos\delta_0 \cdot \cos\delta \cdot \cos\{\alpha - \alpha_0\}}\,; \\ x &:= c \cdot \tan p \cdot \cos\gamma = c \cdot \frac{\cos\delta_0 \cdot \sin\delta - \sin\delta_0 \cdot \cos\delta \cdot \cos\{\alpha - \alpha_0\}}{\sin\delta_0 \cdot \sin\delta + \cos\delta_0 \cdot \cos\delta \cdot \cos\{\alpha - \alpha_0\}}\,; \end{aligned} \qquad (7.4\text{-}7/2)$$

$$m_F = m_0^2 \cdot \frac{1}{\cos^3 p}\,, \qquad \text{mit} \quad m_0 = \frac{\text{rad}}{c} = \frac{180°}{\pi \cdot c}\,. \qquad (7.4\text{-}7/3)$$

p bedeutet - im Sinne von Polarkoordinaten - den Bogenabstand zwischen der Richtung der Fernrohrachse (α_0, δ_0) und der Richtung zum Stern (α, δ), γ den von Norden im Uhrzeigersinn gezählten Richtungswinkel. (7.4-7/1) erhält man durch sinngemäße Anwendung von (3.3-16) (mit der der Übergang ⟨GrÄ⟩ → ⟨NH⟩ beschrieben wird) auf den Übergang vom ♈ - Äquatorsystem in das um die Richtungswinkel α_0 und $90° + \delta_0$ verdrehte und nach Nord orientierte momentane Fernrohrsystem (anstelle von φ ist δ und anstelle von $t_{Gr} + \lambda$ ist $\alpha - \alpha_0$ zu setzen). Die Verhältniszahlen x/c und y/c werden als *Standard- oder Tangentialkoordinaten* bezeichnet (Mimus/Mittermayer, 1968, 3, Mueller, 1969, 187; Green, 1985, 310). Die Abbildungsgleichungen (7.4-7) beziehen sich auf ein ideales Aufnahme-Szenario ohne Abbildungsfehler und bei exakter SN-Ausrichtung der x-Achse. Wie unvermeidliche Abweichungen vom Idealfall berücksichtigt werden können, haben z. B. Mueller (1969, 187), Eichhorn (1974, 70-78), Smart (1977, 287-297), Taff (1981, 121-129) und Green (1985, 313-316) erläutert.

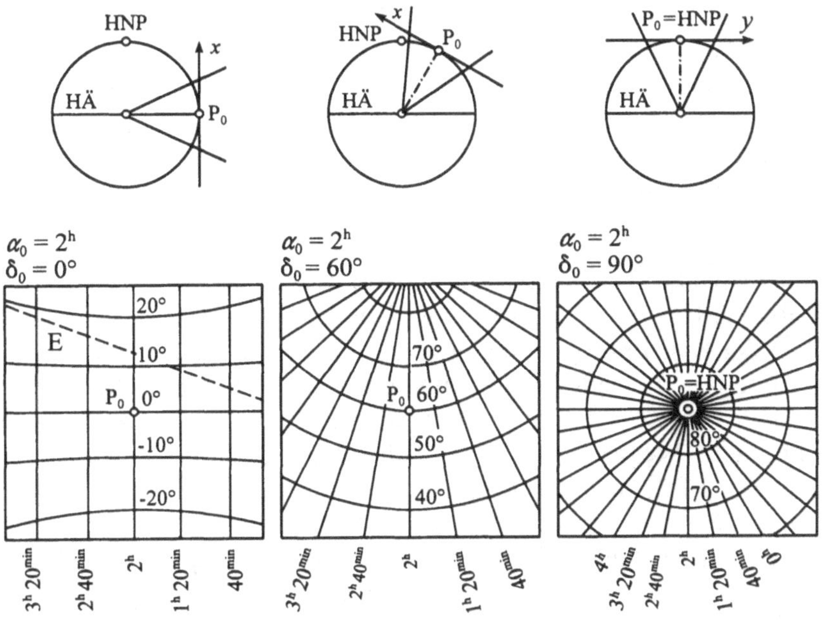

Bild 7.4-6: Gnomonische Projektion

Die Gnomonische Abbildung ist weder winkel- noch flächentreu. Ihr besonderes Kennzeichen ist die Eigenschaft, daß Großkreisbögen als Gerade wiedergegeben werden (Hake, 1982, 144).

Die Auflösung von (7.4-7/2) nach α und δ lautet nach Eichhorn (1974, 70), Smart (1977, 284-285), Taff (1981, 117) oder Green (1985, 312):

$$\cot\delta \cdot \sin\{\alpha - \alpha_0\} = \frac{y/c}{\sin\delta_0 + (x/c)\cdot\cos\delta_0} ;$$
$$\cot\delta \cdot \cos\{\alpha - \alpha_0\} = \frac{\cos\delta_0 - (x/c)\cdot\sin\delta_0}{\sin\delta_0 + (x/c)\cdot\cos\delta_0} . \qquad (7.4\text{-}7/4)$$

Die Wurzel aus der Quadratsumme der beiden Gleichungen ergibt auf der linken Seite »cot δ« (wegen $\cos^2\{\alpha-\alpha_0\} + \sin^2\{\alpha-\alpha_0\} = 1$), ihr Quotient »tan $\{\alpha - \alpha_0\}$«.

Aus (7.4-7/4) lassen sich $\alpha-\alpha_0$ und δ auch isoliert darstellen:

$$\tan\{\alpha - \alpha_0\} = \frac{y/c}{\cos\delta_0 - (x/c)\cdot\sin\delta_0} ;$$
$$\tan\delta = \frac{\sin\delta_0 + (x/c)\cdot\cos\delta_0}{\cos\delta_0 - (x/c)\cdot\sin\delta_0} \cdot \cos\{\alpha - \alpha_0\} . \qquad (7.4\text{-}7/5)$$

Photogrammetrische Aufnahmen, die der Positionsbestimmung und Katalogisierung der Sterne dienten, etwa der *Cape Photographic Catalogue*, wurden meist mit Kammerkonstanten $c \approx 2$ m gemacht, was einen Bildmaßstab von $M \approx$ 1mm : 100″ ergibt. Bei Plattengrößen von 140mm × 140mm überdeckt demnach eine Aufnahme ein Gesichtsfeld von etwa 4°×4°. Da die Kugel eine Winkelfläche von $F = 4 \cdot \pi = 12{,}5664\ (\mathrm{rad})^2 = 41253\ (°)^2$ einschließt, sind zur lückenlosen Abdekkung des gesamten Himmels etwa 2600 Platten der genannten Größe erforderlich.

Photographien, die der Darstellung der Sternbilder dienen, etwa die, die von Slawik/Reichert (1998) im *Atlas der Sternbilder* zusammengestellt wurden, werden in der Regel mit Amateurkameras aufgenommen. Bei einer Brennweite von $f = 50$ mm und einem Bildformat von 60 mm × 60 mm deckt ein Bild einen Raumwinkel von 62° × 62° = 3835(°)² ab, was etwa 1/12 der gesamten Kugelfläche ausmacht. Wegen der unvermeidlichen bzw. gewünschten Überdeckungen braucht man zur Erfassung des gesamten Himmels mit der erwähnten Ausrüstung mindestens 16 Aufnahmen (der o. a. Sternbild-Atlas enthält 42 Szenen, die jeweils Raumwinkel von 58,5° × 58,5° abdecken und sich großzügig überdecken).

Die vorgenannten Abbildungsarten eignen sich vor allem für detaillierte Darstellungen von Teilen des Himmels, wie man sie in großmaßstäblichen Sternkarten und in Sternatlanten anstrebt. Wegen der für einzelne Punkte oder Linien der Himmelskugel über alle Grenzen wachsenden Längenverzerrung sind die meisten von ihnen für Übersichten, die den gesamten Sternhimmel erfassen sollen, nicht geeignet. Für derartige Übersichten verwendet man meist flächentreue Abbildungen, etwa die

Flächentreue Hammersche Abbildung

(Wagner, 1949, 200-204; Kuntz, 1983, 55-56; Maling ,1992, 212-215; Bild 3.4-1):

$$
\begin{aligned}
&x = 2 \cdot m_0 \cdot \sin\frac{\beta}{2} \cdot \cos\gamma; \qquad y = 4 \cdot m_0 \cdot \sin\frac{\beta}{2} \cdot \sin\gamma; \\
&\text{mit} \quad \cos\beta = \cos\frac{\alpha}{2} \cdot \cos\delta; \qquad \cos\gamma = \frac{\sin\delta}{\sin\beta}; \\
&m_F = m_0^2 = \text{const.};
\end{aligned}
\tag{7.4-8}
$$

oder die

Abweitungs- und flächentreue Mercator-Sanson-Abbildung

(Wagner, 1949, 164-167, Hake, 1982, 173):

$$
\begin{aligned}
y &= m_0 \cdot \lambda \cdot \cos\varphi; \\
x &= m_0 \cdot \varphi; \\
m_F &= m_0^2 = \text{const.}.
\end{aligned}
\tag{7.4-9}
$$

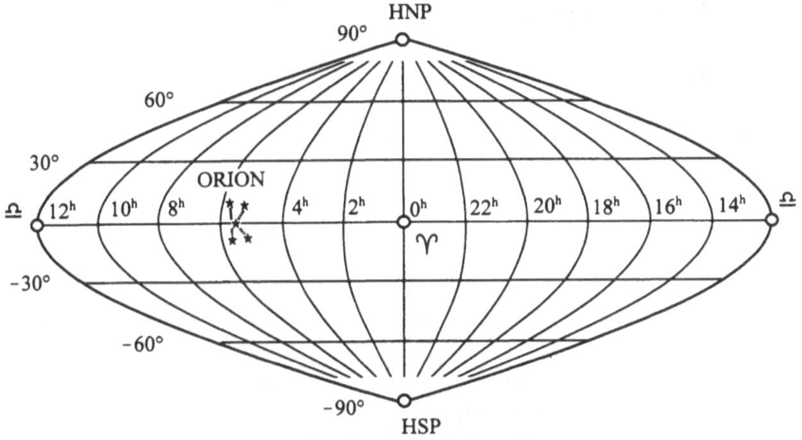

Bild 7.4-7: Abweitungs- und flächentreuer Zylinderentwurf (Mercator-Sanson-Entwurf)

Abschließend sei noch als nützliches Hilfsmittel zum schnellen Auffinden von Sternbildern und (helleren) Sternen der **Sternwähler** (Drehbare Sternkarte, Sternfinder) erwähnt; ➪ Bild 7.4-3. Gerät besteht aus einer in einer beliebigen (z.B. mittabstandstreuen) azimutalen Abbildung entworfenen und auf einer festen Unterlage (Scheibe aus Pappe oder Plastik) gedruckten eigentlichen Sternkarte und einer um den Himmelspol drehbaren transparenten Deckfolie. In die Deckfolie sind für eine bestimmte Geographische Breite φ_0 und nach dem gleichen Abbildungsmodus, dem auch Sternkarte zugrunde liegt, der Horizont ($z = 90°$) und der Zenit ($z = 0°$) sowie einige Vertikalkreise (z.B. $a = 0°, 30°, 60°, ...$) und Almukantarate (z.B. $z = 30°, 60°, ...$) d.h. die Gitterlinien eines ⟨NH⟩-Systems eingetragen. (Die Berechnung der Gitterlinien läßt sich unter sinngemäßer Anwendung von (3.3-15) durchführen.)

8 Beobachtungsinstrumente und Beobachtungsmodi

8.1 Grundlagen

8.1.1 Optisches und Radio-Beobachtungsfenster

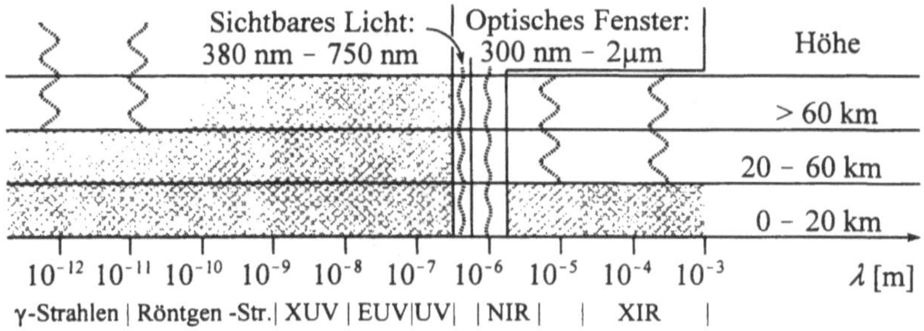

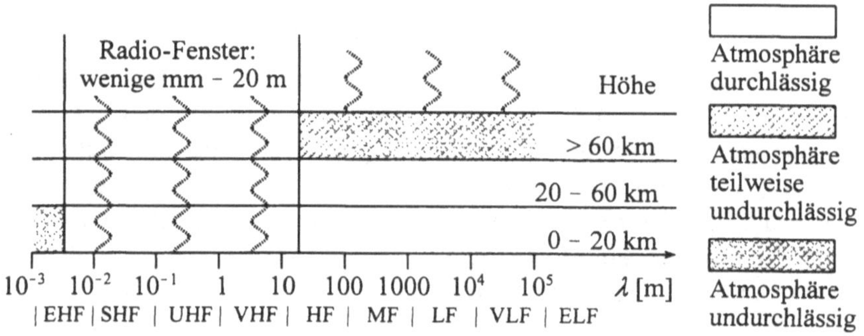

Bild 8.1-1: Durchlässigkeit der Atmosphäre in Abhängigkeit von der Wellenlänge λ der elektromagnetischen Wellen - optisches Fenster und Radiofenster der Atmosphäre
Quelle: Voigt (1991, 101); vergleiche auch: Rohlfs (1986, 3) und Karttunen et al. (1996, 50). Die entlang der λ-Achse eingetragenen Buchstabenkombinationen bezeichnen die aus technischen Gründen und durch Vereinbarung zu »Bändern« zusammengefaßten Frequenzen, z.B. NIR = near infrared, UHF = ultra high frequency, ELF = extra low frequency

Fixsterne und andere Objekte des Universums emittieren Strahlen in allen Bereichen des elektromagnetischen Spektrums, das von den extrem kurzwelligen Gamma-Strahlen (Frequenz: $f = 2 \cdot 10^{19}$Hz, Wellenlänge: $\lambda = 1{,}5 \cdot 10^{-11}$m) bis hin zu überlangen Radiowellen ($f = 300$ Hz, $\lambda = 1000$ km) reicht. Elektromagnetische Wellen breiten sich im Vakuum unabhängig von ihrer Frequenz mit Lichtgeschwindigkeit aus und überwinden im Lauf der Zeit, wenn sie auf ihren Wegen durch das All nicht durch interstellare Materie absorbiert werden, beliebig große Entfernungen. Von den im Außenraum der Erde ankommenden Wellen, die noch das gesamte elektromagnetische Spektrum (s.o.) umfassen, können jedoch nur zwei schmale Frequenzbänder die Atmosphäre durchdringen: das sichtbare Licht ($8{,}3 \cdot 10^{14}$Hz $\geq f \geq$ $3{,}8 \cdot 10^{14}$Hz; 0,36 µm $\leq \lambda \leq$ 0,78 µm) einschließlich dem »nahen« Infrarotlicht ($3{,}8 \cdot 10^{14}$Hz $\geq f \geq$ $2{,}3 \cdot 10^{14}$Hz; 0,78 µm $\leq \lambda \leq$ 1,3 µm) und die kurzwelligen Anteile der Radiostrahlung (300GHz $\geq f \geq$ 15MHz; 1mm $\leq \lambda \leq$ 20m). Der ganze übrige Teil des Spektrums wird von der Atmosphäre absorbiert und erreicht den erdgebundenen Beobachter daher nicht. Die Absorption der elektromagnetischen Wellen ist die Folge ihrer Wechselwirkung mit Ionen (Ionosphäre), Atomen (O) und Molekülen (N_2, O_2, O_3, H_2O, CO_2) der Erdatmosphäre in stofftypischen Resonanzfrequenzen. Der Sachverhalt ist in Bild 8.1-1 als Funktion der Höhe der reagierenden Atmosphärenschichten und in Abhängigkeit von der Wellenlänge der Strahlung vereinfacht dargestellt.

Wegen der stark absorbierenden Eigenschaft der Atmosphäre ist die erdgebundene Beobachtung extraterrestrischer Strahlungsquellen auf zwei kleine, für elektromagnetische Strahlen durchlässige *Beobachtungsfenster* beschränkt, nämlich auf das sogenannte *optische Fenster* und auf das *Radio-Fenster*. Das optische Fenster korrespondiert mit der Sensitivität des menschlichen Auges für das »sichtbare Licht« (0,4 µm $\leq \lambda \leq$ 0,7 µm). Für die Wahrnehmung von Radiowellen hat der Mensch kein Sinnesorgan.

Bis in die dreißiger Jahres dieses Jahrhunderts konnten Himmelsbeobachtungen nur im Bereich des sichtbaren Lichts und - unter Zuhilfenahme der Photographie - des nahen Infrarotlichtes durchgeführt werden. Dementsprechend waren die astrometrischen und astrogeodätischen Beobachtungsverfahren ausschließlich auf optische Instrumente gestützt, mit einem Fernrohr als wichtigsten Bauteil zur »Verstärkung« des verhältnismäßig schwachen Sternlichts. Diese Situation hat sich 1932 grundlegend verändert, als Karl G. Jansky, ein amerikanischer Ingenieur, bei Studien über Störungen des Rundfunkempfangs durch Gewitter mit einer richtungsempfindlichen Antenne Signale im Kurzwellenband (f = 20,5MHz, λ = 14,6m) empfing, die er später einer kosmischen Radioquelle im Zentrum der Galaxis zuordnen konnte (Karttunen et al., 1996, 75). Ein anderer Radioingenieur, Grote Reber, setzte Janskys Arbeiten 1937 mit Messungen im Ultrakurzwellenband (f = 160,4MHz, λ = 1,87m) erfolgreich fort. Ein technologische Schub auf dem Gebiet der Radiophysik ging von den Anstrengungen der Kriegparteien des zweiten Weltkriegs zur Entwicklung leistungsfähiger Radarausrüstungen aus (Rohlfs, 1986, 1). Die dabei gewonnenen Erkenntnisse und Erfahrungen beim Bau von Antennen und leistungsfähigen Empfängern machten es sehr bald danach möglich, in der ganzen Breite des zugänglichen Frequenzbandes durch das Radio-Fensters der Erdatmosphäre (300GHz $\geq f \geq$ 15MHz; 1mm $\leq \lambda \leq$ 20m) in das Universum zu blicken. Die systematische Nutzung des neuen Mediums hat zu zahlreichen überaus bedeutsamen Entdeckungen (Pulsare, Quasare) und zu völlig neuen Erkenntnissen über den Aufbau und die Entstehung des Weltalls geführt.

Im Bereich der Astrometrie und der Geodäsie hat das radioastronomische Verfahren der *Very Long Baseline Interferometry* (*VLBI*) aufgrund seiner hohen Meßgenauigkeit heute eine fundamentale Bedeutung erlangt und dabei für manche Aufgabenstellungen, vor allem bei der Realisierung eines Zälestischen Bezugsrahmens und bei der laufenden Beobachtung der Parameter der Erdrotation und Erdorientierung die optischen Verfahren verdrängt.

8.1.2 Wichtige Bauteile optisch-mechanischer Beobachtungsinstrumente: Fernrohre - Lotsensoren - Teilkreise - Ablenkprismen - CCD-Chips

Fernrohre

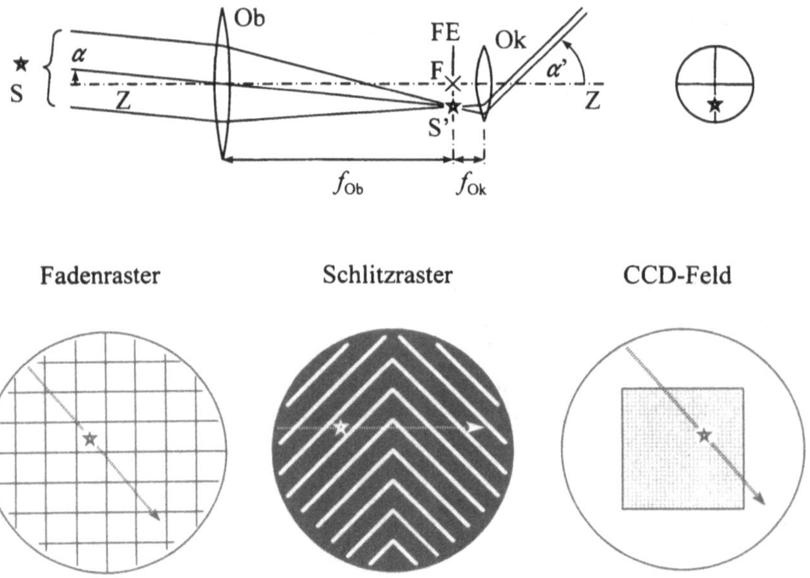

Bild 8.1-2: Strahlengang im Astronomischen (Keplerschen) Fernrohr (oben) Beispiele für Gestaltung und Anordnung eines Fadenrasters, eines Schlitzrasters und eines CCD-Feldes in der Fokalebene des Fernrohrs (oben rechts und unten)

Das Herzstück eines jeden astrogeodätischen und astrometrischen Beobachtungsinstruments, mit dem Objekte im Bereich des sichtbaren Lichts beobachtet werden, ist ein **Astronomisches Fernrohr (Keplersches Fernrohr)**; ⇨ Bild 8.1-2, oben links. Ein Fernrohr dieses Typs besteht im Prinzip aus einem *Objektiv* (Ob), einem *Faden-* oder *Strichkreuz* (F) und einem *Okular* (Ok). Das Objektiv ist eine Sammellinse oder ein Hohlspiegel mit einer »langen« Brennweite. Auch das Okular hat die Wirkung einer Sammellinse. Dessen Brennweite ist allerdings nur einen Bruchteil der Objektivbrennweite. Das Fadenkreuz besteht im angenommenen einfachsten Fall aus zwei zueinander senkrechten Strichen; ⇨ Bild 8.1-2, oben rechts.

Moderne Fernrohre sind - unter Beibehaltung des geschilderten Konstruktionsprinzips - komplexer aufgebaut (Deumlich, 1974, 41-47; 1982, 41-46). So sind sowohl das Objektiv und als auch das Okular durchwegs aus mehreren Einzellinsen zusammengesetzt, das Objektiv nicht selten aus einer Kombination von konvexen und konkaven Linsen und Hohlspiegeln. Das auf einer Strichplatte markierte Fadenkreuz ist meist durch zusätzliche, zu den Strichen der Grundfigur parallele Fäden zu einem *Strichraster* erweitert; ⇨ Bild 8.1-2, unten links.

Der optische Mittelpunkt des Objektivs und das Fadenkreuz definieren die (zentrale) *Zielachse* (Z) des Fernrohrs. Falls die Strichplatte nicht nur ein einfaches Fadenkreuz, sondern weitere dazu parallele Fäden enthält (*Fadennetz*), bilden der Objektivmittelpunkt und die Schnittpunkte der einzelnen Parallelfäden mit dem eigentlichen Fadenkreuz weitere »laterale Zielachsen«, die gegenüber der zentralen Zielachse um konstante Winkelbeträge abgesetzt sind.

In Bild 8.1-2 oben ist der durch einen abseits der Zielachse liegenden Stern (S) bestimmte Strahlengang durch ein Astronomisches Fernrohr skizziert. Die im Fernrohr ankommenden Strahlen verlaufen wegen der »unendlich großen« Entfernung der Lichtquelle beim Eintritt in das Objektiv praktisch parallel. Das Objektiv vereinigt diese Strahlen zu einem dimensionslosen »Bildpunkt« (S'). Jeder Stern wird in einem anderen Bildpunkt abgebildet. Die Menge aller durch das Objektiv bestimmten Bildpunkte unendlich ferner Lichtquellen liegt in der *Brenn-* oder *Fokalebene* (FE) des Objektivs, wobei zwischen den scheinbaren Örtern der Lichtquellen und ihren Bildpunkten im Idealfall (wenn das Objektiv verzeichnungsfrei ist) eine zentralperspektivische Beziehung hergestellt wird. Die Brennebene steht senkrecht auf der optischen Achse (Symmetrieachse) des Objektivs; der Abstand Ob-FE ist gleich der Objektivbrennweite f_{Ob}. Um eine Scharfabbildung der Sterne in der Ebene des Fadenkreuzes zu erreichen, die für eine parallaxenfreie Zielung erforderlich ist, muß das Fadenkreuz in die Brennebene des Objektivs gelegt werden.

Das *Okular* ermöglicht dem Beobachter die Betrachtung der Bildpunkte und des Fadenkreuzes. Der Beobachter zielt ein fernes Ziel an, indem er durch entsprechende Ausrichtung des Fernrohrs das Fadenkreuz mit dem Bildpunkt des Ziels zur Deckung bringt. Dieser Vorgang wird als *Kollimation* bezeichnet. Die Kollimation kann bei einem geeigneten Sensor auch vollautomatisch erfolgen. In diesem Fall benötigt das Fernrohr kein Okular.

Da die Wellenfront der einfallenden Strahlen durch die Öffnung des Objektivs beschnitten wird, treten am Objektivrand bzw. an der das eintretende Licht begrenzenden Blende Beugungseffekte auf, die zu Interferenzen führen und den oben geschilderten idealen Strahlengang geringfügig modifizieren: Anstelle eines dimensionslosen Bildpunktes, wie er sich nach den Regeln der geometrischen Optik ergibt, entsteht ein durch konzentrische dunkle Ringe gegliedertes Lichtscheibchen, das im hellen Zentrum (Airy-Scheibchen) 84% des in das Objektiv eintretenden Lichtflusses der Strahlungsquelle vereinigt. Das Airy-Scheibchen hat einen Durchmesser von

$$\delta_{\text{lin}} = 2{,}44 \cdot \lambda \cdot \frac{f_{\text{Ob}}}{D_{\text{EP}}}, \qquad (8.1\text{-}1/1)$$

der vom optischen Mittelpunkt des Objektivs aus unter einem Winkel von

$$\delta = 5{,}03 \cdot 10^5\,'' \cdot \frac{\lambda}{D_{\text{EP}}} \qquad (8.1\text{-}1/2)$$

erscheint. λ = Wellenlänge des Lichts und D_{EP} = Durchmesser der Objektivöffnung (Gerthsen, 1956, 394; Kohlrausch, 1968/I, 506; Schröder, 1977, 110-111; Naumann/Schröder, 1987, 22). Beispielsweise ergibt sich bei einer Wellenlänge von $\lambda = 550\,\text{nm}$, einer Objektivbrennweite von $f_{\text{Ob}} = 500\,\text{mm}$ und einer Objektivöffnung von $D_{\text{EP}} = 55\,\text{mm}$ ein Scheibchendurchmesser von

$\delta_{\text{lin}} = 2{,}44 \cdot 0{,}00055\,\text{mm} \cdot 500\,\text{mm} / 55\,\text{mm} = 12\ \mu\text{m}$

(Linearmaß, gemessen in der Fokalebene) bzw. von

$\delta = 5{,}03 \cdot 10^5\,'' \cdot 0{,}00055\,\text{mm}/55\,\text{mm} = 5''$

(Winkelmaß, bezogen auf den Objektivmittelpunkt).

Zwei punktförmige Lichtquellen lassen sich im Fernrohr dann deutlich trennen, wenn ihr Winkelabstand d das sog. *Rayleigh-Kriterium* erfüllt: $d \geq \delta/2$. Praktisch betrachtet man als kleinste *Winkelauflösung* (Voigt, 1980, 117):

$$d_{\min} = 0{,}85 \cdot \delta/2 = 2{,}14 \cdot 10^5\,'' \cdot \frac{\lambda}{D_{\text{EP}}}. \qquad (8.1\text{-}2)$$

Den Kehrwert dieser Funktion bezeichnet man als *Auflösungsvermögen*. Zur »Vergrößerung« des Bildpunktes einer punktförmigen Quelle trägt neben der Beugung des Lichts auch die durch Luftschlieren verursachte *Richtungs-Szintilation* (»*seeing*«) bei. Dieses Phänomen erzeugt bei kleinen Fernrohren (Öffnung bis zu 10cm) ein Wackeln des Sternbilds, bei größeren Fernrohren ein verwaschenes Bild. Die Größe des *Seeing-Scheibchen* ist unter günstigen Verhältnissen <1″, sie kann aber (bei großen Fernrohren) durchaus mehrere Zehnersekunden erreichen (Voigt, 1991, 13; Karttunen et al., 1996, 50).

Anmerkung: Neben dem dargestellten Astronomischen oder Keplerschen Fernrohr gibt es noch das sogenannte **Holländische oder Galiläische Fernrohr**, dessen Okular im Unterschied zum Keplerschen Fernrohr aus einer Zerstreuungslinse besteht. Dieser Fernrohrtyp wird weder in der Geodäsie noch in der Astronomie verwendet, da er nicht mit einem Fadenkreuz versehen werden kann. Das Galiläische Fernrohr ist Ende des 16. Jahrhundert in Holland erfunden worden. Als Erfinder werden Jan Lipperhey, Jacob Metius (Adrian Adriaenszoon of Alkmaar) und Sacharias Jansen genannt (van Helden, 1977; Riekher, 1990). 1611 gab Johannes Kepler die Linsenanordnung für das Astronomische Fernrohr an (Kepler, 1611), das kurz danach von Christoph Scheiner gebaut wurde. Ein Fadenkreuz wurde erstmals von William Gascoigne benutzt. Es bestand zu Beginn der Entwicklung aus zwei natürlichen, in einem Rahmen befestigten Spinnfäden (Deumlich, 1974, 11).

Wichtige Kenngrößen eines Fernrohrs sind die *Fernrohrvergrößerung v* und die *Fernrohröffnung D*. Die Fernrohrvergrößerung gibt das Verhältnis der Sehwinkel an, unter denen vom Standort des Betrachters aus ein Abstand quer zur Zielrichtung bzw. ein Gegenstand durch das Fernrohr hindurch (α') und mit unbewaffnetem Auge (α) erscheint. Dieses Verhältnis ergibt sich aus den Brennweiten f_{Ob} und f_{Ok}. durch die folgenden Quotienten:

$$v = \frac{\alpha}{\alpha'} = \frac{f_{\mathrm{Ob}}}{f_{\mathrm{Ok}}}\,. \qquad (8.2\text{-}3)$$

Die Fernrohröffnung bestimmt den in das Fernrohr eintretenden Lichtfluß. Je größer die Öffnung, umso mehr Licht tritt in das Objektiv ein und umso mehr lichtschwache Objekte können wahrgenommen werden.

Die **Strichplatte** gibt es in vielfältigen Ausführungsformen. Ein einfaches Fadenkreuz (im Wortsinn) findet man nur in historischen Instrumenten. Die am flexibelsten verwendbare Anordnung der Fäden ist in Bild 8.1-1 unten links skizziert. Die dargestellte rasterförmige Anordnung erlaubt die Beobachtung von Sterndurchgängen sowohl durch benachbarte Vertikalebenen (z.B. mit der Meridianebene im Zentrum) als auch durch benachbarte Almukantarate. Wenn ein Instrument von vorne herein für ein bestimmtes Durchgangsverfahren konstruiert ist, so findet das Funktionsprinzip auch im Entwurf der Strichplatte seinen Niederschlag: Fäden, die für einen Sterndurchgang nicht in Betracht kommen, werden weggelassen. So besteht die Strichplatte eines konventionellen Durchgangsinstruments oder Meridiankreises typischerweise aus einem einzigen horizontalen Leitfaden und einer Serie von zueinander parallelen Vertikalfäden. Beim Zirkumzenital (Prismenastrolab) ist ein zentraler Vertikalfaden mit einer Reihe von Horizontalfäden kombiniert.

Eine Möglichkeit, mit den Fäden einer Strichplatte kleine Winkel im Fernrohrgesichtsfeld zu messen, bietet das **Okularmikrometer**. Bei dieser Vorrichtung ist die Strichplatte in der Fokalebene des Objektivs beweglich gelagert und mit einem mechanischen oder optischen Mikrometerschraube verbunden, mit der die momentane Stellung der Platte relativ zu einer definierten Bezugsrichtung gemessen werden kann. Wird der nunmehr bewegliche Faden von einem Beobachter oder durch einen Sensor mit dem Ziel mitgeführt und die Stellung der Mikrometerschraube laufend elektronisch abgegriffen, so entsteht eine Zeitreihe zur momentanen Position des Ziels relativ zur festen Fernrohrausrichtung, die wesentlich mehr Information enthält als eine einfache Durchgangsbeobachtung.

Bei automatisierten Beobachtungsverfahren besitzt das Fernrohr meist keine Strichplatte im Wortsinn. Hier übernehmen Schlitze in Verbindung mit Sekundärelektronenvervielfachern, CCD-Sensoren oder andere Funktionseinheiten die Rolle der Fäden.

Lotsensoren

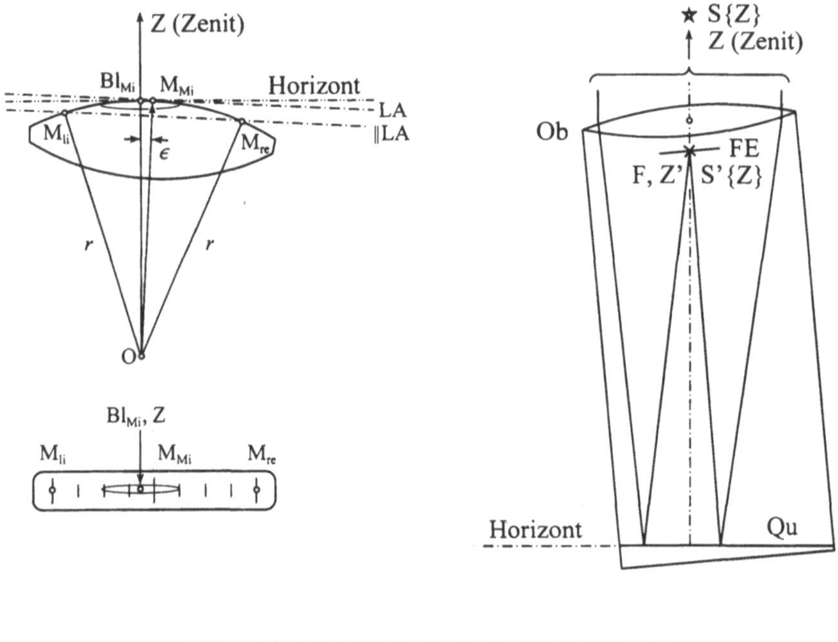

Bild 8.1-3: Längsschnitt durch eine Röhrenlibelle
Längsschnitt durch ein Zenitteleskop mit Quecksilberhorizont

Wegen des Lotbezugs der meisten astrogeodätischen Aufgabenstellungen sind die zu deren Lösung eingesetzten Instrumente in aller Regel mit *Lotsensoren* ausgerüstet. Diese Sensoren sind notwendig, um das natürliche am Lot ausgerichtete Bezugssystem, das *Allgemeines erdfestes Horizontsystem* (⟨AH⟩: ➪ 3.2.3), instrumentell zu realisieren. Dazu ist es beim Einsatz von Durchgangsinstrumenten und Astronomischen Universalen erforderlich, die Fernrohr-Kippachse horizontal zu stellen, damit sich die Fernrohr-Zielachse im justierten Zustand in einer Vertikalebene bewegt und am Vertikalkreis Zenitdistanzen abgelesen werden können. Wenn Horizontalwinkel gemessen werden sollen, muß darüber hinaus die Stehachse senkrecht gestellt und der Horizontalkreis in einer Horizontalebene gelegt werden. Beim Astrolab wird eine konstante Neigung der Fernrohrzielachse gefordert. Auch in diesem Fall dient die Lotrichtung als Bezugsrichtung.

Das klassische Bauteil, mit dem die Lotrichtung sichtbar gemacht und materialisiert werden kann, ist die **Röhrenlibelle** (Bild 8.1-3 links; Deumlich, 1974, 59-61). Dieser Libellentyp ist eine zylinderförmige, innen tonnenförmig geschliffene und mit einer Teilung versehene Glasröhre. Die Schliffkurve ihres Innenraums ist ein Kreisbogen, dessen Radius (r) bei hochempfindlichen Libellen mehrere 100m beträgt. Der Hohlraum der Röhre ist mit einer leichtbeweglichen Flüssigkeit (meist Äther) gefüllt. Die Flüssigkeitsmenge ist dabei so bemessen ist, daß noch Platz für eine kleine Gasblase verbleibt, die von der spezifisch schwereren Flüssigkeit in den höchstgelegenen Teil des Hohlkörpers gedrängt wird. In diesem Gleichgewichtszustand befindet sich der Mittelpunkt der Gasblase (Bl_{mi}) in die Lotlinie durch das Krümmungszentrum der Schliffkurve (K). Die Tangente an die Schliffkurve in Bl_{mi} liegt demnach in einer Horizontalebene. Die Winkelhalbierende (M_{mi}) zwischen den Radien vom eben erwähnten Krümmungszentrum zu den äußersten Strichen der Libellenteilung (M_{li}, M_{re}) definiert einen Zeiger (Libellenzeiger), der fest mit der Libelle und ihrer Fassung verbunden und dessen Richtung im Raum durch die momentane Neigung der Libelle bestimmt ist. Die Stellung von Bl_{mi} relativ zu M_{mi} gibt Auskunft über die Richtung des Zeigers M_{mi} gegenüber der Lotrichtung (Zenit, Bl_{mi}). Den gleichen Neigungswinkel spannen die Libellenachse und die Horizontalebene auf. Bei »einspielender Libelle« weist der Libellenzeiger in die Lotrichtung und die Libellenachse zum Horizont.

Stellt man zwischen dem Gehäuse einer Röhrenlibelle und einem astrogeodätischen Instrument eine feste Verbindung her, z.B. durch den Einbau der Libelle in das Instrument (Alhidadenlibelle) oder durch Aufsetzen auf eine Achse (Reiterlibelle), so bildet der Libellenzeiger mit der Geräteachse, auf die er bezogen wird, einen festen Winkel. Über »Justierschrauben« kann die Ausrichtung der Libelle gegenüber dem Instrument geringfügig verändert werden. Dadurch ist es möglich, den Libellenzeiger parallel oder senkrecht zur betreffenden Achse zu stellen, wodurch diese Achse bei einspielender Libelle lotrecht oder horizontal steht.

Die wichtigste Kenngröße einer Libelle ist die *Libellenangabe p*. Man versteht darunter die Neigungsänderung, die eine Verschiebung der Libellenblase um eine Einheit der Libellenteilung bewirkt. Diese Teilungseinheit ist bei modernen Libellen 2mm. Zwischen dem Radius r der Schliffkurve und p besteht der einfache Zusammenhang:

$$r \cdot p = 2\text{mm} \cdot \rho_{\text{rad}\to''} \approx 400\text{m}''. \tag{8.1-4}$$

Offenbar ist der Schliffkurvenradius r einer Libelle mit einer Angabe von $p = 1''$ (»Sekundenlibelle«) $r \approx 400\text{m}$. Ein Libellenausschlag von a Teilstrichen entspricht einer Neigungsänderung von

$$\epsilon = a \cdot p. \tag{8.1-5}$$

Röhrenlibellen können sowohl zur Ausrichtung von Achsen als auch – auf der Grundlage von (8.1-5) – zur Messung kleiner Neigungen benutzt werden.

In vielen Instrumenten werden heute anstelle von Röhrenlibellen **Elektronische Libellen** und **Neigungsmesser** verwendet (Caspary/Geiger, 1978; Hallermann/ Ingensand, 1980; Matthias, 1981, Ingensand, 1985). Beispielsweise hat sich als Lotsensor eine zwischen zwei Induktionsspulen pendelförmig aufgehängte Masse hoher magnetischer Permeabilität bewährt. Durch die in Reihe geschalteten Spulen fließt niederfrequenter Wechselstrom. Im Gleichgewichtszustand ist die Pendelmasse von den beiden Spulen gleich weit entfernt. Die Masse verleiht in dieser Stellung beiden Spulen eine gleiche zusätzliche Induktivität mit der Folge, daß der Spannungsabfall in jeder der beiden Spulen gleich ist. Bei einer Neigung des Libellengehäuses ändert sich der Abstand der weiterhin im Lot hängenden Pendelmasse von den Spulen. Die Induktivität derjenigen Spule, der sich die Pendelmasse annähert, steigt, die der anderen nimmt ab: der Spannungsabfall wird unsymmetrisch. Die Spannungsdifferenz kann über eine Wheatstonesche Brücke mit einem Galvanometer gemessen werden. Sie ist bei kleinen Neigungen proportional zur Neigung. Da die Libellenanzeige durch eine elektrische Spannung erfolgt, kann das Meßergebnis ohne weitere Analog-/Digital-Wandlung registriert und automatisiert weiterverarbeitet werden. Wie Röhrenlibellen können auch elektronische Libellen sowohl zur Ausrichtung (z.B. Horizontierung) eines Trägerinstruments als auch zur Messung kleiner Neigungswinkel eingesetzt werden.

Bei einigen Instrumenten wurde zur Realisierung der Lotrichtung ein *Quecksilberhorizont* verwendet. Das flüssige Metall befindet sich in eine flachen Behälter, wo es eine horizontale Oberfläche ausbildet. Das Quecksilber reflektiert auftreffendes Licht wie ein horizontaler Spiegel. Der reflektierte Strahl liegt nach dem Reflexionsgesetz in der Ebene des einfallenden Strahls und der Lotrichtung, wobei der Einfallswinkel gleich dem Reflexionswinkel ist. Quecksilberniveaus wurden als Lotrichtungsreferenz in zahlreichen astrometrischen und astrogeodätischen Instrumenten verwendet. Als Beispiel für die Wirkungsweise eines Quecksilberniveaus möge das in Bild 8.1-2 rechts vereinfacht dargestellte Zenitteleskop dienen. In diesem zur Beobachtung zenitnaher Sterne bestimmten Fernrohrtyp werden parallel in das Objektiv einfallende Strahlen über die Quecksilberoberfläche in die Brennebene (FE) des Objektivs gelenkt und dort zu Bildpunkten gesammelt. Ein Stern S im Zenit (Z) bzw. der fiktive Punkt, der den Zenit bildet, wird im Brennpunkt des Objektivs (F) abgebildet: S'{Z} ≡ Z' ≡ F. Bemerkenswert an dem am Quecksilberhorizont gespiegelten Strahlengang ist, daß die Lage von S' und Z' relativ zum Fernrohrgehäuse auch dann erhalten bleibt, wenn das Fernrohr, wie in Bild 8.1-2 dargestellt, um einen kleinen Winkel geneigt wird oder wenn bei der Ausrichtung des Fernrohrs unbeabsichtigte Restneigungen verbleiben. Bringt man in die FE eines Zenitteleskops eine Photoplatte oder ein CCD-Feld, so entstehen bei Belichtung Zenitaufnahmen. Der Zenit ist auf einer solchen Aufnahme freilich nicht erkennbar.

Eine Möglichkeit, auf hoher See oder an der Küste die genäherte Lotrichtung festzustellen, ohne dabei einen Lotsensor einzusetzen, bietet der bei ruhiger See, freier Sicht und bei Tages- oder Mondlicht im allgemeinen gut beobachtbare »**Meereshorizont**« (**Natürlicher Horizont, Kimmung**). Von dieser Möglichkeit wird im Rahmen der Astronavigation vor allem bei der Bestimmung der Sonnenhöhe und von Sternhöhen auf See mit Hilfe eines Sextanten Gebrauch gemacht. Der vom geometrischen Horizont senkrecht zur Lotrichtung wohl zu unterscheidende natürliche Horizont bildet sich auf der Himmelskugel als Kleinkreis parallel zur Horizontalebene ab. Vom Standpunkt eines in der Höhe h über der Wasseroberfläche (z.B. auf dem Deck eines Schiffes) stehenden Beobachters liegt dieser Kleinkreis unterhalb des geometrischen Horizonts.

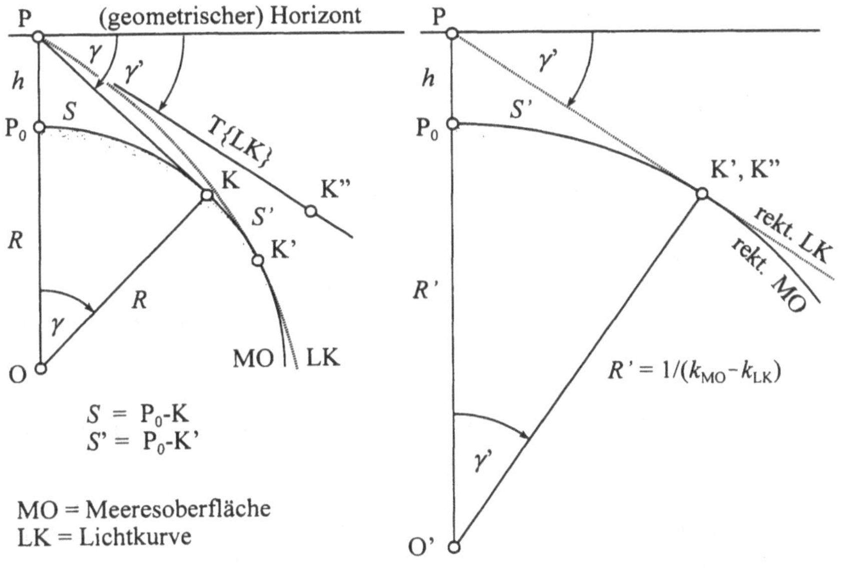

Bild 8.1-4: Geometrischer und natürlicher Horizont (Kimmung)

Die geometrischen Beziehungen zwischen dem geometrischen und dem natürlichen Horizont sind in Bild 8.1-4 dargestellt. Betrachten wir zunächst die linke

Skizze. Sie zeigt einen Vertikalschnitt durch den Beobachtungsstandort P und seinem in Meereshöhe liegenden Lotfußpunkt P_0 , die Meeresoberfläche P_0-K-K', den (geometrischen) Horizont durch P und die (durch eine punktierte Linie bezeichnete) Lichtkurve LK, die P auf einer aufgrund der terrestrischen Refraktion gekrümmten Linie mit dem natürlichen Horizont K' verbindet. Um den als *Kimmtiefe* γ' bezeichneten Abstand der Kimmung vom Horizont abschätzen zu können, werden die Meeresoberfläche (MO) und das lokale Geoid gleichgesetzt und durch eine im Standort P_0 an das Geoid angelegte Schmiegungskugel mit dem Erdradius R approximiert; $R \approx 6378\,\text{km}$.

Ohne die atmosphärische Strahlenkrümmung würde der Beobachter die Kimmung in der Entfernung S an der Stelle K sehen (geometrische Kimmung). Der vom

$$\cos\gamma = \frac{R}{R+h} = \frac{1}{1+h/R} . \qquad (8.1\text{-}6/1)$$

Horizont aus gezählte Depressionswinkel γ ist durch das in K rechtwinkelige Dreieck O-P-K bestimmt:

Wegen $h/R \ll 1$ und dementsprechend $\cos\gamma \approx 1$ kann man die Cosinus-Funktion und den rechts stehenden Quotienten in Taylorreihen entwickeln:

$$\cos\gamma = 1 - \frac{\gamma^2}{2} = 1 - \frac{h}{R} . \qquad (8.1\text{-}6/2)$$

Der gesuchte Depressionswinkel ergibt sich daraus zu:

$$\gamma = \sqrt{\frac{2\cdot h}{R}} = 115{,}5('' / \sqrt{\text{m}}) \cdot \sqrt{h} . \qquad (8.1\text{-}6/3)$$

Da die Lichtkurve unter dem Refraktionseinfluß der Luftschichten nahe der Meeresoberfläche in aller Regel nach unten gekrümmt ist, verlängert sich im Vergleich mit der refraktionsfreien Sicht die Sichtweite bis hin zur wahren Kimmung K', die der Beobachter in der Entfernung S' als Grenzlinie zwischen Wasser und Luft wahrnimmt. Die Lichtkurve ist näherungsweise ein Kreisbogen mit einem Radius $r \approx 8\cdot R$ (Näbauer, 1925, 194; 1949, 219; Höpcke, 1964/1, 184; Kahmen, 1993, 466), ihre Krümmung demnach $k_{LK} = 1/r$. Dem tatsächlichen Lichtweg entspricht der Depressionswinkel γ'. Dieser Winkel läßt sich auf ähnlich einfache Weise berechnen wie γ, wenn man die der Berechnung von γ zugrunde gelegte Figur (linke Skizze von Bild 8.1-3) so »rektifiziert«, daß sowohl die Krümmung k_{MO} von MO als auch die Krümmung k_{LK} von LK um k_{Lk} verringert wird. Die Lichtkurve wird bei diesem Gedankenexperiment gerade gebogen ($k_{LK\,rekt} = k_{Lk} - k_{Lk} = 0$) und die Krümmung der Meeresoberfläche verringert sich auf $k_{MO\,rekt} = k_{MO} - k_{Lk}$. Unter gleichzeitiger Beachtung von $r \approx 8\cdot R$ ergibt sich daraus für den Radius der rektifizierten Meeresoberfäche:

$$R' = \frac{1}{k_{\text{MO rekt}}} = \frac{1}{k_{\text{MO}} - k_{\text{LK}}} = \frac{1}{1/R - 1/r} \approx \frac{8}{7} \cdot R\,. \tag{8.1-7}$$

Bei der vorgenommenen Rektifikation, deren Ergebnis im rechten Teil von Bild

$$\cos\gamma' = \frac{R'}{R' + h} = \frac{1}{1 + \dfrac{h}{R'}} \approx \frac{1}{1 + \dfrac{7 \cdot h}{8 \cdot R}}\,. \tag{8.1-8/1}$$

8.1-4 skizziert ist, bleiben der Depressionswinkel γ', die Distanz S' = PK' und der Abstand der Lichtkurve von der Meeresoberfläche (h im Standpunkt P und Null im Kimmungspunkt K') unverändert. Aus dem in K' rechtwinkeligen Dreieck PK'O' entnimmt man nun:

Nach Taylorentwicklung der Cosinusfunktion und des rechts stehenden Quotienten erhält man bei Beschränkung auf die beiden ersten Glieder der Entwicklung:

$$\cos\gamma' = 1 - \frac{\gamma'^2}{2} \approx 1 - \frac{7 \cdot h}{8 \cdot R}\,. \tag{8.1-8/2}$$

Nach γ' aufgelöst und unter Substitution von $R = 6378$ km ergibt sich daraus für den Depressionswinkel der wahren Kimmung:

$$\gamma' \approx \sqrt{\frac{14 \cdot h}{8 \cdot R}} = 108\,(''/\sqrt{\text{m}}) \cdot \sqrt{h} = 1{,}80\,('/\sqrt{\text{m}}) \cdot \sqrt{h}\,. \tag{8.1-8/3}$$

Vergleiche hierzu auch Conrad (1933), Graff (1944, 38), Freissleben (1948), Waldmeier (1968, 52) und Sigl (1975, 193). A.a.O. und von Hasse (1960; 1964), werden im übrigen noch Korrekturen angegeben, mit denen eventuelle Unterschiede in der Luft- und in der Wassertemperatur berücksichtigt werden können.

Der natürliche Horizont wird von P aus in einer Entfernung von $S' = \gamma' \cdot R'$ wahrgenommen. Da der Zentriwinkel γ', ausgedrückt in Bogenminuten, in der Nautik auch als Maßzahl für die Entfernung, ausgedrückt in Seemeilen (sm), verwendet wird, gilt die einfache Beziehung S'[sm] = γ'[Bogenminuten]. (1sm = $(1'/\rho_{\text{rad}\rightarrow'}) \cdot 6378\text{km} = 1{,}855\text{km}$). Mit (8.1-7) und (8.1-8/3) erhält man S' auch als Funktion von h:

$$S' = \gamma' \cdot R' = \frac{4 \cdot \sqrt{R \cdot h}}{\sqrt{7}} = 3318\sqrt{\text{m}} \cdot \sqrt{h} \tag{8.1-9}$$

»Höhenwinkel« zur Sonne und zu den Sternen, die mit einem Sextanten gemessen werden, werden vom natürlichen Horizont aus gezählt. Für alle weiterführenden Berechnungen, etwa zur Breitenbestimmung mit Hilfe des Polarsterns, werden Höhenwinkel benötigt, die sich auf den wahren Horizont beziehen. Man muß also die gemessenen Kimmungsabstände des betreffenden Gestirns um γ' verkleinern, um die Höhenwinkel im ⟨AH⟩-System zu erhalten.

Wegen der Unsicherheit bei der Erfassung der Refraktion, deren Einfluß mit der Annahme $r \approx 8 \cdot R$ (s.o.) nur sehr unzuverlässig erfaßt werden kann (Helmert, 1908) - die Abweichungen können 25% und mehr betragen (Hasse, 1960; 1964; Höpcke, 1964/1, 199) - taugt der natürliche Horizonts als Lotrichtungsreferenz allenfalls für navigatorische, nicht jedoch für geodätische Aufgabenstellungen.

Teilkreise

Mit Libellen lassen sich kleine Unterschiede in der Zenitdistanz, mit Okularmikrometern (s.o.) und drehbaren, vor dem Objektiv angebrachten Glaskeilen (s.u.) kleine Vertikal- und Horizontalwinkel messen. Zur Messung beliebig großer Vertikal- und Horizontalwinkel werden *Teilkreise* verwendet. Je nach ihrer Ausrichtung spricht man von *Vertikal-* oder *Horizontalkreisen*.

Ursprünglich wurden die Teilkreise aller astronomischen und geodätischen Winkelmeßinstrumente aus Metall gefertigt (meist aus Messing, gelegentlich versilbert). Das Bauteil bestand aus einem verstrebten Metallring, in dessen Oberfläche die Teilung und ihre Bezifferung eingeritzt war (Engelsberger, 1969). Die Ablesung erfolgte mit *Nonien* oder *optischen Mikrometern*. Ab 1920 kamen - zunächst vor allem in geodätisch genutzten Theodoliten - mehr und mehr Glaskreise mit eingeätzter Teilung zum Einsatz (Wild, 1925). Heute ist die Kreisablesung meist automatisiert (Joeckel/Stober, 1989, 205-216). Die Voraussetzung dazu wurde durch den Einsatz codierter Kreise (Codeverfahren) oder mit Hilfe von automatischen Abzählvorrichtungen (Inkrementalverfahren) geschaffen. Bei einem codierten Kreis wird die Information, die die betreffende Kreisstelle geometrisch kennzeichnet, durch ein schwarz-weißes, in mehreren konzentrischen Spuren angeordnetes Codemuster bereitgestellt. Der Code wird durch ein aus mehreren Elementen bestehendes System von Photozellen (pro Spur eine Zelle) ausgelesen. Beim Inkrementalverfahren trägt der Teilkreis eine einfache Strichteilung. Eine Photozelle dient als Lichtschranke, mit der die bei einer Drehung der Alhidade überstrichenen Teilstriche gezählt werden.

In einem von Katowsky/Salzmann (1983) vorgestellten Winkelmeßverfahren wird die Richtungsmessung auf die Messung von Zeitintervallen zurückgeführt. Das Meßsystem funktioniert im Prinzip folgendermaßen: Der Nullpunkt des »Teilkreises« besteht aus einer mit dem Geräteunterbau fest verbundenen (ersten) Lichtschranke. Eine zweite Lichtschranke ist an die Alhidade gebunden. Zur Messung des Abstandes von der ersten zur zweiten Lichtschranke bzw. des durch diesen Abstand definierten Winkels dient eine gleichförmig rotierende Spaltblende. Mit dem Signal, das die Spaltblende beim Durchlauf durch die feste Schranke freigibt, wird ein Zählwerk in Gang gesetzt, das mit bekanntem Zähltakt so lange läuft, bis es beim Durchlauf der Blende durch die zweite Schranke wieder gestoppt wird. Die Anzahl der zwischen Start- und Stoppimpuls im Zählwerk akkumulierten Zähleinheiten ist ein Maß für die Zeit, die die Lochblende für ihren Weg von der ersten zur zweiten Lichtschranke braucht. Und die Zeit wiederum ist, weil die Blende gleichförmig rotiert, ein Maß für den gesuchten, zwischen den beiden Schranken liegenden Winkel. Das skizzierte Meßprinzip liefert Winkel, die frei von Kreisteilungsfehlern sind. Es eignet sich nicht nur zur Messung und Registrierung statischer Winkel, sondern läßt sich bei mäßigen Drehraten des Ziels ohne weiteres auch auf veränderliche Winkel anwenden.

Vertikalkreise sind feste Bestandteile von Universalen und »Meridiankreisen«, Horizontalkreise werden nur in Universalen verwendet. Die Kreisablesung erfolgt jeweils an einem Zeiger, der die Ausrichtung des Beobachtungsfernrohrs in der Vertikal- und/oder in der Horizontalebene anzeigt. Zwischenwerte werden interpoliert. Die Interpolation zwischen benachbarten Teilstrichen erfolgte in den Anfängen des Instrumentenbaus mit *Nonien*, heute verwendet man dazu Ablesemikroskope oder elektronische Abtastsysteme (Deumlich, 1974, 87-100; Joeckel/Stober, 1989, 205-216; Katowsky/Salzmann (1983); Kahmen, 1993, 84-112). Für automatisierte Beobachtungssysteme ist es zwingend, daß die Kreisablesung mit möglichst geringem Zeitverzug (»real time«) in digitaler Form abrufbar ist.

Der *Horizontalkreis* eines Universals ist fest mit dem Unterteil, der zugehörige Ablesezeiger (*Alhidade*) mit dem drehbaren Oberteil des Instruments verbunden. Die Nullrichtung des Horizontalkreises ist, da das Instrument im meßbereitem Zustand fest mit einem Beobachtungspfeiler oder Stativ verschraubt ist, erdfest orientiert. Die Alhidade bewegt sich mit dem Instrumentenoberteil um die im Horizontalkreis zentrierte Stehachse. Beobachtungsgrößen sind Horizontalrichtungen; ➪ 3.2.3. Beim Vertikalkreis ist der Kreis fest mit der Kippachse des Fernrohrs verbunden und der Zeiger (*Höhenindex*) ist erdfest ausgerichtet. Die Ausrichtung wird durch einen Lotsensors bewirkt. Beobachtet wird eine Richtung, die sich von der Zenitdistanz bzw. dem Höhenwinkel der Zielachse um den sog. *Zeiger-* oder *Höhenindexfehler* unterscheidet.

Ablenkprismen

Ein einfaches *Glasprisma* mit zwei brechenden Flächen lenkt Lichtstrahlen, die senkrecht zur Schnittkante der zwei Flächen (d.h. in einem »Hauptschnitt« des Prismas) den Glaskörper durchdringen, von der Schnittkante weg ab. Der Ablenkungswinkel δ hängt von der Brechzahl n_{Glas}, vom Winkel α, den die Prismenflächen miteinander bilden und vom Einfallswinkel ϵ ab. Einfache Glaskeile haben zwei, *reflektierende Prismen* drei und mehr brechende Flächen. Wird bei einem reflektierenden Prisma der Einfallswinkel so gewählt, daß an einer der Flächen des Prismas Totalreflexion eintritt, so ist die Gesamtablenkung nicht von n_{Glas} abhängig (Deumlich, 1974, 28-30). Die Möglichkeiten, mit Hilfe von mehrflächigen

Prismen, Strahlengänge an vorgegebene oder gewünschte geometrische Strukturen anzupassen, sind überaus vielfältig (Deumlich, 1974, 28-30; Schröder, 1974, 37-41; Naumann/Schröder, 1987, 161-185).

Prismen werden in den meisten astrometrischen und astrogeodätischen Instrumenten zur Umlenkung von Lichtstrahlen verwendet, um dem Beobachter eine bequeme Beobachtung des Zieles sowie von eingebauten Teilkreisen und Libellen zu ermöglichen bzw. um Strahlengänge auf zugeordnete Sensoren zu lenken. Prismen können aber auch als Bauteile eingesetzt werden, die unmittelbar der Messung dienen, z.B. wenn der Zielstrahl eines Fernrohrs um einen konstanten oder variablen Winkel aus der vorgegebenen Zielrichtung abgelenkt werden soll.

Die Möglichkeit, mit einem Prisma ein einfallendes Strahlenbündel um einen bestimmten Winkel δ abzulenken, wird in Prismenastrolabien genutzt. Beispielsweise ist beim Ni2-Prismenastrolab ein Prisma mit drei brechenden Flächen mit vertikal gestelltem Hauptschnitt vor das Objektiv eines horizontal ausgerichteten Fernrohrs gesetzt. Durch die ablenkende Wirkung des Prismas wird die Zielachse objektseitig in die Zenitdistanz von $90° - \delta$ gelenkt, mit der Folge, daß Strahlen, die unter dieser Zenitdistanz in das Prisma einfallen, sich auf dem zentralen Horizontalfaden des Fernrohrs vereinigen.

Bei einem Prisma mit kleinem Öffnungswinkel α (Glaskeil) und kleinem Einfallswinkel ϵ (= Winkel zwischen der Richtung des einfallenden Strahls und einer Normalen auf die erste brechende Fläche) ist wegen $n_{Glas} \approx 1{,}5$ der Ablenkungswinkel δ etwa halb so groß wie α:

$$\delta = (n_{Glas} - 1) \cdot \alpha. \qquad (8.1\text{-}10)$$

Wird ein solches Prisma drehbar vor einem Fernrohrobjektiv angeordnet, so bewegt sich der Zielstrahl bei der Drehung des Prismas um die Fernrohrachse auf einem Kreiskegel mit dem Öffnungswinkel δ. Die Auslenkung in horizontaler ($\delta \cdot \sin\gamma$) und vertikaler Richtung ($\delta \cdot \cos\gamma$) ist abhängig vom Drehwinkel γ, der z.B. mit einem Mikrometer abgegriffen werden kann. Mit zwei gegensinnig drehbaren hintereinander angeordneten Glaskeilen erreicht man, daß die Auslenkung des Zielstrahles nur eindimensional erfolgt. In welcher Richtung der Zielstrahl ausgelenkt wird, hängt von der Ausgangsstellung des Doppelkeils ab. Man kann also je nach Grundstellung des Doppelkeils mit dem System kleine Horizontal-Vertikalwinkel oder Positionswinkel messen. Durch geeignete Dimensionierung der Glaskeile läßt sich der gewünschte Meßbereich schon mit kleinen Drehwinkeln γ abdecken, für die $\gamma \approx \sin\gamma$ gilt. In diesem Fall ist die Auslenkung des Zielstrahles proportional zum Drehwinkel γ bzw. zur Mikrometerablesung.

Vorsatzkeile lassen sich wie Okularmikrometer (s.o.) zur quasikontinuierlichen Messung veränderlicher Differenzen horizontaler und vertikaler Richtungen einsetzen. Bei automatisiertem Abgriff und Abruf der Mikrometerstellung und gleichzeitiger Registrierung der korrespondierenden Beobachtungsepochen in einem Chronographen, wie z.B. bei der von Deichl (1971) für das Ni2-Prismenastrolab konstruierten Vorrichtung, entsteht eine Zeitreihe $t_i = t\{w_i\}$, aus der die Durchgangsepoche durch einen bestimmten Kreis der Himmelkugel (beim Deichl-Vorsatz ein Almukantarat) berechnet werden kann; ➪ 8.3.1.

Im *Sonnenprisma nach Roelofs* (Roelofs, 1950, 67-69; Sigl, 1975, 197-198), das bei Sonnenbeobachtungen vor das Fernrohr eines Universaltheodolits gesetzt wird, sind vier Prismenkeile zu einer optischen Einheit zusammengefaßt. Zwei der Keile decken jeweils nur das halbe Objektiv ab, der eine Keil die linke und der zweite die untere Objektivhälfte. Sie erzeugen im Gesichtsfeld des Beobachters ein Mischbild, das sich aus vier kongruenten, gegeneinander um etwas weniger als 0,5° (≈ Sonnendurchmesser) versetzten Bildern des angezielten Gegenstandes zusammensetzt. Der Schwerpunkt des Mischbildes rückt durch die einseitige Auslenkung im Vergleich zur Zielung ohne Prisma um den halben Ablenkwinkel der einzelnen Keile nach oben und nach rechts. Die beiden anderen Keile überdecken das ganze Objektiv und bringen durch ebenfalls einseitige Auslenkung des Mischbildes - nunmehr nach unten und nach links - den Schwerpunkt der vier Bilder wieder »in die Mitte« zurück. Bei Zielung auf die Sonne sieht der Beobachter vier Sonnenbilder, die sich paarweise überdecken und dabei ein helles kreuzförmiges Überdeckungsmuster bilden; ➪ Bild 9.8-1, rechts. Dieses Muster kann mit dem Horizontal- oder dem Vertikalfaden des Fernrohrs biseziert oder mit dem Fadenkreuz zentral eingestellt werden. Die Zielachse des Fernrohrs liegt bei Zielung mit nur einem Faden auf einer die Sonnenscheibe horizontal oder vertikal in zwei gleiche Hälften zerlegenden Linie Bei zentraler Einstellung zeigt sie auf das Zentrum der Sonne. Ohne das Roelof-Prisma ist wegen der Größe der Sonnenscheibe eine genaue Zielung auf die Sonnenmitte nicht möglich.

CCD-Detektoren

Wie in vielen anderen Bereichen der Technik hat der Einsatz von *Charged Coupled Devices - CCD* (Beynon/Lamb, 1980; Lukas, 1988; Gottwald, 1987; Kosalla, 1994; Schirmer, 1994, 11-22; Gerstbach, 1996/1; Plohner, 1996; Fosu, 1999) auch im astrometrischen, astrogeodätischen und geodätischen Instrumentenbau neue Möglichkeiten der Datenerfassung eröffnet. Ein CCD ist eine komplexe, auf einem Halbleiterplättchen aufgebrachte integrierte Schaltung, die wie ein elektronischer Bildzerleger (jedoch nach einem vollkommen anderen Prinzip) ein vorgegebenes optisches Bild in ein kongruentes, durch elektrische Ladungen ausgedrücktes Bild umsetzt. Ihr Kernstück ist ein Bildsensor mit zahlreichen gleichabständig rasterförmig angeordneten Bildpunkten. Je nach CCD-Modell sind 30000 bis 4000000 Bildpunkte (Picture Elements, abgekürzt: Pixel) auf einer Fläche von wenigen Quadratzentimetern untergebracht. In den einzelnen Pixeln erzeugt das einfallende Licht proportional zur akkumulierten Lichtmenge freie

Ladungsträger (Elektronen), die in einem vorgegebenen Zeittakt ausgelesen, elektronisch analysiert und analog oder digital weiterverarbeitet werden können. Bei kontinuierlichem Lichteinfall und quasikontinuierlichem Abruf der Ladungen entsteht eine Folge von Signalen, die durch ihre geometrische und zeitliche Zuordnung die Rekonstruktion des aufgenommenen Bewegungsvorgangs ermöglichen. CCD sind wesentlich lichtempfindlicher als SEV oder photographische Schichten, so daß bei der Nutzung eines CCD als Bildsensor auch extrem lichtschwache Sterne in das Beobachtungsprogramm aufgenommen werden können.

8.2 Das klassische optisch-mechanische Instrumentarium

8.2.1 Einführung

Das Instrumentarium der Geodätische Astronomie und der Astrometrie war in der Vergangenheit sehr ähnlich. Beide Bereiche stützten sich auf Winkelmeßverfahren mit optischen-mechanischen Instrumenten. Unterschiede betrafen lediglich die Genauigkeit und die Transportfähigkeit der Instrumente. Für die Aufgaben der Astrometrie verwendet man stets ortsfeste Instrumente, bei denen das Gewicht keine Rolle spielt. In der Geodätische Astronomie ist man hingegen auf leichtere, für den Feldeinsatz geeignete Instrumente angewiesen, die allein schon aufgrund der leichteren Bauweise nicht den Genauigkeitsstandard der astrometrischen Instrumente erreichen.

Die durch gleichartiges Instrumentarium gekennzeichneten engen Beziehungen zwischen Astrometrie und Geodätischer Astronomie haben sich in den letzten Jahren auseinander entwickelt. So ist der derzeit vereinbarte Zälestische Bezugsrahmen (ICRF = IERS Celestial Reference Frame) nicht mehr allein auf eine erdgebundene Vermessung des Sternhimmels gegründet, wie dies noch zur Konstruktion der klassischen Fundamentalkataloge notwendig war, sondern zum überwiegenden Teil auf die Ergebnisse der astrometrischen ESA-Satellitenmission HIPPARCOS (Kovalevsky/Lindgreen/Perryman u.a., 1997). Auch bei der laufenden Bestimmung der Erdorientierungsparameter (Polkoordinaten x, y, Weltzeit-Atomzeit-Ablage $\Delta UT1$ und Korrekturen des IAU-Nutationsmodells $\Delta\psi$, $\Delta\epsilon$) hat sich im Bereich der Astrometrie ein grundlegender Wandel vollzogen: Die klassischen Verfahren der Winkelmessung im Bereich des sichtbaren Lichts wurden von interferometrischen Verfahren im Mikrowellenbereich (VLBI) und von Entfernungsmessungen zu geodätischen Satelliten (SLR, GPS) und zum Mond abgelöst.

In der Geodätische Astronomie hingegen benötigt man zum Anschluß der Lotrichtungen an das ICRF nach wie vor ein im Bereich des sichtbaren Lichtes sensitives erdgebundenes Instrumentarium, das künftig allerdingsvollautomatisch arbeiten soll. Da sich die mit der Astrometrie befaßten Institutionen aus diesem Gebiet mehr und mehr zurückziehen, muß die Geodätische Astronomie bei notwendigen instrumentellen Entwicklungen künftig eigene Wege gehen. Dazu gibt es viele erfolgversprechende Ansätze. Auch aus dem Bereich der Astrometrie sind trotz der Hinwendung zu neuen Technologien in den letzten Jahren noch viele Anregungen zur Automatisierung von Sternbeobachtungen gekommen, die auch für die Konstruktion von mobilen astrogeodätischen Instrumenten von Interesse sind.

8.2.2 Winkelmeßinstrumente und Meßmodi

Die klassischen Methoden der Breiten- Längen und Azimutbestimmung stützten sich vor allem auf folgende Instrumente:

- *Durchgangsinstrument* (*Passageinstrument*)
- *Universalinstrument* (*astronomisches Universal, astronomischer Theodolit*)
- *Prismenastrolab* (*Zirkumzenital*)
- *Sextant* (nur zur Navigation).

Daneben gibt es noch eine Reihe von Mischformen, z.B. den *Meridiankreis*, das *Zenit-Teleskop*, oder das *Universal-Teleskop* (Mueller, 1969, 250-252).

Wesentlicher Bestandteil aller vorgenannten Instrumente - ausgenommen der nur für Navigationsaufgaben eingesetzte Sextant - ist ein *Meßfernrohr* mit einer durch das optische Zentrum des Objektivs und einem Fadenkreuz definierten (zentralen) *Zielachse*. (Der Sextant besitzt ein Fernrohr ohne Fadenkreuz). Falls das aus einem Horizontal- und einem Vertikalfaden gebildete Fadenkreuz um eine Reihe von parallelen Fäden zu einem Raster von Fäden erweitert ist (Strichplatte), was die Regel ist, so definieren die Schnittpunkte der Parallelfäden mit dem eigentliche Fadenkreuz weitere, laterale Zielachsen, die von der zentralen Zielachse um bestimmte Winkelbeträge abgesetzt sind.

Das Fernrohr ist gegenüber dem Instrumentenunterbau drehbar gelagert. Je nach Instrumententyp sind bei dieser Lagerung ein oder zwei Freiheitsgrade zugelassen. Im ersten Fall (ein Freiheitsgrad, z.B. beim einfachen Durchgangsinstrument oder beim Prismenastrolab) besteht das Instrument aus einem Unterbau mit Dreifuß und einem einachsig (mittels Kipp- oder Stehachse) drehbar gelagertem Fernrohr. Im zweiten Fall (zwei Freiheitsgrade, z.B. bei einem Univeral) ist zwischen dem Fernrohr und dem Geräteunterbau noch ein »Geräteoberteil« eingefügt. Dieses Bauteil trägt und führt die zur Fernrohrachse senkrechte Kippachse und ist selbst mit der Stehachse im Geräteunterbau drehbar gelagert. In justiertem Zustand liegt der »Horizontalfaden« des Fadenkreuzes parallel zur Kippachse und senkrecht zur Ziel- und zur Stehachse; der »Vertikalfaden« steht senkrecht zum Horizontalfaden, zur Zielachse und zur Kippachse. Bei idealer

Aufstellung des Gerätes, die mit Hilfe von Lotsensoren (z.B. mit Libellen) erreicht werden kann, liegt die Kippachse horizontal und die Stehachse ist am örtlichen Lot ausgerichtet. Von einer solchen idealen Aufstellung wird bei den nachfolgenden Erläuterungen ausgegangen.

Beim **Durchgangsinstrument** kann das Fernrohr nur um die Kippachse geschwenkt werden. Die freie Bewegungsmöglichkeit des Fernrohrs ist dadurch auf eine durch die Aufstellung des Instruments bestimmte Vertikalebene beschränkt. Daraus folgt, daß mit dem Vertikalfaden des Fadenkreuzes nur solche Sterne beobachtet werden können, die innerhalb des vorgesehenen Beobachtungszeitraums auf ihrer scheinbaren Bahn den zur Kippachse senkrecht stehenden Vertikalkreis überschreiten. Durch die Beobachtung der Durchgangszeitpunkte T_d kann bei Ausrichtung der Zielachse in der Meridianebene die Geographische Länge λ des Beobachtungsstandortes, bei Ausrichtung auf die Vertikalebene eines terrestrischen Zieles dessen Azimut a_Q bestimmt werden. Wird an der Kippachse senkrecht zu dieser Achse eine Röhrenlibelle (*Horrebow-Libelle*) befestigt, so kann bei einspielender Libelle eine bestimmte Fernrohrneigung fixiert werden, wie es z.B. das *Horrebow-Talcott-Verfahren* zur genauen Breitenbestimmung erfordert. (Bei diesem Verfahren (⇨ 9.4.4) werden mit einem Okularmikrometer Differenzen von Zenitdistanzen Δz gemessen; der Durchgangszeitpunkt spielt keine Rolle). Nicht der Messung zugänglich bleiben bei allen für das Durchgangsinstrument typischen Beobachtungsanordnungen die Zenitdistanzen z, in denen die Durchgänge erfolgen.

Beim **Prismenastrolab** ist die Zielachse um einen festen, konstruktiv vorgegebenen Winkel z_0 (dessen Größe allerdings nur näherungsweise bekannt ist) gegen die Lotrichtung geneigt. Das Fernrohr (und mit ihm die Zielachse) kann um die Stehachse gedreht und so in jede beliebige Vertikalebene gebracht werden. Durch eine entsprechende Horizontiereinrichtung (Libelle, Quecksilberhorizont, »Kompensator«) wird erreicht, daß die Zielachse nur auf dem Mantel eines Kreiskegels mit der Öffnung z_0 bewegt werden kann, dessen Achse zum Zenit zeigt. Die lateralen Zielachsen auf dem Vertikalfaden beschreiben dabei Mantellinien anderer Kreiskegel mit gleicher Ausrichtung wie der zentrale Kegel. Als Ziele kommen beim Prismenastrolab nur solche Sterne in Betracht, die im vorgesehen Beobachtungszeitraum die von der zentralen und den lateralen Zielachsen definierten *Almukantarate* (Parallelkreise zum Horizont) durchlaufen. Als Meßwerte werden die Durchgangszeitpunkte T_d durch die Almukantarate erfaßt. Der Messung unzugänglich bleiben bei dieser Beobachtungsanordnung die Azimute, in denen die Durchgänge erfolgen. Durch die Beobachtung der Durchgänge von mindestens drei über den Horizont verteilten Sternen durch den gleichen Horizontalfäden lassen sich mit dem Prismenastrolab gleichzeitig die geographische Breite und die geographische Länge des Standortes bestimmen (Gauß, 1808; Perrin, 1808; Nušl,

1925; Frič, 1925; Chandon/Gougenheim, 1935; Buchar/Ledersteger, 1943; Gougenheim, 1958; Débarbat/Guinot, 1970; Bartels, 1961; Zimmermann, 1965; Rödde, 1970; Deichl, 1975; Bozorgzadeh, 1977).

Eine Sonderform des Astrolabs ohne Fadenkreuz bzw. Strichplatte ist das *Danjon-Prismenastrolab* (Danjon, 1969; Kovalevsky, 1994, 168-169). Bei diesem Instrument wird der Almukantarat durch die Mitte der unsichtbaren Schnittlinie zweier gespiegelter, übereinander projizierter Bilder des Fernrohrgesichtsfeldes – des direkten Bildes und eines an einem Quecksilberhorizont gespiegelten – definiert. Im Augenblick des Sterndurchgangs durch diesen Almukantarat treffen sich die Spuren des direkten Bildes und des Spiegelbildes auf einer Höhe.

Beim Durchgangsinstrument und beim Prismenastrolab braucht der Beobachter, wie bereits dargelegt, nur eine Komponente der Sternbewegung im Auge zu behalten: beim Durchgangsinstrument die horizontale, beim Prismenastrolab die vertikale. Diese Einschränkung kommt dem Aufnahme- und Reaktionsvermögen des Beobachters durchaus entgegen. Bemerkenswert an beiden Instrumententypen ist der Verzicht auf Teilkreise.

Beim **Theodolit** (Engelsberger, 1969; William, 1982), dessen astrogeodätische Ausführungsform meist **Universal** (Universalinstrument) genannt wird, ist das Fernrohr zweiachsig gelagert. Das Fernrohr kann daher im Prinzip auf jeden sichtbaren Stern gerichtet und mit dem Horizontal- und dem Vertikalkreis beide Komponenten der ⟨AH⟩-Polarkoordinaten gleichzeitig erfaßt werden. Wegen des eingeschränkten Aufnahme- und Reaktionsvermögens menschlicher Beobachter kann diese Option aber nur bei automatisierten Beobachtungsverfahren genutzt werden. Denn die punktförmige Einstellung eines Sterns mit der zentralen Zielachse ist, da der Beobachter die horizontale und die vertikale Bewegungskomponente des Sterns gleichzeitig verfolgen muß, sehr schwierig und daher weniger genau als die Beobachtung eines Sterndurchgangs durch nur einen Faden, z.B. den Horizontal- oder den Vertikalfaden. Aus diesem Grund wird auch das Universal trotz der weitergehenden Optionen in aller Regel nur zur Beobachtung von »eindimensionalen Sterndurchgängen« eingesetzt oder zur Messung von Zenitdistanzen oder Horizontalrichtungen in Konstellationen, in denen sich der Stern parallel zum Horizontalfaden (im Meridian) oder parallel zum Vertikalfaden (in Elongation) bewegt. Bei Durchgangsbeobachtungen wird also ein Durchgangsinstrument (Durchgänge durch einen oder mehrere Vertikalfäden) oder ein Prismenastrolab (Durchgänge durch einen oder mehrere Horizontalfäden) simuliert. Der Vorteil des Universals gegenüber den anderen Instrumenten liegt in der höheren Flexibilität der Zielauswahl, die nun nicht mehr durch instrumentell vorgegebene geometrischen Örter (bestimmte Vertikalkreise oder Almukantarate) eingeschränkt ist. Auch beim Einsatz von Zielerfassungssensoren bietet das Universal ein höheres Maß an Flexibilität.

8.3 Maßnahmen zur Entlastung des Beobachters

8.3.1 Halbautomatische Durchgangsbeobachtung

Ein in Verbindung mit allen in 2.1 geschilderten Instrumenten einsetzbares Hilfsmittel, mit dem kleine Winkel innerhalb des Gesichtsfeldes eines Fernrohr mit hoher Genauigkeit gemessen werden können, ist ein beweglicher Faden, dessen momentane Winkelablage gegen eine fiktive zentrale Zielachse an einem Okularmikrometer abgelesen werden kann. Der Faden, der während der Zielverfolgung eine stetige Schar von Zielachsen definiert, wird durch Drehen am Mikrometer mit dem beweglichen Ziel mitgeführt. Die bei einer Durchgang eines Sterns durch einen feststehenden Faden auf einen einzigen Augenblick beschränkte Beobachtung gestaltet sich bei einem mit dem Stern mitgeführten beweglichen Faden wie die Beobachtung eines festen Zielpunktes, liefert aber über den gesamten Beobachtungszeitraum hinweg Meßdaten (Winkelablagen).

Ein Okularmikrometer ist die Grundlage für das von Repsold 1889 erfundene und mittlerweile vielfach variierte Registriermikrometer zur quasikontinuierlichen automatischen Registrierung diskreter Winkelablagen w_i eines Beobachtungsfadens. Die Trommel des Mikrometers, das die Bewegung des Fadens steuert, ist mit gleichabständigen Kontaktelektroden versehen, die proportional zur Winkelgeschwindigkeit der Drehung über einen Abgriff einen elektrischen Stromkreis öffnen und schließen. Werden die dabei freigegebenen elektrischen Signale in einem Chronographen registriert, so entsteht automatisch eine Zeitreihe $t_i = t\{w_i\}$, die den Zusammenhang zwischen Winkelablage des Fadens und dem Beobachtungszeitpunkt beschreibt. Wird nun ein in dieser Weise gesteuerter Faden mit einem durch das Gesichtsfeld des Fernrohrs ziehenden Stern mitgeführt – der Antrieb kann manuell oder durch einen vom Beobachter kontrollierten Motor erfolgen –, so beschreibt die dann gewonnene Zeitreihe die Winkelablagen des Sterns relativ zu einer definierten »zentralen Lage« des Fadens w_0. Über die aus der o.a. Zeitreihe empirisch gewonnene Funktion $t = t\{w\}$ findet man den Durchgangszeitpunkt $t_0 = t\{w_0\}$ durch den zentralen Vertikal oder Almukantarat. Eine solche Meßanordnung hat über die Fähigkeit der automatischen Registrierung hinaus den Vorzug, daß persönliche Beobachtungsfehler (Ramsayer, 1970, 266) weitgehend ausgeschlossen sind.

Ähnlich wie mit einem Registriermikrometer ist der Beobachtungsablauf beim Einsatz eines selbstregistrierenden Theodolits, der die Teilkreisablesungen in digitaler Form bereitstellt.

8.3.2 Halbautomatische Meß- und Auswertesysteme

Mikroprozessoren und tragbare PC haben die Möglichkeiten der Automatisierung der Beobachtungs- und Auswertevorgänge beträchtlich erweitert. Bei entsprechender Ausrüstung der Rechner mit geeigneter Software kann jederzeit auf die Koordinaten und Koordinatenänderungsraten der Sterne des FK5 (einschließlich Supplement), auf die astronomischen Konstanten und auf das IAU-Nutations-modell zugegriffen werden. Auch die von Zeitdiensten über Funk verbreitete oder die mit den GPS-Signalen ausgestrahlte UTC- bzw. Atomzeitskala steht, wenn der Rechner mit einer entsprechenden Karte ausgerüstet ist, vor Ort zur Verfügung. So lassen sich die topozentrischen scheinbaren Sternkoordinaten für jeden beliebigen Beobachtungsstandort und -zeitpunkt ad hoc berechnen und unter Berücksichtigung der gleichzeitig automatisch anfallenden meteorologischen Daten mit den gemäß 8.3.1 registrierten Meßwerten t_i und/oder w_i verknüpfen. Abgesehen von kleineren Korrekturen, die erst nach einigen Wochen angebracht werden können, wenn die zum Beobachtungszeitpunkt gültigen Erdorientierungsparameter (siehe 2.1) zur Verfügung stehen, können so schon im Feld die gesuchten Breiten, Längen und /oder Azimute angegeben und auf ihre Plausibilität geprüft werden. (Solarić, 1984; 1991; 1996; Walser, 1987; IGP, 1989; Solarić/Špoljarić,1993; Solarić/Špoljarić/Vresk/Skender, 1991).

8.4 Vollautomatische photoelektrische Durchgangsregistrierung

Die 8.3.2 beschriebenen Systeme setzen wie das klassische Instrumentarium einen Beobachter voraus, der die notwendigen Einstellungen der Sterne tätigt. Durch den Einsatz photoelektrischer Bauelemente ist es mittlerweile gelungen, den Beobachter ganz aus dem Beobachtungsprozeß herauszunehmen. Dabei sind die nachfolgend skizzierten Entwicklungslinien erkennbar.

8.4.1 Modulation des Sternlichts durch ein Strich- oder Schlitzraster

In der Bildebene des Fernrohrobjektiv befindet sich bei diesem System ein Strich- oder Schlitzraster, dahinter ein lichtempfindlicher Sensor, z.B. einem Sekundärelektronenvervielfacher (SEV), der den gesamten in der Bildebene des Objektivs ankommenden Lichtfluß in ein elektrisches Signal umsetzt.

Ohne das erwähnte Raster erzeugt das Bild eines Sterns, das durch das Gesichtsfeld des Fernrohrs wandert, zusammen mit der Hintergrundhelligkeit des Himmels im Gesichtsfeld einen konstanten Lichtfluß. Durch das Strich- oder Schlitzraster wird der Sterns in bestimmten Zeitintervallen abgedeckt (beim Strichrasters während er kurzzeitig hinter dem Faden verschwindet, beim Schlitzraster auf dem Weg von einem Schlitz zum nächsten). Der Lichtfluß wird so periodisch abgesenkt. Der SEV nimmt den Lichtfluß auf und wandelt ihn in ein entsprechendes elektrisches Signal um. In den Weg- und Zeitabschnitten, in denen das Sternlicht ungehindert den SEV erreicht (zwischen den Strichen bzw. in den Schlitzen), bewegt sich das Signal auf maximalem, dort wo es abgedeckt wird auf minimalem Niveau. Wird nun das vom SEV erzeugte modulierte elektrische Signal mit dem vom Chronographen vorgegebenen Zeitraster korreliert, so gewinnt man in der gleichen Weise wie nach den Verfahren 3.1 und 3.2 eine Zeitreihe $t_i = t\{w_i\}$, die die Durchgangsepochen durch die Fäden oder die Schlitze beschreibt. Durch eine Analyse der Zeitreihe findet man die im besonderen interessierende Durchgangsepoche $t_0 = t\{w_0\}$ durch einen fiktiven Zentralfaden. (Meinig/Jochmann, 1979; Dittrich/Fischer, 1990; Kovalevsky, 1994, 172-174; Schott/Zick, 1995, 235-241).

Um das Signal-Rausch-Verhältnis zu verbessern, wird das Fernrohrgesichtsfeld durch eine mit dem Stern mitgeführte Schlitzblende auf einen kleinen Bereich um den abgebildeten Stern herum eingeschränkt. Durch diese Maßnahme vergrößert sich der Abstand zwischen dem Maximum und dem Minimum des Lichtflusses: das System reagiert wesentlich sensibler.

8.4.2 Nachführung der Zielachse durch Stellmotor

Ein Fixstern bewegt sich aus der Sicht eines erdfesten Beobachters als Folge der Erddrehung mit einer Winkelgeschwindigkeit von $(15''/s) \cdot \cos\delta$ parallel zum Himmelsäquator. Man kann das Sternbild relativ zu einem Beobachtungsfernrohr fixieren, wenn die Zielachse (Fadenkreuz oder ganzes Fernrohr) durch einen Stellmotor der Bewegung des Sterns nachgeführt wird. An diesem Meßprinzip ist schon in den 50er Jahren intensiv gearbeitet worden, wenn auch - aus heutiger Sicht - mit unzureichenden Mitteln (z.B. Ramsayer, 1962; Joeckel, 1975). Die Nachführung wird heute von Regelkreisen besorgt, der von den Signalen eines SEV oder eines CCD gesteuert werden. Zur Lösung dieser Aufgabe sind verschiedene Wege beschritten worden, die nachfolgend beschriebenen in jüngerer Zeit (Kovalevsky, 1994, 148-156):

Mikrometer mit rotierender Maske - Rotating Mask Micrometer
(Requième, 1973; Kovalevsky, 1994, 148-150)

Das Mikrometer besteht aus einem in der Bildebene der Fernrohrobjektives beweglichen Wagen, der eine rotierende Halbkreisblende trägt. Der Wagen (und mit ihm die Blende) wird entsprechend der ad hoc berechneten Sternspur mit dem Stern mitgeführt. Könnte man die Rotationsachse der Blende von vorne herein exakt am Stern ausrichten, so würde der durch den Wirkungsbereich der Blende fließende Lichtfluß halbiert werden. Da dieser Fluß vor dem Eintritt in die Blende konstant ist, wäre er es auch dahinter. Nun stimmt die Rotationsachse der Blende zu Beginn der Regelung normalerweise nicht exakt mit der Sternposition überein, der Stern »steht« also zunächst abseits von dieser Achse. In exzentrischer Lage erzeugt die Drehblende einen mit der Umdrehungsfrequenz variablen Lichtfluß, aus dessen Verlauf (Phase und Amplitude) das System die Ablage der Rotationsachse vom Zentrum des Sterns errechnet. Diese Information wird genutzt, um die Bewegung des Wagens im Sinne der beabsichtigten Zentrierung zu korrigieren. In zentrierter Lage gibt das mit dem Wagen verbundene Mikrometer laufend die

Sternpositionen an. Sie werden wie bei den bereits besprochenen Registriermikrometern als Zeitreihe weitergegeben.

Ein System dieser Art ist im Astronomischen Observatorium von Bordeaux in einem Meridiankreis realisiert. Es erlaubt die gleichzeitige Bestimmung des Zeitpunkts und der Zenitdistanz eines Sterns beim Meridiandurchgang.

Mikrometer mit schwingendem Gitter - Oscillating Grid Micrometer
(Høg, 1970; Helmer/Morrison, 1985; Kovalevsky, 1994)

Das Mikrometer ist wie das soeben beschriebene System auf einem Wagen montiert, der anhand der bekannten Sternposition und -geschwindigkeit in der Bildebene des Fernrohrs automatisch mit dem Stern mitgeführt wird. Auch dieses System ist in einem Meridiankreis eingebaut und dient so zur Bestimmung des Zeitpunkts und der Zenitdistanz der beobachteten Sterne beim Meridiandurchgang. Als Modulator des Lichtflusses dient eine Maske, die mit zwei zueinander senkrecht angeordneten, um 45° gegen die horizontale Bewegungsrichtung des Sterns geneigten Schlitzen versehen ist. Die Maske wird auf dem Wagen parallel zur Bewegungsrichtung des Sterns periodisch hin und her geführt. Während dieser Schwingung geben die beiden Schlitze den von der Maske unterbrochenen Lichtfluß in einem bestimmten, im allgemeinen »unsymmetrischen« Zeittakt frei. Ein hinter der Maske angebrachter SEV wandelt den Lichtfluß in elektrische Signale um und erzeugt eine Sequenz von Spannungsmaxima, die über eine Zeitregistriereinheit einem vorgegebenen Zeitrahmen zugeordnet wird. Aus der zeitlichen Folge der Lichtflußmaxima läßt sich der Koordinatenunterschied zwischen einer idealen Lage des Wagens, bei der das Bild des Sterns in den Schnittpunkt der beiden Schlitze fallen würde, und der tatsächlichen Position des Wagens berechnen. Kennt man den Koordinatenunterschied, so kann auch der genaue Zeitpunkt und die tatsächliche Zenitdistanz des Sterndurchgangs durch den Meridian angegeben werden.

Ein Meßsystem dieser Art findet man in den Meridiankreisen der Observatorien von Carlsberg (Helmer/Morrison, 1985), La Palma und Tokio.

Mikrometer mit elektronischem Bildzerleger - Image Dissector
(Hughes et al., 1986; Kovalevsky, 1994, 154-156)

Ein elektronischer Bildzerleger ist ein lichtempfindliches System, das nach dem Prinzip einer Fernsehkammer aus einem optischen Bild ein elektronisches Ladungsbild und aus diesem durch zeilenweise Abtastung eine Folge von Signalen erzeugt, die das optische Bild elektronisch beschreiben. Der Elektronenstrahl, mit dem das Ladungsbild gescannt wird, wird in einem bestimmten Takt durch Elektromagneten zur Seite und nach oben und unten abgelenkt. Die in den Ablenkmagneten fließenden Ströme liefern in Verbindung mit den sensierten Helligkeitswerten nach Kalibrierung des Systems Maßzahlen zur geometrischen Rekonstruktion des aufgenommenen Bildes.

Wie bei den beiden vorher beschriebenen Mikrometern bewegt sich ein in der Bildebene des Fernrohrobjektivs angebrachter Wagen, der hier eine Strichplatte trägt, mit der vorausberechneten Geschwindigkeit des Sterns durch das Gesichtsfeld. Der mit dem Wagen bewegte Bildzerleger scannt in einem Kalibriergang bei geschlossenem Fernrohrverschluß die beleuchtete Strichplatte und anschließend, bei offenem Verschluß und unbeleuchteter Strichplatte, den abgebildeten Ausschnitt des Himmels. Der (automatische) Vergleich der beiden Bilder liefert die Sternkoordinaten relativ zu dem von der Strichplatte vorgegebenen Rahmen. Mit der vom Bildzerleger festgehaltenen Position des Sterns relativ zur Strichplatte kann der genaue Zeitpunkt und die tatsächliche Zenitdistanz des Sterndurchgangs durch den Meridian angegeben werden.

CCD-Mikrometer (Kovalevsky, 1994, 156)

Das CCD kann wie die oben dargestellten Systeme auf einem beweglichen Wagen montiert und in ähnlicher Funktion wie der elektronische Bildzerleger betrieben werden: Das Meßergebnis ist auch hier eine Zeitreihe, die die momentane Lage des Sterns relativ zum Bezugsrahmen des Wagens wiedergibt.

Eine mit geringerem mechanischen Aufwand verbundene Lösung kann mit dem festen Einbau des CCD in die Bildebene des Fernrohrs erreicht werden; ➪ 8.4.3.

8.4.3 Photographische und CCD-Momentaufnahmen von Sternpositionen

Eine im Prinzip sehr einfache Möglichkeit, die Position von Sternen in einem automatisierten Verfahren festzustellen, bieten photographische Meßbilder, wenn die äußere und innerer Orientierung ders bei der Aufnahme benutzten Meßkammer bekannt ist. An Hand der Orientierungsparameter a_0, z_0 und κ_0 (Azimut und Zenitdistanz der Zielachse, Verschwenkung der Photoplatte) und mit Hilfe der Transformationsbeziehungen 3.3.2 und 3.3.3 lassen sich die mit einem Komparator ausgemessen Sternkoordinaten im System der Photoplatte (⟨AB⟩; ➪ 3.2.2) in ein Nordorientiertes Horizontsystem (⟨NH⟩; ➪ 3.2.3) überführen. Die Anfänge diesbezüglicher Entwicklungen gehen auf die Jahrhundertwende zurück (Stolze, 1893, Runge, 1893; 1894; Schnauder, 1900; Schwarzschild, 1903; Trümpler, 1913; Wilkens, 1913), nachdem bereits 1880 in der Pariser Sternwarte ein Fernrohr für photographische Aufnahmen des Sternhimmels (*Normalastrograph*) entwickelt worden ist und bald darauf ein groß angelegtes internationales Beobachtungsprogramm zur Erstellung einer Photographischen Himmelskarte (➪ 10.2.6: Vogel, 1899) in die Tat umgesetzt wurde (Eichhorn, 1974, 279).

Bei der geodätischen Nutzung von Sternaufnahmen hat man schon bei den ersten (oben erwähnten) Versuchen zeitlich fixierte Mehrfachbelichtungen vorgenommen, wodurch der Informationsgehalt einer ganzen Serie von »Beobachtungen« in einer einzigen »Aufnahme« konzentriert wird - ein Meßprinzip das auch in der weiteren Entwicklung verfolgt wurde. Bei diesem Vorgehen entstehen bei zeitlich kontrolliertem Öffnen und Schließen des Fernrohr- (Kamera-) Objektivs auf der Photoplatte unterbrochene Sternspuren, deren belichtete Abschnitte durch geeignete Mittelbildung (unter Berücksichtigung der Krümmung der Sternspuren) auf eine mittlere Richtung und eine dieser Richtung entsprechende mittlere Beobachtungsepoche reduziert werden können.

Aus der Reihe weiterer einschlägiger Versuche, die Sternspuren photographisch festzuhalten und zur Richtungsbestimmung zu nutzen (Ambronn, 1911; Trümpler, 1911; 1913; Wilkens, 1913; Chandon/Gougenheim, 1935; Ramsayer, 1962; Prescott, 1964; Schnädelbach (1966); Deker, 1967; Böhme, 1993; Potthoff, 1993), verdient vor allem das von Schnädelbach (1966) auf der Grundlage eines Standarduniversals (Kern DKM3A) entwickelte Verfahren hervorgehoben zu werden, da es ganz gezielt auf die Belange der astrogeodätischen Aufgabenstellung zugeschnitten war.

Die Kombination eines Fernrohres mit einem CCD-Bildaufnehmer für einen Theodolit wurde mit der Entwicklung des »Videotheodolits« Kern E2-SE erstmals gelöst und von Gottwald (1987) vorgestellt. Mittlerweile gibt es zahlreiche Beispiele für den Einsatz der CCD-Technik für astrometrische und astrogeodätische Aufgabenstellungen: Philip et al., 1990; Monet/Dahn e.a., 1992; Gerstbach, 1996/1; 1996/2; Ploner, 1996; Fosu, 1999. Die von Schnädelbach (1966) eingeleitete Entwicklung wurde mit Hilfe der CCD-Technologie von Schirmer (1994) weitergeführt.

Bei fixierter Fernrohreinstellung zieht das Bild des Sterns über das CCD-Feld. Dabei werden die Koordinaten der Sternspur im CCD-Bezugssystem festgehalten und als Zeitreihe an den Rechner weitergegeben, der den Zeitpunkt und die Zenitdistanz eines Sterndurchgangs durch eine zur Bezugsachse erklärte CCD-Spalte berechnet (Schirmer, 1994). Da ein so genutztes CCD, einen größeren Bereich abdecken muß als das in 8.4.2 beschriebene, braucht man hier größere Chips als dort.

8.5 Zenitteleskope und Zenitkammern

8.5.1 Rückblick

Die Beobachtung von Sterndurchgängen in Zenitnähe hat im Vergleich mit anderen Beobachtungsszenarien den Vorteil, daß der im allgemeinen nur mit einer gewissen Unsicherheit erfaßbare Refraktionseinfluß nur eine untergeordnete Rolle spielt. Diesen Vorteil machten sich schon Ende des 17. und im frühen 18. Jahrhundert Jean Picard, Giovanni Domenico und Jacques Cassini, Charles Marie de La Condamine und Pierre Bouguer u.a. zunutze, die im Rahmen nachmals berühmt gewordener Kampagnen und Expeditionen zur Bestimmung der Erdfigur

Zenitteleskope (»*Zenitsektoren*«) einsetzten (Repsold, 1908, 65 und Fig.87). Auch die Entdeckung der Aberration (1728; ➪ 2.7.1) und der Nutation (1748; ➪ 2.5.3) durch James Bradley erfolgte mit diesem Instrumententyp. Das erste Zenitteleskop mit Quecksilberhorizont (nach dem in Bild 8.1-2 skizziertem Aufbau) wurde 1854 von George Bidell Airy im Greenwich-Observatorium eingesetzt (Markowitz, 1969, 88).

Photographische Zenitfernrohre (PZT: Photographic Zenith Tube) wurden erstmals um die Jahrhundertwende von Stolze (1893), Runge (1894), Schnauder (1900) und Schwarzschild (1903) vorgeschlagen. Seit jenen Anfängen ist der Gerätetyp in zahlreichen Varianten gebaut und von vielen astronomischen Observatorien durch quasikontinuierliche »Beobachtung« der Ortszeit und der Geographischen Breite zur Bestimmung der Erdorientierungsparameter eingesetzt worden (Enslin, 1964; Thomas, 1964; Engelbrecht, 1966; Pauscher, 1968; Ramsayer, 1970, 243-247). Geodätische Anwendungen sind durch die Entwicklung tragbarer Zenitkammern möglich geworden (Birardi, 1971; Geßler/Pilowski, 1972; Geßler, 1975; Trumpke, 1979; Wissel, 1982; Bürki/Kahle/Schmid, 1983; Chesi, 1984; Bretterbauer/Somogyi/Szádeczky-Kardoss, 1984; Geßler/Seeber, 1985; Pilowski, 1985; Seeber/Torge, 1985). In den letzten zehn Jahren ist die photographische Aufnahmetechnik von elektronischen Verfahren (SEV, CCD) abgelöst worden (Dittrich/Fischer, 1990; Fosu, 1999).

8.5.2 Photographische Zenitkammer

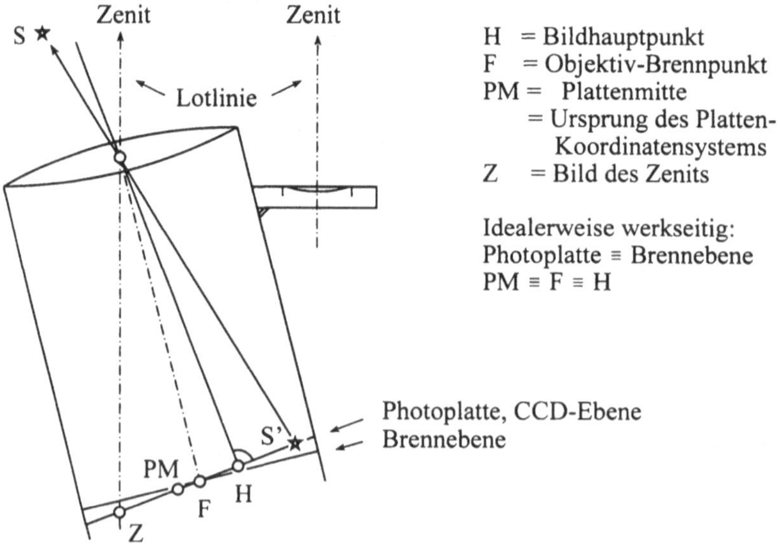

Bild 8.5-1: Querschnitt durch eine Zenitkammer in Fernrohrlage I

Eine photographische Zenitkammer (PZK) besteht aus einem mit einem Lotsensor ausgestatteten Fernrohr mit einem in der Brennebene des Objektivs fest installierten Bildrahmen, der auch als Halterung der Photoplatten dient. Genau genommen - siehe Bild 8.5-1 - muß man zwischen der Brennebene des Objektivs (FE), die senkrecht auf der optischen Achse des Objektivs steht, und der Bildebene (BE), in der die Photoplatte gehalten wird, unterscheiden. Entsprechend führen auch die beiden durch den bildseitigen Objektiv-Hauptpunkt O[41)] verlaufenden Normalen auf diese Ebenen zu verschiedenen Schnittpunkten: dem Brennpunkt des Objektivs F und dem Bildhauptpunkt H. Bei hochwertigen Systemen ist die Unterscheidung zwischen FE und BE bzw. zwischen F und H meist nicht erforderlich, da bei der Konstruktion der Kamera eine möglichst weitgehende Übereinstimmung der beiden Ebenen angestrebt wird. Gleichwohl muß man begrifflich zwischen der Brennweite f des Objektivs und der Kammerkonstanten c unterscheiden. Durch OF $= f$ wird die normal zur optischen Achse des Objektivs aufgespannte Ebene festgelegt, in der unendlich entfernte Objekte scharf abgebildet werden (vgl. DIN 4521), OH $= c$ hingegen beschreibt den Abstand der durch eine Photoplatte materialisierten Bildebene (in der die Abbildung tatsächlich stattfindet) vom bildseitigen Hauptpunkt des Linsensystems. Durch Randmarken oder durch ein über die Photoplatte gelegtes Gitter (»Reseau«) wird bei einigen Konstruktionen schließlich noch der Ursprung (»Plattenmitte« PM) und Ausrichtung eines in der Bildebene liegenden Bildkoordinatensystem festgelegt. Bei Kenntnis der Objektivbrennweite und der Koordinaten von H ist eine Rekonstruktion des photographisch durch Bildpunkte festgehaltenen Strahlenbündels möglich.

Das Fernrohr ist über eine Stehachse drehbar mit einem Instrumentenunterbau verbunden. Stehachse und Fernrohrachse sind bestmöglich gleichgerichtet. Mit Hilfe von Lotrichtungssensoren (Libellen, Quecksilberhorizont) kann die durch H und den Objektivmittelpunkt definierte Zielachse des Fernrohrs (Aufnahmerichtung) auf die Lotrichtung bezogen und umgekehrt die Lotrichtung im Bildkoordinatensystem beschrieben werden.

Die Zeitpunkte der Öffnung des Objektivs (Belichtung der Photoplatte) werden mit einem Chronographen festgehalten, wodurch die Punkte der abgelichteten

---

41) Bei dicken Linsen und Linsensystemen benützt man zur Schematisierung des Abbildungsvorgangs (Beschreibung der Strahlengangs durch eine einmalige Brechung) zwei zueinander parallele und zur optischen Achse senkrecht stehende Hauptebenen. Durch den Schnitt dieser Ebenen mit der optischen Achse werden ein ding- und ein bildseitiger Linsenhauptpunkt (O_d, O_b) definiert (Schröder, 1974, 17-22; Gerthsen, 1956, 370-371). Die gleich großen Abstände des bildseitigen Bildhauptpunktes vom bildseitigen Brennpunkt und des dingseitigen Bildhauptpunkts vom dingseitigen Brennpunkt werden als Brennweite f der Linse bezeichnet. Die Bildhauptpunkte können durchaus außerhalb des Linsensystems liegen, wie dies z.B. bei dem in Bild 8.1-3 rechts skizzierten Linsensystems einer Zenitkammer der Fall ist. In Bild 8.5-1 ist nur $O = O_b$ eingezeichnet.

Sternspur in eine definierte Zeitskala eingeordnet werden. Durch Ausmessung der Meßbilder in einem Komparator werden die momentanen Sternkoordinaten im Bezugssystem der Meßkammer gewonnen. Da die Aufnahmezeitpunkte festgehalten werden, können für diese Epochen die Sternkoordinaten auch im System der Apparent Places of Fundamental Stars $\langle \text{FrÄ} \rangle_{\text{AppPl}}$ und – mit Näherungswerten für Breite und Länge – im erdfesten, am Greenwich-Meridian orientierten äquatorialen Bezugssystem ⟨GrÄ⟩ berechnet werden. Durch den Vergleich der beiden Datensätze (gemessene und aus dem $\langle \text{FrÄ} \rangle_{\text{AppPl}}$ abgeleitete Sternkoordinaten) kann die im Bildkoordinatensystem bekannte Aufnahme- und Zenitrichtung im ⟨GrÄ⟩-System ausgedrückt werden. Die Zenitrichtung ist in diesem System identisch mit den gesuchten Geographischen Koordinaten φ und λ.

Zenitkammern, die für astrometrische Aufgaben eingesetzt und meist stationär betrieben werden, sind typischerweise mit Objektiven von 3,5-4m Brennweite ausgerüstet. In der halben Brennweite unterhalb des Objektivs befindet sich ein Quecksilberhorizont, der die Aufgabe hat, das durch das Objektiv gebrochene Licht zu reflektieren, wodurch die Brenn- bzw. die Bildebene unmittelbar unterhalb des Objektivs zu liegen kommt. In dieser Ebene befindet sich der Rahmen und die Halterung für die Photoplatte. In Bild 8.1-2 ist der Strahlengang einer solchen Zenitkammer skizziert. Man erkennt, daß die Vereinigung paralleler Zenitstrahlen unabhängig von einer eventuellen geringfügigen Neigung des Fernrohrs stets an der gleichen Stelle Z' der Bildebene (Photoplatte) erfolgt und dieser Punkt im Bildkoordinatensystem durch ein konstantes Koordinatenpaar beschrieben werden kann. Die Lage des für die Rekonstruktion der Aufnahmeperspektive maßgeblichen Bildhauptpunktes H ist neigungsabhängig und aus dem Bildinhalt allein nicht rekonstruierbar.

Bei feldtauglichen, transportablen Zenitkammern arbeitet man in der Regel mit kürzeren Brennweiten (< 100 cm) und mit elektronischen Libellen zur Ausrichtung der Zielachse auf den Zenit; (Birardi, 1971; Geßler/Pilowski, 1972; Geßler, 1975; Bürki/Kahle/Schmid, 1983; Chesi, 1984; Wissel, 1982; Geßler/Seeber, 1985; Pilowski, 1985; Seeber/Torge, 1985).

8.5.3 CCD-Zenitkammern

In den Bemühungen, Zenitbeobachtungen zu automatisieren, wurden zunächst nach dem gleichen Prinzip wie in Verbindung mit Durchgangsinstrumenten, Meridiankreisen und Prismenastrolabien (⇨ 8.4.1) photoelektrische Registrierverfahren entwickelt (Meinig/Jochmann, 1979; Ngyen Tri Long, 1979). Diese Entwicklungslinie wurde, wie das Verfahren der photographischen Registrierung, in jüngster Zeit von der CCD-Technologie abgelöst, die der Astrometrie und der Geodätischen Astronomie vielfältige neue Möglichkeiten eröffnet hat. Hervorzuheben ist vor allem die hohe Lichtempfindlichkeit der CCD-Sensoren und ihre hervorragende Eignung als Bausteine in vollautomatischen ablaufenden Prozessen der digitalen Bildverarbeitung.

Eine CCD-Zenitkammer unterscheidet sich von einer photographischen Zenitkammer im wesentlichen nur in der Technologie, mit der die aufgenommene Szene des zenitnahen Himmels festgehalten wird (Bretterbauer, 1997; Fosu, 1995). Gegenüber der Photographie hat die CCD-Aufnahme den entscheidenden Vorteil, daß alle Positionsangaben bereits bei der Aufnahme in digitaler Form anfallen und sofort weiterverarbeitet werden können. Abgesehen von den Auswirkungen kleiner, im Augenblick der Registrierung noch nicht zugänglicher Korrekturen der prädizierten Erdorientierungsparameter ist es daher mit einer CCD-Zenitkammer in Verbindung mit geeigneter Software im Prinzip möglich, die Lotrichtung und die azimutale Ausrichtung der Kamera im Beobachtungsstandort in »Echtzeit« anzugeben.

8.6 Die HIPPARCOS-Sensoren

Bei der von 1989 bis 1993 von der European Space Agency (ESA) durchgeführten Mission wurden zwei astrometrische Meßsysteme eingesetzt. Der Träger-Satellit sollte ursprünglich in eine geostationären Bahn ($a = 42\,165\,\text{km}$) gebracht werden. Aufgrund des Versagens einer Raketen-Antriebsstufe wurde diese Bahn jedoch nicht erreicht. Die Messungen mußten daher von einer extrem elliptischen Bahn ($a = 42\,880\,\text{km}$, $b = 6880\,\text{km}$) aus durchgeführt werden. Das geänderte Beobachtungsszenario führte, wie man sich leicht vorstellen kann, zu erheblichen Problemen, insbesondere wegen der stark beeinträchtigten Bodenkontrolle sowie durch die nunmehr regelmäßigen Störungen der Beobachtungen im Van-Allen-Gürtel der Ionosphäre. Die Schwierigkeiten konnten aber überwunden werden. Letztlich erwies sich die Mission als überaus erfolgreich.

Der Satellit und mit ihm zwei fest miteinander verbundene Fernrohre drehte sich während der Mission einer Winkelgeschwindigkeit von 169°/h um seine Hauptachse, wobei diese Achse so gesteuert wurde, daß sie zur Sonne einen konstanten Winkel (43°) bildete und in Erfüllung dieser Bedingung mit einer Winkelgeschwindigkeit von 4,4°/Tag präzedierte. Durch diese Vorgaben wurde erreicht, daß die Sensoren den ganzen Sternhimmel mehrfach erfassen konnten.

Der Hauptsensor des Satelliten, mit dem die geometrischen Daten des *HIPPARCOS*-Katalogs gewonnen wurden, dient der hochgenauen Bestimmung von Positionswinkeln (= Bögen auf der Himmelskugel) zwischen allen nahe dem momentanen Satellitenäquator liegenden und in einem Abstand von etwa 58° voneinander entfernten Sternen. Die Messung erfolgte mit Hilfe von zwei starr miteinander verbundenen Fernrohren, deren Achsen den genannten Winkel bilden. Über zwei Spiegel werden die von den Fernrohren erfaßten Himmelsausschnitte auf ein Schlitzraster projiziert, wodurch Sterne, die am Himmel etwa 58° auseinander liegen, nebeneinander in der Rasterebene erscheinen. Das Gitter besteht aus 2688 Schlitzen mit Winkelabständen von 1,208″und deckt so ein Feld von 0,9° ab. Aufgrund der Rotation de Satelliten ziehen die Sternbilder über das Raster und erzeugen dort eine Folge von Hell-Dunkel-Signalen, die von einem elektronischen Bildzerleger (➪ 8.4.2) in elektrische Signale umgesetzt werden. Diese Signale können dazu genutzt werden, den über den fest eingestellten Winkel von 58° hinaus gehenden Winkelabstand (±) korrespondierender Sterne und damit auch den zwischen diesen Sternen liegenden Positionswinkel zu messen. Durch die laufend veränderte Ausrichtung des Sensors konnte im Laufe der Mission der gesamte Sternhimmel in ein stabiles »Streckennetz« bestimmt werden, das die gegenseitigen geometrischen Beziehungen der Objekte durch die gemessenen Bögen mit höchster Präzision festlegt. Aufgrund der veränderlichen Position des Satelliten in seinem Lauf um die Erde und mit dieser um die Sonne - korrespondierend mit Veränderungen der scheinbaren Sternörter - konnten während der fast 3½-jährigenMission auch die trigonometrischen Parallaxen der Fixsterne (Fixstern-Entfernungen) bestimmt werden. Die vierjährige Laufzeit der Mission und ein Spektralsensor ermöglichten darüber hinaus die Feststellung von tangentialen und radialen Eigenbewegungen.

Der *HIPPARCOS*-Satellit enthält neben dem eben beschriebenen Hauptsensor noch einen zweiten, als *Star Mapper* bezeichneten Sensor. Dieser Sensor ist eine Kombination einer Gruppe von schlitzförmigen Blenden mit einem Sekundärelektronen-Vervielfacher. Das System sollte in Verbindung mit einem vorgegebenen Input-Katalog in erster Linie dazu dienen, aus den sensierten Signalfolgen der über die Blende wandernden Sternbilder laufend die Ausrichtung des Satelliten zu bestimmen. Beobachtet wurden dabei die Durchgangszeiten der Sterne durch die Schlitze. Bei nunmehr bekannter momentaner Ausrichtung des Satelliten konnten in Umkehrung der geschilderten Funktion aber aus den Star-Mapper-Signalen auch die Positionen der im Input-Katalog enthaltenen Sterne verbessert und eine große Zahl nicht in diesem Katalog enthaltener Sterne erfaßt werden, wodurch unabhängig von den Ergebnissen des *HIPPARCOS*-Katalogs und nach einem vollkommen anderen Meßprinzip die Sternpositionen kontrolliert und eine große Zahl zusätzlicher Sterne bestimmt werden konnte.

Detaillierte Beschreibungen der Sensoren, des Meßprinzips und der Datenreduktion zur Konstruktion des *HIPPARCOS*- und des *TYCHO*-Katalogs finden sich u.a. in Perryman (1985), Schruver (1986), Høg/Kovalevsky/Lindegren (1992), Kovalevsky (1994), ESA (1997). Die Bedeutung des *HIPPARCOS*-Katalogs für die Realisierung eines inertialen zälestischen Bezugsrahmens (➪ 7.2.6) wurde von Kovalevsky et al. (1997) und Feissel/Mignard (1998) dargelegt.

8.7 Interferometer

8.7.1 Interferometrisches Meßprinzip

Eine Möglichkeit, das Auflösungsvermögen einer optischen oder radiooptischen Empfangsanlage zu steigern, bietet das von Armand Hippolyte Louis Fizeau (1868) entdeckte interferometrische Meßprinzip. Das Prinzip wird in zahlreichen Varianten zur hochgenauen Winkel- und Streckenmessung und daher auch in etlichen geodätischen Meßanordnungen genutzt. Der nachfolgend beispielhaft skizzierte Versuchsaufbau geht auf Augustin Jean Fresnel zurück, der die Anordnung zur Demonstration der Interferenz und zur Messung von Lichtwellenlängen benutzte.

In dem Experiment werden die von einer Strahlungsquelle ausgesandten (kohärenten) Wellen über zwei um einen kleinen Winkel gegeneinander geneigte Spiegel auf geringfügig unterschiedlichen Wegen (Laufzeiten) in einen Experimentierraum geleitet, wo sich die Wellenzüge wieder treffen. Die beiden Wellenfronten durchdringen (überlagern) sich dort unter dem durch die zwei Einfallrichtungen vorgegebenen kleinen Winkel. Durch die Überlagerung der Wellen entstehen im Raum Zonen, in denen die positiven Amplituden (Wellenberge) der zwei Wellenzüge zusammentreffen und sich addieren (verstärken), und solche, in denen sich die positiven Amplituden (Wellenberge) des einen Wellenzuges und die negativen Amplituden (Wellentäler) des anderen gegenseitig auslöschen. Die Verstärkungs- und Auslöschungszonen (Hell- und Dunkelzonen) haben bei endlichem Lichtweg die Form von Hyperboloiden. Beim Grenzübergang zu einer »unendlichen Entfernung« der Strahlungsquelle gehen Hyperboloide in Ebenen über. Die Hell- und Dunkelzonen lassen sich als *Interferenzstreifen* sichtbar machen, wenn die beiden Wellenzüge auf einem Bildschirm aufgefangen werden. Zwischen dem Abstand d der beiden virtuellen Strahlungsquellen, der Wellenlänge des untersuchten Lichts λ, dem Abstand s zwischen den Lichtquellen und dem Bildschirm und dem Abstand der Interferenzstreifen δ in der Hyperbelachse besteht die Beziehung (Gerthsen, 1956, 380)

$$d = \frac{s \cdot \lambda}{\delta}, \qquad (8.7\text{-}1)$$

aus der man durch Messung von δ und Vorgabe von zwei weiteren Parametern (s und λ oder s und d) die vierte Größe (d oder δ) berechnen kann.

Anwendungen des interferometrischen Meßprinzips in der Geodäsie sind das *Michelson-* und das *Vaïsälä-Interferometer* zur hochgenauen Streckenmessung über kurze Distanzen. (Väisälä, 1923, 1927; Jordan/Eggert/Kneißl, 1958, 482-501; Kahmen, 1977, 175-178, 235-249). In Bereich der Astrometrie ist es nach einem Vorschlag von Michelson (1890) Michelson/Pease (1921) mit einem stellarem Interferometer gelungen, licht-interferometrisch die Durchmesser einiger Fixsterne (u.a. der Beteigeuze und des Antares) zu bestimmen, die selbst mit den größten optischen Fernrohren nicht als räumliche Objekte aufgelöst werden können (Gerthsen/Kneser/Vogel, 1989, 508). Von herausragender Bedeutung für Astrometrie und Astronomische Geodäsie hat sich *Langbasisinterferometrie* (*VLBI*) erwiesen, auf die in 8.7.4 und 9.9 noch näher eingegangen wird.

8.7.2 Radioteleskope

Die kosmische Radiostrahlung, die aus der isotropen *3°-Kelvin-Hintergrundstrahlung* (λ = 7 cm) und einer von zahlreichen konkreten galaktischen und extragalaktischen Radioquellen erzeugten breitbandigen Mikrowellenstrahlung (2,3cm bis 75cm) besteht, erreicht durch das Radiofenster der Atmosphäre hindurch auch die Erdoberfläche. Sie kann dort im Prinzip mit jeder auf den betreffenden Frequenzbereich abgestimmten Antenne aufgefangen werden. Da die Strahlung extrem schwach und teilweise isotrop ist, das heißt aus allen Richtungen einfällt, müssen besondere Vorkehrungen getroffen werden, um das Signal einer bestimmten Radioquelle aus dem allgemeinen Signalrauschen herauszufiltern. Dieses Ziel läßt sich mit *Richtantennen* erreichen, wie sie in der Mikrowellentechnik eingesetzt werden. Die beste Richtwirkung erreicht man, wenn die eigentliche Antenne, z.B. eine Dipol- oder eine Hornantenne, mit einem parabolisch ausgelegten Metallreflektor zu einer *Parabolantenne* kombiniert wird, deren Wirkung mit der eines Spiegelteleskops vergleichbar ist: Parallel eintreffende Strahlen werden in einem Punkt der Brennebene gesammelt und dort vom Antennensensor erfaßt (Rohlfs, 1986, 78-82; 87-92).

Bedingt durch die im Vergleich mit Lichtwellen langen Wellenlänge der Radiostrahlung ist die Winkelauflösung d_{min} eines *Radiotelekops* wesentlich geringer als die eines optischen Fernrohrs. Nach (8.1-2) ist das Auflösungsvermögen $1/d_{min}$ eines Fernrohrs proportional zum Spiegeldurchmesser und umgekehrt proportional zur Wellenlänge. Um mit einem auf den Empfang der Emissionswellenlänge λ_H = 21cm des kosmischen Wasserstoffs ausgelegten Radioteleskop die gleiche Winkelauflösung von $d_{min} = 2{,}14''$ zu erzielen wie das schon einmal als Beispiel erwähnte vergleichsweise kleine optische Fernrohr mit 55mm Objektivdurchmesser bei λ = 550nm, müßte der Parabolspiegel einen Durchmesser von $\lambda_H \cdot 2{,}14 \cdot 10^5{''}/d_{min} = 0{,}21\,\mathrm{m} \cdot 2{,}14 \cdot 10^5{''}/2{,}14'' = 21\,\mathrm{km}$ erhalten, was technisch nicht realisierbar ist. Das größte Radioteleskop in Deutschland, das Teleskop des Max-Planck-Instituts für Radioastronomie auf dem Effelsberg bei Bonn mit einem Spiegeldurchmesser von 100m erreicht, wenn es im oberen Frequenzbereich von etwa $\lambda \geq 2$cm genutzt wird, eine Winkelauflösung von bestenfalls 43″. Eine solche würde für genaue astrometrische und astrogeodätische Aufgaben bei weitem nicht ausreichen.

8.7.3 Radiointerferometer

Wir haben gesehen, daß den Möglichkeiten, das Auflösungsvermögen eines Radioteleskops durch Vergrößerung der Spiegelfläche an die Standards optischer Teleskope heranzuführen, unüberwindliche technische Grenzen gesetzt sind. Da das Auflösungsvermögen nach (8.1-2) nur vom Durchmesser der Spiegels, nicht aber von dessen Fläche abhängt, könnte man eine Verkleinerung von d_{min} (gleichbedeutend mit der Steigerung des Auflösungsvermögens) auch schon durch eine nur eindimensionale Vergrößerung des Spiegeldurchmessers erreichen, was weniger aufwendig wäre, als den Spiegeldurchmesser zu vergrößern. Aber auch diese Lösung fände bei einer Spiegelgröße von einigen 100m eine technische Grenze, an der die optischen Standards noch lange nicht erreicht wären. Der entscheidende Schritt, im Rahmen gegebener Möglichkeiten zu einer substantiellen Steigerung des Auflösungsvermögens einer Antennenanlage zu kommen, gelingt durch die Aufteilung der Antennenfunktion auf zwei räumlich getrennte Radioteleskope in Verbindung mit einem Kommunikationssystem, mit dem die an den beiden Antennenstandorten aufgenommenen Signale zusammengeführt und miteinander korreliert werden können. Diese Zusammenführung kann über Kabel, über Funk oder durch Aufzeichnung auf Datenträger und Datenträgertransport erfolgen. Im letztgenannten Lösung muß man allerdings die Daten beider Empfangsanlagen auf eine gemeinsame Zeitskala beziehen, was den Einsatz hochgenauer und während des Beobachtungszeitraums synchron laufender Uhren erfordert. Über die Basislänge b, die nun in (8.1-2) an die Stelle des Objektivdurchmessers D_{EP} tritt,

$$d_{min} = 2{,}14 \cdot 10^5 \,'' \cdot \frac{\lambda}{b}, \tag{8.7-2}$$

kann das Auflösungsvermögen des Systems – und mit ihm die Richtungsempfindlichkeit – beliebig gesteigert werden. Bei der auf der Erde maximal möglichen Basislänge b_{max} = 12756km (= doppelter Erdradius) und einer Wellenlänge von 2cm erreicht die Richtungsempfindlichkeit eines Zwei-Antennensystems nach (5.6-2) eine theoretischen Größe von $0{,}3 \cdot 10^{-3}\,''$. Das System übertrifft damit die Leistungsfähigkeit optischer Systeme um ein Vielfaches.

8.7.4 VLBI-Sensor

Die *Langbasisinterferometrie* (*Very Long Baseline Interferometry – VLBI*) stützt sich auf ein Interferometersystem (⇨ 8.7.3), dessen korrespondierende Radioteleskope mehrere tausend Kilometer voneinander entfernt sein können. Mit den Teleskopen werden *Quasare* (*Quasi Stellar Radio Sources*) – »punktförmige« extragalaktische Radioquellen (⇨ 3.2.7, 4.8.1) – beobachtet, die vereinbarungsgemäß Träger des als *ICRF* bezeichneten zälestischen Bezugsrahmens sind (⇨ 3.5.3, 7.2.6).

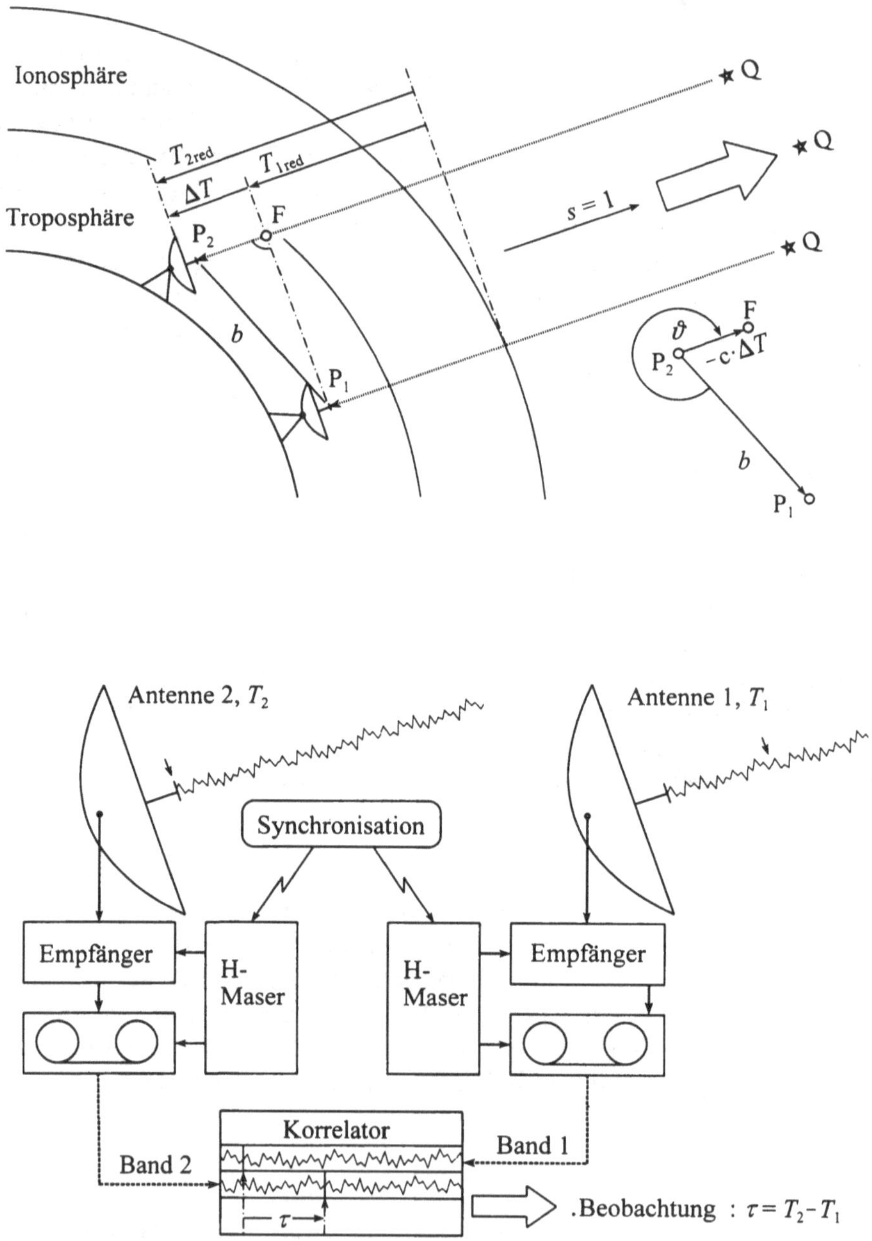

Bild 8.7-1: Langbasisinterferometrie - Meßprinzip und Gerätekonfiguration

Das Meßprinzip, nach dem mit dem VLBI-Verfahren Richtungs- und Streckenmessungen durchgeführt werden, ist in zahlreichen Abhandlungen beschrieben:

Preuß (1976; 1977; 1977), Campbell/Witte (1978), Campbell (1979; 1985), Schuh (1985; 1987), Seeber (1989, 395-399), Nothnagel (1991), Campbell/Nothnagel (1993), Steufmehl (1994). Es läßt sich anhand von Bild 8.7-1 vereinfacht wie folgt beschreiben: Zwei in den Punkten P_1 und P_2 aufgestellte und laufend auf einen bestimmten Quasar Q gerichtete Parabolantennen empfangen in einer vereinbarten Beobachtungsperiode die von Q abgestrahlten Radiosignale. Die nutzbaren Anteile der Strahlung liegen in einem von etwa 1 bis 10GHz (λ = 30 ... 3 cm) reichenden Frequenzband, das von den Empfangseinheiten als »weißes Rauschen« wahrgenommen wird. Ein solches Frequenzband ist durch ein ständig veränderliches und in einem willkürlich herausgegriffenen Zeitsegment unverwechselbares Amplituden- und Frequenz-Muster gekennzeichnet, das sich als Funktion der Zeit beschreiben läßt.

Für die weitere Auswertung werden in den Empfangseinheiten aus der multifrequenten Strahlung zwei definierte Frequenzbänder herausgefiltert, in den Videofrequenzbereich »heruntergemischt« und auf Magnetbändern aufgezeichnet. Gleichzeitig mit den aus dem All empfangenen Signalen wird auf den Bändern auch die vor Ort von Wasserstoff-Masern erzeugte und nach einem der in 5.10 beschriebenen Verfahren synchronisierte Zeitskala aufgezeichnet.

Aufgrund der in der Regel unsymmetrischen und infolge der Erddrehung ständig veränderlichen Konfiguration P_1-Q-P_2 trifft die aus Q kommende Wellenfront, die P_1 zum Zeitpunkt T_1 erreicht, in P_2 um ihre dem Weg entsprechende Laufzeit

$$\tau = T_2 - T_1 \tag{8.7-3}$$

später oder früher ein als in P_1. Um aus den Bandaufzeichnungen der Quasarsignale und der Zeitmarken der miteinander synchronisierten örtlichen Uhren die momentane Laufzeit τ zu erhalten, sind nach (8.7-3) die Ankunftszeiten identischer Signale in den beiden Standorten voneinander zu subtrahieren. Wären die ankommenden Signale ebenfalls klare Zeitmarken (Impulse) wie die der Uhren, so wäre der Auswertevorgang trivial, da die Ankunftszeiten in diesem Fall an dem registrierten Zeitraster direkt abgelesen (interpoliert) werden könnten. Tatsächlich besteht das ankommende Signal aber aus einem diffusen Frequenzspektrum, das keine punktuellen Merkmale besitzt, die in den getrennten und zeitversetzten Aufzeichnungen einander zugeordnet werden könnten. Es bedarf vielmehr einer aufwendigen »*Korrelationsanalyse*«, um aus den beiden Signalströmen den gesuchten Laufzeitunterschied τ »herauszulesen«. Bei diesem Vorgang werden die zwei Signalströme zur Interferenz gebracht. Sie werden dazu - ausgehend von einem Näherungswert von τ - unter Einsatz eines Kreuzkorrelationsverfahren solange gegeneinander verschoben, bis die Interferenzamplitude ihr Maximum erreicht. Der für dieses Zustandsoptimum maßgebliche Laufzeitunterschied τ ist der gesuchte Meßwert.

Die Geometrie der Meßanordnung, auf die sich alle weiteren Auswertungen stützen, ist durch ein rechtwinkeliges Dreieck bestimmt, dessen Hypotenuse vom Basisvektor $\boldsymbol{b} = P_1P_2$ gebildet wird und dessen Katheten P_2-F und P_1-F in Richtung zum Quasar Q bzw. senkrecht dazu ausgerichtet sind (⇨ Bild 8.7-1, oben). Um den Weg P_2-F zu durchlaufen, würde die aus Q kommende Wellenfront im Vakuum eine *geometrische Laufzeit* $\Delta T = (P_2\text{-}F)/c$ benötigen; c = Lichtgeschwindigkeit. Für die folgende Auswertung ist es zunächst erforderlich, den nicht allein von der Geometrie der Aufnahmesituation, sondern auch noch von anderen Einflußgrößen, insbesondere der Refraktion, abhängigen Meßwert τ in die geometrische Laufzeit ΔT umzusetzen, die sich von τ um die aus mehreren Einzelreduktionen zusammengesetzte Reduktionsgröße $\Delta\tau_{red}$ unterscheidet:

$$\Delta T = \tau - \Delta\tau_{red} \,. \tag{8.7-4}$$

Dem Zeitintervall ΔT entsprechen die in Bild 8.7-1 eingetragenen fiktiven Signalankunftszeiten $T_{1\,red}$ und $T_{2\,red}$. Diese korrespondieren über den Proportionalitätsfaktor c mit den in der Skizze durch Pfeile dargestellten Lichtwegen. Auf die notwendige Quantifizierung von $\Delta\tau_{red}$ braucht an dieser Stelle nicht eingegangen zu werden. Sie wird im Zusammenhang mit der Auswertung von VLBI-Messungen in 9.9 behandelt.

Zwischen der geometrischen Laufzeit ΔT, dem Einheitsvektor $\boldsymbol{s}$ ($|\boldsymbol{s}| = 1$), der die Richtung $P_1Q \equiv P_2Q$ bezeichnet, und den Elementen des Dreiecks P_1-P_2-F besteht die einfache Beziehung

$$\boldsymbol{b}\cdot\boldsymbol{s} = b\cdot\cos\vartheta = c\cdot\Delta T, \tag{8.7-5}$$

die man als idealisierte Beobachtungsgleichung des VLBI-Verfahrens betrachten kann. Die Gleichung kann unter Beachtung der Definition eines Skalarprodukts $\boldsymbol{b}\cdot\boldsymbol{s} = b\cdot s\cos\vartheta$ direkt aus Bild 8.7-1 abgelesen werden: $b\cdot\cos\vartheta = c\cdot\Delta T$. Auf die vielfältigen Möglichkeiten, diese Gleichung astrometrisch oder astrogeodätisch zu nutzen, wird in 9.9 eingegangen.

8.8 Zeiterfassung und Zeitregistrierung

8.8.1 Allgemeines zur astrogeodätischen Zeitmessung

Bewegungen werden als zeitliche Änderungen geometrischer Größen (Positionen, Strecken, Richtungen, Winkel) wahrgenommen. Die *Zeit* als unabhängige Variable spielt daher in allen Naturwissenschaften, in denen Bewegungsvorgänge beobachtet, analysiert und beschrieben werden, eine fundamentale Rolle. Dies gilt ganz besonders für die veränderlichen geometrischen Größen, die im Rahmen der Geodätischen Astronomie erfaßt werden, nämlich die Positionen der Himmelskörper in einem zälestischen Bezugsrahmen und die Position und die Ausrichtung der Erde gegenüber diesem Rahmen.

Um eine Bewegung beschreiben zu können, bedarf es einer definierten Zeitskala, in die die mit der Bewegung zusammenhängende Ereignisse eingeordnet werden. Die für die Geodätische Astronomie bedeutsamen Zeitskalen sind, wie in Abschnitt 5 gezeigt wurde, durch naturgegebene periodische Bewegungen bestimmt und entsprechend definiert. Zur Definition gehört neben der Auswahl des taktgebenden Vorgangs, auf den die Skala begründet wird, eine Festlegung der Länge des Skalenmaßes und des Nullpunkts der Zählung.

Um ein Ereignis in eine vorgegebene Zeitskala quantitativ einordnen zu können, bedarf es einer Uhr, deren »Ziffernblatt« der Skala entsprechend geteilt ist, und deren »Zeiger« sich gegenüber dem Ziffernblatt im Takt der Skala fortbewegt. Zeitnormale sind in diesem Sinne die beweglichen Systeme, die den Definitionen der Zeitskalen zugrunde liegen. Für die Geodätische Astronomie sind vor allem die mit den Begriffen »Erduhr«, »Ephemeridenuhr« und »Atomuhr« bezeichneten kosmischen und atomaren Zeitnormale von Bedeutung, die naturgegebene Zeitskalen erzeugen. Leider kann an keiner der genannten natürlichen Uhren der momentane Zeitpunkt, den sie geometrisch oder durch eine Zustandsgröße beschreiben, unmittelbar abgelesen werden. Im Falle der Erduhr und der Ephemeridenuhr sind zur Ablesung umfangreiche astronomische Beobachtungen erforderlich, deren Ergebnisse erst im Nachhinein zur Verfügung stehen. Und auch der Zugriff auf die atomphysikalisch begründeten Schwingungsvorgänge ist nur mit Hilfe komplizierter technischer Konstruktionen in Atomuhren möglich, - bei diesen Uhren allerdings ohne Zeitverzug.

Da die »Ablesungen« an den drei genannten Uhrentypen vom *Inertational Earth Rotation Service* (*IERS*) laufend miteinander verglichen und die Vergleichsergebnisse laufend veröffentlicht werden, ist mit dem Zugriff auf eine entsprechend kalibrierte Atomuhr der Zugriff auf alle für die Geodätische Astronomie bedeutsamen Zeitskalen möglich.

Atomzeitnormale sind sehr teuer und können nur stationär betrieben werden. Auf die von Atomuhren erzeugte Zeitskala der *Inertationalen Atomzeit* (*TAI*) kann aber über Zeitzeichensender und Satelliten (GPS) an jedem Standort der Erde zugegriffen werden. Der Zugriff auf die *TAI* ermöglicht aufgrund der Tätigkeit des *IERS* auch den Zugriff auf die übrigen vorerwähnten Zeitskalen.

8.8.2 Örtliche Uhren

Trotz der heute gegebenen unmittelbaren Zugriffsmöglichkeit auf die *TAI* kann man bei astrogeodätischen Arbeiten vor Ort nicht auf eine autonome, auf die Belange der Feldarbeit ausgelegte genaue Uhr verzichten. Die Notwendigkeit, unabhängig von der über Zeitzeichensender und GPS-Satelliten meist erreichbaren *TAI*-Zeitskala bei astrogeodätischen Arbeiten in der Örtlichkeit noch eine sekundäre Zeitskala zu führen, hängt mit den speziellen Funktionen zusammen, die eine solche Uhr im Verbund mit dem übrigen Instrumentarium zu erfüllen hat. Das entscheidende Qualitätsmerkmal einer solchen Uhr ist eine der Aufgabenstellung entsprechende Gangstabilität und Auflösung sowie die Funktionalität einer *Stoppuhr*, die dem Beobachter die Möglichkeit gibt, eine zu einem Ereignis festgestellte Maßzahl der Zeitskala so lange »einzufrieren«, bis sie abgelesen oder einer automatischen Registriereinheit zugeführt wird. Nach Möglichkeit soll die Uhr auch elektrische Anschlüsse besitzen, über die elektronische Verbindungen mit einer Speichereinheit (*Chronograph, Laptop-PC*) und einem *Zeitzeichenempfänger* hergestellt werden können.

In der konventionellen, z.B. von Mueller (1969, 326-334), Sigl (1975, 202) oder Mackie (1985, 109) beschriebenen Meßtechnik wurden *Zeitzeichenempfänger* in Verbindung mit *mechanischen* oder *Quarzchronometern*, einem *Handstopper* und *Schreibchronographen* verwendet. Auch die Kombinationen eines Zeitzeichenempfängers mit einem *Kleinrechner* als Taktgeber (Solarić/Špoljarić, 1993) oder mit einer einfachen *Stoppuhr* haben sich für viele Aufgabenstellungen bewährt.

Als Beispiel eines modernen digitalen Instruments, in dem Chronometer- und Chronographenfunktion durch einen Mikroprozessor in einer einzigen Einheit zusammengefaßt sind, darf das von der ETH Zürich entwickelte *Time Digitizing Unit* (*TDU*) genannt werden. Das Aggregat ist auf eine Genauigkeitsstufe der Millisekunden-Bereich ausgelegt und ist wie folgt aufgebaut (Bürki et al., 1987):

Das Herzstück des TDU ist ein temperaturstabilisierter Quarzoszillator. Dieser gewährleistet den Betrieb des Aggregats als autonome Uhr. Seine Ganggenauigkeit ist innerhalb eines Temperaturbereichs von $-20°$ bis $+70°$ besser als $0{,}5 \cdot 10^{-6}$, was bei einem Betrieb über vier Stunden einer möglichen Drift von 7ms entspricht. (Diese Drift läßt sich später ohne Genauigkeitseinbuße durch lineare Interpolation an den Beobachtungszeiten korrigieren). Von der Oszillatorfrequenz $f = 4{,}19$MHz wird durch binäre Frequenzteilung ein Sekundentakt abgeleitet, der als Zeitbasis für die interne Uhr dient. Ein zweiter mit einer Frequenz von 10kHz schwingender Quarz ermöglicht die Erfassung von Zwischenzeiten mit Millisekunden-Auflösung. Die Schaltung ist so konzipiert, daß bei jedem Sekundenpuls der zweite Quarz ein Startsignal erhält und zu schwingen beginnt. Gleichzeitig mit diesem Signal wird ein Zähler auf Null gesetzt und gestartet. Dieser Zähler zählt nun, beginnend mit der vollen Sekunde die Schwingungen des 10kHz-Quarzes bis vom Handstopper oder vom Beobachtungsinstrument ein Stopp-Impuls ausgelöst wird. Aus dem Register kann der Mikroprozessor sodann die Anzahl der Schwingungen auslesen und nach Division durch 10 die Anzahl der Millisekunden seit dem letzten Sekundenpuls berechnen. Das Zusammenfügen der Stunden, Minuten und Sekunden mit den erhaltenen Millisekunden und dem aktuellen Datum, also die komplette Epoche besorgt der Mikroprozessor.

Zusätzlich zur geschilderten Uhr- und Stoppuhrfunktion verfügt die TDU über eine DCF77-Dekodierschaltung, die aus dem DCF77-Signal neben dem Zeittakt auch die verschlüsselte Datumsinformation entnimmt. Dies ermöglicht einen vollautomatischen Start der TDU. Beim Empfang anderer Zeitzeichensender, muß die Datumsinformation manuell eingegeben werden.

Durch Tastendruck läßt sich neben der Koordinierten Weltzeit (*UTC*) auch die Mittlere Sternzeit Greenwich (*GMST*) und - bei Eingabe der Geographsichen Länge des Standorts - auch die Mittlere Lokale Sternzeit (*LMST*) anzeigen. Die Umrechnung *UTC→GMST* erledigt der Mikroprozessor auf der Grundlage von (5.3-33) / (5.3-12) und von (5.3-4). Die so berechnete Anzeige ist allerdings um die beim Empfang des Zeitzeichens noch unbekannte Ablage von bis zu 0,7s verfälscht, um die sich *UTC* und die Weltzeit (*UT1*) voneinander unterscheiden.

8.9 Instrumente zur Bestimmung des Refraktionskoeffizienten der Atmosphäre

8.9.1 Vorbemerkung

Eines der schwächsten Glieder in der Kette der Transformationen, mit denen bekannte, im ⟨FrÄ⟩-System beschriebene Richtungen zu außerirdischen Objekten auf die Sicht eines erdgebundenen Beobachters umgerechnet werden, ist die atmosphärische Refraktion. Auch die Laufzeiten elektromagnetischer Wellen, die im Vakuum durch die Lichtgeschwindigkeit c geprägt sind, werden durch die Refraktion nicht unerheblich beeinflußt. Wir beobachten in der Atmosphäre zwei Effekte:

- In einem Abschnitt des Lichtwegs mit dem der Refraktionskoeffizienten n verlangsamt sich die Lichtgeschwindigkeit von der Vakuumlichtgeschwindigkeit c auf c/n, was in dem betreffenden Streckenabschnitt zu Laufzeitverzögerungen führt.
- Der zweite Effekt: Da n mit zunehmender Höhe abnimmt und daher einen Gradienten $\partial n/\partial H \neq 0$ besitzt, erfahren schräg einfallende Strahlen nach dem Brechungsgesetz von Snellius eine Ablenkung zum dichteren Medium, das heißt zum Lot hin.

Die Parameter, die die Refraktion elektromagnetischer Wellen in der Luft bestimmen, sind die Wellenlänge der Strahlung, die Lufttemperatur, der Luftdruck und der Partialdruck des Wasserdampfs (Luftfeuchte). Von diesen Parametern ist im allgemeinen nur die Wellenlänge bekannt. Alle übrigen müssen vor Ort gemessen werden. Zur Temperaturmessung dienen *Thermometer*, zur Luftdruckmessung *Barometer* und zur Messung des Partialdrucks des Wasserdampfs bzw. der Luftfeuchte *Aspirationspsychrometer* oder *Hygrometer*. Neben der parametrisierten Bestimmung des Brechungskoeffizienten ist auch seine direkte Erfassung durch *Refraktometer* und *Wasserdampfradiometer* möglich. Idealerweise sollten diese Messungen den gesamten Lichtweg in der Atmosphäre abdecken, praktisch sind sie aber meist nur im Beobachtungsstandpunkt möglich.

8.9.2 Thermometer

Die Temperatur ist eine Zustandsgröße, die die physikalischen Eigenschaften eines Stoffes mitbestimmt. Beispielsweise beeinflußt sie das Volumen, die elektrische Leitfähigkeit und andere elektrische Eigenschaften eines Stoffes. Dieser funktionale Zusammenhang kann dazu genutzt werden, aus der Messung einer (momentanen) Stoffeigenschaft die Temperatur des Stoffes und der ihn umgebenden Luft abzuleiten. Entsprechend vielfältig wie die als Sensoren in Betracht kommenden Materialien sind auch die Möglichkeiten der Konstruktion von Thermometern.

Beim klassischen *Flüssigkeits-Thermometer* wird die Abhängigkeit des Volumens einer Flüssigkeit von seiner Temperatur ausgenutzt. Das Instrument besteht aus einem kleinen Glaskolben zur Aufnahme der Thermometer-Flüssigkeit mit einer angeschmolzenen Glaskapillare, in die die Flüssigkeit seiner Temperatur entsprechend hineinsteigt. An einer auf die Kapillare aufgebrachte Skala kann die Temperatur abgelesen werden. Bei astrogeodätischen Feldarbeiten wurden früher meist *Quecksilber-Thermometer* verwendet.

Bei *Widerstands-Thermometern* wird die elektrische Leitfähigkeit eines Materials zur Temperaturbestimmung genutzt. Bei einer an den Sensor angelegten konstanten elektrischen Spannung ist die fließende Stromstärke ein Maß für die Temperatur. Ein häufig eingesetztes Instrument aus dieser Gruppe ist das *Platin-Thermometer*.

Beim *Quarz-Thermometer* wird die Temperaturabhängigkeit der Resonanzfrequenz eines Schwingquarzes als Meßsignal ausgewertet.

Schließlich sind als Produkte der Halbleitertechnologie *Thermistoren* zu nennen. Zu dieser Gruppe von Temperatursensoren gehören neben den Silizium-Dioden und Transistoren die sogenannten *Heiß-* und *Kaltleiter*. Bei den Dioden und Transistoren wird eine temperaturproportionale Ausgangsspannung genutzt, bei den letztgenannten die große Abhängigkeit des Widerstandes von der Temperatur.

Für automatisierte Meßabläufe eignen sich vor allem die auf elektrischen Materialeigenschaften beruhenden Thermometer (Sparla, 1993, 31-60).

8.9.3 Barometer

Der älteste Barometertyp, das *Quecksilber-Barometer*, geht auf die Beobachtung von Evangelista Torricelli (1608-1647) zurück, nach der der Luftdruck auf eine Flüssigkeitsoberfläche dem Gewicht einer Flüssigkeitssäule die Waage hält, wenn die Flüssigkeitssäule der Einwirkung des Luftdrucks entzogen wird. Dies wird dadurch erreicht, daß eine vollständig mit Flüssigkeit gefüllte, einseitig geschlossene Röhre mit der Öffnung nach unten in eine dem Luftdruck ausgesetzte offene Flüssigkeit gestellt wird. In der Röhre fällt dann die Flüssigkeit so weit, bis der Druck der verbleibenden Säule gleich dem äußeren Luftdruck ist. Für Quecksilber ist die Säule etwa 76cm hoch. Quecksilber-Barometer sind für den Feldgebrauch nicht geeignet. Sie dienen hauptsächlich zur Kalibrierung anderer Barometertypen. Spielarten den Quecksilber-Barometers sind das *Gefäß-*, das *Heber-* und das *Gefäß-Heber-Barometer* (Deumlich, 1974, 228-229).

Der Luftdruck bestimmt die Siedetemperatur des Wassers. Umgekehrt kann durch Messung der Temperatur des siedenden Wassers mit einem *Siedetermometer* der Luftdruck gemessen werden (Deumlich, 1974, 232).

Das in der Vergangenheit bei astrogeodätischen Aufgabenstellungen am häufigsten verwendete Gerät zur Messung des atmosphärischen Luftdrucks ist das *Aneroid-*, *Feder-* oder *Dosenbarometer*. Hauptteil dieses Instrumententyps ist eine flache, nahezu luftleere und luftdicht verschlossene Dose mit einer gewellten Membran als Dosendeckel. Sie wird durch eine starke, dem äußeren Luftdruck entgegenwirkende Feder vor dem Zusammendrücken bewahrt. Da der Federdruck konstant, der äußere Luftdruck aber variabel ist, hebt und senkt sich der Deckel unter dem Einfluß von Luftdruckänderungen Zum Ablesen der Auslenkung werden die Membranbewegungen durch ein Hebelsystem mechanisch vergrößert oder mikrometrisch gemessen (Deumlich, 1974, 229-232). Bei modernen, für automatisierte Beobachtsabläufe geeigneten Barometern werden die luftdruckbedingten Verformungen der Membran durch *piezoelektrische*, *piezoresistive*, *kapazitive* und *Schwingquarz-Druckaufnehmer* in elektrische Größen umgewandelt, die nach Kalibrierung des Systems (Feststellung von Kennlinien) in Einheiten des Luftdrucks ausgedrückt werden können (Kahmen, 1993, 486-488; Sparla, 1993, 61-79; Sudau, 1994).

8.9.4 Haar-Hygrometer, Psychrometer, Taupunkt-Hygrometer

Das wohl einfachste, allerdings nicht sehr genaue Instrument zur Messung der relativen Luftfeuchte bzw. des Partialdrucks des in der Luft gelösten Wasserdampfs ist das *Hygrometer*. Es nutzt die hygroskopische Eigenschaft von Haaren, die sich bei Erhöhung der Luftfeuchtigkeit ausdehnen. Formeln und Tafeln zur Umrechnung der mit einem Hygrometer vor Ort gemessenen oder dem aktuellen

Wetterbericht entnommenen relativen Luftfeuchte in den Partialdruck des Wasserdampfs, der in den parametrischen Refraktionsformeln, z.B. in (2.11-12/2) oder (4.7-31/1) als Parameter auftritt meist finden sich z.B. in Rüeger (1988, 33; 1996, 65).

Das klassische Instrument der Luftfeuchtemessung ist das *Psychrometer*. Es besteht aus zwei gleichartigen Thermometern, von denen der Glaskolben des einen mit einem über den Kolben gestülpten angefeuchteten Textilstrumpf versehen ist. Das verdunstende Wasser entzieht dem Thermometer Verdunstungswärme, wodurch die Temperatur dieses Thermometers sinkt. Aus der Temperaturdifferenz des trocken gehaltenen und des befeuchteten Thermometers kann man bei Kenntnis des temperaturabhängigen »Sättigungsdampfdrucks« und des Luftdrucks auf die vorhandene Luftfeuchtigkeit schließen (Rüeger, 1988, 32-33; 1996, 63-64). Beim *Assmannsche Aspirationspsychrometer* sind die beiden Thermometer in doppelwandigen Metallröhren gefaßt und werden mit einem Ventilator belüftet.

Wird feuchte Luft bis zu der Temperatur abgekühlt, bei der sich durch Ausscheiden von Wasser (Kondensation) der Sättigungszustand anzeigt, so ist die angezeigte Temperatur (= Taupunkt-Temperatur) ebenfalls ein Maß für den Wasserdampf-Partialdruck der Luft. Instrumente, die nach diesem Prinzip arbeiten, nennt man *Taupunkt-Hygrometer*.

Sowohl vom Typ des Psychrometers als auch des Taupunkt-Hygrometers gibt es heute elektronisch arbeitende Geräte, die sich für automatisierte Beobachtungsabläufe besser eignen als die oben beschriebenen (Sparla, 1993, 93-128).

Auf die Möglichkeit, den aus *permanenten GPS-Messungen* ableitbaren integralen Wasserdampfgehalt der Luft über den International GPS Service (IGS) zu erhalten, wurde bereits unter 6.3.2 hingewiesen. Das zur Bestimmung des integralen wasserdampf-Parameters ebenfalls geeignete *Wasserdampf-Radiometer* wird in 8.9.6 beschrieben.

8.9.5 Refraktometer

Refraktometer sind Instrumente, mit denen die Refraktivität der Luft direkt, d.h. ohne den Umweg über die atmosphärischen Parameter »Temperatur«, »Druck« und »Luftfeuchte« gemessen werden kann (Rüeger, 1996, 71). Der Messung wird ein in zwei Komponenten geteilter Laserstrahl zugrunde gelegt. Der eine Teilstrahl wird durch eine Vakuumkammer geschickt, der andere - bei gleicher geometrischer Weglänge - durch die Außenluft. Beide Strahlen werden sodann wieder zusammengeführt . Unter dem Einfluß der Refraktion ist die Lichtgeschwindigkeit im Medium Luft kleiner als im Vakuum. Nach (2.11-3) beschreibt das Verhältnis der beiden Geschwindigkeiten den gesuchten Refraktionskoeffizienten.

Der durch die unterschiedlichen Ausbreitungsgeschwindigkeiten verursachte optische Wegunterschied der zunächst getrennten und dann wieder zusammengeführten Teilstrahlen führt zu Interferenzen, die mit interferometrischen Meßtechniken ausgemessen und als Weg- bzw. als Refraktionsunterschiede unterschiede gedeutet werden können.

8.9.6 Wasserdampfradiometer

Alle in den vorangegangenen Punkten behandelten Meßinstrumente sensieren nur die im jeweiligen Beobachtungsstandort gültigen Parameter. Der aus diesen Werten über (2.11-12/2) abgeleitete Refraktionskoeffizient gilt daher ebenfalls nur für diesen Ort. Ein durch die Atmosphäre dringender elektromagnetischer Wellenzug steht jedoch auf seinem gesamten Weg durch die Atmosphäre unter Refraktionseinfluß. Eine exakte Berücksichtigung dieses Einflusses würde die Messung der Parameter entlang dem Weg des Wellenzugs erfordern. Der mit einer derartigen Maßnahme verbundene hohe Aufwand (z.B. durch Ballonaufstiege) ist aber in aller Regel nicht möglich oder nicht vertretbar. Dies nicht zuletzt auch schon deshalb, weil der Refraktionskoeffizient im Beobachtungsstandort ein überaus potenter Modellparameter bei der Beschreibung des integralen Refraktionseinflusses ist, - jedenfalls was den Einfluß der trockenen Luft betrifft.

Vor diesem Hintergrund verdient die Entwicklung von *Wasserdampf-Radiometern* (*WVR = Water Vapor Radiometer*) großes Interesse, die die direkte Messung des integralen Wasserdampfgehalts entlang einer frei wählbaren Trajektorie ermöglichen.

Das Meßprinzip eines WVR läßt sich wie folgt skizzieren: Wasserdampf-Moleküle zeigen - im Gegensatz zu den sonstigen Bestandteilen der Luft - durch Resonanz mit natürlicherweise vorhandenen Mikrowellen auf der Frequenz von 22,235 GHz eine deutliche Spektrallinie. Die Linie, die die »Strahlungstemperatur« des Wasserdampfs beschreibt, ist umso ausgeprägter, je mehr Wasserdampf vorhanden ist. Die Existenz der 22,235 GHz-Linie in der Atmosphäre ist daher ein Indiz dafür, daß die Luft Wasserdampf enthält. Ihre Intensität beschreibt die Menge des vorhandenen Dampfes. Richtung und Intensität der Strahlung können mit einer Richtantenne und einem Mikrowellenempfänger festgestellt werden.

Wäre bei der Messung nur Wasserdampf, nicht aber auch flüssiges Wasser im Spiel, so könnte man bei einem kalibrierten Instrument aus der gemessenen Strahlungsintensität direkt auf den Wasserdampfgehalt der Luft und auf die daraus resultierende integrale Laufzeitverzögerung schließen, die beliebige, für astro- oder satellitengeodätische Messungen relevante Mikrowellen erleiden. Da selbst geringe Mengen flüssigen Wassers die Strahlungsintensität der Atmosphäre stark erhöhen ohne in gleichem Maße die Signallaufzeiten zu verlängern, müssen die Effekte des Wasserdampfes und des flüssigen Wassers voneinander getrennt werden. Man kann diese Trennung durch Messung der Strahlungsintensität auf zwei Frequenzen erreichen: eine Messung auf der Resonanzlinie und eine zweiten außerhalb dieses Bereichs.

Als Beispiel eines WVR sei das von den Jet Propulsion Laboratories (JPL), Pasadena, gebaute Gerät genannt, das zur Unterstützung von VLBI-Experimenten im »Crustal Dynamics Project« und im »Deep Space Network« entwickelt worden ist (Resch, 1984).

9 Beobachtungsverfahren

9.1 Astronomisches Grunddreieck, Beobachtungsgleichungen

9.1.1 Das Astronomische Grunddreieck

Erinnern wir uns an die in 1.1 definierte Aufgabenstellung der Geodätischen Astronomie: Bestimmung von Lotrichtungen und anderer Richtungen des Erdraumes in einem erdfesten Bezugssystem mit Hilfe von Richtungsbeobachtungen auf erdfesten Standpunkten nach außerirdischen Zielen mit bekannten Positionen. Wir setzen im folgenden voraus, daß die (zeitlich veränderlichen) scheinbaren Sternkoordinaten α und δ, wie sie für ein geozentrisches momentanes ⟨FrÄ⟩-Bezugssystem gelten, für den Beobachtungszeitpunkt zur Verfügung stehen. Das bedeutet, daß – ausgehend von im FK5 niedergelegten Mittleren Sternkoordinaten der Standardepoche J2000,0 und mit Hilfe der in Kapitel 4 bereitgestellten Werkzeuge – die Scheinbaren Sternkoordinaten des Beobachtungszeitpunkts bereits ermittelt worden sind bzw. jederzeit ermittelt werden können. Noch nicht berücksichtigt ist die *Tägliche Aberration*. Sie ist daher, wenn dies die angestrebte Genauigkeit erforderlich macht, im Rahmen der einzelnen Beobachtungsverfahren zu berücksichtigen. Ob dies durch eine weitere Reduktion vorgegebener oder »beobachteter« Sternkoordinaten im ⟨FrÄ⟩-System (Rektaszension α und Deklination δ) gemäß (4.2-12)/(4.2-13), im ⟨GrÄ⟩-System (Stundenwinkel t und δ) gemäß (4.2-14)/(4.2-13) oder im ⟨NH⟩-System (Azimut a und Zenitdistanz z) gemäß (4.2-20)/(4.2-21) geschieht, bleibt dem Bearbeiter überlassen. Die einschlägigen Reduktionsformeln dürfen an dieser Stelle noch einmal zitiert werden.

$$\alpha'_{\text{TäAb}} = \alpha + 0{,}021\,\text{s}\cdot\cos\varphi\cdot\cos t\cdot\sec\delta; \qquad (4.2\text{-}12)/(4.2\text{-}15)$$

$$t'_{\text{TäAb}} = t - 0{,}021\,\text{s}\cdot\cos\varphi\cdot\cos t\cdot\sec\delta; \qquad (4.2\text{-}14)/(4.2\text{-}17)$$

$$\delta'_{\text{TäAb}} = \delta + 0{,}32''\cdot\cos\varphi\sin t\cdot\sin\delta; \qquad (4.2\text{-}13)/(4.2\text{-}16)$$

$$a'_{\text{TäAb}} = a + 0{,}32''\cdot\cos\varphi\cdot\cos a\cdot\operatorname{cosec} z; \qquad (4.2\text{-}20)/(4.2\text{-}18)$$

$$z'_{\text{TäAb}} = z + 0{,}32''\cdot\cos\varphi\cdot\sin a\cdot\cos\delta. \qquad (4.2\text{-}21)/(4.2\text{-}19)$$

In den Formeln bedeuten die gestrichenen Werte die Koordinaten, wie sie ein erdfester Beobachter »sieht«, die ungestrichenen entsprechen den in den Jahrbüchern (z.B. Apparent Places of Fundamental Stars) niedergelegten, in denen der Einfluß der Täglichen Aberration, da vom Standort auf der Erde abhängig, nicht berücksichtigt werden kann. Es bleibt letztlich dem Auswerter überlassen, ob er die Sternkoordinaten oder seine Beobachtungen »berichtigt«, ob er also die Beobachtungsgleichungen mit dem einen oder dem anderen Koordinatentyp beschickt. Zur Vereinfachung der Darstellung kann daher in den nachfolgenden Formeln auf eine Unterscheidung zwischen gestrichenen und ungestrichenen Koordinaten verzichtetverzichtet werden.

Mir Hilfe der im vorliegenden Kapitel vorgestellten Beobachtungsverfahren sollen nun durch direkte oder indirekte Messung von Zenitdistanzen und/oder Horizontalrichtungen zu Sternen mit bekannter Position bei gleichzeitiger Registrierung der Beobachtungszeitpunkte die durch die Beobachtungsinstrumente materialisierten Lotrichtungen an den ⟨FrÄ⟩-Bezugsrahmen angeschlossen werden und sodann – über die bekannten kinematischen Zusammenhänge, die zwischen einem Allgemeinen Beobachtungssystem ⟨AB⟩, einem Allgemeinen Horizontsystem ⟨AH⟩, dem ⟨GrÄ⟩- und dem ⟨FrÄ⟩- System bestehen,– in dem erdfesten ⟨GrÄ⟩-Bezugssystem durch Richtungswinkel φ und λ beschrieben werden.

Gegeben sind also:

- die Scheinbaren Rektaszensionen α und
- die Scheinbare Deklinationen δ

der in das Beobachtungsprogramm einbezogenen Fixsterne

Gesucht werden:

- die Geographische Länge λ und
- die Geographische Breite φ des Beobachtungsstandorts und/oder
- das Azimut a_Q einer von diesem Punkt ausgehenden Richtung.

Die möglichen Meßgrößen richten sich nach dem eingesetzten Instrumentarium. In Betracht kommen:

- Zenitdistanzen z: Universal, Meridiankreis,
- Pseudozenitdistanzen z_0: Prismenastrolab,
- Horizontalrichtungen k und k_Q: Universal,
- Pseudohorizontalrichtungen k_0: Durchgangsinstrument, Universal,
- Bildkoordinaten x, y: Photographische oder CCD-Meßkammer sowie

– unabhängig vom eingesetzten Instrument –

- die jeweiligen Beobachtungsepochen T in der *UTC*-Zeitskala, die gemäß 5.9.2 mit den Stundenwinkeln t der einbezogenen Sterne korrespondieren.

Die Variablen $90°-\delta$, $90°-\varphi$, z, $k-k_0$ und t sind nach Maßgabe von Bild 9.1-1 Elemente eines Sphärischen Dreiecks der Himmelskugel (Gaußsche Bildkugel), dessen Eckpunkte durch den definierten *Himmelsnordpol* (*HNP*), die *Lotrichtung = Zenit des Beobachtungsstandortes* (P) und der scheinbaren Richtung zum jeweils beobachteten *Himmelskörper* (S) bestimmt sind. Die Dreieckselemente ergeben sich aus der momentanen Ausrichtung von P und S in einem am Himmelsnordpol ausgerichteten (= äquatorialen) Bezugssystem (⟨FrÄ⟩, ⟨GrÄ⟩). Als HNP ist der Punkt zu verstehen, von dem aus die Komplemente $(90°-\delta)$ der

Stern-Deklinationen δ gezählt werden. Auf den gleichen Punkt beziehen sich auch die Komplemente ($90° - \varphi$) der Geographischen Breiten φ. Nach gegenwärtigem Vereinbarungsstand verstehen wir unter dem HNP den nahezu erdfesten momentanen *Zälestischen Ephemeridenpol* (*CEP*), der sich vom erdfesten *IERS*-Pol (*IRP*) um kleine, durch die Polkoordinaten (*EOP1* = x, *EOP2* = y) beschriebene Winkelablagen unterscheidet. Auch die Größen λ, α und T (T ausgedrückt in *UTC* oder *ZZ»n«*, ⇨ 5.7) sind wegen ihrer engen Beziehung zum Stundenwinkel

$$t = t_{GrFr} + \lambda - \alpha = GAST + \lambda - \alpha = t\{\alpha, \lambda, T\} \qquad \text{(3.3-16/2) und (5.8-11)}$$

indirekte Parameter dieses Dreiecks. Für das aus HNP, P und S gebildete Dreieck findet man in der Literatur die Bezeichnungen *Astronomisches Grunddreieck* (Ramsayer, 1970, 71), *Astronomisches oder Sphärisches Fundamentaldreieck* (Sigl, 1975, 30), *Astronomisches Dreieck* (Voigt, 1991, 4), *Poldreieck* (Graff, 1944, 12) oder *Nautisches Dreieck* (Voigt, 1991, 4).

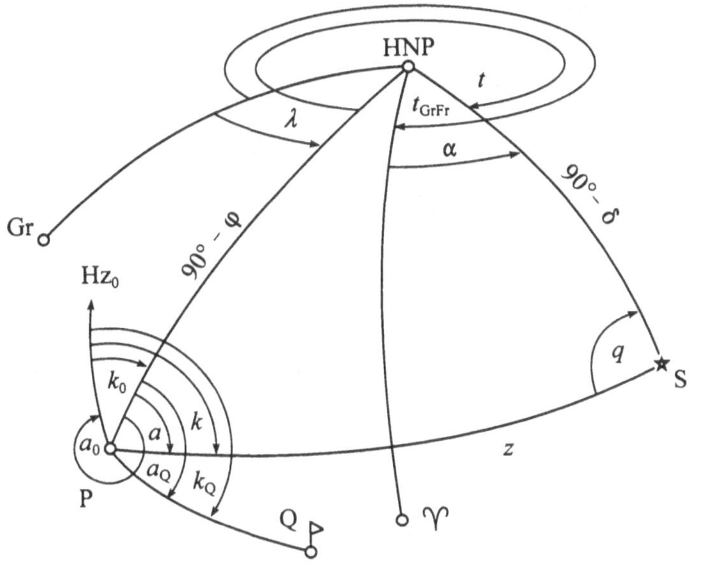

Bild 9.1-1: Astronomisches Fundamentaldreieck

9.1.2 Beobachtungsgleichungen

Um die in 9.2.1 zusammengestellten Variablen (Unbekannte, a-priori-Bekannte und Meßgrößen) mit dem Ziel miteinander in Beziehung zu bringen, aus den Vorgaben die Unbekannten zu bestimmen, kann man mit den in Kapitel 3 dargelegten Werkzeugen auf vektoriell und/oder trigonometrisch beschriebene Zusammenhänge Bezug nehmen. Dabei werden zur besseren Überschaubarkeit Beobachtungsgrößen solcher Instrumente in Betracht gezogen, die ihre Ergebnisse in einem Allgemeinen Horizontsystem ⟨AH⟩-liefern: Universalinstrument, Durchgangsinstrumente, Prismenastrolab, Zenitkammer. (Die Zusammenhänge beim Einsatz von beliebig ausgerichteten Meßkammern werden anschließend erörtert).

Beobachtungsgleichungen in vektorieller Schreibweise

Einen Weg, wie man sämtliche vorerwähnten Variablen in die Beobachtungsgleichungen aufnehmen kann, hat Richter (1986, 31-35) aufgezeigt: Ausgehend z.B. vom dem in P zentrierten ⟨AH⟩-System wird das Koordinatendreibein X_1, X_2, X_3 durch Drehungen um die X_3- und X_2-Achse so über die Eckpunkte HNP und S des Astronomischen Grunddreiecks geführt, daß alle in Bild 9.1-1 dargestellten Richtungswinkel und Dreiecksseiten durchlaufen werden und das Dreibein am Ende des Weges wieder die Ausgangslage einnimmt. Mit den in Bild 9.1-1 gewählten Bezeichnungen erhält man für die Gesamtdrehung - identisch mit der durch die Einheitsmatrix $\boldsymbol{E}$ ausgedrückte Nulldrehung - die folgende Matrizengleichung, deren rechte Seite von rechts nach links gelesen die durchgeführten Einzeldrehungen erkennen läßt:

$$\boldsymbol{E} = \boldsymbol{R}_3\{-k\}\cdot\boldsymbol{R}_2\{-z\}\cdot\boldsymbol{R}_3\{180°-q\}\cdot\boldsymbol{R}_2\{\delta-90°\}\cdot\boldsymbol{R}_3\{\lambda+t_{\mathrm{GrFr}}-\alpha\}\ \boldsymbol{R}_2\{90°-\varphi\}\cdot\boldsymbol{R}_3\{k_0\}$$
$$= \boldsymbol{R}\{k, z, q, \delta, \lambda, t_{\mathrm{GrFr}}, \alpha, \varphi, k_0\}. \qquad (9.1\text{-}1)$$

Die Variablen lassen sich gliedern in

- *vorgegebene Größen*: die Rektaszension α und die Deklination δ eines angezielten Sterns,
- *meßbare Größen*: die Zenitdistanz z und/oder die Horizontalkreisablesung k eines angezielten Sterns sowie die Scheinbare Sternzeit Greenwich *GAST* des Beobachtungszeitpunkts und
- *Unbekannte*: die Geographische Länge λ und die Geographische Breite φ der Lotrichtung im Beobachtungsstandort, das Azimut der Nullrichtung des Horizontalkreises des aufgestellten Theodolits a_0 (= $360°-k_0$) oder des angezielten Sterns $a = k - k_0$; Parallaktischer Winkel q zwischen dem Vertikal- und dem Stundenkreis des Sterns.

Durch die Zuordnung der neun Variablen der Matrix $\boldsymbol{R}$ zu den entsprechenden Positionen der Einheitsmatrix $\boldsymbol{E}$ ergeben sich neun Bedingungsgleichungen, die zwei vorgegebenen Größen α und δ, drei meßbare Größen z, k, *GAST* und vier Unbekannte q, λ, φ, k_0 enthalten sind. Da $\boldsymbol{R}$ schon mit nur drei Drehwinkeln vollständig beschrieben werden kann, sind nur drei der erwähnten neun Gleichungen voneinander unabhängig. Es genügt daher zur Beschreibung der Zusammenhänge, drei von ihnen auszuwählen. Da die Größe des Parallaktischen Winkels q im allgemeinen nicht interessiert, kann das Gleichungssystem durch dessen Eliminierung sogar auf zwei unabhängige Gleichungen mit drei Unbekannten λ, φ, k_0 reduziert werden. Wenn nun in einem Zeitpunkt T alle drei möglichen Beobachtungsgrößen k, z und $t_{GrFr} = GAST$ anfallen, so liegen zur Bestimmung der drei Unbekannten nur zwei unabhängige Gleichungen vor. Es bleibt also ein Rangdefekt, der nur dadurch behoben werden kann, daß mindestens ein weiterer Sterndurchgang beobachtet wird. Werden bei jedem Sterndurchgang (genauso wie beim ersten) alle drei Observablen (k_i, z_i, t_{GrFri}; $i = 1...n$) beobachtet, so lassen sich bei insgesamt n Durchgängen $2 \cdot n$ unabhängige Gleichungen aufstellen, deren drei Unbekannte nach Linearisierung in einem Ausgleichungsverfahren ermittelt werden können.

Als Ergebnis der geschilderten Ableitungen findet man bei Richter (a.a.O.) für die Beobachtungsgleichungen einer Beobachtungsepoche die im folgenden auf einem etwas kürzeren Ableitungsweg gewonnenen Gleichungen (9.1-5/1) und (9.1-5/3) oder (9.1-5/2) und (9.1-5/3).

Vorgegeben ist der Einheitsvektor zum Fixstern S im momentanen ⟨FrÄ⟩-System (3.3-13/2):

$$\boldsymbol{X}_{\text{FrÄ}} = \begin{pmatrix} X_{\text{FrÄ}} \\ Y_{\text{FrÄ}} \\ Z_{\text{FrÄ}} \end{pmatrix} = \begin{pmatrix} \cos\alpha \cdot \cos\delta \\ \sin\alpha \cdot \cos\delta \\ \sin\delta \end{pmatrix} . \tag{9.1-2}$$

Mit einem Universal zur Epoche $GAST = t_{GrFr}$ gemessen seien k und z. Mit diesen aus der Theodolitmessung fließenden Reichtungswinkeln k und z kann der gleiche Vektor im ⟨AH⟩-System beschrieben werden (3.2-2):

$$\boldsymbol{X}_{\text{AH}} = \begin{pmatrix} X_{\text{AH}} \\ Y_{\text{AH}} \\ Z_{\text{AH}} \end{pmatrix} = \begin{pmatrix} \cos k \cdot \sin z \\ \sin k \cdot \sin z \\ \cos z \end{pmatrix} . \tag{9.1-3}$$

Die Verknüpfung der beiden Vektoren (9.1-2) und (9.1-3) nach Maßgabe von 3.3.2 bis 3.3.5 durch Links-Multiplikation von $\boldsymbol{X}_{\text{FrÄ}}$ und $\boldsymbol{X}_{\text{AH}}$ mit der a.a.O. beschriebenen Folge von Rotationsmatrizen ergibt:

$$\boldsymbol{R}_{\text{AH}\to\text{NH}}\{k_0\} \cdot \boldsymbol{X}_{\text{AH}} = \mathbf{R}_{\text{GrÄ}\to\text{NH}}\{\lambda,\varphi\} \cdot \boldsymbol{R}_{\text{FrÄ}\to\text{GrÄ}}\{t_{\text{GrFr}}\} \cdot \boldsymbol{X}_{\text{FrÄ}}; \tag{9.1-4/1}$$

$$\begin{pmatrix} \cos k_0 & \sin k_0 & 0 \\ -\sin k_0 & \cos k_0 & 0 \\ 0 & 0 & 1 \end{pmatrix} \cdot \begin{pmatrix} \cos k \cdot \sin z \\ \sin k \cdot \sin z \\ \cos z \end{pmatrix} =$$

$$\begin{pmatrix} -\sin\varphi\cdot\cos\lambda & -\sin\varphi\cdot\sin\lambda & \cos\varphi \\ -\sin\lambda & \cos\lambda & 0 \\ \cos\varphi\cdot\cos\lambda & \cos\varphi\cdot\sin\lambda & \sin\varphi \end{pmatrix} \cdot \begin{pmatrix} \cos t_{\mathrm{GrFr}} & \sin t_{\mathrm{GrFr}} & 0 \\ -\sin t_{\mathrm{GrFr}} & \cos t_{\mathrm{GrFr}} & 0 \\ 0 & 0 & 1 \end{pmatrix} \cdot \begin{pmatrix} \cos\alpha\cdot\cos\delta \\ \sin\alpha\cdot\cos\delta \\ \sin\delta \end{pmatrix}.$$

(9.1-4/2)

Nach Ausführung der Matrizenmultiplikationen und nachfolgenden Vereinfachungen durch Anwendung trigonometrischer Additionstheoreme sowie unter Beachtung von (5.3-6), (5.3-7) und (3.3-16/2)

$$t_{\mathrm{GrFr}} \equiv GAST,\ \lambda + GAST = LAST \text{ und } LAST - \alpha = GAST + \lambda - \alpha = t$$

($LAST$ = Scheinbare Ortssternzeit, t = Stundenwinkel) erhält man aus (9.1-4/1) bzw. (9.1.4/2):

$$\begin{pmatrix} \cos(k-k_0)\cdot\sin z \\ \sin(k-k_0)\cdot\sin z \\ \cos z \end{pmatrix} = \begin{pmatrix} -\sin\varphi\cdot\cos\delta\cdot\cos t + \cos\varphi\cdot\sin\delta \\ -\cos\delta\cdot\sin t \\ \cos\varphi\cdot\cos\delta\cdot\cos t + \sin\varphi\cdot\sin\delta \end{pmatrix}. \qquad (9.1\text{-}4/3)$$

Eine trigonometrische Auswertung des sphärischen Dreiecks P-HNP-S unter Anwendung des Seiten-Sinus-Cosinus-Satzes (1.4-4)→(9.1-5/1), des Sinussatzes (1.4-1)→(9.1-5/2) und des Seiten-Cosinus-Satzes (1.4-2/1)→(9.1-5/3) führt selbstverständlich zum gleichen Ergebnis:

$$\cos\{k-k_0\}\cdot\sin z = -\sin\varphi\cdot\cos\delta\cdot\cos t + \cos\varphi\cdot\sin\delta; \qquad (9.1\text{-}5/1)$$

$$\sin\{k-k_0\}\cdot\sin z = -\cos\delta\cdot\sin t; \qquad (9.1\text{-}5/2)$$

$$\cos z = \cos\varphi\cdot\cos\delta\cdot\cos t + \sin\varphi\cdot\sin\delta. \qquad (9.1\text{-}5/3)$$

Für die Differenz der beiden Teilkreismaße k und k_0 kann auch $a = k-k_0$ geschrieben werden. Als Komponenten eines Vektors mit der Länge der Einheit sind die drei Gleichungen voneinander abhängig. Die in dem Gleichungssystem enthaltene geometrische Aussage läßt sich daher auch durch zwei Gleichungen zum Ausdruck bringen. Welche der drei Gleichungen im einzelnen der Lösung einer konkreten Aufgabe zugrunde zu legen ist, wird man unter praktischen Aspekten entscheiden.

Einteilung der Beobachtungsverfahren

Das System der Beobachtungsgleichungen (9.5-3) enthält - teils ausgewiesen, teils latent - die drei Unbekannten φ, λ, k_0 sowie die möglichen Observablen z, Δz, k in einem ⟨AH⟩-System und eine Zeitvariable (z.B. *UTC*). z und k wiederum können als Funktionen von Bildkoordinaten in einem ⟨AB⟩-System in Erscheinung treten. Je nachdem, welche der Unbekannten gesucht werden - nur eine oder mehrere zusammen - und abhängig vom eingesetzten Instrumentarium und der vorgesehenen Meßtechnik, die die möglichen Beobachtungsgrößen einzeln oder im Verbund bestimmen, kommt man zu einem ganz spezifischen Beobachtungsverfahren, mit dem der konkreten Aufgabenstellung gezielt Rechnung getragen wird. Es liegt auf der Hand, daß angesichts der vielfältigen Kombinationsmöglichkeiten von Unbekannten und Observablen zahlreiche Verfahren existieren. Vor diesem Hintergrund erhebt sich natürlich die Frage nach einer sinnvollen Einteilung dieser Verfahren. In der Literatur erörterte und in den Monographien individuell realisierte Gliederungen orientieren sich z.B. an

- der Aufgabenstellung (den zu bestimmenden Unbekannten),
- den Beobachtungsgrößen und an
- der Genauigkeit.

Das erste Gliederungsschema unterscheidet Breiten-, Längen- und Azimutbestimmungsverfahren sowie Verfahren, bei denen zwei oder drei der Unbekannten gemeinsam bestimmt werden (Simultanverfahren). Es ist vor allem an den Anforderungen möglicher Auftragsgeber orientiert.

Beim zweiten Schema steht das Arsenal der verfügbaren Meßinstrumente im Vordergrund und ist daher mehr an den Möglichkeiten des ausführenden Ingenieurs ausgerichtet. Es eignet sich darüber hinaus gut zur lückenlosen Darstellung aller theoretisch in Betracht kommenden Beobachtungsszenarien (Herzog, 1947).

Das dritte Gliederungsschema ist wie das erste an der Aufgabenstellung ausgerichtet. Es schied zu Zeiten, als die Geodätische Astronomie auch noch als Ortsbestimmungsverfahren im eigentlichen Sinn (Astronavigation) eingesetzt worden ist, die geodätischen Anwendungen von den »geographischen«, denen ganz andere operationelle Ansprüche und niedrigere Genauigkeitsstandards zu Grunde lagen.

In der vorliegenden Darstellung des Gegenstandes wird der erste Weg beschritten. Er ermöglicht die Beschränkung auf die »genauen Verfahren«, die sich in der Praxis bewährt haben. Freilich ist angesichts der neuen technischen Möglichkeiten die Bewährung eines Verfahrens in der Vergangenheit kein Kriterium für seine Tauglichkeit in der Zukunft. Bei künftigen Geräteentwicklungen wird die Forderung nach Vollautomatisierung ganz im Vordergrund stehen. Dabei dürfte aus heutiger Sicht eine an der CCD- und an der Zenitkammer-Technologie orientierte Entwicklungslinie wohl die besten Perspektiven eröffnen; ➪ 9.9.7.

9.1.3 Linearisierte Beobachtungsgleichungen

Die Beobachtungsgleichungen (9.1-5/1), (9.1-5/2), (9.1-5/3) sind sowohl bezüglich der möglichen Beobachtungsgrößen k, z, $t_{GrFr} = GAST$, als auch hinsichtlich der Unbekannten λ, φ, k_0 nichtlinear. Das Gleichungssystem kann daher nur in Ausnahmefällen unmittelbar nach λ, φ, und/oder k aufgelöst werden. Ausnahmen sind z.B. die von Gauß gefundene Lösung des »Dreihöhenproblems« oder die Breitenbestimmung durch Meridianzenitdistanzen, wo wegen $t = 0$ (9.1-5/3) zu $z = \pm(\varphi - \delta)$ entartet (⇨ 9.4.2 und 9.4.4 Horrebow-Talcott-Methode). In der Regel wird es zur Vorbereitung der Lösung notwendig sein, das Gleichungssystem zu linearisieren. Dazu werden für die Unbekannten U_i ($i = 1 \dots n$) Näherungswerte U_{i0} eingeführt und die in Betracht kommenden Funktionen $f(U_1, U_2, U_3, \dots) = 0$ mit $\Delta U_i = U_i - U_{i0}$ einschließlich der Glieder erster Ordnung nach Taylor entwickelt:

$$f\{U_1, U_2, U_3, \dots\} = f\{U_{10}, U_{20}, U_{30}, \dots\} + \sum_{i=1}^{n} \left(\frac{\partial f}{\partial U_i}\right)_0 \cdot \Delta U_i = 0 . \qquad (9.1\text{-}6)$$

9.2 Lokale Zeithaltung

9.2.1 Aufgabenstellung

Die Verfahren der astrogeodätischen Richtungsbestimmung setzen voraus, daß die Kinematik eines erdfesten Bezugssystems (z.B. ⟨GrÄ⟩) relativ zu dem zälestischen Bezugssystem (z.B. ⟨FrÄ⟩) bekannt, so daß die momentane Ausrichtung des erdfesten relativ zum zälestischen Bezugssystem als Funktion der Zeit dargestellt werden kann. Die Bewegungsabläufe werden durch Modelle (Erddrehung, Bahnbewegung der Erde, Präzession, Nutation) in Verbindung mit institutionalisierten Permanentbeobachtungen der tatsächlichen Bewegungen (IERS) beschrieben. Um nun die Objekte, deren Positionen schließlich in einem zälestischen Bezugssystem bekannt sind, bei der Feststellung erdfester Richtungen als Anschlußrichtungen nutzen zu können, ist es – abgesehen von Sonderfällen, bei denen die Zeit keinen Einfluß auf das Ergebnis hat – erforderlich, die beobachteten Ereignisse auf die gleiche Zeitskala zu beziehen, in der auch die erwähnten Bewegungsmodelle beschrieben werden. Die Zeitvariable, welche die einfachste Modellierung aller durch die Gesetze der Mechanik bestimmten Bewegungen erlaubt, ist die Ephemeridenzeit *ET* (⇨ 5.4.1) bzw. (seit Umwidmung der *ET* im Jahre 1984) die Terrestrische Zeit *TT* (⇨ 5.4.2), die mit einem konstanten Epochenunterschied von $TT - TAI = 32{,}184$s durch die Internationale Atomzeit *TAI* (⇨ 5.5.2) »emuliert« wird. Äquivalent zur *TAI* – durch vereinbarte Epochenunterschiede gegeneinander versetzt, aber durch den gleichen Frequenzgenerator erzeugt – sind die

Koordinierte Universalzeit *UTC* (⇨ 5.7.1) und die verschiedenen Zonenzeiten *ZZ* (⇨ 5.7.2). Die beiden letztgenannten Zeitskalen werden über die Zeitzeichensender verbreitet und sind mit entsprechenden Empfängern fast überall auf der Welt zugänglich. Der Dienst des IERS, durch den laufend die Erdorientierungsparameter (*EOP1 ... EOP5*, $EOP3 = \Delta UT1 = UT1 - UTC$) ermittelt und der Öffentlichkeit zugänglich gemacht werden, erlaubt darüber hinaus den Zugriff auf die Weltzeit *UT1*, die als Winkel (mit identischer Maßzahl wie die Zeitvariable) die momentane Ausrichtung der Erde angibt. Zeitmaße bzw. Richtungswinkel mit gleicher Aussagekraft wie *UT1* sind auch die anderen auf die Erddrehung gestützten Variablen, nämlich - je nachdem die Erdorientierung auf den Greenwich-Meridian oder auf einem Ortsmeridian mit bekannter Geographischer Länge λ bezogen wird - die Mittlere *GMST* und die Scheinbare Sternzeit Greenwich $GAST = t_{GrFr}$ sowie die Mittlere *LMST* und die Scheinbare Ortssternzeit $LAST = t_{Fr}$. Die gleiche Aussagekraft haben nach (5.9-1) auch die auf den Greenwich- oder auf den Ortsmeridian bezogenen Stundenwinkel $t_{Gr} = GAST - \alpha$ bzw. $t = GAST - \alpha + \lambda$ eines Sterns mit bekannter Rektaszension α.

In der Form des Stundenwinkels t wird die Erdorientierung im Astronomischen Grunddreieck zum Ausdruck gebracht. Nach den in (5.9.2) beschriebenen Zusammenhängen können die bei Richtungsmessungen im Beobachtungsaugenblick festgehaltenen *UTC* oder *ZZ*-Epochen in Stundenwinkel umgerechnet werden.

9.2.2 Zeitvergleich

Bei Benutzung eines *Zeiterfassungs- und Registriergeräts* vom Typ des in 8.6.2 vorgestellten Systems (Bürki et al., 1987) wird eine örtliche Quarzuhr laufend mit den Sekunden-Signalen eines Zeitzeichensenders oder eines GPS-Empfängers verglichen und entsprechend synchronisiert. Die registrierten Beobachtungsepochen werden damit von Anfang an in der *UTC*- oder in einer *ZZ*-Zeitskala festgehalten. In diesem System wird die hohe Genauigkeit der Zeitzeichensignale auch in die astrogeodätischen Meß- und Auswertealgorithmen eingebracht.

Es gibt aber eine Reihe von Aufgabenstellungen mit bescheidenen Ansprüchen an die Genauigkeit der Zeiterfassung, wo es ausreicht, die Beobachtungsepochen mit Hilfe von einfachen Stoppuhren in den Takt der empfangenen Zeitzeichensignale einzupassen, etwa bei der Azimutbestimmung mit dem Polarstern (⇨ 9.3.2) oder mit Sternen in Elongation (⇨ 9.3.3). Dazu muß die beliebig datierte Zeitskala der Stoppuhr vor und nach der eigentlichen Messung (Stoppzeiten: U_{vorher}, U_{nachher}) mit einer im *UTC*-Takt laufenden Funkuhr verglichen werden (korrespondierende Ablesungen zu U_{vorher}, U_{nachher}: UTC_{vorher}, UTC_{nachher}), um den

$$\textit{Uhrstand}\ \ \Delta U_{\text{vorher}} = UTC_{\text{vorher}} - U_{\text{vorher}} \tag{9.2-1}$$

und, falls sich ΔU_{vorher} und $\Delta U_{\text{nachher}}$ unterscheiden, den

$$\text{Uhrgang } \Delta^2 U = (\Delta U_{\text{nachher}} - \Delta U_{\text{vorher}})/(U_{\text{nachher}} - U_{\text{vorher}}) \tag{9.2-2}$$

der Stoppuhr zu ermitteln, damit die dazwischen liegenden Stoppuhrablesungen U rechnerisch in den *UTC*-Takt eingefügt werden können:

$$UTC = U + \Delta U_{\text{vorher}} + \Delta^2 U \cdot (U - U_{\text{vorher}}). \tag{9.2-3}$$

Bei der Feststellung der beiden Uhrstände ΔU_{vorher} und $\Delta U_{\text{nachher}}$ wird man, um grobe Fehler zu vermeiden und die Genauigkeit der Einpassung zu steigern, jeweils mehrere ($i = 1...n$) aufeinander folgende Vergleichsmessungen $\Delta U_{\text{vorher}\,i}$ und $\Delta U_{\text{nachher}\,i}$ durchführen und die Ergebnisse mitteln:

$$\Delta U = \frac{1}{n} \cdot \sum_{i=1}^{n} \Delta U_i \,. \tag{9.2-4}$$

9.3 Azimutbestimmung

9.3.1 Aufgabenstellung und Definitionen

Nach der in 1.1 gegebenen Definition (➪ z.B. Bild 1.1-3) versteht man unter *Astronomisch Nord* die Richtung, die sich durch den Schnitt einer Horizontalebene (= Ebene senkrecht zur Lotrichtung) mit der Meridianebene (= Vertikalebene, die parallel zur Achse des Zälestischen Ephemeridenpols (CEP) liegt) ergibt. Astronomisch Nord wird danach von der Ausrichtung der CEP-Achse der Erde, die einen definierten Bezug zur natürlichen Richtung des Erdrotationsvektors hat, und der ebenfalls naturgegebenen lokalen Lotrichtung bestimmt. Einen in der Horizontalebene liegenden und von Astronomisch Nord aus im Uhrzeigersinn gezählten Richtungswinkel a nennt man *Astronomisches Azimut* (➪ 1.1 und 3.2.3). Für eine beliebig im Raum liegende Richtung wird das Astronomische Azimut durch den Schnittwinkel beschrieben, den die Vertikalebene durch die betreffende Richtung mit der Meridianebene aufspannt.

Von dieser durch zwei (weitgehend) naturgegebene Richtungen festgelegten Nordrichtung ist *Geodätisch Nord* zu unterscheiden, das auf nur *eine* physikalisch definierte Richtung, nämlich die Lotrichtung gegründet ist, wohingegen seine zweite Bezugsrichtung, die Richtung der kleinen Ellipsoidachse rein geometrisch erklärt ist und keine physikalische Bedeutung hat. Die Definition von *Geodätisch Nord* setzt die Vereinbarung eines Bezugsellipsoids voraus, auf das die physische Erdoberfläche zur Darstellung der Ergebnisse der Landesvermessung abgebildet wird. Wie im Falle von Astronomisch Nord dient auch hier die Rotationsachse der Erde als natürlicher Richtungsgeber, wohingegen die zweite bestimmende Richtung von einer Ellipsoidnormalen gebildet wird, deren Ausrichtung vom Standort und von der willkürlichen Wahl der Ellipsoiddimensionen bestimmt ist.

Die beiden geometrischen Örter, deren Schnitt die Nordrichtung festlegen, sind eine an das Ellipsoid senkrecht zur besagten Ellipsoidnormalen angelegte Tangentialebene und jene dazu senkrechte Normalebene, die parallel zur Rotationsachse der Erde liegt. Der in dieser Tangentialebene liegende und an Geodätisch Nord ausgerichtete Richtungswinkel A wird als *Geodätisches Azimut* bezeichnet.

Wenn das Geodätische Azimut nicht nur mit einer Richtung, sondern mit einem bestimmten Zielpunkt in Beziehung gebracht werden soll, muß noch eine Verfügung darüber getroffen werden, auf welchem Weg (d.h. entlang welcher Linie) Standpunkt und Zielpunkt miteinander verbunden werden sollen. Als Verbindungslinie kommt auch hier, wie beim Astronomischen Azimut, in erster Linie die gerade Verbindungslinie bzw. der dieser Geraden zugeordnete *Normalschnitt* in Betracht. Im Rahmen der Landesvermessung wird A allerdings in aller Regel auf die Tangente an eine *Geodätische Linie* bezogen[42].

---

[42] Der Normalschnitt entsteht durch den Schnitt einer vom Zielpunkt P_2 und der Ellipsoidnormalen im Standpunkt P_1 gebildeten Ebene mit dem Bezugsellipsoid. Um die entsprechende Geodätische Linie festzulegen, werden zunächst Standpunkt P_1 und Zielpunkt P_2 durch Ellipsoidnormalen auf das Bezugsellipsoid projiziert und die so bestimmten Ellipsoidpunkte P_1' und P_2' durch die kürzeste Verbindungslinie auf dem Ellipsoid miteinander verbunden. Der Normalschnitt ist eine Ellipse (= ebene Kurve zweiter Ordnung), die Geodätische Linie eine zweifach gekrümmte Raumkurve. Die beiden Kurven haben den Punkt P_1' gemeinsam, besitzen dort allerdings unterschiedliche Tangenten.
Der in der Tangentialebene des Ellipsoids in P_1' gemessene Unterschied zwischen dem Geodätischen Azimut A_{GeodLi} der Geodätischen Linie $P_1'P_2'$ und dem Geodätischen Azimut A_{NoSchn} des durch P_1, P_1' und P_2 bestimmten Normalschnitts beträgt (⇨ z.B. Grossmann, 1964, 69 und 72; Schödlbauer, 1984, 28 und 29):

$$\Delta A_{\mathrm{NoSchn-GeodLi}} = A_{\mathrm{GeodLi}} - A_{\mathrm{NoSchn}} = \rho_{\mathrm{rad}\rightarrow''} \cdot \frac{e^2}{R} \cdot \cos^2 B \cdot \sin 2A \cdot \left(\frac{h}{2} - \frac{S^2}{12R} \right) .$$

In dieser Formel (rechte Seite) bedeuten: $e = 0{,}0067$ = Numerische Exzentrizität des Bezugsellipsoids, B = Geographische Breite von P_1 und P_1', A = Azimut der Geodätischen Linie oder des Normalschnitts in P_1', $R = 6380$ km = mittlerer Ellipsoidradius, h = Ellipsoidische Höhe von P_2, S = Ellipsoidische Entfernung $P_1'P_2'$. Die Formel gilt im Rahmen der Entwicklungsgenauigkeit von 0,01″ für alle denkbaren Bezugsellipsoide. Sie lautet nach Eintrag der angegebenen Zahlenwerte für e und R:

$$\Delta A_{\mathrm{No.Schn.-Geod.Li.}} = \cos^2 B \cdot \sin 2A \cdot \left(0{,}11\,(''/\,1000\,\mathrm{m}) \cdot h - 0{,}028\,(''/(100\,\mathrm{km})^2) \cdot S^2 \right).$$

Die Reduktion spielt nur bei Aufgabenstellungen eine Rolle, die sich auf Geodätische Linien als Rechenlinien stützen, z.B. in der Landesvermessung, und auch hier nur bei großen Zielpunkthöhen und bei extrem langen Seiten in Grundlagennetzen. Das folgende Beispiel mag dies belegen:

$$B = 0°,\ A = 45°;\ \ h = 1000\ \mathrm{m}: \Delta A\{h\} = 0{,}11'';\ S = 100\ \mathrm{km}: \Delta A\{S\} = 0{,}03''.$$

Der Unterschied $\epsilon = a - A$ zwischen dem Astronomischen Azimut a und dem Geodätischen Azimut A einer Richtung hängt (abgesehen von der Geographischen Breite des Standpunktes und vom Azimut der Zielrichtung) von den Lotabweichungskomponenten ξ und η im Standpunkt und der Zenitdistanz ς des Zielpunktes ab. Er ist durch die bereits erörterte *Laplace-Gleichung* (1.1-5) bestimmt:

$$\epsilon = a - A = \eta \cdot \tan B + (\xi \cdot \sin A - \eta \cdot \cos A) \cdot \cot \varsigma. \qquad (9.3\text{-}1)$$

Alle mit lotorientierten Instrumenten, z.B mit Theodoliten oder mit Astronomischen Universalen in der Horizontalebene gemessenen Azimute sind *Astronomische Azimute*. Azimute, die mit Satellitenverfahren (z.B. mit dem GPS) oder mit Hilfe des VLBI ohne Bezugnahme auf die Lotrichtung bestimmt werden, sind *Geodätische Azimute*. Auch die mit dem Verfahren der Triangulation (das sich auf lotorientierte Theodolitbeobachtungen stützt) im Zuge der Landesvermessung gewonnenen Azimute sind dem letztgenannten Azimuttyp zuzuordnen, da die lotorientierten Richtungen dort unter Beachtung der *Laplace-Gleichung* (9.2-1) nach den einfachen Modellbildungs- und Abbildungsregeln der *Ellipsoidischen Geodäsie* auf ein Bezugsellipsoid übertragen werden.

Aufgrund der Bindung der Azimut-Nullrichtung (Astronomisch und Geodätisch Nord) an die momentane Ausrichtung des Zälestischen Ephemeridenpols (CEP), die als Folge der Polbewegung gegenüber der »festen« Erde periodische Bewegungen ausführt, sind die Azimute erdfester Richtungen zeitlichen Schwankungen unterworfen. Eine Möglichkeit, Azimute erdfester Richtungen in einem erdfesten Bezugssystem zu erklären und sie so als konstante Größen einzuführen, bietet der erdfeste IRP, den man wie den CEP als Bezugsrichtung der Azimutzählung wählen kann. Nach (4.6-3) unterscheidet sich das *momentane Azimut a* von dem erdfesten IRP-Azimut a_{CIO} um die *Azimutkorrektur wegen Polbewegung*

$$\Delta a_{\mathrm{Polbew}} = a - a_{\mathrm{IRP}} = -\sec\varphi \cdot (\sin\lambda \cdot x + \cos\lambda \cdot y)\,. \qquad (9.3\text{-}2/1)$$

Man gewinnt also das IRP-Azimut aus dem momentanen durch

$$a_{\mathrm{IRP}} = a - \Delta a_{\mathrm{Polbew}}. \qquad (9.3\text{-}2/2)$$

(9.3-2) gilt für Astronomische wie für Geodätische Azimute gleichermaßen.

Wie bereits in 1.2 dargelegt wurde, sind in jüngerer Zeit einige der früher wichtigen Anwendungsbereiche für Azimutmessungen weggefallen. Jedoch werden Azimute nach wie vor benötigt

- zur Einrichtung und Überprüfung von Kalibrierlinien für Vermessungskreisel und für Inertialplattformen
- zur Absteckung des Ortsmeridians als Voraussetzung für einige Verfahren der Breiten- und Längenbestimmung und

- als indirekte Methode zur Bestimmung west-östlicher Lotabweichungskomponenten η auf der Grundlage von (1.1-5).

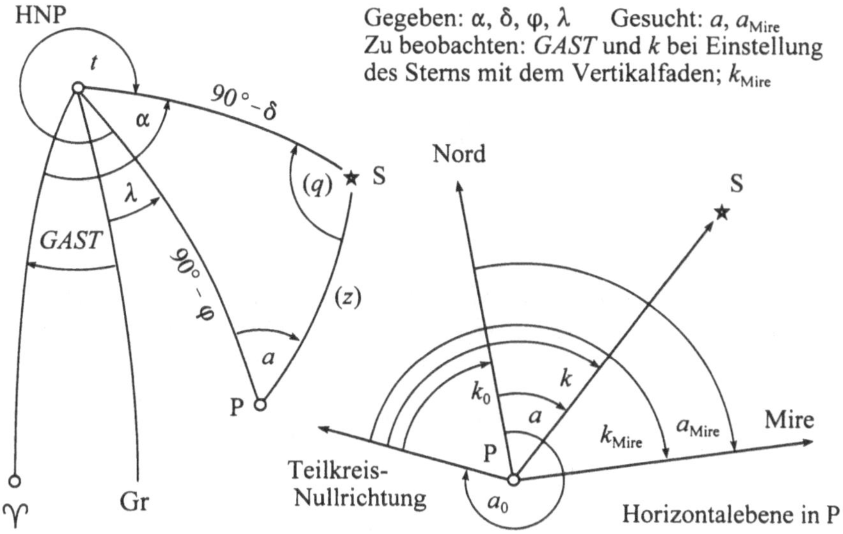

Bild 9.3-1: Zur Azimutbestimmung eines Sterns und einer Mire

9.3.2 Meßprinzip

Das Meßprinzip der astrogeodätischen Azimutbestimmung läßt sich wie folgt beschreiben: Das Azimut a eines Sterns ist wie z und t ein veränderlicher Winkel im Astronomischen Grunddreieck (⇨ Bild 9.3-1), der von der Sterndeklination δ, der Geographischen Breite φ des Beobachtungsstandorts und mindestens einem dritten, von der Meßepoche abhängigen Dreieckselement abhängt. Direkt oder indirekt meßbar sind die Zenitdistanz z und der Stundenwinkel t des Sterns, letzterer als Funktion der Sternrektaszension α, der Geographischen Länge λ des Standorts, der Koordinierten Weltzeit UTC und der Korrektur $\Delta UT1 = UT1 - UTC$ der Beobachtungsepoche gemäß (5.8-11/1):

$$t = t\,\{\alpha, \lambda, UTC, \Delta UT1\}\,. \tag{9.3-3}$$

Der direkten Messung ist nur z zugänglich. Mit diesem Winkel kann nach Refraktionskorrektur das Azimut a mit Hilfe des Seiten-Cosinussatzes (1.4-2/1)

$$\cos a \;:=\; \frac{\sin\delta - \sin\varphi\cdot\cos z}{\cos\varphi\cdot\sin z}\,. \tag{9.3-4/1}$$

oder anhand von (1.4-2/4) nach einigen Umformungen

$$\tan\frac{a}{2} = \sqrt{\frac{\sin\{\sigma-\delta\}\cdot\cos\sigma}{\cos\{\sigma-z\}\cdot\sin\{\sigma-\varphi\}}}$$

$$\text{mit}\quad \sigma = \frac{\delta+\varphi+z}{2} \qquad (9.3\text{-}4/2)$$

berechnet werden. (Die Gleichung läßt sich unter Beachtung von $a = k - k_0$ durch eine einfache Umformung selbstverständlich auch aus der Beobachtungsgleichung (9.1-5/1) entwickeln).

Nur auf indirektem Weg kann der Stundenwinkel t gewonnen werden. Man erhält ihn durch Feststellung der Beobachtungsepoche in Koordinierter Weltzeit *UTC* und Auswertung von (9.3-3). Als Funktion der »Observablen« t läßt sich das Azimut a durch Kombination des Sinussatzes (1.4-1)

$$\sin a = -\cos\delta\cdot\sin t\cdot\operatorname{cosec} z$$

und des Seiten-Sinus-Cosinus-Satzes (1.4-8)

$$\cos a = (\sin\delta\cdot\cos\varphi - \cos\delta\cdot\sin\varphi\cdot\cos t)\cdot\operatorname{cosec} z,$$

die durcheinander dividiert werden,

$$\tan a := -\frac{\cos\delta\cdot\sin t}{\sin\delta\cdot\cos\varphi-\cos\delta\cdot\sin\varphi\cdot\cos t}, \qquad (9.3\text{-}5/1)$$

oder auf der Grundlage des Cotangenssatzes (1.4-4) darstellen:

$$\tan a := \frac{\sin t}{\sin\varphi\cdot\cos t-\tan\delta\cdot\cos\varphi} \qquad (9.3\text{-}5/2)$$

Falls bei der Berechnung der Sternkoordinaten für die aktuelle Epoche die *Tägliche Aberration* noch nicht berücksichtigt wurde, was z.B. bei den in den *Apparent Places of Fundamental Stars für das Jahr* ... niedergelegten oder entsprechend ad hoc berechneten momentanen Sternkoordinaten der Fall ist, so ist in den Rechengang noch die Korrektur wegen der *Täglichen Aberration* einzubringen, was entweder vor der Auswertung von (9.3-5) durch entsprechende Reduktion $\Delta t_{\text{TäAb}}$ von t (4.2-14)/(4.2-17)

$$t' := t + \Delta t_{\text{TäAb}} \quad \text{mit} \quad \Delta t_{\text{TäAb}} = -0{,}21\text{s}\cdot\cos\varphi\cdot\cos t\cdot\sec\delta, \qquad (9.3\text{-}6/1)$$

oder durch eine Reduktion $\Delta a_{\text{TäAb}}$ des aus (9.3-5) fließenden Sternazimuts a erfolgen kann (4.2-20)/(4.2-19):

$$a' := a + \Delta a_{\text{TäAb}} \quad \text{mit} \quad \Delta a_{\text{Täab}} = 0{,}32''\cdot\cos\varphi\cdot\cos a\cdot\operatorname{cosec} z. \qquad (9.3\text{-}6/2)$$

Das so gewonnene Azimut - a' wird nun wieder schlicht als a bezeichnet - ist nun durch Horizontalrichtungsmessungen auf ein terrestrisches Ziel, z.B. auf eine Mire zu übertragen, wobei zur Ausschaltung von Instrumentenfehlern alle Winkel in zwei Lagen gemessen werden müssen. Mit den Horizontalkreis-Ablesungen k_{I} bzw. k_{MireI} erhält man für das Azimut der Mire in Lage I, das anschließend mit den Ergebnissen der Lage-II-Messung- und -Auswertung zu mitteln ist:

$$a_{\mathrm{MireI}} = a_{\mathrm{I}} + k_{\mathrm{MireI}} - k_{\mathrm{I}}. \qquad (9.3\text{-}7)$$

k sind die Horizontalkreis-Ablesungen im Augenblick der Zielung auf den Stern (Stern im Schnittpunkt des Fadenkreuzes) und k_{Mire} die (nicht zeitabhängige) Kreisablesungen bei Anzielung der Mire.

Auf der Grundlage der beiden vorgestellten Meßprinzipien - Feststellung des Beobachtungszeitpunktes oder/und Messung der Zenitdistanz im Augenblick des Azimutanschlusses - wurden in der Literatur eine Reihe von Lösungsansätzen beschrieben (Seares, 1905; Niethammer, 1940; 1941/42; 1947; Herzog, 1947; Roelofs, 1950, 104-129; Múgica-Buhigas, 1960; Mueller, 1969; 401-428; Ramsayer, 1970, 661-672; Buckner, 1984; Mackie, 1985, 167-232; Sigl, 1991, 279-291), auf die hier z.T. nur kursorisch eingegangen werden kann.

Generell ist festzustellen, daß die Azimutbestimmung, die sich auf die Messung von Zenitdistanzen stützt, im Vergleich mit der Zeitaufnahme-Methode einige gravierende Nachteile aufweist, die die Methode aus dem Kreis der hochgenauen Verfahren ausschließen. Die wesentlichen Nachteile sind der nicht kompensierbare Einfluß der Refraktion auf z und die Notwendigkeit, den Stern gleichzeitig mit dem Horizontalfaden (bei der Messung von z) und mit dem Vertikalfaden (bei der Messung von k) anzuzielen, was beobachtungstechnisch schwierig ist. Der Vorteil, daß man ohne genaue Zeitvorgaben auskommt, fällt heute kaum mehr ins Gewicht, da die UTC-Zeitskala über Zeitzeichensender oder über das GPS weltweit zugänglich ist. Und er spielt ohnehin keine Rolle, wenn man die Auswahl der Sterne so trifft, daß die Genauigkeit der Zeitaufnahme keinen oder nur geringen Einfluß auf das Azimut erhält.

Um den Einfluß möglicher Fehler in δ, φ und t auf das Sternazimut abzuschätzen, wird das Totale Differential der Funktion $a = a\,\{\delta, \varphi, t\}$ gebildet (1.4-14/4):

$$\mathrm{d}a = -\frac{\sin q}{\sin z}\cdot \mathrm{d}\delta + \cot z \cdot \sin a \cdot \mathrm{d}\varphi + \frac{\cos\delta \cdot \cos q}{\sin z}\cdot \mathrm{d}t\,. \qquad (9.3\text{-}8/1)$$

Aus dieser Differentialgleichung lassen sich folgende Feststellungen ablesen:

- Beim Durchgang von Sternen durch den Zenit ($z \to 0$; $\sin z \to 0$) wächst der Fehler $\mathrm{d}a$ über alle Grenzen. Dieses Ergebnis spiegelt die Tatsache wider, daß für einen Zielpunkt im Zenit das Azimut nicht definiert ist, bzw. daß es jeden beliebigen Wert annehmen kann. Sterne in Zenitnähe scheiden also von vorne herein als »Azimutsterne« aus.

- Der Einfluß der Deklination δ auf das Azimut a erreicht seinen Maximalwert bei $q = 90°$ oder $270°$ (Stern in *östlicher* oder *westlicher Elongation* oder in *Größter Digression*) und er verschwindet für $q = 0°$ oder $180°$ (Meridiandurchgang). Da $\mathrm{d}\delta$ wesentlich kleiner als der für $\mathrm{d}\alpha$ tolerierbare Fehler ist ($\sigma_\delta \leq 0{,}02''$ (FK5), $\sigma_a \geq 0{,}2''$), braucht der Einflußgröße $\mathrm{d}\delta$ trotz des Vergrößerungseffekts von $1/\sin z$ im Vergleich mit den anderen Einflußgrößen keine große Bedeutung beigemessen werden.

- Wesentlich kritischer ist demgegenüber der Einfluß von $\mathrm{d}\varphi$ zu bewerten. Wenn man, wie vorausgesetzt, für die Geographische Breite nur über einen Näherungswert φ' verfügt, so läßt sich der Einfluß einer fehlerhaften Vorgabe nur dadurch unter die angestrebte Genauigkeitsgrenze drücken, daß man das Sternazimut auf einen schmalen Bereich um $a = 0°$ oder $180°$ (Meridiannähe) beschränkt. Nur in diesem Fall ist $\sin a \ll 1$ und $\mathrm{d}a \ll \cot z \cdot \mathrm{d}\varphi$.

- t hängt nach (3.3-12/3) linear von der Rektaszension α des Sterns, der Geographischen Länge λ des Standorts und von der Beobachtungsepoche T (*GAST*) ab. Für die Differentiale dieser Größen gilt deshalb:

$$\mathrm{d}t = \mathrm{d}\alpha + \mathrm{d}\lambda + \mathrm{d}T. \qquad (9.3\text{-}8/2)$$

  Der Einfluß von $\mathrm{d}\alpha$ auf $\mathrm{d}t$ und damit auf das Azimut a ist wie der von $\mathrm{d}\delta$ unkritisch, da $\mathrm{d}\alpha$ und $\mathrm{d}\delta$ auf einem wesentlich höheren Genauigkeitniveau liegen als die astrogeodätischen Observablen. Den größten Spielraum bei der Abschätzung muß man dem Fehler $\mathrm{d}\lambda$ des Näherungswertes λ' zubilligen. Er läßt sich offenbar nur durch die Forderungen $|\cos\delta| \ll 1$, die nur für $|\delta| \approx 90°$ (Stern in Polnähe) erfüllbar ist, und/oder $|\cos q| \ll 1$, entsprechend $|q| \approx 90°$ oder $270°$ (Stern in Größter Digression), auf ein gebotenes Maß reduzieren. Das gleiche Wirkungsgesetz wie für $\mathrm{d}\lambda$ gilt auch für den Fehler $\mathrm{d}T$ der ermittelten Beobachtungsepoche.

- Da keine Zenitdistanzen zu messen sind, spielt die (Vertikal-)Refraktion, die sich in vielen anderen astrogeodätischen Meßverfahren störend bemerkbar macht, keine Rolle. Man kann daher auf die Aufnahme meteorologischer Daten vollkommen verzichten.

Weil sich $a = 0°$ bzw. $180°$ und $q = 90°$ bzw $270°$ gegenseitig ausschließen, lassen sich nicht alle Fehlereinflüsse durch Sternauswahl und Wahl der Beobachtungsepoche (die die Konstellation bestimmt) kompensieren. Gleichwohl kann man durch Beschränkung auf polnahe Sterne ($z \approx 90° - |\varphi|$, $|\delta| \approx 90°$) sowohl den Einfluß einer fehlerhaften Breite φ als auch den einer fehlerhaften Länge λ oder einer fehlerhaften Epochenangabe T so klein halten, daß er das Ergebnis, nämlich das aus (9.3-4) abgeleitete Azimut, nicht mehr nennenswert verfälscht. Für $|\delta| =$

90°, was $a = 0°$ bzw. $a = 180°$ nach sich zieht, reduzieren sich die Koeffizienten von $d\varphi$ und dt zu Null.

Um die Auswirkungen eines möglichen *Aufstellungsfehlers v* (*»Stehachsschiefe«* bzw. Schiefstellung des Horizontalkreises), *Zielachsenfehlers c* und/oder eines *Kippachsenfehlers i* auf die Horizontalwinkelmessung zu minimieren bzw. zu tilgen, ist es erforderlich, die Stehachse des Instruments mit Hilfe der Alhidadenlibellen sorgfältig lotrecht zu stellen und die Horizontalwinkelmessung in zwei Fernrohrlagen durchzuführen. Bei Digitaltheodoliten, die mit elektronischen Libellen ausgerüstet sind, wird die Stehachsschiefe in Richtung der Kippachse und der Zielachse automatisch gemessen. In diesem Fall können Aufstellungs- und Instrumentenfehler durch den Mikroprozessor des Meßgeräts berechnet und die Ergebnisse entsprechend korrigiert werden. Die Reduktionsformel zur Überführung der tatsächlichen Kreisablesungen k' in korrigierte k lautet (Graff, 1944, 79; Näbauer, 1949, 81; Kahmen, 1993, 136):

$$k = k' \pm c \cdot \operatorname{cosec} z + (v_q \pm i) \cdot \cot z \,. \qquad (9.3\text{-}9)$$

v_q = Querkomponente des Aufstellungsfehlers; das alternative Vorzeichen ± steht für die beiden möglichen Fernrohrlagen I und II. Bei Beobachtung der Ziele in zwei Fernrohrlagen und Mittelung der dabei erzielten Teilergebnisse werden zeitlich konstante Ziel- und Kippachsenfehler allein aufgrund der Beobachtungsanordnung getilgt. Da auch bei Digitaltheodoliten nicht kompensierte Restfehler zu befürchten sind, wird man in jedem Fall – unabhängig vom Instrumententyp – die Horizontalrichtungen in zwei Fernrohrlagen beobachten. Zur Kompensation einer eventuellen (konstanten) Pfeilerdrehung ist dabei folgende Reihenfolge der Einstellungen geboten:

$k'_{\text{Mire}}\{\text{Lage I}\}$ – $k'\{\text{Epoche } T_1, \text{Lage I}\}$ – $k'\{\text{Epoche } T_2, \text{Lage II}\}$ – $k'_{\text{Mire}}\{\text{Lage II}\}$.

Mit diesen Meßwerten und den für die Epochen T_1 und T_2 berechneten Sternazimuten $a\{T_1\}$ und $a\{T_2\}$ findet man für das Azimut der Mire:

$$a_{\text{Mire}} := \frac{a\{T_1\} + a\{T_2\}}{2} + \frac{k'_{\text{Mire}}\{\text{Lage I}\} + k'_{\text{Mire}}\{\text{Lage II}\}}{2} - \frac{k'\{T_1, \text{Lage I}\} + k'\{T_2, \text{Lage II}\}}{2} \,. \qquad (9.3\text{-}10)$$

9.3.3 Azimutbestimmung mit Hilfe polnaher Sterne (Polaris-Methode)

Das in 9.3.2 geschilderte Verfahren, nach dem das momentane Azimut eines Sterns mit Hilfe von (9.3-5) aus dessen Stundenwinkel t berechnet wird, führt nach (9.3-8/1) für $\delta \to 90°$ zu einem verschwindenden Einfluß eines möglichen Fehlers dt bzw. der Anteile $dt = d\alpha + d\lambda + dT$ (Rektaszensions-, Längen- und Zeitfehler) aus denen er zusammengesetzt sein kann. Die Bedingung der Polnähe erfüllt für Standorte in nördlichen Breiten in nahezu idealer Weise der *Polarstern*: *Polaris* – *α Ursae Minoris*. Der Stern befindet sich (z.B. 1995) in einer Deklination von $\delta \approx 89{,}25°$, also in einem Polabstand von weniger als 1°. Aufgrund seiner (großen) scheinbaren Helligkeit von $GrKl = 2{,}12^{mag}$ kann er mit einem leistungsfähigen Fernrohr auch bei Tage beobachtet werden. Auf der Südhalbkugel erfüllt *σ Octantis* mit einer Deklination von $\delta \approx -89°$ die Funktion des »Polarsterns«. Allerdings ist dieser Stern mit $GrKl = 5{,}5^{mag}$ wesentlich lichtschwächer als Polaris.

Die maximalen Einflüsse von $\mathrm{d}\varphi$ und $\mathrm{d}t$ auf das Azimut des Polarsterns betragen nach (9.3-8) in der Breite $\varphi = 50°$:

$$\mathrm{d}a\{\mathrm{d}\varphi\} = 0{,}032 \cdot \mathrm{d}\varphi; \quad \mathrm{d}a\{\mathrm{d}\lambda\} = 0{,}027 \cdot \mathrm{d}\lambda; \quad \mathrm{d}a\{\mathrm{d}T\} = 0{,}41\ (''/\mathrm{s}) \cdot \mathrm{d}T\,.$$

Um eine Azimutgenauigkeit von $\mathrm{d}a = 0{,}5''$ sicherzustellen, genügt es in der angegebenen Breite φ und λ mit einer Genauigkeit von $\mathrm{d}\varphi \approx \mathrm{d}\lambda \approx 15''$ und die Zeit mit einer Genauigkeit von $\mathrm{d}T \approx 1\,\mathrm{s}$ vorzuhalten. Wenn diese Vorgabe eingehalten wird, läßt sich die Polaris-Methode unabhängig von der momentanen Konstellation des Polarsterns, d.h. rund um die Uhr, einsetzen.

Grundkenntnisse über die Identität der markanten Sternbilder und Sterne vorausgesetzt, kann der Polarstern bei Nacht mit Hilfe eines am Meßfernrohr angebrachten Suchfernrohrs auch ohne vorausberechnete *Einstelldaten* gefunden werden. Gleichwohl ist es hilfreich, wenigstens die Zenitdistanz z vorauszuberechnen, unter der Polarstern im Beobachtungszeitpunkt erscheinen wird. Dazu ist aus der voraussichtlichen Beobachtungsepoche UTC', die mit $\Delta UT1' = 0$ der $UT1'$-Epoche gleichgesetzt wird, dem Näherungswert der Länge λ' und der bekannten Rektaszension α nach (5.9-11/3) ein genäherter Stundenwinkel t' zu berechnen:

$$t' = t\{\alpha,\ \lambda',\ UTC',\ \Delta UT1'\}. \tag{9.3-11}$$

Mit t', einem Näherungswert der Breite φ' und der bekannten Deklination δ findet man sodann nach (9.1-5/3) bzw. (3.3-12/2) die genäherte Zenitdistanz z':

$$\cos z' = \cos\varphi' \cdot \cos\delta \cdot \cos t' + \sin\varphi' \cdot \sin\delta. \tag{9.3-12}$$

Messungen während des Tages sind ohne Einstelldaten nicht möglich. In diesem Fall benötigt man zur Auffindung des Sterns neben z' auch noch gute Näherungswerte für das Sternazimut a' und das Azimut a'_{Mire} einer Mire. Das Sternazimut findet man bei Vorgabe von $t' = t\{\alpha,\ \lambda',\ UTC'\}$ (9.3-11) nach (3.3-12/2)

$$\sin a' = \sin\{k' - k'_0\} = -\frac{\cos\delta \cdot \sin t'}{\sin z'}\,. \tag{9.3-13}$$

Liest man bei Zielung auf die Mire am Horizontalkreis des Instruments den Wert k_{Mire} ab, so lautet die Kreisablesung für die genäherte Nordrichtung

$$k'_{\text{Nord}} = k_{\text{Mire}} - a'_{\text{Mire}}$$

und für die Richtung zum Stern:

$$k' = k'_{\text{Nord}} + a' = k_{\text{Mire}} - a'_{\text{Mire}} + a'. \qquad (9.3\text{-}14)$$

Der eigentliche Meßablauf ist identisch mit dem in 9.3.2 beschriebenen. Mit der Beobachtung von Stern und Erdziel in zwei Lagen in der Reihenfolge $\text{Mire}_{\text{Lage I}}$ – $\text{Polaris}_{\text{Lage I}}$ – $\text{Polaris}_{\text{Lage II}}$ – $\text{Mire}_{\text{Lage II}}$ wird der Einfluß eventuell vorhandener Zielachsen- und Kippachsenfehler kompensiert.

Um anhand von (9.3-5) aus den Meßwerten das gesuchte Sternazimut $a = a_{\text{Polaris}}$ zu erhalten, müssen vorweg die scheinbaren Koordinaten α und δ des Polarsterns für die Beobachtungsepoche berechnet oder einem Jahrbuch (z.B. *Apparent Places of Fundamental Stars*) entnommen werden. Ferner ist nach 5.9.2 aus *UTC*, $\Delta UT1$, α, und λ der Stundenwinkel t zu berechnen.

Ein mit geringem Aufwand verbundener, allerdings auf eine Genauigkeit von etwa $\mathrm{d}a = 0{,}2'$ beschränkter Rechengang stützt sich auf spezielle, für das betreffende Jahr berechnete Polaris-Tabellen, wie sie beispielsweise im *Astronomical Almanac* (B64, B65) oder im *Star Almanac for Land Surveyors* (S.56 bis 59) enthalten sind. Mit Hilfe dieser Tafeln kann das Azimut von Polaris bei Vorgabe der Geographischen Breite φ und der Scheinbaren Ortssternzeit *LAST* der Beobachtungsepoche durch Addition von drei Zahlen b_0, b_1, b_2 gewonnen werden, die den Tafeln ohne weiter Interpolation entnommen werden können:

$$a = (b_0 + b_1 + b_2) / \cos\varphi = K / \cos\varphi \qquad (9.3\text{-}15)$$

Dem Algorithmus liegt eine Taylorreihen-Entwicklung von (9.3-5) mit dem Inkrement $p = 90° - \delta < 0{,}75° \approx 0{,}013\,\text{rad}$ zugrunde. Der Entwicklung, auf deren detaillierte Darstellung verzichtet werden darf, geht eine Erweiterung von Zähler und Nenner mit $\sec\varphi$ und p voraus:

$$\tan a = \frac{\sin t}{\sin\varphi\cdot\cos t - \tan\delta\cdot\cos\varphi} = -\frac{p\cdot\sin t\cdot\sec\varphi}{p\cdot\cot p - p\cdot\tan\varphi\cdot\cos t} \qquad (9.3\text{-}16)$$

Für kleine p ist bis auf Glieder der 3. Ordnung $p = \tan p$ und $p\cdot\cot p = 1$. Da nach (9.3-16) $\tan a \le p$, kann bei Verzicht auf Glieder 3. Ordnung auch $\tan a = a$ gesetzt werden. Damit erhält man für das Polaris-Azimut die folgende, bis zur zweiten Ordnung entwickelte Potenzreihe:

$$a = -(p\cdot\sin t + p^2\cdot\tan\varphi\cdot\sin t\cdot\cos t)\cdot\sec\varphi = K\cdot\sec\varphi. \qquad (9.3\text{-}17)$$

Zur Umwandlung von (9.3-17) in die Form (9.3-15) wird p auf einen Mittelwert p_0 und φ auf die Breite $\varphi_0 = 50°$ bezogen, wodurch der Klammerausdruck K mit

$$b_0 = -(p_0\cdot\sin t + p_0{}^2\cdot\tan\varphi_0\cdot\sin t\cdot\cos t),$$

$$b_1 = -(p^2 \cdot \tan\varphi - p_0^2 \cdot \tan\varphi_0) \cdot \sin t \cdot \cos t, \text{ und}$$

$$b_1 = -(p - p_0) \cdot \sin t$$

die Form

$$K = (b_0 + b_1 + b_2) \text{ annimmt.}$$

Die Tabellenwerte werden mit den bekannten Scheinbaren Örtern ($\alpha = \alpha\{T\}$, $\delta = \delta\{T\}$) von Polaris berechnet und als Funktionen der Scheinbaren Ortssternzeit $LAST = \alpha + t$ (3.3-16/2), der Geographischen Breite φ des Standorts und des betreffenden Tages T in Tabellenform niedergelegt.

Man erkennt man, daß b_0 nur von *LAST*, b_1 von der Geographischen Breite φ des Standorts und von *LAST*, und b_2 vom Datum T ($p = p\{T\} = 90° - \delta\{T\}$) und von *LAST* abhängt. Entsprechend sind die erwähnten Polaris-Tabellen aufgebaut.

Das Polaris-Verfahren der Azimutbestimmung gilt als Standardverfahren. Es ist in den meisten Lehr- und Handbüchern der Geodätischen Astronomie beschrieben, z.B. von Niethammer (1947, 130-131), Roelofs (1950, 128-129), Waldmeier (1968, 56-59), Mueller (1969, 404-409), Caillemer (1971, 51-53), Müller (1971, 83-88), Sigl (1975, 281-284). Eingehende Genauigkeitsuntersuchungen hat Bauch (1974, 122-135) durchgeführt.

9.3.4 Azimutbestimmung mit Sternen in Elongation

Für Sterne, die einen größeren Polabstand als die Polsterne αUMi und σOct haben, verschlechtert sich das durch (9.3-8) beschriebene Fehlerbudget. Um $da\{d\varphi\}$ auch bei Sternazimuten in der Nähe von 90° oder 270° klein zu halten, müssen, da der Faktor bei $d\varphi$ für $a \neq 0$, 180° größer als 1 werden kann, höhere Ansprüche als beim Polaris-Verfahren an die Güte des Näherungswertes φ' gestellt werden. Will man den Einfluß $da\{dt\{dT\}\}$ oder $da\{dt\{d\lambda\}\}$ von Zeit- oder Längenfehlern auf a auf Null zu drücken oder wenigstens sehr klein zu halten, muß der Stern in Elongation ($q = 90°$ oder 270°) oder nahe dieser Konstellation ($q \approx 90°$ oder 270°) beobachtet werden. Für $q = 90°$ oder 270° verschwindet in (9.3-8) der Faktor bei dt und wir können $da = da\{dt\} = 0$ erwarten. In dieser Konstellation enthält die scheinbare Bewegung des Sterns keine Horizontalkomponente. Azimut a, Zenitdistanz z und Stundenwinkel t lauten in Elongation

$$\cos t_{\text{Elong}} = \cot\delta \cdot \tan\varphi; \qquad (9.3\text{-}15/1)$$

$$\sin a_{\text{Elong}} = \cos\delta \cdot \sec\varphi; \qquad (9.3\text{-}15/2)$$

$$\cos z_{\text{Elong}} = \operatorname{cosec}\delta \cdot \sin\varphi; \qquad (9.3\text{-}15/3)$$

(Nepersche Regeln für rechtwinklige Dreiecke, ⇨ 1.4).

Um die für einen bestimmten Stern (α, δ) und in einer vorgegebenen Breite φ gültigen genäherten Elongationsepochen UTC'_{Elong} zu finden, muß man aus (9.3-

15/1) t_{Elong} und sodann aus (9.3-11)/(5.8-11/1) mit $\Delta UT1' = 0$ UTC'_{Elong} berechnen. Bevor man diese Rechnung angeht, kann man all jene Sterne aus dem Kreis der Kandidaten ausscheiden, die nie in Elongation kommen, weil ihre Spuren außerhalb des Bogens Himmelspol-Zenit verlaufen, für die also auf der Nordhalbkugel ($\varphi > 0$) $\delta \leq \varphi$ gilt. Für Sterne dieser Kategorie ist $\cot\delta \cdot \tan\varphi \geq 1$ und (9.3-15/1) daher nicht lösbar. Nach dieser Vorauswahl kann man aus (9.3-15/2) und (9.3-15/3) a'_{Elong} und z'_{Elong} berechnen. Außerdem kann jedem Stundenwinkel nach (5.8-11/1) mit $\Delta UT1' = 0$ eine genäherte UTC_{Elong}-Epoche zugeordnet werden. Schließlich ist die Liste der so gewonnenen Einstelldaten noch nach aufsteigenden *UTC*-Epochen zu sortieren. Die so gewonnene Liste dient als Unterlage, mit der über die zeitliche Abfolge der Beobachtungen befunden werden kann.

Um nicht auf eine einzige Beobachtung (exakt) in Elongation beschränkt zu sein, sondern auch Beobachtungen kurz vor oder kurz nach dem Elongationszeitpunkt verwerten zu können, die man zur Kompensation von Ziel- und Kippachsenfehlern durch Messung in zwei Lagen dringend benötigt, ist die Berechnung der Azimute a selbstverständlich nicht auf die nur für rechtwinkelige Dreiecke gültige Gleichung (9.3-15/2) zu stützen, sondern unter Vorgabe der Beobachtungsepoche wie beim Polarisverfahren auf (9.3-6).

9.4 Bestimmung der Geographischen Breite

9.4.1 Aufgabenstellung und Methodengruppen

Durch die Deklination δ, den Stundenwinkel t und die Zenitdistanz z eines Sterns ist im Fundamentaldreieck S-HNP-Z die Geographische Breite φ des Standorts eindeutig festgelegt. Die vier Größen sind durch den Seiten-Cosinussatz (1.4-2/1)/(9.1-5/3) miteinander verknüpft:

$$\cos z = \sin\varphi \cdot \sin\delta + \cos\varphi \cdot \cos\delta \cdot \cos t \tag{9.4-1}$$

Geht man zunächst vom Idealfall fehlerfreier Eingangsgrößen aus, so genügt die Messung einer einzigen Zenitdistanz z bei gleichzeitiger Feststellung der durch den Stundenwinkel t ausgedrückten Beobachtungsepoche, um mit Hilfe von (9.4-1) die Geographische Breite φ zu bestimmen. Wenn z während des Meridiandurchgangs gemessen wird – in diesem Fall ist $t = 0°$ und der Einfluß der Zeit auf das Ergebnis verschwindet –, ist eine Zeitbestimmung nicht erforderlich.

Auf die Messung der Zenitdistanz kann aber auch verzichtet werden, wenn von zwei Sternen die Durchgangsepochen durch einen instrumentell vorgegebenen Almukantarat (mit a priori unbekannter Zenitdistanz z) festgestellt werden. In diesem Fall ist (9.4-1) für jeden Stern einmal anzusetzen und $\cos z$ fällt bei der

Differenzbildung heraus:

$$\sin\varphi \cdot \sin\delta_1 + \cos\varphi \cdot \cos\delta_1 \cdot \cos t_1 = \sin\varphi \cdot \sin\delta_2 + \cos\varphi \cdot \cos\delta_2 \cdot \cos t_2 \,. \tag{9.4-2/1}$$

Durch Zusammenfassung der Terme mit gleichen Koeffizienten und Division durch $\cos\varphi$ erhält man:

$$\tan\varphi = -\frac{\cos\delta_2 \cdot \cos t_2 - \cos\delta_1 \cdot \cos t_1}{\sin\delta_2 - \sin\delta_1} \,. \tag{9.4-2/2}$$

Schließlich besteht in einer dritten Variante die Möglichkeit, unter gleichzeitiger Feststellung der zugehörigen »Beobachtungsepochen« t_1 und t_2 die Differenz der Zenitdistanzen zweier Sterne $\Delta z = z_2 - z_1$ zu messen. Anstelle von (9.4-1) hat man in diesem Fall die folgenden zwei Gleichungen

$$\cos\{z_1+\Delta z\} - \cos z_1 = \sin\varphi \cdot (\sin\delta_2 - \sin\delta_1) + \cos\varphi \cdot (\cos\delta_2 \cdot \cos t_2 - \cos\delta_1 \cdot \cos t_1)$$

und

$$\cos z_1 = \sin\varphi \cdot \sin\delta_1 + \cos\varphi \cdot \cos\delta_1 \cdot \cos t_1, \tag{9.4-3}$$

aus denen die Unbekannten φ und z_1 gewonnen werden können. Wie im Falle der Methodengruppe 1 kann bei Meridianbeobachtungen ($t_1 = t_2 = 0°$) auf die Feststellung der Beobachtungsepoche verzichtet werden.

Typische Vertreter der drei Gruppen sind:

Gruppe 1 (⇨ 9.4.2): Messung von Zirkummeridian- und Meridian-Zenitdistanzen (Sterneck-Methode),

Gruppe 2 (⇨ 9.4.3): Durchgangsbeobachtung in einen bestimmten Almukantarat (Pewzow-Methode),

Gruppe 3 (⇨ 9.4.4): Messung von Zenitdistanz-Differenzen im Meridian (Horrebow-Talcott-Methode).

9.4.2 Breitenbestimmung aus Zirkummeridian-Zenitdistanzen und Meridian Zenitdistanzen (Sterneck-Methode)

Breitenbestimmung aus Zenitdistanzen in einem beliebigen Vertikal

Die Geographische Breite φ kommt in (9.4-1) in nichtlinearer Form zweimal vor und läßt sich daher nicht unmittelbar isolieren. Zur Umformung wird einer Ableitung von Graff (1944, 133-135) folgend und nach Maßgabe von Bild 9.4-1 neben dem Stundenkreis S-HNP und dem Vertikalkreis SZ ein dritter Großkreis durch S eingeführt, der den Meridian von Z im Punkt F senkrecht schneidet. Die Kathete SF des auf diese Weise gebildeten rechtwinkelig-sphärischen Dreiecks S-Z-F wird mit N, der Meridianbogen vom Himmelsäquator zum Punkt F mit M bezeichnet. Die Bogenlänge der zweiten Kathete beträgt demnach $\varphi - M$. Wendet man nun auf das rechtwinkelige Dreieck HNP-F-S die Nepersche Regel und den

Seiten-Cosinus-Satz an,

$$\cos N \cdot \sin M = \sin\delta, \tag{9-4-4/1}$$

$$\cos N \cdot \cos M = \cos\delta \cdot \cos t, \tag{9.4-4/2}$$

und setzt die beiden Ausdrücke in (9.4-1) ein, so erhält man nach Anwendung eines trigonometrischen Additionstheorems

$$\cos z = \cos N \cdot \cos\{\varphi - M\} \tag{9.4-5/1}$$

bzw. nach Elimination von cos N aus (9.4-2):

$$\cos z = \sin\delta \cdot \cos\{\varphi - M\} \cdot \operatorname{cosec} M. \tag{9.4-5/2}$$

Durch Umstellung erhält man daraus die gesuchte Endgleichung:

$$\cos\{\varphi - M\} = \cos z \cdot \sin M \cdot \operatorname{cosec}\delta. \tag{9.4-6/1}$$

Die Zwischengröße M, die zur Auflösung von (9.4-6/1) nach φ benötigt wird, liefert der Quotient von (9.4-4/1) und (9.4-4/2):

$$\tan M = \tan\delta \cdot \sec t. \tag{9.4-6/2}$$

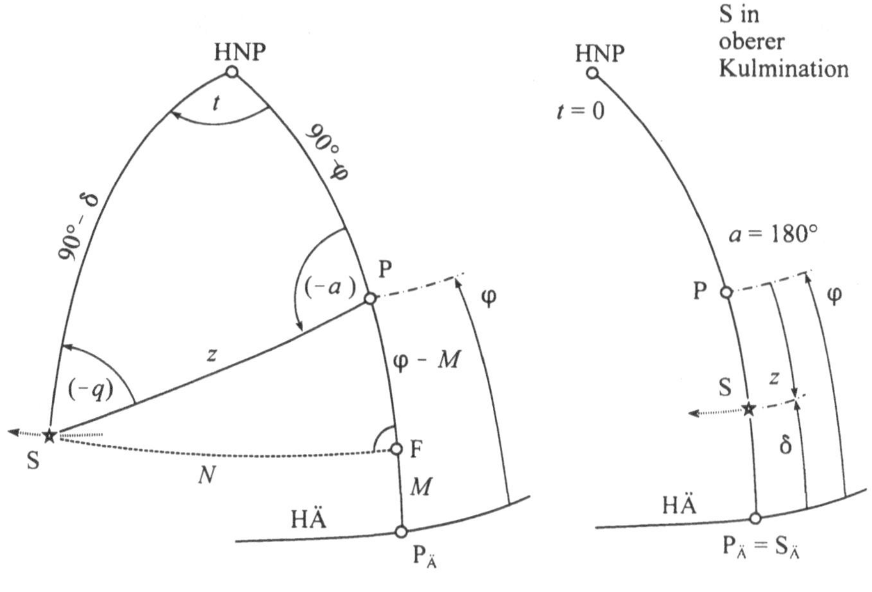

Bild 9.4-1: Breitenbestimmung aus Zenitdistanzen und Meridian-Zenitdistanzen

Breitenbestimmung aus Zirkummeridian-Zenitdistanzen

Eine für kleine Stundenwinkel $|t| \ll 1$ und für einen südlich des Zenits kulminierenden Stern gültige Näherungsformel, die aus (9.4-1) und einigen Umformungen durch Taylorentwicklung mit dem Inkrement t entwickelt werden kann, lautet nach Graff (1944, 141) oder Mackie (1985, 243):

$$\varphi = \delta \pm z - \tfrac{1}{2} \cdot \cos\varphi \cdot \cos\delta \cdot \operatorname{cosec}\{\varphi - \delta\} \cdot t^2 . \qquad (9.4\text{-}7/1)$$

$$= \delta \pm z - 2{,}4241 \cdot 10^{-6} ('')^{-1} \cdot \cos\varphi \cdot \cos\delta \cdot \operatorname{cosec}\{\varphi - \delta\} \cdot t^2 . \qquad (9.4\text{-}7/2)$$

Das positive Vorzeichen bei z gilt für Südsterne, das negative für Nordsterne in oberer Kulmination. Das t^2-Glied bedarf keiner Fallunterscheidung: es wird unter Berücksichtigung des bereits vorgegebenen Minuszeichens für Südsterne ($\varphi > \delta$) negativ, für Nordsterne ($\varphi < \delta$) positiv.

Da φ gesucht wird und daher nicht von vornherein bekannt ist, muß man zur Auswertung von (9.4-7/1) auf der rechten Seite dieser Gleichung für φ einen genäherten Wert einsetzen. In aller Regel ist dafür die Näherung $\varphi \approx \delta + z$ ausreichend. Der Stundenwinkel t ist in (9.4-7/1) im Bogenmaß einzuführen. Entsprechend wird das t^2-Glied in der Einheit rad gewonnen. In dem inhaltlich identischen Ausdruck (9.4-7/2) wurde die konstante Vorzahl so normiert, daß bei Einführung von t in der Einheit »″« auch das Ergebnis in dieser Einheit erhalten wird.

Mit $\Delta z_{\text{Mer}} = \tfrac{1}{2} \cdot \cos\varphi \cdot \cos\delta \cdot \operatorname{cosec}\{\varphi - \delta\} \cdot t^2$ = Reduktion einer gemessenen Zenitdistanz auf den Meridian erhält (9.4-7-1) die folgende formal einfache Form:

$$\varphi = \delta \pm z - \Delta z_{\text{Mer}} \qquad (9.4\text{-}7/3)$$

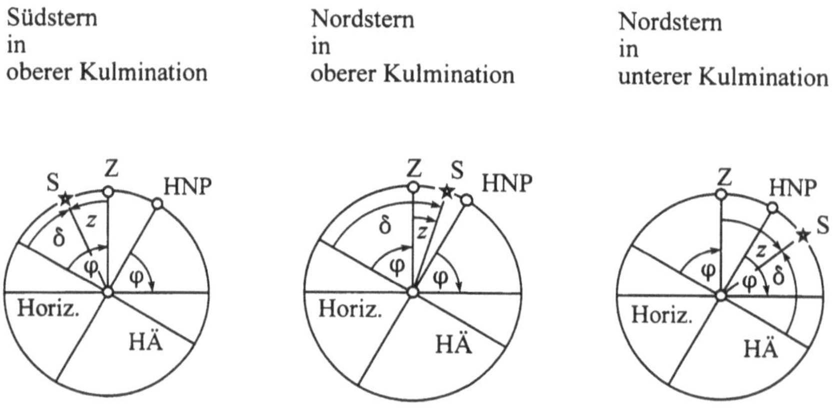

Bild 9.4-2: Konstellationen beim Durchgang eines Sterns durch den Meridian des Beobachters

Im Moment des Meridiandurchgangs nimmt der Stundenwinkel des betreffenden Sterns die Werte $t = 0°$ oder $t = 180°$ an. Die dabei zustande kommenden Konstellationen (➪ Bilder 4.2-2 und 9.4-2) werden durch die Begriffe *obere* (o.K.) und *untere Kulmination* (u.K.) beschrieben. Wie man (9.4-6/2) entnehmen kann, erreicht M die Grenzwerte $M = \delta$ bzw. $M = -\delta$. Damit vereinfacht sich (9.4-5) zu

$\varphi = \delta + z$; Südstern in o.K.; ⇨ Bild 9.4-1, rechts; Bild 9.4-2 links, (9.4-8/1)

$\varphi = \delta - z$; Nordstern in o.K.; ⇨ Bild 9.4-2 Mitte, (9.4-8/2)

$\varphi = 180° - \delta - z$; Nordstern in u.K.; Bild 9.4-2 rechts. (9.4-8/3)

Die Beziehungen (9.4-8) kann man auch unmittelbar aus Bild 9.4-2 ablesen.

Die Beobachtungskonstellation, die die genauesten Ergebnisse erwarten läßt, kann man anhand der Differentialformel (1.4-14/2) bestimmen, die korrespondierend zu (9.4-1) bzw. (9.4-6) die Variablen φ, δ, z und t zueinander in Beziehung bringt:

$$d\varphi = -\sec a \cdot dz - \cos\varphi \cdot \tan a \cdot dt - \cos q \cdot \sec a \cdot d\delta. \qquad (9.4\text{-}9)$$

Den kleinsten Fehler der gesuchten Breite φ ($|d\varphi|$ möglichst klein) darf man offenbar für $a = 0°$ oder $a = 180°$, also für Beobachtungen im Meridian erwarten. In diesem Fall ist der Einfluß eines Fehler dz auf φ minimal, da $|\sec a| = |1/\cos a| = 1$ seinen kleinstmöglichen Wert annimmt. Der Einfluß von Fehlern $d\alpha$, $d\lambda$, dT, aus denen sich ein möglicher Fehler dt des Stundenwinkels zusammensetzt, verschwindet wegen $\tan 0° = \tan 180° = 0$ gänzlich. Man kann daher bei der Zenitwinkelmessung im Meridian ganz auf die Feststellung des Beobachtungszeitpunkts verzichten. Das nachfolgend dargestellte Verfahren zur *Breitenbestimmung aus Meridian-Zenitdistanzen nach Sterneck* nutzt diese Option.

Die im Meridian optimale Kondition zur Bestimmung von φ verschlechtert sich, wie man an (9.4-9) erkennt, nur geringfügig, wenn a um einen kleinen Betrag von 0° oder 180° abweicht, wenn also die Beobachtung der Zenitdistanz etwas ausserhalb des Meridians erfolgt (Messung von *Zirkummeridian-Zenitdistanzen*). Ausschließen muß man jedenfalls die Konstellationen $a = 90°$ bzw. 270°, da in diesem Fall der Breitenfehler $d\varphi$ sowohl als Folge eines Fehlers der Zenitdistanz dz als auch eines Fehlers des Stundenwinkels dt über alle Grenzen wächst. Unbrauchbar sind Zenitdistanzen zur Breitenbestimmung selbstverständlich auch wenn sich der Stern in der Nachbarschaft der vorgenannten Azimute bewegt.

Die mit einem Universal oder einem Meridiankreis gemessenen (scheinbaren) Zenitdistanzen z' sind mit Ausnahme von Zenitbeobachtungen um den Einfluß der Refraktion R und, wenn die Beobachtung nur in einer Fernrohrlage erfolgt, auch noch um eine in der Regel unvermeidliche Abweichung v_Z des Höhenkreis-Ablesezeigers von seiner Soll-Lage (»Höhenindexfehler«) verfälscht. (Bei einem Idealinstrument zeigt der Ablesezeiger am Vertikalkreis auf 0°, wenn die Fernrohrachse in den Zenit gerichtet ist. v_Z ist kein eigentlicher Fehler, sondern eine kontrollierbare Abweichung von einer Sollrichtung. Zum Fehler wird die Größe erst, wenn sie bei der Reduktion der gemessenen Zenitdistanzen nicht in Rechnung gestellt oder nicht durch die Meßanordnung kompensiert wird). Die wahre Zenitdistanz z ergibt sich aus:

$$z = z' + v_Z + R\,. \qquad (9.4\text{-}10)$$

Setzt man diesen Ausdruck in (9.4-7/3) ein und wendet die erhaltene Beziehung gleichzeitig auf einen Süd- (Index »S«, sign z = +1) und auf einen Nordstern (Index »N«, sign z = − 1) an, so erhält man zwei Gleichungen, deren Summe

$$2\cdot\varphi = (\delta_S + \delta_N) \pm (z_S' - z_N') + (\Delta z_{MerS} + \Delta z_{MerN}) + (v_{ZS} - v_{ZN}) + (R_S - R_N) \qquad (9.4\text{-}11)$$

beträgt. Die Tilgung des Einflusses des über eine gewisse Zeit konstanten Höhenindexfehlers $v_Z = v_{ZS} = v_{ZN}$ erreicht man, wenn jeder Stern auf seinem den Meridian kreuzenden Weg abwechselnd in beiden Fernrohrlagen beobachtet wird. Die vertikale Richtungsänderung von Lichtstrahlen als Folge der atmosphärischen Refraktion kann, abgesehen von anomalen Erscheinungen, nach (4.7-31/1) als eine Funktion der meteorologischen Parameter des Standorts (Temperatur T, Luftdruck p und Partialdruck des Wasserdampfs e) und der Zenitdistanz z' betrachtet werden: $\Delta z_R = R = R\{T, p, e, z'\}$. Danach gilt: wenn $z_S' \approx z_N'$ ist auch $R_S \approx R_N$ und $R_S - R_N = \Delta R$ verkleinert sich auf eine für $z_S' \to z_N'$ gegen Null gehende »differentielle« Größe. Beobachtet man also einen Süd- und eines Nordstern unter annähernd gleicher Zenitdistanz kurz nacheinander, so verschwindet in (9.4-12) die Differenz $v_{ZS} - v_{ZN}$ und die Beziehungen vereinfachen sich zu

$$\varphi = \tfrac{1}{2}\cdot((\delta_S + \delta_N) \pm (z_S' - z_N') + (\Delta z_{MerS} + \Delta z_{MerN}) + (R_S - R_N)). \qquad (9.4\text{-}12)$$

Die Methode der Messung von Zirkummeridian-Zenitdistanzen zur Breitenbestimmung eignet sich sehr gut für quasikontinuierliche Messungen mit einem elektronischen Theodolit, dessen momentane Einstellungen laufend abgerufen und in einem Chronographen mit einer vorgegebenen Zeitskala verknüpft werden können. Wenn der Beobachter das Fernrohr so nachführt, daß der Stern in der Nähe des Vertikalfadens bleibt und während der ganzen Meßsequenz mit dem Horizontalfaden koinzidiert, so entsteht eine Zeitreihe, die bis auf das Refraktionsglied alle zur wiederholten Auswertung von (9.4-12) erforderlichen Daten enthält. (In Verbindung mit einer gleichzeitig eingesetzten automatischen Wetterstation, die Luftdruck, Lufttemperatur und Luftfeuchte mißt und die ermittelten Daten im Takt der vorerwähnten Zeitskala aufzeichnet, kann auch das Refraktionsglied in die automatisierte Auswertung einbezogen werden).

Breitenbestimmung aus Meridian-Zenitdistanzen (Sterneck-Methode)

Wie bereits gezeigt, vereinfachen sich die allgemeinen, durch trigonometrische Funktionen zwischen den Elementen des astronomischen Fundamentaldreiecks beschriebenen Beziehungen (9.4-1) / (9.4-6) zwischen δ, z, t und φ beim Meridiandurchgang des Sterns (t = 0°, 180°) auf die einfachen linearen Formen (9.4-8), die ohne Bezugnahme auf die trigonometrischen Formeln unmittelbar auch aus Bild 9.4-2 abgelesen werden können. Die Beobachtung von z im Meridian hat darüber hinaus den Vorzug, daß Fehler von z und t (λ) sich auf φ minimal auswirken. Die Substitution von (9.4-10) in (9.4-8) liefert, je nachdem der Stern den Meridian südlich des Zenits (stets in oberer Kulmination) oder nördlich davon (in oberer oder in unterer Kulmination) überquert, die folgenden drei Bestimmungsgleichungen für die Geographische Breite:

Südstern, o.K.: $\varphi = \delta_S + z_S \quad = \delta_S + (z_S' + v_{ZS} + R_S);$ (9.4-13/1)

Nordstern, o.K.: $\varphi = \delta_N - z_N \quad = \delta_N - (z_N' + v_{ZN} + R_N);$ (9.4-13/2)

Nordstern, u.K.: $\varphi = 180° - \delta_N - z_N \quad = 180° - \delta_N - (z_N' + v_{ZN} + R_N).$ (9.4-13/3)

Man sieht, daß nur dann das zutreffende Ergebnis φ erzielt wird, wenn der Höhenindexfehler v_Z und der Refraktionseinfluß R in Rechnung gestellt werden. Dies wäre im Prinzip dadurch möglich, daß v_Z vor und/oder nach der eigentlichen Messung bestimmt und ein qualifiziertes Refraktionsmodell herangezogen wird. Diese Vorgehensweise würde aber die Konstanz von v_Z über einen längeren Zeitraum und die absolute Übereinstimmung des Refraktionsmodells mit der Realität voraussetzen, wovon man in der Praxis nicht ausgehen darf.

Bei Zenitdistanzmessungen zu statischen Objekten läßt sich der Höhenindexfehler durch Beobachtung in zwei Fernrohrlagen kompensieren (Die Zenitdistanz wird in Lage I um den gleichen Betrag zu groß (zu klein), wie sie in Lage II zu klein (zu groß) bestimmt; das Mittel der beiden Meßwerte ist frei vom Einfluß des Höhenindexfehlers.) Da die Messung einer Meridian-Zenitdistanz aber nur im Augenblick des Sterndurchgangs möglich ist, scheidet die Zweilagenmessung des Sterns zur Kompensation von v_Z aus. Die angestrebte Kompensation läßt sich aber auch durch sukzessive Messungen zu *zwei* Sternen lösen: Mißt man nämlich, ohne dabei die Aufstellung des Instruments zu ändern, kurz hintereinander die Meridian-Zenitdistanzen z_S' und z_N' eines Süd- und eines Nordstern und kombiniert die Beobachtungsergebnisse durch Addition von (9.4-11/1) mit (9.4-11/2) bzw. von (9.4-11/1) mit ((9.4-11/3), so erhält man alternativ die folgenden zwei Gleichungen, in denen jeweils die paarweisen Messungen zusammenfaßt sind:

$$2 \cdot \varphi = (\delta_S + \delta_N) + (z_S' - z_N') + (v_{ZS} - v_{ZN}) + (R_S - R_N); \qquad (9.4\text{-}12/1)$$

$$2 \cdot \varphi = (180° + \delta_S - \delta_N) + (z_S' - z_N') + (v_{ZS} - v_{ZN}) + (R_S - R_N). \qquad (9.4\text{-}12/2)$$

Wenn die beiden Beobachtungen kurz nacheinander erfolgen, darf man davon ausgehen, daß sich der Indexfehler v_Z in der Zwischenzeit nicht verändert, daß also $v_{ZS} = v_{ZN} = v_Z$ bzw. $v_{ZS} - v_{ZN} = 0$. Auch der Einfluß einer fehlerhaften Modellierung der Refraktion wird weitgehend getilgt. Beobachtet man also einen Süd- und einen Nordstern unter (annähernd) gleicher Zenitdistanz kurz nacheinander, so verschwindet in (9.4-12) die Differenz $v_{ZS} - v_{ZN}$ und die Beziehungen vereinfachen sich zu:

$$\varphi = \tfrac{1}{2}\cdot((\delta_S + \delta_N) \qquad + (z_S' - z_N') + (R_S - R_N)); \qquad (9.4\text{-}13/1)$$

$$\varphi = \tfrac{1}{2}\cdot((180^\circ + \delta_S - \delta_N) + (z_S' - z_N') + (R_S - R_N)). \qquad (9.4\text{-}13/2)$$

Das Ergebnis ist offenbar unabhängig vom Höhenindexfehler und weitgehend unabhängig vom Einfluß der Refraktion. Abgesehen vom Refraktionseinfluß, der in der Skizze nicht berücksichtigt wurde, läßt sich (9.4-13/1) auch aus Bild 9.4-2 ablesen.

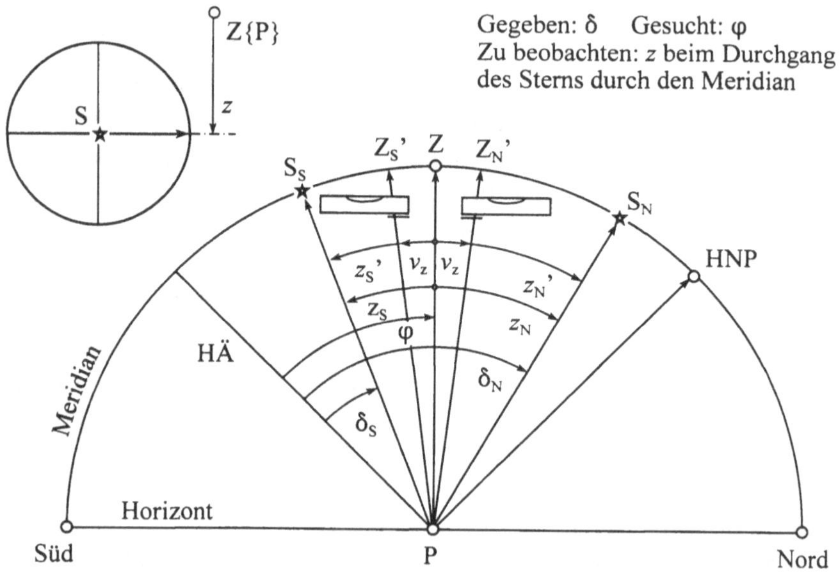

Bild 9.4-3: Messung der Zenitdistanz eines Nord- und eines Südsterns beim Meridiandurchgang (Sterneck-Methode)

Die Bedingungen $z_S' \approx z_N'$ und kurze Beobachtungsintervalle werden für die Kombination Südstern - Nordstern in o.K. (9.4-13/1) erfüllt, wenn

$$\delta_N \approx 2\cdot\varphi - \delta_S \qquad (9.4\text{-}14/1)$$

und die Stern-Rektaszensionen nahe beieinander liegen, also wenn

$$|\alpha_N - \alpha_S| \leq \text{wenige Minuten.} \qquad (9.4\text{-}14/2)$$

Die entsprechenden Bedingungen für die Kombination Südstern - Nordstern in u.K. lauten nach (9.4-13/2):

$$\delta_N \approx 180^\circ - 2\cdot\varphi + \delta_S \qquad (9.4\text{-}14/3)$$

und

$$||\alpha_N - \alpha_S| - 12\text{h}| \leq \text{wenige Minuten.} \qquad (9.4\text{-}14/4)$$

Wenn man, um den Refraktionseinfluß klein zu halten, nur kleine Zenitdistanzen zuläßt und dazu die Verfügung $z \leq z_{max}$ trifft, so ist δ bei der Sternauswahl auch noch an die folgende Bedingung gebunden:

$$\varphi + z_{max} \geq \delta \geq \varphi - z_{max}. \qquad (9.4\text{-}14/5)$$

Die Menge aller in Betracht kommenden Rektaszensionen wird durch den geplanten Beobachtungszeitraum begrenzt. Diesen in der Regel durch zwei *UTC*-Epochen vorgegebenen Zeitraum (z.B. 22h $\leq$ *UTC* $\leq$ 24h) kann man bei bekannter Geographischer Länge λ des Beobachtungsstandorts nach (5.3-7) und (5.3-11) sehr einfach auch durch zwei Epochen der Lokalen Sternzeit *LST* ($\approx$ *LMST* $\approx$ *LAST*) ausdrücken:

$$LST_{Anfang} \leq LST \leq LST_{Ende}. \qquad (9.4\text{-}14/5)$$

Die Zeitpunkte des Meridiandurchgangs sind durch $t = 0°$ oder $t = 180°$ bestimmt. Nach (3.3-16) gilt für diese Epochen $\alpha = LAST$ oder $\alpha = LAST - 12h$. Die Verfügung (9.4-14/5) beinhaltet daher auch eine Verfügung über zwei $\Delta\alpha$ = 12h auseinander Rektaszensionsbereiche, in denen nach geeigneten Sternen gesucht werden muß:

$$\alpha_{Anfang} \leq \alpha \leq \alpha_{Ende} \qquad (9.4\text{-}14/6)$$

In niederen und mittleren Breiten kommen Nordsterne in unter Kulmination aus Gründen der Konstellation nur in seltenen Ausnahmefällen in Betracht.

Beispiel zur Sternauswahl

Tabelle 9.4-1: Für die Sterneck-Methode in $\varphi = 48°18'$ geeignetes Sternpaar

FK5-Nr.	Name	m	α h min	δ ° ′	z ° ′	Lage
695	χ Drac	3,57	18 21,2	72 44	24 26	N
690	109 Herc	3,84	18 23,5	21 46	26 32	S

Die in Tabelle 9.4-1 auszugsweise wiedergegebene Liste enthält die für zwei Sterne aus den *Apparent Places* von 1995 entnommenen Sternkoordinaten α und δ sowie deren Magnituden m, außerdem die nach (9.4-11/1) und (9.4-11/2) für eine Geographische Breite von $\varphi = 48°18'$ berechneten ungefähren Zenitdistanzen z beim Meridiandurchgang. Man erkennt, daß beide Sterne ein für die Sterneck-Methode geeignetes Sternpaar bilden, weil nach (9.4-14/1) die Bedingung $72°44' \approx 96°36' - 21°46' = 74°50'$ erfüllt ist (= Voraussetzung für genähert gleiche Zenitdistanzen $24°26' \approx 26°32'$) und die Sterne innerhalb von nur wenigen Minuten (9.4-14/2), genau gesagt im Abstand von $\Delta t = -\Delta\alpha = 2{,}3\,\text{min}$*, den Ortsmeridian überschreiten: Stern 695 im Norden und Stern 690 im Süden des Zenits. Die Durchgänge durch den Ortsmeridian finden »täglich« um $LAT_{695} = \alpha_{695} = 18^h\,21{,}2^m$ und $LAT_{690} = \alpha_{690} = 18^h\,23{,}5^m$ statt. Bei einer angenommenen Länge des Standorts von $\lambda = 12°12' = 48{,}8\,\text{min}$ lauten die entsprechenden Greenwich-Sternzeitepochen $GAT_{695} = 18^h21{,}2^m - 48{,}8\,\text{min} = 17^h32{,}4^m$ und $GAT_{690} = 18^h23{,}5^m - 48{,}8\,\text{min} = 17^h34{,}7^m$. In der *UT1*-Zeitskala verschieben sich diese Zeitpunkte im Laufe eines Jahres um einen ganzen 24-Stunden-Zyklus, täglich also um etwa 4 min nach vorne. Am 01.07.1995, beispielsweise, finden diese Ereignisse um $UT1_{695} = 22^h54{,}3^m$ bzw. um $UT1_{690} = 22^h56{,}6^m$ statt.

Die nach Robert Doublebsky von Sterneck (1839-1910) benannte Methode der Breitenbestimmung gilt als ein Standardverfahren und ist daher in fast allen Hand- und Lehrbüchern der Geodätischen Astronomie beschrieben: Graff (1944, 108-110); Roelofs (1959, 130-142); Mueller (1969, 438-440); Ramsayer (1970, 383-393); Müller (1971, 48-55); Sigl (1975, 241-248); Mackie (1985, 237-241). Eingehende Genauigkeitsuntersuchungen hat Bauch (1974, 136-168) durchgeführt. Als Meßinstrumente kommen Universale oder Meridiankreise mit möglichst hochwertigen Vertikalkreisen in Betracht.

9.4.3 Breitenbestimmung aus Sterndurchgängen durch einen bestimmten Almukantarat (Zweihöhenproblem - Pewzow-Methode)

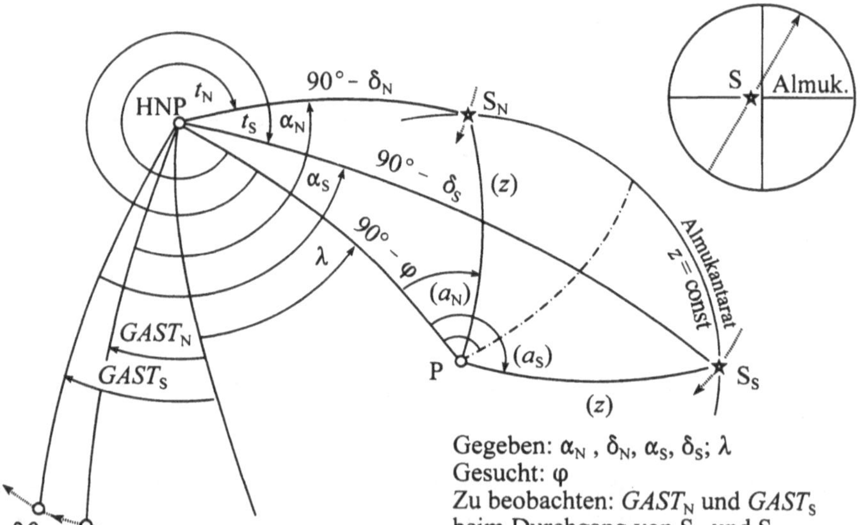

Gegeben: α_N, δ_N, α_S, δ_S; λ
Gesucht: φ
Zu beobachten: $GAST_N$ und $GAST_S$ beim Durchgang von S_N und S_S durch den Almukantarat z = const.

Bild 9.4-4: Breitenbestimmung durch Registrierung der Durchgangsepochen von zwei Sternen durch den gleichen Almukantarat

Dem Vorzug sehr einfacher und überschaubarer geometrischer Zusammenhänge und Rechenformeln steht bei der in 9.4.2 dargestellten Sterneck-Methode der

Nachteil gegenüber, daß vorhandene Kreisteilungsfehler das Resultat im Verhältnis 1:1 verfälschen. Das Problem wird bei dem von Michail Wassiljewitsch Pewzow (1888/1899) vorgeschlagenen Verfahren dadurch umgangen, daß alle zur Auflösung des Astronomischen Fundamentaldreiecks notwendigen Winkel aus Zeitbestimmungen, d.h. aus Stundenwinkeln abgeleitet werden. Da ein allgemeines Poldreieck aber mit der vorgegebenen Deklination und dem »gemessenen« Stundenwinkel allein nicht aufgelöst werden kann – zur Lösung eines Dreiecks müssen immer drei Bestimmungsstücke vorgegeben werden –, ist es notwendig, zwei durch zwei verschiedene Sterne bestimmte Poldreiecke P-HNP-S_N und P-HNP-S_S über die gemeinsame, den Zenit des Beobachters und den Himmelsnordpol verbindende Seite zusammenzufassen. Die entsprechende Beobachtungsgleichung lautet bei Zusammenfassung eines Süd- und eines Nordsterns nach (9.4-2/2):

$$\tan\varphi = -\frac{\cos\delta_N \cdot \cos t_N - \cos\delta_S \cdot \cos t_S}{\sin\delta_N - \sin\delta_S}. \qquad (9.4\text{-}15)$$

Die Gleichung kann man indirekt aus Bild 9.4-4 entnehmen, wenn für die vorerwähnten zwei Poldreiecke zweimal der Seiten-Cosinussatz (9.4-1) angesetzt und cos z sodann eliminiert wird. Die Stundenwinkel t_N und t_S findet man nach 5.9.2 bei Vorgabe der Rektaszension α_N und α_S sowie eines Näherungswerts der Geographischen Länge λ des Standorts aus den beobachteten *UTC*-Epochen UTC_N und UTC_S.

Zweimaliger Ansatz der Differentialgleichung (9.4-9) (ohne das vernachlässigbare dδ-Glied) für jedes der beiden Dreiecke einmal,

$$\cos a_S \cdot d\varphi = -dz_S - \cos\varphi \cdot \sin a_S \cdot dt \qquad (9.4\text{-}16/1)$$

$$\cos a_N \cdot d\varphi = -dz_N - \cos\varphi \cdot \sin a_N \cdot dt \qquad (9.4\text{-}16/2)$$

und Auflösung des Gleichungssystem nach dφ ergibt das Differential:

$$d\varphi = -\frac{(dz_N - dz_S) + (\sin a_N - \sin a_S) \cdot \cos\varphi \cdot dt}{\cos a_N - \cos a_S}. \qquad (9.4\text{-}16/3)$$

Diesem Ausdruck kann man entnehmen, daß ein Zeitfehler dt, bedingt beispielsweise durch einen Fehler der angenommenen Länge dλ, keinen Einfluß auf die gesuchte Breite hat, wenn a_N den gleichen Betrag unter 90° (oder über 270°) liegt, wie a_S über 90° (bzw. unter 270°). Mit anderen Worten: die günstigste Konstellation liegt vor, wenn die beiden Sterne im Augenblick ihrer Beobachtung symmetrisch zum Ersten Vertikal liegen:

$$\alpha_S = 180° - \alpha_N. \qquad (9.4\text{-}17/1)$$

(9.4-16/3) läßt außerdem erkennen, daß die besten Beobachtungsbedingungen in Meridiannähe herrschen, weil dort der Nenner des Ausdrucks seinen größten Wert

($|\cos a_N - \cos a_S| \rightarrow 2$) erreicht und $d\varphi$ dementsprechend seinen kleinsten. Sterne im Meridian scheiden freilich aus, da dort keine Almukantarat-Durchgänge stattfinden. Aus der Differenz $dz_N - dz_S$ kann man ablesen, daß sich gleichgerichtete Verfälschungen der Zenitdistanzen, bedingt z.B. durch ein fehlerhaftes Refraktionsmodell, gegenseitig aufheben.

Eine wichtige Bedingung für eine erfolgreiche Anwendung der Pewzow-Methode besteht in der Konstanz der instrumentell vorgegebenen Zenitdistanz während der Meßsequenz. Bei Verwendung eines *Universalinstruments* wird dies durch eine *Horrebow-Libelle* (➪ 9.4.4) erreicht, mit der bei jeweils einspielender Libelleeine konstante Neigung der Zielachse des Fernrohrs erreicht wird. Das für die Methode ebenfalls geeignete *Prismenastrolab* ist von vornherein auf eine bestimmte konstante Zielachsneigung ausgelegt. Wegen der freien Verfügungsmöglichkeit über die Zenitdistanz ist man beim Einsatz eines Universals natürlich wesentlich flexibler als mit einem Prismenastrolab.

Um für ein Prismenastrolab ein Beobachtungsprogramm vorzubereiten, wird man sich zunächst für alle Sterne des Jahrbuchs aus den Deklinationen δ, der genäherten Breite φ des Standorts und der instrumentell vorgegebenen nominalen Zenitdistanz z mit (3.3-12/2) die Stundenwinkel t und die Azimute a

$$\cos t = \frac{\cos z - \sin\varphi \cdot \sin\delta}{\cos\varphi \cdot \cos\delta} \quad \text{und} \quad \sin a = -\frac{\cos\delta \cdot \sin t}{\sin z} \qquad (9.4\text{-}17/2)$$

für die Almukantarat-Durchgänge berechnen, außerdem nach (3.3-16/2) über die Rektaszensionen α und die genäherte Länge λ des Standorts die korrespondierenden Greenwich-Sternzeiten $GST = \alpha - \lambda + t$ und die Weltzeitepochen $UT1 \approx UTC$. Sterne mit Durchgangsazimuten zwischen z.B. 60° und 120° bzw. zwischen 240° und 300° und solche, die im vorgegebenen Beobachtungszeitraum den Almukantarat nicht überschreiten, werden von vornherein ausgeschieden. Sodann wird man, ausgehend von einem Nordstern mit kleinem Azimut a_N, z.B. zwischen 10° und 60°, der zu Beginn des Beobachtungszeitraums den Almukantarat überquert, nach (9.4-17/1) das korrespondierende Sollazimut a_S bestimmen und aus der Liste einen azimutal und zeitlich naheliegenden Südstern auswählen. Ebenso wird man zur Auffindung weiterer Sternpaare verfahren.

Beim Einsatz eines Universalinstruments wird es sich lohnen, auf der Suche nach der günstigsten Beobachtungsfolge auch noch die (für ein Sternpaar gleichen) Zenitdistanzen zu variieren, um unter Beachtung der generellen Beobachtungsbedingung (9.4-17/1) möglichst kurze Beobachtungsfolgen zu erzielen.

Das Pewzowsche Breitenbestimmungsverfahren ist in vielen Hand- und Lehrbüchern der Geodätischen Astronomie beschrieben, z.B. von Graff (1944, 143-147), Niethammer (1947, 61-68), Mueller (1969, 469-470), Ramsayer (1970, 413-419),

Sigl (1975, 255-261); Mackie (1985, 260-264). Eingehende Untersuchungen des Verfahrens führten z.B. Kamieński (1927) und Zick (1977) durch.

9.4.4 Breitenbestimmung aus Meridian-Zenitdistanzdifferenzen (Horrebow-Talcott-Methode)

Im Sterneck-Verfahren treten als Observable paarweise die Meridian-Zenitdistanzen eines Südsterns z_S' und eines korrespondierenden Nordsterns z_N' auf. Sie gehen in die Beobachtungsgleichung mit ihrer Differenz $\Delta z' = z_S' - z_N'$ ein. Auch der Refraktionseinfluß macht sich nur in Differenzform $\Delta R = R_S - R_N$ bemerkbar. Unter Beschränkung auf die Kombination Südstern / Nordstern in o.K. lautet die Beobachtungsgleichungen (9.4-13) in etwas vereinfachter Schreibweise:

$$\varphi = \tfrac{1}{2}\cdot((\delta_S + \delta_N) + \Delta z' + \Delta R); \qquad (9.4\text{-}18)$$

Durch die Beobachtungsanordnung wird, wie bereits dargelegt, der Höhenindex-Fehler kompensiert. Mögliche Teilungsfehler des Höhenkreises werden aber, da sie an jeder Kreisstelle eine andere Größe besitzen und daher z_S' nicht exakt mit z_N' übereinstimmt, durch die Differenzbildung nicht eliminiert. Kreisteilungsfehler belasten das Ergebnis also auch über die Differenzform $\Delta z'$ der Zenitdistanzen.

Das Problem läßt sich vermeiden, wenn nach der von Peder Nielsen Horrebow 1732 erstmals beschriebenen und von Andrew Talcott in den USA in bei astronomisch-geodätischen Feldarbeiten eingesetzten Methode die Winkeldifferenz $\Delta z'$ nicht aus Teilkreisbeobachtungen abgeleitet, sondern mit einem Okularmikrometer oder mit drehbaren Prismenkeilen nach Art des von Deichl (1971) für das Prismenastrolab beschriebenen Systems (⇨ 8.1.2) »direkt« gemessen wird. Die Beobachtungsfolge ist die selbe wie bei der Sterneck-Methode: abwechselnde Beobachtung eines Süd- und eines Nordsterns in ein- und derselben Fernrohrlage. Im Unterschied zur Sterneck-Methode wird hier die Fernrohrneigung konstant gehalten und die Koenzidenz des Horizontalfadens mit den beiden Sternen durch entsprechende Verschiebung des beweglichen Horizontalfadens bewirkt. Das Verschiebungsmaß kann unter Beachtung des Mikrometer-spezifischen Skalenfaktors am Okularmikrometer abgelesen werden. Wenn die Konstanz der Fernrohrneigung gewährleistet ist, liefert die Differenz der Mikrometerablesungen den gesuchten Winkel $\Delta z'$. Die geforderte Identität der Fernrohrneigung in Lage I und II wird mit Hilfe einer *Horrebow-Libelle* (⇨ 8.2.2) bewirkt, die in beiden Fernrohrlagen eingespielt oder - bei geringer Restneigung der Libelle - abgelesen werden muß.

Die Nutzung eines Okularmikrometers bei fester Fernrohrneigung setzt voraus, daß $|\Delta z'|$ kleiner als die Fernrohröffnung bleibt, die typischerweise unter 1° liegt (z.B. beim Kern-DKM3A: 36′ bei 45-facher Fernrohrvergrößerung). Diese Forderung beschränkt die Zahl der als Ziele in Betracht kommenden Sterne nicht unerheblich. Die im *FK5* und im Jahrbuch *Apparent Places of Fundamental Stars* vertafelten Sterne reichen für ein zügiges Beobachtungsprogramm in der Regel nicht aus. Man muß daher mindestens die FK5-Zusatzsterne (*The FK5 Extension – New Fundamental Stars*) in die Sternauswahl mit einbeziehen, um die geforderte schnelle Beobachtungsfolge zu erreichen. Seit der *HIPPARCOS-Katalog* zur Verfügung steht, sollte es aber keine Schwierigkeiten mehr geben, für ein Horrebow-Talcott-Beobachtungsprogramm geeignete Sternpaare zu finden.

Die Horrebow-Talcott-Methode war seinerzeit die Standardmethode bei den permanenten Breitenbestimmungen des *International Latitude Service* (*ILS*) und des *International Polar Motion Service* (*IPMS*) (⇨ 3.5.4). Sie ist in fast allen Hand- und Lehrbüchern der Geodätischen Astronomie beschrieben, z.B. von Graff (1944, 111), Waldmeier (1968, 71-72), Mueller (1969, 459-469), Ramsayer (1970, 732-733), Müller (1971, 55-63), Sigl (1975, 252-255), Mackie (1985, 238-239). Eine eingehende Genauigkeitsuntersuchung der Methode hat Bauch (1975, 169-198) durchgeführt.

9.4.5 Einsatz neuer Technologien zur Breitenbestimmung

So lange ein menschlicher Beobachter die Einstellung der Sterne vornimmt, kann das theoretische Beobachtungspotential eines Universalinstruments allein schon deshalb nicht vollständig genutzt werden, weil es selbst einem geübten Beobachter nicht möglich ist – jedenfalls nicht auf höchstem Genauigkeitsniveau –, einen bewegten Stern exakt zentrisch, d.h. mit dem Mittelpunkt des Fadenkreuzes anzuzielen und diese Zielung womöglich auch noch kontinuierlich nachzuführen. Wenn höchstmögliche Beobachtungsgenauigkeit angestrebt wird, muß die genaue Nachführung daher auf einen einzigen Faden beschränkt werden. Im Fall eines Universalinstruments bedeutet dies, daß entweder nur Zenitdistanzen z' bzw. Zenitdistanz-Differenzen $\Delta z'$ (Zielung mit dem Horizontalfaden) oder nur Azimut- bzw. Richtungsdifferenzen $\Delta a = \Delta k$ (Zielung mit dem Vertikalfaden) beobachtet werden können, nicht aber beide Größen gleichzeitig. Die Beobachtung ist also eindimensional, die zweite Dimension der Richtung zum Stern wird nicht erfaßt.

Ganz anders beim Einsatz einer CCD-Kamera in Verbindung mit einem elektronischen Theodolit (Videotheodolit): Ein solches System hält Abszissen x und Ordinaten y der Bildpunkte eines durch das Gesichtsfeld ziehenden Sterns und damit auch die diesen Punkten entsprechenden momentanen Richtungen fest. Diese Art der Richtungsbestimmung ist zweidimensional und somit aussagekräftiger als die oben beschriebene eindimensionale Beobachtung. Wird nun der momentane Bildinhalt des CCD-Aufnahmefeldes zusammen mit Zeitmarken abgespeichert, die von einer in der *UTC*-Zeitskala laufenden Uhr erzeugt werden, so entsteht eine Zeitreihe, aus der bei bekannter innerer und äußerer Orientierung der CCD-Kamera die Richtungen zu den erfaßten Sternen als Funktion der Zeit rekonstruiert werden können.

Das Aufnahmesystem der CCD-Kamera repräsentiert ein erdfestes *Allgemeines Beobachtungssystem* ⟨AB⟩ (➪3.2.2). Die systemtypischen Beobachtungsgrößen sind Bildkoordinaten x, y. Bei bekannter Ausrichtung der Kamera relativ zu einem Allgemeinen Horizontsystem ⟨AH⟩ (➪3.2.3) - beschrieben z.B. durch die Zenitdistanz z_0, die azimutale Ausrichtung k_0 der Kameraachse und die Verschwenkung κ_0 der Bildebene, kann nach (3.2-1) in Verbindung mit (3.3-4/1) für jeden Bildpunkt die Zenitdistanz z und die Horizontalkreis-Ablesung k bestimmt werden, unter der der betreffende Bildpunkt in dem CCD-Feld erfaßt wurde. Da in einem bestimmten Standpunkt (mit bekannter Länge λ) zu einer bestimmten *UTC*-Epoche jeder Stern (Rektaszension α) unter einem ganz bestimmten Stundenwinkel t erscheint (➪ 5.9.2), können nach Auswertung der CCD-Bildkoordinaten für jeden Zeitpunkt des CCD-Aufnahmetaktes die Pseudoobservablen z, k und der Stundenwinkel t berechnet und in das System der Beobachtungsgleichungen (9.1-5) eingeführt werden.

Wie bei Messungen mit einem »einfachen« Theodolit sind alle am Höhenkreis ablesbaren Zenitdistanzen zunächst mit dem Zeigerfehler v_Z und die Horizontalkreisablesungen nach (9.3-9) mit dem Einfluß des Kippachsenfehlers i und des Zielachsenfehlers c behaftet, bei einem CCD-Theodolit darüber hinaus (falls nicht durch Justierung vollständig beseitigt) mit den Auswirkungen der Verschwenkung κ des CCD-Feldes. v_Z, i und c werden bei statischen Zielen durch Messung in zwei Fernrohrlagen kompensiert: sowohl die Mittel $z' = (z_I' - z_{II}')/2$ aus z_I' (Kreisablesung in Lage I) und $360° - z_{II}'$ (negative Kreisblesung in Lage II) als auch $k' = (k_I' + k_{II}' - 180°)/2$ aus k_I' und k_{II}' (Horizontalkreisablesungen in den zwei Lagen) sind frei von den genannten Fehlereinflüssen. Die gleiche Wirkung hat die Zweilagenmessung auch hinsichtlich des Einflusses von κ: Bildkoordinaten x und y, die als Folge einer Verschwenkung κ in Lage I um kleine Beträge Δx, Δy verfälscht sind, erfahren in Lage II eine exakt entgegen gerichtete Verfälschung und die Mittel $x = (x_I - x_{II})/2$ und $y = (y_I - x_{II})/2$ sind fehlerfrei.

Bei beweglichen Zielen, wie sie bei Sternbeobachtungen vorliegen, kann man ähnlich wie bei den in 9.4.2 besprochenen Verfahren zur Kompensation von v_Z, i und c folgende zwei Wege beschreiten:

Variante 1: Man mittelt die zu den Epochen T_I und T_{II} registrierten Koordinatenpaare x_I, y_I / x_{II}, y_{II} der CCD-Aufnahmen in Lage I und Lage II und ordnet die Mittelwerte $x = (x_I - x_{II})/2$ und $y = (y_I - y_{II})/2$ bzw. die aus diesen gemäß (3.2-1) und

(3.3-4/1) fließende Zenitdistanz z' der mittleren Epoche $T = (T_I + T_{II})/2$ zu. Anschließend wird an z' die Refraktionskorrektur angebracht. Schließlich wird die refraktionskorrigierte mittlere Zenitdistanz z und die zugehörige mittlere Meßepoche T als Quasibeobachtung in die Beobachtungsgleichung (9.4-1), (9.4-6) oder (9.4-7) eingeführt. Die berechnete Breite φ ist frei vom Einfluß der erörterten Fehler, wenn der die Beobachtungssequenz Lage I - Lage II so kurz ist, daß die »geodätische Krümmung«[43] der scheinbaren Sternbahn (⇨4.2.1 und Bild 4.2-3) vernachlässigt werden kann. Da diese Krümmung genau bekannt ist, kann sie, falls von Einfluß, selbstverständlich auch in Rechnung gestellt werden.

Variante 2: Jedes einzelne der durch die systematischen Fehler von i, c und κ verfälschten Beobachtungspaare $x_I, y_I / x_{II}, y_{II}$ wird gemäß (3.2-1) und (3.3-4/1) in ein Paar gleichermaßen verfälschter z'-Werte umgesetzt (z_I', z_{II}'). Nach Refraktionskorrektur werden beide Größen mit ihren Beobachtungsepochen in die Beobachtungsgleichung einführt. Die berechneten Ergebnisse φ_I und φ_{II} sind nun zwar einseitig verfälscht, jedoch ist ihr Mittelwert $\varphi = (\varphi_I + \varphi_{II})/2$ wiederum frei von den in Rechnung gestellten Instrumentenfehlern.

In beiden Prozeduren können je nach Belichtungsdauer eine ganze Serie von Meßwertpaaren anfallen. Entsprechend erhält man eine Serie von Einzelergebnissen φ, die sich am Ende durch Mittelung zu dem gesuchten Breitenwert zusammenfassen lassen.

Um im Zuge der Messungen auch noch den nicht modellierten Refraktionseinfluß zu kompensieren bzw. zu minimieren wird man analog zu den in 9.4.2 und 9.4.3 beschriebenen Verfahren die Beobachtungen mehrerer Nord- und Südsterne mit paarweise annähernd gleicher Zenitdistanz kombinieren und die erzielten Ergebnisse mitteln:

$$\varphi = \Sigma(\varphi_{Ni} + \varphi_{Si}) / i \quad \text{mit } i = 1 \ldots n.$$

9.5 Bestimmung der Geographischen Länge

9.5.1 Aufgabenstellung und Methodengruppen

In den Beobachtungsgleichungen (9.1-5) tritt die Geographische Länge λ auf den ersten Blick nicht in Erscheinung. Sie ist jedoch zusammen mit der Scheinbaren Ortssternzeit Greenwich *GAST* und der Rektaszension α nach (3.3-16/2)/(5.9-1) ein Bestandteil des momentanen Stundenwinkels t des betreffenden Sterns:

[43] Unter der *geodätischen Krümmung* einer Flächenkurve im Flächen- und Kurvenpunkt S versteht man die Krümmung der Kurve in der an die Fläche in S angelegten Tangentialebene. Die geodätische Krümmung der scheinbaren täglichen Bahn eines Sterns S mit der Deklination δ beträgt $\kappa_{goed} = 1/r_{geod} = \tan\delta$. Sie verschwindet offenbar für äquatoriale Sterne ($\delta = 0$).

$$t = GAST - \alpha + \lambda. \tag{9.5-1}$$

In Bild 9.5-1 sind diese Zusammenhänge veranschaulicht.

Nach 5.9.2 ist über die Variable *GAST* auch der Anschluß an die Koordinierte Weltzeit *UTC* oder eine von dieser abgeleiteten Zonenzeit ZZ_i, an die Internationale Atomzeit *TAI* oder an die Terrestrische Zeit *TT* möglich. Diese Zeitskalen sind (meist in Form der *UTC*) über einen der Zeitdienste (Zeitzeichensender, GPS-Satelliten) zugänglich. Wenn also z.B. eine *UTC*-Zeitangabe vorliegt, ist implizit auch *GAST* gegeben. Um aus (9.5-1) λ zu gewinnen, muß man t im Zeitpunkt *GAST* kennen.

t ist ein durch Messung nicht direkt zugängliches Bestimmungsstück des Astronomischen Fundamentaldreiecks. Unter der Voraussetzung, daß die Sterndeklination δ genau und φ mit ausreichender Genauigkeit bekannt sind, genügt die Messung eines dritten Dreieckselements, um t zu erhalten. Der meßtechnisch am einfachsten zu erfassende Parameter ist die Zenitdistanz z. Bei vorausgegangener Azimutbestimmung einer Mire kann aber auch das Sternazimut a gemessen werden.

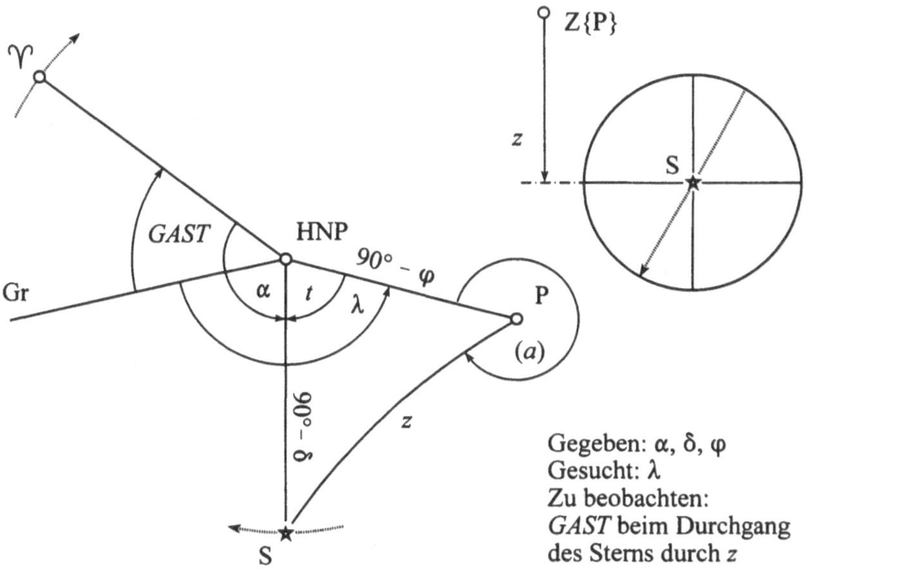

Bild 9.5-1: Zusammenhang zwischen Geographischer Länge λ, Rektaszension α, Stundenwinkel t und Scheinbare Sternzeit Greenwich *GAST* - Längenbestimmung durch Registrierung des Zeitpunkts des Sterndurchgangs durch eine gemessene Zenitdistanz z

Mit der Zenitdistanz als Meßgröße, ➪ Bild 9.5-1 (nach (9.4-10) wegen eines eventuellen Höhenindexfehlers v_Z und wegen Refraktion R korrigiert: $z = z' + v_Z + R$) gewinnt man t mit Hilfe des Seiten-Cosinus-Satzes (1.4-2/1) bzw. an Hand der Beobachtungsgleichung (9.1-5/3);:

$$\begin{aligned}\cos t &= (\cos z - \sin\varphi\cdot\sin\delta)\cdot\sec\varphi\cdot\sec\delta \\ &= \cos z\cdot\sec\varphi\cdot\sec\delta - \tan\varphi\cdot\tan\delta.\end{aligned} \qquad (9.5\text{-}2)$$

Die dieser Variablen-Verbindung entsprechende Differentialformel lautet nach (1.4-14/2) - vergleiche auch Niethammer (1947, 48), Waldmeier (1968, 74), Sigl (1975, 225), Zick (1977, 14):

$$\mathrm{d}t = -\sec\varphi\cdot\mathrm{cosec}\,a\cdot\mathrm{d}z - \sec\varphi\cdot\cot a\cdot\mathrm{d}\varphi - \cos q\cdot\sec\varphi\cdot\mathrm{cosec}\,a\cdot\mathrm{d}\,\delta). \qquad (9.5\text{-}3)$$

Außerdem folgt aus (9.5-1):

$$\mathrm{d}t = \mathrm{d}GAST - \mathrm{d}\alpha + \mathrm{d}\lambda. \qquad (9.5\text{-}4)$$

Man kann den beiden Gleichungen (9.5-3) und (9.5-4) entnehmen, daß ein Fehler der Zenitdistanz dz den geringsten Einfluß auf dt bzw. dλ ausübt, wenn $|\mathrm{cosec}\,a|$ $= 1/|\sin a|$ = Minimum, wenn also $a = 90°$ oder 270°, d.h. wenn sich der Stern im Ersten Vertikal befindet. Auch der Einfluß von dδ wird in dieser Konstellation minimal. Aus dem Ausdruck ist ebenfalls ersichtlich, daß sich die Verhältnisse in Äquatornähe ($\cos\varphi \approx 1$) günstiger gestalten als in höheren Breiten, wo die Methode in Polnähe ganz versagt. (Die Ursache für dieses Versagen liegt freilich nicht in der Methode, sondern in der Tatsache, daß λ im Pol nicht definiert ist.)

Im Falle von Azimutmessungen greift die aus dem Quotienten von (9.1-5/1) und (9.1-5/2) gebildete Gleichung (9.3-5/2), die nach einer einfachen Umformung die Form des Cotangens-Satzes (1.4-4) annimmt:

$$\sin\varphi\cdot\cos t - \cot a\cdot\sin t - \tan\delta\cdot\cos\varphi = 0. \qquad (9.5\text{-}5/1)$$

Dazu äquivalent ist die Form:

$$\sin\varphi\cdot\cos t + \cos a\cdot\sin z\cdot\sec\delta - \tan\delta\cdot\cos\varphi = 0, \qquad (9.5\text{-}5/2)$$

aus der man durch Umstellung $\cos t$ als Funktion von $\cos a$ erhält:

$$\cos t = \tan\delta\cdot\cot\varphi - \sec\delta\cdot\mathrm{cosec}\,\varphi\cdot\sin z\cdot\cos a. \qquad (9.5\text{-}5/3)$$

Bei kleinen Winkeln a und t geht man besser von (9.5-5/1) aus, da (9.5-5/3) in dieser Konstellation versagt, und schreibt:

$$\sin t = (\sin\varphi\cdot\cos t + \tan\delta\cdot\cos\varphi)\cdot\tan a. \qquad (9.5\text{-}6/1)$$

Zwar muß diese Gleichung iterativ gelöst werden. Unter der getroffenen Voraussetzung und dem naheliegenden Startwert $\cos t = 1$ konvergiert das Verfahren sehr schnell. Wenn a und t als differentielle Größen behandelt werden dürfen, etwa wenn die Abweichung des Instrumentenvertikals vom Meridian nur wenige $''$ beträgt, liefert auch die lineare Gleichung

$$t = (\sin\varphi - \tan\delta\cdot\cos\varphi)\cdot a \qquad (9.5\text{-}6/2)$$

ein numerisch exaktes Ergebnis.

Die der Variablenverbindung (9.5-5) entsprechende Differentialformel lautet nach (1.4-14/4):

$$\mathrm{d}t = \sin z \cdot \sec\delta \cdot \sec q \cdot \mathrm{d}a - \sin a \cdot \cos z \cdot \sec\delta \cdot \sec q \cdot \mathrm{d}\varphi + \tan q \cdot \sec\delta \cdot \mathrm{d}\delta. \quad (9.5\text{-}7)$$

Man vergleiche hierzu auch Niethammer (1947, 49) und Waldmeier (1978, 77).

Aus (9.5-7) und (9.5-4) folgt die hinsichtlich eines kleinen Fehlers im Stundenwinkel bzw. in der Länge günstigste Kombination: $q = 0°$, $180°$, $\delta = 0°$ und $a = 0°$, $180°$. Die sicherste Bestimmung von t gelingt offenbar beim Durchgang von Sternen im Zenit des Meridians, wo sich keiner der in Betracht gezogenen Fehler auf das Ergebnis auswirkt.

9.5.2 Längenbestimmung aus Durchgängen von Sternen durch den Meridian oder durch einen meridiannahen Vertikal (Zirkummeridian-Methode)

Dem Verfahren der Längenbestimmung aus Meridiandurchgängen liegen sehr einfache geometrische Zusammenhänge zugrunde, die in (9.5-1) ihren Niederschlag gefunden haben. Im Augenblick des Meridiandurchgangs nimmt der Stundenwinkel den Wert $t = 0°$ (obere Kulmination) oder $t = 180°$ (untere Kulmination) an und (9.5-1) vereinfacht sich zu:

$$\lambda = \alpha - GAST. \quad (9.5\text{-}8)$$

Die Gleichung gilt für ein ideales Passagen-Instrument oder Universal mit der Maßgabe, daß der zur Kippachse senkrechte »Kippachs-Äquator« parallel zur Meridianebene gestellt wurde. Diese Idealbedingung kann im allgemeinen nicht vorausgesetzt werden. Wir müssen vielmehr damit rechnen, daß das reale Instrument mit einem Zielachsenfehler c und einem Kippachsenfehler i behaftet ist, und daß das Azimut des »Instrumentenvertikals« (= in der Mitte zwischen dem Kippachs-Äquator in Lage I und in Lage II verlaufender Vertikalkreis) um Δa von der Meridianrichtung abweicht. Dementsprechend weichen die Epochen eines Sterndurchgangs durch den tatsächlichen Meridian und durch den Instrumentenmeridian voneinander ab. Der Unterschied läßt sich durch die folgende von Tobias Mayer (1723-1762) angegebene und nach diesem benannte *Reduktionsformel* beschreiben (Graff, 1944, 89; Waldmeier, 1968, 77; Mueller, 1969, 311; Ramsayer, 1970, 468; Müller, 1973, 65; Sigl, 1975, 174):

$$\begin{aligned}\Delta t &= \cos\{\varphi-\delta\} \cdot \sec\delta \cdot i + \sec\delta \cdot c + \sin\{\varphi-\delta\} \cdot \sec\delta \cdot \Delta a \\ &= \cos z \cdot \sec\delta \cdot i + \sec\delta \cdot c + \sin z \cdot \sec\delta \cdot \Delta a. \quad (9.5\text{-}9)\end{aligned}$$

Die Formel ist die Grundlage der folgenden Feststellungen: Der Einfluß des Kippachsenfehlers i verschwindet bei horizontaler ($z = 90°$, $\cos z = 0$), der Azimutfehler Δa bei zenitaler Sicht ($z = 0°$, $\sin z = 0$). Die Wirkung des Zielachsenfehlers c ist nur von der Sterndeklination, nicht von Standortparametern abhängig. Er geht stets mit einem Wert größer als c ($\sec\delta \geq 1$) in das Ergebnis (t oder λ) ein. Daß bei Polsternen ($\delta = 90°$, $\sec\delta \to \infty$) der Einfluß aller drei Fehler auf den Stundenwinkel über alle Grenzen wächst, erklärt sich allein schon aus der Tatsache, daß der Stundenwinkel in den Polen nicht definiert ist.

Die Auswirkung eines Kipp- und eines Zielachsenfehlers auf Horizontalrichtungen wird durch Beobachtung in zwei Lagen kompensiert. Da die beiden Messungen aber nicht gleichzeitig möglich sind, kann diese Kompensationsmöglichkeit nicht ohne weiteres genutzt werden. Die erwünschte Kompensationswirkung läßt sich gleichwohl erzielen, wenn anstelle des Meridiandurchgangs die Durchgänge durch zwei zum Meridian benachbarte Vertikalkreise vorgesehen werden. Da sich die Koeffizienten bei i und c in (9.5-9) in Meridiannähe nicht ändern, beim Übergang von Lage I in Lage II sich aber die Vorzeichen von i und c umkehren, ist das Mittel einer Zweilagenmessung frei vom Einfluß dieser Fehler. Auf die aus fehlertheoretischen Erwägungen bevorzugten zenitnahen Sterne muß bei dieser Vorgehensweise freilich verzichtet werden, da in der Zenitregion selbst bei großer Azimutänderung nicht die erforderliche Zeit für den Übergang von Lage I in Lage II gewonnen werden kann. (Beispielsweise erfolgt bei einem Stern mit $\delta = 45°$ und einer Zenitdistanz von $z = 1°$ eine Azimutänderung von $\Delta a = 1°$ schon innerhalb von $\Delta t = z \cdot \Delta a / \cos\delta = 1° \cdot 1° \cdot \rho_{\circ \to s} / (\rho_{\mathrm{rad} \to \circ} \cdot 0{,}71) \approx 6\mathrm{s}$, was bei weitem nicht ausreicht, um den Stern in zwei Fernrohrlagen einzustellen). Man muß daher zwangsläufig auf Sterne ausweichen, bei denen Azimutfehler größeren Einfluß gewinnen.

Bei einer Durchgangsbeobachtung in zwei Fernrohrlagen schlägt sich das Beobachtungsergebnis in zwei Epochen $GAST_{\mathrm{I}}$ und $GAST_{\mathrm{II}}$ und den zugeordneten, an der Horizontalkreis-Alhidade abgelesenen nominalen Sternazimuten $\Delta a_{\mathrm{I\,Instr}} = a_{\mathrm{I\,Instr}}$ und $\Delta a_{\mathrm{II\,Instr}} = a_{\mathrm{II\,Instr}} \pm 180°$ nieder. Mit dem Azimut-Term in (9.5-9) können die beiden Azimutunterschiede in Zeitunterschiede

$$\Delta t_{\mathrm{I,\,II}} = \sin z \cdot \sec\delta \cdot \Delta a_{\mathrm{I,\,II\,Instr}} \tag{9.5-10}$$

umgerechnet und mit diesen die beiden Epochen $GAST_{\mathrm{I}}$ und $GAST_{\mathrm{II}}$ auf den mit $a_{\mathrm{I}} = a_{\mathrm{II}} \pm 180°$ instrumentell realisierten »Meridian« (= Instrumentenmeridian) reduziert werden:

$$GAST_{\mathrm{Instr}} = \tfrac{1}{2} \cdot (GAST_{\mathrm{I\,Instr}} + \Delta a_{\mathrm{I\,Instr}} + GAST_{\mathrm{II\,Instr}} + \Delta a_{\mathrm{II\,Instr}}). \tag{9.5-11}$$

Diese Epoche wäre die gesuchte Meridiandurchgangszeit, wenn es bei der den Durchgangsbeobachtungen vorausgehenden Meridian-Absteckung gelänge, den Instrumentenmeridian und den wahren Meridian exakt miteinander zur Deckung zu bringen. Davon kann man aber nicht ausgehen. Man muß daher mit einem Azimutfehler Δa rechnen, um den die beiden »Meridianebenen« voneinander abweichen; ➪ Bild 9.5-2. Um neben i und c auch diesen Fehler zu kompensieren, der die nach (9.5-11) gefundene Epoche gemäß (9.5-10) um $\Delta t = \sin z \cdot \sec\delta \cdot \Delta a$ verfälscht, ist es notwendig, neben einem schnell beweglichen »Zeitstern« S_S auf der Seite des Himmelsäquators im gleichen Vertikal $\Delta a_S = \Delta a_N = \Delta a = 180° - a_S$ auch noch einen polnahen »Azimutstern« S_N zu beobachten.

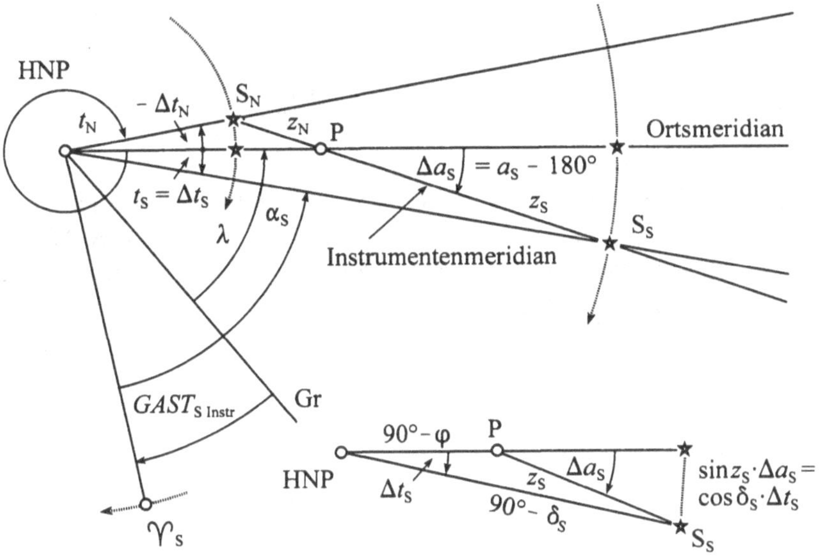

Bild 9.5-2: Zur Kompensation eines Azimutfehlers bei der Längenbestimmung aus Meridiandurchgängen

Die beiden Reduktionsgrößen, die man auch in Bild 9.5-2 erkennen kann, lauten:

$$\Delta t_S = \sin z_S \cdot \sec\delta_S \cdot \Delta a; \qquad (9.5\text{-}12/1)$$

$$\Delta t_N = -\sin z_N \cdot \sec\delta_N \cdot \Delta a. \qquad (9.5\text{-}12/2)$$

Daraus folgt, wenn (9.5-12/1) durch (9.5-12/2) dividiert und dabei Δa eliminiert wird, zwischen Δt_S und Δt_N die Beziehung:

$$\Delta t_S = -\sin z_S \cdot \sec\delta_S \cdot \operatorname{cosec} z_N \cdot \cos\delta_N \cdot \Delta t_N = -A \cdot \Delta t_N. \qquad (9.5\text{-}12/3)$$

Die Durchgangsepochen $GAST_{Instr}$ im Instrumenten- und $GAST$ im Ortsmeridian unterscheiden sich um Δt. Angewandt auf den Süd- und den Nordstern folgt:

$$GAST_{S\,Instr} - \Delta t_S = GAST_S; \qquad (9.5\text{-}13/1)$$

$$GAST_{N\,Instr} - \Delta t_N = GAST_N. \qquad (9.5\text{-}13/2)$$

GAST wiederum ist die Differenz zwischen der Rektaszension α und der Geographischen Länge λ des Standorts:

$$GAST_S = \alpha_S - \lambda ; \tag{9.5-14/1}$$

$$GAST_N = \alpha_N - \lambda . \tag{9.5-14/2}$$

Mit (9.5-12) bis (9.5-14) liegen nun fünf lineare Gleichungen vor, aus denen sich die Geographische Länge λ als Funktion der zwei gemessenen Durchgangsepochen $GAST_{S\,\mathrm{Instr}}$ und $GAST_{N\,\mathrm{Instr}}$ darstellen läßt:

$$\lambda = \frac{(\alpha_S - GAST_{S\,\mathrm{Instr}}) + (\alpha_N - GAST_{N\,\mathrm{Instr}}) \cdot A}{1 + A} . \tag{9.5-15}$$

Fordert man im Einklang mit Mackie (1985, 277) unter praktischen Gesichtspunkten auch noch $\Delta t_S = -\Delta t_N = \Delta t$, gleichbedeutend mit $A = 1$, so wird (9.5-12/3) zur Bedingungsgleichung, mit der man bei gegebenem Südstern den korrespondierenden Nordstern finden kann:

$$\sin z_S \cdot \sec \delta_S = \sin z_N \cdot \sec \delta_N . \tag{9.5-16/1}$$

Für diese Gleichung kann man unter Beachtung von $\delta_N = \varphi + z_N$ und $\delta_S = \varphi - z_S$ nach trigonometrischer Umformung auch

$$\cot z_N - \cot z_S = 2 \cdot \tan \varphi \tag{9.5-16/2}$$

(Mackie, 1985, 277) oder

$$\cot\{\delta_N - \varphi\} + \cot\{\delta_S - \varphi\} = 2 \cdot \tan \varphi \tag{9.5-16/3}$$

schreiben.

Um einer im Sinne des dargelegten Kompensationsverfahrens unzulässigen Änderung des Instrumentenazimuts zwischen den Meridiandurchgängen der beiden korrespondierenden Sterne zuvorzukommen, müssen die Durchgänge schnell aufeinander folgen, was durch Einhaltung der Bedingung $\alpha_S \approx \alpha_N$ erreicht wird.

Wie schon bei der Breitenbestimmung aus Zirkummeridian-Zenitdistanzen (➪ 9.4.2) kann man auch hier quasikontinuierliche Messungen mit einem elektronischen Theodolit vorsehen, dessen momentane Einstellungen laufend abgerufen und in einem Chronographen mit einer vorgegebenen Zeitskala verknüpft werden. Wenn der Beobachter das Fernrohr so nachführt, daß der Stern stets in der Nähe des Horizontalfadens bleibt und während der ganzen Meßsequenz mit dem Vertikalfaden koinzidiert, so entsteht eine Zeitreihe $a = a\{T\}$, die alle zur wiederholten Auswertung von (9.5-10), (9.5-11) und (9.5-15) erforderlichen Daten enthält. Um Kippachsen-, Zielachsen- und Azimutfehler zu kompensieren, muß wie bei den erörterten Einzelmessungen jede Zeitreihe – zunächst die des Süd-, daran anschließend die des Nordsterns (oder umgekehrt) - abwechselnd Meßdaten aus den Fernrohrlagen I und Lage II enthalten.

Die Literatur zur Längenbestimmung aus Sterndurchgängen durch den Meridian und meridiannahen Vertikalen ist überaus umfangreich. Die Methode ist in allen Lehr- und Handbüchern beschrieben, z.B. Niethammer (1947, 79-95), Waldmeier (1968, 76-80), Mueller (1969, 492-495), Ramsayer (1970, 455-487), Müller (1971, 64-73), Sigl (1975, 231-238), Mackie (1985, 276-278). Darüber hinaus gibt es zahlreiche Einzeluntersuchungen, die sich unter verschiedenen Aspekten (Sternauswahl, Fehlerminimierung, Instrumentierung, Reduktionsmethoden) mit dem Gegenstand befassen, z.B. Niethammer (1934; 1937), Roelofs (1966), Bauch (1974, 42-88).

Längenbestimmung aus Durchgängen von Sternen im Vertikal des Polarsterns (Döllen-Methode)

Bei dem oben dargestellten Verfahren der Längenbestimmung wird der Meridian oder ein meridiannaher Vertikal von einer Richtung mit bekanntem Azimut (z.B. von einer Mire) aus abgesteckt. Der Längenbestimmung muß daher eine Azimutbestimmung vorausgehen, etwa nach dem in 9.3.3 behandelten Polaris-Verfahren.

In der von Johann Heinrich Döllen (1863; 1874) vorgeschlagenen und verschiedentlich weiter entwickelten Methode (Harzer, 1899; Seares, 1905; Niethammer, 1924; Ramsayer, 1970, 529-553; Bauch, 1974, 89-121) wird das Azimut der momentanen Fernrohrausrichtung direkt vom Polarstern abgenommen. Die Methode war, da sie keine Richtungsübertragung erfordert und daher auch kein Instrument mit einem Horizontalkreis voraussetzt, vor allem auf den Einsatz tragbarer Passageninstrumente zugeschnitten. Wie alle anderen auf den Einsatz von Passageninstrumenten ausgerichteten Verfahren, steht dem Einsatz eines Universalinstrumentes aber nichts im Wege.

Da der Vertikalkreis des Polarsterns nur um einen kleinen Winkel vom Meridian abweicht, sind die Beobachtungsbedingungen der Döllen-Methode ähnlich der der Meridian-Methode, wobei die Rolle der Azimutsterne hier dem Polarstern zugewiesen wird. Allerdings ist der zu berücksichtigende Winkelunterschied zwischen Polaris-Vertikal und dem Ortsmeridian größer als bei der Zirkummeridian-Methode, was eine differentielle Behandlung des Problems ausschließt und daher einen höheren Rechenaufwand erfordert.

Die im folgenden entwickelten Formeln gelten zunächst nur für Beobachtungen mit einem Idealinstrument ($i = 0$, $c = 0$). Gegeben sind die momentanen Koordinaten α_{PSt}, δ_{PSt} des Polarsterns und eines Zeitsterns α, δ, sowie die Geographische Breite φ des Standorts.

Mit dem Vertikalfaden des Instruments wird bei gleicher azimutaler Ausrichtung der Alhidade hintereinander der Polarsterns und ein südlich des Zenits ziehender Zeitstern eingestellt. Bei jeder dieser Einstellungen wird die Durchgangszeitpunkt registriert: $GAST_{\mathrm{PSt}}$ und $GAST$. Aus den festgehaltenen Epochen und den Rektaszensionen α_{PSt} des Polarsterns PSt und α des Zeitsterns S findet man die Differenz der in den Augenblicken der Beobachtung gültigen Stundenwinkel:

$$t - t_{\mathrm{PSt}} = (GAST - GAST_{\mathrm{PSt}}) - (\alpha - \alpha_{\mathrm{PSt}}). \qquad (9.5\text{-}17)$$

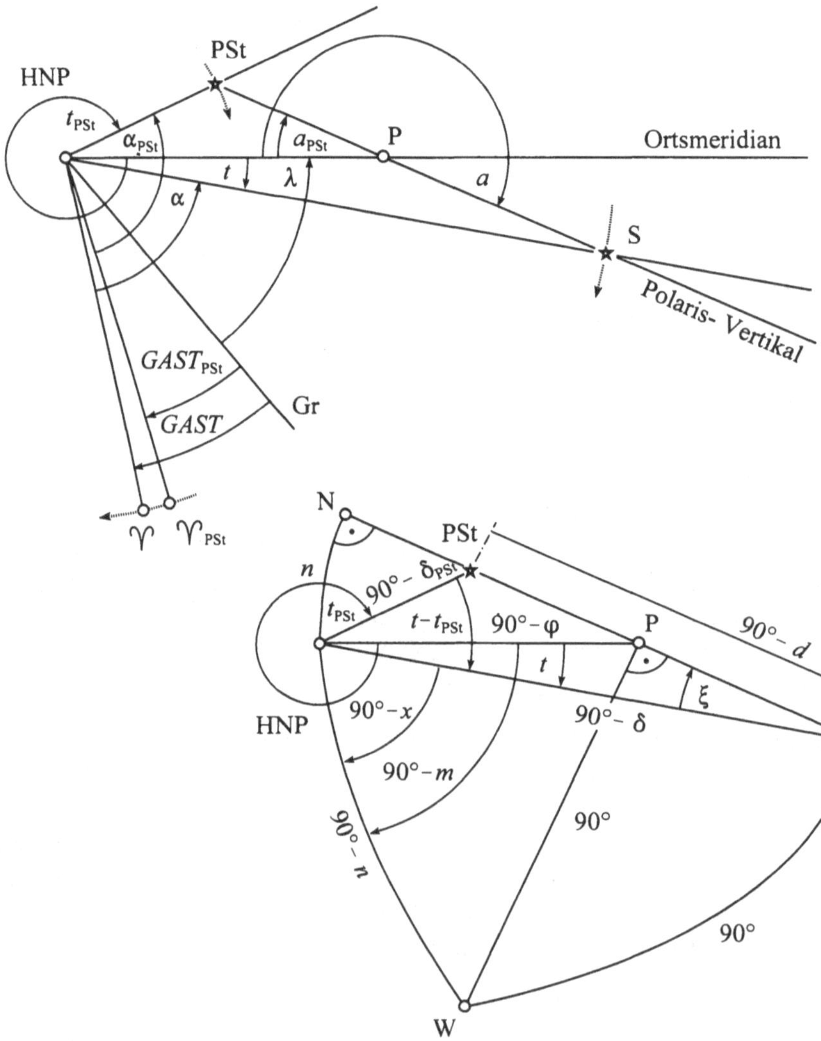

Bild 9.5-3: Zur Längenbestimmung aus Sterndurchgängen im Vertikal des Polarsterns

Wie man dem Bild 9.5-3 entnehmen kann, sind mit den Größen $t - t_{PSt}$, δ_{PSt}, δ und φ die trigonometrischen Beziehungen zwischen den Punkten HNP, PSt, S, P eindeutig festgelegt. Es lassen sich daher alle Elemente der drei Dreiecke HNP-PSt-S, HNP-P-S und HNP-PSt-P berechnen. Das eigentliche Interesse gilt dabei dem Stundenwinkel t von S, da er über die Beziehung (9.5-1)

$$\lambda = \alpha - GAST + t \tag{9.5-18}$$

den Zugang zur gesuchten Länge λ eröffnet.

Zur Berechnung von t sind mehrere Schritte erforderlich. In der Abfolge der Berechnungen treten einige Hilfswinkel auf (d, ξ, x, n, m), deren geometrische Bedeutung aus der unteren Skizze von Bild 9.5-3 ersichtlich ist. Der Punkt W ist der westliche Durchstoßpunkt der Kippachse durch die Himmelskugel. Er läßt sich durch den Stundenwinkel $t_W = 90° - m$ und die Deklination $\delta_W = m$ in äquatorialen Koordinaten ausdrücken.

Aus dem Dreieck HNP-PSt-S, in dem der Winkel $t_{PSt} - t$, und die Seiten $90° - \delta_{PSt}$ und $90° - \delta$ bekannt sind, erhält man durch gleichzeitige Anwendung des Sinussatzes (1.4-1)

$$\cos d \cdot \sin \xi = \cos \delta_{PSt} \cdot \sin \{t - t_{PSt}\} \tag{9.5-19/1}$$

und des Seiten-Sinus-Cosinussatzes (1.4-8)

$$\cos d \cdot \cos \xi = \sin \delta_{PSt} \cdot \cos \delta - \cos \delta_{PSt} \cdot \sin \delta \cdot \cos \{t - t_{PSt}\} \tag{9.5-19/2}$$

nach Division der beiden Gleichungen:

$$\tan \xi := \frac{\cos \delta_{PSt} \cdot \sin \{t - t_{PSt}\}}{\sin \delta_{PSt} \cdot \cos \delta - \cos \delta_{PSt} \cdot \sin \delta \cdot \cos \{t - t_{PSt}\}} . \tag{9.5-19/3}$$

Dem rechtseitigen Dreieck HNP-S-W (S-W = 90°), mit der bekannten Seite $90° - \delta$ und dem soeben berechneten Winkel $90° - \xi$ entnimmt man mit Hilfe der Neperschen Regel (⇨ Bild 1.4-3):

$$\tan x := \sin \delta \cdot \tan \xi \tag{9.5-20}$$

und

$$\tan n := \cot \delta \cdot \sin x . \tag{9.5-21}$$

Schließlich entnimmt man dem ebenfalls rechtseitigen Dreieck HNP-P-W (P-W = 90°) mit der bekannten Seite $90° - \varphi$ und der soeben berechneten $90° - n$ mit Hilfe der Neperschen Regel:

$$\sin m := \tan \varphi \cdot \tan n . \tag{9.5-22}$$

Die Differenz zwischen x und m beschreibt den Stundenwinkel des Zeitsterns S

$$t = (90° - m) - (90° - x) = x - m ,$$

der in Verbindung mit der Rektaszension α von S und der Beobachtungsepoche *GAST* nach (9.5-18) die Geographische Länge λ des Standorts bestimmt.

In der Realität kann selbstverständlich nicht von einem fehlerfreien Instrument ausgegangen werden. Ist ein Kippachsenfehler i und/oder ein Zielachsenfehler c vorhanden, so führen diese Fehler zu Verfälschungen der azimutalen Ausrichtung der Fernrohrachse, und, wenn sie nicht in Rechnung gestellt werden, zu Fehlinterpretationen der festgestellten Sterndurchgangszeiten. Die Fehlereinflüsse können jedoch durch Beobachtung in zwei Fernrohrlagen kompensiert werden. Vor diesem Hintergrund ist folgender, durch zwei unabhängige Beobachtungssequenzen bestimmter Meßablauf geboten:

Beobachtungssequenz in Fernrohrlage I: Einstellung des Polarsterns mit dem Vertikalfaden des Fernrohrs und Registrierung der Einstellzeit $GAST_{PSt}$ - Ohne Änderung der Alhidadenstellung: Einstellung des Fernrohrs auf die Zenitdistanz, in der der Zeitstern erwartet wird - Registrierung der Durchgangsepoche *GAST* des Zeitsterns durch den Vertikalfaden.

Beobachtungssequenz in Fernrohrlage II, nachdem das Fernrohr »durchgeschlagen« (Drehung um die Kippachse) und die Alhidade um etwa 180° gedreht (Drehung um Stehachse) wurde, wie in Fernrohrlage I.

Die Meßergebnisse $GAST_{PStI}$, $GAST_{I}$, $GAST_{PStII}$, $GAST_{II}$ werden sodann mit den angegebenen Formeln ausgewertet und zwar jede Beobachtungssequenz für sich. Die gefundenen zwei λ-Werte (λ_I, λ_{II}) unterscheiden sich voneinander um den doppelten Einfluß der Instrumentenfehler, ihr Mittelwert entspricht einer Messung mit einem fehlerfreien Instrument.

9.5.3 Längenbestimmung aus Durchgängen von Sternpaaren im gleichen Almukantarat (Zinger-Methode)

Nach (9.5-2) kann bei bekannter Geographischer Breite φ des Standorts durch Messung der Zenitdistanz z eines Sterns dessen momentaner Stundenwinkel t bestimmt werden:

$$\begin{aligned}\cos t &= (\cos z - \sin\varphi \cdot \sin\delta) \cdot \sec\varphi \cdot \sec\delta \\ &= \cos z \cdot \sec\varphi \cdot \sec\delta - \tan\varphi \cdot \tan\delta. \end{aligned} \qquad (9.5\text{-}23)$$

Wenn zur Beobachtungsepoche die Koordinierte Weltzeit *UTC* registriert wird, ist nach 5.9.2 auch der Zugang zur Scheinbaren Sternzeit Greenwich *GAST* hergestellt.

Die schon bei der Pewzowschen Methode der Breitenbestimmung (➪ 9.4.3) diskutierten Folgen nicht kontrollierter Einflüsse der Refraktion und eines Höhenindexfehlers auf das Ergebnis sind auch bei der Anwendung von (9.5-23) zu befürchten, wenn nicht auch hier die nicht modellierbaren Restfehler durch die Beobachtungsanordnung kompensiert werden. Im übrigen muß selbstverständlich auch eine Beobachtungskonstellation angestrebt werden, in der sich unvermeidbare Fehler der Observablen und der anderen Eingangsgrößen auf die gesuchten Größen möglichst wenig auswirken.

Als Ergebnis der Diskussion der Differentialform (9.5-3) konnte als bestmögliche Konstellation die Beobachtung von Sternen nahe dem Ersten Vertikal festgestellt werden. Um die erwünschte Kompensationswirkung zu erzielen, werden nach dem Konzept von Zinger (1877) Sternpaare S_W/S_O symmetrisch zum Meridian unter gleicher Zenitdistanz beobachtet und die Beobachtungsepochen festgehalten. Bei angenommenen symmetrischen Refraktionsverhältnissen ($R_W = R_O$) und wenn die Beobachtungen so kurz aufeinander folgen, daß sich in der Zwischenzeit der Höhenindexfehler nicht verändert, folgt nach (9.4-10) aus $z_W' = z_O'$ auch $z_W = z_O = z$. Man kann nun zweimal den Cosinussatz (9.4-1) ansetzen:

$$\begin{aligned} \cos z &= \sin\varphi \cdot \sin\delta_W + \cos\varphi \cdot \cos\delta_W \cdot \cos t_W, \\ \cos z &= \sin\varphi \cdot \sin\delta_O + \cos\varphi \cdot \cos\delta_O \cdot \cos t_O, \end{aligned} \qquad (9.5\text{-}24)$$

ebenso zweimal den Ausdruck (9.5-18):

$$\begin{aligned} \lambda &= t_W - GAST_W + \alpha_W, \\ \lambda &= t_O - GAST_O + \alpha_O, \end{aligned} \qquad (9.5\text{-}25)$$

und aus den beiden Gleichungssystemen durch Subtraktion z und λ eliminieren:

$$\sin\varphi \cdot \sin\delta_W + \cos\varphi \cdot \cos\delta_W \cdot \cos t_W = \sin\varphi \cdot \sin\delta_O + \cos\varphi \cdot \cos\delta_O \cdot \cos t_O, \qquad (9.5\text{-}26)$$

$$(t_W - t_O) - (GAST_W - GAST_O) + (\alpha_W - \alpha_O) = 0. \qquad (9.5\text{-}27)$$

Bei vorgegebenen Sternkoordinaten α_W, δ_W, α_O, δ_O, bekannter Geographischer Breite φ und gemessenen Beobachtungsepochen $GAST_W$ und $GAST_O$ hat man mit (9.5-26) und (9.5-27) zwei Gleichungen zur Bestimmung der beiden Unbekannten t_W und t_O zur Verfügung.

Der Weg zur Auflösung dieses Gleichungssystems führt über die Einführung von Mittelwerten und halben Differenzen der Deklinationen und der Stundenwinkel als neue Variable:

$$\delta = \tfrac{1}{2}\cdot(\delta_W + \delta_O) \text{ und} \qquad (9.5\text{-}28/1)$$

$$\Delta\delta = \tfrac{1}{2}\cdot(\delta_W - \delta_O); \qquad (9.5\text{-}28/2)$$

$$t = \tfrac{1}{2}\cdot(t_W + t_O) \text{ und} \qquad (9.5\text{-}29/1)$$

$$\Delta t = \tfrac{1}{2}\cdot(t_W - t_O) = (GAST_W - GAST_O) - (\alpha_W - \alpha_O). \qquad (9.5\text{-}29/2)$$

Abgesehen von t, das zunächst unbekannt bleibt, können alle neuen Variablen aus vorgegebenen und gemessenen Werten berechnet werden. Ersetzt man in (9.5-26) die alten Variablen durch die soeben einführten neuen, $\delta_W = \delta + \Delta\delta$, $\delta_O = \delta - \Delta\delta$ bzw. $t_W = t + \Delta t$, $t_O = t - \Delta t$, so erhält man aus nach einigen goniometrischen Umformungen (Sigl, 1975, 227):

$$\cos\delta\cdot\cos\Delta\delta\cdot\sin\Delta t\cdot\sin t + \sin\delta\cdot\sin\Delta\delta\cdot\cos\Delta t\cdot\cos t = \tan\varphi\cdot\cos\delta\cdot\sin\Delta\delta, \tag{9.5-30/1}$$

und daraus:

$$\sin t + \tan\delta\cdot\tan\Delta\delta\cdot\cot\Delta t\cdot\cos t = \tan\varphi\cdot\tan\Delta\delta\cdot\operatorname{cosec}\Delta t. \tag{9.5-30/2}$$

In dieser Gleichung ist nur noch t unbekannt. Um t nach der Unbekannten aufzulösen, wird ein Hilfswinkels ψ nach Maßgabe von

$$\tan\psi = \tan\delta\cdot\tan\Delta\delta\cdot\cot\Delta t, \tag{9.5-31}$$

definiert und die Funktion (9.5-31) in (9.5-30/2) eingeführt. Nach dieser Substitution und nachfolgender Multiplikation mit $\cos\psi$ erhält man:

$$\sin t\cdot\cos\psi + \cos t\cdot\sin\psi = \tan\varphi\cdot\tan\Delta\delta\cdot\operatorname{cosec}\Delta t\cdot\cos\psi, \tag{9.5-32/1}$$

oder dazu äquivalent:

$$\sin\{t+\psi\} = \tan\varphi\cdot\tan\Delta\delta\cdot\operatorname{cosec}\Delta t\cdot\cos\psi. \tag{9.5-32/2}$$

Aus (9.5-26) fließt ψ. Sodann wird $\cos\psi$ zusammen mit den anderen bekannten Größen in (9.5-27/2) eingesetzt und die Gleichung nach $t + \psi$ ausgewertet. Damit erhält man den gesuchten Mittelwert des Stundenwinkels:

$$t = \{t+\psi\} - \psi. \tag{9.5-33}$$

Die gesuchten momentanen Stundenwinkel t_W und t_O des unter gleicher Zenitdistanz (= im gleichen Almukantarat) beobachteten Sternepaares im Westen und im Osten des Ortsmeridians lauten (wie bereits erwähnt) nach (9.4-24):

$$\begin{aligned} t_W &= t + \Delta t, \\ t_O &= t - \Delta t. \end{aligned} \tag{9.5-34}$$

Die gesuchte Geographische Länge λ des Standorts ergibt sich aus (9.5-18).

Die Zinger-Methode der Längenbestimmung steht gleichberechtigt neben der Meridian-Methode und der Döllen-Methode (Niethammer, 1947, 27; Sigl, 1960, 2). Sie wurde von Nikolai Jakovlevič Zinger (1877) entwickelt und ist in fast allen Lehr- und Handbüchern sowie in etlichen Einzeluntersuchungen beschrieben, z.B. Graff (1944, 127-130), Niethammer (1940; 1947, 51-61), Mueller (1969, 497-502), Ramsayer (1970, 402-412), Müller (1971, 73-81), Sigl (1975, 226-230), Mackie (1985, 288-294), Zick (1977, 16-41; 1978).

9.6 Methoden der gleichzeitigen Längen- und Breitenbestimmung

9.6.1 Aufgabenstellung und Definitionen

Die Methoden der Breitenbestimmung nach Pewzow (➪ 9.4.3) und der Längenbestimmung nach Zinger (➪9.5.3) liegt ein identisches Beobachtungskonzept zugrunde, nämlich die Erfassung der Zeitpunkte beim Durchgang von bekannten Sternen durch die gleiche Zenitdistanz in einer wohldefinierten Zeitskala. In beiden Verfahren werden *Sternpaare* in einer bestimmten Konstellation beobachtet, bei der Pewzow-Methode symmetrisch zum Meridian und möglichst in Meridiannähe, bei der Zinger-Methode symmetrisch zum Ersten Vertikal und möglichst nahe bei diesem Vertikalkreis. In beiden Verfahren wird durch die Beobachtungsanordnung der schädliche Einfluß der modellmäßig nicht erfaßten Refraktion (der die Zenitdistanzen und die von diesen abgeleiteten Größen verfälscht) weitgehend kompensiert. Beide Methoden stützen sich auf das gleiche Beobachtungsinstrumentarium, auf ein Prismenastrolab (Zirkumzenital) oder auf ein Universal mit Horrebow-Libelle. Beiden Verfahren ist gemeinsam, daß die Richtung des Meridians nur genähert bekannt zu sein braucht. Bei der Pewzow-Methode wird außerdem ein Näherungswert der Geographischen Länge λ', bei der Zinger-Methode ein Näherungswert der Geographischen Breite φ' benötigt. Vor diesem Hintergrund darf man erwarten, daß eine Kombination dieser Methoden möglich ist, in der nach dem gleichen Meßprinzip gleichzeitig Längen und Breiten bestimmt werden.

Als bekannt vorausgesetzt werden wie bei allen astrogeodätischen Verfahren die aktuellen (momentanen) Sternkoordinaten Rektaszension α und Deklination δ. Ferner kann davon ausgegangen werden, daß Näherungswerte λ' und φ' der Lotrichtung im Beobachtungsstandort zur Verfügung stehen. Wir setzen ferner voraus, daß die vor Ort eingesetzte Uhr die Koordinierte Weltzeit *UTC* anzeigt oder daß – im Prinzip gleichwertig – durch laufende Vergleiche der Zeitangaben der örtlichen Uhr mit den von den Zeitdiensten per Funk übermittelten *UTC*- oder *ZZ*-Signalen die exakte Umrechnung der Uhrablesungen in *UTC*-Epochen möglich ist (➪ 9.2).

Sind die *UTC*-Epochen erst einmal festgehalten, so lassen sich nach einigen Tagen – sobald der IERS die Erdorientierungsparameter (darunter $EOP3 = \Delta UT1 = UT1 - UTC$) des Beobachtungszeitraums bekannt gemacht hat (Bulletin B, auch über das Internet) – nach 5.3.1, 5.3.3 und 9.2 auch die *UT1*-, *GMST*- und *GAST*-Epochen angeben. Wegen der jedenfalls im nachhinein bekannten Beziehungen zwischen der *GAST* und der *UTC* können wird davon ausgehen, daß beim Zugriff auf die *UTC* auch der Zugriff zur *GAST* hergestellt ist, die in den Beobachtungsgleichungen aller astrogeodätischen Beobachtungsverfahren – (9.1-5) in Verbindung mit (9.5-18) – als Variable auftritt.

Im folgenden werden drei Verfahren der gleichzeitigen Längen- und Breitenbestimmung vorgestellt, die die gestellten Bedingungen hinsichtlich Einfachheit, Genauigkeit und Automationseignung erfüllen. Es handelt sich um die Verfahren

- Feststellung der Durchgangsepochen unter einem instrumentell vorgegebenen Almukantarat (Astrolabverfahren)
- Messung von Zenitdistanzen bei gleichzeitiger Feststellung der Durchgangsepochen
- Photo- oder CCD-Aufnahme polnaher Sterne bei gleichzeitiger Feststellung der Aufnahmeepochen.

9.6.2 Gleichzeitige Längen- und Breitenbestimmung durch Feststellung der Durchgangsepochen unter einem instrumentell vorgegebenen Almukantarat (Astrolab-Verfahren, Höhenstandlinienverfahren)

Das Standard-Instrument des Beobachtungsverfahrens ist ein Prismenastrolab mit dem die Durchgänge von Sternen durch instrumentell vorgegebene, zahlenmäßig unbekannte Zenitdistanzen z beobachtet werden können. Die zu erfassenden Beobachtungsgrößen sind die Durchgangszeiten *GAST* der ausgewählten Sterne durch die Horizontalfäden des Instruments, die - auf dem Umweg über UTC_i (⇨ 9.2) - mit einem Chronographen oder einer Stoppuhr festgehalten werden.

Betrachten wir zunächst ein Astrolab mit nur einem Horizontalfaden, der bei meßbereitem Instrument mit der Zenitdistanz z korrespondiert. Die Durchgangsepoche des i-ten Sterns sei $GAST_i$. Als Beobachtungsgleichung dient (9.1-5/3):

$$\cos z = \sin\delta_i \cdot \sin\varphi + \cos\delta_i \cdot \cos\varphi \cdot \cos t_i \,. \qquad (9.6\text{-}1/1)$$

Der Stundenwinkel t_i hängt nach (3.3-16/2)/(9.5-18) von der Rektaszension α_i, der gesuchten Geographischen Länge λ und der im Zeitpunkt der Beobachtung festgestellten Scheinbaren Sternzeit Greenwich $GAST_i$ ab:

$$t_i = GAST_i + \lambda - \alpha_i \,. \qquad (9.6\text{-}1/2)$$

Bei Anwendung eines Additionstheorems auf den Cosinus der Winkelsumme $(GAST_i - \alpha_i) + \lambda$ und Division der Gleichung durch $\cos z$ erhält man aus (9.6-1/1)

$$\frac{\cos\delta_i \cdot \cos\varphi \cdot \cos\{GAST_i - \alpha_i\} \cdot \cos\lambda}{\cos z} - \frac{\cos\delta_i \cdot \cos\varphi \cdot \sin\{GAST_i - \alpha_i\} \cdot \sin\lambda}{\cos z} + \frac{\cos\delta_i \cdot \cos\varphi}{\cos z} - 1 = 0 \,. \qquad (9.6\text{-}1/3)$$

Die Gleichung enthält die drei Unbekannten φ, λ und z. Um sie nach diesen Größen auflösen zu können, muß sie mindestens dreimal mit jeweils anderen, in unterschiedlichen Konstellationen gewonnene Beobachtungen angesetzt werden. In der vorliegenden nichtlinearen Form ist eine Lösung des Gleichungssystems allerdings nicht möglich.

Führt man nach einem Vorschlag von Gougenheim (1948) in (9.6-1/3) anstelle von λ, φ und z die Hilfsunbekannten

$$\xi = \frac{\cos\lambda \cdot \cos\varphi}{\cos z}; \quad \eta = \frac{\sin\lambda \cdot \cos\varphi}{\cos z}; \quad \zeta = \frac{\sin\varphi}{\cos z} \qquad (9.6\text{-}2/1)$$

ein, so erhält man die in ξ, η und ζ linearen Beobachtungsgleichungen (i = 1...n):

$$\cos\delta_i \cdot \cos\{GAST_i - \alpha_i\} \cdot \xi + \cos\delta_i \cdot \sin\{GAST_i - \alpha_i\} \cdot \eta + \sin\delta_i \cdot \zeta - 1 = 0, \qquad (9.6\text{-}2/2)$$

aus denen man für $i = 3$ unmittelbar, für $i > 3$ in einem Ausgleichungsverfahren die Hilfsunbekannten ξ, η und ζ gewinnen kann.

Die eigentlichen Unbekannten φ, λ und z ergeben sich aus (9.6-2/1) wegen

$$1/\cos^2 z = \xi^2 + \eta^2 + \zeta^2 \text{ zu}$$

$$z = \arccos\frac{1}{\sqrt{\xi^2 + \eta^2 + \zeta^2}};$$

$$\varphi = \arcsin\{\zeta \cdot \cos z\} = \arcsin\frac{\zeta}{\sqrt{\xi^2 + \eta^2 + \zeta^2}}; \qquad (9.6\text{-}3)$$

$$\text{und} \quad \lambda = \arccos\frac{\xi}{\sqrt{\xi^2 + \eta^2}} \cap -\arcsin\frac{\eta}{\sqrt{\xi^2 + \eta^2}}.$$

Eine Bedingung dafür, daß das Gleichungssystem (9.6-1/1) bzw. (9.6-2/2)

$$f_i = f(\alpha_i, \delta_i, GAST_i, \lambda, \varphi, z) = 0$$

nach λ, φ und z aufgelöst werden kann, ist das Nichtverschwinden der Funktionaldeterminante, also $I = \partial f_i / \partial(\lambda, \varphi, z) \neq 0$ (Niethammer, 1947, 151). Die Berechnungsvorschrift für diese Determinante lautet:

$$I = \sum_{i=1}^{3} \frac{\partial f_i}{\partial\lambda} \cdot \left(\frac{\partial f_{i+1}}{\partial\varphi} \cdot \frac{\partial f_{i+2}}{\partial z} - \frac{\partial f_{i+2}}{\partial\varphi} \cdot \frac{\partial f_{i+1}}{\partial z} \right). \qquad (9.6\text{-}4/1)$$

(Die Indizes i = 1, 2, 3 sind zyklisch zu vertauschen: z.B. folgt aus i = 2: i+2 = 1, oder aus i = 3: i+3 = 2).

Die Elemente von I findet man durch partielle Ableitung von (9.6-1/1) nach den Unbekannten λ, φ und z:

$$\frac{\partial f_i}{\partial \lambda} = -\cos\delta_i \cdot \cos\varphi \cdot \sin t_i = \cos\varphi \cdot \sin z \cdot \sin a_i \,;$$

$$\frac{\partial f_i}{\partial \varphi} = -\sin\delta_i \cdot \cos\varphi \cdot \cos t_i + \cos\delta_i \cdot \sin\varphi = \sin z \cdot \cos a_i \,; \qquad (9.6\text{-}4/2)$$

$$\frac{\partial f_i}{\partial z} = -\sin z \,.$$

Die Auswertung von (9.6-4/1) ergibt unter Beachtung von (9.6-4/2):

$$I = \cos\varphi \cdot \sin^3 z \cdot \sum_{i=1}^{3} \sin a_i \cdot (\cos a_{i+1} - \cos a_{i+2}) \,. \qquad (9.6\text{-}4/3)$$

Durch Umstellungen und Anwendung trigonometrischer Additionstheoreme kann man die Summe $\sum$ in die Form

$$\sum = \sin a_1 \cdot (\cos a_2 - \cos a_3) - \cos a_1 \cdot (\sin a_2 - \sin a_3) + \sin(a_2 - a_3) \qquad (9.6\text{-}4/4)$$

bringen und anhand dieses Ausdrucks zeigen, daß I verschwindet, wenn zwei der drei Azimute a_1, a_2, a_3 gleich sind. Die dem Betrag nach größte Determinante und mit dieser auch die schärfste Bestimmung aller Unbekannten erhält man, wenn die drei Azimute (die drei Sterne, an denen die Azimute ausgerichtet sind) gleichmäßig über den Horizont verteilt sind, wenn sie also zueinander im Abstand von 120° liegen. Die Aussage, daß gleichmäßig über den Horizont verteilte Sterne die genauesten Ergebnisse liefern, gilt auch, wenn mehr als nur drei Beobachtungen vorliegen und die Unbekannten durch eine Ausgleichung gewonnen werden.

Um bei dem dargestellten direkten Verfahren der Bestimmung der Unbekannten auch Aussagen über Beobachtungsfehler zu erhalten, kann man die beobachteten Durchgangsepochen $GAST_i$ in (9.6-2/2) einsetzen und erhält, falls zufällige Fehler vorliegen, keinen Nullvektor sondern eine Reihe von Widersprüchen ϵ_i. Selbstverständlich erfüllen die ausgeglichenen Durchgangsepochen $\hat{GAST}_i$, die nicht explizit in Erscheinung treten, (9.6-2/2) in Strenge. Ersetzt man in (9.6-2/2) $GAST_i = \hat{GAST}_i + \Delta GAST_i$ und entwickelt die Gleichung nach dem Inkrement $\Delta GAST_i$, so erhält man die Beziehung:

$$-\frac{\cos\delta_i \cdot \cos\varphi \cdot \sin t_i}{\cos z} \cdot \Delta GAST_i = \epsilon_i \,, \qquad (9.6\text{-}5)$$

aus der bei Bedarf die einzelnen $\Delta GAST_i$ berechnet werden können. Ähnliche Schlußfolgerungen kann man auch für das Verhältnis $\Delta z_i / \epsilon_i$ ziehen, das auf das Inkrement $\Delta z_i = z_i - \hat{z}_i$ Bezug nimmt. Dieses Inkrement ist die Differenz zwischen der reellen Zenitdistanz im Beobachtungszeitpunkt, die von dem angenommenen konstanten Wert $z = \hat{z}$ durchaus abweichen kann, und eine Zenitdistanz $\hat{z}_i$, die sich aus (9.6-1/1) oder (9.6-2/2) ergibt, wenn in die Gleichung die in der Ausgleichung gefundenen Richtungen λ und φ sowie die gemessenen $GAST_i$-Epochen eingegeben werden (Débarbat/Guinot, 1970, 20):

$$\Delta z_i \cdot \tan z = \epsilon_i \,. \tag{9.6-6}$$

Selbstverständlich ist sowohl bei der Berechnung von Δz_i aus (9.6-6) als auch von $\Delta GAST_i$ aus (9.6-5) zu beachten, daß nach der mitgeteilten Rechenvorschrift ϵ_i in der Einheit Radiant anfällt. Da man z üblicherweise in ° ′ ″ und $GAST$ in h, min, s ausdrückt, sind in (9.6-6) und (9.6-5) noch die Umrechnungsfaktoren $\rho_{rad\to°} = 180°/\pi$ und $\rho_{h\to°} = 15°/\text{h}$ zu berücksichtigen.

Standlinienmethode

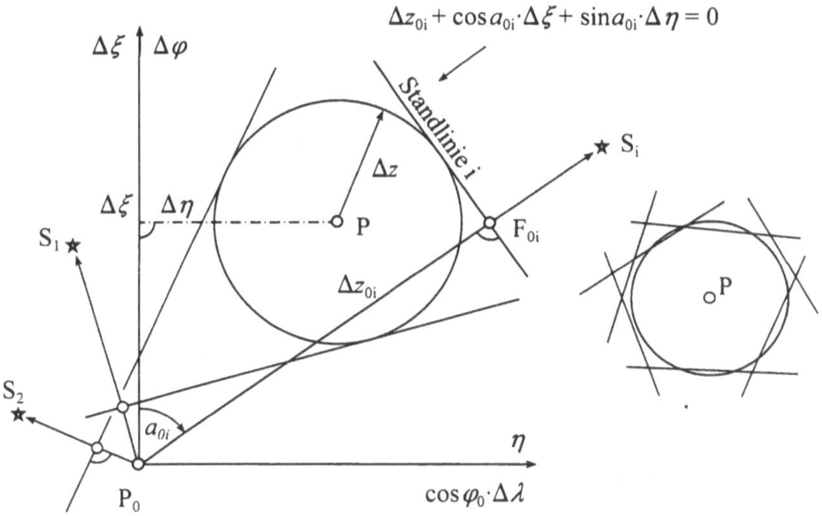

Bild 9.6-1 : Höhenstandlinien zur Bestimmung der Geographischen Länge und Breite bei Durchgangsbeobachtungen im gleichen Almukantarat

In der oben vorgestellten Auswertungsmethode des Astrolab-Verfahrens nach Gougenheim (1948) werden die Unbekannten z, φ und λ als »große Zahlen« behandelt, zu deren Beschreibung in der Einheit ° bei einer Genauigkeit von z.B. 0,1″ zwei bis drei Ziffern vor und vier Ziffern nach dem Komma erforderlich sind. Mit entsprechender Stellenzahl sind in (9.6-2/2) die Koeffizienten vorzugeben, und es versteht sich von selbst, daß der durch die Eingangsgrößen vorgegebene Genauigkeitsstandard auch den Berechnungen zugrunde zu legen ist.

In der nachfolgend vorgestellten Standlinienmethode wird davon ausgegangen, daß alle drei Unbekannten näherungsweise bekannt sind: z_{nom} = nominale Zenitdistanz des Astrolabs, φ_0 und λ_0 = Näherungswerte der Geographischen Breite und Länge. Man kann damit neue »kleine« Unbekannte Δz, $\Delta\varphi$ und $\Delta\lambda$ definieren,

$$\Delta z = z - z_{\text{nom}}, \qquad (9.6\text{-}7/1)$$

$$\Delta\varphi = \varphi - \varphi_0, \qquad (9.6\text{-}7/2)$$

$$\Delta\lambda = \lambda - \lambda_0, \qquad (9.6\text{-}7/3)$$

die unter der Voraussetzung, daß sich die vorgegebenen Näherungswerte nur geringfügig von den gesuchten Werten z, φ und λ unterscheiden, als differentielle Größen behandelt werden dürfen.

Wir gehen von $i = 1, 2,...n$ Sterndurchgängen im Almukantarat z aus und setzen unter Substitution von (9.6-1/2) und (9.6-7) die Beobachtungsgleichung (9.6-1/1) n mal an:

$$\cos\{z_{\text{nom}}+\Delta z\} - \sin\delta_i\cdot\sin\{\varphi_0+\Delta\varphi\} - \cos\delta_i\cdot\cos\{\varphi_0+\Delta\varphi\}\cdot\cos\{GAST_i+\lambda_0+\Delta\lambda-\alpha_i\} = 0. \qquad (9.6\text{-}7)$$

Nach Taylorentwicklung, beschränkt auf die Glieder 1. Ordnung, lautet die Gleichung (9.6-7):

$$\begin{aligned}\cos z_{\text{nom}} - \sin\delta_i\cdot\sin\varphi_0 - \cos\delta_i\cdot\cos\varphi_0\cdot\cos\{GAST_i+\lambda_0-\alpha_i\}& \\ - \sin z_{\text{nom}}\cdot\Delta z& \\ - (\sin\delta_i\cdot\cos\varphi_0 - \cos\delta_i\cdot\sin\varphi_0\cdot\cos\{GAST_i+\lambda_0-\alpha_i\})\cdot\Delta\varphi& \\ + (\cos\delta_i\cdot\cos\varphi_0\cdot\sin\{GAST_i+\lambda_0-\alpha_i\})\cdot\Delta\lambda &= 0. \end{aligned} \qquad (9.6\text{-}8/1)$$

Zunächst wird aus den Näherungswerten φ_0, λ_0 und der Meßgröße $GAST_i$ nach (9.6-1/1) der Cosinus einer Pseudobeobachtung z_{0i} berechnet,

$$\cos z_{0i} = \sin\delta_i\cdot\sin\varphi_0 + \cos\delta_i\cdot\cos\varphi_0\cdot\cos\{GAST_i+\lambda_0-\alpha_i\}, \qquad (9.6\text{-}8/2)$$

und damit das zweite und dritte Glied des Aggregats (9.6-8/1) ersetzt. Weitere Vereinfachungen ermöglichen die auf den Sinus-Cosinus-Satz (1.4-8),

$$\sin\delta_i\cdot\cos\varphi_0 - \cos\delta_i\cdot\sin\varphi_0\cdot\cos\{GAST_i+\lambda_0-\alpha_i\} \equiv \cos a_{0i}\cdot\sin z_{0i}, \qquad (9.6\text{-}8/3)$$

und den Sinussatz (1.4-1),

$$\sin\{GAST_i+\lambda_0-\alpha_i\} \equiv \sin a_{0i}\cdot\sin z_0\cdot\sec\delta_i, \qquad (9.6\text{-}8/4)$$

gestützten Identitäten und die Division der ganzen Gleichung durch $\sin z_0$:

$$(\cos z_{\text{nom}} - \cos z_{0i})\cdot\operatorname{cosec} z_{\text{nom}} - \Delta z - \cos a_{0i}\cdot\Delta\varphi - \sin a_{0i}\cdot\cos\varphi_0\cdot\Delta\lambda = 0. \qquad (9.6\text{-}8/5)$$

Die gesuchte Zenitdistanz z kann außer auf z_{nom}, wie dies mit (9.6-7/1) erfolgte, auch auf z_{0i} bezogen werden:

$$z = z_{nom} + \Delta z = z_{0i} + \Delta z_{0i}. \qquad (9.6\text{-}9/1)$$

Daraus folgt mit

$$z_{nom} = z_{0i} + \Delta z_{0i} - \Delta z, \qquad (9.6\text{-}9/2)$$

und für das erste Glied in (9.6-8/5)

$$(\cos z_{nom} - \cos z_{0i})\cdot \operatorname{cosec} z_{nom} = (\cos\{z_{0i}+\Delta z_{0i}-\Delta z\} - \cos z_{0i})\cdot \operatorname{cosec} z_{nom}$$

$$= (\cos z_{0i} - \sin z_{0i}\cdot\Delta z_{0i} + \sin z_{0i}\cdot\Delta z - \cos z_{0i})\cdot \operatorname{cosec} z_{nom} = -\Delta z_{0i} + \Delta z. \qquad (9.6\text{-}10)$$

(Bei den Koeffizienten vor den kleinen Größen Δz_{0i} und Δz spielt der Unterschied zwischen $\sin z_{0i}$ und $\sin z_{nom}$ keine Rolle. Daher kann hier

$$1/\operatorname{cosec} z_{nom} = \sin z_{nom} = \sin z_{0i} \text{ bzw. } \sin z_{0i}\cdot\operatorname{cosec} z_{0i} = 1$$

gesetzt werden).

Mit der Substitution (9.6-10) und unter Beachtung von (9.6-9/2) vereinfacht sich (9.6-8/5) zu:

$$\Delta z_{0i} + \cos a_{0i}\cdot\Delta\varphi + \sin a_{0i}\cdot\cos\varphi_0\cdot\Delta\lambda = 0, \qquad (9.6\text{-}11/1)$$

oder, nachdem Δz_{0i} durch die anderen in (9.6-9/1) enthaltenen Elemente ausgedrückt wird:

$$\Delta z + \cos a_{0i}\cdot\Delta\varphi + \sin a_{0i}\cdot\cos\varphi_0\cdot\Delta\lambda = z_{0i} - z_{nom}. \qquad (9.6\text{-}11/2)$$

Führt man schließlich noch die neuen Unbekannten

$$\Delta\varphi = \Delta\xi \qquad (9.6\text{-}12/1)$$

$$\cos\varphi_0\cdot\Delta\lambda = \Delta\eta \qquad (9.6\text{-}12/2)$$

ein und gibt den mit einem zufälligen Fehlern v_i behafteten Pseudobeobachtungen $(z_{0i}-z_{nom})$ die in der Ausgleichungsrechnung übliche Benennung

$$l_i = z_{0i} - z_{nom}, \qquad (9.6\text{-}13/1)$$

so lautet das System der Fehlergleichungen:

$$\Delta z + \cos a_{0i}\cdot\Delta\xi + \sin a_{0i}\cdot\Delta\eta = l_i + v_i. \qquad (9.6\text{-}13/2)$$

Daraus lassen sich durch Ausgleichung nach der Methode der kleinsten Quadrate Δz, $\Delta\xi$, $\Delta\eta$ bzw. $\Delta\varphi$ und $\Delta\lambda$, und über (9.6-7) φ und λ berechnen.

Nach Zusammenfassung aller nicht von $\Delta\xi$ und $\Delta\eta$ abhängigen Glieder in

$$p_i = \Delta z_{0i} + v_i = \Delta z - (l_i + v_i) \qquad (9.6\text{-}13/3)$$

erkennt man (9.6-11/1) und (9.6-13/4) als die Gleichung einer Geraden in Hessescher Normalform,

$$p_i + \cos a_{0i}\cdot\Delta\xi + \sin a_{0i}\cdot\Delta\eta = 0, \qquad (9.6\text{-}13/4)$$

die üblicherweise die Bezeichnung (*Höhen-*) *Standlinie* trägt und Grundlage für eine graphische Ausgleichung bietet (Bozorgzadeh, 1977, 11). Bei fehlerfreier Messung würden dabei die einzelnen Standlinien mit dem Ursprungsabstand $p_i = \Delta z_{0i}$ und dem Ursprungslot im Azimut a_{0i} als Einhüllende einen Kreis vom Radius Δz erzeugen, dessen Mittelpunkt den Zenitpunkt darstellt; ⇨ Bild 9.6-1. Infolge der unvermeidlichen Beobachtungsfehler v_i liegen die Standlinien neben dem Kreis oder schneiden diesen. Nach (9.6-13/3) lassen sich die v_i als Fehler im Nullpunktabstand bzw. als Abstandsfehler vom ausgleichenden Kreis deuten (Bild 6.9-1 rechts).

In der vorausgegangenen Ableitung wurde der Einfluß der Refraktion als ungekannter konstanter Bestandteil der ebenfalls unbekannten konstanten Zenitdistanz z bzw. Zenitdistanzdifferenz Δz betrachtet. Diese Zusammenfassung ist zulässig, wenn sich während einer Meßsequenz die meteorologischen Bedingungen nicht verändern. In diesem Fall sind alle beobachteten Zenitdistanzen mit dem gleichen Refraktionseinfluß beaufschlagt und z bleibt, unabhängig von der Größe der Refraktion, eine konstante Größe, - wie es der Ausgleichungsansatz erfordert.

Von einer solchen Vereinfachung darf man allerdings in der Regel nicht ausgehen. Von Bedeutung ist dabei freilich nur der differentielle Anteil der Refraktion, der von der Änderung der meteorologischen Bedingungen herrührt. Eine Möglichkeit, den Refraktionseinfluß im Ausgleichungsalgorithmus geltend zu machen besteht darin, die vorgegebene nominale konstante Zenitdistanz z_{nom} jeweils um den absoluten R_i oder den differentiellen Refraktionseinfluß $\Delta R_i = R_i - R_0$ zu vergrößern,

$$z_{nom\,i} = z_{nom} + R_i \quad \text{oder} \quad z_{nom\,i} = z_{nom} + \Delta R_i \tag{9.6-14}$$

und die Beobachtung (9.6-13/1) als refraktionskorrigierte Größe zu definieren:

$$l_i = z_{0i} - z_{nom\,i}. \tag{9.6-15}$$

An dieser Stelle soll noch ein Hinweis auf zwei Modifikationen der Beobachtungsroutine gegeben werden, die, wenn die instrumentellen Voraussetzungen gegeben sind, eine Steigerung der Beobachtungsgenauigkeit ermöglichen.

Verwendung einer Strichplatte mit mehreren Horizontalfäden: In aller Regel sind die Strichplatten von Astrolabien nicht nur mit einem einzigen Horizontalfaden, sondern mit einem Raster $j = 1, 2, \ldots m$ paralleler Horizontalfäden ausgestattet. Jeder einzelne Faden definiert im Schnittpunkt mit dem zentralen Vertikalfaden einen Almukantarat z_j = const. Registriert man bei den Durchgängen der Sterne S_i durch das Fernrohrgesichtsfeld die Durchgangsepochen UTC_{i1}, UTC_{i2} ... UTC_{im} durch alle Fäden, so werden bei n Sternen $m \cdot n$ Beobachtungen gewonnen. Diesen Satz von Beobachtungen stehen neben den Unbekannten $\Delta\varphi$ und $\Delta\lambda$ nunmehr nicht nur eine unbekannte Zenitdistanz z gegenüber, sondern n Zenitdistanzen z_1, z_2 ... z_m. Bei Kalibrierung der Fadenabstände im Labor sind die Differenzen Δz_{12}

$= z_2 - z_1$, $\Delta z_{22} = z_3 - z_2$ etc. von vornherein bekannt. Dieses Vorwissen kann beim Ausgleichungsansatz berücksichtigt werden, indem in (9.6-13/1) auf der rechten Seite noch die aus der Kalibrierung bekannten konstanten Zuschläge eingebracht werden. In diesem Fall reduziert sich im Ausgleichungsansatz die Anzahl der Unbekannten z_i wieder auf eine einzige.

Verwendung eines Okularmikrometers oder eines Prismenvorsatzes: Eine noch größere Anzahl von Beobachtungen pro Sterndurchgang läßt sich mit einem Okularmikrometer oder dem von Deichl (1971) für das Ni2-Astrolab entwickelten Prismenvorsatz gewinnen. Diese Vorrichtungen ermöglichen es dem Beobachter, den zentralen Horizontalfaden der Strichplatte der Bewegung des Sterns kontinuierlich nachzuführen. Durch automatisierten Abgriff der Mikrometerstellung und gleichzeitiger Registrierung der korrespondierenden Beobachtungsepochen in einem Chronographen entsteht bei diesem System eine Zeitreihe $t_i = t\{z_i\}$, die analog zu dem oben beschriebenen Verfahren der Durchgangsbeobachtung durch mehrere Fäden ausgewertet werden kann. Der Laufindex $j = 1, 2,.. m$ entspricht auch hier der laufenden Nummer der bei einem Sterndurchgang registrierten Epochen.

Abschließend noch einige Richtlinien zur Sternauswahl. Um die für das Verfahren erforderliche Stabilität der Zenitdistanz während einer Beobachtungssequenz sicherzustellen, muß man einen zügigen Beobachtungsablauf fordern. Außerdem sollen die in das Beobachtungsprogramm einbezogenen Sterne möglichst gleichmäßig über den Horizont verteilt sein. Diese Forderungen haben Konsequenzen auf die Auswahl der in ein Beobachtungsprogramm einzubeziehenden Sterne.

In Betracht kommen alle Sterne, die in einem geplanten zeitlich vorgegebenen Beobachtungsfenster die Zenitdistanz z_{nom} annehmen. Nach (3.3-12/2)

$$\begin{aligned} \cos t_{z\,nom\,0i} &:= \frac{\cos z_{nom} - \sin \varphi_0 \cdot \sin \delta_i}{\cos \varphi_0 \cdot \cos \delta_i}\,; \\ \sin a_{z\,nom\,0i} &:= -\frac{\cos \delta_i}{\sin z_{nom}} \cdot \sin t_{z\,nom\,0i} \end{aligned} \qquad (9.6\text{-}16)$$

korrespondiert diese Zenitdistanz bei gegebenen Sternkoordinaten α_i und δ_i mit jeweils zwei zum Meridian symmetrischen Stundenwinkel $t_{z\,nom\,0i}$ und Azimuten $a_{z\,nom\,0i}$. Bei näherungsweise bekannter Länge λ_0 können aus $t_{z\,nom\,i}$ nach (3.3-16/2) die zugeordneten Epochen in der Sternzeitskala $GAST_{0i}$ oder nach (5.3-34) in der Weltzeitskala $UT1_{0i}$ berechnet werden. Im übrigen gilt $UT1_{0i} \approx UTC_{0i}$. Führt man diese Transformationen schon vor den Feldarbeiten für alle in den *Apparent Places of Fundamental Stars* oder einem anderen Jahrbuch enthaltenen Sterne durch und sortiert das Verzeichnis nach aufsteigenden *GAST* oder *UTC*, so entsteht eine für den Feldgebrauch nützliche Liste, die mit ihren Zeit- und Azimutangaben alle für einen zügigen Beobachtungsablauf erforderlichen Einstelldaten enthält.

Das Verfahren zur simultanen Bestimmung von Geographischer Länge und Breite auf der Grundlage von Sterndurchgängen durch einen instrumentell realisierten Almukantarat hat in der Praxis große Bedeutung erlangt, und zwar sowohl beim Einsatz auf Permanentstationen zur Überwachung der Polbewegung (Mueller, 1969, 535-538) als auch bei astrogeodätischen Feldarbeiten. Voraussetzung dafür war die Entwicklung des Prismenastrolabs (Zirkumzenitals), eines einachsigen Instruments, das speziell auf das Verfahren zugeschnitten wurde. Das Verfahren wird in fast allen Lehr- und Handbüchern behandelt, z.B. Niethammer (1947, 151-160), Roelofs (1950, 176-194), Mueller (1969, 531-535), Ramsayer (1970, 402-412, umfangreiches Schriftenverzeichnis: 880-884), Sigl (1975, 269-272), Mackie (1985, 306-324). Darüber hinaus gibt es eine große Zahl von Veröffentlichungen, die sich ausschließlich mit dem Gegenstand befassen, z.B. Gauß (1808), Perrin (1808), Nušl (1925), Frič (1925), Chandon/Gougenheim (1935), Buchar/Ledersteger (1943), Gougenheim (1958), Débarbat/Guinot (1970), Bartels (1961), Zimmermann (1965), Rödde (1970), Deichl (1975), Bozorgzadeh (1977).

9.6.3 Gleichzeitige Bestimmung von Längen und Breiten durch Messung der Durchgangsepochen unter bekannten (gemessenen) Zenitdistanzen (Zweihöhenproblem)

Das in 9.6.2 vorgestellte Verfahren ist auf den Einsatz eines Prismenastrolabs zugeschnitten. Mit dem Instrument werden die Durchgänge einer Reihe von Sternen durch eine instrumentell vorgegebene Zenitdistanz (Almukantarat-Durchgänge) gemessen. Selbstverständlich lassen sich auch mit einem Universalinstrument derartige Durchgänge bestimmen, wenn die Fernrohrneigung in einer Meßsequenz nicht verändert und durch eine Höhenindex- oder (besser) Horrebow-Libelle kontrolliert wird. Aufgrund einer zusätzlichen Drehachse (die Kippachse, über die das Prismenastrolab nicht verfügt) ist man beim Einsatz eines Universals nicht auf eine einzige Zenitdistanz z beschränkt. Außerdem kann die Zenitdistanz z_i mit dem Universal gemessen und als zusätzliche Beobachtungsgröße in die Beobachtungsgleichung (9.6-1/1) eingebracht werden. Geht man mit einer bekannten Zenitdistanz in diese Gleichung ein, so enthält diese, wie man sieht, nur noch die beiden Unbekannten φ und λ:

$$\cos z_i = \sin\delta_i \cdot \sin\varphi + \cos\delta_i \cdot \cos\varphi \cdot \cos t_i, \qquad (9.6\text{-}17/1)$$

mit

$$t_i = GAST_i + \lambda - \alpha_i, \qquad (9.6\text{-}17/2)$$

Wie man aus Bild 9.6-2 entnehmen kann, genügen bei dieser Ausgangslage im Prinzip schon zwei Zenitdistanzen z_1, z_2 in Verbindung mit den gleichzeitig registrierten Durchgangsepochen $GAST_1$ und $GAST_2$, um aus (9.6-14) die Unbekannten φ und λ zu bestimmen.

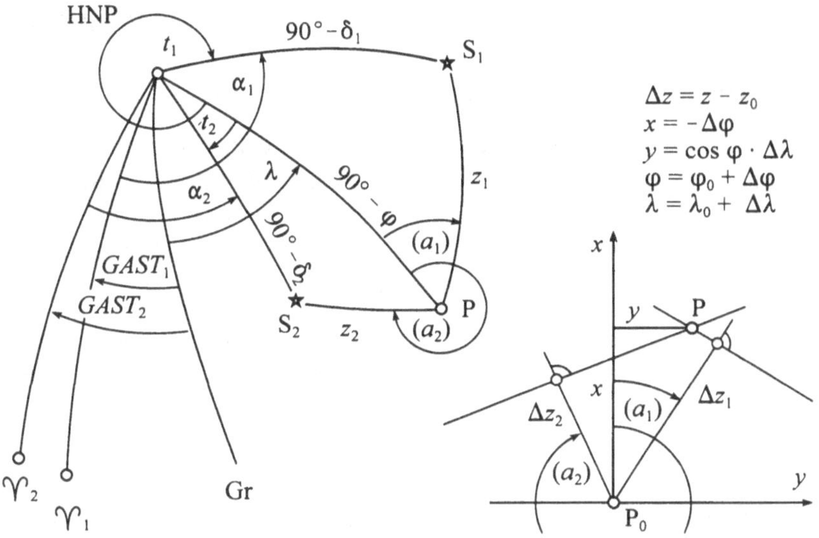

Bild 9.6-2: Höhenstandlinien zur Bestimmung der Geographischen Länge und Breite bei der Lösung der Sumner-Aufgabe

Für diese auch als *Zweihöhenproblem* bezeichnete Aufgabe gibt es strenge trigonometrische und algebraische Lösungen, etwa jene, die Carl Friedrich Gauß (1808/1) beschrieben hat. Eine von Thomas Hubbard Sumner (Graff, 1944, 170-182) entwickelte graphische Methode hat als *Standlinien- (Sumner-) Aufgabe* große Bedeutung in der Astronavigation erlangt. Die Aufgabe läßt sich nach dem Vorbild des bereits in 9.6.2 vorgestellten Ansatzes auch numerisch lösen, indem die Beobachtungsgleichung wie dort an der Stelle P_0 (φ_0, λ_0) nach Taylor entwikkelt und so durch eine lineare Gleichung approximiert wird. Einziger Unterschied der Entwicklungen: An die Stelle der Unbekannten $z_{nom} + \Delta z$ in (9.6-13/2) tritt nunmehr die Meßgröße z_i, wodurch die Formalbeobachtung l_i die neue Bedeutung

$$l_i = z_{0i} - z_i \qquad (9.6\text{-}18/1)$$

gewinnt. (Die Bedeutung von z_{0i} ist hier die gleiche wie in (9.6-8/2) beschrieben. Das System der Fehlergleichungen enthält nach (9.6-12) mit $\Delta\xi = \Delta\varphi$ und $\Delta\eta = \cos\varphi_0 \cdot \Delta\lambda$ nur noch zwei Unbekannte:

$$\cos a_{0i} \cdot \Delta\xi + \sin a_{0i} \cdot \Delta\eta = l_i + v_i. \qquad (9.6\text{-}18/2)$$

Man erkennt, daß es sich bei (9.6-18/2) wie bei (9.6-13/4) um eine Geradengleichung in der Hesseschen Normalform handelt. Die Gerade, die sie beschreibt, – es handelt sich um eine *Höhenstandlinie* der Sumner-Aufgabe – hat vom Ursprung P_0 den Abstand $p_i = -(l_i+v_i) = z_i - z_{0i} - v_i$, das Azimut ihrer Normalen beträgt a_{0i}; ⇨ Bild 9.6-2. Jede Beobachtung gibt Anlaß zu einer Fehlergleichung (9.6-18/2), im graphischen Lösungsansatz zu einer Standlinie. Bei fehlerfreier Messung ($v_i = 0$) würden sich alle Standlinien in einem Punkt P mit den Koordinaten $\Delta\xi$ und $\Delta\eta$ schneiden. Tatsächlich spannen die Standlinien eine fehlerzeigende Figur auf, in deren Zentrum P liegt.

Unkontrollierten Refraktionseinflüssen begegnet man am wirksamsten, indem die theoretische Freizügigkeit bei der Wahl einer Zenitdistanz einschränkt und die Durchgangsbeobachtungen nur in einem schmalen Band parallel zu einem Almukantarat vorgesehen werden. Die Kompensation des Höhenindexfehlers wird durch Beobachtung in zwei Lagen erreicht.

Wird ein elektronischer Theodolit eingesetzt, aus dem die momentanen Kreisablesungen ausgelesen werden können, so hat man auch hier die Möglichkeit, den Stern über eine längere Strecke zu verfolgen und so eine Zeitreihe $t_i = t\{z_i\}$ zu gewinnen, als der pro Stern eine Vielzahl von Durchgangsepochen fließen.

9.6.4 Gleichzeitige Bestimmung von Längen und Breiten durch Messung der Durchgangsepochen unter bekannten (gemessenen) Azimuten (Azimut-Standlinienverfahren)

Aus Bild 9.6-2 kann man ersehen, daß die Lage des Punktes P, die auf der Gaußschen Bildkugel die Lotrichtung in diesem Punkt beschreibt, nicht nur durch zwei Zenitdistanzen z_1 und z_2 (als sphärischer Bogenschlag), sondern auch durch die Vorgabe der Azimute a_1 und a_2 (als sphärischer Vorwärtseinschnitt) festgelegt werden kann. Die für diese Problemstellung maßgebliche Beobachtungsgleichung gewinnt man durch Division von (9.1-5/2) durch (9.1-5/1):

$$\tan\{k_i - k_N\} = \tan a_i = \frac{-\cos\delta_i \cdot \sin t_i}{\cos\varphi \cdot \sin\delta_i - \sin\varphi \cdot \cos\delta_i \cdot \cos t_i} \,. \qquad (9.6\text{-}19/1)$$

mit

$$t_i = GAST_i + \lambda - \alpha_i \,. \qquad (9.6\text{-}19/2)$$

k_i bedeutet die Horizontalkreisablesung eines fehlerfrei aufgestellten Idealtheodolits (⟨AB⟩-System) bei Ausrichtung der Zielachse auf den Stern S_i, k_N die der Nordrichtung entsprechende (zunächst unbekannte) Kreisablesung. Die Differenz dieser beiden »Kreisablesungen« ist das Sternazimut: $a_i = k_i - k_N$. Wenn k_N nicht bekannt ist, enthält (9.6-19) drei Unbekannte, nämlich φ, λ und k_N. Beobachtungsgrößen sind die Horizontalkreisablesungen k_i und die Epochen UTC_i oder

$GAST_i$ beim Durchgang der Sterne durch den Vertikalfaden des Theodolit-Fernrohr in den durch verschiedene k_i bestimmten Einstellungen. In linearisierter Form lautet (9.6-19/1) gemäß (1.4-14/4) in Verbindung mit (1.4-9):

$$\Delta a_i = \Delta k_N + \sin a_{0i} \cdot \cot z_{0i} \cdot \Delta\varphi + (\sin\varphi_0 - \cos\varphi_0 \cdot \cos a_{0i} \cdot \cot z_{0i}) \cdot \Delta\lambda. \quad (9.6\text{-}20/1)$$

Hierin bedeuten:

$$\begin{aligned} \Delta\varphi &= \varphi - \varphi_0; \\ \Delta\lambda &= \lambda - \lambda_0; \\ \Delta k_N = -\Delta a &= k_N - k_{N0}; \end{aligned} \quad (9.6\text{-}20/2)$$

die auf frei wählbare Näherungen φ_0, λ_0 und k_{N0} bezogenen (Δ-) Unbekannten. Die »Beobachtung«

$$l_i = \Delta a_i = k_i - k_{N0} - a_{0i} \quad (9.6\text{-}20/3)$$

setzt sich zusammen aus der Kreisablesung k_i im Augenblick des Durchgangs des Sterns durch den Vertikalfaden, der Näherung k_{N0} und dem den registrierten Durchgangsepochen entsprechenden Azimut a_{0i}, das sich aus (9.6-19) ergibt, wenn auf der rechten Seite der Gleichung anstelle der Unbekannten φ und λ deren Näherungen φ_0 und λ_0 eingesetzt werden.

Zur eindeutigen Bestimmung von φ und λ sind mindestens drei Sterne erforderlich. Falls mehr als drei Sterne beobachtet werden, was zur Absicherung geben grobe Fehler und zur Erhöhung der Genauigkeit geboten ist, übernimmt (9.6-20/1) die Rolle einer Fehlergleichung: $l_i + v_i = f\{\Delta\varphi, \Delta\lambda, \Delta k_N\}$, wenn auf der linken Seite zu $l_i = \Delta a_i$ noch die Verbesserung v_i hinzugefügt wird.

Die Methode ist in der Literatur ausführlich behandelt und diskutiert worden. Grundlegende Beiträge stammen von Liais (1858), Múgica-Buhigas (1960), Mueller (1969, 541-544), Ramsayer (1970, 602-641, umfangreiches Schriftenverzeichnis: 888-890), Sigl (1975, 272-276).

Die Methode, Sterndurchgänge durch Vertikalebenen zu beobachten und so die Auswertungen auf Horizontalkreis-Ablesungen zu stützen, die die betreffenden Vertikalebenen beschreiben, hat den Vorteil, daß die stets mit Unsicherheiten behaftete Vertikalrefraktion keine Rolle spielt. Nachteilig ist die Notwendigkeit, zur Kompensation von Kippachsen- und Zielachsenfehlern alle Einstellungen in zwei Fernrohrlagen durchzuführen. Dabei entsteht neben der Unbequemlichkeit des wiederholten Lagenwechsels, die bei Almukantaratdurchgängen nicht auftritt, noch die Gefahr der zeitlichen Änderung der Orientierungsunbekannten. Es war wohl vor allem die beiden letztgenannte Gründe, die dazu geführt haben, daß das Verfahren, obwohl von vielen Autoren empfohlen, in der Praxis keine große Bedeutung erlangt hat.

9.7 Gleichzeitige Breiten- und Längenbestimmung mit einer Zenitkammer

9.7.1 Aufgabenstellung und Vorbemerkung

Eine photographische oder CCD-Aufnahme eines Ausschnitts der Sternhimmels hält die auf die Himmelskugel projizierten Objekte im Augenblick der Aufnahme fest. Die Registrierung erfolgt im ⟨AB⟩-System (➪ 3.2.2) in Form von Plattenkoordinaten x, y, die einer bestimmten *UTC*-Epoche zugeordnet sind. x, y können, wenn diese auf den Bildhauptpunkt H (Aufnahmerichtung) bezogen werden, bei bekannter Kammerkonstante c und Objektiv-Verzeichnung jederzeit nach (3.2-1) in sphärische Polarkoordinaten γ, p umgerechnet werden.

Bei lotrechter Ausrichtung der Zenitkammer gehen die Winkel γ und p in die mit einem Theodolit meßbaren Parameter k (Horizontalkreisablesung) und z (Zenitdistanz) eines ⟨AH⟩-Systems (➪ 3.2.3) über. Im Prinzip können daher mit einer Zenitkammer alle mit dem Theodolit durchführbaren Meßmethoden nachgeahmt werden. Einschränkungen gegenüber den Theodolitverfahren ergeben sich lediglich aus der Zenitdistanz, die durch den Öffnungswinkel des Kammerobjektivs (wenige °, weniger Sterne zur Auswahl) beschränkt ist. Seit Verfügbarkeit des *HIPPARCOS*- und des *TYCHO*-Katalogs können aber heute generell wesentlich mehr Sterne in das Beobachtungsprogramm einbezogen werden als früher, so daß sich insoweit kaum noch Einschränkungen ergeben. Die folgenden Charakteristika des Zenitkammerverfahren verschaffen diesem aber eine bevorzugte Stellung gegenüber herkömmlichen Theodolit-Verfahren:

- Zweidimensionale Erfassung der Richtungen.

  Mit den Bildkoordinaten x, y werden gleichzeitig beide Komponenten des Richtungsvektors zu einem Stern erfaßt. Bei der Messung mit einem Theodolit läßt sich demgegenüber nur z (Einstellung mit dem Horizontalfaden) oder k (Einstellung mit dem Vertikalfaden) genau erfassen. Die gleichzeitige Einstellung von z und k ist aufgrund von Unzulänglichkeiten des Beobachters bei der Theodolitmessung nur mit eingeschränkter Genauigkeit möglich.

- Gleichzeitige Erfassung mehrerer Sterne.

  Durch die gleichzeitige Erfassung mehrerer Sterne ist im Vergleich zur Theodolitmessungen eine wesentliche Beschleunigung der Verfahrens möglich. Der Zeitaufwand für eine Messung reduziert sich praktisch auf die Rüstzeit.

- Automatisierbarkeit des Verfahrens.

  Der Beobachter kann ganz aus dem Aufnahmeprozeß und, wenn auch noch die Ausmessung der Meßbilder automatisiert wird, auch aus dem Auswerteprozeß herausgenommen werden. Bei Verwendung einer CCD-Kammer ist der automatisierte Meß- und Auswertegang von vornherein auf einen vollautomatisierten Ablauf ausgelegt.

9.7.2 Zweilagenmessung zur Feststellung der Zenitrichtung

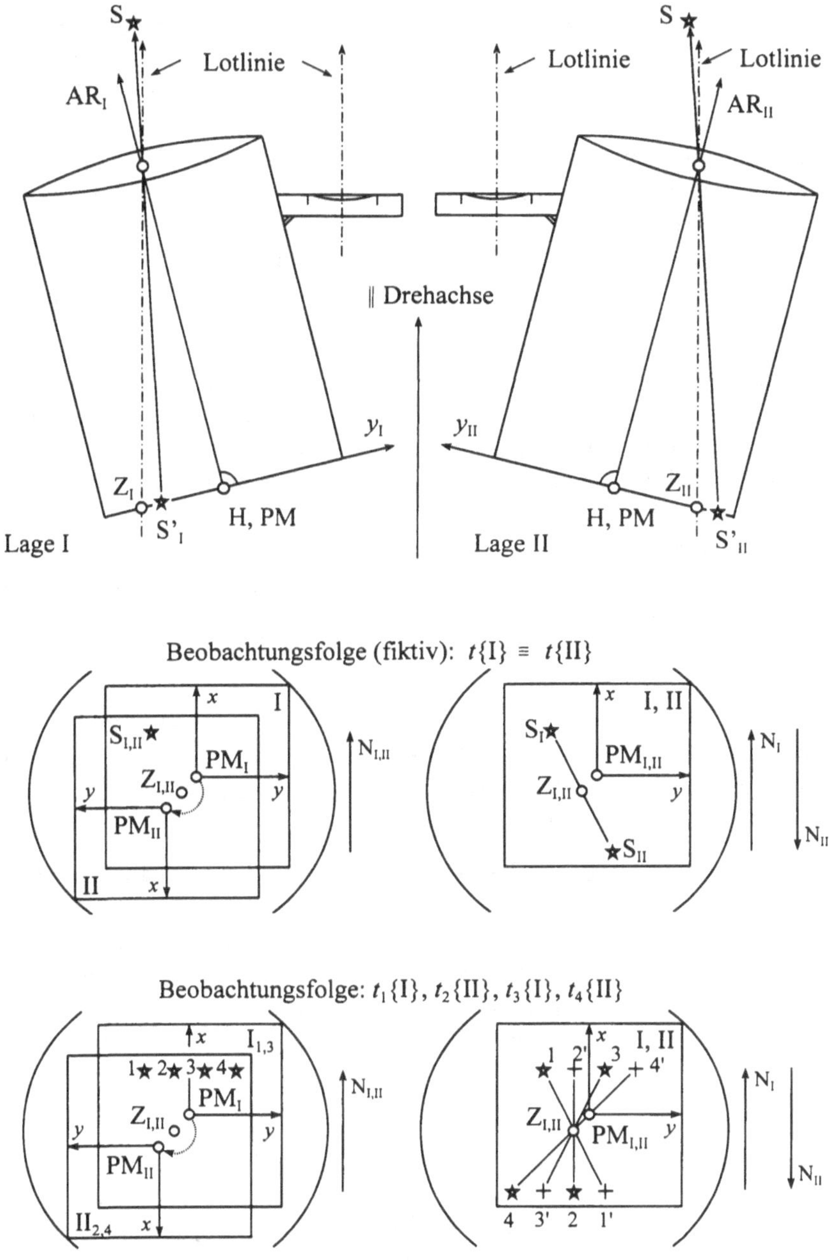

Bild 9.7-1: Zweilagenmessung mit einer Zenitkammer
oben: Vertikalschnitt; unten Draufsichten bei unbewegtem und bewegten Zielen

Eine Photoaufnahme liefert bei einem verzeichnungsfreien Objektiv eine perspektivische Abbildung des aufgenommenen Objekts. Umgekehrt läßt sich das photographisch erfaßte Strahlenbündel, mit dem die momentanen Winkelbeziehungen zwischen den abgebildeten Objekten festgehalten werden, bei Kenntnis der inneren Orientierung der Meßkammer (Lage des Bildhauptpunktes H und Kammerkonstante c) aus den Bildpunkten rekonstruieren. Bei der Nutzung einer Meßkammer als Instrument zur Lotrichtungsbestimmung kommt es darauf an, die Zenitrichtung, die mit Libellen, Pendel (Kompensatoren) oder einem Quecksilberhorizont materialisiert wird, in das Meßbild zu übertragen und diese Richtung durch den Übertragungsvorgang dem Feld der abgebildeten Sterne zuzuordnen. Idealerweise geschieht dies bei zenitaler Ausrichtung der Kammerachse (= Richtung senkrecht zur Bildebene). In diesem Fall würden die Koordinaten des Bildhauptpunktes auch den Zenit beschreiben.

Die angestrebte Zenit-Ausrichtung kann mit Libellen erreicht werden, die kreuzweise am Fernrohr angebracht sind, wenn vorher Bildebene und der Libellenachsen parallel gestellt werden. Dazu ist - ähnlich der Beseitigung eines Höhenindex oder eines Kippachsenfehlers bei einem Theodolit - eine Justierung der Libellen erforderlich. Eine solche Justierung ist nur im Labor möglich und meist auch nur eine begrenzte Zeit wirksam. Sie ist aber nicht unbedingt erforderlich: In gleicher Weise, wie bei der Theodolitmessung der Höhenindexfehler kompensiert wird, kann auch hier der Justierfehler durch Messungen in zwei Fernrohrlagen bestimmt und die diesem Fehler entsprechende Fernrohrneigung bei der Datenreduktion in Rechnung gestellt werden. Auf diese Weg gelingt es, aus der in zwei Lagen aufgenommenen Szene der zenitnahen Sterne die Perspektive einer exakten Zenitaufnahme zu rekonstruieren. Das gleiche gilt, wenn die Libellen nicht exakt eingespielt, sondern ihre momentanen Neigungen im Augenblick der Aufnahme registriert werden.

In den Bildern 9.7-1 und 9.7-2 sind die geometrischen Zusammenhänge einer Zweilagenaufnahme skizziert. Die oberen Bildhälften von 9.7-1 und Bild 9.7-2 zeigen Vertikalschnitte einer mit Libellen ausgerichteten Zenitkammer in beiden Fernrohrlagen, die unteren entsprechende Draufsichten. Zur Vereinfachung der weiteren Darstellung gehen wir davon aus, daß die Lage des Bildhauptpunktes bekannt ist und alle gemessenen Bildkoordinaten bereits auf diesen Punkt bezogen wurden.

Bei der Zweilagenmessung wird - jeweils bei einspielenden Libellen - nach einer Aufnahme in Lage I das Fernrohr 180° um die Stehachse D der Zenitkammer gedreht und in dieser Lage II die bei der ersten Aufnahme festgehaltene Szene auf der gleichen Photoplatte ein zweites mal abgelichtet. Bei jeweils einspielender Libelle zeigt die Kammerachse (= Aufnahmerichtung AR, die den Bildhauptpunkt H enthält) in den beiden Fernrohrlagen in zwei zum Zenit symmetrische Richtungen. Die Symmetrie gilt auch für alle anderen fest mit dem Fernrohr verbundenen Richtungen, z.B. für die vom Ursprung des Platten-Koordinatensystems PM bestimmte. Von allen möglichen Richtungen bildet sich nur die Zenitrichtung in beiden Fernrohrlagen an ein und derselben Stelle der Platte ab: $Z_I \equiv Z_{II}$.

Welche Wirkung die azimutale 180°-Drehung des Fernrohrs auf das photographisch festgehaltene Doppelbild des zenitnahen Sternhimmels hat, läßt sich erkennen, wenn wir zunächst in einem in den Bildern 9.7-1-oben/Mitte und 9.7-2 skizzierten Gedankenexperiment annehmen, daß die Belichtung der ersten Aufnahme, der Übergang von Lage I in Lage II und die Belichtung der zweiten Aufnahme im gleichen Moment erfolgt sind: $T\{I\} \equiv T\{II\}$. Wie bereits festgestellt, gilt für den Zenitpunkt in beiden Plattenlagen: $Z \equiv Z_I \equiv Z_{II} \equiv Z_{I,II}$. Das Bild des Sterns S, das in Fernrohrlage I an der Stelle S_I festgehalten wurde, erscheint in Lage II an der Stelle S_{II} - punktsymmetrisch zu $Z_{I,II}$. Die Symmetrie bezieht sich auf die Winkelhalbierende des von der Summe der beiden sphärischen Strecken ZS_I und ZS_{II} aufgespannten Bogens S_IS_{II}. Man kann daher durch die Halbierung dieses Bogens und Übertragung seines Mittelpunktes in die Bildebene die Lage des Zenits auf der Photoplatte angeben und durch Bildkoordinaten beschreiben. In dem hypothetischen Fall einer gleichzeitig in zwei Fernrohrlagen aufgenommenen Momentaufnahme ergäbe sich für die Bildkoordinaten von Z in Fernrohrlage I:

$$x_Z = c \cdot \tan \frac{\arctan\{x_I/c\} + \arctan\{x_{II}/c\}}{2} . \qquad (9.7\text{-}1/1)$$

Für die auf Z bezogenen Bildkoordinaten einer exakten Zenitaufnahme (azimutale Ausrichtung wie Lage I) findet man:

$$x_I = c \cdot \tan \frac{\arctan\{x_I/c\} - \arctan\{x_{II}/c\}}{2} . \qquad (9.7\text{-}1/2)$$

Die entsprechenden Gleichungen für die y-Komponenten sind formal identisch. Die Ausdrücke (9.7-1) entsprechen den Formeln zur Berechnung der Indexverbesserung und der Zenitdistanz bei der Zwei-Lagen-Messung von Zenitdistanzen mit dem Theodolit (Näbauer, 1949, 92; Kahmen, 1993, 457).

In der geschilderten Weise läßt sich der Meßablauf freilich nicht realisieren, da die Drehung des Fernrohrs mit der Photoplatte aus Lage I in Lage II eine gewisse Zeit in Anspruch nimmt, in der die Sterne weiterwandern. Gleichwohl kann auch bei bewegungsbedingter Asymmetrie der Sterne der Zenitpunkt in der Platte ermittelt werden. Dies gelingt in einer aus vier aufeinander folgenden Belichtungen gebildeten Aufnahmesequenz, wie sie in Bild 9.7-1-unten skizziert wurde: [Lage I: Aufnahme 1 zum Zeitpunkt T_1] - [Lage II: Aufnahme 2, T_2] - [Lage I: Aufnahme 3, T_3] - [Lage II: Aufnahme 4, T_4]. Wir beziffern die Sternpositionen in der Reihenfolge ihrer Fixierung auf der Platte mit 1, 2, 3, 4 (linkes Bild). Würde man die Platte bei allen vier Aufnahmen in Lage I belassen, so ergäben sich die Positionen 1, 2', 3, 4', bei Belichtungen nur in Lage II 1', 2, 3', 4. Durch die zweimalige 180°-Drehung der Platte erfolgen die Belichtungen auf der Platte jedoch in zwei zum Zenit symmetrischen Spuren (rechtes Bild: 1, 3, obere Spur, 2, 4, untere Spur) und man kann durch Halbierung der Verbindungsbögen 11', 2'2, 33', 4'4 viermal den Zenitpunkt bestimmen. Nun sind die gestrichenen Punkte zwar auf der Platte nicht markiert, sie sind jedoch aus den Punktlagen 1, 2, 3, 4 durch lineare Interpolation auffindbar, da sie auf den Bogenstücken 1-3 und 2-4 liegen und die den Zeitintervallen $T_2 - T_1$ und $T_4 - T_3$ entsprechenden Verschiebungen erfahren. So erhält man für die Plattenkoordinaten des Zenitpunkts x_Z, y_Z z.B. aus den Plattenkoordinaten der Sterne in den Positionen 1, 2 und 3:

$$x_Z = c \cdot \tan\left\{ \frac{\arctan\{x_{1I}/c\} + \arctan\{x_{2II}/c\}}{2} + \frac{\arctan\{x_{3I}/c\} - \arctan\{x_{1I}/c\}}{2} \cdot \frac{T_2 - T_1}{T_3 - T_1} \right\}. \tag{9.7-2/1}$$

Eine formal gleichlautende Gleichung entsteht für y_Z, wenn in (9.7-2/1) die x-durch y- Werte ersetzt werden.

Da die Bewegungsraten der Sterne bekannt sind (einheitliche Winkelgeschwindigkeit aller Sterne: $\omega_S = 15''/\mathrm{s} = 72{,}7\,\mu\mathrm{rad/s}$; daraus ableitbar eine unterschiedliche, von der Kammerkonstanten c, der Sterndeklination δ_S und vom Winkelabstand p des Sterns von der Aufnahmerichtung abhängige Lineargeschwindigkeiten in der Bildebene:

$$v_S = \omega_S \cdot c \cdot \cos\delta_S \cdot \sec^2 p_S = (72{,}7 \cdot 10^{-6}/\mathrm{s}) \cdot c \cdot \cos\delta_S \sec^2 p\ ),$$

kann man bei bekannter azimutaler Ausrichtung der Kamera (Näherungsorientierung genügt) die Lage des Zenits im Plattenkoordinatensystem theoretisch auch schon mit je einer Aufnahme in Lage I und II, also aus den Koordinaten x_{1I}, y_{1I} und x_{2II}, y_{2II} erfassen. Angenommen, die x-Achse der Kammer ist nach Norden ausgerichtet: In diesem Fall bewegen sich die zenitnahem Sterne in Ost-West-Richtung und man erhält für die zu x_{2II}, y_{2II} korrespondierenden Koordinaten in Lage I:

$$x_{2I}' = x_{1I} \quad \text{und} \quad y_{2I}' = y_{1I} + v_S \cdot (T_2 - T_1) = y_{1I} + (72{,}7 \cdot 10^{-6}/\mathrm{s}) \cdot c \cdot \cos\delta_S \cdot \sec^2 p.$$

Durch Mittelung mit x_{2II}, y_{2II} gewinnt man

$$x_Z = c \cdot \tan\{(\arctan\{x_{1I}/c\} + \arctan\{x_{2II}/c\})/2\}; \tag{9.7-2}$$

$$y_Z = c \cdot \tan\{(\arctan\{y_{1I}/c\} + \arctan\{\{y_{2II}/c\} + 72{,}7 \cdot 10^{-6}\mathrm{s}^{-1} \cdot \cos\delta_S \cdot \sec^2 p \cdot (T_2 - T_1)\})/2\}.$$

Üblicherweise wird ein Stern nicht nur in einem Satz (bestehend aus vier oder zwei Einzelbelichtungen) sondern in mehreren Sätzen festgehalten. Auch beschränkt man sich bei der Auswertung nicht nur auf einen Stern. Vielmehr werden in den Auswerteprozeß möglichst alle auf der Platte identifizierten Sterne einbezogen. Bei Mehrfachbelichtung eines Sterns und bei der Aufnahme mehrerer Sterne entsteht nach Ausmessung der Platten für jeden Beobachtungssatz pro Stern ein Koordinaten-Quadrupel $x_{1I}, y_{1I}, x_{2II}, y_{2II}, x_{3I}, y_{3I}, x_{4II}, y_{4II}$, aus dem die Koordinaten x_Z und y_Z des Zenitpunktes mehrfach berechnet und zu einem Mittelwert zusammengefaßt werden können.

9.7.3 Reduktion von Zweilagenaufnahmen auf eine exakte Zenitaufnahme

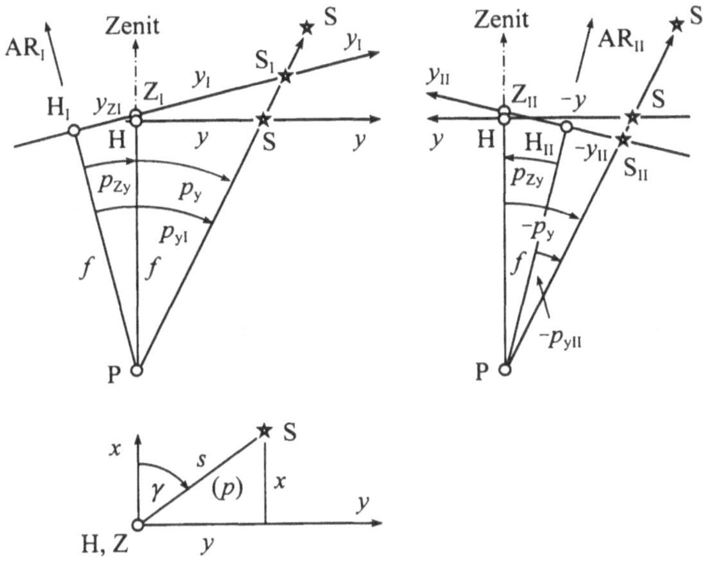

Bild 9.7-2: Reduktion der in zwei Fernrohrlagen aufgenommenen Zenitbilder auf eine fiktive Aufnahme mit exakter Zenitausrichtung

Nach Abschluß der in 9.7.2 beschriebenen Auswertungen ist außer den gemessenen Positionen der abgebildeten Sterne nunmehr auch die Lage des Zenits durch Koordinaten auf einer Photoplatte in zwei symmetrisch zum Zenit ausgerichteten und azimutal um 180° gegeneinander verdrehten ⟨AB⟩-Systemen (➪ 3.2.2) festgehalten:

$$x_{iI}, y_{iI}, \ x_{ZI}, y_{ZI} \quad \text{und} \quad x_{iII}, y_{iII}, \ x_{ZII} = x_{ZI}, y_{ZII} = y_{ZI}.$$

Festgehalten sind auch die jeweiligen Aufnahmeepochen $GAST_{iI}$, $GAST_{iII}$.

Die Zenitpunktkoordinaten $x_{ZI} = x_{ZII}$ und $y_{ZI} = y_{ZII}$ entsprechen den parallel zu den Achsen des Bildkoordinatensystems gezählten Neigungskomponenten:

$$\begin{aligned} p_{Zx} &:= \arctan\{x_{ZI}/c\} = \arctan\{x_{ZII}/c\}; \\ p_{Zy} &:= \arctan\{y_{ZI}/c\} = \arctan\{y_{ZII}/c\}. \end{aligned} \qquad (9.7\text{-}3)$$

Für die Richtung zum Stern gilt analog:

$$\begin{aligned} p_{xI} &:= \arctan\{x_I/c\}; \quad p_{xII} := -\arctan\{x_{II}/c\}; \\ p_{yI} &:= \arctan\{y_I/c\}; \quad p_{yII} := -\arctan\{y_{II}/c\}. \end{aligned} \tag{9.7-4}$$

(9.7-1/1), (9.7-1/2), (9,73) und (9.7-4) lassen sich unmittelbar aus Bild 9.7-2 ablesen. Aus dieser Skizze entnimmt man auch die folgenden Gleichungen, die den Übergang von den symmetrisch zum Zenit geneigten Aufnahmen I und II auf eine exakte Zenitaufnahme vermitteln.

$$\begin{aligned} p_{x1} &:= p_{x1I} - p_{Zx}; \qquad p_{x2} := -p_{x2II} + p_{Zx}; \\ p_{y1} &:= p_{y1I} - p_{Zy}; \qquad p_{y2} := -p_{y2II} + p_{Zy}. \end{aligned} \tag{9.7-5}$$

Daraus erhält man für die zu den Aufnahmeepochen $GAST_1$ und $GAST_2$ gehörenden cartesischen Bildkoordinaten des Sterns in einer fiktiven exakt zenitorientierten Aufnahme

$$\begin{aligned} x_1 &:= \tan\{p_{x1I} - p_{Zx}\}; \qquad x_2 := -\tan\{p_{x2II} + p_{Zx}\}; \\ y_1 &:= \tan\{p_{yI} - p_{Zy}\}; \qquad y_2 := -\tan\{p_{yII} + p_{Zy}\}, \end{aligned} \tag{9.7-6}$$

bzw. für eine auf die mittlere Epoche $(GAST_{1I} + GAST_{2II})/2$ bezogene mittlere Sternposition:

$$\begin{aligned} x &:= (\tan\{p_{xI} - p_{Zx}\} - \tan\{p_{xII} + p_{Zx}\})/2; \\ y &:= (\tan\{p_{yI} - p_{Zy}\} - \tan\{p_{yII} + p_{Zy}\})/2. \end{aligned} \tag{9.7-7}$$

Diesen Bildkoordinaten entsprechen die sphärischen Polarkoordinaten k (fiktive Horizontalkreisablesung) und z (Zenitdistanz) in einem Allgemeinen Horizontsystem $\langle \mathrm{AH} \rangle$:

$$k := \arccos \frac{x}{\sqrt{x^2 + y^2}} \cap \arcsin \frac{y}{\sqrt{x^2 + y^2}} \tag{9.7-8/1}$$

$$\text{oder} \quad k := \arctan \frac{y}{x} \ \text{modulo } 180^\circ ; \tag{9.7-8/2}$$

$$z := \arctan \frac{s}{f} \quad \text{mit} \quad s := \sqrt{x^2 + y^2} . \tag{9.7-8/3}$$

z ist noch mit dem Einfluß der Refraktion R und dem Effekt der Täglichen Aberration beaufschlagt. Um von (9.7-8/3) auf die den Scheinbaren Sternörtern entsprechende Zenitdistanz überzugehen, ist z um R zu vergrößern (⇨ 4.7.2, z.B. (4.7-31/1)) bzw. die Aberrationskorrektur (4.2-21) anzubringen. Wir gehen im folgenden davon aus, daß diese Korrekturen bereits angebracht sind, ohne daß dies in den Formeln zum Ausdruck gebracht wird.

9.7.4 Reduktionsmodelle

Im folgenden werden zwei Reduktionsvarianten vorgestellt.

- In Variante I werden als Beobachtungen die nach 9.7.3 auf eine exakte Zenitaufnahme projizierten Bildkoordinaten eingeführt. Die mit einer Ausgleichung verbundene Transformation der Bildkoordinaten in das System der Standardkoordinaten liefert unmittelbar die gesuchte Länge und Breite des Beobachtungsstandorts.
- In Variante II wird jede Fernrohrlage für sich ausgewertet und auf die Standardkoordinaten bezogen. Die beiden Ausgleichungs- und Transformationsprozesse liefern zwei Koordinatenpaare φ_{I}, λ_{I} und φ_{II}, λ_{II} die zwei zur Lotrichtung des Standorts symmetrische Richtungen beschreiben. Die gesuchten Geographischen Koordinaten erhält man durch einfache Mittelung.

Reduktion einer exakten Zenitaufnahme (Variante I)

Mit der photographischen Aufnahme des zenitnahen Himmels in zwei Fernrohrlagen, der anschließenden Auswertung an einem Komparator und nachdem die in 9.7.2 und 9.7.3 vorgestellten Reduktionen durchgeführt wurden, liegen für die identifizierten Sterne cartesische Koordinaten x, y in einem zenital ausgerichteten ⟨AB⟩-System und wahlweise auch sphärische Polarkoordinaten z und k in einem ⟨AH⟩-System vor. Wären die Geographische Breite φ und Geographische Länge λ des Aufnahmestandorts und die Nordorientierung k_{N} der Meßkammer von vornherein bekannt, so könnten bei festgehaltener Aufnahmeepoche die Polarkoordinaten z und k über die Transformationskette ⟨FrÄ⟩ → ⟨GrÄ⟩ → ⟨NH⟩ → ⟨AH⟩ → ⟨AB⟩ (3.3.5, 3.3.4, 3.3.3, 3.3.2) auch aus den Sternkoordinaten α und δ berechnet werden. Der Vergleich der Sollwerte

$$\begin{aligned} z_{\mathrm{Soll}} &:= z\{\alpha, \delta, \varphi, \lambda, GAST\}, \\ k_{\mathrm{Soll}} &:= k\{\alpha, \delta, \varphi, \lambda, k_0, GAST\}, \end{aligned} \tag{9.7-9}$$

und der »Meßwerte« z und k würde, wenn man von möglichen Meßfehlern v_z und v_k absieht, identische Ergebnisse liefern:

$$\begin{aligned} z + v_z &= z_{\mathrm{Soll}}\{\alpha, \delta, \varphi, \lambda, GAST\}; \\ k + v_k &= k_{\mathrm{Soll}}\{\alpha, \delta, \varphi, \lambda, k_{\mathrm{N}}, GAST\}. \end{aligned} \tag{9.7-10}$$

Der Ansatz entspricht dem in 9.6.2 und 9.6.4 behandelten Höhen- und Azimut-Standlinienverfahren; vgl. hierzu auch Geßler (1975, 78-79). Bei vektorieller Darstellung dieser Transformation entsteht durch Aneinanderfügen der Gleichungen (3.3-15/2), (3.3-11/2), (3.3-7/2) anstelle von (9.7-9):

$$\boldsymbol{X}_{\mathrm{AH}}\{z_{\mathrm{Soll}}, k_{\mathrm{Soll}}\} := \boldsymbol{R}_{\mathrm{NH\to AH}}\{k_{\mathrm{N}}\}\cdot\boldsymbol{R}_{\mathrm{GrÄ\to NH}}\{\varphi, \lambda\}\cdot\boldsymbol{R}_{\mathrm{FrÄ\to GrÄ}}\{GAST\}\cdot\boldsymbol{X}\{\alpha, \delta\}. \tag{9.7-11}$$

Tatsächlich sind φ, λ und k_N aber unbekannt. Da (9.7-10) für jeden photographisch erfaßten Stern und jede Aufnahmeepoche gilt und eine Aufnahme meist mehrere Sterne enthält und u.U. auch mehrere Aufnahmeepochen umfaßt, steht mit (9.7-10) ein System von Fehlergleichungen zur Verfügung, aus dem die Unbekannten im Wege einer Ausgleichung bestimmt werden können. Die Funktionen (9.7-9) sind transzendent. Sie müssen daher, wenn aus ihnen φ, λ und k_N gewonnen werden sollen, unter Vorgabe von Näherungswerten φ_0, λ_0 und k_{N0} linearisiert werden. Mit $\varphi = \varphi_0 + \Delta\varphi$, $\lambda = \lambda_0 + \Delta\lambda$, $k_N = k_{N0} + \Delta k_N$ lautet das an die Stelle von (9.7-10) tretende System von Fehlergleichungen:

(9.7-12)

$$z + v_z = z\{\alpha, \delta, \varphi_0, \lambda_0, GAST\} + \left(\frac{\partial z}{\partial \varphi}\right)_0 \cdot \Delta\varphi + \left(\frac{\partial z}{\partial \lambda}\right)_0 \cdot \Delta\lambda;$$

$$k + v_k = k\{\alpha, \delta, \varphi_0, \lambda_0, k_{N0}\ GAST\} + \left(\frac{\partial k}{\partial \varphi}\right)_0 \cdot \Delta\varphi + \left(\frac{\partial k}{\partial \lambda}\right)_0 \cdot \Delta\lambda + \Delta k_N .$$

Der Vergleich von Soll- und Meßwerten kann auch anhand der durch (7.4-7/1) definierten, auf die nominale Bildweite c bezogenen *Standardkoordinaten* ξ, η als Zwischenparameter in der Ebene der Bildkoordinaten geführt werden. Das für astrometrische Aufgabenstellungen häufig verwendete, auf einer Gnomonischen Projektion (⇨ 7.4.2) beruhende cartesische Koordinatensystem ist nordorientiert und mit seiner zu ξ und η normalen ζ-Achse an die durch α_0 und δ_0 bestimmten Stelle der Himmelskugel ausgerichtet:

$$\xi := c \cdot \frac{\cos\delta_0 \cdot \sin\delta - \sin\delta_0 \cdot \cos\delta \cdot \cos\{\alpha - \alpha_0\}}{\sin\delta_0 \cdot \sin\delta + \cos\delta_0 \cdot \cos\delta \cdot \cos\{\alpha - \alpha_0\}};$$

(7.4-13)

$$\eta := c \cdot \frac{\cos\delta \cdot \sin\{\alpha - \alpha_0\}}{\sin\delta_0 \cdot \sin\delta + \cos\delta_0 \cdot \cos\delta \cdot \cos\{\alpha - \alpha_0\}} .$$

(c ist der im Prinzip beliebig wählbare Abstand der Bildebene, in der die Koordi natenachsen ξ und η liegen, vom Aufnahmezentrum).

Legt man α_0 und δ_0 in jene Richtung der Himmelskugel, die durch φ und λ im Belichtungszeitpunkt *GAST* der korrespondierenden Zenitkammer-Aufnahme bestimmt ist, so lauten die Standardkoordinaten für diese momentane Aufnahmerichtung:

$$\xi := c \cdot \frac{\cos\varphi \cdot \sin\delta - \sin\varphi \cdot \cos\delta \cdot \cos\{\alpha - \lambda - GAST\}}{\sin\varphi \cdot \sin\delta + \cos\varphi \cdot \cos\delta \cdot \cos\{\alpha - \lambda - GAST\}};$$

(7.4-14/1)

$$\eta := c \cdot \frac{\cos\delta \cdot \sin\{\alpha - \lambda - GAST\}}{\sin\varphi \cdot \sin\delta + \cos\varphi \cdot \cos\delta \cdot \cos\{\alpha - \lambda - GAST\}} .$$

Formal vereinfacht läßt sich diese Beziehung durch

$$\begin{aligned} \xi &= \xi\{c,\ \alpha,\ \delta,\ \varphi,\ \lambda,\ GAST\}, \\ \eta &= \eta\{c,\ \alpha,\ \delta,\ \varphi,\ \lambda,\ GAST\}, \end{aligned} \tag{7.4-14/2}$$

ausdrücken. ξ und η sind aufgrund der Ausrichtung der ζ-Achse in die Lotrichtung Komponenten eines Vektors $\boldsymbol{X}_{\mathrm{NH}} = (\xi/c,\ \eta/c,\ 1)^{\mathrm{T}}$ in einem Nordorientierten Horizontsystem ⟨NH⟩; ⇨ 3.2.3 (3.2-3). Dreht man dieses System noch um den Winkel k_{N} um die ζ-Achse, so geht es in das Allgemeine Horizontsystem ⟨AH⟩ (3.2-4) über, in dem die Bildkoordinaten x, y einer fiktiven, gemäß 9.7.3 reduzierten Zenitkammeraufnahme festgestellt wurden:

$$\boldsymbol{X}_{\mathrm{AH}} := \boldsymbol{R}_{\mathrm{NH\text{-}AH}} \cdot \boldsymbol{X}_{\mathrm{NH}}. \tag{9.7-15}$$

Unter Beachtung der Bedeutung von $\boldsymbol{R}_{\mathrm{NH\text{-}AH}}$ (3.3-6/1) ergibt sich daraus für die horizontalen Komponenten von (9.7-15),

$$\begin{aligned} x_{\mathrm{Soll}} &:= \xi\cdot\cos k_{\mathrm{N}} - \eta\cdot\sin k_{\mathrm{N}} = x\{c,\ \alpha,\ \delta,\ \varphi,\ \lambda,\ k_{\mathrm{N}},\ GAST\}, \\ y_{\mathrm{Soll}} &:= \xi\cdot\sin k_{\mathrm{N}} + \eta\cdot\cos k_{\mathrm{N}} = y\{c,\ \alpha,\ \delta,\ \varphi,\ \lambda,\ k_{\mathrm{N}},\ GAST\}, \end{aligned} \tag{9.7-16}$$

ein Fehlergleichungssystem, das analog zu (9.7-10) strukturiert ist:

$$\begin{aligned} x + v_{\mathrm{x}} &= x_{\mathrm{Soll}}\{c,\ \alpha,\ \delta,\ \varphi,\ \lambda,\ k_{\mathrm{N}},\ GAST\}, \\ y + v_{\mathrm{y}} &= y_{\mathrm{Soll}}\{c,\ \alpha,\ \delta,\ \varphi,\ \lambda,\ k_{\mathrm{N}},\ GAST\}. \end{aligned} \tag{9.7-17}$$

Die Auflösung nach φ, λ und k_{N} im Rahmen einer Ausgleichung erfordert auch hier die vorherige Linearisierung dieser Gleichungen. Man bewirkt sie durch Taylor-Entwicklung der Funktion an der durch die Näherungswerte φ_0, λ_0, k_{N0} bezeichneten Stelle:

$$\begin{aligned} x + v_{\mathrm{x}} &= x\{c,\ \alpha,\ \delta,\ \varphi_0,\ \lambda_0,\ k_{\mathrm{N0}},\ GAST\} + \left(\frac{\partial x}{\partial \varphi}\right)_0 \cdot \Delta\varphi + \left(\frac{\partial x}{\partial \lambda}\right)_0 \cdot \Delta\lambda + \left(\frac{\partial x}{\partial k_{\mathrm{N}}}\right)_0 \cdot \Delta k_{\mathrm{N}}; \\ y + v_{\mathrm{y}} &= y\{c,\ \alpha,\ \delta,\ \varphi_0,\ \lambda_0,\ k_{\mathrm{N0}},\ GAST\} + \left(\frac{\partial y}{\partial \varphi}\right)_0 \cdot \Delta\varphi + \left(\frac{\partial y}{\partial \lambda}\right)_0 \cdot \Delta\lambda + \left(\frac{\partial x}{\partial k_{\mathrm{N}}}\right)_0 \cdot \Delta k_{\mathrm{N}}. \end{aligned} \tag{9.7-18}$$

Reduktion der Originalbilder einer Zweilagenmessung (Variante II)

Bei diesem Verfahren werden die in zwei Lagen gewonnenen Sternkoordinaten unabhängig voneinander mit den soeben vorgestellten Algorithmen ausgewertet, und zwar ohne den in der Variante I besprochenen Zwischenschritt der Reduktion auf eine exakte Zenitaufnahme. Das Meßergebnis einer Fernrohrlage wird dabei formal so behandelt, als sei es aus einer exakten Zenitaufnahme gewonnen worden. Bei dieser Interpretation der Meßdaten werden die beiden Aufnahmen rechnerisch zwei Standorten zugeordnet, in denen die Zenitrichtungen mit den geneigten Aufnahmerichtungen übereinstimmen. Das Ergebnis der Auswertung sind die Geographischen Koordinaten φ_{I}, λ_{I} und φ_{II}, λ_{II} dieser beiden »Standorte«. φ_{I}, λ_{I} und φ_{II}, λ_{II} unterscheiden sich von den gesuchten Richtungen φ, λ jeweils um den durch die Justierfehler der Kamera-Libellen verursachten Neigungswinkel. Da die Zenitrichtung in der Winkelhalbierenden der beiden Aufnahmerichtungen in Lage I und Lage II liegt, kann das Koordinatenpaar φ, λ durch einfache Mittelung aus den Koordinatenpaaren φ_{I}, λ_{I} und φ_{II}, λ_{II} gewonnen werden.

9.7.5 Modelle der Plattenreduktion

Die aus scheinbaren Sternörtern abgeleiteten Standardkoordinaten der Sterne repräsentieren eine strenge geozentrische Zentralperspektive des Sternhimmels in einem refraktionsfreien Beobachtungsraum. Auch eine photogrammetrische oder CCD-Aufnahme, die mit einer Zenitkammer erstellt und mit einem Komparator ausgemessen wird, repräsentiert im Prinzip ein zentralperspektivisches Bild des Sternhimmels. Der Unterschied des Standpunkts (dort Geozentrum, hier Topozentrum) liegt weit unter der Meßgenauigkeit und ist daher vernachlässigbar. Bedingt durch die atmosphärische Strahlenbrechung und durch technische Mängel der Meßkammer ist das Meßbild jedoch verzerrt. Würde man bei den in 9.7.4 vorgesehenen Vergleichen zwischen Standard- und Bildkoordinaten den Refraktionseinfluß und die instrumentellen Fehler nicht berücksichtigen, so müßte man mit Widersprüchen und entsprechend verfälschten Ergebnissen rechnen. Es ist daher geboten, alle bekannten Verzerrungen der gemessenen Bildkoordinaten vor deren Korrelation mit den Standardkoordinaten rechnerisch zu beseitigen oder, soweit die Verzerrungen unbekannt sind, im Zuge der Einpassung zu bestimmen und zu beseitigen.

Zur Beseitigung des Refraktionseinflusses wird man eine der in 4.7.2 vorgestellten Formeln oder Algorithmen einsetzen, z.B. (4.7-31/2), wobei anstelle des »$\tan z_0$« (unter »z_0« wird a.a.O. die im Beobachtungsstandort gemessene Zenitdistanz verstanden) hier die diesem Ausdruck entsprechende Funktion der Bildkoordinaten tritt:

$$R := 0{,}0597''\mathrm{hPa}^{-1} \cdot \frac{p_0}{1 + \alpha \cdot T_{\mathrm{Cels}\,0}} \cdot \frac{\sqrt{x^2 + y^2}}{c}. \qquad (6.7\text{-}19/1)$$

Aus den radialen Refraktionskorrekturen R können sodann entsprechende Korrekturen der Bildkoordinaten R_{x} und R_{y} berechnet

$$R_{\mathrm{x}} := R \cdot \frac{x}{\sqrt{x^2 + y^2}} \quad \text{und} \quad R_{\mathrm{y}} := R \cdot \frac{y}{\sqrt{y^2 + y^2}}. \qquad (4.7\text{-}19/2)$$

und an den gemessenen Bildkoordinaten angebracht werden, die analog (4.7-7) zu vergrößern sind.

Die Abbildungseigenschaften der Meßkammer und die Metrik des Komparators können am zuverlässigsten im Labor festgestellt werden. Falls eine solche Kalibrierung erfolgt ist, wird man die gemessenen Bildkoordinaten bereits vor der Ausgleichung korrigieren. Wenn die Photoplatte eine große Zahl von Sternen enthält, können die Kalibrierungsparameter aber auch als Unbekannte in die Ausgleichung eingeführt werden.

Kuntz (1965) berücksichtigt mit dem Ansatz

$$\begin{aligned} x &= x' - \Delta x_H' + x' \cdot \mu_x - y' \cdot \epsilon + P_x\{x', y'\}, \\ y &= y' - \Delta y_H' + y' \cdot \mu_y \qquad\quad + P_y\{x', y'\}, \end{aligned} \tag{9.7-20}$$

die Abweichung $\Delta x_H'$, $\Delta y_H'$ des Bildhauptpunktes H von dem durch Rahmenmarken definierten Bildkkordinatensystem, kleine Maßstabsunterschiede (affine Verzerrungen) μ_x, μ_a in x- und y-Richtung (die einen Fehler der verwendeten nominalen Kammerkonstanten c einschließen), eine Abweichung ϵ von der Orthogonalität des Systems der Bildkoordinaten bzw. der Achsen des Komparators und eine durch zwei Polynome P_x und P_y beschriebenen Objektivverzeichnung. Das Ergebnis der Korrektur ist eine aus den gemessenen Plattenkoordinaten x', y' rechnerisch erstellte Gnomonische Projektion mit Koordinaten x, y, die sich auf den Bildhauptpunkt beziehen. Ähnliche Ansätze zur Konstruktion einer strengen Zentralperspektive beschreiben Deker (1967, 94), Schulz (1968, 21), Mimus/Mittermayer (1968, 1-6), Mueller et al. (1971, 119), Mimus (1971, 9-13), Wissel, (1982, 49), Chesi (1984, 46). Die Unterschiede betreffen vor allem die Modellierung der Objektivverzeichnung, die im einfachsten Fall durch einen radialsymmetrischen Ansatz mit einem Polynom zweiten Grades erfolgt, bei umfangreicheren Polynomen aber auch kompliziertere Verzeichnungsstrukturen abdecken kann.

In der vorgestellte Reduktionsmethode, die als »photogrammetrische« Methode bezeichnet wird, sind alle in das Auswertemodell eingebrachten Parameter physikalisch oder geometrisch begründet. Eine Deformation des aus den belichteten Photoplatten abgeleiteten Strahlenbündel wird bei der Einpassung in den Rahmen der scheinbaren Sternörter nur in den Grenzen zugelassen, die durch die Refraktionstheorie und den Konstruktionsmerkmale der eingesetzten Meßinstrumente vorgegeben sind. Alternativ sind verschiedentlich auch einige aus der Astrometrie übernommene (»astrometrische«) Methoden der Einpassung untersucht worden. Auch diese Methoden zielen auf eine möglichst innige Verknüpfung des Soll- und des gemessenen Ist-Zustandes der bearbeiteten Strahlenbündel. Im Gegensatz zur photogrammetrischen Methode ist dabei die ohnehin nur eingeschränkt mögliche physikalisch-geometrische Interpretation der Parameter nicht vorgesehen. In der Literatur diskutierte Ansätze in der Reihe der astrometrischen Einpassungsmethoden (Kuntz, 1965; Schulz, 1968, 4; Mimus/Mittermayer, 1968, 1-6; Mimus, 1971, 21-35; Geßler, 1975, 77; Wissel, 1982, 46-57; Chesi, 1984, 45) sind die *Ähnlichkeitstransformation* mit 4 Parametern:

$$x = a_1 + b_1 \cdot x' + c_1 \cdot y', \quad y = a_2 - c_1 \cdot x' + b_1 \cdot y', \tag{9.7-21}$$

die »*kurzen*« *Turnerschen Gleichungen* (*Affintransformation*) mit 6 Parametern:

$$x = a_1 + b_1 \cdot x' + c_1 \cdot y', \quad y = a_2 + b_2 \cdot x' + c_2 \cdot y', \tag{9.7-22}$$

die *projektive Abbildung* mit 8 Parametern:

$$x = \frac{A \cdot x' + B \cdot y' + C}{a \cdot x' + b \cdot y' + 1}, \quad y = \frac{D \cdot x' + E \cdot y' + F}{a \cdot x' + b \cdot y' + 1}, \tag{9.7-23}$$

und die »*langen*« *Turnerschen Gleichungen* mit 20 Parametern: (9.7-24)

$$x = A_x + B_x \cdot x' + C_x \cdot y' + D_x \cdot x'^2 + E_x \cdot x' \cdot y' + F_x \cdot y'^2 + G_x \cdot x'^3 + H_x \cdot x'^2 \cdot y' + P_x \cdot x' \cdot y'^2 + Q_x \cdot y'^3,$$

$$y = A_y + B_y \cdot x' + C_y \cdot y' + D_y \cdot x'^2 + E_y \cdot x' \cdot y' + F_y \cdot y'^2 + G_y \cdot x'^3 + H_y \cdot x'^2 \cdot y' + P_y \cdot x' \cdot y'^2 + Q_y \cdot y'^3.$$

(9.7-24) ergibt sich aus einer Taylorentwicklung von (9.7-23), inhaltlich sind die Ausdrücke aber, da die Entwicklung in (9.2-24) bereits mit den dritten Potenzen abgebrochen wurde und keine Einschränkung in der Größe der Koeffizienten getroffen werden, nicht identisch. Man erkennt, daß die Gleichungssysteme (9.7-21)-(9.7.22)-(9.7-23/(9.7-24) jeweils Untermengen der nächst folgenden darstellen. Der Vergleich mit den geometrisch begründeten »photogrammetrischen Gleichungen« (9.7-20) zeigt außerdem, daß einige der Koeffizienten durchaus geometrisch gedeutet werden können, z.B. die konstanten Glieder als Koordinaten des Bildhauptpunktes. Die Vermischung mit nichtgeometrischen Gliedern verwässert jedoch die geometrische Interpretierbarkeit der Ergebnisse und damit auch das Potential der Formeln zur Lotrichtungsbestimmung, deren Auswertung eine streng geometrische Deutung der eingeführten Parameter verlangt.

9.7.6 Automatisierte Sternidentifizierung

Wie bei allen Verfahren der Lotrichtungs- und Azimutbestimmung kann die Auswertung der Beobachtungen nur dann plausible Ergebnisse liefern, wenn die erfaßten Sterne vor oder nach der Messung identifiziert werden. Denn nur unter dieser Voraussetzung können die Sternkoordinaten und die Observablen über das astronomische Fundamentaldreieck miteinander in Beziehung gebracht werden.

Bei einer photographischen oder CCD-Zenitaufnahme läßt sich diese Beziehung durch den Vergleich der Bildkoordinaten x, y der aufgezeichneten Sterne mit den in die Bildebene transformierten Koordinaten α, δ dieser Sterne herstellen, den man anhand der Tranformationsgleichung (7.4-7/5) durchführen kann:

$$\alpha' = \alpha_0 + \arctan \frac{y}{c \cdot \cos\delta_0 - x \cdot \sin\delta_0}\,;$$
$$\delta' = \arctan \frac{(c \cdot \sin\delta_0 + x \cdot \cos\delta_0) \cdot \cos\{\alpha - \alpha_0\}}{c \cdot \cos\delta_0 - x \cdot \sin\delta_0}\,. \tag{9.7-25}$$

Der Vergleich setzt voraus, daß die Aufnahmerichtung α_0, δ_0 und die azimutale Orientierung der Kammer, sowie die Kammerkonstante c bekannt sind. Dies ist bei einer genähert horizontierten und nach Norden ausgerichteten Zenitkammer der Fall, wenn Näherungswerte der Lotrichtungskomponenten λ', φ' im Standort zur Verfügung stehen. Bei bekannter Aufnahmeepoche *GAST* gilt in diesem Fall:

$$\alpha_0 = GAST - \lambda'\,;$$
$$\delta_0 = \varphi'\,. \tag{9.7-26}$$

Vergleicht man nun die »gemessenen« Koordinaten α', δ' mit den scheinbaren Örtern α, δ sämtlicher von der Aufnahme erfaßten katalogisierten Sterne, so wird man Koordinatenpaare finden, deren sphärischer Abstand

$$s = \sqrt{(\alpha' - \alpha)^2 \cdot \cos^2\delta + (\delta' - \delta)^2} \tag{9.7-27}$$

minimal wird und unterhalb einer Identifizierungsschranke von z.B. $s \leq s_{max} = 3'$ liegt (Wissel, 1982, 37). Wenn (9.7-27) erfüllt ist, kann der meßtechnisch erfaßte Stern als identifiziert gelten.

9.8 Breiten-, Längen- und Azimutbestimmung mit Hilfe der Sonne

9.8.1 Vorbemerkung zur Problematik von Sonnenbeobachtungen

Grundsätzlich ist die Sonne als ein leuchtender Himmelskörper genauso wie Fixsterne als Referenz für Breiten-, Längen- und Azimutbestimmungen geeignet, da ihre Ephemeriden wie die Positionen der Sterne mit der erforderlichen Genauigkeit vorausberechnet werden können. Geodätische Nutzer, denen die zur Bahnberechnung erforderlichen Daten und Programme im allgemeinen nicht zu Gebote stehen, können die Ephemeriden in Form der Parameter »Scheinbare Deklination« (δ_{S_0} = Apparent Declination) und »Scheinbare Rektaszension« (α_{S_0} = Apparent Right Ascension) der Tabelle C4-C19 des Astronomical Almanac entnehmen, wo sie zum Zeitargument 0^h Dynamische Zeit (= *TT* = Terrestrische Zeit) in Tagesschritten vertafelt sind. Da sich die Sonnen-Ephemeriden rasch ändern und die Tafelschritte überdies nicht konstant sind, ist bei der Entnahme der den Beobachtungsepochen entsprechenden Zwischenwerte quadratische oder kubische Interpolation erforderlich.

Trotz diesen zu Sternbeobachtungen äquivalenten Voraussetzungen ist die Sonne aus folgenden Gründen kein gleichwertiges Beobachtungsziel:

- Die Sonne kann wegen ihrer extremen Helligkeit (*GrKl* = $-26{,}8^{mag}$) nie in Verbindung mit anderen Sternen (hellster Fixstern Sirius: *GrKl* = $-1{,}5^{mag}$) beobachtet werden. Beobachtungsverfahren, die auf sukzessive oder gleichzeitige Beobachtung mehrerer Sterne ausgelegt sind, scheiden daher aus.
- Im Gegensatz zu den Sternen, die aufgrund ihrer großen Entfernung in der Bildebene des Fernrohrs punktförmig bzw. als kleines Beugungsscheibchen (Airy-Scheibchen) abgebildet werden, kann man die Sonne mit ihrem zwischen 15′44″ und 16′16″ schwankenden scheinbaren Halbmesser (im Mittel: 16′00″) mit einem Fadenkreuz nicht ohne weiteres zentrisch einstellen.
- In allen genauen Verfahren der Breiten-, Längen- und Azimutbestimmung, die sich auf die Messung von Zenitdistanzen oder auf die Beobachtung von Almukantarat-Durchgängen stützen, werden Sternpaare mit dem Ziel beobachtet, den störenden Einfluß nicht zutreffend modellierter Refraktionseinflüsse zu kompensieren. Die durch die paarweise Beobachtung von Sternen mögliche Kompensation von Refraktionsfehlern ist bei der Beobachtung der Sonne mangels eines (sichtbaren) »Gegensterns« nicht möglich.
- Die bei Sonnenbeobachtungen unvermeidbare starke und einseitige Erwärmung des Beobachtungsinstruments führt zu Deformationen, die die erreichbare Genauigkeit einschränken.

Diesen Nachteilen steht die Bequemlichkeit von Tagbeobachtungen gegenüber. Die Einsatzfähigkeit bei Tage war der Grund, daß in der Astronavigation Sonnenbeobachtungen große Bedeutung hatten. Aber auch für geodätische Aufgabenstellungen wurden sie häufig eingesetzt, in diesem Bereich allerdings meist nur zur Gewinnung von Näherungswerten von Breite, Länge und Azimut. Da man aber Näherungswerte der genannten Größen heute einfacher mit billigen tragbaren GPS-Empfängern gewinnen kann, haben astrogeodätische Sonnenbeobachtungen nur noch historische Bedeutung. Vor diesem Hintergrund sollen im folgenden lediglich einige Grundsätze erörtert und in 9.8.3 drei der in gängigsten Beobachtungsverfahren kurz vorgestellt werden.

9.8.2 Besonderheiten von Sonnenbeobachtungen

Vorweg eine Warnung an den Beobachter: Er sollte unter allen Umständen vermeiden, ohne wirksamen Schutz der Augen direkt in die Sonne zu blicken. Das Sonnenlicht ist so intensiv, daß es bei direkter Einwirkung auf die Netzhaut des Auges schwere und dauerhafte Augenschäden hervorrufen kann. Diese Regel gilt bereits für das unbewaffnete Auge, ganz besonders aber, wenn die Sonne durch ein Fernrohr betrachtet wird, das die auf die Netzhaut einwirkende Beleuchtungsstärke vervielfacht. Im Übrigen kann die in der Strichplatte des Fernrohrs gesammelte Licht- und Wärmenergie auch das Instrument deformieren oder dauerhaft unbrauchbar machen. Daher ist es unerläßlich, bei Sonnenbeobachtungen auf das Fernrohrobjektiv ein Farbfilter aufzusetzen, das die schädliche Energie schon vor ihrem Eintritt in das Instrument absorbiert. (Okularfilter schützen zwar das Auge, nicht aber das Instrument). Vorsicht ist durchaus auch bei eventuell erforderlichen Voreinstellungen über Kimme und Korn oder über ein Hilfsfernrohr mit geringer Vergrößerung geboten. Hilfreich ist für diesen Arbeitsgang ist ein hinter das Fernrohr gehaltenes Blatt Papier, auf dem sich der Schatten des Fernrohrs abbildet. Die Form dieses Schattens läßt in der Regel einen Schluß auf die Ausrichtung des Fernrohrs zu.

Geozentrische Parallaxe, Reduktion vom Sonnenrand auf die Sonnenmitte

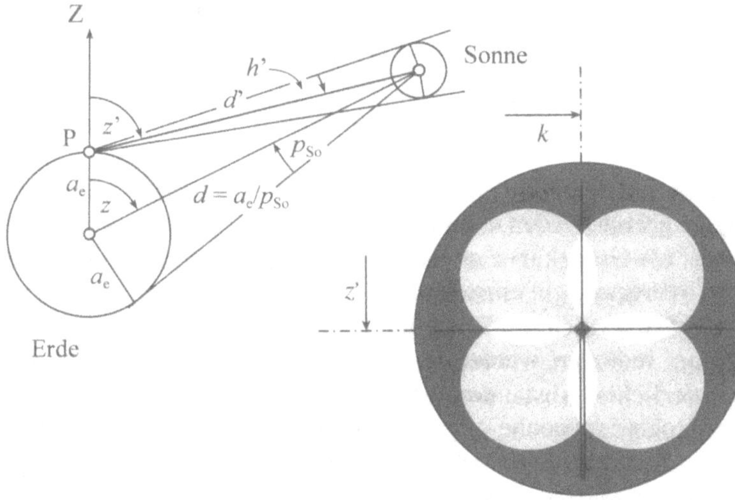

Bild 9.8-1 links: Reduktionen einer im Beobachtungsstandort gemessenen Zenitdistanz auf das Geozentrum und einer zum Sonnenrand gemessenen Zenitdistanz oder Horizontalrichtung auf das Sonnenzentrum
rechts: Zentrische Zielung auf die Sonne über ein Roelofssches Sonnenprisma

Wegen der großen Entfernungen der Fixsterne braucht bei optischem Fixsternbeobachtungen nicht zwischen topozentrischen und geozentrischen Richtungen unterschieden zu werden: die *Tägliche Parallaxe* der Fixsterne ist verschwindend klein und kann daher stets vernachlässigt werden. Auch die Größe der Fixsterne spielt keine Rolle, da die Sterne von der Erde aus unter extrem kleinen Winkeln erscheinen. Bei Sonnenbeobachtungen sind solche Vereinfachungen nicht zulässig. Denn hier besteht ein meßbarer Unterschied zwischen der topozentrischen und der geozentrischen Richtung zur Sonne, maximal etwa p_{So} = 8,8″ (= Durchschnittswert der »Sonnen-Parallaxe«; ⇨ 2.10.3). Des weiteren zwingt die scheinbare Größe der Sonne, deren Halbmesser von der Erde aus unter einem Winkel von durchschnittlich h = 16′00″ erscheint, zur Unterscheidung zwischen den Richtungen zum Rand und zum Zentrum der Himmelskörpers. h wird bei Einstellung des Sonnenrandes rechnerisch berücksichtigt, bei Benutzung eines geeigneten Prismensystems (s.u.) kann eine entsprechende Ablenkung im Strahlengang des Fernrohrs erreicht werden.

Die Richtungsreduktion vom Beobachtungsstandort (Topozentrum) auf das Geozentrum ist erforderlich, weil sich die durch Ephemeriden beschriebenen Sonnenörter auf das Geozentrum beziehen. Die Reduktion betrifft nur die Zenitdistanzen. Die Reduktionsgröße Δz_{SoPa}, die an eine topozentrische Zenitdistanz z' anzubringen ist, um diese in eine geozentrische Richtung z überzuführen,

$$z = z' + \Delta z_{SoPa}, \qquad (9.8\text{-}1/1)$$

erhält man durch Anwendung des Sinussatzes auf das Dreieck P-Geozentrum-Sonnenzentrum (Bild 9.8-1). Mit $d' \approx d$ erhält man:

$$\Delta z_{SoPar} = \frac{a_e}{d_{So}} \cdot \sin z' = p_{So} \cdot \sin z'. \qquad (9.8\text{-}1/2)$$

Da die Sonnenmitte wegen des großen Sonnendurchmessers von durchschnittlich 32′ nicht genau aufgefaßt werden kann, muß hilfsweise der Sonnenrand angezielt werden. Dieser ist als Grenzkurve zwischen der hellen Sonnenscheibe und dem relativ dunklen Hintergrund gut einstellbar. Die Richtungen zu den Rändern müssen aber, da die Ephemeriden die Richtungen zum Sonnenzentrum beschreiben, auf dieses Zentrum reduziert werden. Der scheinbare Sonnenradius h_{So} variiert wegen des veränderlichen Abstandes Erde-Sonne zwischen 15′44″ und 16′16″. Der für die Beobachtungsepoche gültige Wert $h' \approx h$ kann dem Astronomical Almanac, Tabelle C4-19, Spalte (»Semidiameter«) entnommen werden. Bezeichnet man die Horizontal- und Vertikalkreisablesungen der mit dem Vertikal- und/oder dem Horizontalfaden eingestellten Sonnenränder mit k_{links}, k_{rechts} bzw. z_{oben}', z_{unten}', so gilt für die entsprechenden, in den Beobachtungsepochen maßgeblichen Richtungen zum Sonnenzentrum:

$$k = k_{links} + h_{So} \quad \text{und} \quad k = k_{links} - h_{So}; \qquad (9.8\text{-}2/1)$$

$$z' = z_{unten}' + h_{So} \quad \text{und} \quad z' = z_{oben}' - h_{So}. \qquad (9.8\text{-}2/2)$$

Falls die Einstellungen zu den Epochen T_{klinks}, $T_{krechts}$, T_{zunten}, T_{zoben} jeweils kurz nacheinander erfolgen, so erhält man für die Örter der Sonnenmitte:

$$\text{zur Epoche } T_{kMitte} = (T_{klinks} + T_{krechts})/2 : \; k_{Mitte} = (k_{links} + k_{rechts})/2; \qquad (9.8\text{-}3/1)$$

$$\text{zur Epoche } T_{zMitte} = (T_{zunten} + T_{zrechts})/2 : \; z_{Mitte} = (z_{unten} + z_{oben})/2. \qquad (9.8\text{-}3/2)$$

Die etwas umständliche Einstellung der Sonnenränder und die Reduktion der

Ablesungen auf die Mitte können entfallen, wenn das Fernrohr mit einem *Roelofsschen Sonnenprisma* ausgerüstet wird. Mit diesem Prisma wird das Bild der Sonne in vier Teilbilder zerlegt, die unter gleichen Winkeln sowohl nach links und rechts als auch nach unten und oben abgelenkt sind. Der Beobachter sieht ein aus vier symmetrisch angeordneten Sonnenbildern zusammengesetztes Mischbild, siehe Bild 9.8-1, dessen gut einstellbare Symmetrieachsen das Zentrum der Sonne repräsentieren.

9.8.3 Stundenwinkel der Sonne

Der momentane Stundenwinkel t_{So} der (wahren) Sonne im Ortsmeridian λ, der in den meisten Beobachtungsszenarien als Parameter benötigt wird, ergibt sich bei bekannter, auf den Greenwich-Meridian bezogener Zeit (*UTC*, *TAI*, *UT1*, *GMST*, *GAST*) gemäß (5.3-16), (5.3-17), (5.3-18) und (5.3-21) zu

$$t_{So} = LAT - 12\text{h} := UT1 + e - 12\text{h} + \lambda = UT1 + E - 24\text{h} + \lambda. \qquad (9.8\text{-}1)$$

Die Zeitgleichung e (5.3-18) ist im Star Almanac for Land Surveyors, Tabelle »Sun«, in Form des Parameters $E = e + 12\text{h}$ (5.3-21) in 6-Stunden-Schritten als Funktion der Weltzeit *UT1* vertafelt. Aus (9.8-1) erhält man den durch $t_{So} = 0\text{h}$ gekennzeichneten Zeitpunkt des Meridiandurchgangs der Sonne $T_{Tr\lambda}$:

$$UT1_{Tr\lambda} = 12\text{h} - \lambda - e = 24\text{h} - \lambda - E. \qquad (9.8\text{-}2)$$

In der Skala der Terrestrischen Zeit (*TT*) läßt sich dieser Zeitpunkt aus den im Astronomical Almanac, Tafel C4-C19, in Tagesschritten vertafelten Durchgangsepochen der Sonne durch den Ephemeridenmeridian (»Ephemeris Transit«) ableiten, indem diese Epochen auf den Ortsmeridian λ interpoliert werden; Ergebnis: $T_{Tr\lambda}$, ausgedrückt in *TT*. Mit dem gleichen Algorithmus findet man den Durchgangszeitpunkt der Sonne durch einen beliebigen anderen, mit λ_{TrSo} bezeichneten Meridian: $T_{Tr\lambda So}$. Durch diesen Vorgang wird ein bestimmter Längenunterschied $\lambda - \lambda_{TrSo}$ dem Zeitunterschied $T_{Tr\lambda So} - T_{Tr\lambda}$ zugeordnet, den die Sonne zur Überwindung von $\lambda - \lambda_{TrSo}$ benötigt. Dieser Längenunterschied kann als Stundenwinkel der Sonne t_{So} im Zeitpunkt $T_{Tr\lambda So}$ gedeutet werden:

$$t_{So} := \lambda - \lambda_{Tr\lambda So}. \qquad (9.8\text{-}3)$$

Umgekehrt kann man durch inverse Interpolation für eine beliebige Epoche $T_{Tr\lambda So}$ die Geographische Länge λ_{TrSo} angeben, die die Sonne in diesem Augenblick überschreitet. Mit λ_{TrSo} läßt sich mit der bekannten Länge λ des Ortsmeridians und der den Zeitpunkt $T_{Tr\lambda So}$ entsprechenden Länge λ_{TrSo} nach (9.8-3) der momentane Stundenwinkel der Sonne berechnen.

Eine dritte Möglichkeit zur Berechnung des Stundenwinkels der Sonne bietet die Tafel C4-C19 des Astronomical Almanac, aus der neben den bereits erwähnten Sonnentransit-Epochen in Tagesschritten auch die Scheinbare Rekataszension α_{So}

und die Scheinbare Deklination δ_{So} der Sonne entnommen werden kann. Nach (3.3-16/2)/ (5.9-1) besteht zwischen der Rektaszension α eines Gestirns, der Geographischen Länge λ des Ortsmeridians und der Scheinbaren Sternzeit Greenwich *GAST* die folgende, nunmehr durch α_{So} ausgedrückte Beziehung:

$$t_{So} := \lambda - \alpha_{So} + GAST. \qquad (9.8\text{-}4)$$

9.8.4 Breiten-, Längen und Azimutbestimmung mit Hilfe der Sonne

Als Verfahren zur Bestimmung **Geographischer Breiten** bietet sich die Methode der Zirkummeridian-Zenitdistanzen an. Bei diesem Verfahren wird unter gleichzeitiger Registrierung der Beobachtungsepochen die Zenitdistanzen der Sonne mehrmals kurz vor und kurz nach dem Meridiandurchgang beobachtet. Bei der Anwendung der für dieses Beobachtungsszenario entwickelten Formel (9.4-7/1) ist bei Sonnenbeobachtungen lediglich zu beachten, daß sich die Deklination der Sonne während der Beobachtungssequenz ändert:

$$\varphi = \delta_{So} \pm z_{So} - \tfrac{1}{2}\cdot\cos\varphi\cdot\cos\delta_{So}\cdot\operatorname{cosec}\{\varphi - \delta_{So}\}\cdot t_{So}^{2}/\rho. \qquad (9.8\text{-}5)$$

δ_{So} darf daher in (9.8-5) nicht als konstante Größe eingeführt werden, wie dies bei Sternbeobachtungen zulässig ist, sondern muß für jede einzelne Beobachtungsepoche neu bereit gestellt (interpoliert) werden. Man kann dazu auf die in Tafel C4-C19 des Astronomical Almanac niedergelegten $\delta_{So}\{0^{h}TT\}$ zugreifen.

Da die Änderung von δ_{So} innerhalb des Beobachtungszeitraums ($= d\delta_{SoTr}/dT$) als konstant angenommen werden darf und die aktuelle Änderungsrate leicht aus zwei benachbarten Tafelwerten $\delta_{SoTr-12h}$, $\delta_{SoTr+12h}$ gefolgert werden kann ($d\delta_{SoTr}/dT := \Delta\delta_{SoTr}/\Delta T$ mit $\Delta\delta_{SoTr} = \delta_{SoTr24h} - \delta_{SoTr0h}$ und $\Delta T = 24h$), können die δ_{So} der Beobachtungsepochen auch aus der Deklination δ_{SoTr} beim Meridian-Durchgang berechnet werden:

$$\delta_{So} = \delta_{SoTr} + (d\delta_{So}/dT)_{TrSo}\cdot t_{So}.$$

Setzt man diese Beziehung in (9.8-5) ein, so erhält man nach einigen Umformungen (Waldmeier, 1968, 66) die folgende Rechenformel:

$$\varphi = \delta_{SoTr} \pm z_{So} - \tfrac{1}{2}\cdot\cos\varphi\cdot\cos\delta_{SoTr}\cdot\operatorname{cosec}\{\varphi - \delta_{SoTr}\}\cdot(t_{So} - t_{SoKu})^{2}/\rho, \qquad (9.8\text{-}6/1)$$

mit

$$t_{SoKu} = \rho_{rad\text{-}h}\cdot(d\delta_{So}/dT)_{TrSo}\cdot(\tan\varphi - \tan\delta_{So})$$
$$= 3{,}8197h\cdot(d\delta_{So}/dT)_{TrSo}\cdot(\tan\varphi - \tan\delta_{So}) \qquad (9.8\text{-}6/2)$$

= Stundenwinkel, in dem die Sonne die kleinste Zenitdistanz erreicht.

(Die Einheit von t_{SoKu} richtet sich nach der Einheit, in der $d\delta/dT$ in die Formel eingeführt wird. Soll t_{SoKu} z.B. die Einheit »′« erhalten, so müßte man $d\delta/dT$ in der Einheit »′/h« einführen). Der neue Parameter t_{SoKu}, der nunmehr als Zwischengröße in Erscheinung tritt, ist der Stundenwinkel der Sonne bei ihrer Kulmination (z_{So} = min.). Dieser Höchststand tritt, abgesehen von den beiden Sonnwenden, in denen sich δ_{So} nicht ändert, stets etwas nach oder vor dem Meridiandurchgang ein, z.B. zum Zeitpunkt des Frühlingsanfangs ($\delta_{So} = 0°$, $d\delta_{So}/dT$ = max.) in der Breite $\varphi = 50°$ mit $d\delta_{So}/dT = 23'42''/24h = 0{,}9875'/h$ unter dem Stundenwinkel: $t_{SoKu} = 4'30''$.

Es versteht sich von selbst, daß die in (9.8-5) und (9.8-6/1) eingehende Zenitdistanz wegen der Sonnenparallaxe (9.8-1) und wegen Refraktion (4.7-31)/(4.7-32) zu korrigieren ist. Die Tägliche Aberration kann im Rahmen der bei Sonnenbeobachtungen erreichbaren Genauigkeit vernachlässigt werden.

Auch **Geographische Längen** können, basierend auf (9.5-2)/(9.8-1), aus Zenitdistanz-Messungen abgeleitet werden, wenn die Sonne einen ausreichend großen Meridianabstand hat. Das Verfahren setzt die Kenntnis der Geographischen Breite des Standorts φ voraus. Neben der gemessenen und auf das Geozentrum reduzierten Zenitdistanz z geht die momentane Deklination δ_{So} und die Beobachtungsepoche $UT1$ in die Bestimmungsgleichung von λ ein.

$$\lambda = \arccos\{\cos z_{So} \cdot \sec\varphi \cdot \sec\delta_{So} - \tan\varphi \cdot \tan\delta_{So}\} + 24h - UT1 - E.$$

Das Verfahren versagt, wenn sich die Sonne in Meridiannähe befindet, weil in diesem Fall $z_{So} \approx \varphi - \delta_{So}$, arg{arccos} ≈ 1 und die Funktion arccos unbestimmt wird.

Eine Möglichkeit, λ ohne die Messung von Zenitdistanzen zu ermitteln, ist die Beobachtung des Meridiandurchgangs der Sonne. Dabei muß vorausgesetzt werden, daß mit einem bekannten Azimut eines Erdziels die Meridian-Richtung vorweg abgesteckt werden kann. Observable des Verfahrens ist die Durchgangsepoche $UT1_{Tr}$. In diesem Zeitpunkt ist die Wahre Ortszeit $LAT_{Tr} = 12h$. Aus der Zeitaufnahme kennt man UTC_{Tr}, aus dem IERS-Bulletin B $UT1 - UTC$ und damit auch $UT1_{Tr}$. Die für den Beobachtungszeitpunkt ebenfalls bekannte Zeitgleichung e, die z.B. in Form der Hilfsvariablen $E = e + 12h$ (5.3-21) im *Star Almanac for Land Surveyors* vertafelt ist, erlaubt den Übergang auf die wahre Sonnenzeit in Greenwich $GAT_{Tr} = UT1_{Tr} + e$. Im Einklang mit (9.8-2) erhält man für die Geographische Länge des Standorts:

$$\lambda = LAT_{Tr} - GAT_{Tr} = 12h - UT1_{Tr\lambda} - e = 24h - UT1_{Tr\lambda} - E. \qquad (9.8\text{-}2)$$

Mit der Beobachtung von UTC_{Tr} kennt man nach (5.5-2) und (5.7-1) auch die Terrestrische Zeit des Meridiandurchgangs TT_{Tr}. Der Vergleich dieses Zeitpunktes mit den Epochen TT_{ETri-1}, TT_{ETri}, TT_{ETri+1} vorausgegangener und nachfolgender »Ephemeris Transits« (Tafel C4-C19 des Astronomical Almanac) gibt die Zeitunterschiede zwischen dem Durchgang der Sonne durch den Ephemeriden- und dem Ortsmeridian. Durch quadratische Interpolation von TT_{Tr} in den Rahmen der TT_{ETr}-Epochen (⇨ 5.4.3; Bild 5.4-4/2) und der Länge des Ephemeridenmeridians λ_{Eph}, findet man - alternativ zu (9.8-2), aber mit höherer Genauigkeit - die gesuchte Länge λ des Ortsmeridians:

λ_{Eph} -----------> TT_{ETri}		TT_{ETri} aus dem Almanach
λ <----------- TT_{Tr}		TT_{Tr} durch Messung, λ aus Interpolation
$\lambda_{\mathrm{Eph}} + 360°$ ---> $TT_{\mathrm{ETri+1}} + 24\mathrm{h}$		$TT_{\mathrm{ETri+1}}$ aus dem Almanach.

Analog zu den in 9.3.2 besprochenen Möglichkeiten der **Azimutbestimmung** mit Hilfe von Sternen kann bei bekannter Breite des Standorts auch das momentane Azimut der Sonne durch die Messung einer Zenitdistanz (9.3-4) oder - bei zusätzlich bekannter Länge - durch die Feststellung des Beobachtungszeitpunktes (9.3-5) bestimmt werden. Im letztgenannten Verfahren wird der Stundenwinkel der Sonne (➪ 9.8.2) als Quasiobservable eingeführt. Auch die Kombination von Zenitdistanzmessung und Zeitaufnahme hat sich bewährt (Solarič, 1984).

Durch Richtungsübertragung kann das auf diese Weise festgestellte Sonnenazimut auf ein beliebiges Erdziel (z.B. auf eine Mire) übertragen werden. Zur Kompensation von Höhenindexfehlern bei der Zenitdistanzmessung und von Ziel- und Kippachsenfehlern bei der Horizontalwinkelmessung sowie des Einflusses einer eventuellen Winkelablenkung durch das Roelofssche Sonnenprisma, die nur das Ziel »Sonne«, nicht aber das Erdziel betrifft, ist die Beobachtung stets in zwei Fernrohrlagen durchzuführen. Dabei bietet sich wie bei bei den in 9.3.2 beschriebenen Sternbeobachtungen die folgende Beobachtungssequenz an: Lage I: Erdziel - Lage I: Sonne - Lage II: Sonne - Lage II: Erdziel. Ob bei der Auswertung die zu unterschiedlichen Zeitpunkten anfallenden Beobachtungen gemittelt und die weitere Reduktion mit den Mittelwerten erfolgt, oder jede einzelne Beobachtung wie eine unverfälschte Größe reduziert und das Ergebnis gemittelt wird, bleibt dem Auswerter überlassen. Wenn die Beobachtungen schnell aufeinander folgen, sind die Ergebnisse identisch.

9.9 Bestimmung von erdfesten Richtungen und Entfernungen mit Hilfe der Langbasis-Interferometrie (VLBI)

9.9.1 Vorbemerkung

Mit dem Instrumentarium der Langbasis-Interferometrie (Very Long Baseline Interferometry: VLBI; ➪ 8.7) sind die in der Vergangenheit ausschließlich mit optischen Sensoren durchgeführten astrometrischen und astrogeodätischen Meßverfahren um das Spektrum der Radiowellen erweitert worden. Damit sind bodengebundene Beobachtungen des Sternhimmels durch eine zweites »Fenster« der Atmosphäre (➪ 8.1.1) möglich geworden. Dabei hat das VLBI die mit optischen Meßverfahren erreichbare Genauigkeit um ein Vielfaches übertroffen. Nur satellitengestützte optische Systeme - der HIPPARCOS-Sensor (8.6) oder das Hubble-Teleskop -, die aufgrund fehlender Störeinflüsse durch die Atmosphäre prinzipiell unter günstigeren Beobachtungsbedingungen arbeiten, erreichen ein mit

VLBI vergleichbares Genauigkeitsniveau. Einschränkend ist anzumerken, daß es im System des VLBI nicht möglich ist, einen meßtechnischen Bezug zur Lotrichtung herzustellen. Die Lotrichtungsbestimmung bleibt daher (neben der Gravimetrie) nach wie vor den bodengebundenen optischen Verfahren der Geodätischen Astronomie vorbehalten.

Die für astrogeodätische Aufgaben wichtigste Funktion des VLBI ist sein Beitrag zur Einrichtung und Laufendhaltung eines auf derzeit etwa 500 extragalaktische Radioquellen gestützten Zälestischen Bezugsrahmens des IERS (ICRF, ⇨ 3.5.3, ⇨ Bild 3.5-2), der die Verkörperung eines Inertialsystems darstellt. Darüber hinaus hat sich die Methode neben anderen Raumverfahren (SLR, LLR, GPS) als tragende Säule bei der laufenden Beobachtung der Erdorientierungsparameter erwiesen: Polkoordinaten ($x = EOP1$, $y = EOP2$), *UT1*-Ablage gegenüber der Internationalen Atomzeit oder der Koordinierten Weltzeit (*EOP3*) und Korrekturen des IAU-Nutationsmodells ($\Delta\psi_{\text{IERS}} = EOP4$, $\Delta\epsilon_{\text{IERS}} = EOP5$). Die mit dem VLBI auf diesem Feld erreichte Genauigkeit beträgt ±0,00002 s für die *UT1*-Ablage und ±0,0003″ für x, y, $\Delta\psi_{\text{IERS}}\cdot\sin 23{,}5°$ und $\Delta\epsilon_{\text{IERS}}$ (Schuh/Campbell, 1996).

In der Geodäsie zählt vor allem das mit keinem anderen System erreichbare Potential des VLBI, Entfernungen von mehreren 1000 km Länge mit Sub-cm-Genauigkeit zu erfassen. Die permanenten und mobilen VLBI-Stationen sind deshalb (neben den zahlreicheren SLR-Sationen) wichtige Stützen des vom IERS eingerichteten und laufend überwachten *Terrestrischen Bezugsrahmens* (ITRF, ⇨ 3.5.4, ⇨ Bild 3.5-2), der mittlerweile durch kontinentale und nationale GPS-Netze in etlichen Ländern schon bis zu einem Punktabstand von unter 100 km verdichtet worden ist. Es liegt auf der Hand, daß auch andere Zweige von Wissenschaft und Technik (Geowissenschaften, Luft- und Raumfahrt) aus einem solchen Festpunktfeld Nutzen ziehen können. Ein der Geodäsie schon immer nahestehender Nutznießer des ITRF ist die Geophysik, die sich bei der Erforschung der durch die Gezeiten, durch ozeanische und atmosphärische Auflasten sowie durch andere Einflüsse hervorgerufenen Erddeformation nunmehr auf gesicherte geometrische Grundlagen stützen kann (Haas, 1996). Auch die geophysikalisch begründeten Modelle der Plattentektonik (DeMets/Gordon/Argus/Stein, 1994) können nunmehr geodätisch (geometrisch) überprüft und in absehbarer Zeit wohl auch verbessert werden.

9.9.2 Korrekturen gemessener Signallaufzeiten

Das in 8.7 erläuterte Instrumentarium der Langbasis-Interferometrie liefert als primäre Observable die Laufzeitdifferenz (8.7-3)

$$\tau = T_2 - T_1 \tag{9.9-1}$$

zwischen dem Zeitpunkt T_1 der Ankunft eines Quasar-Signals in der Station P_1 und dem Zeitpunkt T_2, in dem das gleiche Signal die Station P_2 erreicht. Der

Zeitunterschied τ wird im wesentlichen durch die Laufzeit ΔT der Welle bestimmt, die diese im Vakuum für die Wegstrecke $c \cdot \Delta T$ benötigen würde. Um ΔT aus τ zu gewinnen, sind allerdings noch Reduktionen $\Delta \tau_{red}$ in Rechnung zu stellen, mit denen die Einflüsse der atmosphärischen Refraktion $\Delta \tau_{Atm}$, der Täglichen Aberration $\Delta \tau_{TäAb2}$, des unterschiedlichen Standes und Ganges der Uhren $\Delta \tau_{Uhr2}$ sowie relativistischer Effekte auf die Signallaufzeit berücksichtigt werden:

$$\tau = \Delta T + \Delta \tau_{red} = \Delta T + \Delta \tau_{Atm} + \Delta \tau_{TäAb2} + \Delta \tau_{Uhr2} + \Delta \tau_{rel}. \quad (9.9\text{-}2/1)$$

Nach ΔT aufgelöst lautet diese Gleichung:

$$\Delta T = \tau - \Delta \tau_{red} = \tau - \Delta \tau_{Atm} - \Delta \tau_{TäAb2} - \Delta \tau_{Uhr2} - \Delta \tau_{rel}. \quad (9.9\text{-}2/2)$$

Der Einfluß der Refraktion auf die Laufzeit $\Delta \tau_{Atm}$ korrespondiert mit den in 4.7.3 erörterten »Streckenfehlern«, die durch die *Troposphäre*

$$\begin{aligned} \Delta S_{tr\,Zen} &= 1{,}552 \cdot 10^{-5}\,\mathrm{K\,hPa}^{-1} \cdot \frac{p_0}{T_0} \cdot h_{tr}, \\ \Delta S_{f\,Zen} &= 0{,}07436\,\mathrm{K}^2\,\mathrm{hPa}^{-1} \cdot \frac{e_0}{T_0^2} \cdot h_f. \end{aligned} \quad (9.9\text{-}3/1)$$

($\Delta S_{tr\,Zen}$ (4.7-56/1) = zenitale Refraktionswirkung der trockenen Luft;
$\Delta S_{f\,Zen}$ (4.7-56/2) = zenitale Refraktionswirkung des Wasserdampfs in der Luft)

und durch die *Ionosphäre* (Lohmar, 1985, 15; Hofmann-Wellenhof, 1992, 92)

$$\Delta S_{Ion\,Zen} = \frac{40{,}3\,\mathrm{Hz}^2\mathrm{m}^3}{f^2} \cdot TEC \quad (9.9\text{-}3/3)$$

hervorgerufen werden. Nach Division durch die Vakuum-Lichtgeschwindigkeit c stellen die Ausdrücke (9.9-3) Laufzeitkorrekturen für zenital einfallende Strahlen dar. Um aus den zenitalen Korrekturen die konkreten, für den aktuellen (schrägen) Signalweg gültigen Korrekturen zu gewinnen, sind die einzelnen Ausdrücke jeweils noch mit geeigneten Mapping-Funktionen (im einfachsten Fall = $1/\cos z$) zu multiplizieren. In den Korrektur-Term $\Delta \tau_{Atm}$, der die Gesamtwirkung der Refraktion zum Ausdruck bringt, gehen die so gefundenen Laufzeitkorrekturen als Differenzen der Stationskorrekturen ein:

$$\begin{aligned} \Delta \tau_{Atm} = {} & (\Delta z_{tr\,Zen\,2} + \Delta z_{f\,Zen\,2} + \Delta z_{Ion\,Zen\,2})/(c \cdot \cos z_2) \\ & - (\Delta z_{tr\,Zen\,1} + \Delta z_{f\,Zen\,1} + \Delta z_{Ion\,Zen\,1})/(c \cdot \cos z_1). \end{aligned} \quad (9.9\text{-}3/4)$$

Zur Berechnung der *troposphärischen Korrektionen* liefern die vor Ort (Index »0«) in P_1 und P_2 gemessenen meteorologischen Parameter Temperatur T_0, Luftdruck p_0 und Partialdruck des Wasserdampfes e_0 gute Grundlagen. Die *ionosphä-*

rischen Korrekturen können durch Auswertung von (6.3-1) aus permanenten Zwei-Frequenz-GPS-Messungen gewonnen werden, z.B. unter Nutzung des IGS (➪ 6.3). Sie lassen sich mit erhöhtem Meß- und Auswerteaufwand aber auch unmittelbar aus VLBI-Signalen gewinnen, wenn die von den Quasaren ausgestrahlten Wellenzüge gleichzeitig in verschiedenen Frequenzbändern empfangen, registriert und ausgewertet werden (Schuh, 1985, 19), etwa im X-Band ($f \approx$ 8,4 GHz, $\lambda \approx$ 3,6 cm) und im S-Band ($\approx$ 2,3 GHz, $\lambda \approx$ 13 cm). Dazu ist in (6.3-1) anstelle der Differenz der Pseudoentfernungen $p_{L1}-p_{L2}$ die mit der Lichtgeschwindigkeit c multiplizierte Differenz der in den beiden Bändern gemessenen Signallaufzeiten $\tau_{X\text{-Band}}$ und $\tau_{S\text{-Band}}$ einzusetzen: $c\cdot(\tau_{X\text{-Band}} - \tau_{S\text{-Band}})$.

Der Einfluß der *Täglichen Aberration* beträgt nach Campbell (1979, 17):

$$\Delta\tau_{\text{TäAb}} = -\,c^{-1}\cdot\dot{\boldsymbol{r}}_2\cdot\boldsymbol{s}\cdot\tau = -\,c^{-1}\cdot\dot{r}_2\cdot s\cdot\cos\vartheta\cdot\tau. \qquad (9.9\text{-}4)$$

$\dot{\boldsymbol{r}}_2$ = Vektor der durch die Erdrotation bedingten Lineargeschwindigkeit der Station P_2 relativ zu P_1, $\boldsymbol{s}$ = Einheitsvektor der Richtung Erde-Radioquelle. Der Ausdruck $\dot{r}_2\cdot\cos\vartheta\cdot\tau$ stellt die Projektion der mit der Erddrehung einhergehenden Lageänderung des Standortes P_2 relativ zu P_1 in die Verbindungslinie Erde-Radioquelle dar. Dividiert durch c beschreibt das Glied die aus der Drehung der Erde resultierende Laufzeitänderung.

Mit der Korrektion $\Delta\tau_{\text{rel}}$ wird die Summe aller speziell- und allgemein-relativistischen Einflüsse zusammengefaßt, darunter auch die Reduktion der beiden in den Standorten P_1 und P_2 festgestellten Eigenzeiten T_1 und T_2 auf eine gemeinsame Koordinatenzeit.

Die Wirkung eines *Synchronisationsfehlers* ΔS_{Uhren} der Atomuhr in P_2 relativ zur Referenzuhr in P_1 schlägt mit

$$\Delta\tau_{\text{Uhr2}} = \Delta T_0 + (\mathrm{d}\Delta T_0/\mathrm{d}T)\cdot\Delta T \qquad (9.9\text{-}5)$$

zu Buche. Das konstante Glied ΔT_0 beschreibt den *Stand* der Uhr in P_2 gegenüber der Uhr in P_1, der Differentialquotient $\mathrm{d}\Delta T_0/\mathrm{d}T$ einen eventuellen *Uhrgang*, durch den sich der Uhrstand zeitproportional verändert.

9.9.3 Beobachtungsgleichungen des VLBI-Verfahrens

Die bereits in 8.7.4 vorgestellte Beobachtungsgleichung (8.7-5)

$$\boldsymbol{b}\cdot\boldsymbol{s} = b\cdot\cos\vartheta = c\cdot\Delta T, \qquad (9.9\text{-}6)$$

die als Observable den geometrischen Laufzeitunterschied ΔT (9.9-2/2) enthält, kann in vielfältiger Weise ausgewertet werden.

Eine primär geodätische Zielgröße ist der Vektor $\boldsymbol{b}$ in einem momentanen Greenwich-Äquatorsystem ⟨GrÄ⟩:

$$\boldsymbol{b} = (b_X, b_Y, b_Z)^T. \tag{9.9-7}$$

Setzt man die Einheitsvektoren PQ, also die im ⟨GrÄ⟩-System laufend veränder-Richtungen zu den angezielten Radioquellen als bekannt voraus (3.3-13/1),

$$\boldsymbol{s} = (\cos t_{Gr} \cdot \cos\delta, \quad -\sin t_{Gr} \cdot \cos\delta, \quad \sin\delta)^T, \tag{9.9-8}$$

was die a-priori-Kenntnis der Erdorientierungsparameter erfordert, und substituiert nach (3.3-16/1) die Greenwich-Stundenwinkel t_{Gr} der Quasare durch deren Rektaszension α und die für den Beobachtungszeitpunkt gültigen Epochen in der Skala der Scheinbaren Sternzeit Greenwich *GAST*,

$$t_{Gr} = GAST - \alpha,$$

so lautet die Beobachtungsgleichung (9.9-6) in Komponentendarstellung:

$$b_X \cdot \cos(GAST - \alpha) \cdot \cos\delta - b_Y \cdot \sin(GAST - \alpha) \cdot \cos\delta + b_Z \cdot \sin\delta = c \cdot \Delta T. \tag{9.9-9}$$

Eine Analyse von (9.9-9) zeigt, daß bei der angenommenen Aufgabenstellung, in der die momentanen scheinbaren Quasarkoordinaten α und δ als bekannt vorausgesetzt werden, das Gleichungssystem nach den drei Komponenten b_x, b_y, b_z aufgelöst werden kann, wenn die Gleichungen linear unabhängig sind. Die Bedingung der linearen Unabhängigkeit wird optimal erfüllt, wenn in das Beobachtungsprogramm mindestens drei Quasare einbezogen werden, die zusammen mit der Erde einen regelmäßigen Tetraeder aufspannen.

Der Schwerpunkt der astrogeodätischen Anwendungen des VLBI liegt heute vor allem in der permanenten Beobachtung der Erdorientierungsparameter (Schuh, 1987; Nothnagel, 1991; Schuh/Campbell, 1996). Auch diese Aufgabe läßt sich mit Hilfe der Beobachtungsgleichungen (9.9-6)/(9.9-9) lösen. Man hat dazu lediglich die gesuchten Erdorientierungsparameter, die die scheinbaren Quasar-Örter mitbestimmen, in (9.9-9) zu substituieren und so als Unbekannte in die genannten Gleichungen einzuführen. Quasi-permanente Beobachtungsreihen, die auf verschiedene, netzförmig miteinander verbundene Basislinien und auf eine bestimmte Zahl von gleichmäßig über den Himmel verteilten Radioquellen gestützt werden, liefern umfangreiche Meßreihen, aus denen die Unbekannten in hoher zeitlicher Auflösung durch Ausgleichung bestimmt werden können.

Schließlich lassen sich durch Analysen der Auswerteergebnisse über längere Zeiträume hinweg Längenänderungen der Basislinien feststellen und so wichtige Erkenntnisse über die Kinematik der Erde relativ zum ICRF gewinnen. Wiederholte Beobachtungen ausgewählter Basislinien tragen darüber hinaus wesentlich dazu bei, den globalen geodätischen Bezugsrahmen des ITRF zu erhalten und fortzuschreiben.

10 Quellen

10.1 Literatur

10.1.1 Monographien und Lehrbücher zur Geodätischen Astronomie und Astrometrie

(in chronologischer Reihenfolge)

BRÜNNOW, F., 1871: Lehrbuch der Sphärischen Astronomie. Ferd. Dümmler's Buchhandlung, Berlin

SAWITSCH, A.J, 1879: *Abriss der Praktischen Astronomie.* Wilhelm Manke, Leipzig

JORDAN, W., 1885: Grundzüge der astronomischen Zeit- und Ortsbestimmung. Verlag Julius Springer, Berlin

HERR, J.PH., TINTER, W., 1887: *Lehrbuch der sphärischen Astronomie in ihrer Anwendung auf geographische Ortsbestimmung.* L.W. Seidel & Sohn, Wien

CHAUVENET, W., 1891: *A Manual of Spherical and Practical Astronomy.* Lippincott Co., Philadelphia; Nachdruck 1960: Dover Publications, Inc., New York (ungeänderte Reproduktion der 5. Ausgabe 1891)

CAMPELL, W.W., 1904: *The Elements of Practical Astronomy.* The MacMillan Company, London

MARCUSE, A.., 1905: *Handbuch der geographischen Ortsbestimmung für Geographen und Forschungsreisende.* Verlag Friedrich Viehweg und Sohn, Braunschweig

NEWCOMB, S., 1906: *A Compendium of Spherical Astronomy.* The MacMillan Company, New York, London

DE BALL, L., 1912: *Lehrbuch der Sphärischen Astronomie.* Verlag von Wilhelm Engelmann, Leipzig

STUPAR, A., 1919: *Lehrbuch der Navigation.* Verlag Wilhelm Braumüller, Wien

BECKER, FR., 1934: *Grundriß der Sphärischen und Praktischen Astronomie.* Ferd. Dümmlers Verlag, Berlin und Bonn

DUTTON, B., 1942: *Navigation and Nautical Astronomy.* United States Naval Institute, Anapolis, Maryland

PESSION, G., 1943: *Manuale di Astronomia Pratica (Astronomia Geodetica).* La Libreria dello Stato, Roma

GRAFF, K., 1944: *Grundriß der geographischen Ortsbestimmung.* Walter de Gruyter & Co., Berlin

NIETHAMMER, TH., 1947: *Die genauen Methoden der astronomisch-geographischen Ortsbestimmung.* Verlag Birkhäuser, Basel

HERZOG, E.R., 1947: *Die Aufgaben der astronomisch-geographischen Ortsbestimmung in systematischer Behandlung.* Verh Naturforsch Ges Basel, 58, 1-57

ZAGAR, FR., 1948: *Astronomia Sferica e Teorica.* Nicola Zanichelli Editore, Bologna

PREY, A., 1949: *Einführung in die sphärische Astronomie.* Springer-Verlag, Wien

ROELOFS, R., 1950: *Astronomy Applied to Land Surveying.* N.V.Wed. J. Ahrend & Zoon, Amsterdam

SCHAUB, W., 1950: *Vorlesungen über sphärische Astronomie.* Akademische Verlagsgesellschaft Geest & Portig KG, Leipzig

DANJON, A., 1952-53: *Astronomie Génerale - Astronomie Sphérique et Éléments de Mécanique Céleste.* (2 Bände), J. & R. Sennac, Paris

LUKEŠ, L.J., 1954: *Základy geodetické astronomie.* Státni nakladatelství technické literatury, Praha

STUMPF, K., 1955: *Geographische Ortsbestimmungen.* VEB Deutscher Verlag der Wissenschaften, Berlin

WALDMEIER, M., 1958: *Leitfaden der astronomischen Orts- und Zeitbestimmung.* H.R. Sauerländer & Co., Aarau

BERROTH, A., HOFMANN, W., 1960: *Kosmische Geodäsie.* Verlag G. Braun, Karlsruhe

MÜHLIG, F., 1960: *Grundlagen und Beobachtungs-Verfahren der Astronomisch-geodätischen Ortsbestimmung.* Herbert Wichmann Verlag, Berlin

DUHAMEL, M., 1965: *Astronomie sphérique.* Institut Géographique National, Paris

U.S. NAVAL OCEANOGRAPHIC OFFICE, 1966: *American Practical Navigator - an Epitome of Navigation.* (ursprünglich von NATHANIEL BOWDITCH), U.S. Government Printing Office, Washington

WOOLARD, E.W., CLEMENCE, G.M., 1966: *Spherical Astronomy.* Academic Press, New York and London

VAN DE KAMP, P., 1967: *Principles of Astrometry.* W.H. Freeman and Company, San Franzisco, London

WALDMEIER, M., 1968: *Leitfaden der astronomischen Orts- und Zeitbestimmung.* Verlag Sauerländer, Aarau, Schweiz

MUELLER, I.I., 1969: *Spherical and Practical Astronomy as Applied to Geodesy.* Frederick Ungar Publishing Co., New York

RAMSAYER, K., 1970: *Geodätische Astronomie.* JORDAN /EGGERT /KNEISSL (Herausgeber), 1970: *Handbuch der Vermessungskunde*, Band II a. J.B. Metzlersche Verlagsbuchhandlung, Stuttgart

CAILLEMER, A., 1971: *Astronomie de Position, Géodésie*. Societé des Éditions Technip, Paris
EICHHORN, H., 1974: *Astronomy of Star Positions*. Frederick Ungar Publishing Co., New York
BURTON, ST.M., 1975: *The Art of Astronomical Navigation*. Brown, Son & Ferguson, Glasgow
HEITZ, S., 1976: *Mathematische Modelle der geodätischen Astronomie*. Veröff BKIE, A85
COTTER, CH.H., 1977: *The Elements of Navigation and Nautical Astronomy*. Brown, Son & Ferguson, Glasgow
SMART, W.M., 1977: *Textbook on Spherical Astronomy*. (Sixth Edition revised by R. M. Green) Cambridge University Press. Cambridge, London, New York, Melbourne
HOWELL, S.P., 1979: *Practical Celestial Navigation*. Selbstverlag, Hebron, Connecticut
TAFF, L.G., 1981: *Computational Spherical Astronomy*. John Wiley & Sons, New York, Chichester, Brisbane, Toronto
MURREY, C.A., 1983: *Vectorial Astrometry*. Adam Hilger, Bristol
KABELÁČ, J., 1983/1991: *Úvod do kosmické geodézie*. ČVUT, Praha
GREEN, R.M., 1985: *Spherical Astronomy*. Cambridge University Press, Cambridge, London, New York, New Rochelle, Melbourne, Sydney
MACKIE, J.B., 1985: *The Elements of Astronomy for Surveyors*. Charles Griffing & Company Ltd., High Wycombe, Bucks, UK
DANJON, A., 1986: *Astronomie génerale*. Albert Blanchard, Paris
SCHMIDT, W.F., 1986: *Astronomische Navigation*. Springer-Verlag Berlin, Heidelberg, New York, London, Paris, Tokyo
KABELÁČ, J., 1986/1989: *Geodetická astronomie*. ČVUT, Praha
STEIN, W., KUMM, W., 1989: *Astronomische Navigation*. Delius Klasing Verlag, Bielefeld
KOVALEVSKY, J., 1990/1: *Astrométrie moderne*. Springer-Verlag, Berlin, Heidelberg
MEEUS, J., 1991: *Astronomische Algorithmen*. Johann Ambrosius Barth, Leipzig, Berlin, Heidelberg
MELICHER, J., FIXEL, J., KABELÁČ, J., 1993: *Geodetická astronómia a základy kosmickej geodézie*. Vydavatel'stvo Alfa, Bratislava
SIGL, R., 1975; 1993: *Geodätische Astronomie*. Herbert Wichmann Verlag, Karlsruhe
KOVALEVSKY, J., 1995: *Modern Astrometry*. Springer-Verlag Berlin Heidelberg

10.1.2 Einzelbeiträge

Die Liste enthält alle ausgewerteten Beiträge. Auf Arbeiten, die im Text zitiert wurden, ist durch Nennung des Autors in Verzeichnis 11.1 hingewiesen. Die bei der Nennung der Zeitschriftentitel verwendeten Abkürzungen finden sich auf den Seiten 606-608.

AIAA (American Institute of Aeronautics and Astronautics), 1990: *Guide to reference and standard atmospheres*. Washington, DC
ALLAN, D.W., WEISS, M.A., 1980: *Accurate Time and Frequency Transfer during Common-view of a GPS Satellite*. Proceedings of the 34th Annual Frequency Control Symposium, Ft.Monmouth, NY,334-346
ALLAN, D.W., ALLEY, C.O., ASHBY, N., DECHER, R., VESSOR, R.F.C., WINKLER, G.M.R., 1981: *Ultra-Accurate International Time and Frequency Comparison via an Orbiting Hydrogen-Maser Clock*. J Phys 42
ALLMAYER-BECK, P.E. (Herausgeber), 1997: *Modelle der Welt*. Christian Brandstätter, Wien
ALTENA, F. VAN: ➪ VAN ALTENA, F.
AMBRONN, L., 1911: *Neues Durchgangs-Instrument für die Bestimmung fundamentaler Rektaszensionen auf photographischem Wege*. ZI 31, 298-305
ANDERLE, R.J., 1980: *Doppler Observations of Artificial Satellites*. ➪ WILKINS, 1980, 21-24
ANDERSON, A.J., CAZENAVE, A. (Herausgeber), 1986: *Space Geodesy and Geodynamics*. Academic Press, London
ANDREWES, W.J.H., 1985: *Time for the Astronomer 1484-1884*. Vistas Astron 28, 69-86
AOKI, S., GUINOT, B., KAPLAN, G.H., KINOSHITA, H., MCCARTHY, D.D., SEIDELMANN, P.K., 1982: *The New Definition of Universal Time*. Astron Astr 105, 359-361
ARAGO, D.Fr.J., 1811: *Sur une modification remarcable qu'éprouvent les rayons lumineux dans leur passage à travers certains corps diaphanes, et sur quelques autres nouveaux phénomènes d'optique*. Mém INF, 1-134

ARGUS, D.F., GORDON, R.G., 1991: *No-net-rotation model of current plate velocities incorporating plate motion model NUVEL-1.* Geophys Res Let 18, 2039-2042

ASHBROOK, J., 1973: *Johann Bayer and his star nomenclature.* SuT 45, 292-294

ASTRONOMICAL OBSERVATORY NATIONAL UNIVERSITY OF LA PLATA, REPUBLICA ARGENTINA, 1961: *Proceedings of the International Meeting on Problems of Astrometry and Celestial Mechanics.* La Plata Nov. 7-8, 1960

AUER, L.H., STANDISH, E.M., 1979: *Astronomical Refraktion: Computational Method for all Zenith Angles.* Unveröffentlichtes Manuskript, Yale University, Department of Astronomy. Referat über das Verfahren: ➪ SEIDELMANN, 1992, 141-143

BABCOCK, A.K., WILKINS, G.A., 1988: *The Earth's Rotation and Reference Frames for Geodesy and Geodynamics.* Proceedings of the 128th Symposium of the International Astronomical Union held in Coolfont, West Va, USA, 20-24 October, 1986. Kluwer Academic Publishers, Dordrecht, Boston, London

BABINET, LIAIS, E., 1866: *Sur l'emploi des observations azimutales.* Compt Rend Acad Sci 63, 36-39

BADOLATI, E., 1985: *On the History of Kepler's Equation.* Vistas Astron 28, 343-345

BAESCHLIN, C.F., 1948: *Lehrbuch der Geodäsie.* Orell Füssli Verlag, Zürich

BAILY, F., 1843: *The Catalogues of Ptolemy, Ulugh Begh, Tycho Brahe, Halley, Hevelius.* Mem R Astron Soc 13

BALMINO, G., 1991: *Gravity Field Data Products from the ARISTOTELES Mission.* ➪ *The Solid Earth Mission ARISTOTELES*, Proceedings of an International Workshop, Anacapri, Italy, 23-24 September 1991, 111-113, ESA (European Space Agency), Noordwijk, Niederlande

BARNETT, L., 1952: *Einstein und das Universum.* Fischer-Verlag, Frankfurt/M

BARREL, H., SEARS, J.E., 1940: *The Refraction and Dispersion of Air for the Visible Spectrum.* Phil Trans Roy Soc A238 1-64

BARTELS, A., 1961: *Erprobung des Zeiss Ni2-Astrolabiums für astronomisch-geodätische Ortsbestimmungen.* ZfV 86, 394-397

BARTKY, I.R., 1985: *Inventing, Introducing and Objecting to Standard Time.* Vistas Astron 28, 105-111

BAŠIĆ, T., 1989: *Untersuchungen zur regionalen Geoidbestimmung mit »dm« Genauigkeit.* Wiss Arb Univ Hannover 157

BATES, R.S., 1952: *Give us Back our Fortnight.* SuT, 11, 267-268

BAUCH, A., 1974: *Beiträge zu einigen genauen Verfahren der geodätischen Astronomie unter besonderer Berücksichtigung des Universals Theo 002.* Veröff DGK C204

BAUCH, A., 1994/1: *Lieferanten der Zeit.* PhuZ 25, 188-198, 1994/1

BAUCH, A., 1994/2: *Zeit - Die SI-Basiseinheit „Sekunde".* ➪ PHYSIKALISCH-TECHNISCHE BUNDESANSTALT, 1994, 19-23

BAUCH, A., 1995/1: *Genaue Zeit in Wissenschaft und Technik.* PhuZ 26, 60-68

BAUCH, A., 1995/2: *Eine Notiz zur Geschichte der Atomuhr.* PTB Mitt 105, 430-433

BAUCH, A., 1998: *Das internationale Zeitsystem.* Proc 7. CEC, Jahrbuch der Deutschen Gesellschaft für Chronometrie 49, 43-47

BAUCH, A., DORENWENDT, KL., HETZEL, 1994: *Die Darstellung der Sekunde.* PTB Mitt 104, 3-12

BAUCH, A., FISCHER, B., HEINDORFF, TH., SCHRÖDER, R., 1993: *The New PTB Cesium Clocks.* Inst Elect u Electronics Eng Trans I M 42/2, 444-447

BAUCH, A., HEINDORFF, TH., SCHRÖDER, R., FISCHER, B., 1996: *The PTB primary clock CS3: type B evaluation of ist standard uncertainy.* Metrol 33, 249-259

BAUCH, A., FISCHER, B., 1993: *Zeit- und Frequenznormale - Eine Übersicht.* ➪ HILBERG, 1993, 125-140

BAUCH, A., HEINDORFF, T., SCHRÖDER, R., FISCHER, B., 1996: *The PTB Primary Clock CS3: type B evaluation of its standard uncertainly.* Metrol 33, 249-259

BAUERSIMA, I., 1987: *Über die Rotation der Erde.* VPhK 85, 94-98, 146-149, 186-189

BAUERSIMA, I., 1989: *Die Satellitengeodäsie im Dienste der globalen Geodynamik.* Geod Geophys Arb Schweiz 39, 37-48, Zürich

BAUERSIMA, I., 1992: *Durch GPS bestimmbare Aspekte der Erdrotation (im Rahmen von IGS).* Bericht der Satelliten-Beobachtungsstation Zimmerwald Nr. 21, Bern

BAUSCHINGER, J., 1948: *Die Bahnbestimmung der Himmelskörper.* Verlag Wilhelm Engelmann, Leipzig

BAYERISCHE STAATSBIBLIOTHEK, 1979: *Die Karte als Kunstwerk - Dekorative Landkarten aus Mittelalter und Neuzeit.* Ausstellungskatalog Nr. 19 zur Ausstellung vom 09. bis 11. 1979 in der Bayerischen Staatsbibliothek. Verlag Dr. Alfons Uhl, Unterschneidheim

BEAMS, J.W., 1971: *Finding a better value of G.* Physics today 24, Mai 35-40
BECKER, FR., 1934: ➪ 10.1.1
BECKER, G., 1966: *Von der astronomischen zur atomphysikalischen Definition der Sekunde.* PTB Mitt 76, 315-323/415-419
BECKER, G., 1975: *Übergang auf die neue UTC-Zeitskala zum 1.1.72.* PTB Mitt 82, 475
BECKER, G., FISCHER, B., 1967: *Zur Neubestimmung der Länge der Ephemeridensekunde.* PTB Mitt 77, 15-17
BECKER, G., FISCHER, B., KRAMER, G., MÜLLER, E.K., 1967: *Die Definition der Sekunde und die Allgemeine Relativitätstheorie.* PTB Mitt 77, 111-116
BEDRICH, ST., 1998: *Hochgenaue satellitengestützte Zeitübertragung mit PRARE.* Scientific Technical Report STR98/24, Geoforschungszentrum Potsdam
BEEHLER, R.E., 1967: *A Historical Review of Atomic Frequency Standards.* Proc IEEE 55/6, 792-805
BEEHLER, R.E., MOCKLER, R.C., RICHARDSON, J.M., 1965: *Cesium Beam Atomic Time and Frequency Standards.* Metrol 1, 114-131
BERGER, A., 1977: *Long-Term Variations' of the Earth's Orbital Elements.* Celest Mech 15, 53-74
BERGSTRAND, E., 1950: *A determination of the velocity of the light.* Ark Fys Bd.2 Nr.15, 119-151
BERNAUER, I., GEIGER, A., 1986: *Lokale Schwerefeldbestimmung und gravimetrische Modellrechnungen im Satelliten (GPS)-Testnetz «Turtmann» (Wallis).* Geod Geophys Arb Schweiz, Band 38, Zürich
BERNSTEIN, H.-H., 1987: *Untersuchungen zur radioastronomischen Bestimmung des Äquinoktiums und der Ekliptikschiefe aus Pulsarbeobachtungen.* Veröff DGK C331, München
BERROTH, A., HOFMANN, W., 1960: ➪ 10.1.1
BESSEL, FR.W., 1838: *Messung der Entfernung des 61. Sterns im Sternbilde des Schwans.* Astronom Nachr 16, 65-96
BEUTLER, G., ROTHACHER, M., SPRINGER, T., KOUBA, J., NEILAN, R.E., 1999: *The International GPS Service (IGS): An Independent Interdisciolinary Service in Support of the Earth Sciences.* In: IGS 1999 Directory, 23-45. Jet Propulsion Laboratory (GPL), Pasadena
BEVIS, M., BUSINGER, S., HERRING, T.Y., ROCKEN, C., ANTHES, R.A.., WARE, R.H., 1992: *GPS Meteorology: Remote Sensing of Atmospheric Water Vapor Using the Global Positioning System.* JGR 97, 75-94
BEYNON, J.D.E., LAMB, D.R., 1980: Charge-coupled devices and their applications. McGraw-Hill Book Company (UK) Limited, London, New York, .. Hamburg, .. Toronto
BIALAS, V., 1972: *Der Streit um die Figur der Erde.* Veröff DGK E14, München
BIOT, J.B., ARAGO, D.FR.J., 1806: *Mémoire sur les affinités des corps pour la lumière, et paticulièrement sur les forces réfringentes des differens gaz.* Mém Acad Roy 7, 301-387
BIRARDI, G., 1971: *Astronomia fotografica di posizione.* Boll Geodes 30, 1-17
BIRÓ, P., 1989: *Zum Begriff »Schwere« und zu den SI-Maßeinheiten.* ZfV 114, 209-218
BISCHOF, K., METZDORF, J., 1994: *Lichtstärke - Die SI-Basiseinheit »Candela«.* ➪ PTB, 1994, 41-43
BLACK, H.D., 1978: *An Easily Implemented Algorithm for the Tropospheric Range Correction.* J Geoph Res 83, 1825-1828
BOEDECKER, G., 1975: *Astrogravimetric Levelling with Direct Regard to Topography.* ➪ DGK,1975, 3-11
BÖHME, D., 1993: *Bestimmung von Positionen geostationärer Satelliten.* Wiss Z Univ Dresden 42, 95
BÖKER, R., 1952: *Die Entstehung der Sternsphaere Arats.* Berichte über die Verhandlungen der Sächsischen Akademie der Wissenschaften zu Leipzig, Mathematisch- naturwissenschaftliche Klasse, Band 99, Heft 5, 1-68, Akademie-Verlag, Berlin
BÖKER, R.: *Zur Systematik der Griechischen Sternbildsetzung.* Die Sterne 29, 217-.222, 1953
BOLTON, J.G., 1969: *Radio Telescopes.* ➪ KUIPER/MIDDLEHURST, 1969, 176-209
BOMFORD, G., 1972: *The Astrogeodetic Geoid in Europe and Connected Areas 1971.* Traveaux de l'Association Internationale de Géodésie 24, 357-370, Paris
BOMFORD, G., 1977: *Geodesy.* Oxford at the Clarendon Press, 3. Auflage
BONATZ, M, SCHULZ, S., 1972: *Laufzeitschwankungen des DIZ-Zeitzeichensignals Nauen bei den Satellitenbeobachtungen in Spitzbergen im Winter 1969/70.* ZfV 97, 208-212
BOUCHER, CL., ALTAMINI, Z., DUHEM, L., 1992: *ITRF 91 and ist associated velocity field.* IERS Tech Note 12
BOUCHER, CL., WILKINS, G.A. (Herausgeber), 1990: *Earth Rotation and Coordinate Reference Frames.* Proceedings IAG Symposium No 105, Edinburgh, Scotland, August 10-11, 1989. Springer-Verlag, New York, Berlin, Heidelberg, London, Paris, Tokyo, Hong Kong
BOYS, C.V., 1895: *On the Newtonian Constant of Gravitation.* Phil Trans Roy Soc 186/I, 1-72
BOZORGZADEH, GH., 1977: *Die genaue Bestimmung von Lotabweichungen mit dem Ni2-Astrolabium.* Dissertation, Universität Karlsruhe (TH), Karlsruhe

BRACHNER, A., SEEBERGER, M., 1976: *Joseph von Fraunhofer - 1787-1826.*
Ausstellungskatalog des Deutschen Museums München.. Bergverlag Rudolf Rother, München
BRADLEY, J., 1726: *The Longitude of Lisbon, and the Fort New York, from Wansted and London, determined by Eclipses of the First Satellite of Jupiter.* Phil Trans Roy Soc 394, 83-90
BRADLEY, J., 1728: *A letter from the Referend Mr. James Bradley Savilian Professor of Astronomy at Oxford, and F.R.S. to Dr. Edmond Halley Astronom. Reg. & c. giving an Account of the new discovered motion of the fix'd Stars.* Phil Trans 34 (406), 637-661
BRADLEY, J., 1748: *A Letter to the Right honourable George Earl of Macclesfield concerning an apparent Motion observed in some of the fixed Stars.* Phil Trans 45 (485), 1-43
BRANDT, J.C., MARAN, ST.P. (Herausgeber), 1977: *The New Astronomy and Space Science Reader.*
W.H. Freeman and Company, San Francisco
BRETAGNON, P., 1982: *Théorie du mouvement de l'esemble des planètes.*
Solution VSOP 82, Astron Astr 114, 278-288
BRETAGNON, P., FRANCON, G., 1988: *Planetary theories in rectangular and spherical variables.*
Solution VSOP 87, Astron Astr 202, 309-315
BRETTERBAUER, K., 1969: *Beiträge zum Refraktionsproblem in der Höheren Geodäsie.*
Dissertation, Technische Hochschule Wien
BRETTERBAUER, K., 1987: *Der Canon der Finsternisse und die Rotationsdauer der Erde.*
➪ ÖSTERREICHISCHE KOMMISSION FÜR DIE INTERNATIONALE ERDMESSUNG, 1987, 37 - 47, Wien
BRETTERBAUER, K., 1995: *Koordinatensysteme - der rote Faden durch Geodäsie und GIS.*
Fachvorträge VIII Internationale Geodätische Woche, Obergurgl 1995, Mitt Inst Geod U Innsbruck 16
BRETTERBAUER, K., 1997: *Über die Reaktivierung klassischer Methoden.* geo-News
BRETTERBAUER, K., 1997: *Eine Renaissance der Astrometrie in der Geodäsie.* VGI 85, 15-20
BRETTERBAUER, K., 1999: *Wie Eratosthenes die Erde gemessen hat.* VR 61, 73-81
BRETTERBAUER, K., GERSTBACH, G., 1983: *Die astrogeodätischen Arbeiten der TU Wien. Das Geoid in Österreich.* ➪ ÖSTERREICHISCHE KOMMISSION FÜR DIE INTERNATIONALE ERDMESSUNG, 1983, 61-72, Graz
BRETTERBAUER, K., Somogyi, J., Szádeczky-Kardoss, G., 1984: *Die Sopron-Wiener Zenitkammer.*
Wiss Z Univ Dresden 33, 110-111
BROSCHE, P., 1990: *Orientierung der Erde - Astronomische Fragen und Antworten.*
➪ SCHNEIDER, 1990, 127-134
BROSCHE, P., 1997: *Hipparcos und die Inertialsysteme der Astronomie.* StuW 36, 652-655
BROSCHE, P., SCHUH, H., 1999: *Neue Entwicklungen in der Astrometrie und ihre Bedeutung für die Geodäsie.*
ZfV 124, 343-350
BROSCHE, P., SÜNDERMANN, J. (Herausgeber), 1978; 1982: *Tidal Frictions and the Earth's Rotation.*
Springer Verlag, Berlin
BROSCHE, P., SÜNDERMANN, J. (Herausgeber), 1990: *Earth's Rotation from Eons to Days.*
Springer Verlag, Berlin, Heidelberg
BROUWER, D., CLEMENCE, G. M., 1961: *Methods of Celestial Mechanics.*
Academic Press, New York and London
BROWN, E.W., 1896: *An Introductory Treatise on the Lunar Theory.* Cambridge University Press.
Unveränderter Nachdruck 1960 durch Dover Publications Inc., New York
BROWN, E.W., 1899-1910: *Theory of the Motion of the Moon; Containing a New Calculation of the Expressions for the Coordinates of the Moon in Terms of the Time.* Mem R Astr Soc 53, 39-116; 53, 163-202 (1899); 54, 1-63 (1904); 57, 51-145 (1908); 59, 1-103 (1910);
BRÜNNOW, F., 1871: ➪ 10.1.1
BRUHNS, C., FÖRSTER, W., 1865: *Bestimmung der Längen-Differenz zwischen den Sternwarten zu Berlin und Leipzig.* Ernst Julius Günther, Leipzig
BRUNNER, FR..K. (Herausgeber), 1984: *Geodetic Refraction.*
Springer-Verlag Berlin, Heidelberg, New York, Tokyo
BRZEZIŃSKI, A., 1986: *Contribution to the theory of polar motion for an elastic earth with liquid core.*
Manuscr Geod 11, 226-241
BUCHAR, E., 1933: *Un appareil simple pour mesurer l'équation personelle dans les observations aux instruments des hauteurs égales.* Bull Geod 38, 167-172
BUCHAR, E., LEDERSTEGER, K., 1943: *Das Zirkumzenital und die astronomische Ortsbestimmung aus gleichen Sternhöhen.* Nachrichten aus dem Reichsvermessungsdienst -
Mitteilungen aus dem Reichsamt für Landesaufnahme, Sonderheft 24/25, Berlin

BUCHAR, E., 1951: *Tížnicové odchylky a geoid v ČSR*. Vědecko-technické nakladatelství, Praha
BUCKNER, R.B., 1984: *A Manual on Astronomic and Grid Azimuth.* Landmark Enterprises, Rando Cordova, California
BÜRKI, B., GRAF, H., HAAG, UE., SCHERRER, R., 1987: *TDU (Time Digitizing Unit) - Ein digitales Zeitmessmodul für den Einsatz in der geodätischen Astronomie*. Ber Inst Geod Ph ETH Zürich 127
BÜRKI, B., KAHLE, H.-G., SCHMID, H.H., 1983: *Das neue Zenitkamera-Messsystem am Institut für Geodäsie und Photogrammetrie der ETH Zürich*. VPhK 81, 349-354
BULLEN, K.E., 1975: *The Earth's Density*. Chapman and Hall, London
BURNHAM, R., 1978: *Burnham's Celestial Handbook*. Dover Publications Inc., New York
BURKERT, A., KIPPENHAHN, R., 1996: *Die Milchstraße*. Verlag C.H. Beck, München
BURTON, S.M., 1975: ⇨ 10.1.1

CADY, W.G., 1922: *The piecoelectric resonator*. Proc IRE 10, 83-114
CAGNOLI, A., 1808: *Trigonométrie rectiligne et sphérique*. Übersetzung der Originalarbeit aus dem Italienischen in das Französische von CHOMPRÉ, N.-M.
CAILLEMER, A., 1971: ⇨ 10.1.1
CAMPBELL, J., 1971: *Eine Erweiterung der Theorie des astronomischen Nivellements bei Einbeziehung von Schweremessungen*. Wiss Arb Univ Hannover 49
CAMPBELL. J., 1979: *Die Radiointerferometrie auf langen Basen als geodätisches Meßprinzip hoher Genauigkeit*. Habilitationsschrift Universität Bonn, Veröff DGK C254, München
CAMPBELL, J. (Herausgeber), 1985: *Astrometrische und geodätisch-geophysikalische Nutzung der Radio-Interferometrie*. Workshop anläßlich der Jahrestagung der Astronomischen Gesellschaft in Minden, 10.-15. September 1984 zur Feier des 200. Geburtstags von Friedrich Wilhelm Bessel. Mitt Inst Geod U Bonn 70
CAMPBELL, J., NOTHNAGEL, A. (Herausgeber), 1993: *Proceedings of the 9th Working Meeting on European VLBI for Geodesy and Astrometry*. Mitt Inst Geod U Bonn 81
CAMPBELL J., SCHUH, H. (Herausgeber), 1987: *VLBI- and Doppler-Papers Presented by the Geodetic Institute of the University of Bonn in the Years 1983-1987*. Mitt Inst Geod U Bonn 72
CAMPBELL J., WITTE, B., 1978: *Grundlagen und geodätische Anwendung der Very Long Baseline Interferometry (VLBI)*. ZfV 103, 10-20
CAMPELL, W.W., 1904: ⇨ 10.1.1
CAPITAINE, N., 1990: *The Use of the Celestial Pole Coordinates in the Transformation between the Celestial and Terrestrial Reference Frames*. ⇨ BOUCHER/WILKINS, 1990, 115-122
CASPAR, M., 1973; 1990: ⇨ KEPLER, 1609, 1619
CASPARY, W., 1987: *Inertialplattformen: Messprinzip und geodätische Nutzung.* ⇨ CASPARY/HEIN/SCHÖDLBAUER, 1987, Schr Uni Bw München 22, 7-22
CASPARY, W., GEIGER, A., 1978: *Untersuchungen zur Leistungsfähigkeit elektronischer Neigungsmesser*. Schr Uni Bw München 3
CASPARY, W., HEIN, G., SCHÖDLBAUER, A. (Herausgeber), 1987: *Beiträge zur Inertialgeodäsie*. Schr Uni Bw München 22, München
CAVENDISH, H., 1798: *Experiments to determine the Density of the Earth*. Phil Trans 88, 469-526
CHAMPION, K.S.W., COLE, A.E., KANTOR, A.J., 1985: *Standard and Reference Atmospheres.* In: *Handbook of Geophysics and Space Enviroment*. Chapter 14 (14.1-14.43), Springfield
CHANDLER, S.C., 1885: *On the latitude of Harvard College Observatory.* Astronom Nachr 112 (Nr.2672), 113-120
CHANDLER, S.C., 1891/1892: *On the Variation of Latitude*. Astron J 11, 59-61, 65-70, 75-79, 83-86, 1891, und Astron J 12, 17-22, 65-72, 97-102, 1892
CHANDON, E., GOUGENHEIM, A., 1935: *Instruments for observing equal altitudes in astronomy.* Hydr Rev 12, 39-121
CHAUVENET, W., 1960: ⇨ 10.1.1
CHEBOTAREV, G.A., 1965: *Analytical and Numerical Methods of Celestial Mechanics.* Originalveröffentlichung (in russischer Sprache) durch Nauka Press, Moskau und Leningrad. Englische Übersetzung in: BELLMAN, R., KALABA, R. (Herausgeber), 1967: *Modern Analytical and Computational Methods in Science and Mathematics*. American Elsevier Publishing Company Inc., New York
CHESI, G., 1984: *Entwicklung einer tragbaren Zenitkammer und ihr Einsatz im 47. Parallel.* Veröff DGK C287, München
CHRISTEN, H.R., 1974: *Chemie*. Verlag Sauerländer, Aarau, Verlag Diesterweg, Salle, Frankfurt/M.

CIMBÁLNÍK, M., 1953: *Příspěvek ke studiu geoidu na území ČSR (Beitrag zu einer Studie des Geoids auf dem Gebiet der Tschechoslowakei).* Zeměměřictví 41, 104-109
ČOLIĆ, K., BAŠIĆ, T., PETROVIĆ, S., PRIBIČEVIĆ, B., RADKAJEC, M., SÜNKEL, H., KÜHTREIBER, N., 1992: *New Geoid Solution for Slovenia and a Part of Croatia.* ⇨ HOLOTA/VERMETER, 1992, 158-165
ČOLIĆ, K., PRIBIČEVIĆ, B., ŠVEHLA, D., 1998: *First cm-Geoid in Republic of Croatia - Capital Zagreb Pilot.* In VERMEER, M., ÁDÁM, J (Herausgeber): Proceeding Second Continental Workshop on the Geoid in Europe; Reports of the Finnish Geodetic Institute 98:4, 245-249, Masala
CONRAD, FR., 1933: *Astronomische Ortsbestimmung und Kimmtiefenmessung auf See.* Inaugural-Dissertation, Philosophische Fakultät Friedrich-Wilhelms-Universität Berlin
COROLL, J.E., 1969: *A New Instrument for the Determination of Astronomic Position.* SaM 29, 447-461
COSPAR (COMMITEE ON SPACE RESEARCH), 1961: *CIRA 1961 - COSPAR International Reference Atmosphere 1961.* North Holland Publishing Company, Amsterdam
COSPAR (COMMITEE ON SPACE RESEARCH), 1972: *CIRA 1972 - COSPAR International Reference Atmosphere, 1972.* Akademie-Verlag, Berlin
COTTER, CH.H., 1977: ⇨ 10.1.1
COYNE, G.V., HOSKIN, M.A., PEDERSEN, O. (Herausgeber), 1983: *Gregorian Reform of the Calendar.* Proceedings of the Vatican Conference to Commemorate its 400th Anniversary 1582-1982. Specola Vaticana, Città del Vaticano
CURIE, J., CURIE, P., 1882: *Déformations électriques du quarts.* Compt Rend Acad Sci 95, 914-917

DAHLEN, F.A., 1980: *The Period of the Chandler Wobble.* ⇨ FEDOROV/SMITH/BENDER, 1980, 187-193
DALE, TH.P., GLADSTONE, J.H., 1858: *On the Influence of Temperature on the Refraction of Light.* Phil Trans Roy Soc 148, 887-894
DANJON, A., 1952-53: ⇨ 10.1.1
DANJON, A., 1969: *The Impersonal Astrolabe.* ⇨ KUIPER/MIDDLEHURST, 1969, 115-137
DAVIS, J.A., PEARCE, P.R., KIRCHNER, D., RESSLER, H., HETZEL, P., SOERING, A., DE JONG, G., GRUDLER, P., BAUMONT, F., VEENSTRA, L., 1995: *European Two-Way Satellite Time Transfer Experiments Using the INTELSAT (VA-F13) Satellite at 307°E.* Inst Elect Electronics Eng Trans I M, Vol 44, No. 2, 90-93
DAVIS PHILIPS, A.G., UPGREEN, A.R. (EDITORS), 1989: *Star Catalogues: A Centennial Tribute to A.N. Vyssotsky.* (A meeting of IAU Commission 24, held in Baltimore, Maryland, during the XX General Assembly of the IAU, August 5, 1988). L. Davis Press, Schenectady, New York
DAXINGER, W., 1996: *Astrogravimetrische Geoidbestimmung für Ingenieurprojekte.* Geowiss Mitt TU Wien Nr. 45
DE BALL, L., 1912: ⇨ 10.1.1
DÉBARBAT, S., GUINOT, B., 1970: *La Méthode des Hauteurs Égales en Astronomie.* Gordon & Breach, Paris, London, New York
DE BOER, H., 1988: *Über das internationale Zeitsystem und über den Zeitdienst in der Bundesrepublik Deutschland.* ⇨ HILBERG, 1988, 9-27
DE CALLATAY, V., DOLLFUS, A., 1969: *Goldmanns Atlas der Planeten.* Goldmann Verlag, München
DEFENSE MAPPING AGENCY (DMA), 1987: ; *Supplement to Department of Defense World Geodetic System 1984 Technical Report Part II: Parameters, Formulas, and Graphics for the Practical Application of the WGS 84.* DMA, Washington
DEGNAN, J.J., 1996: *Satellite Laser Ranging (SLR).* CSGT Bull 12, 37-46
DEICHL, K., 1971: *Eine Vorrichtung zur unpersönlichen Registrierung der Zeit beim Ni2-Astrolabium.* ZfV 96, 500-507
DEICHL, K., 1975: *Zur Messung mit Pendelastrolabien und ihrer Auswertung.* ZfV 100, 499-509
DEICHL, K., 1984: *Der Brechungsindex für Licht und Mikrowellen.* AVN 91, 85-100
DEKER, H., 1967: *Die Anwendung der Photogrammetrie in der Satellitengeodäsie (Satellitenphotogrammetrie).* Veröff DGK C111, München
DEKKER, E., 1987: *Early Explorations of the Southern Celestial Sky.* ASc 44, 439-470
DENKER, H., 1988: *Hochauflösende regionale Schwerefeldbestimmung mit gravimetrischen und topographischen Daten.* Wiss Arb Univ Hannover 156
DENKER, H., 1989: *A New Gravimetric Quasigeoid for the Federal Republic of Germany.* Veröff DGK B291, München
DENKER, H., TORGE, W., 1992: *Recent Developments of the European Geoid Project.* ⇨ HOLOTA/VERMEER, 1992, 31-39

DE METS, C., GORDON, R.G., ARGUS, D.F., STEIN, S., 1994: *Effect of recent revisions to the geomagnetic reversal time scale on estimates of current plate motions.* Geophys Res Let 21, 2191-2194
DEUMLICH, FR., 1974: *Instrumentenkunde der Vermessungstechnik.* VEB Verlag für Bauwesen, Berlin
DEUMLICH, FR., 1982: *Surveying Instruments.* Walter de Gruyter, Berlin, New York
DE VEGT, CHR., 1985: *Zum extragalaktischen radio-optischen Referenzsystem.* ➪ CAMPBELL, 1985, 29-33
DE VEGT, CHR., 1989: *A new type of Astrometric Telescope for the Construction of a Global High Precision Faint Star Catalogue.* ➪ DAVIS PHILIPS /UPGREEN, 1989, 51-57
DGK (DEUTSCHE GEODÄTISCHE KOMMISSION), 1975: *Beiträge aus der Bundesrepublik Deutschland zur Vorlage bei der XVI. Generalversammlung der Internationalen Union für Geodäsie und Geophysik, Grenoble 1975.* Veröff DGK B213, München
DICKEY, J.O., 1990: *Atmospheric Excitation of the Earth's Rotation.* ➪ BOUCHER/WILKINS, 1990, 58-66
DIN/ISO 2533: *Normatmosphäre*
DITTRICH, J., 1990: *Automatisches Sternsensor-System auf Grundlage von CTD.* VT 38
DITTRICH, J., FISCHER, H., 1990: *Astrometrisch-optische Bestimmung der Erdrotationsparameter mit einem neuen Photoelektrischen Zenitrohr.* VT 38, 313-315
DMA: ➪ DEFENCE MAPPING AGENCY
DÖLLEN, W., 1863; 1974: *Die Zeitbestimmung vermittelst des tragbaren Durchgangsinstruments im Verticale des Polarsterns.* Buchdruckerei der Kaiserlichen Akademie der Wissenschaften, St.Petersburg
DOGGETT, L.E., 1992: *Calendars.* ➪ SEIDELMANN, 1992, 575-608
DONATI, FR., CANUTO, E., FASSINO, BR., BELFORTE, P., 1986: *High accuracy on-ground attitude reconstitution for the ESA astrometry HIPPARCOS mission.* Manuscr Geod 11, 115-123
DOPPLER, CHR., 1907: *Über den Einfluß der Bewegung des Fortpflanzungsmittels auf die Erscheinungen der Aether-, Luft- und Wasserwellen.*
➪ LORENTZ H.A. (Herausgeber), 1907: *Abhandlungen von Christian Doppler.* Ostwald's Klassiker der exakten Naturwissenschaften Nr. 161, Verlag von Wilhelm Engelmann, Leipzig
DORENWENDT, KL., 1993: *Das internationale Zeitsystem.* ➪ HILBERG, 1993, 9-20
DORRER, E., 1981: *Elementardrehwinkel einer Orthogonalmatrix.* BuL 49, 50-54
DRANSFELD, KL., KIENLE, P., VONACH, H., 1974: *Physik I - Newtonsche und relativistische Mechanik.* R. Oldenbourg Verlag, München, Wien
DRESZER, J. (Herausgeber), 1975: *Mathematik - Handbuch für Technik und Naturwissenschaft.* Verlag Harri Deutsch, Zürich, Frankfurt/M., Thun
DREWES, H., RADON, M., 1990: *Numerical Analysis of Earth Rotation and Atmospheric Angular Momentum Parameters.* ➪ BOUCHER/WILKINS, 1990, 107-114
DREYER, J.L.E., 1917: *On the Origin of Ptolemy's Catalogue of Stars.* Mon Not R Astron Soc 77, 528-539
DREYER, J.L.E., 1953: *A History of Astronomy from Thales to Kepler.* Dover Publications, New York
DUHAMEL, M., 1965: ➪ 10.1.1
DUNCOMBE, R.L., 1973: *Planetary Ephemerides.* ➪ TAPLEY/SZEBELELY, 1973, 289-308
DUTTON, B., 1942: ➪ 10.1.1
DVW (Deutscher Verein für Vermessungswesen), 1997: *GPS-Anwendungen und Ergebnisse '96.* Schr DVW 28

EDLÉN, B., 1966: *The Refraction Index of Air.* Metrol 2, 71-80
EHLERT, D., 1972: *Numerisch stabile Berechnung sphärischer Dreiecke.* ZfV 103, 232-237
EHLERT, D., 1991: *Differentielle Verschiebungen und Drehstreckungen in dreidimensionalen Koordinatensystemen.* Veröff DGK B295, Frankfurt/Main
EICHHORN, H., 1974: ➪ 10.1.1
EICHHORN, H., RUST, A., 1970: *Rigorous Computation of Proper Motions and their Effect on Star Positions.* Astronom Nachr 292, 37-38
EICHHORN, H.K., LEACOCK, R.J. (Herausgeber), 1986: *Proceedings IAU Symposium 109,* Reidel Publ.Co. Dordrecht
ELSÄSSER, H., 1985: *Weltall im Wandel - Die neue Astronomie.* Deutsche Verlags-Anstalt, Stuttgart
ELSMORE, B., 1980: *Connected-element radio interferometry.* ➪ WILKINS, 1980, 33-36
EMDEN, R., 1923: *Über astronomische Refraktion.* Astronom Nachr 219 (Nr. 5235), Sp.45-56
ENSLIN, H., 1964: *Der Breitendiest des Deutschen Hydrographischen Instituts.* ZfV 89, 266-279
ENSLIN, H., 1983: *Die Entwicklung der bürgerlichen Zeit seit 1800.* SW 44, 264-280
ENGELBRECHT, J., 1966: *Das Photo-Zenit-Teleskop (PZT) der Sternwarte Babelsberg (Konstruktion und Funktion).* FT 15, 8-12

ENGELSBERGER, M., 1969: *Beitrag zur Entwicklungsgeschichte des Theodolits.* Veröff DGK C134, München

EÖTVÖS, R.V., PEKÁR, D., FEKETE, E., 1922: *Beiträge zum Gesetz der Proportionalität von Trägheit und Gravität.* Ann Phys 68, 11-66

ERKER, E., 1982: *Das Geoid in Österreich - Berechnungen des Bundesamts für Eich- und Vermessungswesen.* ➪ ÖSTERREICHISCHE KOMMISSION FÜR DIE INTERNATIONALE ERDMESSUNG, 1983, 89-115

ERKER, E., HOFMANN-WELLENHOF, B., MORITZ, H., SÜNKEL, H., 1995: *Austrian Geoid 2000.* Presented Paper IUGG General Assembly XX, Boulder, USA

ERKER, E., HOFMANN-WELLENHOF, B., MORITZ, H., SÜNKEL, H., 1996: *Austrian Geoid 2000.* VGI 84, 289-293

ESA, 1997: ➪ 10.2.2 - *The Hipparcos and Tycho-Catagogue;* ➪ 10.2.6 - *Millennium Star Atlas*

ESSEN, L., GORDON-SMITH, A.C., 1948: *The velocity of propagation of electromagnetic waves derived from the resonant frequencies of a cylindrical cavity resonator.* Proc Roy Soc A194, 348-361

ESSEN, L.,FROOME, J.E., 1951: *The Refractive Indices and Dielectric Constants of Air and its Principal Constituents at 24000 Mc/s.* Proc Phys Soc B64, 238

EULER, LEONHARD, 1765: *Theoria Motus Corporum Solidorum sev. Rigidorum.* A.F. Röse, Rostock und Greifswald

FAUSER, A., 1973: *Kulturgeschichte des Globus.* Vollmer Verlag, München

FAUST, H., 1969: *Der Aufbau der Erdatmosphäre.* Friedrich Vieweg & Sohn, Braunschweig

FEDOROV, E.P., 1980: *Nutation and the Oppolzer's Terms.* ➪ FEDOROV/SMITH/BENDER (1980, 23-32)

FEDOROV, E.P., SMITH, M.L., BENDER, P.L., 1980: *Nutation and the Earth's Rotation.* Proceedings Symposium No. 78 der International Astronomical Union, 23.-28.05.1977 in Kiew. D. Reidel Publishing Company, Dordrecht, Boston, London

FEISSEL, M., 1990: *Accuracy of the Determination or Prediction of Earth Rotation Parameters.* ➪ BOUCHER/WILKINS, 1990, 1-9

FEISSEL, M., MIGNARD, F., 1998: *The adoption of ICRS on 1 January 1998: Meaning and Consequences.* Astron Astr 331, L33-L36

FEITZINGEN, J.V., 1997: *Der südliche Himmelspol, das Kreuz des Südens und Ptolemäus.* StuW 36, 656-659

FERRARI, G.ST., 1883: *Elementi di Astronomia teoretico-pratica compilati per uso delle Scuole della Pontificia Università Gregoriana.* (2 Bände), Roma

FISCHER, B., 1983: *Zeit- und Frequenzvergleiche* ➪ HILBERG, 1983, 28-40

FISCHER, B., 1995: *Wo bin ich ?* PTB Mitt 105, 383-391

FISCHER, S., FLECHTNER, F., CAMPBELL, J., SCHUH, H., 1987: *Comparison of Tropospheric Models Used for VLBI Data Analysis.* ➪ CAMPBELL/SCHUH, 1987, 69-80

FIZEAU, A.H.L., 1849: *Sur une expérence relative à la vitesse de propagation de la lumière.* Compt Rend Acad Sci 59, 90-92

FIZEAU, A.H.L., 1868: *La direction des vibrations de l'éther dans les rayons polarisés.* Compt Rend Acad Sci 66, 932-934

FLEET, S., 1972: *Clocks.* Octopus Books Ltd., London. Deutsche Bearbeitung durch LÜBKE, A., 1974: *Uhren.* Ariel Verlag, Frankfurt/Main

FORBES, E.G., 1975: *Greenwich Observatory - Volume 1 Origin and Early History (1675-1835).* Taylor and Francis, London

FORMAN, P., 1985: *Atomichron®: The Atomic Clock from Concept to Commercial Product.* Proc IEEE, 73, 1181-1204

FORSBERG, R., MADSEN, F., 1990: *High-Precision Geoid Heights for GPS Levelling.* Paper GPS-90 Symposium, Ottawa

FORTES, L.P., HOYER, M.J., SUBIZA, W.H., DREWES, H., 1995: *The SIRGAS project.* IGS 1994 Annual Report, 247-250, Pasadena, California

FOSU, C., 1999: *Astrogeodetic Levelling by the Combination of GPS and CCD Zenith Camera.* Schr Uni Bw München 62, Neubiberg

FRASER, J.T., 1988: *Die Zeit: vertraut und fremd.* Birkhäuser Verlag; Basel, Boston, Berlin

FREISSLEBEN, CHR., 1948: *Die Berechnung der Kimmtiefe.* Hydr Z 1, 26-29

FRICKE, W., 1971: *Systems and Catalogues of Proper Motions.* Mitt Astr R Inst Heidelberg A41

FRICKE, W., 1971: *Determination of Precession.* Mitt Astr R Inst Heidelberg A52

FRICKE, W., 1972: *Fundamental Systems of Positions and Proper Motions.* Mitt Astr R Inst Heidelberg A62

FRICKE, W., 1973: *Prospects for an Extension of the Fundamental Reference System to Faint Objects and Radio Sources.* Mitt Astr R Inst Heidelberg A68
FRICKE, W., 1974: *New Impetus to Astrometry (Inaugural Address).* Mitt Astr R Inst Heidelberg A82,
FRICKE, W., 1974: *Pro and Contra Changes in the Conventional Values of Precession.* Mitt Astr R Inst Heidelberg A85
FRICKE, W., 1974: *Plans for the Improvement and Extension of the FK4.* Mitt Astr R Inst Heidelberg A83
FRICKE, W., 1982: *Determination of the Equinox and Equator of the FK 5.* Astron Astr 107, L13-L13
FRICKE, W., 1985: *Relation between the Dynamical Fundamental System FK5 and the System of Positions of Extragalactic Sources.* ⇨ CAMPBELL, 1985, 11-16
FRÖHLICH, H., 1994: *Bestimmung von Modellparametern der Erde durch Analyse ihrer Drehbewegung.* Veröff DGK C420, Frankfurt/Main
FROOME, K.D., ESSEN, L., 1969: *The Velocity of Light and Radio Waves.* Academic Press, London, New York
FUKSHIMA, T., 1989: *The Systems in General Relativity.* ⇨ KOVALEVSKY/MUELLER/KOLACZEK, 1989, 417-444

GAITZSCH, R., GRASSL, H., MÄUTNER, S., 1982: *Zeit und Zeitmessung.* Ernst Klett, Stuttgart
GALAS, R., SIGL. R., 1990: *Prediction of Polar Motion by Least-Squares Collocation.* ⇨ BOUCHER/WILKINS, 1990, 40-49
GALLIGANI, I., BETTI, B., BERNACCA, P.L., 1986: *The sphere reconstitution problem in the HIPPARCOS project.* Manuscr Geod 11, 124-132
GARFINKEL, B., 1944: *An Investigation in the Theory of Astronomical Refraction.* Astron J 50 (1148), 169-179
GARFINKEL, B., 1967: *Astronomical Refraction in a Polytropic Atmosphere.* Astron J 72 (1347), 235-254
GAUSS, C.FR., 1808/1: *Über eine Aufgabe der sphärischen Astronomie.* Zachs Mon Corr October 1808. Außerdem in: *Werke 6*, 37-49, Georg Olms Verlag, Hildesheim, New York, 1973
GAUSS, C.FR., 1808/2: *Methodum peculiarem elevationem poli determinandi.* In: *Werke 6*, 37-49, Georg Olms Verlag, Hildesheim, New York, 1973
GAUSS, C.FR., 1808/3: *Astronomische Antrittsvorlesung.* In: *Werke 12*, 177-199, B.G. Teubner, Leipzig, 1906; Georg Olms Verlag, Hildesheim, New York, 1973
GAUSS, C.FR., 1809: *Theoria motus corporum coelestium in sectionibus conicis Solem ambientium.* Frid. Perthes et I.H. Besser, Hamburg. Außerdem in: *Werke 7*, 1-288, B.G. Teubner, Leipzig, 1906; Georg Olms Verlag, Hildesheim, New York, 1973
GEIGER, A., KAHLE, H.-G., 1986: *Gravimetrisches Geoid in der Schweiz.* VPhK 84, 311-323
GENDT, G., DICK, G.(Herausgeber), 1996: *IGS Special Topics and New Directions. Workshop Proceedings Potsdam May 15-18, 1995.* Geoforschungszentrum Potsdam
GERSTBACH, G., 1974: *Astronomische Ortsbestimmung mit dem Prismenastrolab.* ÖZ 62, 25-34
GERSTBACH, G., 1975: *Beiträge zur Optimierung von Astrolabbeobachtungen.* Geowiss Mitt TU Wien 7, 103-134
GERSTBACH, G., 1975: *Analyse persönlicher Fehler bei Durchgangsbeobachtungen von Sternen.* Geowiss Mitt TU Wien 7, 51-102
GERSTBACH, G., 1983: *Zur Azimutmessung mit Sekundentheodoliten.* ÖZ 71, 53-68
GERSTBACH, G., 1988: *Precise Alpine Geoid Determination withour Digital Terrain Models.* Bull Geod 62, 541-563
GERSTBACH, G., 1990: *Ein Weg zum Zentimeter-Geoid in Österreich - Wie GPS und »Astro-geologisches Geoid« das Nivellement ersetzen kann.* ÖZ 78, 14-38
GERSTBACH, B., 1996/1: *CCD und Geodätische Astronomie - Zur Nutzbarkeit von CCD für Lot- und Azimutmessungen.* VGI 84, 63-68
GERSTBACH, B., 1996/2: *The Astro-Geodetic Use of CCD for Gravity Field Refinement.* Paper EGS XXI Gen. Ass. Den Haag
GERSTBACH, G., 1997: *How to Get an European Centimeter Geoid (»Astro-geological Geoid«)?*
GERSTBACH, G., PETERS, K., 1985: *Astronomische Orientierungen in der Kataster- und Ingenieurvermessung.* VR 47, 20-38
GERTHSEN CHR., 1956: *Physik.* Springer-Verlag, Berlin, Göttingen, Heidelberg, 4. Auflage
GERTHSEN, CHR., KNESER, H.O., VOGEL, H., 1989: *Physik.* Springer-Verlag, Berlin, Heidelberg, New York, London, Paris, Tokyo, Hong Kong, 16. Auflage
GESSLER, J., 1975: *Entwicklung und Erprobung einer transportablen Zenitkamera für astronomisch-geodätische Ortsbestimmungen.* Wiss Arb Univ Hannover 60
GESSLER, J., PILOWSKI, K., 1972: *Erste Ergebnisse mit den transportablen Zenitkameras der Astronomisch-geodätischen Station Hannover.* ZfV 97, 372

GESSLER, J., SEEBER, G., 1975: *Latitude and Longitude Determination with a Transportable Zenith Camera.* ⇨ DGK, 1975, 23-32

GEYLING, F.T., WESTERMAN, H.R., 1971: *Introduction to Orbital Mechanics.* Addison-Wesley Publishing Company, Reading, Mass., Menlo Parc, Cal., London, England, Don Mills, Ont.

GIESE, R.-H., 1966: *Weltraumforschung.* Bibliographisches Institut, Mannheim, Wien, Zürich

GIESE, R.-H., 1981: *Einführung in die Astronomie.* Wissenschaftliche Buchgesellschaft, Darmstadt

GIESE, W., 1974: *Observations Relevant to the Improvement of the Fundamental System.* Mitt Astr R Inst Heidelberg A84

GINGERICH, O., 1977: *Copernicus and Tycho.* ⇨ BRANDT/MARAN, 1977, 9-19

GINZEL, F.K., 1906;1914: *Handbuch der Mathematischen und Technischen Chronologie.* (3 Bände), J.C. Hinrichs'sche Buchhandlung, Leipzig

GLADSTONE, J.H., DALE, TH.P., 1863: *Researches on the Refraction, Dispersion, and Sensitiviness of Liquids.* Phil Trans Roy Soc 153, 317-343

GOETHE, J.W. , 1987: *Italienische Reise.* Herausgegeben von Jochen Scholz, Rütten & Loenig, Berlin

GOLD, T., 1967: *Radio Methods for the Precise Measurement of the Rotation Period of the Earth.* Science 157, 302-304

GONDOLATSCH, FR., GROSCHOPF, G., ZIMMERMANN, O., 1977: *Astronomie I - Die Sonne und ihre Planeten.* Ernst Klett Stuttgart

GOUDSMITH, S.A., 1943: *Accuracy of Position Finding Using Three or Four Lines of Position .* Publ Astr Soc Pac 55, 136-144; Nachdruck in Navigation 1, 34-46 (1946)

GOUGENHEIM, A., 1954: *Théorie et practique de la méthode des droites d'azimut.* Bull Geod, 155-183

GOUGENHEIM, A., 1958: *Une nouvelle méthode de réduction des observations de hauteurs égales.* Comt Rend Acad Sci 246, 1976-1979

GRAFAREND, E.W., MUELLER, I.I., PAPO, H.B., RICHTER, B., 1979: *Investigations on the Hierarchy of Reference Frames in Geodesy and Geodynamics.* Rep Ohio State Univ 289, Columbus, Ohio, 1979/1

GRAFAREND, E.W., MUELLER, I.I., PAPO, H.B., RICHTER, B., 1979: *Concepts for Reference Frames in Geodesy and Geodynamics: The Reference Directions.* Bull Geod 53, 195-213

GRAFF, K., 1944: ⇨ 10.1.1

GRANSER, H., HÖSCH, K., STEINHAUSER, P., ZYVH, D., 1983: *Über das Dichtemodell in Österreich.* ⇨ ÖSTERREICHISCHE KOMMISSION FÜR DIE INTERNATIONALE ERDMESSUNG, 1983, 159-182

GRASSHOFF, G., 1990: *The History of Ptolemy's Star Catalogue.* Springer Verlag, New York, Berlin, Heidelberg, London, Paris, Tokio

GREEN, R.M., 1985: ⇨ 10.1.1

GROSS, R.S., 1990: *The Secular Drift of the Rotation Pole.* ⇨ BOUCHER/WILKINS, 1990, 146-153

GROTEN, E., 1976: *Zur Definition geodätischer Koordinatensysteme.* ZfV 101, 25-37

GROTEN, E., 1980: *Geodesy and the Earths Gravity Field.* Ferd. Dümmlers Verlag, Bonn

GUINOT, B., 1980: *Determination of the motion of the pole, and comparison with astrometry.* Phil Trans Roy Soc A294, 329-334

GUINOT, B., 1989: *General Principles of the Measure of Time: Astronomical Time.* ⇨ KOVALEVSKY/MUELLER/KOLACZEK, 1989, 351-377

GUINOT, B., 1989: *Atomic Time.* ⇨ KOVALEVSKY/MUELLER/KOLACZEK, 1989, 351-377

GUINOT, B., SEIDELMANN, P.K., 1988: *Time Scales: their history, definition and interpretation.* Astron Astr 194, 304-308

GUNDEL,H.G., BÖKER, R., 1972: *Zodiakos - Der Tierkreis in der antiken Literatur und Kunst.* Alfred Druckenmüller Verlag, München

GUPTA, A.S., HANJURA, A.K., MATHUR, BH.S., 1991: *Satellite Broadcasting of Time and Frequency Signals.* Proc IEEE 79, 973-982

GURTNER, W., 1978: *Das Geoid in der Schweiz.* Mitt Inst Geod Ph ETH Zürich 20

GURTNER, W., BÜRKI, B., 1987: *Deviation of the Vertical.* ⇨ TURNER, 1987, 105-118

GUTHMANN, A., 1994: *Einführung in die Himmelsmechanik und Ephemeridenrechnung.* BI Wissenschaftsverlag, Mannheim, Leipzig, Wien, Zürich

GUYOT, E., 1938/1939: *Une nouvelle méthode de détermination de l'heure.* Annales Guébhard-Séverine 14ᵉ/15ᵉ, 236-240

GYSEN, H. VAN: ⇨ VAN GYSEN, H.

HAAS, R., 1003 : *Geodynamical and astronomical models in VLBI and the question of parameterization of the Earth's rotation.* ⇨ CAMPBELL/NOTHNAGEL 1993, 71-78

HAGIHARA, Y., 1972: *Celestial Mechanics*. The MIT Press, Cambridge, Mass., and London, England
HAHN, S., 1989: *Sonnentage - Mondjahre*. Urania-Verlag, Leipzig, Jena, Berlin
HAITZMANN, H., 1983: *Ein digitales Höhenmodell von Österreich*.
⇨ ÖSTERREICHISCHE KOMMISSION FÜR DIE INTERNATIONALE ERDMESSUNG, 1983, 147-152
HAKE, G., GRÜNREICH, D., 1994: *Kartographie*. Walter de Gruyter, Berlin, New York
HALLERMANN, L., INGENSAND, H., 1980: *Leistungsfähigkeit elektronischer Neigungsmesser - Kontinuierliche Messungen in der Ingenieurgeodäsie*. Veröff RWTH Aachen 28, 113-129
HALTON, A., 1987: *Quasars, Redshifts, and Controversies*. Interstellar Media, Berkeley, California
HAMEL, J., 1996: *Astronomiegeschichte in Quellentexten*.
Spektrum Akademischer Verlag, Heidelberg, Berlin, Oxford
HARTL, PH., GIESCHEN, N., MÜSSENER, K.-M., SCHÄFER, W., WENDE C.-M., 1983: *High Accuracy Global Time Transfer via Geosynchronous Telecommunication Satellites with MITREX*. Z Flwiss WRF 7, 335-342
HARZER, P., 1899: *Über die Zeitbestimmung im Vertikale des Polsternes*.
Publication der Sternwarte in Kiel, X, Breitkopf und Härtel, Leipzig
HASSE, L., 1960: *Über den Zusammenhang der Kimmtiefe mit meteorologischen Größen*. Hydr Z 13, 181
HASSE, L.: 1964 *Temperature-Difference Corrections for the dip of the Horizon* - JIN 17
HATCH, R.R., 1992: *Escape from Einstein*. Kneat Kompany, Wilmington, California
HEARNSHAW, J.B., 1992: *Origin of the Stellar Magnitude Scale*. SuT 84/4, 494-499
HECK, B., 1987: *Rechenverfahren und Auswertemodelle der Landesvermessung*.
Herbert Wichmann Verlag, Karlsruhe
HECK, B., 1991: *Referenzsysteme*. ⇨ DVW-Sonderheft: *GPS und Integration von GPS in bestehende geodätische Netze*; 90-124, herausgegeben vom DVW-Landesverein Baden-Württemberg, Stuttgart
HEHL, KL., 1992: *Bestimmung von Beschleunigungen auf einem bewegten Träger durch GPS und digitale Filterung*. Schr Uni Bw München 43, Neubiberg
HEIBERG, J.L., 1898-1903: ⇨ PTOLEMAEUS, CL., 142
HEIDMANN, J., 1980: *Relativistic Cosmology*. Springer-Verlag Berlin, Heidelberg, New York
HEIN, G., 1978: *Bestimmung der Schwereanomalien, Lotabweichungen und des Geoids im Oberrheingraben aus zweiten Ableitungen des Schwerepotentials*. Beiträge zur astronomischen Geodäsie und Geodynamik, Institut für Physikalische Geodäsie der Technischen Hochschule Darmstadt
HEINEKE, U., TORGE, W., 1979: *Determination of a Fine Structured Astrogeodetic Geoid in a Tidal Flat Area of the North Sea*. Mar Geod 2, 201-214
HEISING, R.A. (Herausgeber), 1946: *Quartz Crystals for Electrical Circuits - Their Design and Manufacture*. D. van Nostrand Company Inc., New York
HEISKANEN, W.A., MORITZ, H., 1967: *Physical Geodesy*.
W.H. Freeman and Company, San Francisco and London
HEITZ, S., 1968: *Geoidbestimmung durch Interpolation nach kleinsten Quadraten aufgrund gemessener und interpolierter Lotabweichung*. Veröff DGK C124, Frankfurt/M.
HEITZ, S., 1969: *Eine astronomisch-geodätische Geoidbestimmung für Westdeutschland*.
Veröff DGK B167, Frankfurt/M.
HEITZ, S., 1975: *Bezugssysteme Geodätischer Erdmodelle*. ZfV 100, 251-260
HEITZ. S., 1967: *Ein Vorschlag zur Interpolation von astronomisch-geodätisch bestimmten Lotabweichungen*. Veröff DGK A55, Frankfurt/M.
HEITZ, S., 1976: ⇨ 10.1.1
HEITZ, S., 1980: *Mechanik fester Körper*. Ferd. Dümmlers Verlag, Bonn
HEITZ, S., STÖCKER-MEIER, E., 1990;1994: *Grundlagen der physikalischen Geodäsie*.
Ferd. Dümmlers Verlag, Bonn
HELDEN, A. VAN: ⇨ VAN HELDEN, A.
HELLWIG, H.W., 1975: *Atomic Frequency Standards: A Survey*. Proc IEEE 63/2, 212-229
HELMER, L., MORRISON, L.V., 1985: *The Carlsberg Automatic Meridian Circle*. Vistas Astron 28, 505-518
HELMERT, FR.R., 1880; 1884 (2 Teile): *Die mathematischen und physikalischen Theorien der Höheren Geodäsie*. B.G. Teubner, Leipzig
HELMERT, FR.R., 1908: *Trigonometrische Höhenmessung und Refraktionskoeffizienten in der Nähe des Meeresspiegels*. Sitzber Preuss Akad Wiss 1908/1, 492-511
HENDERSON TH., 1840: *On the Parallax of α Centauri*. Mem R Astron Soc 11, 61-68
HERGET, P, 1973: *Elementary Dynamical Astronomy*. ⇨ TAPLEY/SZEBELELY, 1973, 392-395
HERR, J.PH., TINTER, W., 1887: ⇨ 10.1.1

HERRMANN, D.B., 1978: *Geschichte der Astronomie von Herschel bis Hertzsprung.* VEB Deutscher Verlag der Wissenschaften, Berlin

HERRMANN, D.B., 1988: *Geschichte der modernen Astronomie.* Aulis Verlag Deubner, Köln

HERRMANN, D.B., 1990: *Entdecker des Himmels.* Urania-Verlag, Leipzig, Jena, Berlin

HERZOG, E.R., 1947: ⇨ 10.1.1

HETZEL, P., 1983: *Die Zeitsignal- und Normalfrequenzaussendungen der PTB über den Sender DCF77: Stand 1982.* - ⇨ HILBERG, 1983, 42-57

HETZEL, P., 1988: *Mitteilungen über den Zeitsignal- und Normalfrequenzsender DCF 77 und sein aktuelles Sendeprogramm.* ⇨ HILBERG, 1988, 29-45

HETZEL, P., 1993/1: *Zeitinformation und Normalfrequenz - Von der PTB über den Telekom-Langwellensender DCF77.* telekom praxis, 25-36

HETZEL, P., 1993/2: Informationen zum Zeitsignal- und Normalfrequenzsender DCF77. ⇨ Hilberg, 1993, 55-64

HETZEL, P., 1998: *Der Langwellensender DCF 77 auf 77,5 kHz: 40 Jahre Zeitsignale und Normalfrequenz, 25 Jahre kodierte Zeitinformation.* Proc 7. CEE, 67-71

HEWISH, A., BELL, S.J., PILKINGTON, J.D.H., SCOTT, P.F., COLLINS, R.A., 1968: *Observation of a rapidly pulsating radio source.* Nature 217 709-713

HILBERG, W., 1993/2: *Datenübertragung über lange Welle - eine antiquierte Technik ?* ⇨ HILBERG, 1993, 21-54

HILBERG, W. (Herausgeber), 1983: *Funkuhren.* R. Oldenboug Verlag, München, Wien

HILBERG, W. (Herausgeber), 1988: *Funkuhrtechnik.* R. Oldenboug Verlag, München, Wien

HILBERG, W. (Herausgeber), 1993/1: *Funkuhren, Zeitsignale, Normalfrequenzen.* Verlag Sprache und Technik, Groß-Bielerau

HINCKLEY ALLEN, R., 1963: *Star Names - Their Lore and Meaning.* Dover Publications, Inc., New York

HIPPARCH: *Phaenomena.* Herausgeber des griechischen Textes und einer deutschen Übersetzung: MANITIUS, K., 1894: *Hipparchi in Arati et Eudoxi phaenomena commentariorum.* B.G. Teubner, Leipzig

HIRSCH, O., 1970: *Temperaturabhängigkeit der Ziellinie von Universalinstrumenten.* Veröff DGK C152, München

HØG, E. 1970: *A Theory of a Photoelectric Multislit Micrometer.* Astron Astr 4, 89-95

HØG, E., Kovalevsky, J., Lindegren, L., 1992: *Hipparcos Data Reduction - Construction of the Hipparcos Star Catalogue.* Esa Bull 69, 43-57

HÖPCKE, W., 1964/1: *Über die Bahnkrümmung elektromagnetischer Wellen und ihren Einfluß auf die Streckenmessungen.* ZfV 89, 183-200

HÖPCKE, W., 1964/2: *Streckenmessungen über See.* ZfV 89, 365-375

HOFMANN-WELLENHOF, B., LICHTENEGGER, H., COLLINS, J., 1992: *Global Positioning System - Theory and Practice.* Springer-Verlag, Wien, New York

HOLOTA, P., VERMEER, M. (Herausgeber), 1992: *First Continental Workshop on the Geoid in Europe: Towards a Precise Pan-European Reference Geoid for the Nineties.* Prague, May 11-14, 1992

HOOGSTEDEN, CHR., VAN ZYL, CHR. (Herausgeber), 1993: *Measure for Measure - A Festschrift in honour of Basil Maurice Jones.* University of Otago, Department of Surveying, Otago, Neuseeland

HOPFIELD, H.S., 1969: *Two-Quartic Tropospheric Refrativity Profile for Correcting Satellite Data.* J Geoph Res 74, 4487-4499

HOPFIELD, H., 1971: *Tropospheric effect on electromagnetically measured range: Prediction from surface weather data.* Radio Sc 6, 357-367

HOPFIELD, H.S., 1980: *Improvements in the tropospheric refraction correction for range measurement.* Phil Trans Roy Soc A294, 341-352

HOPMANN, J., 1950: *Über die gravimetrische und astronomische Bestimmung von Lotabweichungen und ihre Auswirkung auf trigonometrische Netze.* ⇨ *Beiträge zur Astronomischen Geodäsie.* Veröff IE 12, 75-125, Meisenbach & Co., Bamberg

HORTON, J.W., MARRISON, W.A., 1928: *Precision determination of frequency.* Proc IRE 16, 137-154

HOWELL, S.P., 1979: ⇨ 10.1.1

HOWSE, D., 1985: *1884 and Longitude Zero.* Vistas Astron 28, 11-19

HOZAKOWSKI, WŁ., 1990: ⇨ BOUCHER/WILKINS, 1990, 50-57

HRADÍLEK, L., 1955: *Bestimmung der relativen Lotabweichungen und des Refraktionskoeffizienten beim Ausgleich trigonometrisch gemessener Höhennetze.* Karls-Universität Prag

HÜBNER, U., WEYERS, S., CASTELLANOS, J., GRIEBSCH, D., SCHRÖDER, R., TAMM, C., BAUCH, A., 1998: *Progress of the PTB Caesium Fountain Frequency Standard.* Proceedings 12th EFTF, 544-547

HUGHES, J.A., ROBINSON, M.D., GAUSS, F.S., STONE, R.C., 1986: *Astrometric Techniques.* ➪ EICHHORN/LEACOCK, 1986, 483-496

HUGHES, J.A., SMITH, CL.A., KAPLAN, G.H., 1991: *Proceedings of the 127th Colloquium of the International Astronomical Union - Reference Systems* - held in Virginia Beach, VA, USA, 14-20 October 1990. United States Naval Observatory, Washington D.C.

HUTTON, CH., 1778: *An Account of the Calculations made from the Survey and Measures taken at Schehallien, in order to ascertain the mean Density of the Earth.* Phil Trans 68, 689-788

HWANG, CH., 1989: *High Precision Gravity Anomaly and Sea Surface Height Estimation from GEOS-3/SEASAT Satellite Altimeter Data.* Rep Ohio State Univ 399

IERS: *IERS: Missions and Goals for 2000.* IERS, Paris, 1995

ILLINGWORT, V., 1994: *The Facts On File Dictionary of Astronomy.* Facts On File Inc., New York

INGENSAND, H., 1985: *Ein Beitrag zur Entwicklung hochgenauer elektronischer Neigungsmeßsysteme für kontinuierliche Messungen.* Veröff DGK C308

INSTITUT FÜR GEODÄSIE (Herausgeber), 1993: *Das Global Positioning System im praktischen Einsatz der Landes- und Ingenieurvermessung* - Beiträge zum Geodätischen Seminar 12.-14. Mai 1993. Schr Uni Bw München 45, Neubiberg

ITANO, W.M., 1991: *Atomic Ion Frequency Standards.* Proc IEEE 79, 936-942

ITANO, W.,M., RAMSEY, N.F., 1993: *Accurate Measurement of Time.* Sc Am 269, 46-53

ITU (INTERNATIONAL TELECOMMUNICATION UNION), 1990: *Standard Frequencies and Time Signals.* Reports and Recommendations of the CCIR 7, Genf

ITU (INTERNATIONAL TELECOMMUNICATION UNION), 1997: *Handbook - Selection and Use of Precise Frequency and Time Systems.* Radiocommunication Bureau

IUGG/IAG (= INTERNATIONALE UNION OF GEODESY AND GEOPHYSICS - INTERNATIONALE ASSOCIATION OF GEODESY), 1987: *African Doppler Survey 1981-1986.* Nairobi, Paris, Algier

JAKOWSKI, N., 1997: *TEC-Monitoring der Ionosphäre.* ➪ DVW, 1997, 228-240

JANES, H.W., LANGLEY, R.B., NEWBY, S.P., (1989): *A Comparison of Several Models for the Prediction of Tropospheric Propagation Delay.* Proceedings of the Fifth International Geodetic Symposium on Satellite Positioning, March 13-17, Las Cruces, New Mexico, 777-788

JEINTZ, W.D., 1975: *Introduction to Astronomical Literature and Nomenclature.* ➪ ROTH, 1975, 1-6

JENKINS, L.F., 1963 *Supplement to the General Catalogue of Trigonometric Stellar Parallaxes.* ➪ 10.2.4

JOECKEL, R., 1975: *Untersuchung eines astronomischen Theodolits mit automatischer Fernrohrnachführung durch Schrittmotoren.* Veröff DGK C215, München

JOECKEL, R., STOBER, M., 1989: *Elektronische Entfernungs- und Richtungsmessung.* Verlag Konrad Wittwer, Stuttgart

JOOS, D.K., 1987: *Inertialsensoren und Inertialsysteme.* ➪ CASPARY/HEIN/SCHÖDLBAUER, 1987, Schr Uni Bw München 22, 23-44

JORDAN, W., 1885: ➪ 10.1.1

KABELÁČ, J., 1967: *Atmosphärenmodelle und astronomische sowie parallaktische Refraktion.* Stud Geophys Geod 11

KABELÁČ, J., 1983/1991 und 1986/1989: ➪ 10.1.1

KAHMEN, H., 1977: *Elektronische Meßvervahren in der Geodäsie.* Herbert Widmann Verlag, Karlsruhe

KAHMEN, H., 1993: *Vermessungskunde.* Walter de Gruyter, Berlin, New York

KAHN, F.D, PALMER, H.P., 1968: *Quasars - Their Importance in Astronomy and Physics.* Harvard University Press, Cambridge, Mass.

KAMIEŃSKI, M., 1927: *Determination of Latitude by the Method of Equal Altitudes of Different Stars (Piewzow's Method).* Publ Astr Obs Warsaw 3/1, 1-33

KANIUTH, KL., STUBER, KL., TREMEL, H., 1989: *A Comparative Analysis of Various Procedures for Modelling the Tropospheric Delay in a Regional GPS Network.* Proceedings of the Fifth International Geodetic Symposium on Satellite Positioning, March 13-17, Las Cruces, New Mexico, 767-776

KANT, I., 1754: *Untersuchung der Frage, ob die Erde in ihrer Umdrehung um die Achse, wodurch sie die Abwechselung des Tages und der Nacht hervorbringt, einige Veränderung seit den ersten Zeiten ihres Ursprunges erlitten habe, und woraus man sich ihrer versichern könne? welche von der Königlichen Akademie der Wissenschaften zu Berlin zum Preise für das jetzt laufende Jahr aufgegeben worden.* In: HARTENSTEIN, G. (Herausgeber), 1867: *Immanuel Kant's sämmtliche Werke* 1, 180-186, Leopold Voss, Leipzig

KANT, I., 1781: *Kritik der reinen Vernunft*. Johann Friedrich Hartknoch, Riga

KAPLAN, G.G., 1995: *Determining the Position and Motion of a Vessel from Celstial Observations.* JIN 42, S631-648

KAPLAN, G.H., 1995: *Determining the Position and Motion of a Vessel from Celestial Observations.* JIN 42, 631-648

KARDEL, FR., 1993: *Gesetzliche Zeit in Rechnernetzen.* ⇨ HILBERG, 1993, 287-298

KAROLUS, A., MITTELSTAEDT, O., 1928: *Die Bestimmung der Lichtgeschwindigkeit unter Verwendung des elektrooptischen Kerr-Effekts.* Phys Z 29, 698-702

KARTTUNEN, H., KRÖGER, P, OJA, H., POUTANEN, M., DONNER, K.J. (Herausgeber), 1987: *Fundamental Astronomy.* Springer-Verlag, Berlin, Heidelberg

KATOWSKI, O., SALZMANN, W., 1983: *Das Kreisabgriffsystem im THEOMAT WILD T2000.* Firmenschrift der Wild Heerbrugg AG, Heerbrugg

KELLERMANN, K.I., 1977: *Intercontinental Radio Astronomy.* ⇨ BRANDT/MARAN, 1977, 28-39

KENNEDY, E.S., REGIER, M.H., 1985: *Prime Meridians in Medieval Islamic Astronomy.* Vistas Astron 28, 23-32

KEPLER, J., 1609: *Astronomia nova.* Prag. Herausgeber einer deutschen Übersetzung: CASPAR, M., 1990: *Neue Astronomie.* R. Oldenbourg Verlag, München

KEPLER, J., 1611: *Mathematici dioptrice.* Augsburg

KEPLER, J., 1619: *Harmonia mundi.* G. Tampach, Frankfurt/M. Herausgeber einer deutsche Übersetzung: CASPAR, M., 1973: *Weltharmonik.* R. Oldenbourg Verlag, München

KILAR, B., 1972: *Über die Anwendung des sphärischen Bogenschnittes in der geodätischen Astronomie.* Veröff DGK C174, München

KING, W.J., 1962: *The Development of Elektrical Technology in the 19th Century: The Telegraph and the Telephone.* In: *Contribution from the Museum of History and Technology,* paper 29, 273-332 Smithonian Institution, Washington, DC

KINOSHITA, H., 1977: *Theory of the Rotation of the Rigid Earth.* Celest Mech 15, 277-326

KINOSHITA, H., SASAO, T., 1989: *Theoretical Aspects of the Earth Rotation.* ⇨ KOVALEVSKY/MUELLER/KOLACZEK, 1989, 173-211

KIRCHNER, D., 1991: *Two-Way Time Transfer via Communication Satellites.* Proc IEEE 79, 983-990

KISH, G., 1985: *One Hundret Years of Standard Time in the United States, 1883-1983.* Vistas Astron 28, 129

KLEPCZYNSKI, W.J., 1980: *The classical techniques (for monitoring Earth-rotation).* ⇨ WILKINS, 1980, 17-20

KLEPCZYNSKI, W.J., 1996: *GPS for Precise Time and Time Interval Monitoring.* 483-500

KLEPPNER, D., BERG, H.C., CRAMPTON, S.B., RAMSEY, N.F., VESSOT, R.F.C., GOLDENBERG, H.M., 1967: *Theory of the Hydrogen Maser.* ⇨ WEBER, 1967/1, 70-82

KLINGELÉ, E., HALLIDAY, M., COCARD, M., KAHLE, H.-G., 1995: *Airborne Gravimetric Survey of Switzerland.* VPhK 93, 248-253

KLISCHE, W., 1993: *Verwendung von GPS-Empfängern zur Frequenz- und Zeitbestimmung.* ⇨ HILBERG, 1993, 175-184

KNEISSL, M., 1953: *Die Genauigkeit der Winkel und astronomischen Azimute im Zentraleuropäischen Hauptnetz.* Veröff DGK A2, München

KNEISSL, M., 1956: *Höhenmessung - Tachymetrie.* In: JORDAN/EGGERT/KNEISSL (Herausgeber), 1956: *Handbuch der Vermessungskunde.* Band III, J.B. Metzlersche Verlagsbuchhandlung, Stuttgart

KNEISSL, M., 1958: *Mathematische Geodäsie (Landesvermessung).* In: JORDAN /EGGERT /KNEISSL (Herausgeber), 1958: *Handbuch der Vermessungskunde.* Band IV, J.B. Metzlersche Verlagsbuchhandlung, Stuttgart

KNICKMEYER, H., NITSCHKE, M., 1994: Rotationsparameter - Grundlagen für die Praxis. ZfV 119, 455-470

KNOBEL, E.B., 1877: *The Chronology of Star Catalogues.* Mem R Astron Soc 43, 1-74

KOCH, K.R., 1971: *Die geodätische Randwertaufgabe bei bekannter Erdoberfläche.* ZfV 96, 218-224

KOCH, R. (Herausgeber), 1987: BI-Lexikon *Uhren und Zeitmessung.* VEB Bibliographisches Institut, Leipzig

KÖPPEN, W., 1931: *Grundriß der Klimakunde.* Walter de Gruyter & Co. Berlin, Leipzig

KOLACZEK, B., 1989: *Earth Rotation Monitoring.* ⇨ KOVALEVSKY/MUELLER/KOLACZEK, 1989, 213-240

KOHLRAUSCH, F., 1968: *Praktische Physik.* (3 Bände), B.G. Teubner, Stuttgart

KONECNY, G., LEHMANN, G., 1984: *Photogrammetrie.* Walter de Gruyter, Berlin, New York, 1984

KOSALLA, FR., 1994: *Die CCD-Kamera Lynxx PC.* StuW 33, 220-221
KOVALEVSKY, J., 1965: *Astronomical Time.* Metrol 1, 169-180
KOVALEVSKY, J., 1967: *Introduction to Celestial Mechanics.* D. Reidel Publishing Company, Dortrecht, Holland
KOVALEVSKY, J., 1971: *The 1964 IAU System and the Geodetic Reference System 1967.* Celest Mech 4/1971, 279-280
KOVALEVSKY, J., 1988: *Celestial Reference Frames for Geodesy.* In: *Festschrift Rudolf Sigl zum 60. Geburtstag,* 136-141, Veröff DGK B287, München
KOVALEVSKY, J., 1989: *Stellar Reference Frames.* ➪ KOVALEVSKY/MUELLER/KOLACZEK, 1989, 15-41
KOVALEVSKY, J., 1990/1: *Astrométrie moderne.* Springer-Verlag, Berlin, Heidelberg
KOVALEVSKY, J., 1990/2: *Astrometry from Earth and Space.* SuT 79/5, 493-497
KOVALEVSKY, J., 1995: *Modern Astrometry.* Springer-Verlag Berlin Heidelberg
KOVALEVSKY, J., MUELLER, I.I., KOLACZEK, B. (Herausgeber), 1989: *Reference Frames in Astronomy and Geophysics.* Kluwer Academic Publishers, Dordrecht, Boston, London
KOVALEVSKY, J., LINDEGREN, L., PERRYMAN, M.A.C., HEMENWAY, P.D., JOHNSTON, K.J., KISLYUK, V.S., LESTRADE, J.F., MORRISON, L.V., PLATAIS, I., RÖSER, S., SCHILBACH, E., TUCHOLKE, H.J., VONDRAK, J., ARIAS, F., GONTIER, A.M., ARENOU, F., BROSCHE, P., FLORKOWSKI, D.R., GARINGTON, S.T., PRESTON, R.A., RON, C., RYBKA, S.P., SCHOLZ, R.D., ZACHARIAS, N., 1997: *The Hipparcos Catalogue as a realisation of the extragalactic reference system.* Astron Astr 323, 620-633
KRACK, KL., 1993: *Einrichtung eines Grundlagennetzes mit Hilfe des Global Positioning System in Ruanda.* ➪ INSTITUT FÜR GEODÄSIE, 1993, 139-157
KRÄHLING, R., 1978: *Die Astronomische Methode nach Olaf Römer anno 1676 zur Bestimmung der endlichen Ausbreitungsgeschwindigkeit des Lichtes.* Dissertation, Technischen Universität München; Veröff Deutsches Museum, B 10
KRAUS, K., 1994: *Photogrammetrie 1.* Ferd. Dümmler's Verlag, Bonn
KREICHGAUER, P.D., 1902: *Die Äquatorfrage in der Geologie.* Verlag der Missionsdruckerei in Steyl
KRETSCHMER, I., 1975: *300 Jahre Greenwich-Observatorium, Nullmeridian der Welt.* Kartogr Nachr 25, 224-231
KÜSTNER, F., 1890: *Über Polhöhen-Änderungen beobachtet 1884 bis 1885 zu Berlin und Pulkowa.* Astronom Nachr 125 (Nr.2993)
KUIPER, G.P., MIDDLEHURST, B.M., 1969: *Telescopes.* The University of Chicago Press, Chicago, London
KUNITSCH, P., 1986-1991: ➪ PTOLEMAEUS, 142
KUNTZ, E., 1965: *Die Beziehungen zwischen Sternkoordinaten und Bildkoordinaten.* ZfV 90, 399-403
KUNTZ, E., 1975: *Zum Einfluß der Schichtneigung in der astronomisch-geodätischen Ortsbestimmung.* ➪ DGK, 1975, 45-57
KUNTZ, E., 1990: *Kartennetzentwurfslehre.* Herbert Wichmann Verlag, Karlsruhe

LAMBECK, K., 1988: *Geophysical Geodesy.* Claredon Press, Oxford
LAMBECK, K., 1989: *The Earth's Variable Rotation: Some Geophysical Causes.* ➪ KOVALEVSKY/MUELLER/KOLACZEK, 1989, 241-284; ➪ BABCOCK/WILKINS, 1986, 1-20
LANDOLT, H., BÖRNSTEIN, R., 1965: *Zahlenwerte und Funktionen aus Naturwissenschaft und Technik -* Neue Serie. Gruppe VI *Astronomie, Astrophysik und Weltraumforschung*; VOIGT, H.H. (Herausgeber), Band I: *Astronomie und Astrophysik.* Springer-Verlag, Berlin, Heidelberg, Nex York
LANGE, W., 1993: *GPS - Genaue Zeit weltweit.* ➪ HILBERG, 1988, 367-377
LAPLACE, P.S., 1805: *Traité de la mécanique céleste. Tome quartième,* Courcier, Paris
ŁAWRYNOWICZ, K., 1995: *Friedrich -Wilhelm Bessel 1784-1846.* Birkhäuser Verlag, Basel, Boston, Berlin
LEDERLE, W., 1968: *Der instrumentelle Temperatureinfluß auf die Präzisionsmessung von Zenitdistanzen.* Veröff DGK C121, München
LEDERSTEGER, K., 1956/1969: *Astronomische und physikalische Geodäsie (Erdmessung).* JORDAN /EGGERT /KNEISSL (Herausgeber), 1956/1969: *Handbuch der Vermessungskunde,* Band V. J.B. Metzlersche Verlagsbuchhandlung und Carl Ernst Poeschel Verlag GmbH, Stuttgart
LEHMANN, TH., 1983: *Elemente der Mechanik III: Kinetik.* Vieweg & Sohn, Braunschweig, Wiesbaden
LELGEMANN, D., 1978: *Ein Verfahren zur astro-gravimetrischen Geoidbestimmung.* Veröff DGK C247, Frankfurt/M.
LELGEMANN, D., EHLERT, D., HAUCK, H., 1981: *Eine astro-gravimetrische Berechnung des Quasigeoids für die Bundesrepublik Deutschland.* Veröff DGK A92, Frankfurt/M.

LELGEMANN, D., EHLERT, D., HAUCK, H., 1982: *An astro-gravimetric Geoid for the Federal Republic of Germany.* ⇨ SIGL, 1982, 96-110
LEVALLOIS, J.J., 1978: *Sur le calcul des géoïdes astro-géodésiques.* Boll Geodes 37, 403-421
LEWIS, L.L., 1991: *An Introduction to Frequency Standards.* Proc IEEE 79, 927-935
LEWANDOWSKI, WL., AZOUBIB, J., KLEPCZYNSKI, W., 1999: *GPS: Primary Tool for Time Transfer.* Proc IEEE 87, 163-172
LEWANDOWSKI, WL., THOMAS, CL., 1991: *GPS Time Transfer.* Proc IEEE 79, 991-1000
LIAIS, E., 1858: *Sur la détermination des déclinations et des ascensions droites des étoiles par des observations azimutales.* Compt Rend Acad Sci 46, 400-403
LICHTENEGGER, H., 1971: *Eine Bemerkung zum astronomischen Anschlußverfahren in der Satellitengeodäsie.* ZfV 96, 497-500
LIESKE, J.H., 1979: *Precession Matrix Based on IAU (1976) System of Astronomical Constants.* Astron Astr 73, 282-284
LIESKE, J.H., LEDERLE, T., FRICKE, W., MORANDO, B., 1977: *Expressions for the Precession Quantities Based upon t*he IAU (1976) System of Astronomical Constants. Astron Astr 58, 1-16
LINDEGREN, L., KOVALEVSKY, J., 1995: *Linking the Hipparcos Catalogue to the extragalactic reference system.* Astron Astr 304, 189-201
LINSTROT, W., 1999: *Das deutsche Refernzsystem 1991 - DREF 91.* Mitt BKG 9
LOHMAR, F.J., 1985: *Zur Berechnung ionosphärischer Refraktionskorrekturen für VLBI-Beobachtungen aus simultanen Dopplermessungen nach Satelliten.* Mitt Inst Geod U Bonn 67
LORCH, W., 1970: *Untersuchungen über die persönlichen Fehler bei geodätisch-astronomischen Beobachtungen und die Möglichkeit ihrer Ausschaltung durch Nachführvorrichtungen.* Veröff DGK C150, München
LUKAS, R., 1988: *Über die Funktionsweise einer CCD-Kamera.* StuW 27, 39-41
LUKEŠ, L., 1954: ⇨ 10.1.1

MA, C., 1989: *Extragalactic Reference Frames.* ⇨ KOVALEVSKY/MUELLER/KOLACZEK, 1989, 43-65
MACKIE, J.B., 1985: ⇨ 10.1.1
MADSEN, F., TSCHERNING, C.C., 1990: *The Use of Height Differences Determined by the GPS in the Construction Process of the Fixed Link Across the Great Belt.* Paper, FIG XIX International Congress, Helsinki
MAIER, H., 1991: *Die christliche Zeitrechnung.* Herder, Freiburg, Basel, Wien
MALING, D.H., 1992: *Coordinate Systems and Map Projection.* Pergamon Press, Oxford, New York Seoul, Tokyo, 2. Auflage
MANITIUS, K., 1894: ⇨ HIPPARCH
MANITIUS, K., 1913: ⇨ PTOLEMAEUS, CL., 142
MARCUSE; A., 1905: ⇨ 10.1.1
MARKOWITZ, W., 1954: *Photographic Determination of the Moon's Position, and Applications to the Measure of Time, Rotation of the Earth, and Geodesy.* AJ 59, 1214, 69-73
MARKOWITZ, W., 1969: *The Photographic Zenith Tube and the Dual-Rate Moon-Position Camera.* ⇨ KUIPER/MIDDLEHURST, 1969, 88-114
MARKOWITZ, W., HALL, R.G., ESSEN, L., PERRY, J.V.L., 1958: *Frequency of Cesium in Terms of Ephemeris Time.* Phys Rev Lett 1, 105
MARRISON, W.A., 1930: *The Crystal Clock.* Proc Nat Acad Sci 16, 496-507
MARRISON, W.A., 1948: *The Evolution of the Quartz Crystal Clock.* BSTJ 27, 510-588
MARTI, U., 1990: *ALGESTAR - Satellitengestützte Geoidbestimmung in der Schweiz mit GPS.* Geod Geophys Arb Schweiz, Band 41, Zürich
MARTI, U., KAHLE, H.-G., 1995: *Die neue Geoidbestimmung in der Schweiz: Gegenwärtiger Stand und Genauigkeitsuntersuchungen.* VPhK 93, 241-247
MARTI, U., BÜRKI, B., KAHLE, H.-G., 1995: *National Geoid Investigations in Switzerland New Geoids in the World.* IAG Bulletin 77, IGES Special Issue 181-190, Milano, Toulouse
MASKELYNE, N., 1775/1: *A Proposal for measuring the Attraction of some Hill in this Kingdom by Astromical Observations.* Phil Trans 65, 495-499
MASKELYNE, N., 1775/2: *An Account of Observations made on the Moutain Schehallien for finding its Attraction.* Phil Trans 65, 500-542
Matthias, H., 1981: *Vier Streiflichter aus der Vermessungskunde.* ⇨ *Festschrift 100 Jahre Geodätische Forschung in Hannover.* Wiss Arb Univ Hannover 100, 21-45

MASON, W.P., 1946: *Quartz Crystal Applications.* ⇨ HEISING, 1946, 11-56
MCCARTHY, D.D., 1992: *IERS Technical Note 13.* Observatoire de Paris, Paris
MC CARTHY, D.D., 1996: *IERS Conventions (1996).* IERS Technical Note 21,Observatoire de Paris, Paris
Mc CARTNEY, E.J., 1976: *Optics of the Atmosphere.*
John Wiley & Sons, New York, London, Sydney, Toronto
MCNAMARA, L.F., WILKINSON, P.J., 1983: *Prediction of the total electron content using the International Reference Ionosphere.* J Atm Terr Phys 45, 169-174
MEEUS, J., 1991: ⇨ 10.1.1
MEEUS, J., MUCKE, H., 1979: *Canon of Lunar Eclipses.* -2002 to +2526. Astronomisches Büro, Wien
MEINZER, M., 1992: *Der französische Revolutionskalender (1792-1805).* R. Oldenbourg Verlag, München
MELBOURNE, W.G., 1980: *Very-long-baseline radio interferometry.* ⇨ WILKINS, 1980, 37-53
MELCHIOR, P., 1980: *For a Clear Terminology in the Polar Motion Investigations.*
⇨ FEDOROV/SMITH/BENDER, 1980, 17-21
MELCHIOR, P., 1983: *The Tides of the Plant Earth.* Pergamon Press, Oxford
MELCHIOR, P., YUMI, S., 1972: *Rotation of the Earth.* Reidel, Dordrecht, Niederlande
MELICHER, J., FIXEL, J., KABELÁČ, J., 1993: ⇨ 10.1.1
MERRY, CH..,1993: *The Geoid Revitalized.* ⇨ HOOGSTEDEN, VAN ZYL, 1993, 109-124
METT, R., 1996: *Regiomontanus - Wegbereiter des neuen Weltbildes.*
B.G. Teubner Verlagsgesellschaft, Stuttgart, Leipzig
MEYERS, R.A. (Herausgeber), 1989: *Encyclopedia of Astronomy and Astrophysics.*
Academic Press Inc., San Diego, New York, Berkeley, Boston, London, Sydney, Tokyo, Toronto
MICHELSON, A.A., 1927: *Measurement of the Velocity of Light between Mount Wilson and Mount San Antonio.* Astrophys J 65, 1-22
MICHELSON, A.A., PEASE, F.G., 1921: *Measurement of the diameter of Orionis with the interferometer.* Astrophys J 53, 249
MICHELSON, A.A., PEASE, F.G., PEARSON, F., 1935: *Measurement of the Velocity of Light in a Partial Vacuum.* Astrophys J 82, 26-61
MILOVANOVIĆ, VL., 1968: *Beitrag zur Erklärung der systematischen Fehler bei der astronomisch-geodätischen Ortsbestimmung.* Veröff DGK C129, München
MIMUS, M., 1971: *Untersuchungen zur Plattenreduktion von Sternaufnahmen.*
Veröff DGK C169, München
MIMUS M., MITTERMAYER, E., 1968: *Ein Verfahren zur Plattenreduktion und Satellitentriangulation.* Veröff Astr-Geod Arb 24, München
MITTELSTAEDT, O., 1928: *Die Bestimmung der Lichtgeschwindigkeit unter Verwendung des elektro-optischen Kerreffekts.* Inaugural-Dissertation, Bibliographisches Institut A.G., Leipzig
MITTER, J., 1963: *Zur Bestimmung des atmosphärischen Dampfdruckes mittels Psychrometern - Über die Psychrometerformel und ihre Auswertung.* AVN 70, 83-90
MÖNICKE, H.-J., 1980: *Multiquadratische Interpolation von Geoidhöhen aus astrogeodätischen Lotabweichungen im Testnetz Karlsruhe.* AVN 87, 70-74
MÖNICKE, H.-J., 1981: *Interpretation astronomisch-geodätischer Lotabweichungen im Oberrheingraben.* Veröff DGK C265, München
MÖRZER BRUYNS, W.F.J., 1985: *Prime Meridians Used by Dutch Navigators.* Vistas Astron 28, 33-37
MONET, D.G., DAHN, C.C., VRBA, FR.J., HARRIS, H.C., PIER, J.R., LUGINBUHL, CHR.B., ABLES, H.D., 1992: *US Naval Observatory CCD Parallaxes of Faint Stars; I. Program Description and First Results.* Astron. J 103, 638-665
MONKA, F.M., TORGE, W., WEBER, G., WENZEL, H.-G., 1978: *Gravimetric, Altimetric and Astrogeodetic Geoid determination in the North Sea region.* Wiss Arb Univ Hannover 80
MONKA, F.M., TORGE, W., WEBER, G., WENZEL, H.-G., 1979: *Improved Vertical Deflection and Geoid Determination in the North Sea Region.* Wiss Arb Univ Hannover 94
MORITZ, H., 1975: *Gravimetrische Geodäsie.* ZfV 100, 15-21
MORITZ, H., 1978: *The Definition of a Geodetic Datum.* ⇨ US DEPARTMENT OF COMMERCE, 1978, 63-75
MORITZ, H., 1979: *Concepts of Geodetic Reference Frames.* Rep Ohio State Univ 294, Columbus, Ohio
MORITZ, H., 1980: *Geodetic Reference System 1980.* Bull Geod 54, 395-405
MORITZ, H., 1980: *Advanced Physical Geodesy.* Sammlung Wichmann, Neue Folge, Bd. 13, Karlsruhe
MORITZ, H., 1982: *Variational Methods in Earth Rotation.* ⇨ MORITZ, SÜNKEL, 1982, 167-226
MORITZ, H., 1987: *Oppolzer und die Definition des Himmelspols.*
⇨ ÖSTERREICHISCHE KOMMISSION FÜR DIE INTERNATIONALE ERDMESSUNG, 1987, 60-68, Wien

MORITZ, H., 1990: *The Figure of the Earth*. Wichmann, Karlsruhe
MORITZ, H., SÜNKEL, H. (Herausgeber), 1982: *Geodesy and Global Geodynamics*. (Lectures Delivered at the Third International Summer School in the Mountains on Geodesy and Global Geodynamics, Frauenberg/Admont, Austria, August 30 to September 10, 1982). Mitt Inst Geod U Graz, Folge 41, Graz
MORITZ, H., MUELLER, I.I., 1988: *Earth Rotation – Theory and Observation*. The Ungar Publishing Company, New York
MOYER, TH.D., 1981: *Transformation from Proper Time on Earth to Coordinate Time in Solar System, Barycentric Space-Time Frame of Reference*. Celest Mech 23, 33-68
MUCKE, H., MEEUS, J., 1983; 1992: *Canon of Solar Eclipses*. -2003 to +2526. Astronomisches Büro, Wien
MÜHLIG, F., 1960: ➪ 10.1.1
MUELLER, I.I., 1969: ➪ 10.1.1
MUELLER, I.I., HORNBARGER, D.H., SCHWARZ, CH.R., VEACH, J.P., 1971: *Untersuchungen an Wild BC-4 Satellitenaufnahmen*. ZfV 96, 117-124, 173-182
MUELLER, I.I., 1982: *Reference Coordinate Systems for Earth Dynamics: A Preview*. ➪ MORITZ/SÜNKEL, 1982, 71-92
MUELLER, I.I., 1985: *Reference Coordinate Systems and Frames: Concepts and Realization*. Bull Geod 59, 181-188
MUELLER, I.I., 1988: *Reference Coordinate Systems: An Update*. Rep Ohio State Univ 394
MUELLER, I.I., 1989: *Transformations between Celestial and Terrestrial Reference Frames*. ➪ KOVALEVSKY/MUELLER/KOLACZEK, 1989, 287-304
MÚGICA-BUHICAS, F., 1960: *Neue Ideen über die Anwendung des Theodolits in der Astronomie*. Veröff DGK C38
MURRAY C.A., 1983: ➪ 10.1.1

NÄBAUER, M., 1925: *Grundzüge der Geodäsie*. B.G. Teubner, Leipzig
NÄBAUER, M., 1949: *Vermessungskunde*. Springer-Verlag, Berlin, Göttingen, Heidelberg
NAGEL, E., 1976: *Die Bezugssysteme der Satellitengeodäsie*. Veröff DGK C223, München
NAGY, D., 1989: *A Geoid '88: Gravimetric Geoid for Canada*. ➪ RAPP, 1989, 117-120
NAITO, I., SUGAWA, C., 1984: *Atmospheric Refraction Effects in Time and Latitude Observations Unsing Classical Techniques*. ➪ BRUNNER, 1984, 181-187
NAU, H., 1988: *Zeitinformation aus dem Global Positioning System*. ➪ HILBERG, 1993, 235-245
NAU, H., 1993: *Satellitennavigationssysteme für weltweite Zeitverteilung, Uhrensynchronisation und Frequenzvergleiche*. ➪ HILBERG, 1993, 163-174
NAUMANN, H., SCHRÖDER G., 1987: *Bauelemente technischer Optik*. Carl Hanser Verlag, München, Wien
NEUTSCH, W., SCHERER, KL., (1992): *Celestical Mechanics: An introduction to classical and contemporary methods*. BI-Wissenschaftsverlag, Mannheim, Leipzig, Wien, Zürich
NEWCOMB, S., 1891: *On the Periodic Variation of Latitude and the Observations with the Washington Prime-Vertical Transit*. Astron J 11 (No.251), 81.82
NEWCOMB, S., 1892: *On the Dynamics of the Earth's Rotation, with Respect to the Periodic Variations of Latitude*. Mon Not R Astron Soc 52, 336-341
NEWCOMB, S., 1892: *Remarks on Mr. Chandler's Law of Variation of Terrestrial Latitudes*. Astron J (271) 12, 49-50
NEWCOMB, S., 1895: *Tables of the Motion of the Earth on its Axis and around the Sun*. Astr Papers Am Ephem 6/1, 7-169
NEWCOMB, S., 1898/1: *Tables of the four inner planets*. Astr Papers Am Ephem 6
NEWCOMB, S., 1898/2: *A new determination of the precessional constant with the resulting precessional motions*. Astr Papers Am Ephem 8/2, 1-76
NEWTON, I., 1686: *Philosophiae naturalis principia mathematica*. London
Herausgeber einer deutschen Übersetzung: Wolfers, J.Ph., 1872: *Sir Isaac Newton's Mathematische Principien der Naturlehre*. Verlag Robert Oppenheim, Berlin
Englische Übersetzung: CAJORI, F., 1934: *Principia*. University of California Press, Berkeley
NEWTON, R.R., 1977: *The Crime of Claudius Ptolemy*. The John Hopkins University Press, Baltimore and London
NIELL, A.E., 1996: *Global mapping function for the atmosphere delay at radio wavelengths*. J Geophys Res 101, 3227-3246
NIETHAMMER, TH., 1924: *Zur Döllenschen Methode der Zeitbestimmung*. Verh Naturforsch Ges Basel, 35/2, 107-114

NIETHAMMER, TH., 1934: *Zur Auswahl der Sterne in der Bestimmung der Zeit und des Azimutes mit Hilfe von Meridiandurchgängen.* Astronom Nachr 252, 207-208
NIETHAMMER, TH., 1937: *Die Auswahl der Sterne in der Bestimmung der Zeit und des Azimuts mit Hilfe von Meridiandurchgängen.* Bull Geod 56, 273-289
NIETHAMMER, TH., 1939: *Die günstigste Wahl der Zeitsterne in der Döllenmethode.* Astronom Nachr 270, 25-28
NIETHAMMER, TH., 1940: *Die direkte Bestimmung des Azimuts eines irdischen Objekts.* Annexe au Procès-Verbal de la 86me Séance de la Commission Géodésique Suisse, tenue au Palais fédéral à Berne le 20 avril 1940, 3-31, Birkhäuser, Basel
NIETHAMMER, TH., 1940: *Die Genauigkeit der verschiedenen Zeitbestimmungsmethoden.* Verh Naturforsch Ges Basel, 51, 29-39
NIETHAMMER, TH., 1941-1942: *Die simultane Bestimmung der Zeit, der Polhöhe und des Azimutes zweier Richtungen.* Verh Naturforsch Ges Basel, 53, 327-355
NIETHAMMER, TH., 1947: ⇨ 10.1.1
NIETHAMMER, TH., FLECKENSTEIN, J.O., 1941-1942: *Die Bestimmung der Polhöhe durch die Beobachtung der Durchgangszeiten verschiedener Sterne im I. Vertikal.* Verh Naturforsch Ges Basel, 53, 219-245
NOTHNAGEL, A., 1991: *Radiointerferometrische Beobachtungen zur Bestimmung der Polbewegung unter Benutzung langer Nord-Süd-Basislinien.* Veröff DGK C368, Frankfurt/M.

OPPOLZER, TH. VON, 1882: *Lehrbuch zur Bahnbestimmung der Kometen und Planeten.* Verlag von Wilhelm Engelmann, Leipzig
OPPOLZER, TH. VON, 1887: *Canon der Finsternisse.* Karl Gerold' Sohn, Wien
ÖSTERREICHISCHE KOMMISSION FÜR DIE INTERNATIONALE ERDMESSUNG (Herausgeber), 1981: *Österreichische Beiträge zur XVII. Generalversammlung der Internationalen Union für Geodäsie und Geophysik und der Internationalen Assoziation für Geodäsie in Canberra 1979.* Geod Arb Österreich NF II
ÖSTERREICHISCHE KOMMISSION FÜR DIE INTERNATIONALE ERDMESSUNG (Herausgeber), 1983: *Das Geoid in Österreich.* Geod Arb Österreich NF III
ÖSTERREICHISCHE KOMMISSION FÜR DIE INTERNATIONALE ERDMESSUNG (Herausgeber), 1987: *Vorträge beim Theodor Ritter von Oppolzer-Gedächtnissymposium am 3. 12. 1986.* Geod Arb Österreich NF V

PAST, FR., 1965: *Kritischer Vergleich der Refraktionsformeln für trigonometrische Höhenmessung und Versuch einer systematischen Ordnung.* Veröff DGK C75, München
PEDERSEN, O., 1974: *A Survey of the Almagest.* Odense University Press, Odense
PERRIN, E., 1808: *Détermination exacte de la latitude et du temps du lieu a l'aide d'observations au sextant par la méthode des hauteurs égales d'etoiles.* Ann Bur Long, C1-C62
PERRIER, G., 1949: *Wie der Mensch die Erde gemessen und gewogen hat.* Meisenbach Verlag, Bamberg
PERRYMAN, M.A.C., 1985: *Ad Astra Hipparcos - The European Space Agency's Astrometry Mission.* ESA (BR-24), Noordwijk
PESSION, G., 1943: ⇨ 10.1.1
PETERS, H.E., VANIER, J., 1967: *Hydrogen-Maser - Principles and Techniques.* ⇨ WEBER, 1967, 83-94
PEWZOW, M., 1888/1899: *Über die Bestimmung der geographischen Breite durch korrespondierende Höhen.* Schriften der Kaiserlichen russischen geographischen Gesellschaft, 17/5 und 32/2
PHILIP, A.G.D., HAYES, D.S., ADELMAN, S.J., (Herausgeber), 1990: *Conference on CCDs in Astronomy.* L.Davis Press, Schenctady, NY
PHILIPP, H., ROTH, D., BACHMANN, W., 1994: *Sonnenuhren Deutschland und Schweiz.* Deutsche Gesellschaft für Chronometrie, Stuttgart
PHYSIKALISCH TECHNISCHE BUNDESANSTALT : ⇨ PTB *Entwicklung, Realisierung.* PTB, Braunschweig und Berlin
PICK, M., PICHA, J., VYSKOČIL, V., 1973: *Theory of the Earth's Gravity Field.* Elsevier Scientific Publishing Company, Amsterdam, London, New York
PIZZETTI, P., 1894: *Sulla espressione della gravità alla superficie del geoide, supposto ellissoidico.* Atti della Reale, Accademia dei Lincei, Vol.3, 166-172, Roma
PIZZETTI, P., 1906: *Encyklopädie der mathematischen Wissenschaften - Höhere Geodäsie.* VI/1, 139
PLONER, M., 1996: *CCD-Astrometrie von Objekten des geostationären Ringes.* Geowiss Mitt TU Wien 46
PODOBED, V.V., 1965: *Fundamental Astrometry.* Englische Ausgabe: A.N. VYSSOTSKY, The University of Chicago Press, Chicago and London
Russische Ausgabe: FIZMATGIZ, Moskau, 1962

POINCARÉ, H., 1905-1910: *Leçons de Méchanique Céléste.* Ganthiers Villars, Paris
POPA, A.E., 1982: *Masers.* ⇨ WEBER, 1982, 465-481
POTTS, C.E., WIEDER, B., 1972: *Precise time and frequency dissemination via the Loran-C system.* Proc IEEE 60, 530-539
POTTHOFF, H., 1993: *Method and device for photographic observation of geosynchronous satellites.* Wiss Z Univ Dresden 42, 93-95
PRESCOTT, N.J.D., 1964: *A photographic method of determining azimuth, longitude and latitude.* Emp Surv Rev, 355-363
PREUSS, EU., 1976, 1977: *Grundbegriffe der hochauflösenden Radiointerferometrie (VLBI).* StuW 15, 246-248 und 16, 392-396
PREUSS, EU., 1977: *Hochauflösende Radiointerferometrie (VLBI).* StuW 16, 86-90
PREUSS, EU., 1985: *Physikalische Eigenschaften von radioastronomischen extragalaktischen Referenzquellen.* ⇨ CAMPBELL, 1985, 3-8
Prey, A.., 1949: ⇨ 10.1.1
PROCHASKA, F.V., TUCKER, R.H., 1978: *Modern Astrometry,* International Astromical Union Colloquium No 48, Vienna, September 12 - 14, 1978. Published by University Observatory Vienna
PROCHASKA, G., WEILGUNY, R., 1987: *Positionsdetektor zur Bestimmung von Sterndurchgangszeiten.* ÖZfVuPh 75, 22-24
PROVERBIO, E., 1985: *The Contribution of the Mechanical Clock to the Inprovement of Navigation.* Vistas Astron 28, 95-103
PTB - PHYSIKALISCH TECHNISCHE BUNDESANSTALT (Herausgeber), 1994: *Die SI-Basiseinheiten - Definition, Entwicklung, Realisierung.* PTB, Braunschweig
PTB - PHYSIKALISCH TECHNISCHE BUNDESANSTALTHerausgeber), 1995: *Zur Zeit.* PTB, Braunschweig und Berlin
PTOLEMAEUS, CL., 142: *Syntaxis Mathematica.*
HEIBERG, J.L. (Herausgeber des Textes in griechischer Sprache), 1898-1903: *Claudii Ptolemaei opera quae exstand omnia.* B.G. Teubner, Leipzig
KUNITSCH, P., 1974: *Der Almagest - Die Syntaxis Mathematica des Claudius Ptolemäus in arabisch-lateinischer Überlieferung.* Otto Harrassowitz, Wiesbaden
KUNITSCH, P. (Herausgeber), 1986-1991: *Der Sternkatalog des Almagest - Die arabisch-mittelalterliche Tradition; I. Die arabischen Übersetzungen, II. Die lateinische Übersetzung Gerhards von Cremona, III. Gesamtkonkordanz der Sternkoordinaten.* Wiesbaden
MANITIUS, K. (Herausgeber), 1913; 1961: *Ptolemäus - Handbuch der Astronomie.* B.G. Teubner, Leipzig
TOOMER, G.J., 1984: *Ptolemy's Almagest.* Gerald Duckworth, London

QUINN, T.J., 1991: *The BIPM and the Accurate Measurement of Time.* Proc IEEE 79, 894-905

RAISZ, E., 1938: *General Cartography.* Mc Graw-Hill Book Company Inc., New York, London
RAMSAYER, K., 1962: *Automatische Sternnachführung für astronomischen Theodolit.* Veröff DGK B81, München
RAMSAYER, K., 1949: *Das Grundprinzip der astronomischen Orts- und Zeitbestimmung.* ZfV 74, 139-145
RAMSAYER, K., 1970: ⇨ 10.1.1
RAMSAYER, K., 1972: *Der Einfluß der Lotabweichungen auf Raumnetze.* VPhK 73, 125
RAMSEY, N.F., 1965: *The Atomic Hydrogen Maser.* Metrol 1, 7-15
RAPP, R.H., 1989: *Progress in the Develompent of High Degree Potental Coefficient Models.* ⇨ RAPP, 1989, 12-14
RAPP, R.H. (Herausgeber), 1989: *Progress in the Determination of the Earth's Gravity Field.* Extended abstracts for the meeting held in Ft. Lauderdale, Florida, September 13-16, 1988. Rep Ohio State Univ 397
RAPP, R. H.. SANSÒ, F. (Herausgeber), 1991: *Determination of the Geoid - Present and Future.* Proceedings IAG Symposium No 106, Milan, Italy, June 11-13, 1990. Springer-Verlag, New York, Berlin, Heidelberg, London, Paris, Tokyo, Hong Kong
RAYNAUD-NGUYEN, I., 1985: *Longitudes and Meridians on French Charts of the Mediterranean in the 17th and 18th Centuries.* Vistas Astron 28, 49-61
REIGBER, CHR., 1969: *Zur Bestimmung des Gravitationsfeldes der Erde aus Satellitenbeobachtungen.* Veröff DGK C137, München
REIGBER, CHR., 1982: *Figur- und Feldparameterbestimmung.* Abschlußbericht zum Teilprojekt B 3. ⇨ SCHNEIDER, M. (Herausgeber), 1982: *Sonderforschungsbereich 78 Satellitengeodäsie der Technischen Universität München - Abschlußberichte zu den Teilprojekten.* Veröff DGK B261, München

REMONDI, B. W., 1984: *Using the Global Positioning System (GPS) Phase Observable for Relative Geodesy: Modelling, Processing, and Results.* Doctoral Dissertation, University of Texas at Austin

REPSOLD, J.A., 1908: *Zur Geschichte der astronomischen Meßwerkzeuge von Purbach bis Reichenbach 1450 bis 1830.* Verlag von Wilhelm Engelmann, Leipzig

RESCH, G.M., 1984: *Water Vapor Radiometry in Geodetic Applications.* ⇨ BRUNNER, 1984, 53-84

RICHTER, B., 1985: *Grundsatzüberlegungen zur Definition räumlicher Bezugssysteme.* ⇨ CAMPBELL, 1985, 39-46

RICHTER, B., 1986: *Entwurf eines nichtrelativistischen geodätisch-astronomischen Bezugssystems.* Veröff DGK C322, München

RICHTER, B., 1995: *Die Parametrisierung der Erdorientierung.* ZfV 120, 109-119

RIEKHER, R., 1990: *Fernrohre und ihre Meister.* Verlag Technik GmbH, Berlin

RINGER, D.E., GANDY, J., JECHART, E., 1975: *Spaceborne Rubidium Frequency Standard for Navstar GPS.* Proceedings of the Seventh Annual Precise Time and Time Interval (PTTI) Conference, 671-696

RINNER, K., BENZ, FR., 1966: *Die Entfernungsmessung mit elektro-magnetischen Wellen und ihre geodätische Anwendung.* In: JORDAN/EGGERT/KNEISSL (Herausgeber), 1966: *Handbuch der Vermessungskunde, Band VI.* J.B. Metzlersche Verlagsbuchhandlung, Stuttgart

RINNER, K., CHESI, G., LICHTENEGGER, H., 1981: *Astrogeodätische Aktivitäten im Grazer Raum.* ⇨ ÖSTERREICHISCHE KOMMISSION FÜR DIE INTERNATIONALE ERDMESSUNG 1981, 149-163, Wien

ROBBINS, A.R., 1977: *Geodetic Astronomy in the Next Decade.* Survey Review 24, 99-108

RÖDDE, A., 1970: *Simultanbestimmung der Lotabweichungskomponenten ξ und η mit dem Prismenastrolabium.* Veröff DGK B197, Frankfurt/M.

ROEDEL, W., 1992: *Physik unserer Umwelt: Die Atmosphäre.* Springer-Verlag, Berlin, Heidelberg, New York, London, Paris, Tokyo, Hong Kong, Barcelona, Budapest

ROELOFS, R., 1950: ⇨ 10.1.1

ROELOFS, R., 1957: *Gleichzeitige Bestimmung von Breite, Länge und Azimut.* ZfV 82, 103-108

RØMER, OLAUS, 1676: *Démonstration touchant le mouvement de la lumière trouvé par M. Romer de l'Academie Royale des Sciences.* J Sç 20, 133-134

RØMER, OLAUS, 1676: *»A Demonstration concerning the Motion of Light« communicated from Paris, in the Journal des Sçavans, and here made English.* Phil Trans Roy Soc 12, 893-894

RÖSSLER, W.: *Über die Form der photographischen Abbildung von Sternbahnen.* Geowiss Mitt TU Wien 7, 135-149

ROHLFS, KR., 1986: *Tools of Radio Astronomy.* Springer-Verlag, Berlin, Heidelberg, New York, London, Paris, Tokyo

ROLSTON, ST.L., PHILLIPS, W.D., 1991: *Laser-Cooled Neutral Atom Frequency Standards.* Proc IEEE 79, 943-951

ROSE, R.D., PARKER, H.M., LOWRY, R.A., KUHLTAU, A.R., BEAMS, J.W., 1969: *Determination of the Gavitational Constant G.* Phys Rev Lett 23, 655-658

ROTH, G.D. (Herausgeber), 1975: *Astronomy – A Handbook.* Springer-Verlag, Berlin, Heidelberg, New York

ROTHACHER, M., BEUTLER, G., GURTNER, W., GEIGER, A., KAHLE, H.-G., SCHNEIDER, D., 1986: *The 1985 Swiss GPS-Campaign.* Proceedings of the Fourth International Geodetic Symposium on Satellite Positioning, April 28 - May 2, 1986, University of Texas at Austin, Vol. 2, 979-991, Austin

ROTHACHER, M., MERVART, L. (Herausgeber), 1996: *Bernese GPS Software Version 4.0.* Astronomisches Institut der Universität Bern

RÜEGER, J.M., 1988: *Introduction to Electronic Distance Measurement.* School of Surveying, The University of New South Wales, Sydney, Australien

RÜEGER, J.M., 1996: *Electronic Distance Measurement – An Introduction.* Springer-Verlag, Berlin, Heidelberg, New York

RÜEGER, J.M., 1998: *Refractive Index Formulae for Electro-optical Distance Measurement.* Paper TS 28/1 XXIst International Congress of Surveyors (FIG'98), 19-25 July 1998, Brighton, UK

RUESS, D., 1983: *Über das digitale Geländemodell in Österreich.* ⇨ ÖSTERREICHISCHE KOMMISSION FÜR DIE INTERNATIONALE ERDMESSUNG, 1983, 153-157, Graz

RUMMEL, R., 1991: *On the Principle of ARISTOTELES.* ⇨ *The Solid Earth Mission ARISTOTELES.* Proceedings of an International Workshop, Anacapri, Italy, 23-24 September 1991, 11-15, ESA (European Space Agency), Noordwijk, Niederlande

RUNGE, C., 1893: *Über die Bestimmung der geographischen Länge auf photographischem Wege.* ZfV 22, 417-423

RUNGE, C., 1894: *Die Bestimmung der geographischen Breite auf photographischem Wege.* ZfV 23, 300-304

SAASTAMOINEN, J., 1971/1972: *Introduction to Practical Computation of Astronomical Refraction.* Bull Geod 105, 279-298; 106, 383-397

SAASTAMOINEN, J., 1973: *Contribution to the theory of atmospheric refraction.* Bull Geod 107, 13-34

SANDIG, H.-U., 1950: *Die Verbesserung der Sternörter für eine Neureduktion älterer Azimut- und Längenbestimmungen.* ➪ *Beiträge zur Astronomischen Geodäsie.* Veröff IE 12, 7-37, Meisenbach & Co., Bamberg

SAWITSCH, A., 1897: ➪ 10.1.1

SCHAER, ST., BEUTLER, G., MERVART, L., ROTHACHER, M., WILD, U., 1996: *Global and Regional Ionosphere Models Using the GPS Double Difference Phase Observable.* ➪ GENDT/DICK, 1996, 77-92

SCHAER, ST., BEUTLER, G., ROTHACHER, M., 1998: Mapping and Predicting the Ionosphere. ➪ Proceedings of the IGS AC Workshop, Darmstadt, February 9-1, 1998

SCHAUERTE, W., WITTE, B., 1984: *Aspekte zur Bestimmung des Brechungsindexes der Atmosaphäre.* ZfV 109, 470-480

SCHEFFLER, H., ELSÄSSER, H., 1982: *Bau und Physik der Galaxis.* BI-Wissenschaftsverlag, Mannheim, Wien, Zürich

SCHEIBE, A., 1953: *Pendeluhren, Quarzuhren und Atomuhren als Zeitstandards - Ein Vergleich.* Z Ang Ph, 307-317

SCHEIBE, A., ADELSBERGER, U., 1936: *Schwankungen der astronomischen Tageslänge und der astronomischen Zeitbestimmung nach den Quarzuhren der Physikalisch-Technischen Reichsanstalt.* PhuZ 37, 185-203

SCHEINERT, M., 1996: *Zur Bahndynamik niedrigfliegender Satelliten.* Veröff DGK C435, München

SCHIRMER, H. (Bearbeiter), 1987: *Mayers kleines Lexikon der Meteorologie.* Mayers Lexikonverlag, Mannheim, Wien, Zürich

SCHIRMER, W., 1994: *Universaltheodolit und CCD-Kamera - ein unpersönliches Meßsystem für astronomisch-geodätische Beobachtungen.* Veröff DGK C427, München

SCHLIEPHAKE, G., 1960: *Auswertung der Breitenmessungen nach Sterneck in den Jahren 1954-1957.* VT 8, 3-8

SCHLÜTER, W., 1988: *Zeit und Frequenz im Meßverfahren der Geodäsie.* Veröff DGK C337, Frankfurt/M.

SCHLÜTER, W., 1990: *Zeit und Frequenz.* ➪ SCHNEIDER, 1990, 101-109

SCHMEIDLER, F., 1975: *The Terrestrial Atmosphere and its Effects.* ➪ ROTH, 1975, 149-163

SCHMEIDLER, F., 1978: *Der Präzessionsglobus und die anderen wissenschaftlichen Arbeiten von ROBERT BÖKER.* Deutsches Museum, Abhandlungen und Berichte, 46/3, R. Oldenbourg Verlag München, VDI-Verlag GmbH, Düsseldorf

SCHMIDT, J., 1970: *JOHANN KEPLER - Sein Leben in Bildern und eigenen Berichten.* Rudolf Trauner Verlag, Linz

SCHMIDT, R., 1986: *Die Bezugsflächen des Lagepunktfeldes und des Höhenpunktfeldes in der Bundesrepublik Deutschland sowie ihre gegenseitigen Beziehungen.* ➪ SCHMIDT, R. (Herausgeber), 1986: *Kontrolle des Deutschen Hauptdreiecksnetzes durch Macrometer-Messungen 1983-1985 - KONMAC.* Veröff DGK B282, 97-109, München

SCHMIDT, R., 1995: *Referenz- und Koordinatensysteme in der deutschen Grundlagenvermessung.* NÖV 28, 23-67

SCHMIDT, W.F., 1986: ➪ 10.1.1

SCHNÄDELBACH, K., 1966: *Simultane Ortsbestimmung durch Photographie der Sternbahnen.* Veröff DGK C99, München

SCHNAUDER, M., 1900: *Geographische Ortsbestimmung mit der Zenith-Camera.* Astronom Nachr 154, 133-138

SCHNEIDER, D., GUBLER, E., WIGET, A., 1996: *Aufbau der neuen Landesvermessung der Schweiz »LV95« Teil 1: Vorgeschichte, Konzept, Projektorganisation und Planung.* Ber L+T 6

SCHNEIDER, M., 1976: *Aberration und optischer Dopplereffekt - relativistisch begründet.* Mitt Inst Astr phys Geod TUM 106

SCHNEIDER, M., 1979: *Satellitengeodäsie.* Bibliographisches Institut-Wissenschaftsverlag, Mannheim, Wien, Zürich

SCHNEIDER, M., 1981: *Himmelsmechanik.* BI-Wissenschaftsverlag, Mannheim, Wien, Zürich

SCHNEIDER, M., 1988: *Satellitengeodäsie - Grundlagen.* BI-Wissenschaftsverlag, Mannheim, Wien, Zürich
SCHNEIDER, M., 1993: *Himmelsmechanik.* Band 2,
BI-Wissenschaftsverlag, Mannheim, Leipzig, Wien, Zürich
SCHNEIDER, M. (Herausgeber), 1990: *Satellitengeodäsie - Ergebnisse aus dem gleichnamigen Sonderforschungsbereich der Technischen Universität München.* VCH Verlagsgesellschaft, Weinheim
SCHÖDLBAUER, A., 1981/1982/1984: *Rechenformeln und Rechenbeispiele zur Landesvermessung.* Herbert Wichmann Verlag, Karlsruhe (Teil 1: 1981, Teil 2: 1982, Teil 3: 1984)
SCHÖDLBAUER, A., 1984: *Bezugssysteme derLandesvermessung unter Berücksichtigung terrestrischer und satelliten-geodätischer Maß- und Auswerteverfahren.* ⇨ BAUER/WELSCH, 1984, 63-153
SCHÖDLBAUER, A., 1985/1: *Geodätisch nutzbare Trägheitsplattformen und die gegenseitigen Beziehungen der ihnen zugeordneten Koordinatensysteme.* AVN 92, 510-524
SCHÖDLBAUER, A., 1985/2: *Inertial Survey Systems and their Relevant Coordinate Systems.* ⇨ WELSCH/LAPINE, 1985, 89-111
SCHÖDLBAUER, A., 1987: *Geodätische Positionsbestimmung mit Inertialsystemen auf Bezugsellipsoiden.* ⇨ CASPARY/HEIN/SCHÖDLBAUER, 1987, 69-138
SCHÖDLBAUER, A., 1990/1: *Einsatz des Global Positioning System zur Verdichtung des amtlichen trigonometrischen Festpunktfeldes.* ⇨ SCHÖDLBAUER, 1990/1, 67-85
SCHÖDLBAUER, A., 1990/2: *Höhensysteme der Landesvermessung im Lichte moderner Meßverfahren.* ⇨ SCHÖDLBAUER, 1990/2, 359-395
SCHÖDLBAUER, A., 1990/2: *Funktionsprinzipien automatisierter Vermessungskreisel.* ⇨ SCHÖDLBAUER, 1990/3, 443-469
SCHÖDLBAUER, A., 1993: *Bezugssysteme und Koordinatentransformationen für geodätische und navigatorische Arbeiten mit dem Global Positioning System.* ⇨ INSTITUT FÜR GEODÄSIE, 1993, 161-184
SCHÖDLBAUER, A., 1994: *Einrichtung eines grundlegenden geodätischen Festpunktfeldes in Ruanda.* Schriftenreihe des Deutschen Vereins für Vermessungswesen (DVW) 12, 75-84
SCHÖDLBAUER, A., WELSCH, W. (Herausgeber), 1984: *Satelliten-Doppler-Messungen.* Beiträge zum Geodätischen Seminar 24./25.09.1984. Schr Uni Bw München 15
SCHÖDLBAUER, A. (Herausgeber), 1990: *Moderne Verfahren der Landesvermessung - Teil I: Global Positioning System; Teil II: Nivellement; Teil III: Vermessungskreisel.* Schr Uni Bw München 38, Neubiberg
SCHÖDLBAUER, A., HEISTER, H., KRACK, KL., SCHERER, B., 1992: *Höhenübertragung über den Großen Belt (östlicher Kanal) unter Nutzung des Global Positioning system (GPS) in Verbindung mit lokalen Nivellements, Messungen von Zenitdistanzen und astronomischen Azimut- und Breitenbestimmungen (GPS-Nivellement).* ⇨ MATTHIAS, H. J., GRÜN, A. (Herausgeber), 1992: *Ingenieurvermessung 92 - Beiträge zum XI. Internationalen Kurs für Ingenieurvermessung, Zürich, 21.-25.9.1992.* IV1/1-IV 1/14, Ferd. Dümmler' Verlag, Bonn
SCHÖDLBAUER, A., KRACK, KL., SCHERER, B., WIDMANN, R., BECKERS, H., 1992: *GPS Leveling in High Precision Engineering Surveys.* In: DEFENSE MAPPING AGENCY, Ohio State University (Herausgeber), 1992: *Sixth International Geodetic Symposium on Satellite Positioning.* 17.-20.03.1992, 893-904, Columbus, Ohio
SCHÖDLBAUER, A., GLASMACHER, H., HEISTER, H., KRACK, KL., SCHERER, B., 1993: *Height Transfer Across the Storebælt (Eastern Channel) Using Geometric Levelling, Trigonometric Heighting and Astronomic Methodes in Combination with GPS (GPS Levelling).* ⇨ LINKWITZ, K., EISELE, V., MÖNICKE, H.-J. (Herausgeber), 1993: *Applications of Geodesy to Engineering.* Symposium No. 108 der International Association of Geodesy (IAG), Stuttgart, 13.-17.05.1991, 290-302, Springer Verlag, Berlin, Heidelberg etc.
SCHOTT, A., BÖKER, R., 1958: *Aratos - Sternbilder und Wetterzeichen.* Max Huber Verlag, München
SCHOTT, P., 1975: *Der Einfluß der Sternfarbe und einer Inversion des Temperaturprofils der Atmosphäre auf die astronomische Refraktion für Empfänger verschiedener spektraler Empfindlichkeit.* ⇨ DGK, 1975, 61-94
SCHOTT, P., ZICK, W., 1995: *Photoelektrische Registrierung von Sterndurchgängen - eine für den Feldeinsatz geeignete Entwicklung.* In: *Festschrift für Heinz Draheim zum 80. Geburtstag, Eugen Kuntz zum 70. Geburtstag, Herman Mälzer zum 70. Geburtstag,* Veröff Geod Inst U Karlsruhe, 235-241
SCHRIJVER, J., 1986: *HIPPARCOS: The Instrument.* Manuscr Geod 11, 97-102
SCHRÖDER G., 1974: *Technische Optik.* Vogel-Verlag, Würzburg
SCHROEDER, U., 1970: *Automation und Geodätische Astronomie.* Veröff DGK C157, München

SCHÜTTE, K., 1975: *Fundamentals of Spherical Astronomy.* ⇨ ROTH, 1975, 164-190
SCHÜTTE, K., 1975: *Modern Sundials.* ⇨ ROTH, 1975, 191-203
SCHUH, H., 1985: *Auswertemodelle der astronomisch/geodätische VLBI.* ⇨ CAMPBELL, 1985, 17-28
SCHUH, H., 1987: *Die Radiointerferometrie auf langen Basen zur Bestimmung von Punktverschiebungen und Erdrotationsparametern.* Veröff DGK C328
SCHUH, H., 1990: *Bestimmung der Erdrotationsparameter durch VLBI.* ⇨ SCHNEIDER, 1990, 169-199
SCHUH, H., 1990: *Earth's Rotation Measured byVLBI.* ⇨ BROSCHE/SÜNDERMANN, 1990, 1-12
SCHUH, H., CAMPBELL, J., 1996: *Very Long Baseline Interferometry (VLBI) - Present Status, Results and Future Developments.* CSGT Bull 12, 31-35
SCHULER, W., 1967: *Étude théorique et expérimentale de la lunette zénithale photographique (PZT) de Neuchâtel.* Dissertation (Thèse), Universität Neuchâtel
SCHULZ, G., 1968: *Reduktion von Satellitenmeßbildern mit Fixsternen.* Veröff DGK C125, München
SCHWARZ, KL.P., 1975: *Zur Erdmessung des Eratosthenes.* AVN 82, 1-12
SCHWARZSCHILD, K., 1903: *Über photographische Ortsbestimmung.* Jhb Photogr Reprotechn 17, 207-217
SCHWINTZER, P., BARTH, W., REIGBER, CHR., 1990: *Erdrotationsparameter - abgeleitet aus Laserentfernungsmessungen zum Satelliten LAGEOS.* ⇨ SCHNEIDER, 1990, 152-168
SEARES, FR.H., 1905: *The Polaris Vertical Circle Method of Determining Time and Azimuth.* Laws Observatory University of Missouri Bulletin No. 5, Columbia, Miss.
SEARS, J.E., BARREL, H., 1932: *A New Apparatus for Determining the Relationship between Wavelengths of Light and the Fundamental Standards of Length.* Phil Trans Roy Soc 231/A, 75-145
SEEBER, G.,1989: *Satellitengeodäsie.* Walter de Gruyter, Berlin, New York
SEEBER, G., 1993: *Satellite Geodesy.* Walter de Gruyter, Berlin, New York
SEEBER, G., TORGE, W., 1985: *Zum Einsatz transportabler Zenitkameras für die Lotabweichungsbestimmung.* ZfV 110, 439-450
SEEGER, H., ALTINER, Y., ENGELHARDT, G., FRANKE, P., HABRICH, H., SCHLÜTER, W., 1998: *Geodätische Vernetzung Europas.* Mitt BKG 1
SEGRÈ, E., 1986: *Von den fallenden Körpern zu den elektromagnetischen Wellen - Die klassischen Physiker und ihre Entdeckungen.* Piper, München, Zürich
SEIDELMANN, P.K. (Herausgeber), 1992: *Explanatory Supplement to the Astronomical Almanac.* University Science Books, Mill Valley, California
SEIDELMANN, P.K., FUKUSHIMA, T., 1992: *Why new time scales?* Astron Astr 265, 833-838
ŠEVARLIĆ, B., TELEKI, G., SZÁDECZKY-KARDOSS, G., 1978: *Bibliography of the Catalogues of Star Positions.* ⇨ ŠEVARLIĆ/TELEKI, 1978, 69-272
ŠEVARLIĆ, B., TELEKI, G. (Herausgeber), 1978: *Epitome fundamentorum astronomiae, Pars I, Catalogues of Star Positions.* Publ Dep Astr Beograd 7
Sevilla, M.J., 1980: *Determinacion de la latitud y la longitud por fotografias cenitales de estrellas.* TecTop 8/37, 3-11
SHELIUS, P.J., VEILLET, C., DICKEY, J.O., 1996: *Recent Developments in Lunar Laser Ranging.* CSGT Bull 12, 47-52
SHORE, ST.N., 1989: ⇨ MEYERS, 1989, 465-485
SHOWEN, R.L., 1985: *Pride and Chauvinism in Science.* Vistas Astron 28, 331-341
SIGL, R., 1960: Über die Beobachtung genauer astronomischer Längen. Habilitationsschrift Technische Hochschule München, Veröff DGK C41, München
SIGL, R., 1975; 1993: ⇨ 10.1.1
SIGL, R., 1977: *Ebene und sphärische Trigonometrie.* Herbert Wichmann Verlag, Karlsruhe
SIGL, R. (Herausgeber), 1982: *Proceedings of the International Symposium on Geodetic Networks and Computations of the International Association of Geodesy, Munich August 31 to September 5, 1981.* Veröff DGK, B258/VII, München
SIGL, R., 1989: *Bedeutung geodätischer Raumverfahren für Landesvermessung und Geodynamik.* Geod Geophys Arb Schweiz, Band 39, 18, Zürich
SILVERBERG, E., 1980: *Laser-ranging techniques.* ⇨ WILKINS, 1980, 25-32
SMART, W.M., 1944: ⇨ 10.1.1
SMART, W.M., 1960: *Celestial Mechanics.* Langmans, London
SMITH, H.M., 1985: *International Coordination and Atomic Time.* Vistas Astron 28, 123-128
SMITH, E.K., WEINTRAUB, ST., 1953: *The constants in the equation for atmospheric refractive index at radio frequencies.* Proc IRE 41, 1035-1037
SNYDER, J.O.,1987: *Map Projections - A Working Manual.* US Government Printing Off., Washington, DC

SOFFEL, M, 1987: *Geodäsie und Relativität.* Habilitationsschrift Eberhard-Karls-Universität Tübingen.
SOFFEL, M., RUDER, H., SCHNEIDER, M., 1990: *Satellitengeodäsie - nach-Newtonsch.* ⇨ SCHNEIDER, 1990, 369-440
SOLARIĆ, N., 1984: *Automatische Beobachtung des Richtungswinkels mit dem elektronischen Theodolit Kern E1 mittels Zenitdistanzen zur Sonne.* Wiss Z Techn Univ Dresden 33, 114-117
SOLARIĆ, N., 1991: *Automatic Grid Azimuth by Hour Angle of the Sun, a Star or a Planet Using an Electronic Theodolite Kern E2.* Astrphys Space Sc 177, 175-179
SOLARIĆ, N., 1996: *Automatisierte Bestimmung des Azimuts und des Richtungswinkels mit astronomischen Methoden.* Lehrbrief Hochschule für Technik und Wirtschaft Dresden (FH)
SOLARIĆ, N., ŠPOLJARIĆ, DR., 1992: *Accuracy of the Automatic Astronomical Azimuth Determination by Polaris with Leica-Kern E2 Electronic Theodolite.* Surveying and Land Information Systems 52, 80-85
SOLARIĆ, N., ŠPOLJARIĆ, DR., 1993: *Automatische Zeitregistrierung mit einem Laptop-Computer Toshiba T1600 und Genauigkeitsanalyse.* Wiss Z Univ Dresden 42, 101-104
SOLARIĆ, N., ŠPOLJARIĆ, D., NOGIĆ, Č., 1990: *Analysis of the Accuracy of Automatic Azimuth Determination by Measuring Zenith Distances of Stars with the Electronic Theodolite Kern E2.* Hvar Obs Bull 14, 1-14
SOLARIĆ, N., ŠPOLJARIĆ, D., VRESK, M., SKENDER, I., 1991: *Automatic Determination of the Astronomical Azimuth by Observing a Celestial Body Using the Electronic Theodolite Kern E2 and the Laptop Computer Toshiba. T1600.* Hvar Obs Bull 15, 35-43
SOLER, T., JOHNSON, ST., 1988: *On stellar proper motion and its updating.* Manuscr Geod 13, 40-46
SPARLA, P., 1993: *Experimentelle Untersuchungen zur Ermittlung des Brechungsindex der Atmosphäre mit Hilfe elektronische Sensoren.* Veröff RWTH Aachen 50
SPENCER JONES, H., 1939: *The Rotation of the Earth, and the Secular Accelerations of the Sun, Moon and Planets.* Mon Not R Astron Soc 99 (541), 541-558
STAATSBIBLIOTHEK PREUSSISCHER KULTURBESITZ, 1989: *Die Welt in Händen - Globus und Karte als Modell von Erde und Raum.* Ausstellungskatalog Nr 37 zur Ausstellung vom 11.11.1989 bis 13.01.1990 in der Berliner Staatsbibliothek. Staatsbibliothek Preußischer Kulturbesitz, Berlin
STARKER, S., 1994: *Time-transfer via Satellites. - A Survey.* Im: Proceedings 8th European Frequency and Time Forum, 275-295, Weihenstephan
STARKER, S., SAPPL, E., SCHÄFER, W., 1993: *Microwave Links for Precise Time- and Frequency-Transfer between Ground-and Space-Bases Clocks.* Proceedings 7th European Frequency and Time Forum, Neuchâtel
STEIN, W., KUMM, W., 1989: ⇨ 10.1.1
STEPHENS, C.E., 1985: *Before Standard Time: Distributing Time in 19th Century America.* Vistas Astron 28, 113-118
STEPHENSON, F.R., 1977: *The Earliest Known Record of a Solar Eclipse.* ⇨ BRANDT/MARAN, 1977, 5-7
STEPHENSON, F.R., 1982: *Historical Eclipses.* Sc Am 247, No. 4
STEPHENSON, F.R., Morrison, L.V., 1994: *Long-term fluctuations in the Earth's rotation: 700 BC to AD 1990.* Phil Trans Roy Soc A (im Druck); Preprint No. 203 des Royal Greenwich Observatory
STEUFMEHL, H., 1994: *Optimierung von Beobachtungsplänen in der Langbasisinterferometrie (VLBI).* Veröff DGK C406, Frankfurt/Main
STOLZE, F., 1893: *Die photographische Ortsbestimmung ohne Chronometer und die Verbindung der dadurch bestimmten Punkte untereinander.* Photographische Bibliothek 1, Mayer und Müller, Berlin
STOUGHTON, H.W., ROWE, R.D., SALVERMOSER, R., 1987: *An Automated Star Sensor System to Improve Accuracies in Astronomic Position Determination.* SaM 47, 207-215
STRASSER, G., 1957: *Ellipsoidische Parameter der Erdfigur (1800-1950).* Veröff DGK A, 19, München
STRAUB, G., 1963: *Breitenbestimmung und Geoidstudien im Meridian des St. Gotthard.* Veröff DGK C65, München
STRUBECKER, K., 1956: *Einführung in die höhere Mathematik.* R. Oldenbourg Verlag, München
STRUVE, W., 1844: *Expéditions chronométriques entre Poulkova et Altona.* St.Petersbourg
STRUVE, W., STRUVE, O., 1846: *Expéditions chronométriques entre Poulkova et Greenwich.* St.Petersbourg
STRUVE, O., 1967: *Astronomie - Einführung in ihre Grundlagen.* Walter de Gruyter & Co, Berlin
STUMPF, K., 1955: ⇨ 10.1.1
STUMPF, K., 1959/1974: *Himmelsmechanik.* (3 Bände), VEB Deutscher Verlag der Wissenschaften, Berlin
STUMPFF, P., 1979: *The Rigorous Treatment of Stellar Aberration and Doppler Shift, and the Barycentric Motion of the Earth.* Astron Astr 78, 228-238
STUPAR, A., 1919: ⇨ 10.1.1

SUDAU, A., 1994: *Untersuchungen zur Leistungsfähigkeit elektronischer Druckaufnehmer für präzise barometrische Höhenmessungen.* Veröff DGK C434, München

SÜTTERLIN, P., 1994: *Neue Verarbeitungstechniken für CCD-Bilder.* StuW 33, 311-313

SWANSON, E.R., KUGEL, C.P., 1972: *VLF timing: Conventional and modern techniques including OMEGA.* Proc IEEE 60, 540-551

SWERDLOW, N.M., 1979/1980: *Hipparchus's Determination of the Length of the Tropical Year and the Rate of Precession.* Arch Hist E 21, 291-309

TAFF, L.G., 1981: ⇨ 10.1.1

TAFF, L.G., 1985: *Celestial Mechanics.* John Wiley & Sons, New York, Chichester, Brisbane, Toronto, Singapore

TAMM, CHR., SCHNIER, D., BAUCH, A., 1995: *Radio-frequency laser double-resonance spectroscopy of trapped ^{171}Yb ions and determination of line shifts of the ground-state hyperfine resonance.* Appl Phys B, 19-29

TAPLEY, B.D., SZEBELELY, V. (Herausgeber), 1973: *Recent Advances in Dynamical Astronomy.* Proceedings of the NATO Advanced Study Institute in Dynamical Astronomy held in Cortina d'Ampezzo, Italy, August 9-21, 1972. D. Reidel Publishing Company, Dortrecht - Holland / Boston, Mass.

TAYLOR, J.H., 1991, *Millisecond Pulsars: Nature's Most Stable Clocks.* Proc IEEE 79, 1054-1062

TEICHMANN, H., 1966: *Einführung in die Atomphysik.* Bibliographisches Institut, Mannheim, Zürich

TEICHMANN, J., 1996: *Wandel des Weltbildes.* Deutsches Museum, München, C.G. Teubner Verlagsgesellschaft, Stuttgart, Leipzig, vdf Hochschulverlag AG, ETH Zürich

THOMAS, D.V., 1964: *Photographic Zenith Tube - Instrument and Method of Reduction.* Roy Obs Bull 81, B195-B217

TISSERAND, F., 1889/1891/1894/1896: *Traité de Mécanique Céleste.* Gauthier-Villars et Fils, 4 Bände, Paris

TOOMER, G.J., 1984: ⇨ PTOLEMAEUS, CL., 142

TORGE, W., 1975: *Geodäsie.* Walter de Gruyter, Berlin, New York

TORGE, W., 1980/1991: *Geodesy.* Walter de Gruyter, Berlin, New York

TORGE, W., 1980: *Geodätische Referenzsysteme.* ⇨ PELZER (Herausgeber), 1980: *Geodätische Netze in der Landesvermessung.* 113-140, Konrad Wittwer, Stuttgart

TORGE, W., 1981: *Resultate und Probleme der Geodibestimmung.* ⇨ *Festschrift 100 Jahre Geodätische Lehre und Forschung in Hannover.* Wiss Arb Univ Hannover 100, 71-84

TORGE, W., 1989: *Gravimetry.* Walter de Gruyter, Berlin, New York

TORGE, G., WEBER, G., WENZEL, H.-G., 1983: *Ein hochauflösendes gravimetrisches Geoid für Europa und angrenzende Meeresbereiche.* ZfV 108, 321-331

TRÜMPLER, R., 1911: *Eine Methode zur photographischen Bestimmung von Meridiandurchgängen.* Inaugural-Dissertation, Georg-August-Universität Göttingen

TRÜMPLER, R., 1913: *Photographische Durchgangsbeobachtungen.* Astronom Nachr 193, 4620, 213-226

TRUMPKE, KL., 1979: *Simultane Ortsbestimmung durch Photographie von Zenitsternen.* Dissertation, Universität Karlsruhe (TH)

TURNER, S. (Herausgeber), 1987: *CAS Cern Accelerator School, Applied Geodesy for Particle Accelerators, 14.-18.04.1986.* CERN 87-01, Genf

TURON, C., 1989: *The Hipparcos Input Catalogue.* ⇨ DAVIS PHILIPS /UPGREEN, 1989, 65-76

U.I.P. (Internationale Union für reine und angewandte Physik), 1980: *Symbole, Einheiten und Nomenklatur in der Physik.* Physik Verlag, Weilheim

UNSÖLD, A., BASCHEK, B., 1988: *Der neue Kosmos.* Springer-Verlag, Berlin, Heidelberg, New York, London, Paris, Tokyo, 4. Auflage

US DEPARTMENT OF COMMERCE, NATIONAL OCEANIC AND ATMOSPHERIC ADMINISTRATION, NATIONAL OCEAN SURVEY. (Herausgeber), 1978: *Proceedings of the Second International Symposium on Problems Related to the Redefinition of the North American Geodetic Networks,* Washington DC, April 24-28

US NAUTICAL ALMANAC OFFICE, 1954: *Improved Lunar Ephemeris 1952-1959.* Joint Supplement to the American Ephemeris and the (British) Nautical Almanac, Washington

U.S. NAVAL OCEANOGRAPHIC OFFICE, 1966: ⇨ 10.1.1

US Standard Atmosphere, 1976; Superintendent of Documentation, US Government Printing Office, Washington, D.C.

VÄISÄLÄ, Y., 1923: *Die Anwendung der Lichtinterferenz zur Längenmessung auf größeren Distanzen.* Veröff Finn Geod Inst 14, Helsinki
VÄISÄLÄ, Y., 1927: *Über die Längenmessung mit Hilfe der Lichtinterferenz.* ZfI 47, 398-402
VAN ALTENA, F., TRUEN-LIENG, J., HOFFLEIT, E.D., 1952, 1963, 1995: *The General Catalogue of Trigonometric Parallaxes.* ⇨ 10.2.4
VAN DE KAMP, P., 1964: *Elements of Astromecanics.* W. H. Freeman and Company, San Francisco, London
VAN DE KAMP, P., 1967: ⇨ 10.1.1
VAN DE KAMP, P., 1977: *Barnard's Star: The Search for Other Solar Systems.* ⇨ BRANDT/MARAN, 1977, 160-163
VAN DE KAMP, P., 1985: *The Planetary System of Barnard's Star.* Vistas Astron 20, 141-157
VAN GYSEN, H., KRYNSKI, J., 1993: *The Geoid and GPS Levelling in South Africa.* ⇨ HOOGSTEDEN/VAN ZYL, 1993, 125-138
VAN HELDEN, A., 1977: *The Invention of the Telescope.* Trans Am Phil Soc 67/4
VANÍČEK, P., KRAKIWSKY, E.J., 1986: *Geodesy: The Concepts.* North-Holland, Amsterdam, New York, Oxford, Tokyo
VANIER, J., AUDOIN, CL., 1989: *The Quantum Physics of Atomic Frequency Standards.* Adam Hilger, Bristol, Philadelphia
VAN ZYL, CHR.A., 1994: *The Relevance of Positional Astronomy in Modern Survey Curricula.* Proceedings XX FIG Congress, Melbourne, Australia, Volume 2, 245-247
VEILLET, CH., FRIDELANCE, P, 1993: *Time Traqnsfer between USA and France through LASSO.* Proceedings 7th European Frequency and Time Forum, Neuchâtel, 637-643
VERNIANI, F., 1966: *The Total Mass of the Earth's Atmosphere.* J Geoph Res 71/2
VICENTE, R.O., 1980: *The Earth's Rotation and the Nutation.* ⇨ FEDOROV/SMITH/BENDER, 1980, 139-151
VOGT, H., 1925: *Versuch einer Wiederherstellung von Hipparchs Fixsternverzeichnis.* Astronom Nachr 224, Sp.18-54
VOIGT, H.-H., 1965: *Astronomie und Astrophysik.* ⇨ LANDOLT, BÖRNSTEIN, 1965
VOIGT, H.-H., 1969, 1988, 1991: *Abriss der Astronomie.* BI-Wissenschaftsverlag, Mannheim, Wien, Zürich
VOSS, 1976: *Luftdaten und atmosphärische Modelle.* Selbstverlag, Gauting

WAFF, CR.B., 1985: *Charles Henry Davis, the Foundation of the American Nautical Almanac, and the Establishment of an American Prime Meridian.* Vistas Astron 28, 61-66
WAGNER, K., 1949: *Kartographische Netzentwürfe.* Bibliographisches Institut, Leipzig
WAHR, J.M., 1981: *The forced nutation of the elliptical, rotating, elastic, and oceanless earth.* Geophys J 64, 705-727
WALDMEIER, M., 1968: ⇨ 10.1.1
WALSER, F., 1987: *Automatisation im Bereich der astro-geodätischen Mess- und Auswertetechnik.* Bericht zum Geodätischen Seminar I WS 86/87. Ber Inst Geod Ph ETH Zürich 128
WALTER, H.G., MIGNARD, F., HERING, R., FROESCHLÉ, M., FALIN, J.L., 1986: *Apparent and geometric star positions for the HIPPARCOS mission.* Manuscr Geod 11, 103-114
WATTS, C.B., 1969: *The Transit Circle.* KUIPER/MIDDLEHURST, 1969, 80-87
WEBER, G., ZOMORRODIAN, H., 1988: *Regional Geopotential Model Improvement for the Iranian Geoid Determination.* Bull Geod 62, 125-141
WEBER, J., 1967/2: *Masers.* ⇨ WEBER, 1967/1, 7-45
WEBER, J. (Herausgeber), 1967/1: *Masers - A Collection of Reprints With commentary.* Gordon and Breach Science Publishers, New York, London, Paris
WEBER, M.J. (Herausgeber), 1982: *CRC Handbook of Laser Science and Technology. Volume I - Lasers and Masers.* CRC Press Inc., Boca Raton, Florida
WEBER, R., ZAHRADNIK, D., 1986: *Eine automatische Zeitnehmung für astronomische Feldbeobachtung nach der Methode der gleichen Höhen.* ZfV 111, 432-435
WEEDMAN, D.W., 1986: *Quasar astronomy.* Cambridge University Press, Cambridge, London, New York, New Rochelle, Melbourne, Sydney
WEIGERT, A., ZIMMERMANN, H., 1974: *abc Astronomie.* Verlag Werner Dausien, Hanau/Main
WEISSMANTEL, CHR., LENK, R., FORKER, W., LUDLOFF, R., HOPPE, J. (Herausgeber.), 1970: *Kleine Enzyklopädie Atom - Struktur der Materie.* Verlag Chemie GmbH, Weinberg an der Bergstraße
WELSCH, W.M., LAPINE, L.A. (Herausgeber), 1985: *Proceedings Inertial, Doppler and GPS Measurements for National and Engineering Surveys.* Joint meeting of FIG study groups 5B and 5C, July 1-3 Neubiberg, 1985. Schr Uni Bw München 20-1

WENDORFF, R., 1993: *Tag und Woche, Monat und Jahr.* Westdeutscher Verlag, Opladen

WENZEL, H.-G., 1985: *Hochauflösende Kugelfunktionsmodelle für das Gravitationspotential der Erde.* Wiss Arb Univ Hannover 137

WERNER, H., SCHMEIDLER, F., 1986: *Synopsis der Nomenklatur der Fixsterne - Synopsis of the Nomenclature of the Fixed Stars.* Wissenschaftliche Verlagsgesellschaft mbH, Stuttgart

WEYERS, ST., 1994: *Optische Zustandspräparation und Detektion in einer Cäsium-Atomuhr mit magnetischer Zustandsselektion.* PTB Ber Opt 45

WEYERS, ST., BAUCH, A., GRIEBSCH, D., HÜBNER, U., SCHRÖDER, R., TAMM, CHR., 1999: *First Results of PTB's Atomic Caesium Fountain.* Proceedings od the Joint Meeting (13th) EFTF and the 1999 International IEEE Frequency Control Symposium; im Druck

WHITROW, G.J., 1991: *Die Erfindung der Zeit.* Junius Verlag, Hamburg

WICHMANN, EY., H., 1975: *Quantenphysik.* Friedr. Vieweg & Sohn, Braunschweig

WILD, H., 1925: *Der neue Theodolit.* Schweiz ZfVuK 23, 97-107, 121-124

WILKENS, A., 1913 : *Neue Prinzipe und Methoden zur geographischen Ortsbestimmung.* Astronom Nachr 195, 4660, 49-96

WILKINS, G.A., 1973: *Astronomical Systems of Units, Coordinates and Time-scales.* ⇨ TAPLEY/SZEBELELY, 1973, 273-286

WILKINS, G.A., 1980: *An Introduction to Project Merit.* ⇨ WILKINS, 1980/2, 1-15

WILKINS, G.A. (Herausgeber), 1980: *Project MERIT.* Royal Greenwich Observatory, Herstmonceux, und Institut für Angewandte Geodäsie, Frankfurt/M., 1980/1

WILKINS, G.A., 1985: *International Cooperation in Monitoring the Rotation of the Earth.* Vistas Astron 28, 329-335

WILLIAM, M.G., 1985: *Leonard Digges to Heinricht Wild - Four Hundred Years of Theodolite Design.* SuM 42, 49-58

WILLIAMS, J.G., STANDISH, E.M., 1989: *Dynamical Reference Frames in the Planetary and Earth-Moon System.* ⇨ KOVALEVSKY/MUELLER/KOLACZEK, 1989, 67-90

WILLIS, P., 1996: *Precise Satellite Microwave Systems.* CSGT Bull 12, 53-55

WISSEL, H., 1982: *Zur Leistungsfähigkeit von transportablen Zenitkameras bei der Lotabweichungs-bestimmung.* Wiss Arb Univ Hannover 107

WOLF, H., 1949: *Die Lotabweichungsausgleichung für das Zentraleuropäische Netz.* In: *Beiträge zur Lotabweichungsausgleichung und Geoidbestimmung.* Veröff IE 6, Teil 1, 21-44, Bamberg, 1949/1

WOLF, H., 1949: *Die angenäherte Bestimmung des Geoids mittels astronomischen Nivellements im Bereich des Zentraleuropäischen Netzes.* In: *Beiträge zur Lotabweichungsausgleichung und Geoidbestimmung.* Veröff IE 6, Teil 1, 57-71, Bamberg, 1949/2

WOLF, H., 1951: *Zur Frage der Lotabweichungsausgleichung.* ZfV 76, 294-302

WOLF, H., 1956: *Versuch einer Geoidbestimmung im mittleren Europa aus astronomisch - geodätischen Lotabweichungen.* Veröff DGK A18, Frankfurt/M.,

WOLF, H., 1963: *Die Grundgleichungen der dreidimensionalen Geodäsie in elementarer Darstellung.* ZfV 88, 225-233

WOLF, H., 1963: *Die Laplacesche Azimut-Gleichung in der Dreidimensionalen Geodäsie.* ZfV 88, 346-348

WOLF, H., 1981: *Der Lotabweichungsbegriff in der Geodäsie.* In: *Festkolloquium am 9. Mai 1980 aus Anlaß der Verabschiedung von o. Prof. Dr.-Ing. Dr.-Ing. E.h. Karl Ramsayer vom Geodätischen Institut der Universität Stuttgart.* Veröff DGK E19, 16-32

WOLF, H., 1985: *Fortschritte der Geodäsie - Satelliten- und terrestrische Methoden mit ihren Möglichkeiten.* Vorträge der Rheinisch-Westfälischen Akademie der Wissenschaften N 338, Westdeutscher Verlag

WOLFERS, J.PH., 1872: ⇨ NEWTON, 1686

WOOLARD, E.W., 1953: *Theory of the Rotation of the Earth around its Center of Mass.* Astr Papers Am Ephem, Vol. 15, Part I

WOOLARD, E.W.:, CLEMENCE, G.M., 1966: ⇨ 10.1.1

WRIGHT, FR.W., 1969: *Celestial Navigation.* Cornell Maritime Press, Inc., Cambridge, Maryland

WROBEL, B., KLEMM, D., 1984: *Über die Vermeidung singulärer Fälle bei der Berechnung allgemeiner räumlicher Drehungen.* Paper ISPRS-Kongress Rio de Janeiro 1984, International Archives of Photogrammetry and Remote Sensing 25, 1153-1163

ZAGAR, FR., 1948: ⇨ 10.1.1

ZEMANEK, H., 1981; 1987: *Kalender und Chronologie.* R. Oldenbourg Verlag, München, Wien
ZETSCHE, H., 1979: *Elektronische Entfernungsmessung (EDM).* Konrad Wittwer, Stuttgart
ZHARKOV, VL.N., MOLODENSKY, S.M., BRZEZIŃSKI, A., GROTEN, E., VARGA, P., 1996: *The Earth an its Rotation.* Herbert Wichmann Verlag, Heidelberg
ZICK, W., 1977: *Geodätisch-astronomische Feldbeobachtung hoher Genauigkeit - Untersuchungen an den Verfahren von Zinger und Pewzow.* Veröff DGK C230, München
ZICK, W., 1978: *Gleichzeitige Bestimmung von Zeit und Azimut mit Zinger-Sternpaaren.* AVN 85, 327-333
ZIMMERMANN, G., 1965: *Simultanbestimmung der Lotabweichungskomponenten ξ und λ mit dem Prismenastrolabium.* Veröff DGK B126, Frankfurt/M.
ZIMMERMANN, H., WEIGERT, A., 1995: *ABC-Lexikon Astronomie.* Spektrum Akademischer Verlag, Heidelberg, Berlin, Oxford, 8. Auflage
ZINGER, N., 1877: *Die Zeitbestimmung aus correspondirenden Höhen verschiedener Sterne.* Aus dem Russischen übersetzt von H. KELCHNER, Wilhelm Engelmann Verlag, Leipzig
ZINNER, E., 1972: *Deutsche und niederländische astronomische Instrumente des 11.-18. Jahrhundert.* C.H. Beck'sche Verlagsbuchhandlung, München
ZYL, CHR.A. VAN: ⇨ VAN ZYL, CHR.A.

Verzeichnis der bei Zeitschriftenzitaten verwendeten Abkürzungen

Ann Bur Long	Annales du Bureau des Longitudes
Ann Phys	Annalen der Physik
Appl Phys B	Applied Physics B - Laser and Optics
Arch Hist E	Archive for History of Exact Sciences
Ark Fys	Arkiv foer Fysik
Astron Astr	Astronomy and Astrophysics
Astron J	Astronomical Journal
Astronom Nachr	Astronomische Nachrichten
Astrophys J	Astrophysical Journal
ASc	Annals of Science
Astr Papers Am Ephem	Astronomical Papers prepared for the use of the American Ephemeris and Nautical Almanac
Astrphys Space Sc	Astrophysics and Space Science
AVN	Allgemeine Vermessungsnachrichten
Ber L+T	Berichte aus dem (schweizerischen) Bundesamt für Landestopographie
Boll Geodes	Bollettino di Geodesia e Scienze Affini
BSTJ	Bell System Technical Journal
BuL	Bildmessung und Luftbildwesen
Bull Astr	Bulletin Astronomique
Bull Geod	Bulletin Géodésique
Celest Mech	Celestial Mechanics
Compt Rend Acad Sci	Comptes rendus hebdomadaires des séances de l'Academie des Sciences
CRCIPM	Comptes Rendus de Comité International des Poids et Mesures
CSGT Bull	Bulletin der Commission VIII - International Coordination of Space Techniques for Geodesy and Geodynamics (CSGT), International Association of Geodesy (IAG), Section II - Advanced Space Technology
Emp Surv Rev	Empire Survey Review
Esa Bull	Esa Bulletin
Geod Arb Österreich NF	Geodätische Arbeiten Österreichs für die Internationale Erdmessung Neue Folge
geo-News	geo-News (Mitteilungsblatt der österr. Software-Firma »rm-data«)
Geophys J	Geophysical Journal of the Royal Astronomical Society
Geophys Res Let	Geophysical Research Letters

Geowiss Mitt TU Wien	Geowissenschaftliche Mitteilungen Studienrichtung Vermessungswesen, Technische Universität Wien
Geod Geophys Arb Schweiz	Geodätisch geophysikalische Arbeiten in der Schweiz
Hvar Obs Bull	Bulletin of the Hvar Observatory
Hydr Rev	The Hydrographic Review
Hydr Z	(Deutsche) Hydrographische Zeitschrift
IERS Tech Note	IERS Technical Note
Inst Elect Electronics Eng Trans I M	Institut of Electrical and Electronics Engeneers Transactions on Instrumentation and Measurement
Jhb Photogr Reprotechn	Jahrbuch für Photographie und Reproduktionstechnik
J Atm Terr Phys	Journal of Atmospheric and Terrestrial Physics
J Geod	Journal of Geodesy (seit 1995, durch Zusammenschluß von Bull Geod und Manuscr Geod; Jahrgangsnummern - beginnend mit 70 - in Fortsetzung der Numerierung des Bull Geod)
J Geophys Res	Journal of Geophysical Research
JIN	Navigation: Journal of the Institute of Navigation
J Geoph Res	Journal of Geophysical Research
J Phys	Journal of Physics
J Sç	Le Journal des Sçavans
Kartogr Nachr	Kartographische Nachrichten
Manuscr Geod	Manuscripta Geodetica
Mar Geod	Marine Geodesy
Mém Acad Roy	Mémoires de l'Academie Royale des Sciences de l'Institut de France
Mém INF	Mémoires de la classe des sciences mathématiques et physiques de l'Institut National de France
Mem R Astron Soc	Memoirs of the Royal Astronomical Society
Metrol	Metrologia
Mitt Astr R Inst Heidelberg	Mitteilungen (Veröffentlichungen) des Astronomischen Recheninstituts Heidelberg
Mitt BKG	Mitteilungen des Bundesamts für Kartographie und Geodäsie
Mitt Inst Astr phys Geod TUM	Mitteilungen aus dem Institut für Astronomische und Physikalische Geodäsie der Technischen Universität München
Mitt Inst Geod U Bonn	Mitteilungen aus den Geodätischen Instituten der Rheinischen Friedrich-Wilhelm-Universität Bonn
Mitt Inst Geod U Graz	Mitteilungen der geodätischen Institute der Technischen Universität Graz
Mitt Inst Geod U Innsbruck	Institutsmitteilungen des Institutes für Geodäsie der Universität Innsbruck
Mitt (Ber) Inst Geod Ph ETH Zürich	Mitteilungen (Berichte) des Instituts für Geodäsie und Photogrammetrie an der Eigenössischen Technische Hochschule Zürich
Mon Not R Astron Soc	Monthly Notices of the Royal Astronomical Society
Navigation	Navigation
Nature	Nature
NÖV	Nachrichten aus dem öffentlichen Vermessungsdienst Nordrhein-Westfalen
ÖKIE	Österreichische Kommission für die Internationale Erdmessung
ÖZfVuPh	Österreichische Zeitschrift für Vermessungswesen und Photogrammetrie (seit 1994 VGI)
Phil Trans	Philosophical Transactions
Phil Trans Roy Soc	Philosophical Transactions of the Royal Society
PhuZ	Physik in unserer Zeit
Phys Z	Physikalische Zeitschrift
Phys Rev Lett	Physical Review Letters

Proc CEC	Proceedings des Congrès Européen de Chronométrie
Proc EFTF	Proceedings of the European Frequency and Time Forum
Proc IEEE	Proceedings of the Institution of Electrical and Elektronics Engeneers
Proc IRE	Proceedings of the Institute of Radio Engineers
Proc Nat Acad Sci	Proceedings National Academy of Science (USA)
Proc Phys Soc	Proceedings of the Pysics Society
Proc Roy Soc	Proceedings of the Royal Society
PTB Ber (Mitt)	Berichte/Mitteilungen der Physikalisch-Technischen Bundesanstalt (PTB Mitteilungen)
Publ Astr Obs Warsaw	Publications of the Astronomical Observatory of the Warsaw University
Publ Astr Soc Pac	Publications of the Astronomical Society of the Pacific
Publ Dep Astr Beograd	Publication of the Department of Astronomy, University of Beograd
P-V Séances Com Int Poids Mes	Procès-verbaux de séances, Comité International des Poids et Mesures
Radio Sc	Radio Science
Rep Ohio State Univ	Reports of the Department of Geodetic Science and Surveying, The Ohio State University, Columbus, Ohio
Roy Obs Bull	Royal Observatory Bulletins
Schr DVW	Schriftenreihe des DVW
Schr Uni Bw München	Schriftenreihe Studiengang Vermessungswesen, Universität der Bundeswehr München
Schweiz TfVuK	Schweizerische Zeitschrift für Vermessungswesen und Kulturtechnik
Sc Am	Scientific American
Sitzber Preuss Akad Wiss	Sitzungsberichte der königlich preussischen Akademie der Wissenschaften
SaM	Surveying and Mapping
SuT	Sky and Telescope
Stud Geophys Geod	Studia Geophysica et Geodaetica
StuW	Sterne und Weltraum
SW	Seewart
SaM	Surveying and Mapping
T Am Phil S	Transactions of the American Philosophical Society Held at Philadelphia for Promoting Useful Knowledge
Tec Top	Tecnica Topografica
Trans IAU	Transactions of the International Astronomical Union
Verh Naturforsch Ges Basel	Verhandlungen der Naturforschenden Gesellschaft in Basel
Veröff Astr R Inst Heidelberg	Veröffentlichung des Astronomisches Recheninstituts Heidelberg
Veröff BKIE	Veröffentlichung der Bayerischen Kommission für die Internationale Erdmessung der Bayerischen Akademie der Wissenschaften
Veröff DGK	Veröffentlichung der Deutschen Geodätischen Kommission bei der Bayerischen Akademie der Wissenschaften
Veröff Deutsches Museum	Veröffentlichung des Forschungsinstituts des Deutschen Museums für die Geschichte der Naturwissenschaften und der Technik
Veröff Finn Geod Inst	Veröffentlichung des Finnischen Geodätischen Instituts
Veröff Geod Inst U Karlsruhe	Veröffentlichung des Geodätischen Instituts der Universität Karlsruhe
Veröff IE	Veröffentlichungen des Instituts für Erdmessung in Bamberg
Veröff RWTH Aachen	Veröffentlichung der Rheinische-Westfälischen Technischen HochschulevAachen
Veröff Z Inst Phys E	Veröffentlichungen des Zentralinstituts für die Physik der Erde
VGI	Österreichische Zeitschrift für Vermessungswesen und Geoinformatik; vormals ÖZfVuPh (s.o.)
Vistas Astron	Vistas in Astronomy
VPhK	Vermessung, Photogrammetrie Kulturtechnik
VR	Vermessungswesen und Raumordnung
VT	Vermessungstechnik, Zeitschrift für Geodäsie, Photogrammetrie und Kartographie

Wiss Arb TH Hannover	Wissenschaftliche Arbeiten der Lehrstühle für Geodäsie, Photogrammetrie und Kartographie an der Technischen Hochschule (ab Heft 87: »der Fachrichtung Vermessungswesen der Universität«) Hannover
Wiss Z Univ Dresden	Wissenschaftliche Zeitschrift der Universität Dresden
Zachs Mon Corr	Monatliche Correspondenz zur Beförderung der Erd- und Himmelskunde, herausgegeben von Zach
Z Ang Ph	Zeitschrift für Angewandte Physik
Z Flgwiss WRF	Zeitschrift für Flugwissenschaft und Weltraumforschung
ZfV	Zeitschrift für Vermessungswesen
ZI	Zeitschrift für Instrumentenkunde

10.2 Sternkataloge, Jahrbücher, Sternatlanten

Die Anzahl der vom Altertum bis zur Gegenwart entstandenen Sternkataloge ist nahezu unüberschaubar. Eine sehr umfangreiche und detaillierte Bibliographie mit 2087 Einträgen und mehreren, nach Autoren, Katalognamen und Katalogautoren gegliederten Registern haben Ševarlić/Teleki/Szádeczky-Kardoss (1978) zusammengestellt. Im folgenden sind die wichtigsten Kataloge aufgeführt.

10.2.1 Historische Kataloge
(in chronologischer Reihenfolge)

PTOLEMAEUS, CL.: *Mathematice syntaxis.* (später *Almagest* genannt), Alexandria, 140; 1022 Fixsterne. Verschiedene Editionen: ⇨ PTOLEMAEUS, CL.

PICCOLOMINI, A.: *Della sfera del mondo.* Venedig, 1540

BRAHE, T.: *Astronomiae instauratae pro gymmasmata.* Prag, 1602; 777 Fixsterne, von KEPLER im Anhang zu den *Tabulae Rudolphinae* auf 1005 Sterne erweitert.

BAYER, J.: *Uranometria.* Augsburg, 1603; 1277 Fixsterne (Verzeichnis und Karten)

HOUTMAN, F.: *Spraekende Woerd-bouk.* Amsterdam, 1603; 303 Fixsterne, darunter erstmals auch Sterne des südlichen Teils des Südhimmels. HOUTMAN führte eine Reihe von neuen südlichen Sternbildern ein.

ULUGH BEG (Bearbeitung durch HYDE, T.): *Tabulae longitudinum et latitudinum stellarum fixarum et observationibus Ulugh Beghii.* Oxonii (Oxford), 1665;
erster von ptolemäischen Grundlagen unabhängiger Fixsternkatalog.

HALLEY, E.: *Catalogus stellarum australium.* London, 1679

CORONELLI, M.V.: *Epitome cosmografica.* Venedig, 1693; 1886 Fixsterne

HEVELIUS,J.: *Prodomus astronomiae.* Danzig, 1690 (posthum); 1564 Fixsterne

FLAMSTEED, J.: *Historia coelestis britannica.* London, 1712/1725; 2913 Fixsterne

DOPPELMAIER, G.: *Atlas novus coelestis.* Nürnberg, 1742; 1870 Fixsterne

LACAILLE, L.: *Catalogue des étoiles.* Paris, 1756; *Coelum australe stelliferum.* Paris, 1763 (posthum). LACAILLE definierte eine Reihe von neuen südlichen Sternbildern.

BODE, J.E.: *Vorstellung der Gestirne.* Berlin und Strahlsund, 1782; 5000 Fixsterne (Verzeichnis und Atlas). *Allgemeine Beschreibung und Nachweisung der Gestirne.* Berlin, 1801; 17240 Fixsterne (Verzeichnis und Atlas)

PIAZZI, G.: *Praecipuarum stellarum interrantium positiones mediae ineunte saeculo XIX, ex observationibus habitis in specula Panormitana ab anno 1792 ad annum 1802/1813.* Palermo, 1803/1814;
6784/ 7646 Fixsterne. PIAZZI numerierte die Sterne nach Rektaszensionsstunden und innerhalb der Rektaszensionsstunden nach laufenden Nummern.

BESSEL, FR.W.: *Fundamenta Astronomiae pro anno MDCCLV deducta ex observationibus viri incomparabilis James Bradley in Specula astronomica Grenovicensi per annes 1750-1762 institutis.* Regiomonti (Königsberg), 1818

BAILY, F.: *British Association Catalogue.* London, 1845 (posthum); 8377 Fixsterne; enthält neben den Sternpositionen auch Eigenbewegungsraten; definitive, bis heute gültige Festlegung der Sternbilder.

10.2.2 Fundamentalkataloge und Sternverzeichnisse
(in chronologischer Reihenfolge)

Deutsche Reihe der Fundamentalkataloge

Tabulae Regiomontanae reductionum observationum astronomicarum ab anno 1750 usque ad annum 1850. Bearbeitet von Bessel, Fr.W., Regiomonti Prussorum (Königsberg) 1830

Fundamental-Catalog für die Zonen-Beobachtungen am Nördlichen Himmel. Bearbeitet von Auwers, A.; Publication der Astronomischen Gesellschaft 14, Berlin, 1879, und 17, Berlin 1883

Fundamental-Catalog für Zonenbeobachtungen am Südhimmel und südlicher Polar-Catalog für die Epoche 1900. Bearbeitet von Auwers, A.; Astronom Nachr 143, 361, 1879

Neuer Fundamentalkatalog des Berliner Astronomischen Jahrbuchs nach den Grundlagen von A. Auwers für die Epochen 1875 und 1900. Bearbeitet von Peters, J.;
Veröffentlichung des Kgl. Astron. Rechen-Instituts Berlin, No.33, Berlin, 1907

Dritter Fundamentalkatalog des Berliner Astronomischen Jahrbuchs. Bearbeitet von Kopff, A;
I. Teil: Die Auwers-Sterne für die Epochen 1925 und 1950.
Veröffentlichung des Astronomischen Rechen-Instituts 2, Berlin - Dahlen, No. 54, 1937
II. Teil: Die Zusatzsterne.
Abhandlung der Preußischen Akademie der Wissenschaften Kl No. 3, 1938

Supplement-Katalog des FK3 (FK3 Supp).

Fourth Fundamental Catalogue (FK4). Bearbeitet von Fricke, W., Kopff, A.;
Veröff ARI Heidelberg 10, Verlag G. Braun, Karlsruhe, 1963

Preliminary Supplement to the FK4 (FK4 Sup).
Veröff ARI Heidelberg 11, Verlag G. Braun, Karlsruhe, 1963

Fifth Fundamental Catalogue (FK5). Bearbeitet von Fricke, W., Schwan, H., Lederle, T.;
Part I: The Basic Fundamental Stars. Veröff ARI Heidelberg 32, Verlag G. Braun, Karlsruhe, 1988
Part II: The FK5 Extension - New Fundamental Stars.
Veröff ARI Heidelberg 33, Verlag G. Braun, Karlsruhe, 1991

Amerikanische Reihe der Fundamentalkataloge

Catalogue of Fundamental Stars for the Epochs 1875 and 1900, Reduced to an Absolute System. Bearbeitet von NEWCOMB, S.; Astr Papers Am Ephem 8, part 2;
Government Printing Office, Washington, D.C., 1899

Positions and Proper Motions of 1504 Standard Stars for the Equinox 1925.0.
Bearbeitet von EICHELBERGER, W.S.; Astr Papers Am Ephem 10, part 1;
Government Printing Office, Washington, D.C., 1925

Preliminary General Catalogue of 6188 Stars for the Epoch 1900, Including those Visible to the Naked Eye and other Well-determined Stars. Bearbeitet von BOSS, L.;
Publications of the Carnegie Institution of Washington 115, Washington, DC, 1910

General Catalogue of 33342 Stars for the Epoch 1950. Bearbeitet von BOSS, B. im Dudley Observatory, Albany, NY; Carnegie Institution of Washington Publication No.486, Washington, DC, 1937

Catalogue of 5268 Standard Stars, 1950.0, Based on the Normal System N30.
Bearbeitet von MORGAN, H.R.; Astr Papers Am Ephem 13, part 3.
Government Printing Office, Washington, D.C., 1952

Hipparcos- und Tycho-Katalog

The Hipparcos and Tycho Catalogue. European Space Agency (ESA) - ESA Publication Division, Noordwijk, Niederlande, 1997

10.2.3 Zonenkataloge und Durchmusterungen
(in chronologischer Reihenfolge)

Cordoba-Durchmusterung - Brightness and Position of Every Fixed Star Down to the Tenth Magnitude (Comprised in the Belt of the Heavens between 22 and 32 Degrees South Declination.
Bearbeitet von Thomé, J. M.; Paul Emile Coni and Sons, Buenos Aires, 1892

Bonner Durchmusterung des nördlichen Himmels (Äquinoktium 1855.0). Bearbeitet von Argelander, F.; A. Marcus und E. Weber's Verlag, Bonn, 1903 225300 Fixsterne: Helligkeiten und Spektraltypen
The Cape photographic Durchmusterung for the equinox 1975. Bearbeitet von Gill, D. und Kapteyn, J.C.; Annals of the Cape Observatory 3, 4, 5, London 1896 1897 1900; Annals ...9, Edinbourgh 1903
Smithonian Instiution Star Catalogue - Positions and Proper Motions of 258987 Stars for the Epoch and Equinox of 1950.0. (4 Bände), 1971
AGK3 - Star Catalogue of Positions and Proper Motions North of -2,5° derived from photographic plates taken at Bergedorf and Bonn in the years 1928-1932 and 1956-1963. Hamburger Sternwarte, Hamburg-Bergedorf, 1975

10.2.4 Spezialkataloge (in chronologischer Reihenfolge)

The Henry Draper Catalogue. Annals of the Astronomical Observatory of Harvard College, Vol.91, Harvard College Observatory, Cambridge, Mass., 1918
General Catalogue of Stellar Radial Velocities. Bearbeiter: WILSON, R.E.; Carnegie Institution of Washington Publications 601, Washington, D.C., 1953
Supplement to the General Catalogue of Trigonometric Stellar Parallaxes. Bearbeiter: JENKINS, L.F.; Yale University Observatory, New Haven, Con., 1963
The Bright Star Catalogue. Bearbeiter: HOFLEIT, D.; Yale University Observatory, New Haven, Con., 1982
Synopsis der Nomenklatur der Fixsterne - Synopsis of the Nomenclature of the Fixed Stars. Bearbeiter: WERNER, H., SCHMEIDLER, F.; Wissenschaftliche Verlagsgesellschaft m.b.H., Stuttgart, 1986
The General Catalogue of Trigonometric Stellar Parallaxes. Bearbeiter: VAN ALTENA, F., TRUEN-LIENG, J., HOFFLEIT, E. D.; Yale University Observatory, New Haven, Con., 1952, 1963, 1995

10.2.5 Jahrbücher

Ahnerts Kalender für Sternfreunde... (z.B. 1997). Herausgegeber: Burkhardt, G., Schmadel, L.D., Neckel, Th.; Johann Ambrosius Barth Verlag, Heidelberg, Leipzig, (z.B.1996)
Apparent Places of Fundamental Stars... (z.B. 1997). Veröff Astronomisches Recheninstitut Heidelberg, Verlag G. Braun, Karlsruhe, (z.B. 1996)
Astronomisches Jahrbuch für die Truppenvermessung... (z.B. 1995). Amt für Militärisches Geowesen, Euskirchen, (z.B. 1994)
IERS Annual Report... (z.B. 1994). Central Bureau of IERS - Observatoire de Paris, (z.B. 1995)
Nautisches Jahrbuch oder Ephemeriden und Tafeln für das Jahr... (z.B. 1990). Deutsches Hydrographisches Institut, Hamburg, (z.B. 1989)
The Astronomical Almanac for the Year... (z.B. 1995). Herausgeber: Nautical Almanac Office, United States Naval Observatory, Washington, und Her Majesty's Nautical Almanac Office, Royal Greenwich Observatory, London, (z.B. 1994)
⇨ SEIDELMANN, P.K. (Herausgeber): *Explanatory Supplement to the Astronomical Almanac.* University Science Books, Mill Valley, California, 1992
The Star Almanac for Land Surveyors for the Year... (z.B. 1995). Nautical Almanac Office, London, (z.B. 1994)

10.2.6 Sternatlanten und -karten, Sternfinder (in chronologischer Reihenfolge)

BODE, J.E., 1782: *Vorstellung der Gestirne.* Berlin und Stralsund; 5000 Fixsterne (Verzeichnis und Atlas), Neudruck: Treugesell Verlag, Düsseldorf, 1973
BODE, J.E., 1801: *Allgemeine Beschreibung und Nachweisung der Gestirne.* Berlin, 17240 Fixsterne (Verzeichnis und Atlas)
ANGELANDER, F., 1843: *Uranometria nova.* Berlin
HEIS, E., 1872: *Atlas coelestis novus.* Köln; 5422 Fixsterne
VOGEL, H.C. (Herausgeber), 1899: *Photographische Himmelskarte*; M_0 = 1 mm : 1′. Veröffentlichung des Astrophysikalischen Observatoriums zu Potsdam, Wilhelm Engelmann, Leipzig;

DELPORTE, E., 1930: *Délimination Scientifique des Constellations (Tables et Cartes).* Cambridge University Press (International Research Council der IAU)
BEČIÁŘ, A., 1956: *Atlas Coeli (1950.0)*; M_0 = 1 mm : 8′. Nakladatelství Československé Akademie, VĚD, Praha
SCHURIG, R., GÖTZ, P., 1960: *Himmelsatlas (Tabulae caelestes)*; M_0 = 1 mm : 20′. Herausgeber: SCHAIFERS, K.; Bibliographisches Institut, Mannheim, Wien, Zürich
SCHAIFERS, K. (Herausgeber), 1969: *Atlas zur Himmelskunde.* Bibliograph. Institut, Mannheim, Wien, Zürich
VEHRENBERG, H., 1970: *Atlas Stellarum 1950.0 - Photographischer Sternatlas*; 450 Karten 10°x10°, M_0 = 1 mm : 2′. Treugesell-Verlag, Düsseldorf
MARX, S., PFAU, W., 1974: *Sternatlas (1975,0)*; M_0 = 1 mm : 15′. Johann Ambrosius Barth, Leipzig
WERNER, H., SCHMEIDLER, F., 1986: *Synopsis der Nomenklatur der Fixsterne - Synopsis of the Nomenclature of the Fixed Stars.* Darin enthalten: Inselkarten aller Sternbilder M_0 = 1 mm : 3°, Wissenschaftliche Verlagsgesellschaft m.b.H., Stuttgart
TIRION, W., RAPPAPORT, B., LOVI, G., 1987: *Uranometria 2000.0.* Volume 1: *The Northern Hemisphere to -6 °*, Volume 2: *The Southern Hemisphere to +6 °*; M_0 =1 mm : 3,3′. Willman - Bell, Inc., Richmond, Va.
RIDPATH, I., 1989: *Norton's 2000.0 Star Atlas and Reference Handbook.* Langman Scientific and Technical, Harlow, Essex
US DEFENCE MAPPING AGENCY HYDROGRAPHIC TOPOGRAPHIC CENTER, 1992: *Standard Time Zone Chart of the World*; M = 1:39 000 000. Betesda, Ma.
ESA (European Space Agency), 1997: *The Hipparcos and Tycho Catalogues 14-17 - Millennium Star Atlas*; M_0 = 1 mm : 112″; 1548 Karten, ~1000000 Fixsterne. ESA Publication Division, Noordwijk
SLAWIK, E., REICHERT, U., 1997: *Atlas der Sternbilder.* Spektrum Akademischer Verlag, Heidelberg, Berlin

Drehbare Sternkarte; M_0 = 1 mm : 1°. Johann Ambrosius Barth, Leipzig, 1975
Drehbare Sternkarte »Sirius« für das Äquinoktium 1950.0 des nördlichen Sternhimmels. Bearbeiter: SUTER, H.; Verlag der Astronomischen Gesellschaft Bern
Drehbare Kosmos-Sternkarte. Kosmos-Gesellschaft der Naturfreunde, Franck'sche Verlagshandlung, Stuttgart

Standard Time Zone Chart of the World; M_0 = 1 : 39 Mill, Mercator-Abbildung. US Defense Mapping Agency Hydrographic/Topographic Center, Bethesda, MD, z.B. 25th edition, 1992
Zeitzonen; M_0 = 1 : 108 Mill, Mercator-Abbildung. Amt für Militärisches Geowesen, Euskirchen, z.B. Ausgabe 2DMG-1995
Zeitzonenkarte (Map of time zones); M_0 = 1 : 229 Mio, Mercator-Abbildung. Lufthansa Bordbuch, z.B. 3/95
Zeitzonenkarte; M_0 = 1 : 97 Mio, Mercator-Abbildung. Jeppesen-Verlag, Frankfurt/Main, z.B. 1997

10.3 Forscher und Erfinder, die maßgebend zur Entwicklung der Geodätischen Astronomie beigetragen haben (ohne zeitgenössische Persönlichkeiten)

ADELSBERGER, UDO EBERHARD: * 1904 in Königsberg (Ostpreussen), † 1992 in Wiesloch bei Heidelberg; *wies mit Hilfe einer in der Physikalisch-Technischen Reichsanstalt zusammen mit* ADOLF SCHEIBE *konstruierten hochgenauen Quarzuhr jahreszeitliche Rotationsschwankungen der Erde nach.*

AIRY, GEORGE BIDELL: * 1801 in Northumberland, † 1892 in London, Astronomer Royal in Greenwich; *Begründer der englischen Gradmessung, entwickelte 1848 ein Zenitteleskop mit Quecksilberhorizont*

AL BATTANI, MOHAMMED IBN DSCHABIR: * vor 858 Harran (Mesopotamien), † 929 in Samarra (Mesopotamien); *förderte die Trigonometrie durch die Einführung der trigonometrischen Funktionen; bestimmte die Präzession und die Elemente der Sonnenbahn sowie die Jahreslänge.*

ARAGO, DOMINIQUE FRANÇOIS JEAN: * 1786 in Estagel bei Perpignan, † 1853 in Paris, Astronom an der Pariser Sternwarte; *entdeckte die Gesetzmäßigkeit, die zwischen dem Brechungskoeffizienten und der Dichte der Luft besteht.*

ARAT: 1. Hälfte des 3. Jh. v.Chr., * in Soloï, Kilikien; *beschrieb den Fixsternhimmel in einem vielfach zitierten (z.B. von* PAULUS *und* OVID*) und von zahlreichen Kommentatoren (*HIPPARCH, CICERO *...) analysierten Lehrgedicht Phaenomeina (Himmelserscheinungen).*

ARGELANDER, FRIEDRICH WILHELM AUGUST: * 1799 in Memel, † 1875 in Bonn; *Autor der Uranometria nova (Fixsternkatalog) und der Bonner Durchmusterung (Fixsternverzeichnis).*

BARNARD, EDWIN EMERSON: * 1857 in Nashville, Tenn., † 1923 in Williams Bay, Wisconsin, Amateurastronom; *entdeckte einen Fixstern der Größenklasse 9,5^{mag} in einer Entfernung von 5,9 Lichtjahren, der mit 10,3 ″/Jahr die größte bekannte Eigenbewegung aufweist (»Barnards Stern«).*

BAYER, JOHANN: * 1572 in Rain (Bayern), † 1625 in Augsburg; *veröffentlichte 1603 das Sternverzeichnis »Uranometria« und führte bei dieser Gelegenheit die heute noch verwendete Stern-Nomenklatur ein: Griechische oder lateinische Buchstaben, gefolgt von dem Namen des Sternbilds (z.B. »β Orionis« für den zweithellsten Stern = »Rigel« im Sternbild des »Orion«).*

BESSEL, FRIEDRICH WILHELM: * 1784 in Minden, † 1846 in Königsberg, Astronom, Direktor der Sternwarte Königsberg; *bestimmte aus den Beobachtungen Bradleys genaue Werte für die Konstanten der Präzession, der Nutation und der Aberration sowie für die Schiefe der Ekliptik. Er beobachtete mit einem Meridiankreis die Örter von 75.000 Sternen und lieferte mit Hilfe des von Fraunhofer gebauten Heliometers 1838 den ersten sicheren Nachweis einer Fixsternparallaxe (61 Cygni).*

BIOT, JEAN BAPTISTE: * 1774 in Paris, † 1662 in Paris, Professor am Collège de France und an der Fakultät der Wissenschaften; *untersuchte zusammen mit* ARAGO *die Brechungseigenschaften verschiedener Gase.*

BODE, JOHANN ELERT: * 1747 in Hamburg, † 1826 in Berlin, Astronom; *veröffentlichte die Sternatlanten »Vorstellung der Gestirne« (5000 Sterne) und »Uranographia» (17000 Sterne); legte die bis dato nur vagen Begrenzungslinien der Sternbilder durch konkrete Angaben über den Verlauf entlang von Linien gleicher Rektaszension und Deklination fest.*

BOYLE, ROBERT: * 1627 in Lismore (Irland), † 1691 in London; *entdeckte das nach ihm und* ⇨ MARIOTTE *benannte, für konstante Temperatur gültige Gasgesetz: Der Druck eines Gases wächst umgekehrt proportional zu seinem Volumen.*

BRADLEY, JAMES: * 1692 in Shireborn (England), † 1762 in Chalford (England), Astronom, Leiter der Sternwarte in Greenwich (Astronomer Royal 1742-1762); *entdeckte 1728 die Aberration des Lichts und 1747 die Nutation der Rotationsachse der Erde; auf der Grundlage gemessener Aberrationswinkel bestimmte er die Lichtgeschwindigkeit.*

BRAHE, TYCHO: * 1546 in Knudstrup (Dänemark), † 1601 in Prag; Astronom, Begründer und Leiter der Sternwarte Uranienburg (Dänemark) und kaiserlicher Astronom in Prag; *seine (vor der Erfindung des Fernrohrs) ausgeführten genauen Beobachtungen des Planeten Mars verhalfen seinem Schüler* KEPLER *zur Entdeckung der beiden ersten Gesetze der Planetenbewegung.*

BÜRGI, JOST: * 1552 in Lichtensteig (Schweiz), † 1632 in Kassel, Mathematiker, *erfand (unabhängig von* NEPER*) die Logarithmen*

CAESAR, GAIUS JULIUS: * 100 v.Chr. in Rom, † 44 v.Chr. daselbst, Feldherr und Staatsmann; *führte 46 v.Chr. unter Beratung durch den alexandrinischen Gelehrten* SOSIGENES *in Rom einen neuen Kalender ein, der später ihm zu Ehren Julianischer Kalender genannt wurde.*

CAGNOLI, ANTONIO: * 1743 in Zante (Zakynthos), † 1816 in Verona; *leistet wertvolle Beiträge zur sphärischen Trigonometrie und zur Geodätischen Astronomie (Dreihöhenproblem)*

CARDANO, GERONIMO: * 1501 in Pavia, † 1576 in Rom; *erfand die nach ihm benannte (cardanische) Aufhängung eines Körpers, die dessen freie Drehung in eine beliebige Richtung ermöglicht.*

CAVENDISH, HENRY: * 1731 in Nizza, † 1810 in London; *bestimmte 1798 mit Hilfe einer Drehwaage die Dichte der Erde und die Gravitationskonstante.*

CHARLES, JAQUES ALEXANDER CÉSAR: * 1746 in Beaugency (Frankreich), † 1823 in Paris; *entdeckte das nach ihm benannte, für einen konstanten Druck gültige Gasgesetz: Das Volumen eines Gases vergrößert sich proportional zu seiner Temperatur.*

CHANDLER, SETH CARLO: * 1846 in Boston, Mass., † 1913 in Wellesley Hills, Mass., Astronom; *entdeckte die nach ihm benannte Periode der Polbewegung von etwa 430 Tagen.*

CLAVIUS, CHRISTOPHORUS: * 1537 in Bamberg, † 1612 in Rom; *beriet Papst* GREGOR *XIII bei der Einführung des Gregorianischen Kalenders im Jahre 1582.*

COPERNIKUS, NIKOLAUS: * 1473 in Thorn (Polen), † 1543 in Frauenburg (Ostpreußen), Astronom; *begründete das nach ihm benannte heliozentrische Weltbild.*

CURIE, PIERRE: * 1816 in Lusigny, † 1878 in Cherbourg, Physiker und Chemiker, Nobelpreisträger 1903; *entdeckte zusammen mit seinem Bruder* PAUL JACQUES (* 1855, † 1941) *den später in Quarzuhren genutzten piezoelektrischen Effekt von Kristallen.*

DELAUNAY, CHARLES EUGÈNE: * 1859 in Paris, † 1906, Astronom, Direktor der Pariser Sternwarte; *leistete wichtige Beiträge zur Mondtheorie; (Fundamentalargumente zur Beschreibung der Konstellation Erde-Mond-Sonne, z.B. im Zusammenhang mit der IAU(1980)-Nutationstheorie)*

DELISLE, GUILLAUME: * 1675 in Paris, † 1726 daselbst, Geograph und Kartograph; *legte die Lage des Meridians von Kap Ferro durch Verfügung über die Geographische Länge der Pariser Sternwarte fest* (λ_{Paris} = 20°00′00″ *östlich von Ferro).*

DIONYSOS EXIGUUS: * um 470 in Skythien, † um 550 in Rom, Abt eines Klosters in Rom; *führte durch die von ihm vorgeschlagene Zählung der Jahre »nach Christi Geburt« die christliche Inkarnationsära ein, die heute in den meisten Staaten der Welt zur Zählung der Jahre verwendet wird.*

DÖLLEN, JOHANN HEINRICH: * 1820 in Miltau, † 1897 in Dorpat (Estland), Observator in Pulkowa; *entwickelte eine nach ihm benannte Methode der Längenbestimmung.*

DOPPLER, CHRISTIAN, Österreich: *1803 in Salzburg, † 1853 in Venedig; *entdeckte 1842 den nach ihm benannten Effekt der bewegungsbedingten Frequenzänderung.*

EINSTEIN, ALBERT: * 1879 in Ulm, † 1955 in Princeton, New Jersey, Physiker, Nobelpreisträger 1921; *die von ihm entwickelte Spezielle (1905) und Allgemeine Relativitätstheorie (1915) stellte die (Himmels-) Mechanik auf eine neue Grundlage: zahlreiche für die Geodätische Astronomie bedeutsame Effekte sind von diesen Theorien beeinflußt: z.B. Ausbreitung elektromagnetischer Wellen, Aberration, Dopplereffekt*

ERATOSTHENES von KYRENE: * ca. 295 v.Chr. in Kyrene, † ca. 214 v.Chr. in Alexandria (?), ca 240 v.Chr. zum Leiter der Bibliothek von Alexandria berufen; *bestimmte die Schiefe der Ekliptik und den Erdradius*

EUDOXOS von KNIDOS: * um 408 v.Chr. in Knidos (Kleinasien), † um 355 v.Chr. in Athen; *nach* PLINIUS *brachte er von einer Reise nach Ägypten mit a=365¼* d *eine genaue Kenntnis der Länge des Tropischen Jahres mit.*

EULER, LEONHARD: * 1707 in Basel, † 1783 in St.Petersburg, Mathematiker; *entwickelte die Differentialgleichungen der Drehbewegungen starrer Körper.*

FECHNER, GUSTAV THEODOR: * 1801 in Groß Särchen bei Muskau, † 1887 in Leipzig; *entdeckte das (Weber-Fechner'sche) Gesetz, in dem der Zusammenhang zwischen einer physiologischen Empfindung und dem sie auslösenden Reiz postuliert wird (Empfindung ~ Logarithmus des Reizes).*

FIZEAU, ARMAND HIPPOLYTE LOUIS: * 1819 in Paris, † 1896 in Venteuil (Seine-et-Marne); *bestimmte 1849 erstmals mit einem nicht astronomischen Verfahren die Lichtgeschwindigkeit; entdeckte das interferometrische Meßprinzip zur Erhöhung des Auflösungsvermögens der Winkelmessung.*

FLAMSTEED, JOHN: * 1646 in Derby (England), † 1719 in Greenwich, Erster Leiter der von König Charles II (1630-1685) 1675 gegründeten Sternwarte in Greenwich (Astronomer Royal 1675-1719); *gab den ersten auf Fernrohrbeobachtungen gestützten, ca. 2700 Fixsterne enthaltenden Sternkatalog (»Historia Coelestis Britannica«) heraus, in dem er die* BAYER*sche Sternnomeklatur auf lichtschwächere Sterne erweiterte: Zahl, gefolgt von dem Namen des Sternbilds* (z.B. 28 Tauri).

FRAUNHOFER, JOSEPH: * 1784 in Straubing, † 1826 in München, Physiker; *Erfinder des Spektrographen, mit dem er die nach ihm benannten Linien im Sonnenspektrum entdeckte, und Konstrukteur präziser astronomischer Meßinstrumente.*

GALILEI, GALILEO: * 1564 in Pisa, † 1642 in Arcetri bei Florenz, Mathematiker und Astronom; Begründer der modernen Kinematik (Fallgesetze, Pendel), entdeckte die Jupitertrabanten und die Phasen der Venus als »Beweise« für das heliozentrische Weltbild des Copernicus.

GAUSS, CARL FRIEDRICH: * 1777 in Braunschweig, † 1855 in Göttingen, Mathematiker und Astronom, *leistete zahlreiche Beiträge zur Mathematik und zur Astronomie.: entwickelte die Methode der kleinsten Quadrate, die Theorie der konformen Abbildung sowie Formeln zur Berechnung des Osterdatums, zur Berechnung von Planetenbahnen (Wiederentdeckung des von Piazzi gefundenen Planetoiden Ceres), zur Interpolation höherer Ordnung und zur Lösung des Dreihöhenproblems; er bestimmte die Gravitationskonstante, leistete wichtige Beiträge zur atmosphärischen Refraktion und erfand den elektromagnetischen Telegraphen.*

GAY-LUSSAC, JOSEPH LOUIS: * 1778 in St. Léonard (Frankreich), † 1850 in Paris; *entdeckte das nach ihm benannte, für ein konstantes Volumen gültiges Gasgesetz: Druck steigt proportional mit der Temperatur.*

GLADSTONE, JOHN HALL: * 1827 in Hackney bei London, † 1902 in London; *bestätigte zusammen mit* THOMAS PELHAM DALE (1821-1892) *für eine Reihe von Stoffen die bereits von* ARAGO *gefundene lineare Abhängigkeit von Dichte und Brechungskoeffizienten.*

GREGOR XIII (UGO BUONCOMPAGNI): * 1502 in Bologna, † 1585 in Rom, Papst; *ersetzte durch kirchliche Verfügung 1582 den Julianischen Kalender durch den nach ihm benannten Gregorianischen Kalender.*

GROOMBRIDGE, STEPHEN: * 1755 in Goudhurst (England), † 1832 in Blackheath (England); *beobachtete in seinem Privatobservatorium in Blackheath ca. 50000 Sterne und gab einen 4243 Sterne umfassenden »Catalogue of Circumpolar Stars« (Epoche 1810) heraus.*

HALLEY, EDMOND: * 1656 in Haggerston bei London, † 1742 in Greenwich, Leiter der Sternwarte in Greenwich (Astronomer Royal 1720-1742); *gab 1679 einen Katalog der Sterne des Südhimmels heraus; führte erstmals den Nachweis, daß Fixsterne individuelle Eigenbewegungen ausführen.*

HARRISON, JOHN: * 1693 in Foulby (Yorkshire), † 1776 in London, Uhrmacher; *entwickelte die erste seetaugliche Uhr, durch die das Problem der Längenbestimmung gelöst werden konnte.*

HELMERT, FRIEDRICH ROBERT: * 1843 in Freiberg (Sachsen), † 1917 in Potsdam, Professor für Geodäsie am Polytechnikum Aachen; *entwickelte das astronomische Nivellement als Verfahren der Geoidbestimmung.*

HENDERSON, THOMAS: * 1798 in Dundee (Schottland), † 1844 in Edinburgh, Astronom, Direktor der Universitätssternwarte Edinburgh und der Sternwarte am Kap der Guten Hoffnung; *fand 1839 durch Messung der Jährlichen Parallaxe den sonnennächsten Fixstern (= α Centauri).*

HENLEIN, PETER: * um 1480 in Nürnberg, † 1542 daselbst, Uhrmacher; *stellte als einer der ersten Uhrmacher tragbare Federuhren in Dosenform (Nürnberger Eier) her.*

HERSCHEL, FRIEDRICH WILHELM: * 1738 in Hannover, † 1822 in Slough bei Windsor, Optiker und Astronom; *entdeckte die Eigenbewegung des Sonnensystems.*

HERTZ, HEINRICH RUDOLF: * 1857 in Hamburg, † 1894 in Bonn, Professor für Physik in Karlsruhe und Bonn; *seine Entdeckung der von* JAMES CLERC MAXWELL *vorhergesagten elektromagnetischen Wellen bildete eine der physikalischen Grundlagen der heutigen Funktechnik.*

HERTZSPRUNG, EJNAR: * 1873 in Frederiksborg bei Kopenhagen, † 1967 in Roskilde (Dänemark), Astronom; *entdeckte aufgrund von spektralphotometrischen Untersuchungen der Fixsterne einen Zusammenhang zwischen dem Spektraltyp eines Sterns und dessen absoluter Helligkeit.*

HEVELIUS, JOHANNES: *1611 in Danzig, † 1687 daselbst; Astronom; *veröffentlichte 1690 (posthum) einen 1564 Sterne umfassenden Fixsternkatalog.*

HEYBECK, NICOLAUS: * in Erfurt, † zwischen 1434 und 1444 in Nürnberg; *Erbauer von Sonnenuhren und des ersten neuzeitlichen Himmelsglobus.*

HIPPARCH von RHODOS: * um 190 v.Chr. in Nikäa (Kleinasien), † 125 v.Chr., Astronom; *legte den ältesten bekannten Fixsternkatalog an (mit der heute noch üblichen Einteilung der Sterne in »Größenklassen«) und entdeckte das Vorrücken (Präzession) der Äquinoktien.*

HORREBOW, PEDER NIELSEN: * 1679 in Løgstör, † 1764 in Kopenhagen, Astronom, Leiter der Sternwarte von Kopenhagen (Nachfolger von OLAUS RØMER); *beschrieb 1732 das nach ihm und* ANDREW TALCOTT *benannte Verfahren zur Bestimmung der Geographischen Breite.*

HUYGENS, CHRISTIAAN: * 1629 in La Haye (Niederlande), † 1695 in Den Haag, Mathematiker, Physiker und Astronom; *schliff Linsen, baute Fernrohre und gilt als Erfinder der Pendeluhr.*

KANT, IMMANUEL: * 1724 in Königsberg, † 1804 daselbst, Philosoph; *postulierte die Abnahme der Rotationsgeschwindigkeit der Erde als Folge der Gezeitenreibung und entwickelte die nach ihm benannte (Kant-Laplacesche) Theorie der Entwicklung der Milchstraße.*

KEPLER, JOHANNES: * 1571 in Weil der Stadt, † 1630 in Regensburg, kaiserlicher Mathematiker und Astronom; *fand anhand der von* TYCHO BRAHE *gesammelten Beobachtungsdaten durch genaue Analyse der scheinbaren Planetenbahnen die nach ihm benannten Gesetze und entwickelte den Typ des »astronomischen Fernrohrs« (mit einem aus einer Konvexlinse bestehenden Okular).*

KÜSTNER, KARL FRIEDRICH: * 1856 in Görlitz, † 1936 in Melem bei Bonn, Astronom; *entdeckte Schwankungen der Polhöhe (Polbewegung).*

LACAILLE, NICOLAS-LOUIS DE: * 1713 in Rumigny bei Rheims, † 1762 in Paris; *bearbeitete einen 50000 Sterne umfassenden Fixsternkatalog des Südsternhimmels.*

LALANDE, JOSEPH-JÉRÔME LEFRANÇAIS DE: * 1732 in Bourgh-en-Bresse, † 1807 in Paris; *bearbeitete einen Fixsternkatalog.*

LAPLACE, PIERRE SIMON DE: * 1749 in Beaumont-en-Auge, Dép. Calvados, † 1827 in Paris; Mathematiker und Astronom; *leistete grundlegende Beiträge zur Himmelsmechanik, Geodäsie (Laplace-Gleichung), Physik (Refraktion) und Mathematik (Methode der kleinsten Quadrate)*

LIPPERHEY, JAN, * 1560 in Wesel, † 1619 in Middelburg Holland); Brillenglasschleifer, der neben Anderen als Erfinder des Holländischen (Galiläischen) Fernrohrs angesehen wird (Patentantrag 1608).

MARCONI, GUGLIELMO: * 1874 in Griffone bei Bologna, † 1837 in Rom; Funktechniker, Nobelpreisträger 1909; *entwickelte auf der Grundlage der von ➪* HEINRICH HERTZ *entdeckten elektromagnetischen Wellen die ersten Anlagen zur drahtlosen Übertragung von Nachrichten*

MASKELYNE, NEVIL: * 1732 in London, † 1811 in Greenwich, Leiter der Sternwarte in Greenwich (Astronomer Royal); *bestimmte durch Messung von Lotabweichungen in der Nähe eines Bergmassivs in Schottland die Dichte der Erde und die Gravitationskonstante.*

MARIOTTE, EDME: * 1620 in Dijon, † 1684 in Paris; *entdeckte (?) das nach ihm und ➪ BOYLE benannte, für konstante Temperatur gültige Gasgesetz* $p \sim V^{-1}$.

MARRISON, WARREN ALVIN: * 1898 in Invercery, Ontario,; *baute 1928 die erste Quarzuhr.*

MAYER, JOHANN TOBIAS: * 1723 in Marbach, † 1762 in Göttingen, Mathematiker und Astronom; *entwickelte genaue, zur Bestimmung der geographischen Länge geeignete Mondtafeln und wies für 80 Fixsterne Eigenbewegungen nach..*

MICHELSON, ALBERT ABRAHAM: * 1852 in Strelno (bei Hohensalza), † 1931 in Pasadena, California, Nobelpreisträger 1907; *entwickelte das nach ihm benannte Interferometer, mit dessen Hilfe er die Lichtgeschwindigkeit bestimmte. Der dabei gemeinsam mit* E. WILLIAM MORLEY (* 1838, † 1923) *geführte Nachweis, daß die Lichtgeschwindigkeit nicht von der Geschwindigkeit der Lichtquelle abhängt, wurde zur Grundlage der Relativitätstheorie.*

NAPIER, JOHN, LORD MERCHISTON, (NEPER): * 1550 in Merchiston (Schottland), † ebd.; *erfand (unabhängig von ➪ BÜRGI) die Logarithmen und leistete wertvolle Beiträge zur sphärischen Trigonometrie.*

NEWCOMB, SIMON: * 1835 in Wallace, N.Sc., † 1909 Washington, D.C., Astronom, Superintendent des American Ephemeris and Nautical Almanac Office;
entwickelte eine Theorie der scheinbaren Sonnenbewegung und bestimmte aus der Analyse von Eigenbewegungen einen bis in die jüngere Vergangenheit benutzten Wert der Präzessionskonstanten.

NEWTON, ISAAK: * 1643-in Woolstrop (England), † 1727 in Kensington, Physiker;
entdeckte das Gravitationsgesetz und begründete auf der Grundlage dieses Gesetzes und in Verbindung mit den ebenfalls von ihm formulierten Trägheitsgesetzen die Himmelsmechanik.

OPPOLZER, THEODOR VON: * 1841 in Prag, † 1886 in Wien, Astronom;
leistete mit seinem bis in das Jahr 1207 v.Chr. zurückreichenden Canon der Sonnen- und Mondfinsternisse einen wichtigen Beitrag zur Chronologie des Altertums und zur Erforschung der Erdrotation. Die nach ihm benannten »Oppolzer-Terme« beschreiben die durch Gezeitenkräfte erzwungene Nutation der Rotationsachse der Erde gegenüber dem Erdmantel.

PEWZOW, MICHAIL WASSILJEWITSCH: * 1843 in Gorodki-Dorf (Gouvernement Nowgorod), † 1902 in St.Petersburg, Generalmajor und Astronom; *führte die nach ihm benannte Methode zur Breitenbestimmung ein, bei der Sterndurchgänge im gleichen Almukantarat beobachtet werden.*

PIAZZI, GUISEPPE: * 1746 in Ponte di Valtellina, † 1826 in Neapel;
Autor eines Fixsternkataloges; entdeckte 1801 den Planetoiden Ceres.

PICARD, JEAN: * 1620 in La Flèche, † 1682 in Paris, Priester und Astronom; *führte zwischen Sourdon bei Auriens und Malvoisine eine Gradmessung zur Bestimmung der Erdfigur durch (die erste ihrer Art in Europa); Gründer des bis in die jüngste Zeit herausgegebenen Jahrbuchs »Connaissance de Temps«.*

POGSON, NORMAN ROBERT: * 1829 in Nottingham, † 1891 in Madras; Astronom;
standardisierte die auf HIPPARCOS *zurückgehende Reihe der Größenklassen der Sterne anhand von Messungen der Beleuchtungsstärke.*

POINSOT, LOUIS: * 1777 in Paris, † 1859; Mathematiker und Physiker;
erweiterte die von LEONHARD EULER *begründete Theorie der Rotation starrer Körper.*

PTOLEMÄUS, CLAUDIUS: * um 90 in Ägypten, † um 160 in Ägypten;
entwickelte das nach ihm benannte geozentrische Weltbild. In seinem Hauptwerk »Syntaxis Mathematica« (»Almagest«) katalogisierte er 1025 Sterne.

RABI, ISAAK ISIDOR: *1898 in Rymanóv, Polen, † 1988 in New York, Physiker, Nobelpreisträger 1944; *entwickelte eine Methode, die eng benachbarten Energieniveaus zu detektieren, die durch die Wechselwirkung eines äußeren Magnetfeldes mit einem Atom oder Molekül entstehen. Die Arbeiten waren grundlegend für die Entwicklung der Atomuhren.*

REGIOMONTANUS (MÜLLER) JOHANNES: * 1436 in Königsberg (Franken), † 1476 in Rom; *lieferte wertvolle Beiträge zur sphärischen Trigonometrie; war einer der Wegbereiter der 100 Jahre nach ihm von* ⇨ GREGOR XIII *realisierten Kalenderreform*

REICHENBACH, GEORG VON: * 1771 in Dinlach, † 1826 in München; *konstruierte zusammen mit* JOSEPH FRAUNHOFER *präzise astronomische Beobachtungsinstrumente.*

RØMER, OLAUS: * 1644 in Aarhus, † 1710 in Kopenhagen; Leiter der Sternwarte von Kopenhagen; *bestimmte aus Verfinsterungen der Jupitermonde 1676 erstmals die Lichtgeschwindigkeit.*

RUSSELL, HENRY NORRIS: * 1877 in Oyster Bay, New York, † 1957 in Princeton, New Jersey, Astronom; *gab der von* EJNAR HERTZSPRUNG *gefundenen Beziehung zwischen der absoluten Helligkeit eines Sterns und dessen Spektraltyp die heute übliche Form (Hertzsprung-Russell-Diagramm).*

SCALIGER, JOSEPH JUSTUS: * 1540 in Agen (Frankreich), † 1609 in Leiden, Philologe; *führte mit den »Julianischen Tageszahlen« (»Julianisches Datum«) eine kalender- und epochenübergreifende Zählung der Tage ein.*

SCHEIBE, ADOLF: * 1895 in Zeulenroda / Thüringen, † 1958 in Berlin, Physiker; *wies mit Hilfe einer in der Physikalisch-Technischen Reichsanstalt zusammen mit* UDO. ADELSBERGER *konstruierten hochgenauen Quarzuhr jahreszeitliche Rotationsschwankungen der Erde nach.*

SCHEINER, CHRISTOPH, * 1573 in Wald bei Mindelheim, † 1650 in Neisse (Schlesien); *Erfinder des Astronomischen (Keplerschen) Fernrohrs*

SNELLIUS (SNELL VAN ROJEN), WILLIBRORD: * 1580 (1591?) in Leiden, † 1626 in Leiden; *entdeckte das nach ihm benannte Gesetz der Strahlenbrechung.*

SOSIGENES VON ALEXANDRIA: (1. Jahrhundert v.Chr.), Astronom; *beriet* GAIUS JULIUS CAESAR *bei der Formulierung der Regeln des Julianischen Kalenders.*

SPENCER JONES, HAROLD: * 1890 in London, † 1960 in Greenwich, Leiter der Sternwarte in Greenwich (Astronomer Royal 1933-1955); *wies die säkularen Rotationsschwankungen der Erde nach.*

STERNECK, ROBERT DOUBLEBSKY VON: * 1839 in Prag, † 1910 in Wien, Leiter des Militärgeographischen Instituts in Wien; *entwickelte das nach ihm benannte Verfahren der Breitenbestimmung auf der Grundlage von Meridianzenitdistanzen.*

STRUVE, FRIEDRICH GEORG WILHELM: * 1793 in Altona, † 1864 in Pulkowo, Astronom, Begründer und Leiter der Pulkovo-Sternwarte bei St.Petersburg; *berichtete als erster über die erfolgreiche Beobachtung einer Fixsternparallaxe (α Lyrae = Vega).*

SUMNER, THOMAS HUBBARD: * 1807 in Boston, † 1876 in Taunton, Massachusetts. Kapitän der US Navy. *entwickelte die graphische Standlinienmethode zu einem Standardverfahren der Navigation*

TALCOTT, ANDREW: * 1797 in Glastonbury, Connecticut, † 1883 in Richmond, Virginia, US-amerikanischer Ingenieur-Offizier; *setzte in großem Umfang das von* PEDER NIELSEN HORREBOW *entwickelte und heute unter der Bezeichnung Horrebow-Talcott-Verfahren bekannte Verfahren zur Bestimmung der Geographischen Breite ein.*

ULUGH BEG (TARAGAY, MUHAMMAD): * 1394 in Staniyyah, † 1449; *errichtete in Samarkand ein Observatorium und legte auf der Grundlage eigener Messungen einen 1018 Sterne umfassenden Sternkatalog an.*

WEBER, ERNST HEINRICH: * 1795 in Wittenberg, † 1878 in Leipzig; Anatom und Physiologe; *seine Untersuchungen zum Tastsinn der Haut liegen dem Weber-Fechner'schen Gesetz zugrunde* (⇨ FECHNER).

WEISSE, MAXIMILIAN: *1798 in Ladendorf (Österreich), † 1863 in Wels, Leiter der Sternwarte Krakau; *bearbeitete einen Sternkatalog.*

ZINGER (in anderen Transkriptionen auch CINGER oder TSINGER), NIKOLAI JAKOVLEVIČ: * 1842 in Moskau, † 1918 in Petrograd; Astronom in Pulkowo; *entwickelte die nach ihm benannte Methode zur Bestimmung der Ortssternzeit aus Almukantarat-Durchgängen.*

11 Autoren- und Sachwörter

11.1 Autoren

11.2 Sachwörter

Kolibri 360 GmbH
Ferdinand-Jühlke-Straße 7
99095 Erfurt, Deutschland
produktsicherheit@kolibri360.de